U0280650

实用电工手册

章运鹏　周南星　主编

内 容 提 要

本手册内容丰富、取材新颖、数据可靠、简明实用，即有理论，又注重实践，充分体现了现代科技发展中新技术、新设备和新材料的特点。

本手册共分十五章，内容包括：电工基础知识，半导体器件，变压器，电动机，高压电器，低压电器，继电保护装置，防雷和接地，常用电工仪表，装表接电，照明，家用电器，电线电缆与常用电工材料，电气保安技术，用电管理等。

本手册是电力系统、工矿企业和乡镇企业及机关企事业单位的必备工具书，可供广大电气工作者和电气工程技术人员使用。

图书在版编目（CIP）数据

实用电工手册/章运鹏，周南星主编．—北京：中国水利水电出版社，2008

ISBN 978-7-5084-5313-2

Ⅰ．实…　Ⅱ．①章…②周…　Ⅲ．电工—技术手册　Ⅳ．TM—62

中国版本图书馆 CIP 数据核字（2008）第 019949 号

书　　名	**实用电工手册**
作　　者	章运鹏　周南星 主编
出版发行	中国水利水电出版社 （北京市海淀区玉渊潭南路 1 号 D 座　100038） 网址：www.waterpub.com.cn E-mail：sales@waterpub.com.cn 电话：(010)68367658（营销中心）
经　　售	北京科水图书销售中心（零售） 电话：(010)88383994、63202643 全国各地新华书店和相关出版物销售网点
排　　版	万澎科技有限公司
印　　刷	北京蓝海印刷有限公司
规　　格	140mm×203mm　32 开本　34.5 印张　927 千字
版　　次	2008 年 6 月第 1 版　2010 年 5 月第 2 次印刷
印　　数	3051—6100 册
定　　价	**79.00** 元

前　言

随着科学技术的发展，新技术、新工艺、新设备、新材料大量涌现，并与传统的电工电子技术紧密结合，产生了一系列新型的电气设备产品，应用到生产实践中。广大电气工作者面临着新的课题，他们不仅需要掌握传统的电工电子技术，更需要熟悉最新开拓的电气设备的主要内容。为此，我们编写了这本《实用电工手册》。

手册共有十五个方面的内容。第一章电工基础知识，首先介绍电工学的基本概念，电工基本定律和常用计算公式，接着详细介绍最新的导线和连接件、基本无源元件、半导体管、电能的发生和转换、开关、控制和保护装置、测量仪表、灯和信号器件的符号要素、限定符号和常用的其他的图形、符号。第二章半导体器件，详细介绍晶体二极管、稳压二极管、晶体三极管、集成运算放大器及三端集成稳压器、晶闸管等电子元器件的型号、图形、主要参数、测试、使用注意事项等。第三章变压器，主要介绍电力变压器、各类特种变压器、互感器、箱式变电站的型号、参数、试验、运行维护及事故处理。第四章电动机，介绍了各类三相异步电动机、直流电动机技术参数、接线、运行维护与管理、事故处理、安装和试验。第五章高压电器，首先叙述高压电气设备选择的一般原则和方法；接着介绍高压断路器、高压负荷开关、高压隔离开关、高压真空接触器、高压熔断器、自动重合器、自动分段器、电力电容器及操动机构的技术参数、运行维护与管理、事故处理、安装和试验；然后详细介绍了高压成套组合电器。第六章低压电器，主要介绍低压刀开关和组合开关、低压熔断器、低压断路器、接触器、控制继电器等的技术参数、安装和试验、运行维护与管理技术。第七章继电保护装置，在简要介绍了继电保护装置的基本知识后，主要介绍各套继电保护的功能，各类继电器的技术参数和试验，最后介绍了常用微机装置。第八章防雷和接地，在介绍电气设备过电压专业知识基础上，着重介绍过电压防护设备的类型、技术参数、试验、安装与运行维护技术；详细介绍了电力设备、建筑物和构筑物的防雷保护技术和防雷装置。第九章常用电工仪表，主要介绍常用的安装式仪器仪表、试验仪器仪表、电子仪器仪表的性能参数和使用方法。第十章装表接电，首先介绍电能计量装置的配置、计量方式，接着介绍用户装表接电及技术与防窃电措施。第十一章照明装置，首先介绍各种照明光源技术参数，接着详细介绍了灯具、照明线路及照明系统的安装维护和修理。第十二章家用电器，主要介绍电视机、电冰箱、洗衣机、空调器、微波炉等家用电器的型号参数、运行和维护技术。第十三章电线电缆与常用电工材料，介绍裸导线、绕组线、电力电缆及各类绝缘材料性能、技术参数，以及电线电缆与常用电工材料的应用技术。第十四章电气保安技术，首先介绍触电及其防护知识，接着介绍电气工作的安全措施、安全用具，最后介绍触电的急救技术。第十五章用电管理，介绍了业务扩充与变更用电、电价与电费、用电检查技术。

本手册有以下特点：

（1）内容丰富、技术先进、取材新颖，基本包含了当今电气工作者必备的主要电气知识。

（2）广泛收集了新形势下电工电子原器件、电气设备、常用电路等基础资料，增强了新技术、新工艺、新设备、新材料的应用，不仅扩大了电工手册的知识面，更新知识适应了形势的发展，且更具有实用性。

（3）注重实践，避免冗长的理论论证及复杂的公式推导，提供的结论和数据可直接应用。

（4）使用新的电气技术标准、规范和计量单位，内容全面，数据准确，直观可靠。

（5）手册采用简明扼要的文字叙述、一目了然的表格形式，并辅以插图，图文并茂，简明易懂，便于读者查阅。

本手册由章运鹏、周南星任主编，叶荣、董春任副主编，全书由刘国辉总览。第一章由周南星、叶荣编写，第二章由刘国辉编写，第三章由陈少莲编写，第四章由屈虹编写，第五章由董春、余建华编写，第六章由鲁爱斌编写，第七章由张晓春编写，第八章由陈元丽、邹玉华、李方平编写，第九章由白君汉、周晓露编写，第十章由祝小红编写，第十一章由陈元丽、宋廷臣编写，第十二章由颜华祥编写，第十三章由叶荣、曾荣编写，第十四章由章运鹏、徐鹏编写，第十五章由李珞新编写。

全书由胡亚东、向铁元审阅。在编写过程中，得到武汉大学和湖北省电力公司专家、教授，以及中国水利水电出版社编辑的大力支持和帮助，并提出许多宝贵意见，在此表示感谢。

由于手册内容多、涉及面广，限于我们的水平，错漏难免，存在不妥之处，敬请批评指正。

编者

2007年10月

目　录

前言
第一章　电工基础知识…………………………………………………… 1
第一节　电工学名词解释 …………………………………………… 1
第二节　电工基本定律和常用计算公式 …………………………… 6
一、电工基本定律 ……………………………………………………… 6
二、常用计算公式 ……………………………………………………… 6
第三节　电气图常用图形符号 ……………………………………… 8
一、符号要素、限定符号和常用的其他符号 ………………………… 9
二、导线和连接件 ……………………………………………………… 12
三、基本无源元件 ……………………………………………………… 17
四、半导体管 …………………………………………………………… 19
五、电能的发生和转换 ………………………………………………… 24
六、开关、控制和保护装置 …………………………………………… 35
七、测量仪表、灯和信号器件 ………………………………………… 42
第二章　半导体器件 …………………………………………………… 47
第一节　国产半导体器件的命名 …………………………………… 47
一、半导体器件型号命名方法 ………………………………………… 47
二、半导体集成电路型号命名方法 …………………………………… 49
第二节　晶体二极管 ………………………………………………… 50
一、二极管的简易测试 ………………………………………………… 50
二、使用二极管的注意事项 …………………………………………… 51
三、常用国产二极管的型号及主要参数 ……………………………… 52
四、常用国外整流二极管的主要参数 ………………………………… 54
五、常用桥式整流器的型号及主要参数 ……………………………… 54
第三节　稳压二极管 ………………………………………………… 55
一、稳压管的应用 ……………………………………………………… 55

二、国产稳压管的型号及主要参数 …………………………… 56
三、常用国产稳压管与国外产品的代换…………………………… 59
第四节 晶体三极管 …………………………………………… 60
一、概述 …………………………………………………… 60
二、三极管的主要参数………………………………………… 61
三、三极管的简易测试………………………………………… 64
四、使用三极管的注意事项 …………………………………… 65
五、常用国产三极管的型号、主要参数及新旧型号对照………… 66
六、部分进口塑封三极管的型号及参数…………………………… 75
第五节 集成运算放大器及三端集成稳压器…………………… 76
一、使用集成运放注意事项 …………………………………… 76
二、常用集成运放的主要参数及外引脚排列图 ………………… 77
三、三端集成稳压器…………………………………………… 83
第六节 晶闸管 ……………………………………………… 89
一、普通晶闸管 ……………………………………………… 90
二、特殊晶闸管 ……………………………………………… 98
三、晶闸管整流电路 ………………………………………… 101
第三章 电力变压器………………………………………… 104
第一节 变压器的基本原理及结构…………………………… 104
一、变压器的基本原理 ……………………………………… 104
二、变压器的结构 …………………………………………… 105
第二节 变压器的型号及额定数据…………………………… 106
一、变压器的型号 …………………………………………… 106
二、变压器额定数据 ………………………………………… 107
第三节 电力变压器的连接组别……………………………… 108
第四节 常用电力变压器的主要参数 ………………………… 109
第五节 电力变压器的选择 …………………………………… 115
一、容量选择………………………………………………… 116
二、电压选择………………………………………………… 116
三、电流选择………………………………………………… 116
第六节 变压器运行前的检查 ……………………………… 117

第七节　变压器运行中的监视与维护 …………………………………… 117
第八节　电力变压器的常见故障及原因 ………………………………… 118
第九节　变压器油的运行管理 ……………………………………………… 120
　一、变压器油的保护措施 ………………………………………………… 120
　二、取样试验 ………………………………………………………………… 120
　三、变压器补油 ……………………………………………………………… 122
　四、变压器油的处理 ………………………………………………………… 122
　五、气相色谱分析 …………………………………………………………… 126
第十节　变压器的调压方式 ………………………………………………… 126
第十一节　特种变压器 ……………………………………………………… 128
　一、电炉变压器 ……………………………………………………………… 128
　二、整流变压器 ……………………………………………………………… 130
　三、试验变压器 ……………………………………………………………… 131
　四、调压变压器 ……………………………………………………………… 133
　五、气体（SF_6）绝缘变压器 …………………………………………… 135
　六、密封式充不燃液电力变压器 ………………………………………… 136
　七、干式变压器 ……………………………………………………………… 138
　八、树脂浇注干式变压器 ………………………………………………… 143
　九、全密封电力变压器 …………………………………………………… 149
第十二节　5kVA以下变压器 ……………………………………………… 151
　一、局部照明变压器 ……………………………………………………… 151
　二、干式变压器 ……………………………………………………………… 154
　三、控制变压器 ……………………………………………………………… 155
第十三节　变压器试验 ……………………………………………………… 157
　一、变压器变压比的试验 ………………………………………………… 157
　二、变压器的极性试验 …………………………………………………… 159
　三、变压器绕组连接组试验 ……………………………………………… 160
　四、变压器绕组直流电阻测量 …………………………………………… 163
　五、变压器的空载试验 …………………………………………………… 166
　六、变压器的短路试验 …………………………………………………… 170
第十四节　互感器 …………………………………………………………… 173

一、电压互感器（TV） …………………………………………………… 174
二、电流互感器（TA） …………………………………………………… 178
第十五节　箱式变电站 …………………………………………………… 182
一、ZB型箱式变电站 …………………………………………………… 183
二、TBW型箱式变电站 …………………………………………………… 183
三、ZXB-2系列箱式变电站 …………………………………………………… 183
四、CPN型箱式变电站 …………………………………………………… 183
第四章　电动机 …………………………………………………… 185
第一节　直流电动机 …………………………………………………… 185
一、直流电动机的基本知识 …………………………………………………… 185
二、直流电动机的运行 …………………………………………………… 190
三、常用直流电动机的型号、技术数据 …………………………………………………… 192
四、直流电动机的维护、常见故障及处理方法 …………………………………………………… 204
第二节　三相异步电动机 …………………………………………………… 232
一、三相异步电动机的作用原理及其特点 …………………………………………………… 232
二、三相异步电动机的分类、型号、结构和用途 …………………………………………………… 232
三、三相异步电动机的技术指标 …………………………………………………… 237
四、小功率及特殊用途的三相异步电动机 …………………………………………………… 266
五、三相异步电动机的启动、运行、调速、制动 …………………………………………………… 288
六、三相异步电动机的维护保养和完好标准 …………………………………………………… 295
七、三相异步电动机常见故障及处理方法 …………………………………………………… 298
八、三相异步电动机绕组故障的检修 …………………………………………………… 299
九、三相异步电动机的简易计算 …………………………………………………… 312
十、三相异步电动机的选择 …………………………………………………… 318
第五章　常用高压电器 …………………………………………………… 321
第一节　高压电气设备选择 …………………………………………………… 321
一、高压电气设备选择的一般原则 …………………………………………………… 321
二、高压电气设备选择的方法 …………………………………………………… 321
第二节　高压断路器 …………………………………………………… 323
一、概述 …………………………………………………… 323
二、高压断路器的技术参数 …………………………………………………… 324

三、断路器的运行与维护 …………………………………………… 329
第三节 高压负荷开关 ………………………………………………… 331
一、概述 ………………………………………………………………… 331
二、高压负荷开关的技术数据 ……………………………………… 332
三、户外高压负荷隔离开关 ………………………………………… 333
四、负荷开关的运行及维护 ………………………………………… 336
第四节 高压隔离开关 ………………………………………………… 337
一、概述 ………………………………………………………………… 337
二、隔离开关技术数据 ……………………………………………… 337
三、隔离开关运行与维护 …………………………………………… 340
第五节 高压真空接触器 ……………………………………………… 341
一、概述 ………………………………………………………………… 341
二、高压交流真空接触器的技术数据 ……………………………… 342
第六节 高压熔断器 …………………………………………………… 344
一、概述 ………………………………………………………………… 344
二、高压熔断器的技术数据 ………………………………………… 345
三、高压熔断器的运行维护 ………………………………………… 349
第七节 操动机构 ……………………………………………………… 350
一、概述 ………………………………………………………………… 350
二、操动机构的技术数据 …………………………………………… 350
第八节 高压开关柜 …………………………………………………… 353
一、KYN28A-12 户内金属铠装移开式开关设备 ………………… 353
二、SM6 中压开关柜 ………………………………………………… 375
三、高压环网负荷开关柜 …………………………………………… 376
四、KYN—35 型户内交流金属铠装移开式开关柜简介 …………… 382
五、熔断器—高压接触器组合开关柜（F—C 回路开关柜） …… 383
第九节 组合式（箱式）变电站 ……………………………………… 386
一、ZBW（XBW）系列交流箱式变电站 …………………………… 386
二、ZBW 型 12kV 预装式箱式变电站 ……………………………… 390
第十节 自动重合器 …………………………………………………… 400
一、重合器的分类和功能 …………………………………………… 400

二、自动重合器主要技术数据 …… 401
第十一节 自动分段器 …… 403
一、概述 …… 403
二、自动分段器主要技术数据 …… 404
第十二节 电力电容器 …… 405
一、概述 …… 405
二、电容器的技术数据 …… 406
三、电容器的运行与维护 …… 410
第六章 常用低压电器 …… 411
第一节 概述 …… 411
一、低压电器的分类 …… 411
二、低压电器的全型号表示法及代号含义 …… 411
三、低压电器的主要技术指标 …… 415
第二节 低压刀开关和组合开关 …… 415
一、开启式负荷开关 …… 416
二、封闭式负荷开关 …… 417
三、板形刀开关 …… 423
四、熔断器式刀开关 …… 426
五、组合开关 …… 431
第三节 低压熔断器 …… 434
一、插入式熔断器 …… 434
二、无填料封闭管式熔断器 …… 436
三、有填料封闭管式熔断器 …… 437
四、螺旋管式熔断器 …… 443
五、快速熔断器 …… 444
六、自复式熔断器 …… 446
七、熔断器的选用及安装 …… 446
第四节 低压断路器 …… 449
一、常用低压断路器的技术数据 …… 450
二、低压断路器的选用 …… 473
三、低压断路器的安装及运行维护 …… 474

第五节　接触器……………………………………………………………… 475
一、常用接触器的技术数据 ………………………………………… 476
二、接触器的选用与安装 …………………………………………… 488
第六节　控制继电器 ……………………………………………………… 491
一、热继电器………………………………………………………… 491
二、时间继电器……………………………………………………… 499
三、电流继电器……………………………………………………… 500
四、中间继电器……………………………………………………… 501
五、速度继电器……………………………………………………… 503
第七章　继电保护………………………………………………………… 504
第一节　概述 ……………………………………………………………… 504
一、继电保护装置的基本任务……………………………………… 504
二、对继电保护装置的四项基本要求 ……………………………… 504
三、继电保护装置的类别与用途 …………………………………… 504
第二节　常用电磁型保护继电器………………………………………… 505
一、DL—10 系列电流继电器、DJ—100 系列电压继电器 ……… 505
二、LG—11 型功率方向继电器 …………………………………… 508
三、DD—1、DD—11 型接地继电器……………………………… 511
四、DX—11 型信号继电器 ………………………………………… 511
五、电磁型时间继电器 ……………………………………………… 513
六、电磁型中间继电器 ……………………………………………… 515
第三节　继电保护装置 …………………………………………………… 519
一、DF3223 线路继电保护装置 …………………………………… 519
二、DF3222A 线路继电保护装置………………………………… 522
三、WXH—11/FX 110kV 微机线路保护装置 …………………… 525
四、DF3233 变压器继电保护装置 ………………………………… 539
第八章　防雷和接地……………………………………………………… 544
第一节　雷电的一般规律 ………………………………………………… 544
一、雷电分布的一般规律 …………………………………………… 544
二、雷击的选择性 …………………………………………………… 54
第二节　电力设备防雷 …………………………………………………… 54

一、架空线路的过电压保护 …………………………… 545
二、变配电所的过电压保护 …………………………… 548
三、变压器的过电压保护 ……………………………… 549
四、变配电所高压侧防雷电波侵入保护 ………………… 550
五、旋转电机的过电压保护 …………………………… 551
第三节　电力设备的过电压保护设备 …………………… 555
一、避雷线 ……………………………………………… 555
二、避雷针 ……………………………………………… 556
三、阀型避雷器 ………………………………………… 557
四、管型避雷器 ………………………………………… 561
五、保护间隙 …………………………………………… 562
六、氧化锌避雷器 ……………………………………… 563
七、低压阀型避雷器 …………………………………… 569
八、压敏电阻 …………………………………………… 569
九、放电计数器 ………………………………………… 570
十、消谐器 ……………………………………………… 571
十一、高能浪涌电压抑制器 …………………………… 571
十二、ZR 阻容吸收器 ………………………………… 572
第四节　建筑物和构筑物的防雷 ……………………… 573
一、建筑物和构筑物的防雷分类 ……………………… 573
二、建筑物的防雷措施 ………………………………… 577
三、其他防雷装置 ……………………………………… 582
四、特殊建筑物、构筑物的防雷措施 ………………… 583
[illegible]节　建筑物和构筑物的防雷装置 …………… 586
[illegible]接闪器 ……………………………………… 586
[illegible]引下线 ……………………………………… 597
[illegible]地装置 ……………………………………… 598
[illegible]接地保护 …………………………………… 599
[illegible]种类 ………………………………………… 599
[illegible]统的工作接地 ……………………………… 599
[illegible]的范围 ……………………………………… 602

四、低压用电设备的接零和接地保护 …… 603
五、总等电位联结及局部等电位联结 …… 610
六、10kV 小电流接地系统中 TN 系统的接零保护 …… 614
七、电子设备的接地 …… 615
第七节 接地系统 …… 617
一、系统组成 …… 617
二、人工接地体的规格 …… 617
三、接地系统的连接 …… 618
四、接地装置的安装 …… 619
五、接地装置的接地电阻 …… 620
第八节 接地电阻的计算 …… 620
一、土壤电阻率 …… 621
二、自然接地体的接地电阻 …… 623
三、人工接地体的接地电阻 …… 625
第九节 高阻率土壤降阻措施 …… 628
一、换土 …… 628
二、利用近水部位设置接地体 …… 629
三、外引接地体 …… 629
四、对土壤进行化学处理 …… 630
五、利用长效降阻剂 …… 632
六、采用低电阻模块 …… 634
第十节 避雷及接地装置的维护 …… 634
第九章 常用电工仪表 …… 636
第一节 安装式仪表 …… 638
一、电流表 …… 641
二、电压表 …… 658
三、功率表 …… 670
四、功率因数表 …… 675
五、频率表 …… 679
六、同步表 …… 682
第二节 试验仪表 …… 683

一、直读式电表……683
二、电桥类电表……702
第三节 电子仪表……706
一、数字万用表……706
二、电子电压表……709
三、信号发生器……711
四、示波器……714
五、晶体管参数测试仪……719
第十章 装表接电……724
第一节 电能计量装置简介……724
一、电能计量装置各个部分作用……725
二、电能表的分类……726
三、常用电能表简介……728
第二节 电能计量装置的配置……733
一、电能计量装置分类……733
二、计量器具的配置……733
第三节 电能计量方式……735
一、单相电路电能计量装置正确接线……735
二、三相四线电能计量装置正确接线……736
三、三相三线电能计量装置正确接线……738
四、电能计量装置的整体接线……738
第四节 客户接电……740
一、供电方式……740
二、电源进户方式……740
三、进户装置……743
四、计量装置的竣工验收……745
五、装表接电中的防窃电措施……748
第十一章 照明……753
第一节 概述……753
一、照明现状……753
二、照明常用技术术语……754

三、照明分类 …… 757
第二节 照明光源 …… 757
一、光源的分类 …… 757
二、白炽灯 …… 758
三、卤钨灯 …… 760
四、荧光灯 …… 763
五、荧光高压汞灯 …… 773
六、自镇流荧光高压汞灯 …… 776
七、金属卤化物灯 …… 776
八、高压钠灯 …… 779
九、低压钠灯 …… 782
十、混光灯 …… 783
十一、激光光源 …… 784
第三节 灯具及其安装维护和修理 …… 785
一、灯具 …… 785
二、灯具安装 …… 800
三、灯具的维护和修理 …… 805
第四节 照明线路 …… 809
一、照明线路截面选择 …… 809
二、线路安装 …… 820
第五节 照明使用的开关 …… 830
一、各类开关的规格 …… 830
二、灯开关接线 …… 835
第六节 照明系统 …… 837
一、照明负荷的确定 …… 837
二、照明电压等级的选择 …… 845
三、照明对电源的要求 …… 846
四、计费装置 …… 847
五、照明系统的接地保护 …… 850
六、住宅楼的照明系统示例 …… 851
第十二章 家用电器 …… 856

第一节　电视机 …… 856
一、概述 …… 856
二、电视机常用技术术语 …… 858
三、现代彩电新技术 …… 860
四、电视机的质量鉴别及使用注意事项 …… 864
第二节　家用电冰箱 …… 867
一、概述 …… 867
二、电冰箱的分类 …… 868
三、电冰箱的常见故障及维护 …… 870
第三节　洗衣机 …… 873
一、概述 …… 873
二、主要性能指标及参数 …… 874
第四节　家用空调 …… 876
一、概述 …… 876
二、变频空调的控制原理及主要特点 …… 878
三、家用空调器的基本知识 …… 879
四、普通空调器常见故障与检修 …… 880
五、变频空调使用与维修 …… 886
第五节　家用微波炉 …… 887
一、概述 …… 887
二、微波炉的常见故障及处理方法 …… 889
第十三章　电线电缆与常用电工材料 …… 892
第一节　裸导线 …… 892
一、圆单线 …… 893
二、绞线 …… 895
三、型线和型材 …… 902
第二节　绕组线 …… 917
一、漆包线 …… 918
二、绕包线 …… 928
三、特种绕组线 …… 928
四、无机绝缘绕组线 …… 931

第三节 电力电缆 …… 932
一、电力电缆型号含义 …… 932
二、纸绝缘电力电缆 …… 937
三、橡皮绝缘电力电缆 …… 949
四、聚氯乙烯绝缘电力电缆 …… 951
五、交联聚乙烯绝缘电力电缆 …… 955
六、架空绝缘电缆 …… 959
第四节 绝缘材料 …… 967
一、绝缘材料的分类 …… 968
二、绝缘材料的介电特性及耐热等级 …… 969
三、气体绝缘材料 …… 970
四、液体绝缘材料 …… 972
五、固体绝缘材料 …… 974
第十四章 电气保安技术 …… 995
第一节 触电及其防护 …… 995
一、人体的触电 …… 995
二、电流对人体的作用 …… 996
三、触电的方式 …… 1000
四、防止触电事故的主要措施 …… 1003
第二节 电气工作的安全措施 …… 1004
一、安全生产的组织管理 …… 1004
二、保证安全的组织措施 …… 1006
三、保证安全的技术措施 …… 1015
四、低压回路上工作的电气安全技术 …… 1020
五、其他 …… 1025
六、保护接地与安全电压 …… 1026
第三节 电气安全用具 …… 1034
一、电气安全用具及其用途 …… 1034
二、使用电气安全用具的要求 …… 1040
三、电气安全用具的检查和试验 …… 1042
第四节 触电的急救 …… 1043

一、脱离电源 …………………………………………………………… 1043
二、伤员脱离电源后的处理 ……………………………………………… 1044
三、杆上或高处触电的急救 ……………………………………………… 1048
第十五章 用电管理 ……………………………………………………… 1050
第一节 业务扩充与变更用电 ……………………………………………… 1050
一、业务扩充 …………………………………………………………… 1050
二、用电变更 …………………………………………………………… 1058
第二节 电价与电费 ……………………………………………………… 1064
一、电价的基本概念……………………………………………………… 1064
二、电价的分类 ………………………………………………………… 1065
三、销售电价的执行范围………………………………………………… 1066
四、电价制度 …………………………………………………………… 1067
五、电费管理 …………………………………………………………… 1071
第三节 用电检查 ………………………………………………………… 1073
一、用电检查的定义……………………………………………………… 1073
二、用电检查管理 ……………………………………………………… 1074
三、违约用电及违约用电处理 …………………………………………… 1077
四、窃电与窃电处理……………………………………………………… 1078
五、进网作业电工管理…………………………………………………… 1079
六、用电事故报告和停电手续 …………………………………………… 1082

第一章 电工基础知识

第一节 电工学名词解释

1. 电荷——物体带电荷有电，故电又称电荷。电子带负（一）的电荷，质子带正（十）的电荷。物体失去电子便带正电荷，获得电子便带负电荷。电荷不能创造，也不能消灭，物体带电是正负电荷分离的结果。

2. 电量——带电体所带电荷的多少称为电量，用字母 Q 或 q 表示，单位为 C（库〔仑〕）。正电荷电量取正值，负电荷电量取负值。（注：方括号中的字可以省略）

3. 电场——电荷周围存在的一种物理场，它起着传递电荷间力的作用，这种力叫电场力。电荷和电场是不可分割的统一体。

4. 电场强度——表示电场强弱的物理量，用字母 E 表示，单位为 V/m。电场强度为一矢量，在数值上等于单位正电荷在该处所受的电场力，方向是正电荷所受电场力的方向。电场常用电力线来描述，电力线起自正电荷，终于负电荷，电力线密度用来表示电场的强弱。

5. 静电感应——在电场作用下，导体发生正、负电荷分离的现象。

6. 静电屏蔽——静电场中的导体，其内部场强为零，因而金属罩内的物体不会受外电场的影响。接地的金属罩内的电荷也不会在罩外产生电场，金属罩（网）的这种作用称为静电屏蔽。

7. 电流——电荷有规则的移动形成电流。习惯规定，正电荷移动的方向就是电流的方向。直流电流用大写字母 I 表示，交流电流用小写字母 i 表示。电流的单位为 A（安〔培〕）。

8. 电压——单位正电荷由一点移至另一点时所作的功或放出的能量称为电压，用字母 U 或 u 表示，单位为 V（伏〔特〕）。

9. 电位——某点对参考点的电压称为该点的电位。电位用字母 V 或 φ 加单下角标表示，如 a 点的电位记为 V_a 或 φ_a。参考点的电位为零，在工程中，常取大地为电位的参考点。电位的单位为 V（伏〔特〕）。

10. 电动势——是指电压源两端的电位差。电源力将单位正电荷由低电位端移至高电位端所作的功称为电动势。用字母 E 或 e 表示，单位为 V（伏〔特〕）。

11. 周期——交流电变化一周所需的时间称为周期，用字母 T 表示，单位为 s（秒）。

12. 频率——交流电在 1s 内变化的周数称为频率，用字母 f 表示，单位为 Hz（赫〔芝〕）。我国工频交流电的频率 $f=50\text{Hz}$，周期 $T=0.02\text{s}$。

13. 角频率——交流电在一周期内经历了 2π 弧度，每秒钟内变化的弧度数称为角频率，用字母 ω 表示，单位为 rad/s（弧度每秒）。角频率与频率的关系是 $f=2\pi/T=2\pi f$。我国工频交流电的角频率 $\omega=2\pi\times50=314\text{rad/s}$。

14. 瞬时值——交流电在任一瞬间的值称为瞬时值。瞬时值中的最大值称为幅值或最大值。

15. 有效值——一周期电流 i 与某一直流电流 I 的热效应相等时，该直流电流 I 的数值便称为周期电流的有效值。正弦电流的有效值 I 与最大值 I_m 的关系是 $I=\frac{1}{\sqrt{2}}I_m=0.707I_m$ 或 $I_m=\sqrt{2}I=1.41I$。

16. 相位——表明正弦交流量变化进程的电角度 $(\omega t+\psi)$ 称为相位角或相位。

17. 初相位——计时起点 $t=0$ 时正弦量的相位 ψ 称为初

相位。

18. 相位差——两个同频率正弦量的相位之差称为相位差，用字母 φ 表示。相位差即两个同频正弦量的初相之差，$\varphi=\psi_1-\psi_2$。

19. 相量——用来表示正弦量的复数称为相量，用大写字母加“·”表示，相量的图形即为相量图。

20. 相电流——三相电路中流过每相负载或电源的电流。

21. 线电流——三相电路中流过每根端（火）线的电流。

22. 相电压——三相电路中每相负载或电源两端的电压。

23. 线电压——三相电路中两根端（火）线之间的电压。

24. 电阻——表明导体对电流起阻碍作用的物理量，用字母 R 表示，单位为Ω（欧〔姆〕）。当导体两端的电压为1V，通过的电流为1A时，该导体的电阻为1Ω。

25. 电阻率——表示材料对电流起阻碍作用的物理量，用字母 ρ 表示，在国际单位中电阻率的单位是Ω·m（欧·米），也使用 $\Omega\cdot mm^2/m$（欧·毫米^2 每米），$1\Omega\cdot mm^2/m=10^{-6}\Omega\cdot m$。如铜在20℃时的电阻率。$P=1.75\times10^{-8}\Omega\cdot m=0.0175\Omega\cdot mm^2/m$。

26. 电阻温度系数——表明导体的电阻率随温度而变化的物理量，用字母 α 表示。它表示导体温度每升高1℃时，电阻率的变化量与原来的电阻率的比值。所有金属的电阻率都随温度升高而增大，铜的 $\alpha=4.3\times10^{-8}℃^{-1}$。

27. 电导——表明导体对电流起通导作用的物理量。它等于电阻的倒数，用字母 G 表示，单位为S（西〔门子〕），$1s=1\Omega^{-1}$。

28. 电导率——即电阻率的倒数，用字母 γ 表示，$\gamma=1/\rho$，单位为S/m（西每米）。

29. 电介质——考虑到绝缘物质对电场的影响时，绝缘物质统称电介质。

30. 电介质极化——电介质在外电场作用下，发生束缚电荷的弹性位移或偶极分子的转向，极化的结果要改变原来电场的分布。

31. 电介质介电常数——描述电介质极化特性的物理量，用字母 ε 表示，单位为 f/m（法每米）。

32. 电介质相对介电常数——电介质与真空介电常数之比值，用字母 ε_r 表示，是个大于 1 的纯数. 通过测量 ε_r 值可以判断电介质受潮程度及所含气体的多少，进而了解电介质的绝缘性能。

33. 电介质介电强度——电介质所能承受的最大电场强度。

34. 电介质损耗——在交流或直流电场中，电介质都要消耗能量，称为电介质损耗。

35. 磁场——由运动电荷或电流产生的一种物理场。它对其运动电荷或电流有磁场力的作用。

36. 磁感应强度——表示磁场强弱的物理量，用字母 B 表示，单位为 T（特〔斯拉〕）。B 为一矢量，其大小由载流导体在磁场中受到的力来确定，其方向即为磁场的方向。

37. 磁通——磁感应强度与垂直于磁场方向的面积的乘积称为磁通，用字母 ϕ 表示，单位为 W_b（韦〔伯〕）。

38. 磁场强度——计算磁场时所引用的一个物理量，也是矢量，用字母 H 表示，单位为 A/m（安每米）。它没有考虑磁介质对磁场的影响，通过它来确定磁场与电流的关系。环形线圈中的磁场强度 $H=NI/l$，其中 N 为线圈匝数，l 为圆环中心线长度。

39. 磁导率——表征物质导磁性能的物理量，用字母 μ 表示，单位为 H/m（亨〔利〕每米）。它与磁场强度的乘积即为磁感应强度，$B=\mu H$，真空的磁导率 $\mu_0=4\pi\times10^{-7}$ H/m。

40. 相对磁导率——任一物质的磁导率 μ 与真空磁导率 μ_0 的比值，用字母 μ_r 表示，是没有单位的纯数。

41. 磁性材料——主要指铁、钴、镍及其合金，其磁导率很高，μ_r 可达数百、数千、乃至数万。

42. 磁路——主要由铁芯构成的磁通的闭合路径。

43. 磁通势——是磁路中产生磁通的源。它等于线圈的匝数 N 与其中电流 I 的乘积，即磁通势 $F=NI$，单位为 A（安〔培〕）。

44. 磁阻——磁路对磁通具有阻碍作用的物理量，用字母 R_m 表示，单位为 H^{-1}（每享〔利〕）。

45. 磁畴——在磁性物质（铁、镍、钴及其合金）内部，存在磁性很强的天然磁化小区域。在无外磁场时，磁畴排列混乱，磁场相互抵消，对外不显磁性。

46. 磁化——磁性物质在外磁场作用下，磁畴顺外磁场方向转向，产生一个很强的与外磁场同方向的磁化磁场（附加磁场），从而使磁性物质中的磁感应强度大大增强，称为磁性物质被磁化。

47. 磁饱和性——磁性物质被磁化时，磁化磁场不会随外磁场的增强而无限增强，当全部磁畴已转向时，磁化磁场的磁感应强度即达饱和值。

48. 磁滞回线——当铁芯受交变磁化时，其磁感应强度 B 随磁场强度 H 的变化为一封闭的曲线。当 H 达零值时，B 并未回到零值，这种 B 滞后于 H 的性质称为磁性物质的磁滞性，此封闭曲线也称磁滞回线。

49. 剩磁——当铁芯线圈的电流减到零值时，铁芯仍保留一定的磁感应强度，称剩磁。

50. 矫顽磁力——使剩磁消失的反向磁场强度称矫顽磁力。

51. 软磁材料——磁滞回线较窄，矫顽磁力较小的磁性材料，用来制作交流铁芯。

52. 永磁材料——磁滞回线较宽，矫顽磁力较大的磁性材料，用来制作永久磁铁。

53. 矩磁材料——磁滞回线接近矩形，剩磁较大而矫顽磁力较小，用来制作计算机和控制系统的记忆元件、开关元件和逻辑元件。

第二节　电工基本定律和常用计算公式

一、电工基本定律

表 1-1　基 本 定 律

名　称	公　式	说　明
欧姆定律	$U=RI$	U——电压，V； I——电流，A； R——电阻，Ω。 电阻两端的电压与电流成正比
基尔霍夫电流定律	$\sum I_{进}=\sum I_{出}$ 或 $\sum I=0$	$\sum I_{进}$——流进节点电流之和； $\sum I_{出}$——流出节点电流之和； $\sum I$——电流的代数和。 流进某一节点的电流之和等于由该节点流出的电流之和，或某一节点上的电流的代数和等于零
基尔霍夫电压定律	$\sum U=0$ 或 $\sum E=\sum (RI)$	U——各段电压，V； E——电动势，V； RI——电阻压降，V。 沿某一回路循行一周，各段电压的代数和等于零。或在某一回路循行方向上，各个电动势的代数和等于各个电阻压降的代数和
焦耳-楞次定律	$Q=0.24I^2Rt$	Q——热量，J； I——电流，A； R——电阻，Ω； t——时间，s。 电流通过电阻时，产生的热量与电流的平方、电阻和通电的时间成正比

二、常用计算公式

表 1-2　常 用 计 算 公 式

名　称	公　式	说　明
导线电阻	$R=\rho\frac{l}{S}$	l——导线长度，m； S——导线截面积，m^2； ρ——导线的电阻率，Ω·m 或 Ω·mm^2/m，1Ω·mm^2/m$=10^{-6}$Ω·m； R——导线的电阻，Ω

续表

名　　称	公　　式	说　　明
电阻与温度的关系	$R_2=R_1[1+\alpha(t_2-t_1)]$	R_1、R_2——温度为 t_1、t_2(℃)时的电阻，Ω
电导	$G=\frac{1}{R}$	R——电阻，Ω； G——电导，S
电阻的串联	$R=R_1+R_2+\cdots$	R_1、R_2——各串联电阻，Ω； R——等效电阻，Ω
电阻的并联	$\frac{1}{R}=\frac{1}{R_1}+\frac{1}{R_2}+\cdots$ 或 $G=G_1+G_2+\cdots$ 两电导并联 $R=\frac{R_1R_2}{R_1+R_2}$ n 个相等电阻并联 $R=\frac{R'}{n}$	R_1、R_2——各并联电阻，Ω； R——等效电阻，Ω G_1、G_2——各并联电导，S； G——等效电导，S； R'—各相等的电阻，Ω
电容	$C=\frac{Q}{U}$	Q——电容器一块极板上的电量，C； U——电容器两端的电压，V； C——电容器的电容量，F
电容的并联	$C=C_1+C_2+\cdots$	C_1、C_2——各并联电容，F； C——等效电容，F
电容的串联	$\frac{1}{C}=\frac{1}{C_1}+\frac{1}{C_2}+\cdots$	C_1、C_2——各串联电容，F； C——等效电容，F
感抗	$X_L=\omega L$	ω——电源角频率，rad/s； L——电感，H； X_L——感抗，Ω
容抗	$X_C=\frac{1}{\omega C}$	ω——电源角频率，rad/s； C——电容，F； X_C——容抗，Ω
电阻、电感串联的阻抗	$\|Z\|=\sqrt{R^2+X_L^2}$ $\varphi=\arctan\frac{X_L}{R}$ $Z=R+jX_L=\|Z\|\angle\varphi$	R——电阻，Ω； X_L——感抗，Ω； $\|Z\|$——阻抗模，Ω； φ—阻抗角，(°)； Z——阻抗或复阻抗，Ω

续表

名　称	公　式	说　明
电阻、电容并联的阻抗	$\|Z\|=\sqrt{R^2+X_C^2}$ $\varphi=\arctan\dfrac{-X_C}{R}$ $Z=R-jX_C=\|Z\|\angle\varphi$	R——电阻，Ω； X_C——容抗，Ω； $\|Z\|$——阻抗模，Ω； φ——阻抗角，(°)； Z——阻抗或复阻抗，Ω
电阻、电感、电容串联的阻抗	$\|Z\|=\sqrt{R^2+(X_L-X_C)^2}$ $\varphi=\arctan\dfrac{X_L-X_C}{R}$ $Z=R+j(X_L-X_C)$ $=\|Z\|\angle\varphi$	$\|Z\|$——阻抗模，Ω； φ——阻抗角，(°)； Z——阻抗或复阻抗，Ω
单相电路功率	$P=UI\cos\varphi$ $Q=UI\sin\varphi$ $S=UI$	U——电压有效值，V； I——电流有效值，A； $\cos\varphi$——功率因数； P——有功功率，W； Q——无功功率，var； S——视在功率，VA
三相对称电路功率	$P=\sqrt{3}UI\cos\varphi$ $Q=\sqrt{3}UI\sin\varphi$ $S=\sqrt{3}UI=\sqrt{P^2+Q^2}$	U——线电压有效值，V； I——线电流有效值，A； $\cos\varphi$——三相功率因数，即每相功率因数； P——三相总有功功率，W； Q——三相总无功功率，var； S——三相总视在功率，VA

第三节　电气图常用图形符号

根据国家标准 GB/T 4728《电气简图用图形符号》，电气图常用的图形符号主要包括以下几个部分：符号要素、限定符号和常用的其他符号；导体和连接件；基本无源元件；半导体管；电能的发生和转换；开关、控制和保护器件；测量仪表、灯和信号器件等。

一、符号要素、限定符号和常用的其他符号

1. 轮廓和外壳

表 1-3　轮廓和外壳

图形符号	说明
形式 1 □ 形式 2 ▭ 形式 3 ○	物件，如：设备、器件、功能单元、元件、功能 符号轮廓内应填上或加上适当的符号或代号，用以表示物件的类别 如果设计需要，可以采用其他形状的轮廓
形式 1 ○ 形式 2 ⬭	外壳（球或箱）罩 如果设计需要，可以采用其他形状的轮廓 如果罩具有特殊的防护功能，可加注来引起注意
—·—·—·—	边界线
┌ ─ ─ ┐	屏蔽护罩
[*]	防止无意识直接接触 通用符号 “星号”应由具备无意识直接接触防护的设备或器件的符号代替

2. 电流和电压的种类

表 1-4　电流和电压的种类

图形符号	说明
—— 或 ═	直流 电压可标注在符号右边，系统类型可标注在符号左边，如：2/M —— 220/110V

续表

图形符号	说明
～	交流 频率值或频率范围以及电压的数值应标注在符号右边，系统类型应标注在符号左边
～50Hz	示例：交流 50Hz
～100…600kHz	示例：交流，频率范围 100kHz 至 600kHz
3/N～400/230V　50Hz	示例：交流，三相带中性线，50Hz，400V（中性线与相线之间为 230V）
3/N～50Hz/TN—S	示例：交流，三相，50Hz，具有一个直接接地点且中性线与保护导体全部分开的系统
 ～ ≈ ≋	不同频率范围的交流 相对低频（工频或亚音频） 中频（音频） 相对高频（超音频，载频或射频）
	具有交流分量的整流电流（注：当需要与稳定直流相区别时使用）
+	正极性
−	负极性
N	中性（中性线）
M	中间线

3．接地、接机壳和等电位

表 1-5　接地、接机壳和等电位

图形符号	说明
	接地，一般符号 地，一般符号
	抗干扰接地 无噪声接地
	保护接地

续表

图形符号	说明
	接机壳 接底板 如果图中的影线被省略，则表示机壳或底板的线条应加粗，如下图所示：
	等电位

4. 理想电路元件

表 1-6 理想电路元件

图形符号	说明
	理想电流源
	理想电压源
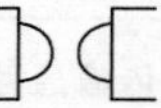	理想回转器

5. 其他常用符号

表 1-7 其他常用符号

图形符号	说明
	故障（指明假定故障的位置）
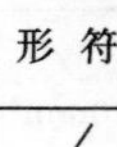	闪络 击穿
	永久磁铁
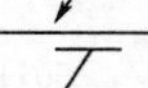	动触点（如：滑动触点）

续表

图形符号	说　明
	测试点指示符 示例： 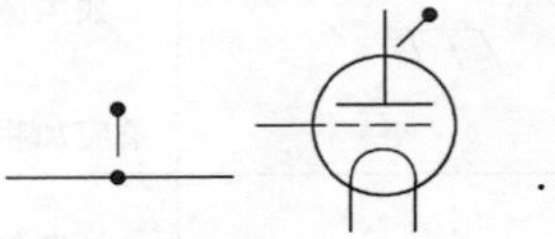
	变换器，一般符号 例如： 能量转换器 信号转换器 测量用传感器

二、导线和连接件

1. 导线

表 1-8　导　线

图形符号	说　明
形式 1  形式 2 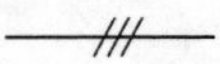 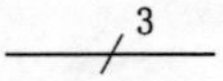 3	导线、导线组、电线、电缆、传输通路（如：微波技术)、电路、线路、母线（总线）等一般符号 注：当用单线表示一组导线时，若需示出导线数目，可加小短斜线或一条短斜线加数字表示 示例：三根导线
110V 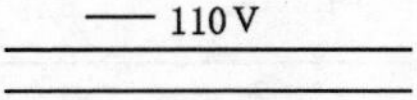 2×120mm² AI	示例：直流电路，110V，两根 120mm² 的铝导线
3/N～400/230V　50Hz 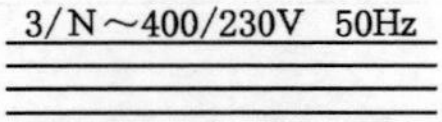 3×120mm²+1×50mm²	示例：三相电路，400/230V，50Hz，三根 120mm² 的导线，一根 50mm² 的中性线
	柔性连接

续表

图形符号	说　　明
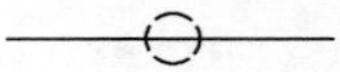	屏蔽导线 如果几根导体包含在同一屏蔽内或同一电缆内，或者绞合在一起，但这些导体符号互相混杂，则画法为： 示例：三股导线 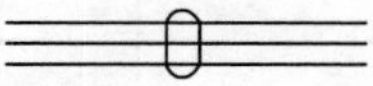 示例：二股绞合导线 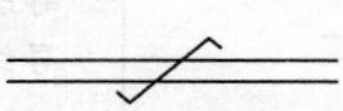
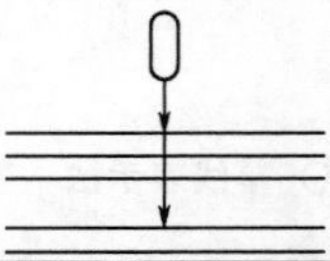	电缆中的导线 示例：五根导线中箭头所指的两根导线在一根电缆中
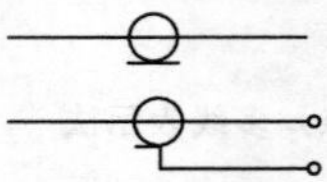	同轴对、同轴电缆 注：若只部分是同轴结构，切线仅画在同轴的这一边 示例：同轴对连接到端子
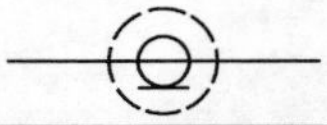	屏蔽同轴电缆、同轴电缆对

2. 端子和导线的连接

表 1-9　端子和导线的连接

图形符号	说　　明
●	导线的连接 连接点
∘	端子 注：必要时圆圈可画成圆黑点
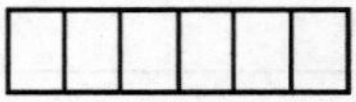	端子板 可加端子标志（即加端子号），如： 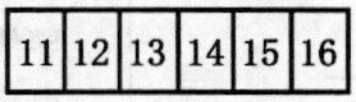 11 12 13 14 15 16

续表

图形符号	说　明
形式 1 形式 2	导线的连接 示例：T 型连接
形式 1 形式 2	导线的双重连接 导线的多线连接 示例：导线的交叉连接（点）单线表示法 示例：导线的交叉连接（点）多线表示法
∅	可拆卸的端子
	导线换电缆的分支和合并
	导线的不连接 示例：单线表示法 示例：多线表示法
	导线直接连接 导线接头

续表

图形符号	说明
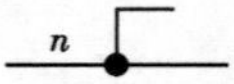	支路 一组相同并重复并联的电路的公共连接 注：相似连接件的支路总数应置于连接符号旁 示例：复接的单行程选择器（表示 10 个触点） 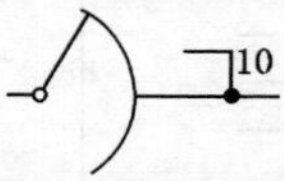
	导线的交换（换位） 相序的变更或极性的反向（示出用单线表示 n 根导线） 示例：示出相序的变更 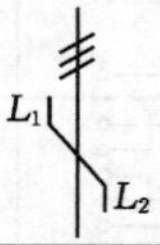
	中性点 在该点多重导体连接在一起形成多相系统的中性点 示例：绕组每相两端引出，示出外部中性点的三相同步发电机 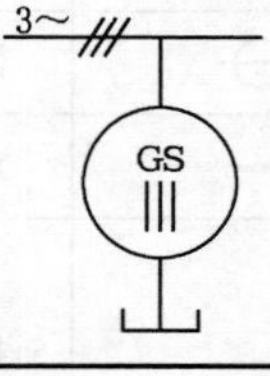

3. 连接器件

表 1-10 连接器件

图形符号	说明
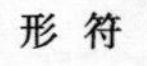	阴接触件（连接器的） 插座
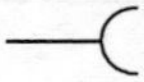	阳接触件（连接器的） 插头

续表

图形符号	说　　明
	插头和插座
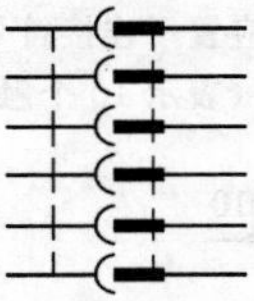	多极插头插座（示出带六个极） 多线表示形式
 6	单线表示形式
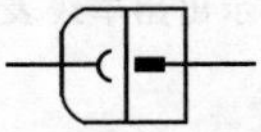	配套连接器 本符号表示插头端固定和插座端可动
	电话型两极插塞和塞孔 注：插塞符号中的长极表示插塞尖，短极为插塞
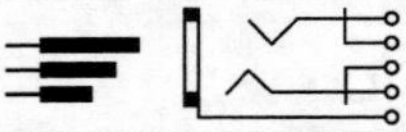	电话型三极插塞孔（示出断开的塞孔）
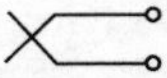	电话型断开或隔离的塞孔
	同轴的插头和插座 注：若同轴的插头或插座连接于同轴对时，切线应朝相应的方向延长
	同轴插接器
	对接连接器
形式 1  形式 2 	接通的连接片
	断开的连接片
 	插头插座式连接器（如：U形连接） 阳一阳 阳一阴
	有插座的阳一阳
	滑动（滚动）连接器

4. 电缆附件

表 1-11　电 缆 附 件

图形符号	说　　明
	电缆密封终端，表示带有一根三芯电缆
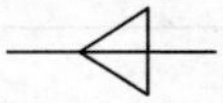	不需要表示出电缆芯数的电缆密封终端
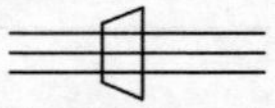	电缆密封终端，表示带有三根单芯电缆

三、基本无源元件

1. 电阻器

表 1-12　电　阻　器

图形符号	说　　明
	电阻器，一般符号
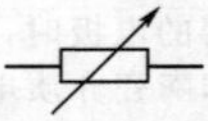	可调电阻器 可变电阻器
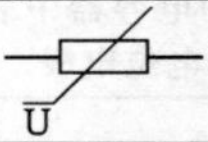 U	压敏电阻 变阻器
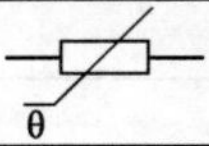 θ	热敏电阻 注：θ 可以用 t^0 代替
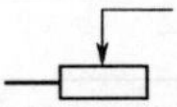	带滑动触点的电阻器
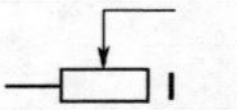	带滑动触点和断开位置的电阻器
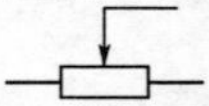	带滑动触点的电位器
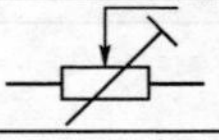	带滑动触点的预调电位器
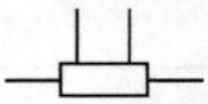	带固定抽头的电阻器 示出两个抽头
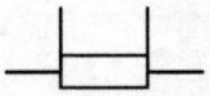	分路器 带分流和分压端子的电阻器

续表

图形符号	说明
	碳堆电阻器
	电热元件
	熔断电阻器
	带固定抽头的可变电阻器 示出两个抽头
	带开关的滑动触点电位器

2. 电容器

表 1-13 电 容 器

图形符号		说明
优选形	其他形	
		电容器，一般符号 注：如果必须分辨同一电容器的电极时，弧形的极板表示：①在固定的纸介质和陶瓷介质电容器中表示外电极；②在可调和可变的电容器中表示动片电极；③在穿心电容器中表示低电位电极
		穿心电容器 旁路电容器
+	+	极性电容器 例如：电解电容
		可调电容器 可变电容器
		微调电容器
		双联同调可变电容器 注：可增加同调联数
+ U	+ U	压敏极性电容器

续表

图形符号		说明
优选形	其他形	
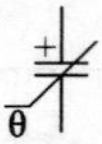	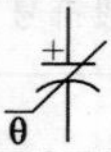	热敏极性电容器

3. 电感器

表 1-14 电感器

图形符号	说明
	电感器 线圈 绕组 扼流圈
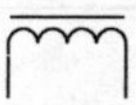	示例： 带磁芯的电感器
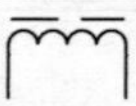	示例： 磁芯有间隙的电感器
	示例： 带磁芯连续可变电感器
	有两个抽头的电感器 注：①可增加或减少抽头数目；②抽头可在外侧两半圆交点处引出
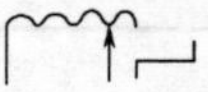	步进移动触点的可变电感器
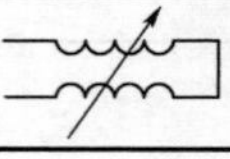	可变电感器

四、半导体管

1. 半导体二极管

表 1-15 半导体二极管

图形符号	说明
	半导体二极管，一般符号

续表

图形符号	说明
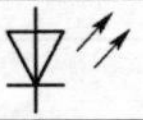	发光二极管（LED），一般符号
	热敏二极管
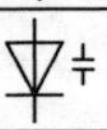	变容二极管
	隧道二极管 江崎二极管
	单向击穿二极管 电压调整二极管 齐纳二极管
	双向击穿二极管
	反向二极管 单隧道二极管
	双向二极管

2. 晶体闸流管

表 1-16 晶体闸流管

图形符号	说明
	反向阻断二极晶体闸流管
	反向导通二极晶体闸流管
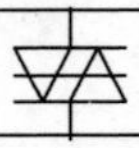	双向二极晶体闸流管 双向开关二极管
	无指定形式的三极晶体闸流管 若没有必要指定控制极的类型时，符号用于表示反向阻断三极晶体闸流管
	反向阻断三极晶体闸流管，N型控制极（阳极侧受控）

续表

图形符号	说明
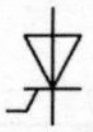	反向阻断三极晶体闸流管，P型控制极（阴极侧受控）
	可关断三极晶体闸流管，未指定控制极
	可关断三极晶体闸流管，N型控制极（阳极侧受控）
	可关断三极晶体闸流管，P型控制极（阴极侧受控）
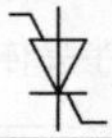	反向阻断四极晶体闸流管
	双向三极晶体闸流管 三端双向晶体闸流管
	反向导通三极晶体闸流管，未指定控制极
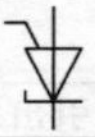	反向导通三极晶体闸流管，N型控制极（阳极侧受控）
	反向导通三极晶体闸流管，P型控制极（阴极侧受控）
	光控晶体闸流管

3. 半导体管

表 1-17 半导体管

图形符号	说明
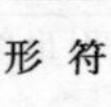	PNP型半导体管
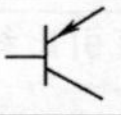	NPN型半导体管，集电极接管壳
	NPN型雪崩半导体管

续表

图形符号	说明
	具有P型基极单结型半导体管
	具有N型基极单结型半导体管
	有横向偏压基极的NPN型半导体管
	与本征区有欧姆接触的PNIP型半导体管
	与本征区有欧姆接触的PNIN型半导体管
	N型沟道结型场效应半导体管 注：栅极与源极的引线应绘在一直线上 漏极 栅极——源极
	P型沟道结型场效应半导体管
	增强型、单栅、P沟道和衬底无引出线的绝缘栅场效应半导体管
	增强型、单栅、N沟道和衬底无引出线的绝缘栅场效应半导体管
	增强型、单栅、P沟道和衬底有引出线的绝缘栅场效应半导体管
	增强型、单栅、N沟道和衬底与源极在内部连接的绝缘栅场效应半导体管
	耗尽型、单栅、N沟道和衬底无引出线的绝缘栅场效应半导体管
	耗尽型、单栅、P沟道和衬底无引出线的绝缘栅场效应半导体管
	耗尽型、双栅、N沟道和衬底有引出线的绝缘栅场效应半导体管 注：在多栅的情况下，主栅极与源极的引线应在一条直线上
	N型沟道结型场效应半导体对管

4. 光电子、光敏和磁敏器件

表 1-18 光电子、光敏和磁敏器件

图形符号	说明
	光敏电阻 具有对称导电性的光电器件
	光电二极管 具有非对称导电性的光电器件
	光电池
	光电半导体管（示出：PNP 型）
	半导体激光器
8.	发光数码管
	有四个欧姆接触的霍尔发生器
	磁敏电阻器（示出线性型）
	磁敏二极管
	NPN 型磁敏半导体管
	光电二极管型光耦合器
	达林顿型光耦合器
	光电三极管型光耦合器

续表

图形符号	说明
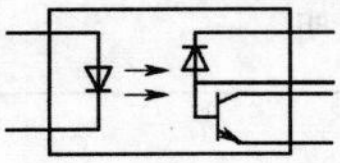	光电二极管和光电半导体管 （NPN 型）光耦合器
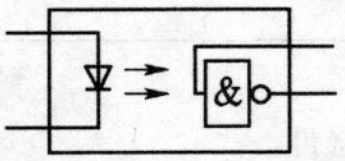	集成电路光耦合器
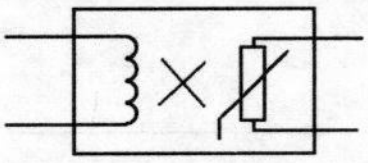	磁耦合器 磁隔离器
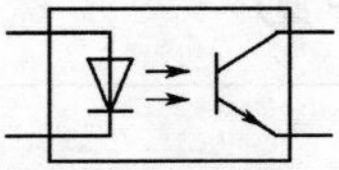	光耦合器 光隔离器 （示出：发电二极管和光电半导体管）

五、电能的发生和转换

1. 内部连接的绕组

连接变压器绕组的方法也可以用文字代号表示。

表 1-19 变压器绕组

图形符号	说明
|	一个绕组 独立绕组的个数应用短线的数目或在符号上加数字表示出来 示例：
|||	三个独立绕组
|6	六个独立绕组
 |||3～	互不连接的三相绕组
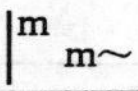 |m m～	m 个互不连接的 m 相绕组
	两相四端绕组
	两相绕组

续表

图形符号	说明
	两个绕组V型（60°）连接的三相绕组
	中性点引出的四相绕组
	T型连接的三相绕组
	三角形连接的三相绕组 本符号用加注数字表示相数，可用于表示多边形连接的多相绕组
	开口三角形连接的三相绕组
	星形连接的三相绕组 本符号用加注数字表示相数，可用于表示星形连接的多相绕组
	中性点引出的星形连接的三相绕组
	曲折形或互联星形的三相绕组
	双三角形连接的六相绕组
	多边形连接的六相绕组
	星形连接的六相绕组
	中性点引出的叉形连接的六相绕组

2. 电机

(1) 电机的零部件

表1-20 电机的零部件

图形符号	说明
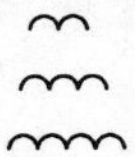	换向绕组或补偿绕组 串励绕组 并励或他励绕组
	电刷（集电环或换向器上的） 注：仅在必要时标出电刷，示例： 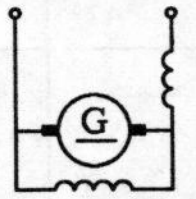 G

（2）电机的类型

表 1-21 电机的类型

图形符号	说明
(*)	电机的一般符号 注：符号内的星号必须用下列字母代替： C——同步变流机； G——发电机； GS——同步发电机； M——电动机； MG——能作为发电机或电动机使用的电机； SM——伺服电动机； TG——测速发电机； TM——力矩电动机； IS——感应同步器 示例：
(G)	直流发电机
(M)	直流电动机
(G~)	交流发电机
(M~)	交流电动机
(C)	交直流变流机
(SM~)	交流伺服电动机
(SM)	直流伺服电动机
(M)	步进电动机的一般符号
(G)	手摇发电机

（3）直流电机示例

表 1-22 直流电机示例

图形符号	说明
(M)	串励直流电动机

续表

图形符号	说明
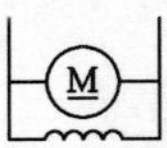	并励直流电动机
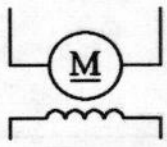	他励直流电动机
	短分路复励直流发电机（示出接线端子和电刷）
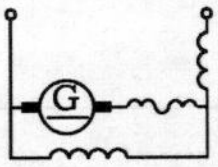	短分路复励直流发电机（示出换向绕组和补偿绕组，以及接线端子和电刷）
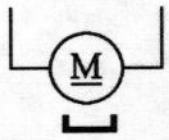	永磁直流电动机

3. 变压器和电抗器

表 1-23　变压器和电抗器

图形符号	说明
	铁芯 带间隙的铁芯
形式 1 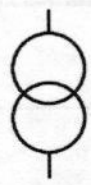	双绕组变压器
形式 2 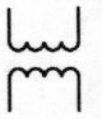	瞬时电压的极性可以在形式 2 中表示 示出瞬时电压极性的双绕组变压器
形式 3 	流入绕组标记端的瞬时电流产生助磁通

续表

图形符号	说明
形式 1  形式 2 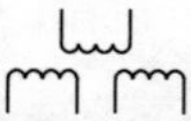	三绕组变压器
形式 1  形式 2	自耦变压器
形式 1  形式 2	电抗器、扼流圈
形式 1 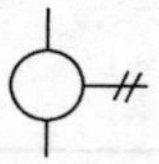 形式 2 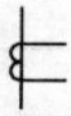	电流互感器 脉冲变压器

表 1-24　具有独立绕组的变压器示例

图形符号	说明
形式 1  形式 2 	绕组间有屏蔽的双绕组 单相变压器

续表

图形符号	说明
形式 1 形式 2	在一个绕组上有中心点抽头的变压器
形式 1 形式 2	耦合可变的变压器
形式 1 Y Δ 形式 2	三相变压器 星形—三角形连接
形式 1 Y Y 形式 2	具有四个抽头（不包括主抽头）的三相变压器 星形—星形连接

续表

图形符号	说明
形式 1 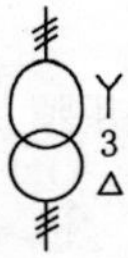 Y 3 Δ 形式 2 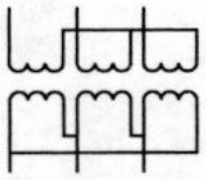	单相变压器组成的三相变压器 星形—三角形连接
形式 1 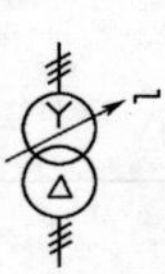 形式 2 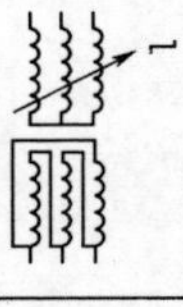	具有有载分接开关的三相变压器 星形—三角形连接
形式 1  形式 2 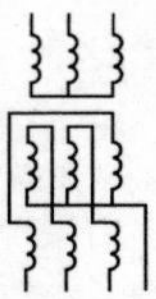	三相变压器 星形—曲折形连接

续表

图形符号	说明
形式 1  形式 2 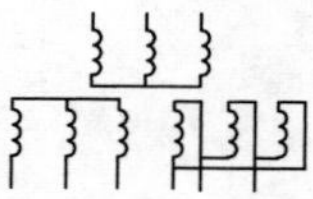	三相变压器 星形—星形—三角形连接
形式 1 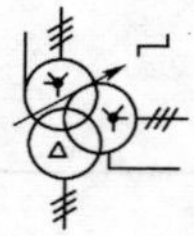 形式 2 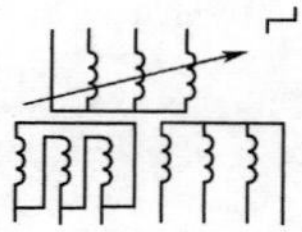	具有有载分接开关的三相三绕组变压器，有中性点引出线的星形—有中性点引出线的星形—三角形连接
形式 1 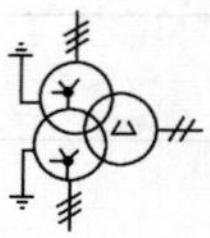 形式 2 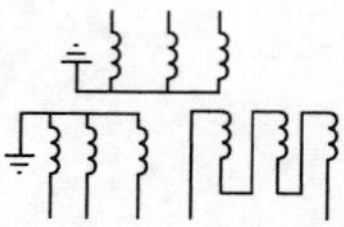	三相三绕组变压器，两个绕组为中性点引出线的星形，中性点接地，第三绕组为开口三角形连接

表 1-25 自耦变压器示例

图形符号	说明
形式 1  形式 2 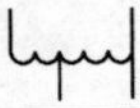	单相自耦变压器
形式 1  形式 2 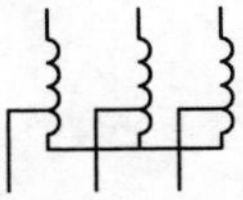	三相自耦变压器 星形连接
形式 1  形式 2 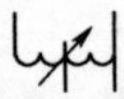	可调压单相自耦变压器

表 1-26 互感器和脉冲变压器示例

图形符号	说明
形式 1 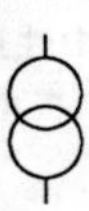 形式 2 	电压互感器

续表

图形符号	说明
形式 1 形式 2	具有两个铁芯，每一个铁芯有一个次级绕组的电流互感器 在初级电路每端示出的接线端子符号表示只是一个器件。如果使用了端子代号，则端子符号可以省略 形式 2 中铁芯符号可以省略
形式 1 形式 2	在一个铁芯上具有两个次级绕组的电流互感器 形式 2 中的铁芯符号必须画出
形式 1 形式 2	次级绕组有三个抽头（包括主抽头）的电流互感器
形式 1 N=5 形式 2 N=5	初级绕组为五匝导体贯穿的电流互感器 这种形式的电流互感器不带内装式初级绕组

续表

图形符号	说明
形式1 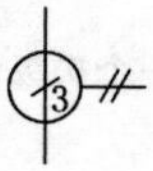 形式2 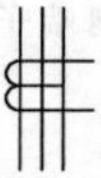	具有一个固定绕组和三个穿通绕组的电流互感器或脉冲变压器
形式1  形式2 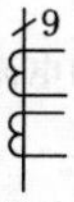	在同一个铁芯上，具有两个固定绕组并有九个穿通绕组的电流互感器或脉冲变压器

表 1-27 其他示例

图形符号		说明
形式1	形式2	
	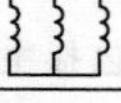	频敏变阻器
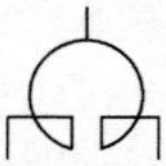		分裂电抗器

4. 变流器方框符号

表 1-28 变流器方框符号

图形符号	说明
	直流变流器
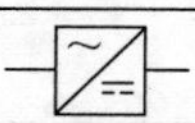	整流器

续表

图形符号	说明
	桥式全波整流器
	逆变器
	整流器/逆变器

5. 原电池或蓄电池

表 1-29 原电池或蓄电池

图形符号	说明
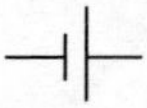	原电池 蓄电池 长线代表阳极，短线代表阴极
形式 1  形式 2 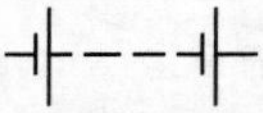	蓄电池组或原电池组
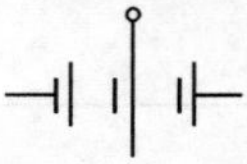	带抽头的蓄电池组或原电池组

6. 电能发生器

表 1-30 电能发生器

图形符号	说明
 G	电能发生器一般符号

六、开关、控制和保护装置

1. 触点（触头）

表 1-31　限 定 符 号

图形符号	说　　明
◗	接触器功能
×	断路器功能
—	隔离开关功能
○	负荷开关功能
■	由内装的测量继电器或脱扣器启动的自动释放功能
◺	限制开关功能 位置开关功能
◁	弹性返回功能 自动复位功能
○	无弹性返回（保持原位）功能

表 1-32　两个或三个位置的触点

图 形 符 号	说　　明
形式 1 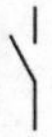 形式 2 	动合（常开）触点 该符号也可用作开关的一般符号
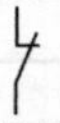	动断（常闭）触点
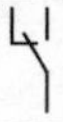	先断后合的转换触点
	中间断开的双向触点
形式 1  形式 2 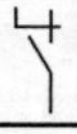	先合后断的转换触点（桥接）

续表

图形符号	说明
	双动合触点
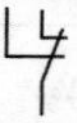	双动断触点

2. 开关、开关装置和启动器

表 1-33 开关

图形符号	说明
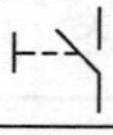	手动开关的一般符号
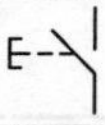	具有动合触点且自动复位的按钮开关
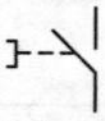	具有动合触点且自动复位的拉拔开关
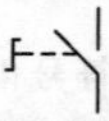	具有动合触点但无自动复位的旋转开关

表 1-34 开关装置和控制装置

图形符号	说明
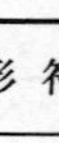	多极开关一般符号 单线表示
	多极开关一般符号 多线表示
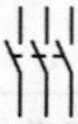	接触器（非动作位置触点断开） 接触器的主动合触点
	具有由内装的测量继电器或脱扣器触发的自动释放功能的接触器
	接触器（非动作位置触点闭合） 接触器的主动断触点
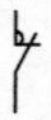	断路器

续表

图形符号	说明
	隔离开关
	具有中间断开位置的双向隔离开关
	负荷开关（负荷隔离开关）
	具有由内装的测量继电器或脱扣器触发的自动释放功能的负荷开关
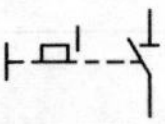	手工操作带有阻塞器件的隔离开关

表 1-35　电动机启动器的方框符号

图形符号	说明
	电动机启动器一般符号 特殊类型的启动器可以在一般符号内加上限定符号
	步进启动器 启动步数可以示出
	调节-启动器
	带自动释放的启动器
	可逆式电动机直接在线接触器式启动器 可逆式电动机满压接触器式启动器
	星-三角启动器
	自耦变压器式启动器
	带可控硅整流器的调节-启动器

3. 测量继电器和有关器件

表 1-36 测量继电器和有关器件

图形符号	说明
*	测量继电器 与测量继电器有关的器件 星号 * 必须由表示这个器件参数的一个或多个字母或限定符号按下述顺序代替： ——特性量和其变化方式 ——能量流动方向 ——整定范围 ——重整定比（复位比） ——延时作用 ——延时值 此符号可作为整个器件的功能符号或仅表示器件的驱动元件
$U_{\perp}$	对机壳故障电压（故障时的机壳电位）
U_{rsd}	剩余电压
$I\leftarrow$	反向电流
I_d	差动电流
I_d/I	差动电流百分比
$I_{\perp}$	对地故障电流
I_N	中性线电流
I_{N-N}	两个多相系统中性线之间的电流
P_α	相角为 α 时的各类功率
	可调延时特性
	反延时特性

表 1-37 测量继电器示例

图形符号	说明
U=0	零电压继电器
I←	逆流继电器
P<	欠功率继电器

续表

图形符号	说　明
I>	延时过流继电器
2(I>) 5…10A	具有两个测量元件、整流范围从5～10A的过流继电器
Q> 1Mvar 5…10s	最大无功功率继电器 ——能量流向母线 ——工作数值1Mvar ——延时调节范围从5～10s
U< 50…80V 130%	欠压继电器 整定范围从50～80V重整定比130%
I >5A <3A	有最大和最小整定值的电流继电器（示出限值3A和5A）
Z<	欠阻抗继电器
N<	匝间短路检测继电器
	断线检测继电器
m<3	在三相系统中的断相故障检测继电器
n≈0 I>	堵转电流检测继电器
I> 5x	具有一路在电流大于5倍整定值动作，另一路为反延时特性的两路输出的过流继电器

表1-38　其他器件

图形符号	说　明
	气体继电器

4. 熔断器和熔断器式开关

表 1-39 熔断器和熔断器式开关

图形符号	说明
	熔断器一般符号
	供电端由粗线表示的熔断器
	带机械连杆的熔断器（撞击式熔断器）
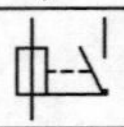	具有报警触点的三端熔断器
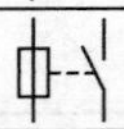	具有独立报警电路的三端熔断器
	跌开式熔断器
	熔断器式开关
	熔断器式隔离开关
	熔断器式负荷开关
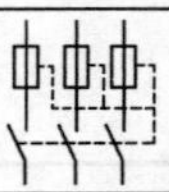	任何一个撞击器式熔断器熔断而自动释放的三相开关

5. 火花间隙和避雷器

表 1-40 火花间隙和避雷器

图形符号	说明
	火花间隙
	双火花间隙

续表

图形符号	说明
	避雷器
	保护用充气放电管
	保护用对称充气放电管

6. 灭火器

表 1-41 灭 火 器

图形符号	说明
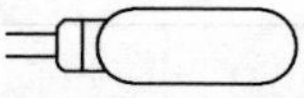	具有连接器的单头灭火器
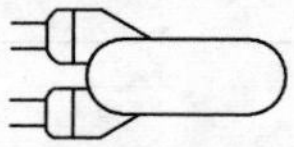	具有连接器的双头灭火器

七、测量仪表、灯和信号器件

1. 指示、记录和积算仪表符号

表 1-42 指示、记录和积算仪表符号

图形符号	说明
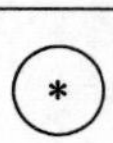 *	指示仪表
 *	记录仪表
 *	积算仪表，如电能表 从积算仪表传输重复读数的遥测仪表也可使用该符号 该符号可以和记录仪表组合来表示组合仪表

2. 指示仪表

表 1-43 指示仪表示例

图形符号	说明
(V)	电压表
(A Isinφ)	无功电流表
→(W Pmar)	最大需量指示器（由一台积算仪表操纵的）
(var)	无功功率表
(cosφ)	功率因数表
(φ)	相位表
(Hz)	频率表
	同步表（同步指示仪）
(λ)	波长表
	示波器
(V U_d)	差动电压表
(↑)	检流计
(θ)	温度计、高温计 注：θ可以由 t°代替
(n)	转速表
(ΣA)	和量仪表（示出电流和量）
(±)	极性表
	静电计

3. 记录仪表

表 1-44 记录仪表示例

图形符号	说明
W	记录式功率表
W var	组合式记录功率表和无功功率表
	记录式示波器

4. 积算仪表

表 1-45 积算仪表示例

图形符号	说明
h	小时计
Ah	安培小时计
Wh	电能表（瓦特小时计）
→ Wh	电能表（仅测量单向传输能量）
↦ Wh	电能表（测量从母线流出的能量）
⊢← Wh	电能表（测量流向母线的能量）
⊢↔ Wh	输入—输出电能表
Wh	多费率电能表（示出二费率）

续表

图形符号	说明
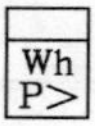	超量电能表
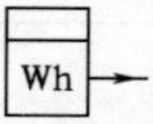	带发送器电能表
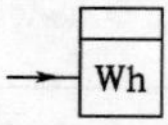	从动电能表（转发器）
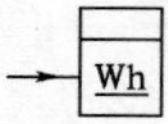	从动电能表（转发器）带有打印装置
	带最大需量指示器的电能表
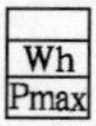	带最大需量记录器的电能表
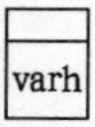	无功电能表

5. 遥测器件

表 1-46　遥测器件

图形符号	说明
	信号变换器一般符号
	遥测接收器
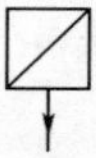	遥测发送器

6. 灯和信号器件

表 1-47　灯和信号器件

图形符号	说明
	灯的一般符号 信号灯的一般符号
	闪光型信号灯
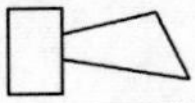	电喇叭
优选型 	电铃
其他型 	电铃
	单击电铃
	报警器
优选型 	蜂鸣器
其他型 	蜂鸣器
	电动汽笛

第二章 半导体器件

第一节 国产半导体器件的命名

一、半导体器件型号命名方法

根据 GB 249—89 的规定，国产半导体器件的型号由五部分组成，其符号及意义见表 2-1。

表 2-1 国产半导体器件命名表

第一部分		第二部分		第三部分		第四部分	第五部分
用阿拉伯数字表示器件的电极数目		用汉语拼音字母表示器件的材料和极性		用汉语拼音字母表示器件的类别		用阿拉伯数字表示序号	用汉语拼音字母表示规格号
符号	意义	符号	意义	符号	意义		
2	二极管	A	N 型，锗材料	P	小信号管		
		B	P 型，锗材料	V	混频检波管		
		C	N 型，硅材料	W	电压调整管和电压基准管		
		D	P 型，硅材料	C	变容管		
3	三极管	A	PNP 型，锗材料	Z	整流管		
		B	NPN 型，锗材料	L	整流堆		
		C	PNP 型，硅材料	S	遂道管		
		D	NPN 型，硅材料	K	开关管		
		E	化合物材料	X	低频小功率晶体管 ($f_a<3MHz, P_c<1W$)		
				G	高频小功率晶体管 ($f_a\geq3MHz, P_c<1W$)		
				D	低频大功率晶体管 ($f_a<3MHz, P_c\geq1W$)		
				A	高频大功率晶体管 ($f_a\geq3MHz, P_c\geq1W$)		

续表

第一部分		第二部分		第三部分		第四部分	第五部分
用阿拉伯数字表示器件的电极数目		用汉语拼音字母表示器件的材料和极性		用汉语拼音字母表示器件的类别		用阿拉伯数字表示序号	用汉语拼音字母表示规格号
符号	意义	符号	意义	符号	意义		
				T	闸流管		
				Y	体效应管		
				B	雪崩管		
				J	阶跃恢复管		
				CS	场效应晶体管		
				BT	特殊晶体管		
				FH	复合管		
				PIN	PIN 管		
				ZL	整流管阵列		
				QL	硅桥式整流器		
				SX	双向三极管		
				DH	电流调整管		
				SY	瞬态抑制二极管		
				GS	光电子显示器		
				GF	发光二极管		
				GR	红外发射二极管		
				GJ	激光二极管		
				GD	光敏二极管		
				GT	光敏晶体管		
				GH	光耦合器		
				GK	光开关管		
				GL	摄像线阵器件		
				GM	摄像面阵器件		

注 场效应管、半导体特殊器件、复合管等的型号命名，只有第三、四、五部分。

示例 1：锗 PNP 型高频小功率晶体管

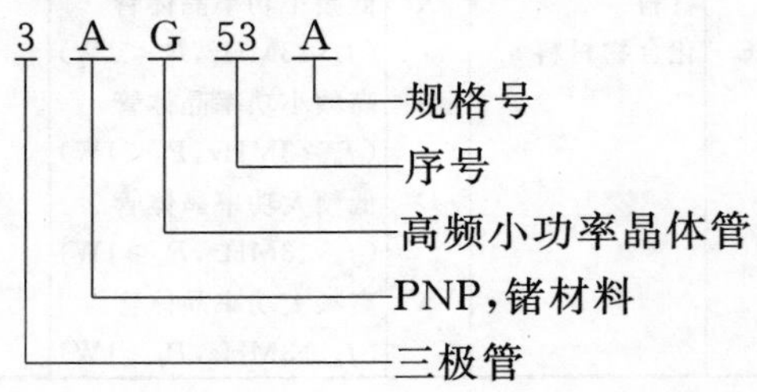

示例 2：场效应器件

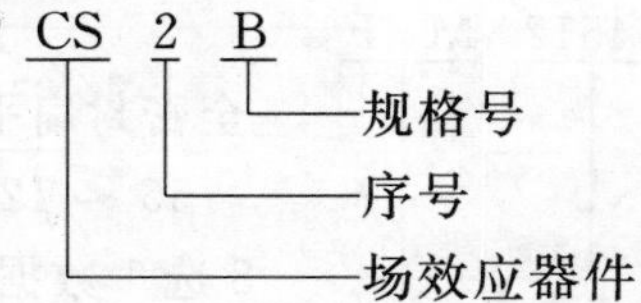

二、半导体集成电路型号命名方法

根据 GB3430—82 的规定，国产半导体集成电路的型号由五个部分组成，其符号及意义见表 2-2。

表 2-2 国产半导体集成电路命名法

第一部分		第二部分		第三部分	第四部分		第五部分	
用字母表示器件符合国家标准		用字母表示器件的类型		用阿拉伯数字表示器件的系列和品种代号	用字母表示器件的工作温度范围		用字母表示器件的封装	
符号	意义	符号	意 义		符号	意 义	符号	意 义
C	中国制造	T	TTL		C	0～70℃	W	陶瓷扁平
		H	HTL		E	－40～85℃	B	塑料扁平
		E	ECL		R	－55～85℃	F	全密封扁平
		C	CMOS		M	－55～125℃	D	陶瓷直插
		F	线性放大器		⋮	⋮	P	塑料直插
		D	音响，电视电路				J	黑陶瓷直插
		W	稳压器				K	金属菱形
		J	接口电路				T	金属圆形
		B	非线性电路				⋮	⋮
		M	存贮器					
		μ	微型机电路					
		⋮						

示例 1：TTL 双 4 输入与非门

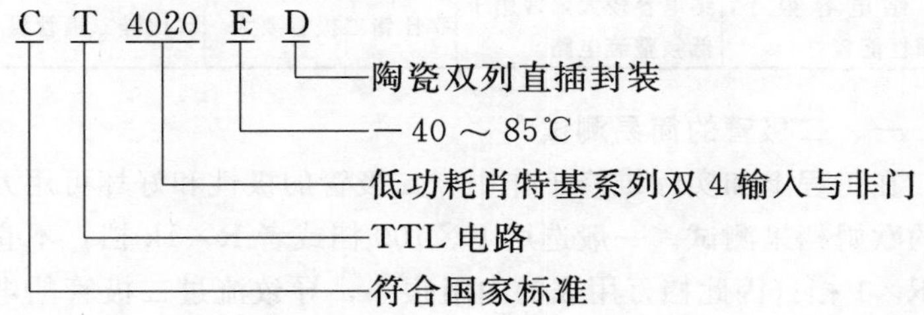

示例 2：CMOS 8 选 1 数据选择器

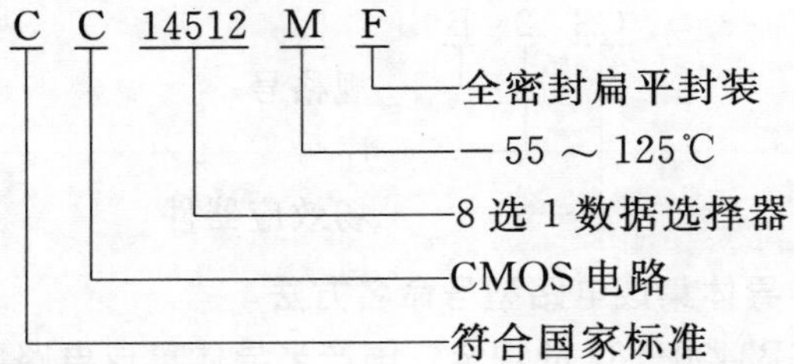

示例 3：通用型运算放大器

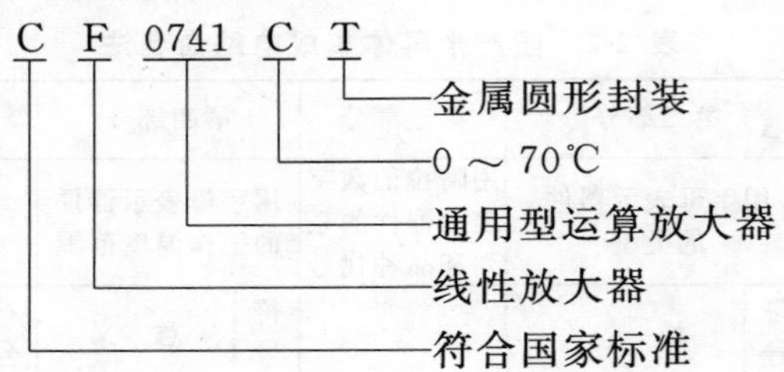

第二节　晶体二极管

晶体二极管的分类及特点，见表 2-3。

表 2-3　晶体二极管的分类及特点

按结构分		按制造材料分	
点接触型	面接触型	硅二极管	锗二极管
PN 结的面积很小，不能通过大电流；结电容很小，高频性能较好	PN 结的面积大，可通过较大的电流；结电容较大，常用于低频整流电路	正向导通电压约为 0.6V，电流上升率比锗二极管要大	正向导通电压约为 0.2V，电流上升率比硅二极管要小

一、二极管的简易测试

在工程上和实际维修工作中，二极管的极性和好坏可用万用表的欧姆档来测试。一般选用 R×100 档或者 R×1k 档，不宜采用 R×1 档（因此档万用表的内阻很小，导致流过二极管的电流太大而损坏管子），也不宜采用 R×10k 档（因此档另配有电压较高的电池而容易损坏二极管），具体测试方法见表 2-4。

表 2-4 二极管的简易测试方法

项目	正 向 电 阻	反 向 电 阻
测试方法	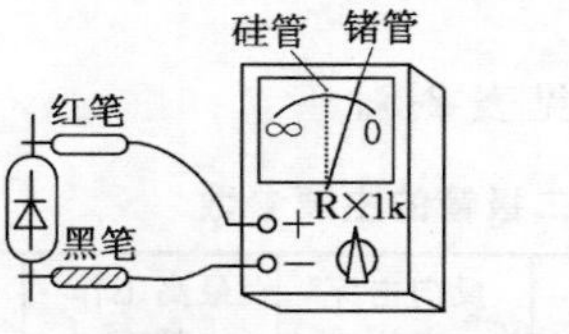 硅管 锗管 红笔 ∞ 0 R×1k 黑笔 + −	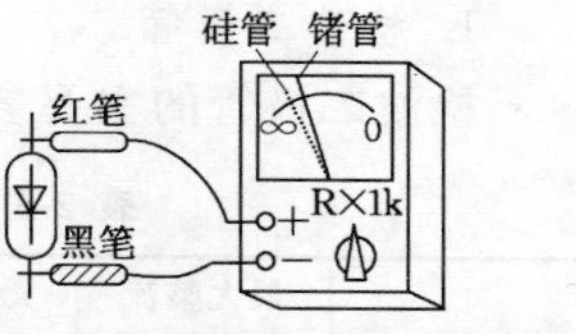 硅管 锗管 红笔 ∞ 0 R×1k 黑笔 + −
测试情况	硅管：表针指示位置在中间或中间偏右一点；锗管：表针指示在右端靠近满度的地方（如上图所示）表明管子正向特性是好的 如果表针在左端不动，则管子内部已经断路	硅管：表针在左端基本不动，非常靠近∞位置；锗管：表针从左端启动一点，但不应超过满刻度的 1/4（如上图所示），则表明反向特性是好的 如果表针指在 0 位，则管子内部已短路
极性判别	万用表⊖端（黑表笔）连接二极管的阳极，因为⊖端与万用表内电池正极相连	万用表⊖端（黑表笔）连接二极管的阴极

二、使用二极管的注意事项

（1）要根据使用场合和二极管的性能，选用合适的型号。

1）检波二极管：如 2AP 系列适用于高频检波、限幅等。

2）整流二极管：如 2CP 系列适用于小功率整流，2CZ 系列、ZP 系列适合于大功率整流。

3）开关二极管：如 2AK 系列、2CK 系列适用于脉冲电路和开关电路。

（2）极性不能接错，必须遵照器件管壳上的标记，或用万用表判断。

（3）最高反向工作电压和最大整流电流是二极管最重要的极限参数，使用时不能超过极限值；对于有电感元件的电路，最高反向工作电压要选得比线路工作电压大 2 倍以上。

（4）二极管受温度影响较大，特别是整流二极管，因此必须按规定安装散热器。

(5) 焊接小功率二极管时要迅速，一般不超过5秒，但要保证焊接牢靠，严防虚焊。管壳引线的弯折通常要距管壳5mm以上，使用烙铁以25W为宜。

三、常用国产二极管的型号及主要参数

1. 检波二极管

检波二极管的主要参数，见表2-5。

表 2-5 检波二极管的主要参数

型号	最大整流电流(mA)	最高反向工作电压(V)	反向击穿电压(V)	最高工作频率(MHz)	用途
2AP1	16	20	40	150	整流、检波、限幅
2AP2	16	30	45		
2AP3	25	30	45		
2AP4	16	50	75		
2AP5	16	75	110		
2AP6	12	100	150		
2AP7	12	100	150		
2AP8	35	15	20	150	鉴频、检波、小电流整流、限幅
2AP8A	35	15	20		
2AP8B	35	15	20		
2AP9	5	15	20	100	检波
2AP10	5	30	40		
2AP11	25	10		40	整流、检波
2AP12	40	10			
2AP13	20	30		40	检波、整流
2AP14	30	30			
2AP15	30	30			
2AP16	20	50			
2AP17	15	100			
2AP21	50	10	15	100	检波、整流、限幅
2AP22	16	30	45		
2AP23	25	40	60		
2AP24	16	50	100		
2AP25	16	50	100		
2AP26	16	100	150		
2AP27	8	150	200		
2AP28	16	100	150		

2. 整流二极管

整流二极管的主要参数，见表 2-6。

表 2-6　整流二极管的主要参数

型　号	额定正向整流电流（A）	正向压降（V）	反向漏电流（25℃）（μA）	散热器规格（mm）或面积	最高反向工作电压	
					型号	数值（V）
2CZ50A～X	0.03	≤1.2	≤5		A	25
2CZ51A～X	0.05	≤1.2	≤5		B	50
2CZ52A～X	0.1	≤1.0	≤5		C	100
2CZ53A～X	0.3	≤1.0	≤5		D	200
2CZ54A～X	0.5	≤1.0	≤10		E	300
2CZ55A～X	1	≤1.0	≤10	60×60×1.5	F	400
2CZ56A～X	3	≤0.8	20	80×80×1.5	G	500
2CZ57A～X	5	≤0.8	20	$100cm^2 \times 2$	H	600
2CZ58A～X	10	≤0.8	30	$200cm^2$	J	700
2CZ59A～X	20	≤0.8	40	$400cm^2$	K	800
2CZ60A～X	50	≤0.8	50	$600cm^2$ 风冷	L	900
2CZ80A～X	0.03	≤1.2	5		M	1000
2CZ81A～X	0.05	≤1.2	5		N	1200
2CZ82A～X	0.1	≤1.0	5		P	1400
2CZ83A～X	0.3	≤1.0	5		Q	1600
2CZ84A～X	0.5	≤1.0	10		R	1800
2CZ85A～X	1	≤1.0	10		S	2000
2DZ10A～X	0.03	≤1.2	5		T	2200
2DZ11A～X	0.05	≤1.2	5		U	2400
2DZ12A～X	0.1	≤1.0	5		V	2600
2DZ13A～X	0.3	≤1.0	5		W	2800
2DZ14A～X	0.5	≤1.0	10	60×60×1.5	X	3000
2DZ15A～X	1	≤1.0	10	60×60×1.5		
2DZ16A～X	3	≤0.8	20	80×80×1.5		
2DZ17A～X	5	≤0.8	20	$100cm^2 \times 2$		
2DZ18A～X	10	≤0.8	30	$200cm^2 \times 2$		

四、常用国外整流二极管的主要参数

常用国外整流二极管的主要参数，见表 2-7。

表 2-7 几种常用国外整流二极管的主要参数

最高反向工作电压(V)	50	100	200	300	400	500	600	800	1000
1A 系列	IN 4001	IN 4002	IN 4003		IN 4004		IN 4005	IN 4006	IN 4007
1.5A 系列	IN 5391	IN 5392	IN 5393	IN 5394	IN 5395	IN 5396	IN 5397	IN 5398	IN 5399
2A 系列	PS 200	PS 201	PS 202		PS 204		PS 206	PS 208	PS 210
3A 系列	IN 5400	IN 5401	IN 5402	IN 5403	IN 5404	IN 5405	IN 5406	IN 5407	IN 5408
6A 系列	P 600A	P 600B	P 600D		P 600G		P 600J	P 600K	P 600L

五、常用桥式整流器的型号及主要参数

桥式整流器的内部电路及常见外形如图 2-1 所示，其主要参数见表 2-8。

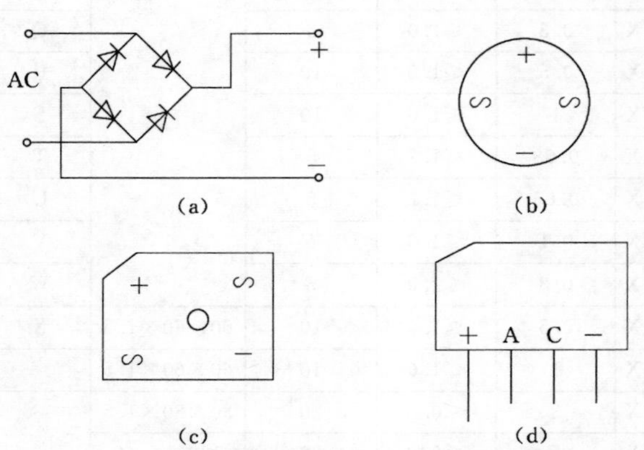

图 2-1 桥式整流器内部电路及外形与极性

(a) 内部电路；(b) 圆形（俯视图）；(c) 方形（俯视图）；(d) 扁形

表 2-8　常用硅桥式整流器的型号及主要参数

型号	V_R (V)	I_0 (A)	V_F (V)	I_R (μA)	I_{FSM} (A)	主要用途
QL_1	25～1000	0.05	1.2	10	1	收音机、录音机、电视机及仪器仪表、电子设备、电源单相桥式整流
QL_2		0.1			2	
QL_3		0.2			4	
QL_4		0.3			6	
QL_5		0.5			10	
QL_6		1			20	
QL_7		2		15	40	
QL_8		3			60	
QL_9		5		20	100	
QL_{51}		1		10		
QL_{52}		0.05				
QL_{53}		0.1				
QL_{54}		0.2				
QL_{55}		0.5				
QL_{56}		0.1		10	20	
QL_{57}		0.2	1			
QL_{58}		0.3				
QL_{59}		0.5				
QL_{60}		1				
QL_{61}		2		15		
QL_{62}		2		10	50	

注　I_0——额定整流电流（平均值）。

第三节　稳压二极管

一、稳压管的应用

稳压管是经过特殊工艺制作而成的硅二极管。它工作在二极管的反向击穿区，正常工作时，通常要串接电阻，起限流作用，如图 2-2 所示。该电路虽然稳压效果较差，但因为电路简单，且不怕负载短路，故在稳压要求不高的场合经常使用。

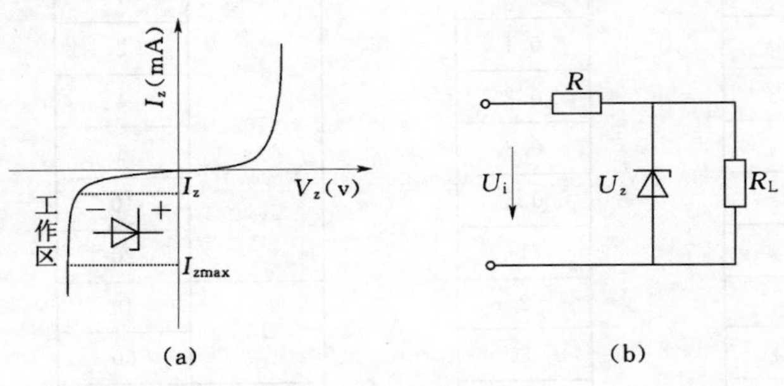

图 2-2 稳压管的伏安特性及基本应用电路

(a) 伏安特性；(b) 基本应用电路

稳压管最常见的应用是提供基准电压，如图 2-3 所示。

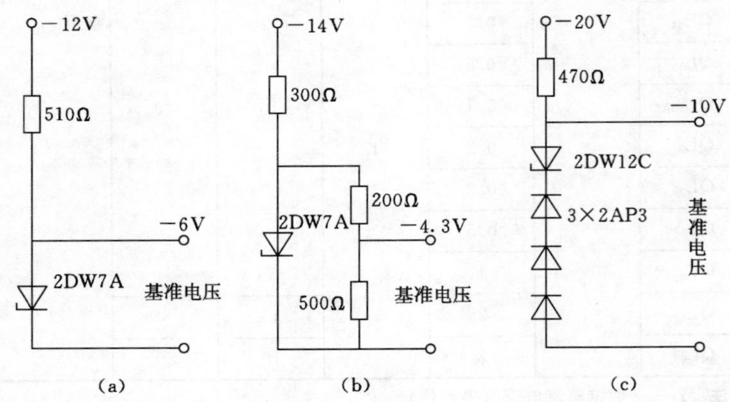

图 2-3 几种基准电压的典型电路

(a) 等于稳压管的稳定电压；(b) 基准电压小于稳压管的稳定电压；

(c) 用二极管进行温度补偿后的基准电压

二、国产稳压管的型号及主要参数

国产 2CW 型稳压管的型号及主要参数，见表 2-9。

表 2-9　2CW 型硅半导体稳压二极管

型　号	最大耗散功率（W）	稳定电压（V）	最大工作电流（mA）	正向压降	动态电阻（Ω）	电压温度系数（10^{-4}/℃）
2CW50	0.25	1～2.8	83	≤1	20～400	−9
2CW51		2.5～3.5	71			−9
2CW52		3.2～4.5	55			−8
2CW53		4～5.8	41			−6～4
2CW54		5.5～6.5	38			−3～5
2CW55	0.25	6.2～7.5	33	≤1	20～400	6
2CW56		7～8.8	27			7
2CW57		8.5～9.5	26			8
2CW58		9.2～10.5	23			8
2CW59		10～11.8	20			9
2CW60		11.5～12.5	19			9
2CW61		12.2～14	16			9.5
2CW62		13.5～17	14			9.5
2CW63		16～19	13			10
2CW64		18～21	11			10
2CW65		20～24	10			10
2CW66		23～26	9			10
2CW67	0.25	25～28	9	≤1	20～400	10
2CW68		27～30	8			10
2CW69		29～33	7			10
2CW70		32～36	7			10
2CW71		35～40	6			10
2CW72	1	7～8.8	29	≤1	6～40	7
2CW73		8.5～9.5	25			8
2CW74		9.2～10.5	23			8
2CW75		10～11.8	21			9
2CW76		11.5～12.5	20			9
2CW77		12.2～14	18			9.5
2CW78		13.5～17	14			9.5
2CW100	1	1～2.8	330	≤1	10～500	−9
2CW101		2.5～3.5	280			−8
2CW102		3.2～4.5	220			−6～4
2CW103		4～5.8	165			−3～5
2CW104		5.5～6.5	150			6

续表

型　号	最大耗散功率（W）	稳定电压（V）	最大工作电流（mA）	正向压降	动态电阻（Ω）	电压温度系数（10^{-4}/℃）
2CW105	1	6.2～7.5	130	≤1	10～500	7
2CW106		7～8.8	110			8
2CW107		8.5～9.5	100			8
2CW108		9.2～10.5	95			9
2CW109		10～11.8	83			9
2CW110		11.5～12.5	76			10
2CW111		12.2～14	66			10
2CW112	1	12.5～17	58	≤1	10～500	11
2CW113		16～19	52			11
2CW114		18～21	47			11
2CW115		20～24	41			11
2CW116		23～26	38			11
2CW117		25～28	35			11
2CW118		27～30	33			11
2CW119		29～33	30			12
2CW120		32～36	27			12
2CW121		35～40	25			12
2CW130	3	3～4.5	600	≤1	6～300	−8
2CW131		4～5.8	500			−6～4
2CW132	3	5.5～6.5	460	≤1	6～300	−3～5
2CW133		6.2～7.5	400			6
2CW134		7～8.8	330			7
2CW135		8.5～9.5	310			8
2CW136		9.2～10.5	280			8
2CW137		10～11.8	250			9
2CW138		11.5～12.5	230			9
2CW139		12.2～14	200			10
2CW140		13.5～17	170			10
2CW141		16～19	150			11
2CW142		18～21	140			11
2CW143		20～24	120			11
2CW144	3	23～26	110	≤1	6～300	11
2CW145		25～28	105			11
2CW146		27～30	100			11
2CW147		29～33	90			12
2CW148		32～36	80			12
2CW149		35～40	75			12

三、常用国产稳压管与国外产品的代换

常用国产稳压管与国外产品的代换，见表 2-10。

表 2-10 国产稳压管与国外产品代换表

型　　号	国外参考型号	型　　号	国外参考型号
2CW50—2V4	IN5985A、B、C、D	1/2W50—51V	IN6017A、B、C、D
2CW50—2V7	IN5986A、B、C、D	1/2W60—56V	IN6018A、B、C、D
2CW51—3V	IN5987A、B、C、D	1/2W60—62V	IN6019A、B、C、D
2CW51—3V3	IN5988A、B、C、D	1/2W70—68V	IN6020A、B、C、D
2CW51—3V6	IN5989A、B、C、D	1/2W70—75V	IN6021A、B
2CW52—3V9	IN5990A、B、C、D	1/2W80—82V	IN6022A、B
2CW52—4V3	IN5991A、B、C、D	1/2W90—91V	IN6023A、B
2CW53—4V7	IN5992A、B、C、D	1/2W100—100V	IN6024A、B
2CW53—5V1	IN5993A、B、C、D	1/2W110—110V	IN6025A、B
2CW53—5V6	IN5994A、B、C、D	1/2W120—120V	IN6026A、B
2CW54—6V2	IN5995A、B、C、D	1/2W130—130V	IN6027A、B
2CW54—6V8	IN5996A、B、C、D	2CW101—3V3	IN5913A、B、C、D
2CW55—7V5	IN5997A、B、C、D	2CW101—3V6	IN5914A、B、C、D
2CW56—8V2	IN5998A、B、C、D	2CW102—3V3	IN5915A、B、C、D
2CW57—9V1	IN5999A、B、C、D	2CW102—4V3	IN5916A、B、C、D
2CW58—10V	IN6000A、B、C、D	2CW103—4V7	IN5917A、B、C、D
2CW59—11V	IN6001A、B、C、D	2CW103—5V1	IN5918A、B、C、D
2CW60—12V	IN6002A、B、C、D	2CW103—5V6	IN5919A、B、C、D
2CW61—13V	IN6003A、B、C、D	2CW104—6V2	IN5920A、B、C、D
2CW62—15V	IN6004A、B、C、D	2CW104—6V8	IN5921A、B、C、D
2CW62—16V	IN6005A、B、C、D	2CW105—7V5	IN5922A、B、C、D
2CW62—18V	IN6006A、B、C、D	2CW106—8V2	IN5923A、B、C、D
2CW64—20V	IN6007A、B、C、D	2CW107—9V1	IN5924A、B、C、D
2CW65—22V	IN6008A、B、C、D	2CW108—10V	IN5925A、B、C、D
2CW66—24V	IN6009A、B、C、D	2CW109—11V	IN5926A、B、C、D
2CW67—27V	IN6010A、B、C、D	2CW110—12V	IN5927A、B、C、D
2CW68—30V	IN6011A、B、C、D	2CW111—13V	IN5928A、B、C、D
2CW69—33V	IN6012A、B、C、D	2CW112—15V	IN5929A、B、C、D
2CW70—36V	IN6013A、B、C、D	2CW112—16V	IN5930A、B、C、D
2CW71—39V	IN6014A、B、C、D	2CW113—18V	IN5931A、B、C、D
1/2W42—43V	IN6015A、B、C、D	2CW114—20V	IN5932A、B、C、D
1/2W45—47V	IN6016A、B、C、D	2CW115—22V	IN5933A、B、C、D
		2CW116—24V	IN5934A、B、C、D

续表

型　　号	国外参考型号	型　　号	国外参考型号
2CW117—27V	IN5935A、B、C、D	2DW53—75V	IN5946A、B、C、D
2CW118—30V	IN5936A、B、C、D	2DW54—82V	IN5947A、B、C、D
2CW119—33V	IN5937A、B、C、D	2DW55—91V	IN5948A、B、C、D
2CW120—36V	IN5938A、B、C、D	2DW56—100V	IN5949A、B、C、D
2CW121—39V	IN5939A、B、C、D	2DW57—110V	IN5950A、B、C、D
2DW50—43V	IN5940A、B、C、D	2DW58—120V	IN5951A、B、C、D
2DW51—47V	IN5941A、B、C、D	2DW59—130V	IN5952A、B、C、D
2DW51—51V	IN5942A、B、C、D	2DW60—150V	IN5953A、B、C、D
2DW52—56V	IN5943A、B、C、D	2CW61—160V	IN5954A、B、C、D
2DW52—62V	IN5944A、B、C、D	2CW62—180V	IN5955A、B、C、D
2DW53—68V	IN5945A、B、C、D	2CW64—200V	IN5956A、B、C、D

第四节　晶体三极管

一、概述

晶体三极管按材料分为两种：硅管和锗管，而每一种又有NPN和PNP两种形式，实际使用最多的是硅NPN管和锗PNP管，两者工作原理相同，仅是电源极性不同。

三极管有放大、截止、饱和三种工作状态。放大电路及振荡电路通常工作在放大状态，开关电路通常工作在截止、饱和状态。三极管三种工作状态的特点和参数变化，见表2-11。

表 2-11　晶体三极管的三种工作状态及参量关系

工作状态	截止状态	放大状态	饱和状态
NPN 硅管	$+E_C$　R_C　I_C　I_B　$U_{CE} \approx E_C$　U_{BE} 约-0.3～$+0.5$V	$+E_C$　R_C　I_C　I_B　U_{CE}　U_{BE} 约$+0.5$～$+0.7$V	$+E_C$　R_C　I_C　I_B　$U_{CE} \approx 0$　U_{BE} 大于$+0.7$V

续表

工作状态	截止状态	放大状态	饱和状态
PNP 锗管	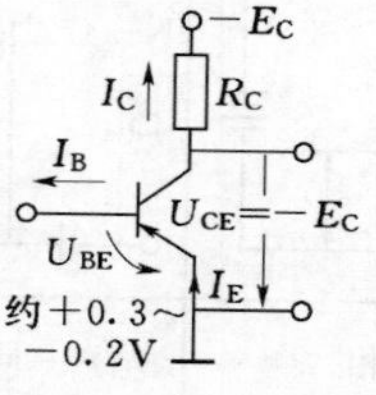 $-E_C$ I_C R_C I_B $U_{CE}=-E_C$ U_{BE} I_E 约+0.3～-0.2V	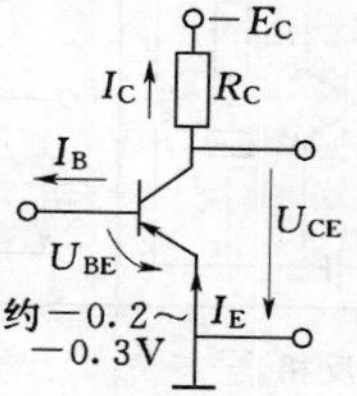 $-E_C$ I_C R_C I_B U_{CE} U_{BE} I_E 约-0.2～-0.3V	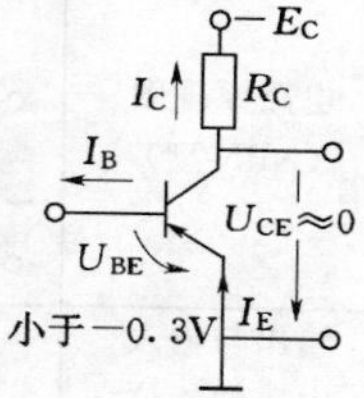 $-E_C$ I_C R_C I_B $U_{CE}\approx 0$ U_{BE} I_E 小于-0.3V
参数范围	$I_B\leqslant 0$，其实际方向与图中所示方向相反，即与放大和饱和状态时的 I_B 方向相反	$I_B>0$，其实际方向如图所示	$I_B>I_{BS}$，其中 $I_{BS}=\dfrac{I_{CS}}{\beta}=\dfrac{E_C}{R_C\cdot\beta}$
	锗管的 U_{BE} 约在+0.3～-0.2V之间；硅管的 U_{BE} 约在-0.3～+0.5V之间	锗管的 U_{BE} 约在-0.2～-0.3V之间；硅管的 U_{BE} 约在+0.5～+0.7V之间	锗管的 U_{BE} 比-0.3V更小；硅管的 U_{BE} 大于+0.7V
	$I_C\leqslant I_{CEO}$ 锗管：几十～几百 μA 硅管：几 μA 以下	$I_C=\beta I_B+I_{CEO}$	$I_C\approx\dfrac{E_C}{R_C}$
	NPN 型：$U_{CE}=E_C$ PNP 型：$U_{CE}=-E_C$	NPN 型：$U_{CE}=E_C-I_CR_C$ PNP 型：$U_{CE}=-E_C+I_CR_C$	管子饱和压降 U_{CES} 的大小为0.2～0.3V
工作状态和特点	当 $I_B\leqslant 0$ 时，I_C 很小，三极管C、E间断开，电源电压 E_C 几乎全部加在管子的两端	I_C 与 I_B 成正比，管子起放大作用，微小的 I_B 变化能引起 I_C 较大的变化	I_C 不再随 I_B 的增加而增加，管子两端压降很小，E_C 几乎全部加在 R_C 上

三极管在构成电路时有共发射极、共集电极、共基极三种接法，这三种接法的形式和性能特点见表2-12。

二、三极管的主要参数

1.直流参数

（1）共发射极直流电流放大系数 h_{FE} 或 $\bar{\beta}$：在没有交流信号输

表 2-12　晶体三极管三种电路接法和性能比较

电路名称	共发射极电路	共集电极电路（射极输出器）	共基极电路
电路原理图（NPN 型）	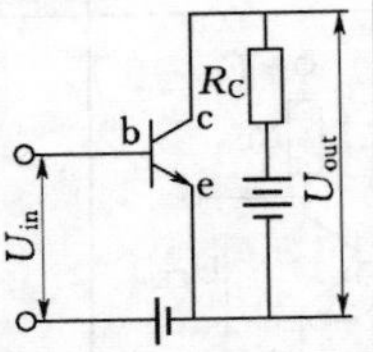	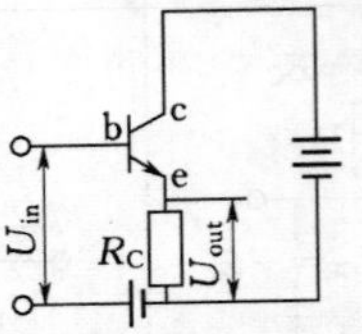	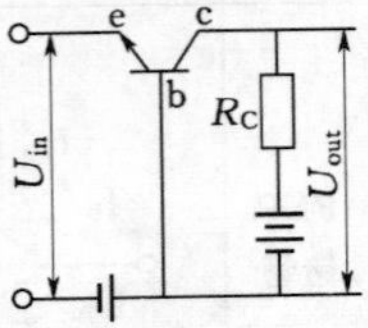
输出与输入电压的相位	反相	同相	同相
输入阻抗	较小（约几百欧）	大（约几百千欧）	小（约几十欧）
输出阻抗	较大（约几十千欧）	小（约几十欧）	大（约几百千欧）
电流放大倍数	大（几十到两百倍）	大（几十至两百倍）	<1
电压放大倍数	大（几百～千倍）	<1	较大（几百倍）
功率放大倍数	大（几千倍）	小（几十倍）	较大（几百倍）
频率特性	较差	好	好
稳定性	差	较好	较好
失真情况	较大	较小	较小
对电源要求	采用偏置电路，只需一个电源	采用偏置电路，只需一个电源	需要两个独立电源
应用范围	放大，开关等电路	阻抗变换电路	高频放大、振荡

入时，共射电路的输出直流电流（即集电极直流电流）与输入电流（即基极电流）的比值，即 h_{FE} $(\bar{\beta})=I_C/I_B$。

（2）集电极—基极反向截止电流 I_{CBO}：为发射极断开时，集电极和基极之间在规定的反向电压下的电流。在室温下，小功率锗管的 I_{CBO} 约为 10μA 左右，大功率锗管的 I_{CBO} 可达数毫安；而硅管的 I_{CBO} 则为同功率锗管的 1/1000～1/100。

（3）集电极—发射极反向截止电流 I_{CEO}（穿透电流）：为基极开路时，集电极和发射极之间在规定的反向电压作用下的集电极电流。一个管子的 I_{CEO} 大约是它的 I_{CBO} 的 β 倍。I_{CBO} 和 I_{CEO} 受温度的影响极大，因此是衡量管子热稳定性的重要参数，其值越小，性能越稳定。

2. 交流参数

（1）共发射极交流放大倍数 h_{fe} 或 β：为共射电路中，输出电流 i_C 的变化量与输入电流的变化量之比，即 h_{fe}（β）$=\Delta i_B/\Delta i_C$。当三极管工作在放大区时，可粗略地认为 h_{fe}（β）$=h_{FE}$（$\bar{\beta}$）。三极管的 β 值一般在 10～200 之间。β 值太小，电流放大作用差；β 值太大，电流放大作用大，但性能往往不稳定。

国产三极管的 β 值在管顶用色点表示时，其意义如下：

色点	棕	红	橙	黄	绿	蓝	紫	灰	白	黑
β	～15	15～25	15～40	40～55	55～80	80～120	120～180	180～270	270～400	>400

（2）共基极交流放大系数 h_{fb} 或 α：为共基电路中，输出电流 i_C 的变化量与输入电流 i_E 的变化量之比，即 h_{fb}（α）$=\Delta i_C/\Delta i_E$。

α 和 β 是从不同的二个方面说明同一管子放大性能的参数，两者可以互相换算，即

$$\beta=\frac{\alpha}{1-\alpha}\text{ 或 }\alpha=\frac{\beta}{1+\beta}$$

（3）截止频率 f_β：在共射电路中，输出端交流短路时，其电流放大系数 β 下降到低频值的 0.707 倍时的频率。

（4）特征频率 f_T：在共射电路中，当频率大于 f_β 后，β 值将很快下降，当降到 1 时所对应的频率就叫特征频率，此时共射电路失去电流放大作用。

3. 极限参数

（1）集电极最大允许电流 I_{CM}：当集电极电流增加到某一数值，β 值下降到额定值的 2/3 或 1/2 时的 I_C 值即为 I_{CM}。当 I_C 超过 I_{CM} 时，虽然不致于损坏管子，但 β 值将显著下降，影响放大效果。

（2）集电极—发射极击穿电压 BU_{CEO}：基极开路时，加在集

电极和发射极之间的最大容许电压。使用时，如果 $u_{CE} > BU_{CEO}$，管子就会击穿损坏。

(3) 集电极最大允许耗散功率 P_{CM}：集电极流过电流时温度要升高，管子因受热而引起的参数变化不超过规定容许时的集电极功率即为最大集电极耗散功率。管子实际耗散功率 $P_C = U_{CE} \cdot I_C$，使用时应使 $P_C < P_{CM}$。

P_{CM} 与散热条件有关，加大散热片可大大提高 P_{CM}。

三、三极管的简易测试

1. 三极管型号及其电极的判别

其简易判别方法见表 2-13。

表 2-13　三极管型与电极的判别方法

项目		方法	说明
第一步判别基极	PNP 型三极管	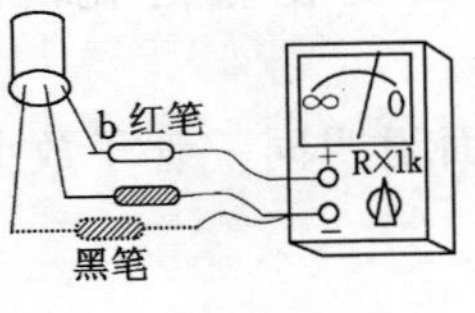	可把三极管看作两个二极管来分析。将万用表的红笔接某一管脚，用黑笔分别接另外两管脚，这样可有三组（每组二次）读数，当其中一组二次测量的阻值均小时（指针指在右端），则红笔所连接的管脚即为 PNP 型管子的基极
	NPN 型三极管	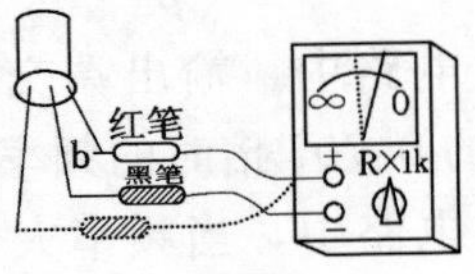	方法同上，但以黑笔为准，用红笔分别接另外两管脚，当其中一组二次测量的阻值均小时，则黑笔所连接的管脚为 NPN 型管子的基极
第二步判别集电极		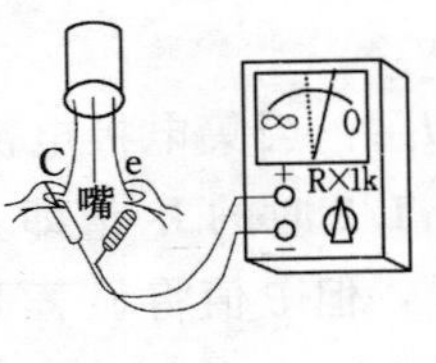	利用三极管正向电流放大系数比反向电流放大系数大的原理确定集电极。将万用表两个表笔接到管子的另外两脚，用嘴含住基极（利用人体电阻实现偏置），看准表针位置，再将表笔对调，重复上述测试，比较两次指针位置。对于 PNP 型管子，阻值小的一次，红笔所接的即为集电极；对于 NPN 型管子，阻值小的一次，黑笔所接的即为集电极

2. 小功率三极管性能的简易判别方法

对 PNP 型三极管，其性能测试方法见表 2-14。对 NPN 型三极管，测试方法类似。不同的是，测试时万用表的红、黑表笔对调。

表 2-14　用万用表简易测试 PNP 型三极管的性能

项　目	方　法	说　明
穿透电流 I_{CEO}	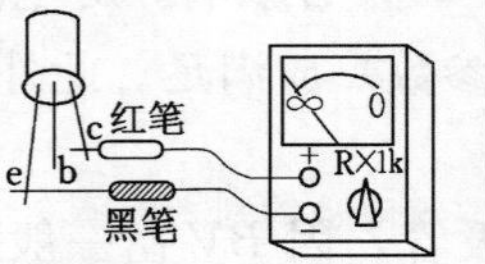 红笔 c b e 黑笔 R×1k	用 R×1k（R×100）档测集电极—发射极反向电阻，指针越靠左端（阻值越大），说明 I_{CEO} 越小，管子性能越稳定。一般硅管比锗管阻值大；高频管比低频管阻值大；小功率管比大功率管阻值大，低频小功率锗管约在几千欧以上
电流放大系数 β	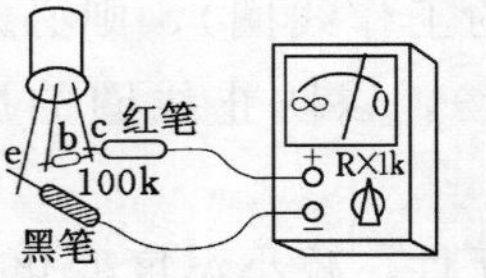 红笔 c b e 100k 黑笔 R×1k	在进行上述测试时，如果用嘴含住基极（或在基极—集电极间接入 100kΩ 电阻），集电极—发射极的反向电阻便减小，万用表指针向右偏转，偏转的角度越大，说明 β 值越大
稳定性能	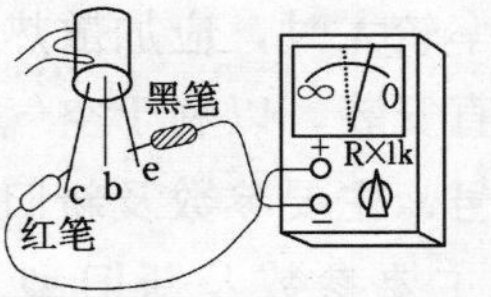 黑笔 e b c 红笔 R×1k	在判别 I_{CEO} 同时，用手捏住管子，受人体体温影响，管子集电极—发射极反向电阻将有所减小。若指针变化不大，则管子稳定性较好；若指针迅速向右端偏转，则管子稳定性较差

注　测 NPN 管时将万用表的表笔对调即可。

四、使用三极管的注意事项

1）加到管上的电压极性应正确。

PNP 管的发射极对其他两电极是正电位，而 NPN 管的发射极对其他两电极则应是负电位。

2）不论是静态、动态或不稳定态（如电路开启、关闭时），均须防止电流、电压超出最大极限值，也不得有两项或两项以上的参数同时达到极限值。

3）选用三极管应主要注意极性和下述参数：P_{CM}、I_{CM}、

BV_{CEO}、I_{CBO}、β、f_T 和f_β。一般高频工作时要求$f_T=(5\sim10)f$，f 为工作频率。

4）三极管的代换。

只要管子的基本参数相同，就能代换。性能高的可以代换性能低的。当代换高频三极管时，要特别注意 f_T 是否符合要求，只要 f_T 符合要求，一般就可以代替。但应选内反馈小的管子，$h_{FE}>20$ 即可。对于低频大功率管，一般只要 P_{CM}、I_{CM}、BV_{CEO} 符合要求即可，但应考虑 h_{FE}、V_{CES}的影响。对电路中有特殊要求的参数（如噪声系数、开关参数）应满足。此外，通常锗管和硅管不能互换。

5）工作在开关状态的三极管，因 BV_{CEO}一般较低，所以应考虑是否要在基极回路加保护线路，以防止发射极击穿；若集电极负载为感性（如继电器的工作线圈），则必须加保护线路（如线圈两端并联续流二极管），以防止线圈的反电势损坏三极管。

6）管子应避免靠近发热元件，减小温度变化和保证管壳散热良好。功率放大管在耗散功率较大时，应加散热板，管壳与散热板应紧密贴牢。散热装置垂直安装，以利于空气自然对流。

五、常用国产三极管的型号、主要参数及新旧型号对照

常用国产三极管的型号、主要参数及新旧型号对照，见表2-15～表2-28。

表 2-15　PNP 型锗低频小功率管型号、参数表

（用于低频放大及功率放大电路）

型　　号	参考旧型号	直流参数 I_{CBO} (μA)	直流参数 I_{CEO} (μA)	直流参数 $\bar{\beta}$
3AX31M		≤25	≤1000	80～400
3AX31A	3AX71A	≤20	≤800	40～180
3AX31B	3AX71B	≤12	≤600	40～180
3AX31C	3AX71C	≤6	≤400	40～180

续表

型号	参考旧型号	直流参数		
		I_{CBO} (μA)	I_{CEO} (μA)	$\bar{\beta}$
3AX31D	3AX71D	≤12	≤600	
3AX31E	3AX71E	≤12	≤600	
3AX31F		≤12	≤600	
3AX81A		≤30	≤1000	
3AX81B		≤15	≤700	
3AX85A		≤50	≤1200	40～180
3AX85B		≤50	≤900	40～180
3AX85C		≤50	≤700	40～180
3AX55M		≤80	≤1200	30～150
3AX55A	3AX61	≤80	≤1200	30～150
3AX55B	3AX62	≤80	≤1200	30～150
3AX55C	3AX63	≤80	≤1200	30～150

型号	交流参数		极限参数			
	f_{β} (kHz)	N_F (dB)	P_{CM} (mW)	I_{CM} (mA)	BU_{CBO} (V)	BU_{CBO} (V)
3AX31M			125	125	15	6
3AX31A					20	12
3AX31B					30	18
3AX31C					40	24
3AX31D	≥8	≤15			20	12
3AX31E	≥8	≤8			30	12
3AX31F	≥8	≤4		30	20	12
3AX81A	≥6		200	200	20	10
3AX81B	≥8				30	15
3AX85A	≥6		300	500	30	12
3AX85B	≥8				30	18
3AX85C	≥8				30	24
3AX55M	≥6		500	500	50	12
3AX55A	≥6				50	20
3AX55B	≥6				50	30
3AX55C	≥6				50	45

表 2-16　NPN 型锗低频小功率管型号、参数表
(用于低频放大及功率放大电路)

型号	参考旧型号	直流参数			交流参数		极限参数			
		I_{CBO} (μA)	I_{CEO} (μA)	$\bar{\beta}$	f_{β} (kHz)	N_F (dB)	P_{CM} (mW)	I_{CM} (mA)	BU_{CBO} (V)	BU_{CEO} (V)
3BX31M		≤25	≤1000	80～400			125	125	15	6
3BX31A		≤20	≤800	40～180					20	12
3BX31B		≤12	≤600	40～180	≥8				30	18
3BX31C		≤6	≤400	40～180	≥8				40	24
3BX81A	3BX2A	≤30	≤1000	40～270	≥6		200	200	20	10
3BX81B	3BX2B	≤15	≤700	40～270	≥8				30	15
3BX85A		≤50	≤1200	40～180	≥6		300	500	30	12
3BX85B		≤50	≤900	40～180	≥8				30	18
3BX85C		≤50	≤700	40～180	≥8				30	24
3BX55M		≤80	≤1200	30～180	≥6		500	500	50	12
3BX55A		≤80	≤1200	30～180	≥6				50	20
3BX55B		≤80	≤1200	30～180	≥6				50	30
3BX55C		≤80	≤1200	30～180	≥6				50	45

表 2-17　硅低频小功率三极管型号、参数表
(用于低频放大及功率放大电路)

型　　号	直流参数				极限参数			
	I_{CBO} (μA)	I_{CEO} (μA)	U_{BE} (V)	$\bar{\beta}$	BU_{CEO} (V)	BU_{CBO} (V)	P_{CM} (mW)	I_{CM} (mA)
3CX200A—B 3CX201A—B 3CX202A—B	≤1	≤2	≤0.9	55～ 400	A≥12 B≥18	≥4	300	300
3CX203A—B 3CX204A—B	≤5	≤20	≤0.9	55～ 400	A≥15 B≥25	≥4	700	700
3DX200A—B 3DX201A—B 3DX202A—B	≤1	≤2	≤0.9	55～ 400	A≥12 B≥18	≥4	300	300
3DX203A—B 3DX204A—B	≤5	≤20	≤0.9	55～ 400	A≥15 B≥25	≥4	700	700

表 2-18 PNP 型锗高频小功率三极管型号、参数表

（用于中频、高频放大、变频及振荡电路）

型号	参考旧型号	直流参数		交流参数		极限参数			
		I_{CBO} (μA)	I_{CEO} (μA)	β	f_T (MHz)	P_{CM} (mW)	I_{CM} (mA)	BU_{CBO} (V)	BU_{CEO} (V)
3AG53A	3AG1、3AG2、3AG6、3AG7～12、3AG21～22、3AG25、3AG33、3AG41	≤5	≤200	30～200	≥30	50	10	25	15
3AG53B	3AG3、3AG4、3AG13～14、3AG23～24、3AG34、3AG42				≥50				
3AG53C	3AG28、3AG35、3AG43				≥100				
3AG53D	3AG36、3AG44				≥200				
3AG53E	3AG37、3AG45				≥300				
3AG54A	3AG38A～B、3AG46、3AG47	≤5	≤300	40～180	≥30	100	30	25	15
3AG54B					≥50				
3AG54C	3AG48				≥100				
3AG54D	3AG49				≥200				
3AG54E	3AG50				≥300				
3AG55A	3AG29A～B	≤5	≤500	40～180	≥100	150	50	25	15
3AG55B	3AG29C～D				≥200				
3AG55C					≥300				

表 2-19 PNP 型硅高频小功率三极管型号、参数表

（用于高频放大及振荡电路）

型　号	参考旧型号	直流参数			交流参数	极限参数			
		I_{CBO} (μA)	I_{CEO} (μA)	$\bar{\beta}$	f_T (MHz)	P_{CM} (mW)	I_{CM} (mA)	BU_{CBO} (V)	BU_{CEO} (V)
3CG110A	3CG16A、C 3CG74A、D	≤0.1	≤0.1	≥25	≥100	300	50	≥15	≥4
3CG110B	3CG15B、C 3CG2B、E							≥30	
3CG110C	3CG4C、D 3CG21C～G							≥45	

续表

型　号	参考旧型号	直流参数			交流参数	极　限　参　数			
		I_{CBO} (μA)	I_{CEO} (μA)	$\bar{\beta}$	f_T (MHz)	P_{CM} (mW)	I_{CM} (mA)	BU_{CBO} (V)	BU_{CEO} (V)
3CG120A	3CG3A、D、G 3CG5A							≥15	
3CG120B	3CG8C 3CG15A、B	≤0.1	≤0.1	≥25	≥300	500	100	≥30	≥4
3CG120C	3CG12C、F 3CG22C							≥45	
3CG130A	3CG13A、D 3CG23A							≥15	
3CG130B	3CG4A、C 3CG7M	≤0.5	≤1	≥25	≥80	700	300	≥30	≥4
3CG130C	3CG71D～G							≥45	

表 2-20　NPN 型硅高频小功率三极管型号、参数表

(用于高频放大和振荡电路)

型　号	参考旧型号	直流参数			交流参数	极　限　参　数			
		I_{CBO} (μA)	I_{CEO} (μA)	$\bar{\beta}$	f_T (MHz)	P_{CM} (mW)	I_{CM} (mA)	BU_{CBO} (V)	BU_{CEO} (V)
3DG100M	3DG6			25～270	≥150			20	15
3DG100A	3DG6A、3DG025	≤0.1		≥30	≥150	100	20	30	20
3DG100B	3DG6B、3DG101B				≥150			40	30
3DG100C	3DG6C、3DG101C							30	20
3DG100D	3DG6D、3DG101D				≥300			40	30
3DG110M		≤0.5	≤0.5	25～270	≥150			≥20	≥15
3DG110A	3DG4B D、3DG37A				≥150			≥20	≥15
3DG110B	3DG5A B、3DG37D				≥150	300	50	≥40	≥30
3DG110C	3DG5C D E	≤0.1	≤0.1	≥30	≥150			≥60	≥45
3DG110D	3DG37B、3DG37C				≥300			≥20	≥15
3DG110E	3DG4A C E				≥300			≥40	≥30
3DG130M		≤1	≤5	25～270	≥150			≥30	≥20
3DG130A	3DG143A、3DG12A				≥150	700	300	≥40	≥30
3DG130B	3DG143B、3DG12B	≤0.5	≤1	≥30	≥150			≥60	≥45
3DG130C	3DG143C、3DG12C				≥300			≥40	≥30
3DG130D	3DG143D、3DG12D				≥300			≥60	≥45

表 2-21　NPN 型硅高频高反压小功率三极管型号、参数表

（用于高频放大、振荡和开关电路）

型号	参考旧型号	直流参数			交流参数	极限参数			
		I_{CBO} (μA)	I_{CEO} (μA)	$\overline{\beta}$	f_T (MHz)	P_{CM} (mW)	I_{CM} (mA)	BU_{CBO} (V)	BU_{CEO} (V)
3DG161A		≤0.1	≤0.1	≥20	≥50	300	20	≥60	≥60
3DG161B								≥100	≥100
3DG161C								≥140	≥140
3DG161D								≥180	≥180
3DG161E								≥220	≥220
3DG161F								≥260	≥260
3DG161G								≥300	≥300
3DG161H	3DG401、3DG402	≤0.1	≤0.1	≥20	≥100	300	20	≥60	≥60
3DG161I	3DG403、3DG404							≥100	≥100
3DG161J	3DG405、3DG406							≥140	≥140
3DG161K	3DG407、3DG408							≥180	≥180
3DG161L	3DG409、3DG411							≥220	≥220
3DG161M	3DG412、3DG413							≥260	≥260
3DG161N	3DG414、3DG415							≥300	≥300

表 2-22　NPN 型硅高频低噪声小功率三极管型号、参数表

型号	直流参数			交流参数		极限参数			用途
	I_{CBO} (μA)	I_{CEO} (μA)	$\overline{\beta}$	f_T (MHz)	N_F (dB)	P_{CM} (mW)	I_{CM} (mA)	BU_{CEO} (V)	
3DG18A	≤0.1	≤0.5	≥12	≥800	≤9	100	10	12	宽频带放大及高频放大
3DG18B				≥800	≤8				
3DG18C				≥1000	≤7				
3DG56A	≤0.1	≤0.1	≥20	500	≤4	100	15	20	具有正向特性，用于电视机高频放大、中频放大等电路
3DG56B									
3DG79A	≤0.1	≤0.1	≥30	≥600	≤4	100	20	20	
3DG79B				≥600					
3DG79C				≥700					
3DG80A	≤0.1	≤0.1	≥30	≥400	≤4	100	15	20	电视机高、中频放大
3DG80B				≥600					
3DG140A	≤0.1	≤0.1	≥20	≥400	≤4	100	15	10	高频低噪声放大
3DG140B					≤2.5				
3DG140C					≤1.5				

表 2-23 PNP 型锗小功率开关三极管型号、参数表

(用于中、高速开关电路)

<table>
<tr><td rowspan="2">型号</td><td colspan="3">直流参数</td><td>交流参数</td><td colspan="4">极限参数</td></tr>
<tr><td>I_{CBO} (μA)</td><td>I_{CEO} (μA)</td><td>$\bar{\beta}$</td><td>f_T (MHz)</td><td>I_{CM} (mA)</td><td>P_{CM} (mW)</td><td>BU_{CBO} (V)</td><td>BU_{CEO} (V)</td></tr>
<tr><td>3AK7</td><td rowspan="4">≤10</td><td rowspan="4">≤0.5</td><td>30～150</td><td>≥50</td><td rowspan="4">35</td><td rowspan="4">60</td><td rowspan="4">≥30</td><td>≥20</td></tr>
<tr><td>3AK8</td><td rowspan="3">30～250</td><td>70～120</td><td rowspan="3">≥15</td></tr>
<tr><td>3AK9</td><td>120～200</td></tr>
<tr><td>3AK10</td><td>≥200</td></tr>
<tr><td>测试条件</td><td>$U_{CB}=-12V$</td><td></td><td>$U_{CE}=-0.5V$
$I_C=10mA$</td><td>$U_{CE}=-3V$
$I_C=5mA$</td><td></td><td></td><td>$I_C=100\mu A$</td><td>$I_C=200\mu A$</td></tr>
<tr><td>3AK11</td><td>≤10</td><td rowspan="5">≤100</td><td rowspan="4">30～150</td><td>≥8</td><td>70</td><td rowspan="5">120</td><td rowspan="5">≥30</td><td>≥25</td></tr>
<tr><td>3AK12</td><td rowspan="4">≤5</td><td>50～70</td><td rowspan="4">60</td><td>≥20</td></tr>
<tr><td>3AK13</td><td>70～120</td><td>≥15</td></tr>
<tr><td>3AK14</td><td>120～200</td><td>≥15</td></tr>
<tr><td>3AK15</td><td>30～250</td><td>≥600</td><td></td></tr>
<tr><td>测试条件</td><td>$U_{CB}=-12V$</td><td>$U_{CE}=-10V$</td><td>$U_{CE}=-0.5V$
$I_C=10mA$</td><td>$U_{CE}=-3V$
$I_C=5mA$</td><td></td><td></td><td>$I_C=100\mu A$</td><td>$I_C=200\mu A$</td></tr>
</table>

表 2-24 PNP 型硅小功率开关三极管型号、参数表

型号	用途	直流参数			交流参数	极限参数			
		I_{CBO} (μA)	I_{CEO} (μA)	$\bar{\beta}$	f_T (MHz)	I_{CM} (mA)	P_{CM} (mW)	BU_{CBO} (V)	BU_{CEO} (V)
3CK9A 3CK9B 3CK9C 3CK9D	用于高速开关，高频放大电路	≤10	≤20	≥30	≥150	700	700	≥15 ≥25 ≥40 ≥60	≥1
测试条件		$U_{CB}=-10V$	$U_{CE}=-10V$		$U_{CE}=-10V$ $I_C=30mA$			$I_C=100\mu A$	$I_E=100\mu A$
3CK10A 3CK10B	用于高速开关，驱动及互补功率放大	≤10	≤20	≥25	≥150	1000	1000	≥35 ≥50	≥4
测试条件		$U_{CB}=-10V$	$U_{CE}=-10V$		$U_{CE}=-10V$ $I_C=30mA$		外加 φ14×7 散热器	$I_C=100\mu A$	$I_E=100\mu A$

表 2-25 NPN 型硅开关三极管型号、参数表

型号	直流参数			交流参数	极限参数			
	I_{CBO} (μA)	I_{CEO} (μA)	$\bar{\beta}$	f_T (MHz)	P_{CM} (mW)	I_{CM} (mA)	BU_{CBO} (V)	BU_{CEO} (V)
3DK2A 3DK2B 3DK2C	≤0.1	≤0.1	≥20	≥150 ≥200 ≥150	200	20	≥30 ≥30 ≥20	≥20 ≥20 ≥15
测试条件	U_{CB}=10V	U_{CE}=10V	U_{CE}=1V I_C=10mA	U_{CE}=10V I_C=1mA f=30MHz			I_C=100μA	I_C=200μA
3DK3A 3DK3B	≤0.1	≤0.1	≥10 ≥20	≥200 ≥300	100	30	≥10 ≥15	≥6 ≥9
测试条件	U_{CB}=6V	U_{CE}=6V	U_{CE}=1V I_C=10mA	U_{CE}=1V I_C=10mA f=100MHz			I_C=100μA	I_C=200μA
3DK7	≤1	≤1	25～180	≥120	150	50	≥25	≥9
测试条件	U_{CB}=10V	U_{CE}=10V	U_{CE}=1V I_C=10mA	U_{CE}=10V I_C=10mA f=100MHz			I_C=100μA	I_C=100μA
3DK4A 3DK4B 3DK4C	≤1	≤10	≥20	≥100	700	800	≥40 ≥60 ≥40	≥30 ≥45 ≥30
测试条件	U_{CB}=10V	U_{CE}=10V	U_{CE}=1V I_C=500mA	U_{CE}=10V I_C=50mA f=30MHz			I_C=100μA	I_C=200μA

表 2-26 PNP 型锗大功率三极管型号、参数表
(用于低频功率放大、电源变换和低速开关电路)

型号	参考旧型号	直流参数				交流参数	极限参数			
		I_{CBO} (mA)	I_{CEO} (mA)	$\bar{\beta}$	U_{CES} (V)	F_β (kHz)	P_{CM} (W)	I_{CM} (A)	BU_{CBO} (V)	BU_{CEO} (V)
3AD50A 3AD50B 3AD50C	3AD6A 3AD6D 3AD6C	0.3	2.5	20～140	0.6 0.8 0.8	4	10	3	50 60 70	18 24 30
3AD52A 3AD52B 3AD52C	3AD1、3AD2、3AD3 3AD4、3AD5	0.3	2.5	20～140	0.35 0.5 0.5	4	10	2	50 60 70	18 24 30
3AD53A 3AD53B 3AD53C	3AD30A 3AD30B 3AD30C	0.5	12 10 10	20～140	1	2	20	6	50 60 70	12 18 24

续表

型号	参考旧型号	直流参数				交流参数	极限参数			
		I_{CBO} (mA)	I_{CEO} (mA)	$\bar{\beta}$	U_{CES} (V)	F_{β} (kHz)	P_{CM} (W)	I_{CM} (A)	BU_{CBO} (V)	BU_{CEO} (V)
3AD56A	3AD18A	0.8	15	20～140	0.7	3	50	15	60	30
3AD56B	3AD18B				1				80	45
3AD56C	3AD18C、D、E				1				100	60
3AD57A	3AD725A	1.2	20	20～140	1.2	3	100	30	60	30
3AD57B	3AD725B								80	45
3AD57C	3AD725C								100	60

表 2-27 NPN 型硅低频大功率三极管型号、参数表

(用于电子设备的低频功率放大、电源变换和低速开关电路)

型号	直流参数			极限参数				
	I_{CEO} (mA)	$\bar{\beta}$	U_{CES} (V)	P_{CM} (mW)	I_{CM} (A)	BU_{CBO} (V)	BU_{EBO} (V)	T (℃)
3DD51A	≤0.4	≥10	≤2	1	1	≥30	≥5	175
3DD51B						≥50		
3DD51C						≥80		
3DD51D						≥110		
3DD51E						≥150		
3DD63A	≤2	≥10	≤1.5	50	7.5	≥30	≥3	175
3DD63B						≥50		
3DD63C						≥80		
3DD63D						≥110		
3DD63E						≥150		

表 2-28 NPN 型硅低频高反压大功率三极管型号、参数表

(用于低频放大、电源变换和低速开关电路)

型号	直流参数			极限参数				
	I_{CEO} (mA)	$\bar{\beta}$	U_{CES} (V)	P_{CM} (W)	I_{CM} (A)	BU_{CBO} (V)	BU_{EBO} (V)	BU_{CEO} (V)
3DD100A	≤0.5	≥20	≤1	20		≥100	≥4	175
3DD100B						≥150		
3DD100C						≥200		
3DD100D						≥250		
3DD100E						≥500		

续表

型号	直流参数			极限参数				
	I_{CEO} (mA)	$\bar{\beta}$	U_{CES} (V)	P_{CM} (W)	I_{CM} (A)	BU_{CBO} (V)	BU_{EBO} (V)	BU_{CEO} (V)
3DD101A	≤1	≥20	≤0.8	50	5	≥150	≥4	≥100
3DD101B						≥200		≥150
3DD101C			≤1.5			≥250		≥200
3DD101D						≥300		≥250
3DD101E						≥350		≥300
3DD103A	≤0.1	≥20	≤2	50	3	≥300	≥4	≥200
3DD103B						≥600		≥350
3DD103C			≤4			≥800		≥400
3DD103D						≥1200	≥8	≥600
3DD103E						≥1500		≥800

六、部分进口塑封三极管的型号及参数

部分进口塑封三极管的型号及参数，见表 2-29。

表 2-29 部分进口塑封三极管的型号与参数

型号	极性	用途	U_{cbo} (V)	U_{ceo} (V)	U_{ebo} (V)	I_{CM} (mA)	P_{CM} (mW)	f_T (MHz)	A	B	C	D	E	F	G	H	I
9011	NPN	高放	50	30	5	30	400	150				28～45	39～60	54～80	72～108	94～146	132～198
9012	PNP	功放	40	20	5	500	625					64～91	78～112	96～135	112～166	144～202	
9013	NPN	功放	40	20	5	500	625					64～91	78～112	96～135	112～166	144～202	
9014	NPN	低放	50	45	5	100	450	150	60～150	100～300	200～600	400～1000					
9015	PNP	低放	50	45	5	100	450	100	60～150	100～300	200～600						
9016	NPN	UHF	30	20	4	25	400	620				28～45	39～60	54～80	72～108	97～146	132～198
9018	NPN	高放	30	15	5	50	400	700				28～45	39～60	54～80	72～108	97～146	132～198

续表

型号	极性	用途	U_{cbo} (V)	U_{ceo} (V)	U_{ebo} (V)	I_{CM} (mA)	P_{CM} (mW)	f_T (MHz)	A	B	C	D	E	F	G	H	I
8050	NPN	功放	40	25	6	1500	1000	100	85～160	120～200	160～300						
8550	PNP	功放	40	25	6	1500	1000	100	85～160	120～200	160～300						
2N5551	NPN	视放	180	160	6	60	625										
2N5401	PNP	视放	160	150	5	600	625	100									
2N4124	NPN	功放	30	25	5	200	625	300									

第五节　集成运算放大器及三端集成稳压器

集成运算放大器（简称集成运放）已经作为一种基本的电子器件，广泛应用于自动化装置与仪器仪表中。集成运放的型号除了国标 CF 系列外，还有部标 F 系列。

集成运放分为通用型、低功耗型和高精度、高输入阻抗、高速、高压及其他专用型集成运放。其中，通用型集成运放是最常用的。

一、使用集成运放注意事项

使用集成运放应注意以下事项：

（1）电源连接。如果采用双电源供电，电源接法如图 2-4（a）所示，这时输入输出信号的电压是相对于接地点（零电位）而言；如果采用单电源供电，电源接法如图 2-4（b）所示，此时输入输出信号的电压是相对于$+E_C/2$电位而言。

（2）调零。通过调节调零电阻，使输入信号为零时，输出信号也为零。如图 2-5 所示。

（3）消振。集成运放易产生自激振荡，需另加消振环节。

（4）频率特性。集成运放的频率特性一般较差，使用时应注

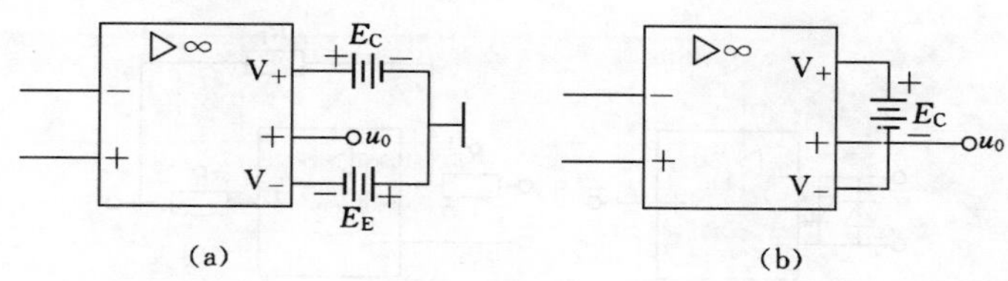

图 2-4　集成运放的电源接法

(a) 双电源；(b) 单电源

意它的频率特性，以达到最好的放大效果，否则容易引起放大信号的失真。

(5) 退耦。因地线或管脚在线等易产生正反馈，引起自激振荡，所以不仅要注意接线的安排，而且常接电源退耦电容，如图 2-6 所示。C_1 为无感磁片电容，一般取值为 0.01μF，C_2 为几微法。

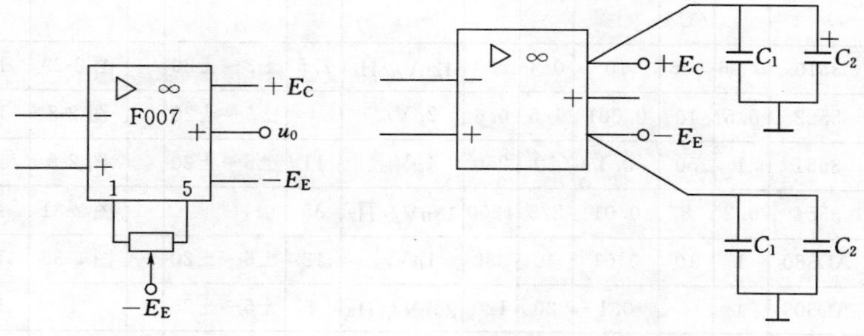

图 2-5　F007 调零接线图

图 2-6　电源退耦电容

(6) 输入输出保护。在输入端并联接入两个极性相反的二极管，如图 2-7 (a) 所示，可使输入信号限制在二极管正向压降范围之内，防止因输入信号过强而损坏集成运放。在闭环回路的输出端串接一限流电阻 R，可防止因输出端短路而损坏集成运放，如图 2-7 (b) 所示。

二、常用集成运放的主要参数及外引脚排列图

常用集成运放的主要参数见表 2-30。其外引脚排列如图 2-8～图 2-33。

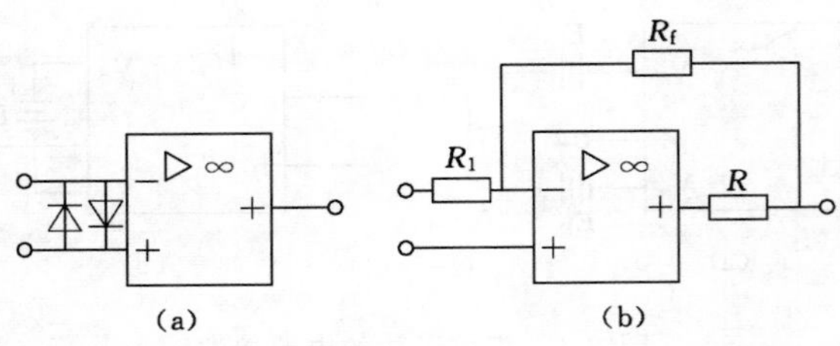

图 2-7 保护电路

(a) 输入端保护；(b) 输出端保护

表 2-30 常用运算放大器型号、参数表

型号	输入失调电压(mV)	输入失调电压温度系数(μV/℃)	偏置电流(nA)	增益带宽积 GB (MHz)	转换速率(V/μs)	噪声	消耗电流(mA)	电源电压(V)	单电源可否	外引脚排列图号	运算放大器个数
3510	0.06	0.5	10	0.4	0.8	$12nV/\sqrt{Hz}$	2.5	±3～±20		图 2-29	1
3522	0.5	10	0.001	1.5	0.6	$2\mu V_{rms}$	4	±5～±20		图 2-8	1
3551	1	50	0.4	50	250	$4\mu V_{rms}$	11	±5～±20		图 2-8	1
3554	0.2	8	0.01	225	1200	$15nV/\sqrt{Hz}$	35			图 2-31	1
AD380	1	10	0.01	40	330	$1\mu V_{rms}$	12	±6～±20		图 2-33	1
AD509	4		0.1	20	120	$30nV/\sqrt{Hz}$	4	±5～±20			1
AD515	0.4	15	0.00008	0.35	1	$50nV/\sqrt{Hz}$	0.8	±5～±18		图 2-8	1
AD518	2		120	12	70		5	±5～±20		图 2-9、图 2-20	1
AD547	250	1	0.01	1	3	$30nV/\sqrt{Hz}$	1.5	±5～±18		图 2-8	1
AD5539	2		6000	1400	600	$4nV/\sqrt{Hz}$	14	±4.5～±20		图 2-28	1
AD845	0.1	1.5	0.5	16	100	$25nV/\sqrt{Hz}$	10	±4.75～±18		图 2-18	1
AD847	0.5	15	3300	35	200	$15nV/\sqrt{Hz}$	4.8	±4.5～±18		图 2-18	1
AH0008	10	100	0.3	300	250	$20nV/\sqrt{Hz}$	14	±8～±18		图 2-26	1
AM460	3	10	5	12	7		4	±5～±22.5		图 2-20	1

续表

型号	输入失调电压(mV)	输入失调电压温度系数(μV/℃)	偏置电流(nA)	增益带宽积GB(MHz)	转换速率(V/μs)	噪声	消耗电流(mA)	电源电压(V)	单电源可否	外引脚排列图号	运算放大器个数
AN1082	2		0.03	3	11	$4\mu V_{rms}$	4	±5～±18		图 2-13	2
AN1741	0.5		50		0.7		2.8	±18		图 2-8	1
CA082	3	10	15	5	13	$40nV/\sqrt{Hz}$	2.8	±18		图 2-13	2
CA084	3	10	0.015	5	13	$40nV/\sqrt{Hz}$	5.6	±18		图 2-17	4
CA101	1	6	120				1.8	±22		图 2-25、图 2-30	1
CA124	2	7	45				0.8	±16	可	图 2-17	4
CA1458	1		80		0.5		3.4	±22		图 2-15	2
CA1558	1		80		0.5		3.4	±22		图 2-15	2
CA301	2		70				1.8	±18		图 2-25、图 2-30	1
CA3078	0.7		7		0.04	$25nV/\sqrt{Hz}$	0.01	±0.75～±18		图 2-19	1
CA3140	2	6	0.01	4.5	9	$40nV/\sqrt{Hz}$	4	±18		图 2-27	1
CA358	2	7	45	1			1.5	±16	可	图 2-15	2
CA741	2		80		0.5		1.7	±22		图 2-8	1
CLC200	10	35	0.01		4000	$35\mu V_{rms}$	29	±20		图 2-32	1
HA17715	2	6	400	65	18		5.5	±18		图 2-21	1
HA17741	1		75		1		2.2	±18		图 2-8、图 2-18	1
HA17747	1		60		1		2.1	±18		图 2-14	2
HA4741	0.5		60	3.5	1.6	$9nV/\sqrt{Hz}$	4.5	±2～±20		图 2-17	4
ICL7650	0.002	0.1	0.0015	2	2.6	$2\mu V_{p-p}$	2	±9		图 2-9 图 2-25	1
ICL7652	0.002	0.1	0.015	0.4	0.5	$0.7\mu V_{p-p}$	2	±9		图 2-24	1
LF351	5	10	0.05	4	13	$25nV/\sqrt{Hz}$	1.8	±6～±18		图 2-8	1
LF356	3	5	0.03	5	12	$12nV/\sqrt{Hz}$	5	±5～±22		图 2-8、图 2-23	1

续表

型号	输入失调电压(mV)	输入失调电压温度系数(μV/℃)	偏置电流(nA)	增益带宽积GB(MHz)	转换速率(V/μs)	噪　声	消耗电流(mA)	电源电压(V)	单电源可否	外引脚排列图号	运算放大器个数
LM101	0.7	3	30				1.2	±5～±20		图 2-10	2
LM107	0.7	3	30	1	0.5		1.2	±3～±22		图 2-11	1
LM108	0.7	3	0.8	1	0.3		0.15	±2～±20		图 2-12	1
LM118	2		120	15	70		4.5	±20		图 2-18、图 2-20	1
LM124	1	7	20	0.1	0.05		1.5	±1.5～±16	可	图 2-17	4
LM2902	2	7	45	0.1	0.05		1.5	±1.5～±13	可	图 2-17	4
LM2904	2	7	45				1	±1.5～±13	可	图 2-13	2
LM301A	2	6	70	1	0.5		1.2	±3～±18		图 2-11	1
LM308	2	6	1.5	1	0.3			±2～±18		图 2-12	1
LM318	4		150	15	70		5	±20		图 2-20	1
LM324	2	7	45	0.1	0.05		1.5	±1.5～±16	可	图 2-17	4
LM358	2	7	45				1	±1.5～±16	可	图 2-15	2
LM4250	3		7.5	0.2	0.2		0.011	±1～±18		图 2-22	1
LM741	0.8		30	1.5	0.7		1.7	±3～±22		图 2-8	1
MC1458	2	12	80	1	0.8	30nV/$\sqrt{Hz}$	2.3	±18		图 2-13	1
MC1558	1	10	80	1	0.8	30nV/$\sqrt{Hz}$	2.3	±22		图 2-13	2
MC1741	1		80		0.5		1.7	±22		图 2-8	1
MC4741	1		80		0.5		2.4	±22		图 2-17	4
NE530	2	6	65	3	25	20nV/$\sqrt{Hz}$	2	±18		图 2-8	1
NE531	2	10	400		30	20nV/$\sqrt{Hz}$	10	±22		图 2-26	1
NE5532	0.5	5	200	10	9	5nV/$\sqrt{Hz}$	8	±3～±22		图 2-13	2
NE5534	0.5	5	400		12	3.5nV/$\sqrt{Hz}$	4	±3～±22		图 2-16	1

续表

型号	输入失调电压(mV)	输入失调电压温度系数(μV/℃)	偏置电流(nA)	增益带宽积GB(MHz)	转换速率(V/μs)	噪　声	消耗电流(mA)	电源电压(V)	单电源可否	外引脚排列图号	运算放大器个数
OP07	10	0.2	0.7	0.6	0.3	$9.5\mathrm{nV}/\sqrt{\mathrm{Hz}}$	2.5	±22		图 2-18	1
OP20	0.055	0.75	12	0.1	0.05		0.055	±18	可	图 2-8	1
OPA104	0.2	15	0.00003	1	2.2	$35\mathrm{nV}/\sqrt{\mathrm{Hz}}$	1			图 2-8	1
RC4558	2		40	3	0.8		3.3	±18		图 2-15	2
SG741	5	3	500	0.8	0.3	$3\mu V_{rms}$	2.8	±15		图 2-8、图 2-23	1
TL072	3	10	0.03	1	13	$18\mathrm{nV}/\sqrt{\mathrm{Hz}}$	2.8	±18		图 2-13	2
TL084	3	10	0.005	3	13	$25\mathrm{nV}/\sqrt{\mathrm{Hz}}$	5.6	±18		图 2-17	4
μA741	1	10	80	1	0.5		1.4	±22		图 2-8	1
μPC1458	1	3	80				3	±18		图 2-13	2
μPC151	1	3	80				1.5	±18		图 2-8	1
μPC153	1	3	0.02				0.04	±3～±18		图 2－19	1
μPC154	0.5	0.5	0.05			$2\mu V_{rms}$	0.04	±3～±18		图 2-29、图 2-16	1
μPC253	1	3	20				0.04	±3～±18		图 2-19	1
MPC358	2		45				0.7	±1.5～±16	可	图 2-13	2
μPC4250	5		10				0.01	±1～±18		图 2-22	1
μPC741	1	3	80				1.5	±18		图 2-8	1

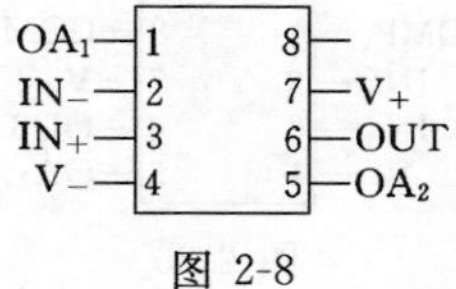

图 2-8

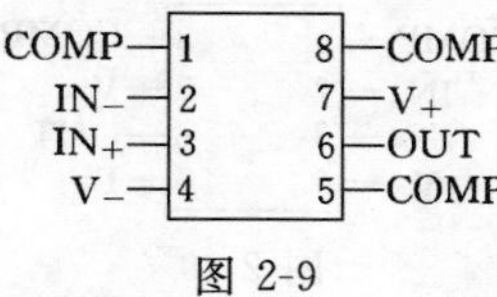

图 2-9

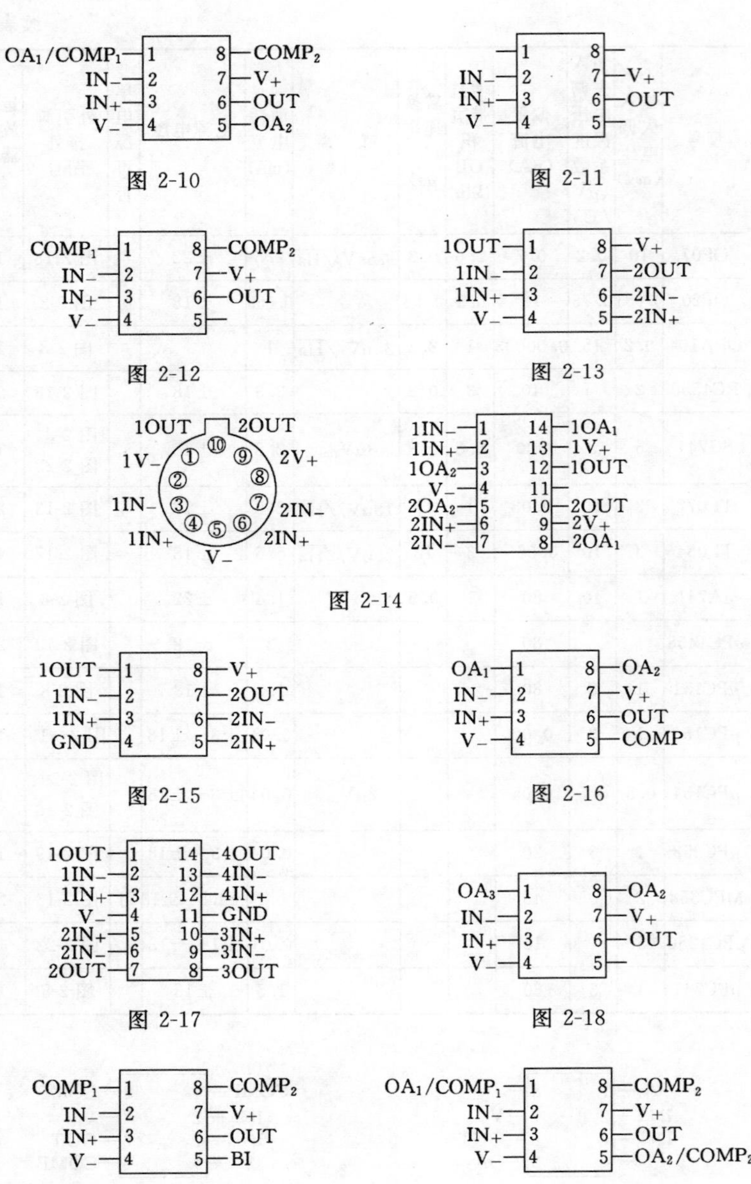

图 2-10

图 2-11

图 2-12

图 2-13

图 2-14

图 2-15

图 2-16

图 2-17

图 2-18

图 2-19

图 2-20

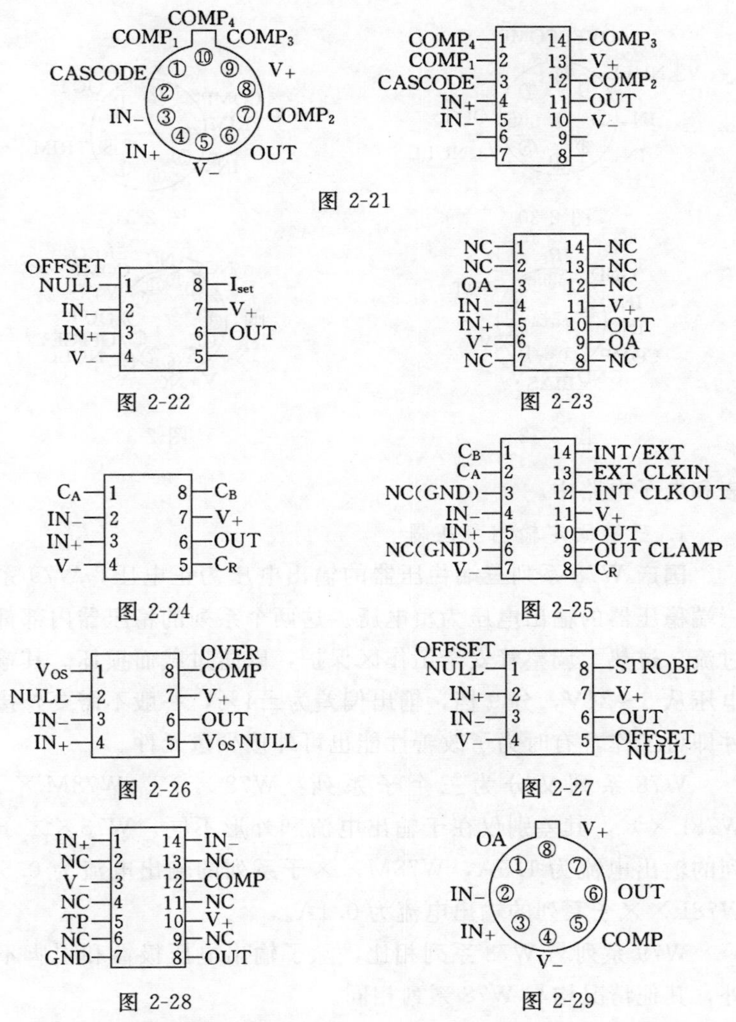

图 2-21

图 2-22

图 2-23

图 2-24

图 2-25

图 2-26

图 2-27

图 2-28

图 2-29

三、三端集成稳压器

三端集成稳压器具有体积小、精度高、使用方便、多功能保护、输出电流可扩展、输出电压可提升等特点。三端稳压器按输出电压是否可调分为固定式和可调式两种，按输出电压的极性不同分为正电压输出和负电压输出。它们广泛应用于各种仪器、仪

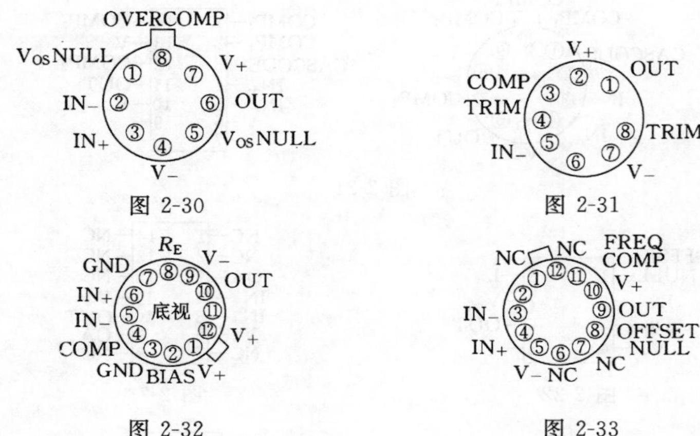

图 2-30　　图 2-31

图 2-32　　图 2-33

表和电子电路中。

1. 三端固定输出稳压器

国产 W78 系列三端稳压器的输出电压为正电压，W79 系列三端稳压器的输出电压为负电压。这两个系列的稳压器内部都有过流、过热、调整管安全工作区保护，以防过载而损坏。其输出电压从 5～24V，分 9 档，输出偏差为±4%，一般不需要外接元件即可工作，有时为了改善性能也可外接少量元件。

W78 系列又分为三个子系列：W78××、W78M××、W78L××，其差别仅在于输出电流和外形不同。W78××子系列的输出电流为 1.5A，W78M××子系列的输出电流为 0.5A，W78L××子系列的输出电流为 0.1A。

W79 系列与 W78 系列相比，除了输出电压极性和引脚不同外，其他情况均与 W78 系列相同。

W78 系列和 W79 系列三端稳压器的主要参数见表 2-31，其引脚功能及排列如图 2-34 所示。

2. 三端输出可调整稳压器

W117/217/317 系列和 W137/237/337 系列产品均为国产三端输出可调稳压器，其内部都有过流、过热和安全工作区保护。

表 2-31　W78、W79 系列三端集成稳压器参数表

参数名称	输出电压	电压调整率	电流调整率	噪声电压	最小压差	输出电阻	峰值电流	输出温漂
符号 型号	U_0 (V)	S_V (%/V)	S_I(mV) 5mA≤I_0 ≤1.5A	U_N (μV)	U_1-U_0 (V)	R_0 (mΩ)	I_{OM} (A)	S_T (mV/℃)
W7805	5	0.0076	40	10	2	17	2.2	1.0
W7806	6	0.0086	43	10	2	17	2.2	1.0
W7808	8	0.01	45	10	2	18	2.2	
W7809	9	0.0098	50	10	2	18	2.2	1.2
W7810	10	0.0096	50	10	2	18	2.2	
W7812	12	0.008	52	10	2	18	2.2	1.2
W7815	15	0.0066	52	10	2	19	2.2	1.5
W7818	18	0.01	55	10	2	19	2.2	1.8
W7824	24	0.011	60	10	2	20	2.2	2.4
W7905	−5	0.0076	11	40	2	16		1.0
W7906	−6	0.086	13	45	2	20		1.0
W7908	−8	0.01	26	45	2	22		
W7909	−9	0.0091	30	52	2	26		1.2
W7912	−12	0.0069	46	75	2	33		1.2
W7915	−15	0.0073	68	90	2	40		1.5
W7918	−18	0.01	110	110	2	46		1.8
W7924	−24	0.011	150	170	2	60		2.4
W78M05	5	0.0032	20	40	2	40	0.7	1.0
W78M06	6	0.0048	20	45	2	50	0.7	1.0
W78M08	8	0.0051	25	52	2	60	0.7	
W78M09	9	0.0061	25	65	2	70	0.7	1.2
W78M10	10	0.0051	25	70	2		0.7	
W78M12	12	0.0043	25	75	2	100	0.7	1.2
W78M15	15	0.0053	25	90	2	120	0.7	1.5
W78M18	18	0.0046	30	100	2	140	0.7	1.8
W78M24	24	0.0037	30	170	2	200	0.7	2.4
W79M05	−5	0.0076	7.5	25	−2	40	0.65	1.0
W79M06	−6	0.0083	13	45	−2	50	0.65	1.0
W79M08	−8	0.0068	90	59	−2	60	0.65	
W79M09	−9	0.0068	65	250	−2	70	0.65	1.2
W79M12	−12	0.0048	65	300	−2	100	0.65	1.2
W79M15	−15	0.0032	65	375	−2	120	0.65	1.5
W79M18	−18	0.0088	68	400	−2	140	0.65	1.8
W78L05	5	0.084	11	40	1.7	85		1.0
W78L06	6	0.0053	13	50	1.7	100		1.0
W78L09	9	0.0061	100	60	1.7	150		1.2
W78L10	10	0.0067	110	65	1.7			1.2

续表

参数名称	输出电压	电压调整率	电流调整率	噪声电压	最小压差	输出电阻	峰值电流	输出温漂
型号 \ 符号	U_0 (V)	S_V (%/V)	S_I(mV) $5mA\leqslant I_0\leqslant 1.5A$	U_N (μV)	U_1-U_0 (V)	R_0 (mΩ)	I_{OM} (A)	S_T (mV/℃)
W78L12	12	0.008	120	80	1.7	200		
W78L15	15	0.0066	125	90	1.7	250		1.5
W78L18	18	0.02	130	150	1.7	300		1.8
W78L24	24	0.02	140	200	1.7	400		2.4
W79L05	−5		60	40	1.7	85		1.0
W79L06	−6		70	60	1.7	100		1.0
W79L09	−9		100	80	1.7	150		1.2
W79L12	−12		100	80	1.7	200		1.2
W79L15	−15		150	90	1.7	250		1.5
W79L18	−18		170	150	1.7	300		1.8
W79L24	−24		200	200	1.7	400		2.4

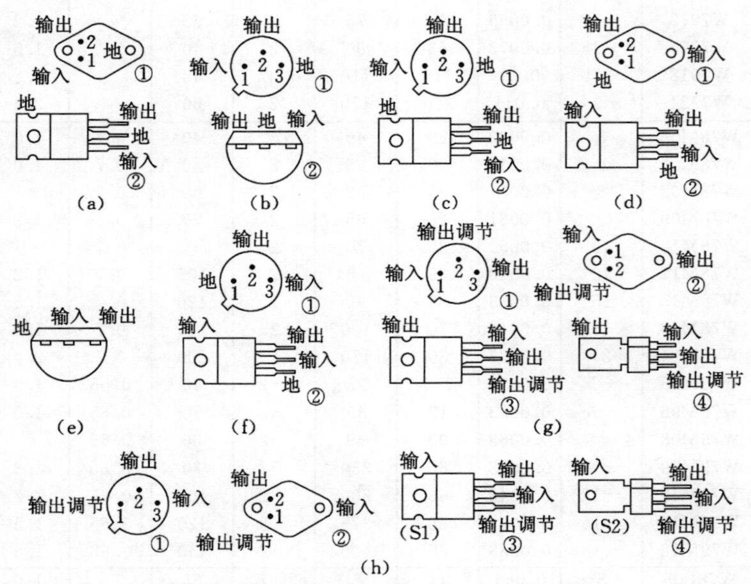

图 2-34 常用集成稳压器的外形及引线排列

(a) 78 系列；(b) 78L 系列；(c) 78M 系列；(d) 79 系列；(e) 79L 系列；(f) 79M 系列；(g) W117/217/317；(h) W137/237/337

W117/217/317 系列稳压器的输出电压可在＋1.25～＋37V 范围内连接可调，只需外接一个固定电阻和一只电位器。W117/217/317 型的输出电流为 1.5A，W117M/217M/317M 型的输出电流为 0.5A，W117L/217L/317L 型的输出电流为 0.1A。

W137/237/337 系列除输出电压极性为负和引出端排列有区别外，其他情况均与 W117/217/317 系列相同。

以上三端输出可调稳压器的参数见表 2-32，引出端的功能及排列图见图 2-34。

表 2-32　国产三端可调输出集成稳压器特性参数

型号	L (mA) 最大值	输出电压 U_0 (V) 最小值/最大值	输入电压 U_i (V) 最小值/最大值	输入输出压差 U_i-U_0 (V)	电压调整率 S_V (%/V)	电流调整率 S_I (%)	输出电压温度系数 (%/℃)	最高结温 (℃)
W317L	100	1.2/37	4/40	3	0.04	0.5	0.006	125
W217L					0.02	0.3	0.004	150
W117L								150
W317M	500	1.2/37	4/40	3	0.04	0.1	0.005	125
W217M					0.02	0.1	0.004	150
W117M								150
W317	1500	1.2/37	4/40	3	0.04	0.1	0.006	125
W217					0.02	0.1	0.004	150
W117								150
W337L	100	－1.2/－37	－4/－40	3	0.02	0.1	0.004	125
W237L					0.01	0.1		150
W137L								150
W337M	500	－1.2/－37	－4/－40	3	0.02	0.1	0.004	125
W237M					0.01	0.1		150
W137M								150
W337	1500	－1.2/－37	－4/－40	3	0.02	0.1	0.004	125
W237					0.01	0.1		150
W137								150

3. 大电流三端稳压器

几种大电流三端集成稳压器的主要参数及引脚说明，见表 2-33。

表 2-33　几种大电流稳压器的参数

型　号	输出电流 (A)	输出电压 (V)	引出线	封　装
LM323 μA78H05 μA78H12 μA78H15 μA78P5	3 5 5 5 10	5 5 12 15 5	1 输出端 2 输入端 3 公共端	金属菱形 1　2 3
LM350K LM338K	3 5	1.2～37 1.2～37	1 调整端 2 输入端 3 输出端	
LM396K	10	1.2～15	1 输出端 2 调整端 3 输入端	

4. 三端集成稳压器的应用

1）三端固定输出稳压器的典型应用电路，如图 2-35 所示。输入与输出之间的电压差一般为 5V 左右。当稳压器距滤波电路较远时，应加输入电容 C_i 和输出电容 C_o，以改善瞬态响应。

2）由正、负输出三端稳压器构成的双电源电路，如图 2-36 所示。

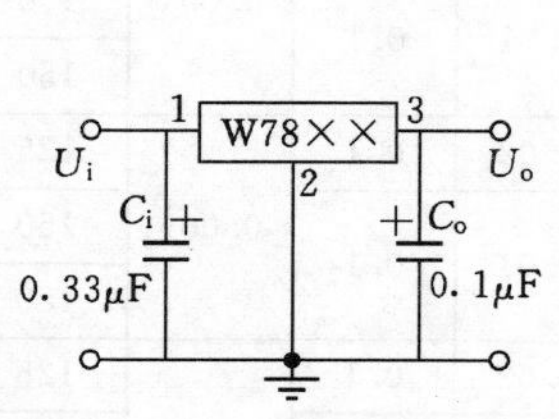

图 2-35　三端固定输出稳压器典型应用电路（塑封）

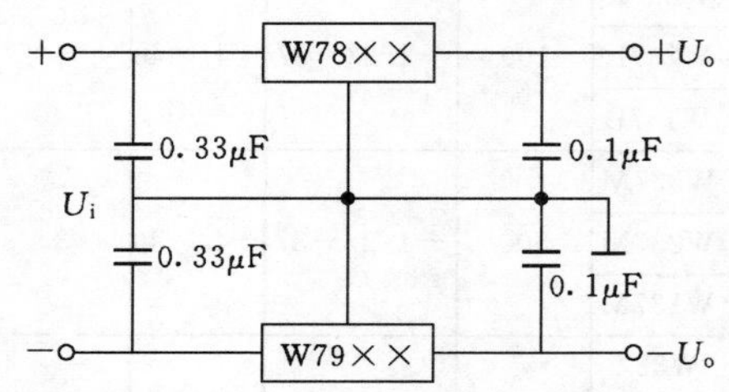

图 2-36　由三端固定输出稳压器构成的双电源电路

3）输出可调三端稳压器的典型应用电路，如图 2-37 所示。输出电压由下式计算：

$$U_o = 1.25\left(1+\frac{R_2}{R_1}\right)(\mathrm{V})$$

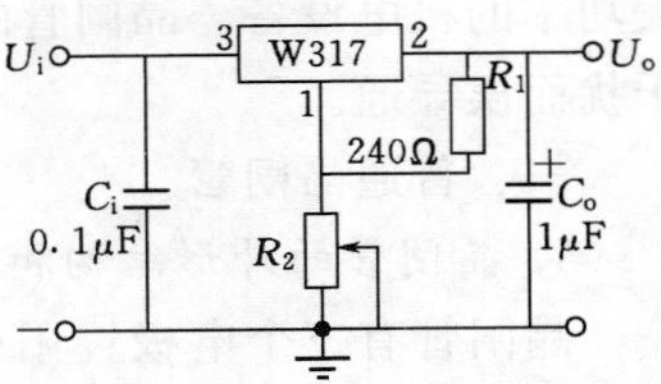

图 2-37　W117/217/317 各系列稳压器的典型应用电路

4）提高三端稳压器输出电压的方法，如图 2-38 所示。对于固定输出电压的稳压器，只要输入、输出电压之差在允许的范围之内变化，即可用此法来提高输出电压。为了保护稳压器和提高带负载的能力，应在稳压器上加足够的散热器，这一点十分重要。

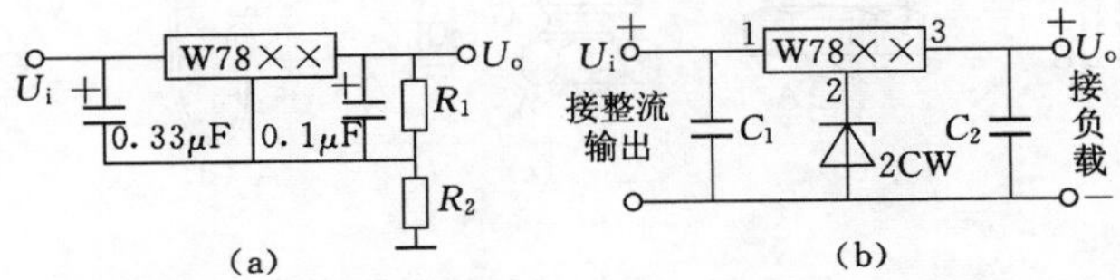

图 2-38　提高固定输出稳压块输出电压的电路图（塑封）

（a）通过串联电阻提高电压；（b）通过稳管提高电压

在图 2-38（a）中：

$$U_0 = U_{\times\times}\left(1+\frac{R_2}{R_1}\right)(\mathrm{V})$$

在图 2-38（b）中：

$$U_0 = U_{\times\times} + U_z$$

其中 $U_{\times\times}$ 为稳压器的输出电压值；U_Z 为稳压二极管的稳压值。

第六节　晶　闸　管

晶闸管又称可控硅（SCR），包括普通晶闸管、双向晶闸管、可关断晶闸管、逆导晶闸管和快速晶闸管等。

晶闸管的最大优点是能用弱电控制强电，用毫安级电流控制大功率的机电设备。晶闸管的不足之处是过载能力较差，容易受干扰而误导通。

一、普通晶闸管

1. 晶闸管的外形结构和符号

晶闸管有三个电极：阳极 A、阴极 K、门极（控制极）G。常用的晶闸管外形为螺栓式和平板式两种，如图 2-39 所示，其符号如图 2-39（e）所示。

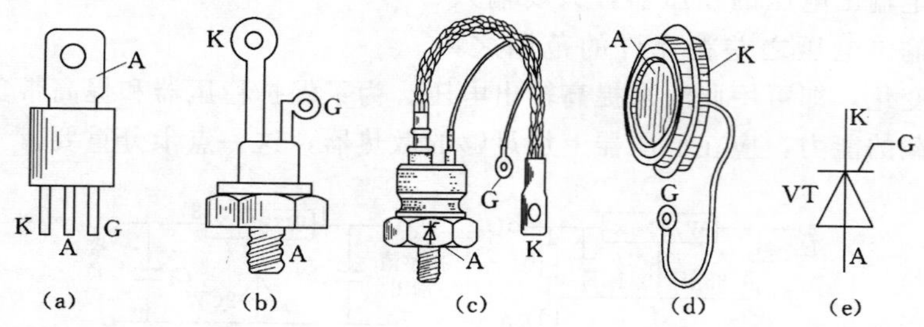

图 2-39　晶闸管的外形及符号

（a）小电流塑封式；（b）小电流螺栓式；（c）大电流螺栓式；（d）大电流平板式；（e）图形符号

晶闸管是大功率半导体器件，损耗大，产生的热量多，因此大多数晶闸管需要安装散热器。螺栓式晶闸管是利用管壳下端的螺栓与散热器相联结的，在安装和更换时比较方便，但散热效果较差，多在 100A 以下小容量晶闸管中采用。平板式晶闸管中间引出来的细辫子是门极 G，两端平面一个是阳极 A，一个是阴极 K，由元件上的标准来区分。使用平板式晶闸管时，用两个相互绝缘的散热器将晶闸管两端夹紧。该结构因两面散热，故散热效果好，但安装、更换不方便。目前大部分 200A 和所有 300A 以上的晶闸管均做成平板式。

2. 晶闸管的型号命名

国产晶闸管的型号有部颁新、旧两种标准，新型号正逐步取代旧型号，它们的命名方式如下：

新　标　准

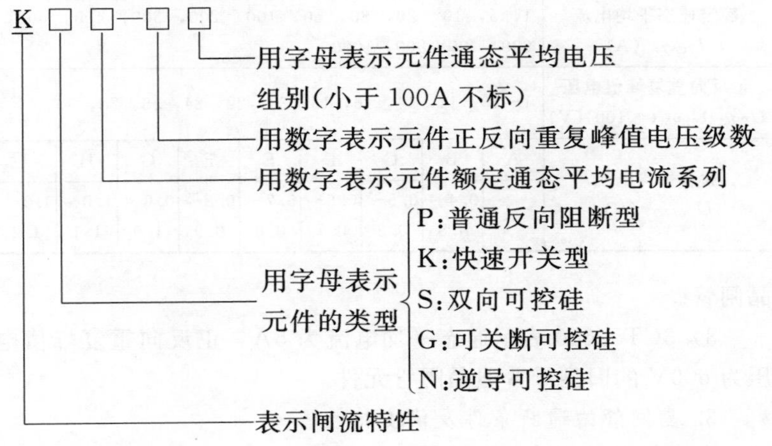

旧　标　准

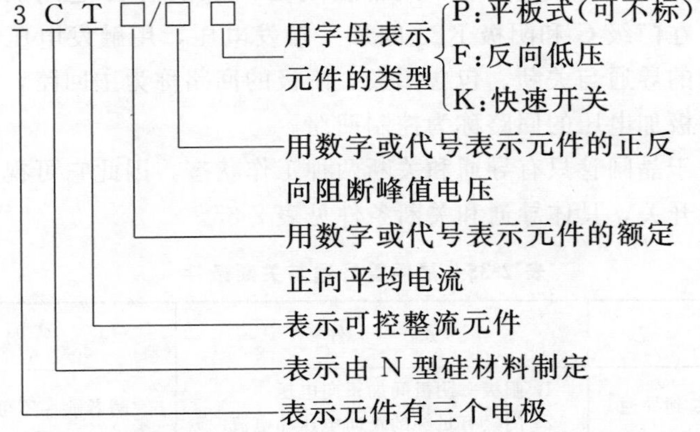

KP 型晶闸管（即普通晶闸管）的电流电压级别，见表 2-34。

举例：

1）KP5—10 表示通态平均电流为 5A、正反向重复峰值电压为 10×100V（即 1000V）的普通反向阻断型晶闸管元件。

2）KP500—12D 表示通态平均电流为 500A、正反向重复峰值电压为 1200V、通态平均电压为 0.6～0.7V 的普通反向阻断型

表 2-34　KP型晶闸管电流电压级别

<table>
<tr><td>额定通态平均电流
$I_{T(AT)}$ (A)</td><td colspan="9">1，5，10，20，30，50，100，200，300，400，500，600，700，800，1000</td></tr>
<tr><td>正反向重复峰值电压
U_{DRM}、U_{RRM}(×100)(V)</td><td colspan="9">1～10，12，14，16，18，20，22，24，26，28，30</td></tr>
<tr><td rowspan="2">通态平均电压
$U_{T(AV)}$ (V)</td><td>A</td><td>B</td><td>C</td><td>D</td><td>E</td><td>F</td><td>G</td><td>H</td><td>I</td></tr>
<tr><td>≤0.4</td><td>0.4～0.5</td><td>0.5～0.6</td><td>0.6～0.7</td><td>0.7～0.8</td><td>0.8～0.9</td><td>0.9～1.0</td><td>1.0～1.1</td><td>1.1～1.2</td></tr>
</table>

晶闸管。

3）3CT5/600表示通态平均电流为5A、正反向重复峰值电压为600V的旧型号普通晶闸管元件。

3. 晶闸管的通断条件及伏安特性

(1) 通断条件。

晶闸管在构成电路时，通常在阳极A和阴极K之间加较大电压，在门级G和阴极K之间加一触发电压，用触发电压控制晶闸管的导通与关断。包含阳极、阴极的回路称为主回路，给门极—阴极加电压的回路称为控制回路。

由于晶闸管只有导通和关断两种工作状态，因此它可视为一只可控开关，具体导通和关断条件见表2-35。

表 2-35　晶闸管导通与关断条件

状　　态	条　　件	说　　明
从关断到导通	1. 阳极—阴极间加正向电压 2. 门极有足够的正向电压和电流	两者缺一不可
维持导通	1. 阳极—阴极间加正向电压 2. 阳极电流大于维持电流	两者缺一不可
从导通到关断	1. 阳极—阴极间加反向电压 2. 阳极电流小于维持电流	满足任一条件即可

(2) 伏安特性。

晶闸管的伏安特性如图2-40所示。

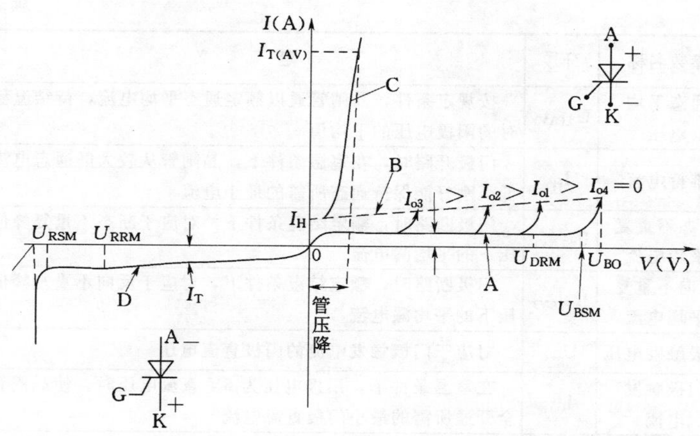

图 2-40　晶闸管的伏安特性

4. 晶闸管的主要参数

晶闸管经常用到的几个主要参数的名称、符号及定义，见表 2-36。

表 2-36　晶闸管参数名称、符号及定义

参数名称	符号	定　义
断态不重复峰值电压	U_{DSM}	门极开路，由特性曲线急剧弯曲处决定的断态峰值电压。它是不可重复施加的，且每次持续时间不大于 10ms 的断态最大脉冲电压
反向不重复峰值电压	U_{RSM}	门极开路，由特性曲线急剧弯曲处决定的反向峰值电压。它是不可重复施加的，且每次持续时间不大于 10ms 的反向最大脉冲电压
断态重复峰值电压	U_{DRM}	门极开路，重复率为每秒 50 次，每次持续时间不大于 10ms 的断态最大脉冲电压。$U_{DRM}=80\%U_{DSM}$
反向重复峰值电压	U_{RRM}	门极开路，重复率为每秒 50 次，每次持续时间不大于 10ms 的反向最大脉冲电压。$U_{RRM}=80\%U_{RSM}$
通态平均电流	$I_{T(AV)}$	在环境温度为＋40℃和规定冷却条件下，晶闸管在电阻性负载的单相工频正弦半波、导通角不小于170°的电路中，当结温稳定并不超过额定结温时所允许的最大通态平均电流

续表

参数名称	符号	定　义
通态平均电压	$U_{T(AV)}$	按规定条件，晶闸管通以额定通态平均电流，待结温稳定时的阳极电压的平均值
维持电流	I_H	门极开路时，在室温条件下，晶闸管从较大的通态电流降低至刚好能保持通态所需的最小电流
断态不重复平均电流	$I_{DS(AV)}$	门极断路时，额定结温条件下，对应于断态不重复峰值电压下的平均漏电流
反向不重复平均电流	$I_{RS(AV)}$	门极断路时，额定结温条件下，对应于反向不重复峰值电压下的平均漏电流
门极触发电压	U_{GT}	对应于门极触发电流的门极直流电压
门极触发电流	I_{GT}	在室温条件下，阳极电压为6V直流电压时，使晶闸管完全开通所需的最小门极直流电流
浪涌电流	I_{TSM}	在规定条件下，晶闸管通以额定通态平均电流，稳定后，在工频正弦波半周期间晶闸管通过的最大过载电流，浪涌电流用峰值表示
断态电压临界上升率	dv/dt	在额定结温和门极开路条件下，使晶闸管从断态转入通态的最小电压上升率
通态电流临界上升率	di/dt	在规定条件下，晶闸管在门极开通时能随而不致损坏的通态电流的最大上升率
门极开通时间	t_{gt}	从门极触发电压前沿的10%到元件阳极电压下降到10%所需的时间
电路换向关断时间	t_q	从通态电流降至零瞬间起到晶闸管开始能承受规定的断态电压瞬间止的时间间隔

普通晶闸管的主要参数，见表2-37和表2-38。

表 2-37　KP型晶闸管元件的主要参数

参数/系列	通态平均电流	断态重复峰值电压、反向重复峰值电压	断态不重复平均电流、反向不重复平均电流	额定结温	门极触发电流	门极触发电压	断态电压临界上升率	通态电流临界上升率	浪涌电流
	I_T (A)	U_{DRM}、U_{RRM} (V)	I_{DS}、I_{RS} (mA)	T_{JM} (℃)	I_{GT} (mA)	U_{GT} (V)	dv/dt (V/μs)	di/dt (A/μs)	I_{TSM} (A)
KP1	1	100～3000	≤1	100	3～30	≤2.5	30		20
KP5	5	100～3000	≤1	100	5～70	≤3.5	30		90
KP10	10	100～3000	≤1	100	5～100	≤3.5	30		190
KP20	20	100～3000	≤1	100	5～100	≤3.5	30		380

续表

参数 \ 系列	通态平均电流	断态重复峰值电压、反向重复峰值电压	断态不重复平均电流、反向不重复平均电流	额定结温	门极触发电流	门极触发电压	断态电压临界上升率	通态电流临界上升率	浪涌电流
	I_T (A)	U_{DRM}、U_{RRM} (V)	I_{DS}、I_{RS} (mA)	T_{JM} (℃)	I_{GT} (mA)	U_{GT} (V)	dv/dt (V/μs)	di/dt (A/μs)	I_{TSM} (A)
KP30	30	100～3000	≤2	100	8～150	≤3.5	30		560
KP50	50	100～3000	≤2	100	8～150	≤3.5	30	30	940
KP100	100	100～3000	≤4	115	10～250	≤4	100	50	1880
KP200	200	100～3000	≤4	115	10～250	≤4	100	80	3770
KP300	300	100～3000	≤8	115	20～300	≤5	100	80	5650
KP400	400	100～3000	≤8	115	20～300	≤5	100	80	7540
KP500	500	100～3000	≤8	115	20～300	≤5	100	80	9420
KP600	600	100～3000	≤9	115	30～350	≤5	100	100	11160
KP800	800	100～3000	≤9	115	30～350	≤5	100	100	14920
KP1000	1000	100～3000	≤10	115	40～400	≤5	100	100	18600

表 2-38　KP 型晶闸管元件的其他参数

参数 \ 系列	断态重复平均电流、反向重复平均电流	通态平均电压	维持电流	门极不触发电流	门极不触发电压	门极正向峰值电流	门极反向峰值电压	门极正向峰值电压	门极平均功率	门极峰值功率	门极控制开通时间	电路换向关断时间
	I_{DR}、I_{RR} (mA)	U_T (V)	I_H (mA)	I_{GD} (mA)	U_{GD} (V)	I_{GFM} (A)	U_{GRM} (V)	U_{GFM} (V)	P_G (W)	P_{GM} (W)	t_{gt} (μs)	t_q (μs)
KP1	<1	*		0.4	0.3		5	10	0.5			
KP5	<1	*		0.4	0.3		5	10	0.5			
KP10	<1	*		1	0.25		5	10	1			
KP20	<1	*		1	0.25		5	10	1			
KP30	<2	*		1	0.15		5	10	1			
KP50	<2	*		1	0.15		5	10	1			
KP100	<4	*	实测值	1	0.15		5	10	2		* * 典型值	* * 典型值
KP200	<4	*		1	0.15		5	10	2			
KP300	<8	*		1	0.15	4	5	10	4	15		
KP400	<8	*		1	0.15	4	5	10	4	15		
KP500	<8	*		1	0.15	4	5	10	4	15		
KP600	<9	*				4	5	10	4	15		
KP800	<9	*				4	5	10	4	15		
KP1000	<10	*				4	5	10	4	15		

*　U_T 出厂上限值由各厂根据合格的型式试验自订。

* *　同类产品中最有代表性的数值。

5. 晶闸管的简易测试

在使用晶闸管之前，一般需要对晶闸管进行测试。

(1) 万用表测试法。

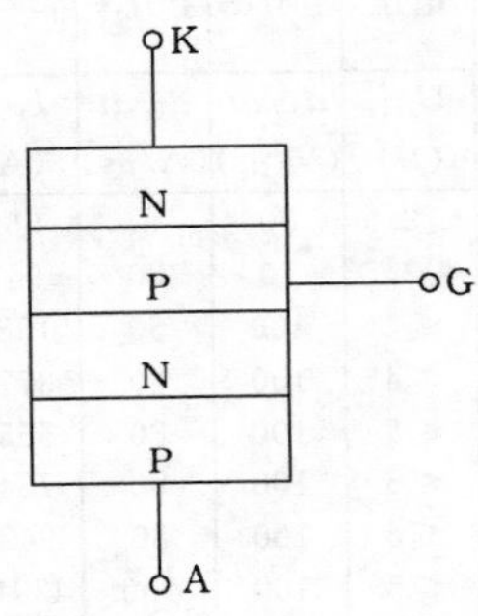

图 2-41 晶闸管内部结构

晶闸管的内部结构如图 2-41 所示。从图中可以看出 A—K 之间、A—G 之间不应导通，当万用表的×1K 档进行测试时，若正、反向电阻很大（通常为几百千欧），则说明 A—K 之间、A—G 之间正常。如果发现短路或电阻很小，则说明管子已经损坏。

G—K 之间：由图可以看出 G—K 之间为一 PN 结，若测得 G—K 之间的正向电阻较小（几百欧至几千欧），反向电阻很大（几十千欧及以上）则为正常，否则为不正常。

(2) 亮灯测试法。

直流亮灯法：将晶闸管接成如图 2-42 所示电路，将 G 极碰一下 A 极，随即放开，灯若亮了，则说明元件正常；若灯亮一下就熄了，或者根本就不亮，则说明元件不正常。

交流亮灯法：对于耐压大于 400V 的晶闸管，也可如图 2-43 接线检查，当 K 合上时，灯应亮。当 K 断开时，灯应熄（在 K 断开后，由于交流电压自然过零，破坏了晶闸管维持导通的条件），则说明元件完好。

6. 使用晶闸管注意事项

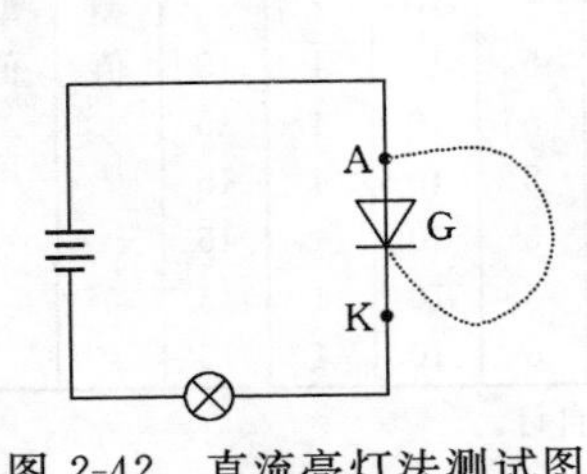

图 2-42 直流亮灯法测试图

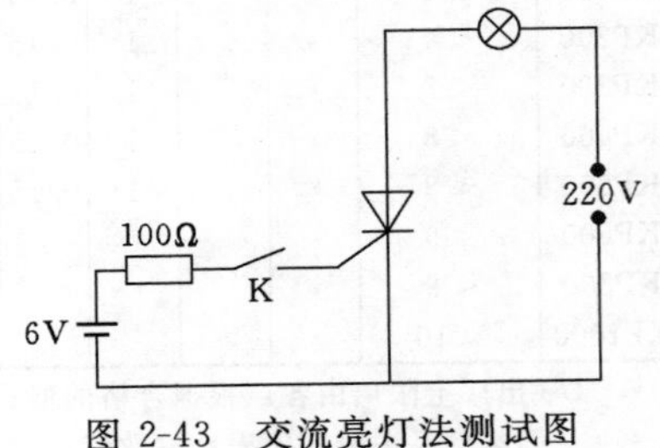

图 2-43 交流亮灯法测试图

(1) 适当选择元件参数。晶闸管最主要的参数是额定通态平均电流 $T_{T(AV)}$ 和断态、反向重复峰值电压。一般情况下，U_{DRM} 和 U_{RRM} 是相等的，这就是产品中标明的额定电压。

晶闸管容量选择过大，会使成本提高；若过小，又可能使元件损坏。因此，要留有 1.5～2 倍的安全系数。

当电路中存在电抗元件时，必须考虑电路突然接通或断开时电感元件的感生电动势和电容元件的充放电电流对晶闸管的冲击。

(2) 不允许过载。晶闸管的最大缺点是过载能力差，因此必须保证元件不要过载，通常采取过压保护和过流保持等措施。

(3) 限制电流上升率。用门极触发晶闸管时，首先导通的是靠门极引线的部分地方，经过几十微秒后，方才扩展到整个结，如果电流上升太快，会因最初导通面积很小，热量来不及散发而烧毁元件。因此，必须限制电流上升率。

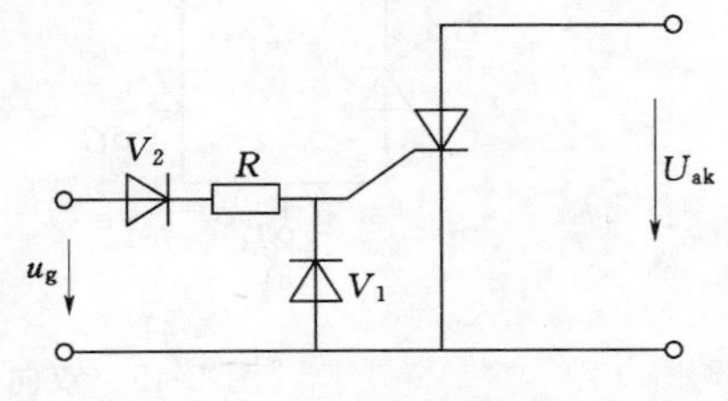

图 2-44　门极保护电路

(4) 防止门极正向过载和反向击穿。门极不能加过大的电压和电流，一般来说正向电压不超过 10V，反向电压更小。也可以如图 2-44 接入保护电路，当 u_g 为正时，V_2 导通、V_1 截止，门极所加电压极性正确，能触发晶闸管，其中 R 起限流作用；当 u_g 为负时，V_1 导通，u_g 电压反向加在 V_2 上，V_2 截止，门极电压为零，保护了门极。

(5) 注意散热良好。由于晶闸管功率较大，因此必须按说明书的要求配置散热器和使用冷却条件。可在散热器和晶闸管之间涂上适量的硅脂，以降低接触热阻和防止电腐蚀。50A 以上的元件必须采用风冷方式，风速不低于 5m/s。

(6) 严禁用兆欧表（摇表）检查晶闸管的绝缘情况。兆欧表电压较高，会击穿晶闸管。

二、特殊晶闸管

1. 可关断晶闸管（GTO）

普通晶闸管借助门极加正向脉冲可使其关断状态转为导通，但导通后门极失去控制作用，关断晶闸管要靠其他方法。而可关断晶闸管是一种借助负的门极电流脉冲关断的晶闸管。

在需要晶闸管随时可关断的场合，使用可关断晶闸管能省去较复杂的关断线路，简化主电路接线，提高线路工作的可靠性。

2. 双向晶闸管

将两个普通晶闸管反向并联，做在同一硅片上，用一个门极去控制它的正、反两个方向的导通，这样的特殊晶闸管称为双向晶闸管。其等效电路符号如图 2-45 所示。

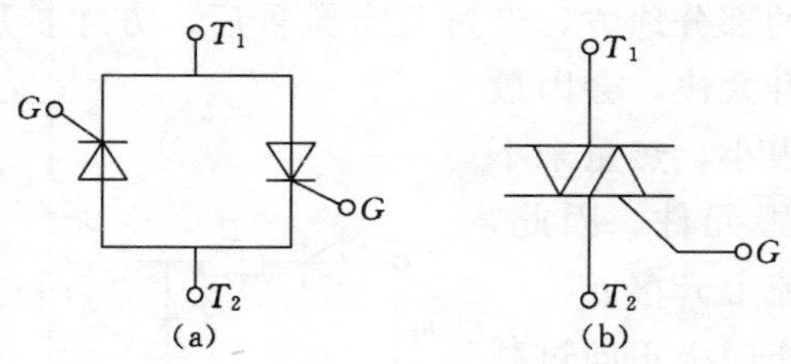

图 2-45　双向晶闸管

(a) 等效电路；(b) 符号

双向晶闸管有三个电极，如图 2-46（b），T_1 为第一阳极，T_2 为第二阳极，G 称为门极。当双向晶闸管承受正向电压（T_1 为正，T_2 为负）时，其伏安特性的正向部分处在第Ⅰ象限，对应的触发方式称为Ⅰ触发方式。同理，其反向特性处于Ⅲ象限，此时晶闸管承受反向电压（T_1 为负，T_2 为正），所对应的触发方式称为Ⅲ触发方式。而双向晶闸管的门极电位相对于第二阳极 T_2 为正，也可以为负，因此触发方式共有Ⅰ$_+$、Ⅰ$_-$、Ⅲ$_+$、Ⅲ$_-$四种触发方式。在实际中，通常采用Ⅰ$_-$和Ⅲ$_-$触

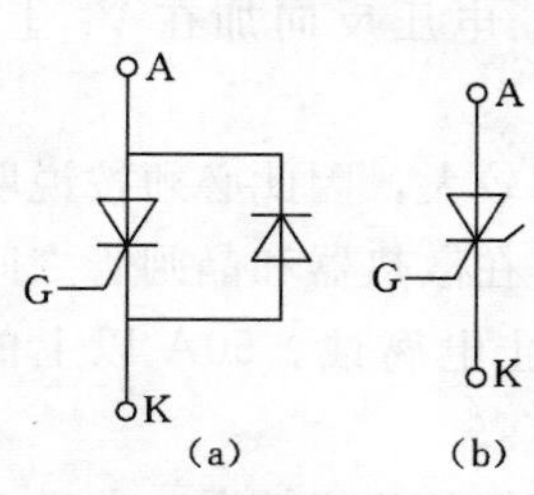

图 2-46　逆导晶闸管

(a) 等效电路；(b) 符号

发方式，因为采用负脉冲触发比较可靠。

3. 逆导晶闸管

在普通晶闸管基础上反向并联一个二极管，这样在加反向电压时，反向并联的二极管就会导通，这样的晶闸管称为逆导晶闸管，其等效电路及符号如图 2-46 所示。

逆导晶闸管适合于反向需导通且不需要承受电压的场合，如逆变器和斩波器中。

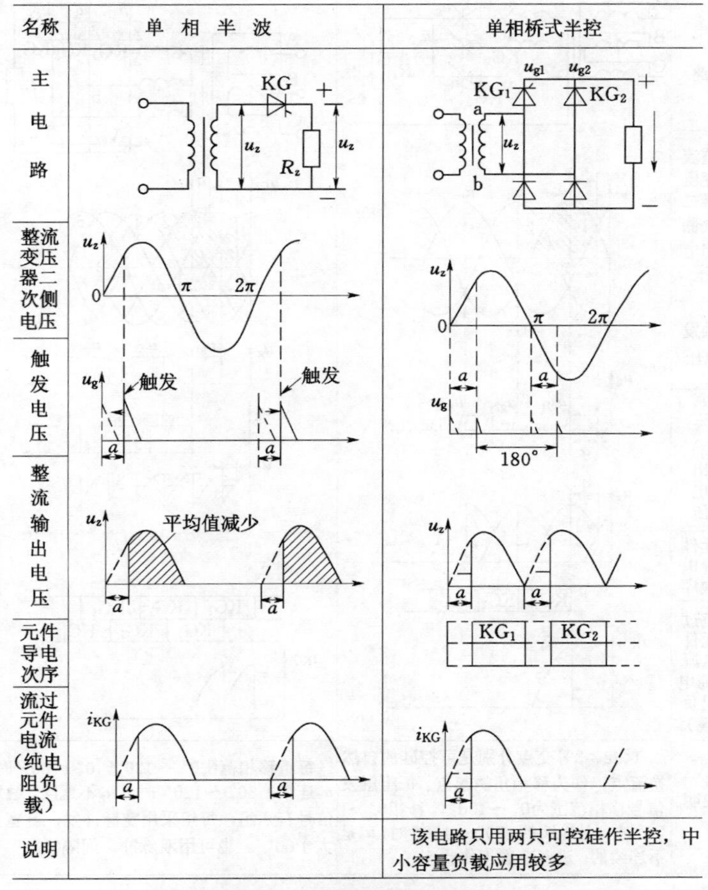

名称
单相半波
单相桥式半控
主电路
KG
+
u_z
R_z
−
u_{g1}
u_{g2}
KG_1
KG_2
a
b
整流变压器二次侧电压
u_z
0
π
2π
触发电压
u_g
触发
a
180°
整流输出电压
平均值减少
元件导电次序
KG_1
KG_2
流过元件电流（纯电阻负载）
i_{KG}
说明
该电路只用两只可控硅作半控，中小容量负载应用较多

图 2-47　单相可控整流电路及波形

4. 快速晶闸管

普通晶闸管的开通和关断时间较长，允许电流上升率较小，所以工作频率低。而快速晶闸管采用特殊制造工艺，门极采用特殊结构，使其开通与关断时间缩短，允许电流上升率高，可在数

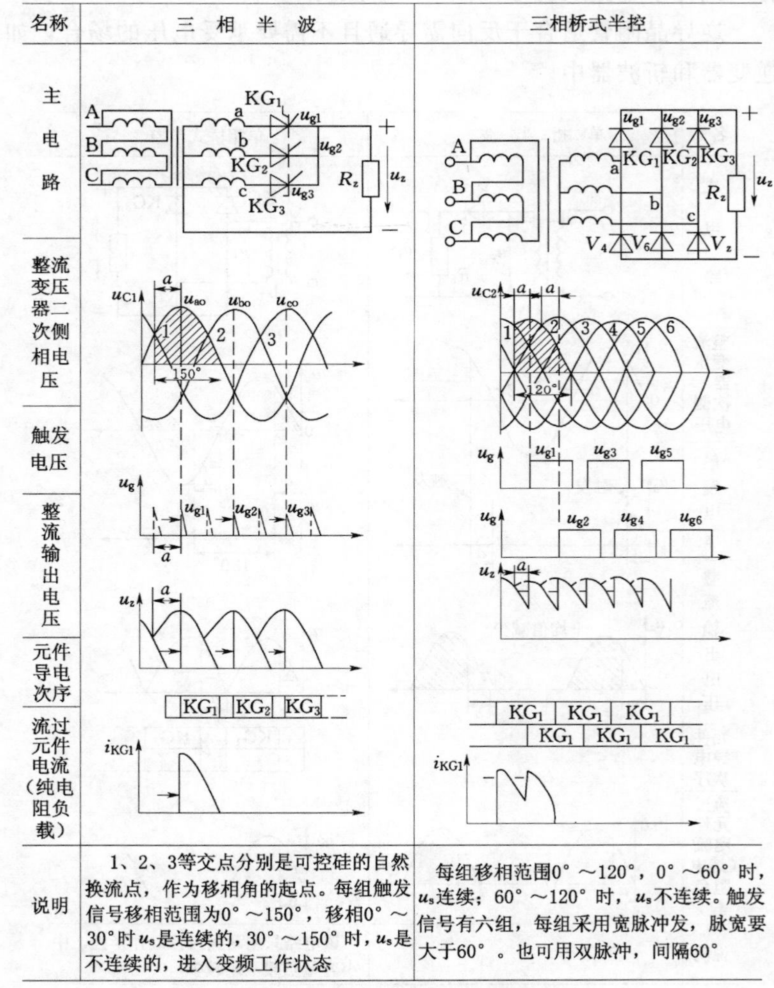

图 2-48 三相可控整流电路及波形

百赫至数千赫的频率下工作，工作频率比普通晶闸管快了很多。目前快速晶闸管多用在中频电源、中频逆变器及一些较高频率的控制设备上。

三、晶闸管整流电路

1. 负载呈阻性的晶闸管整流电路

二极管整流电路的输出电压是不可调的，当采用晶闸管作整流元件时，通过改变控制角（即整流元件不导通的角度），可以调整输出电压的平均值。

单相半波、单相桥式半控整流电路及有关波形，如图 2-47 所示；三相半波、三相桥式半控整流电路及有关波形，如图 2-48 所示。

以上整流电路的基本电量关系，见表 2-39。

表 2-39　可控整流电路的基本电量关系

整流电路名称			单相半波	单相半控桥
直流输出电压 U（空载）	全导通（$\alpha=0$）		$0.45U_2$	$0.9U_2$
	电阻或带续流二极管感性负载		$\frac{1+\cos\alpha}{2}U_{zo}$	$\frac{1+\cos\alpha}{2}U_{zo}$
	无续流二极管感性负载			$\frac{1+\cos\alpha}{2}U_{zo}$
元件最大正向电压和最大反向电压峰值 U_m			$1.41U_2$（$3.14U_{zo}$）	$1.41U_2$（$1.57U_{zo}$）
移相范围	电阻或带续流二极管的感性负载		$0°\sim180°$	$0°\sim180°$
	无续流二极管的感性负载			$0°\sim180°$
元件最大导通角			$180°$	$180°$
输出电压最低脉动频率			$1f$	$3f$
全导通时输出电压纹波系数 γ			1.21	0.484
全导通时输出电压脉动系数 s			1.57	0.667
全导通时流过可控硅的电流	电阻负载	平均值	$1I_d$	$0.5I_d$
		有效值	$1.57I_d$	$0.785I_d$
		波形系数	1.57	1.57
	感性负载	平均值	$0.5I_d$	$0.5I_d$
		有效值	$0.707I_d$	$0.707I_d$
		波形系数	1.41	1.41

续表

<table>
<tr><th colspan="2">整 流 电 路 名 称</th><th>单 相 半 波</th><th>单相半控桥</th></tr>
<tr><td rowspan="3">直流输出电压 U（空载）</td><td>全导通（$\alpha=0$）</td><td>$1.17U_2$</td><td>$2.34U_2$</td></tr>
<tr><td>电阻或带续流二极管感性负载</td><td>$\cos\alpha\cdot U_{zo}$
$(0\leqslant\alpha\leqslant30^\circ)$
$0.58\ [1+\cos(\alpha+30^\circ)]U_{zo}$
$(30^\circ\leqslant\alpha\leqslant150^\circ)$</td><td>$\frac{1+\cos\alpha}{2}U_{zo}$</td></tr>
<tr><td>无续流二极管感性负载</td><td>$\cos\alpha U_{zo}$</td><td>$\frac{1+\cos\alpha}{2}U_{zo}$</td></tr>
<tr><td colspan="2">元件最大正向电压和最大反向电压峰值 U_m</td><td>$2.45U_2\ (2.09U_{zo})$</td><td>$2.45U_2(1.05U_{zo})$</td></tr>
<tr><td rowspan="2">移相范围</td><td>电阻或带续流二极管的感性负载</td><td>$0^\circ\sim150^\circ$</td><td>$0^\circ\sim180^\circ$</td></tr>
<tr><td>无续流二极管的感性负载</td><td>$0^\circ\sim90^\circ$</td><td>$0^\circ\sim180^\circ$</td></tr>
<tr><td colspan="2">元件最大导通角</td><td>120°</td><td>120°</td></tr>
<tr><td colspan="2">输出电压最低脉动频率</td><td>$3f$</td><td>$6f$</td></tr>
<tr><td colspan="2">全导通时输出电压纹波系数 γ</td><td>0.183</td><td>0.042</td></tr>
<tr><td colspan="2">全导通时输出电压脉动系数 s</td><td>0.25</td><td>0.057</td></tr>
<tr><td rowspan="3">全导通时流过可控硅的电流（电阻负载）</td><td>平均值</td><td>$0.333I_d$</td><td>$0.333I_d$</td></tr>
<tr><td>有效值</td><td>$0.587I_d$</td><td>$0.587I_d$</td></tr>
<tr><td>波形系数</td><td>1.76</td><td>1.73</td></tr>
</table>

注 1. 三相桥式的整流变压器二次侧以常用的星形接法为例，表中 U_2 指星形连接的相电压，若为三角形连接，U_2 应以 $0.578U_{z2}$ 代入，U_{z2} 为二次侧电压。其他多相整流变压器，U_2 也是指相电压；

2. f——交流电源的频率（Hz）。

2. 负载呈感性的晶闸管整流电路

实际上很多负载呈感性，电感的反电势会使晶闸管难以关断，控制范围变小，电流波形变坏。解决这个问题的方法是在主电路中接入续流二极管，如图 2-49 所示。这样就可以使电感的反电势通过续流二极管短路掉，保证晶闸管及时关断。

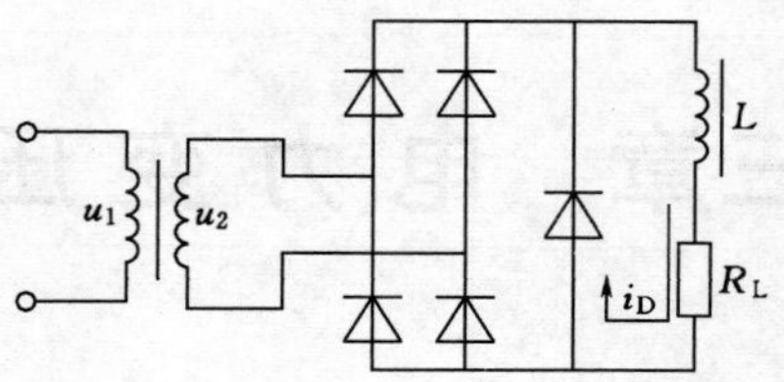

图 2-49　带续流二极管的单相桥式半控整流电路

第三章　电力变压器

第一节　变压器的基本原理及结构

一、变压器的基本原理

变压器是根据电磁感应原理制成的，是一种用来改变交流电压、交流电流的静止的电器。它能把一种等级的电压和电流变成为同频率的另一种等级的电压和电流，以满足电能的输送分配和使用要求。

图 3-1 是单相变压器的原理图（图中箭头符号表示各有关量的参考方向）。它由原绕组（N_1）、副绕组（N_2）套在一个闭合铁芯上构成的。当原绕组接上交流电压 u_1 时，在原绕组中就有交流电流 i_1 流过，于是便在铁芯中产生交变磁通 Φ。因此，两个绕组中均产生感应电势 e_1 和 e_2。如果副绕组接上负载，则副绕组便有交流电流 i_2 流出，负载端电压即为 u_2，于是输出电能。

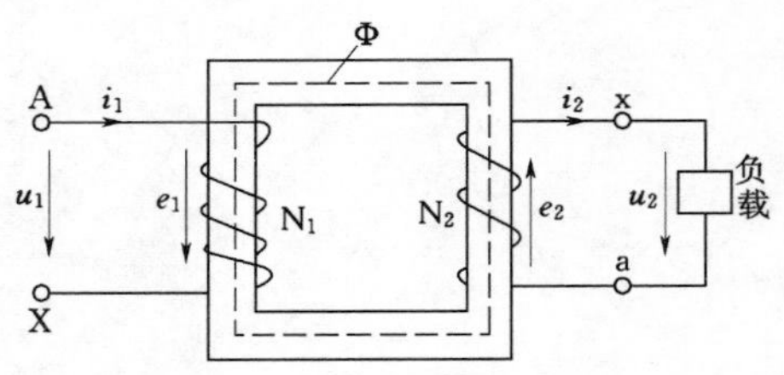

图 3-1　变压器的原理图

根据电磁感应定律可推导得 e_1、e_2 的有效值分别为：

$$E_1 = 4.44 f N_1 \Phi m$$

$$E_2 = 4.44 f N_2 \Phi m$$

两式相比得：$E_1/E_2=N_1/N_2$

如果忽略变压器绕组的阻抗，则可认为$U_1\approx E_1$，$U_2\approx E_2$，于是有

$$U_1/U_2\approx E_1/E_2=N_1/N_2=K$$

K 称为变压器的变压比。上列公式说明，适当选择原、副绕组匝数比 N_1/N_2，就可以把某一数值的交流电压变换为同频率的另一数值的电压，这就是变压器的电压变换作用。

如果忽略变压器的漏磁通，并认为传输功率时，无任何损耗，由能量守恒原理可知，变压器的输出功率应等于输入功率，即 $U_2I_2=U_1I_1$，故可得：

$$I_1/I_2=U_2/U_1\approx N_2/N_1=1/K$$

即变压器在变压的同时改变电流。

二、变压器的结构

目前，油浸式电力变压器是生产量最大，应用面最广的一种变压器。油浸式电力变压器以变压器油为冷却和绝缘介质，变压器油分为 10 号、25 号、40 号三种，根据变压器安装地点的最低环境温度而选择油种。

表 3-1 为油浸式电力变压器结构的一般概况。

表 3-1　变压器的结构概况表

- 变压器
  - 器身
    - 铁芯
    - 线圈
    - 绝缘
    - 引线和分接开关等
  - 油箱
    - 油箱本体（包括箱盖、箱壁和箱底等）
    - 附件（包括放油阀门、小车、接地螺栓、铭牌等）
  - 冷却装置（散热器等）
  - 保护装置（储油柜、油表、安全气道、吸湿器、测温元件和气体继电器等）
  - 出线装置（高压套管、低压套管等）

从变压器的功能来看，铁芯和绕组是变压器最主要的部分。

(1) 铁芯。铁芯是变压器用作导磁的磁路。它是用 0.35～0.5mm 厚的硅钢片交错叠装而成。变压器铁芯一般分为心式和壳式两种，如图 3-2 所示。

心式变压器的铁芯被绕组包围，而壳式变压器的铁芯则包围绕组。由于壳式变压器制造复杂，用料多，而心式变压器结构简单，绕组的装配、绝缘都比较容易。因此，国产电力变压器几乎都采用心式铁芯结构。

(2) 绕组。绕组是变压器的电路部分。绕组大多是用包有绝缘的铜线和铝线绕制的。电压高的绕组为高压绕组，电压低的绕组为低压绕组。按照高、低压绕组之间的布置，可以分为同心式和交叠式两种绕组，如图 3-3 所示。

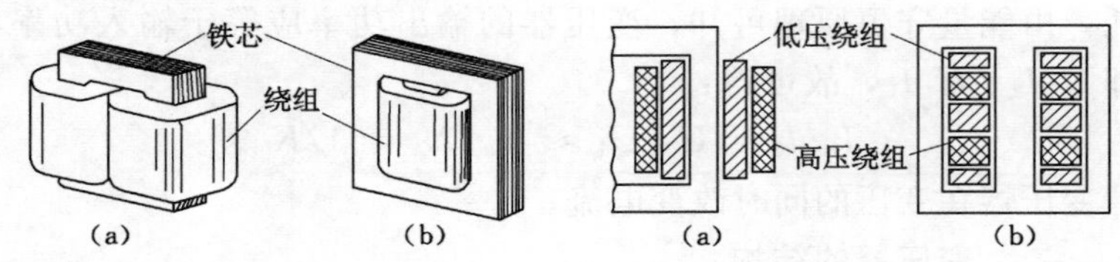

图 3-2 变压器铁芯结构
(a) 心式；(b) 壳式

图 3-3 变压器绕组结构
(a) 同心式；(b) 交叠式

同心式绕组就是将高、低压绕组都做成圆筒形，它们同心地套在铁芯柱上。交叠式绕组就是将高、低压绕组都做成圆饼式并相互交叠放置。同心式绕组的结构简单，制造方便，因此国产的电力变压器都采用这种结构。

第二节 变压器的型号及额定数据

一、变压器的型号

变压器的型号含义如下：

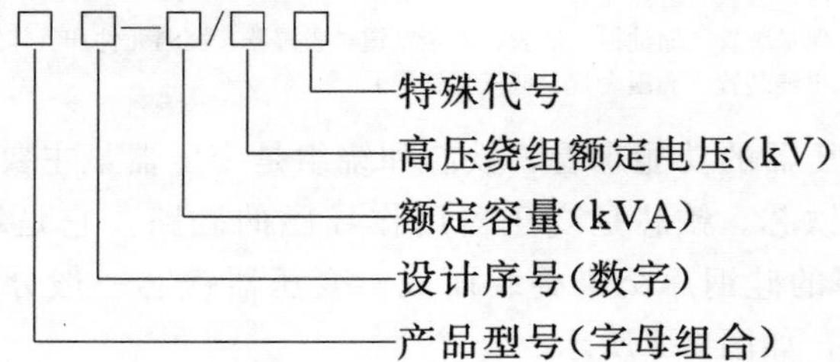

变压器产品型号包括相数、冷却方式和结构特征等，常用的代号及其含义见表 3-2。

表 3-2 变压器产品型号各部分代号及其含义

序号	项目	类别	代号	序号	项目	类别	代号
1	相数	单相	D	4	油循环方式	自然循环	
		三相	S			强迫油循环	P
2	绕组外冷却介质	变压器油		5	绕组数	双绕组	
		空气	G			三绕组	S
		成型固体	C	6	调压方式	无载调压	
3	箱壳外冷却方式	空气自冷				有载调压	Z
		风冷	F	7	绕组导线材料	铜	
		水冷	S			铝	L

例如：SL—560/10 此型号含义为：三相，油浸，自冷，自然循环，双绕组，无载调压，铝芯变压器，额定容量 560kVA，高压侧电压 10kV。

又如：SFPZ7—63000/63 此型号含义为：三相，油浸，风冷，强迫油循环，双绕组，有载调压，铜芯变压器，设计序号第 7 系列，额定容量 63000kVA，高压侧电压 63kV。

二、变压器额定数据

变压器的额定数据主要有：

(1) 额定容量 S_N（kVA）。S_N 是指变压器在正常运行时，可能传递的最大功率。

(2) 额定电压 U_{1N}/U_{2N}（V）。U_{1N} 是电源加到原绕组上的线电压值，U_{2N} 是变压器空载时副绕组的线电压值。

(3) 额定电流 I_{1N}/I_{2N}（A）。I_{1N}、I_{2N} 分别是在额定容量的允许温升条件下，原绕组和副绕组允许长期通过的线电流值。

变压器的额定容量、额定电压与额定电流三者之间的关系是：

单相双绕组变压器 $S_N = U_{1N} I_{1N} = U_{2N} I_{2N}$

三相双绕组变压器 $S_N = \sqrt{3} U_{1N} I_{1N} = \sqrt{3} U_{2N} I_{2N}$

（4）额定频率 f（Hz）。我国规定标准工业用电频率为 50Hz。

第三节　电力变压器的连接组别

国家标准规定了一些标准连接组别。单相电力变压器只有 I，I0 一种，三相双绕组电力变压器的标准连接组有：Y，yn0；Y，d11；YN，d11；YN，y0；Y，y0 等五种。见表 3-3。

表 3-3　双绕组变压器绕组连接、相量图及连接组编号

	绕组连接法		相量图		连接组号	
	高压	低压	高压	低压	新	旧
单相	A X	a x	A X	a x	I，I0	I/I—12
三相	A B C X Y Z	o a b c x y z	A C B	a c b	Y，yn0	Y/Y_0—12
	A B C X Y Z	a b c x y z	A C B	a b c	Y，d11	Y/△—11
	O A B C X Y Z	a b c x y z	A C B	a b c	YN，d11	Y_0/△—11
	O A B C X Y Z	a b c x y z	A C B	a c b	YN，y0	Y_0/Y—12
	A B C X Y Z	a b c x y z	A C B	a c b	Y，y0	Y/Y—12

注　连接组标号中大写 Y、D 及小写 y、d 分别表示高压及低压线圈的星形、三角形接法。有中性点引出时，分别用 YN 及 yn 表示。数字 0～11 表示低压对高压之间相位角转移，即将标准中的 12 组改以 0 组表示。

（1）Y，yn0 接法。主要应用于副边电压 400～230V 的配电变压器中，供给动力与照明的混合负载。动力负载接线电压，照明负载接相电压。这种连接的变压器容量可做到 1800kVA，高压方面额定电压不超过 35kV。

（2）Y，d1 接法。用于副边电压超过 400V 的线路中，最大容量为 5600kVA，高压方面的额定电压也在 35kV 以下。

（3）YN，d11 接法。用在 110kV 以上的高压输电线路中，其高压侧可以通过中点接地。

（4）YN，y0 接法。用于原边的中性点需要接地的场合。

（5）Y，y0 接法。一般用于三相动力负载。

第四节　常用电力变压器的主要参数

常用电力变压器的主要参数见表 3-4、表 3-5、表 3-6。

表 3-4　10kV 铜线双绕组无励磁调压三相油浸式电力变压器的额定参数

型　　号	额定容量（kVA）	电压组合（kV）		连接组标号	阻抗电压（%）高—低	空载电流（%）	空载损耗（kW）	负载损耗（kW）
		高压	低压					
S9—30/10	30	6 6.3 10 10.5 11 调压 ±5%	0.4	Y，yn0 或 D，yn11	4	2.1	0.13	0.60
S9—50 /10	50					2.0	0.17	0.87
S9—63 /10	63					1.9	0.20	1.04
S9—80 /10	80					1.8	0.24	1.25
S9—100 /10	100					1.6	0.29	1.50
S9—125 /10	125					1.5	0.34	1.80
S9—160/10	160					1.4	0.40	2.20
S9—200/10	200					1.3	0.48	2.60
S9—250/10	250					0.2	0.56	3.05
S9—315/10	315					1.1	0.67	3.65
S9—400/10	400					1.0	0.80	4.30
S9—500/10	500					1.0	0.96	5.10
S9—630/10	630			D，yn11	4.5	0.9	1.20	6.20

续表

型　　号	额定容量（kVA）	电压组合（kV）		连接组标号	阻抗电压（%）高—低	空载电流（%）	空载损耗（kW）	负载损耗（kW）
		高压	低压					
S9—800/10	800	6 6.3 10 10.5 11 调压 ±5%	0.4	D，yn11	4.5	0.8	1.40	7.50
S9—1000/10	1000					0.7	1.70	10.30
S9—1250/10	1250					0.6	1.95	12.00
S9—1600/10	1600					0.6	2.40	14.50
S7—315/10	315			D，yn11	4	2.0	0.76	4.80
S7—400/10	400					1.9	0.92	5.80
S7—500/10	500					1.9	1.08	6.90
S7—63/10	63				4.5	1.8	1.30	8.10
S7—800/10	800				4.5 6.0 10	1.5	1.54	9.90
S7—1000/10	1000					1.2	1.80	11.60
S7—1250/10	1250					1.2	2.20	13.80
S7—1600/10	1600					1.1	2.65	16.50
S7—2000/10	2000					1.0	3.10	19.80
S7—2500/10	2500					1.0	3.65	23.00
S7—630/10	630		3.15 6.3	y，d11	4.5	1.8	1.30	8.1
S7—800/10	800				5.5	1.5	1.54	9.9
S7—1000/10	1000					1.2	1.80	11.6
S7—1250/10	1250					1.2	2.20	13.8
S7—1600/10	1600					1.1	2.65	16.5
S7—2000/10	2000					1.0	3.10	19.8
S7—2500/10	2500					1.0	3.65	23.0
S7—3150/10	3150					0.9	4.40	27.0
S7—4000/10	4000	10 10.5 11 调压 ±5%	3.15 6.3	y，d11	5.5	0.8	5.3	32.0
S7—5000/10	5000					0.8	6.4	36.7
S7—6300/10	6300					0.7	7.5	41.0

续表

型　号	额定容量(kVA)	电压组合(kV)		连接组标号	阻抗电压(%)高—低	空载电流(%)	空载损耗(kW)	负载损耗(kW)
		高压	低压					
SF7—8000/10	8000	10.5	6.3	YN,d11	10	0.7	10.0	45.0
SF7—16000/10	16000			Y，yn0	10.5	0.7	15.0	120.0
S20C S20d（性能与S9相同，采用全密封，波纹油箱结构）	30	6 6.3 10 调压±5%	0.4	Y，yn0	4	1.07	0.12	0.60
	50					0.74	0.16	0.87
	63					0.79	0.19	1.03
	80					0.78	0.23	1.25
	100					0.78	0.28	1.41
	125					0.68	0.32	1.74
	160					0.69	0.39	2.08
	200					0.61	0.46	2.50
	250					0.40	0.54	2.95
	315					0.43	0.65	3.42
	400					0.47	0.78	4.20
	500					0.45	0.95	4.98
	630				4.5	0.58	1.15	5.97
	800					1.50	1.34	7.20
S7—10/10	10	6 6.3 10 10.5 11 调压±5%	0.4	Y，yn0	4	3.5	0.08	0.36
S7—20/10	20					3.5	0.12	0.58
S7—30/10	30					2.8	0.15	0.80
S7—50/10	50					2.6	0.19	1.15
S7—63/10	63					2.5	0.22	1.40
S7—80/10	80					2.4	0.27	1.65
S7—100/10	100					2.3	0.32	2.00
S7—125/10	125					2.2	0.37	2.45
S7—160/10	160					2.1	0.46	2.85

续表

型　号	额定容量(kVA)	电压组合(kV)		连接组标号	阻抗电压(%)高—低	空载电流(%)	空载损耗(kW)	负载损耗(kW)
		高压	低压					
S7—200/10	200	6 6.3 10 10.5 11 调压 ±5%	0.4	Y，yn0	4	2.1	0.54	3.40
S7—250/10	250					2.0	0.64	4.00
S7—315/10	315					2.0	0.76	4.80
S7—400/10	400					1.9	0.92	5.80
S7—500/10	500					1.9	1.08	6.90
S7—630/10	630				4.5	1.8	1.30	8.10
S7—800/10	800					1.5	1.54	9.90
S7—1000/10	1000					1.2	1.80	11.60
S7—1250/10	1250					1.2	2.20	13.80
S7—1600/10	1600					1.1	2.65	16.50
S8—400/10	400			Y，yn0 或 D，yn11	4	1	0.80	4.3
S8—500/10	500					1	0.96	5.1
S8—630/10	630				4.5	0.9	1.20	6.2
S8—800/10	800					0.8	1.40	7.5
S8—1000/10	1000					0.7	1.70	10.3
S8—1250/10	1250					0.6	1.95	12.0
S8—1600/10	1600					0.6	2.4	14.5

表 3-5　10kV 铝线双绕组无励磁调压三相油浸式电力变压器的额定参数

型　号	额定容量(kVA)	电压组合(kV)		连接组标号	阻抗电压(%)高—低	空载电流(%)	空载损耗(kW)	负载损耗(kW)
		高压	低压					
SL7—30/10	30	6　6.3 10　10.5 11 调压 ±5%	0.4	Y，yn0	4	2.8	0.15	0.8
SL7—50/10	50					2.6	0.19	1.15
SL7—63/10	63					2.5	0.22	1.40

续表

型　　号	额定容量(kVA)	电压组合(kV)		连接组标号	阻抗电压(%)高—低	空载电流(%)	空载损耗(kW)	负载损耗(kW)
		高压	低压					
SL7—80/10	80	6 6.3 10 10.5 11 调压 ±5%	0.4	Y，yn0	4	2.4	0.27	1.65
SL7—100/10	100					2.3	0.32	2.00
SL7—125/10	125					2.2	0.37	2.45
SL7—160/10	160					2.1	0.46	2.85
SL7—200/10	200					2.1	0.54	3.40
SL7—250/10	250					2.0	0.64	4.00
SL7—315/10	315					2.0	0.76	4.80
SL7—400/10	400					1.9	0.92	5.80
SL7—500/10	500					1.9	1.08	6.90
SL7—630/10	630					1.8	1.30	8.10
SL7—800/10	800				4.5	1.5	1.54	9.90
SL7—1000/10	1000					1.2	1.80	11.60
SL7—1250/10	1250					1.2	2.20	13.80
SL7—1600/10	1600					1.1	2.65	16.50
SL7—630/10	630		3.15 6.3	Y，d11	5.5			
SL7—800/10	800							
SL7—1000/10	1000							
SL7—1250/10	1250							
SL7—1600/10	1600							
SL7—2000/10	2000							
SL7—2500/10	2500							
SL7—3150/10	3150							
SL7—4000/10	4000							
SL7—5000/10	5000							
SL7—6300/10	6300							

续表

型　号	额定容量(kVA)	电压组合(kV)		连接组标号	阻抗电压(%)高—低	空载电流(%)	空载损耗(kW)	负载损耗(kW)
		高压	低压					
SL8—400/10	400	6 6.3 10 10.5 11 调压 ±5%	0.4	Y，yn0 或 D，yn11	4.0	1.0	0.80	4.3
SL8—500/10	500					1.0	0.96	5.1
SL8—630/10	630				4.5	0.9	1.20	6.2
SL8—800/10	800					0.8	1.40	7.5
SL8—1000/10	1000					0.7	1.70	10.3
SL8—1250/10	1250					0.6	1.95	12.0
SL8—1600/10	1600					0.6	2.40	14.5

表 3-6　10kV 铜线、铝线双绕组有载调压三相油浸式电力变压器的额定参数

型　号	额定容量(kVA)	电压组合(kV)		连接组标号	阻抗电压(%)高—低	空载电流(%)	空载损耗(kW)	负载损耗(kW)
		高压	低压					
SZ9—250/10	250	6 6.3 10 10.5 11 调压 ±5%	0.4	Y，yn0	4	1.5	0.61	3.09
SZ9—315/10	315					1.4	0.73	3.60
SZ9—400/10	400					1.3	0.87	4.40
SZ9—500/10	500					1.2	1.04	5.25
SZ9—630/10	630				4.5	1.1	1.27	6.30
SZ9—800/10	800					1.0	1.51	7.56
SZ9—1000/10	1000					0.9	1.78	10.50
SZ9—1250/10	1250					0.8	2.08	12.00
SZ9—1600/10	1600					0.7	2.54	14.70
SZ9—5000/10	5000	10±4× 2.5%	3.15 6.3	Y，d11	5.5	0.7	6.15	31.40
SZ9—6300/10	6300					0.7	7.21	35.10

续表

<table>
<tr><th rowspan="2">型　　号</th><th rowspan="2">额定容量（kVA）</th><th colspan="2">电压组合（kV）</th><th rowspan="2">连接组标号</th><th rowspan="2">阻抗电压（%）高—低</th><th rowspan="2">空载电流（%）</th><th rowspan="2">空载损耗（kW）</th><th rowspan="2">负载损耗（kW）</th></tr>
<tr><th>高压</th><th>低压</th></tr>
<tr><td>SZ7—200/10</td><td>200</td><td rowspan="11">6
6.3
10
10.5
11
调压
±4×
5%
±4×
2.5%</td><td rowspan="11">0.4</td><td rowspan="11">Y，yn0</td><td rowspan="5">4</td><td>2.1</td><td>0.54</td><td>3.40</td></tr>
<tr><td>SZ7—250/10</td><td>250</td><td>2.0</td><td>0.64</td><td>4.00</td></tr>
<tr><td>SZ7—315/10</td><td>315</td><td>2.0</td><td>0.76</td><td>4.80</td></tr>
<tr><td>SZ7—400/10</td><td>400</td><td>1.9</td><td>0.92</td><td>5.80</td></tr>
<tr><td>SZ7—500/10</td><td>500</td><td>1.9</td><td>1.08</td><td>6.90</td></tr>
<tr><td>SZ7—630/10</td><td>630</td><td rowspan="6">4.5</td><td>1.8</td><td>1.40</td><td>8.50</td></tr>
<tr><td>SZ7—800/10</td><td>800</td><td>1.8</td><td>1.66</td><td>10.40</td></tr>
<tr><td>SZ7—1000/10</td><td>1000</td><td>1.7</td><td>1.93</td><td>12.18</td></tr>
<tr><td>SZ7—1250/10</td><td>1250</td><td>1.6</td><td>2.35</td><td>14.49</td></tr>
<tr><td>SZ7—1600/10</td><td>1600</td><td>1.5</td><td>3.00</td><td>17.30</td></tr>
<tr><td>SZ7—2000/10</td><td>2000</td><td>1.0</td><td>3.50</td><td>21.00</td></tr>
<tr><td>SZL7—200/10</td><td>200</td><td rowspan="10">6
6.3
10
10.5
11
调压
±4×
2.5%</td><td rowspan="10">0.4</td><td rowspan="10">Y，yn0</td><td rowspan="5">4</td><td>2.1</td><td>0.54</td><td>3.40</td></tr>
<tr><td>SZL7—250/10</td><td>250</td><td>2.0</td><td>0.64</td><td>4.00</td></tr>
<tr><td>SZL7—315/10</td><td>315</td><td>2.0</td><td>0.76</td><td>4.80</td></tr>
<tr><td>SZL7—400/10</td><td>400</td><td>1.9</td><td>0.92</td><td>5.80</td></tr>
<tr><td>SZL7—500/10</td><td>500</td><td>1.9</td><td>1.08</td><td>6.90</td></tr>
<tr><td>SZL7—630/10</td><td>630</td><td rowspan="5">4.5</td><td>1.8</td><td>1.04</td><td>8.50</td></tr>
<tr><td>SZL7—800/10</td><td>800</td><td>1.8</td><td>1.66</td><td>10.40</td></tr>
<tr><td>SZL7—1000/10</td><td>1000</td><td>1.7</td><td>1.93</td><td>12.18</td></tr>
<tr><td>SZL7—1250/10</td><td>1250</td><td>1.6</td><td>2.35</td><td>14.49</td></tr>
<tr><td>SZL7—1600/10</td><td>1600</td><td>1.5</td><td>3.00</td><td>17.30</td></tr>
</table>

第五节　电力变压器的选择

选用变压器前必须对用电处的电源电压、实际用电负荷和所在地方的条件等情况有所了解，然后参照变压器铭牌标出的技术数据去选购。一般是从变压器容量、电压、电流和经济几个方面综合考虑。

一、容量选择

变压器容量的选择是个重要问题。如容量过小，将造成过负载，烧坏变压器；如容量过大，变压器得不到充分利用，不但会增加设备投资，而且会使电网功率因数变低，线路损耗和变压器本身损耗都会变大，其效率很低。

一般，电力变压器容量可按下式选择：

$$S = PK/\eta\cos\varphi$$

式中 P——用电设备总容量；

K——同一时间投入运行的设备实际容量与用电设备总容量的比值，一般为 0.7 左右；

η——用电设备效率，一般为 0.85～0.9；

$\cos\varphi$——用电设备功率因数，一般为 0.8～0.9。

在正常运行时，应使变压器承受的用电负荷为变压器额定容量的 75%～90%左右。

二、电压选择

根据线路电源电压决定变压器的原绕组的电压值；根据用电设备的电压，决定副绕组的电压值；最好选择低压三相四线制供电，这样可同时提供动力用电（380V）和照明用电（220V）。

三、电流选择

变压器的电流不必单独选择。由于它与容量和电压存在着固定关系，一般都是在确定变压器容量和电压之后，相应地也就确定了变压器电流。在变压器与电动机组配时，还应考虑到，一般电动机启动电流是额定电流的 4～7 倍，启动时间很短，变压器应承担这种冲击。启动频繁的用电设备，应适当加大变压器容量。一般直接启动的电动机，最大容量不宜超过供电变压器容量的 30%左右。

第六节　变压器运行前的检查

变压器运行前的检查，是保证变压器安全运行的重要工作。一般应做好下列各项检查工作：

1）变压器的试验合格证和变压器油的化验合格证，试验结果是否合格，不合格者不允许使用。

2）检查变压器油箱是否完整，有无渗油。

3）检查额定电压和容量是否符合要求。

4）检查变压器的油位是否正常。

5）检查分接头调压板是否牢固，连片板是否松动，螺丝是否脱扣，分接头的选定是否与安装点的电压相适应。

6）检查高、低压侧的引线有无破裂或断股现象，绝缘是否包扎完好。

7）检查变压器的内外部是否清洁，套管有无污垢、破裂、松动，连接螺栓是否牢固。

8）检查变压器上盖部分，密封是否严密。

9）摇表测量变压器高、低压绕组间及对地绝缘电阻是否正常。

10）检查操作步骤是否符合安全作业要求。

11）高、低压绕组接线及相序 U、V、W 是否正确。

12）变压器外壳接地线是否连接完好。

13）检查高、低压侧熔丝装设是否符合规定要求。

14）变压器的各种防雷装置是否完好。

15）变压器的高压引下线与各部距离是否符合要求。

第七节　变压器运行中的监视与维护

变压器在正常运行中的监视和维护，是保证安全供电的重要环节。变压器在运行时，应严格按照变压器的运行规则进行，并要着重检查以下几方面：

1）变压器高低压侧电压及电流是否正常，超差值是否在允许范围内；

2）各处的油位高度及油色是否正常，有无渗油、漏油现象；

3）油温是否符合要求（一般不应超过 85℃）；

4）变压器有无异常响声；

5）套管是否清洁，有无裂纹与放电痕迹；

6）安全气道的玻璃膜是否完整；

7）呼吸器内硅胶是否吸潮变色；

8）油箱的接地是否良好。

如果上述检查中出现不正常情况，就要及时查找原因，加以处理。

第八节　电力变压器的常见故障及原因

表 3-7　油浸式电力变压器常见故障及原因

常见故障	故障现象	产生的原因
铁芯片间绝缘损坏	1. 空载损失增大； 2. 油温升高； 3. 油色变深	1. 受剧烈震动，铁芯片间摩擦引起； 2. 铁芯片间绝缘老化，或有局部损坏
铁芯片间局部熔毁	1. 高压侧熔丝熔断； 2. 油色变黑，并有特殊气味，温度升高	1. 铁芯的穿心螺栓的绝缘损坏； 2. 片间绝缘严重损坏； 3. 铁芯两点接地
接地片断裂或与铁芯接触不良	铁芯与油箱间有放电声	1. 安装时螺丝没有拧紧； 2. 接地片没有插紧
铁芯松动	有不正常震动声或噪音	1. 铁芯叠片中缺片； 2. 铁芯油道内或夹片下面有未夹紧的自由端； 3. 铁芯的紧固件松动； 4. 铁芯片间有杂物

续表

常见故障	故 障 现 象	产 生 的 原 因
绕组匝间短路	1. 一次电流略增大; 2. 油温增高; 3. 油有时发生“咕嘟”声; 4. 三相直流电阻不平衡; 5. 高压侧熔丝熔断，跌落保险脱落; 6. 油枕盖冒烟; 7. 二次线电压不稳，忽高忽低	1. 负载有涌流现象，由于机械力损伤绝缘; 2. 大气过电压(少数由于内部过电压)产生电击穿; 3. 导线有毛刺，焊接不平滑等，使匝间绝缘受损
绕组断线	1. 断线处发生电弧，有放电声; 2. 断线的相没有电压及电流	1. 导线焊接不良; 2. 匝间、层间或相间短路，造成断线; 3. 雷电造成断线; 4. 搬运时强烈震动使引线断开
绕组相间短路	1. 高压侧熔丝熔断; 2. 油枕往外喷油，油温剧增	1. 因主绝缘老化或有剧烈折断等缺陷; 2. 绝缘油受潮; 3. 绕组内有杂物落入; 4. 过电压引起; 5. 由于短路时绕组变形引起; 6. 由于渗漏油，引起严重缺油; 7. 二次引线接地
绕组对地击穿	1. 高压侧熔丝熔断; 2. 匝间短路	
分接开关触头表面熔化及灼伤	1. 油温增高; 2. 高压侧熔丝熔断; 3. 触头表面产生放电声	1. 装配不当，上、下错位造成触头表面接触不良; 2. 弹簧压力不够
分接开关相间触头放电或各分接头放电	1. 高压侧熔丝熔断; 2. 油枕盖冒烟; 3. 有“咕嘟”声	1. 过电压引起; 2. 变压器油内有水; 3. 螺丝松动，触头接触不良，产生爬电，烧坏绝缘
套管间放电	高压侧熔丝熔断	1. 套管间有杂物; 2. 套管间有小动物
套管对地击穿	高压侧熔丝熔断	瓷件表面有污垢或有裂纹
绝缘油质变坏	变压器油的颜色变暗	1. 油长期受热恶化; 2. 绝缘油含杂质过量; 3. 变压器产生故障时，产生气体所引起

第九节　变压器油的运行管理

变压器油主要有两个作用：一方面是作为绝缘介质，使变压器的初、次级线圈之间，线段与线匝之间，线圈与接地的铁芯和箱壳之间有良好的绝缘；另一方面作为散热的媒质，将变压器铁芯和线圈等产生的热量，传递给冷却装置予以散发，从而使线圈和铁芯得到冷却。

变压器油在长期运行中由于接触氧气和水分，并在温度、电场及化学作用下会发生劣化。除了产生氧化物外，还有许多杂质也可能在运行中积聚于油内，使其性能下降。因此，变压器在运行中，除对油采取保护措施外，还应定期放取油样，进行分析试验，以对油质进行监视，了解运行中油的情况。

一、变压器油的保护措施

(1) 加抗氧化剂。对新油及再生后的变压器油常加含量为0.3%～0.5%的抗氧化剂。目前通常是加二叔丁基对甲酚。运行中油内抗氧化剂含量低于0.15%时，应设法补充。

(2) 热虹吸净油器。在3150kVA及以上的变压器上装置热虹吸净油器。净油器中的硅胶或活性氧化铝可吸收油中的游离酸、潮气及使油老化的氧化物，运行一定时间后，硅胶的吸附能力便会饱和而趋于失效，此时应更换合格的硅胶。

(3) 密封橡胶囊。目前应用较为广泛的措施是在油枕内安装一密封胶囊，以避免油与空气接触，使氧不溶于油中。

二、取样试验

为了掌握变压器油在长期运行中的情况，需要取油样试验。在一般情况下，可不作全面分析试验（只在验收新油或油经再生处理后，对新装变压器油质有怀疑时才需要进行），而仅作简化试验。

1）简化试验项目及标准，见表3-8。

2）35kV及以上的变压器每年至少一次简化试验；35kV以

表 3-8 简化试验项目及标准

项次	项目		标准	
			新油及再生油	运行中油
1	酸值（mgKoH/g）		＜0.03	＜ 0.1
2	水溶性酸和碱（pH 值）		无	≥4.2
3	闪点（℃）		DB—10、25＞140 DB—45＞135	比新油或 前次测量值＜5
4	机械杂质		无	无
5	水分		无	无
6	游离碳		无	无
7	电气击穿强度（kV）	15kV 及以下	＞35	＞20
		20～35kV	＞35	＞30
8	tanδ（%）		注入前 90℃时＜0.5 注入前 70℃时＜0.5	70℃时＜2

下的变压器每两年至少一次。不论电压高低，变压器每次大修后，均应取油样进行简化试验。

3）每次取油样试验的结果，都应与上一次试验的结果作比较，以掌握油质性能变化的趋势。

若经简化试验不合标准时，必须针对存在的问题进行处理。如当油的电气绝缘强度不合格时，需进行过滤；某些化学性能不合格时，需进行再生处理等，以保证变压器的安全、可靠、经济运行的要求。

运行中变压器取油样时应注意：

1）应在晴天或干燥天气时取油样。

2）装油样容器最好用带毛玻璃塞的玻璃瓶，瓶内应干净并经干燥处理。

3）取油样时，一般应在变压器底部油门处放油，先放走放油阀处的污油，然后用干净布将油门擦净，再放少量油冲洗油门和取样瓶。取油样时要防止泥土、水分、纤维丝等落入油样内，瓶塞也同样用变压器油擦洗干净再密封。

4）取油样数量由试验内容决定，作耐压试验不少于0.5L（约0.45kg），作简化试验不少于1L（约0.895kg）。

5）启瓶时，室温应接近取样时温度。切记勿在缺油时取样油。

三、变压器补油

变压器油箱漏油，油阀门关闭不严，取油样后未及时补油等往往造成缺油。若油位过底，会造成瓦斯保护误动，同时使线圈露出油面而使绝缘程度下降。因此，若储油柜的油位过底，应添加补充油。变压器补油时应注意以下几点：

1）注意防止混油。新补入的油应经试验合格。不同型号的油由于成分不同，一般不应混合使用。在同型号油不足的情况下不得不混合使用时，则应经过混油试验，即通过化学、物理化验证明可以混合后，才能混合使用。

2）补油前应将重瓦斯变保护改接到信号位置，防止误动掉闸。

3）补油后要注意检查瓦斯继电器，及时放出气体，24小时无问题后，再将重瓦斯投入掉闸位置。

4）补油量要适宜，油位与变压器当时的油温相适应。

5）一般情况下应从储油柜的顶部加油。禁止从变压器下部截门补油，以防将变压器底部沉淀物冲起进入线圈内，影响变压器的绝缘和散热。

四、变压器油的处理

当变压器油中含有水分、气体或机械杂质时要进行处理。处理的方法及特点见表3-9。

根据油的劣化程度通常采用一种或两种处理方法的配合来达到一定的油质要求。经常采用的是压力过滤法和真空喷雾法。

1. 压力式滤油法

压力式滤油法的工作系统，见图3-4。

表 3-9　变压器油处理的方法及特点

方　法	压力过滤法	离心分离法	真空喷雾法
主要设备	压力式滤油机	离心式滤油机	真空滤油机
原理	用油泵压力迫使油通过滤纸，除去其杂质和水分	利用离心力将密度大于油的水分、杂质分离出去	把加热的油在负压容器内，用喷嘴将油雾化，油中的水分自行扩散与油分离，并被真空泵抽出，油再经压滤器滤去其杂质
优点	除去杂质效率高；可以吸去油中水分；可在常温下操作；方法简便	能除去大量杂质和水分	除水分效率高；抽真空能排去油中气体；可滤去杂质
缺点	消耗大量滤纸	清除细微杂质效果不好，并且将杂质细化更有害	设备较复杂；需要加热，促使油氧化
应用情况	常用	不常用	常用

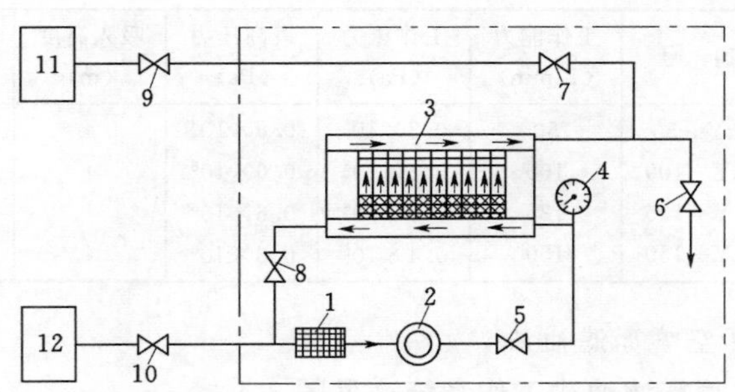

图 3-4　压力式滤油法的工作系统

1—滤网；2—油泵；3—过滤器；4—压力表；
5～10—控制阀门；11—净油罐；12—污净罐

操作步骤是：先打开出油管路的阀门 7 和 9，然后启动油泵 2，再打开进油阀门 5 和 10；停机过程相反。

滤油工艺：

1）滤油前应将全部滤油设备（滤油机、管道、油罐等）清洗干净。

2）滤油纸应是中性，抗拉强度在 $250N/cm^2$ 以上，滤纸应在 80～90℃的烘箱内烘 24h 以上。

3）每格放滤纸 2～3 张，0.5～1h 更换一次，每次可只换去进油侧的那一张，将新纸放于出油侧，用过的滤纸，经变压器油清洗后，烘干还可继续使用，一般可使用 2～4 次。对一般脏污的油，滤纸的消耗定额大致是每吨油耗纸 1kg。

4）滤油机的正常工作压力为 2×10^5～3×10^5pa，超过 5×10^5pa，说明滤纸太脏，应予更换，最高压力不能超过 6×10^5pa。

5）滤网每工作 10～15h 后，应清洗一次。

6）为了提高滤油效率，最好使油加温至 50～60℃。

7）滤油一般在晴天进行；如在雨天进行，应采取防尘、防雨等措施。

常用压力式滤油机主要技术数据，见表 3-10。

表 3-10　压力式滤油机主要技术数据

序号	型　号	工作能力 (1/min)	工作压力 (Pa)	最高压力 (Pa)	吸入高度 (m)	电动机功率 (kW)
1	LY—50	50	0.3×10^6	0.6×10^6	4	1.1
2	LY—100	100	0.3×10^6	0.6×10^6	4	2.2
3	LY—125	125	0.3×10^6	0.6×10^6	4	2.2
4	LY—150	150	0.4×10^6	0.6×10^6	4	3.0

2. 真空喷雾滤油法

真空喷雾滤油法工作系统，见图 3-5。

操作步骤：

（1）开机。先开启进油阀 1、4，启动进油泵 3，此时旁路阀 6 和出油阀 12 均应关闭，待油位达油位计上限时，停止进油泵，关闭进油阀 1，打开旁路阀 6，开动真空泵 10、加热器 5 和出油泵 14，进行油循环，加热至油温和真空度都达到要求值后，关旁路阀 6，打开进、出油阀 1、12，即可进行滤油。

（2）运行。根据油温度表 16 指示，调节加热器的功率，保

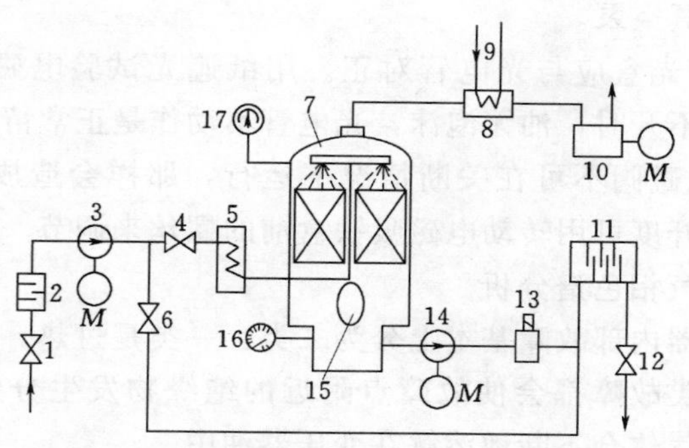

图 3-5 真空滤油法工作系统

1、4、6、12—阀门；2—金属滤网；3—进油泵；5—电加热器；7—真空罐；8—冷凝器；9—冷却水；10—真空泵；11—压滤器；13—电磁阀；14—出油泵；15—油位计；16—温度表；17—真空表；M—电动机

持油温；维持尽可能高的真空度。

(3) 输油。关闭阀门4，开启阀门1、6、12及进油泵3，油便由旁路管经二级滤网输送出。

(4) 停机。关闭进油阀1，停进油泵和加热器，接着停真空泵、出油泵和关闭出油阀12。

滤油工艺：

1) 不进油时，不得开动油泵，防止油泵齿轮磨损。

2) 油泵不开时，不得开启加热器，防止油温过高使油老化和损坏设备，油泵和加热闭锁装置应动作正确。

3) 真空泵停车在某一位置时，下次再开时有可能不会转动，此时应立即停车，将皮带盘动一下，即可启动。运行中注意泵的油位和温度，泵内油位低要加真空泵油，运行温度不允许超过70℃，否则应拆开清洗换油。

4) 如真空度达不到铭牌值，应仔细检查真空筒、管路法兰、接头、油泵的轴封等处的密封情况，并加以处理。如真空度仍提不高，应检查真空泵。

5) 凝结器必须接通自来水，使水蒸气凝结，并定期排放，否则危害真空泵。

6）灯光盒应与光电管对正。用纸遮光试验电磁阀应动作。当真空泵不开时，油无泡沫，光电管不动作是正常情况。

7）电磁阀不可在关断情况下运行，那样会造成油泵损坏，电磁阀的开度可用转动电磁吸铁盒前的螺丝来调节。

五、气相色谱分析

变压器内部故障基本上分为二类：一类是过热；另一类是放电。这两类故障都会使故障点附近的绝缘物发生分解而产生气体。这些气体会不断地溶解在变压器油中。

一般用气相色谱法分析溶解于油中的气体来判断设备内部隐患的性质。

1）电压等级为35kV及以上，容量为1000kVA及以上的电力变压器，每年至少进行一次色谱分析实验。35kV以下的变压器可自行规定检测周期。

2）新变压器或大修后的变压器投入运行前应做一次检测。在投入运行后的一段时期内应检测几次，以判断运行是否正常。

3）当发现变压器的气体继电器内出现气体时，应随时取样分析。如情况异常，应再取油样分析。

4）分析对象为：氢（H_2），甲烷（CH_4），乙烷（C_2H_6），乙烯（C_2H_4），乙炔（C_2H_2），一氧化碳（CO）及二氧化碳（CO_2）。

根据分析出来的油中所溶解气体的成分和含量，便可按照经验数据来判断变压器内部潜伏性故障的性质和程度，并判定这些故障是否会危及变压器的安全运行。

第十节　变压器的调压方式

电力变压器的调压方式一般是在高压绕组上抽出适当的分接头，以无励磁调压和有载调压方式进行中性点、中部和线端调压。通过改变高压绕组的匝数即改变电压比，达到调压的目的。

无励磁调压是在变压器不带电条件下，切换绕组中线圈抽头实现调压的。这种调压装置结构简单，成本低，可靠性高，但调压范围小，只适用于不需要经常调压的场合。

无励磁调压常用的电路，见图 3-6。

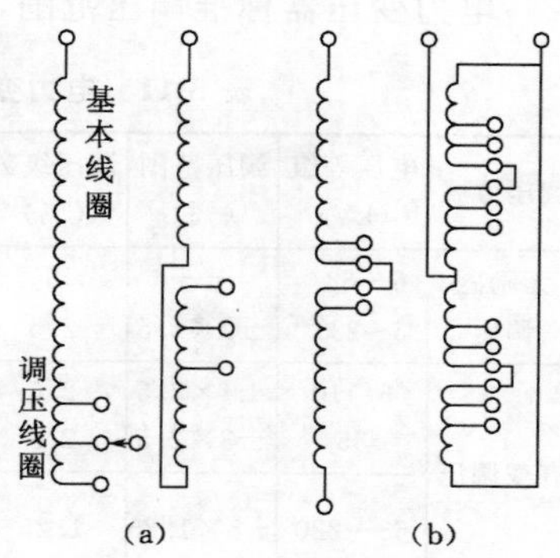

图 3-6　无励磁调压常用的电路

(a) 中性点调压；(b) 中部调压

调压电路由基本线圈与调压线圈按线性排列而成。调压线圈的分接头依次接到切换开关的动触头。通过开关触头的接通与开断，实现分接头的不同组合，达到改变电压的目的。

调压电路有三相与单相两类，三相调压电路用于中小型变压器，常见为中性点调压或中部调压；单相调压电路用于单相或三相大型变压器，多为中部调压。

有载调压是在变压器不中断运行的带电状态下进行调压的。通过有载调压装置进行电压调整，既可以稳定电力网的电压，又能够提高供电的可靠性与经济性，但有载调压的电路与结构都比较复杂。

有载调压常用的电路，见图 3-7。

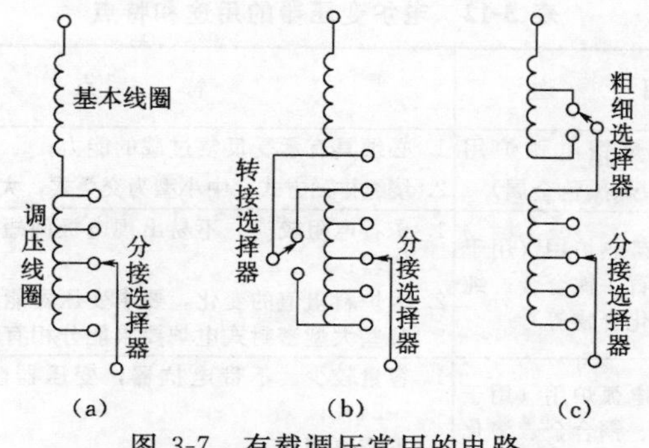

图 3-7　有载调压常用的电路

(a) 线端调压；(b) 正反调压；(c) 粗细调压

电力变压器标准调压范围，见表 3-11。

表 3-11　电力变压器标准调压范围

调压方式	电压等级（kV）	调压范围（%）	调压级数（%）	级数	常用调压形式	分接开关
无励磁调压	6～63*	±5	5	3	中性点调压	中性点调压开关
	35～220**	±2×2.5	2.5	5	中部调压	中部调压开关
有载调压	6、10	±4×2.5	2.5	9	中性点线性调压	选择开关或有载分接开关
	35	±3×2.5	2.5	7		
	63～220	±8×1.25	1.25	17	中性点线性、正反或粗细调压	有载分接开关

*　35kV 级小于 8000kVA，63kV 级小于 6300kVA。

**　35kV 级是 8000kVA 以上，63kV 级是 6300kVA 以上。

第十一节　特种变压器

特种变压器是一种在特殊环境、条件、装置、负载情况下使用的，具有一定性能的专用供电电源变压器。

一、电炉变压器

1）电炉变压器的用途和特点，见表 3-12。

2）电炉变压器的分类和型号，见表 3-13。

表 3-12　电炉变压器的用途和特点

序号	用　途	特　点
1	三相炼钢电弧炉用（用于冶炼黑色金属）	1. 必须具有承受反复过载的能力； 2. 绕组排列方式：中小型为交叠式，大型为同心式
2	三相矿热炉用（用于制取电石、铁合金、纯硅、硅化合物等）	1. 矿石电阻较高，不易出现电极间短路，不必用电抗器； 2. 因炉料阻值的变化，要求变压器能多级调压； 3. 某些大型密封式电炉要求能分相有载调压
3	单相电弧炉用（用于冶炼铜、铜合金、溶化生铁等）	1. 容量较少，不带电抗器，变压器阻抗电压 20%～24%； 2. 不需要调压； 3. 绕组为交叠式排列

续表

序号	用　　途	特　　点
4	电阻炉用（用于机械零件加热、热处理、粉末冶金烧结等）	1. 容量为几百 kVA，大功率电炉由几台变压器分别供电，便于分段控制炉温； 2. 一次侧带分接头，有 5～7 级无励磁调压； 3. 绕组多为同心式排列； 4. 一次侧为 380V 时多采用干式，6～10kV 时采用油浸式
5	盐浴炉用（用于工具和机械零件热处理）	1. 容量一般在 100kVA 以下；二次电压 5.5～17.5V； 2. 有 5～7 级无励磁调压； 3. 绕组多为同心式排列
6	单相石墨化炉用（用于电刷、电碳、金刚砂的加热，使之石墨化）	1. 负载为间断性，一台变压器轮流为几台电炉供电； 2. 要求至少有 13 级有载调压，每级 2～3V； 3. 工作稳定，变压器阻抗电压在 10%以下
7	工频感应炉用（用以融化黑色和有色金属）	1. 采用三相变压器时，为使单相感应线圈负载变成三相对负载，其他两相应分别接入适当的电感和电容； 2. 要求变压器有较多的调压级数； 3. 绕组为同心式排列
8	电渣炉用	1. 变压器多为单相； 2. 二次电压从数十伏到一百多伏，有 5～17 级调压； 3. 绕组多采用交叠式排列

表 3-13　电炉变压器的分类和型号

序　号	分　类	类　　别	代表字母
1	用途	电弧炉用 电石炉用 工频感应炉用 矿热炉用 铁合金炉用 盐浴炉用 电渣炉用 特殊用途	H HC HG HK HJ HU HZ HY

续表

序　号	分　　类	类　　别	代表字母
2	绕组耦合方式	独立 自耦	 O
3	相数	单相 三相	D S
4	线圈外绝缘介质	变压器油 空气（干式） 成型固体	 G C
5	冷却装置种类	自然循环冷却装置 风冷却装置 水冷却装置	 F S
6	油循环方式	自然循环 强迫油循环	 P
7	结构特点	油箱内附有串联电抗器或补偿回路 限流电抗器采用改变漏磁阻结构	K
8	调压方式	无励磁调压 有载调压	 Z
9	绕组导线材质	铜 铝	 L

例如：HZDSPZ—7000/6 表示单相、水冷强迫油循环、有载调压、铜导线、7000kVA、6kV 的电渣炉变压器。

二、整流变压器

1．整流变压器的用途和特点

（1）用途。整流变压器常用于充电、电镀、电解、电化学、电影放映、异步机串激调速、电磁控制保护、励磁、变频调速、中频电源、传动、牵引、炭素、蓄电池浮充电等场所。

（2）特点。①调压级数多，范围大，常用有载调压；②二次输出低电压大电流，相数多；③电化学和牵引用产品有过载要求；④常采用直降方式，例如从 110kV 直接降至几百伏。

2．整流变压器的分类和型号

整流变压器的分类和型号，见表 3-14。

表 3-14 整流变压器的分类和类型

序 号	分 类	类 别	代表字母
1	用 途	一般工业用	ZB
		充电用	ZC
		电镀用	ZD
		电影放映用	ZF
		电化学电解用	ZH
		异步机串激调速用	ZJ
		电磁控制保护用	ZK
		励磁用	ZL
		变频调速用	ZM
		中频电源用	ZP
		牵引用	ZQ
		传动用	ZS
		蓄电池浮充电用	ZV
		直流输电用	ZZ
		特殊用	ZY
2	网侧相数	单相	D
		三相	S
3	绕组外绝缘介质	变压器油	
		空气（干式）	G
		成型固体	C
4	调压方式	无载调压或不调压	
		由网侧线圈有载调压	Z
		由内附的自耦调压变压器或串联调压变压器有载调压	T
5	绕组导线材质	铜	
		铝	L
6	内附附属装置	平衡电抗器	K
		饱和电抗器（磁放大器）	B

例如：ZHSTLK—10000/35 表示电解用网侧三相油浸、无载调压、铝导线、内附自耦调压器和平衡电抗器、10000kVA、网侧 35kV 的整流变压器。

三、试验变压器

1. 主要用途

试验变压器作为高压试验设备的主机，用在电机、变压器、电器、电缆、绝缘材料等制造厂和电力部门及有关科研机构、大专院校的高压试验室，用来对电工产品、电器元件、套管等进行工频耐压实验，以便鉴别其内部绝缘的可靠性。

2. 特点

1）二次电压较高而电流较小。单台试验变压器二次电压可达750kV以上，电流通常为0.1～1A。但对于电容量转大的电缆和大型电机等负载，电流最大可达4A。

2）一般为单相，户内装置。

3）二次绕组首末端绝缘水平不同。首端为高电位，而末端则直接接地或通过电流表接地。

4）产品为短时工作制，制定使用时间为1h，但对于某些试验，如电缆试验等，则要求试验变压器的使用时间为数小时乃至长期连续使用。

3. 型号含义

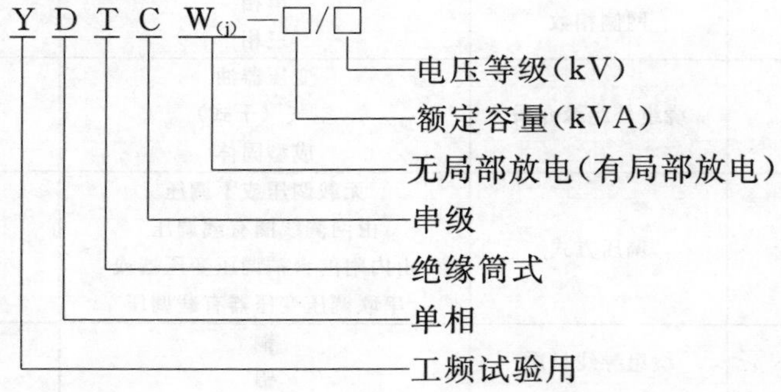

4. 主要技术数据

主要技术数据见表3-15。

表3-15 试验变压器的主要技术数据

型号	额定容量(kVA)	电压组合(kV)		连接组标号	阻抗电压(%)	空载损耗(kW)	负载损耗(kW)	备注
		高压	低压					
YD—50/35TH	50	35TH	380	I，I0	4.4	0.25	0.83	油浸自冷
YD—560/30	560	30（16、10.5）	380		6.1	125	6.23	

续表

型　　号	额定容量（kVA）	电压组合（kV）		连接组标号	阻抗电压（%）	空载损耗（kW）	负载损耗（kW）	备注
		高压	低压					
YD—750/60	750	60(30、15)	10		6.7	1.45	8.62	
YD—1145/66	1145	66	25000		10.0	5.81	8.23	
YD—1200/30	1200	30	550			1.48	12.00	
YDYCW—10/100	10	100						
YDYCW—30/2×150	30	2×150						
YDYCW—150/350	150	350						
YDJ—5/50	5	50	220	I，I0	6.5	0.10	0.28	
YDJ—10/10	10	10（35）	220		7.8	0.17	0.51	
YDJ—25/30	25	30	380		5.0	0.21	0.80	油浸自冷
YDJ—40/125	40	125	360		9.0	0.72	0.85	
YDJ—50/35TH	50	35TH	380		4.5	0.40	0.77	
YDJ—100/150	100	150			7.5	1.13	1.13	
YDJ—750/50	750	50			6.0	2.90	16.60	
YDJ—1000/50	1000	50	630		7.8	1.77	16.60	
YS7—800/0.325—1.3	800	0.325～1.3	231～924	Y，y0	3.1	1.78	10.55	
YLD—750/6.3	750	6.3	75～150	D,y11	3.6	1.34	8.29	

四、调压变压器

1．主要用途

用于二次侧调压范围大的供电场所。

2．结构型式

变压器的调压线圈装在单独的铁芯上，与有载分接开关形成一个与变压器主体分开的变压器，与主体变压器的线圈串联，形成电压可调的串联变压器。

3. 型号含义

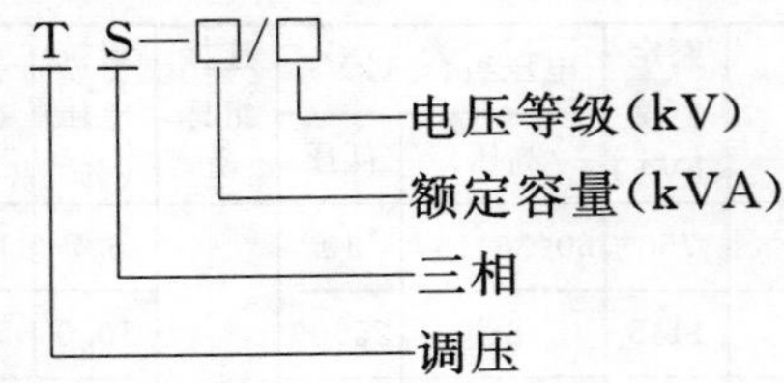

4. 主要技术数据

主要技术数据见表 3-16。

表 3-16　调压变压器的主要技术数据

型　号	额定容量(kVA)	电压组合（kV）		连接组标号	阻抗电压(%)	空载损耗(kW)	负载损耗(kW)
		高压	低压				
TSOJZ—5000/10	2169～5000	10	4.5～10.376	Y，ao	0.04～1.4	3.44	2.20
TSOJZ—6300/10	494～6300	10	0.833～10.625	Y，ao	0.047～1.657	6.31	3.10
TSOJZ—6300/35	525～6694	35	2.9167～3.71875	Y，ao		8.32	3.50
TSOSZ—7500/10	628～8005	10		Z，a(−15°) Z，a(+15°)		8.00	23.00
TOSZ7—4000/6	4170	6	4.0～8.0	Y，ao	1.4～2.88	1.87	13.33
TOSZ7—8000/35	500～8333	35	2.188～36.458	Y，ao		7.92	3.50
TOSZ7—12500/35	1042～13282	35	2.672～3.4067	Z，a(+7.5°) Z，a(−7.5°)	0.274	12.80	8.77 8.77
TOSZ7—13500/35	1465～18679	35	2.917～37.188	Y，ao		13.20	5.00
TOSSZ7—31500/63	444～35043	66	0.73～57.65	Z，a(+10°) d(+20°)		18.00	33.00
TOSSZ7—31500/63	444～35047	66	0.73～57.65	Y，ao d11		18.00	43.00
TSZ—2000/10	2000	10	8.2±13×0.18 3.34±13×0.18	Y—自耦	0.63	2.86	6.12

续表

型　号	额定容量(kVA)	电压组合（kV）		连接组标号	阻抗电压(%)	空载损耗(kW)	负载损耗(kW)
		高压	低压				
TSJZ—4000/35	4000	35	3.50～35.0	Y—自耦	0.71	2.30	26.00
TSJZ—4000/10	4000	10	0.1～10.5		0.58	3.63	7.24
TSJZ—8000/35	8000	35	23.625±13×1.01		1.91	8.15	26.50
TSSPZ—12500/35	12500	35	23.640±13×1.01		0.66	12.74	58.26
TSSPZ—12500/35	12500	35	3.08±13×0.7 11.95±13×0.7		0.62	12.00	61.00
TSSPZ—12500/35	12500	35	30.85±13×0.71 11.95±13×0.7		0.9	12.00	61.00
TSSPZ—12500/35	12500	35	30.23±13×0.71 12.85±13×0.71		0.17	12.00	66.00
TSSPZ—12500/35	12500	35	30.85±13×0.7 11.95±13×0.7		0.9	12.00	61.00

五、气体（SF_6）绝缘变压器

1. 主要用途

适宜做高层建筑、地下商业中心、人口稠密区、矿山、油田、冶炼等防火、防潮、防污地区的供电变压器。

2. 结构型式

变压器为全密封结构，内充 SF_6 气体，（无毒，无臭，不燃，其物理和化学性能稳定）采用聚脂膜等做绝缘，绝缘等级达E级。该产品与油浸式变压器相比，其优点是可以避免因事故而引起火灾和爆炸的危险；与其他干式变压器相比，其优点是能耐受恶劣的环境条件。

3. 型号含义

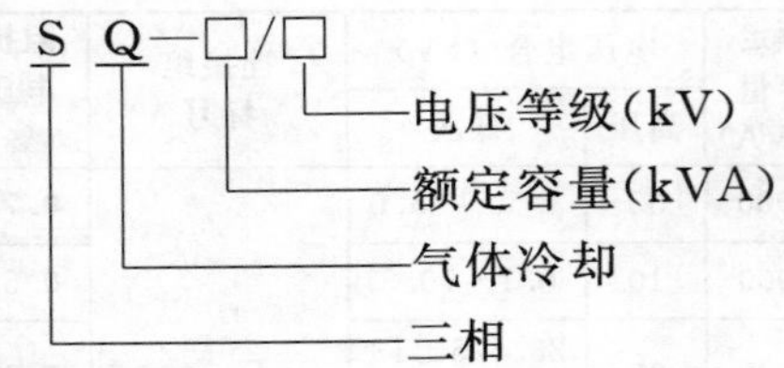

4. 主要技术数据

主要技术数据见表3-17。

表3-17　气体（SF_6）绝缘变压器主要技术数据

型　　号	额定容量(kVA)	电压组合（kV）		连接组标号	阻抗电压(%)	空载损耗(kW)	负载损耗(kW)
		高压	低压				
SQ—100/10	100	10(3,6)	0.4	Y，yn0	4.0	0.50	1.55
SQ—125/10	125					0.55	1.95
SQ—160/10	160					0.70	2.20
SQ—200/10	200					0.80	2.60
SQ—250/10	250					9.50	3.00
SQ—315/10	315					1.10	3.40
SQ—400/10	400					1.35	4.20
SQ—500/10	500					1.50	4.50
SQ—630/10	630				5.0	1.5	6.60
SQ—800/10	800				5.5	2.00	7.00
SQ—1000/10	1000				6.0	2.20	8.50
SQ—1250/10	1250				6.0	2.60	10.00
SQ—1600/10	1600				6.0	3.00	13.00

六、密封式充不燃液电力变压器

1. 主要用途

可用于高层建筑、工矿企业的输配电系统中。

2. 特点

全密封结构，内充不燃液（卤素碳化学）作冷却绝缘介质，防火、冷却性能好，过载能力为普通变压器的1.2倍，体积小，重量轻，损耗小。

3. 型号含义

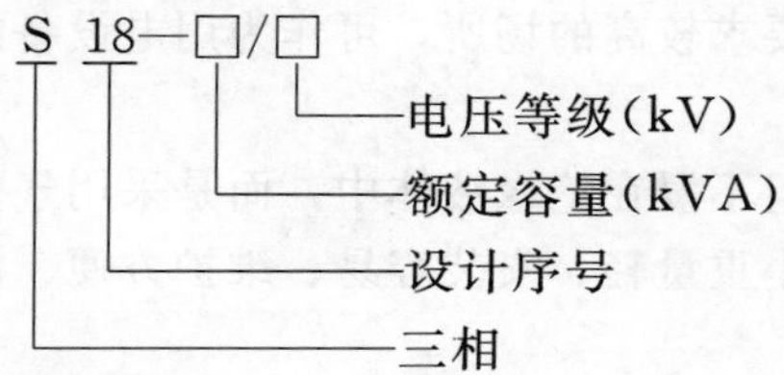

4. 主要技术数据

主要技术数据，见表3-18。

表3-18　密封式充不燃液电力变压器主要技术数据

型　　号	额定容量(kVA)	电压组合(kV)		连结组标号	阻抗电压(%)	空载电流(%)	空载损耗(%)	负载损耗(%)
		高　压	低　压					
S18—50/10	50					2.0	0.17	0.87
S18—63/10	63					1.9	0.20	1.04
S18—80/10	80					1.8	0.24	1.25
S18—100/10	100				4.0/4.2	1.6	0.29	1.50
S18—120/10	120					1.5	0.34	1.80
S18—160/10	160					1.4	0.40	2.20
S18—200/10	200					1.3	0.48	2.60
S18—250/10	250	10(6,11)	0.4/0.433	Y，yno D，yn11		1.2	0.56	3.06
S18—315/10	315				4.0/4.5	1.1	0.67	3.65
S18—400/10	400					1.1	0.80	4.30
S18—500/10	500					1.0	0.96	5.10
S18—630/10	630				4.5	0.9	1.20	6.20
S18—800/10	800					0.8	1.40	7.50
S18—1000/10	1000					0.7	1.70	10.30
S18—1250/10	1250				4.5/4.0	0.6	1.95	12.00
S18—1600/10	1600					0.6	2.40	14.50

七、干式变压器

1. 主要用途

用于发电厂、变电所以及工厂、企事业单位、地下铁道、高层建筑等防火要求较高的场所，可作为用电设备的供电电源。

2. 特点

铁芯和绕组不浸在绝缘液体中，而是采用气体或固体绝缘介质。具有体积小重量轻、安装容易、维护方便、没有火灾和爆炸危险等特点。

3. 型号含义

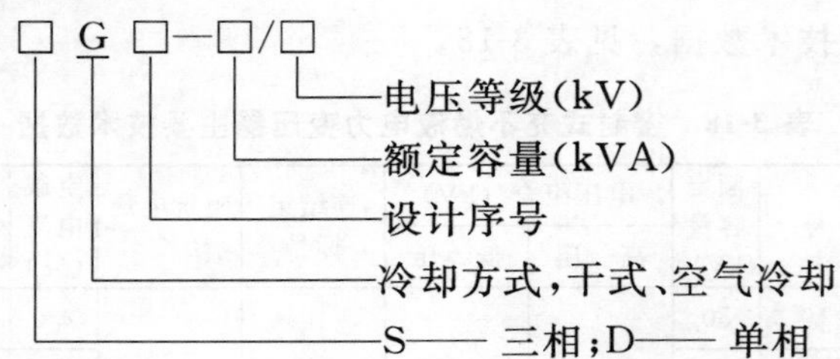

4. 主要技术数据

主要技术数据，见表 3-19。

表 3-19 干式变压器主要技术数据

型号	额定容量(kVA)	电压组合(kV)		连接组标号	阻抗电压(%)	空载电流(%)	空载损耗(kW)	负载损耗(kW)	备注
		高压	低压						
SG—100/10	100	10(6,3)	0.4	Y, yn0	4.0	2.2	0.46	1.66	
SG—125/10	125	10(6,3)	0.4		4.0	1.8	0.54	1.95	
SG—160/10	160	10(6,3)	0.4		4.0	1.8	0.65	2.24	
SG—200/10	200	10(6,3)	0.4		4.0	1.8	0.76	2.67	
SG—250/10	250	10(6,3)	0.4		4.0	1.8	0.90	3.12	
SG—315/10	315	10(6,3)	0.4		5.5	1.8	1.08	3.70	
SG—400/10	400	10(6,3)	0.4		4.0	1.3	1.26	4.47	
SG—500/10	500	10 (6)	0.4		4.0	1.3	1.49	5.58	
SG—630/10	630	10	0.4		6.0	1.3	1.71	6.57	

续表

型　　号	额定容量(kVA)	电压组合(kV)		连接组标号	阻抗电压(%)	空载电流(%)	空载损耗(kW)	负载损耗(kW)	备注
		高压	低压						
SG—800/10	800	10(6,3)	0.4	Y，yn0	8.0	1.5	2.35	8.54	
SG—1000/10	1000	10	0.4		10.0	1.5	2.75	9.95	
SG—1250/10	1250	10	0.4	D，y11	6.0	3.0	3.99	10.32	
SG—1600/10	1600	10	0.38/0.22	D，y11	6.2	3.0	5.20	18.00	
SG1－10/1	10	0.38，0.22	0.127，0.22	Y，yn0 D，y11	4.0	8.0	0.09	0.38	
SG1－20/1	20						0.16	0.64	
SG1－30/1	30						0.20	0.85	
SG1－40/1	40					7.0	0.25	1.03	
SG1－50/1	50						0.31	1.26	
SG1－63/1	63						0.37	1.49	
SG1－80/1	80					5.0	0.43	1.92	
SG1－100/1	100						0.50	2.18	
SG1－125/1	125						0.67	2.46	
SG1－160/1	160						0.72	3.00	
SG1－200/1	200					4.0	0.82	3.50	
SG1－250/1	250						1.07	4.00	
SG1－315/1	315						1.33	4.80	
SG3－100/6	100	6(10,3)	0.4	Y，yn0	4.0	1.5	0.56	1.94	
SG3－125/6	125						0.66	2.35	
SG3－160/6	160						0.76	2.68	
SG3－200/6	200						0.94	3.00	
SG3－250/6	250						1.06	3.53	
SG3－315/6	315						1.29	4.22	
SG3－400/6	400						1.44	4.54	
SG3－500/6	500						1.69	5.10	
SG3－630/6	630				6.0		1.85	6.99	

续表

型　　号	额定容量(kVA)	电压组合（kV）		连接组标号	阻抗电压（%）	空载电流（%）	空载损耗(kW)	负载损耗(kW)	备注
		高压	低压						
SG3—800/6	800	6(10,3)	0.4	Y，yn0	6.0	1.5	2.30	8.93	
SG3—1000/6	1000	6（3）					2.75	9.78	
SG3—1250/6	1250						2.85	12.10	
SG3—1600/6	1600						4.25	11.85	
SG3—2000/6	2000						5.29	15.75	
SG3—2500/6	2500						6.38	19.33	
SG7—30/10	30	10（6，6.3）	0.693～0.4	Y，yn0 D，yn11	4.0	2.9	0.22	0.64	
SG7—50/10	50					2.6	0.29	0.79	
SG7—80/10	80					2.2	0.40	1.31	
SG7—100/10	100					1.8	0.46	1.66	
SG7—125/10	125						0.54	1.95	
SG7—160/10	160						0.65	2.24	
SG7—200/10	200						0.76	2.67	
SG7—250/10	250						0.90	3.12	
SG7—315/10	315						1.08	3.70	
SG7—400/10	400					1.3	1.26	4.47	
SG7—500/10	500						1.49	5.58	
SG7—630/10	630				6.0		1.71	6.57	
SG7—800/10	800						2.12	7.68	
SG7—1000/10	1000						2.48	8.95	
SG7—1250/10	1250						2.98	10.50	
SG7—1600/10	1600						3.40	12.54	
SG7—2000/10	2000						4.15	14.70	

续表

型　　号	额定容量(kVA)	电压组合（kV）		连接组标号	阻抗电压(%)	空载电流(%)	空载损耗(kW)	负载损耗(kW)	备注
		高压	低压						
SG8—1000/6	1000	6.3±5%	0.4	D，d0	8.0		2.40	11.52	
SG8—1000/6TH	1000				6.0		3.12	9.10	湿热带用
SG8—1600/6TH	1600	10±2×2.5%		Y，yn0			3.25	18.62	
SGZ—630/10TH	630	+6 10−4× 2.5%					2.39	8.92	采用真空有载分接开关进行有载调压；湿热带用
SGZ—800/10TH	800						2.93	9.66	
SGZ—1250/10TH	1250						4.40	13.10	
SGZ—1600/10TH	1600						4.29	15.40	
SGZ—2000/10TH	2000						5.59	18.60	
SGZ3—315/10	315	10	0.4	Y，yn0	6.0	1.5	1.69	5.10	有载调压
SGZ3—400/10	400						1.85	6.99	
SGZ3—500/10	500						2.30	8.93	
SGZ3—630/10	630						2.75	9.78	
SGZ3—800/10	800						2.85	12.10	
SGZ3—1000/10	1000						4.25	11.85	
SGZ3—1250/10	1250						5.29	15.75	
SGZ3—1600/10	1600						6.38	19.33	
DG—25/2.0	25	2.0	0.11	I，I0	5.23		0.48	0.23	单相
DG—30/2.0	30				6.28		0.44	0.32	
DG—50/20	50	20（10，15）	0.2,0.4,0.6,0.8		4.7		0.40	1.20	
DG—100/0.5	100	2×0.38	2×0.2		3.1		0.42	0.99	
DG—300/0.5	300	2×0.4	0.03,0.6,0.09		7		0.82	6.90	
DG—1250/6	1250	6	0.1(并) 0.2(串)		5.34		2.58	10.00	
DG—1250/6	1250	6	0.05(并) 0.1(串)		5.34		2.58	10.00	

续表

型号	额定容量(kVA)	电压组合（kV）		连接组标号	阻抗电压(%)	空载电流(%)	空载损耗(kW)	负载损耗(kW)	备注
		高压	低压						
DG3—10/1	10						0.08	0.31	
DG3—20/1	20					8.0	0.14	0.54	
DG3—30/1	30						0.19	0.72	
DG3—40/1	40						0.23	0.92	
DG3—50/1	50					5.0	0.26	1.03	
DG3—63/1	63						0.32	1.29	
DG3—80/1	80		0.22 0.127 0.11		4.0		0.37	1.60	
DG3—100/1	100						0.45	1.83	
DG3—125/1	125					4.0	0.56	2.20	
DG3—160/1	160						0.69	2.43	
DG3—200/1	200						0.83	2.75	
DG3—250/1	250					3.0	0.97	3.28	
DG3—315/1	315	0.38,					1.11	4.02	
DG4—5/1	5	0.22	2.7,5.4	I，I0			0.06	0.20	
DG4—10/1	10		4,8,16				0.08	0.305	
DG4—20/1	20		6,12,24			8.0	0.145	0.535	
DG4—30/1	30		7,14,28				0.18	0.77	
DG4—40/1	40		8,16,32			5.0	0.22	0.915	
DG4—50/1	50		9,18,36				0.25	1.03	
DG4—63/1	63		10,20,40			4.5	0.30	1.29	
DG4—80/1	80		11,22,44		3.5		0.355	1.6	
DG4—100/1	100		12,24,48			4.0	0.43	1.83	
DG4—125/1	125		14,28,56				0.54	2.24	
DG4—160/1	160		16,32,64				0.67	2.43	
DG4—200/1	200		20,40,80				0.81	2.75	
DG4—250/1	250		21,42,84			3.0	0.94	3.28	
DG4—315/1	315		24,48,96				1.08	4.03	

八、树脂浇注干式变压器

1. 主要用途

该产品可用于高层建筑、机场、商业中心、海上钻井台、船舶、地下铁道、码头、工矿企业及隧道等输配电。

2. 特点

树脂浇注式变压器是一种用环氧树脂或其他树脂浇注而成的产品。它具有良好的电气和机械性能，具有难燃、防尘、耐潮等特点，适合组成箱式变电站。

3. 型号含义

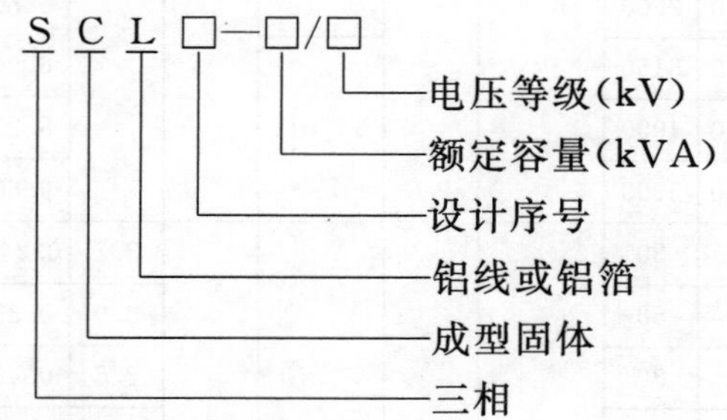

4. 主要技术数据

主要技术数据见表 3-20。

表 3-20 树脂浇注干式变压器主要技术数据

型号	额定容量 (kVA)	电压组合 (kV) 高压	低压	连接组标号	阻抗电压 (%)	空载电流 (%)	空载损耗 (kW)	负载损耗 (kW)
SCL2－100/10	100	10	0.4	Y，yn0 D，yn11	4.0		0.53	1.60
SCL2－160/10	160						0.74	2.15
SCL2－200/10	200						0.86	2.59
SCL2－250/10	250						1.00	3.03
SCL2－315/10	315						1.20	3.58
SCL2－400/10	400						1.35	4.38
SCL2－500/10	500						1.60	5.34
SCL2－630/10	630						1.85	6.22

续表

型号	额定容量(kVA)	电压组合(kV)		连接组标号	阻抗电压(%)	空载电流(%)	空载损耗(kW)	负载损耗(kW)	
		高压	低压						
SCL2—800/10	800						2.10	6.85	
SCL2—1000/10	1000						2.45	8.05	
SCL2—1250/10	1250			Y，yn0 D，yn11			2.90	9.70	
SCL2—1600/10	1600						3.40	11.60	
SCL2—2000/10	2000	10			6.0		4.60	14.0	
SCL2—2500/10	2500						5.50	16.30	
SCL2—3150/10	3150						6.90	20.27	
SCL2—4000/10	4000			Y，d11			8.20	24.35	
SCL2—5000/10	5000						9.60	28.98	
SCL—30/10	30					3.5	0.245	0.65	0.69
SCL—50/10	50					3.0	0.35	0.94	1.0
SCL—80/10	80					2.5	0.49	1.25	1.33
SCL—100/10	100		0.4			2.5	0.57	1.53	1.62
SCL—125/10	125				4.0	2.5	0.68	1.87	1.99
SCL—160/10	160					2.5	0.80	2.15	2.28
SCL—200/10	200					2.5	0.93	2.54	2.69
SCL—250/10	250			Y，yn0 或 D，yn11		2.0	1.05	3.01	3.19
SCL—315/10	315	10(6,11)				2.0	1.28	3.58	3.80
SCL—400/10	400				4.0	2.0	1.59	4.29	4.55
SCL—500/10	500				4.0	2.0	1.85	5.10	5.41
SCL—630/10	630				4.0	2.0	2.10	6.05	6.42
SCL—630/10	630				6.0	1.5	2.00	6.7	7.11
SCL—800/10	800				6.0	1.5	2.20	7.63	8.1
SCL—1000/10	1000				6.0	1.5	2.54	8.85	9.40
SCL—1250/10	1250				6.0	1.5	3.28	10.83	11.50
SCL—1600/10	1600				6.0	1.5	3.60	13.42	14.35

续表

型　　号	额定容量(kVA)	电压组合（kV） 高压	低压	连接组标号	阻抗电压(%)	空载电流(%)	空载损耗(kW)	负载损耗(kW)	
SCL—2000/10	2000	10(6,11)	0.4	Y，yn0 或 D，yn11	6.0	1.5	4.80	16.10	17.10
ZSCL—100/0.325	100	0.325	9.5V		4.0	4.0	0.62	1.57	1.67
ZSCL—160/0.38	160	0.380	14.65V	D，y11	8.0	3.0	0.81	2.68	2.84
ZSCL—200/0.325	200	0.325	10.0V		4.0	3.0	0.97	2.55	2.70
ZSCL—315/0.350	315	0.350	5.55V	D，d0 或 D，y11	4.0	2.5	1.50	3.25	3.50
ZSCL—400/0.325	400	0.325	11.0	D，y11	4.0	2.5	1.70	4.55	4.83
ZSCL—630/10.5	630	10.5	0.300	D，y11	4.0	2.5	2.10	6.07	6.50
ZSCL—630/6.3	630	6.3	0.485	D，d0	≥5.7	3.0	2.10	6.07	6.50
ZSCL—1000/10	1000	10	0.485	Y，d11	5.5	2.0	2.80	9.97	10.58
ZSCL—1000/6.3	1000	6.3	0.407	D，yn11	6.0	2.0	2.80	9.97	10.58
SCZL—630/10	630	10（3，6，11）			4.0	1.8	2.10	5.65	6.11
SCZL—800/10	800	10（3，6，11）			6.0	1.8	2.30	7.08	7.65
SCZL—1000/10	1000	10（3，6，11）		Y，yn0 或 D，yn11	6.0	1.7	2.63	8.33	9.00
SCZL—1250/10	1250	10（3，6，11）	0.4		6.0	1.6	3.12	10.33	11.16
SCZL—1600/10	1600	10（3，6，11）			6.0	1.5	3.66	12.52	13.53
SCZL—2000/10	2000	10(3,6,11)±4×2.5%			6.0	1.5	4.95	14.94	16.15
SC—100/10R	100						0.31	1.90	
SC—125/10R	125						0.33	2.10	
SC—160/10R	160	10	0.4		4.0		0.46	2.20	
SC—200/10R	200						0.51	2.70	
SC—250/10R	250						0.62	2.90	

续表

型　　号	额定容量(kVA)	电压组合(kV)		连接组标号	阻抗电压(%)	空载电流(%)	空载损耗(kW)	负载损耗(kW)
		高压	低压					
SC—315/10R	315						0.68	3.50
SC—400/10R	400						0.75	4.00
SC—500/10R	500						0.93	4.60
SC—630/10R	630				4.0		1.10	6.40
SC—800/10R	800						1.20	7.90
SC—1000/10R	1000						1.55	9.40
SC—100/10	100						0.36	1.75
SC—125/10	125						0.40	2.20
SC—160/10	160						0.44	2.50
SC—200/10	200						0.55	2.60
SC—250/10	250		0.4				0.62	3.10
SC—315/10	315						0.75	3.30
SC—400/10	400						0.85	4.00
SC—500/10	500	10			6.0		1.20	5.60
SC—630/10	630						1.40	7.40
SC—800/10	800						1.50	8.95
SC—1000/10	1000						2.00	9.10
SC—1250/10	1250						2.30	11.30
SC—1600/10	1600						2.80	13.70
SC—2000/10	2000						3.50	16.30
SC—2500/10	2500						3.70	18.80
SC—3150/10	3150		0.6				4.70	21.10
SC—4000/10	4000						6.40	27.20
SC—5000/10	5000				7.0		7.40	27.50
SC—8000/10	8000		<0.5				13.00	38.95
SC—10000/10	10000						13.85	43.50

续表

型　　号	额定容量 (kVA)	电压组合 (kV)		连接组标号	阻抗电压 (%)	空载电流 (%)	空载损耗 (kW)	负载损耗 (kW)
		高压	低压					
SC—100/10R	100	10	0.4		6.0		0.36	1.75
SC—125/10R	125						0.4	2.20
SC—160/10R	160						0.44	2.50
SC—200/10R	200						0.55	2.60
SC—250/10R	250						0.62	3.10
SC—315/10R	315						0.75	3.30
SC—400/10R	400						0.85	4.00
SC—500/10R	500						1.20	5.60
SC—630/10R	630						1.40	7.40
SC—800/10R	800						1.30	8.95
SC—1000/10R	1000						1.50	10.20
SC—1250/10R	1250						1.80	12.30
SC—1600/10R	1600						2.80	13.70
SC—2000/10R	2000						3.50	16.30
SC—2500/10R	2500						3.70	18.80
SC—100/35	100	35					0.64	2.60
SC—125/35	125						0.80	2.65
SC—160/35	160						0.85	2.90
SC—200/35	200						0.90	3.20
SC—250/35	250						0.95	3.90
SC—315/35	315						1.20	4.25
SC—400/35	400						1.60	4.30
SC—500/35	500						1.80	4.80
SC—630/35	630						2.10	7.90
SC—800/35	800						2.60	8.60
SC—1000/35	1000						3.35	9.40

续表

型号	额定容量 (kVA)	电压组合 (kV)		连接组标号	阻抗电压 (%)	空载电流 (%)	空载损耗 (kW)	负载损耗 (kW)
		高压	低压					
SC—1250/35	1250	35	0.4		6.0		3.80	13.20
SC—1600/35	1600						4.50	15.10
SC—2000/35	2000						4.80	17.60
SC—2500/35	2500				7.0		5.00	19.00
SC—3150/35	3150		0.6		7.0		7.70	22.70
SC—4000/35	4000		0.6		9.0		7.90	29.50
SC—5000/35	5000		<0.33				9.70	30.00
SC—8000/35	8000		<0.33				13.50	39.70
SC—10000/35	10000		<0.66				15.90	44.20
SCBL—500/10	500	10(6,11)	0.4	Y，yn0 D，yn11	4.0		1.73	5.00
SCFBL—630/10	630						1.98	5.08
SCFBL—800/10	800				6.0		2.20	7.60
SCFBL—1000/10	1000						2.54	8.34
SCFBL—1250/10	1250						3.11	9.64
SCFBL—1600/10	1600						3.60	11.79
SCZBL—500/10	500			Y，yn0	4.0		1.70	5.01
SCFZBL—630/10	630						1.95	5.90
SCFZBL—800/10	800				6.0		2.20	7.62
SCFZBL—1000/10	1000						2.52	8.56
SCFZBL—1250/10	1250						3.10	9.68
SCFZBL—1600/10	1600						3.50	11.80
KSGR—50/6	50	6 (6.3)	0.69/0.4	Y，y0 Y，d11	4.0		0.28	1.15
KSGR—100/6	100						0.44	1.85
KSGR—200/6	200						0.69	2.95
KSGR—315/6	315						0.95	3.90
KSGR—400/6	400						1.15	4.65

续表

型　　号	额定容量（kVA）	电压组合（kV）		连接组标号	阻抗电压（%）	空载电流（%）	空载损耗（kW）	负载损耗（kW）
		高压	低压					
KSGR—500/6	500	6（6.3）	0.69/0.4	Y，y0 Y，d11	4.0		1.30	5.40
KSGR—630/6	630						1.50	6.45
SGR—200/10	200	10	0.4	Y，yn0	4.0		0.86	2.40
SGR—250/10	250						1.00	2.85
SGR—315/10	315						1.20	3.40
SGR—400/10	400						1.35	4.00
SGR—500/10	500						1.60	4.80
SGR—630/10	630			Y，yn0 D，yn11	6.0		1.80	5.70
SGR—800/10	800						2.10	6.85
SGR—1000/10	1000						2.45	8.05

九、全密封电力变压器

1. 主要用途

全密封式电力变压器用于城市及其他场合采用地缆引出线，以及尽量减少变压器维修工作的输配电场合。

2. 特点

变压器油无老化，变压器运行无故障，是一种具有发展前途的产品。

3. 型号含义

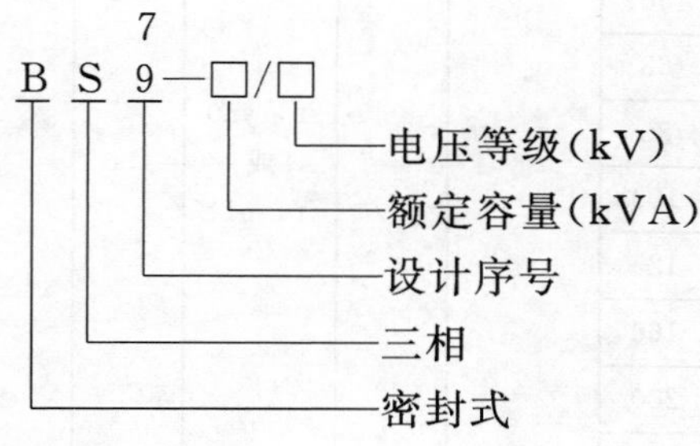

4. 主要技术数据

主要技术数据见表 3-21。

表 3-21　全密封电力变压器主要技术数据

型　　号	额定容量(kVA)	电压组合(kV) 高压	低压	连接组标号	阻抗电压(%)	空载电流(%)	空载损耗(kW)	负载损耗(kW)
BSL7—50/10	50	10(6,11)	0.4	Y，yn0 或 Y，Zn11	4.0		0.19	1.15
BSL7—63/10	63						0.22	1.40
BSL7—80/10	80						0.27	1.65
BS7—100/10	100						0.32	2.00
BS7—125/10	125						0.37	2.45
BS7—160/10	160						0.46	2.85
BS7—200/10	200						0.54	3.40
BS7—250/10	250						0.64	4.00
BS7—315/10	315						0.76	4.80
BS7—400/10	400						0.92	5.80
BS7—500/10	500						1.08	6.90
BS7—6300	630			Y，yn0	4.5		1.30	8.10
BS7—800/10	800						1.54	9.90
BS7—1000/10	1000			Y，yn0	4.5		1.80	1.60
BS7—1250/10	1250						2.20	13.80
BS7—1600/10	1600			Y，yn0 或 Y，n11	4.0		2.65	16.50
BS9—30/10	30						0.13	0.60
BS9—50/10	50						0.17	0.87
BS9—63/10	63						0.20	1.04
BS9—80/10	80						0.24	1.25
BS9—100/10	100						0.29	1.50
BS9—125/10	125						0.34	1.80
BS9—160/10	160						0.40	2.20
BS9—200/10	200						0.48	2.60
BS9—250/10	250						0.56	3.05

续表

型号	额定容量(kVA)	电压组合（kV）		连接组标号	阻抗电压(%)	空载电流(%)	空载损耗(kW)	负载损耗(kW)
		高压	低压					
BS9—315/10	315	10(6,11)	0.4	Y，yn0 或 Y，n11	4.0		0.67	3.65
BS9—400/10	400						0.80	4.30
BS9—500/10	500						0.96	5.10
BS9—630/10	630			Y，yn0	4.5		1.20	6.20
BS9—800/10	800						1.40	7.50
BS9—1000/10	1000						1.70	10.30
BS9—1250/10	1250						1.95	12.00
BS9—1600/10	1600						2.40	14.50
BS—50/10	50	10（6）			4.0			
BS—80/10	80							
BS—100/10	100							
BS—125/10	125							
BS—160/10	160							
BS—200/10	200							
BS—315/10	315							
BS—400/10	400							
BS—500/10	500							
BS—630/10	630				4.5			
BS—800/10	800							
BS—1000/10	1000							

第十二节　5kVA 以下变压器

5kVA 以下变压器主要有局部照明变压器、干式变压器、控制变压器等。

一、局部照明变压器

1. 主要用途

用于电源电压 220、380、420、440V，频率 50Hz 电路中，

可作为机床和各种机械设备的安全照明电源，以及继电器、接触器、指示灯等电气设备的电源。

2. 型号含义

JMB 系列局部照明变压器

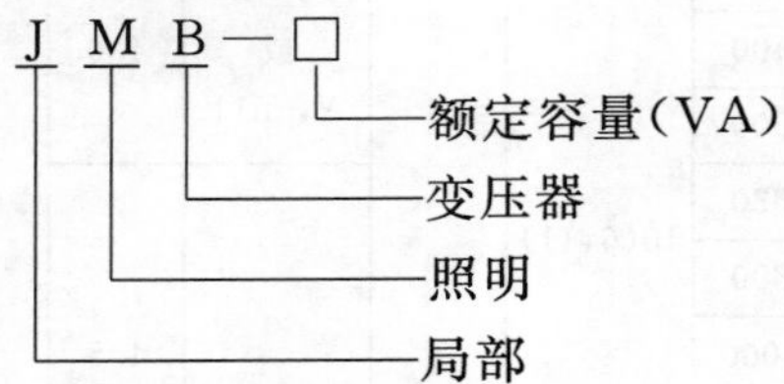

BZ 系列局部照明变压器

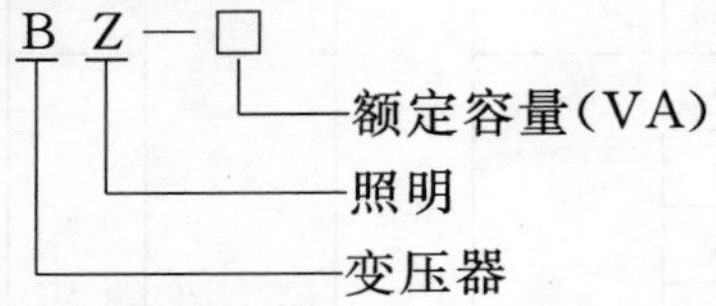

BJZ 系列局部照明变压器

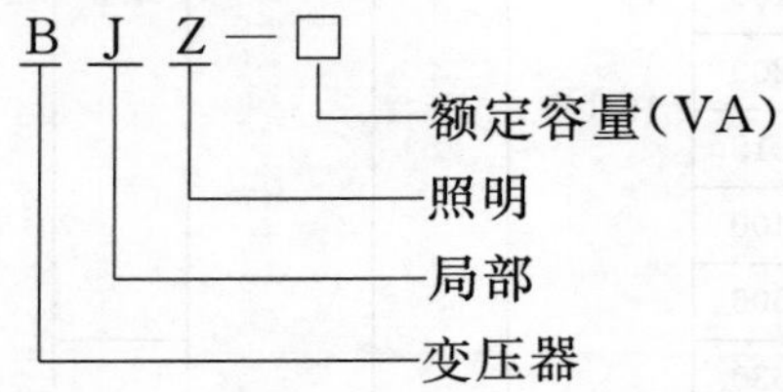

DJMB2 系列局部照明变压器

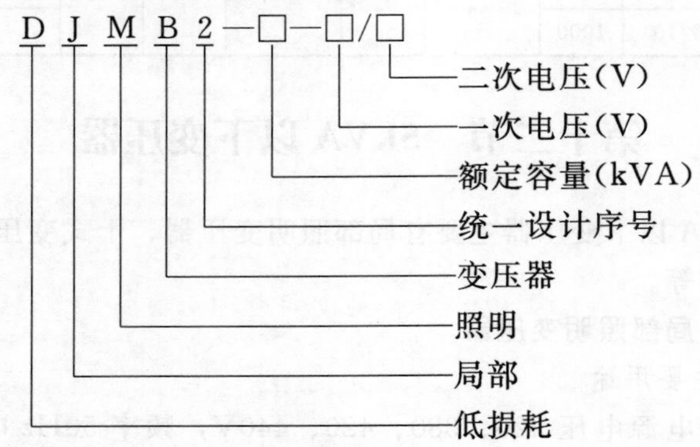

3. 主要技术数据

主要技术数据见表 3-22 及表 3-23。

表 3-22　局部照明变压器主要技术数据（1）

型　号	额定容量(VA)	额定电压（V） 高　压	额定电压（V） 低　压
BZ—50	50	220，380	6.3，12，24，36
BJZ—50	50	220，380	12，24，36
BJZ—100	100		
BJZ—150	150		
BJZ—200	200		
BJZ—250	250		
BJZ—300	300		
BJZ—400	400		
BJZ—700	700		
BJZ—1000	1000		
BJZ—1500	1500		
BJZ—2000	2000		
BJZ—3000	3000		
BJZ—5000	5000		
JMB—50 —100	50 100	220，380，400	12，24，36
JMB—150	150	220，380	
JMB—200 —250 —300	200 250 300	220，380，400	
JMB—400	400	220，380	
JMB—500	500	220，380，400	
JMB—700	700	220，380	
JMB—1000 —1500 —2000	1000 1500 2000	220，380，400	
JMB—2500	2500	220，380	
JMB—3000 —4000 —5000	3000 4000 5000	220，380，400	

表 3-23　局部照明变压器主要技术数据（2）

型　号	额定容量(kVA)	电压组合（V） 高　压	电压组合（V） 低　压	阻抗电压(%)	空载电流(%)	空载损耗(W)	负载损耗(W)
DJMB2—0.05/0.5	0.05	380，220	36	10	40	2	5
DJMB2—0.1/0.5	0.1	380，220	24，36	10	30	3	10
DJMB2—0.15/0.5	0.15	380，220	12，24，36	9	25	4	13.5
DJMB2—0.2/0.5	0.2	380，220	12，24，36	7.5	22	5	15
DJMB2—0.25/0.5	0.25	380，220	12，36	7.2	22	6	18
DJMB2—0.3/0.5	0.3	380，220	6.3，12，24，36	6.7	30	7	20

续表

型　　号	额定容量(kVA)	电压组合（V）		阻抗电压(%)	空载电流(%)	空载损耗(W)	负载损耗(W)
		高　压	低　　压				
DJMB2—0.4/0.5	0.4	380，220	127	6	25	8	24
DJMB2—0.5/0.5	0.5	380，220	110，127	5.1	20	10	26
DJMB2—1/0.5	1.0	380，220	36，127	3.5	12	15	35
DJMB2—2/0.5	2.0	380，220	36，127	2.8	9	23	55
DJMB2—3/0.5	3.0	380，220	36，127	2.6	8	30	75
DJMB2—4/0.5	4.0	380，220	36，127	2.6	7	39	99
DJMB2—5/0.5	5.0	380，220	36，127	2.1	7	48	99

二、干式变压器

1. 主要用途

单相干式变压器适用于电压220V和380V工频交流电路中，可供照明、供电变电之用。三相干式变压器适用于电压380V工频交流电路中，可供照明、小型动力及箱式变电等用。

2. 型号含义

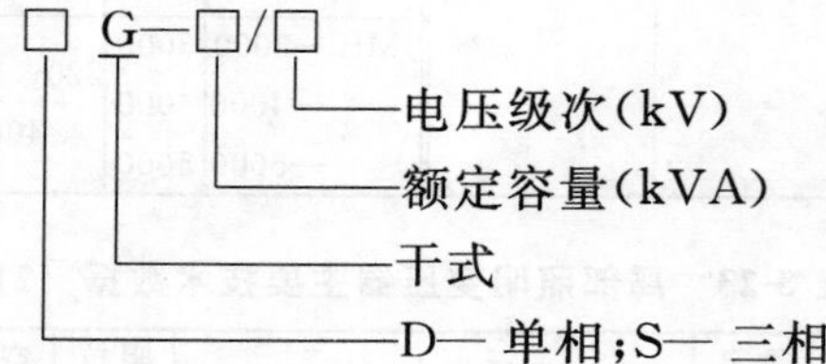

3. 主要技术数据

主要技术数据见表3-24。

表3-24　干式变压器主要技术数据

型　　号	额定容量(kVA)	电压组合（V）		连接组标号	空载电流(%)	空载损耗(W)	负载损耗(W)
		高　压	低　　压				
SG—5	5	380	36，42，100 133，400，690				
SG—10	10						

续表

型　　号	额定容量(kVA)	电压组合（V）		连接组标号	空载电流(%)	空载损耗(W)	负载损耗(W)
		高　压	低　　压				
DG—5 DG—10	5 10	220，380	6，12，24，36 42,100,133,230	I，I0			
SG—1/0.5	1	220～380	36～220	Y，d11； Y，y0；D，d0	15	40	70
SG—2/0.5	2	220～380	36～220	Y，d11；D，d11； Y，d11；D，d0	15	60	90
SG—3/0.5	3	220～380	36～220	Y，d11；Y，y0； D，y11；D，d0	15	80	120
SG—5/0.5	5	220～380	36～220	Y，d11；D，y11； Y，y0；D，d0	10	110	180
SG—10/0.5	10	380	36～220	Y，y0；D，y11； Y，d11；D，y11	10	180	350
SG—15/0.5	15	380	36	Y，d11	10	200	450
SG—20/0.5	20	380	127～220	Y，d11；Y，y0	10	250	290
SG—30/0.5	30	380	220	Y，y0	10	290	810
SG—50/0.5	50	380	400	Y，yn0	10	450	1200
SG—80/0.5	80	380	220	D，y11	10	650	2000
SG—100/0.5	100	380	400	D，y11	10	690	2500

三、控制变压器

1. 主要用途

适用于交流 50Hz 或 60Hz、电压 220、380、420、660V 的电路中，作为机床、机械设备的控制电器、指示灯、信号灯及工作照明电源。

2. 型号含义

BK 系列控制变压器

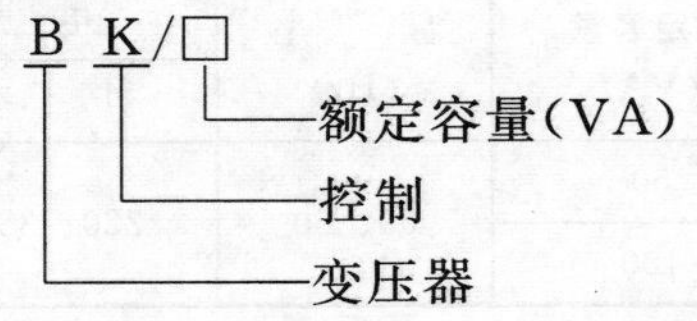

JBK3 系列机床控制变压器

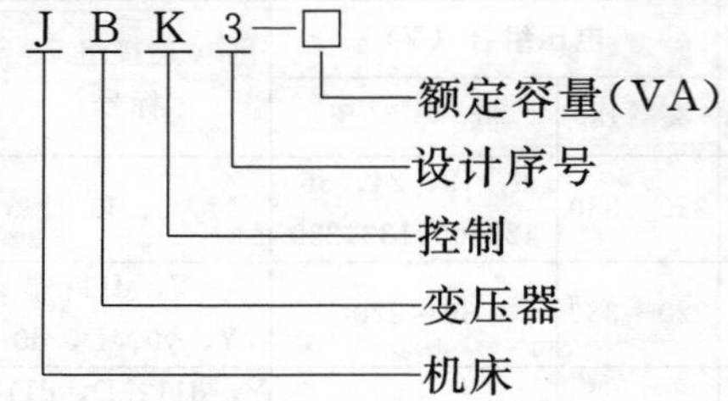

BK1 系列控制变压器

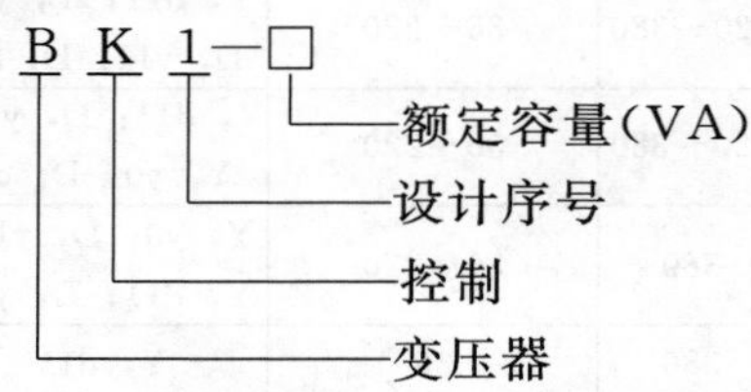

DBK2 系列低损耗单相控制变压器

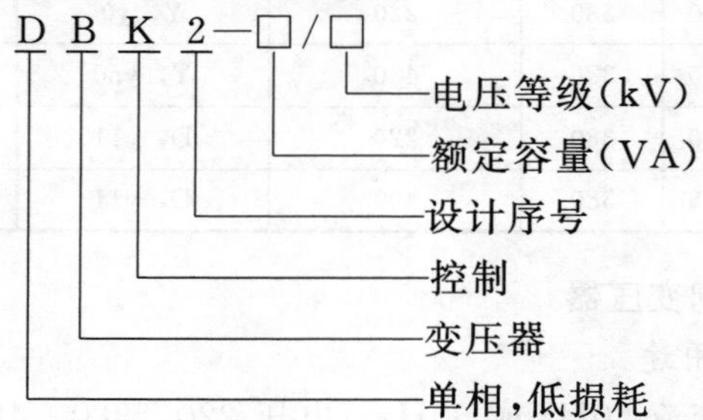

3. 主要技术数据

主要技术数据见表 3-25。

表 3-25 控制变压器主要技术数据

型号	额定容量(VA)	频率(Hz)	电压组合(V)	
			初级	次级
BK—50	50	50、60	220、380	6.3、12、24、36、127
BK—100	100			

续表

型号	额定容量(VA)	频率(Hz)	电压组合(V)	
			初级	次级
BK—150	150	50、60	220、380	6.3、12、24、36、127
BK—200	200			
BK—250	250			
BK—300	300		220、380、420、660	6.3、12、24、36、42、110、127
BK—400	400			
BK—500	500			
BK—1000	1000			
BK—1500	1500			
BK—2000	2000			
BK—3000	3000			

第十三节　变压器试验

一、变压器变压比的试验

变压器空载运行时，原边电压 U_1 与副边电压 U_2 的比值称为变压器的电压比，简称变比，即 $K=U_1/U_2$。

电压比的测量方法一般有两种：一是双电压表法；二是变比电桥法。

1. 双电压表法

双电压表法就是在变压器的电源侧施加电压，并用电压表测量高、低压侧的电压，两侧线电压之比即为所测电压比。

三相变压器的变比，可以用三相电源测量，也可以用单相电源测量。用三相电源测量比较简便，而用单相电源测量容易发现故障相。表 3-26 所示为用单相电源测电压比的接线和计算方法。

2. 变比电桥法

这是利用变比电桥测量变压器电压比的方法，它只须在被试变压器的原边加电压 U_1，则在变压器的副边感应出电压 U_2，如

表 3-26　单相电源测电压比及其计算

序号	变压器接线方式	加压端子	短路端子	测量端子	电压比计算公式	试验接线
1	单相	AX		ax	$K=U_1/U_2$	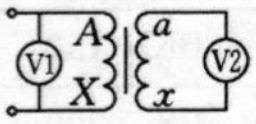
2	Y，d11	ab	bc	AB ab	$K=\sqrt{3}U_1/2U_2$	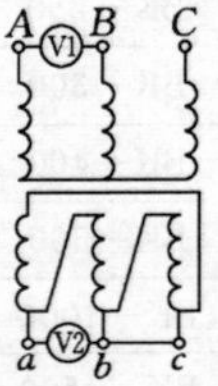
		bc	ca	BC bc		
		ca	ab	CA ca		
3	D，y11	ab	CA	AB ab	$K=2U_1/\sqrt{3}U_2$	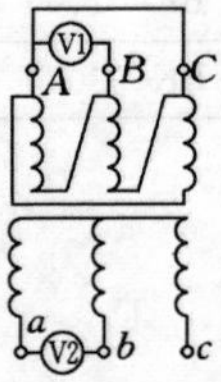
		bc	AB	BC bc		
		ca	BC	CA ca		
4	Y，y0	ab		AB	$K=U_1/U_2$	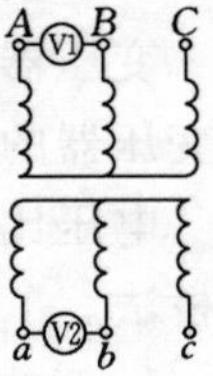
		bc		BC		
		ca		CA		
5	YN，d11	ab		BO	$K=\sqrt{3}$ （U_1/U_2）	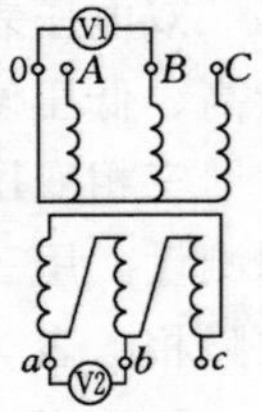
		bc		CO		
		ca		AO		

注　1. K 为线电压比。

2. Y，d 或 D，y 连接时，三角形绕组的非被试相应短接。

3. 序号 4 中 Y，y0 接线方式的计算公式，同样适用于 D，d 接线方式。

图 3-8 所示。调整校准过的可变电阻 R_1，直到检流计 G 指零。这时电阻的比就表示变压器的电压比，即 $K=U_1/U_2=(R_1+R_2)/R_2=1+(R_1/R_2)$。

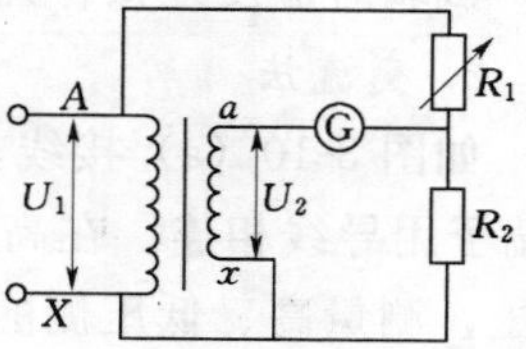

用这种方法测量变压比既方便又准确，而且也能检查绕组的极性，因为如果一个绕组反向连接，检流计就不能得出零读数。

图 3-8 变比电桥测量原理图
U_1—被测变压器原边电压；U_2—副边感应电压；G—检流计；R_1—变比调节电阻；R_2—标准电阻

二、变压器的极性试验

变压器的绕组在原、副边间存在着极性关系，因此当几个绕组互相连接组合时，必须知道极性才能正确地进行。一般用电压表来检测变压器的极性。

1. 直流法

如图 3-9 接线，干电池（1.5～3V）经过开关 S 接到变压器的高压端子 A、X 上，将直流毫伏表（或用万用表的直流微安档）接在变压器的低压端子 a、x 上。连接时，干电池和表计应与变压器的同极性端相连，即干电池和表计的正极分别与端子 A 和 a 相连。在开关 S 合上的一瞬间，表计指针若向右摆动（正向偏转）一下，而拉开开关 S 的一瞬间，表计指针向左摆动（反向偏转）一下，变压器是减极性。若偏转方向与上述方向相反，变压器就是加极性。

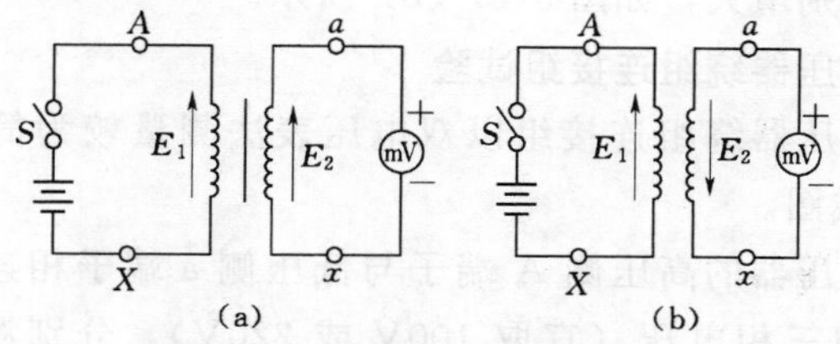

图 3-9 用直流法检查极性
(a) 减极性；(b) 加极性
E_1—原边绕组电势；E_2—副边绕组电势

试验时应反复操作几次，以免误判断。

2. 交流法

如图 3-10（a）接线，将变压器高压侧的 A 端子与低压侧的 a 端子用导线相连。在高压侧施加交流电压，则在低压侧有感应电压，测量高、低压侧的电压 U_{AX} 和 U_{ax}，再从 $X-x$ 间测得电压 U_{Xx}。若 U_{Xx} 为 U_{AX} 与 U_{ax} 的差值（即 $U_{Xx}=U_{AX}-U_{ax}$），则变压器为减极性；若 U_{Xx} 为 U_{AX} 与 U_{ax} 之和（即 $U_{Xx}=U_{AX}+U_{ax}$），则变压器为加极性。

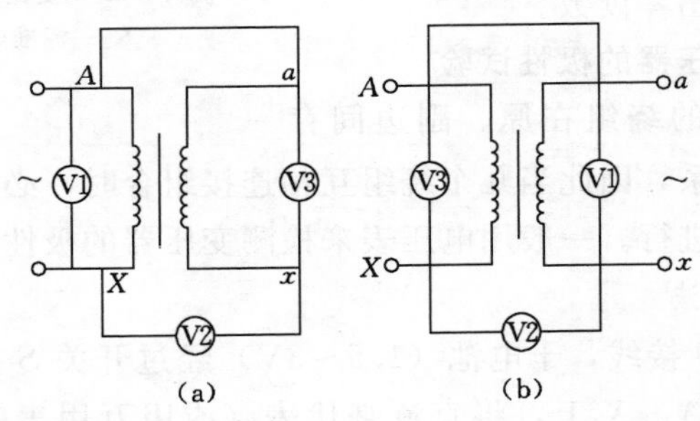

图 3-10　用交流法检查极性

（a）高压侧加压；（b）低压侧加压

交流法比直流法可靠，但在电压比较大的情况下，（$U_{AX}-U_{ax}$）与（$U_{AX}+U_{ax}$）的差别很小，因此交流法所得结果不明显。在这种情况下，可以从变压器的低压侧加压，能使减极性和加极性之间的差别增大，如图 3-10（b）所示。

三、变压器绕组连接组试验

确定变压器绕组连接组以双电压表法测量较为简便。图 3-11 为其接线图。

先将变压器的高压侧 A 端子与低压侧 a 端子相连。在高压绕组上施加三相电压（宜取 100V 或 220V），分别测量 b—B、b—C 及 c—B 端子间的电压，用百分数表示为 U_{b-B}、U_{b-C} 及 U_{c-B}，根据此值，由表 3-27 查出所属连接组的时针序。

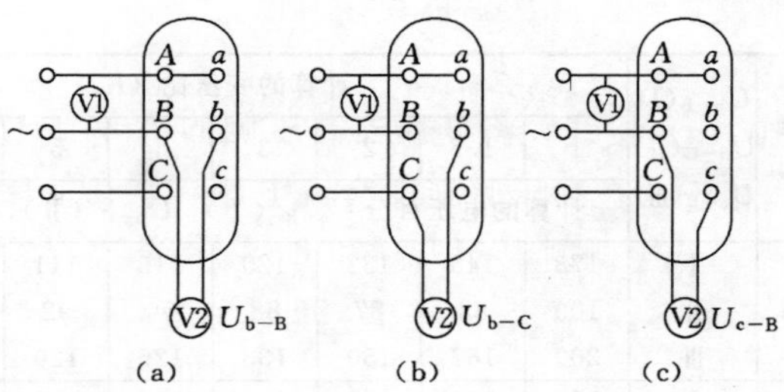

图 3-11 用双电压表法测绕组连接组的接线图

表 3-27 双电压表法测定绕组连接组

时针序	相角位移	U_{b-B}(Ⅰ) U_{b-C}(Ⅱ) U_{c-B}(Ⅲ)	计算的变压比（K_x）							
			1	1.5	2	3	4	5	6	7
			计算的电压百分 U_{b-B}（Ⅰ），U_{b-C}（Ⅱ），U_{c-B}（Ⅲ）							
1	30°	Ⅰ	52	54	62	73	79	83	86	88
		Ⅱ	52	54	62	73	79	83	86	88
		Ⅲ	141	120	112	105	103	102	101	101
2	60°	Ⅰ	100	88	87	88	90	92	93	94
		Ⅱ		33	50	67	75	80	83	86
		Ⅲ	173	145	132	120	115	111	109	108
3	90°	Ⅰ	141	120	112	105	103	102	101	101
		Ⅱ	52	54	62	73	79	83	86	88
		Ⅲ	193	161	146	130	122	118	115	113

时针序	相角位移	U_{b-B}(Ⅰ) U_{b-C}(Ⅱ) U_{c-B}(Ⅲ)	计算的变压比（K_x）							
			8	9～10	11～12	13～14	15～16	17～20	21～25	26～30
			计算的电压百分 U_{b-B}（Ⅰ），U_{b-C}（Ⅱ），U_{c-B}（Ⅲ）							
1	30°	Ⅰ	90	91	92.5	93.5	94.5	95.5	96	97
		Ⅱ	90	91	92.5	93.5	94.5	95.5	96	97
		Ⅲ	101	100.5	100.5	100.5	100	100	100	100
2	60°	Ⅰ	95	95	96	96.5	97	97.5	98	98.5
		Ⅱ	88.5	90	91.5	92.5	93.5	94.5	95.5	96.5
		Ⅲ	107	106	105	104	103.5	103	102.5	102
3	90°	Ⅰ	101	100.5	100.5	100.5	100	100	100	100
		Ⅱ	90	91	92.5	93.5	94.5	95.5	96	97
		Ⅲ	111	109.5	107.5	106.5	106	105	104	103

续表

时针序	相角位移	U_{b-B}(Ⅰ) U_{b-C}(Ⅱ) U_{c-B}(Ⅲ)	计算的变压比 (K_x)							
			1	1.5	2	3	4	5	6	7
			计算的电压百分 U_{b-B}（Ⅰ），U_{b-C}（Ⅱ），U_{c-B}（Ⅲ）							
4	120°	Ⅰ	173	145	132	120	115	111	109	108
		Ⅱ	100	88	87	88	90	92	93	94
		Ⅲ	200	167	150	133	125	120	117	114
5	150°	Ⅰ	193	161	146	130	122	118	115	113
		Ⅱ	141	120	112	105	103	102	101	101
		Ⅲ	193	161	146	130	122	118	115	113
6	180°	Ⅰ	200	167	150	133	125	120	117	114
		Ⅱ	173	145	132	120	115	111	109	108
		Ⅲ	173	145	132	120	115	111	109	108
7	210°	Ⅰ	193	161	146	130	122	118	115	113
		Ⅱ	193	161	146	130	122	118	115	113
		Ⅲ	141	120	112	105	103	102	101	101
8	240°	Ⅰ	173	145	132	120	115	111	109	108
		Ⅱ	200	167	150	130	125	120	117	114
		Ⅲ	100	88	87	88	90	92	93	94

时针序	相角位移	U_{b-B}(Ⅰ) U_{b-C}(Ⅱ) U_{c-B}(Ⅲ)	计算的变压比 (K_x)							
			8	9～10	11～12	13～14	15～16	17～20	21～25	26～30
			计算的电压百分 U_{b-B}（Ⅰ），U_{b-C}（Ⅱ），U_{c-B}（Ⅲ）							
4	120°	Ⅰ	107	106	105	104	103.5	103	102.5	102
		Ⅱ	95	95	96	96.5	97	97.5	98	98.5
		Ⅲ	113	110.5	108.5	107.5	106.5	105.5	104.5	103.5
5	150°	Ⅰ	111	109.5	107.5	106.5	106	105	104	103
		Ⅱ	101	100.5	100.5	100.5	100	100	100	100
		Ⅲ	111	109.5	107.5	106.5	106	105	104	103
6	180°	Ⅰ	112.5	110.5	108.5	107.5	106.5	105.5	104.4	103.5
		Ⅱ	107	106	105	104	103.5	103	102.5	102
		Ⅲ	107	106	105	104	103.5	103	102.5	102
7	210°	Ⅰ	111	109.5	107.5	106.5	106	105	104	103
		Ⅱ	111	109.5	107.5	106.5	106	105	104	103
		Ⅲ	101	100.5	100.5	100.5	100	100	100	100
8	240°	Ⅰ	107	106	105	104	103.5	103	102.5	102
		Ⅱ	110	110.5	108.5	107.5	106.5	105.5	104.5	103.5
		Ⅲ	95	95	96	96.5	97	97.5	98	98.5

续表

时针序	相角位移	U_{b-B}(Ⅰ) U_{b-C}(Ⅱ) U_{c-B}(Ⅲ)	计算的变压比（K_x）							
			1	1.5	2	3	4	5	6	7
			计算的电压百分 U_{b-B}（Ⅰ），U_{b-C}（Ⅱ），U_{c-B}（Ⅲ）							
9	270°	Ⅰ	141	120	112	105	103	102	101	101
		Ⅱ	193	161	146	130	122	118	115	113
		Ⅲ	52	54	62	73	79	83	87	88
10	300°	Ⅰ	100	88	87	88	90	92	93	94
		Ⅱ	173	145	32	120	115	111	109	108
		Ⅲ	0	33	50	67	75	80	83	86
11	330°	Ⅰ	52	54	62	73	79	83	86	88
		Ⅱ	141	120	112	105	103	102	101	101
		Ⅲ	52	50	63	73	70	83	86	88
12	360°	Ⅰ	0	33	50	67	75	80	83	86
		Ⅱ	100	88	87	88	90	92	93	94
		Ⅲ	100	88	87	88	90	92	93	94

时针序	相角位移	U_{b-B}(Ⅰ) U_{b-C}(Ⅱ) U_{c-B}(Ⅲ)	计算的变压比（K_x）							
			8	9～10	11～12	13～14	15～16	17～20	21～25	26～30
			计算的电压百分 U_{b-B}（Ⅰ），U_{b-C}（Ⅱ），U_{c-B}（Ⅲ）							
9	270°	Ⅰ	101	100.5	100.5	100.5	100	100	100	100
		Ⅱ	111	109.5	107.5	106.5	106	105	104	103
		Ⅲ	90	91	92.5	93.5	94.5	95.5	96	97
10	300°	Ⅰ	95	95	96	96.5	97	97.5	98	98.5
		Ⅱ	107	106	105	104	103.5	103	102.5	102
		Ⅲ	88	90	91.5	92.5	93.5	94.5	95.5	96.5
11	330°	Ⅰ	90	91	92.5	93.5	94.5	95.5	96	97
		Ⅱ	101	100.5	100.5	100.5	100	100	100	100
		Ⅲ	90	91	92.5	93.5	94.5	95.5	96	97
12	360°	Ⅰ	88	90	91.5	92.5	93.5	94.5	95.5	96.5
		Ⅱ	95	95	96	96.5	97	97.5	98	98.5
		Ⅲ	95	95	96	96.5	97	97.5	98	98.5

四、变压器绕组直流电阻测量

1. 电流电压表法

高低压绕组的直流电阻可以简单地用电流电压表法测量。电流电压表法的测量原理，是在被测绕组中通以直流电流，因而在绕组的电阻上产生电压降，测量出通过绕组的电流及电压降，根据欧姆定律即可算出绕组的直流电阻。测量接线如图 3-12 所示。

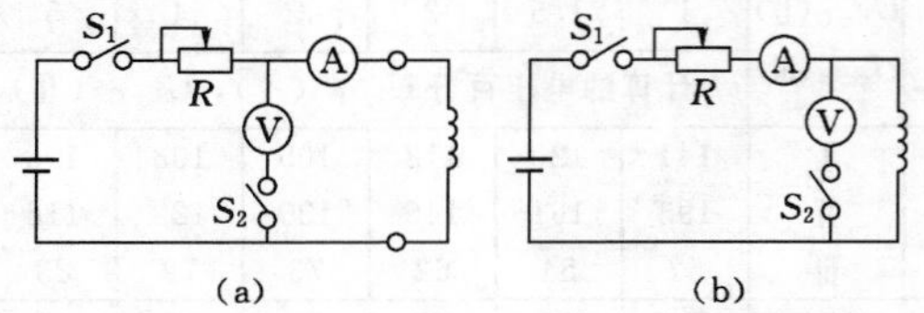

图 3-12 电流电压表法测量直流电阻原理图
(a) 测量大电阻；(b) 测量小电阻

测量时，应先合开关 S_1，待测量回路的电流稳定后再合开关 S_2，接入电压表。当测量结束时，应先断开 S_2，后断开 S_1，以免感应电压损坏电压表。测量用仪表应不低于 0.5 级，电流表应选用内阻小的；电压表应尽量选内阻大的。图 3-12 (a) 适用于测 1Ω 以上的大电阻；图 3-12 (b) 适用于测 1Ω 以下的小电阻。为了消除测量仪表对测量结果的影响，当用图 3-12 (a) 的接线时，其电阻值的计算式为

$$R_x = (U - Ir_A)/I$$

当用图 3-12 (b) 的接线时，其电阻值的计算式为

$$R_x = U/(I - U/r_v)$$

式中 R_x——被测绕组的电阻，Ω；

U——电压表测量的电压，V；

I——电流表测量的电流，A；

r_A、r_v——电流表、电压表的内阻，Ω。

应用电流电压表法测量直流电阻，是根据测量的电流和电压值，用欧姆定律计算得到的。

一般大型变压器绕组的电阻值比较小，因此应选用灵敏度及准确度较高的电流电压表，以减小测量误差。

2. 电桥法

电流电压表法并不是完全令人满意的，更准确的方法是电桥法。电桥是一种比较式仪表，它的准确度和灵敏度都比较高。常

用的直流电桥有单臂电桥和双臂电桥。

(1) 直流单臂电桥：单臂电桥测量原理接线如图 3-13 所示，图中 ab、bc、cd、da 称为电桥的四个臂，其中 ab 接有被测电阻 R_x，其余三个臂为标准电阻或可变的标准电阻。当接通直流电源 E 后，调节 R_2、R_3 和 R_4，使检流计指零（即 $I_G=0$），称为电桥平衡。电桥平衡时，有

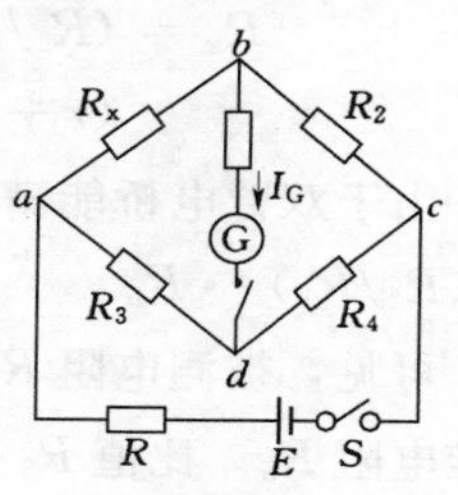

图 3-13 单臂电桥原理接线图

$$R_xR_4 = R_2R_3$$

则 $$R_x = R_2/R_4 \cdot R_3$$

式中：R_2/R_4 为电桥的比例臂；R_3 为比较臂。测量时先将比例臂调到一定比值，而后再调节比较臂，直到电桥平衡为止。由于 R_x 包括引线电阻在内，因此被测电阻越小，引线电阻造成的测量误差越大。因此，应尽量减小引线电阻的影响。单臂电桥适用于测量中值电阻（约 1Ω 到 0.1MΩ）电阻。

(2) 直流双臂电桥：双臂电桥测量原理接线如图 3-14 所示。

R_x 是被测电阻，R_n 是比较用的可调标准电阻；R_1、R_2 及 R_1'、R_2'为桥臂电阻。这些桥臂电阻都是大于 10Ω 的可调标准电阻，它们通过机械联动装置来调节，始终保持 $R_1'/R_1 =$

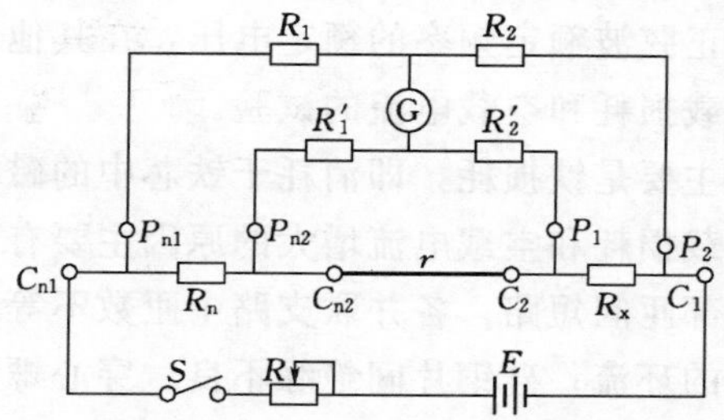

图 3-14 直流双臂电桥原理接线图

G—检流计；C_1、C_2—被测电阻电流接头；

P_1、P_2—被测电阻电压接头

R_2'/R_2。

电桥平衡时，检流计中没有电流通过，C、D 两点的电位相等，由此可得双臂电桥的平衡方程为

$$R_x = (R_2/R_1) \cdot R_n + (r \cdot R_2)/ \\ (r + R_1' + R_2')(R_1'/R_1 - R_2'/R_2)$$

由于双臂电桥能满足 $R_1'/R_1 = R_2'/R_2$，因此上式可化为 $R_x = (R_2/R_1) \cdot R_n$

可见，被测电阻 R_x 仅决定于桥臂电阻 R_2 和 R_1 的比值以及标准电阻 R_n。比值 R_2/R_1 称为直流双臂电桥的倍率。所以电桥平衡时：被测电阻＝倍率读数×标准电阻读数

由于 R_1 及 R_1' 包含了被测电阻的电压引线电阻，R_2 及 R_2' 包含了标准电阻的电压引线电阻，要满足 $R_1'/R_1 = R_2'/R_2$，必须使被测电阻的引线电阻和标准电阻的引线电阻相等，否则，会引起一定的测量误差。由平衡方程还可看出，误差的大小是 R_1'/R_1 和 R_2'/R_2 的差值与电阻 r 共同决定的，所以 r 也应尽量减小，即 R_x 和 R_n 的电流引线要尽量短而粗。可见双臂电桥能够消除引线和接触电阻带来的测量误差，适用于测量 1Ω 以下的小电阻。

五、变压器的空载试验

变压器的空载试验，是从变压器的任意一侧绕组（一般是低压绕组）施加正弦波额定频率的额定电压，在其他绕组开路的情况下测量其空载损耗和空载电流的试验。

空载损耗主要是铁损耗，即消耗于铁芯中的磁滞损耗和涡流损耗。导致空载损耗和空载电流增大的原因主要有：硅钢片质量差；绕组有局部匝间短路；各并联支路中匝数不等或安匝数取得不正确而引起的环流；硅钢片间绝缘不良；穿心螺杆或夹件绝缘损坏而形成的短路匝；硅钢片松动出现气隙使磁阻增大，从而使空载电流增大。此外，由于铁芯接地不正确，也会引起空载损耗和空载电流增大。

1. 额定条件下的试验

额定条件是指空载试验应在对称的额定电压、额定频率和正弦波电压的条件下。空载损耗的测量，可用双瓦特表和单瓦特表法。试验线路见图 3-15。

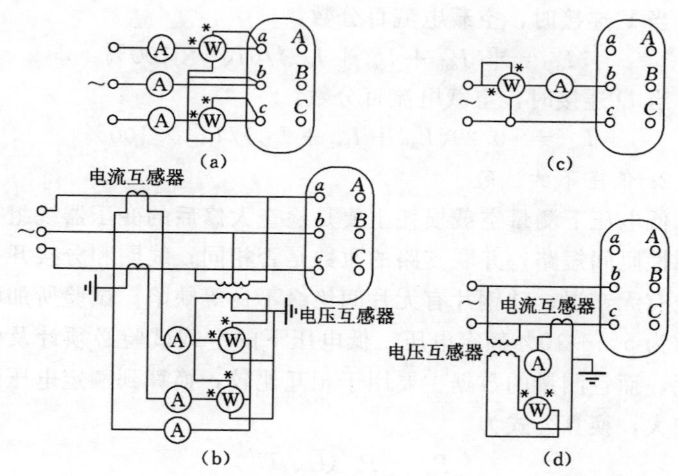

图 3-15 空载试验接线图

(a)、(b) 双瓦特表法；(c)、(d) 单瓦特表法

采用单瓦特表法需测三次，当 Y 连接时测 ab、ac、bc；当 D 连接时短接 bc 测 ab，短接 ab 测 ac，短接 ac 测 bc。

在试验时，电压应逐步升高，此时应注意有否异常。当电压升到预定值后，测各相电压是否平衡。

试验结果进行如下计算：

对双瓦特表法，空载损耗为

$$P_0 = K_{v1}K_{i1}P_1 - K_{v2}K_{i2}P_2$$

式中 K_{v1}、K_{v2}——电压互感器电压比；

K_{i1}、K_{i2}——电流互感器电流比；

P_1、P_2——瓦特表读数，W。

空载电流百分数为

$$I_o = [(I_{oa} + I_{ob} + I_{oc})/3I_N] \times 100\%$$

式中　I_{oa}、I_{ob}、I_{oc}——三相线电流；

I_N——额定电流。

单瓦特表法空载损耗及空载电流计算：

空载损耗　$P_o=(P_{ab}+P_{ac}+P_{bc})/2(W)$

当Y连接时，空载电流百分数：

$$I_{o_Y}=[(I_{oab}+I_{oac}+I_{obc})/6I_N]\times 100\%$$

当D连接时，空载电流百分数：

$$I_{o_D}=[0.29(I_{oab}+I_{oac}+I_{obc})/I_N]\times 100\%$$

2. 低压下的试验

低电压下测量空载损耗主要是检查大修后的变压器绕组有无金属性匝间短路；并联支路的匝数是否相同；线圈和分接开关的接线有无错误；硅钢片有无片间绝缘不良等缺陷。试验所加电压通常为5%～10%额定电压。低电压下的空载试验必须计及仪表损耗，而且测量的数据主要用于相互比较，换算到额定电压时误差较大，换算公式为

$$P_0=P_0'(U_N/U')^n$$

式中　U'——试验时所加电压；

U_N——绕组额定电压；

P_0'——电压为U'时测得的空载损耗；

P_0——对应于额定电压下的空载损耗；

n——指数，热轧片：$n=1.8$；冷轧片：$n=1.9\sim2$。

3. 三相变压器分相试验

三相变压器的单相实验是通过对各相空载损耗的分析比较，观察空载损耗在各相的分布情况，以检查各相绕组或磁路中有无局部缺陷。进行三相变压器分相试验的基本方法，就是将三相变压器当作三个单相变压器，轮换加压，也就是依次将变压器的一相绕组短路，其他两相绕组施加电压，测量空载损耗和空载电流。短路的目的是使该相无磁通，因而无损耗。

(1) 加压绕组为△连接：分相试验接线如图3-16所示。

采用单相电源，依次在ab、bc、ca端加压，非加压绕组应

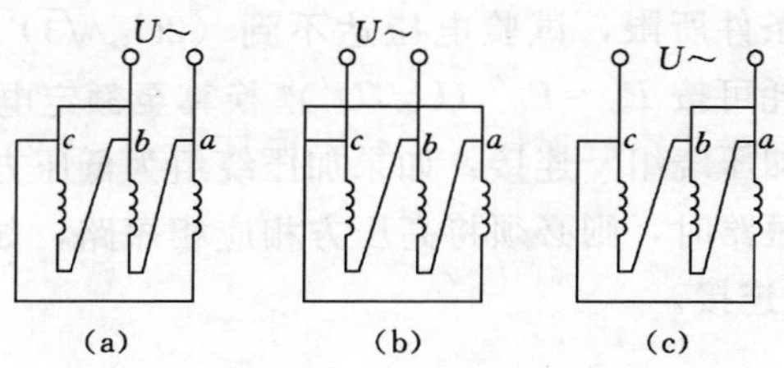

图 3-16 单相试验从△侧加压接线图

依次短路（即 bc、ca、ab）。所施加的电压 U_{ab}、U_{bc}、U_{ca} 均为额定线电压，则该变压器的空载损耗应按下式计算：

$$P_0 = (P_{0ab} + P_{0bc} + P_{0ca})/2$$

式中 P_{0ab}、P_{0bc}、P_{0ca}——ab、bc、ca 三次测得的损耗。

空载电流应按下式计算：

$$I_0 = 0.29(I_{0ab} + I_{0bc} + I_{0ca})/I_N \times 100\%$$

（2）加压绕组为 yn 连接：接线如图 3-17 所示。依次对 ab、bc、ca 相加压，非加压绕组应短路。所施加的电压均为二倍相电压，即

$$U = 2U_L/\sqrt{3}$$

式中 U_L——线电压。

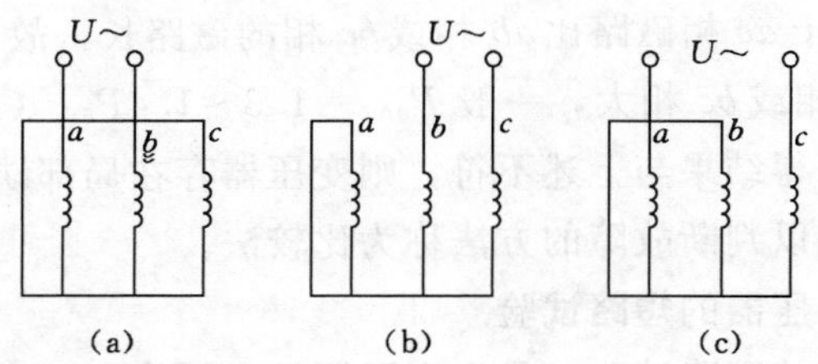

图 3-17 单相试验时加压绕组为 y 接线且有中性点引出

测得的损耗仍按 $P_0 = (P_{0bc} + P_{0bc} + P_{0ca})/2$ 计算，空载电流百分数为

$$I_0 = 0.333(I_{0ab} + I_{0bc} + I_{0ca})/I_N \times 100\%$$

如果条件所限，试验电压达不到（$2U_L/\sqrt{3}$）时，低电压下测得的损耗可按 $P_0=P_0'\ (U_N/U')^n$ 换算至额定电压情况。

（3）加压绕组 y 连接：如果加压绕组为低压方，而无法对非加压绕组短路时，则必须将高压方相应相短路，如图 3-18 所示。其他同 yn 连接。

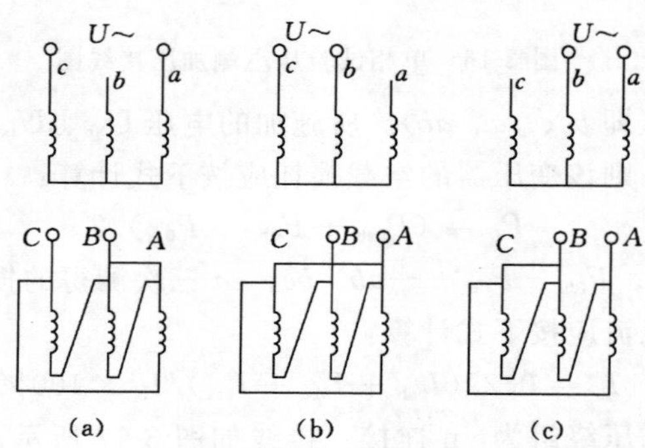

图 3-18　单相试验时二次绕组对应相短路

分相测量结果分析：

1）由于 *ab* 相与 *bc* 相的磁路完全对称，因此所测得 *ab* 相和 *bc* 相的损耗 P_{0ab} 和 P_{0bc} 应相等，偏差不大于 3%；

2）由于 *ac* 相磁路比 *ab* 相或 *bc* 相的磁路长，故 *ac* 相测得损耗应较 *ab* 相或 *bc* 相大，一般 $P_{0AC}=1.3\sim1.4P_{0ab}$（或 P_{0bc}）。

如果测得结果与上述不符，则变压器存在局部缺陷。这种分相测量损耗以判断故障的方法称为比较法。

六、变压器的短路试验

变压器的短路试验，是将变压器的一侧绕组（通常是低压绕组）短路，而在另一侧绕组（通常是分接头在额定位置上）施加额定频率的交流电压，并使其绕组电流为额定值，测量所加电压和功率的试验。

将测得的有功功率换算至额定温度下的数值，称为变压器的短路损耗，所加电压 U_K 称为阻抗电压。

进行短路试验的目的是要测得短路损耗和阻抗电压，以便计算变压器的效率、电压变动率以及确定变压器温升等。通过短路试验可以发现以下缺陷：①变压器各结构件（夹件、屏蔽压板等）、油箱壁由于漏磁所引起的损耗过大和局部过热；②油箱、套管法兰等附件损耗过大并发热；③多支路并联的低压绕组支路间短路或换位错误。这些缺陷均可能使附加损耗显著增加。

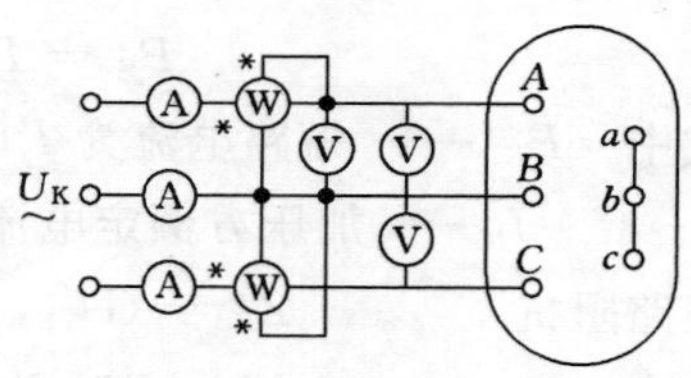

图 3-19　三相变压短路试验接线图

1. 额定条件下试验

额定条件是指电源频率为额定频率，调节电压使绕组中电流等于额定值。短路试验的接线如图 3-19 所示。

根据试验数据计算如下：

短路阻抗　　$Z_K = U_{KP}/I_{KP}$

式中　U_{KP}——加压方绕组的相电压；

I_{KP}——加压方绕组的相电流。

短路阻抗　　$r_K = P_K/3I_{K\Phi}^2$

短路电抗　　$x_K = \sqrt{z_k^2 - r_k^2}$

将短路电阻 r_K 换算到 75℃时，$r_{K75℃} = [(K_\theta + 75)/K_\theta + \theta_1] r_K$

式中　θ_1——试验时室温；

K_θ——铜导线 234.5，铝导线 225。

计算到 75℃时短路阻抗　$Z_{K75℃} = \sqrt{r_{K75℃}^2 + x_K^2}$

阻抗电压百分值　$U_K =（I_{N\Phi} \cdot Z_{K75℃}/U_{N\theta}）\times 100\%$

式中　$U_{N\Phi}$—— 加压方额定相电压；

$I_{N\Phi}$—— 加压方额定相电流。

由于短路试验所需电源容量较大（占试品容量的 5%～20%），因此常采用降低电流试验或用单相电源进行试验。

2. 降低电流的短路试验

降低电流试验为现场常用的试验方法。受电源条件限制时，可将短路电流降低到 I' 来进行短路试验（I' 可低至额定电流的1%～10%）。

在试验电流 I' 下的短路损耗应按下式换算成额定电流下的短路损耗：

$$P_K = P_K'(I_N/I')^2$$

式中 P_K'——短路电流为 I' 时的短路损耗；

I_N——加压方额定电流。

短路阻抗 $$Z_K = (U'_{K\Phi}/I'_{K\Phi}) \cdot (I_N/I')$$

式中 $U_{K\Phi}$——电流为 I' 时测得的短路相电压；

$I_{K\Phi}$——与 I' 相对应的相电流值。

仿照额定条件那样，将 Z_K 换算至75℃情况。阻抗电压百分值为

$$U_K = (I_{N\Phi} \cdot Z_{K75℃}/U_{N\Phi}) \times 100\%$$

3. 单相电源的短路试验

用单相电源进行短路试验，方法是将低压三相的线端短路连接，在高压侧加单相电源进行测量。

(1) Y，d、Y，y 连接的变压器：如图 3-20 所示，将变压器的低压侧短路，在 Y 接绕组的一对线端上轮流加压，测得单相短路损耗和阻抗电压。

当试验短路电流为额定值时，测得的数值可按下式换算成三

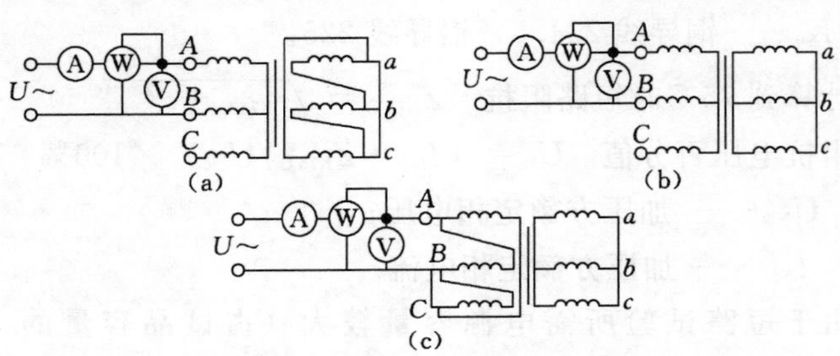

图 3-20 单相电源短路试验接线图

(a) Y，d 接法；(b) Y，y 接法；(c) D，y 接法

相短路损耗和阻抗电压：

短路损耗 $p_K = (P_{KAB} + P_{KBC} + P_{KCA})/2$

短路电压百分值 $U_K = [\sqrt{3}(U_{KAB} + U_{KBC} + U_{KCA})/6U_N] \times 100\%$

式中 P_{KAB}、P_{KBC}、P_{KCA}——每次测得的两相短路损耗；

U_{KAB}、U_{KBC}、U_{KCA}——每次测得的阻抗电压。

若试验时短路电流小于额定值，可按如下公式先进行换算：

$$P'_{KAB} = P'_{KAB}(I_N/I')^2$$

$$U_{KAB} = U'_{KAB}(I_N/I')$$

式中 P'_{KAB}—— 短路电流 I'时的短路损耗；

U'_{KAB}——短路电流 I'时的短路电压。

对 P_{KAB}、P_{KBC}、P_{KCA}进行同样换算，然后再计算 p_K。

(2) D，y 连接的变压器：当对△连接的高压绕组施加电压时，可以轮换将不参与试验的一相短路，而在其余两相上施加电压。如图 3-20（C）所示，将 BC 短路，AB 加压，测得 U_{KAB}、P_{KAB}；然后在 BC 加压，CA 短路，测得 U_{KAB}、P_{KAB}；最后在 CA 加压，AB 短路，测得 U_{KAB}、P_{KAB}。绕组中的短路电流应为 $2/\sqrt{3}I_N$（即 $1.15I_N$），然后按下式换算为三相短路状态：

$$P_K = (P_{KAB} + P_{KBC} + P_{KCA})/2$$

$$U_K = [(U_{KAB} + U_{KBC} + U_{KCA})/3U_N] \times 100\%$$

如果电流小于 $1.15I_N$，应先换算至 $1.15I_N$ 下的数值再计算。

对于一般中小型变压器如无故障，在相邻两铁芯的相上测得的损耗基本相同，而两个边柱铁芯相上测得的损耗比相邻两铁芯的相上测得的损耗大 1%～3%。

第十四节 互 感 器

互感器是将电路中大电流变为小电流，将高电压变为低电压的电气设备，作为测量仪表和继电器的交流电源。互感器可分为电流互感器和电压互感器两大类。

一、电压互感器（TV）

1. 电压互感器的结构和工作原理

常用的电压互感器的结构和工作原理，与电力变压器相似，其主要区别在于电压互感器的容量很小，通常只有几十伏安或几百伏安，并且大多数情况下，它的负荷是恒定的。电压互感器的一次绕组并接在高压电路中，将高电压变成低电压，二次绕组向并联的测量仪表和继电器的电压线圈供电。由于这些电压线圈的阻抗很大，因此二次电流很小，在正常工作情况下，电压互感器相当于一台空载运行的降压变压器。

电压互感器的额定变压比为：$K_u=U_{1N}/U_{2N}\approx N_1/N_2$，$U_{2N}$一般为100V。

2. 电压互感器的接线方式

电压互感器在三相系统中通常要测量的电压有：线电压、相电压、相对地电压和单相接地时出现的零序电压。电压互感器常用的几种接线方式，见表3-28。

表3-28 电压互感器常用接线方式

序号	类　　别	连 接 方 式	适 用 范 围
1	一个单相电压互感器接线	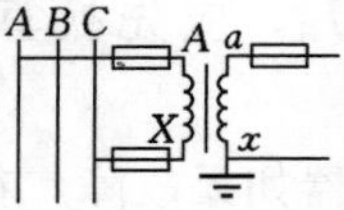 ABC A a X x	用来测量某一个线电压（如接入电压表、频率表等）
2	两个单相电压互感器接成V形	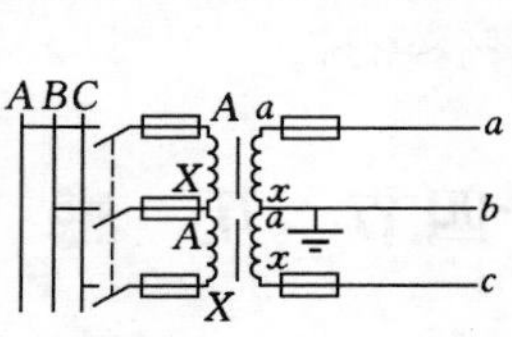 ABC A a X x a A x X a b c	广泛用于中性点不接地的电网中，能测量各线电压

续表

序号	类　　别	连　接　方　式	适　用　范　围
3	三相三柱式电压互感器的接线	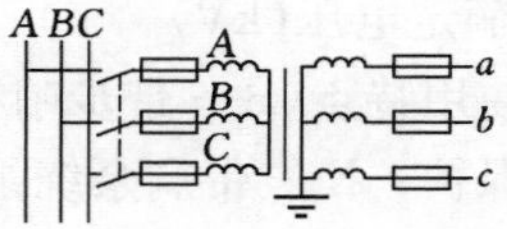 ABC A B C a b c	能测量各线电压
4	三相五柱式电压互感器的接线	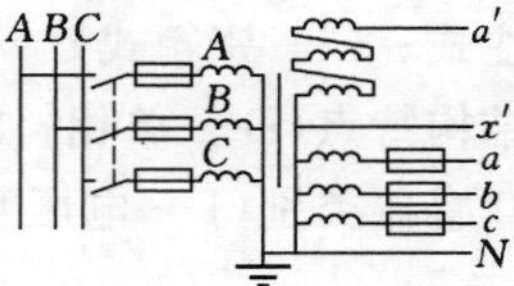 ABC A B C a′ x′ a b c N	能测量各线电压、相电压，其剩余二次绕组接成开口三角形，供接绝缘监察用的电压继电器
5	三个单相三绕组电压互感器的接线	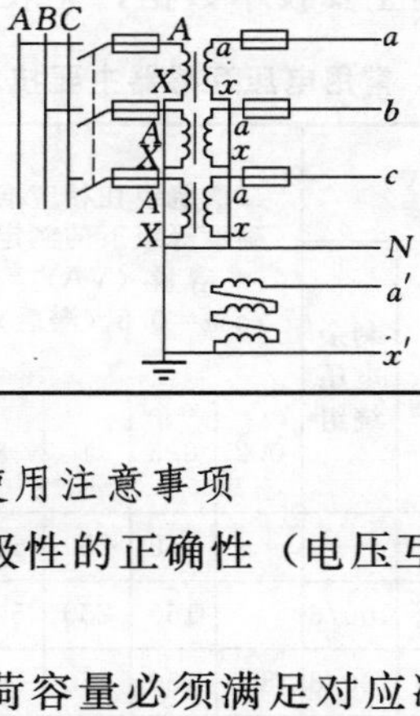 ABC A X a x A X a x A X a x a b c N a′ x′	能测各线电压、相电压，其二次剩余绕组接成开口三角形，供单相接地保护用

3. 电压互感器使用注意事项

1）接线时注意极性的正确性（电压互感器的极性与电力变压器相同）。

2）二次侧的负荷容量必须满足对应准确度级规定的容量。因为电压互感器的误差与二次侧负荷的大小有关，同一台电压互感器对应于不同的准确度级有不同的容量，二次侧负荷超过某准确度级的额定容量时，准确度级便下降。

3）电压互感器二次侧必须有一点可靠的接地，以防止电压互感器绝缘损坏时，一次侧高压窜入二次侧，危及人身和设备的安全。

4）电压互感器一、二次侧均需装设熔断器，防止二次侧短路，特别是电压互感器本身短路时危及一次系统的正常运行。

4. 电压互感器的型号和技术数据

电压互感器的型号含义如下：

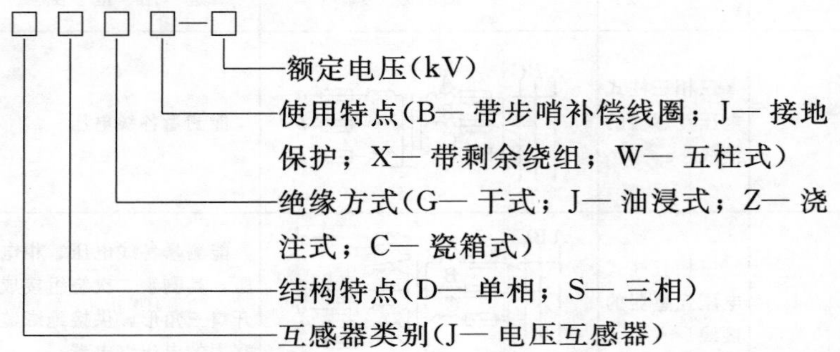

常用电压互感器的主要技术数据，见表 3-29。

表 3-29　常用电压互感器主要技术数据

型　号	额定电压（V）			二次绕组在相应准确度等级下的额定容量（VA）cosφ＝0.8（滞后）				二次绕组极限容量(VA) cosφ＝0.8～1	剩余电压绕组额定容量(VA) cosφ＝0.8(滞后)	绕组连接组号
	一次绕组	二次绕组	剩余电压绕组	0.2	0.5	1	3			
JD6—35	35000	100			150	250	500	1000		I，I0
JDX6—35	$35000/\sqrt{3}$	$100/\sqrt{3}$	100/3		150	250	500	1000	100	I，I0，I0
JDX7—35	$35000/\sqrt{3}$	$100/\sqrt{3}$	100/3	80	150	250	500	1000	100	I，I0，I0
JDJ—35	35000	100			150	250	600	1200		I，I0
JDJJ—35	$35000/\sqrt{3}$	$100/\sqrt{3}$	100/3		150	250	600	1200		I，I0，I0
JDZ—35	35000	100		45	100	200				I，I0
JDZX—35	$35000/\sqrt{3}$	$100/\sqrt{3}$	100/3	30	90	180		600	100	I，I0，I0
JDZ—6	6000	100			50	80	200	400		I，I0
JDZ—10	10000	100			80	150	320	640		I，I0
JSJB—6	6000	100			80	150	320	640		Y，yn0
JSJB—10	10000	100			120	200	480	960		Y，yn0

续表

型号	额定电压（V）			二次绕组在相应准确度等级下的额定容量（VA）cosφ＝0.8（滞后）				二次绕组极限容量（VA）cosφ＝0.8～1	剩余电压绕组额定容量（VA）cosφ＝0.8（滞后）	绕组连接组号
	一次绕组	二次绕组	剩余电压绕组	0.2	0.5	1	3			
JSJW—6	6000	100	100/3		80	150	320	640		Y，yn0（开口三角形剩余绕组）
JSJW—10	10000	100	100/3		120	200	480	960		
JDZ6—6 JDZ6—10	6000 10000	100			50	80	200	400		I，I0
JDZX6—6 JDZX6—10	$6000/\sqrt{3}$ $10000/\sqrt{3}$	$100/\sqrt{3}$	100/3		50	80	200	400	40	I，I0，I0
JDZJ—6 JDZJ—10	$6000/\sqrt{3}$ $10000/\sqrt{3}$	$100/\sqrt{3}$	100/3		50	80	200	400		I，I0，I0
JDZB—6 JDZB—10	$6000/\sqrt{3}$ $10000/\sqrt{3}$	$100/\sqrt{3}$	100/3		50	80	200	400		I，I0，I0
JSZW—6 JSZW—10	$6000/\sqrt{3}$ $10000/\sqrt{3}$	$100/\sqrt{3}$	100/3		90	150	300	600		Y，yn0（开口三角形剩余绕组）
JDG6—0.38	380	100			15	25	60	100		I，I0
JDZ1—1	660 1140	100					2	30		I，I0
JDZ2—1	380 660 750 1140 1500	100				5	10	30		I，I0
JDG—0.5	220 380 500	100			25	40	100	200		I，I0
JDG1—0.5	220 380 500	100			15	25	50	120		I，I0
JDG4—0.5	220 380 500	100			15	25	50	100		I，I0

二、电流互感器（TA）

1. 电流互感器的结构和工作原理

电流互感器的结构和原理与普通变压器相似，它的特点是：一次绕组匝数 N_1 很少，二次绕组匝数 N_2 很多。一次绕组串接在被测电路中，将大电流变成小电流，二次绕组与测量仪表和继电器的电流线圈串联。由于电流互感器一次绕组匝数很少，阻抗很小，因此串接在被测电路中对被测电路的电流没有影响。即一次绕组的电流取决于被测电路的电流，与二次负荷无关。因为接于电流互感器二次电路中的阻抗很小，所以在正常工作情况下，接近于短路状态。

电流互感器的额定变流比为：$K_i = I_{1N}/I_{2N} \approx N_2/N_1$，$I_{2N}$ 一般为 5A。

2. 电流互感器常用接线方式

电流互感器与电气测量仪表常用的接线方式，见表 3-30。

表 3-30　电流互感器常用接线方式

序号	类　别	连　接　方　式	适　用　范　围
1	单相接线	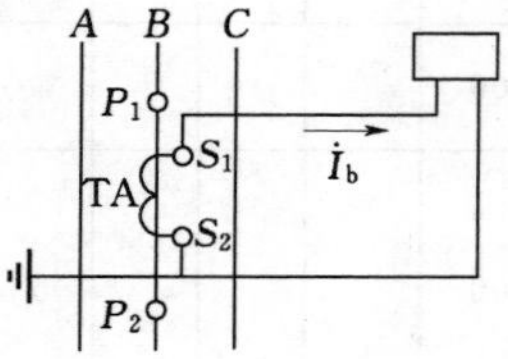	可用于对称三相负荷，测量一相电流
2	两相 V 形接线	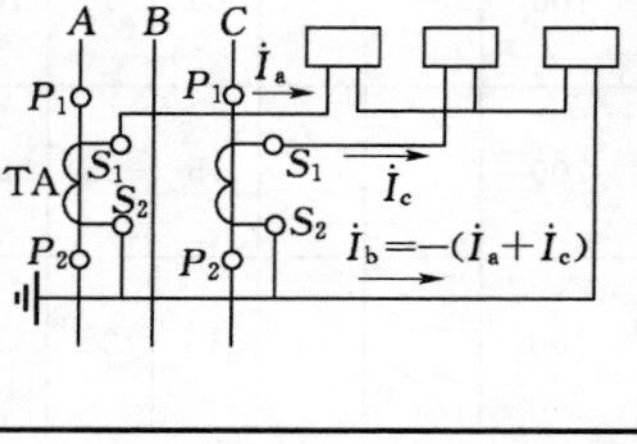	可用于测量三相三线电力装置中的三相电流

续表

序号	类别	连接方式	适用范围
3	两相电流差接线	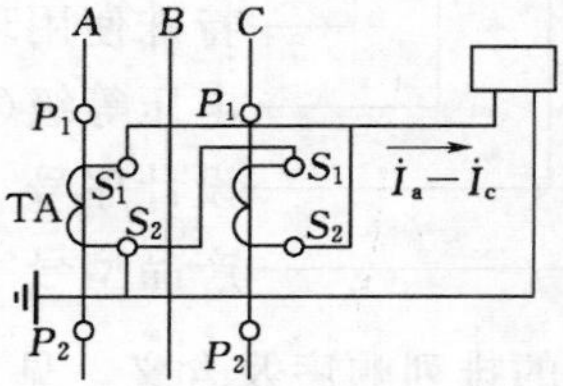 A B C P_1 P_1 TA S_1 S_2 S_1 S_2 $\dot{I}_a-\dot{I}_c$ P_2 P_2	可用于中性点不接地的三相三线制线路，通常供接过电流保护装置之用
4	三相Y形接线	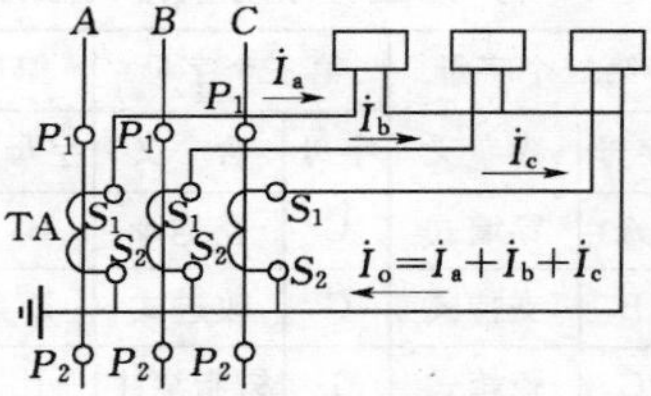 A B C P_1 P_1 P_1 TA S_1 S_2 S_1 S_2 S_1 S_2 $\dot{I}_a$ $\dot{I}_b$ $\dot{I}_c$ $\dot{I}_o=\dot{I}_a+\dot{I}_b+\dot{I}_c$ P_2 P_2 P_2	可用来测量负荷不平衡的三相电力装置、三相四线装置中的电流

3. 电流互感器使用注意事项

1）接线时要注意极性的正确性。电流互感器一、二次绕组的端子，分别标 P_1、P_2 和 S_1、S_2，其中 P_1 与 S_1、P_2 与 S_2 分别为对应的同极性端。

2）接入二次侧的总阻抗不能大于电流互感器的额定阻抗值。因为电流互感器的误差与二次侧的阻抗有关，当二次侧的阻抗值超过某一准确等级额定阻抗时，其准确等级降低，因此必须满足二次侧的阻抗 $Z_2 \leqslant Z_{2N}$ 的条件。

3）二次侧必须有一端子可靠的接地，以防止电流互感器绝缘损坏时，一次侧的高压窜入二次侧，危及人身和设备的安全。

4）二次侧不允许接入开关和熔断器，工作时不得开路，以免铁芯过热烧坏互感器，避免在二次侧产生高压，危及人身和设备的安全。

5）若运行中必须拆除仪表设备时，应先在断开处将其短路，再进行拆除工作。

4. 电流互感器的型号和技术数据

电流互感器的型号含义如下：

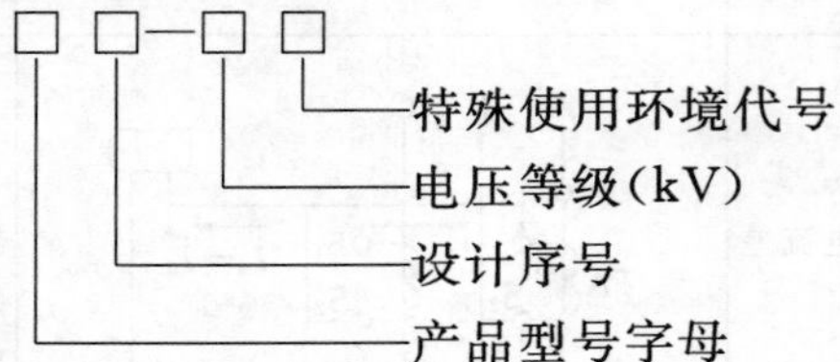

产品型号字母的排列顺序及含义，见表3-31。

表3-31 产品型号字母的排列顺序及含义

第一个字母		第二个字母		第三个字母		第四个字母		第五个字母	
字母	含义	字母	含义	字母	含义	字母	含义	字母	含义
L	电流互感器	A	穿墙式	C	瓷绝缘	B	保护级	D	差动保护
		B	支持式	G	改进式	D	差动保护	J	加大容量
		C	瓷箱式	I	树脂浇注	J	加大容量		
		D	单匝式	J	加大容量	Q	加强式		
		F	多匝式	K	塑料外壳	Z	浇注绝缘		
		J	接地保护	L	电容式绝缘				
		M	母线式	M	母线式				
		Q	线圈式	P	中频式				
		R	装入式	S	速饱和				
		Y	低压式	W	户外式				
		Z	支柱式	X	零相序				
				Z	浇注绝缘				

例如：

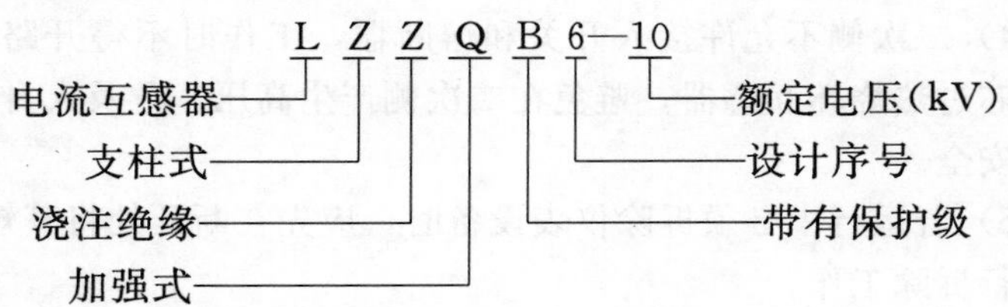

特殊使用环境代号有：

TH——湿热带用；F——化工防腐用

TA——干热带用；ZH——组合电器用

G——高原用；GY——用于高海拔地区

H——船用；W——防污型

常用的电流互感器的技术数据，见表3-32。

表 3-32　常用电流互感器技术数据

名　　称	型　号	主要规格和技术数据			
		额定电压(kV)	准确级次	额定容量(W)	一次侧电流/二次侧电流
绕线式电流互感器	LQ—0.5	0.5	0.5	5	5～800/5
	LQG—0.5	0.5	0.5～1	10～15	5～800/5
	LQG2—0.5	0.5	1		10～800/5
母线式电流互感器	LYM—0.5	0.5	1		750～5000/5
速饱和电流互感器	LQS—1	0.5			4～5/3.5
穿芯汇流排式电流互感器	LM—0.5	0.5	0.5～1	20	1000～5000/5
	LM—0.5	0.5	3	20	800～1000/5
贯穿式电流互感器	LDQ—10	10	0.5～1～3		600～1500/5
贯穿式电流互感器（加强式）	LDCQ—10	10	0.5～1～3		400～1000/5
贯穿式电流互感器（差动保护）	LDCQ—10	10	D～0.5～1～3		600～1500/5
贯穿式电流互感器（加强式有差动保护）	LDCQD—10	10	D～0.5～1～3		600～1000/5
贯穿式电流互感器	LFC—10	10	0.5～1～3		5～400/5
贯穿式电流互感器（加强式）	LFCQ—10	10	0.5～1～3		5～300/5
贯穿式电流互感器（差动保护）	LFCD—10	10	D～0.5～1～3		75～400/5
贯穿式电流互感器（加强式有差动保护）	LFCQD—10	10	D～0.5～1～3		75～300/5

续表

名称	型号	主要规格和技术数据			
		额定电压（kV）	准确级次	额定容量（W）	一次侧电流/二次侧电流
穿芯汇流排式电流互感器	LMT1—0.5	0.5	D～1.2	1.6～1.2	7500/5
母线式电流互感器	LYM1—0.5	0.5	1	0.8	2000/5
线圈式电流互感器	LQG1—0.5TH	0.5	0.5	0.2	200，300/5
环氧树脂浇注电流互感器	LMZ—0.5	0.5	1	0.2	75～600/5
	LMJ—10	10	0.5～1～3	10/15	600～1500/5
	LMJC—10	10	1/C	10/15	600～1500/5
	LMJ—10A	10	0.5/3	15/30	600～1500/5
	LMJC—10A	10	0.5/C	15/30	600～1500/5
	LQJ—10	10	0.5～1～3	10/15	5～400/5
	LQJ—10	10	3/3	10/10	1/5
	LQJ—10A	10	0.5～1～3	15/30	5～400/5
	LQJC—10A	10	0.5/C,1/C	15/30	75～400/5
	LQJ—15	15	0.5/3	10/15	5～400/5
零序电流互感器	LJ—Φ75	0.5			
35kV 电流互感器	LCW—35	35	0.5～3		15～1000/5

注 1. 额定容量：允许接入的二次负荷容量 S_{2N} （VA）。

2. 准确级次：分为 0.2、0.5、1、3、10 五种准确等级。0.2 级表示其电流误差为 0.2%，0.2 级用于精密测量；0.5 级用于电流表；1 级用于盘式指示仪表；3 级用于过电流保护；10 级用于非精密测量及继电器。

第十五节　箱式变电站

根据工矿企业变电站接线，将电力变压器和高、底压配电装置等设备组合在一个或几个箱体内的配电变电所，称之为箱式变电站。

箱式变电站的成套性强，安装周期短，占地面积小。箱式变电站在配电网内，既可进行放射式供电，又可进行环网式供电，提高了供电水平。另外，箱体造型和颜色通常还有美化环境的作用。

一、ZB 型箱式变电站

（1）用途。ZB 型箱式变电站为三相、电压 6～10kV、容量 500kVA 及以下户外型产品，适用于工矿企业、高层建筑、住宅小区、机场、宾馆、交通台等场所的供电电源。

（2）结构。本变电站由高压室、变压器室和低压室组成。高压室由 4 个配电柜组成，配电柜装有负荷开关、熔断器、避雷器、接地开关等。变压器室安装 SCL 型环氧树脂浇注干式变压器，变压器室内装有通风、排风设施。低压室可装低压配电屏 4 台，内装自动开关、计量仪表和进线及馈线回路。

二、TBW 型箱式变电站

（1）用途。本变电站适用于中小型厂矿、港口、铁路、油田、住宅等场所的供电。适用范围为电压 6～10kV，容量 50～1600kVA，可在户外使用。

（2）结构。本变电站由高压室、变压器室、低压配电室组成。高压室电压为 6～10kV，变压器电压为 10/0.4kV。箱体为金属封闭积木式结构，具有防尘、防潮、防盐雾作用。

三、ZXB—2 系列箱式变电站

（1）用途。本变电站的电压为 6～10kV，容量为 220～630kVA，用于工矿企业、公共建筑物、车站、码头、港口及生活小区等场所的供电电源设备。

（2）结构。本变电站由高压室、变压器室、低压室单独箱体组合而成，根据不同的要求可组合成三箱体、五箱体及双三箱体型式，箱体外型尺寸为 1～6 号六种规格。

四、CPN 型箱式变电站

（1）用途。本变电站在交流 50Hz、额定电压 6～10kV、额定容量 125～1250kVA 的电路中，用于工矿企业、高层建筑、地下设施、交通台站、居民小区等场所的中小型变电站，在户内使用的供电电源设备。

（2）结构。本变电站由高压开关柜、变压器柜、低压配电屏三个基本单元组成，根据用户需要可增加低压静电电容器屏和计量开关柜。

第四章 电 动 机

第一节 直流电动机

一、直流电动机的基本知识

(一) 直流电动机的特点、用途及分类

直流电动机具有如下特点：

1) 优良的调速性能，能在很宽的范围内平滑地调速。

2) 过载能力大，能承受频繁的冲击负载。

3) 能承受频繁的快速启动、制动，并能方便地控制在四象限内运行。

4) 能满足生产过程自动化系统各种不同的特殊运行要求。

由于直流电动机具有诸多特点，因而特别适用于需要宽广、精确调速的场合和要求有特殊运行性能的自动控制系统，如冶金矿山、纺织印染、交通运输、造纸印刷及化工与机床等工业。

直流电动机可根据其励磁方式和用途进行分类。按用途分类，见表 4-1。

表 4-1 直流电动机按用途分类

序号	产 品 名 称	主 要 用 途	型号	老产品代号
1	直流电动机	基本系列，一般工业应用	Z	Z，ZD，ZJD
2	广调速直流电动机	用于大范围恒功率调速应用场合	ZT	ZT
3	冶金起重直流电动机	冶金辅助传动机械	ZZJ	ZZ，ZZK，ZZY
4	直流牵引电动机	电力传动机车，工矿电机车和蓄电池车	ZQ	ZQ
5	船用直流电动机	船舶上各种辅助机械用	ZH	ZH
6	精密机床用直流电动机	磨床、坐标镗床等精密机床用	ZJ	ZJD

续表

序号	产品名称	主要用途	型号	老产品代号
7	汽车启动机	汽车、拖拉机、内燃机等用	ST	ST
8	挖掘机用直流电动机	冶金、矿山挖掘机用	ZKJ	ZZC
9	龙门刨直流电动机	龙门刨床用	ZU	ZBD
10	无槽直流电动机	快速动作伺服系统中	ZW	ZWC
11	防爆增安型直流电动机	矿井和有易燃气体场所用	ZA	Z
12	力矩直流电动机	作为速度和位置伺服系统的执行元件	ZLJ	
13	直流测功机	测定原动机效率和输出功率用	CZ	ZC

（二）直流电动机的基本结构、工作原理

直流电动机由定子、转子以及其他零部件组成。定子主要由机座、主磁极、换向极、补偿绕组等组成。它是进行能量转换的重要部件。

直流电动机的主要结构，见表 4-2。

表 4-2 直流电动机主要结构

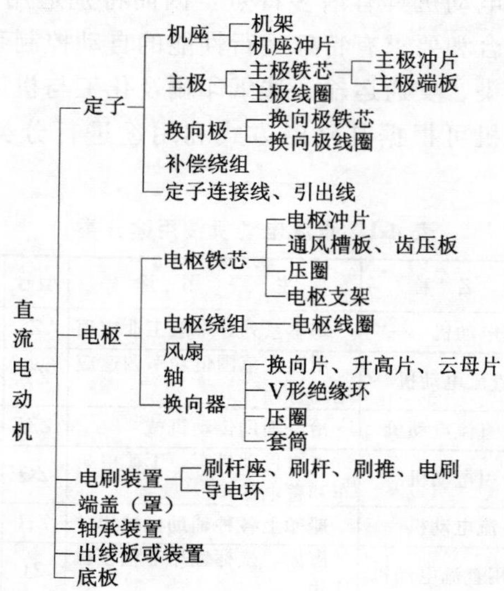

直流电动机的工作原理及稳定运行时的电压、转矩和功率，见表 4-3。

表 4-3　直流电动机的工作原理及电压转矩和功率平衡

工作原理	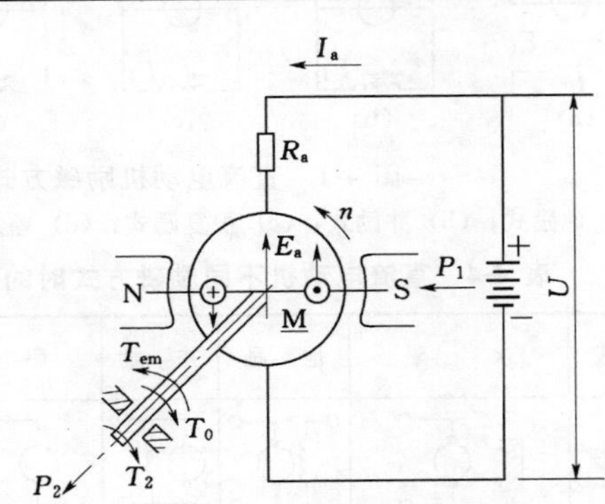 1. 电动机接至端电压为 U 的电源，通入负载电流 I_a，输入的电功率 $P_1=UI_a$ 2. 电动机通电后产生电磁转矩 T_{em}，克服负载阻转矩 T_2，以转速 n（角速度 ω）旋转。电动机输出的机械功率 $P_2=T_2\omega$ 3. 电动机的感应电动势 E_a 与 I_a 方向相反，为反电动势。电源用以克服反电动势所消耗的电功率 E_aI_a 转换为轴上所获得的机械功率 $T_{em}\omega$，$P_{em}=E_aI_a=T_{em}\omega$ 称为电磁功率
电压平衡方程式	$U=E_a+（I_aR_a+\triangle U_b）$
转矩平衡方程式	$T_2=T_{em}-T_O$
功率平衡方程式	$P_1=P_{em}+P_a$ $P_2=P_{em}-P_O$　$P_1=P_O+P_a+P_2$

（三）直流电动机的励磁方式

直流电动机的运行特性与其励磁方式有密切关系。其励磁方式可分为他励、并励、复励和串励四种。小容量直流电动机还有用永久磁钢作磁极的永磁直流电动机。不同励磁方式的原理图如图 4-1 所示。各种励磁方式的特性和用途，见表 4-4。

（四）直流电动机绕组出线端的标记

直流电动机绕组出线端的标记，见表 4-5。

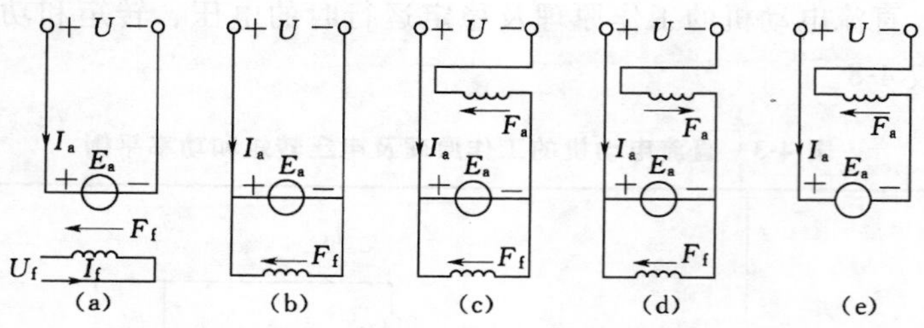

图 4-1　直流电动机励磁方式

(a) 他励式；(b) 并励式；(c) 积复励式；(d) 差复励式；(e) 串励式

表 4-4　直流电动机不同励磁方式时的特性及用途

励磁方式	永　磁	他　励　并　励	串　励	复　励
特征图形				
启动转矩	启动动转矩为额定转矩的 2 倍，有的达 4～5 倍	启动转矩为额定转矩的 2～2.5 倍	启动转矩大，为额定转矩的 5 倍	启动转矩较大，为额定转矩的 4 倍
短路过载转矩	一般为额定转矩的 1.5 倍，有的也可达 3.5～4 倍	一般为额定转矩的 1.5 倍，带补偿绕组后，可达额定转矩的 2.5～2.8 倍	为额定转矩的 4 倍左右	为额定转矩的 3.5 倍
调速范围	有较好的调速特性，调速范围大	恒功率调磁调速，转速比为 1∶2～1∶4，特殊设计可达 1∶8。他励时，可调电枢电压。恒转矩调速范围较宽广	调速范围较宽，一般采用外接电阻与串励绕组串联或并联，或串励绕组本身串并联连接来实现	减少激磁电流调速，转速可达额定值的 2 倍
转速变化率	3%～15%	5%～20%	转速变化率很大	25%～30%
用途	在自动控制系统中作执行元件，也作传动动力用	用于启动转矩稍大的恒负载和要求调速的传动系统，如离心泵、风机、金属切削机床、纺织印染、造纸和印刷机械等	用于要求很大的启动转矩、转速允许有较大变化的负载，如电瓶车、起重机、电车、电力传动机车等	用于要求启动转矩较大，转速变化不大的负载，如驱动空气压缩机、冶金辅助传动机械等

表 4-5　直流电动机绕组出线端标记

绕组名称	出线端标记		绕组名称	出线端标记	
	始端	末端		始端	末端
电枢绕组	S1	S2	并励绕组	B1	B2
换向绕组	H1	H2	他励绕组	T1	T2
串励绕组	C1	C2	补偿绕组	BC1	BC2

直流电动机的接线方式，见表 4-6。

表 4-6　直流电动机的接线方式

电动机的励磁方式	直流电动机接线方式图	
	正转	反转
并励电动机（加串励稳定绕组附启动器及调速器）	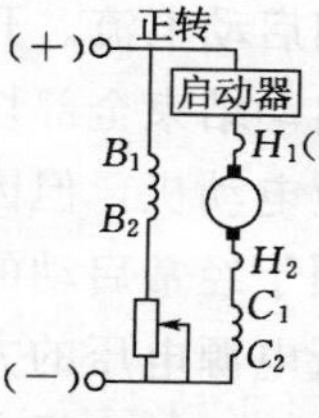 正转 (+) 启动器 B_1 B_2 H_1(或S_1) H_2 C_1 C_2 (−)	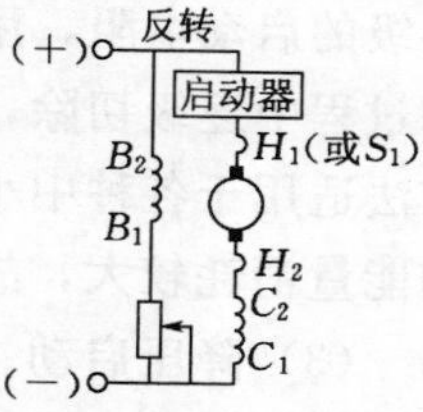 反转 (+) 启动器 B_2 B_1 H_1(或S_1) H_2 C_2 C_1 (−)
并励发动机（附启动器及调速器）	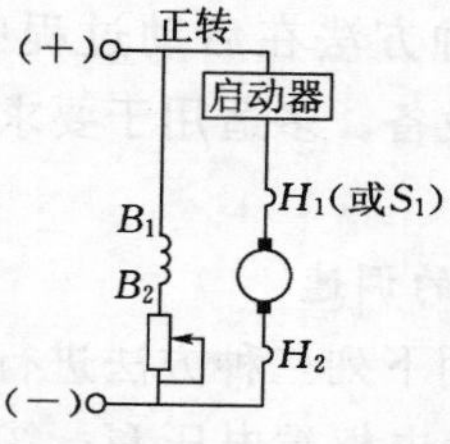 正转 (+) 启动器 H_1(或S_1) B_1 B_2 H_2 (−)	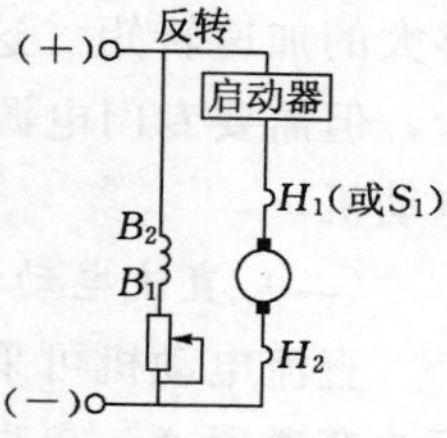 反转 (+) 启动器 H_1(或S_1) B_2 B_1 H_2 (−)
串励电动机（附启动器）	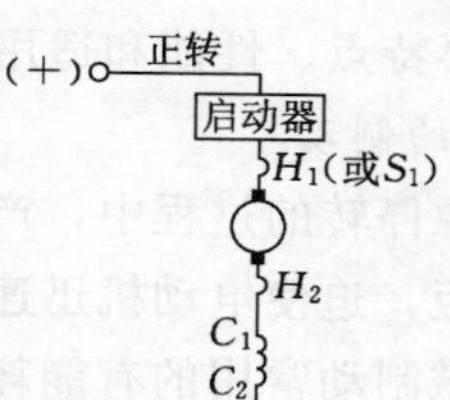 正转 (+) 启动器 H_1(或S_1) H_2 C_1 C_2 (−)	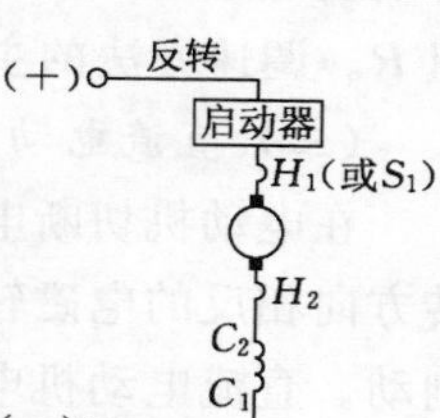 反转 (+) 启动器 H_1(或S_1) H_2 C_2 C_1 (−)

二、直流电动机的运行

（一）直流电动机的启动

直流电动机在启动时，应具有足够的启动转矩，但启动电流不宜过大，应限制在容许范围内。为及时获得尽可能大的启动转矩和限制启动电流，除串励电动机外，应先励磁并使磁通 φ 达到最大，然后再施加电枢电压。

（1）直接启动。直接启动是将电源直接加到电动机上。其优点是不需附加启动设备，操作简便，有足够大的启动转矩。其缺点是启动电流极大，约为额定电流的 10～20 倍，对电网及机组均会造成不良影响。故它只适用于容量不超过 4kW 的小型电动机。

（2）电枢回路串电阻启动。电机启动时，在电机回路内串入多级的启动电阻，用以限制启动电流。开始时接入全部电阻，启动过程中逐级切除，直至启动结束全部切除启动电阻。这种启动方法适用于各种中小型直流电动机，但因启动过程中启动电阻上的能量消耗较大，故不适用于经常启动的大中型直流电动机。

（3）降压启动。用降低电源电压的方法来限制启动电流。电机启动后，随着转速的上升，要相应提高电源电压，以保证有足够大的加速转矩。这种方法在启动过程中能量消耗小，启动平滑，但需要专门电源设备。多适用于要求经常启动的大中型直流电动机。

（二）直流电动机的调速

直流电动机可采用下列三种方法进行调速：①改变励磁电流可改变磁通 Φ；②改变电枢端电压 U；③改变串入电枢回路内电阻 R。调速方法的主要特点、性能和适用范围，见表 4-7。

（三）直流电动机的制动

在电动机切断电源停转的过程中，产生一个和电动机实际旋转方向相反的电磁转矩，迫使电动机迅速制动停转的方法叫电磁制动。直流电动机电磁制动常用的有能耗制动、反接制动和回馈制动三种方法。不同制动方法的原理及特点，见表 4-8。

表 4-7 直流电动机不同调速方法的主要特点、性能和适用范围

调速方法	调节励磁电流（弱磁调速）	调节电枢端电压（调压调速）	调节电枢电路电阻（串联电阻调速）
线路图及特性曲线	M；n；$\Phi_3<\Phi_2<\Phi_1$；Φ_3；Φ_2；Φ_1；O；T；T；T；P；O；n_N；n_{Nmax}；n	U；M；n；$U_3<U_2<U_1$；U_1；U_2；U_3；O；T；P,T；P；T；O；n_N；n	M；R；n；$R_3>R_2>R_1$；R_1；R_3；R_2；O；T；P,T；P；T；O；n_N；n
主要特点	1. U=常值，n 随 I_f 和 Φ 的减小而升高 2. n 越高，换向越困难，电枢反应和换向元件中电流的去磁效应对电动机运行稳定性的影响越大。最高转速受机械因素、换向和运行稳定性的限制 3. I_a 保持额定值不变时，T 与 Φ 成正比，n 与 Φ 成反比，输入、输出功率及效率基本不变	1. Φ=常数，n 随 U 的减小而降低 2. 低速时，机械特性的斜率不变，稳定性好。由发电机组供电时，最低转速受发电机剩磁的限制 3. I_a 保持额定值不变时，T 保持不变，n 与 U 成正比，输入、输出功率随 U 和 n 的降低而减小，效率基本不变	1. U=常数，n 随 R 的增加而降低 2. 转速越低机械特性越软。调速变阻器可兼作启动变阻器用 3. I_a 保持额定值不变时，T 保持不变，可作恒转矩调速，但低速时，输出功率随 n 降低而减小，而输入功率不变，效率将随 n 的降低而降低，经济性很差
适用范围	具有运行效率高，磁场变阻器外形尺寸小，调速方便等优点。适用于额定转速以上的恒功率调速	具有启动平滑，运行效率高，可进行回馈制动等优点。适用于额定转速以下的恒转矩调速	不需启动器，但效率低，失去恒速特性，只适用于额定转速以下、不经常调速及机械特性要求较软的调速

表 4-8　直流电动机电磁制动方法的原理和特点

制动方式	能耗制动	反接制动	回馈制动
原理图	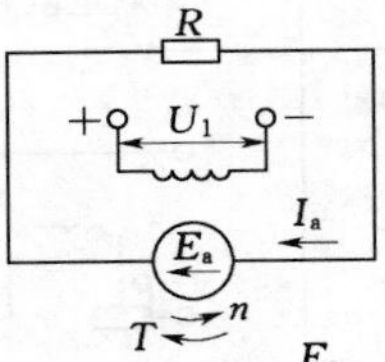 R, $+$, U_1, $-$, I_a, E_a, T, n $I_a=-\frac{E_a}{R_a+R}$	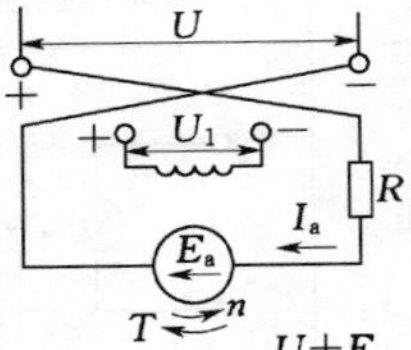 U, $+$, $-$, U_1, R, I_a, E_a, T, n $I_a=-\frac{U+E_a}{R_a+R}$	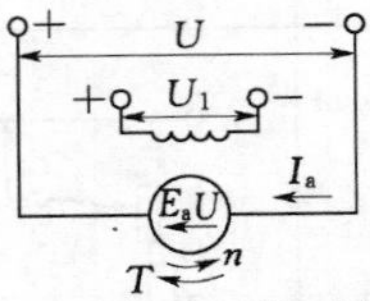 $+$, U, $-$, U_1, I_a, E_aU, T, n $I_a=-\frac{E_a-U}{R_a}$
原理说明	1. 保持励磁不变，电枢电路从电源切断，接入制动电阻，从而电枢电流反向，电磁转矩与电枢转矩相反 2. 制动时，电机作发电机运行，向制动电阻供电。机组的惯性动能转化为制动电阻与机组本身的损耗 3. 转速越低，制动效果越差。因此，转速降低到一定程度后，如有必要，常兼用机械制动加强制动效果	1. 保持励磁不变，电枢电路与电源经一限流电阻作反极性串联，使电枢电流反向，电磁转矩与转向相反 2. 制动时，电机作发电机运行，与电源串接向限流电阻供电。电源电能与机组的惯性动能转化为限流电阻与机组本身的损耗 3. 转速降低后仍有良好的制动效果，但消耗电源一定的电能。用此法使机组停转时，应及时切断电源，防止电机反向再启动	1. 保持励磁不变，当转速升高到一定程度时$U<E_a$，电枢电流反向，电磁转矩与转向相反 2. 制动时，电机作发电机运行，使电机加速的位能转化为电能向电网回馈 3. 制动过程中不消耗电网能量，且可回收电能
适用范围	用于使机组停转	用于要求迅速制动、停转，并反转	除用于旋转部件的减速制动外，还用于限速制动，如电力机车下坡、升降机下降等

三、常用直流电动机的型号、技术数据

直流电动机在规定的使用环境、运行条件和绝缘等级下的主要技术数据有：额定功率、额定电压、额定转速和励磁电压等。

直流电动机主要额定参数范围，见表 4-9。

表 4-9 直流电动机主要额定参数范围

序号	类别	参 数 范 围
1	功率（kW）	0.37，0.55，0.75，1.1，1.5，2.2，3.4，5.5，7.5，10，13，17，22，30，40，55，75，100，125，160，200，250，320，400，500，630，800，1000
2	电压（V）	110，160，220，440，630，800，1000
3	转速（r/min）	3000，1500，1000，750，600，500，400，320，250，200，160，125，100，80，63，50，40，32，25

（一）Z3 系列直流电动机及其技术数据

Z3 系列直流电动机使用广泛。它具有转动惯量小，调速范围广、体积小、重量轻和可用于静止整流电源供电等优点。该系列电动机的工作方式为连续工作制，其外壳防护等级为 IP21。型号含义：

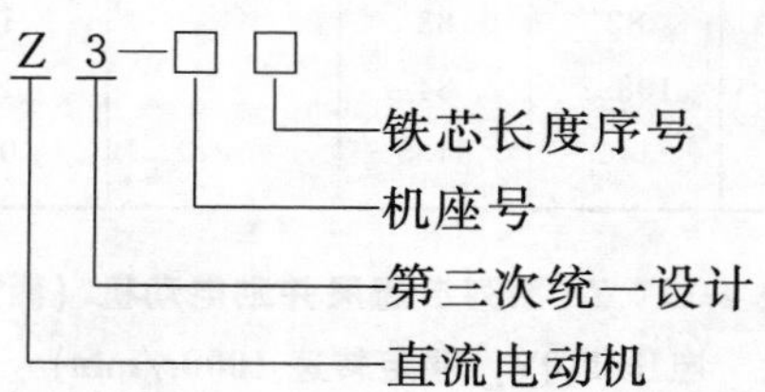

Z3 系列直流电动机的技术数据，见表 4-10～表 4-31。

表 4-10 Z3 系列自通风并励电动机（额定电压 110V，额定转速 3000r/min）

型 号	额定功率（kW）	额定电流（A）	效 率（%）	最高转速（r/min）	电枢回路电感（μH）	转动惯量（kg·m²）
Z3—11	0.55	7.14	70	3600	13.98	0.0081
Z3—12	0.75	9.20	74		11.20	0.010
Z3—21	1.1	13.2	75.5		8.50	0.022
Z3—22	1.5	17.7	77		6.49	0.026
Z3—31	2.2	25.3	79		6.51	0.049
Z3—32	3	34.8	78.5		4.97	0.057
Z3—33	4	45.8	80		3.02	0.073
Z3—41	5.5	61.3	81.5		0.66	0.10
Z3—42	7.5	83	82		0.55	0.12

表 4-11　Z3 系列自通风并励电动机（额定电压 110V，额定转速 1500r/min）

型　号	额定功率 (kW)	额定电流 (A)	效　率 (%)	最高转速 (r/min)	电枢回路电感 (μH)	转动惯量 (kg·m²)
Z3—11	0.25	2.63	61.5		48.70	0.0081
Z3—12	0.37	5.17	66.5		37.36	0.01
Z3—21	0.55	7.10	70.5		27.93	0.022
Z3—22	0.75	9.34	73		21.81	0.026
Z3—31	1.1	13.15	76		21.88	0.049
Z3—32	1.5	17.6	77.5		17.73	0.057
Z3—33	2.2	25.6	80	3000	12.09	0.073
Z3—41	3	34.3	79.5		2.13	0.10
Z3—42	4	44.8	81.5		1.69	0.13
Z3—51	5.5	61	82		1.61	0.21
Z3—52	7.5	82	83		1.11	0.26
Z3—61	10	108.2	84		1.02	0.41
Z3—62	13	140	84.5		0.79	0.50

表 4-12　Z3 系列自通风并励电动机（额定电压 110V，额定转速 1000r/min）

型　号	额定功率 (kW)	额定电流 (A)	效　率 (%)	最高转速 (r/min)	电枢回路电感 (μH)	转动惯量 (kg·m²)
Z3—22	0.37	5.17	65	3000	46.15	0.026
Z3—31	0.55	7.04	71	3000	49.24	0.049
Z3—32	0.75	9.4	22.5	3000	41.48	0.057
Z3—33	1.1	13.7	75	3000	27.21	0.073
Z3—41	1.5	18	75.5	3000	5.14	0.10
Z3—42	2.2	25.8	77.5	3000	4.18	0.13
Z3—51	3	34.5	79	3000	3.28	0.21
Z3—52	4	45	80.5	3000	2.83	0.26
Z3—61	5.5	61.4	81.5	3000	2.29	0.41
Z3—62	7.5	83.2	82	3000	1.40	0.50
Z3—71	10	11.03	82.5	2400	1.57	0.93
Z3—72	13	142.5	83	2400	1.08	1.1

表 4-13　Z3 系列自通风并励电动机（额定电压 110V，额定转速 750r/min）

型　号	额定功率 (kW)	额定电流 (A)	效　率 (%)	最高转速 (r/min)	电枢回路电感 (μH)	转动惯量 (kg·m²)
Z3—32	0.55	7.25	69	2250	62.83	0.057
Z3—33	0.75	9.46	72.5	2250	48.37	0.073
Z3—41	1.1	14.2	70.5	2250	8.50	0.10
Z3—42	1.5	18.8	72.5	2250	6.78	0.13
Z3—51	2.2	26.5	76.5	2250	5.54	0.21
Z3—52	3	35.2	77.5	2250	4.42	0.26
Z3—61	4	46.6	78	2250	4.08	0.41
Z3—62	5.5	62.8	79.5	2250	3.16	0.50
Z3—71	7.5	85.3	80	1800	2.54	0.93
Z3—72	10	112.2	81	1800	2.01	1.1
Z3—73	13	145	81.5	1800	1.54	1.4

表 4-14　Z3 系列自通风并励电动机（额定电压 110V，额定转速 600r/min）

型　号	额定功率 (kW)	额定电流 (A)	效　率 (%)	最高转速 (r/min)	电枢回路电感 (μH)	转动惯量 (kg·m²)
Z3—52	2.2	26.5	75		6.37	0.26
Z3—61	3	35.9	76		5.16	0.41
Z3—62	4	47.6	76.5	1800	4.29	0.50
Z3—71	5.5	64.5	77.5		5.12	0.93
Z3—72	7.5	86.9	78.5		2.89	1.1
Z3—73	10	114.3	79.5		2.40	1.4

表 4-15　Z3 系列自通风并励电动机（额定电压 220V，额定转速 3000r/min）

型　号	额定功率 (kW)	额定电流 (A)	效　率 (%)	最高转速 (r/min)	电枢回路电感 (μH)	转动惯量 (kg·m²)
Z3—11	0.55	3.52	71		55.91	0.0081
Z3—12	0.75	4.55	75		44.81	0.01
Z3—21	1.1	6.50	76.5	3600	34.00	0.022
Z3—22	1.5	8.74	78	(3200)	25.96	0.026
Z3—31	2.2	12.5	80		26.04	0.049
Z3—32	3	17.1	79.5		19.88	0.057

续表

型　号	额定功率 (kW)	额定电流 (A)	效　率 (%)	最高转速 (r/min)	电枢回路电感 (μH)	转动惯量 (kg·m²)
Z3—33	4	22.5	81	3600 (3200)	14.19	0.073
Z3—41	5.5	30.5	82		2.62	0.1
Z3—42	7.5	41.3	82.5		2.21	0.13
Z3—51	10	54.8	83		1.61	0.21
Z3—52	13	70.7	83.5		1.59	0.26
Z3—61	17	92	84		1.02	0.41
Z3—62	22	117.6	85		0.79	0.50

表 4-16　Z3 系列自通风并励电动机（额定电压 220V，额定转速 1500r/min）

型　号	额定功率 (kW)	额定电流 (A)	效　率 (%)	最高转速 (r/min)	电枢回路电感 (μH)	转动惯量 (kg·m²)
Z3—11	0.25	1.85	61.5	3000(2000)	194.98	0.0081
Z3—12	0.37	2.51	67	3000(2000)	149.42	0.01
Z3—21	0.55	3.52	71	3000(2000)	111.71	0.022
Z3—22	0.75	4.64	73.5	3000(2000)	83.33	0.026
Z3—31	1.1	6.68	76.5	3000(2000)	95.67	0.049
Z3—32	1.5	8	78.5	3000(2000)	75.17	0.057
Z3—33	2.2	12.6	81	3000(2000)	52.48	0.073
Z3—41	3	17	80	3000(1800)	9.48	0.1
Z3—42	4	22.3	81	3000(1800)	6.77	0.13
Z3—51	5.5	30.3	82.5	3000(2000)	5.54	0.21
Z3—52	7.5	40.8	83.5	3000(2000)	4.42	0.26
Z3—61	10	53.8	84.5	3000(2000)	4.08	0.41
Z3—62	13	69.5	85	3000(2000)	3.16	0.50
Z3—71	17	89.8	86.0	3000(2000)	2.63	0.93
Z3—72	22	115.7	86.5	3000(2000)	2.07	1.1
Z3—73	30	156.6	87	3000(2000)	1.54	1.4
Z3—81	40	208	87.5	3000(2000)	1.41	2.5
Z3—82	55	284	88	3000(2000)	1.06	3.1
Z3—83	75	386	88.5	3000(2000)	0.85	3.8
Z3—91	100	508	89	3000(1800)	0.57	7.3
Z3—92	125	632	89.5	3000(1800)	0.43	8.7
Z3—101	160	805	90	3000(1800)	0.34	13.9
Z3—102	200	1000	90	3000(1800)	0.29	15.8

表 4-17　Z3 系列自通风并励电动机（额定电压 220V，额定转速 1000r/min)

型　号	额定功率 (kW)	额定电流 (A)	效　率 (%)	最高转速 (r/min)	电枢回路电感 (μH)	转动惯量 (kg·m²)
Z3—22	0.37	2.54	66	3000(1500)	184.59	0.026
Z3—31	0.55	3.5	71.5	3000(1500)	196.95	0.049
Z3—32	0.75	4.64	73.5	3000(1500)	153.40	0.057
Z3—33	1.1	6.72	76	3000(1500)	114.95	0.073
Z3—41	1.5	8.9	76.5	3000(1200)	20.58	0.10
Z3—42	2.2	12.7	78.5	3000(1200)	16.82	0.13
Z3—51	3	17.1	79.5	3000(1200)	13.11	0.21
Z3—52	4	22.3	81.5	3000(1200)	11.32	0.26
Z3—61	5.5	30.3	82.5	3000(1800)	9.18	0.41
Z3—62	7.5	41.4	82.5	3000(1800)	7.10	0.50
Z3—71	10	54.75	83	2400(1800)	7.00	0.93
Z3—72	13	70.8	83.5	2400(1800)	4.33	1.1
Z3—73	17	92	84	2400(1800)	3.72	1.4
Z3—81	22	118.5	84.5	2400(1800)	3.33	2.5
Z3—82	30	158.5	86	2400(1800)	2.52	3.1
Z3—83	40	210	86.5	2400(1800)	1.89	3.8
Z3—91	55	286	87.5	2000(1500)	1.36	7.3
Z3—92	75	385	88.5	2000(1500)	1.11	8.7
Z3—101	100	508	89	2000(1500)	0.78	13.9
Z3—102	125	632	89.5	2000(1500)	0.67	15.8

表 4-18　Z3 系列自通风并励电动机(额定电压 220V,额定转速 750r/min)

型　号	额定功率 (kW)	额定电流 (A)	效　率 (%)	最高转速 (r/min)	电枢回路电感 (μH)	转动惯量 (kg·m²)
Z3—32	0.55	3.57	70	2200(1000)	259.25	0.057
Z3—33	0.75	4.8	73.5	2200(1000)	193.46	0.073
Z3—41	1.1	7.14	71.5	2200(1000)	34.02	0.10
Z3—42	1.5	9.25	73.5	2200(1000)	27.08	0.13
Z3—51	2.2	13.1	77	2200(1000)	22.15	0.21
Z3—52	3	17.3	78.5	2200(1000)	17.69	0.26
Z3—61	4	23	79	2200(1000)	14.34	0.41
Z3—62	5.5	31.25	80	2200(1200)	10.61	0.50

续表

型　号	额定功率 (kW)	额定电流 (A)	效　率 (%)	最高转速 (r/min)	电枢回路电感 (μH)	转动惯量 (kg·m²)
Z3—71	7.5	42.1	81	1800(1200)	11.51	0.93
Z3—72	10	55.8	81.5	1800(1200)	8.04	1.1
Z3—73	13	72.2	82	1800(1200)	6.16	1.4
Z3—81	17	93.1	83	1800(1200)	5.53	2.5
Z3—82	22	119	84	1800(1200)	4.33	3.1
Z3—83	30	159.5	85	1800(1200)	2.85	3.8
Z3—91	40	210	86	1800(1200)	2.35	7.3
Z3—92	55	285	86.5	1800(1200)	1.60	8.7
Z3—101	75	385	88	1800(1200)	1.45	13.9

表 4-19　Z3 系列自通风并励电动机（额定电压 220V，额定转速 600r/min）

型　号	额定功率 (kW)	额定电流 (A)	效　率 (%)	最高转速 (r/min)	电枢回路电感 (μH)	转动惯量 (kg·m²)
Z3—52	2.2	13.1	73.5	1800(900)	25.48	0.26
Z3—61	3	17.8	76.5	1800(900)	23.00	0.41
Z3—62	4	23.6	77	1800(900)	17.18	0.50
Z3—71	5.5	31.9	78.5	1800(1200)	15.67	0.93
Z3—72	7.5	42.9	79.5	1800(1200)	12.77	1.1
Z3—73	10	56.8	80	1800(1200)	9.62	1.4
Z3—81	13	73.4	80.5	1800(1000)	9.24	2.5
Z3—82	17	95.4	81	1500(1000)	6.56	3.1
Z3—83	22	120	83.5	1500(1000)	4.71	3.8
Z3—91	30	161	84.5	1500(1000)	3.80	7.3
Z3—92	40	214	85	1500(1000)	3.10	8.7
Z3—101	55	289	86.5	1500(1000)	2.25	13.9

表 4-20　Z3 系列自通风他励电动机（额定电压 440V，额定转速 1500r/min）

型　号	额定功率 (kW)	额定电流 (A)	效　率 (%)	最高转速 (r/min)	电枢回路电感 (μH)	转动惯量 (kg·m²)
Z3—51	5.5	14.4	82.5	2200	22.05	0.21
Z3—52	7.5	19.5	83.5	2200	17.69	0.26
Z3—61	10	25.7	84.5	2200	16.32	0.41

续表

型　号	额定功率 (kW)	额定电流 (A)	效　率 (%)	最高转速 (r/min)	电枢回路电感 (μH)	转动惯量 (kg・m²)
Z3—62	13	33.3	85	2200	12.62	0.50
Z3—71	17	44.8	86	2000	11.51	0.93
Z3—72	22	57.9	86.5	2000	8.26	1.1
Z3—73	30	76	87	2000	7.36	1.4
Z3—81	40	102.2	87.5	2000	5.67	2.5
Z3—82	75	190.7	88.5	2000	3.17	3.8
Z3—91	100	252	89	1800	2.53	7.3
Z3—101	160	404	90	1800	1.38	13.9
Z3—102	200	496	90	1800	1.18	15.8

表 4-21　Z3 系列自通风他励电动机（额定电压 440V，额定转速 1000r/min）

型　号	额定功率 (kW)	额定电流 (A)	效　率 (%)	最高转速 (r/min)	电枢回路电感 (μH)	转动惯量 (kg・m²)
Z3—61	5.5	14.5	82.5	1800	36.72	0.41
Z3—62	7.5	19.7	82.5	1800	28.4	0.50
Z3—71	10	26.3	83	1800	25.9	0.93
Z3—72	13	35.4	83.5	1800	20.68	1.1
Z3—73	17	46	84	1800	15.03	1.4
Z3—81	22	58.1	84.5	1800	14.44	2.5
Z3—82	30	77.7	86	1800	9.42	3.1
Z3—92	75	190	88.5	1500	3.59	8.7
Z3—101	100	251	89	1500	2.95	13.9

表 4-22　Z3 系列自通风他励电动机（额定电压 440V，额定转速 750r/min）

型　号	额定功率 (kW)	额定电流 (A)	效　率 (%)	最高转速 (r/min)	电枢回路电感 (μH)	转动惯量 (kg・m²)
Z3—62	5.5	14.8	80		42.42	0.50
Z3—71	7.5	21.1	81		42.29	0.93
Z3—72	10	27.9	81.5	1200	34.19	1.1
Z3—73	13	36.1	82		25.40	1.4
Z3—81	17	44.5	83		25.67	2.5

续表

型　号	额定功率 (kW)	额定电流 (A)	效　率 (%)	最高转速 (r/min)	电枢回路电感 (μH)	转动惯量 (kg·m²)
Z3—82	22	58.2	84	1200	18.26	3.1
Z3—83	30	78.3	85		11.40	3.8
Z3—91	40	103	86		9.4	7.3
Z3—101	75	189	88		5.61	13.9

表 4-23　Z3 系列自通风他励电动机（额定电压 220V，额定转速 1000 和 1500r/min）

型　号	额定功率 (kW)	额定电流 (A)	额定转速 (r/min)	效　率 (%)	向下调速前的削弱磁场转速 (r/min)	电枢回路电感 (μH)	转动惯量 (kg·m²)
Z3—11	0.25	1.58	1500	61.5	1700	194.80	0.0081
Z3—12	0.37	2.25	1500	67	1700	149.42	0.01
Z3—21	0.55	3.18	1500	71	1700	111.71	0.022
Z3—22	0.75	4.25	1500	73.5	1700	83.33	0.026
Z3—31	1.1	6.18	1500	76.5	1700	95.67	0.049
Z3—32	1.5	8.38	1500	78.5	1700	75.17	0.057
Z3—33	2.2	12	1500	81	1700	52.48	0.073
Z3—41	3	16.1	1500	80	1700	9.48	0.10
Z3—42	4	21.15	1500	81	1700	6.77	0.13
Z3—51	5.5	28.6	1500	82.5	1700	5.54	0.21
Z3—52	7.5	39.2	1500	83.5	1700	4.42	0.26
Z3—61	10	52.1	1500	84.5	1700	4.08	0.41
Z3—62	13	67.5	1500	85	1700	3.16	0.50
Z3—71	17	87.6	1500	86	1700	2.63	0.93
Z3—72	22	113.2	1500	86.5	1700	2.07	1.1
Z3—73	30	156.6	1500	87	1700	1.54	1.4
Z3—81	40	208	1500	87.5	1700	1.41	2.5
Z3—82	30	158.5	1000	86	1200	2.52	3.1
Z3—83	40	210	1000	86.5	1200	1.89	3.8
Z3—91	55	282.8	1000	88	1200	1.36	7.3
Z3—92	75	382	1000	88.5	1200	0.11	8.7
Z3—101	100	507.7	1000	89	1200	0.78	13.9
Z3—102	125	627.2	1000	89.5	1200	0.67	15.8

表 4-24　Z3 系列自通风他励电动机（额定电压 440V，额定转速 1000 和 1500r/min）

型　号	额定功率（kW）	额定电流（A）	额定转速（r/min）	效　率（%）	向下调速前的削弱磁场转速（r/min）	电枢回路电感（μH）	转动惯量（kg·m²）
Z3—51	5.5	14.4	1500	82.5	1700	22.05	0.21
Z3—52	7.5	19.5	1500	83.5	1700	17.69	0.26
Z3—61	10	25.7	1500	84.5	1700	16.32	0.41
Z3—62	13	33.3	1500	85	1700	12.62	0.50
Z3—71	17	44.8	1500	86	1700	11.51	0.93
Z3—72	22	57.9	1500	86.5	1700	8.26	1.1
Z3—73	30	76	1500	87	1700	7.36	1.4
Z3—81	40	102.2	1500	87.5	1700	5.63	2.5
Z3—82	30	77.7	1000	86	1200	9.42	3.1
Z3—92	75	190	1000	88.5	1200	3.59	8.7
Z3—101	100	251	1000	89	1200	2.95	13.7

表 4-25　Z3 系列外通风他励电动机（额定电压 220V，额定转速 1500r/min）

型　号	额定功率（kW）	额定电流（A）	效　率（%）	最高转速（r/min）	电枢回路电感（μH）	转动惯量（kg·m²）
Z3—81	40	205.2	87.5	2400(2000)	1.41	2.5
Z3—82	50	280.8	88	2400(2000)	1.06	3.1
Z3—83	75	382.2	88.5	2400(2000)	0.85	3.8
Z3—91	100	503.5	89	2000(1800)	0.57	7.3
Z3—92	125	628.2	89.5	2000(1800)	0.43	8.7
Z3—101	160	798.6	90	2000(1800)	0.34	13.9
Z3—102	200	994	90	2000(1800)	0.29	15.8

表 4-26　Z3 系列外通风他励电动机（额定电压 220V，额定转速 1000r/min）

型　号	额定功率（kW）	额定电流（A）	效　率（%）	最高转速（r/min）	电枢回路电感（μH）	转动惯量（kg·m²）
Z3—81	22	116.2	84.5	2400(1800)	33.3	2.5
Z3—82	30	156.2	86	2400(1800)	2.52	3.1
Z3—83	40	206.9	86.5	2400(1800)	1.89	3.8
Z3—91	55	282.8	87.5	2000(1500)	1.36	7.3

续表

型　号	额定功率 (kW)	额定电流 (A)	效　率 (%)	最高转速 (r/min)	电枢回路电感 (μH)	转动惯量 (kg·m²)
Z3—92	75	382	88.5	2000(1500)	1.11	8.7
Z3—101	100	502.7	89	2000(1500)	0.78	13.9
Z3—102	125	627.2	89.5	2000(1500)	0.67	15.8

表 4-27　Z3 系列外通风他励电动机（额定电压 220V，额定转速 750r/min）

型　号	额定功率 (kW)	额定电流 (A)	效　率 (%)	最高转速 (r/min)	电枢回路电感 (μH)	转动惯量 (kg·m²)
Z3—81	17	91	83	1800 (1200)	5.53	2.5
Z3—82	22	116.9	84		4.33	3.1
Z3—83	30	156.4	85		2.85	3.8
Z3—91	40	207.1	86		2.35	7.3
Z3—92	55	283	86.5		1.60	8.7
Z3—101	75	380.6	88		1.45	13.9

表 4-28　Z3 系列外通风他励电动机（额定电压 220V，额定转速 600r/min）

型　号	额定功率 (kW)	额定电流 (A)	效　率 (%)	最高转速 (r/min)	电枢回路电感 (μH)	转动惯量 (kg·m²)
Z3—82	17	93	81	1500 (1000)	6.56	3.1
Z3—83	22	117.6	83.5		4.71	3.8
Z3—91	30	158	84.5		3.80	7.3
Z3—92	40	210.8	85		3.10	8.7
Z3—101	55	284.2	86.5		2.25	13.9

表 4-29　Z3 系列外通风他励电动机（额定电压 440V，额定转速 1500r/min）

型　号	额定功率 (kW)	额定电流 (A)	效　率 (%)	最高转速 (r/min)	电枢回路电感 (μH)	转动惯量 (kg·m²)
Z3—81	40	102.2	87.5	2000	5.63	2.5
Z3—83	75	190.7	88.5	2000	3.17	3.8
Z3—91	100	252	89	1800	2.35	7.3
Z3—101	160	404	90	1800	1.38	13.9
Z3—102	200	496	90	1800	1.18	15.8

表 4-30　Z3 系列外通风他励电动机（额定电压 440V，额定转速 1000r/min）

型　号	额定功率（kW）	额定电流（A）	效　率（%）	最高转速（r/min）	电枢回路电感（μH）	转动惯量（kg·m²）
Z3—81	22	58.1	84.5	1800	14.44	2.1
Z3—82	30	77.7	86	1800	9.42	3.5
Z3—92	75	190	88.5	1500	3.59	8.7
Z3—101	100	251	89	1500	2.95	13.0

表 4-31　Z3 系列外通风他励电动机（额定电压 440V，额定转速 750r/min）

型　号	额定功率（kW）	额定电流（A）	效率（%）	最高转速（r/min）	电枢回路电感（μH）	转动惯量（kg·m²）
Z3—81	17	44.5	83		25.67	2.5
Z3—82	22	58.2	84		18.26	3.1
Z3—83	30	78.3	85	1200	11.40	3.8
Z3—91	40	103	86		9.4	7.3
Z3—101	75	189	88		5.61	13.9

（二）Z4 系列直流电动机及其技术数据

Z4 系列直流电动机与 Z3 系列相比具有如下优点：同中心高的输出功率增加，同规格的电动机转动惯量平均降低 47%，每千瓦电机重量平均降低 24%，同规格电机用铜量平均节省 9.74%，用硅钢片量平均节省 12.8%。

Z4 系列直流电动机采用多角形外壳结构，空间利用率高，定子磁轭为叠片式，适合采用整流器供电，能承受脉动电流及急剧变化的负载电流。该系列电动机工作方式为连续工作制，冷却方式均为他冷，强迫通风。

Z4 系列电动机的额定电压为 160、440V，额定转速有 400、500、600、750、1000、1500、3000r/min 共 7 档。标准励磁电压为 180V，为确保励磁系统绝缘的可靠性，在断开励磁回路时，需在励磁绕组两端并联一定的释放电阻，以防止自感电势过高。Z4 系列电动机型号含义：

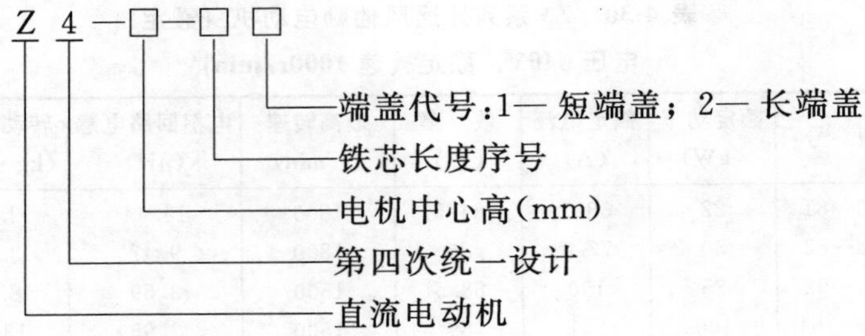

Z4 系列直流电动机的技术数据，见表 4-32。

四、直流电动机的维护、常见故障及处理方法

（一）直流电动机的维护

直流电动机在运行前和运行过程中，应根据运行规程的要求对电动机的静态和工作状况进行检查，重点要对换向器、电刷装置、轴承等部位加以维护。

1）换向器表面应保持光洁、无黑斑、无油垢、无毛刺、无机械损伤及火花灼痕。对油污等杂物，应用干净柔软的棉布沾酒精擦拭。对轻微的灼痕，可用细砂布在旋转着的换向器上细细的研磨。若换向器表面出现较严重的灼痕或粗糙不平、表面不圆等缺陷时，应拆下电枢，对换向器表面进行车光处理。车光后，用挖削工具将片间云母下挖 0.5～1.5mm。挖削工具及挖削的要求如图 4-2 所示。对直径不同的换向器，其云母片挖削深度也不同。挖削深度，见表 4-33。

2）电动机轴承的允许温升是：在环境温度为 30℃时，滑动

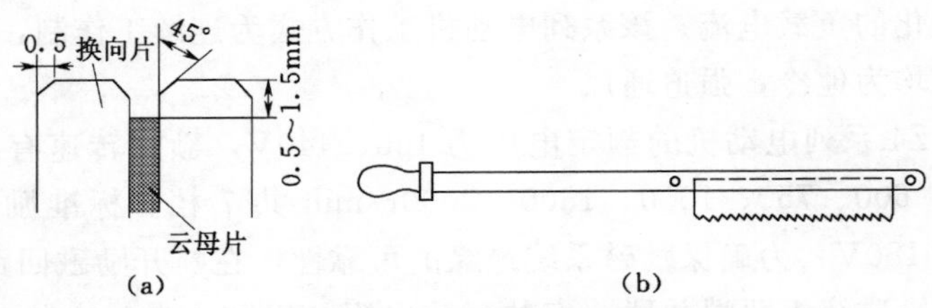

图 4-2　云母片的挖削要求及挖削工具

(a) 挖削要求；(b) 挖削工具

表 4-32　Z4 系列直流电动机的技术数据

型　号	额定功率	额定转速			弱磁转速	电枢电流	励磁功率	电枢回路电阻	电枢回路电感	磁场电感	效率	惯量矩	重量
		160V	400V	440V									
	kW	r/min			r/min	A	W	Ω(20℃)	mH	H	%	kg/m^2	kg
Z4—100—1	2.2	1490			3000	17.9	315	1.19	11.2	22	67.8	0.014	72
	1.5	955			2000	13.3		2.17	21.4	13	56.5		
	4		2630		4000	12		2.82	26	18	78.9		
	4			2960	4000	10.7					80.1		
	2		1310		3000	6.6		9.12	86	18	68.4		
	2.2			1480	3000	6.5					70.6		
	1.4		860		2000	5.1		16.76	163	18	60.3		
	1.5			990	2000	4.77					63.2		
Z4—112/2—1	3	1540			3000	24	320	0.785	7.1	14	69.1	0.072	100
	2.2	975			2000	19.6		1.498	14.1	13	62.1		
	5.5		2630		4000	16.4		1.923	17.9	17	79.9		
	5.5			2940	4000	14.7					81.1		
	2.8		1340		3000	9.1		6	59	17	71.2		
	3			1500	3000	8.6					72.8		

续表

型号	额定功率	额定转速			弱磁转速	电枢电流	励磁功率	电枢回路电阻	电枢回路电感	磁场电感	效率	惯量矩	重量
		160V	400V	440V									
	kW	r/min			r/min	A	W	Ω(20℃)	mH	H	%	kg/m^2	kg
Z4—112/2—1	1.9		855		2000	6.9	320	11.67	110	13	61.1	0.072	100
	2.2			965	2000	7.1					63.5		
Z4—112/2—2	1	1450			3000	31.3	350	0.567	6.2	14	72.6	0.088	107
	3	1070			2000	24.8		0.934	10.3	14	66.8		
	7		2660		4000	20.4		1.305	14	19	82.4		
	7.5			2980	4000	19.7		1.305	14	19	83.5		
	3.7		1320		3000	11.7		4.24	48.5	19	74.1		
	4			1500	3000	11.2					76		
	2.6		895		2000	9		7.62	83	14	65.1		
	3			1010	2000	9.1					67.3		
Z4—112/4—1	5.5	1520			3000	42.5	500	0.38	3.85	6.8	73	0.128	106
	4	990			2000	33.7		0.741	7.7	6.7	64.9		
	10		2680		4000	29		0.89	9	6.8	82.7		
	11			2950	4000	28.8					83.3		
	5		1340		2200	15.7		3.01	30.5	6.8	74.3		

续表

型号	额定功率	额定转速			弱磁转速	电枢电流	励磁功率	电枢回路电阻	电枢回路电感	磁场电感	效率	惯量矩	重量
		160V	400V	440V									
	kW	r/min			r/min	A	W	Ω(20℃)	mH	H	%	kg/m²	kg
Z4—112/4—1	5.5			1480	2200	15.4	500	3.01	30.5	6.8	75.7	0.128	106
	3.7		855		1400	13		5.78	60	6.7	65.2		
	4			980	1400	12.2					68.7		
Z4—112/4—2	5.5	1090			2000	43.5	570	0.441	5.1	7.8	69.5	0.156	114
	13		2740		4000	37		0.574	6.4	5.8	84.4		
	15			3035	4000	38.6					85.4		
	6.7		1330		2200	20.6		2.12	24.1	7.8	76.8		
	7.5			1480	2200	20.6					78.4		
	5		955		1500	16.1		3.46	40.5	5.8	71.1		
	5.5			1025	1500	15.7					71.9		

型号	额定功率	额定转速		弱磁转速	电枢电流	励磁功率	电枢回路电阻	电枢回路电感	磁场电感	效率	惯量矩	重量
		400V	440V									
	kW	r/min		r/min	A	W	Ω(20℃)	mH	H	%	kg/m²	kg
Z4—132—1	18.5	2610		4000	52.2	650	0.368	5.3	6.5	85	0.32	140
	18.5		2850	4000	47.1					85.9		

续表

型号	额定功率	额定转速		弱磁转速	电枢电流	励磁功率	电枢回路电阻	电枢回路电感	磁场电感	效率	惯量矩	重量
		400V	440V									
	kW	r/min		r/min	A	W	Ω(20℃)	mH	H	%	kg/m^2	kg
Z4—132—1	10	1330		2400	30.1	650	1.309	18.9	8.9	79.4	0.32	140
	11		1480	2500	29.6					80.9		
	7	865		1600	22.7		2.56	37.5	6.3	71.9		
	7.5		975	1600	21.4					74.5		
Z4—132—2	20	2800		3600	55.4	730	0.226	3.65	10	87.8	0.4	160
	20		2090	3600	55.3					88.3		
	15	1360		2500	44.5		0.811	13.5	7.7	81.2		
	15		1510	2500	39.5					83.4		
	10	905		1600	31.1		1.565	26	6	75.6		
	11		995	1600	30.5					77.7		
Z4—132—3	27	2720		3600	74.5	800	0.1905	3.4	21	88.2	0.48	180
	30		3000	3600	75					88.6		
	18.5	1390		2800	53.2		0.531	9.8	6.6	83.6		
	18.5		1540	3000	47.6					84.7		

续表

型号	额定功率	额定转速		弱磁转速	电枢电流	励磁功率	电枢回路电阻	电枢回路电感	磁场电感	效率	惯量矩	重量
		400V	440V									
	kW	r/min		r/min	A	W	Ω(20℃)	mH	H	%	kg/m²	kg
Z4—132—3	15.5	945		1600	40.5	800	0.976	19.4	6.5	79.4	0.48	180
	15		1050	1600	40.5					80.5		
Z4—160—11	33	2710		3500	93.4	820	0.1835	3.15	10	87.4	0.64	220
	37		3000							88.5		
	19.5	1350		3000	58.8	320	0.593	10.4	7.7	80.4		
	22		1500							82.6		
Z4—160—22	40.5	2710		3500	113	920	0.1426	2.7	10	88.2	0.76	242
	45		3000							89.1		
Z4—160—21	16.5	900		2000	50.5		0.862	17.7	6	77.9		
	18.5		1000							79.4		
Z4—160—32	49.5	2710		3500	137	1050	0.097	2.07	11	89.1	0.88	268
	55		3010							90.2		
Z4—160—31	27	1350		3000	77.8		0.376	8.3	10	84.7		
	30		1500							85.7		

续表

型号	额定功率	额定转速		弱磁转速	电枢电流	励磁功率	电枢回路电阻	电枢回路电感	磁场电感	效率	惯量矩	重量
		400V	440V									
	kW	r/min		r/min	A	W	Ω(20℃)	mH	H	%	kg/m²	kg
Z4—160—32/31	19.5	900		2000	59.1	1050	0.675	15.2	6.3	79.1	0.88	268
	22		1000							81.7		
Z4—180—11	33	1350		3000	95.4	1200	0.29	5.8	7.1	84.7	1.52	326
	37		1500							86.5		
	16.5	670		1900	51.4		0.947	17.6	5.6	75.5		
	18.5		750							78.1		
	13	540		2000	42.4		1.264	25	5.6	73		
	15		600							74.1		
Z4—180—22	67	2710		3400	185	1400	0.0555	1.16	6.9	89.5	1.72	350
	75		3000							90.7		
Z4—180—21	40.5	1350		2800	115	1400	0.2125	4.65	6.6	85.8	1.72	350
	45		1500							87		
	27	900		2000	78.7		0.419	9.3	7.3	82.2		
	30		1000							83.7		

续表

型号	额定功率	额定转速		弱磁转速	电枢电流	励磁功率	电枢回路电阻	电枢回路电感	磁场电感	效率	惯量矩	重量
		400V	440V									
	kW	r/min		r/min	A	W	Ω(20℃)	mH	H	%	kg/m²	kg
Z4—180—21	19.5	670		1400	60.3	1400	0.756	15.7	7.1	77.3	1.72	350
	22		750							79.7		
	16.5	540		1600	52		1.003	21.9	5	73.8		
	18.5		600							76.8		
Z4—180—31	33	900		2000	96.6	1500	0.332	7.7	6.6	82.89	1.92	380
	37		1000							83.6		
	1.965	540		1250	61.8		0.801	19	6.6	74.8		
	22		600							76.6		
42	81	2710		3200	221	1700	0.051	1.16	8.16	91	2.2	410
	90		3000							91.3		
Z4—180—41	50	1350		3000	139		0.1417	3.2	8.03	87.5		
	55		1500							87.7		
41	27	670		2250	79.5		0.459	10.4	5.61	80.4		
	30		750							81.1		

续表

型　　号	额定功率	额定转速		弱磁转速	电枢电流	励磁功率	电枢回路电阻	电枢回路电感	磁场电感	效率	惯量矩	重量
		400V	440V									
	kW	r/min		r/min	A	W	Ω(20℃)	mH	H	%	kg/m^2	kg
Z4—200—12	99	2710		3000	271	1400	0.0373	0.83	7.62	90.2	3.68	485
	110		3000							91.6		
11	40.5	900		2000	118	1400	0.2653	8.4	7.01	83.4	3.68	485
	45		1000							85.5		
Z4—200—11	33	670		2000	99		0.369	10.6	7.77	80.9		
	37		750							83.5		
11	19.5	450		1350	63.5		0.93	21.9	12	73.5		
	22		500							78.6		
21	67	1350		3000	188	1500	0.0885	2.8	6.78	88.7	4.2	530
	75		1500							89.6		
Z4—200— 21	27	540		1000	82		0.535	14	9.64	78.8		
	30		600							80.4		
Z4—200— 32	119	2710		3200	322	1750	0.0266	0.79	7.79	91.7	4.8	580
	132		3000							92.4		

续表

型号	额定功率	额定转速		弱磁转速	电枢电流	励磁功率	电枢回路电阻	电枢回路电感	磁场电感	效率	惯量矩	重量
		400V	440V									
	kW	r/min		r/min	A	W	Ω(20℃)	mH	H	%	kg/m²	kg
Z4—200—31	81	1350		2800	224	1750	0.0771	2.6	8.2	88.7	4.8	580
	90		1500							90		
	49.5	900		2000	141		0.1751	4.5	8.7	85.6		
	55		1000							87.1		
	40.5	670		1400	119		0.283	8.5	8.53	82.5		
	45		750							84.1		
	33	540		1600	101		0.42	12.2	8.67	79.6		
	37		600							82		
	27	4500		750	83.5		0.598	17.1	8.4	77.5		
	30		500							79.5		
Z4—225—11	99	1360		5000	276	2300	0.0664	2.1	4.45	87.9	5	680
	110		1500							89.4		
	67	900		2000	193		0.1406	4.9	4.28	84.4		
	75		1000							86.5		

续表

型号	额定功率	额定转速		弱磁转速	电枢电流	励磁功率	电枢回路电阻	电枢回路电感	磁场电感	效率	惯量矩	重量
		400V	440V									
	kW	r/min		r/min	A	W	Ω(20℃)	mH	H	%	kg/m^2	kg
Z4—225—11	49	680		1600	146	2300	0.2433	8.7	5.77	81.2	5	680
	55		750							84		
	40	540		1800	123		0.356	9.5	6.38	78.2		
	45		600							80.8		
	33	450		1600	103		0.476	15.2	6.10	76.5		
	37		500							78.8		
Z4—225—21	49	540		1200	148	2470	0.2648	9.5	4.14	79.3	5.6	740
	55		600							82.4		
	40	450		1400	125		0.397	13.7	5.41	76.6		
	45		500							78.9		
Z4—225—31	119	1360		2400	327	2580	0.0454	1.5	5.33	89.3	6.2	800
	132		1500							90.5		
	81	900		2000	227		0.093	3.4	5.3	86.9		
	90		1000							88		

续表

型号	额定功率	额定转速		弱磁转速	电枢电流	励磁功率	电枢回路电阻	电枢回路电感	磁场电感	效率	惯量矩	重量
		400V	440V									
	kW	r/min		r/min	A	W	Ω(20℃)	mH	H	%	kg/m²	kg
Z4—250—31	67	680		2250	197	2580	0.167	5.1	5.44	82.5	6.2	800
	75		750							85.1		
	144	1360		2100	399	2500	0.0444	1.3	4.29	88.8	8.8	890
	160		1500							89.9		
	99	900		2000	281		0.0911	2.4	4.55	86.2		
	110		1000							88.1		
Z4—250—21	167	1360		2200	459	2750	0.0325	0.91	4.28	89.8	10	970
	185		1500							90.5		
	81	680		2250	234		0.1306	3.9	5.41	84.3		
	90		750							86.3		
	67	540		2000	202		0.198	4.4	4.4	80.5		
	75		600							84.1		
	49	450		1000	150		0.294	7.9	5.44	78.4		
	55		500							82.2		

续表

型号	额定功率	额定转速		弱磁转速	电枢电流	励磁功率	电枢回路电阻	电枢回路电感	磁场电感	效率	惯量矩	重量
		400V	440V									
	kW	r/min		r/min	A	W	Ω(20℃)	mH	H	%	kg/m²	kg
Z4—250—31	180	1360		2400	493	2850	0.0281	0.87	5.32	90.4	11.2	1070
	200		1500							91.5		
	119	900		2000	334		0.0668	1.7	5.46	87.4		
	132		1000							89.1		
	99	680		1900	283		0.0987	2.8	5.58	85.3		
	110		750							86.9		
Z4—250—41	198	1360		2400	539	3000	0.237	0.93	6.19	91	12.8	1180
	220		1500							91.7		
Z4—250—42	144	1355		2000	401		0.0485	1.9	4.53	88.3		
	160		1500							89.4		
Z4—250—41	81	900		2000	236		0.141	4.7	6.36	83.4		
	90		1000							85		
Z4—250—41	67	540		1900	201		0.195	5.1	4.97	80		
	75		600							83.5		

续表

型　号	额定功率	额定转速		弱磁转速	电枢电流	励磁功率	电枢回路电阻	电枢回路电感	磁场电感	效率	惯量矩	重量
		400V	440V									
	kW	r/min		r/min	A	W	Ω(20℃)	mH	H	%	kg/m²	kg
Z4—280—21	226	450		2000	614	3100	0.02134	0.69	4.50	90.9	16.4	1280
	250		500							91.6		
22	253	1355		1800	684	3500	0.01796	0.77	5.3	91.5	18.4	1400
	280		1500							92.1		
21	180	900		2000	498		0.0373	1.2	1.46	89.1		
	200		1000							90.1		
Z4—280— 21	119	675		1600	336		0.0662	2.3	4.37	87.1		
	132		750							88.6		
21	99	540		1500	281		0.093	3.1	4.57	85.3		
	110		600							86.6		
Z4—280—32	284	1360		1800	763	3600	0.01493	0.59	6.94	91.7	21.2	1550
	315		1500							92.6		
Z4—280—31	198	900		2000	545	3600	0.0314	1.1	5.54	89.7	21.2	1550
	220		1000							90.6		

续表

型号		额定功率	额定转速		弱磁转速	电枢电流	励磁功率	电枢回路电阻	电枢回路电感	磁场电感	效率	惯量矩	重量
			400V	440V									
		kW	r/min		r/min	A	W	Ω(20℃)	mH	H	%	kg/m²	kg
Z4—280—31	32	144	675		1700	402	3600	0.0532	2	5.47	87.8	21.2	1550
		160		750							89.1		
		118	540		1200	339		0.0839	2.6	5.77	85.4		
		132		600							86.8		
	31	80	450		1800	234		0.1377	5.3	9.03	84.1		
		90		500							85.4		
Z4—280—	42	321	1360		1800	863	4000	0.01336	0.77	5.67	92.1	24	1700
		355		1500							92.6		
	42	225	900		1800	616		0.02545	0.96	5.29	90.2		
		250		1000							91.1		
	41	166	675		1900	464		0.0457	1.7	5.19	88.1		
		185		750							89.4		
	41	98	450		1200	282		0.0993	3.7	5.86	85.1		
		110		500							86.9		

续表

型号	额定功率	额定转速		弱磁转速	电枢电流	励磁功率	电枢回路电阻	电枢回路电感	磁场电感	效率	惯量矩	重量
		400V	440V									
	kW	r/min		r/min	A	W	Ω(20℃)	mH	H	%	kg/m²	kg
Z4—315—12	253	990		1600	690	3850	0.02355	0.45	5.06	90.4	21.2	1890
	280		1000							91.6		
	180	680		1900	500		0.04371	0.83	4.97	88.4		
	200		750							89.4		
Z4—315—11	144	540		1900	409	3850	0.06919	1.3	7.6	86.4	21.2	1800
	160		600							87.4		
	118	450		1600	344		0.1	2.3	9.43	84.4		
	132		500							86.3		
	98	360		1200	294		0.1415	2.9	9.96	81.7		
	110		400							84.3		
Z4—315—22	284	900		1600	772	4350	0.02034	0.49	5.91	91	24	2080
	315		1000							91.5		
	225	680		1600	624		0.03392	0.74	18.8	88.7		
	250		750							89.6		

续表

型号	额定功率	额定转速		弱磁转速	电枢电流	励磁功率	电枢回路电阻	电枢回路电感	磁场电感	效率	惯量矩	重量
		400V	440V									
	kW	r/min		r/min	A	W	Ω(20℃)	mH	H	%	kg/m²	kg
Z4—315—21	166	540		1600	468	4350	0.05382	1.2	25	87.2	24	2080
	185		600							88.5		
	143	450		1500	413		0.076	1.5	19	84.7		
	160		500							86		
Z4—315—32	320	900		1600	867	4650	0.01658	0.39	23.1	91.3	27.2	2290
	355		1000							92.3		
	252	680		1600	698		0.03043	0.82	21.5	89.1		
	280		750							89.8		
	180	540		1500	501		0.04536	0.95	31.6	88.2		
	200		600							89.4		
Z4—315—31	118	360		1200	344	4650	0.1002	2.1	23.3	83.2	27.2	2290
	132		400							85.3		
Z4—315—42	361	900		1600	971	5200	0.01302	0.33	29	92.1	30.8	2520
	400		1000							92.7		

续表

型号	额定功率	额定转速		弱磁转速	电枢电流	励磁功率	电枢回路电阻	电枢回路电感	磁场电感	效率	惯量矩	重量
		400V	440V									
	kW	r/min		r/min	A	W	Ω(20℃)	mH	H	%	kg/m^2	kg
Z4—315—42	284	680		1600	778	5200	0.02364	0.67	20.8	90	30.8	2520
	315		750							90.7		
	225	540		1600	626		0.03554	0.87	21.9	88.3		
	250		600							89		
Z4—315—41	166	450		1500	468	5200	0.055	1.4	37.4	87.3	30.8	2520
	185		500							88.3		
	143	360		1200	416		0.0803	1.8	22.2	84		
	160		400							85.3		
Z4—355—12	406	900		1500	1094	5400	0.01259	0.36	37.6	91.8	42	2890
	450		1000							92.8		
	321	680		1500	877		0.02087	0.59	28.1	90.4		
	355		750							91.2		
Z4—355—11	253	540		1600	697	5400	0.02952	0.91	22	89.2	42	2890
	280		600							9.2		

续表

型号	额定功率	额定转速		弱磁转速	电枢电流	励磁功率	电枢回路电阻	电枢回路电感	磁场电感	效率	惯量矩	重量
		400V	440V									
	kW	r/min		r/min	A	W	Ω(20℃)	mH	H	%	kg/m²	kg
Z4—355—11	180	450		1500	506	5400	0.0502	1.5	8.91	87.6	42	2890
	200		500							88.9		
	166	360		1200	478	5400	0.066	1.8	22.4	84.9	45	2890
	185		400							85.9		
Z4—355—22	361	680		1600	978	5900	0.01583	0.44	15.6	90.8	46	3170
	400		750							91.7		
	284	540		1500	783		0.02676	0.81	34.6	89.5		
	315		600							90.5		
	225	450		1600	624		0.03462	1.0	20.5	88.4		
	250		500							89.5		
Z4—355—21	180	360		1200	511	5900	0.05642	1.6	35.5	86.3	46	3170
	200		400							87.5		
Z4—355—32	406	680		1500	1098	6200	0.01362	0.39	19	91.3	46	3170

续表

型号	额定功率	额定转速		弱磁转速	电枢电流	励磁功率	电枢回路电阻	电枢回路电感	磁场电感	效率	惯量矩	重量
		400V	440V									
	kW	r/min		r/min	A	W	Ω(20℃)	mH	H	%	kg/m^2	kg
Z4—355—32	450		750	1500	1098	6200	0.01362	0.39	19	92.1	46	3170
	320	540		1600	877		0.02153	0.7	24.3	89.9	52	3490
	355		600							91		
	284	450		1500	789		0.0293	0.91	18.5	88.3		
	315		500							89.5		
Z4—355—31	197	360		1200	559		0.04957	1.3	34.6	86.6		
	220		400							88.4		
Z4—355—42	361	540		1600	985	6700	0.01836	0.64	29.6	90.5	60	3850
	400		600							91.2		
	320	450		1600	882		0.02361	0.76	17.6	88.9		
	355		500							89.2		
	225	360		1200	627		0.0358	1.2	17.7	87.5		
	250		400							88.8		

表 4-33　不同直径的换向器下挖深度　　单位：mm

换向器直径	云母片下挖深度	换向器直径	云母片下挖深度
＜50	0.5	＞150～300	1.2
50～150	0.8	＞300	1.5

轴承为 45℃，滚动轴承为 60℃（温度计法）；应随时监听轴承在运行过程中是否有异常的噪音。运行正常的滑动轴承应无噪音，滚动轴承会有均匀的嗡嗡声，但不应有其他杂音；要保持轴承密封良好，避免灰尘进入和渗油；应保证轴承的润滑脂充足并保持清洁，对于滑动轴承的电机，运行 1000 小时后应更换润滑油，对于滚动轴承的电动机，运行 1000～1500 小时后要添加一次润滑脂，运行 2500～3000 小时后应更换润滑脂。

3）电刷应保持在中性位置，其工作表面应光滑、无雾状、麻点、电蚀、沟纹和灼伤等缺陷。电刷与换向器工作面应有良好的接触。同一刷架上每个电刷的压力一般为 $1.5\sim2.5\text{N/cm}^2$。电刷在刷握内应能灵活滑动，电刷与刷握的间隙一般为 0.10～0.20mm。

4）直流电动机火花等级。电动机在运转时，在电刷和换向器之间会产生火花。在一定程度内，火花并不影响电动机的连续正常工作，若无法消除可允许其存在。如果所发生的火花超过某一规定等级，将会产生破坏性作用，则必须及时加以检查并予以消除。

按火花的强烈程度及其对换向器和电刷所造成的影响，换向火花分为 1、$1\frac{1}{4}$、$1\frac{1}{2}$、2 和 3 等五级，见表 4-34。电动机在从空载到额定负载的情况下，火花不应超过 $1\frac{1}{2}$级；短时过载时，火花不应超过 2 级。

（二）直流电动机的常见故障及处理方法

直流电动机的常见故障及处理方法，见表 4-35。

表 4-34　火 花 的 等 级

火花等级	电刷下的火花程度	换向器及电刷的状态
1	无火花	换向器上没有黑痕及电刷上没有灼痕
$1\frac{1}{4}$	电刷边缘仅小部分有微弱的点状火花，或有非放电性的红色小火花	
$1\frac{1}{2}$	电刷边缘大部分或全部有轻微的火花	换向器上有黑痕但不发展，用汽油擦其表面即能除去，同时在电刷上有轻微灼痕
2	电机边缘全部或大部分有较强烈的火花	换向器上有黑痕出现，用汽油不能擦除，同时电刷有灼痕。如短时出现这一级火花，换向器上不出现灼痕，电刷不致被烧焦或损坏
3	电刷的整个边缘有强烈的火花即环火，同时有火花飞出	换向器上的黑痕相当严重，用汽油不能擦除，同时电刷上有灼痕。如在这一火花等级下短时运行，则换向器上将出现灼痕，同时电刷将被烧焦或损坏

表 4-35　直流电动机的常见故障及处理方法

故障现象	可 能 原 因	处 理 方 法
电刷下火花过大	1. 电刷与换向器接触不良	1. 研磨电刷接触面，并在其轻载下运转半小时至1小时
	2. 刷握松动或装置不正	2. 紧固或纠正刷握装置
	3. 电刷压力大小不当或不匀	3. 用弹簧秤校正电刷压力为1.5～2.5N/cm²（调整刷握弹簧压力或调换刷握）
	4. 换向器表面不光洁，不圆或有污垢	4. 清洁或研磨换向器表面
	5. 换向片间云母凸出	5. 换向器刻槽、倒角后再研磨
	6. 电刷位置不在中性线上	6. 调整刷杆座到原有记号之位置，或至火花情况最良好之位置
	7. 电刷磨损过度，或所用牌号及尺寸与要求不符	7. 按制造厂原用的牌号及尺寸，更换新电刷
	8. 过载	8. 恢复正常负载
	9. 电机底脚松动，发生震动	9. 固紧底脚螺钉
	10. 换向极绕组短路	10. 检查换向极绕组，将绝缘损坏处进行修理
	11. 电枢绕组与换向器脱焊	11. 用毫伏计检查换向片之间电压是否平衡，如某两片之间电压特别大，说明该处有脱焊现象，须进行重焊

续表

故障现象	可能原因	处理方法
电刷下火花过大	12. 检修时将换向极绕组接反	12. 用指南针试验换向极极性，并纠正换向极与主极极性关系：顺电机旋转方向为n-S-s-N，其中大写字母为主极极性，小写字母为换向极极性
	13. 电刷之间的电流分布不均匀	13. 调整电刷压力，如系电刷牌号不一致，须按原用的牌号及尺寸更换新电刷
	14. 电刷分布不等分	14. 校正电刷等分
	15. 转子平衡未校好	15. 重新校正转子动平衡
电动机不能启动或转速不正常	1. 电刷不在中性位置	1. 调整电刷到中性位置
	2. 过载	2. 减少负载
	3. 电刷接触不良	3. 检查刷握弹簧是否松弛或改善接触面
	4. 电枢回路有短路或接地故障	4. 检查电枢回路，消除故障点
	5. 复励电动机的串励绕组接反	5. 纠正接线
	6. 励磁回路断线或电阻过大	6. 检查磁场变阻器和励磁绕组电阻，并检查励磁绕组是否断线
	7. 换向极绕组接反	7. 按电机所附接线图接线
电枢绕组短路	1. 电枢线圈接线错误	1. 纠正接线错误
	2. 换向片间或升高片间有焊锡等金属物短接	2. 清除金属短路物
	3. 匝间绝缘损坏	3. 更换绝缘
电动机过热	1. 负载过大	1. 减小或限制负载
	2. 电枢绕组短路	2. 按正确接线纠正电机绕组与升高片的连接；测量片间压降，查出并清除故障点；更换已损坏的绝缘
	3. 主极线圈短路	3. 查出短路点，增强绝缘
	4. 电枢绕组绝缘损坏	4. 局部或全部进行绝缘处理
	5. 冷却风量不足，环境温度高，电机内部不洁净	5. 清理电机内部，增大风量，改善周围冷却条件

（三）直流电动机电枢绕组常见故障与检修

电动机电枢绕组出现故障时，应根据故障现象进行分析，通过多种检查方法查出故障点，然后对症进行修复。

1. 电枢绕组接地故障

电枢绕组接地故障一般是槽部对地击穿，绕组端部对支架击穿，也有换向器对地击穿，但这并不多见。电枢接地故障通常可以用以下方法检查。

(1) 校验灯检查法：也可用校验灯进行逐片检查，将校验灯接在换向片和轴上，如图 4-3 (a) 所示，如果灯泡发亮，则说明电枢绕组或换向器接地。

(2) 用毫伏表测量换向片和轴间压降：将低压直流电源接在换向器上，测量换向片和轴间的压降，如图 4-3 (b) 所示，正常时毫伏表上应有读数反映出来，如果毫伏表的读数很小或者近似为零，表明存在接地点。

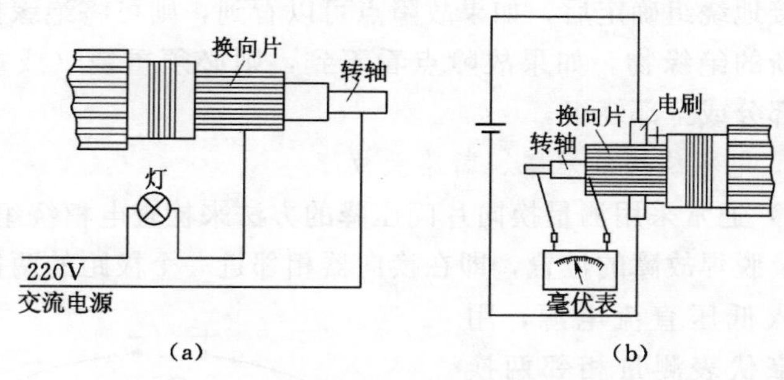

图 4-3 电枢绕组接地故障的检查方法

(a) 用校验灯检查电枢绕组接地；(b) 用毫伏表检查电枢绕组接地

(3) 用兆欧表检查：将兆欧表接在换向片和轴上［即图 4-3 (b) 中校验灯处］。当兆欧表指示为零时，说明换向片或者电枢绕组接地。

(4) 用逐步接近法确定接地故障点：先将相对的两换向片的引线如图 4-4 (a) 所示的那样拆开，再用校验灯（或毫伏表）分别检查绕组的两半部分接地的情况，将灯引线的一端接到轴上，另一端接在拆开的引线上，使灯发亮的那半部分绕组即有接地故障存在。然后将有接地故障的那一边绕组从中部拆开，分别检验，又可确定 1/4 部分的绕组接地情况，如图 4-4 (b) 所示。如此继续下去，最后即可找到接地绕组的位置。

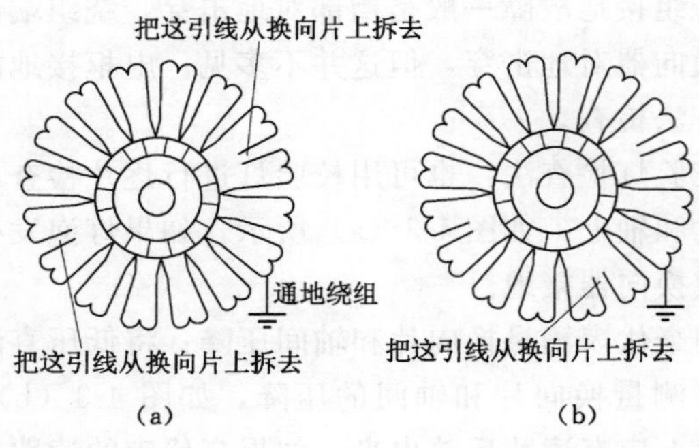

图 4-4　用逐步接地法找出通地的绕组

接地绕组确定后，如果故障点可以看到，则可将绝缘损坏处换上新的绝缘物。如果故障点看不到，则必须重绕（或重新绝缘）部分或全部绕组。

2. 电枢绕组的短路、断路及故障

1）通常采用测量换向片间压降的方法来检查电枢绕组短路、断路及脱焊故障的位置，即在换向器相邻近一个极距的两换向片上接入低压直流电源，用直流毫伏表测量相邻两换向片间的压降，如图 4-5 所示。在正常情况下，测得换向片的压降一般应该相等；电枢线圈匝向直接短路，则片间压降近似为零；若电枢线圈断路或脱焊，则在相连的换向片上测得的压降将会显著升高。

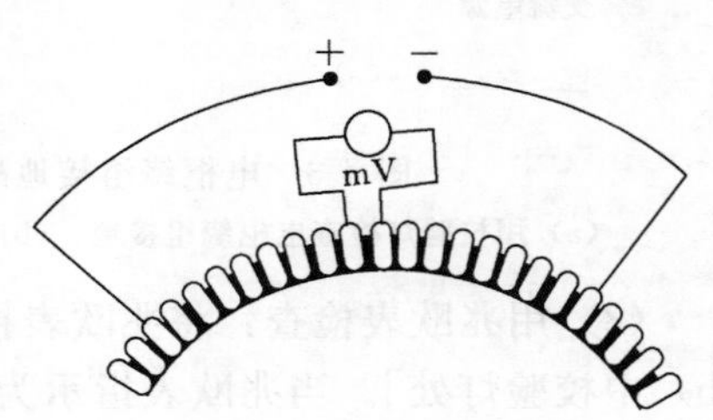

图 4-5　电枢绕组短路、断路、脱焊检查

(2) 短路绕组的修复：一般来讲，对于同一电枢内短路线圈较多，使用多年，且又经过长时间过热，绝缘已经老化的电枢，最好是重绕。如果只有一、两个线圈短路，其他线圈情况良好，可将短路线圈从电枢中割离，而不会严重地降低电动机效率。割

离短路线圈的方法，应依照电枢的结构形式而定。

3）线圈开路故障的修理：对于叠绕组来讲，如果有几个线圈开路，这时最好是将电枢重绕。若只有一个线圈开路，这时将铜线焊在被查出来的换向片槽内，跨接这两个换向片。波绕组也可以用同样的方法进行修理。

3. 电枢绕组的接错与嵌反

在单波绕组和双叠绕组嵌线过程中，容易出现引线端子放错，即元件的换向器节距放错的问题。通常用毫伏表检验换向片间电压的方法来确定接错的部位，如图 4-6 所示。绕组元件接错可能有以下两种情况：

（1）个别元件的换向器节距接错：用毫伏表测量换向片间电压时指针反偏，表明该处元件接反。在图 4-6 中，在换向片 3、4 之间，电表的指针反转，在 2、3 之间及 4、5 之间电表读数加倍，其他各处读数均正常，则表示 3、4 换向片之间元件接反。

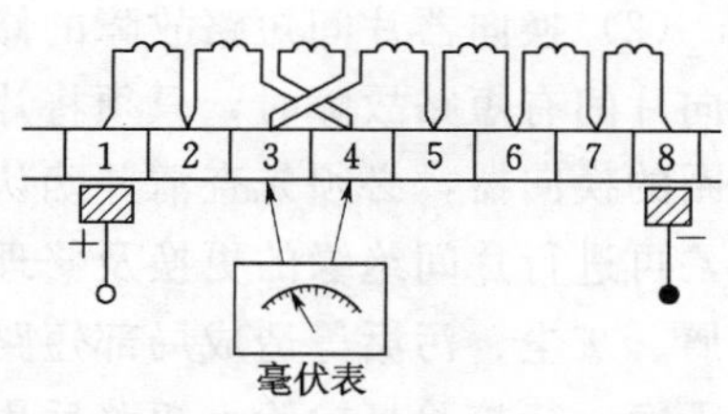

图 4-6　毫伏表检验叠绕组的反接绕组

（2）换向器节距全部接错：这时用毫伏表量得的换向器片间电压无规则地变化，有的全部无电压，有的片间电压时有时无……。这说明换向器节距都接错。

（四）换向器的故障与检修

1. 换向器的结构

中小型换向器是由许多优质铜制成的换向片和相同数量的云母片以及 V 形云母环、V 形环及套筒等组成。换向片与云母间隔地放置在 V 形云母环上面。

一般中小型换向器的 V 形环是用一只螺母拧紧在套筒上，大型换向器用螺栓贯穿二环而压紧，有的小型换向器是利用套筒两端铆紧二环。此外，还有塑料换向器。

2. 换向器的故障与修理

(1) 换向器接地故障的修理。接地故障常发生在前端的云母环处，因前端云母环的一部分暴露在外面，常因油、灰尘等堆积其上而造成接地。消除方法是把云母环外面及其烧伤处的污物清理干净，用虫胶漆和云母绝缘材料填补在烧伤处，再将0.25mm 的可塑云母板覆贴1～2层后加热压入，即能消除接地故障。若接地故障是由于V形角的配合不当造成云母绝缘损伤，则须重新改制换向片或V形环的角度，或两者都重新车削或改制。

(2) 换向器片间短路故障的修理。换向器未接线圈前，当两换向片间有短路故障时，只须将片间绝缘更换一下即可；对已接线圈的换向器，必须先查清并确认是因片间绝缘损坏而造成短路时，再进行片间绝缘的更换及修理；如果是由于换向器片间的金属屑、灰尘、污垢等造成局部短路时，只要把造成短路的物质清除干净，待校验灯检验无短路后用云母和绝缘漆填补好小孔等干燥后就可以装配。

(3) 更换换向片的简易方法。更换换向片时要把换向器用钢丝或铁箍临时固定，在钢丝或铁箍下面应垫几层绝缘纸，以防止磨损换向器表面。更换时先把换向器放在平板上，对有故障的换向片做好标记，以防更换错误。然后用橡胶带把换向片箍紧，将钢丝或铁箍拆除。再用磨成锋口的锯条插入被更换的换向片间使其松动，取出被更换的换向片并随即插入与该片同厚度的临时用垫块。最后把良好的换向片放入，将临时用的垫块顶出。放入新的换向片后，再用钢丝或铁箍把换向器箍紧，在钢丝或铁箍下面仍要垫绝缘纸。组装换向器时，先把换向器加热150℃后，把螺帽紧固。最后拆除临时固定换向片用的钢丝或铁箍。

(4) 换向片过高或过低。换向片过高时，用手指触摸即可发现。这种现象是由于换向器过热，短路或装配质量不良所引起的。消除这种不良现象时，可用小锤敲击过高的换向片，使它调整到正确位置后，旋紧螺帽。然后用小锤轻敲换向器，判断换向器的紧固程度。如换向器已属紧固，再经车床车光后，用00号砂布打磨即可，如换向器松弛，则须重新组装换向器；换向器过低时，一般是因为换向器受到外力击撞所致。修理此种缺陷时，先经车床车光后，再用细砂布打磨即可。

（5）云母片过高。产生这种故障的原因，多是选用的电刷不适当，或是由于运行年久，换向片的磨损较云母片的磨损快造成的。对于小型电机，当换向片与云母齐平时，可换用硬度较高的电刷，这样，能使云母片和换向片同样地受到磨损。对于大、中型电机，修理方法是将云母片刮低，使云母片低于换向片。修理时，可用电动挖削工具。如图4-7所示。锯轮的厚度应略小于云母片的厚度。挖削时，先将换向器固定，用小锯轮逐槽地挖削云母片，使云母片较换向片低0.8～1.5mm，然后用图4-2所示的挖削工具作精细加工，以不使换向片的边上留有云母积屑为合格。

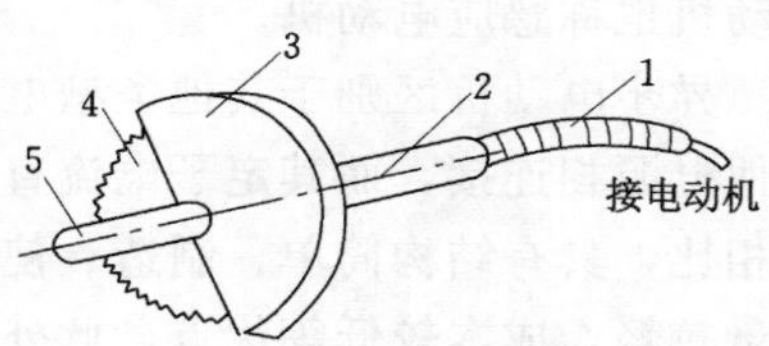

图4-7　电动挖削工具

1—弹簧连轴器；2—空心手柄；3—防护罩；4—锯轮；5—手柄

3. 换向器修复后的一般检查

1）用小锤轻敲换向片，根据发生声音来判断是否坚固：若发出铃声表明换向器坚固；若发生空壳声，则表示换向器松弛需要重新压紧。

2）用220V校验灯逐片检查片间是否短路。

3）作对地耐压试验，试验电压一般为二倍额定电压再加1000V，时间为一分钟。

4）检查换向片轴线平行度。换向片全长沿轴线偏斜度一般不应超过片间云母片的厚度，否则将影响电机的换向。

第二节 三相异步电动机

一、三相异步电动机的作用原理及其特点

三相异步电动机是基于气隙旋转磁场与转子绕组中感应电流相互作用产生电磁转矩，从而实现将电能转换为机械能的交流电机。因其转子转速与同步转速间存在一定差异（即所谓异步），所以叫异步电动机，由于转子绕组电流是感应产生的，所以异步电动机也称感应电动机。

异步电动机区别于其他类型电动机，在于其转子绕组不需与其他电源相连接，而其定子电流直接取自交流电网。它与其他电机相比，具有结构简单，制造、使用和维护方便，运行可靠以及重量较轻，成本较低等优点。此外，异步电动机还便于派生各种防护型式以适应不同环境条件的需要；也有较高的效率和较好的工作特性，具有与并励直流电动机类似的接近恒速的负载特性，能满足大多数工农业生产机械的拖动需求。因此，它被广泛应用于工农业和国民经济各部门，作为拖动机床、水泵、鼓风机、起重卷扬设备、轻工业和农副业加工设备以及其他一般机械的动力，并且还可以作为农村小型水电站的发电机。它是各种电动机中应用最广、需要量最大的一种电机。

二、三相异步电动机的分类、型号、结构和用途

（一）三相异步电动机的分类

异步电动机按系列性质可分为如下几类：

（1）基本系列：适应范围广、生产量大，是一种通用电机，如 Y 系列三相异步电动机。

（2）派生系列：按照不同的使用要求，在基本系列的基础上作部分改动，零部件与基本系列有较高的通用性和一定程度的统一性。

1）电气性能派生：如 YD 系列变极多速异步电动机，YX 系列高效率三相异步电动机。

2）结构型式派生：如 YR 系列绕线转子三相异步电动机，YCT 系列电磁调速异步电动机。

3）特殊环境派生：如 YA 系列安全型电动机，Y—W 系列户外型电动机。

（3）专用系列：与一般用途的基本系列不同，具有特殊使用要求或特殊防护要求。如 YZ，YZR 起重冶金用异步电动机系列。

异步电动机还可按电机的尺寸大小、防护形式，安装方式、绝缘等级、工作定额及冷却方式等进行分类，见表 4-36。

（二）三相异步电动机的型号、结构和用途

产品型号是便于使用、制造和设计等部门进行业务上联系和简化技术文件中产品名称、规格、型式等叙述引用的一种代号。产品型号由汉语拼音大写字母、国际通用符号和阿拉伯数字组成。

表 4-36　三相异步电动机的分类

分　　类	类　　别		
转子绕组型式	笼型，绕线型		
电机尺寸	大型	中型	小型
中心高度 H（mm）	$H>630$	$H=355\sim630$	$H=80\sim315$
定子铁芯外径 D（mm）	$D>1000$	$D=500\sim1000$	$D=120\sim500$
防护型式	防护式，封闭式，开启式		
通风冷却方式	自冷式，自扇冷式，他扇冷式 管道通风式		
安装结构型式	B3、B5、B35		
绝缘等级	A 级、E 级、B 级、F 级、H 级		
工作定额	连续、断续、短时		
使用环境	普通、干热、湿热、船用 化工、防爆、户外、高原		

注　Y 系列电动机制安装结构，分为用底脚安装、用底脚附带凸缘安装和用一个凸缘安装等三种。安装型式又可分为卧式安装（用字母 B 表示）、立式安装（用字母 V 表示）以及轴伸向上或向下等安装方法，见表 4-36（1）。

表 4-36 (1)　三相异步电动机安装结构型式示意图

B3					
B3	B6	B7	B8	V5	V6
B5			B35		
B5	V1	V3	B35	V15	V36

1. 电机产品型号组成的一般格式

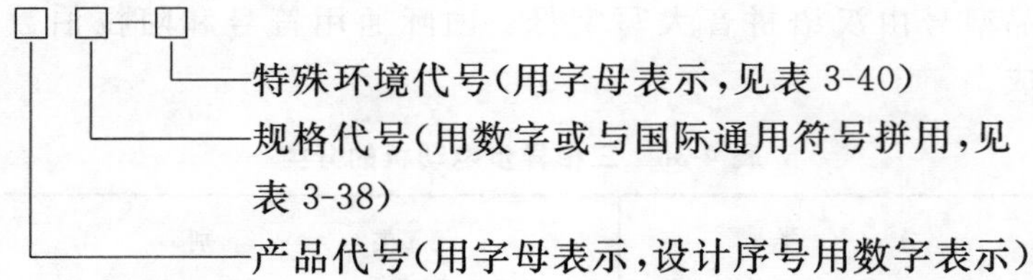

(1) 产品代号：由异步电动机类型代号（Y），电机特点代号（用字母表示，如：R——绕线式，B——隔爆式等）和设计序号（用数字表示，若为第一次设计的产品，顺序号“1”不表示）三个小节顺序组成。

常用的三相异步电动机各系列产品代号，见表 4-37。

表 4-37　常用的三相异步电动机各产品代号及其意义

序号	产品系列代号	产品系列代号的意义
1	Y 系列（IP44）	Y 系列防护等级为（IP44）的三相异步电动机
2	Y 系列（IP23）	Y 系列防护等级为（IP23）的三相异步电动机
3	YR 系列（IP44）	YR 系列防护等级为（IP44）的绕线型三相异步电动机
4	YR 系列（IP23）	YR 系列防护等级为（IP23）的绕线型三相异步电动机

续表

序号	产品系列代号	产品系列代号的意义
5	YX系列	YX系列高效率三相异步电动机
6	Y系列高压	Y系列高压三相异步电动机
7	YR、YRKK系列中型高压	YR、YRKK系列绕线型三相异步电动机 YR系列为（IP23）防滴式IC01冷却方式 YRKK系列为（IP44）封闭式IC0161空冷方式
8	YH系列	YH系列高转差率三相异步电动机
9	YD系列	YD系列变极多速三相异步电动机
10	Y-W、Y-F、Y-WF系列	Y-W系列户外用，Y-F系列防腐蚀用，Y-WF系列户外防腐蚀用三相异步电动机
11	YLB系列	YLB系列深井泵用三相异步电动机
12	YTD、YTDT系列	YTD系列为电梯用、YTDT为电梯用交流调速三相异步电动机
13	YDF系列	YDF系列为电动阀门用三相异步电动机
14	YZ、YZR系列	YZ系列，YZR系列为起重及冶金用、绕线型起重冶金用三相异步电动机
15	YB系列	YB系列隔爆型三相异步电动机
16	YBX系列	YBX系列隔爆型高效率三相异步电动机
17	YBD系列	YBD系列隔爆型多速三相异步电动机
18	AO2系列 AO2延伸系列	AO2、AO2延伸系列为全封闭式小功率三相异步电动机
19	YS系列	YS系列小功率三相异步电动机
20	90A系列	中心高为90mm的小功率三相异步电动机
21	YSS系列	YSS系列小功率三相异步电动机
22	YZA系列	YZA系列小功率三相异步电动机
23	GA系列	GA系列钢板壳小功率三相异步电动机
24	YSD系列	YSD系列变极双速小功率三相异步电动机
25	YBSO系列	YBSO系列小功率隔爆型三相异步电动机
26	BAO-W系列	BAO-W系列小功率户外防爆三相异步电动机
27	AWB系列	AWB系列微型泵用小功率三相异步电动机
28	YDF系列	YDF系列电动阀门用三相异步电动机

(2) 规格代号：异步电动机的规格代号，见表4-38。

表4-38　异步电动机的规格代号

类　　别	规格代号表示方法
中小型异步电动机	机座中心高尺寸（mm）—机座长度（字母代号）—铁芯长度（数字代号）—极数
大型异步电动机	机座中收高尺寸（mm）—铁芯长度（数字代号）—极数

机座中心高（H）：按照国际电工委员会IEC文件的规定，以机座安装底面到轴中心高与定子冲片外径相对应，来表示电机的大小。中小型三相异步电动机机座中心高与定子冲片外径的对应关系，见表4-39。

表4-39　Y系列三相异步电动机定子外径与机座中心高对应关系（mm）

机座中心高（H）	80	90	100	112	132	160	180	200
定子外径（D_1）	120	130	155	175	210	260	290	327
机座中心高（H）	225	250	280	315	355	400	450	500
定子外径（D_1）	368	400	445	520	590	670	740	850

对中小型电机机座长度可用国际通用符号来表示：S—短机座；M—中机座；L—长机座。

(3) 特殊环境代号：各种特殊环境条件的代号按表4-40规定，如果同时具备一个以上的特殊环境条件时则按表中顺序排列。

表4-40　特殊环境代号表

"高"原用	G	"热"带用	T
"船"（海）用	H	"湿热"带用	TH
户"外"用	W	"干热"带用	TA
化工防"腐"用	F		

2. 电机产品型号举例说明

小型异步电动机

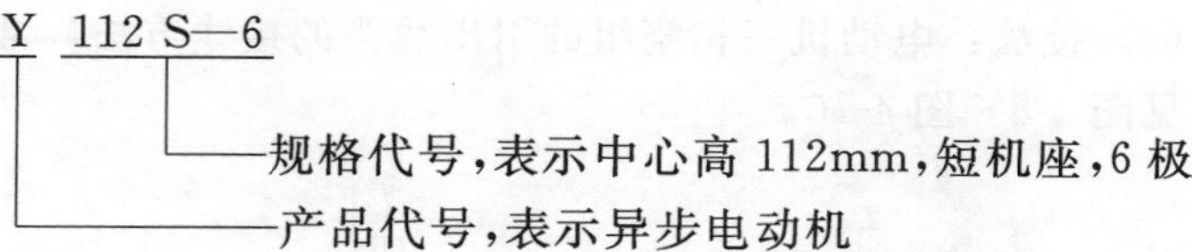

中型异步电动机

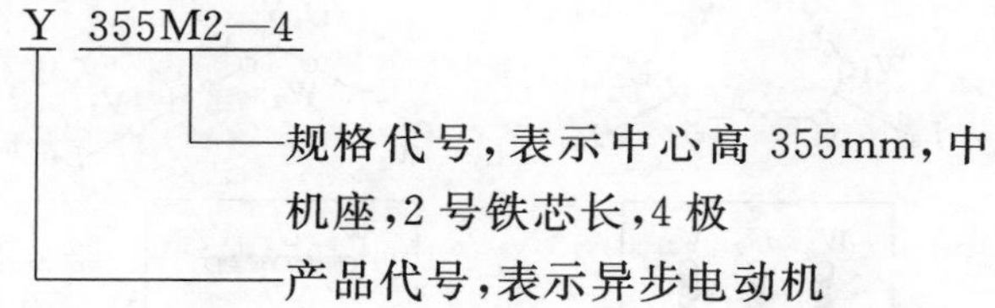

大型异步电动机

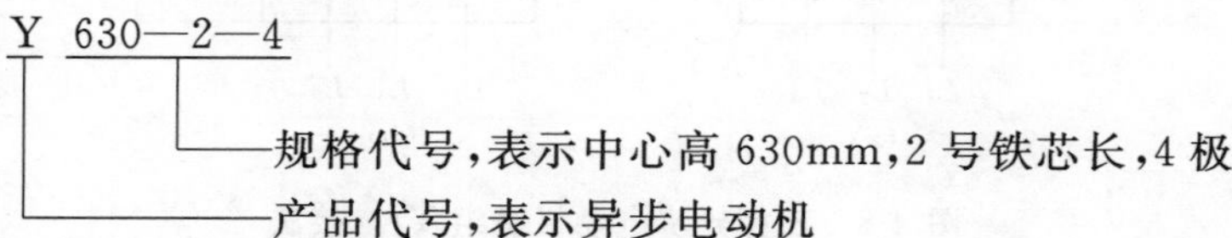

户外化工防腐用小型隔爆异步电动机

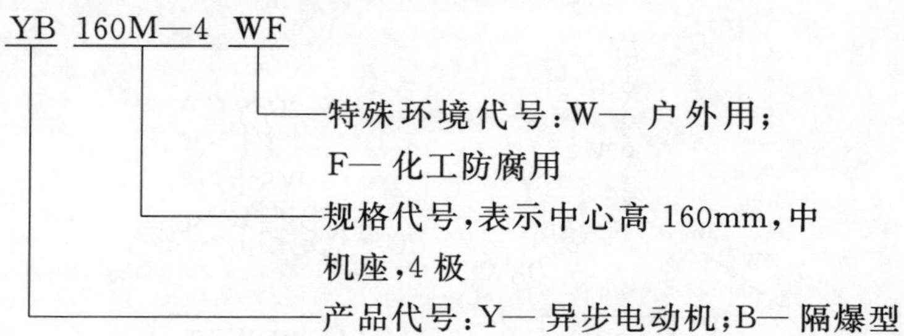

三、三相异步电动机的技术指标

(一) 电动机的铭牌

电动机的铭牌主要标注电动机的运行条件及各种定额，作为选择、使用、维护电动机的主要依据。铭牌的主要项目如下。

(1) 型号：型号是用来区别产品性能、结构和用途的。

（2）额定功率：电动机在额定运行条件下，轴端输出的机械功率，用 W 和 kW 表示。额定功率也叫额定容量。

（3）接法：电动机三相绕组的引出线头的接线方法，常用的接法见图 4-8～图 4-10。

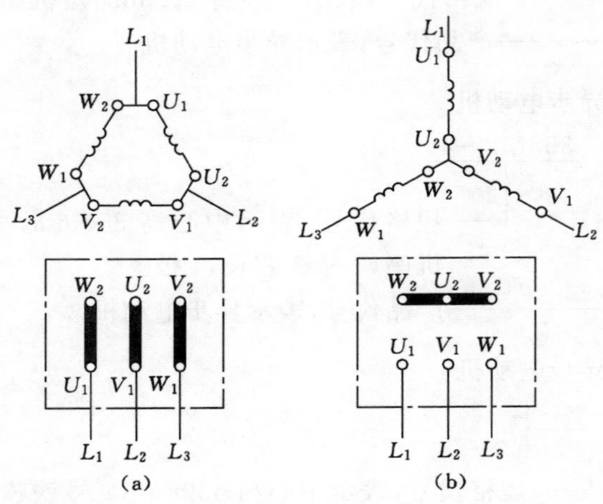

图 4-8　三相异步电动机绕组 Y/△接法

（a）220V 时△接；（b）380V 时 Y 接

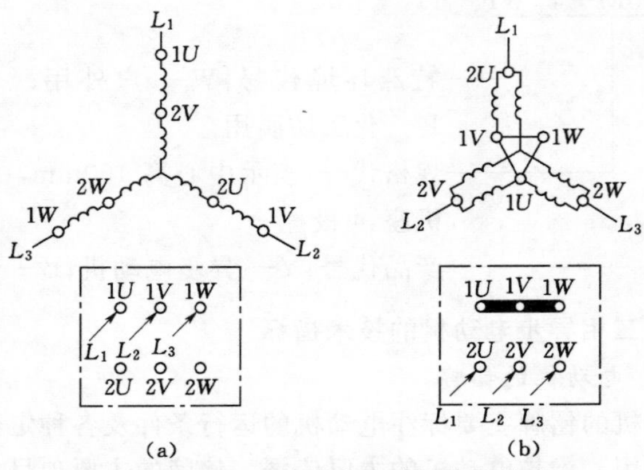

图 4-9　三相双速异步电动机绕组接法

（a）Y 接，低转速；（b）YY 接，高转速

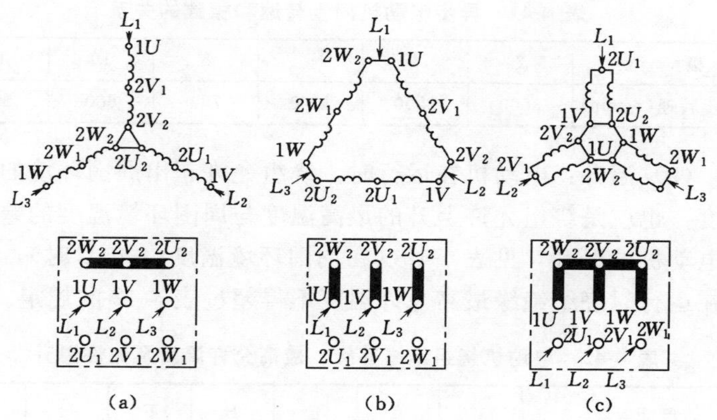

图 4-10　三相双速异步电动机绕组 Y/△接法

(a) Y 接，低转速；(b) △接，低转速；(c) YY 接，高转速

(4) 电压、电流：电动机在额定条件下，定子绕组外接电源的线电压和线电流。有的电动机标有两种电压和电流，这是与不同的接法相对应的。例如，某电机铭牌上标有电压为 220/380V，电流为 14.7/8.49A，接法为△/Y。这说明，电源三相线电压为 220V 时，接成△，电流为 14.7A；电源三相线电压为 380V 时，接成 Y，电流为 8.49A。

(5) 定额：电动机允许的持续运转时间，分为连续、短时（运行时间分别为 10、30、60、90min）、断续（持续率分别为 15%、25%、40%、60%）三种运行方式。

(6) 频率：电源频率，工频为 50Hz。

(7) 额定转速：电动机在电压、电流、频率、容量都是额定值下运行时，每分钟的转速叫额定转速（r/min）。转速与电源频率和电动机磁极对数有关。在电源频率为 50Hz 时，异步电动机同步转速和极数的关系，见表 4-41。

(8) 绝缘等级：根据定子绕组所采用的绝缘材料和容许承受的不同温升而分的等级，叫绝缘等级。电动机的绝缘等级有 Y、A、E、B、F、H 和 C 级，其工作温度见表 4-42。

表 4-41　异步电动机同步转速和极数的关系

极　数	2	4	6	8	10	12
同步转速(r/min)	3000	1500	1000	750	600	500

(9) 温升：电动机在运行时，绕组允许超出周围环境的最高温度，也就是绕组允许上升的最高温度与周围环境温度的差，叫做电动机的温升，见表 4-42（在周围环境温度为 40℃时），电动机在运行时绕组绝缘最高允许温度不得超过表 4-42 的规定。

表 4-42　电动机绕组绝缘等级、最高允许温度及允许温升

绝缘等级	Y	A	E	B	F	H	C
最高允许温度（℃）	90	105	120	130	155	180	＞180
允许温升（℃）	50	65	80	90	115	140	＞140

(二) 三相异步电动机的主要技术指标

三相异步电动机的好坏，是由电动机本身的各种电磁性能技术指标来确定的，对于笼型三相异步电动机，其主要技术指标见表 4-43。对于绕线型三相异步电动机，启动时可通过滑环、电刷外串电阻改善启动性能，故堵转转矩和堵转电流的大小，不作为其主要性能技术指标。

表 4-43　三相异步电动机主要技术指标

序号	名　称	符 号 及 定 义	计算公式
1	效率	η，输出功率与输入功率之比用%表示	$\eta=P_2/p_1\times100$
2	功率因数	$\cos\varphi$，输入的有功功率与视在功率之比	
3	堵转电流（倍数）	i_{st}，电动机在额定电压、额定频率下堵转时的定子电流 I_{st}与额定电流 I_N 的比值	$i_{st}=I_{st}/I_N$
4	堵转转矩（倍数）	t_{st}，电动机在额定电压、额定频率下使转子不动所需的转矩 T_{st}与额定转矩 T_N 之比值	$t_{st}=T_{st}/T_N$
5	最大转矩（倍数）	t_M，电动机在额定电压、额定频率下，启动过程中产生的最大转矩与额定转矩之比值，又称过载系数（K）	T $M= T_{Mt}/T_N=K$

续表

序号	名 称	符 号 及 定 义	计算公式
6	最小转矩（倍数）	t_{min}，电动机在额定电压、额定频率下，启动过程中产生的最小转矩与额定转矩之比值	$T_{min}=T_{mint}/T_N$
7	温升（K）	$\Delta\theta$，绕组的工作温度与环境温度之差值	$\Delta\theta=\theta_N-\theta_0$

1. Y 系列三相异步电动机

本系列产品为全国统一设计的一般用途笼型三相异步电动机的基本系列。其功率等级及安装尺寸符合国际电工委员会 IEC 标准。具有结构坚固、效率高、噪声低、振动小和运行安全可靠等优点。电动机定子绕组为 B 级绝缘，△形接法，电机外壳防护等级有（IP23）及（IP44）。

Y 系列三相异步电动机的技术数据，见表 4-44～表 4-48。

表 4-44　Y 系列（IP23）三相异步子电动机技术数据（机座号 160～280）

<table>
<tr><th rowspan="2">机座号</th><th rowspan="2">额定功率（kW）</th><th rowspan="2">额定电压（V）</th><th colspan="2">满 载 时</th><th rowspan="2">堵转电流/额定电流</th><th rowspan="2">堵转转矩/额定转矩</th><th rowspan="2">最大转矩/额定转矩</th><th rowspan="2">最小转矩/额定转矩</th></tr>
<tr><th>效率（%）</th><th>功率因数（cosφ）</th></tr>
<tr><td colspan="9">同步转速 3000r/min</td></tr>
<tr><td>160M</td><td>15</td><td rowspan="11">380</td><td>88</td><td>0.88</td><td rowspan="7">7.0</td><td>1.7</td><td rowspan="11">2.2</td><td>1.2</td></tr>
<tr><td>160L1</td><td>18.5</td><td>89</td><td rowspan="9">0.89</td><td>1.8</td><td rowspan="4">1.1</td></tr>
<tr><td>160L2</td><td>22</td><td rowspan="2">89.5</td><td>2.0</td></tr>
<tr><td>180M</td><td>30</td><td>1.7</td></tr>
<tr><td>180L</td><td>37</td><td>90.5</td><td rowspan="3">1.9</td></tr>
<tr><td>200M</td><td>45</td><td>91</td><td rowspan="2">0.9</td></tr>
<tr><td>200L</td><td>55</td><td rowspan="2">91.5</td></tr>
<tr><td>225M</td><td>75</td><td rowspan="4">6.8</td><td>1.8</td><td rowspan="4">0.8</td></tr>
<tr><td>250S</td><td>90</td><td>92</td><td rowspan="2">1.7</td></tr>
<tr><td>250M</td><td>110</td><td rowspan="2">92.5</td><td rowspan="2">0.9</td></tr>
<tr><td>280M</td><td>132</td><td>1.6</td></tr>
</table>

续表

机座号	额定功率(kW)	额定电压(V)	满载时 效率(%)	满载时 功率因数(cosφ)	堵转电流/额定电流	堵转转矩/额定转矩	最大转矩/额定转矩	最小转矩/额定转矩
同步转速 1500r/min								
160M	11	380	87.5	0.85	—	1.9	2.2	1.3
160L1	15		88	0.86	7.0	2.0		1.2
160L2	18.5		89					
180M	22		89.5			1.9		
180L	30		90.5	0.87				
200M	37					2		
200L	45		91.5					1.1
225M	55			0.88		1.8		
250S	75		92		6.8	2		0.9
250M	90		92.5			2.2		
280S	110					1.7		
280M	132		93			1.8		
同步转速 1000r/min								
160M	7.5	380	85	0.79	6.5	2	2.0	1.3
160L	11		86.5	0.78				1.2
180M	15		88	0.81		1.8		
180L	18.5		88.5	0.83				
200M	22		89	0.85		1.7		
200L	30		89.5					
225M	37		90.5	0.87		1.8		
250S	45		91	0.86				1.1
250M	55			0.87				
280S	75		91.5					0.9
280M	90		92	0.88				

续表

<table>
<tr><th rowspan="2">机座号</th><th rowspan="2">额定
功率
(kW)</th><th rowspan="2">额定
电压
(V)</th><th colspan="2">满　载　时</th><th rowspan="2">堵转电流
额定电流</th><th rowspan="2">堵转转矩
额定转矩</th><th rowspan="2">最大转矩
额定转矩</th><th rowspan="2">最小转矩
额定转矩</th></tr>
<tr><th>效率
(%)</th><th>功率因数
(cosφ)</th></tr>
<tr><td colspan="9">同步转速 750r/min</td></tr>
<tr><td>160M</td><td>5.5</td><td rowspan="11">380</td><td>83.5</td><td rowspan="2">0.73</td><td rowspan="11">6.0</td><td rowspan="2">2</td><td rowspan="11">2.0</td><td>1.2</td></tr>
<tr><td>160L</td><td>7.5</td><td>85</td><td rowspan="8">1.1</td></tr>
<tr><td>180M</td><td>11</td><td>86.5</td><td>0.74</td><td rowspan="2">1.8</td></tr>
<tr><td>180L</td><td>15</td><td>87.5</td><td>0.76</td></tr>
<tr><td>200M</td><td>18.5</td><td>88.5</td><td rowspan="2">0.78</td><td>1.7</td></tr>
<tr><td>200L</td><td>22</td><td>89</td><td>1.8</td></tr>
<tr><td>225M</td><td>30</td><td>89.5</td><td>0.81</td><td>1.7</td></tr>
<tr><td>250S</td><td>37</td><td>90</td><td rowspan="3">0.80</td><td>1.6</td></tr>
<tr><td>250M</td><td>45</td><td>90.5</td><td rowspan="3">1.8</td><td rowspan="2">0.9</td></tr>
<tr><td>280S</td><td>55</td><td>91</td></tr>
<tr><td>280M</td><td>75</td><td>91.5</td><td>0.81</td><td>0.8</td></tr>
</table>

表 4-45　Y 系列（IP23）三相异步电动机技术数据（机座号 315～355）

<table>
<tr><th rowspan="2">机座号</th><th rowspan="2">额定
功率
(kW)</th><th rowspan="2">额定
电压
(V)</th><th colspan="2">满　载　时</th><th rowspan="2">堵转电流
额定电流</th><th rowspan="2">堵转转矩
额定转矩</th><th rowspan="2">最大转矩
额定转矩</th><th rowspan="2">最小转矩
额定转矩</th></tr>
<tr><th>效率
(%)</th><th>功率因数
(cosφ)</th></tr>
<tr><td colspan="9">同步转速 3000r/min</td></tr>
<tr><td>315S</td><td>160</td><td rowspan="8">380</td><td rowspan="2">92.5</td><td rowspan="4">0.90</td><td rowspan="5">6.8</td><td rowspan="4">1.4</td><td rowspan="5">2.0</td><td>0.83</td></tr>
<tr><td>315M1</td><td>185</td><td rowspan="7">0.71</td></tr>
<tr><td>315M2</td><td>200</td><td>93.0</td></tr>
<tr><td>315M3</td><td>220</td><td>93.5</td></tr>
<tr><td>315M4</td><td>250</td><td>93.8</td><td rowspan="2">0.88</td><td>1.2</td></tr>
<tr><td>355M1</td><td>280</td><td rowspan="2">94.0</td><td rowspan="3">6.5</td><td rowspan="3">1.0</td><td rowspan="3">1.8</td></tr>
<tr><td>355M2</td><td>315</td><td rowspan="2">0.89</td></tr>
<tr><td>355L</td><td>355</td><td>94.3</td></tr>
</table>

续表

<table>
<tr><th rowspan="2">机座号</th><th rowspan="2">额定功率（kW）</th><th rowspan="2">额定电压（V）</th><th colspan="2">满载时</th><th rowspan="2">堵转电流/额定电流</th><th rowspan="2">堵转转矩/额定转矩</th><th rowspan="2">最大转矩/额定转矩</th><th rowspan="2">最小转矩/额定转矩</th></tr>
<tr><th>效率（%）</th><th>功率因数（cosφ）</th></tr>
<tr><td colspan="9">同步转速 1500r/min</td></tr>
<tr><td>315S</td><td>160</td><td rowspan="8">380</td><td>93.0</td><td rowspan="6">0.88</td><td rowspan="6">6.5</td><td rowspan="4">1.4</td><td rowspan="5">2.0</td><td>0.95</td></tr>
<tr><td>315M1</td><td>185</td><td>93.5</td><td rowspan="4">0.83</td></tr>
<tr><td>315M2</td><td>200</td><td>93.8</td></tr>
<tr><td>315M3</td><td>220</td><td>94.0</td></tr>
<tr><td>315M4</td><td>250</td><td rowspan="3">94.3</td><td>1.2</td></tr>
<tr><td>355M1</td><td>280</td><td rowspan="3">1.0</td><td rowspan="3">1.8</td><td rowspan="3">0.71</td></tr>
<tr><td>355M2</td><td>315</td><td rowspan="2">0.90</td><td rowspan="2">6.0</td></tr>
<tr><td>355L</td><td>355</td><td>94.5</td></tr>
<tr><td colspan="9">同步转速 1000r/min</td></tr>
<tr><td>315S</td><td>110</td><td rowspan="8">380</td><td>93.0</td><td rowspan="5">0.87</td><td rowspan="3">6.5</td><td rowspan="3">1.3</td><td rowspan="8">1.8</td><td rowspan="3">0.95</td></tr>
<tr><td>315M1</td><td>132</td><td>93.5</td></tr>
<tr><td>315M2</td><td>160</td><td>93.8</td></tr>
<tr><td>355M1</td><td>185</td><td rowspan="3">94.0</td><td rowspan="5">6.0</td><td rowspan="5">1.1</td><td rowspan="4">0.83</td></tr>
<tr><td>355M2</td><td>200</td></tr>
<tr><td>355M3</td><td>220</td><td rowspan="3">0.88</td></tr>
<tr><td>355M4</td><td>250</td><td rowspan="2">94.3</td></tr>
<tr><td>355L</td><td>280</td><td>0.71</td></tr>
<tr><td colspan="9">同步转速 750r/min</td></tr>
<tr><td>315S</td><td>90</td><td rowspan="8">380</td><td>92.2</td><td rowspan="7">0.81</td><td rowspan="3">6.0</td><td rowspan="3">1.3</td><td rowspan="8">1.8</td><td rowspan="8">0.83</td></tr>
<tr><td>315M1</td><td>110</td><td>92.8</td></tr>
<tr><td>315M2</td><td>132</td><td>93.3</td></tr>
<tr><td>355M1</td><td>160</td><td rowspan="3">93.5</td><td rowspan="5">5.5</td><td rowspan="5">1.1</td></tr>
<tr><td>355M2</td><td>185</td></tr>
<tr><td>355M3</td><td>200</td></tr>
<tr><td>355L1</td><td>220</td><td rowspan="2">94.0</td></tr>
<tr><td>355L2</td><td>250</td><td>0.79</td></tr>
</table>

续表

<table>
<tr><th rowspan="2">机座号</th><th rowspan="2">额定功率(kW)</th><th rowspan="2">额定电压(V)</th><th colspan="2">满载时</th><th rowspan="2">堵转电流/额定电流</th><th rowspan="2">堵转转矩/额定转矩</th><th rowspan="2">最大转矩/额定转矩</th><th rowspan="2">最小转矩/额定转矩</th></tr>
<tr><th>效率(%)</th><th>功率因数(cosφ)</th></tr>
<tr><td colspan="9">同步转速 600r/min</td></tr>
<tr><td>315S</td><td>55</td><td rowspan="7">380</td><td>91.5</td><td>0.74</td><td rowspan="7">5.5</td><td rowspan="3">1.2</td><td rowspan="7">1.8</td><td rowspan="7">0.71</td></tr>
<tr><td>315M1</td><td>75</td><td rowspan="2">92.0</td><td>0.75</td></tr>
<tr><td>315M2</td><td>90</td><td>0.76</td></tr>
<tr><td>355M1</td><td>110</td><td>92.5</td><td>0.78</td><td rowspan="4">1.0</td></tr>
<tr><td>355M2</td><td>132</td><td rowspan="2">92.8</td><td rowspan="3">0.79</td></tr>
<tr><td>355L1</td><td>160</td></tr>
<tr><td>355L2</td><td>185</td><td>93.0</td></tr>
<tr><td colspan="9">同步转速 500r/min</td></tr>
<tr><td>355M</td><td>90</td><td rowspan="3">380</td><td>92.0</td><td>0.74</td><td rowspan="3">5.5</td><td rowspan="3">1.0</td><td rowspan="3">1.8</td><td rowspan="3">0.5</td></tr>
<tr><td>355L1</td><td>110</td><td>92.3</td><td rowspan="2">0.75</td></tr>
<tr><td>355L2</td><td>132</td><td>92.5</td></tr>
</table>

表 4-46 Y 系列（IP44）三相异步电动机技术数据

<table>
<tr><th rowspan="2">机座号</th><th rowspan="2">额定功率(kW)</th><th rowspan="2">额定电压(V)</th><th colspan="3">满载时</th><th rowspan="2">堵转电流/额定电流</th><th rowspan="2">堵转转矩/额定转矩</th><th rowspan="2">最大转矩/额定转矩</th></tr>
<tr><th>电流(A)</th><th>效率(%)</th><th>功率因数(cosφ)</th></tr>
<tr><td colspan="9">同步转速 3000r/min</td></tr>
<tr><td>801</td><td>0.75</td><td rowspan="8">380</td><td>1.8</td><td>75</td><td>0.84</td><td>6.5</td><td rowspan="6">2.2</td><td rowspan="8">2.3</td></tr>
<tr><td>802</td><td>1.1</td><td>2.5</td><td>77</td><td>0.86</td><td rowspan="7">7.0</td></tr>
<tr><td>90S</td><td>1.5</td><td>3.4</td><td>78</td><td>0.85</td></tr>
<tr><td>90L</td><td>2.2</td><td>4.8</td><td>80</td><td>0.86</td></tr>
<tr><td>100L</td><td>3.0</td><td>6.4</td><td>82</td><td rowspan="2">0.87</td></tr>
<tr><td>122M</td><td>4.0</td><td>8.2</td><td rowspan="2">85.5</td></tr>
<tr><td>132S1</td><td>5.5</td><td>11.1</td><td rowspan="2">0.88</td><td rowspan="2">2.0</td></tr>
<tr><td>132S2</td><td>7.5</td><td>15</td><td>86.2</td></tr>
</table>

续表

机座号	额定功率(kW)	额定电压(V)	满载时			堵转电流/额定电流	堵转转矩/额定转矩	最大转矩/额定转矩
			电流(A)	效率(%)	功率因数(cosφ)			
同步转速 3000r/min								
160M	11	380	21.8	87.2	0.88	7.0	2.0	2.3
	15		29.4	88.2				
160L	18.5		35.5	89	0.89			2.2
180M	22		42.2					
200L1	30		56.9	90				
200L2	37		69.8	90.5				
225M	45		84	91.5				
250M	55		103					
280S	75		139	92				
280M	90		166	92.5				
315S	110		203			6.8	1.8	
315M	136		242	93				
315L1	160		292	93.5				
315L2	200		365					
同步转速 1500r/min								
801	0.55	380	1.5	73	0.76	6.0	2.0	2.3
802	0.75		2	74.5				
90S	1.1		2.7	78	0.78	6.5		
90L	1.5		3.7	79	0.79		2.2	
100L1	2.2		5	81	0.82	7.0		
100L2	3.0		6.8	82.5	0.81			
112M	4.0		8.8	84.5	0.82			
132S	5.5		11.6	85.5	0.84			
132M	7.5		15.4	87	0.85			

续表

<table>
<tr><th rowspan="2">机座号</th><th rowspan="2">额定
功率
(kW)</th><th rowspan="2">额定
电压
(V)</th><th colspan="3">满 载 时</th><th rowspan="2">堵转电流
额定电流</th><th rowspan="2">堵转转矩
额定转矩</th><th rowspan="2">最大转矩
额定转矩</th></tr>
<tr><th>电流
(A)</th><th>效率
(%)</th><th>功率因数
(cosφ)</th></tr>
<tr><td colspan="9">同步转速 1500r/min</td></tr>
<tr><td>160M</td><td>11.0</td><td rowspan="14">380</td><td>22.6</td><td>88</td><td>0.84</td><td rowspan="10">7.0</td><td rowspan="2">2.2</td><td rowspan="2">2.3</td></tr>
<tr><td>160L</td><td>15.0</td><td>30.3</td><td>88.5</td><td>0.85</td></tr>
<tr><td>180M</td><td>18.5</td><td>35.9</td><td>91</td><td rowspan="2">0.86</td><td rowspan="3">2.0</td><td rowspan="12">2.2</td></tr>
<tr><td>180L</td><td>22</td><td>42.5</td><td>91.5</td></tr>
<tr><td>200L</td><td>30</td><td>56.8</td><td>92.2</td><td rowspan="2">0.87</td></tr>
<tr><td>225S</td><td>37</td><td>70.4</td><td>91.8</td><td rowspan="2">1.9</td></tr>
<tr><td>225M</td><td>45</td><td>84.2</td><td>92.3</td><td rowspan="3">0.88</td></tr>
<tr><td>250M</td><td>55</td><td>103</td><td>92.6</td><td>2.0</td></tr>
<tr><td>280S</td><td>75</td><td>140</td><td>92.7</td><td rowspan="2">1.9</td></tr>
<tr><td>280M</td><td>90</td><td>164</td><td>93.5</td><td rowspan="5">0.89</td></tr>
<tr><td>315S</td><td>110</td><td>201</td><td>93</td><td rowspan="4">6.8</td><td rowspan="4">1.8</td></tr>
<tr><td>315M</td><td>132</td><td>240</td><td>94</td></tr>
<tr><td>315L1</td><td>160</td><td>289</td><td>94.5</td></tr>
<tr><td>315L2</td><td>200</td><td>361</td><td>94.5</td></tr>
<tr><td colspan="9">同步转速 1000r/min</td></tr>
<tr><td>90S</td><td>0.75</td><td rowspan="10">380</td><td>2.3</td><td>72.5</td><td>0.70</td><td rowspan="2">5.5</td><td rowspan="9">2.0</td><td rowspan="7">2.2</td></tr>
<tr><td>90L</td><td>1.1</td><td>3.2</td><td>73.5</td><td>0.72</td></tr>
<tr><td>100L</td><td>1.5</td><td>4</td><td>77.5</td><td rowspan="2">0.74</td><td rowspan="2">6.0</td></tr>
<tr><td>112M</td><td>2.2</td><td>5.6</td><td>80.5</td></tr>
<tr><td>132S</td><td>3.0</td><td>7.2</td><td>83</td><td>0.76</td><td rowspan="6">6.5</td></tr>
<tr><td>132M1</td><td>4.0</td><td>9.4</td><td>84</td><td>0.77</td></tr>
<tr><td>132M2</td><td>5.5</td><td>12.6</td><td>85.3</td><td rowspan="3">0.78</td></tr>
<tr><td>160M</td><td>7.5</td><td>17</td><td>86</td><td rowspan="3">2.0</td></tr>
<tr><td>160L</td><td>11</td><td>24.6</td><td>87</td></tr>
<tr><td>180L</td><td>15</td><td>31.4</td><td>89.5</td><td>0.81</td><td>1.8</td></tr>
</table>

续表

机座号	额定功率（kW）	额定电压（V）	满载时 电流（A）	满载时 效率（%）	满载时 功率因数（cosφ）	堵转电流/额定电流	堵转转矩/额定转矩	最大转矩/额定转矩
同步转速 1000r/min								
200L1	18.5	380	37.7	89.8	0.83	6.5	1.8	2.0
200L2	22		44.6	90.2				
225M	30		59.5		0.85		1.7	
250M	37		72	90.8	0.86		1.8	
280S	45		85.4	92	0.87			
280M	55		104					
315S	75		141	92.8			1.6	
315M	90		169	93.2				
315L1	110		206	93.5				
315L2	132		246	93.8				
同步转速 750r/min								
132S	2.2	380	5.8	80.5	0.71	5.5	2.0	2.0
132M	3		7.7	82	0.72			
160M1	4		9.9	84	0.73	6.0		
160M2	5.5		13.3	85	0.74			
160L	7.5		17.7	86	0.75	5.5		
180L	11		24.8	87.5	0.77	6.0	1.7	
200L	15		34.1	88	0.76		1.8	
225S	18.5		41.3	89.5			1.7	
225M	22		47.6	90	0.78		1.8	
250M	30		63	90.5	0.80			
280S	37		78.7	91	0.79			
280M	45		93.2	91.7	0.80			
315S	55		114	92		6.5	1.6	
315M	75		152	92.5	0.81			

续表

机座号	额定功率(kW)	额定电压(V)	满载时			堵转电流/额定电流	堵转转矩/额定转矩	最大转矩/额定转矩
			电流(A)	效率(%)	功率因数(cosφ)			
同步转速 750r/min								
315L1	90	380	179	93	0.82	6.5	1.6	2.0
315L2	110		218	93.3		6.3		
同步转速 600r/min								
315S	45	380	101	91.5	0.74	6.0	1.4	2.0
315M	55		123	92				
315L	75		164	92.5	0.75			

表 4-47 Y 系列（IP23 或 IP44）大型三相异步电动机技术数据（机座号 710～1000）

机座号	额定功率(kW)	额定电压(V)	满载时		堵转电流/额定电流	堵转转矩/额定转矩	最大转矩/额定转矩
			效率(%)	功率因数(cosφ)			
同步转速 1500r/min							
710	3150	6000	96.3	0.87	6.5	0.5	1.8
	3550						
	4000		96.4				
	4500						
800	5000		96.5	0.88			
	5600						
	6300		96.6				
900	7100		96.7				
	8000		96.8				
	9000		96.9				
同步转速 1000r/min							
710	2240	6000	96.0	0.86	6.5	0.6	1.8
	2500		96.1				

续表

机座号	额定功率（kW）	额定电压（V）	满载时		$\frac{堵转电流}{额定电流}$	$\frac{堵转转矩}{额定转矩}$	$\frac{最大转矩}{额定转矩}$
			效率（%）	功率因数（cosφ）			
同步转速 1000r/min							
710	2800	6000	96.1	0.86	6.5	0.6	1.8
	3150		96.2				
800	3550						
	4000		96.3				
	4500						
	5000		96.4				
900	5600			0.87			
	6300		96.5				
	7100		96.6				
1000	8000		96.7				
	9000		96.8				
	10000		96.9				
同步转速 750r/min							
710	1800	6000	95.4	0.85	6.5	0.6	1.8
	2000		95.5				
	2240		95.6				
800	2500		95.7				
	2800		95.8				
	3150						
	3550		95.9				
900	4000		96.0	0.86			
	4500		96.1				
	5000		96.2				
1000	5600						
	6300		96.3				

续表

机座号	额定功率(kW)	额定电压(V)	满载时 效率(%)	满载时 功率因数(cosφ)	堵转电流/额定电流	堵转转矩/额定转矩	最大转矩/额定转矩
同步转速 750r/min							
1000	7100	6000	96.4	0.86	6.5	0.6	1.8
	8000		96.5				
同步转速 600r/min							
710	1600	6000	95.0	0.83	6	0.6	1.8
	1800		95.1				
	2000		95.2				
800	2240		95.3				
	2500		95.4				
	2800		95.5				
900	3150		95.6	0.84			
	3550		95.7				
	4000		95.8				
	4500						
1000	5000		95.9				
	5600						
	6300		96.0				
	7100						
同步转速 500r/min							
710	1120	6000	94.5	0.79	6	0.6	1.8
	1250		94.6				
	1400		94.7				
800	1600			0.80			
	1800		94.8				

续表

机座号	额定功率 (kW)	额定电压 (V)	满载时 效率 (%)	满载时 功率因数 (cosφ)	堵转电流/额定电流	堵转转矩/额定转矩	最大转矩/额定转矩
同步转速 500r/min							
800	2000	6000	94.9	0.80	6	0.6	1.8
	2240		95.0				
900	2500		95.2	0.81			
	2800		95.3				
	3150		95.4				
1000	3550		95.5				
	4000		95.6				
	4500						
	5000		95.7				
同步转速 428r/min							
710	630	6000	93.1	0.73	6	0.6	1.8
	710		93.3				
	800		93.4				
	900		93.5				
800	1000		93.6	0.74			
	1120		93.7				
	1250		93.8				
	1400		93.9				
900	1600		94	0.75			
	1800		94.1				
	2000		94.2				
1000	2240		94.3				
	2500		94.4				
	2800		94.5				

表 4-48 Y 系列（IP23 或 IP44）大型三相异步电动机技术数据（机座号 710～1000）

<table>
<tr><th rowspan="2">机座号</th><th rowspan="2">额定功率
(kW)</th><th rowspan="2">额定
电压
(V)</th><th colspan="2">满　载　时</th><th rowspan="2">堵转电流/额定电流</th><th rowspan="2">堵转转矩/额定转矩</th><th rowspan="2">最大转矩/额定转矩</th></tr>
<tr><th>效率
(%)</th><th>功率因数
(cosφ)</th></tr>
<tr><td colspan="8">同步转速 1500r/min</td></tr>
<tr><td rowspan="4">710</td><td>2500</td><td rowspan="14">1000</td><td>95.8</td><td rowspan="4">0.86</td><td rowspan="14">6.5</td><td rowspan="14">0.5</td><td rowspan="14">1.8</td></tr>
<tr><td>2800</td><td>95.9</td></tr>
<tr><td>3150</td><td>96.0</td></tr>
<tr><td>3550</td><td>96.1</td></tr>
<tr><td rowspan="4">800</td><td>4000</td><td rowspan="2">96.2</td><td rowspan="10">0.87</td></tr>
<tr><td>4500</td></tr>
<tr><td>5000</td><td rowspan="2">96.3</td></tr>
<tr><td>5600</td></tr>
<tr><td rowspan="3">900</td><td>6300</td><td>96.4</td></tr>
<tr><td>7100</td><td>96.5</td></tr>
<tr><td>8000</td><td>96.6</td></tr>
<tr><td rowspan="2">1000</td><td>9000</td><td>96.7</td></tr>
<tr><td>10000</td><td>96.8</td></tr>
<tr><td colspan="8">同步转速 1000r/min</td></tr>
<tr><td rowspan="3">710</td><td>2000</td><td rowspan="10">10000</td><td>95.5</td><td rowspan="7">0.84</td><td rowspan="10">6.5</td><td rowspan="10">0.6</td><td rowspan="10">1.8</td></tr>
<tr><td>2240</td><td>95.6</td></tr>
<tr><td>2500</td><td>95.7</td></tr>
<tr><td rowspan="3">800</td><td>2800</td><td>95.8</td></tr>
<tr><td>3150</td><td>95.9</td></tr>
<tr><td>3550</td><td>96.0</td></tr>
<tr><td rowspan="4">900</td><td>4000</td><td rowspan="2">96.1</td></tr>
<tr><td>4500</td><td rowspan="3">0.86</td></tr>
<tr><td>5000</td><td rowspan="2">96.2</td></tr>
<tr><td>5600</td></tr>
</table>

续表

机座号	额定功率 (kW)	额定电压 (V)	满载时		堵转电流/额定电流	堵转转矩/额定转矩	最大转矩/额定转矩
			效率 (%)	功率因数 (cosφ)			
同步转速 1000r/min							
1000	6300	10000	96.3	0.86	6.5	0.6	1.8
	7100		96.4				
	8000		96.5				
同步转速 750r/min							
800	2500	10000	95.4	0.83	6.5	0.6	1.8
	2800		95.5				
900	3150		95.6	0.84			
	3550		95.7				
1000	4000		95.8				
	4500		95.9				
	5000		96.0				
同步转速 600r/min							
900	2500	10000	95.1	0.82	6	0.6	1.8
	2800		95.2				
1000	3150		95.3	0.83			
	3550		95.4				
同步转速 500r/min							
1000	2500	10000	94.8	0.80	6	0.6	1.8
	2800		94.9				
	3150		95.0				
	3550		95.1				

2. YR 系列三相异步电动机

本系列产品是在 Y 系列（IP23 或 IP24）的基础上派生出来的全国统一设计、一般用途绕线转子三相异步电动机，其功率等级和安装尺寸符合国际电工委员会 IEC 标准。具有过载能力强、效率高、结构可靠、外形美观等优点。电动机定子为B级绝缘，△形接法，电动机转子参数全国统一设计，便于配套互换。

YR系列三相异步电动机的技术数据，见表4-49～表4-56。

表4-49　YR系列（IP23）三相异步电动机技术数据（机座号160～280）

<table>
<tr><th rowspan="2">机座号</th><th rowspan="2">额定功率
(kW)</th><th rowspan="2">额定电压
(V)</th><th colspan="2">满　载　时</th><th rowspan="2">最大转矩
额定转矩</th><th colspan="2">转　　子</th></tr>
<tr><th>效　率
(%)</th><th>功率因数
(cosφ)</th><th>电　流
(A)</th><th>电　压
(V)</th></tr>
<tr><td colspan="8">同步转速1500r/min</td></tr>
<tr><td>160M</td><td>7.5</td><td rowspan="13">380</td><td>84</td><td>0.84</td><td rowspan="4">2.8</td><td>19</td><td>260</td></tr>
<tr><td>160L1</td><td>11</td><td>86.5</td><td rowspan="2">0.85</td><td>26</td><td>275</td></tr>
<tr><td>160L2</td><td>15</td><td rowspan="2">87</td><td>37</td><td>260</td></tr>
<tr><td>180M</td><td>18.5</td><td rowspan="6">0.88</td><td rowspan="2">61</td><td>197</td></tr>
<tr><td>180L</td><td>22</td><td>88</td><td rowspan="3">3.0</td><td>232</td></tr>
<tr><td>200M</td><td>30</td><td rowspan="3">89</td><td>76</td><td>255</td></tr>
<tr><td>200L</td><td>37</td><td>74</td><td>316</td></tr>
<tr><td>225M1</td><td>45</td><td rowspan="2">2.5</td><td>120</td><td>240</td></tr>
<tr><td>225M2</td><td>55</td><td>90</td><td>121</td><td>288</td></tr>
<tr><td>250S</td><td>75</td><td>90.5</td><td rowspan="4">0.89</td><td rowspan="2">2.6</td><td>105</td><td>449</td></tr>
<tr><td>250M</td><td>90</td><td>91</td><td>107</td><td>524</td></tr>
<tr><td>280S</td><td>110</td><td>91.5</td><td rowspan="2">3.0</td><td>196</td><td>349</td></tr>
<tr><td>280M</td><td>132</td><td>92.5</td><td>194</td><td>419</td></tr>
<tr><td colspan="8">同步转速1000r/min</td></tr>
<tr><td>160M</td><td>5.5</td><td rowspan="7">380</td><td>82.5</td><td>0.77</td><td rowspan="2">2.5</td><td>13</td><td>279</td></tr>
<tr><td>160L</td><td>7.5</td><td>83.5</td><td rowspan="2">0.78</td><td>19</td><td>260</td></tr>
<tr><td>180M</td><td>11</td><td>84.5</td><td rowspan="4">2.8</td><td>50</td><td>146</td></tr>
<tr><td>180L</td><td>15</td><td>85.5</td><td>0.79</td><td>53</td><td rowspan="2">187</td></tr>
<tr><td>200M</td><td>18.5</td><td>86.5</td><td>0.81</td><td>65</td></tr>
<tr><td>200L</td><td>22</td><td rowspan="2">87.5</td><td>0.82</td><td>63</td><td>224</td></tr>
<tr><td>225M1</td><td>30</td><td>0.85</td><td>2.2</td><td>86</td><td>227</td></tr>
</table>

续表

机座号	额定功率（kW）	额定电压（V）	满载时 效率（%）	满载时 功率因数（cosφ）	最大转矩/额定转矩	转子 电流（A）	转子 电压（V）
同步转速 1000r/min							
225M2	37	380	89	0.85	2.2	82	287
250S	45					93	307
250M	55		89.5	0.86		97	359
280S	75		90.1	0.88	2.5	121	392
280M	90		91	0.89		118	481
同步转速 750r/min							
160M	4	380	81	0.71	2.2	11	262
160L	5.5		81.5			15	243
180M	7.5		82	0.73		49	105
180L	11		83			53	140
200M	15		85			64	153
200L	18.5		86				187
225M1	22			0.78	2.0	90	161
225M2	30		87	0.79		97	200
250S	37		87.5			110	218
250M	45		88.5		2.2	109	264
280S	55		89	0.82		125	279
280M	75		90			131	350

表 4-50 YR 系列（IP23）三相异步电动机的机座号与转速及功率的相应关系（机座号 315～355）

机座号	同步转速（r/min） 1500	1000	750	600	500
	功率（kW）				
315S	160	110	90	55	
315M1	185	132	110	75	

续表

机座号	同步转速（r/min）				
	1500	1000	750	600	500
	功率（kW）				
315M2	200	160	132	90	
315M3	220				
315M4	250				
355M1		185			
355M2	280	200	160	110	
355M3	315	220	185	132	
355M4		250	200		90
355L1	355	280	220	160	110
355L2			250	185	132

表 4-51　YR 系列（IP23）三相异步电动机效率及功率因数值指标（机座号 315～355）

功率（kM）	同步转速（r/min）									
	1500	1000	750	600	500	1500	1000	750	600	500
	效率（%）					功率因数（cosφ）				
55				90.0					0.74	
75				91.0						
90			92.0	91.5	91.0				0.75	0.74
110		92.5	92.5	92.0	91.3			0.79	0.78	0.75
132		92.8	92.8	92.3	91.5					
160	92.5	93.3	93.3	92.3			0.86		0.79	
185	92.8	93.3	93.3	92.5				0.81		
200	93.3	93.5	93.3			0.87				
220	93.3	93.5	93.5							
250	93.5	93.8	93.5				0.87	0.80		
280	93.8	93.8				0.89				

续表

功率(kM)	同步转速(r/min)									
	1500	1000	750	600	500	1500	1000	750	600	500
	效率(%)					功率因数(cosφ)				
315	94.0					0.89				
355	94.3									

表 4-52 YR系列(IP44)三相异步电动机技术数据(机座号132~280)

机座号	额定功率(kW)	额定电压(V)	满载时		最大转矩/额定转矩	转子	
			效率(%)	功率因数(cosφ)		电流(A)	电压(V)
同步转速1500r/min							
132M1	4	380	84.5	0.77	3.0	230	11.5
132M2	5.5		86.5			272	13.0
160M	7.5		87.5	0.83		250	19.5
160L	11		89.5			276	25.0
180L	15			0.85		278	34.0
200L1	18.5		90.0	0.86		247	47.5
200L2	22		91.0			293	47.0
225M	30		91.5	0.87		360	51.5
250M1	37			0.86		289	79.0
250M2	45			0.87		340	81.0
280S	55		92.5	0.88		485	70.0
280M	75					354	128.0
同步转速1000r/min							
132M1	3	380	80.5	0.69	2.8	206	9.5
132M2	4		82.5			230	11.0

续表

<table>
<tr><th rowspan="2">机座号</th><th rowspan="2">额定功率
(kW)</th><th rowspan="2">额定电压
(V)</th><th colspan="2">满载时</th><th rowspan="2">最大转矩/额定转矩</th><th colspan="2">转子</th></tr>
<tr><th>效率
(%)</th><th>功率因数
(cosφ)</th><th>电流
(A)</th><th>电压
(V)</th></tr>
<tr><td colspan="8">同步转速 1000r/min</td></tr>
<tr><td>160M</td><td>5.5</td><td rowspan="10">380</td><td>84.5</td><td rowspan="2">0.74</td><td rowspan="10">2.8</td><td>244</td><td>14.5</td></tr>
<tr><td>160L</td><td>7.5</td><td>86.0</td><td>266</td><td>18.0</td></tr>
<tr><td>180L</td><td>11</td><td>87.5</td><td rowspan="2">0.81</td><td>310</td><td>22.5</td></tr>
<tr><td>200L</td><td>15</td><td rowspan="2">88.5</td><td>198</td><td>48.0</td></tr>
<tr><td>225M1</td><td>18.5</td><td rowspan="2">0.83</td><td>187</td><td>62.5</td></tr>
<tr><td>225M2</td><td>22</td><td>89.5</td><td>224</td><td>61.0</td></tr>
<tr><td>250M1</td><td>30</td><td>90.0</td><td rowspan="2">0.84</td><td>282</td><td>66.0</td></tr>
<tr><td>250M2</td><td>37</td><td>90.5</td><td>331</td><td>69.0</td></tr>
<tr><td>280S</td><td>45</td><td>91.5</td><td rowspan="2">0.85</td><td>362</td><td>76.0</td></tr>
<tr><td>280M</td><td>55</td><td>92.5</td><td>423</td><td>80.0</td></tr>
<tr><td colspan="8">同步转速 750r/min</td></tr>
<tr><td>160M</td><td>4</td><td rowspan="10">380</td><td>82.5</td><td>0.69</td><td rowspan="10">2.4</td><td>216</td><td>12.0</td></tr>
<tr><td>160L</td><td>5.5</td><td>83.0</td><td>0.71</td><td>230</td><td>15.5</td></tr>
<tr><td>180L</td><td>7.5</td><td>85.0</td><td rowspan="2">0.73</td><td>255</td><td>19.0</td></tr>
<tr><td>200L</td><td>11</td><td>86.0</td><td>152</td><td>46.0</td></tr>
<tr><td>225M1</td><td>15</td><td>88.0</td><td rowspan="2">0.75</td><td>169</td><td>56.0</td></tr>
<tr><td>225M2</td><td>18.5</td><td>89.0</td><td>211</td><td>54.0</td></tr>
<tr><td>250M1</td><td>22</td><td>88.0</td><td>0.78</td><td>210</td><td>65.5</td></tr>
<tr><td>250M2</td><td>30</td><td>89.5</td><td>0.77</td><td>270</td><td>69.0</td></tr>
<tr><td>280S</td><td>37</td><td>91.0</td><td>0.79</td><td>281</td><td>81.5</td></tr>
<tr><td>280M</td><td>45</td><td>92.0</td><td>0.80</td><td>359</td><td>76.0</td></tr>
</table>

表 4-53　YR 系列（IP23 或 IP44）大型三相异步电动机（6000V）的机座号与转速及功率的对应关系（机座号 710～1000）

机座号	同　步　转　速 (r/min)					
	1500	1000	750	600	500	375
	功　率 (kW)					
710	2800	2000	1800	1400	1120	630
	3150	2240	2000	1600	1250	710
	3550	2500	2240	1800	1400	800
	4000	2800				900
800	4500	3150	2500	2000	1600	1000
	5000	3550	2800	2240	1800	1120
	5600	4000	3150	2500	2000	1250
		4500			2240	1400
900			3550	2800	2500	1600
			4000	3150	2800	1800
			4500	3550	3150	2000
				4000		
1000				4500	3550	2240
				6000	4000	2500
				5600	4500	2800
					5000	

表 4-54　YR 系列（IP23 或 IP44）大型三相异步电动机（6000V）效率及功率因数值指标（机座号 710～1000）

<table>
<tr><th rowspan="3">功率 (kW)</th><th colspan="12">同　步　转　速 (r/min)</th></tr>
<tr><th>1500</th><th>1000</th><th>750</th><th>600</th><th>500</th><th>375</th><th>1500</th><th>1000</th><th>750</th><th>600</th><th>500</th><th>375</th></tr>
<tr><th colspan="6">效　率 (%)</th><th colspan="6">功　率　因　数 (cosφ)</th></tr>
<tr><td>630</td><td></td><td></td><td></td><td></td><td></td><td>92.3</td><td></td><td></td><td></td><td></td><td></td><td rowspan="6">0.72</td></tr>
<tr><td>710</td><td></td><td></td><td></td><td></td><td></td><td>92.6</td><td></td><td></td><td></td><td></td><td></td></tr>
<tr><td>800</td><td></td><td></td><td></td><td></td><td></td><td>92.7</td><td></td><td></td><td></td><td></td><td></td></tr>
<tr><td>900</td><td></td><td></td><td></td><td></td><td></td><td>92.8</td><td></td><td></td><td></td><td></td><td></td></tr>
<tr><td>1000</td><td></td><td></td><td></td><td></td><td></td><td>92.9</td><td></td><td></td><td></td><td></td><td></td></tr>
<tr><td>1120</td><td></td><td></td><td></td><td></td><td>93.8</td><td>93.0</td><td></td><td></td><td></td><td></td><td rowspan="2">0.78</td></tr>
<tr><td>1250</td><td></td><td></td><td></td><td></td><td>93.9</td><td>93.1</td><td></td><td></td><td></td><td></td><td>0.74</td></tr>
</table>

续表

功率(kW)	同步转速(r/min)											
	1500	1000	750	600	500	375	1500	1000	750	600	500	375
	效率(%)						功率因数(cosφ)					
1400				94.4	94.0	93.2						
1600				94.5	94.1	93.3						
1800			95.0	94.6	94.2	93.4				0.81	0.78	
2000		95.6	95.1	94.7	94.3	93.5						0.74
2240			95.2	94.8	94.4	93.6			0.83			
2500		95.7	95.3	94.9	94.5	93.7						
2800	95.8		95.4	95.0	94.6	93.8						
3150	95.9	95.8	95.5	95.1	94.7			0.85				
3550	96.0	95.9	95.6	95.2	94.8						0.79	
4000	96.1	96.0	95.7	95.3	94.9		0.87		0.84	0.82		
4500	96.2	96.1	95.8	95.4	95.0							
5000	96.3	96.2	95.9	95.5	95.1							
5600	96.4			95.6								
6300	96.5			95.7								

表 4-55　YR 系列(IP23 或 IP44)大型三相异步电动机(6000V)的机座号与转速及功率的对应关系(机座号 710～1000)

机座号	同步转速(r/min)				
	1500	1000	750	600	500
	功率(kW)				
710	2500 2800 3150 3550	2000 2240 2500			
800	400 4500 5000 5600	2800 3150 3550	2500 2800		

续表

机座号	同　步　转　速（r/min）				
	1500	1000	750	600	500
	功　率（kW）				
900		4000 4500 5000	3150 3550	2500 2800	
1000			4000 4500 5000	3150 3550	2500 2800 3150 3550

表 4-56　YR 系列（IP23 或 IP44）大型三相异步电动机（10000V）效率及功率因数值指标（机座号 710～1000）

<table>
<tr><th rowspan="3">功率
(kW)</th><th colspan="10">同　步　转　速（r/min）</th></tr>
<tr><th>1500</th><th>1000</th><th>750</th><th>600</th><th>500</th><th>1500</th><th>1000</th><th>750</th><th>600</th><th>500</th></tr>
<tr><th colspan="5">效　率（%）</th><th colspan="5">功　率　因　数（cosφ）</th></tr>
<tr><td>2000</td><td></td><td>95.4</td><td></td><td></td><td></td><td></td><td rowspan="4">0.83</td><td></td><td></td><td></td></tr>
<tr><td>2240</td><td></td><td>95.4</td><td></td><td></td><td></td><td></td><td></td><td></td><td></td></tr>
<tr><td>2500</td><td>95.6</td><td>95.5</td><td>95.0</td><td>94.6</td><td>94.2</td><td rowspan="4">0.85</td><td rowspan="3">0.82</td><td rowspan="2">0.80</td><td rowspan="2">0.77</td></tr>
<tr><td>2800</td><td>95.6</td><td>95.5</td><td>95.1</td><td>94.7</td><td>94.3</td></tr>
<tr><td>3150</td><td>95.7</td><td>95.6</td><td>95.2</td><td>94.8</td><td>94.4</td><td rowspan="4">0.84</td><td rowspan="2">0.81</td><td rowspan="2">0.78</td></tr>
<tr><td>3550</td><td>95.8</td><td>95.7</td><td>95.3</td><td>94.9</td><td>94.5</td><td rowspan="3">0.83</td></tr>
<tr><td>4000</td><td>95.9</td><td>95.8</td><td>95.4</td><td></td><td></td><td rowspan="4">0.86</td><td></td><td></td></tr>
<tr><td>4500</td><td>96.0</td><td>95.9</td><td>95.5</td><td></td><td></td><td></td><td></td></tr>
<tr><td>5000</td><td>96.1</td><td>96.0</td><td>95.6</td><td></td><td></td><td></td><td></td></tr>
<tr><td>5600</td><td>96.2</td><td></td><td></td><td></td><td></td><td></td><td></td><td></td><td></td></tr>
</table>

3. YD 系列变极多速三相异步电动机

本系列产品是 Y 系列三相异步电动机派生出来的统一设计新产品。其结构、外形、安装方法及安装尺寸都和 Y 系列电动机相同。它是利用改变定子绕组极数来达到有级变速的目的。这类电动机具有可随负载性质的要求而有级地变化转速，从而达到功率的合理匹配和简化变速系统的特点。

本系列电动机双速的定子为单绕组；三速和四速的定子为双绕组，绕组的接法见表 4-57。

表 4-57 YD 系列多速电动机绕组的接法及出线端数表

极 数	4/2	6/4	8/4	8/6	12/6	6/4/2	8/4/2	8/6/4	12/8/6/4
接 法	△/YY					Y/△/YY		△/Y/YY	△/△/YY/YY
出线端数	6					9			12

YD 系列多速电动机的技术数据，见表 4-58。

表 4-58 YD 系列多速电动机技术数据

型 号	额定功率 (kW)	额定电压 (V)	满载时		堵转电流/额定电流	堵转转矩/额定转矩
			电 流 (A)	转 速 (r/min)		
YD801—4/2	0.45/0.55	380	1.4/1.5	1420/2860	6.5/7	1.5/1.7
YD802—4/2	0.55/0.75		1.7/2.0			1.6/1.8
YD90S—4/2	0.85/1.1		2.3/2.8	1430/2850		1.8/1.9
YD90L—4/2	1.3/1.8		3.3/4.3			1.8/2
YD100L1—4/2	2/2.4		4.8/5.6			1.7/1.9
YD100L2—4/2	2.4/3		5.6/6.7			1.6/1.7
YD112M—4/2	3.3/4		7.4/8.6	1450/2990		1.9/2
YDB2S—4/2	4.5/5.5		9.8/11.9	1450/2860		1.7/1.8
YD132M—4/2	6.5/8		13.8/17.1	1450/2880		
YD160M—4/2	9/11		18.5/22.9	1460/2920		1.6/1.8
YD160L—4/2	11/14		22.3/28.8			1.7/1.9
YD180M—4/2	15/18.5		29.4/36.7	1470/2940		1.8/1.9
YD180L—4/2	18.5/22		35.9/42.7			1.6/1.8

续表

型号	额定功率（kW）	额定电压（V）	满载时		堵转电流/额定电流	堵转转矩/额定转矩
			电流（A）	转速（r/min）		
YD90S—6/4	0.65/0.85	380	2.2/2.3	920/1420	6/6.5	1.6/1.4
YD90L—6/4	0.85/1.1		2.8/3.0	930/1420		1.6/1.5
YD100L1—6/4	1.3/1.8		3.8/4.4	940/1440		1.7/1.4
YD100L2—6/4	1.5/2.2		4.3/5.4			1.6/1.4
YD112M—6/4	2.2/2.8		5.7/6.7	960/1440		1.8/1.5
YD132S—6/4	3/4		7.7/9.5	970/1440		1.8/1.7
YD132M—6/4	4/5.5		9.8/12.3			1.6/1.4
YD160M—6/4	6.5/8		15.1/17.4	970/1460		1.5/1.5
YD160L—6/4	9/11		20.6/23.4			
YD180M—6/4	11/14		25.9/29.8	980/1470		
YD180L—6/4	13/16		29.4/33.6			1.7/1.7
YD90L—8/4	0.45/0.75	380	1.9/1.8	670/1420	5.5/6.5	1.6/1.4
YD100L—8/4	0.85/1.5		3.1/3.5	700/1410		
YD112M—8/4	1.5/2.4		5/5.3			1.7/1.7
YD132S—8/4	2.2/3.3		7/7.1	720/1440		1.5/1.7
YD132M—8/4	3/4.5		9.0/9.4			1.5/1.6
YD160M—8/4	5/7.5		13.9/15.2	730/1450		
YD160L—8/4	7/11		19/21.8			
YD180L—8/4	11/17		26.7/32.3	730/1470	6/7	1.5/1.5
YD90S—8/6	0.35/0.43	380	1.6/1.4	700/930	5/6	1.8/2.0
YD90L—8/6	0.45/0.65		1.9/1.9			1.7/1.8
YD100L—8/6	0.75/1.1		2.9/3.1	710/950		1.8/1.9
YD112M—8/6	1.3/1.8		4.5/4.8			1.7/1.9
YD132S—8/6	1.8/2.4		5.8/6.2	730/970		1.6/1.9
YD132M—8/6	2.6/3.7		8.2/9.4			1.9/1.9

续表

型号	额定功率 (kW)	额定电压 (V)	满载时		堵转电流/额定电流	堵转转矩/额定转矩
			电流 (A)	转速 (r/min)		
YD160M—8/6	4.5/6.0	380	13.3/14.7	730/980	5/6	1.6/1.9
YD160L—8/6	6/8		17.5/19.4			
YD180M—8/6	7.5/10		21.9/24.2			1.9/1.9
YD180L—8/6	9/12		24.8/28.3			1.8/1.8
YD160M—12/6	2.6/5	380	11.6/11.9	480/970	4/6	1.2/1.4
YD160L—12/6	3.7/7		16.1/15.8			
YD180L—12/6	5.5/10		19.6/20.5	490/980	4/4	1.3/1.3
YD100L—6/4/2	0.75/1.3/1.8	380	2.6/3.7/4.5	950/1450/2900	5.5/6.7	1.8/1.6/1.6
YD112M—6/4/2	1.1/2/2.4		3.5/5.1/5.8	960/1450/2920		1.7/1.4/1.6
YD132S—6/4/2	5.1/2.6/3		5.1/6.1/7.4	970/1460/2910		1.4/1.3/1.7
YD132M1—6/4/2	2.2/3.3/4		6/7.5/8.8			1.3/1.3/1.7
YD132M2—6/4/2	2.6/4/3		6.9/9/10.8			1.5/1.4/1.7
YD160M—6/4/2	3.7/5/6		9.5/11.2/13.2	980/1470/2930		1.5/1.3/1.4
YD160L—6/4/2	4.5/7/9		11.4/15.1/18.8			1.5/1.2/1.3
YD112M—8/4/2	0.65/2/2.4		2.7/5.1/5.8	700/1450/2920	4.5/6.7	1.4/1.3/1.2
YD132S—8/4/2	1/2.6/3		3.6/6.1/7.1	720/1460/2910		1.4/1.2/1.0
YD132M—8/4/2	1.3/3.7/4.5		4.6/8.4/10			1.5/1.3/1.4
YD160M—8/4/2	2.2/5/6		7.6/11.2/13.2	720/1440/2910		1.4/1.3/1.4
YD160L—8/4/2	2.8/7/9		9.2/15.1/18.8			1.3/1.2/1.3
YD112M—8/6/4	0.85/1.0/1.3	380	3.7/3.1/3.5	710/950/1440	5.5/6.5/7	1.7/1.3/1.5
YD132S—8/6/4	1.1/1.5/1.8		4.1/4.2/4.0	730/970/1460		1.4/1.3/1.3
YD132M1—8/6/4	1.5/2/2.2		5.2/5.4/4.9			1.3/1.5/1.4
YD132M2—8/6/4	1.8/3.6/3		6.1/6.8/6.5			1.5/1.7/1.5

续表

型　号	额定功率(kW)	额定电压(V)	满载时 电流(A)	满载时 转速(r/min)	堵转电流/额定电流	堵转转矩/额定转矩
YD160M—8/6/4	3.3/4/5.5	380	10.2/9.9/11.6	720/960/1440	5.5/6.5/7	1.7/1.4/1.5
YD160L—8/6/4	4.5/6/7.5		13.8/14.5/15.6			1.6/1.6/1.5
YD180L—8/6/4	7/9/12		20.2/20.6/24.1	740/680/1470	6.5/7/7	1.7/1.7/1.5
YD180L—12/8/6/4	3.3/5/6.5/9	380	13/16/14/19	480/740/970/1470	5/6/6/7	1.6/1.5/1.3/1.3

注　1. 表中斜线前后的技术数据是与电动机型号中的极数相对应的。

2. 最大转矩与额定转矩的比值为1∶8。

四、小功率及特殊用途的三相异步电动机

（一）小功率三相异步电动机

一般额定功率在1.1kW及以下的三相异步电动机为小功率三相异步电动机。AO2系列小功率三相异步电动机是新设计制造的产品，它具有结构简单，运行可靠、维护方便、启动和运行性能良好及技术经济指标优异等优点。电动机采用E级绝缘，外壳防护等级为（IP44）。

1. AO2系列、AO2延伸系列小功率三相异步电动机

AO2系列小功率三相异步电动机的技术数据，见表4-59～表4-60。

表4-59　AO2系列小功率三相异步电动机技术数据

型　号	功率(W)	电压(V)	电流(A)	同步转速(r/min)	效率(%)	功率因数(cosφ)	堵转电流/额定电流	堵转转矩/额定转矩	最大转矩/额定转矩
AO2—4512	16	380	0.09	3000	46	0.57	6	2.2	2.4
AO2—4522	25		0.12		52	0.60			
AO2—4514	10		0.12	1500	28	0.45			
AO2—4524	16		0.17		32	0.49			

续表

型　号	功率(W)	电压(V)	电流(A)	同步转速(r/min)	效率(%)	功率因数(cosφ)	堵转电流/额定电流	堵转转矩/额定转矩	最大转矩/额定转矩
AO2—5012	40	380	0.18	3000	55	0.65	6	2.2	2.4
AO2—5022	60		0.24		60	0.66			
AO2—5014	25		0.22	1500	42	0.53			
AO2—5024	40		0.26		50	0.54			
AO2—5612	90	380	0.32	3000	62	0.68	6	2.2	2.4
AO2—5622	120		0.37		67	0.71			
AO2—5614	60		0.33	1500	56	0.58			
AO2—5624	90		0.39		58	0.61			
AO2—6312	180	380	0.52	3000	69	0.75	6	2.2	2.4
AO2—6322	250		0.69		72	0.78			
AO2—6314	120		0.47	1500	66	0.63			
AO2—6324	180		0.65		40	0.66			
AO2—7112	370	380	0.97	3000	73.5	0.80	6	2.2	2.4
AO2—7122	550		1.38		75.5	0.82			
AO2—7114	250		0.83	1500	67	0.68			
AO2—7124	370		1.16		69.5	0.72			
AO2—8012	750	380	1.83	3000	76.3	0.85	6	2.2	2.4
AO2—8014	550		1.61	1500	73.5	0.73			
AO2—8024	750		2.08		75.5	0.75			

表 4-60　AO2 系列小功率三相异步电动机（延伸规格）技术数据

型　号	功率(W)	电压(V)	电流(A)	转速(r/min)	效率(%)	功率因数(cosφ)	堵转电流/额定电流	堵转转矩/额定转矩	最大转矩/额定转矩
AO2—5034	60	380	0.33	1400	50	0.56	6	2.2	2.4
AO2—5032	90			2800	61	0.69			

续表

型号	功率(W)	电压(V)	电流(A)	转速(r/min)	效率(%)	功率因数($\cos\varphi$)	堵转电流/额定电流	堵转转矩/额定转矩	最大转矩/额定转矩
AO2—5634	120	380	0.47	1400	62	0.63	6	2.2	2.4
AO2—5632	180		0.55	2800	69	0.72			
AO2—6334	250	380	0.83	1400	67	0.68	6	2.2	2.4
AO2—6332	370		0.96	2800	73	0.80			
AO2—7134	550	380	1.56	1400	73.5	0.73	6	2.2	2.4
AO2—7132	750		1.75	2800	76.5	0.85			
AO2—8018	250	380	1.13	700	58	0.58	6	1.8	1.9
AO2—8028	370		1.56		60	0.60			
AO2—8016	370	380	1.21	900	68	0.68	6	2.0	2.0
AO2—8026	550		1.70		70	0.70			
AO2—8036	550		2.51		73	0.73		2.2	2.4
AO2—8034	1100	380	2.78	1400	78	0.77	7	2.2	2.4
AO2—8032	1500		3.44	2800		0.85			
AO2—8022	1100		2.55		77				
AO2—90S4	1100	380	2.52	1400	78	0.85	7	2.2	2.2
AO2—90S2	1500		3.44	2800					
AO2—90L4	1500		3.70	1400		0.79			
AO2—90L2	2200		4.74	2800	82	0.86			
AO2—9034	2200		5.06	1400	81	0.82			
AO2—9032	3000		6.39	2800	82	0.87			

2. 其他系列的小功率三相异步电动机

YS 系列、90A 系列、YSS 系列、YZA 系列、AWB 系列小功率电动机及 GA 系列钢板壳小功率电动机、YSD 系列变极双速小功率三相异步电动机、YBSO 系列小功率隔爆型三相异步电动机的技术数据，见表 4-61～表 4-68。

表 4-61 YS系列小功率三相异步电动机技术数据

型号	功率（W）	电压（V）	电流（A）	转速（r/min）	效率（%）	功率因数（cosφ）	堵转电流/额定电流	堵转转矩/额定转矩	最大转矩/额定转矩
YS4512	16	380	0.085	2800	46	0.57	6	2.2	2.4
YS4522	25		0.12		52	0.60			
YS4514	10	380	0.12	1400	28	0.45	6	2.2	2.4
YS4524	16		0.15		32	0.49			
YS5012	40	380	0.17	2800	55	0.65	6	2.2	2.4
YS5022	60		0.23		60	0.66			
YS5014	25	380	0.17	1400	42	0.53	6	2.2	2.4
YS5024	40		0.22		50	0.54			
YS5612	90	380	0.32	2800	62	0.68	6	2.2	2.4
YS5622	120		0.38		67	0.71			
YS5614	60	380	0.28	1400	56	0.58	6	2.2	2.4
YS5624	90		0.39		58	0.61			
YS6312	180	380	0.53	2800	69	0.75	6	2.2	2.4
YS6322	250		0.67		72	0.78			
YS6314	120	380	0.48	1400	60	0.63	6	2.2	2.4
YS6324	180		0.64		64	0.66			
YS7112	370	380	0.95	2800	73.5	0.80	6	2.2	2.4
YS7122	550		1.34		75.5	0.82			
YS7114	250	380	0.83	1400	67	0.68	6	2.2	2.4
YS7124	370		1.12		69.5	0.72			
YS8012	750	380	1.74	2800	76.5	0.85	6	2.2	2.4
YS8022	1100		2.6		77	0.85			
YS8014	550	380	1.6	1400	73.5	0.73	6	2.2	2.4
YS8024	750		2.0		75.5	0.75			

注 该系列电机主要用于驱动各种小型机械。

表 4-62　90A 系列小功率三相异步电动机技术数据（额定电压 380V）

型　号	额定功率 (W)	额定转速 (r/min)	效　率 (%)	功率因数 (cosφ)	堵转转矩/额定转矩	最大转矩/额定转矩
90A12	370	2800	72	0.80	2.2～3.5	2.4～4
90A14	250	1400	67	0.68		
90A24	370		69	0.70		
90A16	180	950	57	0.60		
90A26	250		61	0.63		
90A36	370		63	0.66		

注　该系列电动机适用于驱动家电产品、医疗器械及小型机床等要求低振动，低噪声的环境中使用。

表 4-63　YSS 系列小功率三相异步电动机（额定电压 380V）

型　　号	功　率 (W)	电　流 (A)	转　速 (r/min)	堵转电流/额定电流	堵转转矩/额定转矩	最大转矩/额定转矩
YSS4522	40	0.15	2800	6	2.2	2.4
YSS4512	25	0.10				
YSS4524	25	0.20	1400	6	2.2	2.4
YSS4514	15	0.10				
YSS5022	90	0.25	2800	6	2.2	2.4
YSS5012	60	0.20				
YSS5024	60	0.30	1400	6	2.2	2.4
YSS5014	40	0.25				
YSS5622	180	0.45	2800	6	2.2	2.4
YSS5612	120	0.35				
YSS5624	120	0.50	1400	6	2.2	2.4
YSS5614	90	0.40				
YSS6322	370	0.95	2800	6	2.2	2.4
YSS6312	250	0.65				
YSS6324	250	0.90	1400	6	2.2	2.4

续表

型　　号	功　率 (W)	电　流 (A)	转　速 (r/min)	堵转电流 额定电流	堵转转矩 额定转矩	最大转矩 额定转矩
YSS6314	180	0.65	1400	6	2.2	2.4
YSS7132	1100	2.55	2800	6	2.2	2.4
YSS7122	750	1.8				
YSS7112	550	1.35				
YSS7134	750	2.1	1400	6	2.2	2.4
YSS7124	550	1.6				
YSS7114	370	1.05				

注　该系列电动机适用于驱动各种小型机械设备、医疗器械、家用电器及仪器仪表专用配套。

表 4-64　YZA 系列小功率三相异步电动机技术数据（额定电压 380V）

型　　号	功　率 (W)	电　流 (A)	转　速 (r/min)	堵转电流 额定电流	堵转转矩 额定转矩	最大转矩 额定转矩
YZA5012	25	0.11	2800	6	2.2	2.4
YZA5012	40	0.16				
YZA5022	60	0.22		6	2.2	2.4
YZA5032	90	0.31				
YZA5014	15	0.15	1400	6	2.2	2.4
YZA5014	25	0.18				
YZA5024	40	0.24				
YZA5034	60	0.30				
YZA5612	120	0.37	2800	6	2.2	2.4
YZA5622	180	0.52				
YZA5632	250	0.68				
YZA5614	90	0.39	1400	6	2.2	2.4
YZA5624	120	0.47				
YZA5634	180	0.63				

续表

型号	功率(W)	电流(A)	转速(r/min)	堵转电流/额定电流	堵转转矩/额定转矩	最大转矩/额定转矩
YZA5638	60		670	4	1.6	1.9
YZA7112	370	0.97	2800	6	2.2	2.4
YZA7122	550	1.38				
YZA7132	750	1.82				
YZA7114	250	0.81	1400	6	2.2	2.4
YZA7124	370	1.12				
YZA7134	550	1.57				
YZA7138	150	0.80	670	4	1.6	1.9

注 该系列电动机适用于驱动小型机床、医疗器械、家用电器及自动装置。

表 4-65 AWB 系列微型泵用小功率三相异步电动机技术数据（额定电压 380V）

型号	额定功率(W)	电流(A)	同步转速(r/min)	效率(%)	功率因数(cosφ)	堵转电流/额定电流	堵转转矩/额定转矩	最大转矩/额定转矩
AWB7112	370	0.95	3000	73.5	0.80	6	2.2	2.4
AWB7122	350	1.35		75.5	0.82			
AWB8012	750	1.75	3000	76.5	0.85	6	2.2	2.4
AWB8022	1100	2.55		77	0.86			

注 该系列电动机适用于与 WB 型微型泵配套，也可与其他形式的微型泵和设备配套使用。

表 4-66 GA 系列钢板壳小功率三相异步电动机技术数据（额定电压 380V）

型号	功率(W)	极数	转速(r/min)	效率(%)	功率因数(cosφ)	堵转电流/额定电流	堵转转矩/额定转矩
GA50	60	2	2800	60	0.66	6.5	2.2
	40			55	0.65		
		4	1400	50	0.54		
	25			42	0.53		

续表

<table>
<tr><th>型号</th><th>功率
(W)</th><th>极数</th><th>转速
(r/min)</th><th>效率
(%)</th><th>功率因数
(cosφ)</th><th>堵转电流/额定电流</th><th>堵转转矩/额定转矩</th></tr>
<tr><td rowspan="4">GA56</td><td>120</td><td rowspan="2">2</td><td rowspan="2">2800</td><td>67</td><td>0.71</td><td rowspan="4">6.5</td><td rowspan="4">2.2</td></tr>
<tr><td rowspan="2">90</td><td>52</td><td>0.68</td></tr>
<tr><td rowspan="2">4</td><td rowspan="2">1400</td><td>58</td><td>0.61</td></tr>
<tr><td>60</td><td>56</td><td>0.58</td></tr>
<tr><td rowspan="4">GA63</td><td>250</td><td rowspan="2">2</td><td rowspan="2">2800</td><td>72</td><td>0.78</td><td rowspan="4">6.5</td><td rowspan="4">2.2</td></tr>
<tr><td rowspan="2">180</td><td>69</td><td>0.75</td></tr>
<tr><td rowspan="2">4</td><td rowspan="2">1400</td><td>64</td><td>0.66</td></tr>
<tr><td>120</td><td>60</td><td>0.63</td></tr>
<tr><td rowspan="4">GA71</td><td>550</td><td rowspan="2">2</td><td rowspan="2">2800</td><td>75.5</td><td>0.82</td><td rowspan="4">6.5</td><td rowspan="4">2.2</td></tr>
<tr><td rowspan="2">370</td><td>73.5</td><td>0.80</td></tr>
<tr><td rowspan="2">4</td><td rowspan="2">1400</td><td>69.5</td><td>0.72</td></tr>
<tr><td>250</td><td>67</td><td>0.68</td></tr>
<tr><td rowspan="4">GA80</td><td>750</td><td rowspan="2">2</td><td rowspan="2">2800</td><td>76.5</td><td>0.85</td><td rowspan="4">6.5</td><td rowspan="4">2.2</td></tr>
<tr><td>550</td><td>75.5</td><td>0.82</td></tr>
<tr><td>750</td><td rowspan="2">4</td><td rowspan="2">1400</td><td>75.5</td><td>0.75</td></tr>
<tr><td>550</td><td>73</td><td>0.73</td></tr>
<tr><td rowspan="4">GA90</td><td>1500</td><td rowspan="2">2</td><td rowspan="2">2800</td><td>78</td><td>0.85</td><td rowspan="2">7.0</td><td rowspan="2">2.2</td></tr>
<tr><td>1100</td><td>77</td><td>0.86</td></tr>
<tr><td>1500</td><td rowspan="2">4</td><td rowspan="2">1400</td><td>79</td><td>0.79</td><td rowspan="2">6.5</td><td rowspan="2">2.3</td></tr>
<tr><td>1100</td><td>78</td><td>0.78</td></tr>
</table>

注 该系列电动机适用于驱动各种小型机械设备。

表 4-67 YSD系列变极双速小功率三相异步电动机技术数据（额定电压380V）

型号	功率(W)	电流(A)	转速(r/min)	堵转电流/额定电流	堵转转矩/额定转矩	最大转矩/额定转矩	效率(%)	功率因数(cosφ)
YSD631—4/2	100/150	0.40/0.43	1330/2650	6/6.5	2.0/1.7	1.8	59/65	0.65/0.82

续表

型　　号	功率(W)	电流(A)	转速(r/min)	堵转电流/额定电流	堵转转矩/额定转矩	最大转矩/额定转矩	效率(%)	功率因数(cosφ)
YSD632—4/2	150/200	0.51/0.53	1330/2700	6/6.5	1.7/1.8	1.8	58.5/60	0.77/0.88
YSD711—4/2	210/280	0.75/1.80			1.8/2.0		61/63	0.70/0.85
YSD712—4/2	300/430	0.94/1.17	1380/2750		1.8/1.7		65.5/64	0.74/0.87
YSD801—4/2	480/600	1.31/1.52	1390/2700		1.7/1.8		71.5/69	0.78/0.87
YSD802—4/2	700/850	2.0/2.2	880/1390		2.0/2.2		70/68.5	0.75/0.85
YSD801—6/4	380/500	1.15/1.35	880/1390	5.5/6	1.6/1.4		63.5/67	0.81/0.85
YSD802—6/4	480/680	1.51/1.05	880/1395		1.8/1.5		66/68	0.73/0.82
YSD90S—4/2	1100/1400	2.8/3.4	1395/2795	6/6.5	2.2/2.4		74.5/72	0.80/0.87
YSD90L—4/2	1500/1900	3.8/4.63	1400/2800		2.2/2.4		78/71.5	0.77/0.87
YSD90S—6/4	630/900	1.88/2.4	900/1395	5.5/6	2.0/1.8		71.5/71.5	0.71/0.80
YSD90L—6/4	900/1300	2.63/3.5	910/1400		2.2/1.7		74/71.5	0.70/0.79
YSD90S—8/4	350/500	1.53/1.32	670/1375	5/6	2.0/1.6		55.5/67	0.62/0.86
YSD90L—8/4	500/700	1.85/1.6			1.8/1.8		62.5/76.5	0.65/0.87
YSD90S—8/6	300/400	1.33/1.15	670/900		1.5/1.7		59.5/68	0.67/0.78
YSD90L—8/6	400/550	1.43/1.54			1.6/1.6		60/67	0.71/0.81

注　该系列电动机适用于冶金、纺织、印染、化工、建筑、轻工及风机行业配套。

表 4-68 YBSO 系列小功率隔爆型三相异步电动机技术数据（额定电压 380V）

型　　号	功率 (W)	电流 (A)	同步转速 (r/min)	效率 (%)	功率因数 (cosφ)	堵转电流/额定电流	堵转转矩/额定转矩	最大转矩/额定转矩
YBSO—6312	180	0.53		69	0.75	6	2.2	2.4
YBSO—6322	250	0.67		72	0.78			
YBSO—6314	120	0.48	1400	60	0.63			
YBSO—6324	180	0.65		64	0.66			
YBSO—7112	370	0.95	2800	73.5	0.80	6	2.2	2.4
YBSO—7122	550	1.35		75.5	0.82			
YBSO—7114	250	0.83	1400	67	0.68			
YBSO—7124	370	1.12		69.5	0.72			
YBSO—8012	750	1.75	2800	76.5	0.85	6	2.2	2.4
YBSO—8022	1100	2.52		77	0.86			
YBSO—8014	550	1.55	1400	73.5	0.73			
YBSO—8024	750	2.01		75.5	0.75			

注　该系列电动机适用于爆炸环境中驱动各种小型生产机械。

（二）特殊用途的三相异步电动机

Y—W、Y—F、Y—WF、YH、YA、YB 等特殊用途的三相异步电动机的技术数据，见表 4-69～表 4-74。

表 4-69 Y—W 系列、Y—F 系列、Y—WF 系列三相异步电动机技术数据（机座号 80～315）

机座号	额定功率 (kW)	额定电压 (V)	满载时		堵转电流/额定电流	堵转转矩/额定转矩	最大转矩/额定转矩	最小转矩/额定转矩
			效率 (%)	功率因数 (cosφ)				
同步转速 3000r/min								
801	0.75	380	75.0	0.84	6.5	2.2	2.3	1.5
802	1.1		77.0	0.86	7.0			

续表

机座号	额定功率（kW）	额定电压（V）	满载时 效率（%）	满载时 功率因数（cosφ）	堵转电流/额定电流	堵转转矩/额定转矩	最大转矩/额定转矩	最小转矩/额定转矩
同步转速 3000r/min								
90S	1.5	380	78.0	0.85	7.0	2.2	2.3	1.5
90L	2.2		80.5	0.86				1.4
100L1	3		82.0	0.87				
100L2								
112M	4		85.5					
132S1	5.5			0.88		2.0		1.2
132S2	7.5		86.2					
160M1	11		87.2					
160M2	15		88.2					
160L	18.5		89.0	0.89			2.2	1.1
180M	22							
200L1	30		90.0					
200L2	37		90.5					
225M	45		91.5					1.0
250M	55							
280S	75		92.0					0.9
280M	90		92.5					
315S	110				6.8	1.8		
315M	132		93.0					
315L1	160		93.5					
315L2	200							0.8
同步转速 1500r/min								
801	0.55	380	73.0	0.76	6.0	2.4	2.3	1.7
802	0.75		74.5			2.3		1.6
90S	1.1		78.0	0.78	6.5			

续表

<table>
<tr><th rowspan="2">机座号</th><th rowspan="2">额定功率(kW)</th><th rowspan="2">额定电压(V)</th><th colspan="2">满载时</th><th rowspan="2">堵转电流/额定电流</th><th rowspan="2">堵转转矩/额定转矩</th><th rowspan="2">最大转矩/额定转矩</th><th rowspan="2">最小转矩/额定转矩</th></tr>
<tr><th>效率(%)</th><th>功率因数(cosφ)</th></tr>
<tr><td colspan="9">同步转速 1500r/min</td></tr>
<tr><td>90L</td><td>1.5</td><td rowspan="20">380</td><td>79.0</td><td>0.79</td><td>6.5</td><td>2.3</td><td rowspan="8">2.3</td><td>1.6</td></tr>
<tr><td>100L1</td><td>2.2</td><td>81.0</td><td>0.82</td><td rowspan="15">7.0</td><td rowspan="7">2.2</td><td rowspan="3">1.5</td></tr>
<tr><td>100L2</td><td>3</td><td>82.5</td><td>0.81</td></tr>
<tr><td>112M</td><td>4</td><td>84.5</td><td>0.82</td></tr>
<tr><td>132S</td><td>5.5</td><td>85.5</td><td>0.84</td><td rowspan="4">1.4</td></tr>
<tr><td>132M</td><td>7.5</td><td>87.0</td><td>0.85</td></tr>
<tr><td>160M</td><td>11</td><td>88.0</td><td>0.84</td></tr>
<tr><td>160L</td><td>15</td><td>88.5</td><td>0.85</td></tr>
<tr><td>180M</td><td>18.5</td><td>91.0</td><td rowspan="2">0.86</td><td rowspan="3">2.0</td><td rowspan="12">2.2</td><td rowspan="4">1.2</td></tr>
<tr><td>180L</td><td>22</td><td>91.5</td></tr>
<tr><td>200L</td><td>30</td><td>92.2</td><td rowspan="2">0.87</td></tr>
<tr><td>225S</td><td>37</td><td>91.8</td><td rowspan="2">1.9</td></tr>
<tr><td>225M</td><td>45</td><td>92.3</td><td rowspan="3">0.88</td><td rowspan="2">1.1</td></tr>
<tr><td>250M</td><td>45</td><td>92.6</td><td>2.0</td></tr>
<tr><td>280S</td><td>75</td><td>92.7</td><td rowspan="2">1.9</td><td rowspan="4">1.0</td></tr>
<tr><td>280M</td><td>90</td><td rowspan="2">93.5</td><td rowspan="5">0.89</td></tr>
<tr><td>315S</td><td>110</td><td rowspan="4">6.8</td><td rowspan="4">1.8</td></tr>
<tr><td>315M</td><td>132</td><td>94.0</td></tr>
<tr><td>315L1</td><td>160</td><td rowspan="2">94.5</td></tr>
<tr><td>315L2</td><td>200</td><td>0.9</td></tr>
<tr><td colspan="9">同步转速 1000r/min</td></tr>
<tr><td>90S</td><td>0.75</td><td rowspan="4">380</td><td>72.5</td><td>0.70</td><td rowspan="2">5.5</td><td rowspan="4">2.0</td><td rowspan="4">2.2</td><td>1.5</td></tr>
<tr><td>90L</td><td>1.1</td><td>73.5</td><td>0.72</td><td rowspan="3">1.3</td></tr>
<tr><td>100L</td><td>1.5</td><td>77.5</td><td rowspan="2">0.74</td><td rowspan="2">6.0</td></tr>
<tr><td>112M</td><td>2.2</td><td>80.5</td></tr>
</table>

续表

机座号	额定功率（kW）	额定电压（V）	满载时 效率（%）	满载时 功率因数（cosφ）	堵转电流/额定电流	堵转转矩/额定转矩	最大转矩/额定转矩	最小转矩/额定转矩
同步转速 1000r/min								
132S	3		83.0	0.76				
132M1	4		84.0	0.77			2.2	1.3
132M2	5.5		85.3			2.0		
160M	7.5		86.0	0.78				
160L	11		87.0					
180L	15		89.5	0.81				
200L	18.5		89.8	0.83		1.3		1.2
	22	380	90.2		6.5			
225M	30			0.85		1.7		
250M	37		90.8	0.86			2.0	
280S	45		92.0			1.8		1.1
280M	55							
315S	75		92.8					
315M	90		93.2	0.87		1.6		1.0
315L1	110		93.5					
315L2	132		93.8					
同步转速 750r/min								
132S	2.2		80.5	0.71	5.5			
132M	3		82.0	0.72				
160M1	4		84.0	0.73	6.0	2.0		1.2
160M2	5.5		85.0	0.74				
160L	7.5	380	86.0	0.75	5.5		2.0	
180L	11		87.5	0.77		1.7		
200L	15		88.0	0.76	6.0	1.8		1.1
225S	18.5		89.5			1.7		

续表

机座号	额定功率(kW)	额定电压(V)	满载时 效率(%)	满载时 功率因数(cosφ)	堵转电流/额定电流	堵转转矩/额定转矩	最大转矩/额定转矩	最小转矩/额定转矩
同步转速 750r/min								
225M	22	380	90.0	0.78	6.0	1.8	2.0	1.1
250M	30		90.5	0.80				
280S	37		91.0	0.79				
280M	45		91.7	0.80				1.0
315S	55		92.0		6.5	1.6		
315M	75		92.5	0.81				0.9
315L1	90		93.0	0.82				
315L2	110		93.3		6.3			
同步转速 600r/min								
315S	45	380	91.5	0.74	6.0	1.4	2.0	0.8
315M	55		92.0					
315L	75		92.5	0.75				

表 4-70　YH 系列高转差率三相异步电动机技术数据（380V）

型　　号	额定功率(kW)	接法	满载时 负载持续率(%)	满载时 转差率(%)	满载时 效率(%)	满载时 功率因数(cosφ)	堵转电流/额定电流
YH801—2	0.75	Y	60	11	71	0.86	5.5
YH802—2	1.1				73	0.87	
YH90S—2	1.5		40			0.85	

型　　号	堵转转矩/额定转矩	最大转矩/额定转矩	在各种负载持续率下的输出功率（kW） 15%	25%	40%	60%	100%
YH801—2	2.7	2.7	1.0	0.9	0.8	0.75	0.65
YH802—2			1.5	1.3	1.2	1.1	1.0
YH90S—2			1.8	1.6	1.5	1.3	1.1

续表

型号	额定功率（kW）	接法	满载时				堵转电流/额定电流
			负载持续率（%）	转差率（%）	效率（%）	功率因数（cosφ）	
YH90L—2	2.2	Y	40	11	75.5	0.86	5.5
YH100L—2	3.0			10	76	0.87	5.5
YH112M—2	4.0	△		9	77.5	0.89	
YH132S1—2	5.5				78	0.90	
YH132S2—2	7.5		25		78.5	0.91	
YH160M1—2	11			8	81	0.90	5.5
YH160M2—2	15				82	0.91	
YH160L—2	18.5				82.5		
YH801—4	0.55	Y	60	13	66.5	0.76	5.5
YH802—4	0.75				68	0.77	
YH90S—4	1.1				70	0.80	
YH90L—4	1.5				72		

型号	堵转转矩/额定转矩	最大转矩/额定转矩	在各种负载持续率下的输出功率（kW）				
			15%	25%	40%	60%	100%
YH90L—2	2.7	2.7	2.7	2.4	2.2	2.0	1.8
YH100L—2	2.7	2.7	3.8	3.3	3.0	2.7	2.4
YH112M—2			5.0	4.4	4.0	3.6	3.2
YH132S1—2			7.0	6.0	5.5	5.0	4.4
YH132S2—2			8.5	7.5	6.7	6.0	5.3
YH160M1—2	2.7	2.7	12.5	11	9.8	8.8	7.8
YH160M2—2			17	15	13.5	12	10.6
YH160L—2			21	18.5	16.5	14.5	13
YH801—4			0.75	0.65	0.6	0.55	0.48
YH802—4	2.7	2.7	1.0	0.9	0.8	0.57	0.66
YH90S—4			1.5	1.4	1.2	1.1	1.0
YH90L—4			2.0	1.8	1.6	1.5	1.3

续表

<table>
<tr><th rowspan="3">型　　号</th><th rowspan="3">额定功率
(kW)</th><th rowspan="3">接法</th><th colspan="4">满　　载　　时</th><th rowspan="3">堵转电流
额定电流</th></tr>
<tr><th>负载持续率</th><th>转差率</th><th>效　率</th><th>功率因数</th></tr>
<tr><th>(%)</th><th>(%)</th><th>(%)</th><th>(cosφ)</th></tr>
<tr><td>YH100L1—4</td><td>2.2</td><td rowspan="3">Y</td><td rowspan="5">40</td><td rowspan="2">13</td><td>73</td><td rowspan="2">0.83</td><td rowspan="3">5.5</td></tr>
<tr><td>YH100L2—4</td><td>3.0</td><td>74</td></tr>
<tr><td>YH112M—4</td><td>4.0</td><td>11</td><td>77</td><td>0.83</td></tr>
<tr><td>YH132S—4</td><td>5.5</td><td rowspan="4">△</td><td rowspan="2">10</td><td>77.5</td><td>0.86</td><td rowspan="2">5.5</td></tr>
<tr><td>YH132M—4</td><td>7.5</td><td>78</td><td>0.87</td></tr>
<tr><td>YH160M—4</td><td>11</td><td rowspan="2">25</td><td>9</td><td>80</td><td rowspan="2">0.86</td><td rowspan="2">5.5</td></tr>
<tr><td>YH160L—4</td><td>15</td><td>8</td><td>82</td></tr>
<tr><td>YH90S—6</td><td>0.75</td><td rowspan="5">Y</td><td rowspan="2">60</td><td rowspan="2">13</td><td>66.5</td><td>0.69</td><td rowspan="5">5.0</td></tr>
<tr><td>YH90L—6</td><td>1.1</td><td>67</td><td>0.72</td></tr>
<tr><td>YH100L—6</td><td>1.5</td><td rowspan="3">40</td><td rowspan="2">16</td><td>70</td><td rowspan="2">0.76</td></tr>
<tr><td>YH112M—6</td><td>2.2</td><td>73</td></tr>
<tr><td>YH132S—6</td><td>3.0</td><td>10</td><td>76</td><td>0.78</td></tr>
</table>

<table>
<tr><th rowspan="2">型　　号</th><th rowspan="2">堵转转矩
额定转矩</th><th rowspan="2">最大转矩
额定转矩</th><th colspan="5">在各种负载持续率下的输出功率 (kW)</th></tr>
<tr><th>15%</th><th>25%</th><th>40%</th><th>60%</th><th>100%</th></tr>
<tr><td>YH100L1—4</td><td rowspan="2">2.7</td><td rowspan="2">2.7</td><td>2.8</td><td>2.5</td><td>2.2</td><td>2.0</td><td>1.8</td></tr>
<tr><td>YH100L2—4</td><td>3.8</td><td>3.3</td><td>3.0</td><td>2.7</td><td>2.4</td></tr>
<tr><td>YH112M—4</td><td rowspan="3">2.7</td><td rowspan="3">2.7</td><td>5.0</td><td>4.5</td><td>4.0</td><td>3.6</td><td>3.2</td></tr>
<tr><td>YH132S—4</td><td>7.0</td><td>6.0</td><td>5.5</td><td>5.0</td><td>4.3</td></tr>
<tr><td>YH132M—4</td><td>9.5</td><td>8.4</td><td>7.5</td><td>6.6</td><td>6.0</td></tr>
<tr><td>YH160M—4</td><td rowspan="2">2.6</td><td rowspan="2">2.7</td><td>12.5</td><td>11</td><td>9.8</td><td>8.8</td><td>7.6</td></tr>
<tr><td>YH160L—4</td><td>16</td><td>15</td><td>13</td><td>11.5</td><td>10</td></tr>
<tr><td>YH90S—6</td><td rowspan="5">2.7</td><td rowspan="5">2.7</td><td>1.0</td><td>0.9</td><td>0.8</td><td>0.75</td><td>0.6</td></tr>
<tr><td>YH90L—6</td><td>1.5</td><td>1.3</td><td>1.2</td><td>1.1</td><td>0.9</td></tr>
<tr><td>YH100L—6</td><td>1.9</td><td>1.7</td><td>1.5</td><td>1.3</td><td>1.1</td></tr>
<tr><td>YH112M—6</td><td>2.7</td><td>2.4</td><td>2.2</td><td>1.9</td><td>1.7</td></tr>
<tr><td>YH132S—6</td><td>3.7</td><td>3.2</td><td>3.0</td><td>2.6</td><td>2.3</td></tr>
</table>

续表

型　　号	额定功率(kW)	接法	满载时 负载持续率(%)	满载时 转差率(%)	满载时 效率(%)	满载时 功率因数(cosφ)	堵转电流/额定电流
YH132M1—6	4.0	△	40	10	77	0.79	5.0
YH132M2—6	5.5				78		
YH160M—6	7.5		25	11	79	0.81	5.0
YH160L—6	11				80		
YH132S—8	2.2	Y	60	12	73	0.73	4.5
YH132M—8	3.0				74	0.75	
YH160M1—8	4.0	△		11	77	0.75	
YH160M2—8	5.5				78	0.77	
YH160L—8	7.5				79	0.78	

型　　号	堵转转矩/额定转矩	最大转矩/额定转矩	在各种负载持续率下的输出功率(kW) 15%	25%	40%	60%	100%
YH132M1—6	2.7	2.7	5.0	4.3	4.0	3.5	3.0
YH132M2—6			6.5	6.0	5.5	4.5	4.0
YH160M—6	2.5	2.5	8.5	7.5	7.0	6.0	5.0
YH160L—6			12.5	11	10	8.5	7.5
YH132S—8	2.6	2.6	3.2	2.8	2.7	2.2	1.9
YH132M—8			4.4	3.8	3.7	3.0	2.6
YH160M1—8	2.4	2.4	6.0	5.1	5.0	4.0	3.4
YH160M2—8			8.1	7.1	6.5	5.5	4.7
YH160L—8			10.1	8.7	8.5	7.5	6.5

表 4-71　YA 系列三相异步电动机的机座号与转速及功率的对应关系

机　座　号	同步转速(r/min) 3000	1500	1000	750
温度组别	T_1，T_2，T_3	T_1，T_2，T_3	T_1，T_2，T_3	T_1，T_2，T_3
	功　率(kW)			
801	0.75	0.55		

续表

机座号	同步转速（r/min）			
	3000	1500	1000	750
	温度组别			
	T_1，T_2，T_3	T_1，T_2，T_3	T_1，T_2，T_3	T_1，T_2，T_3
	功率（kW）			
802	1.1	0.75		
90S	1.5	1.1	0.75	
90L	2.2	1.5	1.1	
100L1	3	2.2	1.5	
100L2		3		
112M	4	4	2.2	
132S1、132S2	5.5　　7.5	5.5	3	2.2
132M1		7.5	4	3
132M2			5.5	
160L	11	11	7.5	4
180M	15　　11			5.5
180L	18.5　　15	15	11	7.5
200L1	12　　18.5	18.5		
200L2		22　　18.5	15	11
225S	30　　22	30　　22	18.5	15
225M	37　　30		22	
250M		37　　30		18.5
280S	45　　37	45　　37	30	22
280M	55　　45	55　　45	37	30
	75　　55	75　　55	45	37
	90　　75	90　　75	55	45

表 4-72　YA 系列三相异步电动机的堵转转矩倍数

<table>
<tr><th rowspan="5">功　率
(kW)</th><th colspan="6">同　步　转　速 (r/min)</th></tr>
<tr><th colspan="2">3000</th><th colspan="2">1500</th><th>1000</th><th>750</th></tr>
<tr><th colspan="6">温　度　组　别</th></tr>
<tr><th>T_1，T_2</th><th>T_3</th><th>T_1，T_2</th><th>T_3</th><th>T_1，T_2</th><th>T_3</th></tr>
<tr><th colspan="6">堵转转矩/额定转矩</th></tr>
<tr><td>0.55</td><td colspan="2"></td><td colspan="2" rowspan="8">2.2</td><td rowspan="9">2.0</td><td></td></tr>
<tr><td>0.75</td><td colspan="2" rowspan="6">2.2</td><td rowspan="3"></td></tr>
<tr><td>1.1</td></tr>
<tr><td>1.5</td></tr>
<tr><td>2.2</td><td rowspan="5">2.0</td></tr>
<tr><td>3</td></tr>
<tr><td>4</td></tr>
<tr><td>5.5</td><td colspan="2" rowspan="2">2.0</td></tr>
<tr><td>7.5</td></tr>
<tr><td>11</td><td rowspan="8">2.0</td><td rowspan="2">1.8</td><td rowspan="5">2.0</td><td rowspan="5">1.9</td><td>1.7</td></tr>
<tr><td>15</td><td rowspan="3">1.8</td><td>1.8</td></tr>
<tr><td>18.5</td><td rowspan="7">1.5</td><td>1.7</td></tr>
<tr><td>22</td><td rowspan="4">1.8</td></tr>
<tr><td>30</td><td>1.7</td></tr>
<tr><td>37</td><td rowspan="2">1.9</td><td>1.8</td><td rowspan="3">1.8</td></tr>
<tr><td>45</td><td rowspan="3">1.7</td></tr>
<tr><td>55</td><td>2.0</td><td rowspan="3"></td></tr>
<tr><td>75</td><td rowspan="2">1.9</td><td rowspan="2">1.9</td><td rowspan="2"></td></tr>
<tr><td>90</td><td></td><td></td></tr>
</table>

表 4-73　YA系列三相异步电动机效率及功率因数值指数

功率 (kW)	同步转速 (r/min)											
	3000		1500		1000	750	3000		1500		1000	750
	温度组别											
	T_1，T_2	T_3	T_1，T_2	T_3	T_1～T_3	T_1～T_3	T_1，T_2	T_3	T_1，T_2	T_3	T_1～T_3	T_1～T_3
	效率 (%)						功率因数 ($\cos\varphi$)					
0.55			73.0						0.74			
0.75	75.0		74.5		72		0.84		0.74		0.70	
1.1	77.0		77.5		73		0.86		0.76		0.72	
1.5	78.0		78.5		77		0.85		0.78		0.73	
2.2	82.0		81		80	80.5	0.86		0.81		0.73	0.71
3	82.0		82.5		83	81.5	0.87		0.80		0.75	0.72
4	85.5		84.5		84	84	0.87		0.81		0.77	0.72
5.5	85.5		85.5		85.3	85	0.88		0.83		0.78	0.74
7.5	86.2		87		86	86	0.88		0.84		0.77	0.75
11	87.2	87.5	88		87	86.5	0.88	0.90	0.84		0.77	0.76
15	88.2	88.5	88.5		89.5	88	0.88	0.90	0.85		0.81	0.76
18.5	89	88.5	91	90.5	89.8	89.5	0.89	0.91	0.86	0.87	0.83	0.76
22	90	88.5	91.5	91.5	90.2	90	0.89	0.91	0.86	0.86	0.83	0.78
30	90.5	89.5	92.2	91.2	90.2	90.5	0.89	0.91	0.87	0.87	0.84	0.80
37	91.5	90.5	91.8	91.5	90.8	91	0.89	0.91	0.87	0.88	0.86	0.79
45	91.5	90.5	92.3	92	92	91.7	0.89	0.91	0.88	0.88	0.87	0.80
55	91.5	91	92.6	92.2	92		0.89	0.91	0.88	0.89	0.87	
75	91	91	92.7	93			0.91	0.91	0.88	0.90		
90	91.5		93.5				0.91		0.89			

附：表 4-71、表 4-72、表 4-73 中 T_1、T_2、T_3：

允许最高表面温度和温升限值

温度组别	最高表面温度 (℃)	温升限值 (K)
T_1，T_2	300	260
T_3	200	160

温升规定值 *K*

电动机部位	温度组别	
	T_1，T_2	T_3
定子绕组（电阻法）	145	145
转子表面（温度计法）	260	160

表 4-74　YB 系列三相异步电动机技术数据

型　　号	额定功率 (kW)	满载时			堵转电流/额定电流	堵转转矩/额定转矩	最大转矩/额定转矩
		电流(A) 380V	效　率 (%)	功率因数 (cosφ)			
YB801—2	0.75	1.81	75	0.84	7.0	2.2	2.2
YB802—2	1.1	1.52	77	0.86	7.0	2.2	2.2
YB90S—2	1.5	3.44	78	0.85	7.0	2.2	2.2
YB90L—2	2.2	4.74	82	0.86	7.0	2.2	2.2
YB100L—2	3.0	6.39	82	0.87	7.0	2.2	2.2
YB112M—2	4.0	8.17	85.5	0.87	7.0	2.2	2.2
YB132S1—2	5.5	11.1	85.5	0.88	7.0	2.0	2.2
YB132S2—2	7.5	15	86.2	0.88	7.0	2.0	2.2
YB160M1—2	11	21.78	87.2	0.88	7.0	2.0	2.2
YB160M2—2	15	29.36	88.2	0.88	7.0	2.0	2.2
YB160L—2	18.5	35.49	89	0.89	7.0	2.0	2.2
YB180M—2	22	42.2	89	0.89	7.0	2.0	2.2
YB200L1—2	30	56.9	90	0.89	7.0	2.0	2.2
YB200L2—2	37	69.8	90.5	0.89	7.0	2.0	2.2
YB225M—2	45	83.96	91.5	0.89	7.0	2.0	2.2
YB250M—2	55	102.6	91.5	0.89	7.0	2.0	2.2
YB280M1—2	75	139.9	91.5	0.89	7.0	2.0	2.2
YB280M2—2	90	167	92	0.89	7.0	2.0	2.2
YB801—4	0.55	1.51	73	0.76	6.5	2.2	2.2
YB802—4	0.75	2.0	74.5	0.76	6.5	2.2	2.2
YB90S—4	1.1	2.75	78	0.78	6.5	2.2	2.2
YB90L—4	1.5	3.65	79	0.79	6.5	2.2	2.2
YB100L1—4	2.2	5.03	81	0.82	7.0	2.2	2.2
YB100L2—4	3.0	6.82	82.5	0.81	7.0	2.2	2.2
YB112M—4	4.0	8.77	84.5	0.82	7.0	2.2	2.2

续表

型　号	额定功率(kW)	满载时			堵转电流/额定电流	堵转转矩/额定转矩	最大转矩/额定转矩
		电流(A) 380V	效　率(%)	功率因数(cosφ)			
YB132S—4	5.5	11.64	85.5	0.84	7.0	2.2	2.2
YB132M—4	7.5	15.4	87	0.85	7.0	2.2	2.2
YB160M—4	11	22.6	88	0.84	7.0	2.2	2.2
YB160L—4	15	30.3	88.5	0.85	7.0	2.2	2.2
YB180M—4	18.5	35.9	91	0.86	7.0	2.0	2.2
YB180L—4	22	42.48	91.5	0.86	7.0	2.0	2.2
YB200L—4	30	56.83	92.2	0.87	7.0	2.0	2.2
YB225M1—4	37	70.39	91.8	0.87	7.0	1.9	2.2
YB225M2—4	45	84.18	92.3	0.88	7.0	1.9	2.2
YB250M—4	55	102.6	92.6	0.88	7.0	2.0	2.2
YB280S—4	75	139.7	92.7	0.88	7.0	1.9	2.2
YB280M—4	90	164.5	93.5	0.89	7.0	1.9	2.2
YB90S—6	0.75	2.25	72.5	0.70	6.0	2.0	2.0
YB90L—6	1.1	3.16	73.5	0.72	6.0	2.0	2.0
YB100L—6	1.5	3.97	77.5	0.74	6.0	2.0	2.0
YB112M—6	2.2	5.61	80.5	0.74	6.0	2.0	2.0
YB132S—6	3.0	7.23	83	0.76	6.5	2.0	2.0
YB132M1—6	4.0	9.4	84	0.77	6.5	2.0	2.0
YB132M2—6	5.5	12.56	83.5	0.78	6.5	2.0	2.0
YB160M—6	7.5	17	86	0.78	6.5	2.0	2.0
YB160L—6	11	24.63	87	0.78	6.5	2.0	2.0
YB180L—6	15	31.44	89.5	0.81	6.5	1.8	2.0
YB200L1—6	18.5	37.73	89.8	0.83	6.5	1.8	2.0
YB200L2—6	22	44.65	90.2	0.83	6.5	1.8	2.0
YB225M—6	30	59.45	90.2	0.85	6.5	1.7	2.0

续表

型　号	额定功率(kW)	满载时			堵转电流/额定电流	堵转转矩/额定转矩	最大转矩/额定转矩
		电流(A) 380V	效　率(%)	功率因数(cosφ)			
YB250M—6	37	72	90.8	0.86	6.5	1.8	2.0
YB280S—6	45	85.42	92	0.87	6.5	1.8	2.0
YB280M—6	55	104.4	92	0.87	6.5	1.8	2.0
YB132S—8	2.2	5.81	81	0.71	5.5	2.0	2.0
YB132M—8	3.0	7.72	82	0.72	5.5	2.0	2.0
YB160M1—8	4.0	9.91	84	0.73	6.0	2.0	2.0
YB160M2—8	5.5	13.29	85	0.74	6.0	2.0	2.0
YB160L—8	7.5	17.67	86	0.75	5.5	2.0	2.0
YB180L—8	11	25.1	86.5	0.77	6.0	1.7	2.0
YB200L—8	15	34.08	88	0.76	6.0	1.8	2.0
YB225S—8	18.5	41.32	89.5	0.76	6.0	1.7	2.0
YB225M—8	22	47.6	90	0.78	6.0	1.8	2.0
YB250M—8	30	62.96	90.5	0.80	6.0	1.8	2.0
YB280S—8	37	78.2	91	0.79	6.0	1.8	2.0
YB280M—8	45	93.2	91.7	0.80	6.0	1.8	2.0

五、三相异步电动机的启动、运行、调速、制动

(一) 三相异步电动机的启动

电动机的启动包括接通电源到电动机达到额定转速的全过程。对异步电动机的启动，需要考虑的主要因素是启动电流和启动转矩。启动电流和启动转矩称为异步电动机的启动特性。它们的好坏，对生产有很大的影响。

电动机的启动电流太大，会使绕组发热，启动时间越长，发热越严重，并将加速绝缘老化，缩短电动机寿命。同时，启动电流太大，也会引起电网电压的波动，因而影响电网上其他电气设备的正常运行。

异步电动机的启动转矩约为额定转矩的0.95～2倍。启动转矩太小，会使电动机启动很慢，有时甚至不能启动；启动时间太长，会消耗大量的电能，并对电机不利。所以，异步电动机的启动，一般应满足以下几点要求：

1）减小启动电流，并使启动转矩满足负载的要求。

2）启动方法应该可靠、正确，启动设备应该简单、经济。

3）启动过程中，转速应该平滑上升。

4）启动过程中的功率损耗应尽可能小。

三相异步电动机的启动方法分类，见表4-75。

表4-75 三相异步电动机启动方法分类

电动机类别	启动方法
三相笼型异步电动机	直接启动
	降压启动： 1. 星、三角（Y—△）启动方法； 2. 在定子电路中串联电阻或电抗启动法； 3. 自耦变压器启动法； 4. 延边三角形启动法
三相绕线型异步电动机	转子电路串联电阻或电抗启动： 1. 串联启动变阻器启动法； 2. 串联频敏变阻器启动法

1. 笼型异步电动机的直接启动

直接启动就是将电动机通过刀开关（或交流接触器）直接接到电网上启动。这种方法是最简单的启动方法，在电源容量足够大时，应优先采用直接启动。缺点是启动电流很大，会使电网电压瞬时显著降低，而影响其他电气设备的正常运行。所以电动机能否直接启动要根据电网的容量、容许干扰的程度以及电动机的型式和启动次数来决定。

2. 笼型电动机的Y—△启动

Y—△启动是降压启动的方法之一。降压启动的目的是减小启动电流，但同时，它也使电动机的启动转矩减小了。

Y—△启动方法适用于在正常运行时，绕组为△接法的较大容量的电动机。把电动机定子的6个线头都引出来，接到换接开关上。启动时，先将定子接成Y形，待转速增加到一定程度时，再改为△连接。这种启动方法可使每相定子绕组所受的电压在启动时降到电路电压的$1/\sqrt{3}$；电流为直接启动的1/3（约为额定电流的2～2.35倍）；启动转矩也同时减到直接启动的1/3（约为满载转矩的0.27～0.5倍）。

3. 笼型电动机的电阻降压及电抗降压启动

在电动机定子绕组上串联电阻或电抗器也可以达到降压启动的目的。串联电抗器启动通常应用于高压电动机。以串联电阻为例，这种启动方法是在电动机开始启动时串接电阻以降低其端电压，使得电动机的启动电流减少，待电动机的转速接近额定转速时，再将电阻切除，于是电动机投入正常运行。

4. 笼型电动机的自耦变压器启动（补偿启动）

这种方法多用于中型和大型电动机。在电动机开始启动时，利用自耦变压器降低定子绕组的端电压，当电动机接近额定转速时，即切除自耦变压器，而将电动机直接接电源。安装时，将自耦变压器的原边接电网，副边接电动机，一般有几个分接头，可用来选择不同的电压比。例如使副边电压为原边的60％、65％或80％。

5. 笼型电动机的延边三角形启动

延边三角形启动适用于额定运行时定子绕组为△连接的电动机。用这种方法启动时，定子绕组作⋌型连接，待转速接近额定转速时，再换接成△形连接。作成延边三角形连接的定子绕组，每相绕组要各有一个中间抽头，即电动机共有九个出线头，如图4-11所示。

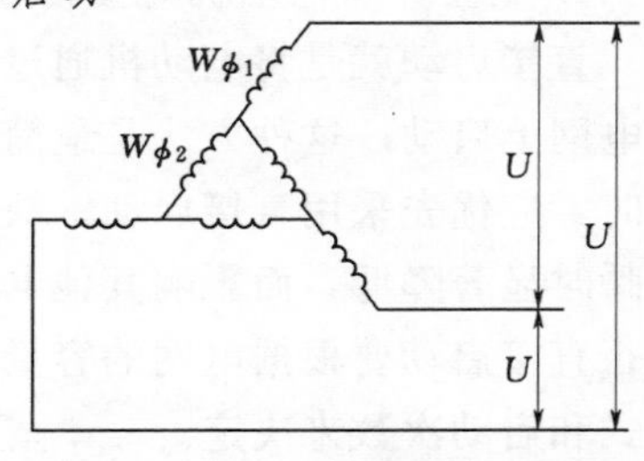

图4-11 延边三角形连接的接线

6. 绕线型电动机的启动

绕线型电动机启动时，在其转子回路中接入变阻器以减小启动电流，同时也将提高启动转矩。在启动过程中，随着电动机转速的上升，逐渐减小变阻器的阻值，最后完全切除，常用的变阻器有启动变阻器和频敏变阻器两种。

（二）三相异步电动机的调速

三相异步电动机的转速为

$$n=\frac{60f(1-s)}{p}$$

式中 n——电动机转速，r/min；

f——频率，Hz；

s——转差率；

p——磁极对数。

由上述公式可知：三相异步电动机的调速可通过改变电源频率、改变磁极对数、改变转差率三种途径来实现。

1. 变频调速

（1）基本原理：采用晶闸管变频装置（早期多用变频机组）改变电源频率，其原理接线图见图 4-12。图（a）中，频率为 f_1 的三相交流电，经由晶闸管组成的整流装置 A_1 变为直流，再经 A_2 逆变为频率为 f_2 的三相交流电，电动机 M 则在频率为 f_2 的电源下工作。图（b）中，频率为 f_1 的三相交流电经由 A_3、A_4 双向整流，变为频率为 f_2 的三相交流电，向电动机 M 供电。通过改变各晶闸管的导通情况，可以实现频率为 f_1 向 f_2 的无级变化。

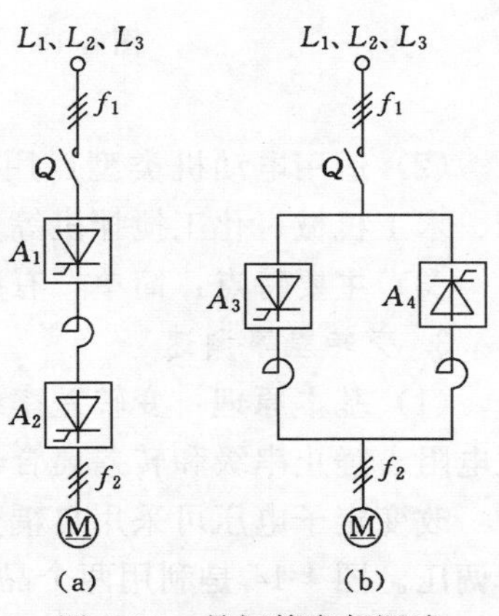

图 4-12 晶闸管变频调速原理接线图

（a）交流—直流—交流变频；（b）交流—交流变频；Q—交流接触器；A_1—A_4—晶闸管整流装置

（2）适用电动机类型：主要用于笼型三相异步电动机，如辊道、高速传动、同步协调等用途的电动机。

（3）主要特点：转速变化率小，恒转矩，无级调速，可逆或不可逆，效率高，但装置较复杂。

2. 变极调速

（1）基本原理：利用接触器改变电动机定子绕组间的连接，使其改变极对数以达到调速的目的。例如图 4-13 中，不同的连接方式，使绕组中部分线圈的电流方向发生变化，由 2 极变为 4 极。

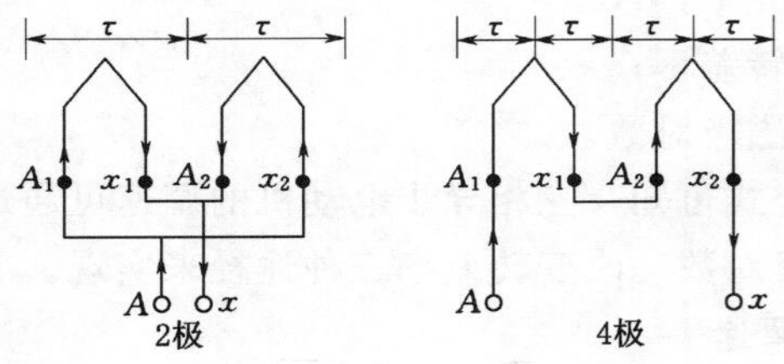

图 4-13 变极原理示意

τ—极距

（2）适用电动机类型：用于变极笼型异步电动机。例如机床、木工机械、化工搅拌机等只要求几种变速的机械。

（3）主要特点：简单，有级调速，恒转矩或恒功率。

3. 变转差率调速

（1）基本原理：变转差率调速可采用改变定子电压、转子串联电阻、静止串级和转差离合器等方法。

改变定子电压可采用自耦变压器调压，但近年来多采用晶闸管调压。图 4-14 是利用两个晶闸管 V_1、V_2 双向整流（亦可采用一个双向晶闸管），将电源电压 U_1 变为 U_2。改变晶闸管的导通时间，即改变了 U_2 的大小。电压调节是无级的，因而电动机调速也是无级的。

图 4-15 是通过开关 S_1、S_2、S_3 的切换，实现改变转子串联电阻 R 的大小来调速。

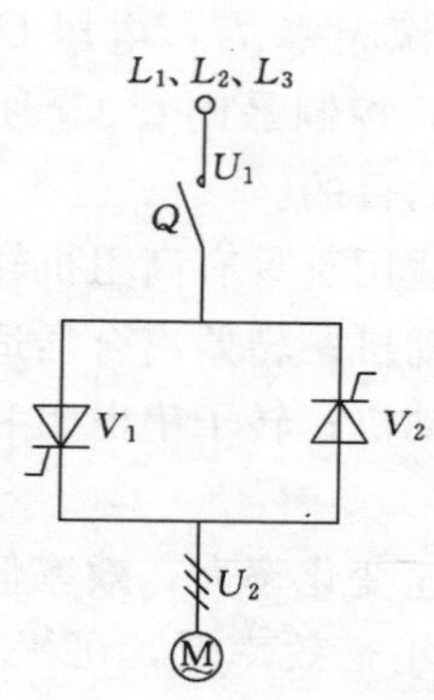

图 4-14　利用晶闸管改变定子电压

Q—接触器；V_1、V_2—晶闸管

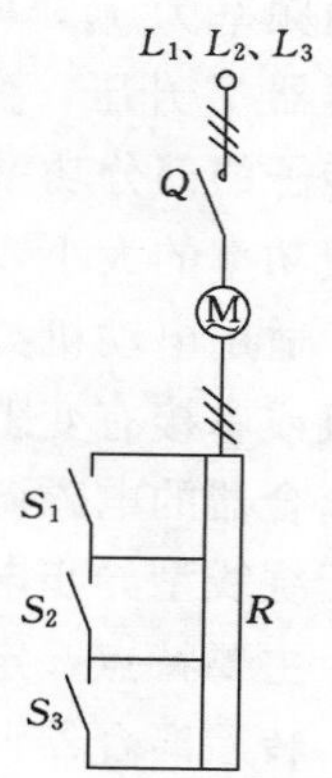

图 4-15　改变转子电阻调速

R—转子串联电阻；

S_1、S_2、S_3—短接开关

图 4-16 是在电动机和负载之间安装一电磁离合器 YC，电磁离合器的工作电源来自晶闸管 V，通过调节晶闸管的控制电源可改变离合器 YC 的阻力矩，实现电动机对负载的调速。

图 4-17 是静止串级改变转差率调速的原理接线图。其工作原理是在绕线型电动机上，利用硅整流器 V_1 和晶闸管 V_2，将转

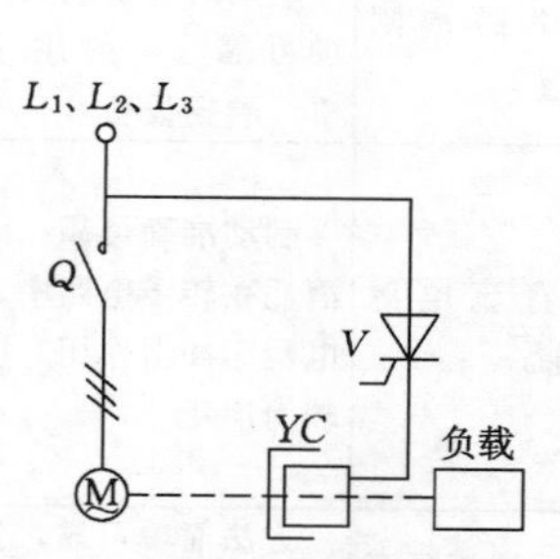

图 4-16　利用电磁离合器调速

YC—电磁离合器；V—晶闸管

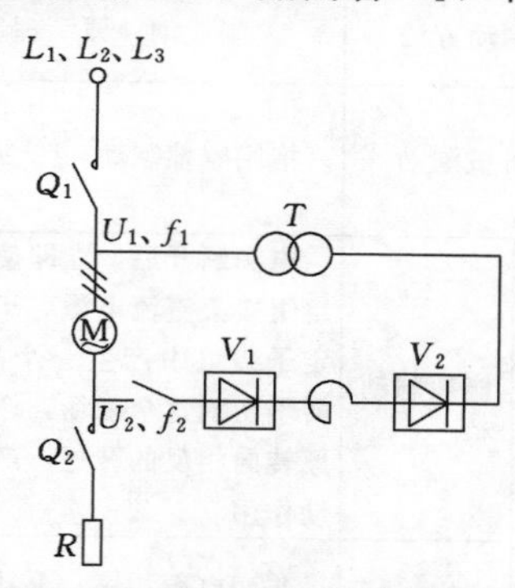

图 4-17　静止串级调整原理图

S—控制开关；V_1—整流器；

V_2—晶闸管逆变器；T—升压变压器

子电路内频率为 f_2，电压为 U_2 的转差电压经整流——逆变后，又经变压器 T 升压，变成与电动机电源频率 f_1，电压 U_1 相等，从而使转子的部分功率反馈到电网去，控制晶闸管 V_2 便可实现调节反馈功率的大小，即实现了调速的目的。

(2) 适用电动机类型：定子调压适用于具有高阻抗转子的笼型电动机或串接有变阻器的绕线型电动机；转差离合器适用于装有转差离合器的电磁调速笼型异步电动机；转子串电阻和串级调速适用于绕线型异步电动机。

(3) 主要特点：定子调压调速转速变化率大，效率低，可平滑调速；转差离合器调速转速变化率小，效率低，可平滑调速；转子串电阻调速转速变化率大，效率低，可平滑调速，装置简单；串级调速效率高，装置复杂。

(三) 三相异步电动机的制动

电动机从切断电源到完全停止转动，由于惯性的关系总要经过一段时间，这就不能适应某些生产工艺上的要求，所以要采用一些制动方法来使电动机的惯性旋转时间缩短。一般采用的方法有机械制动与电气制动两大类，见表 4-76。

表 4-76　三相异步电动机制动分类

<table>
<tr><th colspan="2">制动方法</th><th>制动原理</th><th>制动设备</th><th>用途</th></tr>
<tr><td colspan="2">机械制动</td><td>抱闸摩擦制动</td><td>电磁抱闸装置</td><td>制动时冲击较大，制动可靠，一般用于起重、卷扬设备</td></tr>
<tr><td rowspan="2">电气制动</td><td>能耗制动</td><td>电源断开后，立即使定子绕组接上直流电源，于是在定子绕组中产生一个磁场，转子切割这个磁场，产生与原转向相反的转矩，产生制动作用</td><td>直流电源装置</td><td>制动准确可靠，电能消耗在转子电路中，对电网无冲击作用，应用较为广泛</td></tr>
<tr><td>反接制动</td><td>改变电源相序，电动机产生反向的电磁转矩，产生制动作用</td><td>手控倒顺开关及接触器、继电器等</td><td>方法简单可靠，振动冲击力较大，用于 4kW 以下，启动不太频繁的场合</td></tr>
</table>

续表

制动方法		制动原理	制动设备	用途
电气制动	发电制动	转子转速大于异步电动机同步转速时，产生反向的电磁转矩进行制动		必须使转子转速大于同步转速才能使用，一般用于起重机械重物下降和变极调速电动机上
	电容制动	断电时，定子绕组接入三相电容器，电容器产生的自激电流建立磁场，与转子感应电作用，产生一个旋转方向相反的制动转矩	三相电阻及电容器	必须使用电容器，增加设备费用，易受电压波动影响，一般用于10kW以下的小容量电动机

六、三相异步电动机的维护保养和完好标准

（一）三相异步电动机的维护

1. 启动前的准备与检查

1）新的或长期不用的电动机，使用前都应该检查电动机绕组对地的绝缘电阻。对绕线型电动机，除检查定子绝缘外，同时还应检查转子绕组及滑环对地及滑环之间的绝缘电阻。绝缘电阻每千伏工作电压不得小于1MΩ；一般三相380V电动机的绝缘电阻应大于0.5MΩ方可使用，否则应该进行干燥处理。

2）检查铭牌所示电压、频率与实际线路是否相等，接法是否正确。

3）用压缩空气或“皮老虎”吹净电动机内部灰尘及污垢杂物。

4）检查电动机的转轴能否自由转动，轴承是否有油。对于滑动轴承，转子的轴向移动量每边约2～3mm。

5）检查电动机接地装置是否可靠，各轴栓是否拧紧。

6）对绕线型电动机还应检查滑环上的电刷表面是否全部贴紧滑环，导线是否相碰，电刷提升机构是否灵活，电刷压力是否正常（一般为150～250g/cm^2）。

7）对不可逆转的电动机，需检查运转方向是否与该电动机制运转指示箭头方向相符。

经过上述准备工作及检查后，方可启动电动机。电动机启动后应空转一段时间，在这段时间内，应检查轴承温升是否超过规定值，是否有不正常的声响、振动或局部过热的情况。

2. 运行中的维护

1）电动机应经常保持清洁，进风口和出风口必须保持畅通，不允许有水滴、油污或铁屑杂物落入电动机内部。

2）在正常运行时，电动机的负载电流不得超过铭牌规定的额定值。

在检查额定电流是否超过的同时，还应检查三相电流是否平衡。三相电流任何一相电流值与其三相平均值相差不容许超过10%，超过此值则说明电动机有故障，必须查明原因采取措施，消除后才能继续使用。

3）经常检查电源电压、频率是否与铭牌相符，并同时检查电源三相电压是否对称。

4）经常检查轴承发热、漏油情况，电动机各部分的温升不能超过容许值。

5）电动机在运转时不应有摩擦声、尖叫声或其他杂声，如发现有不正常的声音应及时停车检查，消除故障后，才可继续运行。

6）对绕线型电动机还应经常检查滑环间的接触情况与电刷磨损情况，如发现不正常火花，应及时检查纠正。

3. 三相异步电动机的定期维修

除了加强电动机的日常维护外，每年还必须对电动机进行定期维修。定期维修可分为小修及大修两种。

(1) 电动机的小修：小修属于一般检修，一般一季度一次，主要是对电动机启动设备及其整体不作大的拆卸。其主要检查项目有：

1）清除电动机外壳上的灰尘污物，以利于散热。

2）检查接线盒压线螺钉有无松动或烧伤。

3）拆下轴承盖检查润滑油，缺了补充，脏了更新。对于经常使用的电动机，轴承内的润滑脂应半年更换一次。

4）清扫启动设备，检查触点和接线头，特别是铜铝接头处是否烧伤、电蚀，三相触点是否动作一致，接触良好，否则应调整检修。

(2）电动机的大修：大修应全部拆卸电动机，进行彻底检查和清理，一般一年一次。主要检查内容有：

1）将电动机拆开后，先用皮老虎将灰尘吹走，再用布擦净油污，擦完后再吹一遍。

2）刮去轴承旧油，将轴承浸入柴油洗刷干净，再用干净布擦干，同时洗净轴承盖。检查过的轴承如可以继续使用，则应加进新润滑油。对 3000r/min 的电动机，加油至 2/3 弱为宜；对 1500r/min 的电动机，加油至 2/3 为宜。对 1500r/min 以上的电动机，一般加钙纳基脂高速黄油；对 1000r/min 以下的电动机，通常加钙基脂黄油。

3）检查电动机绕组绝缘是否老化，绝缘老化后颜色变成棕色且发脆，发现老化要及时处理。

4）用 500V 兆欧表摇测电动机绕组相间及各相对机壳的绝缘电阻，若绝缘电阻小于 0.5MΩ 时，要烘干后再用。

（二）电动机的完好标准

1. 运行正常

1）电流在容许范围以内，出力能达到铭牌要求。

2）定子、转子温升和轴承温度在容许范围以内。

3）滑环和整流子运行时的火花在正常范围内。

4）电动机的振动及轴向窜动不超过规定值。

2. 构造无损，质量符合要求

电动机内无明显积灰和油污；线圈、铁芯、槽楔无老化、松动、变色等现象。

3. 主体完整清洁，零附件齐全好用

1）外壳上应有符合规定的铭牌。

2）启动、保护和测量装置齐全，造型适当，灵活好用。

3）电缆头不漏油，敷设合乎要求。

4）外观整洁，轴承不漏油，零附件和接地装置齐全。

4. 技术资料齐全准确

应具有设备履历卡片和检修、试验记录。

七、三相异步电动机常见故障及处理方法

三相异步电动机的故障一般可分为电气和机械两部分。电气方面的故障包括各种类型的开关、按钮、熔断器、电刷、定子绕组、转子绕组及启动设备等。机械方面故障包括轴承、风叶、机壳、联轴器、端盖、轴承盖、转轴盖等。

当电动机发生故障时，应仔细观察所发生的现象，如转速快慢程度、温度变化、是否有不正常响声和剧烈振动、开关和电动机绕组内是否有串火冒烟及焦臭味等，根据故障现象分析原因，迅速作出判断找出故障，并提出处理方法。具体的故障及处理方法，见表4-77。

表 4-77 三相异步电动机的常见故障及处理方法

故障现象	可能原因（处理方法）
1. 不能启动	(1) 控制设备接线错误 (2) 熔丝规格不符 (3) 电压过低（检查电网电压，在降压启动情况下，如启动电压太低，可适当提高） (4) 定子绕组相间短路或接线错误，以及定子、转子绕组断路 (5) 负载过大或传动机被轧住
2. 电动机运行时电流表指针来回摆动	(1) 绕线型电动机一相电刷接触不良 (2) 绕线型电动机集电环的短路装置接触不良 (3) 笼型转子断条 (4) 绕线型转子一相断路
3. 电动机机壳带电	(1) 接地不良 (2) 电动机绕组受潮，绝缘老化或引出线与接线盒碰壳
4. 电动机运转时声音不正常或振动过大	(1) 机械摩擦或定子、转子相擦 (2) 电动机单相运行（断电再合闸，如不能启动，则有可能一相断电。检查电源及电动机，并加以修复） (3) 滚动轴承严重缺油或损坏

续表

故障现象	可能原因（处理方法）
4. 电动机运转时声音不正常或振动过大	(4) 转子风叶碰壳 (5) 绕线型电动机转子线圈断路 (6) 转子或皮带盘不平衡 (7) 皮带盘轴孔偏心 (8) 轴伸弯曲 (9) 安装基础不平或有缺陷
5. 轴承过热	(1) 轴承损坏 (2) 轴承与轴配合过松或过紧（过松时可将转轴镶套，过紧时重新加工到标准尺寸） (3) 轴承与端盖配合过松或过紧（过松时端盖镶盖，过紧时重新加工到标准尺寸） (4) 润滑油过多、过少或油质不好 (5) 皮带过紧或联轴器装配不良 (6) 电动机两侧端盖或轴承盖装配不良
6. 电动机温升过高或冒烟	(1) 过载（减轻负载或更换较大功率的电动机） (2) 单相运行 (3) 电机风道阻塞（清除通风道油垢及灰尘，使通风道畅通） (4) 定子绕组匝间或相间短路 (5) 定子绕组接地 (6) 电源电压过低或过高
7. 绕线型转子集电环火花过大	(1) 电刷牌号或尺寸不符合要求 (2) 集电环表面有污垢、杂物（清除污垢，烧灼严重时应重新金加工） (3) 电刷压力大小（调整电刷压力） (4) 电刷在刷握内轧住或放置不正

八、三相异步电动机绕组故障的检修

绕组是电动机的重要组成部分，由于电动机绝缘的老化、受潮、腐蚀性气体侵入，以及机械力和电磁力的冲击都会造成绕组损伤。此外，不正常的运行，如常期过载、欠电压或单相运行等也会引起绕组故障。

（一）三相异步电动机定子绕组故障的检修

电动机定子绕组的故障形式多种多样，其原因也各有不同。

下面介绍几种常见的绕组故障的检修方法。

1. 绕组断路故障的检修

断路故障多数发生在电动机绕组的端部，各绕组元件的接线头，或电动机引出线端等地方附近。由于绕组端部露在电动机铁芯外面，导线易被碰断或接线头因焊接不良，在长期使用中会松脱等，因此首先要检查绕组的端部，如发现断线或接头松脱时，应重新连接焊牢，包上绝缘再涂绝缘漆即可使用。

另外，由于匝间短路，通地故障而造成绕组烧断，则大多需更换绕组。

对小型电动机断路可用兆欧表、万用表（放在低电阻档）或校验灯等来校验。对于星形接法的电动机，检查时需每相分别测试，如图 4-18 所示。对于三角形接法的电动机，检查时必须把三角形绕组的接线头拆开后，再每相分别测试，如图 4-19 所示。

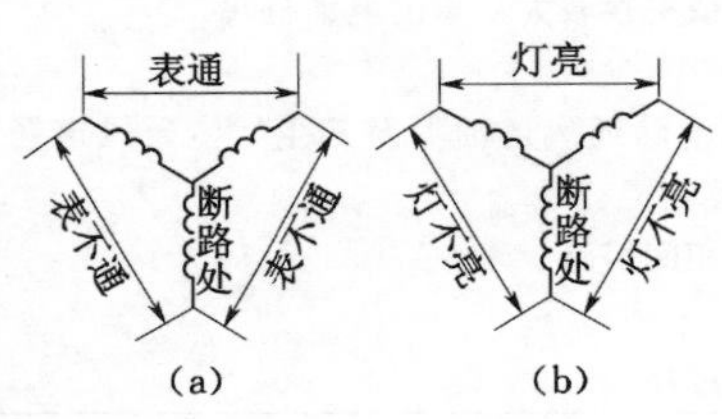

图 4-18　用兆欧表或校验灯检查绕组断路（Y 接法绕组）
(a) 兆欧表检查；(b) 检验灯检查

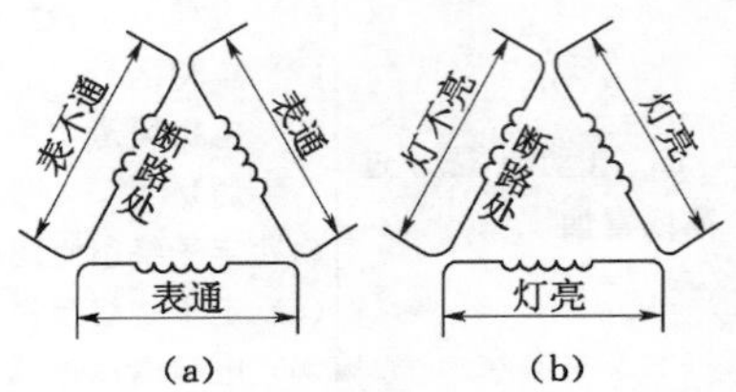

图 4-19　用兆欧表或校验灯检查绕组断路（△接法绕组）
(a) 兆欧表检查；(b) 检验灯检查

中等容量电动机绕组大多采用多根导线并绕和多支路并联，其中如断掉若干根或断开一路时，检查就比较复杂。通常采用以下两种检查方法：

（1）三相电流平衡法。对于星形接法的电动机，通入低电压大电流，如果三相电流值相差大于 5%时，电流小的一相为断路相，如图 4-20 所示。对于三角形接法的电动机，光要把三角形的接头拆开一个，然后再把电流表接在每相绕组的两端，其中电流小的一相为断路相，如图 4-21 所示。

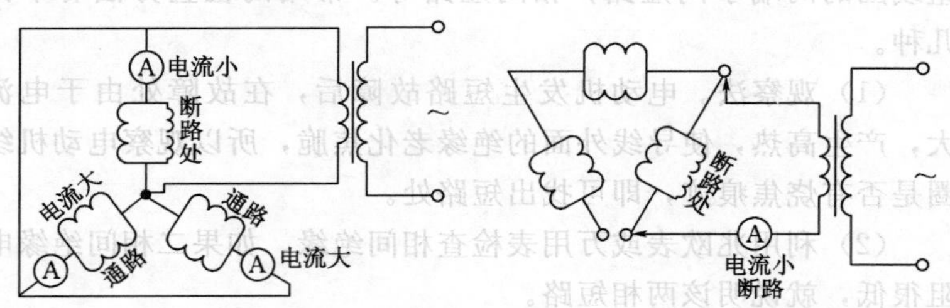

图 4-20　用电流平衡法检查多支路并联星形连接绕组断路图　图 4-21　用电流平衡法检查多支路并联三角形连接绕组断路图

(2) 电桥检查法。用电桥测量三相绕组的电阻，如果三相电阻值相差大于5%，则电阻较大的一相为断路相。

2. 绕组接地故障的检修

线圈受潮、绝缘老化、线圈重绕后在嵌入定子铁芯里的时候，如绝缘被擦伤或绝缘未垫好等，都会造成接地故障。

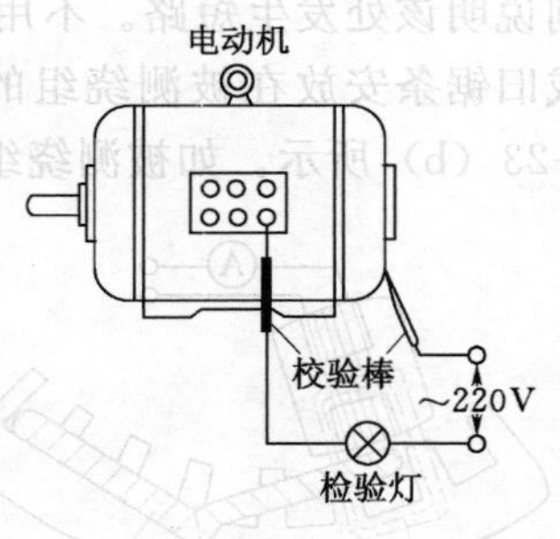

图 4-22　用检验灯检查绕组接地

检查接地故障可用万用表（低阻档）或检验灯按图 4-22 逐相进行检查，如电阻为零或检验灯发亮的一相，即为接地相。然后检查接地相绕组绝缘，如果有破裂及焦痕的地方，即为接地点。一般电动机接地点都在绕组伸出铁芯的槽口部分。如为擦伤，可用绝缘材料将绕组与铁芯绝缘好，即可使用。

如果接地发生在槽内，大多数需要更换绕组。

3. 绕组短路故障的检修

电机绕组受潮，线圈绝缘损伤、老化、较长时间在过电压、欠电压、过载的情况下运行或单相运行，都会使绕组短路。更换绕组时操作不当也会造成绕组短路。

短路的情况有：线圈匝间短路；相邻线圈间短路；一个极相

组线圈的两端子间短路；相间短路等。常用的检查方法有下面几种。

(1) 观察法。电动机发生短路故障后，在故障处由于电流大，产生高热，使导线外面的绝缘老化焦脆，所以观察电动机线圈是否有烧焦痕迹，即可找出短路处。

(2) 利用兆欧表或万用表检查相间绝缘。如果二相间绝缘电阻很低，就说明该两相短路。

(3) 电流平衡法。用图 3-21 及图 3-22 所示的方法分别测量三相绕组电流，电流大的相为短路相。

(4) 短路侦察法。将短路侦察器串联一个电流表，分别依次接在定子槽口上，如图 4-23 (a) 所示，如果某处电流突然增大，则说明该处发生短路。不用电流表，也可用一片厚 0.5mm 钢片或旧锯条安放在被测绕组的另一个绕组边所在槽口上面，如图 4-23 (b) 所示。如被测绕组短路，则此钢片就会产生振动。

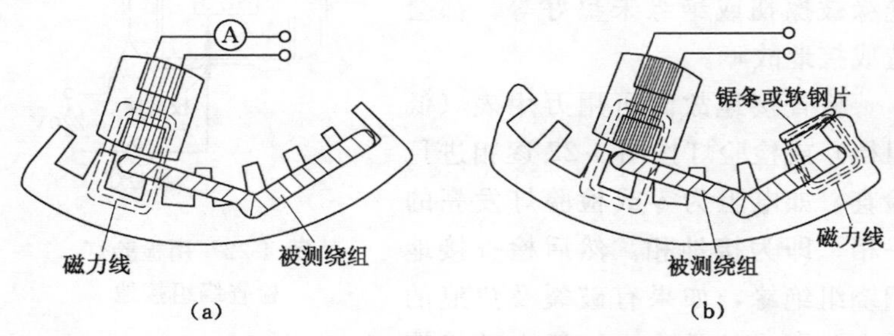

图 4-23 用短路侦察器检查绕组匝间短路

(a) 用安培表检查；(b) 用钢片检查

需指出的是，对于多路绕组的电动机，必须把各支路拆开，才能用短路侦察器测试，否则绕组支路上有环流，无法分清哪个槽的绕组是短路的。

(5) 电桥电阻法。用电桥测量三相绕组电阻，如果三相电阻值相差 5％以上，则电阻小的一相为短路相。

检查出短路处，可以用绝缘材料将短路处隔开，或加以重新包装，或更新线圈，浸漆烘干即可。

4. 绕组接反时的检修

电动机绕组接反后启动时，电动机有噪声，产生振动，三相电流严重不平衡，电动机过热，转速降低，甚至会停转，烧断熔丝。

绕组接反只有两种情况：一种是电动机内部个别线圈或极相组接反，另一种是电动机外部接线接反。

(1) 个别线圈或极相接反时的检查方法。拆开电动机，将一个低压直流电源（6V 左右）接入某相绕组内，将一只指南针搁到铁芯槽上逐槽移动检查。如果指南针在每极相组的方向交替变化，表示接线正确；如果在相邻的极相组指南针指向相同，表示极相组接反；如在同一个极相组中，指南针的指向交替变化，说明个别绕组嵌反。这时把绕组故障部分的连接线加以纠正。

(2) 三相绕组头尾接反的检查方法。

1) 绕组串联检查法。将任意两相绕组串联起来接上灯泡，再在第三相绕组上接 220V 交流电压（对中，大型电机用 36V 交流电压），如果灯泡亮了，说明这两相绕组头尾连接是正确的，如图 4-24 (a) 所示；如果灯泡不亮，说明这两绕组头尾连接错误，如图 4-24 (b) 所示，可将其中一相的头尾对调再试。确定这两相头尾后，即可按此法再找到第三相的头尾。

2) 用万用表检查法。将电动机绕组按图 4-25 所示接好。当接通开关瞬间，如万用表（毫安档）指针摆向大于零的一边，则

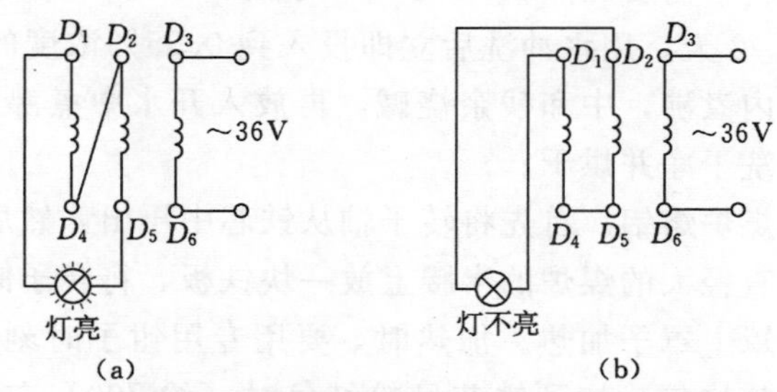

图 4-24 用灯泡检验三相绕组接头的正反

(a) 头尾连接正确；(b) 头尾连接错误

电池正极所接线头与万用表正端所接线头同为头或尾；如指针反向摆动，则电池正极所接线头与万用表负端所接的线头同为头或尾。再将电池或万用表接至另一相的两个线头试验，就可以确定各相的头、尾端。

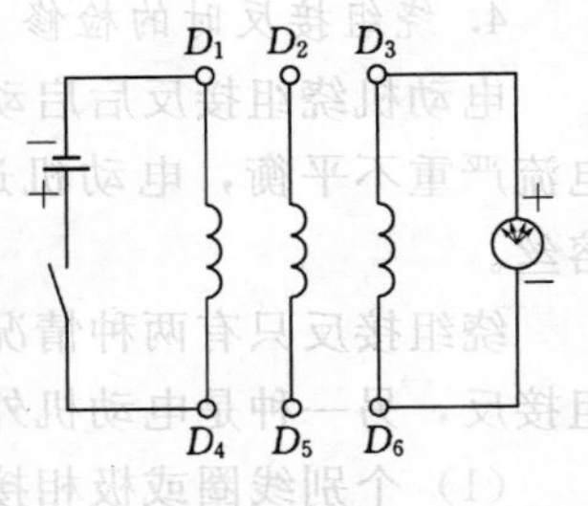

图 4-25 用万用表检查三相绕组接头的正反

(二) 三相异步电动机转子绕组的修理

1. 铸铝转子的修理

铸铝转子若质量不好或使用不当（如经常正反转启动与过载）等，将会造成转子断条。断条后，电动机虽然能空载运转，但加负载后转速就会降低，甚至停下来。这时如测量定子三相绕组电流，就会发现电流表指针来回摆动。

如果检查时发现铸铝转子断条，可以到产品制造厂去买一个同样的新转子换上；或是将铝熔化后改装紫铜条。在熔铝前，应车去转子两面铝端环，再用夹具将铁芯夹紧，不使铁芯松开，然后开始熔铝。熔铝方法主要有两种。

(1) 烧碱熔铝。将转子连轴一起垂直浸入30%深度的工业烧碱溶液中，然后将烧碱加热到80～100℃左右，直到铝熔化为止。一般转子需要加热7～8小时，小的转子约3～4小时，大的甚至要1～2天。用水冲洗后立即投入到0.25%浓度的工业用冰醋酸溶液内煮沸，中和残余烧碱，再放入开水中煮沸1～2小时后取出冲洗干净并烘干。

(2) 煤炉熔铝。首先将转子轴从铁芯中压出，然后在一只炉膛比转子直径大的煤炉的半腰上放一块铁板，将转子倾斜地安放在上面，罩上罩子加热。加热时，要用专用钳子时刻翻动转子，使转子受热均匀，烧到铁芯呈粉红色时（约700℃左右），铝渐渐熔化，待铝熔化完后，将转子取出。在熔铝过程中要防止烧坏铁芯。

熔铝后，必须清除槽内及铁芯两端的残余铝层、油污等，然后用截面为槽面积55%左右的紫铜条插入槽内，再把铜条两端伸出槽外部分（每端约25mm）依次敲弯，然后加铜环焊接，或是用堆焊的方法，使两端铜条连成整体即端环（端环的截面积为原铝端环截面的70%）。

2. 绕线转子的修理

小容量的绕线型异步电动机转子绕组的绕制与嵌线方法与前面所述的定子绕组相同。

转子绕组经过修理后，必须在绕组两端用钢丝打箍，打箍工作可以在机床上进行。钢丝的弹性极限不低于160kg/mm²。钢线的拉力可按表4-78选择。钢丝的直径、匝数、宽度和排列布置方法应尽量和原来的一样。

表4-78 钢丝的拉力

钢丝直径 (mm)	拉力 (kg)	钢丝直径 (mm)	拉力 (kg)
0.5	12～15	1.0	50～60
0.6	17～20	1.2	65～80
0.7	25～30	1.5	100～120
0.8	30～35	1.8	140～160
0.9	40～45	2.0	180～200

在绑扎前，先在绑扎位置上包扎2～3层白纱带，使绑扎的位置平整，然后卷上绝缘材料（青壳纸1～2层，云母1层），纸板宽度应比钢丝箍总宽度大10～30mm。

为了使钢丝箍扎紧，在圆周每隔一定宽度钢丝底下垫上一块铜片，当该段钢丝绕好后，把铜片两头弯到钢丝上，用锡焊牢，钢丝首端和尾端应放在铜片的位置上，以便卡紧焊牢。

扎好钢丝箍的部分直径必须比转子铁芯部分直径小2～3mm。否则要与定子铁芯绕组摩擦。

修复后的转子要作平衡试验，以免在运转中发生振动。平衡的方法有动平衡和静平衡两种，修理部分一般只做静平衡。

（三）三相异步电动机定子绕组的重绕

1. 绕组的种类及特点

绕组的结构形式是多种多样的，常用的有单层绕组和双层绕组。

单层绕组没有层间绝缘，不会发生槽内相间击穿故障，绕组嵌线方便。缺点是短节距绕组的选用受到限制，电磁波形不够理想。所以一般应用在小容量电动机中。单层绕组有同心式和链形绕组两大类。

双层绕组的优点是绕组制造方便，可任意选用合适的短距绕组，改善启动性能及功能指标。较大容量的异步电动机定子绕组大多采用双层绕组。

2. 绕组的拆除

（1）准备数据资料。拆除绕组前，必须详细记录下以下各项数据：

1）铭牌数据。如型号、功率、转速、接法、电压、电流、频率及出厂日期等。

2）绕组数据。如绕组型式，并绕导线根数、绕组节距，并联支路数、导线直径、每槽导线数、连接方式、绝缘等级及接线图等。

3）铁芯数据。如铁芯外径、内径、长度、铁芯槽数及槽形尺寸。

（2）拆除旧绕组。中小型电动机一般采用半闭口槽，拆除较为困难，一般可采用下述三种方法拆除：

1）通电加热法。通过调压器控制通入绕组的电流，使其为额定电流的1.5～2倍，当绕组发热绝缘变软时，切断电源，趁热迅速拆除绕组。

2）烘箱加热法。利用烘箱加热，温度控制在200℃左右为宜。

3）明火加热法。利用煤气、乙炔、喷软等加热，先将绕组端部剪断，然后明火加热。采用此种方法时，注意防止烧坏铁芯，使硅钢片性能变坏。

拆除绕组后，应清除槽内残留的绝缘物，修正槽形。不论采用何种方法，都应注意力求不使铁芯损坏。

在拆除旧绕组过程中，应保留一只或一匝完整的线圈，供制作绕线模时参考。

3. 绕制线圈

重绕线圈时，必须准备好绕线模。绕线模的尺寸应做得比较准确，否则会影响电动机的质量。

制作绕线模的简单方法是，将上述保留的一只完整的线圈，取其中最小的一匝，参考它的形状及周长作为绕线模尺寸。

线模做好后，应先绕二联绕组试嵌，以验证是否正确。然后，正式进行绕制。绕制前，应该检查导线直径是否符合要求，导线漆膜是否良好。绕制时，转速不宜过快，应力求排列整齐，不得交叉弯曲，拉力应适中，匝数应正确；线圈首尾应套上绝缘的套管，绕好后整齐放在盘内。

4. 嵌放线圈

嵌放线圈工艺的关键是保证绕组的位置和次序要正确，绝缘要良好。

1）嵌放线圈前要仔细锉去铁芯槽内毛刺，用汽油擦净污垢，用木锤或小手锤轻轻敲正弯曲的槽齿，并用风吹净脏物。

2）更换的绝缘无论是在端部还是槽内部分，在尺寸、规格、层数以及折叠形状等方面，都要符合原来的绝缘等级要求。

3）在嵌线过程中，导线要排列整齐，不可交叉重叠，线圈两端伸出部分长度应一致，对双层绕组，要放好层间绝缘材料，不同相的极相组的端部之间要放好相间绝缘材料。嵌线时注意不能直接用铁锤敲打绕组，切不要损伤导线漆膜和绝缘材料。线圈全部嵌入槽中后，再盖上槽楔下面的绝缘材料，最后打入槽楔。如果槽内很松，可将槽楔下面的绝缘材料多垫一些；如果槽内很紧，可采用滑线板（绝缘层压制品制成，见图 4-26）把绝缘导线在槽中划直，不使它们交叉，再用压线板（铜或铁制作）、小锤把导线压紧，然后把槽楔打入。

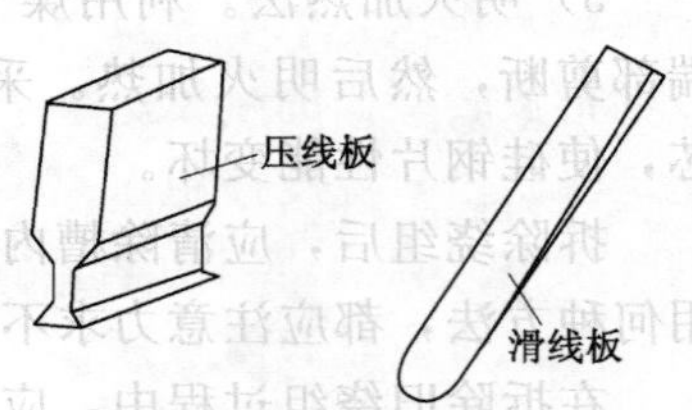

图 4-26　压线板与滑线板

5．接线

绕组嵌线之后，要进行端部接线，也就是把每相的极相组（或单只线圈），按绕组连接图串联成一路或并联成多路，然后把三相的六个引出线连接到电动机的出线板上。

接线时，焊接的质量将直接影响电动机长期工作的可靠性，要求焊牢，接触电阻小，防止虚焊、假焊。

绕组接线完成后，应仔细检查接线是否有错误，绝缘是否有损坏（尤其要仔细检查引出线和铁壳是否短路）。如果无问题，就可以浸漆，烘干了。

6．浸漆与烘干

电动机绕组浸漆的目的是提高绕组的绝缘强度、耐热性、耐潮性及导热能力，同时也增强绕组的机械强度和耐腐蚀能力。

（1）预烘。浸漆前先要将电动机定子进行预烘，目的是排除水分潮气。预烘温度一般为 110℃左右，时间约 6～8 小时（小型电动机用小值，中、大型电动机用大值）。预烘时，约每隔 1 小时测绝缘电阻一次，其绝缘电阻必须在 3 小时内不变化，就可以结束预烘。

（2）浸漆。绕组温度要冷却到 50～70℃左右才能浸漆，因为温度过高时漆中溶剂迅速挥发，使绕组表面形成漆膜，反而不易浸透。但温度低于室温，绕组又吸入潮气。浸漆时要求浸 15 分钟左右，直到不冒气泡为止，如受设备限制，可用浇漆办法，先浇绕组一端，再浇另一端。浇漆要浇得均匀，全部都要浇到，最好重复浇几次。浸、浇完后，待余漆滴干，再进行烘干。浸漆时应注意引出线上不能浸到漆。

(3) 烘干。烘干的目的是挥发漆中的溶剂和水分，并使绕组表面形成较坚固的漆膜。烘干过程最好分为两个阶段：第一阶段是低温阶段，温度控制在 70～80℃，约烘 2～4 小时，这样使溶剂挥发不太强烈，以免表面很快结成漆膜，使内部气体无法排出；第二阶段是高温阶段，温度控制在 130℃左右，时间为 8～16 小时，转子尽可能竖烘，以便校平衡。

在烘干（包括预烘）过程中，每隔 1 小时用兆欧表测一次绕组对地的绝缘电阻。开始时绝缘电阻下降，后来逐步上升，最后 3 小时内必须趋于稳定，如图 4-27 所示。电阻值一般应在 5MΩ 以上，烘干才算结束。

常用的烘干设备和烘干方法：

1）循环热风干燥室。干燥室结构如图 4-28 所示，一般用耐火砖砌成，最好有内外两层，中间填隔热材料（如石棉粉、硅藻土等），以减少热损失。发热器可采用电热丝、煤气、蒸气等加热。但不能裸露在干燥室内，因为电动机上的绝缘漆和稀释剂都很容易燃烧，干燥室外装有电动鼓风机，将电热器产生的热量均匀地吸入干燥室内。如不装鼓风机也可使用，但温度不易均匀，干燥时间较长。

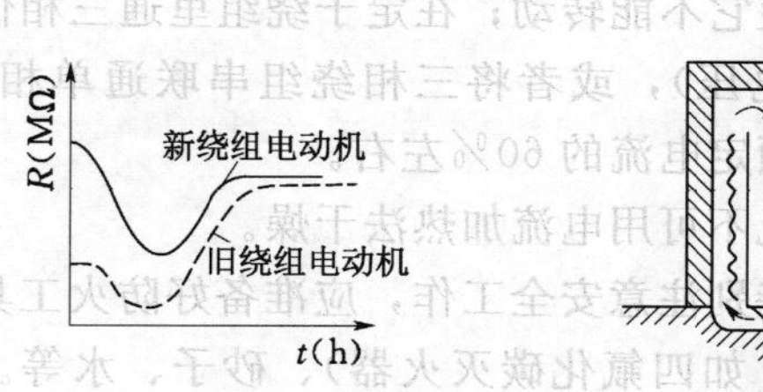

图 4-27 电动机烘干过程中绝缘电阻变化曲线

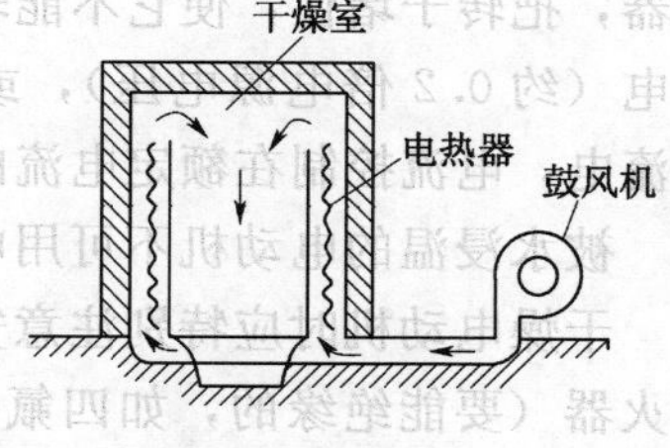

图 4-28 循环热风干燥室

2）灯泡干燥法。把红外线灯泡或一般灯泡放在定子内使灯光直接照射到电动机绕组上，改变灯泡瓦数和个数，就可以改变干燥温度。

3）电流干燥法。这种方法是利用电流通过绕组产生的热量来干燥线圈。中、大型电动机因为绕组线圈的阻抗小，大都把它的三相串联起来进行烘烤，如图 4-29（a）所示。小型电动机绕组的阻抗较大，可采用串并联干燥法，如图 4-29（b）所示；或并联干燥法，如图 4-29（c）所示。电源可用 220V 交流电（或低电压），电流大小控制在额定电流的 60%左右，可用变阻器或调压器来调节。

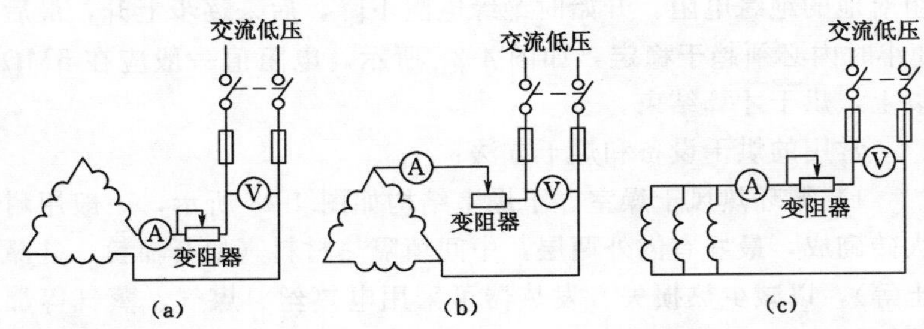

图 4-29 电流加热法干燥电动机
（a）中、大型电动机串联干燥法；（b）小型电动机串并联干燥法；（c）小型电动机并联干燥法

对于绕线型异步电动机，首先把转子集电环接上三相启动变阻器，把转子堵住，使它不能转动；在定子绕组里通三相低压交流电（约 0.2 倍电源电压），或者将三相绕组串联通单相 220V 交流电，电流控制在额定电流的 60%左右。

被水浸温的电动机不可用电流加热法干燥。

干燥电动机时应特别注意安全工作，应准备好防火工具，如灭火器（要能绝缘的，如四氟化碳灭火器）、砂子、水等。干燥过程中应有值班人员，值班人员按时监视干燥情况，做好记录。在干燥过程中，不得在附近进行电焊和气焊。

7. 绕组及电动机特性试验

异步电动机检修完毕或定子绕组烘焙完毕以后，均应作电气试验，才能正常带负载运行。试验项目如下：

（1）绝缘电阻的测定。用兆欧表测量绕组对机壳及各相绕组相互间的绝缘电阻。绝缘电阻每千伏工作电压应不低于1MΩ，一般低压（380V）、容量在100kW以下的电动机，在常温下绝缘电阻应不低于0.5MΩ；绕线型电动机的转子绕组的绝缘电阻也不应低于0.5MΩ。

（2）直流电阻的测定。通常采用直流电桥测量各绕组的直流电阻。绕组电阻大于1Ω时，常用单臂电桥；小于1Ω时，应使用双臂电桥。每个绕组至少测量3次，取其平均值作为实际值，即$R=(R_1+R_2+R_3)/3$，测得的各相线圈的直流电阻的相互差别不大于±2%，且直流电阻与出厂值相比，其差不超过±2%，即为合格。

（3）耐压试验。耐压试验是做绕组对机壳及不同绕组间的绝缘强度试验。对额定电压380V、额定功率为1kW以上的电动机，试验电压有效值为1760V；对额定电压为380V、额定功率小于1kW的电动机，试验电压为1260V。绕组在上述条件下，承受为时1分钟而不发生击穿者为合格。

（4）空载试验。电动机经上述试验后，应作半小时以上的空载试验。在运行中测量三相电流是否平衡，三相电流不平衡应在±10%以内；空载电流是否太大或太小，空载电流与额定电流的百分比，见表4-79。如果空载电流超出容许范围很多，表示定子与转子之间的气隙可能超过容许值，或是定子绕组匝数太少，或是应一路串联但错接成两路并联了；如果空载电流太低，表示定子绕组匝数太多，或应是△形连接但误接成Y形，两路并联错接成一路串联等。

表4-79　电动机空载电流与额定电流百分比

容量 极数	0.125kW	0.5kW以下	2kW以下	10kW以下	50kW以下	100kW以下
2	70～95	45～70	40～55	30～45	23～35	18～30
4	80～96	65～85	45～60	35～55	25～40	20～30
6	85～98	70～90	50～65	35～65	30～45	22～33
8	90～98	75～90	50～70	37～70	35～50	25～35

此外，还应检查轴承的温度是否过高，电动机和轴承是否有异常的声音等。绕线型异步电动机空转时，还应检查启动时电刷有无冒火花、过热等现象。

九、三相异步电动机的简易计算

在电动机的修理工作中，经常会遇到电动机铭牌丢失而又缺乏技术数据，或电动机原有的额定电压不能适应电源电压的要求，或电动机原有极数不能适应配套机械的要求等，要解决这些问题，一般均需要对绕组重新进行计算，以确定所需要的数据。

（一）改极计算

三相异步电动机的转速与极数成反比（当电源频率为一定时），可以通过改接绕组的方法，来改变电动机的极数，从而使转速改变。

改极计算应注意以下事项：

1）由于电动机改变了极数，必须注意定子槽数 Z_1 与转子槽数 Z_2 的配合应有下列关系：

$$Z_1 - Z_2 \neq \pm 2p$$

$$Z_1 - Z_2 \neq 1 \pm 2p$$

$$Z_1 - Z_2 \neq \pm 2 \pm 4p$$

否则电动机可能会发生强烈的噪声，甚至不能运转。

2）改变电动机极数时，必须考虑到电动机容量将与转速近似成正比的变化。

3）改变电动机转速时，不宜使其前后相差太大，尤其是提高转速时应特别注意。

4）提高转速时，应事先考虑到轴承是否会过热或寿命过低，转子和转轴的机械强度是否可靠等，必要时进行验算。

5）绕线型电动机改变极数时，必须将定子绕组和转子绕组同时更换。所以一般只对笼型电动机定子线圈加以改制。

表 4-80 介绍的是经验数据，仅适用于电源电压不变，频率不变，接法不变，并联路数不变，以及绕组系数十分接近的情况。在多极电动机改为少极电动机时，尚需补充验算定子轭部磁

密，这时轭部磁密可以高达1.60～1.65T。

表4-80　三相异步电动机改极经验数据

改极方案	技术指标变化范围	
	每相串联导体数 N	导体截面积 S（mm²）
2极改4极	$N_4=(1.70\sim1.80)N_2$	$S_4=(0.55\sim0.60)S_2$
4极改2极	$N_2=(0.80\sim0.90)N_4$	$S_2=(1.1\sim1.25)S_4$
4极改6极	$N_6=(1.45\sim1.85)N_4$	$S_6=(0.69\sim0.74)S_4$
6极改4极	$N_4=(0.85\sim0.90)N_6$	$S_4=(1.1\sim1.17)S_6$
6极改8极	$N_8=(1.25\sim1.30)N_6$	$S_8=(0.75\sim0.79)S_6$
8极改6极	$N_6=(0.85\sim0.95)N_8$	$S_6=(1.04\sim1.17)S_8$

改极方案	技术指标变化范围	
	导体直径（mm）	功率（kW）
2极改4极	$d_4=(0.74\sim0.77)d_2$	$P_4=(0.55\sim0.60)P_2$
4极改2极	$d_2=(1.05\sim1.12)d_4$	$P_2=(1.15\sim1.20)P_4$
4极改6极	$d_6=(0.83\sim0.86)d_4$	$P_6=(0.6\sim0.65)P_4$
6极改4极	$d_4=(1.05\sim1.08)d_6$	$P_4=(1.15\sim1.25)P_6$
6极改8极	$d_8=(0.87\sim0.89)d_6$	$P_8=(0.75\sim0.75)P_6$
8极改6极	$d_6=(1.02\sim1.08)d_8$	$P_6=(1.15\sim1.20)P_8$

验算定子轭部磁通密度可按下式进行：

当 $f_1=50\text{Hz}$ 时 $B_{C1}=0.45\times10^6\dfrac{K_E U_P}{K_{dp}NL_0K_ch_c}$

式中 K_c——铁芯叠压系数，对涂漆硅钢片取0.92，不涂漆硅钢片取0.95；

K_E——压降系数，参考表4-81，功率大者取大值，功率小者取小值；

K_{dP}——绕组系数，按不同的绕组形式及节距，每极每相槽数参考表4-82选取，功率在10kW以下选用单层绕组，功率在10kW以上一般取双层绕组；

U_P——相电压；

L_0——定子铁芯长度；

h_c——定子轭高。

表 4-81 压降系数 K_E

功率范围	极数			
	2	4	6	8
10kW 以下	0.89～0.93	0.87～0.92	0.87～0.91	0.88～0.90
10～30kW 以下	0.94～0.96	0.93～0.95	0.92～0.93	0.91～0.93
30～125kW	0.96～0.98	0.95～0.96	0.94～0.95	0.93～0.94

表 4-82 绕组系数 K_{dp}

三相单层绕组	每极每相槽数	2	3				4			
	绕组系数	0.966	0.96				0.958			
三相双层绕组	每极每相槽数	2	3				4			
	节　距	1～6	1～7	1～8	1～9	1～10	1～9	1～10	1～11	1～12
	绕组系数	0.934	0.831	0.902	0.945	0.96	0.83	0.885	0.925	0.95

三相单层绕组	每极每相槽数	5				6			
	绕组系数	0.957				0.956			
三相双层绕相	每极每相槽数	5				6			
	节　距	1～11	1～12	1～13	1～14	1～14	1～15	1～16	1～17
	绕组系数	0.829	0.874	0.91	0.936	0.866	0.898	0.923	0.941

在少极数电动机改为多极数时，考虑到定子轭部磁密太低，可以提高气隙磁通密度 10%～15%，而使定子齿部磁通密度控制在 1.60～1.65T，这时需按下式补充验算定子齿部磁通密度（在 $f=50\text{Hz}$ 时）：

$$B_{t1}=1.32\times10^6\frac{2pK_EU_P}{K_{dp}K_cNL_0Z_1b_{t1}}$$

式中 p——极对数；

Z_1——定子槽数；

B_{t1}——定子齿宽。

上述两种情况下，若其磁通密度验算结果超过 1.65T 时，则应增加每相串联导体数，重新计算。

（二）改压计算

利用改变接线方式进行改压。表 4-83 列出了各种接线方式改变接法后的电压比。计算公式如下：

$$U\% = \frac{U_2}{U_1} \times 100$$

式中 $U\%$——改压前后的电压百分比；

U_2——改压后的绕组相电压；

U_1——改压前的绕组相电压。

改压时，先利用上式算出改压前后的百分比，然后根据表 4-83 查出相对应的数值的接线方式，改变接法就行了。

表 4-83　三相绕组改变电压接线的电压比（$U\%$）

绕组原来接线法 \ 绕组改后接线法	一路Y形	二路并联Y形	三路并联Y形	四路并联Y形	五路并联Y形	六路并联Y形	八路并联Y形	十路并联Y形
一路Y形	100	50	33	25	20	17	12.5	10
二路并联Y形	200	100	67	50	40	33	25	20
三路并联Y形	300	150	100	75	60	50	38	30
四路并联Y形	400	200	133	100	80	67	50	40
五路并联Y形	500	250	167	125	100	83	63	50
绕组原来接线法 \ 绕组改后接线法	一路Δ形	二路并联Δ形	三路并联Δ形	四路并联Δ形	五路并联Δ形	六路并联Δ形	八路并联Δ形	十路并联Δ形
一路Y形	58	69	19	15	12	10	7	6
二路并联Y形	116	58	39	29	23	19	15	11
三路并联Y形	173	87	58	43	35	29	22	17
四路并联Y形	232	116	77	58	46	39	29	23
五路并联Y形	289	144	96	72	58	48	36	29

续表

绕组原来接线法＼绕组改后接线法	一路Y形	二路并联Y形	三路并联Y形	四路并联Y形	五路并联Y形	六路并联Y形	八路并联Y形	十路并联Y形
六路并联Y形	600	300	200	150	120	100	75	60
八路并联Y形	800	400	267	200	160	133	100	80
十路并联Y形	1000	500	333	250	200	167	125	100
一路Δ形	173	86	58	43	35	29	22	17
二路并联Δ形	346	173	115	87	69	58	43	35
三路并联Δ形	519	259	173	130	104	87	65	52
四路并联Δ形	692	346	231	173	138	115	86	69
五路并联Δ形	865	433	288	216	173	144	118	86
六路并联Δ形	1038	519	346	260	208	173	130	104
八路并联Δ形	1384	688	464	344	280	232	173	138
十路并联Δ形	1731	860	580	430	350	290	216	173
绕组原来接线法＼绕组改后接线法	一路Δ形	二路并联Δ形	三路并联Δ形	四路并联Δ形	五路并联Δ形	六路并联Δ形	八路并联Δ形	十路并联Δ形
六路并联Y形	346	173	115	87	69	58	43	35
八路并联Y形	460	232	152	120	95	79	58	46
十路并联Y形	580	290	190	150	120	100	72	58
一路Δ形	100	50	33	25	20	17	12.5	10
二路并联Δ形	200	100	67	50	40	33	25	20
三路并联Δ形	300	150	100	75	60	50	38	30
四路并联Δ形	400	200	133	100	80	60	50	40
五路并联Δ形	500	250	167	125	100	80	63	50
六路并联Δ形	600	300	200	150	120	100	75	60
八路并联Δ形	800	400	267	200	160	133	100	80
十路并联Δ形	1000	500	333	250	200	167	125	100

［例］有一台660VY形接法三相异步电动机，如果改在电源电压为380V上使用，应如何改变原来的接线方式？

［解］首先计算出改接前后的电压百分比：

$$U\% = \frac{U_2}{U_1} \times 100 = \frac{380}{660} \times 100 = \frac{1}{\sqrt{3}} \times 100 = 58$$

然后查表 4-83 在“原来接法”一栏第一行第九列得到改接为一路△形接法时，其电压百分比为 58，与计算相符，所以决定改为一路△形接法（即 660Y=380△）。

必须指出，采用改变接法进行改压必须满足以下条件。

1）改压前后的电压百分比 $U\%$ 与表 4-83 查阅的数值必须相等或极为相近。

2）电动机的极数必须能被新的接法的并联支路数整除。

3）并联支路数中每一支路的线圈匝数必须相等。

表 4-84 列出不同槽数不同极数时，单层绕组双层绕组所容许的并联支路数。

表 4-84　三相异步电动机并联支路数

定子槽数 Z_1	2　级		4　级		6　级		8　级	
	单层绕组	双层绕组	单层绕组	双层绕组	单层绕组	双层绕组	单层绕组	双层绕组
12	1、2	1、2	1、2	1、2、4				
18	1	1、2		1、2	1、3	1、2、3、6		
24	1、2	1、2	1、2、4	1、2、4			1、2、4	1、2、4、8
27		1		1		1、3		1
39	1	1、2		1、2				1、2
36	1、2	1、2	1、2	1、2、4	1、2、3、6	1、2、3、6		1、2、4
42	1	1、2	1	1、2				1、2
48	1、2	1、2	1、2、4	1、2、4			1、2、4、8	1、2、4、8
54	1	1、2	1	1、2	1、3	1、2、3、6		1、2
60	1、2	1、2	1、2	1、2、4				1、2、4
66	1	1、2	1	1、2				1、2
72	1、2	1、2	1、2、4	1、2、4	1、2、3、6	1、2、3、6	1、2、4	1、2、4、8
78	1	1、2	1	1、2				1、2

续表

定子槽数 Z_1	2 级		4 级		6 级		8 级	
	单层绕组	双层绕组	单层绕组	双层绕组	单层绕组	双层绕组	单层绕组	双层绕组
84	1、2	1、2	1、2	1、2、4				1、2、4
90	1	1、2	1	1、2	1、3	1、2、3、6		1、2
96	1、2	1、2	1、2、4	1、2、4			1、2、4、8	1、2、4、8
108	1、2	1、2	1、2	1、2、4	1、2、3、6	1、2、3、6		1、2、4

十、三相异步电动机的选择

三相异步电动机的选择包括容量、种类、额定电压、额定转速以及结构形式的选择。

（一）电动机容量的选择

电动机的选择主要是容量的选择，如果电动机的容量选小了，一方面不能充分发挥机械设备的能力，使生产效率降低；另一方面，电动机经常在过载下运行，会使它过早损坏。同时，还可能出现启动困难，经受不起冲击负载等故障。如果电动机的容量选大了，则不仅使设备投资费用增加，而且由于电动机经常在轻载下运行，使运行效率和功率因数都会下降。

电动机的容量是根据它的发热情况来选择的。在容许温度以内，电动机绝缘材料的寿命约为15～25年。如果超过了容许温度，电动机的使用年限就要缩短。一般说来，温度经常超过8℃，使用年限就要缩短一半。电动机的发热情况，又与负载的大小及运行方式（运行时间的长短）有关。所以应按不同的运行方式来考虑电动机容量的选择问题。

电动机的运行方式通常可分为连续工作制、短时工作制和断续周期性工作制。

（1）连续工作制电动机容量的选择：①带恒定负载时，选择电动机的容量等于或略大于负载功率。②带变动负载时选择电动机的容量，常采用等效负载法，即把实际的变化负载用一恒定负载来等效代替，然后按①所述，选择电动机的容量等于或略大于等效负载功率。

(2) 短时工作制电动机容量的选择：所谓短时工作制，是指电动机的温升在工作时间内未达到稳定值，而停止运转时，电动机能完全冷却到周围环境的温度。

电动机在短时运行时，可以容许过载，工作时间越短，则过载可以越大，但过载量不能无限增大，必须小于电动机的最大转矩。选择电动机容量可根据过载系数λ（最大转矩/额定转速）来考虑。

(3) 断续周期性电动机容量的选择：专门用于断续周期性运行的交流异步电动机为YZR和YZ系列（老产品代号为JZR和JZ系列）。标准负载持续率为15%、25%、40%和60%四种，一个周期的总时间（工作时间+停车时间）不超过10分钟。电动机的功率也可应用等效负载法来选择［参阅上述(1)］。

（二）电动机种类的选择

选择电动机的种类是从交流或直流、机械特性、调速与启动性能、维护及价格等方面来考虑的。

1）要求机械特性较硬而特殊调速要求的一般生产机械，如功率不大的水泵、通风机和小型机床等，应尽可能选用笼型异步电动机。

2）某些要求启动性能较好，在不大范围内平滑调速的设备，如起重机、卷扬机等，可采用绕线型异步电动机。

3）为了提高电网的功率因数，并且功率较大而又不需要调速的生产机械，如大功率水泵和空气压缩机等，可采用同步电动机。

4）在设备有特殊调速、大启动转矩等方面的要求而交流电动机不能满足时，才考虑使用直流电动机。

（三）电动机电压的选择

交流电动机额定电压一般选用380V或380V和220V两用，只有大容量的交流电动机才采用3000V或6000V。

（四）电动机转速的选择

电动机的额定转速是根据生产机械的要求而选定的。但是，当功率一定时，电动机的转速越低，其尺寸越大，价格越贵，且效率越低。因此，如无安装尺寸等特殊要求时，就不如购买一台高速电动机，再另配减速器更便宜些。

（五）电动机结构形式的选择

为保证电动机在不同环境中安全可靠地运行，电动机结构形式的选择可参照下列原则：

1）灰尘少、无腐蚀性气体的场合选用防护式；

2）灰尘多、潮温或含有腐蚀性气体的场合选用封闭式；

3）有爆炸气体的场合选用的防爆式。

第五章　常用高压电器

第一节　高压电气设备选择

一、高压电气设备选择的一般原则

1）应满足在正常运行、检修和过电压情况下的要求，并考虑5～10年的发展需要。

2）应按当地环境条件校核。

3）应按短路条件进行校验。

4）应力求技术先进和经济合理。

5）选择导体和电气设备时应尽量减少品种。

6）扩建工程应尽量使新老电器型号一致。

7）选用的新品种,应有可靠的试验数据,并经正式鉴定合格。

二、高压电气设备选择的方法

1）电气设备的额定电压应大于或等于所在回路的工作电压。

2）电气设备的额定电流应不小于所在回路的最大负荷电流。各回路最大负荷电流计算公式见表5-1。但当电器的实际环境温度与额定环境温度不一致时，电器的最大容许工作电流按表5-2修正。

表5-1　各回路最大负荷电流（I_{max}）

回　路　名　称	计　算　公式
三相变压器回路	$I_{max}=\frac{S_N}{\sqrt{3}U_N}$
母线分段断路器或母联断路器回路	I_{max}一般为该母线上最大一台发电机或一组变压器的持续工作电流
主母线	按母线上潮流分布情况计算

续表

回路名称	计算公式
馈电回路	$I_{max}=\dfrac{P}{\sqrt{3}U_N\cos\varphi}$，其中 P 应包括线路损耗及事故时转移过来的负荷。当回路中装有电抗器时，I_{max} 按电抗器的额定电流计算
电动机回路	$I_{max}=\dfrac{P_N}{\sqrt{3}U_N\eta_N\cos\varphi}$

注 1. P_N、U_N、I_N 等均指设备本身的额定值。

2. 各标量的单位为：I（A），U（kV），P（kW），S（kVA）。

表 5-2　高压电器在不同环境温度下的容许最大工作电流

条件＼设备	穿墙套管	隔离开关	断路器	电流互感器	电抗器	负荷开关	熔断器	电压互感器
当 $T<T_N$	环境温度每增加 1℃，可增加 0.5% I_N，但最大不得超过 20%I_N					I_N		
当 $T_N<T\leqslant$ 60℃时	环境温度每增高 1℃，应减少 1.8%I_N							

注 I_N—额定电流；T—实际环境温度（℃）；T_N—额定环境温度，普通型和湿热带型为＋40℃，干热带型为＋45℃。

3）断路器、熔断器、重合器和负荷开关的开断电流应大于或等于该设备所装处的短路电流有效值。

4）电气设备的选择还应按短路情况校验其动稳定和热稳定。

5）下列情况下不必进行短路动、热稳定校验：①用熔断器保护的电器及导体。②用限流电阻保护的电器及导体。③架空电力线路。

导体和电器选择与校验项目，见表 5-3。

表 5-3　导体和电器选择与校验项目

电器＼项目	正常工作条件			短路条件			环境条件		其他
	额定电压（kV）	额定电流（A）	准确等级二次负荷	开断电流（kA）	动稳定	热稳定	温度（℃）	海拔高度（m）	
断路器	√	√		○	○	○	○	○	

续表

电器 \ 项目	正常工作条件			短路条件			环境条件		其他
	额定电压(kV)	额定电流(A)	准确等级二次负荷	开断电流(kA)	动稳定	热稳定	温度(℃)	海拔高度(m)	
负荷开关	√	√		○	○	○	○	○	
隔离开关	√	√			○	○	○	○	
熔断器	√	√		○					选择保护熔断特性
电抗器	√	√			○	○	○	○	选择电抗百分值
电流互感器	√	√	√		○	○	○	○	
电压互感器	√		√				○	○	
支持绝缘子	√				○		○	○	
穿墙套管	√	√			○	○	○	○	
母线		√			○	○			电晕校验
电缆	√	√				○	○	○	允许电压损失校验

注　表中“√”代表选择；“○”代表校验、校核项目。

第二节　高压断路器

一、概述

断路器由开断元件、支撑绝缘件、传动元件、基座和操动机构几部分构成。各种类型断路器的灭弧原理、优缺点、适用范围见表5-4。

表5-4　高压断路器的类型、特点及适用范围

类　型	灭弧原理	主要优点	主要缺点	适用范围
少油断路器	利用变压器油作灭弧介质	1. 结构简单，重量轻 2. 通用性、系列性较好	1. 检修周期短 2. 开断能力不太强	1. 220kV及以下电力网应用较广 2. 农用柱上断路器

续表

类　型	灭弧原理	主要优点	主要缺点	适用范围
多油断路器	利用油作灭弧介质和相对地绝缘介质	1. 易组装电流互感器 2. 结构简单，运行可靠	1. 用油量太多，火灾危险大 2. 通用性、系列性差	1. 35kV 及以下电力网 2. 农用柱上断路器
六氟化硫断路器	用六氟化硫气体作灭弧介质	1. 检修周期很长 2. 参数高，性能好 3. 便于组成全封闭组合式电器	1. 密封要求高 2. 用户需配备抽气和检测设备 3. 价格较贵	1. 各种电压等级均可使用 2. 全封闭式组合电器
真空断路器	利用真空灭弧	1. 轻、小、省材料 2. 频繁操作性能很好，易维护 3. 无火灾危险	1. 对真空度及触头材料要求高 2. 价格较贵	1. 一般用在 35kV 以下电路中 2. 防爆炸、频繁操作等特殊场合

二、高压断路器的技术参数

（一）型号含义

以真空断路器为例：

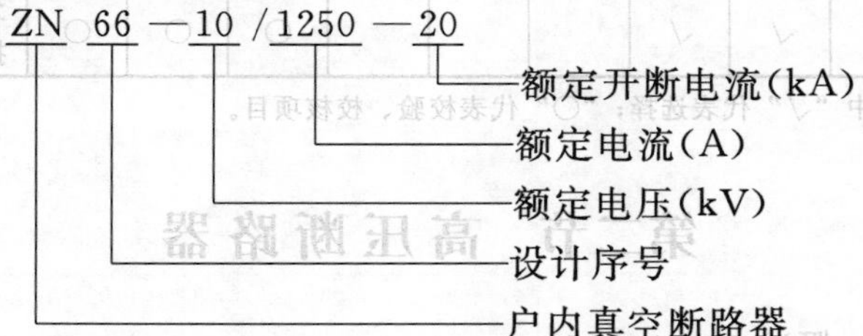

（二）技术数据

常用 35kV 及以下高压断路器的主要技术数据，见表 5-5～表 5-8。

表 5-5　常用多油断路器主要技术数据

型　号	额定电压 (kV)	额定电流 (A)	额定开断容量 (MVA)	额定开断电流 (kA)	极限通过电流峰值 (kA)	热稳定电流 (kA)	时间 (s) 分	时间 (s) 合	操动机构
DW_5—10	10	50　100	30	1.8	7.4	2.9(5s)			用手拉链条提升重锤
DW_5—10G		200	50	2.9	7.4	2.9(5s)			

续表

型号	额定电压(kV)	额定电流(A)	额定开断容量(MVA)	额定开断电流(kA)	极限通过电流峰值(kA)	热稳定电流(kA)	时间(s) 分	时间(s) 合	操动机构
DW_{7}—10	10	30～400	26	1.5	5.6	1.8(5s)			绝缘钩棒或绳索
DW_{7}—10Ⅱ			30	1.8					
DW_{7}—10Ⅲ									
DW_{9}—10		50～400	50	2.9	7.4				
DW_{10}—10Ⅰ		50～400	30	1.8	4.5				
DW_{10}—10Ⅱ			50	2.9	7.4				
DN1—10	10	200、400、600	100	9.7	25	10.9(3s)			
DN3—10Ⅰ		400	200	11.6		14.5(4s)			
DW6—35	35	400	350	5.8	19	6.6(4s)	＜0.1	＜0.2	配CS2机构
			400	6.6					配CD10机构
DW8—35		1000	1000	16.5	41	16.5(4s)	≤0.07	≤0.2	配CD—11X机构
DW13—35		1250		20	50	20(4s)	≤0.07	≤0.35	配CD11—XⅡ型机构
DW13—35Ⅰ		1600		31.5	80	31.5(4s)			

表 5-6 常用少油断路器技术数据

型号	额定电压(kV)	额定电流(A)	额定开断容量(MVA)	额定开断电流(kA)	极限通过电流峰值(kA)	最大关合电流峰值(kA)	热稳定电流(kA)	合闸时间(s)	固有分闸时间(s)	操动机构
SN_{10}—10Ⅰ	10	630	300	16	40	40	16(2s)	≤0.2	≤0.06	CD_{10}—Ⅰ或CT_{7}、CT_{8}
		1000								
SN_{10}—10Ⅱ	10	1000	500	31.5	80	80	31.5(2s)	≤0.2	≤0.06	CD_{10}—Ⅱ或CT_{7}、CT_{8}
SN_{10}—10Ⅲ	10	1250	750	43.3	130	125	43.3(2s)	≤0.2	≤0.06	CD_{10}—Ⅲ
		2000					43.3(4s)			
		3000								

续表

型号	额定电压(kV)	额定电流(A)	额定开断容量(MVA)	额定开断电流(kA)	极限通过电流峰值(kA)	最大关合电流峰值(kA)	热稳定电流(kA)	合闸时间(s)	固有分闸时间(s)	操动机构
SN_{10}—35	35	1000	1000	16	40	40	16(4s)	≤0.25	≤0.06	CD_{10}型
SW_2—35Ⅱ SW_2—35ⅡC	35	1500	1500	24.8	63.4		24.8(2s)			CT_2—XGⅡ CD_3—XG
SW_3—35	35	600	400	6.6	17		6.6(4s)	≤0.12	≤0.06	液压机构
		1000	1000	16.5	42		16.5(4s)	≤0.16		
SW_4—35 SW_4—35C	35	1200	1000	16.5	42	42	16.5(4s)	≤0.35	≤0.08	CD_{15}

表 5-7 常用真空断路器技术数据

型号	额定电压(kV)	额定电流(A)	额定开断电流(kA)	极限通过电流峰值(kA)	最大关合电流峰值(kA)	热稳定电流(kA)	合闸时间(s)	分闸时间(s)	操动机构
ZN—10	10	600	8.7	22		8.7 (4s)	≤0.2	≤0.05	CD—25
		1000	17.3	44		17.3(4s)			CD—35
ZN—10	10	1250 1600	31.5		80	31.5(2s)	≤0.1	≤0.06	配用弹簧机构
ZN—10	10	2000 3150	40	100	100	40(2s)	≤0.2	≤0.08	配用新型双合闸电磁机构
ZN_3—10	10	600	8.7	22	22	8.7 (4s)	≤0.15	≤0.05	电磁机构
ZN_3—10(Ⅱ)	10	630	8	20		8 (4s)	≤0.15	≤0.05	电磁机构
ZN_4—10	10	600 1000	17.3	44	44	17.3(4s)	≤0.2	≤0.05	电磁机构

续表

型号	额定电压（kV）	额定电流（A）	额定开断电流（kA）	极限通过电流峰值（kA）	最大关合电流峰值（kA）	热稳定电流（kA）	合闸时间（s）	分闸时间（s）	操动机构
ZN$_5$—10	10	1000	20	50	50	20（2s）	≤0.1	≤0.05	电磁机构
ZN$_{19}$—10	10	1250	31.5	80	80	31.5（4s）	≤0.2	≤0.1	CD$_{10}$—Ⅰ或CT$_8$
ZN$_{18}$—10	10	630	25	63	63	25（3s）	≤0.05	≤0.03	弹簧机构
VK—10J25		1250							
ZN$_{21}$—10	10	800～3150	20、31.5、40	50、80、100		20（3s） 31.5（3s） 40（3s）			
ZN$_{28}$—10	10	630	12.5	31.5	31.5	12.5（4s）	≤0.06	≤0.06	CD$_{10}$
		1000 1250	20、 25	50、 63	50、 63	20、 25（4s）	≤0.06	≤0.06	CD$_{10}$
		1250 1600 2000	31.5	80	80	31.5 （4s）	≤0.06	≤0.06	CD$_{10}$
		2000 3150	40	100	100	40（4s）	≤0.06	≤0.06	CD$_{10}$
ZN□—27.5 （铁路用）	27.5	1250	25	63		25（3s）	≤0.08	≤0.09	弹簧机构
ZN—35	35	630	8	20	20	8（2s）	≤0.2	≤0.06	电磁机构
ZN—35C	35	1600	25	63	63	25（4s）	≤0.075	≤0.06	CT$_{10}$弹簧机构
ZN□—35 ZN$_{12}$—35	35	1250 1600 2000	25、 31.5	63、 80	63、 80	25、31.5 （4s）	≤0.09	≤0.075	弹簧机构
ZN$_{23}$—35	35	1600	25	63	63	25（4s）		≤0.08	弹簧机构
ZW—12	10	630 1250	12.5 16	31.5 40	31.5 40	12.5（4s） 16（4s）	≤0.06	≤0.04	弹簧机构
ZW$_1$—10	10	630	12.5	31.5	31.5	12.5（4s）	≤0.06	≤0.1	弹簧机构

续表

型号	额定电压(kV)	额定电流(A)	额定开断电流(kA)	极限通过电流峰值(kA)	最大关合电流峰值(kA)	热稳定电流(kA)	合闸时间(s)	分闸时间(s)	操动机构
ZW_8—12(YL)	12	630	16 20	50	50				永磁机构
$ZW_{\square}$—55/27.5(铁路用)	55/27.5	1250	20	50		20 (3s)	≤0.055	≤0.15	弹簧机构

表 5-8 常用六氟化硫断路器技术数据

型号	额定电压(kV)	额定电流(A)	额定开断电流(kA)	极限通过电流峰值(kA)	最大关合电流峰值(kA)	热稳定电流(kA)	SF_6额定气压(MPa)	合闸时间(s)	固有分闸时间(s)	操动机构
LN—10	10	1250	25				0.4			
LN2—10	10	1250	25	63	63	25 (4s)	0.55	≤0.15	≤0.06	CT10
HB10—10 HB□—10 HB25—10	10	1250、1600、2000、2500	25	63	63		0.6	≤0.06	≤0.06	KHB型弹簧操动机构
LN2—35	35	1600	25、31.5	63、80	63、80	25、31.5 (4s)	0.65	≤0.15	≤0.06	CT10
HB—35	35	1250、1600、2000	25	63	63			≤0.06	≤0.06	KHB型弹簧操动机构
LW—10	10	600	6.3				0.3			
LW_3—10Ⅰ	10	400	6.3	16	16	6.3 (4s)	0.35	≤0.06	≤0.06	弹簧机构
LW_3—10Ⅱ		630	12.5	31.5	31.5	12.5(4s)			≤0.04	
LW_3—10Ⅲ	10	400	6.3		16	6.3 (4s)	0.35	≤0.06	≤0.04	弹簧机构

续表

<table>
<tr><th>型　号</th><th>额定电压（kV）</th><th>额定电流（A）</th><th>额定开断电流（kA）</th><th>极限通过电流峰值（kA）</th><th>最大关合电流峰值（kA）</th><th>热稳定电流（kA）</th><th>SF_6额定气压（MPa）</th><th>合闸时间（s）</th><th>固有分闸时间（s）</th><th>操动机构</th></tr>
<tr><td rowspan="4">LW8—40.5</td><td rowspan="4">40.5</td><td>1600</td><td>20</td><td>50</td><td>50</td><td>20（4s）</td><td>0.35</td><td>≤0.1</td><td>≤0.06</td><td rowspan="4">CT14 型弹簧操动机构</td></tr>
<tr><td rowspan="3">2000/2500</td><td>25</td><td>63</td><td>63</td><td>25（4s）</td><td>0.45</td><td>≤0.1</td><td>≤0.06</td></tr>
<tr><td>31.5</td><td>80</td><td>80</td><td>31.5(4s)</td><td>0.45</td><td>≤0.1</td><td>≤0.06</td></tr>
<tr><td>40</td><td>100</td><td>100</td><td>40（4s）</td><td>0.5</td><td>≤0.1</td><td>≤0.06</td></tr>
<tr><td>LW16—40.5</td><td>40.5</td><td>1600、2000</td><td>25（重合闸）31.5（单分）</td><td>63</td><td>63</td><td>25（4s）</td><td>0.6</td><td>≤0.15</td><td>≤0.06</td><td>CT10—A 型弹簧操动机构</td></tr>
</table>

三、断路器的运行与维护

（一）断路器的操作

高压断路器的分、合闸操作，一般由安装在高压开关柜或控制屏、台上安装的断路器控制开关发出分、合闸命令，借助于操动机构的作用完成的。对断路器的操作控制按控制地点的不同分为就地控制、距离控制和遥控。高压开关柜中的断路器一般采用就地控制方式；高压室外开关站中的断路器一般采用安装在控制屏、台上的控制开关实现距离控制；发电厂、变配电所中的重要断路器或无人值班变电站中的断路器采用遥控方式。当断路器采用手力操动机构时，则通过操动手力机构的手柄实现手动分、合闸。断路器的分合闸位置一般由红、绿灯监视，红灯亮表明断路器在合闸位置；绿灯亮表明断路器在断开位置。断路器本体还带有机械位置指示器，断路器合上时指示“合”或“I”位置，断路器断开时指示“分”或“0”位置。

（二）运行和维护

断路器在运行中，值班员应按照运行规程的规定对断路器作巡视检查，以保证对断路器的合理、正常运行，发现异常运行情况或遇到事故应及时作出相应的处理。

1. 断路器的巡视检查周期

1）正常情况下，有人值班的变配电所，每班应巡视检查一次；无人值班的变配电所，每周至少巡视检查一次。

2）污秽地区的变配电所，应根据污染源的性质及污染程度确定巡视检查周期。

3）遇有下列情况时，应进行特殊巡视：①对新投入运行或大修后重新投入运行，以及事故处理后又投入运行的断路器，应在72小时内加强巡视，无异常时再转入正常巡视。②对带有缺陷运行或过负荷运行的断路器应加强巡视，增加巡视次数。③遇有恶劣天气，使运行条件恶化时，应加强巡视。

2. 断路器的巡视检查项目

1）电流表指示值应在正常范围内，继电保护应处于正常运行状态。

2）运行中的断路器应无异常声响或气味。

3）各连接点应无过热。

4）各部位的瓷绝缘应无裂纹、破损、污垢和放电闪络痕迹。

5）油断路器的油位、油色应正常，无渗漏油现象。

6）传动部位应无异常，如销轴脱落、传动杆裂纹等。

7）分、合闸回路应完好，控制电源、合闸电源及熔断器正常（直流系统的绝缘监视，硅整流系统的电压指示应正常）。

8）操动机构的分、合闸指示牌与操作把手（KK）及指示灯的显示应与断路器的实际位置一致。

9）对真空断路器还应检查和维护以下内容：①检查缓冲器油杯内的油面高低，若总量不足1/3，应及时注入DB—45号变压器油至油杯容积的1/3多。②经常观察屏蔽罩的颜色或断路器分闸时的弧光颜色，若屏蔽罩由光亮变为暗红色，分断时电弧颜色也变为暗红色，说明灭弧室中的真空度降低，应进行试验或更换灭弧室。③每年对真空断路器的灭弧室进行一次绝缘测试。④每操作1000次或每隔六个月进行一次真空度试验。⑤损坏严重的部件应及时更换。⑥凡是滑动摩擦的部位，均应保持有干净的润滑油，使机构动作灵活、减少摩擦。⑦运行中的超行程的减少值就是触头磨损量，每次对超行程的调整量应做详细记录，当累计磨损量总和达到一定值时，应更换灭弧室。

在巡视检查中发现和发生以下情况时，处于合闸状态的断路器应采用安全稳妥的办法停止运行，已处于分闸状态的断路器不得再投入运行。

对少油断路器有：①油标管内无油或严重缺油。②断路器分闸时严重喷油。③瓷绝缘严重闪络放电。④瓷绝缘断裂。⑤连接点严重过热。⑥油箱内有异常声响。

第三节　高压负荷开关

一、概述

（一）负荷开关的结构及特点

负荷开关一般由底架、触头系统、简易灭弧装置、传动机构、绝缘支柱、操动机构等组成。压气式高压负荷开关的灭弧装置由压气装置及喷嘴构成。压气装置内部有活塞，外部为绝缘的气缸，该气缸还兼作绝缘支持用。分闸时，传动机构带动活塞在气缸内运动使气体压缩，当刀闸断开时，压缩气体经喷嘴喷出，将电弧吹熄。由于气体压力毕竟有限，它只能开断电器中的负荷电流、变压器空载电流、长距离空载线路和电容器组的电容电流，电路发生短路或过载时，只有由其配带的熔断器开断电路。

（二）负荷开关的作用

户内 FN□—10 型交流高压六氟化硫负荷开关，主要用于三相环网或终端供电的市区配电站和工业用电设备中，作为开断负荷电流及关合短路电流之用。

FN□—10R 型户内交流高压六氟化硫负荷开关——熔断器组合电器，具有体积小、重量轻、结构简单、使用安全等优点，有效地避免了设备的缺相运行。其适应于交流 50Hz、额定电压

6～10kV 的网络中，可开断负荷电流，过载电流及短路电流。

FN□—10 型户内交流高压六氟化硫负荷开关，适用于交流 50Hz、10kV 的网络中，作为开断负荷电流及关合短路电流之用。

FN16—10 系列户内交流高压真空负荷开关，适用于交流 50Hz、额定电压 6～10kV 的网络中，可开断负荷电流、过载电流，特别适用于无油化、不检修及频繁操作要求的场所。

FW11－10 型负荷开关为三相共箱式结构，以 SF_6 为灭弧和绝缘介质，适用于交流 50Hz、10kV 的网络中，作为开断和关合负荷电流、短路电流及环流之用。

二、高压负荷开关技术数据

（一）型号含义

如：

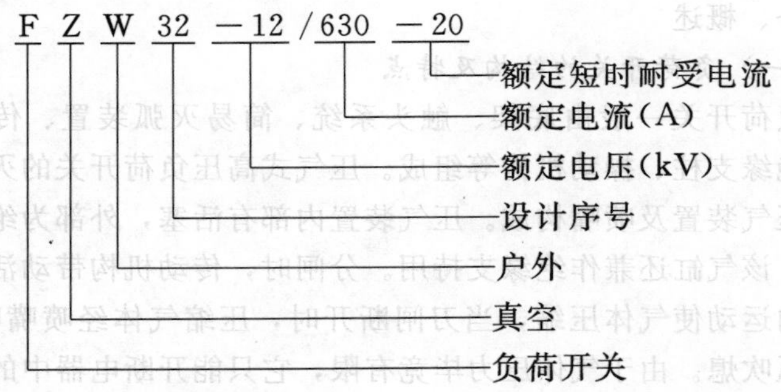

（二）高压负荷开关的技术数据

常用高压负荷开关技术数据，见表 5-9。

表 5-9 常用高压负荷开关技术数据

型号	额定电压(kV)	额定电流(A)	最大允许开断电流(A)	极限通过电流值（kA）		热稳定电流(kA)	重量(kg)	操动机构型号
				峰值	有效值			
FN2—6	6	400	2500	25		8.5 (5s)	44	CS4
FN2—10	10		1200	25				CS4—T

续表

型　号	额定电压(kV)	额定电流(A)	最大允许开断电流(A)	极限通过电流值(kA)		热稳定电流(kA)	重量(kg)	操动机构型号
				峰值	有效值			
FN3—10 FN3—10R	10	400	1450	25	14.5	8.5（5s)	50	CS3、CS4、 CS2、CS4—T
FN4—10	10	600	3000			3（4s)	75	
FN5—10	10	125	400、 630	31.5、 50		12.5、20 (2s)		
FN5— 10（R、D)	10	100	630					CS6—1 CS□
FN□—10 (压气式)	10	400、 630	400、 630	40 50		16、20 (4s)		
FN□—10R	10	125	630					弹簧机构
FN16—10	10	200	630	50		20（3s)		CS6—1 CS□
FW2—10G	10	100、 200、 400	1500	14		7.9（4s)	124	绝缘钩棒及绳索
FW4—10G	10	200、 400	800	15		5.8（4s)	114	绝缘钩棒及绳索
FW5—10	10	200	1500	10		4（4s)	75	绝缘钩棒及绳索
FW5—10(RD)	10	100	4000					CS6—1或CS□
FW7—10	10	20		4		1.6（4s)		
FW11— 10（SF_6)	10	400	630	31.5		12.5(1s) 6.3（4s)		手动弹簧机构
FKRNA— 12D/125	12	100	50000	50		20（2s)		
FW□—55/27.5 FW□—27.5 (铁路用)(真空)	55/ 27.5、 27.5	1250	1250	31.5		12.5		

三、户外高压负荷隔离开关

（一）10kV 户外高压真空隔离负荷开关

FZW20—12/D型户外交流高压真空隔离负荷开关，可开断和关合负荷电流及短路电流、变压器空载电流、一定距离的线路和电容器组的电容电流。具有分段、隔离、连接、切换、保护等功能，适用于城网、农网、铁路、石化等架空配电线路。其特点主要是：①采用真空灭弧室，无火灾爆炸危险，不需检修。②在分断状态有明显可见断口，隔离刀与三相真空灭弧室联动。通过动作时序配合，真空灭弧室在分断和关合过程中灭弧，而隔离刀在分断和关合过程中不起弧，完成组合电器的功能。③全敞开式。真空灭弧室外包高绝缘性能硅橡胶，不须密封，不充油，不充气。

FZW20—12/D型户外交流高压真空隔离负荷开关的主要技术数据，见表5-10。

表5-10 FZW20—12/D型户外交流高压真空隔离负荷开关主要技术数据

<table>
<tr><th>序号</th><th>项　　目</th><th colspan="3">参　数　值</th></tr>
<tr><td>1</td><td>额定电压（kV）</td><td colspan="3">12</td></tr>
<tr><td>2</td><td>额定电流（A）</td><td>200</td><td>400</td><td>630</td></tr>
<tr><td>3</td><td>额定有功负载开断电流（A）</td><td>200</td><td>400</td><td>630</td></tr>
<tr><td>4</td><td>额定闭环开断电流（A）</td><td>200</td><td>400</td><td>630</td></tr>
<tr><td>5</td><td>额定短路开断电流（kA）</td><td colspan="3">6.3</td></tr>
<tr><td>6</td><td>额定电缆充电开断电流（A）</td><td colspan="3">10</td></tr>
<tr><td>7</td><td>额定峰值耐受电流（kA）</td><td colspan="3">40（50）</td></tr>
<tr><td>8</td><td>额定短时耐受电流（kA）</td><td colspan="3">16（20）</td></tr>
<tr><td>9</td><td>额定短路持续时间（s）</td><td colspan="3">4</td></tr>
<tr><td>10</td><td>机械寿命（次）</td><td colspan="3">10000</td></tr>
<tr><td rowspan="2">11</td><td>额定工频耐压电压、灭弧室/隔离断口（kV）</td><td colspan="3">42/48</td></tr>
<tr><td>额定雷电冲击耐受电压、灭弧室/隔离断口（kV）</td><td colspan="3">75/85</td></tr>
</table>

（二）35kV户外高压负荷隔离开关

35kV户外高压负荷隔离开关是专为农村无人值班变电站而

设计，它与熔断器组合作为 6300kVA 及以下主变压器的保护，可替代常规的断路器及常规继电保护，极大地降低变电站建设总投资，而且比常规保护的效果更好，并具有远方、就地、手动和电动操作功能，可与远动装置通过触点相连，实现无人值班。

由中国电力科学研究院华源电力有限公司开发的 GFW—35/200（100）型高压负荷隔离开关，突出了我国 35kV 农村无人值班变电站应用的实际需要，国家科委作为重点产品推广。其特点如下：

1）能有效地开断 200A 的负荷电流，与高压熔断器配合使用可有效地保护 6300kVA 及以下的主变压器。简化了断路器保护的复杂回路，从而提高了保护变压器的可靠性。

2）采用了双断口的灭弧结构，灭弧效果和性能好，结构简单，操作方便，无维护工作量。

3）具有明显断开点，可提高设备运行及检修的安全性。

4）具有二级的快速操动机构，电动操动机构提供三相主断口的快速分合闸操作，通过主动触头提供快速分合辅助断口，达到灭弧的效果。灭弧室的结构设计密封性能好，能防止水和有害气体的进入。

5）具有就地和远方操作的功能，可手动和电动操作。

GFW—35 型高压负荷开关的技术数据，见表 5-11。

表 5-11　GFW—35 型高压负荷开关技术数据

序号	项　目	负荷开关	隔离开关
1	额定电压（kV）	35	35
2	最高工作电压（kV）	40.5	40.5
3	额定电流（A）	630	630
4	动稳定电流峰值（kA）	31.5	31.5
5	主回路额定开断负荷电流（kA）（双断口）	200	
6	热稳定电流（kA）	12.5	12.5
7	热稳定持续时间（s）	4	4

续表

序号	项目		负荷开关	隔离开关
8	主回路的电阻（μΩ）		≤600	≤600
9	相间中心距（m）		≥1.2	≥1.2
10	机械寿命（次）		1000	2000
11	绝缘寿命	工频耐压（kV/1min）	80	80
		1.2/50全波冲击耐压（kV）	185	185
12	环境温度（℃）		−30～44	−30～44
13	海拔高度（m）		2000	2000

四、负荷开关的运行及维护

高压负荷开关根据类型的不同一般采用手力操动机构和绝缘钩杆及绳索操作，也有采用电磁机构和弹簧机构，实现就地或远方控制。

负荷开关的分、合闸位置有的与隔离开关一样有明显可见的断开点；有的可由其分、合闸位置指示器观察到。

负荷开关的操作较频繁，在运行中应加强巡视和维护，主要内容如下：

1）检查通过负荷开关的电流是否在允许范围内，触头接触部位有无过热现象。

2）检查瓷绝缘的完好性及有无放电痕迹，并清除污垢。

3）检查灭弧装置的完好性，清除烧伤、压缩时漏气等隐患。

4）安装在柜外的负荷开关，应检查开关与操作手柄之间的安全挡板装设是否牢固。

5）连接螺母应紧固；各活动部分应保持润滑良好。

6）操作传动机构各部件应完整无损，动作应灵活可靠，无卡涩现象。

7）三相应同时接触，中心无偏移等。

8）开关外壳应接地良好。

9）六氟化硫负荷开关运行5年后，应对其主回路和接地回路的绝缘水平进行检查。满负荷开断100次后，应对其主回路电阻及绝缘水平进行检查。

10）定期记录SF_6气体压力指示数据，并根据SF_6气体状态曲线，视情况及时补气，但正常情况下不补气时间为15年。

11）真空负荷开关运行两年后进行检查维护；运行20年后应进行检修；或累计操作500次应进行检查维护，操作1000次应进行检修，开断额定电流达500次应检修。

第四节　高压隔离开关

一、概述

隔离开关没有灭弧装置，不能接通和切断电路中的负荷电流，否则会发生带负荷拉刀闸的严重事故，危及人身和设备安全。

6kV及以上隔离开关的主要用途有：

1）使被检修设备与带电部分隔开，形成明显可见的断开点。

2）拉合电压互感器和避雷器。

3）拉合母线及直接连接在母线上设备的电容电流。

二、隔离开关技术数据

（一）型号含义

如：

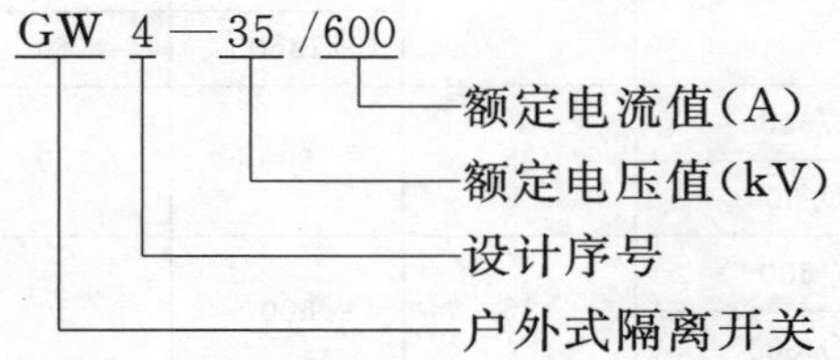

（二）技术数据

常用隔离开关的主要技术数据，见表5-12。

表 5-12　常用隔离开关主要技术数据

型　　号	额定电压 (kV)	额定电流 (A)	极限通过电流峰值 (kA)	热稳定电流（5s） (kA)
GN2—10/2000	10	2000	100	40（2s）
GN6—6/200	6	200	25	8.4（3.5s）
GN6—6/400	6	400	50	16.9（3.5s）
GN6—6/600	6	600	60	24.5（3.5s）
GN30—10/630	10	630	50	20（4s）
GN30—10/1000	10	1000	80	31.5（4s）
GN30—10/2000	10	2000	80	31.5（4s）
GN30—10/2500、3150	10	2500、3150	100	40（4s）
GN6—10T/400	10	400	52	14
GN8—10T/400	10	400	52	14
GN9—10/400	10	400	52	20
GN9—10C/400				
GW1—10/400	10	400	25	14
GW9—10/400	10	400	25	14
GW9—10G/400	10	400	31.5	12.5（4s）
GW9—10G/630		630	50	20（4s）
GN2—27.5	27.5	1000	63	25（4s）
GN2—35T/400～1250	35	400	31.5	12.5（2s）
		630	50	20（2s）
		1250	80	31.5（2s）
GW2—35/600	35	600	50	14
GW2—35D/600				
GW4—35/600	35	600	50	15.8（4s）
GW4—35D/600				
GN24—10（C）（S）D/630	10	630	50	20（4s）
GN24—10（C）（S）D/1000	10	1000	80	31.5（4s）

续表

型　　号	额定电压（kV）	额定电流（A）	极限通过电流峰值（kA）	热稳定电流（5s）（kA）
GN24—10（C）（S）D/1250	10	1250	100	40（4s）
GN25—10（C）（D）/2000	10	2000	100	40（4s）
GN25—10（C）（D）/3150	10	3150	125	50（4s）
GN25—10（D）/4000	10	4000	160	63（4s）
GN25—10（D）/5000	10	5000	200	80（4s）
GN25—10（D）/6300	10	6300	250	100（4s）
GN25—10（D）/8000	10	8000	250	100（4s）
GN27—35（C）（D）/630	35	630	50	20（4s）
GN27—35（C）（D）/1250	35	1250	80	31.5（4s）
GN27—35（D）/2000	35	2000	100	40（4s）
GN30—10（D）/630	10	630	50	20（4s）
GN30—10（D）/1000	10	1000	80	31.5（4s）
GN30—10（D）/1250	10	1250	100	40（4s）
GN30—10（D）/2000	10	2000	125	50（4s）
GN30—10（D）/3150	10	3150	125	50（4s）
GN30—10（D）/4000	10	4000	160	63（4s）
GN31—10（D）/2000	10	2000	100	40（4s）
GN31—10（D）/3150	10	3150	100	40（4s）
GN36—12D/1250	12	1250	80	31.5（4s）
GN36—12D/3150	12	3150	125	50（4s）
DGN—12D/630	12	630	50	20（4s）
DGN—12D/1250	12	1250	80	31.5（4s）
GN2—35（C）/630	35	630	50	20（4s）
GN2—35（C）/1000	35	1000	80	31.5（4s）
GW9—10/400～1250	10	400～1250	31.5～100	12.5～40(4s)
GW9—10Ⅲ/400～1250	10	400～1250	31.5～100	12.5～40(4s)

续表

型　号	额定电压（kV）	额定电流（A）	极限通过电流峰值（kA）	热稳定电流（5s）（kA）
GN16—35/2000	35	2000	100	40（4s）
GN19—10（C）/400	10	400	31.5	12.5（4s）
GN19—10（C）/630	10	630	50	20（4s）
GN19—10（C）/1000	10	1000	80	31.5（4s）
GN19—10（C）/1250	10	1250	100	40（4s）
GN19—20（C）/400	20	400	31.5	12.5（4s）
GN19—20（C）/630	20	630	50	20（4s）
GN19—20（C）/1000	20	1000	80	31.5（4s）
GN19—20（C）/1250	20	1250	100	40（4s）
GN22—10（C）（D）/2000	10	2000	100	40（4s）
GN22—10（C）（D）/3150	10	3150	125	50（4s）
GN22—10（D）/4000	10	4000	160	63（4s）
GN22—10（D）/5000	10	5000	200	80（4s）
GN22—10（D）/6300	10	6300	250	100（4s）
GN22—10（D）/8000	10	8000	250	100（4s）
GN24—10（C）（S）D/400	10	400	31.5	12.5（4s）

三、隔离开关运行与维护

（一）隔离开关的操作

隔离开关一般都配有手力操动机构，一般采用CS6—1型操动机构。操作隔离开关时要先拔出定位销，分、合闸动作要果断、迅速。操作隔离开关之前，必须先检查与之串联的断路器应确实处于断开位置。操作时先慢后快，若发现动、静触头刚分开一点时有火花产生，此时不应再拉开，应立即合上；若发现已误拉，不得再合上。合闸时，应快速合闸。若合闸时发现动、静触头之间有火花产生，此时不允许再拉开带负荷误合的刀闸。操作完毕要检查隔离开关的分、合闸确已到位，并用定位销销住。

在利用隔离开关切除规定的空载变压器时，应先断开变压器低压侧的全部负荷，使之空载后再拉开隔离开关。利用隔离开关合空载变压器时，应先检查变压器低压侧主开关确在断开位置方可合刀闸。

（二）运行与维护

对运行中的隔离开关应进行巡视，有人值班的变配电所中应每值巡视一次。日常巡视的内容主要是：观察有关的电流表计，其指示值应在正常范围内；检查其导电部分接触应良好，无过热变色现象；绝缘部分应良好，无闪络放电痕迹；传动部分应无异常等。对巡视中发现的问题应及时处理，进行必要的维护或检修。

隔离开关的运行维护应注意以下几点：

1）负荷电流是否在它的允许范围内，触头及连接点有无过热现象。

2）瓷绝缘有无损坏、污垢和放电现象。

3）操作机构的部件有无开焊、变形或锈蚀现象，轴、销钉、紧固螺母是否正常。操作机构及其传动部分应灵活可靠。

4）维修时应用细砂布打磨触头、接点，检查其紧密程度并涂以中性凡士林油。

5）检查分、合闸过程中有无卡涩现象，触头中心要校准，三相应同时接触。

6）隔离开关严禁带负荷分、合闸。维修时应检查它与断路器的连锁装置是否完好。

第五节　高压真空接触器

一、概述

高压真空接触器一般具有高达一百万次的机电寿命，尤其适应控制 3～10kV 三相交流电路中频繁操作的电动机、冶金炉、供电变压器和电容器组等电器。

二、高压交流真空接触器的技术数据

（一）型号含义

如：

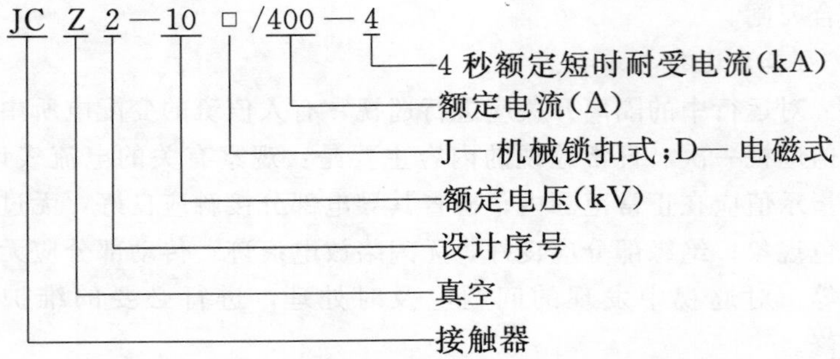

（二）高压交流真空接触器的技术数据

高压交流真空接触器的技术数据，见表5-13。

表5-13　高压交流真空接触器技术数据

型　　号		JCZ2—6J（D）	CKG1—6（6）	CKJ—6	CKG1—6
额定电压（kV）		6	6	6	6
额定电流（A）		400	400	400	250
额定开断电流（kA）		3.2	3.2	3.2	2
额定短时耐受电流(kA)		4	4	4	4
额定短路电流持续时间(s)		4	4	4	4
半波允许通过电流(kA)		40	40	40	40
机械寿命（万次）		100（D型） 10（J型）	100（S型） 10	100	100
电寿命（万次）		（AC4）1 （AC3）25	（AC3）25	25	（AC3）25 （AC4）1
额定绝缘水平	雷电冲击耐受电压（峰值，kV）	60	60	60	60
	1min工频耐受电压（kV）	32	32	25	32
控制回路电压（V）		AC220，110 DC220，110	AC220	AC220，110 DC220，110	

续表

型　　号	JCZ2—6J（D）	CKG1—6（6）	CKJ—6	CKG1—6
外形尺寸（mm）（高×宽×深）	（D型）356×298×386 （J型）356×296×415	443×460×265 493×472×265	325×420×325	390×260×290
操动机构	电磁	电磁	电磁	
生　产　厂	天水长城开关厂	上海华通开关厂	湖北开关厂	沈阳低压开关厂

型　　号		ZJ—6	JCZ1—6（10）	JZC—6（10）	JZC3—3（10）
额定电压（kV）		6	6，10	6，10	3，10
额定电流（A）		400	150～630	250,600,630	200,250,400
额定开断电流（kA）		4	2.5，3.2，2.5，1.6	2.5，4，5.8	4
额定短时耐受电流(kA)		4	2.5，3.2，2.5，1.6	2.5，4，5.8	4
额定短路电流持续时间(s)		4	4	4	4
半波允许通过电流(kA)		40	31.5	40	40
机械寿命（万次）		100	50，100，10	10	50
电寿命（万次）		25	10	10	（AC3）35 （AC4）10
额定绝缘水平	雷电冲击耐受电压（峰值，kV）	60	60，75	75	40，75
	1min 工频耐受电压（kV）	32	32，42	32	23，42
控制回路电压（V）			DC110，220	AC380，220，110 DC220，110	DC220，110
外形尺寸（mm）（高×宽×深）		390×260×295	500×425×326 630×730×400	720×400×630	407×355×195 450×502×240
操动机构		电磁	电磁	电磁	电磁
生　产　厂		北京开关厂	镇江电工器材厂	佛山电器厂，新安江开关厂	西安高压电器研究所，浙江开关厂

续表

型　　号		CKG3—6（10）	CKJ□—6	VRC—7.2（12）
额定电压（kV）		6，10	6	7.2，12
额定电流（A）		160，250	400	300，450，600
额定开断电流（kA）		2，4	3.2	2.4，3.6
额定短时耐受电流(kA)		2.4	4	4
额定短路电流持续时间(s)		4	4	3，4.5
半波允许通过电流(kA)		40	40	40
机械寿命（万次）		100	100	500
电寿命（万次）		30	（AC3）25 （AC4）1	100
额定绝缘水平	雷电冲击耐受电压（峰值，kV）	60，75	45	75
	1min 工频耐受电压（kV）	32，42	25	32
控制回路电压（V）		220，110	220，110	AC220，110 DC220，110
外形尺寸（mm） （高×宽×深）		445×400×213 510×410×205	380×450×280	945×750×600
操动机构		电磁	电磁	电磁
生　产　厂		天津市电气控制设备厂	锦州 8230 厂	厦门 ABB 开关有限公司

第六节　高压熔断器

一、概述

高压熔断器适应于 35kV 及以下，交流 50Hz 的输配电线路、电力变压器、高压电器设备的过负荷及短路保护。按安装环境分为户内式和户外式；按限流方式分为限流式和不限流式。

3～35kV 级 RN 系列高压限流熔断器可分为以下几种类型：

1）用于变压器和电力线路短路保护的 RN1、RN3 系列高压限流熔断器。

2）用于电压互感器的短路保护的 RN2、RN4、RN5 型户内限流熔断器。

3）高压电机短路保护用 3～6kV 级 RN6 户内限流熔断器。本产品分为母线式和插入式。

RW 系列 3～35kV 级户外高压跌落式熔断器属于喷射式熔断器的一种，称之为跌落保险，主要作为配电变压器或电力线路的短路保护和过负荷保护之用。主要有 RW3～RW11 等型号的户外高压跌落熔断器和 PRWG 系列的熔断器。

二、高压熔断器的技术数据

RN1、RN3 型高压熔断器可供选用的熔体额定电流（A）等级为：2、3、5、7.5、10、15、20、30、40、50、75、100、150、200、300、400。

熔断器的额定电流应大于或等于熔体的额定电流；熔体额定电流应大于或等于线路中通过的最大长期工作电流，且上一级熔断器的额定电流必须比下一级的额定电流高 2～3 个等级。

RN1、RN3 型高压熔断器的技术数据，见表 5-14。

表 5-14　RN1 与 RN3 型高压熔断器技术数据

型　号	额定电压（kV）	额定电流（A）	最大开断电流（kA）	最小开断电流（以额定电流倍数表示）	最大断流容量（三相）（MVA）	切断极限短路电流时电流的最大峰值（kA）
RN1—3	3	20	40	不规定	200	6.5
		100		1.3		24.5
		200				35
		300				
		400				50

续表

型号	额定电压（kV）	额定电流（A）	最大开断电流（kA）	最小开断电流（以额定电流倍数表示）	最大断流容量（三相）（MVA）	切断极限短路电流时电流的最大峰值（kA）
RN1—6	6	20	20	不规定	200	5.2
		75		1.3		14
		100				19
		200				25
		300				
RN1—10	10	20	12	不规定	200	4.5
		50		1.3		8.6
		100				15.5
		150				
		200				
RN3—6	6	50			200	
		75				
		200				
RN3—10	10	50			200	
		75				
		200				
RN3—35	35	7.5	-		200	

注　RN3 是由 RN1 改进的新产品。

RN2、RN4 型熔断器专供保护电压互感器使用，作过负荷和短路保护。RN4 型体积较小。

RN2、RN4 型熔断器的主要技术数据，见表 5-15。

户外高压熔断器主要用作户外交流配电线路和电力变压器的过负荷和短路保护，也可用作户外电压互感器的短路及过载保护。作线路和电力变压器保护的户外高压熔断器以跌落式熔断器应用最为广泛。RW10—10F、RW11—10、PRWG—35 型熔断器

表 5-15　RN2、RN4 型熔断器主要技术数据

型　号	额定电压 (kV)	额定电流 (A)	断流容量 (三相、MVA)	最大开断电流 (kA)	当切断极限短路电流时的最大电流峰值 (kA)
RN2—10	3	0.5	500	100	160
	6		1000	85	300
	10		1000	50	
RN2—20	20	0.5	1000	30	
RN2—35	35	0.5	1000	17	
RN4—20	20	0.35	4500		
RN4—10	3	0.5	500	100	
	6		1000	85	
	10		1400	50	
RN5—10	10	1	500		

采用逐级排气式结构，在开断大故障电流时双向排气，开断小故障电流时单向排气，以满足在同一熔断器上能开断从负荷电流到短路电流全范围开断的要求。

常用户外高压熔断器的主要技术数据，见表 5-16；RW10—10F、RW11—10、PRWG—35 型熔断器主要技术数据，见表 5-17。

表 5-16　常用户外高压熔断器主要技术数据

型　号	额定电压 (kV)	额定电流 (A)	断流容量 (三相、MVA) 上限	断流容量 (三相、MVA) 下限	备　注
RW3—10G	6～10	100	100		跌落式
		200	200		
RW3—10T	6～10	50	75		跌落式
		100	100		
RW3—10	6～10	60	75		跌落式
		100			

续表

型　号	额定电压（kV）	额定电流（A）	断流容量（三相、MVA）上限	断流容量（三相、MVA）下限	备　注	
RW3—10	6～10	150	75		跌落式	
		200				
RW3—10Ⅰ	10	100	75	15	跌落式	
RW3—10Ⅱ	10	100	100	10	跌落式	
		200	150	30		
RW4—10	6～10	50	75		跌落式	
		100	100			
		200	200			
RW4—10Z	10	200	75	30	带重合闸装置	
RW7—10	10	50	75	10	跌落式	采用统一的绝缘支架，当负荷电流变化较大时，只须用钩棒更换相应熔管即可
		100	100	30		
		200	100	30		
RXW0—35	35	0.5	100		限流式	作电压互感器保护
		2	200			作用电设备的过载及短路保护
		3				
		5				
		7.5				
RW5—35	35	100	400	20	跌落式	作输电线路及变压器的保护
RW5—35Ⅰ			300	60		

表 5-17　RW10—10F、RW11—10、PRWG—35 型熔断器主要技术数据

型　号	额定电压（kV）	额定电流（A）	合分负荷电流（A/次）	额定开断电流（kA）最　小	额定开断电流（kA）最　大
RW10—10F、RW11—10	10	100	100/15 130/5 5/15		6.3
PRWG—35	35	100		0.015	5

三、高压熔断器的运行维护

（一）运行操作

户内限流式熔断器熔断后，其红色指示器随即弹出，表明熔体已熔断，应查明熔断原因，处理完毕后，即可更换熔管。

户外跌落保险熔体熔断后，在触头弹力及熔管自重作用下，回转跌开，造成明显可见的断开点。

操作户外跌落式熔断器时应有人监护，使用合格的绝缘手套，穿绝缘靴，戴防护眼镜。操作时动作应果断、准确而又不要用力过猛过大，以免拉坏熔断器。操作时应使用经试验合格的绝缘钩棒（俗称令克棒）来操作。拉闸时，令克棒的金属钩端穿入操作环中将熔管拉下；合闸时，用令克棒金属钩端穿入操作环，向上操作到接近上静触头时稍加停顿，检查上动触头应对准上静触头后，果断而又迅速地向斜上方推，使动、静触头良好接触，并被锁扣机构锁住，然后轻轻退出令克棒。

在操作跌落保险时，应注意以下原则：

拉闸时：先拉开中间相，再拉开逆风侧一相，最后拉开剩余的一相。

合闸时：先合顺风相，再合逆风相，最后合中间相。

（二）熔断器的维护

1）检查户内型熔断器的熔管密封是否完好，导电部分与固定底座静触头的接触是否紧密。

2）检查熔断器的额定电流与熔体的额定电流是否配合，以及熔体的额定电流是否与线路负荷电流相适应。

3）检查户外型熔断器的导电部分接触是否紧密，弹性触头的推力是否有效，熔体是否损伤，绝缘管是否损伤或变形。

4）检查户外熔断器的安装角度有否变动，分、合操作时应动作灵活，无卡涩现象。

5）检查跌落保险熔管上端口的磷铜膜片是否完好，紧固熔体时应将膜片压封住熔管上端口，以保证灭弧速度。正常时熔管不应发生因外力震动而掉落。

6）跌落保险每次熔断后，应取下消弧管检查，有烧伤的应更换。

7）检查瓷绝缘部分有无损伤、污垢和放电痕迹。

第七节 操动机构

一、概述

操动机构的作用有以下几方面：

1）保证操作时的人身安全，以防触电及电弧烧伤。

2）满足开关电器对操作速度、操作功率的要求。

3）与控制开关或继电保护装置配合，完成远距离控制及自动控制。

操动机构主要有手力、电磁、气动、弹簧和液压机构。高压断路器主要配用 CT 系列弹簧机构、CY 系列液压机构、CQ 系列气动机构及 CD 系列电磁机构。高压隔离开关、负荷开关、组合电器和接地开关主要配用 CJ 系列电动机构、CS 系列手动机构。手力机构能手动和远距离控制操动，但只能手动合闸，不能自动合闸。由于手力机构可采用交流操作电源，从而使保护和控制装置大大简化，使用较普遍。

弹簧机构能手动和远距离跳合闸，并且它采用交流电动操作，利用弹簧机构储能，且可实现一次自动重合闸，其结构较复杂，但近几年发展很快。

电磁机构能手动和远距离跳合闸，但需直流操作电源，中小型用户使用受到一定限制。

二、操动机构的技术数据

CS2 型手力操动机构类型，见表 5-18。

CS2 型手力操动机构脱扣器的技术数据，见表 5-19。

CJ5 型电动机操动机构的技术数据，见表 5-20。

CD10 系列电磁操动机构技术数据，见表 5-21。

CT8 型弹簧操动机构技术数据，见表 5-22～表 5-25。

表 5-18 CS2 型手力操动机构类型

型　号	瞬时过电流脱扣器	失压脱扣器	分励脱扣器	速饱和分励脱扣器
	T1—6	T1—3	T1—4	T1—5
CS2—100	1			
CS2—110	2			
CS2—111	3			
CS2—113	2	1		
CS2—114	2		1	
CS2—130	1	1		
CS2—300		1		
CS2—344		1	2	
CS2—350		1		1
CS2—400			1	
CS2—450			1	1
CS2—455			1	2
CS2—500				1
CS2—550				2
CS2—555				3

表 5-19 CS2 型手力操动机构脱扣器技术数据

型号	种　类	额定电压种类（V）	动　作　值		消耗功率（VA）
			额定电压百分率	电流（A）	
T1—6	瞬时过流脱扣器			5～10，5～15	50
T1—3	失压脱扣器	110～127，220，380，500	65%～35%		30
T1—4	分励脱扣器	直流 12，24，48，110，220 交流 110，127，220，380	65%～120%	5.5，2.52，1.25，3.1，3.45，2.15～0.7	60～154 312～473
T1—5	分励脱扣器（速饱）			3.5	40

表 5-20　CJ5 型电动机操动机构技术数据

控制回路电压（V）	控制回路电流（A）	额定电压（V）	额定功率（W）	额定转速（r/min）	启动电流（A）	分（合）闸操作时间（s）	额定输出转矩（Nm）	热继电器动作时间（s）	生产厂
380/220		380	550	1400	5	～3	400	6～9	南京电瓷总厂

表 5-21　CD10 系列电磁操动机构技术数据

型　号	线圈动作电流（A）					
	合　闸		分　闸			
	110V	220V	24V	48V	110V	220V
CD10Ⅰ	196	98	37	18.5	5	2.5
CD10Ⅱ	240	120	37	18.5	5	2.5
CD10Ⅲ	294	147		18.5	5	2.5

表 5-22　CT8 型弹簧操动机构储能电动机技术数据

类　　型	额定电压（V）	额定功率（W）	储能时间（s）	电动机工作电压范围
交直流两用串激电动机	110	≤450	≈5	(85～110)%额定电压
	220			

表 5-23　CT8 型弹簧机构合闸线圈技术数据

电 压 种 类		交　流			直　流		
额定电压（V）		110	220	380	48	110	220
额定电流（A）	铁芯启动	10	5	3	9.6	5	2.34
	铁芯吸合	7	3.5	2	9.6	5	2.34
额定功率（VA）	铁芯启动	1100	110	1140	460	550	515
	铁芯吸合	770	770	760	460	550	515
正常工作电压范围（V）		(85～110)%额定电压					

表 5-24　CT8 弹簧机构分励脱扣器技术数据

电 压 种 类	交　流			直　流		
额定电压（V）	110	220	380	48	110	220

续表

电压种类		交流			直流		
额定电流（A）	铁芯启动	12	6	3	9.6	5	2.34
	铁芯吸合	7	3.5	2			
额定功率（W）	铁芯启动	1320	1320	1140	460	550	515
	铁芯吸合	770	770	760			
正常工作电压范围		(65～120)%额定电压					

表 5-25 CT8 弹簧机构失压脱扣器技术数据

额定电压（V）	～110	～220	～380
额定功率（VA）		<40	
20℃时线圈电阻值（n）	≈47	≈185	≈590
脱扣电压（V）		≯35%额定电压	

CT8 型弹簧操动机构瞬时过电流脱扣器的动作电流为 5A，阻抗不大于 1.5Ω。

第八节 高压开关柜

一、KYN28A—12 户内金属铠装移开式开关设备

（一）概述

KYN28A—12 型户内金属铠装移开式开关设备（以下简称开关设备）系 3.6～12kV，三相交流 50Hz，单母线及单母线分段系统的成套配电装置。主要用于发电厂、中小型发电机送电，工矿企事业配电以及电力系统的二次变电所的受电、送电及大型高压电动机启动等，实行控制保护、监测之用。本开关设备满足 IEC298、GB3906—91 等标准要求，除可配用与之配套的国产 VS1、VSm 型真空断路器外，还可配用 ABB 公司的 VD4 型、西门子公司的 3AH5 型、国产 ZN65A 型等真空断路器，实为一种性能优越的配电装置。

为满足靠墙安装和柜前维护的要求，本开关设备选用了特殊形式的电流互感器，实现了操作人员柜前维护、柜前检测。

1. 型号含义

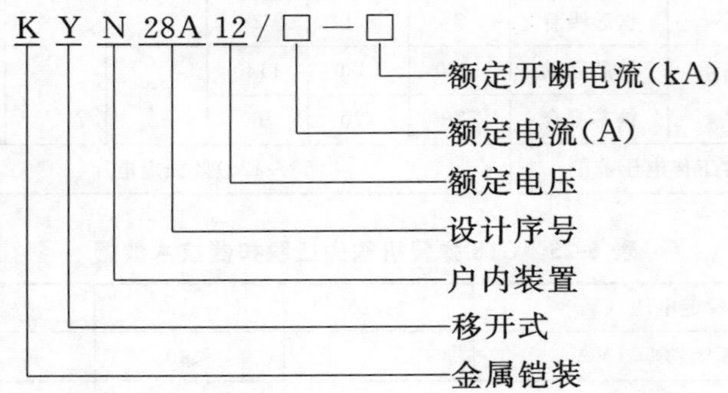

2. 使用条件

1）周围空气温度：上限＋40℃，下限－10℃（允许－30℃时储运）。

2）海拔高度不超过1000m。

3）空气相对湿度：日平均值不大于95％，月平均值不大于90％。饱和蒸汽压：日平均值不大于2.2×10^{-3}Mpa，月平均值不大于1.8×10^{-3}Mpa。在高湿度期内，温度急降时可能凝露。

4）地震烈度不超过8度。

5）没有火灾、爆炸危险、严重污秽、化学腐蚀及剧烈振动的场所。

注：当使用环境条件与上述不同时，由用户和制造厂协商。

3. 外形尺寸和重量

KYN28A—12户内金属铠装移开式开关设备外形尺寸，见图5-1。

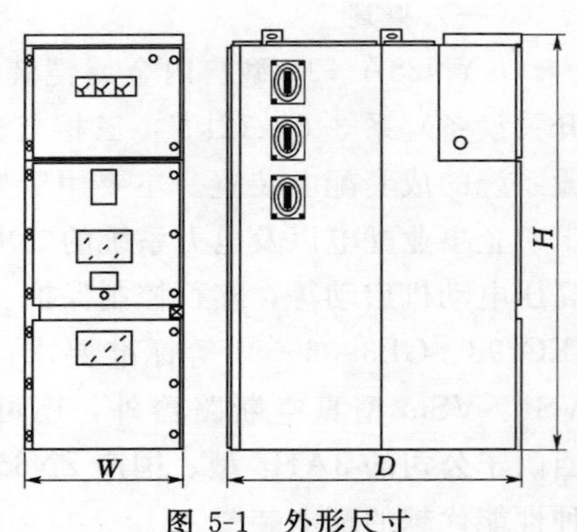

图5-1　外形尺寸

表 5-26　KYN28A—12 外形尺寸和重量

	配 VS1＋、VD4（630A）	配 VS1、VD4、VSm	配 3AH5、ZN65A
外形尺寸（W×D×H）	650×1400×2300	800（1000）×1500×2300	800（1000）×1700×2300
重量（kg）	700	800	900

注　当额定电流在 1600A 以上时，取柜宽 1000mm；后架空进线方案柜深为 1660mm。

表 5-27　开关设备技术数据

项目		单位	数据
额定电压		kV	3、6、10
最高工作电压		kV	3.6、7.2、12
额定绝缘水平	工频耐受电压（1min）	kV	42
	雷电冲击耐受电压		75
额定频率		Hz	50
主母线额定电流		A	630、1250、1600、2000、2500、3150、4000
分支母线额定电流		A	630、1250、1600、2000、2500、3150、4000
3s 热稳定电流（有效值）		kA	16、20、25、31.5、40、50
额定动稳定电流（峰值）*			40、50、63、80、100、125
防护等级		外壳为 IP4X，隔室间、断路器室门打开时为 IP2X	

*　电流互感器的短路容量应单独考虑。

表 5-28　VSI（1）型真空断路器主要技术数据

项目	单位	数据
额定电压	kV	10
最高电压	kV	12
额定电流	A	630～4000
额定短路开断电流	kA	25～40
额定短路关合电流	kA	63～100
4s 热稳定电流（有效值）	kA	20～40
额定动稳定电流（峰值）	kA	63～100

续表

额定短路电流开断次数	次	50
额定操作顺序		分-0.3s-合分-180s-合分
工频耐受电压	kV	42（lmin）
雷电冲击耐受电压（峰值）	kV	75
机械寿命	次	20000
额定单个电容器组开断电流	A	630
额定背对背电容器组开断电流	A	400
分合闸线圈额定操作电压	V	AC220、110；DC220、110
分合闸线圈功率	W	245
储能电机额定电压	V	DC110、220
额定电压下储能时间	s	≤15
三相合分闸不同期性	ms	≤2
触头合闸弹跳时间	ms	≤2
合闸时间	ms	≤100
分闸时间	ms	≤50
燃弧时间	ms	≤15
平均分闸速度	m/s	0.9～1.2
平均合闸速度	m/s	0.6～0.8
每相主回路电阻		≤40

表 5-29 VD4 型真空断路器主要技术数据

额定电压	kV	12
工频耐受电压（1min）	kV	42
雷电冲击耐受电压	kV	75
额定频率	Hz	50
额定电流	A	630、1250、1600、2000、2500②、3150①
额定短路开断电流（有效值）	kA	16、20、25、31.5、40、50②
额定动稳定电流（峰值）	kA	40、50、63、80、100、125②
3s 热稳定电流（有效值）	kA	16、20、25、31.5、40、50②

续表

机械寿命	次	30000
额定电流开断次数	次	20000
额定短路电流开断次数	次	100
合闸时间	ms	55～66
分闸时间	ms	33～45
燃弧时间	ms	≤15
开断时间	ms	48～60
最小的合闸指令持续时间	ms	20③（120④）
最小的分闸指令持续时间	ms	20（80④）

注 ①2500A断路器经风冷可达3150A；3150A断路器经风冷可达4000A。
②当断路器运行电压低于额定电压时，这些技术数据与额定电压相同时。
③在辅助回路额定电压下。
④继电器接点启动，但未能开断脱扣线圈电流。

表5-30 AH5型真空断路器主要技术数据

额定电压		kV	12
额定电流		A	800、1250
额定短路开断电流		kA	25
额定短路关合电流		kA	50
3s热稳定电流（有效值）		kA	25
额定动稳定电流（峰值）		kA	50
雷电冲击耐受电压（峰值）	对地	kV	75
	断口	kV	85
工频耐受电压（lmin）	对地	kV	42
	断口	kV	48
额定操作顺序			分-0.3s-合分-180s-合分
额定短路电流开断次数		次	≮50
额定电流开断次数		次	20000
机械寿命		次	20000
分合闸线圈额定电压		V	AC、DC：110 220

续表

储能电机额定电压	V	AC、DC：110 220
相间中心距离	mm	210±0.5
三相合分闸不同期性	ms	2
触头合闸弹跳时间	ms	2
合闸时间	ms	＜75
分闸时间	ms	＜65
燃弧时间	ms	＜15
开断时间	ms	＜80
弹簧储能时间	s	＜10

表 5-31　VSm 型真空断路器主要技术数据

额定电压		kV	12
	工频耐受电压（1min）	kV	42（相间 相对地）48（断口）
	雷电冲击耐受电压	kV	75（相间 相对地）85（断口）
额定频率		Hz	50
额定电流		A	630、1250、1600、2000、2500、3150、4000
额定短路开断电流		kA	20、25、31.5、40、50
4s 热稳定电流		kA	20、25、31.5、40、50
额定短路关合电流（峰值）		kA	50、63、80、100、125
额定动稳定电流（峰值）		kA	50、63、80、100、125
额定单个电容器组开断电流		A	630
额定背对背电容器组开断电流		A	400
额定操作顺序			分-0.3s-合分-180s-合分
额定短路电流开断次数		次	50
触头开距		mm	9.5±1
超行程		mm	4±1
平均分闸速度		m/s	0.8～1.2
平均合闸速度		m/s	0.4～0.8

续表

合闸触头弹跳时间		ms	≤2
三相分闸不同期性		ms	≤2
机械寿命	断路器	次	60000
	永磁操动机构	次	10000
动静触头允许磨损累积厚度		mm	3
额定工作电压		V	AC220（65%－120%）
最短充电时间		s	≤10
相间距		mm	210、275

（二）柜体特征

1. 柜体结构

开关设备为铠装式金属封闭结构，由柜体和可抽出部件（中置式手车）两部分组成。柜体分成手车室、主母线室、电缆室、继电器仪表室。三个高压隔室均设有各自的压力释放通道及释放口，故障时内部故障电弧只能由释放口释放，防止火烧联营事故和防护人身安全。

柜体外壳防护等级为IP4X。各隔室间以及断路器室门打开时防护等级为IP2X。具有架空进出线、电缆进出线及其他功能方案，经排列、组合后能成为各种方案形式的配电装置。

本开关设备分为靠墙安装和不靠墙安装两类。靠墙安装设备可以节省配电间的占地面积。

开关设备的外壳是选用进口敷铝锌钢板经CNC机床加工，并采用双重折边工艺制成，这样做整个柜体不仅具有精度高，而且具有很强的抗腐蚀与抗氧化作用。柜体用拉铆螺母和高强度的螺栓连接组装而成，拼装完后造型别致。

靠墙安装设备时在柜前可对电流互感器进行拆装、检测。操作人员无须爬入柜内进行拆装和维护。因此，本结构使用与维护方便，减轻了运行工人的体力负担。

2. 手车及推进机构

手车用的底盘车用冷轧钢板经冷加工弯折后铆接而成，机械联锁安全、可靠、灵活。根据用途不同，手车分为断路器手车、电压互感器手车、计量手车以及隔离手车等。由于手车的独特设计，抽出和插入均极为轻巧方便。同类型的手车具有极好的互换性。手车在柜内有工作位置和试验位置的定位机构。即使在柜门关闭的情况下，也可进行手车在两个位置之间的移动操作。手车采用丝杆推进机构，操作轻便、灵活。

手车的推入与退出是借助于转运车来实现的。转运车高度可以调整，用转运车接轨与柜体导轨衔接时，手车方能从转运车推入手车室内或从手车室内接至转运车上。为保护手车的平稳推入与退出，转运车与柜体间分别设置了左右两个导向杆（导向孔）和中间锁杆（锁孔），位置一一对应。在手车欲推入或退出时，转运车必须先推至柜前，分别调节四个手轮的高度，使托盘接轨的高度与柜体手车导轨高度一致。并将托盘前的左右两个导向杆与中间锁杆分别插入柜体左右侧导向孔和中间锁孔内，锁钩靠拉簧的作用将自动钩住柜体中隔板，转运车即与柜体连在一起，即可进行手车的推入与退出工作。

手车推入时，先用手向内侧拨动锁杆与手车托盘解锁，接着将断路器小车直接推入断路器小室内，松开双手并锁定在试验/断开位置，此时可对手车进行推入操作。插入手把，即可摇动手车至工作位置。手车到工作位置后，推进手柄即摇不动，同时伴随有锁定响动声,其对应位置指示灯亦同时指示其所在位置。手车的机械使断路器分闸,因此当断路器手车在从试验位置摇至工作位置或从工作位置退至试验位置过程中,断路器始终处于分闸状态。

3. 隔室

除继电器室外，其他三隔室都分别设有泄压排气通道和泄压窗。

断路器室：隔室两侧安装有导轨，供手车在柜内移动，静触头盒、活门安装在手车室的后壁上，当手车从断开/试验位置移至工作位置时，提门机构将上下活门自动打开；当反方向移动（拉开）时，活门则自动关闭。同时，由于上、下活门分开运动，在检测时，可将带电侧的活门锁定，从而保证检修维护人员不触及带电体。断路器室门上有一操作孔，在断路器室门关闭时，手车同样能被操作。

母线室：主母线作垂直立放布置，支母线通过螺栓直接与主母线和静触头盒连接，不需要其他中间支撑。母线穿越邻柜经穿墙绝缘套管，这样可以有效防止内部故障电弧的蔓延。为方便主母线安装，在母线室后部设置了可拆卸的封板。

电缆室：开关设备采用中置式，因而电缆室空间较大，电缆（头）连接端距柜底 700mm 以上，电流互感器直接装在手车室的后隔板的位置上，接地开关装在电缆室后壁上，避雷器安装于隔室后下部。在电缆连接端，通常每相可并接 1～3 根单芯电缆，必要时可并接 6 根单芯电缆。电缆室封板为可拆卸式开缝的不导磁金属板，施工方便。

继电器仪表室：继电器仪表室内可安装继电保护元件、仪表、带电显示器及其他二次元件。控制线路敷设在柜内走线槽内，并有金属盖板。其左侧线槽是为控制小线的引进和引出预留的。开关柜内部的小线敷设在右侧。在继电器仪表室的顶板上，还有留有便于施工的小母线穿越孔。接线时，仪表室顶盖板可供翻转，便于小母线的安装。

4. 防误操作联锁装置

开关设备满足“五防”闭锁要求：

1）仪表室门上装有提示性的信号指示或编码插座，以防止误合、误分断路器。

2）手车在试验或工作位置时，断路器才能进行合分操作，而且一旦断路器合闸后，手车将无法从工作位置拉出或从试验位置推入—防止带负荷误推拉断路器手车。当断路器手车在试验/工作位置之间时，断路器不能进行合闸。

3）仅当接地开关处在分闸状态时，断路器手车才能从试验/

断开位置移至工作位置，或从工作位置移至试验/断开位置，以防止带接地线误合断路器。

4）当断路器手车处于试验/断开位置时，接地开关才能进行合闸操作（接地开关可带电压显示装置），以防止带电误合接地开关。

5）接地开关处于分闸位置时，下门（及后门）都无法打开，以防止误入带电间隔。

5. 泄压装置

在手车室、母线室和电缆室的上方均设有排气通道和泄压装置，当产生内部故障电弧时，柜顶泄压窗将被自动打开，释放内部压力，以确保操作人员和开关柜的安全。

6. 二次插头及联锁

二次插头的动触头盒通过一个波纹伸缩管连至断路器手车上，二次静触头座装在开关柜手车室的右上方。断路器手车只有在试验/断开位置时，才能插上和解除二次插头。手车处于工作位置时，由于机械联锁的作用，二次插头被锁定。

7. 防止凝露和腐蚀

为了防止在高湿度或温度变化较大的气候环境中产生凝露，在断路器室内和电缆室分别装设 50～100W 的电网加热器。

8. 接地装置

在电缆室内设有 $40\times10\mathrm{mm}^2$ 的接地铜排，沿开关柜排列方向水平放置，柜内的接地母线与接地铜排直接连接，柜内所有电器元件与柜体及接地母排间形成完整的接地系统。

（三）安装和调试

1. 基础形式

基础构架应平整，沿水平方向每米长度的误差不超过 1mm。

2. 开关设备的安装

柜体作单列布置时，柜前走廊以 2.5m 为宜，双列布置时，柜间操作走廊以 3m 为宜。

对较长的开关柜排列（为 10 台以上），拼柜工作应从中间部位开始。

安装松开母线室顶盖螺栓，卸去顶盖。在母线室前面松开固定螺栓，卸下装卸隔板。松开和移去电缆盖板。从开关设备左侧移去控制小线槽盖板，右前方控制线槽盖板亦同时卸下。卸下吊装及紧固件。在此基础上，一个接一个地安装开关柜，包括水平和垂直两方向，开关柜安装不平度不得超过 2mm。当开关设备已完全组合（拼装）好时，可用 M12 的地脚螺栓将其与基础框架相联或用电焊与基础框架焊牢。

3. 母线的安装

开关设备中的母线均采用矩形母线，且为分段形式，安装时必须遵照下列的步骤：

用清洁干燥的软布擦揩母线，检查绝缘套管有否损伤，在连接部位涂上导电膏。

每三个柜组合为一母线段，将母线段和对应的分支母线连接在一起，根据安装需要，连接处可插入适当的垫块，用力矩扳手将螺栓拧紧，母线安装与紧固应防止产生应力。

4. 接地装置

用预设的连接板将各柜的接地母排连接在一起。

在开关柜内部连接所有需要接地的引线。

将基础框架与接地母排相连，如果柜子排列超过 10 台以上，必须有两个以上接地端。

将接地开关的接地线与开关柜接地母线连接。

5. 安装后的检查

当开关设备安装就位后，清除柜内设备上的灰尘杂物，然后检查全部紧固螺栓有无松动，接线有无松脱。

将手车在柜中推进、退出数次，并进行分合闸试验操作，观察有无异常。将仪表的指针调整到零位，根据线路图检查二次接线是否正确，对继电器进行调整，检查联锁是否有效。

（四）使用和维护

1. 操作与使用

操作程序：手车的推入与退出，柜门的开启与关闭、接地开关的合闸与分闸，应严格按照说明书的有关条款规定和严格的操作程序进行。操作前应熟读说明书各条款，以防误操作发生。

手车的推入与退出操作中应注意：①手车的推入与退出必须在接地开关（无接地开关时，设置了接地开关操作轴）处于分闸状态下进行。②在使用转运车时，手车必须被锁定在转运车托盘上，否则不能转运及投入操作。③必须待转运车与柜体完全锁定后才能进行投入与退出操作。④推入操作时，必须在试验位置将二次插头插入，否则不准进行推入操作。反之，退出操作时，在退至试验位置后必须先将二次插头拔掉再退拉至转运车上。

柜外操作：本型柜在中柜门下部设置了操作孔，在柜门关闭的情况下，手车也能推进或拉出，与在柜门开启的情况下一样，但有一点应特别注意：①推进与拉出，必须首先将断路器分闸；②接地开关（或接地开关轴）必须处于分闸位置。

2. 接地开关操作

当手车退到试验/断开位置（取下手把），才能合接地开关。反之，只有接地开关打开后才能将手车从试验/断开位置推至工作位置或拉出。

操作时先取下推进机构的手把，然后向下拨动接地开关操作孔上的联锁弯板，再插入接地开关操作手柄，顺时针转动 90°，接地开关合闸。反之，逆时针转 90°，接地开关分闸。

3. 一般隔离柜的操作

隔离手车不能带负荷进行推拉，因此在柜内操作隔离手车时，必须先将与之相配合的断路器分闸，其辅助接点同时解除该隔离手车上的电气联锁，这时即可操作隔离车。

4. 使用联锁的注意事项

本产品是以机械联锁为主，辅之以电气联锁而实现其闭锁功能的，在使用前，操作人员必须熟悉掌握手车的操作程序和“五防”闭锁装置的原理，以防止误操作事故的发生。

前下门与接地开关间的联锁：正常运行时，柜前下门是被接地开关操作轴上的锁杆锁住的。如确有必要，需开启柜下门观察电缆室的状况时，在接地开关分闸的情况下，可通过紧急解锁装置（指柜下门联锁）来实现。解锁程序是：先拨开下柜门上的解锁孔，然后用 工具（如螺丝刀）将柜内右前侧的锁杆压下，此时即可将下柜门打开。紧急解锁的使用必须慎重，不宜经常使用。使用时也要采取必要的防护措施，一经处理完毕，应立即恢复联锁原状。

5. 开关柜的维护

按真空断路器的安装使用说明书的要求，检查断路器真空灭弧室有无裂纹、划伤，必要时可以更换新的，并对其特性参数进行现场测定，作好记录。

检查手车推进机构及其联锁的情况。

检查一次隔离触头的情况，擦除触头上的灰尘，察看触头有无损伤，镀层有无脱落，弹簧有无弹性变形等。如有异常，应及时处理或更换。

检查辅助回路触头有无异常情况，并进行必须的调整。

检查接地回路各部分的连接情况，如接地触头、主接地线及过门接地线等，保持其电气连续性。

检查接地回路各部分紧固件，如有松动，应及时紧固。

（五）一次电路方案

表 5-32 一次电路方案

一次方案编号	01	02	03	04	05	06	07
主回路方案	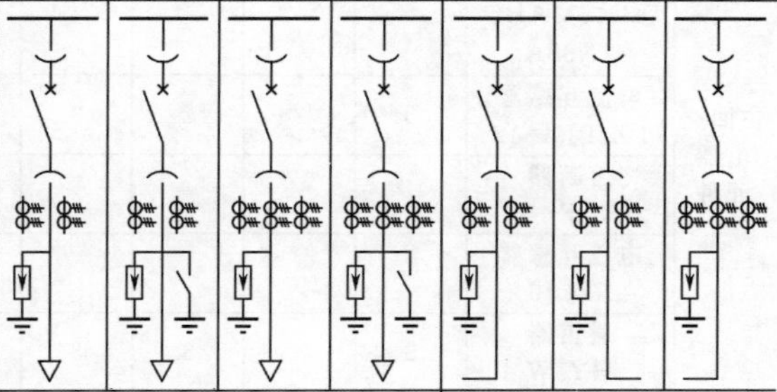						
用　　途	受电、馈电				联络		

续表

一次方案编号		01	02	03	04	05	06	07
额定电流（A）		630～4000						
主回路电器元件	真空断路器 VS1、VSm、VD4、3AH、ZN65A	1	1	1	1	1	1	1
	电流互感器 LZZBJ9—12	2	2	3	3	2	2	3
	避雷器 HY5W	3	3	3	3	3	3	3
	接地开关 JN16—10		1		1			
备　　注								

一次方案编号		08	09	10	11	12	13	14
主回路方案		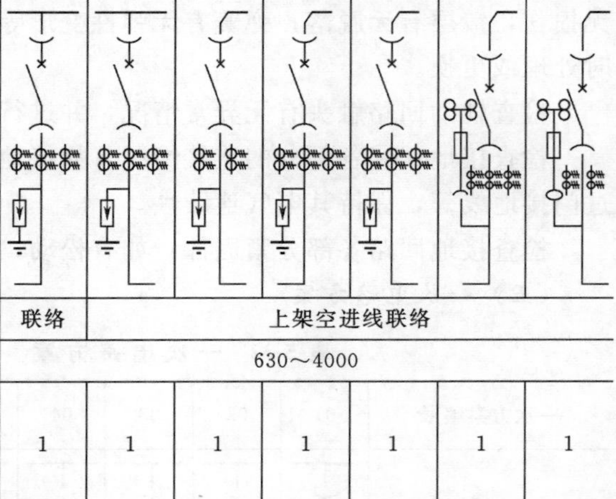						
用　　途		联络	上架空进线联络					
额定电流（A）		630～4000						
主回路电器元件	真空断路器 VS1、VSm、VD4、3AH、ZN65A	1	1	1	1	1	1	1
	电流互感器 LZZBJ9—12	3	2	2	3	3	3	2
	熔断器 XRNP—10						3	3
	电压互感器 RZL10						2	2
	避雷器 HY5W	3	3	3	3	3		
备　　注								

续表

一次方案编号		15	16	17	18	19	20	21
主回路方案		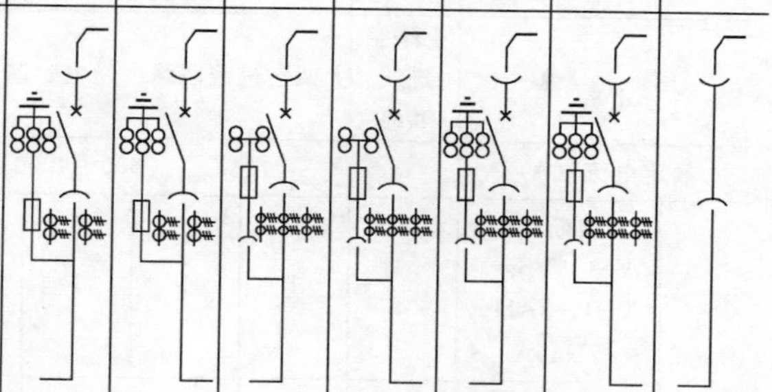						
用途		上架空进线联络						
额定电流（A）		630～4000						
主回路电器元件	真空断路器 VS1、VSm、VD4、3AH、ZN65A	1	1	1	1	1	1	
	电流互感器 LZZBJ9—12	2	2	3	3	3	3	
	熔断器 XRNP—10	3	3	3	3	3	3	
	电压互感器 RZL10			2	2			
	电压互感器 REL10	3	3			3	3	
备注								

一次方案编号	22	23	24	25	26	27	28
主回路方案	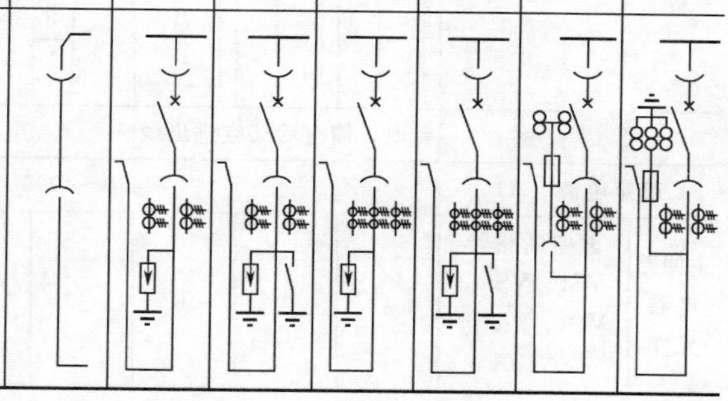						

续表

一次方案编号		22	23	24	25	26	27	28
用途		上架空进线联络	上架空进线联络		受电、馈电（后架空进出线方式）			
额定电流（A）		630～4000						
主回路电器元件	真空断路器 VS1、VSm、VD4、3AH、ZN65A		1	1	1	1	1	1
	电流互感器 LZZBJ9—12		2	2	3	3	2	2
	熔断器 XRNP—10						3	3
	电压互感器 RZL10						2	
	电压互感器 REL10							3
备注		避雷器为选配设备						

一次方案编号		29	30	31	32	33	34	35
主回路方案		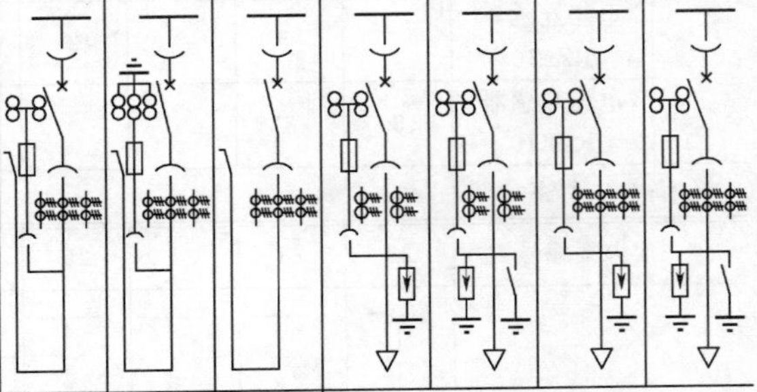						
用途		受电、馈电后架空进出线			电缆进出线＋PT			
额定电流（A）		630～4000						
主回路电器元件	真空断路器 VS1、VSm、VD4、3AH、ZN65A	1	1	1	1	1	1	1

续表

一次方案编号		29	30	31	32	33	34	35
主回路电器元件	电流互感器 LZZBJ9—12	3	3	3	2	2	3	3
	熔断器 XRNP—10	3	3		3	3	3	3
	电压互感器 RZL10	2			2	2	2	2
	电压互感器 REL10		3					
	接地开关 JN16—10					1		1
备　　注		避雷器为选配设备						

一次方案编号		36	37	38	39	40	41	42
主回路方案		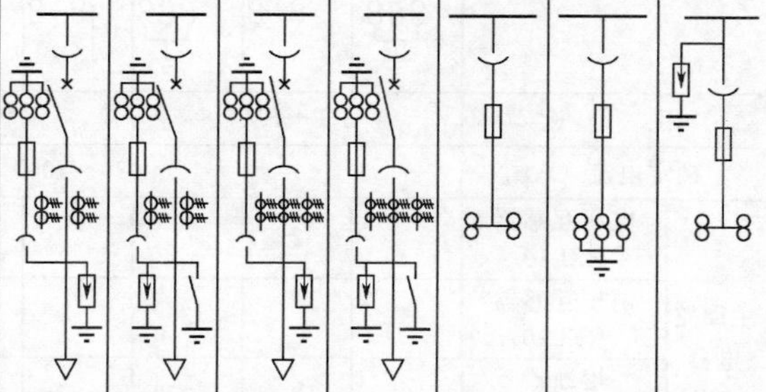						
用　　途		电缆进出线+PT				PT		PT+FV
额定电流（A）		630～4000						
主回路电器元件	真空断路器 VS1、VSm、VD4、3AH、ZN65A	1	1	1	1	1		
	电流互感器 LZZBJ9—12	2	2	3	3			
	熔断器 XRNP—10	3	3	3	3	3	3	3
	电压互感器 RZL10					2		2
	电压互感器 REL10	3	3	3	3		3	

续表

一次方案编号		36	37	38	39	40	41	42
主回路电器元件	接地开关 JN16—10		1		1			
备注		避雷器为选配设备						

一次方案编号		43	44	45	46	47	48	49
主回路方案		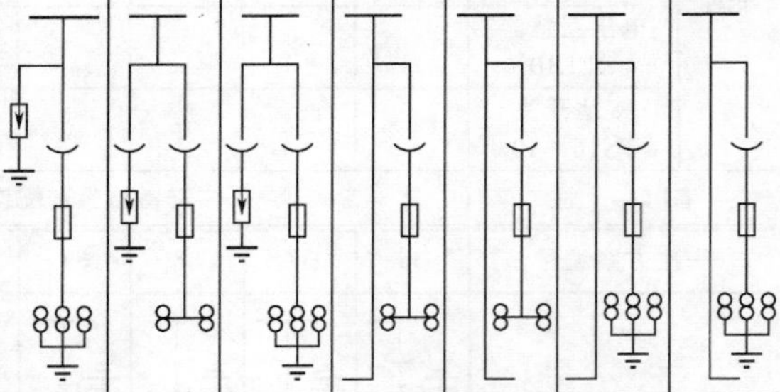						
用途		PT＋FV			联络隔离 PT			
额定电流（A）		630～4000						
主回路电器元件	电压互感器 RZL10		2		2	2		
	电压互感器 REL10	3		3			3	3
	熔断器 XRNP—10	3	3	3	3	3	3	3
	避雷器 HY5W	3	3	3				
备注								

一次方案编号	50	51	52	53	54	55	56
主回路方案	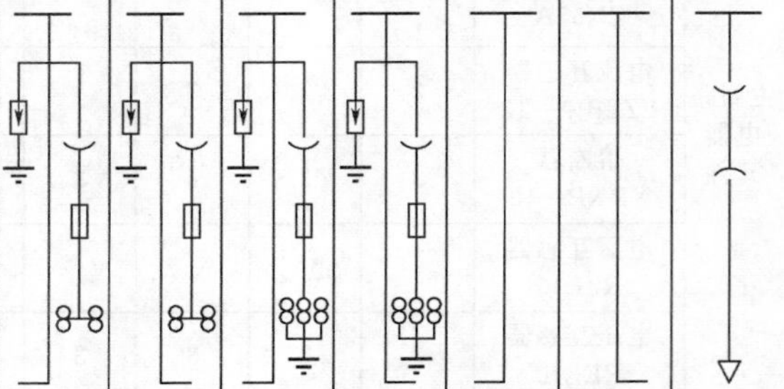						

续表

一次方案编号		50	51	52	53	54	55	56
用途		联络隔离 PT＋VF				母联		隔离
额定电流（A）		630～4000						
主回路电器元件	电压互感器 RZL10	2	2					
	电压互感器 REL10			3	3			
	熔断器 XRNP—10	3	3	3	3			
	避雷器 HY5W	3	3	3	3			
备注								

一次方案编号		57	58	59	60	61	62	63
主回路方案		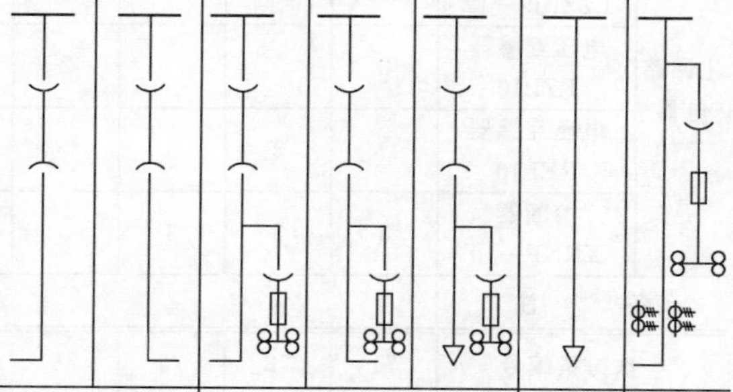						
用途		联络隔离		联络隔离＋PT			引线	计量＋联络
额定电流（A）		630～4000						
主回路电器元件	电压互感器 RZL10			2	2			2
	电压互感器 REL10							2
	熔断器 XRNP—10			3	3			3
	避雷器 HY5W							
备注								

续表

一次方案编号		64	65	66	67	68	69	70
主回路方案		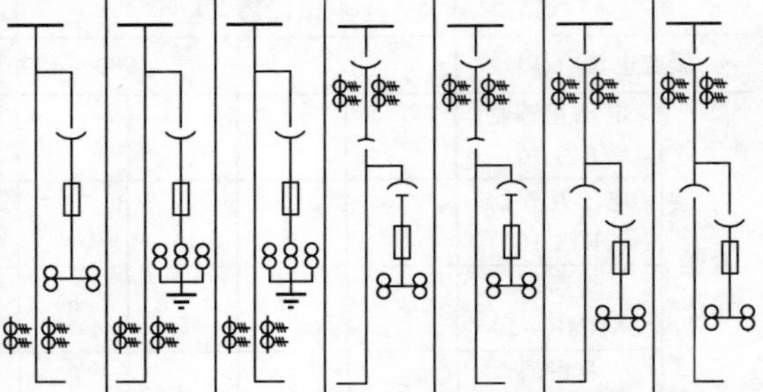						
用途		计量＋联络						
额定电流（A）		630～4000						
主回路电器元件	电流互感器 LZZBJ9—12	2	2	2	2	2	2	2
	电压互感器 RZL10	2			2	2		
	电压互感器 REL10		3	3			3	3
	熔断器 XRNP—10	3	3	3	3	3	3	3
备注								

一次方案编号	71	72	73	74	75	76	77
主回路方案	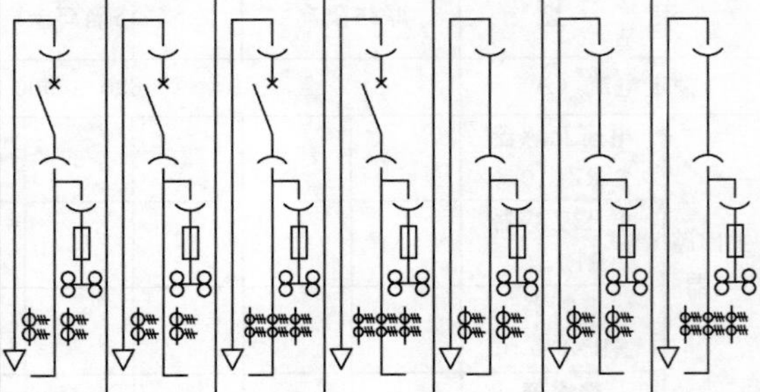						
用途	进线＋计量＋母联						
额定电流（A）	630～4000						

续表

一次方案编号		71	72	73	74	75	76	77
主回路电器元件	真空断路器 VS1、VSm、VD4、3AH、ZN65A	1	1	1	1			
	电流互感器 LZZBJ9—12	2	2	3	3	2	2	3
	电压互感器 RZL10	2	2	2	2	2	2	2
	电压互感器 REL10							
	熔断器 XRNP—10	3	3	3	3	3	3	3
备　　注								

一次方案编号		78	79	80	81	82	83	84
主回路方案		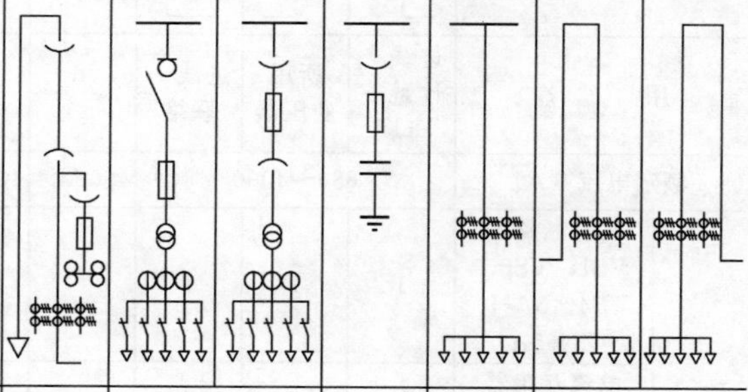						
用　　途		进线＋计量＋母联	所用变压器		电容器	电缆进线	进线＋联络	
额定电流（A）		630～4000	2500～3150					
主回路电器元件	电流互感器 LZZBJ9—12	3				3	3	3
	电压互感器 RZL10	2						
	电容器 BW12.7—16—1				3			

续表

一次方案编号		78	79	80	81	82	83	84
主回路电器元件	真空负荷开关 ZFNO—10R		1					
	干式变压器 SC—80/10		1	1				
备　　注		熔断器 XRNP—10 所用变压器≤80KVA						

一次方案编号		85	86	87	88	89	90	91
主回路方案		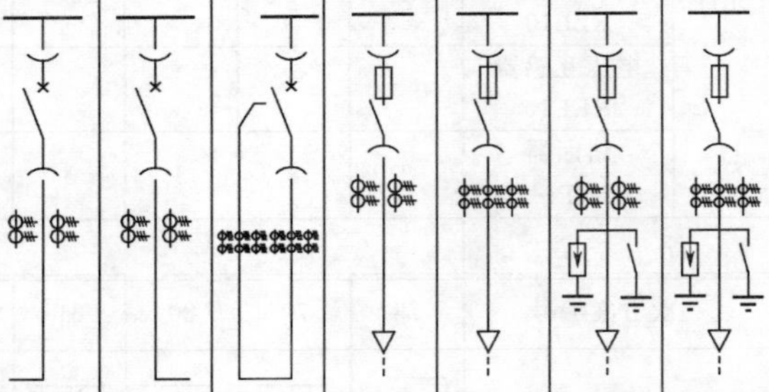						
用　　途		进线＋计量＋母联	所用变压器	进线＋联络				
额定电流（A）		630～4000			400AC4	400AC4	400AC4	400AC4
主回路电器元件	真空断路器 VS1、VSm、VD4、3AH、ZN65A	1	1	1				
	电流互感器 LZZBJ—10Q	3	3	6				
	真空接触器 VC				1	1	1	1
	电流互感器 LZZBJ9—12				2	3	2	3
	高压熔断器 XRNT—10				3	3	3	3
	接地开关 JN16—10						1	1
	避雷器 HY5W						3	3
备　　注								

二、SM6 中压开关柜

1）SM6 是可扩展模块组合式金属密封 SF_6 开关柜。

2）有闭合、断开、接地三种位置，并具有闭锁功能，可防止带负荷合地刀及带地线合刀闸等误操作。

3）前面板与开关有可靠的机械连锁，只有在接地位置时才能开合前面板，以保证人身安全。

4）模拟母线能可靠地显示开关的闭合、断开、接地三种位置。

5）所有控制功能元件集中在正面操作板上，简化了操作。

6）有明显的带电显示器、校相器。

7）每个柜内可安装 CT、继电器、线圈等，满足自动化及计量要求。

8）开关柜与电缆的连接无需使用电缆头。

9）常规柜型有负荷开关柜 IM，负荷开关—熔断器组合柜 QM，隔离开关—断路器柜 DM 等。

10）产品免维护 20 年，使用寿命 30 年。

11）柜宽有 375mm、500mm、750mm 三种规格，柜深 940mm，高 600mm。

12）适合开闭所、配电室、箱变内安装。

SM6 中压开关柜的技术数据，见表 5-33。

表 5-33　SM6 中压开关柜技术数据

序号	名　　称	SM6 中压开关柜	
		负荷开关	断路器
1	额定电压（kV）	12	
2	最高工作电压（kV）	12	
3	额定频率（Hz）	50	
4	额定电流（A）	630/200	630/1250
5	额定开断电流（A）	630/200	25kA
6	热稳定电流（有效值）（kA/s）	20/3	

续表

序号	名　　称	SM6 中压开关柜	
		负荷开关	断路器
7	动稳定电流（峰值）(kA)	50	
8	额定关合电流（峰值）(kA)	50	
9	额定短路开断次数（次）		25
10	满负荷开断次数（次）	200	
11	机械寿命（次）	10000	
12	1min 工频耐压（对地/断口）(kV)	42/48	
13	雷电冲击耐压（对地/断口）(kV)	95/110	

三、高压环网负荷开关柜

（一）HXGN—12 系列高压环网负荷开关柜

1. 概述

该类产品是额定电压 12kV，额定频率 50Hz 的交流高压电器成套装置，主要用于 12kV 三相环网或放射式电网终端的供电，作为负荷控制和短路保护之用。有真空、压气和 SF_6 三种供用户选择。SF_6 环网负荷开关柜采用 ABB 或梅兰日兰公司的负荷开关。集多家外国公司产品的优点而设计。产品符合下列标准：GB3906、GB11022、GB16926、DL/T593。HXGN—12 系列高压环网负荷开关柜外形，见图 5-2。

图 5-2　HXGN—12 系列高压环网负荷开关柜外形图

2. 型号含义

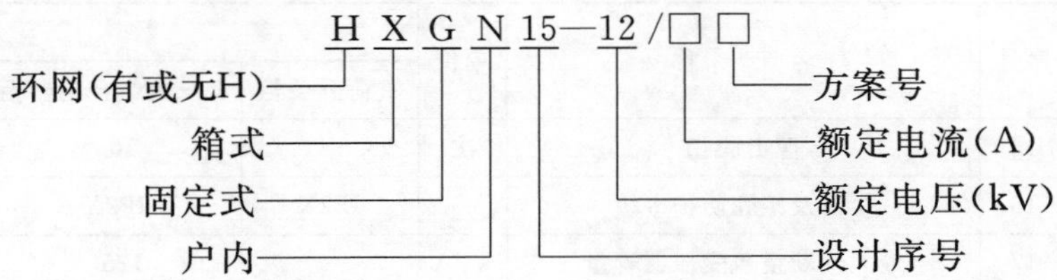

3. 主要技术数据

XGN15—12：柜内主要元件为ABB公司生产的免维护SFL型SF_6负荷开关。本柜具有体积小、重量轻、操作维护方便、安全可靠等特点。XGN15—12开关柜技术数据，见表5-34。

表5-34　XGN15—12开关柜技术数据

序号	名称		单位	参数	
				负荷开关柜	负—熔组合电器柜
1	额定电压		kV	12	12
2	额定电流		A	630	100
3	额定频率		Hz	50	50
4	主回路3s额定短时耐受电流		kA	20	—
5	主回路额定峰值耐受电流		kA	50	—
6	额定短路关合电流（峰值）		kA	50	80
7	额定有功负载开断电流		A	630	—
8	闭环开断电流		A	630	—
9	额定电缆充电电流		A	10	10
10	额定转移电流		A	—	1700
11	额定短路预期开断电流		kA	—	31.5
12	1min额定短时工频耐受电压	相间、相对地	kV	42	42
		断口间		48	48
13	额定雷电冲击耐受电压	相间、相对地	kV	75	75
		断口间		85	85
14	机械寿命	负荷开关	次	2000	2000
		接地开关		2000	2000

续表

序号	名称	单位	参数	
			负荷开关柜	负—熔组合电器柜
15	撞击脱扣	次	—	100
16	柜体及柜壳防护等级		IP2X	IP2X
17	最大开断空载变压器容量	kVA	—	1250
18	回路电阻	$\mu\Omega$	≯400	≯400(不含熔断器)
19	SF_6 气体额定压力（表压）	bar	1.4	1.4
20	接地开关额定峰值耐受电流	kA	50	—
21	接地开关 3s 额定短时耐受电流	kA	20	—
22	接地回路额定峰值耐受电流	kA	40	—
23	接地回路 2s 额定短时耐受电流	kA	16	—
24	外形尺寸（宽×深×高）	mm	500（750）×940×1850	

HXGN15A—12：柜内配用 FZN39—12 型真空负荷开关，该负荷开关是在压气式负荷开关基础上进行创新的真空负荷开关，其熔断器组合电器配用 XRNT1 型限流式熔断器，可配不同容量变压器使用。本柜结构简单、轻巧、安装方便、安全可靠。

HXGN17—12：柜内安装 FN12—12 型压气式负荷开关或 FN12—12DR 负荷开关熔断器组合电器，本柜安装和操作方便、安全可靠。

HXGN15A—12 和 HXGN17—12 开关柜技术数据，见表 5-35。

表 5-35　HXGN15A—12、HXGN17—12 开关柜技术数据

名称	单位	HXGN15A—12		HXGN17—12	
		负荷开关柜	负—熔组合电器柜	负荷开关柜	负—熔组合电器柜
额定电压	kV	12	12	12	12
额定频率	Hz	50	50	50	50
额定电流	A	630	125	630	100

续表

名称	单位	HXGN15A—12		HXGN17—12	
		负荷开关柜	负—熔组合电器柜	负荷开关柜	负—熔组合电器柜
额定短时耐受电流（4s）	kA	20	—	20	—
额定峰值耐受电流	kA	50	—	50	—
额定短路关合电流（峰值）	kA	50	—	50	—
额定有功负载开断电流	A	630	—	630	—
额定闭环开断电流	A	630	—	630	—
额定电缆充电开断电流	A	10	—	10	—
额定空载变压器容量	kVA	—	1600	—	1250
额定转移电流	A	—	2200、3150	—	1150
额定短路开断电流	kA	—	31.5	—	31.5
1min 工频耐受电压 相间、相对地/断口	kV	42/48	42/48	42/48	42/48
雷电冲击耐受电压 相间、相对地/断口	kV	75/85	75/85	75/85	75/85
机械寿命	次	2000	2000	2000	2000
防护等级		IP2X	IP2X	IP2X	IP2X
外形尺寸（宽×深×高）	mm	通用柜为：600（800）×900×2000（侧装） 900×900×2000（正装）		通用柜为： 600 800 ×900×1900	

（二）几种常用国产环网柜的主要技术数据

几种常用环网柜的主要技术数据，见表 5-36。

表 5-36 环网柜主要技术数据

型号	额定电压（kV）	主母线额定电流（A）	负荷开关满量程开断次数	熔断器开断电流（kA）	生产厂	备注
HXGN—10	10	630		31.5	象山高压开关厂	配 FN16—10
HXGN□—10（F）	10	630	100	31.5、40	象山高压开关厂	配 FN□—10

续表

型　　号	额定电压(kV)	主母线额定电流(A)	负荷开关满量程开断次数	熔断器开断电流(kA)	生　产　厂	备　　注
HXGN1—10	10	400、630	20	50	象山高压开关厂	配 FN5—10
HXGN11—10	10	630		31.5、40	象山高压开关厂	配 FN16—10 或 FN16—10R
GZG—10	10	400			沈阳黎明发动机制造公司	配真空负荷开关
HKGN6—10	10	630			西安高压试验所	配负荷开关
KHG—10BC	10	400、630、1250			扬州京隆电器开发有限公司	配负荷开关

（三）RM6 环网开关柜

1. 概述

1）RM6 为紧凑型 SF_6 中压（10kV）环网开关柜。

2）RM6 可选择 1～4 个单元，满足用户配电和变压器保护的需要。

3）开关装置和硬母线密封在充有 0.2bar 的 SF_6 气体不锈钢密封壳内，防护等级为 IP67。

4）开关具有闭合—断开—接地三种位置，并具有闭锁功能，可防止带负荷合地刀及带地线合刀闸等误操作。

5）安全性极高，并具有可视性接地。

6）有明显的带电显示器、校相器和模拟母线。

7）开关触头及其他部件 20 年免维护，整体使用寿命 30 年。

8）每个柜内可安装 CT、继电器、线圈等，满足自动化及计量要求。

9）开关与电缆的连接采用肘形电缆头。

电动机构可根据用户需要在不停电时拆装。

2. 电气特性

RM6 的电气特性，见表 5-37。

表 5-37 RM6 电气特性

项目									
额定电压（kV，有效值）		7.2			12		24		
绝缘等级	50Hz 工频耐压 断口对地	32			42		50		
	1min(kV,有效值) 断口对断口	36			48		60		
	冲击耐压 断口对地	75			95		125		
	1.2/50μs(kV,峰值) 断口对断口	85			110		145		
线路									
额定电流（A）		400	630		400	630	400	630	
短时耐受电流（kA）		16/2s	20/1s	25/1s	16/2s	20/2s	16/2s	16/2s	20/2s
5%额定开断电流（A）		31.5							
额定负荷开断电流（A）					400	630			
接地开关短时耐受电流 kA/2s		50							
变压器回路									
额定电流（A）		200	200	200	200	200	200	200	200
分断能力	分断电缆回路	30	30	30	30	30	30	30	30
	分断变压器回路(A)	16	16	16	16	16	16	16	16
熔断器开关									
熔断器组合开关的分断能力(kA)		16/2s	20/2s	25/1s	16/2s	20/2s	16/2s	16/2s	20/2s
闭合能力（kA，峰值）		40	50	62.5	40	50	40	40	50
断路器									
短路分断能力（kA）		16/2s	20/2s	25/1s	16/2s	20/2s	16/2s	16/2s	20/2s
闭合能力（kA，峰值）		40	50	62.5	40	50	40	40	50

3. RM6 功能的选择

RM6 系列有下列功能回路，这些功能可组合 3 回路或 4 回路的 RM6 控制柜：

1）“线路”负荷开关（I）；

2）“变压器保护”的熔断器负荷开关（Q）；

3）“变压器保护”的组合式熔断器负荷开关（P）；

4）“变压器保护”的断路器（D）。

4. RM6 的命名

RM6 系列具有多种组合，可通过 3 个数字表示，其中第一个数字代表电压等级（1～3 分别对应 7.2kV、12kV、24kV），第二个数字代表变压器控制回路（1～4 分别代表负荷开关、熔断器式负荷开关、组合式熔断器负荷开关、断路器），第三个数字代表第四回路的状况（0 代表仅有 3 回路，1～4 分别代表负荷开关、熔断器式负荷开关、组合式熔断器负荷开关、断路器）。例如，133 柜，表示带有 2 个负荷开关＋2 个组合式熔断器负荷开关的控制柜。

（四）环网柜的运行维护

在使用环网柜和进行环网柜故障处理时应注意：

(1) 送电前检查：环网柜在送电前应全面检查环网柜的所有无件的电气性能、绝缘水平及接线正确性。另外在检查时，负荷开关需合闸，且接触良好，接地开关需分闸。检查认为完好，闭合电源后观看指示仪表的工作情况，若正常即可投入运行。

(2) 正常运行状态：在正常运行时，不论进线柜或出线柜，负荷开关应在合闸位置，接地开关处于分闸位置，前门板处于闭合状态。

(3) 故障处理：在进线柜发生故障检修时，应先切断输入电源，将负荷开关分闸，同时检查进线柜显示器，证明无电压后，合接地开关，提起档板，插入隔板，使检修处与母线室隔离。打开前门板，方可入内检修。

在出线柜（或出线柜的输出电缆）发生故障时，应先分该柜的负荷开关，再合接地开关，提起挡板，插入隔板后，使检修处与母线室隔离。打开前门板，方可入内检修，此时主母线处于带电状态。熔断器若需调换，应满足进出线柜入内检修条件时，方可入内调换。

四、KYN—35 型户内交流金属铠装移开式开关柜简介

KYN—35 型手车柜适用于三相交流 50Hz、额定电压 35kV、最高工作电压 40.5kV 的户内电力系统中，作为发电厂、变电所

及工矿企业的配电室接受、分配电能之用。本产品符合GB3906—91《3～35kV交流金属封闭开关设备》，并满足IEC—298国际标准的要求。

该产品是金属铠装式结构，防护等级为IP2X，分柜体和手车两大部分。根据一次主接线方案需要，手车分为断路器手车、隔离手车、电压互感器手车、避雷器手车、所用变压器手车等，同类型规格手车具有互换性。该手车柜可实现五防要求，其隔离手车与对应的断路器手车之间设有电气联锁，所用变手车设有进工作位置前不能带负荷的联锁要求等。

KYN—35型手车柜技术数据，见表5-38。

表5-38　KYN—35型手车柜技术数据

序号	项　　目	单位	数　　据
1	额定电压	kV	35
2	最高工作电压	kV	40.5
3	额定电流	A	1600
4	额定短路开断电流	kA	25
5	额定短路关合电流（峰值）	kA	63
6	4s热稳定电流（有效值）	kA	25
7	额定动稳定电流（峰值）	kA	63
8	配用断路器		ZN—35C/1600—25型真空断路器
9	配用操动机构		CT10A弹簧操动机构
10	外形尺寸（宽×深×高）	mm	1400×2200×2625
11	防护等级		IP2X

KYN—35型手车柜一次线路方案有90种。

五、熔断器—高压接触器组合开关柜（F—C回路开关柜）

（一）概述

带熔断器（Fuse）和接触器（Contactor）的回路简称F—C回路。FU为高压限流式熔断器，接触器通常为高压真空接触器或高压SF_6接触器。F—C回路开关柜适合于控制2000kW以下的高压电动机、保护630kVA以下的变压器及开合补偿电容器等频繁操作的场合。使用F—C回路开关柜较之使用配断路器的开关柜，设备及电缆投资可减小30%～40%（可选用小截面电缆），占地面积减少30%。

通常一个柜装有两个回路，有的单层双列布置，有的双层单列布置。

（二）技术数据

1. F—C回路高压开关柜的技术数据

F—C回路高压开关柜的技术数据，见表5-39。

表5-39　F—C回路高压开关柜技术数据

型号		KYN□—6(F—C)	JYN□—6(F—C)	GSC—1F(F—C)	JYNC—10(J、R)(F—C)	GC2—10(F)(F—C)	KYN□—6(F—C)
额定电压（kV）		3、6	3、6	6	3、6	6	3、6
最高电压（kV）		3.5、6.9	3.5、6.9	6.9	3.5、6.9	6.9	3.5、6.9
预期短路开断电流（kA）		40	31.5	40	40	40	40
预期关合电流（峰值，kA）		100	80	100	100	130	100
主母线	额定电流（A）	1250～3150	800	2500	1250～2500	630～3000	2500
	额定短时耐受电流（kA）	40(4s)	31.5	40	40(4s)	40(4s)	40(4s)
	额定短时峰值耐受电流(kA)	100	80	100	100	130	100
F—C回路接触器熔断器	额定电流（A）	400	250	250	400	250	250
	额定短时耐受电流（kA）	4	4	4	4	4	4
	半波允许通过电流(峰值,kA)	40	40	40	40	40	40
	额定电流（A）	400	250	400	400	400	400
	额定短路开断电流（kA）	4	2.5	4	2(25次)	3.2	3.2
	半波允许通过电流（kA）	40	40	40	40	40	40
	额定电流（A）	160、224、400	100、300	50、100、160、200、250	160、224	160、224	160、224、300
	预期短路开断电流（kA）	40	40	40	40	40	40

续表

型号	KYN□—6 (F—C)	JYN□—6 (F—C)	GSC—1F (F—C)	JYNC—10(J、R) (F—C)	GC2—10 (F) (F—C)	KYN□—6 (F—C)
雷电冲击耐受电压（峰值，kV）	40、60	40、60	60	42、60	60	40、60
工频耐受电压 1min（有效值，kV）	23、32	23、32	23	24、32	32	25、32
外形尺寸（mm）（高×宽×深）	2000×1000×1800	2200×840×1500	2200×840×1900	2400×650×1275	2000×800×1500	2200×1000×1650
防护等级	IP3X	IP2X		IP4X	IP2X	IP2X
生产厂	上海华通开关厂	上海电器厂	沈阳低压开关厂	北京开关厂	天水长城开关厂	浙江开关厂
备注	双列	双层双回路	双层	西门子接触器（单层）	单、双层	单台双馈左右并列

2. 8BK30 可移动开式/铠装真空接触器柜（F—C 回路）

8BK30 可移动开式/铠装真空接触器柜（F—C 回路）在结构上属于左、右布置的双回路柜，采用限流熔断器和德国西门子原装高压真空接触器的组合单元，其中高压真空接触器具有高达 100 万次的机电寿命，尤其适应控制频繁操作的电动机、冶金炉、供电变压器和电容器组等电器。

8BK30 可移动开式/铠装真空接触器柜（F—C 回路）的技术数据，见表 5-40。

表 5-40　8BK30 可移动开式/铠装真空接触器柜（F—C 回路）技术数据

最高电压（kV）	3.6*	7.2*	12**
额定工频耐受电压（kV）	24	32	28
额定雷电冲击耐受电压（kV）	40	60	60
母线最大热稳定电流（kA）	50/1s，40/4s	50/1s，40/4s	50/1s，40/4s
馈线热稳定电流（kA/1s）（无高分断能力限流熔断器时）	8	8	8

续表

高分断能力限流熔断器的预期短路开断电流（kA）	＜50	＜50	＜50
额定最大母线峰值电流（kA）	125	125	125
额定最大母线电流（kA）	4000	4000	4000
额定馈线电流（A）	400	400	400
最大额定开断功率			
电动机（kW）	1600	3200	6500
变压器（kVA）	1600	3200	3200
电容器组（kvar）	1600	3500	5000
电容器组的最大开断电流（A）	250	250	250
最大允许涌流（kA）	10	10	10
最大操作频率（操作次数/h）	1200	1200	1200
机械寿命（操作次数）	3×10^6	3×10^6	1×10^6
机电寿命（操作次数）	1×10^6	1×10^6	1×10^6
合闸功率 AC/DC（W）	650	650	650
保持功率（W）	90	90	90
防护等级	IP4X		
外形尺寸	400×2050×1650（1个回路） 800×2050×1650（2个回路）		
生　产　厂	上海西门子开关有限公司		

*　工频耐压根据中国标准。

**　工频耐压根据 IEC 标准。

第九节　组合式（箱式）变电站

一、ZBW（XBW）系列交流箱式变电站

（一）适用范围

ZBW（XBW）系列交流箱式变电站，是将高压电器设备、变压器、低压电器设备等组合成紧凑型成套配电装置，用于城市高层建筑、城乡建筑、居民小区、高新技术开发区、中小型工厂、矿山油田以及临时施工用电等场所，作配电系统中接受和分配电能之用。

ZBW（XBW）系列箱式变电站，具有成套性强、体积小、结构紧凑、运行安全可靠、维护方便，以及可移动等特点，与常规土建式变电站相比，同容量的箱式变电站占地面积通常仅为常规变电站的1/10～1/5,大大减少了设计工作量及施工量,减少了建设费用。在配电系统中,可用于环网配电系统,也可用于双电源或放射终端配电系统,是目前城乡变电站建设和改造的新型成套设备。

ZBW（XBW）系列箱式变电站符合SD320—1992《箱式变电站技术条件》和GB/T17467—1997《高压/低压预装式变电站》的标准。

（二）型号含义

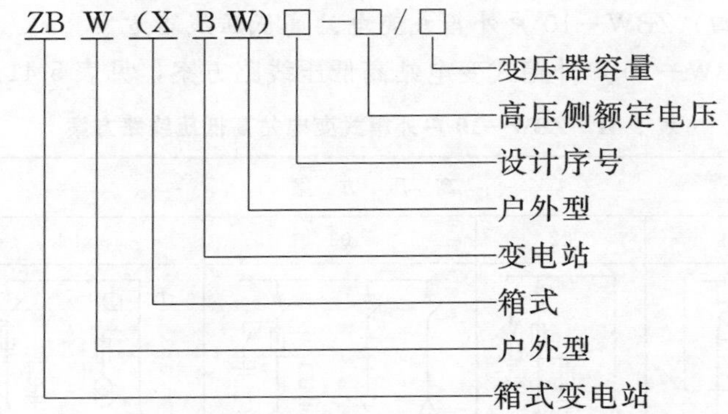

（三）结构特征

1）本产品由高压配电装置、变压器及低压配电装置连接而成，分成三个功能隔室，即高压室、变压器室和低压室，高、低压室功能齐全。高压侧一次供电系统，可布置成环网供电、终端供电、双电源供电等多种供电方式，还可装设高压计量元件，满足高压计量的要求。变压器室可选择S7、S9以及其他低损耗油浸式变压器和干式变压器；变压器室设有自启动强迫风冷系统及照明系统，低压室根据用户要求可采用面板或柜装式结构组成用户所需供电方案，有动力配电、照明配电、无功功率补偿、电能计量和电量测量等多种功能，满足用户的不同要求，并方便用户的供电管理和提高供电质量。

2）高压室结构紧凑合理，并具有全面防误操作联锁功能。变压器在用户有要求时，可设有轨道，能方便地从变压器室两侧大门进出。各室均有自动照明装置，另外高、低压室所选用全部元件性能可靠、操作方便，使产品运行安全可靠、操作维护方便。

3）采用自然通风和强迫通风两种方式，使通风冷却良好。变压器室和低压室均有通风道，排风扇有温控装置，按整定温度能自动启动和关闭，保证变压器满负荷运行。

箱体结构能防止雨水和污物进入并采用特种钢板或铝合金板制作，经防腐处理，具备长期户外使用的条件。确保防腐、防水、防尘性能，使用寿命长，同时外形美观。

（四）ZBW—10户外箱式变电站高低压线路方案

ZBW—10户外箱式变电站高低压线路方案，见表5-41。

表5-41　ZBW—10户外箱式变电站高低压线路方案

高压方案			
01	02	03	04
160kVA以下	终端低计	双电源双环网	高供高计

低压方案	
01	02

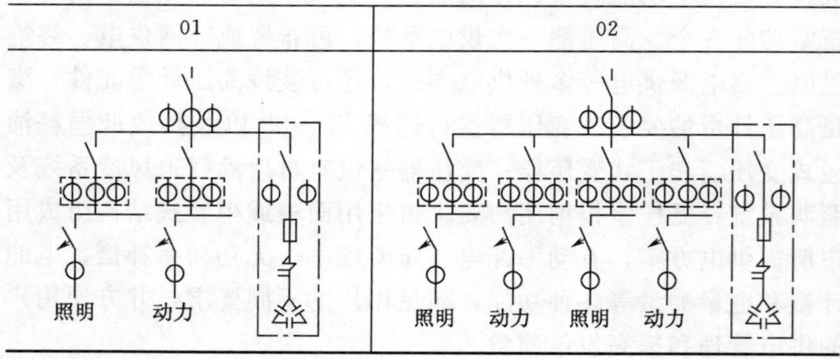

（五）ZBW—10户外箱式变电站主要技术数据

ZBW—10户外箱式变电站主要技术数据，见表5-42。

表5-42　ZBW—10户外箱式变电站技术数据

项　目	高压负荷开关		变　压　器
额定容量（kVA）	50～630kVA		
额定电压（kV）	10		10/0.4
额定电流（A）	400	630	
额定开断电流（有效值，kA）			
4秒热稳定电流（有效值，kA）	12.5/4s	20/2s	
动稳定电流（峰值，kA）	31.5	50	
短路关合电流（峰值，kA）	31.5	50	
工频耐压（kV/min）	对地42 断口48		油浸35 干式28
雷电冲击耐压（kV）	对地75 断口85		75
声级水平（dB）			油浸≯55 干式≯65
防护等级	I_P3_X		I_P2_X

项　目	低压H系列开关				高压熔断器			
额定容量（kVA）	50～630kVA							
额定电压（kV）	0.4				10			
额定电流（A）	150	250	600	1200	6.3～40		50～100	
额定开断电流（有效值，kA）	22	28	35	50	RN3 20	SFL—J 31.5	RN3 20	SFL—J 50
4秒热稳定电流（有效值，kA）								
动稳定电流（峰值，kA）								
短路关合电流（峰值，kA）								
工频耐压（kV/min）	2							
雷电冲击耐压（kV）								
声级水平（dB）								
防护等级	I_P3_X							

（六）ZBW—10 户外箱式变电站使用环境条件

1）海拔高度不超过 2000m。

2）周围空气温度不高于＋40℃，不低于－15℃。

3）周围空气湿度不超过 90％（＋25℃）。

4）风速不大于 35m/s。

5）地震水平加速度不大于 0.4m/s^2，垂直加速不大于 0.2m/s^2。

6）使用场地不应用导电尘埃及对金属绝缘有害的腐蚀性、易燃和易爆的危险性气体。

7）安装场地应无剧烈振动，倾斜度不大于 3°。

上述条件如不能满足时，用户可与制造厂协商解决。

二、ZBW 型 12kV 预装式箱式变电站

（一）概述

北京华东开关有限公司生产的 ZBW 型 12kV 预装式箱式变电站适用于额定电压 12kV，额定频率 50Hz 的三相交流系统，容量在 100kVA 及以下的住宅小区、大型工地、高层建筑、工矿企业及临时性设施等场所使用。该系列箱式变电站，既适用于环网供电，也适用于放射式终端供电。

ZBW 型 12kV 预装式箱式变电站是一种将中压开关设备、变压器、低压开关设备按一定接线方案组合成一体的成套配电设备。

1. 结构

预装式箱式变电站包括：箱体；中压开关设备；电力变压器；低压配电设备等。

2. 特点

ZBW 型箱式变电站特点：独特的外形设计，造型美观，起美化环境作用；结构紧凑，体积小，占地面积小；操作安全，防护等级高；方案灵活，可安装各种元件。

3. 正常使用条件

1）海拔高度不超过 1000m。

2）环境温度：最高气温 40℃，最低气温 −25℃，最高日平均气温不超过 35℃；日温差≤25℃。

3）日平均湿度平均值不超过 95%，月相对湿度平均值不超过 90%。

4）户外风速不超过 35m/s。

5）地面倾斜度不大于 3°。

6）阳光辐射不得超过 1000W/m^2（风速为 0.5m/s 时）。

7）安装地点无爆炸危险、火灾、化学腐蚀及剧烈振动。

8）抗震能力：地面水平加速度 0.3g；地面垂直加速度 0.15g。

箱式变电站的外形结构，见图 5-3～图 5-9。

图 5-3　预装沉箱式变电站

图 5-4　预装平置式变电站

图 5-5　低压开关设备隔室

图 5-6　电力变压器隔室

图 5-7　高压开关设备隔室

图 5-8　变压器与高压电力电缆及低压母线连接示意

（二）主要特点

图 5-9　低压开关设备与无功功率补偿装置

箱体骨架为进口敷铝锌板弯制后组装或拉铆而成，具有优越的防腐性能。

箱变底座分为沉箱式底座和平置式金属型钢底座。沉箱式的底座结构刚性好、强度高、密封严，即使内置的油变发生泄油问题，也决不会使油液渗入地下污染环境，具有环保性。同时也防止水渗入。两侧设计有 4 根起吊轴，底座表面进行特殊的防腐处理。

框架部分为“目”字形和“品”字形结构，分为高压室，变压器室，低压室。高低压室正面开门，变压器室两侧开门。

低压室门及变压器室门上开有通风孔，对应位置装有防尘装置，箱体采用自然通风。箱体顶盖设计为双层结构，夹层间可通气流，具有良好的隔热作用。高低压室在其内部设有独立的顶板，变压器室内设有顶部防凝露板。

箱体体积小，占地面积小，结构紧凑，造型美观。现场安装工作量小，安装调试周期短，运行安全可靠，检修方便。

高压室、变压器室和低压室均设有自动照明装置。

高压室主要配套选用真空负荷开关、SF_6 负荷开关，加熔断器组合电器的结构，作为保护变压器的主开关。供电方式可采用终端供电、环网供电或双电源供电等多种形式。

低压室元件采用模数化面板式、屏装式安装，也可根据用户要求进行非标准设计。

配电变压器可根据用户要求配置油浸式低损耗节能型电力变压器或环氧浇注干式变压器。

变压器的高压侧到高压开关柜之间的联结采用电缆，电缆的两个端头采用进口全封闭可触摸式肘型电缆头，可以保证运行更安全、可靠。

变压器的低压侧到低压配电单元之间的联结，既可采用全母线联结，也可选用电缆联结。

低压配电单元可根据用户的不同要求进行设计，并可安装自动无功补偿装置。

（三）变压器容量与一、二次电流及高压熔断器、低压主断路器参考选择表

表 5-43　变压器容量与一、二次电流及高压熔断器、低压主断路器参考选择表（额定电压 $U_{n1}=12kV$，$U_{n2}=0.4kV$）

变压器额定容量（kV）	一次电流 I_1（A）	二次电流 I_2（A）	高压熔断器 I_N（A）	低压主断路器I_n（A）
50	2.9	72	6.3	100
80	4.6	115	10	125
100	5.8	144	16	160
125	7.2	180	16	250
160	9.2	231	16	250
200	11.5	290	20	400

续表

变压器额定容量 (kV)	一次电流 I_1 (A)	二次电流 I_2 (A)	高压熔断器 I_N (A)	低压主断路器 I_n (A)
250	14.4	360	25	400
315	18.2	455	31.5	630
400	23	576	40	630
500	28.9	720	50	800
630	36.4	910	63	1250
800	46	1164	80	1250
1000	58	1440	100	1600

注 低压电器设备可装设自动投切的低压无功补偿装置，其补偿容量一般为变压器容量的 15%～20%。

（四）主要技术数据

ZBW 型 12kV 预装式箱式变电站的主要技术数据，见表 5-44。

表 5-44 ZBW 型 12kV 预装式箱式变电站技术数据

项目			单位	参数
高压单元	额定频率		Hz	50
	额定电压		kV	10
	最高工作电压		kV	12
	额定电流		A	630
	闭环开断电流		A	630
	电缆充电开断电流		A	135
	转移电流		A	2200
	额定短时耐受电流		kA	25（2s）
	额定峰值耐受电流		kA	63
	工频耐受电压	对地及相间	kV	42
		断口间	kV	48
	雷电冲击耐受电压	对地及相间	kV	95
		断口间	kV	110

续表

	项　目	单位	参　数
低压单元	额定电压	V	400
	主回路额定电流	A	100～1600A
	额定短时耐受电流	kA	30（1s）
	额定峰值耐受电流	kA	63
	支路电流	A	100～400
	分支回路数	路	6～10
	补偿容量	kVar	0～200
变压器单元	额定容量	kVA	50～1000
	阻抗电压	%	4
	分接范围		±2×2.5%或±5%
	连接组别		Y，yn0 或 yn11
箱体	外壳防护等级		IP33
	声级水平	dB	±≤55

（五）高低压组合方案

表 5-45　高压侧主回路方案

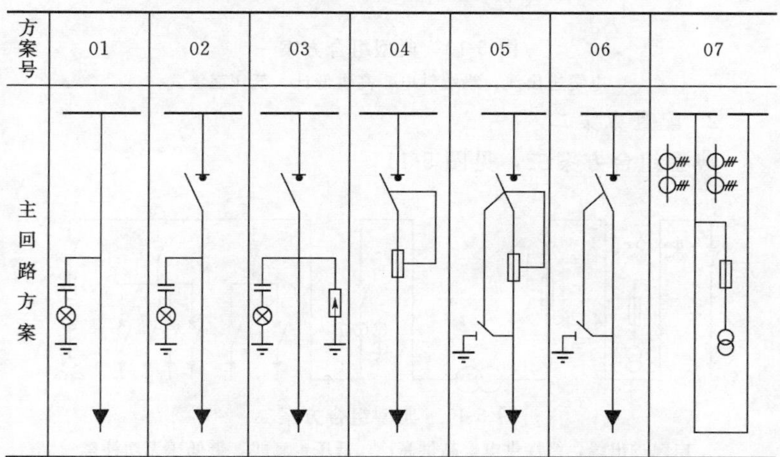

表 5-46　低压主回路方案

方案号	01	02	03	04	05	06	07
主回路方案							

（六）典型配置方案

1. 配置方案一

典型组合方案一，见图 5-10。

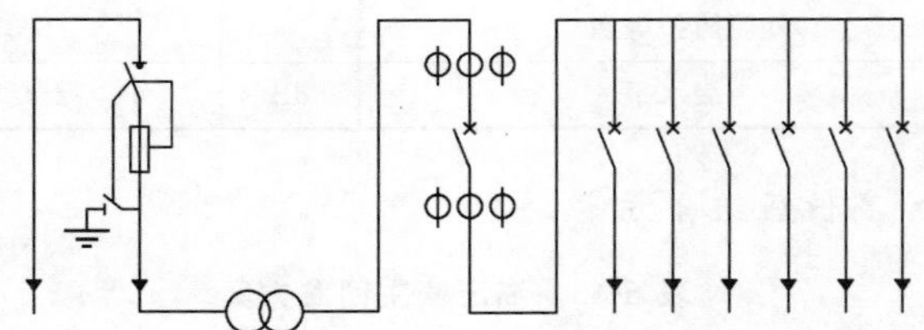

图 5-10　典型组合方案一

电缆进出线，终端供电，高供低计，低压面板式

2. 配置方案二

典型组合方案二，见图 5-11。

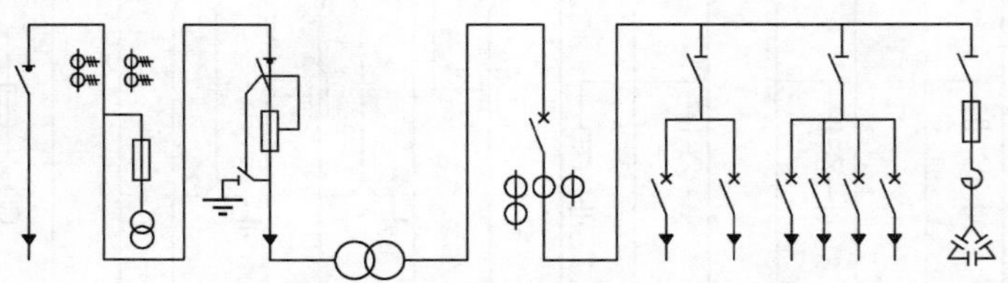

图 5-11　典型组合方案二

电缆进出线，终端供电，高供高计，低压走廊式，带低压无功补偿

3. 配置方案三

典型组合方案三，见图 5-12。

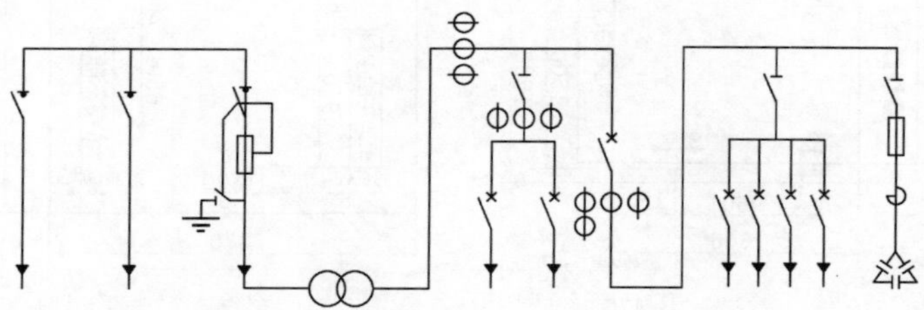

图 5-12　典型组合方案三

电缆进出线，环网供电，高供低计，低压走廊式，带低压无功补偿

（七）外形及安装尺寸

ZBW 型 12kV 预装式箱式变电站外形及安装尺寸，见图 5-13～图 5-17。

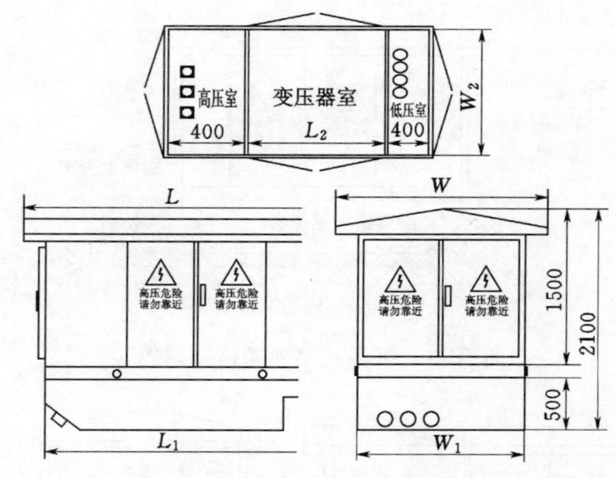

箱变型号	安装尺寸（mm）					
	L	L_1	L_2	W	W_1	W_2
ZBW—500kVA	2410	2370	950	1610	1500	1420
ZBW—630kVA	2470	2430	1010	1910	1800	1720

图 5-13　沉箱式箱变平面布置图及外形和安装尺寸

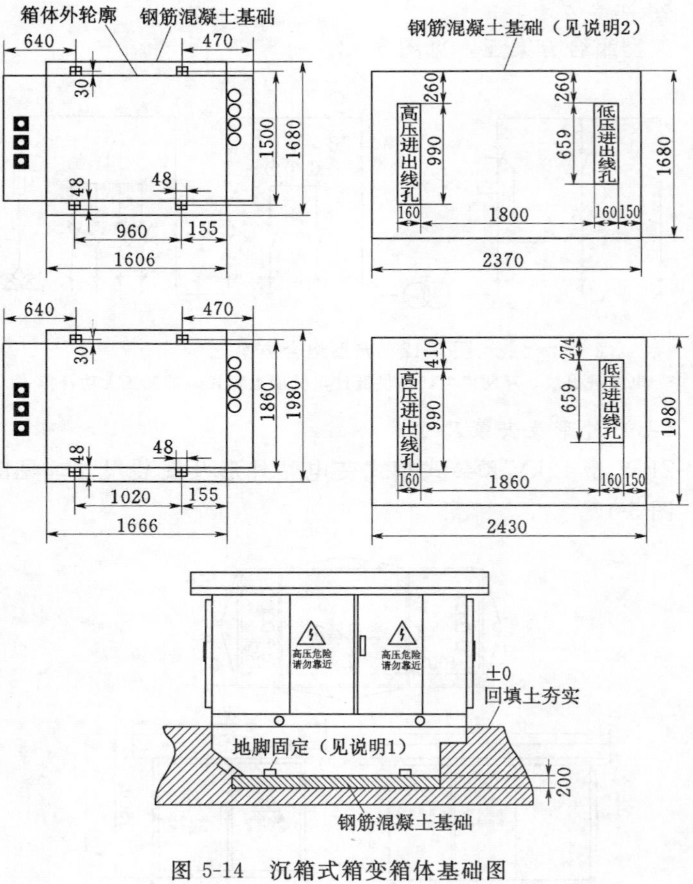

图 5-14　沉箱式箱变箱体基础图

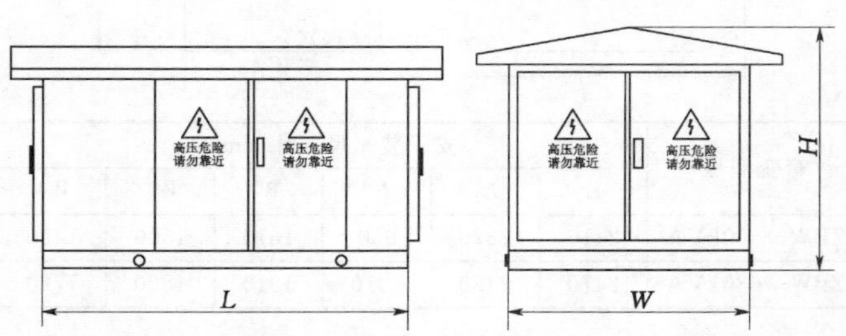

图 5-15　平置式箱变平面布置图及外形和安装尺寸（一）

变压器容量 (kVA)	结 构 形 式	L (mm)	W (mm)	H (mm)	重 量 (kg)
≤400	高低压室无走廊	3600	2200	2400	≤1000＋to
≤500	高低压室无走廊	4000	2400	2500	≤1000＋to
≤630	高压室无走廊，低压室有走廊	4600	2400	2600	≤1000＋to
≤630	高低压室均有走廊	5200	2400	2600	≤1000＋to

图 5-15 平置式箱变平面布置图及外形和安装尺寸（二）

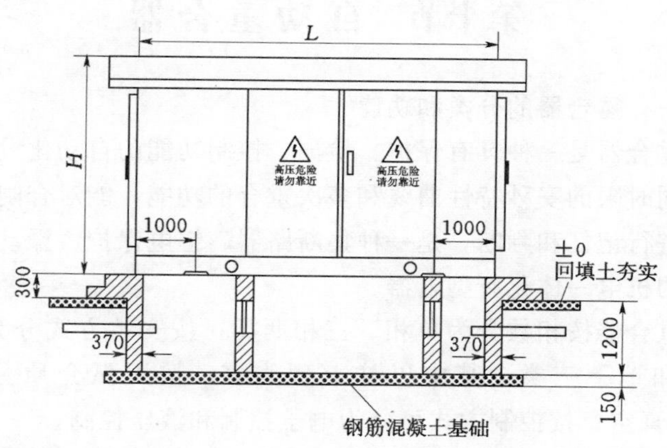

图 5-16 平置式箱变箱体基础图

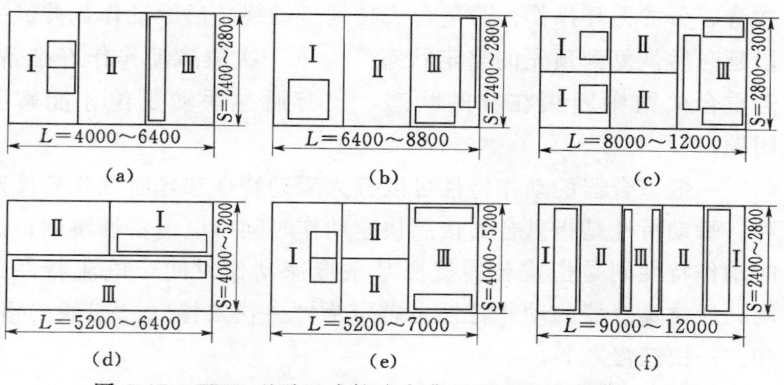

图 5-17 ZBW 型平置式箱式变典型平面的布置图（一）

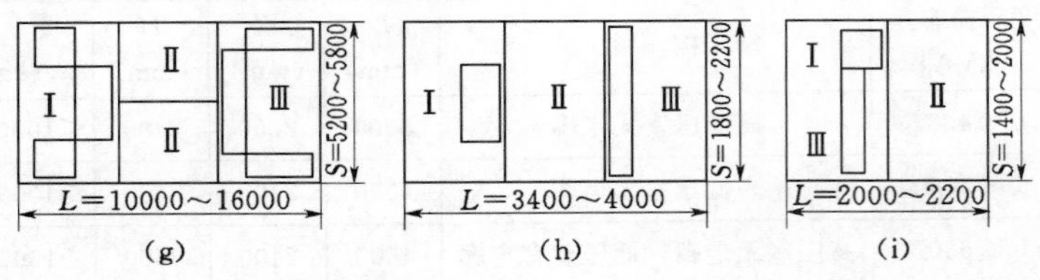

图 5-17　ZBW 型平置式箱式变典型平面的布置图（二）

第十节　自动重合器

一、重合器的分类和功能

重合器是一种具有保护、检测、控制功能的自动化设备，具有不同时限的安秒特性曲线和多次重合的功能，能对合闸次数和时间进行记忆和判断，是一种集断路器、继电保护、操动机构为一体的机电一体化新型电器。

重合器按相数分为单相、三相两类；按安装方式分为柱上、地面和地下三类，其中以柱上型为多；按灭弧介质分为油、SF_6、真空；按控制方式可分为电子控制和液压控制。

重合器的功能是当事故发生后，如果重合器经历了超过设定值的故障电流，则重合器跳闸，并按预先整定的动作顺序作若干次合、分的循环操作。若重合成功则自动终止后续动作，并经一段延时后恢复到预先的整定状态，为下一次故障动作作好准备。若重合失败则闭锁在分闸状态，只有通过手动复位才能解除闭锁。

一般重合器的动作特性可以分为瞬动特性和延时动作特性两种。瞬动特性是指重合器按照快速动作时间一电流特性跳闸；延时动作特性则是指重合器按照某条慢速动作时间一电流特性跳闸。通常重合器的动作特性可整定为“一快二慢”、“二快二慢”和“一快三慢”等。

重合器作为配电网自动化元件，它具有以下优点：

（1）节省变电所的综合投资。由于重合器可装在变电所的构架和线路杆塔上，无需附加控制和操纵装置，故操作电源、继电保护屏、配电间均可省去，因此基建面积可大大缩小，土建费用可大幅度降低。

（2）提高重合闸的成功率。重合器采用的是多次重合方案，这将会提高重合闸的成功率，减少非故障停电次数。

（3）缩小停电范围。重合器与分段器、熔断器配合使用，将有效地隔离发生故障的线路，缩小停电范围。

（4）提高操作自动化程度。重合器可按预先整定的程序自动操作，而且配有远动附件，可接收遥控信号，适用于变电所集中控制和遥控。

（5）维修工作量小。重合器多采用 SF_6 和真空作为介质，在其使用期间，一般不需保养和检修。

二、自动重合器主要技术数据

国产自动重合器主要技术数据，见表 5-47。

表 5-47　国产自动重合器主要技术数据

项目 ＼ 型号		LCHW—10	LCW1—10	YCW—10	ZCW—10	ZCW—12
灭弧介质		SF_6	SF_6	油	真空	真空
控制方式		电子	电子	液压	液压	电子
额定电压（kV）		10	10	10	10	12
最高电压（kV）		11.5	11.5	11.5	11.5	
额定电流（A）		400	400	125～400	400	630
额定开断电流（kA）		6.3	6.3	6.3	6.3	6.3、12.5、16、20
热稳定电流（kA）		6.3（4s）	6.3（2s）	6.3（2s）	6.3（4s）	
动稳定电流峰值（kA）		16	16	16	16	
冲击耐压峰值（kV）		75	75	75	75	75
1min 工频耐压（kV）	干试	42	42	42	42	42
	湿试	30	30	30	30	

续表

项目 \ 型号	LCHW—10	LCW1—10	YCW—10	ZCW—10	ZCW—12
典型操作顺序	分-t_1-合 分-t_2-合 分-t_3-合 分-闭锁	分-t_1-合 分-t_2-合 分-t_3-合 分-闭锁	分-t_1-合 分-t_2-合 分-t_3-合 分-闭锁	分-t_1-合 分-t_2-合 分-t_3-合 分-闭锁	分-t_1-合 分-t_2-合 分-t_3-合 分-闭锁
重合间隔（s）	t_1：0.5、2.5、10、15、30、60、120 $t2$、$t3$：2.5、10、15、30、60、120	t_1、t_2、t_3：1～60（可选择）	t_1、t_2、t_3：2		1～60s（可选择）
复位时间（s）	5、7.5、10、15、20、30、35、40、50、60、75、90、120、180	5～180（可选择）	90		5～180（可选择）
额定最小脱扣电流（A）	100、200、300、400、500、600、700、800、900	相间故障最小脱扣电流：100、200、300、400、500、600、700、800、900	250、320、400、500、630、800		相间故障动作电流值：25%～240% CT一次侧
		接地故障最小脱扣电流：4、8、12、16、20、24、28、36			接地故障动作电流值：10%～105%CT一次侧 灵敏接地故障动作电流值：0.5%～96% CT一次侧
时间—电流特性					快速曲线：7条 慢速曲线：16条

续表

项目 \ 型号	LCHW—10	LCW1—10	YCW—10	ZCW—10	ZCW—12
生产厂	湛江高压电器总厂、川东高压电器厂	福州第二电器厂（电科院研制）	沈阳黎明发动机公司	沈阳黎明发动机公司	佛山市富达电力设备实业公司

第十一节　自动分段器

一、概述

分段器是一种与电源侧前级重合器或断路器配合，在失压或无电流的情况下自动分闸的开关设备。当发生永久性故障时，分段器在预定次数的分合操作后闭锁于分闸状态，从而达到隔离故障线路区段的目的。若分段器未完成预定次数的分合操作，故障就被其他设备切除了，则其将保持在合闸状态，并经一段延时后恢复到预先的整定状态，为下一次故障作好准备，分段器一般不能断开短路故障电流。

分段器的关键部件是故障检测继电器（Fault Detecting Relay，即 FDR）。根据判断故障方式的不同，分段器可分为电压一时间型分段器和过流脉冲计数型分段器两类。

1. 电压—时间型分段器

电压—时间型分段器是凭借加压、失压的时间长短来控制其动作的，失压后分闸，加压后合闸或闭锁。电压—时间型分段器既可用于辐射状网和树状网，又可用于环状网。

2. 过流脉冲计数型分段器

过流脉冲计数型分段器通常与前级的重合器或断路器配合使用，它不能开断短路故障电流，但有在一段时间内记忆前级开关设备开断故障电流动作次数的能力。在预定的记录次数后，在前级的重合器或断路器将线路从电网中短时切除的无电流间隙内，过流脉冲计数型分段器分闸，达到隔离故障区段的目的。若前级开关设备未达到预定的动作次数，则过流脉冲计数型分段器在一定的复位时间后会清零，并恢复到预先整定的初始状态，为下一次故障作好准备。

自动分段器主要有液压控制分段器和电子控制分段器。

二、自动分段器主要技术数据

国产 10kV 自动分段器主要技术数据及生产厂，见表 5-48。

表 5-48　国产 10kV 自动分段器主要技术数据及生产厂

项目＼型号		FDLW1—10	FDYW1—10	FDKW1—10	FDZW1—10（U—t 型）
灭弧介质		SF_6	油	空气	真空
控制方式		电子	液压	电子	电子
额定电压（kV）		10	10	10	10
最高电压（kV）		11.5	11.5	11.5	11.5
额定电流（A）		400	100、200	50、100	400
最大负荷开断电流（A）		800	$1.3I_N$		400
启动电流（A）		80、160、240、320、400、480、560、640、720	$1.6I_N$	$1.6I_N$	
额定短路关合电流峰值(kA)		16	16		40
额定短时耐受电流（kA）		6.3（4s）	6.3（4s）	6.3（2s）	16（2s）
额定峰值耐受电流（kA）		16	16	15.8	40
冲击耐压（kV）		75	75	75	75
1min 工频耐受电压（kV）	干式	42	42	42	42
	湿式	30	32	32	30
闭锁前记忆次数（次）		1～3（可调）	1～3（可调）	1、2、3	
复位时间（s）		20、40～300（可调）	50±5	＞25	
生产厂		湛江高压电器总厂、川东高压电器厂	福州第二电器厂	镇江电工器材厂	烟台开关厂

国外分段器主要技术数据及生产厂，见表5-49。

表5-49　国外分段器主要技术数据及生产厂

项目 \ 型号		GN3	PMS	OYS	VSP5（U—t型）	DM装置（U—t型）
灭弧介质		油	SF_6	油	真空	SF_6
控制方式		液压	电子	液压	电子	电子
额定电压（kV）		14.4	13.8		12	12
最高电压（kV）		15.5	15.5	14	15.5	15.5
额定电流（A）		5～200	200	200	400、630	400、600
最大负荷开断电流（A）		440	200	400	400、630	400、600
启动电流（A）		$1.6I_N$		$1.6I_N$		
额定短路关合电流（kA）		0.8～9	15	15	12.5、31.5	25
额定短时耐受电流（kA）			6	0.5～6.3（1s） 0.16～3.7（10s）	12.5、31.5（1s）	10
冲击耐压（kV）		110	110	110	75	75
工频耐受电压（kV）	1min干式	50	50	50	28	28
	10s湿式	45	45	45		
闭锁前记忆次数（次）		3		3		
复位时间（s）		60		60		
生产厂		美国爱迪生公司	英国勃拉西公司	英国雷诺公司	日本东芝公司	日本户上公司

第十二节　电力电容器

一、概述

并联电容器主要用于电力网中进行无功补偿，以减少电网输送的无功功率，提高系统的功率因数，减少线路损耗，改善电压质量，从而增加输变电设备的经济效益。

电容器由外壳、芯子、出线瓷套等部分组成。外壳用薄钢板密封焊接而成，外壳盖上有出线瓷套，在两侧壁上焊有供安装的吊攀，一侧吊攀上装有接地栓。芯子由若干个元件串、并联和绝缘件叠压而成。元件的电介质有膜纸复合结构和全膜结构、金属化膜。全膜介质电力电容器具有损耗小、重量轻、体积小、可靠性高、寿命长、自愈性等特点。

在电压不超过 1.05kV 的电容器内，每个元件上都串有一个熔丝。电容器内部设有放电电阻，电容器自电网断开后能自行放电，一般情况下 10 分钟后即可降至 75V 以下。并联电容器的型号含义如下：

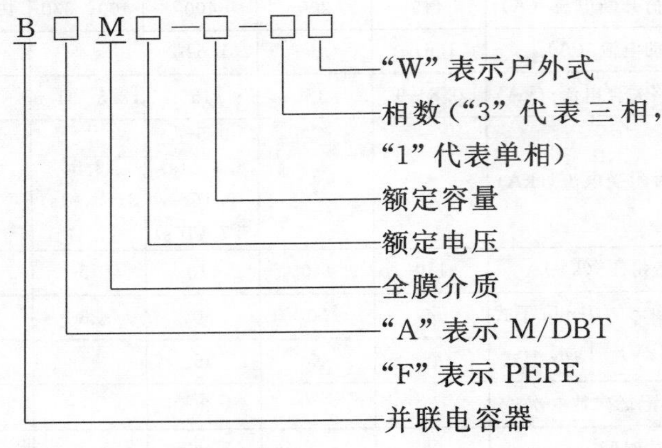

二、电容器的技术数据

并联电容器的技术数据，见表 5-50

表 5-50 并联电容器技术数据

型号	额定电压 (kV)	标称容量 (kvar)	标称电容 (μF)	相数	外形尺寸 (mm)				重量 (kg)	生产厂
					L	*B*	*H*	*h*		
BW1.05—12—1	1.05	12	34.7	1	380	110	433	230	25	④
BW1.05—12—1TH	1.05	12	31.8	1	380	110	431	230	24	⑥
BW1.05—12—1	1.05	12	35	1	312	122	417	230	22	②
BW1.05—13—1	1.05	13	37.6	1	380	110	498	230	25	④

续表

型　　号	额定电压 (kV)	标称容量 (kvar)	标称电容 (μF)	相数	外形尺寸 (mm)				重量 (kg)	生产厂
					L	B	H	h		
BW1.05—17—1	1.05	17	49.2	1	380	110	439	230	24	⑥
BW6.3—12—1TH	6.3	12	0.964	1	380	110	497	230	25	⑥
BW6.3—12—1W	6.3	12	0.86	1	380	113	550	275	24	⑤
BW6.9—12—1W	6.9	12	0.80	1	380	113	550	270	24	⑤
BW6.3—16—1W	6.3	16	1.28	1	375	122	550	275	24	⑤
BW10.5—12—1W	10.5	12	0.35	1	380	113	590	275	24	⑤
BW10.5—16—1W	10.5	16	0.46	1	375	122	590	275	24	⑤
BW11/$\sqrt{3}$—16—1W	11/$\sqrt{3}$	16	1.26	1	375	122	590	275	24	⑤
BW12.7—16—1W	12.7	16	0.32	1	375	122	590	275	26	⑤
BWF1.05—30—1	1.05	30	86.6	1	312	122	417	230	20	②
BWF1.05—50—1	1.05	50	144.4	1	313	123	807	550	32	②
BWF1.05—100—1	1.05	100	289	1	383	153	117	460	57	②
BWF6.3—22—1W	6.3	22	2.0	1	382	122	538	255	24	②
BWF6.3—25—1W	6.3	25	1.76	1	312	122	538	255	21	②
BWF6.3—25—1W	6.3	25	2.01	1	380	110	525	235	25	③
BWF6.3—25—1W	6.3	25	2.0	1	375	122	550	275	26	⑤
BWF6.3—30—1W	6.3	30	2.4	1	312	122	538	255	20	②
BWF6.3—40—1W	6.3	40	3.2	1	382	122	538	255	23	②
BWF6.3—50—1W	6.3	50	4.0	1	313	123	903	550	32	②
BWF6.3—50—1W	6.3	50	4.01	1	381	111	815	420	25	②
BWF6.3—100—1W	6.3	100	8.0	1	620	130	665	270	25	③
BWF6.3—120—1W	6.3	120	9.63	1	620	130	790	340		③
BWF11/$\sqrt{3}$—22—1W	11/$\sqrt{3}$	22	1.74	1	312	122	568	255	21	②
BWF11/$\sqrt{3}$—25—1W	11/$\sqrt{3}$	25	1.94	1	382	122	568	255	24	②
BWF11/$\sqrt{3}$—25—1W	11/$\sqrt{3}$	25	2.01	1	380	110	560		25	③
BWF11/$\sqrt{3}$—25—1W	11/$\sqrt{3}$	25	1.94	1	381	111	534	230	25	⑥

续表

型号	额定电压(kV)	标称容量(kvar)	标称电容(μF)	相数	外形尺寸(mm)				重量(kg)	生产厂
					L	B	H	h		
BWF11/$\sqrt{3}$—30—1W	11/$\sqrt{3}$	30	2.37	1	312	122	568	255	20	②
BWF11/$\sqrt{3}$—33.4—1W	11/$\sqrt{3}$	33.4	2.63	1	380	110	560	235	23	③
BWF11/$\sqrt{3}$—40—1W	11/$\sqrt{3}$	40	3.16	1	382	122	568	255	23	②
BWF11/$\sqrt{3}$—50—1W	11/$\sqrt{3}$	50	3.95	1	313	123	933	550	32	②
BWF11/$\sqrt{3}$—50—1W	11/$\sqrt{3}$	50	4.01	1	381	111	850	420	35	③
BWF11/$\sqrt{3}$—100—1W	11/$\sqrt{3}$	100	7.89	1	383	153	843	460	57	②
BWF11/$\sqrt{3}$—100—1W	11/$\sqrt{3}$	100	7.87	1	620	130	700	270	58	③
BWF11/$\sqrt{3}$—120—1W	11/$\sqrt{3}$	120	9.45	1	620	130	790	340		③
BWF10.5—22—1W	10.5	22	0.64	1	312	122	568	255	21	②
BWF10.5—25—1W	10.5	25	0.72	1	382	122	568	255	24	②
BWF10.5—25—1W	10.5	25	0.72	1	375	122	590	275	26	⑤
BWF10.5—25—1W	10.5	25	0.72	1	380	110	560	260	24	③
BWF10.5—25—1W	10.5	25	0.72	1	381	111	534	230	25	⑥
BWF10.5—30—1W	10.5	30	0.87	1	312	122	568	255	20	②
BWF10.5—33.4—1W	10.5	33.4	0.96	1	380	110	560	235	35	③
BWF10.5—40—1W	10.5	40	1.15	1	382	122	568	255	23	②
BWF10.5—50—1W	10.5	50	1.44	1	313	123	933	550	32	②
BWF10.5—100—1W	10.5	100	2.89	1	383	153	843	460	57	②
BWF10.5—120—1W	10.5	120	3.47	1	620	130	740	340	35	③
BWF12.5—25—1W	12.5	25	0.51	1	380	110	560	235	25	③
BWF12.5—40—1W	12.5	40	0.82	1	380	110	560	235		③
BWF12.5—100—1W	12.5	100	2.04	1	620	130	640	250		③
BWF12.5—120—1W	12.5	120	2.45	1	620	130	700	270		③
BWF12.5—150—1W	12.5	150	3.06	1	620	130	790	340		③
BWM6.3—100—1W	6.3	100	8	1	313	123	813	460	38	②
BWM6.3—200—1W	6.3	200	16	1	383	153	953	600	66	②

续表

型　　号	额定电压(kV)	标称容量(kvar)	标称电容(μF)	相数	外形尺寸（mm）				重量(kg)	生产厂
					L	*B*	*H*	*h*		
BWM6.3—334—1W	6.3	334	26.8	1	603	168	953	600	110	②
BWM11/$\sqrt{3}$—50—1W	11/$\sqrt{3}$	50	3.95	1	312	122	568	255	20	②
BWM11/$\sqrt{3}$—100—1W	11/$\sqrt{3}$	100	7.89	1	313	123	843	460	38	②
BWM11/$\sqrt{3}$—200—1W	11/$\sqrt{3}$	200	15.78	1	383	153	983	600	66	②
BWM11/$\sqrt{3}$—314—1W	11/$\sqrt{3}$	314	26.40	1	603	168	983	600	110	②
BWM10.5—50—1W	10.5	50	1.44	1	312	122	568	255	20	②
BWM10.5—100—1W	10.5	100	2.89	1	313	123	843	460	28	②
BWM10.5—200—1W	10.5	200	5.77	1	383	153	983	600	66	②
BWM10.5—334—1W	10.5	334	9.65	1	603	168	983	600	110	②
BFF11/$\sqrt{3}$—50—1W	11/$\sqrt{3}$	50	3.95	1	375	122	590	275	27	⑤
BFF11/$\sqrt{3}$—100—1W	11/$\sqrt{3}$	100	7.9	1	315	135	855	490	40	⑤
BFF6.3—100—1W	6.3	100	8.02	1	315	135	855	350	40	⑤
BFF10.5—50—1W	10.5	50	1.44	1	375	122	590	275	27	⑤
BFF10.5—100—1W	10.5	100	2.89	1	315	135	855	490	40	⑤
BGM6.3—45—1W	6.3	45	3.61	1	380	110	530	250	25	④
BGM6.3—50—1W	6.3	50	4.01	1	380	120	530	250	26	④
BGM6.3—100—1W	6.3	100	8.02	1	310	143	930	650	47	④
BGM11/$\sqrt{3}$—100—1W	11/$\sqrt{3}$	100	7.89	1	310	143	970	650	47	④
BGM10.5—45—1W	10.5	45	1.30	1	380	110	570	250	25	④
BGM10.5—50—1W	10.5	50	1.44	1	380	120	570	250	26	④
BGM10.5—100—1W	10.5	100	2.89	1	380	143	970	650	47	④
BGF6.3—50—1W	6.3	50	4.0	1	375	122	550	275	26	⑤
BGF10.5—50—1W	10.5	50	1.44	1	375	122	550	275	25	⑤
BGF11/$\sqrt{3}$—50—1W	11/$\sqrt{3}$	50	3.95	1	375	122	550	275	26	⑤

续表

型　号	额定电压(kV)	标称容量(kvar)	标称电容(μF)	相数	外形尺寸（mm）				重量(kg)	生产厂
					L	B	H	h		
BGF12/$\sqrt{3}$—50—1W	12/$\sqrt{3}$	50	3.32	1	375	122	550	275	26	⑤
BFMH11/$\sqrt{3}$—3000—3W	11/$\sqrt{3}$	3000	78.9	3	1515	1040	1990	1990	2450	⑤
BFMH11/$\sqrt{3}$—100—1×3W	11/$\sqrt{3}$	1200	3×31.6	1	1680	1030	1770	2395	3400	①

注　1. 生产厂：①西安电力电容器厂；②桂林电力电容器厂；③北京电力电容器厂；④无锡电力电容器厂；⑤锦州电力电容器厂；⑥上海电机厂电容器分厂。

2. 外形尺寸：L—宽，B—深，H—高（从出现套管顶端至底），h—吊攀至底高。

三、电容器的运行与维护

1）电容器应保持在额定电压下工作，也允许在1.05倍额定电压下长期运行，但不应在1.1倍额定电压下工作。

2）电容器的电流不应超过额定值的1.3倍。

3）电容器应在规定的环境温度范围内工作，油浸渍电容器周围的空气温度范围为－40～＋40℃。

4）电容器在运行中，外壳温度不应超过50～60℃（温升25℃），测温方法可以在外壳2/3高度处用桐油灰将温度计粘在外壳大面中间或用试温蜡片进行监视。

5）对于运行中的电容器，应经常进行外观检查，如发现箱壳膨胀及漏油严重，应停止使用，以免发生爆炸。

第六章 常用低压电器

第一节 概 述

一、低压电器的分类

低压电器通常指工作在交流 1200V、直流 1500V 及以下电路中的起控制、保护、调节、转换和通断作用的电器。

常用的低压电器按用途和控制对象不同，可分为配电电器和控制电器。低压配电电器包括刀开关、组合开关、熔断器、低压断路器等，主要用于低压配电系统及动力设备中。对配电电器的主要技术要求是断流能力强、限流效果好。在系统发生故障时保护动作准确，工作可靠；有足够的热稳定性和动稳定性。低压控制电器包括接触器、启动器和各种控制继电器等，用于电力拖动与自动控制系统中。对控制电器的主要技术要求是操作频率高、寿命长，有相应的转换能力。按低压电器按动作方式不同，可将低压电器分为自动切换电器和非自动切换电器。自动切换电器是依靠电器本身参数的变化或外来信号的作用，自动完成电路的接通或分断等操作，如：接触器、继电器等。非自动切换电器依靠外力（如人力）直接操作来完成电路的接通、分断、启动、反转和停止等操作，如：刀开关、转换开关和按钮等。

二、低压电器的全型号表示法及代号含义

为了生产、销售、管理和使用方便，我国对各种低压电器都按规定编制型号。低压电器产品全型号表示方法如下：

低压电器全型号各部分必须使用规定的符号或数字表示，其含意为：

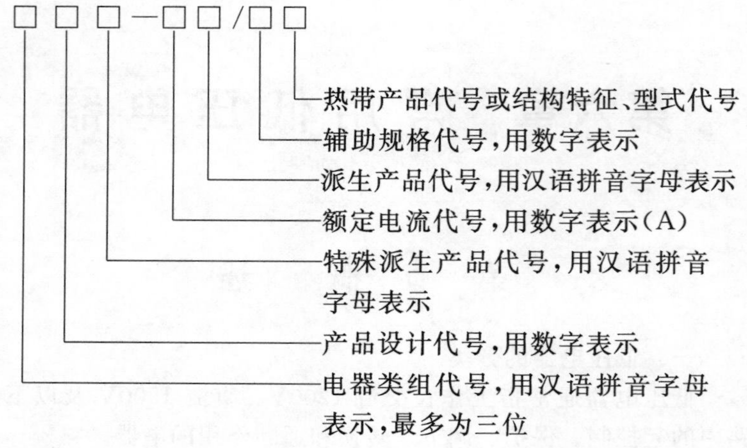

(1) 类组代号：包括类别代号和组别代号，用汉语拼音字母表示，代表低压电器元件所属的类别，以及在同一类电器中所属的组别。

(2) 设计代号：用数字表示，表示同类低压电器元件的不同设计序列。

(3) 基本规格代号：用数字表示，表示同一系列产品中不同的规格品种。

(4) 辅助规格代号：用数字表示，表示同一系列、同一规格产品中的有某种区别的不同产品。

其中，类组代号与设计代号的组合表示产品的系列，一般称为电器的系列号。同一系列的电器元件的用途、工作原理和结构基本相同，而规格、容量则根据需要可以有许多种。例如：JR16 是热继电器的系列号，同属这一系列热继电器的结构、工作原理都相同；但其热元件的额定电流从零点几安培到几十安培，有十几种规格。其中辅助规格代号为 3D 的有 3 相热元件，装有差动式断相保护装置，因此能对三相异步电动机启动过载和断相保护功能。低压电器类组代号及派生代号的意义，见表 6-1 和表 6-2。

表 6-1　低压电器产品类组代号表

代号	名称	A	B	C	D	G	H	J	K	L	M
H	刀开关和转换开关				刀开关		封闭式负荷开关				
R	熔断器			插入式			汇流排式			螺旋式	密封管式
D	自动开关									照明	灭磁
K	控制器					鼓形					
C	接触器					高压		交流			
Q	启动器	按钮式		磁力式				减压			
J	控制继电器									电流	
L	主令电器	按钮						接近开关	主令控制器		
Z	电阻器		板形元件	冲片元件		管形元件					

代号	名称	P	Q	R	S	T	U	W	X	Y	Z
H	刀开关和转换开关			熔断器式刀开关	刀形转换器					其他	组合开关
R	熔断器				快速	有填料管式			限流		
D	自动开关				快速			框架	限流		塑料外壳式
K	控制器	平面				凸轮					
C	接触器	中频			时间						直流
Q	启动器				手动		油浸		星三角		
J	控制继电器		热		时间	通用		温度			中间
L	主令电器				主令开关	足踏开关	旋钮	万能转换开关	行程开关		
Z	电阻器				烧结元件				电阻器		

续表

代号	名称	A	B	C	D	G	H	J	K	L	M
B	变阻器			旋臂式						励磁	
T	调整器				电压						
M	电磁铁										
A	其他		保护器	插销	灯		接线盒			铃	

代号	名称	P	Q	R	S	T	U	W	X	Y	Z
B	变阻器	频敏	启动		石墨	启动调速	油浸启动	液体启动	滑线式		
T	调整器										
M	电磁铁		牵引					起重			
A	其他										

表 6-2 低压电器产品代号

派生字母	代表意义
A、B、C、D、…	结构设计稍有改进或变化
C	插入式
J	交流、防溅式
Z	直流、自动复位、防震、正向
W	无灭弧装置，无极性
N	可逆、逆向
S	有锁住机构、手动复位、防水式、三相、三个电源、双线圈
P	电磁式、防滴式、单相、两个电源、电压的
K	保护式、带缓冲装置
H	开启式
M	密封式、灭磁、母线式
Q	防尘式、手车式
L	电流的

续表

<table>
<tr><th>派生字母</th><th colspan="2">代 表 意 义</th></tr>
<tr><td>F</td><td colspan="2">高返回、带分励脱扣</td></tr>
<tr><td>T</td><td>按（湿热带）临时措施制造</td><td rowspan="3">此项派生字母加注在全型号之后</td></tr>
<tr><td>TH</td><td>湿热带</td></tr>
<tr><td>TA</td><td>干热带</td></tr>
</table>

三、低压电器的主要技术指标

（1）绝缘水平：指电器元件的触头处于分断状态时，动静头之间耐受的电压值（无击穿或闪络现象）。

（2）耐潮湿性能：低压电器在型式试验中都要按耐潮湿性能要求进行考核，电器在经过几个试验周期，其绝缘水平应不低于前项要求的绝缘水平。

（3）极限允许温升：低压电器内部的零部件由各种材质制成。电器运行中的温升对不同材质的零部件会产生一定的影响，如温升过高会影响正常工作，降低绝缘水平及使用寿命。为此，低压电器要按零部件的材质、使用场所的海拔高度及不同的工作制，规定电器内各部位的允许温升。

（4）安全类别：低压电器安全类别应与电气主接线中使用位置级别有关。低压电器安装类别共分 4 级：Ⅰ级　信号水平级；Ⅱ级　负载水平级；Ⅲ级　配电及控制水平级；Ⅳ级　电源水平级。

第二节　低压刀开关和组合开关

低压刀开关广泛应用于额定电压在交流 380V、直流 440V、额定电流 3000A 及以下系统中，用来非频繁地接通和分断容量不大的配电线路以及隔离电源。根据工作原理及使用环境的不同，刀开关分为刀形转换开关、开启式负荷开关、封闭式负荷开关等。

一、开启式负荷开关

开启式负荷开关又称胶盖瓷底开关，常用的 HK 系列开启式负荷开关，广泛应用于照明、电热设备及小容量电动机的控制线路中，适用于手动不频繁的接通和分断电路的场所，并起短路保护的作用。HK 系列开启式负荷开关由刀开关和熔体组合的一种电器，瓷底座上装有进线座、静触头、熔体、出线座及带瓷质手柄的刀片式动触头，上面有胶盖以防操作时触及带电体或分断时产生的电弧飞出伤人。

1. 型号含义

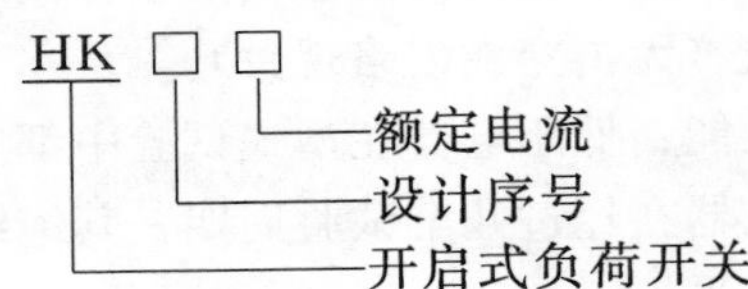

2. 技术数据

HK 系列开启式负荷开关的主要技术数据，见表 6-3。

表 6-3　HK 系列开启式负荷开关技术数据

型号	额定电流（A）	极数	额定电压（V）	可控电动机的容量（kW）	熔体规格 线径（mm）	成分（%） 铅	锡	锑
HK1	15	2	220	1.5	1.45～1.59	98	1	1
	30	2	220	3.0	2.30～2.52			
	60	2	220	4.5	3.36～4.00			
	15	3	380	2.2	1.45～1.59			
	30	3	380	4.0	2.30～2.52			
	60	3	380	5.5	3.36～4.00			
HK2	10	2	220	1.1	0.25	含铜量不小于 99.9%		
	15	2	220	1.5	0.41			
	30	2	220	3.0	0.56			
	15	3	380	2.2	0.45			
	30	3	380	4.0	0.71			
	60	3	380	5.5	1.12			

3. 开启式负荷开关选用与安装

（1）选用。用于照明和电热负载时，选用额定电压 220V 或 250V，额定电流不小于电路所有负载额定电流之和的两极开关；用于电动机的直接控制时，选用额定电压 380V 或 500V，额定电流不小于电动机额定电流 3 倍的三极开关。

（2）安装。开启式负荷开关必须垂直安装，合闸操作时，手柄的操作方向应从下向上；分闸操作时，手柄操作方向应从上向下。不允许平装或倒装，以防止发生误合闸事故。接线时，电源进线应接在开关上部的进线端上，用电设备应接在开关下部熔体的出线端上。这样开关断开后，闸刀和熔体上都不带电；开关用作电动机的控制开关时，应将开关的熔体部分用导线直连，并在出线端另外加装熔断器作短路保护；安装后应检查闸刀和静插座的接触是否良好，合闸位置时闸刀和静插座是否成直线；更换熔体时，必须在闸刀断开的情况下按原规格更换。

二、封闭式负荷开关

封闭式负荷开关又称铁壳开关，是在开启式负荷开关的基础上改进设计的一种开关。其灭弧性能、通断能力和安全性能都优于开启式负荷开关。封闭式负荷开关可用于手动不频繁的接通和分断电路以及作为线路末端的短路保护。

1. HH3、HH4 系列封闭式负荷开关

HH3 系列负荷开关，适用于额定工作电压 380V、额定工作电流至 400A、频率为 50Hz 的交流电路中，可作为手动不频繁地接通分断有负载的电路，并对电路起短路保护作用。

1）型号含义

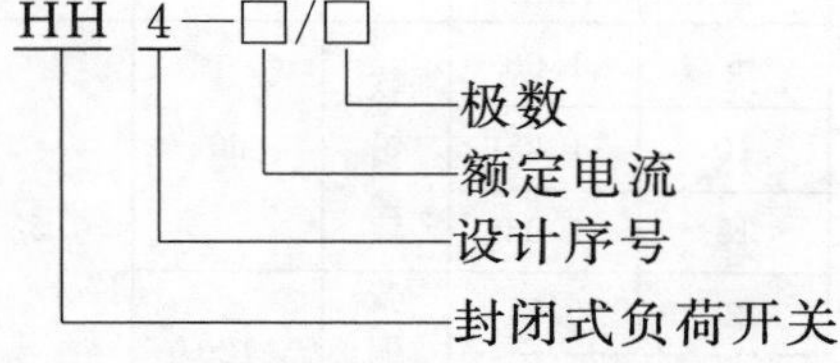

2）HH3、HH4 系列封闭式负荷开关技术数据，见表 6-4、表 6-5。

表 6-4 HH3 系列封闭式负荷开关技术数据

额定电流（A）	额定电压（V）	极数	熔体主要参数			1.1 倍额定电压时，刀开关极限通断能力			熔断器极限分断能力		
			额定电流（A）	线径（mm）	材料	通断电流（A）	cosφ	通断次数	分断电流（A）	cosφ	分断次数
15	交流 440 直流 500	2 极 3 极	6	0.26	紫铜丝	60	0.4	10	750	0.4	2
			10	0.35							
			15	0.46							
30			20	0.65		120			1500		
			25	0.71							
			30	0.81							
60			40	1.02		240			3000		
			50	1.22							
			60	1.32							
100			80	1.62		250			4000		
			100	1.81							
200			100		RT10 熔断器	300			6000		
			150								
			200								

表 6-5 HH4 系列封闭式负荷开关技术数据

额定电流（A）	额定电压（V）	极数	熔体主要参数			1.1 倍额定电压时，刀开关极限通断能力		熔断器极限分断能力	
			额定电流（A）	线 径（mm）	材料	通断电流（A）	cosφ	分断电流（A）	cosφ
15	380	2 极 3 极	6	1.08	软铅丝	60	0.5	500	0.8
			10	1.25					
			15	1.98					
30			20	0.61	紫铜丝	120		1500	0.7
			25	0.71					

续表

额定电流（A）	额定电压（V）	极数	熔体主要参数			1.1 倍额定电压时，刀开关极限通断能力		熔断器极限分断能力	
			额定电流（A）	线　径（mm）	材料	通断电流（A）	cosϕ	分断电流（A）	cosϕ
30	380	2 极 3 极	30	0.80	紫铜丝	120	0.5	1500	0.7
60			40	0.92		240	0.4	3000	0.6
			50	1.07					
			60	1.20					

3）选用：封闭式负荷开关用于照明和电热负载时，开关的额定电流应不小于被控制电路所有负载额定电流之和；用于控制电动机时，开关的额定电流应为电动机额定电流的 3 倍。也可根据表 6-6 选择。

表 6-6　封闭式负荷开关可控制电动机的容量

开关额定电流（A）	15	20	30	60	100	200
可控电动机的容量（kW）	2.0	2.8	4.5	10	14	28

4）安装：封闭式负荷开关必须垂直安装，安装高度以操作方便和安全为原则，离地高度一般在 1.4m 左右；外壳接地螺钉必须可靠接地或接零，电源线、负荷线都应穿过开关的进出线孔并加装橡皮圈。分合闸操作时，应站在开关的手柄侧，不要面对开关，以免意外故障伤人，以左手合闸为好；更换熔体必须在闸刀断开时进行，新旧熔体规格要完全一样；为检修方便，额定电流在 100A 以上开关的电源线接上接线柱，负荷线接下接线柱；100A 以下的开关则相反。

2. HH15 系列开关熔断器组

HH15 系列开关熔断器组其额定电压为 AC380V 和 660V，约定发热电流至 630A，主要用于可能出现高短路电流、低功率因数的工业电气装置中，作为配电线路和电动机的电源开关和应急开关，并作电路的短路保护之用。

1）型号含义

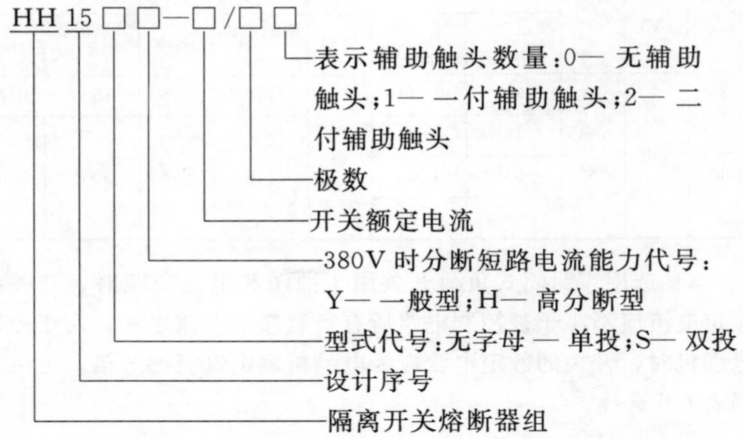

2）HH15系列开关熔断器组的技术数据，见表6-7。

表6-7　HH15系列开关熔断器组技术数据

HH15规格			63	125	160	250	400	630
主极数			3	3	3	3	3	3
额定绝缘电压（V）			AC 1000	AC 1000	AC 1000	AC 1000	AC 1000	AC 1000
额定工作电压（V）			AC 380，660	AC 380，660	AC 380，660	AC 380，660	AC 380，660	AC 380，660
约定发热电流（A）			80	160	160	400	400	800
约定封闭发热电流（A）			63	125	160	250	400	630
额定工作电流/功率（A/kW）	AC—23B	380V	80/30	160/75	160/90	250/132	400/200	630/333
	AC—23B	660V	80/55	160/110	160/150	250/220	400/375	630/560
额定熔断短路电流（kA）		380V	100	100	100	100	100	100
		660V	50	50	50	50	50	50
机械寿命（次）			15000	15000	12000	12000	12000	3000
电寿命（次）			1000	1000	300	300	300	150

续表

最大熔体（A）	160	160	160	400	400	630
刀型触头熔管型号号码	00	00	00	1～2	1～2	3
螺栓连接型熔管型号	A3	B1～B2	B1～B2	B1～B4	B1～B4	C1～C4
操作力矩（Nm）	7.5	7.5	16	16	16	30
辅助触头 380V,AC—15(A)	4	4	4	4	4	6

3. HA、HP 系列隔离开关

HA、HP 系列隔离开关，主要用于配电线路电源开关或应急开关。开关的额定绝缘电压为 AC690V，额定频率 50Hz，额定工作电压为 AC380V 和 660V，额定工作电流至 1000A（HA 系列）和 1600A（HP 系列）。辅助开关基本参数：额定工作电压，交流（50Hz）220、380V；约定发热电流：5A；额定控制容量：360VA；使用类别：AC—15；额定限制短路电流：1000A。辅助开关配用 RT14—20/6 或 RL16—15/6 熔断体作为短路保护电器。

1）HA 系列隔离开关的技术数据，见表 6-8。

表 6-8　HA 系列隔离开关技术数据

HA 规格			125	160	200	400	630	1000
主极数			3	3	3	3	3	3
额定绝缘电压（V）			AC 1000	AC 1000	AC 1000	AC 1000	AC 1000	AC 1000
额定工作电压（V）			AC 380，660	AC 380，660	AC 380，660	AC 380，660	AC 380，660	AC 380，660
约定发热电流（A）			160	200	250	630	630	1000
约定封闭发热电流（A）			125	160	200	400	630	1000
额定工作电流/功率（A/kW）	AC—23B	380V	160/75	200/90	200/110	400/200	630/355	1000/500
	AC—23B	660V	160/110	160/150	160/150	400/375	400/375	800/710
	AC—22B	660V	160	200	200	400	630	1000
额定熔断短路电流（kA）		380V	100	100	100	100	100	100
		660V	50	50	50	50	50	50

续表

最大熔体（A）	20	20	20	50	50	50
额定短路接通能力（kA）	4	4	4	15	15	50
额定短路时耐受电流 660V（kA）	200	200	200	400	630	1000
机械寿命（次）	15000	15000	15000	12000	12000	3000
电寿命（次）	1000	1000	1000	300	150	150
操作力矩（Nm）	7.5	7.5	7.5	16	16	30
辅助触头 380V,AC—15(A)	4	4	4	4	4	6

2）HP系列隔离开关的技术数据，见表6-9。

表 6-9　HP 系列隔离开关技术数据

HP 规格			250	630	1000	1250	1600	2500	3150
主极数			3	3	3	3	3	3	3
额定绝缘电压（V）			AC 1000	AC 1000	AC 1000	AC 1000	AC 1000	AC 1000	AC 1000
额定工作电压（V）			AC 380, 660	AC 380, 660	AC 380, 660	AC 380, 660	AC 380, 660	AC 380, 660	AC 380, 660
约定发热电流（A）			315	630	1000	1250	1600	2500	3150
约定封闭发热电流（A）			250	630	1000	1250	1600	2500	3150
额定工作电流（A）	AC—21B	380V	315	630	1000	1250	1600	2500	3150
	AC—22B	660V	315	630	630	800	800		
	AC—21B	660V	315	630	1000	1250	1470	2500	3150
额定熔断短路电流（kA）		380V	100	100	100	100	100	100	100
		660V	50	50	50	50	50	50	50
最大熔体（A）			250	630	1000	1000	1000	1000	1000
额定短路接通能力(kA)			39	60	60	85	85	130	130
额定短路时耐受电流 660V（kA）			8	32	32	50	50	80	80
机械寿命（次）			15000	12000	1000	300	300	300	300
电寿命（次）			1000	150	50	15	15	15	15
操作力矩（Nm）			7.5	16	30	70	70	70	70
辅助触头 380V，AC—15（A）			4	4	4	6	6	6	6

三、板形刀开关

HD系列、HS系列单投和双投刀开关适用于交流50Hz、额定电压至380V，直流至440V，额定电流至1500A的成套配电装置中，作为不频繁地手动接通和分断交、直流电路或作隔离开关用。其中：中央手柄式的单投和双投刀开关主要用于磁力站，不切断带有电流的电路，作为隔离开关之用；侧面操作手柄式刀开关，主要用于动力箱中；中央正面杠杆操作机构刀开关主要用于正面操作、后面维修的开关柜中，操作机构装在正前方；侧方正面操作机械式刀开关主要用于正面两侧操作、前面维修的开关柜中，操作机构可以在柜的两侧安装；装有灭弧室的刀开关可以切断负荷电流，其他系列刀开关只作隔离开关使用。

1. 型号含义

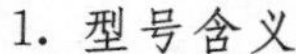

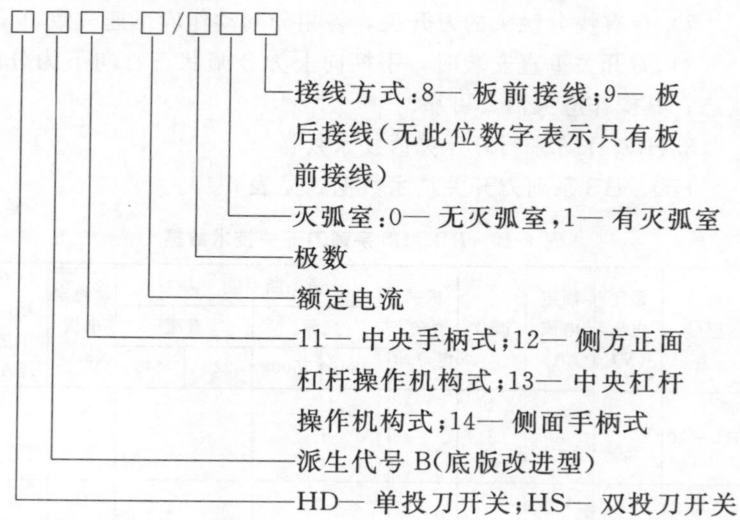

2. 选用与安装

(1) 选用。根据板形刀开关的使用场所，只作隔离电源的板形刀开关可选用不带灭弧罩的；用于不频繁动作的板形刀开关，则要选用带灭弧罩的。开关的额定电流应大于或等于总负荷电流，同时还应考虑不同用途时启动电流的影响。

（2）安装。

1）刀开关的刀片应垂直安装，只作隔离电源用时，允许水平配置。

2）双投开关在分闸位置时，应将刀片可靠地固定，不能使刀片有自行合闸的可能。

3）动触头与静触头间应有足够大的接触压力，以免过热损坏。

4）合闸操作时，各刀片应同时顺利地投入固定触头的钳口，不应有卡阻现象。

5）刀开关的底板绝缘良好。

6）刀开关的接线端子应有足够的接触面及接触压力，以保证接触良好。

7）带有快分触头的刀开关，各相分闸动作应迅速一致。

8）刀开关垂直安装时，手柄向上为合闸状态，向下为分闸状态；其操作应灵活、可靠。

3. HD、HS系列刀开关的技术数据

HD、HS系列刀开关技术数据，见表6-10。

表6-10　HD、HS系列刀开关技术数据

型号	额定电压（V）	额定电流（A）	极数	机械寿命/电寿命	通断能力				动稳定电流（kA）	1s热稳定电流（kA）
					交流		直流			
					380	500	220	440		
HD—10	380～250	40	1 2 3		—		—			
HD—11	380～250	100	1 2 3	10000/1000	—		—		15	6
		200							20	10
		400							30	20
		600		5000/500					45	25
		1000							50	30

续表

型号	额定电压（V）	额定电流（A）	极数	机械寿命/电寿命	通断能力 交流 380	通断能力 交流 500	通断能力 直流 220	通断能力 直流 440	动稳定电流（kA）	1s热稳定电流（kA）
HD—12	380～500～440	100	1 2 3	10000/1000	I_N	$0.5I_N$	I_N	$0.5I_N$	20	6
		200							30	10
		400			（有灭弧室）		（有灭弧室）		40	20
		600		5000/500					50	25
		1000			$0.3I_N$（无灭弧室）		$0.3I_N$（无灭弧室）		60	30
		1500		5000/—					80	40
HD—13	380～500～440	100	1 2 3	10000/1000	I_N	$0.5I_N$	I_N	$0.5I_N$	20	6
		200			（有灭弧室）		（有灭弧室）		30	10
		400							40	20
		600		5000/500	$0.3I_N$（无灭弧室）		$0.2I_N$（无灭弧室）		50	25
		1000							60	30
HD—14	380～500～440	100	3	10000/1000	I_N	$0.5I_N$	I_N	$0.5I_N$	15	6
		200			（有灭弧室）		（有灭弧室）		20	10
		400		5000/500	$0.3I_N$（无灭弧室）		$0.2I_N$（无灭弧室）		30	20
		600							45	25
HS—11	380～500～440	100	1 2 3	10000/1000	—		—		15	6
		200							20	10
		400							30	20
		600		5000/500					45	25
		1000							50	30
HS—12	380～500～440	100	2 3	10000/1000	I_N	$0.5I_N$	I_N	$0.5I_N$	20	6
		200			（有灭弧室）		（有灭弧室）		30	10
		400							40	20
		600		5000/500	$0.3I_N$（无灭弧室）		$0.2I_N$（无灭弧室）		50	25
		1000							60	30

续表

<table>
<tr><th rowspan="3">型号</th><th rowspan="3">额定
电压
(V)</th><th rowspan="3">额定
电流
(A)</th><th rowspan="3">极数</th><th rowspan="3">机械
寿命/
电寿命</th><th colspan="4">通 断 能 力</th><th rowspan="3">动稳定
电流
(kA)</th><th rowspan="3">1s热
稳定
电流
(kA)</th></tr>
<tr><th colspan="2">交流</th><th colspan="2">直流</th></tr>
<tr><th>380</th><th>500</th><th>220</th><th>440</th></tr>
<tr><td rowspan="5">HS—13</td><td rowspan="5">380～
500～
440</td><td>100</td><td rowspan="5">1
2
3</td><td rowspan="3">10000
/1000</td><td>I_N</td><td>$0.5I_N$</td><td>I_N</td><td>$0.5I_N$</td><td>20</td><td>6</td></tr>
<tr><td>200</td><td colspan="2" rowspan="2">(有灭弧室)</td><td colspan="2" rowspan="2">(有灭弧室)</td><td>30</td><td>10</td></tr>
<tr><td>400</td><td>40</td><td>20</td></tr>
<tr><td>600</td><td rowspan="2">5000
/500</td><td colspan="2" rowspan="2">$0.3I_N$
(无灭弧室)</td><td colspan="2" rowspan="2">$0.2I_N$
(无灭弧室)</td><td>50</td><td>25</td></tr>
<tr><td>1000</td><td>60</td><td>30</td></tr>
</table>

注 电寿命是指有灭弧室的刀开关，在断开60%额定电流条件下的开断次数。

四、熔断器式刀开关

熔断器式刀开关由刀开关和熔断器组合而成，简称为刀熔开关。它常以侧面手柄式操作机构来传动，熔断器装于刀开关的动触片中间，其结构紧凑。正常情况下，电路的接通、分断由刀开关完成；故障情况下，由熔断器分断电路。熔断器式刀开关适用于工业企业配电网中，不频繁操作的场所，作为电气设备及线路的过负荷及短路保护用。

(一) HR3 熔断器式刀开关

HR3熔断器式刀开关是由RTO有填料熔断器和刀开关组成的组合电器，具有RTO有填料熔断器和刀开关的基本性能。当线路正常工作时，接通和切断电源由刀开关来担任；当线路或用电设备过载或短路时，由熔断器式刀开关的熔体熔断，及时切断故障电流。该系列熔断器式刀开关有各种操作型式，适应于各种结构的开关板、动力箱上安装使用。操作前检修的熔断器式刀开关，中央有供检修和更换熔断器的门，主要用于BDL配电屏；操作后检修的熔断器式刀开关主要用于BSL配电屏；侧面操作前检修的熔断器式刀开关可用于封闭的动力配电箱。额定电流60A及以下的熔断器式刀开关带有安全挡板，并装有灭弧室。灭弧室由醛布板和钢板冲制件铆合而成的。熔断器式刀开关的熔断器固定在带有弹簧锁板的绝缘横梁上。正常运行时，保证熔断器不脱扣。当熔体因线路故障而熔断后，只需要按下锁板即可更换熔断器。

1. 型号含义

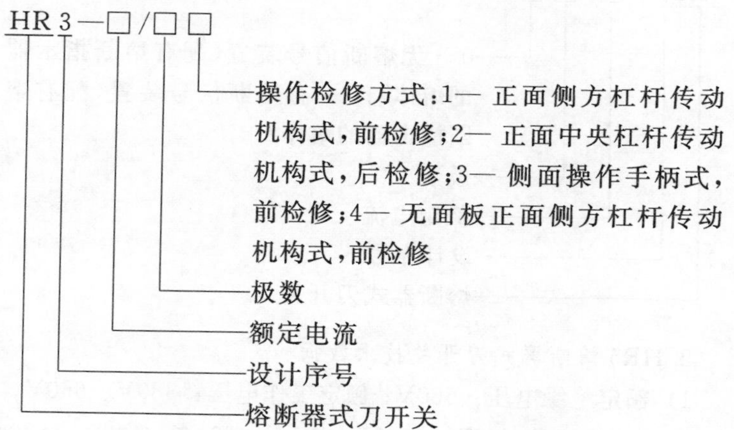

2. 技术数据

HR3 熔断器式刀开关的技术数据，见表 6-11。

表 6-11　HR3 熔断器式刀开关技术数据

额定电流 (A)	额定电压（交流 380V）			
	HR3 正面侧方中央杠杆传动机构式	HR3 正面中央杠杆传动机构式	HR3 侧面操作手柄式	HR3 无面板正面侧方杠杆传动机构式
100	HR3—100/31	HR3—100/32	HR3—100/33	HR3—100/34
200	HR3—200/31	HR3—200/32	HR3—200/33	HR3—200/34
400	HR3—400/31	HR3—400/32	HR3—400/33	HR3—400/34
600	HR3—600/31	HR3—600/32	HR3—600/33	HR3—600/34

（二）HR5 熔断器式刀开关

HR5 系列熔断器式刀开关符合 GB14048.3 标准，主要用于额定电压交流 660V，约定发热电流至 630A 的具有高短路电流的配电电路和电动机电路中，作为电源开关、隔离开关、应急开关、并作电路保护用，但一般不作为直接开关单台电动机之用。

1. 型号含义

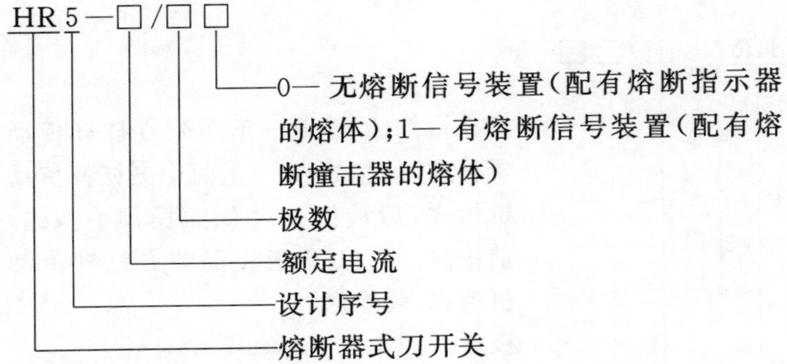

2. HR5 熔断器式刀开关技术数据

1）额定绝缘电压：660V；额定工作电压：380V、660V。

2）额定工作电流：380V：100A、200A、400A、630A；660V：100A、200A、315A、400A。

3）开关的接通和分断能力及额定熔断短路电流，见表 6-12。

表 6-12　HR5 开关的接通和分断能力及额定熔断短路电流

额定电压(V)	约定发热电流(A)	使用类别	额定接通和分断能力							额定熔断电流	
			接通			分断			通断次数	(kA)	cosφ
			I/I_N	U/U_N	cosφ	I/I_N	U/U_N	cosφ			
380	100	AC—23B	10	1.05	0.45	8	1.05	0.45	5	50	0.25
	200				0.35			0.35	3		
	400										
	630										
660	100	AC—23B	3	1.05	0.65	3	1.05	0.65	3	50	0.25
	200										
	315										
	400										

4）开关的机械寿命分别为3000次（100A、200A）和1000次（400A、630A）。

5）开关的电寿命分别为600次（100A、200A）和200次（400A、630A）。

6）接通与分断能力，见表6-13。

表6-13 HR5开关的接通与分断条件

额定电压（V）	使用类别	接通			分断		
		I/I_N	U/U_N	$\cos\varphi$	I/I_N	U/U_N	$\cos\varphi$
380	AC—23B	1	1	0.65	1	1	0.65
660	AC—22B	1	1	0.8	1	1	0.8

7）辅助开关（LX19K）的额定工作电压交流380V，额定发热电流5A，额定控制容量300V。

8）开关与熔断体配用关系，见表6-14。

表6-14 HR5开关与熔断体配用关系

开关额定电流（A）	熔体尺码	熔体额定电流（A）
100	00	4，6，10，16，20，25，32，35，40，50，63，80，100，125，160
200	1	80，100，125，160，200，224，250
400	2	125，160，200，224，250，300，315，355，400
600	3	315，355，400，425，500，630

（三）HR6熔断器式刀开关

HR6系列熔断式隔离开关符合IEC408.3标准，主要用于额定电压交流660V，约定发热电流至630A的具有高短路电流的配电电路和电动机电路中，作为电源开关、隔离开关、应急开关、并作电路保护用，但一般不作为直接开关单台电动机之用。

1. 型号含义

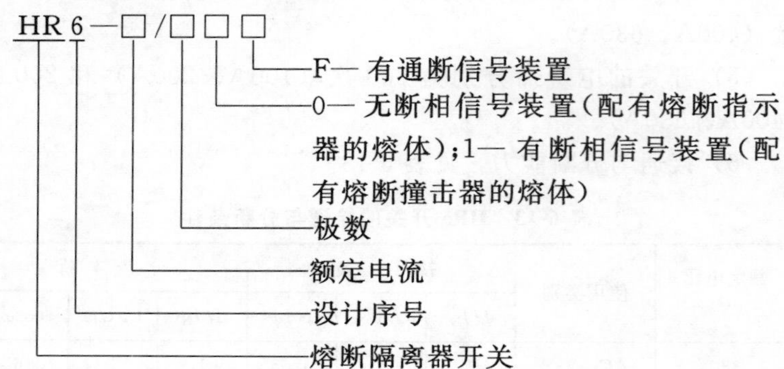

2. 技术数据

HR6 熔断器式刀开关的技术数据，见表 6-15 与表 6-16。

表 6-15　HR6 熔断器式刀开关熔体技术数据

型号	额定电压（V）	额定电流（A）
NT00	500	4，6，10，16，20，25，32，40，50，63，80，100，125，160
	660	4，6，10，16，20，25，32，40，50，63，80，100
NT1	500	80，100，125，160，200，224，250
	660	80，100，125，160，200
NT2	500	125，160，200，224，250，300，315，355，400
	660	125，160，200，224，250，300，315
NT3	500	315，355，400，425，500，630
	660	315，355，400，425

表 6-16　HR6 熔断器式刀开关技术数据

型号		HR6—160	HR6—250	HR6—400	HR6—630
额定绝缘电压（V）		660			
约定发热电流（A）		160	250	400	630
刀开关额定电流（A）	380	160	250	400	630
	660	100	200	315	425

续表

<table>
<tr><th colspan="3">型　　号</th><th>HR6—160</th><th>HR6—250</th><th>HR6—400</th><th>HR6—630</th></tr>
<tr><td rowspan="4">额定通断能力（A）</td><td rowspan="2">380V，$\cos\varphi=0.35$
AC23 符合 IEC408</td><td>接通</td><td>1280</td><td>2000</td><td>3200</td><td>5040</td></tr>
<tr><td>分断</td><td>960</td><td>1500</td><td>2400</td><td>3780</td></tr>
<tr><td rowspan="2">660V，$\cos\varphi=0.65$
AC22 符合 IEC408</td><td>接通</td><td rowspan="2">480</td><td rowspan="2">750</td><td rowspan="2">1200</td><td rowspan="2">1890</td></tr>
<tr><td>分断</td></tr>
<tr><td colspan="3">额定熔断电流（kA）</td><td colspan="4">50</td></tr>
<tr><td colspan="3">最大预期峰值电流（kA）</td><td colspan="4">100</td></tr>
<tr><td colspan="3">配用 NT 熔体型号</td><td>00</td><td>1</td><td>2</td><td>3</td></tr>
<tr><td colspan="3">污染等级</td><td colspan="4">3</td></tr>
<tr><td colspan="3">安装类别</td><td colspan="4">Ⅲ</td></tr>
</table>

五、组合开关

组合开关又称转换开关，一般用于交流 380V、直流 220V 以下的电气线路中，供手动不频繁地接通与分断电路，以及小容量感应电动机的正、反转和星—三角减压启动的控制。它具有体积小、触头数量多、接线方式灵活、操作方便等特点。

（一）HZ5 型组合开关

HZ5 型组合开关是替代 HZ1、HZ2、HZ3 等系列组合开关而发展的一种新型开关。该开关主要用于交流 380V、直流 220V，电流至 40A 的一般电气线路中，作电源引入开关以及作为电动机启动、变速、停止、换向控制开关。

1. 型号含义

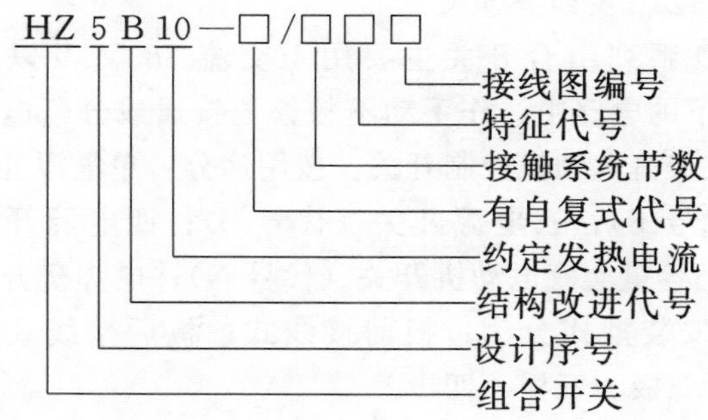

2. 技术数据

HZ5B10 组合开关的技术数据，见表 6-17 及表 6-18。

表 6-17　HZ5B10 组合开关技术数据

额定电压（V）	交流 50Hz，380	电寿命（次）	AC—21	30000
额定电流（A）	10		AC—3	15000
控制容量（kW）	3	操作频率（次/h）	AC—21	30
机械寿命（次）	300000		AC—3	120

表 6-18　HZ5B10 组合开关的操作方式与操作手柄位置

操作方式代号		操作手柄位置								限位角度
自复式	A				0°	45°				45°
	B			45°	0°	45°				90°
定位式	C				0°	45°				45°
	D			45°	0°	45°				90°
	E			45°	0°	45°	90°			135°
	F		90°	45°	0°	45°	90°			180°
	I	135°	90°	45°	0°	45°	90°	135°	180°	无
	P			90°	0°	90°				180°
	Q			90°	0°	90°	180°			无

（二）HZ10 型组合开关

HZ10D 系列组合开关主要用于交流 380V 及以下，直流 220V 及以下的电路中，作手动不频繁地接通或分断电路，也可作为小容量交流电动机控制开关。按用途分：单电源开关；双电源开关（代号 P)；三电源开关（代号 S)；四电源开关（代号 G)；控制小容量交流电动机开关（代号 N)；电焊机开关（代号 E119)。按安装型式分为：板前接线式；板后接线式。按极数分：单极、二极、三极、四极。

1. 型号含义

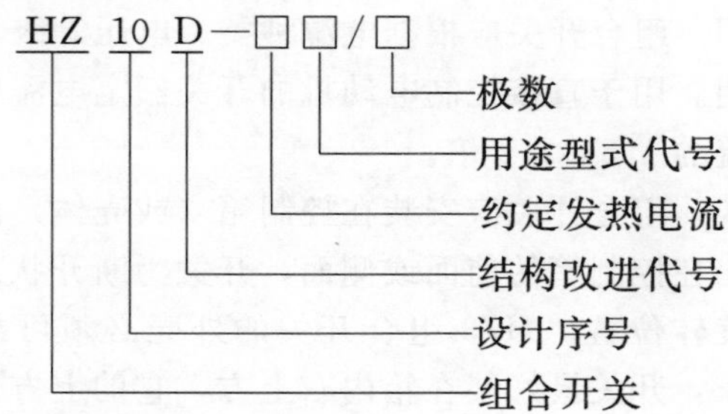

2. 技术数据

HZ10D 组合开关的技术数据，见表 6-19 及表 6-20。

表 6-19　HZ10D 组合开关技术数据

	I_{th} (A)	U_i (V)	AC—22A		DC—21A		AC—3A	
			U_N (V)	I_N (A)	U_N (V)	I_N (A)	U_N (V)	I_N (A)
HZ10D—10	10			10		10	380	5
HZ10D—25	25			25		25	380	8.4
HZ10D—63	63	380	380	63	220	63		
HZ10D—63/E119	63			63		63		
HZ10D—100	100			100		100		
HZ10D—100/E119	100			100		100		

注　单极开关在 380V 交流电压下，其 I_N 降至上述数值的 60%。

表 6-20　HZ10D 组合开关操作循环次数和电寿命

型　　号	AC—22A，DC—21A 循环次数			AC—3 时电寿命	操作频率 (次/h)
	空　载	负　载	总次数		
HZ10D—10	10000	10000	20000	5000	
HZ10D—25	5000	5000	10000	5000	
HZ10D—63	10000	10000	20000		120
HZ10D—63/E119	5000	5000	10000		
HZ10D—100	10000	10000	20000		
HZ10D—100/E119	5000	5000	10000		

（三）组合开关的选用与安装

（1）选用。组合开关应根据电源种类、电压等级、极数及负载的容量选用。用于直接控制电动机的开关额定电流应不小于电动机额定电流的1.5～2.5倍。

（2）安装。组合开关应安装在控制箱（或壳体）内，其操作手柄最好伸出在控制箱的前面或侧面，开关为断开状态时，应使手柄在水平旋转位置。HZ3组合开关的外壳必须可靠接地；若需在箱内操作，开关最好装在箱内右上方，它的上方最好不安装其他电器，否则，应采用隔离或绝缘措施。

第三节 低压熔断器

熔断器是用来防止配电线路和电气设备长期通过过载电流和短路电流的保护元件。它串接在电路中，当电路发生短路故障或设备过载时，熔断器中的熔体熔断，切断电路，从而起到保护作用。熔断器一般由金属熔体、连接熔体的触头装置和外壳组成。常用的熔断器有：插入式熔断器、螺旋式熔断器、无填料封闭式熔断器、有填料封闭式熔断器等。熔体是熔断器的核心部件，一般由铅、铅锡合金、锌、铝、铜等金属材料制成。

一、插入式熔断器

RC1A系列插入式熔断器（瓷插式熔断器）由底座、瓷盖、动、静触头及熔丝五部分组成。RC1A是在RC1系列基础上改进设计的，可取代RC1系列老产品。主要用于交流380V及以下、电流不大于200A的低压电路。熔断器用瓷质制成，插座与熔管合为一体，结构简单，拆装方便。

1. 型号含义

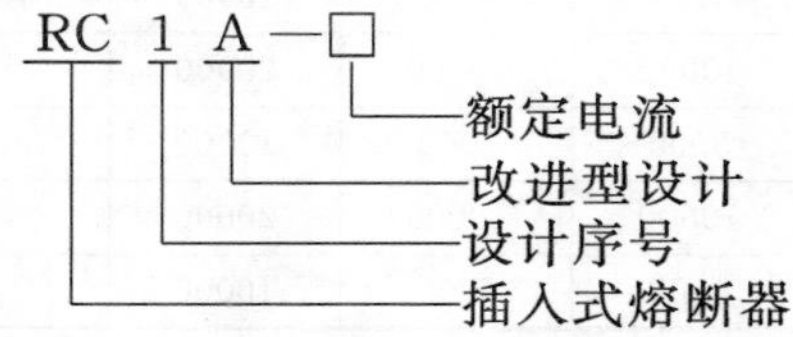

2. 技术数据

RC1A 型插入式熔断器主要技术数据，见表 6-21。

表 6-21　RC1A 型插入式熔断器技术数据

<table>
<tr><th rowspan="2">熔断器额定电流（A）</th><th rowspan="2">额定电压（V）</th><th rowspan="2">熔体额定电流</th><th rowspan="2">熔体直径（mm）</th><th rowspan="2">熔体材料及牌号</th><th colspan="2">极限分断能力</th></tr>
<tr><th>分断电流（A）</th><th>cosφ</th></tr>
<tr><td rowspan="2">5</td><td rowspan="21">三相 380V 或单相 220V</td><td>2</td><td>0.46</td><td rowspan="11">保险铅丝 GB3132—82</td><td rowspan="2">300</td><td rowspan="24">0.4±0.05</td></tr>
<tr><td>5</td><td></td></tr>
<tr><td rowspan="5">10</td><td>2</td><td>0.46</td><td rowspan="9">500</td></tr>
<tr><td>4</td><td>0.71</td></tr>
<tr><td>6</td><td>0.98</td></tr>
<tr><td>8</td><td>1.02</td></tr>
<tr><td>10</td><td>1.25</td></tr>
<tr><td rowspan="4">15</td><td>6</td><td>1.02</td></tr>
<tr><td>10</td><td>1.51</td></tr>
<tr><td>12</td><td>1.67</td></tr>
<tr><td>15</td><td>1.98</td></tr>
<tr><td rowspan="3">30</td><td>20</td><td rowspan="3"></td><td rowspan="10">RT 圆铜丝 GB3953—83</td><td rowspan="3">1500</td></tr>
<tr><td>25</td></tr>
<tr><td>30</td></tr>
<tr><td rowspan="4">60</td><td>30</td><td>0.80</td><td rowspan="7">3000</td></tr>
<tr><td>40</td><td>0.93</td></tr>
<tr><td>60</td><td>1.06</td></tr>
<tr><td>80</td><td>1.20</td></tr>
<tr><td rowspan="3">100</td><td>60</td><td>1.30</td></tr>
<tr><td>80</td><td>1.56</td></tr>
<tr><td>100</td><td>1.80</td></tr>
<tr><td rowspan="3">200</td><td></td><td>12</td><td rowspan="3"></td><td rowspan="3">T2 铜带熔片</td><td rowspan="3"></td></tr>
<tr><td></td><td>150</td></tr>
<tr><td></td><td>200</td></tr>
</table>

二、无填料封闭管式熔断器

RM10系列无填料封闭管式熔断器主要由熔管、熔体、夹头及夹座等部分组成。该熔断器具有如下特点：一是采用钢纸管作熔管，当熔体熔断时，钢纸管内壁在电弧热量的作用下产生高压气体，使电弧迅速熄灭；二是采用变截面锌片作熔体，当电路发生故障时，锌片几处狭窄部位同时熔断，形成大空隙，使电弧更容易熄灭。RM型无填料封闭管式熔断器主要用于交流500V、直流440V及以下配电线路和成套配电装置中。其熔管为绝缘耐温纸等材料压制而成，熔体多数采用铅、铅锡、锌、铝等金属材料。

1. 型号含义

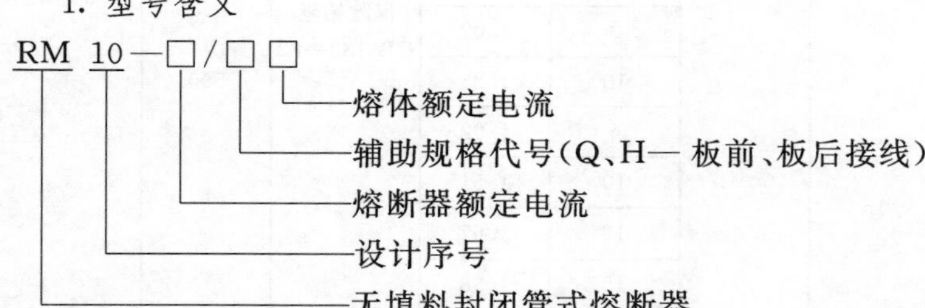

2. 技术数据

RM型无填料封闭管式熔断器的主要技术数据，见表6-22。

表6-22　RM型无填料封闭管式熔断器主要技术数据

<table>
<tr><th>型号</th><th>额定电压（交流）(V)</th><th>熔断器额定电流(A)</th><th>熔体额定电流(A)</th><th>约定试验时间(h)</th><th>约定不熔断电流(A)</th><th>约定熔断电流(A)</th><th>极限分断电流(kA)</th><th>cosφ</th><th>分断后绝缘电阻(MΩ)</th></tr>
<tr><td rowspan="4">RM10
RM10S</td><td rowspan="4">380</td><td rowspan="2">15</td><td>6，10</td><td rowspan="6">1</td><td>$1.5I_{NFE}$</td><td>$2.1I_{NFE}$</td><td rowspan="2">1.2</td><td rowspan="2">0.4</td><td rowspan="4">0.5</td></tr>
<tr><td>15</td><td rowspan="2">$1.4I_{NFE}$</td><td rowspan="2">$1.75I_{NFE}$</td></tr>
<tr><td rowspan="2">60</td><td>15，20，25</td><td rowspan="2">3.5</td><td rowspan="2">0.4</td></tr>
<tr><td>35，45，60</td><td>$1.3I_{NFE}$</td><td>$1.6I_{NFE}$</td></tr>
<tr><td>RM10B</td><td>660</td><td>60</td><td>30，40</td><td>$1.4I_{NFE}$</td><td>$1.75I_{NFE}$</td><td>2.5</td><td>0.4</td><td>0.2</td></tr>
<tr><td>RM10
RM10S</td><td>380</td><td>100</td><td>60，80，100</td><td>$1.3I_{NFE}$</td><td>$1.6I_{NFE}$</td><td>10</td><td>0.4</td><td>0.5</td></tr>
</table>

续表

<table>
<tr><th>型号</th><th>额定电压（交流）(V)</th><th>熔断器额定电流（A）</th><th>熔体额定电流（A）</th><th>约定试验时间（h）</th><th>约定不熔断电流（A）</th><th>约定熔断电流（A）</th><th>极限分断电流（kA）</th><th>cosφ</th><th>分断后绝缘电阻（MΩ）</th></tr>
<tr><td>RM10B</td><td>660</td><td>100</td><td>60,80,100</td><td rowspan="4">1</td><td rowspan="6">$1.3I_{NFE}$</td><td rowspan="6">$1.6I_{NFE}$</td><td>7</td><td>0.4</td><td>0.2</td></tr>
<tr><td>RM10
RM10S</td><td>380</td><td rowspan="2">200</td><td rowspan="2">100，125，160，200</td><td>10</td><td>0.4</td><td>0.5</td></tr>
<tr><td>RM10B</td><td>660</td><td>7</td><td>0.4</td><td>0.2</td></tr>
<tr><td>RM10
RM10S</td><td rowspan="3">380</td><td>350</td><td>200，225，260，300，350</td><td>10</td><td>0.4</td><td>0.5</td></tr>
<tr><td>RM10
RM10S</td><td>600</td><td>350
430，500，600</td><td rowspan="2">2</td><td>10</td><td>0.4</td><td>0.5</td></tr>
<tr><td>RM10</td><td>1000</td><td>600，700，850，1000</td><td>10</td><td>0.4</td><td>0.5</td></tr>
</table>

三、有填料封闭管式熔断器

RT系列有填料封闭管式熔断器——又称石英砂熔断器。熔管为绝缘瓷制成，内填石英砂，以加速灭弧。熔体采用紫铜片，冲压成网状多根并联形式，上面熔焊锡桥。当被保护电路发生过载或短路时，熔体被熔化，熔断点电弧将熔体全部溶化并喷溅到石英砂缝隙中，由于石英砂的冷却与复合作用使电弧迅速熄灭。该熔断器的灭弧能力强，且具有限流作用，使用十分广泛。

（一）RTO（NATO）系列有填料封闭管式刀形触头熔断器

1. 型号含义

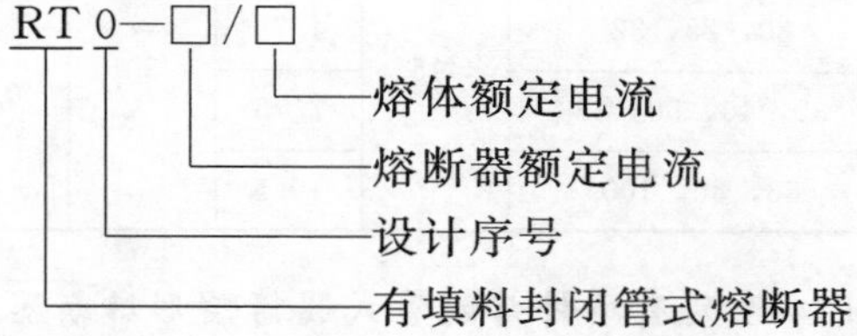

2. 技术数据

主要技术数据，见表6-23。

表 6-23　RTO 系列有填料封闭管式刀形触头熔断器技术数据

额定电压（V）	额定电流（A）		短路分断能力		额定功率（W）	
	底座	熔　体	（kA）	cosφ	底座	熔体
380	100	30，40，50，60，80，100	80	0.1～0.2	≥12	≤12
	200	80，100，125，160，200			≥32	≤23
	400	200，250，300，350，400			≥45	≤34
	600	300，400，500，600			≥60	≤48

（二）RT12 系列螺栓连接熔断器

1. 型号含义

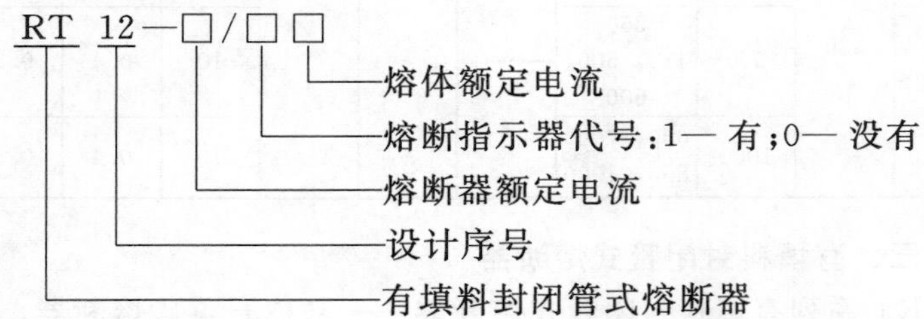

2. 技术数据

主要技术数据，见表 6-24。

表 6-24　RT12 系列螺栓连接熔断器技术数据

型　号	额定电流（A）	额定电压（V）	额定耗散功率（W）	短路分断能力		重量（kg）
				（kA）	cosφ	
RT12—20	2，4，6，10，16，20	415	8	80	0.1～0.2	0.015
RT12—32	20，25，32		4.75			0.06
RT12—63	32，40，50，63		7.75			0.08
RT12—100	63，80，100		10.5			0.14

（三）RT14 系列有填料封闭管式圆筒帽形熔断器

RT14 系列有填料封闭管式圆筒帽形熔断器技术数据，见表 6-25。

表 6-25　RT14 系列有填料封闭管式圆筒帽形熔断器技术数据

型　号	额　定　电　流 (A)	耗散 功率 (W)	短路分断能力		撞击器	重量 (kg)
			(kA)	cosφ		
RT14—20	2，4，6，8，10，16，20	≤3	100	0.1～0.2	无	0.009
RT14—32	2,4,6,8,10,16,20,25,32	≤5			有或无	0.022
RT14—63	10,16,20,25,32,40,50,63	≤9.5			有或无	0.06

（四）RT16 型有填料封闭式刀型触头熔断器

1. 型号含义

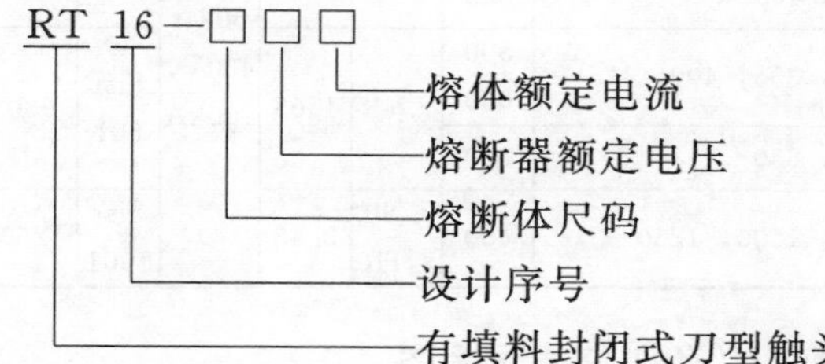

2. 熔断器的工作条件

周围空气温度不超过 40℃；周围空气温度 24 小时的平均值不超过 35℃；周围空气温度下限值不低于－5℃；安装地点的海拔不超过 2000m。

3. 技术数据

RT16 型有填料封闭式刀型触头熔断器技术数据，见表 6-26。

表 6-26　RT16 型有填料封闭式刀型触头熔断器技术数据

型　号	熔　断　器					底　座		
	额　定　电　流 (A)	额定 电压 (V)	额定 功率 (W)	重量 (kg)	额定 分断 能力	型号	额定 电流 (A)	重量 (kg)
RT16—00C (NT00C)	4,6,10,16,20,25,32, 35,40,50,63,80,100	500	≤7.5	0.12	500V, 120kA	Sist 101	160	0.2
RT16—00 (NT00)	4，6，10，16，20， 25，32，35，40，50， 63，80，100，125，160	500	≤12	0.2	660V, 50kA 400V, 100kA			

续表

型号	熔断器					底座		
	额定电流(A)	额定电压(V)	额定功率(W)	重量(kg)	额定分断能力	型号	额定电流(A)	重量(kg)
RT16—1(NT1)	80，100，125，160，200	500 660	≤23	0.52	500V，120kA 660V，50kA 400V，100kA	Sist 201	250	0.8
	224，250，	500						
RT16—2(NT2)	125，160，200，224，250，300，315	500 660	≤34	0.87		Sist 401	400	1.2
	355，400	500						
RT16—3(NT3)	315，355，400，425	500 660	≤48	1.05		Sist 601	630	1.5
	500，630	500						
RT16—4(NT4)	800，1000，1250	400	≤90 ≤110	3.45		Sist 1001	1250	3.45

(五) RT18 (HG30) 熔断隔离器

1. 型号含义

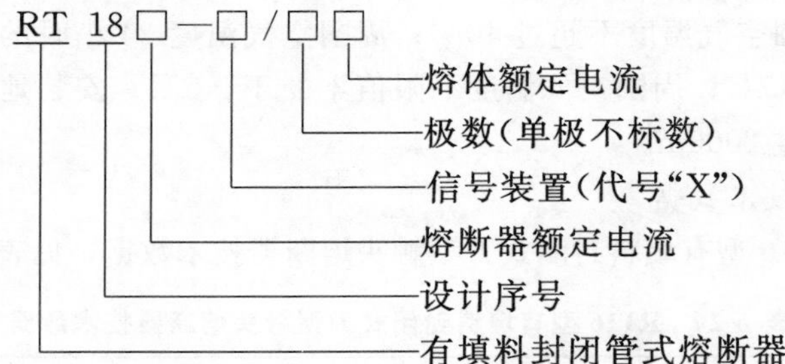

2. 技术数据

RT18 熔断隔离器主要技术数据，见表 6-27。

表 6-27　RT18 型熔断隔离器技术数据

型号	额定电流(A)	尺寸(mm)					重量(kg)
		A	*B*	*D*	*E*	*F*	
RT18—32	2，4，6，10，16	82	78	60	77	18	0.075

续表

型　号	额定电流 (A)	尺寸 (mm)					重量 (kg)
		A	*B*	*D*	*E*	*F*	
RT18—32X	20，25，32	82	78	60	77	18	0.075
RT18—63	2，4，6，10，16，20	106	103	80	110	26	0.18
RT18—63X	25，32，40，50，63						

（六）RT19 型圆筒帽形熔断器

1）熔体主要技术数据，见表 6-28。

表 6-28　RT19 型圆筒帽形熔断器熔体技术数据

熔体规格	额定电流 (A)	重量 (kg)
8.5×31.5	2，4，6，8，10，16	0.0045
10×38	2，4，6，8，10，16，20，25，32	0.009
14×51	10，16，20，25，32，40，53，63	0.022
22×58	25，32，40，53，63，80，100，125	0.06

2）熔断器底座的技术数据，见表 6-29。

表 6-29　RT19 型圆筒帽形熔断器底座技术数据

型　号	额定电流 (A)	重量 (kg)
RT19—16，gF1/aM1	16	0.035
RT19—16D，gF1/aM1D	16	0.040
RT19—32，gF2/aM2	32	0.06
RT19—63，gF3/aM3	63	0.07
RT19—125，gF4/aM4	125	0.13

（七）RT20 系列有填料封闭管式刀型触头熔断器

RT20、R019、R020 系列熔断器技术数据，见表 6-30 及表 6-31。

表 6-30　RT20 系列有填料封闭管式刀型触头熔断器技术数据

型号		额定电压(V)	熔体额定电流(A)	短路分断能力		熔断器底座	
				(kA)	cosφ	额定电流(A)	额定功率(W)
RT20	000	500	4,6,10,16,20,25,32,40,50	120	0.1～0.2	100	12
RT20	00		63，80，100，125，160			160	
RT20	1		80，100，125，160，200，(224)，250			250	32
RT20	2		125，160，200，(224)，250，315 (355)，400			400	45
RT20	3		315，(355)，400，425，(450)，500，630			630	63

表 6-31　R019、R020 系列熔断器技术数据

型号	额定电压(V)	额定电流(A)
RO19	250，600	0.5，1，2，4，6，10，16，20，30
RO19A	250，600	0.5，1，2，4，6，10，16，20，30
RO19B	250，600	0.5，1，2，4，6，10，16，20，30
RO19C	250，600	0.5，1，2，4，6，10，16，20，30，40，50，60
RO19D	250，600	0.5，1，2，4，6，10，16，20，30，40，50，60
RO20	250，600	30，40，50，60，80，100
RO20A	250，600	60，70，75，80，100
RO20B	250，600	100，125，160，200
RO20C	250，600	60，80，100，125，160，200
RO20D	250，600	200，250，300，350，400
RO20E	250，600	100，160，200，250，300，400
RO20F	250，600	400，450，500，600
RO20G	250，600	200，250，300，400，500，600

(八) RT26L 通讯保护用熔断器

1. 型号含义

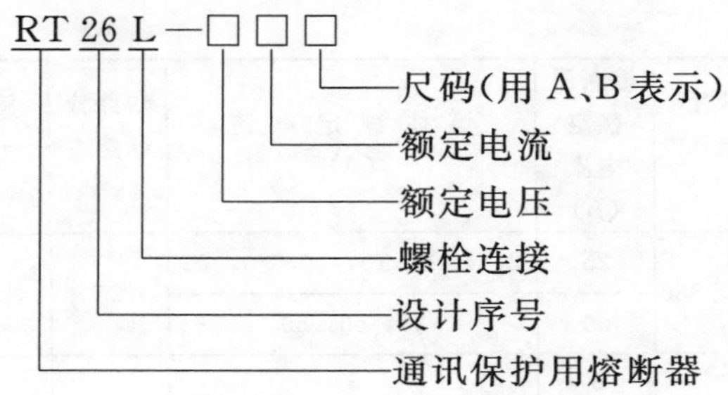

2. 技术数据

主要技术数据，见表 6-32。

表 6-32　RT26L 通讯保护用熔断器技术数据

型　号	额定电压 (V)	额 定 电 流 (A)	额定分断能力 (kA)	cosφ	时间常数 (ms)
RT26L—A	250（AC）	15、20、25、30、40、50、70	250V（AC）50 170（DC）65	0.1～0.2	7～12
RT26L—B	170（DC）	70、85、100、125、150	250V（AC）100 170（DC）65		

四、螺旋管式熔断器

RL 型螺旋管式熔断器是有填料封闭管式熔断器的一种，一般用于配电线路中作为过载和短路保护。由于它具有较大的热惯性和较小的安装面积，故常用于机床控制线路作电动机的保护。

RL 型螺旋式熔断器主要技术数据，见表 6-33。

表 6-33　RL 型螺旋式熔断器技术数据

型号	额定电压 (V)	熔断器额定电流 (A)	熔 体 额 定 电 流 (A)	短路分断能力 (kA)	试验电路参数 cosφ	试验电路参数 T（ms）
RL1	交流 380 直流 440	15	2，4，5，6，10，15	25	0.25	15～20
		60	20，25，30，40，50，60			
		100	60，80，100	50		
		200	100，125，150，200			

续表

型号	额定电压（V）	熔断器额定电流（A）	熔体额定电流（A）	短路分断能力（kA）	试验电路参数	
					cosφ	T（ms）
RL2	交流 380	25	2，4，6，10，15，20，25	25	≤0.3	
		60	35，50，60			
RL93	交流 380 直流 220	6	6	25	0.35	15～20
		25	10，15，20			
		60	25，35，60			
		125	60，100，125			
		225	160，200，225			
		350	260，300，350			
		600	430，500，600			
RL6	交流 500	25	2，4，6，10，16，20，25	50	0.1～0.2	
		63	35，50，63			
		100	80，100			
		200	125，160，200			
RL7	交流 660	25	2，4，6，10，16，20，25	25	0.1～0.2	
		63	35，50，63			
		100	60，100			

五、快速熔断器

RS 型快速熔断器又叫半导体器件保护熔断器，广泛用于半导体功率元件的过电流保护。由于半导体元件承受过电流能力很差，只允许在较短时间内承受一定的过载电流，因此要求短路保护元件应具有快速动作的特征。快速熔断器能满足这一要求，且结构简单，使用方便，动作灵敏可靠，因此得到广泛使用。

（一）RS 型快速熔断器

RS 型快速熔断器主要技术数据，见表 6-34。

表 6-34　RS 型快速熔断器主要技术数据

型号	额定电压（交流）（V）	熔断器额定电流（A）	熔体额定电流（A）	短路分断能力（kA）	cosφ
RS0	250		30，50，80，150，350，480	50	≤0.25
	500		30，50，80，150，320，480		
	750		250，320		
RS3	500		10,15,30,50,80,100,150,200,250,300,500	25	≤0.3
	750		200，250，600，700		
	1000		450		
RLS1	500	10	3，5，10	50	≤0.25
		50	15，20，25，30，40，50		
		100	60，80，100		
RLS2	500	(30)	16，20，25，(30)	50	0.1～0.2
		63	35，(45)，50，63		
		100	(75)，80，(90)，100		
NGT00	380，800	125	25，32，40，50，63，80，100，125	100	0.1～0.2
NGT1	380	250	100，125，160，200，250		
NGT2	660	400	200，250，280，315，355，400		
NGT3	1000	630	355，400，450，500，560，630		

（二）RS3 快速熔断器

NGT、NGT—C（RS3）系列快速熔断器有分断能力高，限流特性好，功率损耗低，周期性负载稳定等特点．能可靠地保护半导体器件及其成套装置。

1．型号含义

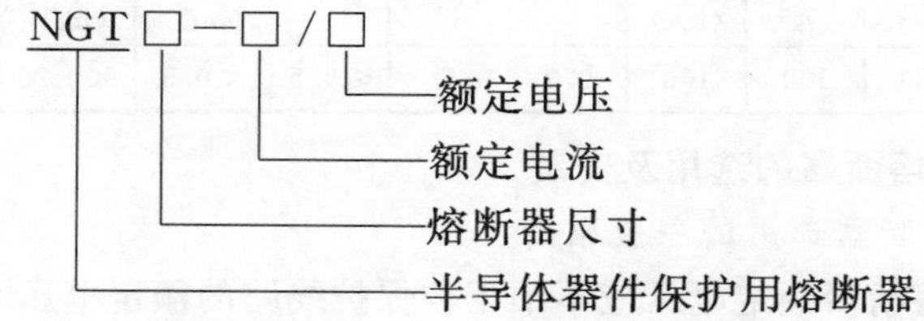

2. 技术数据

RS3 快速熔断器主要技术数据，见表 6-35。

表 6-35 RS3 快速熔断器技术数据

额定电压（V）	额定电流（A）	尺寸（mm）				
		A	B	C	D	φ
750	10，15，30，50	135	120	25	45	7
	80，100	140	120	40	42.5	7×10.5
	200，250	155	120	66	91	13×19.5
	600	155	119	66	145	13×19.5
	700，1000	173	136	85	182	17
500	150	145	120	46	50	7×10.5
	200	150	120	55	61	9×13.5
	250，300	155	120	66	72.5	13×19.5
	500	173	136	85	92	17
100	450	203	167	85		17

六、自复式熔断器

常用熔断器熔体一旦熔断，必须更换新的熔体，而自复式熔断器可重复使用一定次数。自复式熔断器的熔体采用非线性电阻元件制成，在较大短路电流产生的高温下，熔体汽化，阻值剧增，即瞬间呈现高阻状态从而将故障电流限制在较小的范围内。RZ 型自复式熔断器主要技术数据，见表 6-36。

表 6-36 RZ 型自复式熔断器主要技术数据

型号	额定电压（V）	额定电流（A）	试验电流（kA）	cosφ	动作次数	限流系数	直流电阻值（mΩ）	并联电阻值（mΩ）	断开过电压（峰值,V）
RZ1	380	100	100	0.2	5	≤0.5	<0.5	90±20	≤2.5U_e

七、熔断器的选用及安装

1. 熔断器选用的一般原则

1）熔断器额定电压应不小于被保护线路的额定电压。

2）熔断器额定电流应根据被保护线路或设备的额定电流选择。

3）熔断器额定分断电流应大于电路中可能出现的最大故障电流。

4）选用熔断器时，应考虑其使用场所、各类熔断器的选择性配合等。

2. 熔断器的选用

(1) 熔断器类型的选择。根据使用环境和负载性质选择合适的熔断器。如：对于容量较小的照明电路或电动机的保护，可采用 RC1A 系列熔断器或 RM10 系列无填料封闭式熔断器；对于短路电流较大或有易燃气体的地方，则应采用 RL1 或 RT0 型有填料封闭式熔断器；用于硅元件和晶闸管保护时，应采用 RS 系列快速熔断器。

(2) 熔体额定电流的确定。

1）对于照明及电热设备，熔体的额定电流应等于或稍大于负载的额定电流。

2）对于电动机，用熔断器保护电动机时，熔体额定电流的确定方法如下表：

序号	类　　别	计 算 方 法	备　　注
1	单台电动机的轻载启动	$I_{FN}=I_{MS}/(2.5\sim3.0)$	启动时间小于 3s
2	单台电动机的重载启动	$I_{FN}=I_{MS}/(1.6\sim2.0)$	启动时间小于 8s
3	接有多台电动机的配电干线	$I_{FN}=(2.5\sim3.0)(I_{MS1}+I_{n-1})$	

注　I_{FN}—熔体的额定电流；I_{MS}—电动机的启动电流；I_{MS1}—最大一台电动机的启动电流；I_{n-1}—除出最大一台电动机外的计算电流。

(3) 熔断器额定电流的确定。熔断器的额定电流应大于或等于熔体的额定电流。

(4) 熔断器的配合。电路中上级熔断器的熔断时间一般为下级熔断器熔断时间的 3 倍；若上下级熔断器为同一型号，其额定电流等级一般应相差 2 倍；不同型号熔断器的配合应根据保护特性校验。

3. 熔断器的运行维护及使用注意事项

(1) 熔断器的运行维护：①检查熔断器的熔管与插座的连接处有无过热现象，接触是否紧密；②检查熔断器熔管的表面，表面应完整无损，如有破损则要进行更换；③检查熔断器熔管的内部烧损是否严重，有无碳化现象；④检查熔体的外观是否完好，压接处有无损伤，压接是否紧固，有无氧化腐蚀现象等；⑤检查熔断器底座有无松动，各部位压接螺母是否紧固；⑥检查熔断器的熔管和熔体的配备是否齐全。

(2) 熔断器使用注意事项：①单相线路的中性线上应装熔断器；在线路分支处，应加装熔断器；在二相三线或三相四线制线路的中性线上，不允许装熔断器；采用保护接零的中性线上严禁装熔断器。②熔体不能受机械损伤，尤其是较柔软的铅锡合金熔丝。③螺旋式熔断器的进线应接在底座的中心点桩上，出线应接在螺纹壳上。④更换新熔体时，必须和原来的熔体同型号、同规格，以保证动作的可靠性。⑤更换熔体或熔管时，必须切断电源。禁止带负荷操作，以免产生电弧。

4. 熔断器的安装

1) 熔断器应完整无损，接触紧密可靠，并有额定电压、额定电流值的标志。

2) 瓷插式熔断器应垂直安装。螺旋式熔断器的电源线应接在底座中心端的接线端子上，用电设备应接在螺旋壳的接线端子上。

3) 熔断器内应装合格的熔体，不能用多根小规格的熔体并联代替一根大规格的熔体。

4) 安装熔断器时，各级熔体应相互配合，并做到下一级熔体规格应比上一级小。

5) 安装熔丝时，熔丝应在接线螺钉上沿顺时针方向缠绕，压在垫圈下；拧紧螺钉的力应适当，既不能损伤熔丝，又要保证接触良好。

6）熔断器兼作隔离电器使用时，应安装在控制开关的电源进线端，若仅作短路保护使用时，应安装在控制开关的出线端。

第四节　低压断路器

低压断路器又称自动空气开关、自动开关，是低压配电网和电力拖动系统中常用的一种配电电器。低压断路器的作用是：在正常情况下，不频繁的接通或开断电路；在故障情况下，切除故障电流，保护线路和电气设备。低压断路器具有操作安全、安装使用方便、分断能力较高等优点，因此在各种低压电路中得到广泛采用。

低压断路器的灭弧介质一般是空气，近年来利用真空作灭弧介质的真空断路器也得到很大发展。低压断路器按用途分为配电用和保护电动机用；按结构形式分为塑壳式、框架式、限流式、直流快速式、灭磁式和漏电保护式；按安装方式分为固定式、插入式和抽屉式。低压断路器的用途及分类，见表6-37。

表6-37　低压断路器的用途及分类

<table>
<tr><th>断路器类型</th><th>工作电流范围（A）</th><th colspan="3">保护特性</th><th>主要用途</th></tr>
<tr><td rowspan="4">配电用断路器</td><td rowspan="4">200～4000</td><td rowspan="2">非选择型（A类）</td><td>限流型</td><td rowspan="2">瞬时、长延时</td><td rowspan="4">电源总开关、靠近变压器近端支路开关、支路末端开关</td></tr>
<tr><td>一般型</td></tr>
<tr><td rowspan="2">选择型（B类）</td><td>二段保护</td><td>瞬时、短延时</td></tr>
<tr><td>三段保护</td><td>瞬时、短延时、长延时</td></tr>
<tr><td rowspan="3">电动机保护用断路器</td><td rowspan="3">63～630</td><td rowspan="2">直接启动</td><td>一般型</td><td>过流脱扣器瞬时整定电流8～15倍额定脱扣电流</td><td rowspan="3">鼠笼和绕线式电动机保护，限流型用于靠近变压器近端电动机保护</td></tr>
<tr><td>限流型</td><td>过流脱扣器瞬时整定电流12倍额定脱扣电流</td></tr>
<tr><td>间接启动</td><td colspan="2">过流脱扣器瞬时整定电流3～8倍额定脱扣电流</td></tr>
</table>

续表

<table>
<tr><td>断路器类型</td><td>工作电流范围（A）</td><td colspan="2">保　护　特　性</td><td>主要用途</td></tr>
<tr><td>照明用微型断路器</td><td>6～63</td><td colspan="2">过载长延时、短路瞬时</td><td>用于照明线路和信号二次回路</td></tr>
<tr><td rowspan="2">剩余电流保护器</td><td rowspan="2">20～200</td><td>电磁式</td><td rowspan="2">动作电流为：15、30、50、75、100mA，0.1s 分断</td><td rowspan="2">接地故障保护</td></tr>
<tr><td>集成电路式</td></tr>
</table>

一、常用低压断路器的技术数据

（一）DZ5 系列塑壳式断路器

DZ5 系列塑料外壳式断路器适用于交流 50Hz、380V，额定电流 0.15～50A 的电路中，作为电动机的不频繁启动及线路的不频繁转换之用，能对所控制线路、电动机起过载和短路保护作用。

1. 型号含义

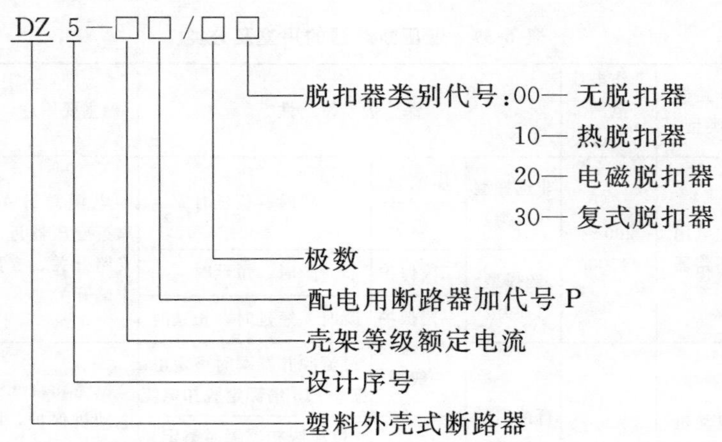

2. 技术数据

DZ5 系列塑壳式断路器的主要技术数据，见表 6-38。

表 6-38　DZ5 系列塑壳式断路器技术数据

<table>
<tr><td colspan="2">型　　号</td><td colspan="4">DZ5—20</td><td colspan="3">DZ5—50</td></tr>
<tr><td colspan="2">额定电压（V）</td><td colspan="4">AC380</td><td colspan="3">AC380</td></tr>
<tr><td colspan="2">极数</td><td colspan="4">2、3</td><td colspan="3">3</td></tr>
<tr><td colspan="2">壳架等级额定电流（A）</td><td colspan="4">20</td><td colspan="3">50</td></tr>
<tr><td colspan="2">断路器额定电流（A）</td><td colspan="4">0.15,0.2,0.3,0.45,0.65,1,1.15,
2,3,4,5,6,6.5,10,15,20</td><td colspan="3">10，15，20，25，
30，40，50</td></tr>
<tr><td rowspan="2">脱扣器整定电流倍数</td><td>配电用</td><td colspan="4">$10I_N$</td><td colspan="3"></td></tr>
<tr><td>保护电动机用</td><td colspan="4">$12I_N$</td><td colspan="3">$12I_N$</td></tr>
<tr><td rowspan="2">额定短路分断能力 I_{cu}（A）</td><td colspan="2">I_N（A）</td><td>复式脱扣器</td><td>电磁式脱扣器</td><td>热脱扣器</td><td colspan="3">液压式脱扣器阻尼式</td></tr>
<tr><td colspan="2">0.15～6.5，
10～20</td><td>1500</td><td>1500</td><td>$14I_N$</td><td colspan="3">2500</td></tr>
<tr><td>保护特性</td><td colspan="5">热式和电磁式脱扣器</td><td colspan="3">液压式脱扣器阻尼式</td></tr>
<tr><td rowspan="2">配电用</td><td>I/I_N</td><td>1.05</td><td>1.3</td><td>2.0</td><td>3.0</td><td>1.05</td><td>1.2</td><td>1.5</td></tr>
<tr><td>动作时间</td><td>不动作</td><td><1h</td><td><4min</td><td>可返回时间>1s</td><td>不动作</td><td><2h</td><td><2min</td></tr>
<tr><td rowspan="2">保护电动机用</td><td>I/I_N</td><td>1.05</td><td>1.2</td><td>1.5</td><td>6.0</td><td colspan="2">6</td><td>12</td></tr>
<tr><td>动作时间</td><td>不动作</td><td><1h</td><td><4min</td><td>可返回时间>1s</td><td colspan="2">可返回时间>1s</td><td><0.2s</td></tr>
<tr><td colspan="2">寿命（次）</td><td colspan="4">10000</td><td colspan="3">1000</td></tr>
<tr><td colspan="2">每小时操作次数（次）</td><td colspan="4">120</td><td colspan="3">120</td></tr>
<tr><td colspan="2">重量（kg）</td><td colspan="4">0.55</td><td colspan="3"></td></tr>
</table>

（二）DZ10 系列塑壳断路器

DZ10 系列塑壳断路器适用于交流 50Hz、电压至 380V、直流至 220V、电流至 600A 的配电网络中，用来分配电能和作线路及电源设备的过载、欠电压及短路保护之用，以及在正常工作条件下作不频繁分断和接通电力线路之用。该断路器的绝缘基座和盖板采用热固性塑料压制，操作机构为四连杆式，脱扣器分为：复式、电磁式、热脱扣器式。接线方式分板前、板后两种。

1. 型号含义

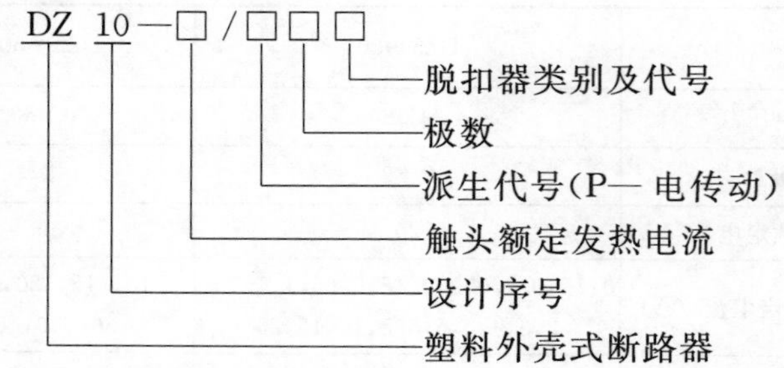

表 6-39　脱扣器类别及代号

附件类别		不带附件	分励	辅助触头	欠电压	分励辅助触头	分励欠电压	二组辅助触头	欠电压辅助触头
脱扣方式代号	无脱扣	00	—	02	—	—	—	06	—
	热脱扣	30	11	12	13	14	15	16	17
	电磁式	20	21	22	23	24	25	26	27
	复式	30	31	32	33	34	35	36	37

2. 技术数据

DZ10 系列塑壳断路器主要技术数据，见表 6-40。

表 6-40　DZ10 系列塑壳断路器技术数据

型号		DZ10—100			DZ10—250	DZ10—600
额定工作电压（V）		AC 380 DC 220				
约定发热电流（A）		100			250	600
极数（P）		2、3				
脱扣器额定电流 I_r（A）		15 20	25,30 40,50	60,80 100	100，120，140，150，170，200，250	200，250，300，350，400，500，600
脱扣器整定电流值 $\times I_r$		10			5～10	5～10 或 10
极限通断能力（kA）	DC220V，T=10±1.5ms	6	8	12	20	25
	AC380V，cosφ=0.5±0.05（峰值）	3.5	4.7	7.0	17.7	23.5

续表

型　　号		DZ10—100	DZ10—250	DZ10—600
附件	分励脱扣器额定电压（V）	AC：220，380　DC：24，48，110，220		
附件	欠电压脱扣器额定电压（V）	AC：220，380　DC：110，220		
附件	电动操作机构	AC220V，DC220V		
附件	辅助触头	AC220，DC220 二开，二闭	AC380，DC220 四开，四闭	AC380，DC220 六开，六闭
电气寿命（千次）		5	4	2
机械寿命（千次）		10	8	7
操作频率（次/h）		60	30	30

表 6-41　长延时脱扣器动作特性

项　　目	I/I_r	约定试验时间（h）	
型　　号		DZ10—100、250	DZ10—600
约定不动作电流	1.1	≥2	≥3
约定动作电流	1.45	<1	<1

（三）DZ12—60系列塑壳式断路器

DZ12—60系列塑料外壳式断路器，体积小巧，结构新颖、性能优良可靠。主要装在照明配电箱中，用于宾馆、公寓、高层建筑、广场、航空港、火车站和工商企业等单位的交流50Hz、单相230V、三相380V及以下的照明线路中，作为线路的过载、短路保护以及在正常情况下作为线路的不频繁转换之用。该断路器由手柄、操作机构、脱扣装置、灭弧装置及触头系统等安装在塑料外壳内组成一体。由于操作时快分快合，所以触头磨损极小，寿命长。

1. 型号含义

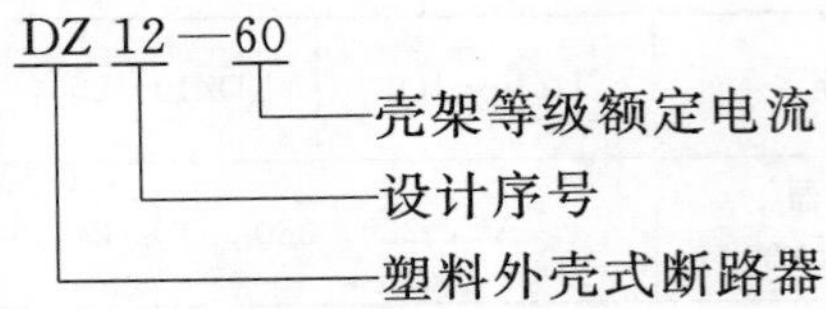

2. 技术数据

DZ12—60 塑壳式断路器的主要技术数据，见表 6-42。

表 6-42　DZ12—60 塑壳式断路器技术数据

极数	额定电流（A）	额定电压（V）	极限通断能力（kA）	保护特性整定温度	重量（kg）	机械电气寿命（次）
1	6，10，15，20，50，63	AC230/400	3	+40℃	0.14	4000
2	15，20，30，40，50，63	AC230/400	3	+40℃	0.29	
3					0.43	

（四）DZ15 系列塑料外壳式断路器

DZ15 系列塑壳式断路器适用于交流 50Hz、额定电压 380V、额定电流至 63A（100）的电路中作为通断操作，并可用来保护线路和电动机的过载及短路保护之用，亦可作为线路的不频繁转换及电动机的不频繁启动之用。断路器有单、二、三、四极。

1. 型号含义

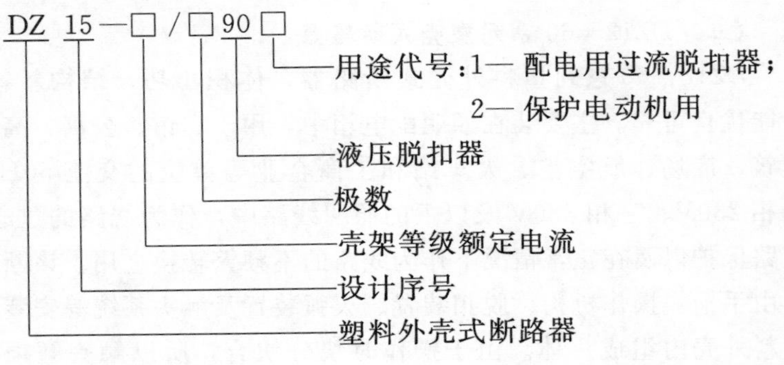

2. 技术数据

DZ15 系列塑壳式断路器主要技术数据，见表 6-43。

表 6-43　DZ15 系列塑壳式断路器技术数据

型　　号		DZ15—40	DZ15—63（100）
绝缘电压（V）		AC380	AC380
额定电压（V）		单极：AC 220 二、三、四极：AC380	单极：AC 220 二、三、四极：AC380
壳架额定电流（A）		40	63（100）
极数		1，2，3，4	1，2，3，4
短路器额定电流（A）		6，10，16，20，25，32，40	10，16，20，25，32，40，50，63（80，100）
额定短路分断能力（kA）		3	5
寿命（次）	有载	1500	1500
	无载	8500	8500
	总计	10000	10000
每小时操作次数（次/h）		120	120

（五）DZ20 系列塑料外壳式断路器

DZ20 系列塑壳式断路器适用于交流 50Hz，额定绝缘电压 660V，额定工作电压 380V（400V）及以下，其额定电流至 1250A，一般作为配电用，额定电流 200A 和 400A 型的断路器亦可作为保护电动机用。在正常情况下，断路器可分别作为线路不频繁转换及电动机的不频繁启动之用。四极断路器主要用于交流 50Hz、额定电压 400V 及以下，额定电流 100 至 630A 三相五线制的系统中。它能保证用户和电源完全断开，确保安全。配电用断路器在配电网络中用来分配电能，且可作为线路及电源设备的过载、短路和欠电压保护。保护电动机用断路器在配电网络中用作鼠笼型电动机的启动和停止，以及作为电动机的过载、短路和欠电压保护。该系列断路器是以 Y 型为基本产品，由绝缘外壳、操作机构、触头系统和脱扣器四个部分组成。断路器的操作机构具有使触头快速合闸和分断的功能，其“合”、“分”、“再扣”和“自由脱扣”位置以手柄位置来区分。C型、J型和G型断路器是在Y型基本产品基础上派生设计而成。

1. 型号含义

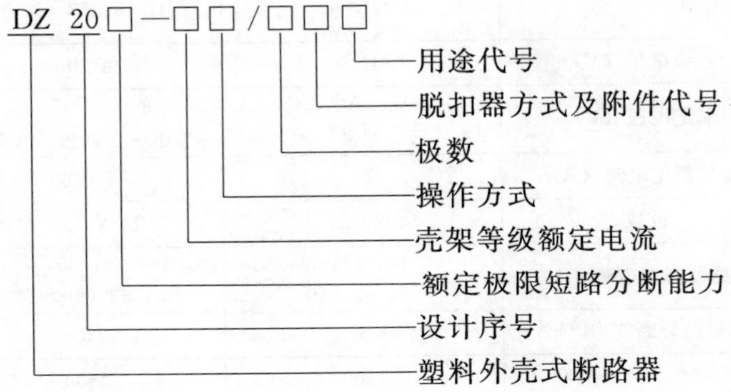

2. 技术数据

DZ20系列塑料外壳式断路器主要技术数据，见表6-44。

表6-44 DZ20塑壳式断路器技术数据

壳架等级额定电流(A)	约定发热电流(A)	短路分断能力级别	短路分断能力(kA)(有效值)		断路器额定电流(A)
			$I_{cu}/\cos\varphi$	$I_{cs}/\cos\varphi$	
160	160	C	12/0.03		16,21,25,32,40,50,63,80,100,125,160
100	100	Y	18/0.30	14/0.30	16，21，25，32，40，50，63，80，100
100	100	J	35/0.25	18/0.30	16，21，25，32，40，50，63，80，100
100	100	G	100/0.20	50/0.25	16，21，25，32，40，50，63，80，100
250	250	C	15/0.30		100，125，160，180，200，225，250
225	225	Y	25/0.25	19/0.30	100，125，160，180，200，225
225	225	J	42/0.25	25/0.25	100，125，160，180，200，225
225	225	G	100/0.20	50/0.25	100，125，160，180，200，225
400	400	C	20/0.30		100,125,160,180,200,225,250,315,400
400	400	Y	30/0.25	23/0.25	200，250，315，350，400

续表

壳架等级额定电流（A）	约定发热电流（A）	短路分断能力级别	短路分断能力（kA）（有效值）		断路器额定电流（A）
			$I_{cu}/\cos\varphi$	$I_{cs}/\cos\varphi$	
400	400	J	42/0.25	25/0.25	200，250，315，350，400
400	400	G	100/0.20	50/0.25	200，250，315，350，400
630	630	C	20/0.30		400，500，630
630	630	Y	30/0.25	23/0.25	400，500，630
630	630	J	50/0.25	25/0.25	400，500，630
800	800	J	65/0.20	32.5/0.25	630，700，800
1250	1250	Y	50/0.25	38/0.25	630，700，800，1000，1250
1250	1250	J	65/0.20	32.5/0.25	800，1000，1250

3. 各部件主要技术数据

1）瞬时脱扣器整定电流 I_r，见表 6-45。

表 6-45　瞬时脱扣器整定电流倍数

壳架等级额定电流（A）	配电保护用	电动机保护用	壳架等级额定电流（A）	配电保护用	电动机保护用
100	$10I_n$	$12I_n$	400(J)400(G)630	$5\sim10I_n$	
225	$5\sim10I_n$	$8\sim12I_n$	1250	$4\sim7I_n$	
400（Y）	$10I_n$	$12I_n$	C、S型瞬时脱扣器整定电流 $I_r=10I_n$		

2）分励脱扣器：短时工作制。额定控制电源电压：AC220、380V，DC110、220V。

3）欠电压脱扣器。额定工作电压：AC220、380V。在电源电压等于或大于 $85\%U_e$ 时能保证断路器可靠闭合；当电源电压低于 $35\%U_e$ 时，能保证闭合状态的断路器断开，断开状态的断路器不能闭合。

4）报警触头。额定工作电压：AC220V；约定发热电流：1A。

5）辅助触头。在不装欠电压脱扣器和分励脱扣器时，可装辅助触头。辅助触头额定值、接通和分断能力，见表 6-46 和表 6-47。

表 6-46　辅助触头额定值

壳架等级额定电流（A）	约定发热电流（A）	额定工作电流（A）		壳架等级额定电流（A）	约定发热电流（A）	额定工作电流（A）	
		AC380V	DC220V			AC380V	DC220V
400A 及以上	6	3	0.2	250A 及以下	3	0.4	0.15

表 6-47　辅助触头的接通和分断能力

使用类别	接通				分断				操作频率（次/h）	通电时间（s）
	I/I_e	U/U_e	$\cos\varphi$	$T0.95\max$	I/I_e	U/U_e	$\cos\varphi$	$T0.95\max$		
AC—15	10	1	0.3		1	1	0.3		120	0.05～2
DC—13	1	1		$6P_e$	1	1		$6P_e$		

注　表中 250A 及以下 P_e＝30W。400A 及以上 P_e＝45W。$P_e=U_e\cdot I_e$ 为稳定态功率损耗。

（六）TO、TG 系列塑料外壳式断路器

TO、TG 系列塑料外壳式断路器适用于船舶及陆地，交流 50Hz 或 60Hz，额定绝缘电压 660V，额定工作电压 600V 及以下，直流 250V 及以下电路中作不频繁的接通、分断之用，断路器具有过载及短路保护作用。

1. 型号含义

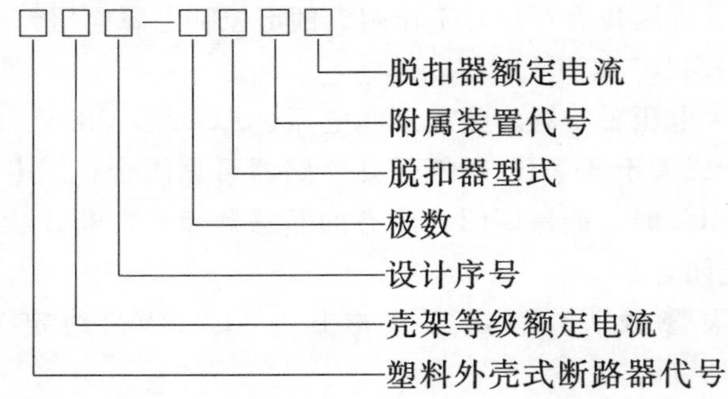

2. 正常工作条件

海拔高度在2000m以下；周围环境温度不高于+40℃和不低于−25℃；最大倾斜度22.5°；污染等级3级；安装类别Ⅲ级；能耐受油污、盐雾、霉菌及海上潮湿空气的影响；在船舶正常振动时能可靠工作。

3. 技术数据

TO、TG系列塑壳式断路器主要技术数据，见表6-48和表6-49。

表6-48 TO、TG断路器过载长延时保护及电磁脱扣器瞬时动作特性

脱扣器额定电流(A)	脱扣器动作时间		电磁脱扣器动作电流(A)
	$1.05I_n$（冷态）不动作时间(h)	$1.30I_n$（热态）动作时间(h)	
$I_n \leqslant 63$	1	1	$10I_n \pm 20\%$
$I_n > 63$	2	2	$10I_n \pm 20\%$

表6-49 TO、TG断路器短路分断能力（I_{cu}）

型号	试验电压(V)	功率因素	分断电流(kA)	型号	试验电压(V)	功率因素	分断电流(kA)
TG—30	380	0.25	35	TO—100BA	380	0.3	18
TG—30	660	0.3	15	TO—100BA	660	0.8	4
TG—100B	380	0.25	35	TO—225BA	380	0.25	25
TG—100B	660	0.3	10	TO—225BA	660	0.5	8
TG—225	380	0.25	42	TO—400BA	380	0.25	30
TG—225	660	0.3	15	TO—400BA	660	0.3	15
TG—400B	380	0.25	42	TO—600BA	380	0.25	35
TG—400B	660	0.3	15	TO—600BA	660	0.3	20
TG—600B	380	0.25	50	TO—800	380	0.25	65
TG—600B	660	0.3	20	TO—800	660	0.3	20

（七）JDM1（CM1）系列塑料外壳式断路器

JDM1（CM1）系列塑料外壳式断路器，是采用国际先进设计制造技术研制开发的新型断路器，按极限短路分断能力的高低分为基本型（C型）、标准型（L型）、较高分断型（M型）和高分断型（H型）。该断路器具有分断能力强、飞弧距离短、抗振动等特点。适用于交流50Hz、工作电压500V及以下电路中，作不频繁转换及电动机不频繁启动之用。断路器具有过载、短路和欠电压保护作用。既能垂直安装也可水平安装。

1. 型号含义

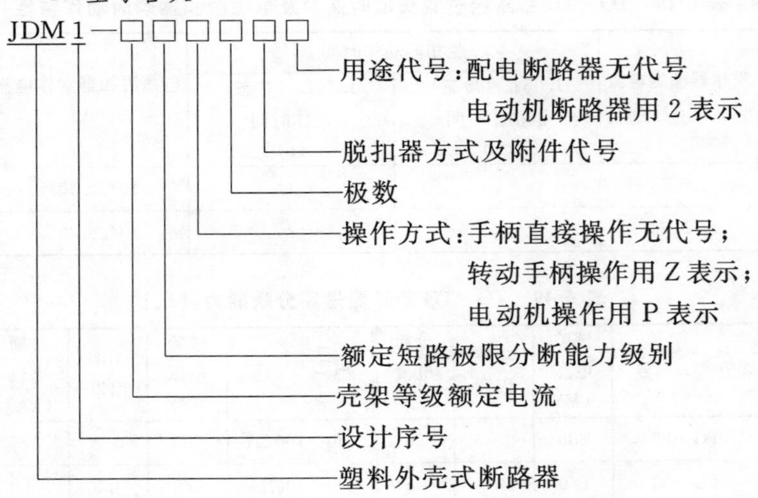

2. 技术数据

JDM1断路器的主要技术数据，见表6-50和表6-51。

（八）H系列塑料外壳断路器

H系列塑料外壳断路器适用于交流400V、直流250V的配电网中，用于正常工作条件下不频繁的接通和开断电路，并对所控制线路及电气设备起过载、欠电压、短路保护。断路器由绝缘外壳、操作机构、触头系统和脱扣器四部分组成，具有快速闭合、断开和自由脱扣机构。脱扣器由电磁式脱扣器和热脱扣器等组成，壳架等级额定电流250A及以上的断路器，其电磁脱扣器

表 6-50　JDM1 断路器技术数据

型　　号	额定绝缘电压（V）	额定工作电压（V）	壳架等级额定电流（A）	极数	脱扣器额定电流（A）	额定极限短路分断能力（KA）	瞬时脱扣器整定电流倍数	
							配电保护用	电动机保护用
JDM1—100L	660	AC380 DC220	100	3	10，16，20，32，40，50，63，80，100	35		$12I_n$
JDM1—100M	660	AC380 DC220	100	3		50		
JDM1—100H	660	AC380 DC220	100	3		85		
JDM1—225L	660	AC380 DC220	225	3	100，125，160，180，200，225	35	$5I_n$、$10I_n$	$8I_n$、$12I_n$
JDM1—225M	660	AC380 DC220	225	3		50		
JDM1—225H	660	AC380 DC220	225	3		85		
JDM1—400L	660	AC380 DC220	400	3	200，225，315，350，400	50	$5I_n$、$10I_n$	$12I_n$
JDM1—400M	660	AC380 DC220	400	3		65		
JDM1—630L	660	AC380 DC220	630	3	400，500，600	50	$5I_n$、$10I_n$	
DM1—630M	660	AC380 DC220	630	3		65		

表 6-51　JDM1 断路器动作特性

脱扣器额定电流（A）	热动作型脱扣器（环境温度陆地用＋40℃，船用＋45℃）		脱扣器动作电流（A）
	$1.05I_n$（冷态）不动作时间（h）	$1.30I_n$（热态）动作时间（h）	
$10\leqslant I_n\leqslant 63$	≥1	＜1	$10\ I_n\pm 20\%$
$63<I_n\leqslant 100$	≥2	＜2	$10\ I_n\pm 20\%$
$100<I_n\leqslant 630$	≥3	＜3	$5\ I_n\pm 20\%$ $10\ I_n\pm 20\%$

注　电动机保护用断路器 $1.0I_n$ 不动作时间为 2h，动作电流为 $1.20I_n$（热态），动作时间均为 2h，电磁脱扣器动作电流为 $12I_n\pm 20\%$（A）。

是可调式。600A 及以上的断路器除热磁脱扣外，还有电子脱扣型。断路器可分装分励脱扣器、欠电压脱扣器、辅助触头、报警触头和电动操作机构。断路器除普通固定安装形式外，还可附带接线座，供各种不同使用场所作插入式安装用，300A 插入式断路器由传动机构操作。

1. 技术数据

断路器的主要技术数据，见表 6-52。

表 6-52　H 系列塑料外壳断路器技术数据

型　号	分断能力（AC400V）			型　号	分断能力（AC400V）		
	对称分量有效值(kA)		对称分量有效值(kA)		对称分量有效值(kA)		对称分量有效值(kA)
	P—1	cosφ			P—1	cosφ	
HFB—150	22	0.25	18	HNB—1200	50	0.25	25
HFB—250	30	0.25	18	PB—3000	97	0.2	100
HLA—600	35	0.25	25				

注　HFB—15000（分）—CO（合分）极限短路分断能力为 30kA，$\cos\varphi=0.25$。

2. 断路器的保护特性

在整定电流 X 倍，即在约定不脱扣电流时，脱扣器的各极同时通电，断路器从周围空气温度的冷态开始在 Z 时间之内不脱扣；当经过时间 Z 之后，使电流立即升高达到整定电流的 Y 倍，即达到约定脱扣电流，在 Z 时间内脱扣。X、Y、Z 的数值，见表 6-53。

表 6-53　H 系列塑料外壳断路器的保护特性

特性类别	脱扣器额定电流(A)	X	Y	Z(h)	环境温度(℃)
Ⅰ	≤63	1.05	1.30	1	40
Ⅰ	＞63	1.05	1.30	2	40
Ⅱ	≤63	1.05	1.35	1	40
Ⅱ	＞63	1.05	1.25	2	40

注　瞬时动作特性可调的断路器其动作电流为 $5I_n\pm20\%$ 和 $10I_n\pm20\%$。

（九）DW10 系列万能式断路器

DW10 系列万能式断路器适用于交流 50Hz、电压 380V，直流电压至 440V 的电气线路中，作为过载、短路、失压保护以及在正常工作条件下不频繁转换之用。当断路器在交流电路中二极串联使用时，电压允许提高至 440V。

1. 型号含义

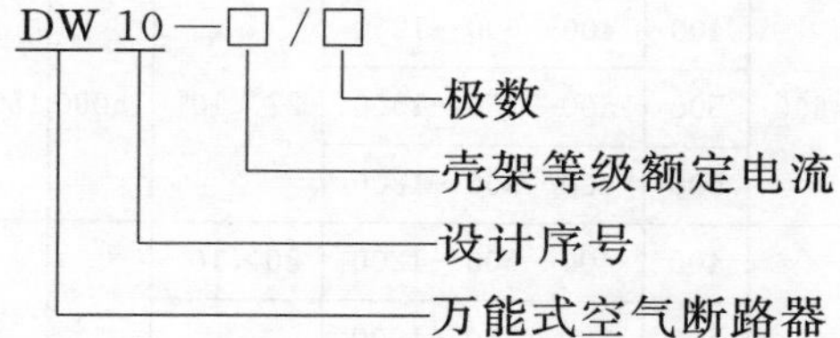

2. 技术数据

DW10 系列万能式断路器主要技术数据，见表 6-54。

表 6-54　DW10 系列万能式断路器技术数据

型　　号	额定电流（A）	过电流脱扣器整定电流（A）	瞬时过电流脱扣器整定电流（A）	主电路热稳定性（A^2s）	极限通断能力（A） 直流 440 $t\leqslant$ 0.01s	极限通断能力（A） 交流 380 $\cos\varphi\geqslant0.4$	机械寿命（次）	电寿命（次）
DW10—200/2 DW10—200/3	200	60	30—90—180	12×10^6	10000	1000	20000	5000
		100	100—150—300					
		150	150—225—450					
		200	200—300—600					
DW10—400/2 DW10—400/3	400	100	100—150—300	27×10^6	15000	15000	10000	2500
		150	150—225—450					
		200	200—300—600					
		250	250—375—750					
		300	300—450—900					
		350	350—525—1050					
		400	400—600—1200					

续表

型　　号	额定电流（A）	过电流脱扣器整定电流（A）	瞬时过电流脱扣器整定电流（A）	主电路热稳定性（A^2s）	极限通断能力（A）		机械寿命（次）	电寿命（次）
					直流 440 $t\leqslant$ 0.01s	交流 380 $\cos\varphi$ $\geqslant$0.4		
DW10—600/2 DW10—600/3	600	400	400—600—1200	27×10^6	15000	15000	10000	2500
		500	500—750—1500					
		600	600—900—1800					
DW10—1000/2 DW10—1000/3	1000	400	400—600—1200	80×10^6	20000	20000	10000	2500
		500	500—750—1500	160×10^6				
		600	600—900—1800					
		800	800—1200—2400	240×10^6				
		1000	1000—1500—3000	960×10^6				
DW10—1500/2 DW10—1500/3	1500	1000	1000—1500—3000	960×10^6	20000	20000	10000	2500
		1500	1500—2250—4500					
DW10—2500/2 DW10—2500/3	2500	1000	1000—1500—3000	2160×10^6	30000	3000	10000	2500
		1500	1500—2250—4500					
		2000	2000—3000—6000					
		2500	2500—3150—7500					

（十）DW15 系列万能式断路器

DW15 系列万能式断路器适用于交流 50Hz，额定电流至 4000A，额定工作电压至 1140V（壳架等级额定电流 1000A 及以上）的配电网中，作为供电线路及电源设备的过载、欠电压、短路保护之用。壳架等级额定电流 630A 及以下的断路器也可作为电动机的过载、欠电压、短路保护之用。断路器在正常工作条件下，可作为线路和电动机的不频繁转换之用。

断路器的主要技术数据，见表 6-55 和表 6-56。

表 6-55　DW15 系列万能式断路器技术数据

型　　号		DW15—200 DW15—200C	DW15—400 DW15—400C	DW15—630 DW15—630C
壳架等级额定电流（A）		630	630	630
断路器额定电流（A）		200	400	630
脱扣器额定电流（A）		100，160，200	200，315，400	315，400，630
额定分断能力（有效值，kA）	AC400V	20	25	30
	AC690V	10	15	20
	AC1140V		10	12
短路分断能力（有效值，kA）	AC400V	20	25	30
	AC690V	10	15	20
	AC1140V		10	12
机械寿命（次）		20000	10000	10000
电寿命（次）		2000	1000	1000
AC380V保护电动机寿命AC—3(次)		4000	2000	2000
过载操作性能($6I_n$,$1.05U_{emax}$)(次)		12	12	12
瞬时全分断时间（ms）		15	15	15
操作频率（次/h）		120	60	60
飞弧距离（mm）		280	280	280
操作力臂		90	90	90
操作力（N）		200	200	200
脱扣器类型		热—电磁式	热—电磁式	热—电磁式
		电子式	电子式	电子式
		电磁式	电磁式	电磁式
型　　号		DW15—1600 DW15—1600C	DW15—2500 DW15—2500C	DW15—4000 DW15—4000C
壳架等级额定电流（A）		1600	2500	400
断路器额定电流（A）		1600	2500	4000
脱扣器额定电流（A）		630，800， 1000，1600	1600，2000， 2500	2500，3000， 4000

续表

型号		DW15—1600 DW15—1600C	DW15—2500 DW15—2500C	DW15—4000 DW15—4000C
额定分断能力（有效值，kA）	AC400V	40	60	80
	AC690V			
	AC1140V			
短路分断能力（有效值，kA）	AC400V	40	60	80
	AC690V			
	AC1140V			
机械寿命（次）		5000	5000	5000
电寿命（次）		500	500	500
AC380V保护电动机寿命AC—3(次)				
过载操作性能($6I_n$,1.05U_{emax})(次)				
瞬时全分断时间（ms）		40	40	40
操作频率（次/h）		30	20	10
飞弧距离（mm）		350	350	400
操作力臂		250	250	250
操作力（N）		350	350	350
脱扣器类型		热—电磁式	热—电磁式	热—电磁式
		电子式	电子式	电子式
		电磁式	电磁式	电磁式

注 1. 短路分断能力 $I_{nm}\leqslant$1600A 时，分断为 I_{cs}，0—CO—CO；$I_{nm}\geqslant$2500A 时，分断为 I_{cu}，O—CO。分断时间 200～630A 为 0.2s，1000～4000A 为 0.4s。

2. 机械寿命 DW15C 抽屉式为 200 次。

3. 飞弧距离 1140V 规格为 350mm。

表 6-56 断路器的脱扣器、释能电磁铁线圈及控制箱的额定电压

类型		额定电压（V）	
		交流 50Hz	直流
脱扣器	分励脱扣器	127，230，400	110，230
	欠电压脱扣器	127，230，400	

续表

类　　型		额定电压（V）	
		交流 50Hz	直　　流
闭合装置	操作机构释能电磁铁	230，400	110，230
	操作电磁铁控制箱	127，230，400	110，230
	电动机操作控制箱	127，230，400	

（十一）DW17 系列万能式空气断路器

DW17 系列万能式空气断路器适用于交流 50Hz、电压 380V、660V 或直流 440V，电流至 4000A 的配电网络，用来分配电能和保护线路及电源设备的过载、欠电压、短路等，在正常的条件下，可作为线路的不频繁转换之用。1250A 以下的断路器在交流 50Hz、电压 380V 的网络中，可用作保护电动机的过载和短路。在正常条件下，还可作为电动机的不频繁启动之用。DW17 系列万能式空气断路器的主要技术数据，见表 6-57～表 6-63。

表 6-57　断路器在不同环境温度下的额定电流

型　　号	额定电流（A）防护等级为 IP00					
	固　定　式			抽　屉　式		
	35℃	45℃	55℃	35℃	45℃	55℃
DW17—630	630	630	630	630	630	630
DW17—800	800	800	800	800	800	800
DW17—1000	1000	1000	1000	1000	1000	1000
DW17—1250	1250	1250	1250	1250	1250	1250
DW17—1600	1600	1530	1460	1600	1530	1460
DW17—1605	1900	1810	1720	1900	1720	1620
DW17—2000	2000	2000	2000	2000	2000	2000
DW17—2500	2500	2500	2400	2500	2400	2300
DW17—2505	2900	2900	2900	2900	2900	2700

续表

型　号	额定电流（A）防护等级为IP00					
	固　定　式			抽　屉　式		
	35℃	45℃	55℃	35℃	45℃	55℃
DW17—3200	3200	3200	3200	3200	3200	3200
DW17—3205	3900	3900	3900	3900	3900	3750

注　当断路器 DW17—630/800/1000/1250 型选用无过电流脱扣器时，额定电流可分别提高到 760/910/1200/1300A。

表 6-58　分励脱扣器、欠电压脱扣器、闭锁电磁铁、释能电磁铁与操作电动机的性能

名　称	脱　扣　器		电　磁　铁		电　动　机
	分　励	欠电压	闭　锁	释　能	
交流电压（V）	380，220				
直流电压（V）	220，110				

表 6-59　断路器过载脱扣器的长延时动作特性

过载电流/脱扣器整定电流	1.05	1.20	1.50	6.00
动作时间	＞2h（冷态）	＜2h（热态）	＜2min（热态）	25s＞t＞5s（冷态）

注　三相断路器开断二相负载时动作电流允许提高10%，单相负载允许提高20%。短路脱扣器的动作电流的范围为整定值的±20%。

表 6-60　断路器的通断能力

型　号	额定工作电压（V）	额定分断能力660V（kA/cosφ，有效值）	额定接通能力660V（kA，峰值）	全分断时间（ms）
DW17—630～1605	380，660	50/0.25	105	约30
DW17—2000～2505		60/0.2	130	
DW17—3200～3205		80/0.2	180	

表 6-61　断路器过电流脱扣器的整定电流调节范围及断路器的重量

			630	800	1000	1250	1600	1605	2000	2500	2505	3200	3205
过载脱扣整定电流调节范围（A）	过载长延时	200—300—400	√	√									
		250—500—630	√	√	√								
		500—650—800		√									
		500—750—1000			√	√	√						
		750—1000—1250				√							
		900—1200—1600					√						
		900—1400—1900						√					
		1000—1500—2000							√				
		1500—2000—2500								√			
		1900—2400—2900									√		
短路脱扣器整定电流调节范围（kA）	短路短延时	3—4—5	√	√	√	√							
		5—6.5—8	√	√	√	√	√	√					
		8—10—12						√	√	√	√		
		8—12—16										√	
		10—15—20											√
	短路瞬时	2—3—4	√	√	√	√							
		4—6—8	√	√	√	√	√	√	√	√			
		6—9—12						√	√	√	√		
		8—12—16									√	√	
		10—15—20											√
断路器重（kg）		无过载固定式	28	28.5	29	31.5	34.5	38.7	61	64	73	109	122
		抽屉式	58	59.5	61	63.5	66.5	71.7	116	119	132	160	179

表 6-62　辅助开关的接通与分断能力，其机构寿命为 20000 次，电寿命为 10000 次

电源种类	额定控制容量	额定工作电压（V）	接通与分断条件			约定发热电流（I_{th}）	试验周期（次）	间隔时间（s）	通电时间（ms）
			U/U_N	I/I_N	cosφ或Tms				
交流	300VA	127—380	1.1	1.1×10	0.7	5A	50	5～10	60～200
直流	60W	110—220	1.1	1.1×1	300	5A	20	5～10	120

表 6-63　断路器安全间距（包括飞弧距离）

断　路　器　型　号	固定水平连接及抽屉式安全间距（mm）				固定式垂直连接安全间距（mm）			
	A	*B*	*C*	*D*	*A*	*B*	*C*	*D*
DW17—630/800/1250/1600	250	100	100	120	250	100	100	120
DW17—1605	250	100	100	120				
DW17—2000/2500/3200	350	100	100	120	500	100	100	120
DW17—2505/3205/4000/4005	350	100	100	120				

（十二）DZL18 型漏电断路器

DZL18 型漏电断路器适用于交流 50Hz、电压为 220V、额定电流至 20A（32）的单相电路中，作为线路设备的过载、过电压保护，以及用于防止因设备绝缘损坏产生接地故障电流而引起的火灾危险。当与熔断器串联时，可作短路保护。DZL18 型为电流动作型电子式快速漏电保护电器，主要由零序电流互感器、电子放大部件、漏电脱扣器及试验装置组成。

1. 型号含义

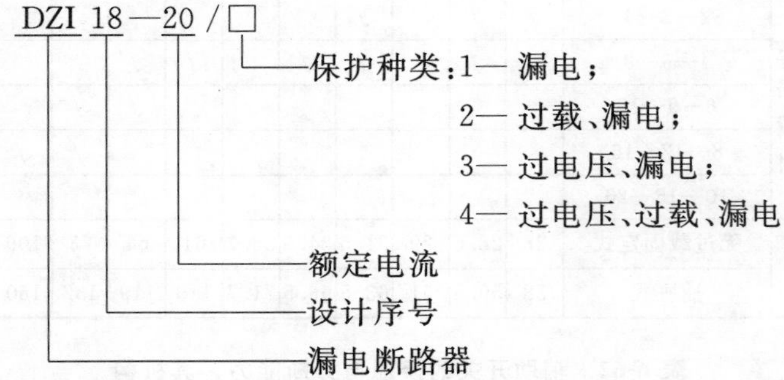

2. 技术数据

漏电开关的主要技术数据，见表 6-64 和表 6-65。

表 6-64　DZL18 型漏电断路器技术数据

型　　号	DZL18—20/1	DZL18—20/2	DZL18—20/3	DZL18—20/4
U_m（V）	AC220	AC220	AC220	AC220

续表

型　　号	DZL18—20/1	DZL18—20/2	DZL18—20/3	DZL18—20/4
I_{nm}（A）	20	20	20	20
极数	2	2	2	2
I_n（A）	20	10，16，20	20	10，16，20
$I_{\triangle n}$（mA）	10，15，30	10，15，30	10，15，30	10，15，30
$I_{\triangle no}$（mA）	6，7.5，15	6，7.5，15	6，7.5，15	6，7.5，15
$I_{\triangle m}$，I_m（A）	500	500	500	500
最大分断时间(s)$I_{\triangle n}$	0.1	0.1	0.1	0.1
0.25A	0.04	0.04	0.04	0.04
重量（kg）	0.2	0.2	0.2	0.2
过电压保护值 Y			280±5%	280±5%

表 6-65　过载脱扣器特性

I/I_n	1.13	1.45	2.55
动作时间 t	≥1h 不动作（冷态）	<1h 动作（冷态）	1s<t<60s 动作（冷态）

（十三）DZ47LE 系列漏电断路器

DZ47LE 系列漏电断路器适用于交流 50Hz、额定电压 380V 及以下，额定电流至 50A 的线路中，作漏电保护之用。当有人触电或电路泄漏电流超过规定值时，漏电断路器能在 0.1s 内自动切断电源，保障人身安全和防止设备因发生泄漏电流造成的事故。漏电断路器具有过载和短路保护功能，可用来保护线路的过载和短路，亦可在正常情况下作为线路的不频繁转换之用。

1. 型号含义

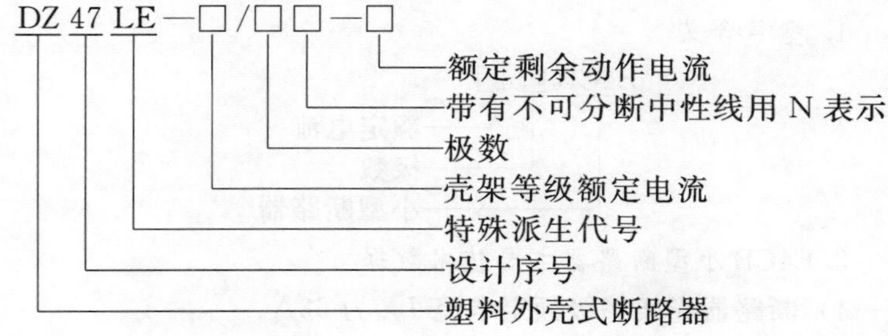

2. 技术数据

漏电断路器技术数据，见表 6-66。

表 6-66　DZ47LE 系列漏电断路器技术数据

壳架等级额定电流（I_{nm}）	极数	中性线	额定电流 I_n（A）	额定短路分断能力			额定漏电动作电流 $I_{\triangle n}$（mA）	额定漏电不动作电流 $I_{\triangle 1n}$（mA）	脱扣器类型
				电压（V）	分断能力 I_{cu}（A）	cosφ			
32	1	N	6，10，16，20，25，32	220	6000	0.7	3.0	15	C
	2						50	25	
	3	N		380			100	50	
	3								
	4						300	300	
32	1	N	6，10，16，20，25，32	220	4000	0.8	30	15	D
	2			380			50	25	
	3						100	50	
	3	N					300	150	
	4								
50	1	N	40，50	220	4000	0.8	30	15	C

（十四）E4CB 小型断路器

E4CB 小型断路器适用于交流 50Hz，额定工作电压至 415V，额定电流 63A 及以下，主要作为家用和照明馈线的过载和短路保护，以及正常情况下作为线路的不频繁转换之用。

1. 型号含义

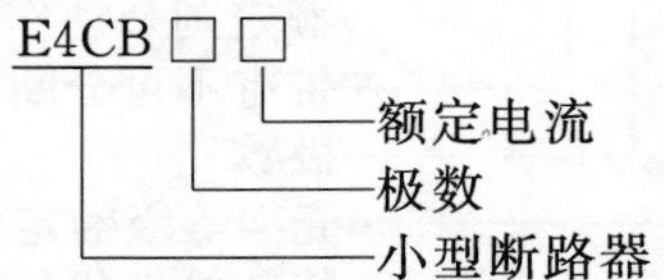

2. E4CB 小型断路器主要技术数据

1）断路器壳架等级额定电流 I_{NM} 为 63A。

2）断路器的额定电流 I_N 为 6、10、16、20、25、32、40、60、63A。

E4CB 小型断路器的技术数据，见表 6-67。

表 6-67　断路器的额定工作电压以及相应的额定短路通断能力

额定电流（A）	极数	额定工作电压（V）	额定短路通断能力		
			额定短路通断能力（A）	功率因素	操作顺序
6～40	1	240/415	6000	0.65～0.7	o-t-o-t-co
	3	415			o-t-co-t-co
50，63	1	240/415	4500	0.75～0.8	o-t-o-t-co
	3	415			o-t-co-t-co

二、低压断路器的选用

塑壳式断路器断流能力较小，万能式断路器断流能力较大。选用断路器的总原则是保证断路器脱扣器的动作电流整定值要小于单相短路电流的 2/3，以确保动作可靠。由于脱扣器具有不同的保护作用，断路器脱扣器动作时限特性与Ⅲ段式保护类似，加之相互动作值的配合关系之要求，精确的选用与整定断路器动作值比较复杂，可参考有关书目。选用低压断路器的一般要求如下：

1）低压断路器的额定电压和额定电流应不小于线路的正常工作电压和计算负荷电流。

2）低压断路器必须躲过正常峰值电流，同时能承受短路电流的电动力效应及热效应。

3）热脱扣器的额定电流应等于所控制负载的额定电流；用于电动机控制时，电磁脱扣器的瞬时动作整定电流应为负荷电流的 6 倍；用于电动机保护时，要求塑壳式断路器脱扣器整定电流为启动电流的 1.7 倍，万能式断路器整定电流为启动电流的 1.35 倍；用于通断电路时，其额定电流和脱扣器动作电流均应不小于电路中所有负载电流之和。

4）选用低压断路器作多台电机短路保护时，脱扣器动作电流应为容量最大一台电机启动电流的1.3倍加上其余电动机额定电流之和。

5）低压断路器选用时，应考虑其使用场所、使用类别、防护等级以及上下级保护匹配等方面的问题。

三、低压断路器的安装及运行维护

低压断路器在投入运行前需作一般性外观及触点检查，在运行一段时间经过多次操作或故障跳闸后，必须进行适当的维修，保持其正常工作状态。

1. 低压断路器运行中巡视和检查项目

1）检查正常运行的负荷是否超过断路器的额定值。

2）检查接触点和连接点处有无过热现象（特别对有热元件保护装置的，更应注意检查）。

3）检查分、合闸状态下，辅助触点与所串接的指示灯信号是否相符合。

4）监听断路器在运行中有无异常响声。

5）检查传动机构主轴有无变形、锈蚀、销钉松脱现象；相间绝缘有无裂痕、表层脱落和放电现象。

6）检查断路器的保护脱扣器工作状态，如整定值指示位置有否变动，电磁铁表面及间隙是否正常，弹簧的外观有无锈蚀，线圈有无过热现象及异常声响等。

7）检查灭弧罩的工作位置，如是否因受振而移动，外观是否完整，有无喷弧痕迹和受潮情况等。灭弧罩损坏时，必须停止使用，以免开断时发生飞弧现象而扩大事故。

8）当负荷发生变化时，应相应调整过流脱扣器的整定值，必要时应更换设备或附件。

9）发生短路故障低压断路器跳闸或遇有喷弧现象时，应安排解体检修。

2. 低压断路器的定期维护和检修项目

1）取下灭弧罩，检查灭弧栅片的完整性及清擦表面的烟痕和金属细末。

2）检查触头表面，清擦烟痕，用细锉或细砂布打平接触面；触头的银钨合金表面烧伤超过 1mm 时，应更换触头。

3）检查触头弹簧的压力，并调节触头的位置和弹簧的压力，保证触头的接触压力相同，接触良好。

4）用手动慢分、慢合，检查辅助触头的分、合是否合乎要求。

5）检查脱扣器的衔铁和弹簧活动是否正常，动作有无卡劲，磁铁工作面是否清洁平整光滑，有无锈蚀、毛刺和污垢；热元件的各部位有无损坏，间隙是否正常。

6）机构各个接触部分应定期涂润滑油。

7）结束所有检修工作后，应作几次分、合闸试验，检查低压断路器动作是否正常，特别是对于闭锁系统，要确保动作准确无误。

3. 低压断路器的安装

1）低压断路器一般应垂直安装，电源引线接到上端，负载引线接到下端，以保证操作的安全。

2）低压断路器用作电源总开关或电动机的控制开关时，在电源进线侧必须加装隔离开关、刀开关或熔断器等，以形成明显的断开点，保证检修人员的安全。

第五节　接 触 器

接触器是一种自动电磁式开关，适用于远距离频繁地接通或断开交直流主电路及大容量控制电路。接触器的主要控制对象是电动机，也可用于控制其他负载，如电热设备、电焊机以及电容器组等。控制电动机时，能完成启动、停止、正转、反转等多种控制功能。接触器按主触头通过电流的种类，分为交流接触器和直流接触器。

一、常用接触器的技术数据

（一）CJ10 系列交流接触器

1. 型号含义

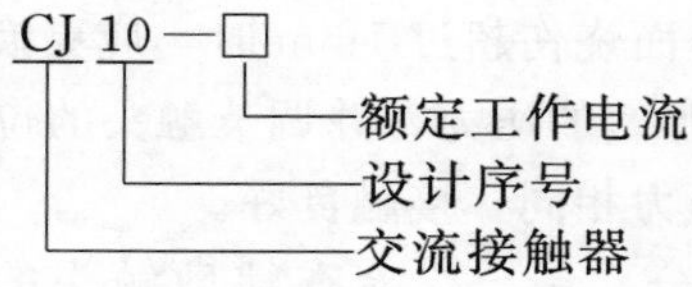

2. 技术数据

CJ10 系列交流接触器主要技术数据，见表 6-68。

表 6-68 CJ10 系列交流接触器技术数据

型　号	主触头额定电流（A）	辅助触头额定电流（A）	可控电动机最大功率（kW）		吸引线圈电压	额定操作频率（次/h）
			220V	380V		
CJ10—10	10	5	2.2	4	36，110，127，220，380，440	1200
CJ10—20	20	5	5.5	10		1200
CJ10—40	40	5	11	20		1200
CJ10—75	75	10	22	40	110,127,220,380	600
CJ10—10	10	5	2.2	4	36，110，220，380	600
CJ10—20	20	5	5.5	10		600
CJ10—40	40	5	11	20		600
CJ10—60	60	5	17	30		600
CJ10—100	100	5	30	50		600
CJ10—150	150	5	43	75		600

（二）CJ12 系列交流接触器

1. 型号含义

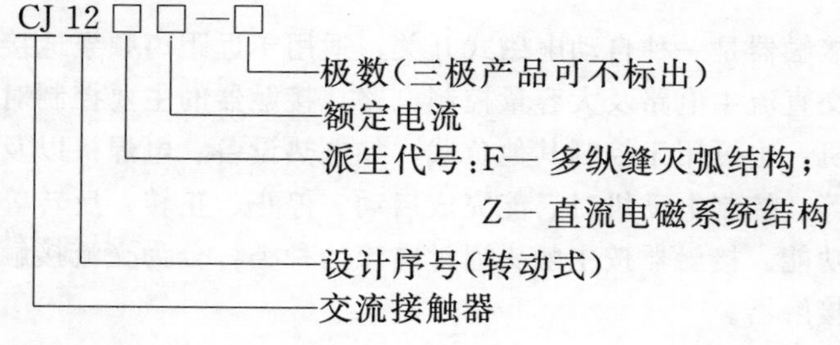

2. 技术数据

CJ12 系列交流接触器的主要技术数据，见表 6-69～表 6-72。

表 6-69　CJ12 系列交流接触器技术数据

额定工作电压（V）	额定工作电流（A）	极数	额定操作频率（次/h）	机械寿命（万次）				主触头电寿命 AC—2（万次）	辅　助　触　头		
				二极	三极	四极	五极	$1.25I_e$，U_e $\cos\varphi$＝0.65±0.05	额定工作电压（V）	约定发热电流（A）	机械寿命（万次）
380	100，150，250	2 3 4 5	600	100	200	20	10	15	AC380 DC220	10	300
380	400，600		300	100	200	20	10	10		10	300
辅助触头组合：五“分”一“合”、四“分”二“合”、三“分”三“合”、二“分”四“合”。											

表 6-70　接触器主触头接通和分断能力

额定工作电流（A）	接　通				分　断				耐受过载电流能力
	I_c/I_e	U_c/U_e	$\cos\varphi$	次数	I_c/I_e	U_c/U_e	$\cos\varphi$	次数	
I_e＝100	12	1.05	0.45	100	10	1.05	0.45	25	I_c/I_e＝8 时，通电时间为 10s
100＜I_e＜600	10	1.05	0.35	100	8	1.05	0.35	25	

表 6-71　辅助触头的接通与分断能力（试验通电时间 0.5～1s，间隔时间 5～10s）

使用类别	接　通				分　断			
	I_c/I_e	U_c/U_e	$\cos\varphi$ 或 T0.95ms	次数	I_c/I_e	U_c/U_e	$\cos\varphi$ 或 T0.95ms	次数
AC—11	10	1	0.7	—	1	1	0.4	300000
DC—11	1	1	300	—	1	1	300	300000

表 6-72　辅助触头的电寿命

使用类别	接　通				分　断			
	I_c/I_e	U_c/U_e	$\cos\varphi$ 或 T0.95ms	次数	I_c/I_e	U_c/U_e	$\cos\varphi$ 或 T0.95ms	次数
AC—11	11	1	0.7	300000	11	1	0.4	300000
DC—11	1	1	300	30000	1	1	300	300000

（三）CJ19（CJ16）系列接触器

CJ19（CJ16）系列切换电容器接触器，主要用于交流 50Hz 或 60Hz、额定工作电压 380V 的电力线路中，供低压无功功率补偿设备投入或切除低压并联电容器之用。接触器带有抑制涌流装置，能有效地减小合闸涌流对电容的冲击和抑制开断时的过电压。

1. 型号含义

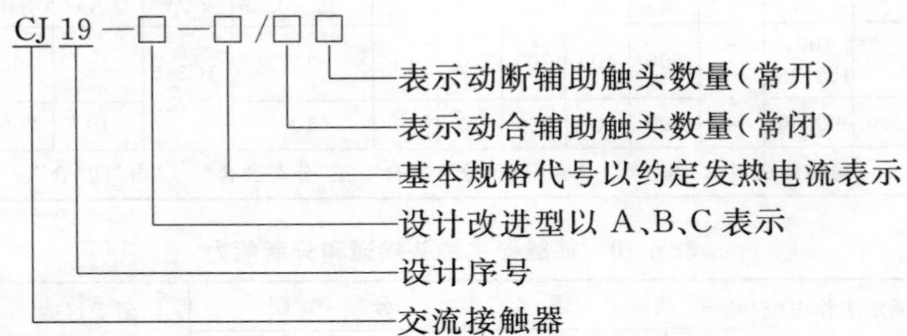

2. 结构特征

接触器为直动式双断点结构，触头系统分上下两层布置，上层有三对预充触头与切合电阻构成抑制涌流装置。当合闸时，它先接通，经数毫秒之后工作触头接通，预充触头中永久磁块依靠弹簧的反作用力释放，断开切合电阻，使电容器正常工作。接触器内部电路如图 6-1。接触器接线端有绝缘罩覆盖，安全可靠。

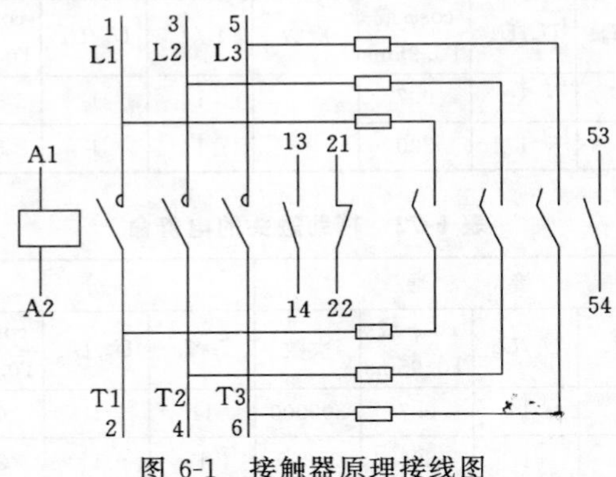

图 6-1 接触器原理接线图

3. 技术数据

CJ19（CJ16）系列接触器的主要技术数据，见表6-73。

表6-73 CJ19（CJ16）系列接触器技术数据

型号			CJ19—25	CJ19—32	CJ19—43	CJ19—63
额定绝缘电压（V）			660			
额定工作电压（V）			380			
可控电容器额定值	额定容量（kvar）	230V	6	9	10	15
		400V	12	16	20	30
	额定电流（A）	230V	15.6	22.6	25	37.5
		400V	17.3	23	29	43
额定操作频率（次/h）			120			
约定发热电流（A）			25	32	43	63
额定开断电流（A）			25	32	43	63
额定工作电流（A）			25	32	43	63
吸引线圈工作范围	吸合		$85\%\sim110\%U_s$			
	释放		$20\%\sim75\%U_s$			
配用熔断器型号			RT19—32/25	RT19—32/32	RT19—63/40	RT19—63/63
吸引线圈电压U_s 50Hz（V）			24 36 48 110 127 220 380			
最大抑制电容器合闸涌流（A）			$20I_n$			
电寿命（万次）			10			
重量（kg）			0.58			1.285

（四）CJ20系列接触器

1. 型号含义

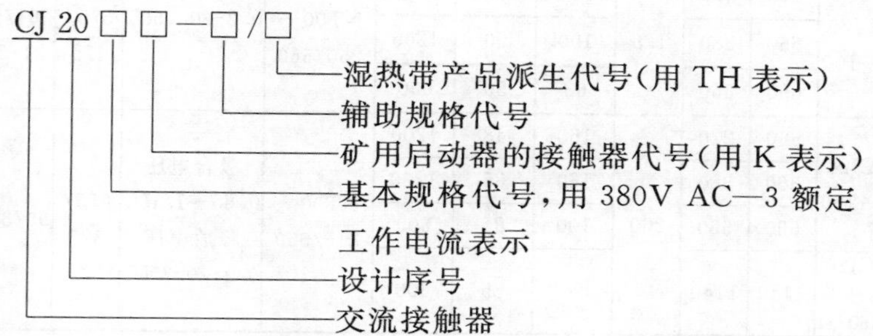

2. 技术数据

CJ20系列接触器的主要技术数据，见表6-74～表6-76。

表6-74　CJ20系列接触器技术数据

<table>
<tr><th rowspan="2">型号</th><th rowspan="2">绝缘电压(V)</th><th rowspan="2">额定工作电压(V)</th><th rowspan="2">约定发热电流(A)</th><th rowspan="2">额定工作电流(AC—3)(A)</th><th rowspan="2">额定控制功率(AC—3)(kW)</th><th rowspan="2">额定操作频率(AC—3)(次/h)</th><th rowspan="2">与SCPD的协调配合</th><th rowspan="2">动作特性</th><th colspan="2">线圈控制功率(VA/W)</th></tr>
<tr><th>启动</th><th>吸持</th></tr>
<tr><td rowspan="3">CJ20—10</td><td>660</td><td>220</td><td rowspan="3">10</td><td>10</td><td>2.2</td><td>1200</td><td rowspan="3">NT00—20/660</td><td rowspan="12">吸合电压
0.85～1.1U_s
释放电压
0.2～0.75U_s</td><td rowspan="3">65/47.6</td><td rowspan="3">8.3/2.5</td></tr>
<tr><td>660</td><td>380</td><td>10</td><td>4</td><td>1200</td></tr>
<tr><td>660</td><td>660</td><td>5.2</td><td>4</td><td>600</td></tr>
<tr><td rowspan="3">CJ20—16</td><td>660</td><td>220</td><td rowspan="3">16</td><td>16</td><td>4.5</td><td>1200</td><td rowspan="3">NT00—20/660</td><td rowspan="3">65/47.8</td><td rowspan="3">8.5/2.6</td></tr>
<tr><td>660</td><td>380</td><td>16</td><td>7.5</td><td>1200</td></tr>
<tr><td>660</td><td>660</td><td>13</td><td>11</td><td>600</td></tr>
<tr><td rowspan="3">CJ20—25</td><td>660</td><td>220</td><td rowspan="3">32</td><td>25</td><td>5.5</td><td>1200</td><td rowspan="3">NT00—32/660</td><td rowspan="3">93.1/60</td><td rowspan="3">13.9/4.1</td></tr>
<tr><td>660</td><td>380</td><td>25</td><td>11</td><td>1200</td></tr>
<tr><td>660</td><td>660</td><td>14.5</td><td>13</td><td>600</td></tr>
<tr><td rowspan="3">CJ20—40</td><td>660</td><td>220</td><td rowspan="3">55</td><td>40</td><td>11</td><td>1200</td><td rowspan="3">NT00—50/660</td><td rowspan="3">175/82.3</td><td rowspan="3">19/5.7</td></tr>
<tr><td>660</td><td>380</td><td>40</td><td>22</td><td>1200</td></tr>
<tr><td>660</td><td>660</td><td>25</td><td>22</td><td>600</td></tr>
<tr><td rowspan="3">CJ20—63</td><td>660</td><td>220</td><td rowspan="3">80</td><td>63</td><td>18</td><td>1200</td><td rowspan="3">NT00—80/660</td><td rowspan="6">吸合电压
0.8～1.1U_s
释放电压
0.2～0.75U_s</td><td rowspan="3">480/153</td><td rowspan="3">57/16.5</td></tr>
<tr><td>660</td><td>380</td><td>63</td><td>30</td><td>1200</td></tr>
<tr><td>660</td><td>660</td><td>40</td><td>35</td><td>600</td></tr>
<tr><td rowspan="3">CJ20—100</td><td>660</td><td>220</td><td rowspan="3">125</td><td>100</td><td>28</td><td>1200</td><td rowspan="3">NT00—250/660</td><td rowspan="3">570/175</td><td rowspan="3">61/21.5</td></tr>
<tr><td>660</td><td>380</td><td>100</td><td>50</td><td>1200</td></tr>
<tr><td>660</td><td>660</td><td>63</td><td>50</td><td>600</td></tr>
<tr><td rowspan="3">CJ20—160</td><td>660</td><td>220</td><td rowspan="4">200</td><td>160</td><td>48</td><td>1200</td><td rowspan="4">NT00—315/660</td><td rowspan="4">吸合电压
0.85～1.1U_s
释放电压
0.2～0.75U_s</td><td rowspan="4">855/325</td><td rowspan="4">90/34</td></tr>
<tr><td>660</td><td>380</td><td>160</td><td>85</td><td>1200</td></tr>
<tr><td>660</td><td>660</td><td>100</td><td>85</td><td>600</td></tr>
<tr><td>CJ20—160/11</td><td>1140</td><td>1140</td><td>80</td><td>85</td><td>300</td></tr>
</table>

续表

型号	绝缘电压(V)	额定工作电压(V)	约定发热电流(A)	额定工作电流(AC—3)(A)	额定控制功率(AC—3)(kW)	额定操作频率(AC—3)(次/h)	与SCPD的协调配合	动作特性	线圈控制功率(VA/W)	
									启动	吸持
CJ20—250	660	220	315	250	80	600	NT00—440/660	吸合电压 $0.85 \sim 1.1U_s$ 释放电压 $0.2 \sim 0.75U_s$	570/175	152/65
	660	380		250	132	600				
CJ20—250/06	660	660		200	190	300				
CJ20—400	660	220	400	400	115	600	NT00—500/660		3578/790	250/118
	660	380		400	200	600				
	660	660		250	220	300				
CJ20—630	660	220	630	630	175	600	NT00—630/660		3578/790	350/140
	660	380		630	300	600				
CJ20—630/06	660	660	400	400	350	300				
CJ20—630/11	1140	1140		400	400	120				

表 6-75 CJ20 系列接触器的电寿命和机械寿命

型　　号	CJ20—10、16、25、40	CJ20—63、100、160	CJ—250、400、630
AC—3 电寿命(万次)	100	120	60
机械寿命(万次)	1000	1000	600

表 6-76 CJ20—10 系列交流接触器辅助触头约定发热电流及触头组合

型　　号	约定发热电流(A)	触头组合
CJ20—10	10	四对任意组合
CJ20—16、25、40	10	两对动断、两对动合
CJ20—63、100、160	10	两对动断、两对动合
CJ20—250、400、630	16	两对动断、四对动合；三对动断、三对动合；四对动断、二对动合

（五）C—L 系列接触器

1. 型号含义

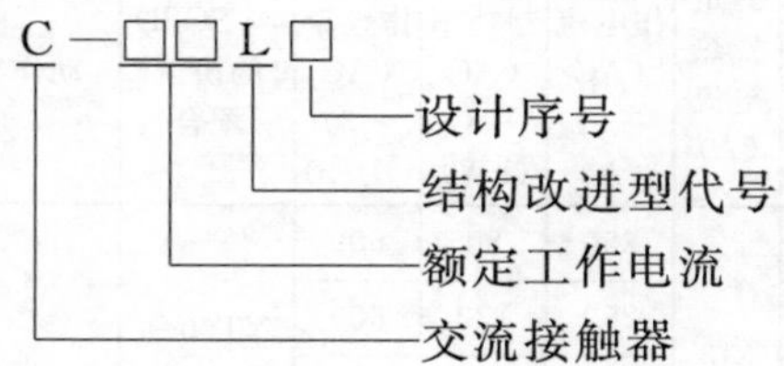

2. 技术数据

（1）接触器线圈工作电压：U_s 为交流 36、100、127、220、380V。

（2）动作特性：吸合电压：85%～110%U_s；释放电压：20%～75%U_s。

C—L 系列接触器主要技术数据，见表 6-77。

表 6-77　C—L 系列接触器技术数据

型号			C—11L	C—16L	C—12L	C—16L2	C—18L	C—20L	C—25L	C—35L	C—50L	C—65L
额定工作电流 AC3（A）	单相	110V	8.5		14.5		20	24	24			
		220V	8		14		17	28	28			
	三相	220V	10		16		24	30	30	44	58	68
		440V	9		12		15	21	27	40	52	65
约定发热电流（A）			20		26		35	40	50	65	80	100
最大接通电流（A）			$10\times I_e$									
最大断开电流（A）			$8\times I_e$									
可控三相鼠笼电动机功率 AC（kW）		220V	2.2		3.7		7.5	7.5		11	15	19
		380V	4		5.5		7.5	11	15	22	30	37
		550V	4		5.5		7.5	11	15	22	30	37
电寿命 AC（次）			1×10^6									
机械寿命（次）			5×10^6									

（六）B系列交流接触器

B系列交流接触器技术数据，见表 6-78。

表 6-78 B系列交流接触器技术数据

型号	额定绝缘电压（V）	最高工作电压（V）	AC—3，AC—4额定电流（A）		AC—3控制功率（kW）	电寿命（百万次）	机械寿命（千万次）	操作频率AC—3（次/h）
			380	660				
CDC1—9	660	660	8.5	3.5	4	1	1	600
CDC1—12	660	660	11.5	4.9	5.5	1	1	600
CDC1—16	660	660	15.5	6.7	7.5	1	1	600
CDC1—25	660	660	22	13	11	1	1	600
CDC1—30	660	660	30	17.5	15	1	1	600
CDC1—37	660	660	37	21	18.5	1	1	600
CDC1—45	660	660	45	25	22	1	1	600
CDC1—65	660	660	65	44	33	1	1	600
CDC1—85	660	660	85	53	45	1	1	600
CDC1—105	660	660	105	82	55	1	1	600
CDC1—170	660	660	170	118	90	1	1	600
CDC1—250	660	660	250	170	132	1	0.3	400
CDC1—370	660	660	370	268	200	1	0.3	400
CDC1—460	660	660	475	337	250	1	0.3	300

（七）CJX1 系列接触器

1．型号含义

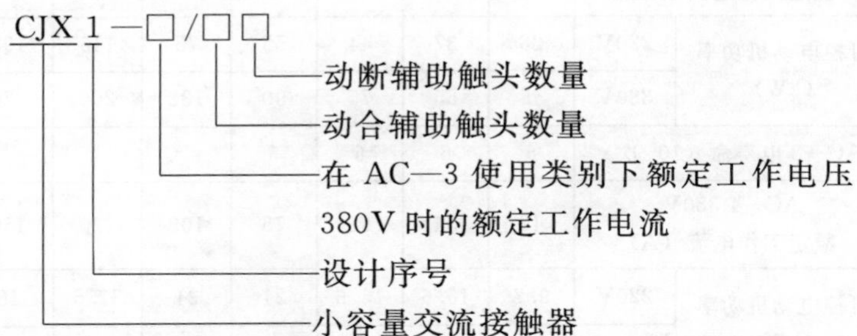

2．技术数据

CJX1 系列接触器主要技术数据，见表 6-79 和表 6-80。

表 6-79　CJX1 系列接触器技术数据

型　　号		CJX1—9	CJX1—12	CJX1—16	CJX1—22	CJX1—32	CJX1—45	CJX1—63	CJX1—75
额定绝缘电压（V）		660	660	660	660	660	750	750	1000
机械寿命（百万次）		10	10	10	10	8	8	8	6
AC—3 380V 额定工作电流（A）		9	12	16	22	32	45	63	75
可控电动机功率（kW）	220V	2.2	3	4	5.5	8.5	15	18.5	22
	380V	4	5.5	7.5	11	15	22	30	37
AC—3 电寿命（10^5 次）		10	10	10	10	8	6	6	6
AC—4 380V 额定工作电流（A）		3.3	4.3	7.7	8.5	12	24	28	34
可控电动机功率（kW）	220V	0.75	1.1	2	2.2	4.5	6.3	6.7	7.8
	380V	1.4	1.9	3.5	4	7.5	11	14	17
AC—4 电寿命（10^5 次）		2	2	2	2	2	1.5	1.5	1

型　　号		CJX1—85	CJX1—110	CJX1—140	CJX1—170	CJX1—250	CJX1—400	CJX1—630
额定绝缘电压（V）		1000	1000	1000	1000	1000	1000	1000
机械寿命（百万次）		6	6	6	6			
AC—3 380V 额定工作电流（A）		85	110	140	170	250	400	630
可控电动机功率（kW）	220V	26	37	44	55	75	115	190
	380V	45	55	75	90	132	200	325
AC—3 电寿命（10^5 次）		6	6	6	6			
AC—4 380V 额定工作电流（A）		42	54	68	75	103	120	150
可控电动机功率（kW）	220V	9.7	15.6	15.6	21	31	37.5	46
	380V	17	27	27	37	55	65	80
AC—4 电寿命（10^5 次）		1	1	1	1			

表 6-80　CJX1 系列接触器辅助触头技术数据

型　　号	额定工作电流（A）		电寿命（万次）
	AC—15（380V）	DC—13（220V）	
CJX1—9～22	6	0.45	120
CJX1—32	4	0.45	120
CJX1—45～110	4	0.9	120
CJX1—110～630	4	1.1	120

（八）CJX2（LC1—D）系列交流接触器

1. 接触器型号含义

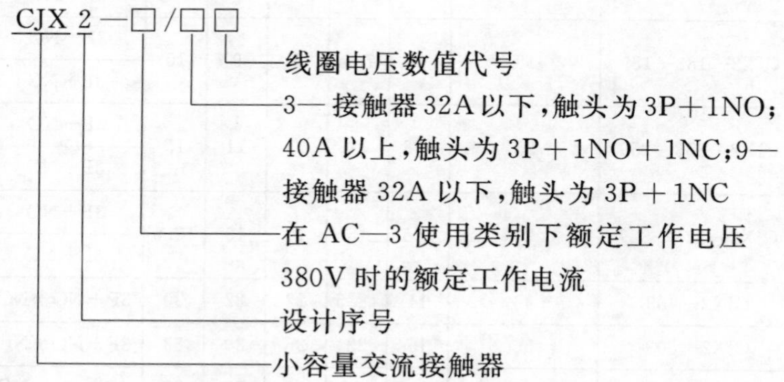

2. 空气延时头的型号含义

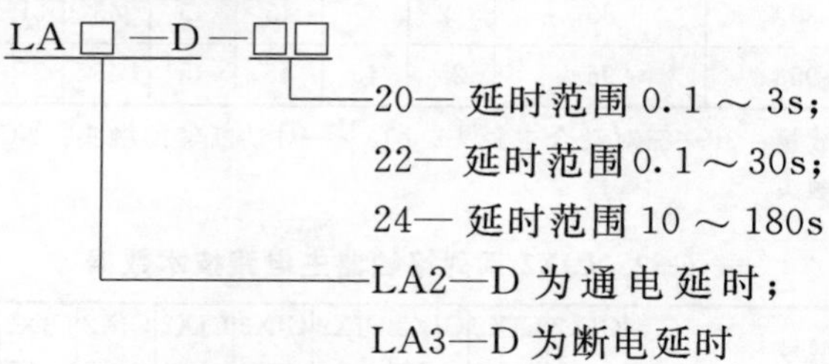

3. 辅助触头的含义

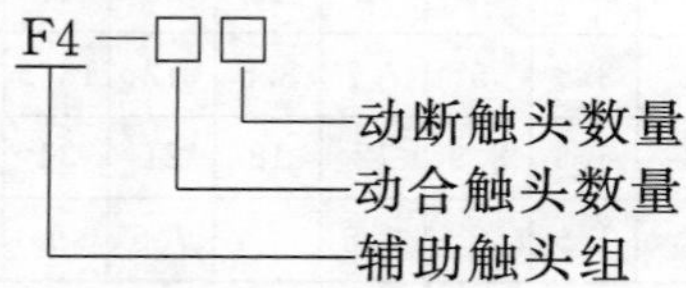

4. 技术数据

CJX2 系列交流接触器的主要技术数据，见表 6-81～表 6-83。

表 6-81　CJX2 系列接触器辅助触头技术数据

型　　号	额定工作电流 440V，AC—3 (A)	控　制　功　率 (kW)					触头数量
		220V	380V	415V	440V	660V	
CJX2—093—099	9	2.2	4	4	4	5.5	3P+NO
							3P+NC
CJX2—123—129	12	3	5.5	5.5	5.5	7.5	3P+NO
							3P+NC
CJX2—183—189	18	4	7.5	9	9	10	3P+NO
							3P+NC
CJX2—253—259	25	5.5	11	11	11	15	3P+NO
							3P+NC
CJX2—323—329	32	7.5	15	15	15	18.5	3P+NO
							3P+NC
CJX2—403	40	11	18.5	22	22	30	3P+NO+NC
CJX2—503	50	15	22	25	30	33	3P+NO+NC
CJX2—653	65	18.5	30	37	37	37	3P+NO+NC
CJX2—803	80	22	37	45	45	45	3P+NO+NC
CJX2—953	95	25	45	45	45	45	3P+NO+NC

注　触头数量：3P—三对动合主触头；NO——一对动断辅助触头；NC——一对动合辅助触头。

表 6-82　CJX2 系列接触器主电路技术数据

型号			CJX2—09	CJX2—12	CJX2—18	CJX2—25	CJX2—32	CJX2—40	CJX2—50	CJX2—65	CJX2—80	CJX2—95
额定工作电流 (A)	380V	AC3	9	12	18	25	32	40	50	65	80	95
		AC4	3.5	5	7.7	8.5	12	18.5	24	28	37	44
	660V	AC3	6.6	8.9	12	18	21	34	39	42	49	55
		AC4	1.5	2	3.8	4.4	7.5	9	12	14	17.3	21.3

续表

型号		CJX2—09	CJX2—12	CJX2—18	CJX2—25	CJX2—32	CJX2—40	CJX2—50	CJX2—65	CJX2—80	CJX2—95
约定发热电流（A）		20	20	32	40	50	60	80	80	125	125
接通最大电流（A）		250	250	300	450	550	800	900	1000	1100	1200
断开最大电流（A）	440V	250	250	300	450	550	800	900	1000	1100	1200
	500V	175	175	250	400	480	800	900	1000	1100	1200
	660V	85	85	120	180	200	400	500	630	640	700
可控三相电动机功率 AC—3（kW）	220V	2.2	3	4	5.5	7.5	11	15	18.5	22	25
	380V	4	5.5	7.5	11	15	18.5	22	30	37	45
	660V	5.5	7.5	7.5	15	18.5	30	33	37	45	55
操作频率（次/h）	电寿命 AC3	1200				600					
	电寿命 AC4	300									
	机械寿命	3600/7200									
电寿命（万次）	AC3	100				80				60	
	AC4	20					15			10	
机械寿命（万次）		1000				800				600	
配用熔断型号		NT00—16	NT00—20	NT00—25	NT00—32	NT00—50	NT00—63	NT00—63	NT00—80	NT00—100	NT00—125
符合标准		IEC947—4—1　GB 1497—85　JB2455—85									

表 6-83　CJX2 系列接触器线圈参数

型　号			CJX2—09，12，18	CJX2—25，32，40	CJX2—65，80，95
额定控制电压（V）			12～660		
吸合电压（V）			(0.85～1.1) U_s		
释放电压（V）			(0.2～0.75) U_s		
线圈功率	50Hz	吸合（VA）	70	110	200
		保持（VA）	8	11	20
	60Hz	吸合（VA）	80	115	200
		保持（VA）	8	11	20
功率（W）			1.8～2.7	3～4	6～10

（九）CN 系列交流接触器

CN 系列交流接触器数据，见表 6-84。

表 6-84　CN 系列交流接触器技术数据

型　号		CN—11	CN—16	CN—18	CN—25	CN—35
额定绝缘电压（V）		660				
约定发热电流（A）		25	25	35	50	60
可控三相鼠笼电动机功率 AC3（kW）	220V	3	4	5.5	7.5	11
	380V	4	5.5	9	15	18.5
	550V	5.5		11	15	22
AC3 电寿命（次）		1×10^6				
机械寿命（次）		10×10^6				
最大接通电流（A）		$10\times I_e$				
最大断开电流（A）		$8\times I_e$				

二、接触器的选用与安装

（一）接触器的选用

1）根据负载性质，选用接触器。控制交流负载应选用交流接触器；控制直流负载则选用直流接触器。

2）根据负载额定电压确定接触器的额定电压，主触头的额定工作电压应大于或等于负载电路的电压；吸引线圈的额定电压应与控制回路电压相一致。当控制线路简单，使用电器较少时，可直接选用 380V 或 220V 的电压；当控制线路复杂，使用电器较多时，为保证人身和设备安全，可选用 36V 或 110V 的电压。

3）接触器的使用类别适用于控制对象和操作条件的要求。①根据控制对象的特点选用接触器的使用类别。如：纯电阻负载、电阻炉、钨丝灯，可用类别为 AC1 的接触器。使用类别的含义如下：交流接触器主触头，AC—1 无感或低感负载、电阻炉；AC—2 绕线式感应电动机的启动、分断；AC—3 鼠笼式感应电动机的启动、运转中分断；AC—4 鼠笼式感应电动机的启动、反接制动或反向运转、点动。接触器辅助触头，AC—11 控制交流电磁铁；AC—14 控制小容量电磁铁负载；AC—15 控制容量在 72VA 以上的电磁铁负载。②按操作条件选用接触器的类别。操作条件为启动、反接制动与反向、频繁通断绕线式电动机时，至少要由使用类别为 AC2 的接触器来控制；操作条件为启动、运转中分断鼠笼电动机时，至少要由使用类别为 AC3 的接触器来控制；操作条件为启动、反接制动与反向、频繁通断鼠笼式电动机时，则必须要由使用类别为 AC4 的接触器来控制。③触头的电寿命约与分断电流的 1.6～2.2 次方成反比，降低容量使用可以增加电寿命。④接触器安装在控制箱或防护外壳内时，由于散热条件较差，环境温度教高，应适当降低容量使用。

4）根据负载电路的电流，确定主触头的额定工作电流。主触头的额定工作电流应大于或等于负载电路的电流。控制电阻性负载时，主触头的额定电流应等于负载电路的电流；控制电动机时，主触头的额定电流应大于负载电路的电流。若接触器使用于频繁启动、制动及正反转控制的场合，应将主触头的额定电流降低一个等级。

（二）交流接触器的负荷能力

交流接触器的负荷能力与其工作方式、负载性质、安装方式等有关。接触器的工作方式分为连续、间断、反复短时工作制（暂载率为 40%）三种情况。选用接触器时，应特别注意其工作方式。交流接触器的安装方式分为开启式和柜内式两种。安装在柜内的接触器因通风、散热条件变差，负荷能力相应降低。接触器的负荷能力还与它所控制的负载性质有关，即与负荷功率因数有较大的关系，功率因数越低（包括电容器负荷），灭弧越困难，影响通断能力越显著。

（三）接触器的运行维护

1. 接触器的运行巡视

1）检查最大负荷电流是否超过接触器的规定负荷值。

2）检查接触器的电磁线圈温升是否超过规定值（65℃）。

3）监听接触器内有无放电声以及电磁系统有无过大的噪声和过热现象。

4）检查触点系统和连接点有无过热现象。

5）检查灭弧罩是否完整，如有损坏应更换（或修理），修复后方可运行。

2. 接触器的维护

1）检修触点系统，用细锉或丝砂布打光接触面，保持触点原有形状，调整接触面及接触压力，保持三相同时接触，触点过度烧伤的即应更换。

2）检查灭弧罩内部附件的完好性，并清除烟痕等杂质。

3）检查联动机构的绝缘状况和机构附件的完好程度，是否有变形、位移及松脱情况。

4）检查吸合铁芯的接触表面是否光洁，短路环是否断裂或过度氧化。

5）检查由辅助触点构成的接触器二次电气连锁系统的作用是否正常，修后应作传动试验。

6）检查吸引线圈的工作电压是否在正常范围内。

（四）接触器安装与使用

1. 不宜安装接触器的场所

1）易燃、易爆场所。

2）空气相对湿度超过85%，或有腐蚀性气体的场所。

3）灰尘过多或有导电性尘埃的场所。

4）没有采取防雨、雪措施的室外场所。

5）振动力太大的场所。

2. 接触器的安装

1）接触器安装时，其底面应与地面垂直，倾斜度小于5°。CJ0系列接触器安装时，应使有孔两面放在上、下位置，以利于散热。

2）安装时切勿使螺钉、垫圈等落入接触器内，防止机械卡阻或短路故障。

3）安装完毕，检查接线正确无误后，在主触头不带电的情况下操作几次，然后测量接触器的动作值和释放值。

4）触头要经常清洁，包括清除电弧遗留物。但银及银合金触头表面产生的氧化膜，由于其电阻很小，不能清除，否则会缩短触头寿命。

第六节　控制继电器

继电器是一种传递信号的电器，它根据输入信号的不同达到不同的控制目的。继电器一般用来接通和断开控制电路，只有当电动机的功率较小时，才可用某些中间继电器来直接接通和断开主电路。同接触器相比，继电器具有触头分断能力小、体积小、重量轻、反应灵敏等特点。

控制继电器的种类很多，按输入信号的种类分为：电流、电压、速度、压力、热继电器等；按动作时间分为：瞬时动作和延时动作；按工作原理分为：电磁式、感应式、电动式、电子式、机械式等。由于电磁式继电器具有工作可靠、结构简单、制造方便、寿命长等优点，故在电力拖动系统中得到广泛应用。电磁式继电器有交流和直流之分，其主要结构和工作原理和接触器基本相同。

一、热继电器

热继电器是根据控制对象的温度变化来控制电流流过的继电器，即利用电流的热效应而动作的电器，它主要用于电动机的过载保护。热继电器由热元件、触头、动作机构、复位按钮和定值装置组成。

（一）常用热继电器的技术数据

1.JR20 系列热继电器

1）型号含义

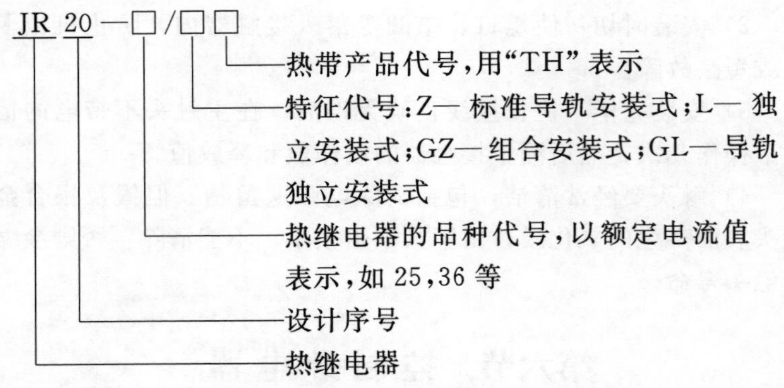

2）JR20 系列热继电器主要技术数据，见表 6-85。

表 6-85　JR20 系列热继电器技术数据

型　号	热元件代号	额定电流整定范围（A）	型　号	热元件代号	额定电流整定范围（A）
JR20—10	1R	0.1—0.13—0.15	JR20—16	2S	5.4—6.7—8
	2R	0.15—0.19—0.23		3S	8—10—12
	3R	0.23—0.29—0.35		4S	10—12—14
	4R	0.35—0.44—0.53		5S	12—14—16
	5R	0.53—0.67—0.80		6S	14—16—18
	6R	0.80—1.0—1.2	JR20—25	1T	7.6—9.7—11.6
	7R	1.2—1.5—1.8		2T	11.6—14.3—17
	8R	1.8—2.2—2.6		3T	17—21—25
	9R	2.6—3.2—3.8		4T	21—25—29
	10R	3.2—4—4.8	JR20—63	1D	16—20—24
	11R	4—5—6		2D	24—30—36
	12R	5—6—7		3D	32—40—47
	13R	6—7.2—8.4		4D	40—47—55
	14R	7—8.6—10		5D	47—55—62
	15R	8.6—10—11.6		6D	55—63—71
JR20—16	1S	3.6—4.5—5.4	JR20—160	1W	33—40—47

续表

型　号	热元件代号	额定电流整定范围（A）	型　号	热元件代号	额定电流整定范围（A）
JR20—160	2W	47—55—63	JR20—160	9W	144—160—176
	3W	63—74—84	JR20—250	1X	130—150—170
	4W	74—86—98		2X	167—200—250
	5W	85—100—115	JR20—400	1Y	200—250—300
	6W	100—115—130		2Y	267—335—400
	7W	115—132—150	JR20—630		320—400—480
	8W	130—150—170			420—525—630

注　JR20—10 中 10R 及以下不带断相保护。

2. JR36 系列热继电器

1）型号含义

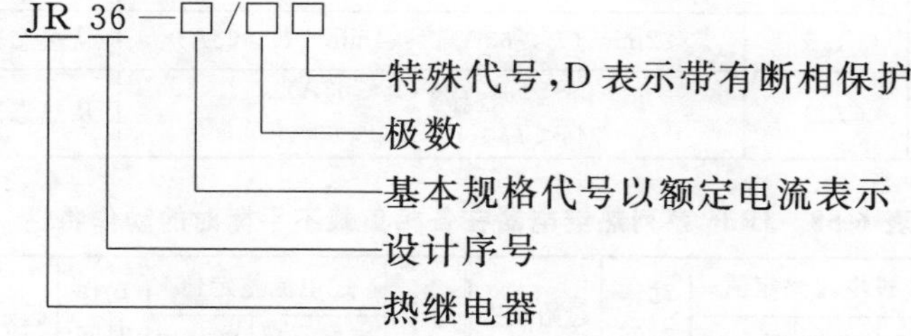

2）JR36 系列热继电器的主要技术数据，见表 6-86～表 6-89。

表 6-86　JR36 系列热继电器技术数据

额定电流（A）	整定电流范围	热元件代号	额定电流（A）	整定电流范围	热元件代号
JR36—20	0.25～0.30～0.35	B1	JR36—20	2.2～2.8～3.5	B7
	0.32～0.40～0.5	B2		3.2～4.0～5.0	B8
	0.45～0.6～0.72	B3		4.5～6.0～7.2	B9
	0.68～0.90～1.10	B4		6.8～9.0～11	B10
	1.0～1.3～1.6	B5		10～13～16	B11
	1.5～2.0～2.4	B6		14～18～22	B12

续表

额定电流（A）	整定电流范围	热元件代号	额定电流（A）	整定电流范围	热元件代号
JR36—32	10～13～16	C1	JR36—63	40～52～63	D4
	14～18～22	C2	JR36—160	40～52～63	E1
	20～26～32	C3		53～70～85	E2
JR36—63	14～18～22	D1		75～100～120	E3
	20～26～32	D2		100～130～160	E4
	28～36～45	D3			

表 6-87　JR36 系列热继电器在各相负载平衡时的动作特性

序号	三极整定电流倍数	动作时间	起始状态
1	1.05	＞2h	冷态
2	1.2	＜2h	从热态开始
3	1.5	＜2min（I_e≤63A）；＜4min（I_e＞63A）	从热态开始
4	7.2	2s＜T_p≤10s（I_e≤63A）； 4s＜T_p≤10s（I_e＞63A）	从热态开始

表 6-88　JR36 系列热继电器在各相负载不平衡时的动作特性

序号	过电流整定值		动作时间	起始状态	序号	过电流整定值		动作时间	起始状态
	任意二相	另一相				任意二相	另一相		
1	1.0	0.9	＞2h	冷态开始	2	1.15	0	＜2h	热态开始

表 6-89　JR36 系列热继电器辅助触头技术参数

触头种类	动断触头		动合触头	
工作电压	DC220	AC380	DC220	AC380
约定发热电流（A）	10	10	10	10
额定工作电流	0.15	0.47	0.15	0.47

热继电器动作后的复位时间：当调整为自动复位时，其自动复位时间不大于 5min；当调整为手动复位时，其手动复位时间

不大于 2min。

3. JRS1 系列热继电器

1）型号含义

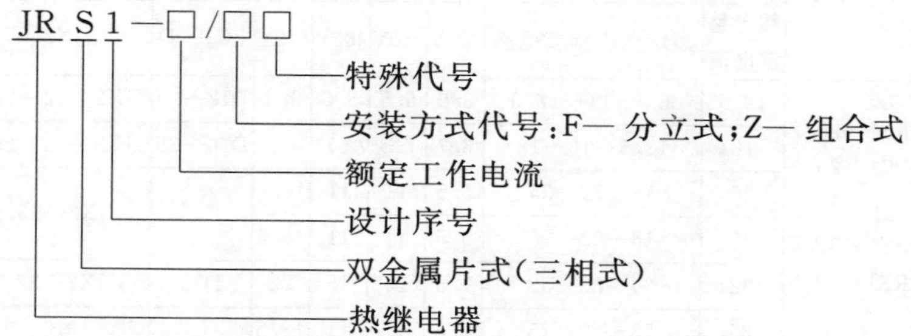

2）JRS1 系列热继电器的主要技术数据，见表 6-90～表 6-93。

表 6-90 JRS1 系列热继电器技术数据

型号	热元件电流（A）		AC—3 控制电动机功率（kW）				插接安装接触器	
	额定整定电流	额定电流调节范围	220V	380V	400V	660V	LC1—D	CJX2
JRS1—12/Z JRS1—12/F	0.15	0.11—0.13—0.15					D09—D25	CJX2—9—25
	0.22	0.15—0.18—0.22						
	0.32	0.22—0.27—0.32						
	0.47	0.32—0.40—0.47						
	0.72	0.47—0.68—0.72						
	1.1	0.72—0.90—1.1						
	1.6	1.1—1.3—1.6		0.37	0.55	1.1		
	2.4	1.6—2.0—2.4	0.37	0.75	1.1	1.5		
	3.5	2.4—3.0—3.5	0.75	1.5	1.5	3		
	5.0	3.5—4.2—5.0	1.0	2.2	2.2	4.0		
	7.2	5.0—6.0—7.2	1.5	3.0	3.0	5.0		
	9.4	6.6—8.2—9.4	2.2	4.0	4.0	7.5		
	12.5	9.0—11—12.5	3.0	5.5	5.5	9.0	D12—25	CJX2—12—25

续表

型号	热元件电流（A）		AC—3 控制电动机功率（kW）				插接安装接触器	
	额定整定电流	额定电流调节范围	220V	380V	400V	660V	LC1—D	CJX2
JRS1—25/Z JRS1—25/F	12.5	9.0—11—12.5	3.0	5.5	5.5	9.0	D12—25	CJX2—12—25
	18	12.5—16—18	3.7	7.5	7.5	11	D16—25	CJX2—16—25
	25	18—22—25	5.5	11	11	18.5	D25	CJX2—25
JRS1—32/Z JRS1—32/F	25	18—22—25	5.5	11	11	18.5		
	32	24—28—32	7.5	15	15	22	D32	CJX2—32
JRS1—63/Z JRS1—63/F	25	18—22—25	5.5	11	11	18.5	D40—68	CJX2—40—68
	32	24—28—32	7.5	15	15	22		
	40	30—35—40	10	18.5	22	30		
	50	38—44—50	11	22	25	37		
	63	48—55—63	15	25	25	30		
JRS1—80	80	63—80	22	37	45	63	D80—95	CJX2—80—95

表 6-91　热继电器在各相负载平衡时的动作特性

序号	三极整定电流倍数	动作时间	起始状态	序号	三极整定电流倍数	动作时间	起始状态
1	1.05	>2h	冷态	3	1.50	<2min	从热态开始
2	1.20	<2h	从热态开始	4	7.20	$4s < T_p \leqslant 10s$	冷态

表 6-92　热继电器在各相负载不平衡时的动作特性

序号	过电流整定值		动作时间	起始状态	序号	过电流整定值		动作时间	起始状态
	任意二相	另一相				任意二相	另一相		
1	1.0	0.9	>2h	冷态开始	2	1.15	0	<2h	热态开始

表 6-93　热继电器辅助触头参数

使用类别	AC—15	AC—15	AC—15	使用类别	AC—15	AC—15	AC—15
额定工作电压（V）	220	380	500	约定发热电流（A）	6	6	6
额定工作电流（A）	1.64	0.95	0.72				

4. JR29 系列热继电器

JR29 系列热继电器技术数据，见表 6-94。

表 6-94　JR29 系列热继电器主要技术数据

型　号		JR29—16	JR29—25	JR29—45	JR29—85	JR29—105	JR29—170	JR29—250	JR29—370
额定电流（A）		16	25	45	85	105	170	250	400
热元件整定电流范围（A）		0.11～17.6	0.1～32	0.28～45	6.0～100	27～115	90～200	100～400	100～500
操作频率（次/h）		15	15	15	15	15	15	15	15
复位方式		手动	手动和自动		自动	手动和自动			
电寿命（千次）		5	5	5	5	5	5	5	5
辅助触头	数量	一开一闭				一开一闭、二闭			
	额定工作电流（A）	220V：3		220V：3、1.7		220V：3、2.5		220V：3、1.7	
		380V：2		380V：2、1.8		380V：2、1.8		380V：2、1.8	
		500V：1		500V：1.5、1.0		500V：1.5、0.8		500V：1.5	

（二）热继电器的选用

选用热继电器时，必须了解被保护对象的工作环境、启动情况、负载性质、工作制及电动机允许的过载能力。原则是热继电器的安秒特性位于电动机过载特性之下，并尽可能接近。

1. 保护长期工作或间断长期工作的电动机时热继电器的选用

1）保证电动机能启动：选取 $6I_e$ 下具有相应可返回时间的热继电器；动作时间通常应大于 5s。

2）选热继电器整定值为（0.95～1.05）I_e。

3）选用带断相保护的热继电器，即型号后面有 D、T 系列或 3UA 系列。

2. 保护反复短时工作制的电动机时热继电器的选用

选用热继电器时，仅有一定范围的适应性。当电动机启动电流倍数为 $6I_e$，启动时间为 1s、满载工作、通电持续率为 60% 时，每小时允许操作数不能超过 40 次。如操作频率过高，可选用带速饱和电流互感器的热继电器，或者不用热继电器保护而选用电流继电器。

3. 特殊工作制电动机保护

正反转及频繁通断工作的电动机不宜采用热继电器来保护。较理想的方法是用埋入绕组的温度继电器或热敏电阻来保护。

根据电动机额定电压和电流计算出热元件的电流范围，然后选取相应型号及电流等级热继电器。如热继电器与电动机的安装条件不同，环境也不同，则热元件电流要做适当调整。如高温场合热元件的电流应放大 1.05～1.20 倍。设计成套电气装置时，热继电器尽量远离发热电器。通过热继电器的电流与整定电流之比称之为整定电流倍数。其值越大发热越快，动作时间越短。对于点动（断续控制）、重载启动、频繁正反转及带反接制动等运行的电动机，一般不用热继电器作过载保护。

（三）热继电器的安装

热继电器应安装在其他发热电器的下方。整定电流装置的一般应安装在右边，并保证在进行调整和复位时的安全和方便。接线时应使接点紧密可靠，出线端的导线不应过粗或过细，以防止轴向导热过快或过慢，使热继电器动作不准确。热继电器的安装使用注意事项如下：

1）安装方向、方法应符合说明书要求，倾斜度应小于 5°，最好安装在其他电路下面。

2）对点动、重载启动、反接制动等电动机，不宜用热继电器作过载保护。安装时要盖好外盖，接线牢靠，清除一切污垢。

3）检查热元件的额定值或调整旋钮的刻度值是否与电动机的额定值相配。拨动 4～5 次，观察动作机构是否正常可靠，复位是否灵活，并调整部件不得松动。

4）检查热元件是否良好，不得拆下，必要时进行通电实验。热元件容量与被保护电路负载相适应，各部件位置不得随意变动；其工作温度与设备环境温度之差小于 15～25℃，如大于 25℃，则选用高一级热元件；如小于 15℃，则选用低一级热元件。

5）热继电器运行时除温差要求外，要求其环境温度在－30～＋40℃范围；检查连接端有无不合理的发热现象等。

二、时间继电器

时间继电器是一种利用电磁原理或机械原理来延迟触点闭合或断开的自动控制电器。时间继电器按动作原理及结构的不同，可以分为空气阻尼式（表 6-95）、电动式、电子式（表 6-96）等，其中空气阻尼式时间继电器是一种典型的产品，多用于机床控制电路中。时间继电器的特点是从它接到输入动作信号起，需延迟一段确定的时间后，触点才能动作。延迟的时间有一定的范围，并可根据使用要求进行调节。时间继电器的这种延时控制作用在工程技术和日常生产中都有广泛应用。

表 6-95　JS7—A 系列空气阻尼式时间继电器技术数据

<table>
<tr><td colspan="3">型　　号</td><td>JS7—1A</td><td>JS7—2A</td><td>JS7—3A</td><td>JS7—4A</td></tr>
<tr><td colspan="3">触头额定电压（V）</td><td colspan="4">380</td></tr>
<tr><td colspan="3">触头额定电流（A）</td><td colspan="4">5</td></tr>
<tr><td rowspan="2">瞬时动作
触头对数</td><td colspan="2">动合</td><td></td><td>1</td><td></td><td>1</td></tr>
<tr><td colspan="2">动断</td><td></td><td>1</td><td></td><td>1</td></tr>
<tr><td rowspan="4">有延时的
触头对数</td><td rowspan="2">通电
延时</td><td>动合</td><td>1</td><td>1</td><td></td><td></td></tr>
<tr><td>动断</td><td>1</td><td>1</td><td></td><td></td></tr>
<tr><td rowspan="2">断电
延时</td><td>动合</td><td></td><td></td><td>1</td><td>1</td></tr>
<tr><td>动断</td><td></td><td></td><td>1</td><td>1</td></tr>
<tr><td colspan="3">线圈电压（V）</td><td colspan="4">24，36，110，127，220，380，420</td></tr>
<tr><td colspan="3">延时范围（s）</td><td colspan="4">0.4～60、0.4～180</td></tr>
<tr><td colspan="3">额定操作频率（次/h）</td><td colspan="4">600</td></tr>
</table>

表 6-96　JSJP 系列电子式时间继电器的主要技术数据

<table>
<tr><td>型　　号</td><td>JISJP—1
JISJP—1/M</td><td>JISJP—2
JISJP—2/M</td><td>JISJP—3
JISJP—3/M</td><td>JISJP—4
JISJP—4/M</td></tr>
<tr><td>延时范围（s）</td><td>0.1～1
1～10</td><td>1～10
10～100</td><td>10～100
100～1000</td><td>100～1000
1000～10000</td></tr>
<tr><td>额定电压</td><td colspan="4">AC50Hz：24，36，42，48，110，127，220，380；DC：24</td></tr>
</table>

续表

型　　号	JISJP—1 JISJP—1/M	JISJP—2 JISJP—2/M	JISJP—3 JISJP—3/M	JISJP—4 JISJP—4/M
动作形式	通电延时			
触点数量	延时 2 转换			
触点容量	AC：380V，3A；220V，5A；DC：24V，5A			
重复精度	±1%			
额定功率（W）	1.5			
机械寿命（万次）	100			
电寿命（万次）	20			
重量（kg）	0.38			

三、电流继电器

电流继电器分为过电流继电器和欠电流继电器两种。低压控制系统中采用的控制继电器大部分为电磁式继电器。电流继电器由电流线圈、铁芯、衔铁及触点等部分组成。过电流继电器在额定值下工作时，电磁式继电器的衔铁处于释放位置。当电路出现过电流或过电压时，衔铁吸合动作；当电路的电流或电压降低到继电器的复归值时，衔铁释放返回。欠电流继电器在额定值数下工作时，电磁式继电器的衔铁处于吸合状态；当电路出现欠电流或欠电压时，衔铁动作释放；而当电路的电流或电压上升后，衔铁才返回吸合状态。JL14、JL15 系列电流继电器及触点主要技术数据，见表 6-97 及表 6-98。

表 6-97　JL14、JL15 系列电流继电器的主要技术数据

<table>
<tr><th colspan="2">型　　号</th><th>吸引线圈额定电流
I_N（A）</th><th>吸合电流调整范围</th><th>触点组合形式</th></tr>
<tr><td>JL14—Z</td><td rowspan="3">直流</td><td rowspan="6">1，1.5，2.5，5，
10，15，25，40，
60，100，150，
300，600，
1200，1500</td><td>（70%～300%）I_N</td><td rowspan="4">3 动合 3 动断
2 动合 1 动断
1 动合 2 动断
1 动合 1 动断
2 动合 2 动断</td></tr>
<tr><td>JL14—ZS</td><td rowspan="2">（30%～65%）I_N 或释放电流在（10%～20%）I_N 范围内调整</td></tr>
<tr><td>JL14—ZQ</td></tr>
<tr><td>JL14—J</td><td rowspan="3">交流</td><td rowspan="3"></td></tr>
<tr><td>JL14—S</td><td rowspan="2">1 动合 1 动断</td></tr>
<tr><td>JL14—JG</td></tr>
</table>

续表

<table>
<tr><th colspan="2">型　号</th><th>吸引线圈额定电流
I_N (A)</th><th>吸合电流调整范围</th><th>触点组合形式</th></tr>
<tr><td>JL15—01</td><td rowspan="8">直流
交流</td><td rowspan="10">1.5，2.5，5，10，15，20，30，40，60，80，100，150，250，300，400，600，800，1200</td><td rowspan="4">(80%～300%) I_N</td><td rowspan="4">1 动断
1 动合 1 动断</td></tr>
<tr><td>JL15—11</td></tr>
<tr><td>JL15—S/01</td></tr>
<tr><td>JL15—S/11</td></tr>
<tr><td>JL15—02</td><td rowspan="4">(120%～400%) I_N</td><td rowspan="4">2 动断
2 动合 2 动断</td></tr>
<tr><td>JL15—22</td></tr>
<tr><td>JL15—S/02</td></tr>
<tr><td>JL15—S/22</td></tr>
<tr><td>JL15—F/01</td><td rowspan="2">交流</td><td rowspan="2">(120%～400%) I_N</td><td rowspan="2">1 动断
1 动合 1 动断</td></tr>
<tr><td>JL15—F/11</td></tr>
</table>

表 6-98　JL14、JL15 系列电流继电器触点的主要技术数据

<table>
<tr><th rowspan="2">型号</th><th rowspan="2">电　压
(V)</th><th colspan="2">接通电流 (A)</th><th colspan="4">开断电流 (A)</th><th rowspan="2">cosφ</th><th rowspan="2">时间
常数
(s)</th><th rowspan="2">电寿命
(万次)</th></tr>
<tr><th>额定</th><th>最大</th><th colspan="2">额　定</th><th colspan="2">最　大</th></tr>
<tr><td rowspan="3">Jl14</td><td>AC380</td><td>22</td><td>50</td><td colspan="2">2.5</td><td colspan="2">5</td><td>0.3～0.4</td><td></td><td>50</td></tr>
<tr><td>DC110</td><td>6</td><td>7.5</td><td>1*</td><td>2**</td><td>1*</td><td>2.5*</td><td rowspan="2"></td><td rowspan="2">0.05～0.1</td><td>50</td></tr>
<tr><td>DC220</td><td>3</td><td>4</td><td>0.5*</td><td>1**</td><td>0.5*</td><td>1**</td><td>50</td></tr>
<tr><td rowspan="4">JL15</td><td>AC380</td><td>12</td><td>50</td><td colspan="2">1.2</td><td colspan="2">5</td><td>0.2～0.3</td><td rowspan="4">0.15</td><td>50</td></tr>
<tr><td>DC110</td><td>4</td><td>7.5</td><td colspan="2">0.6</td><td colspan="2">1</td><td rowspan="3"></td><td>50</td></tr>
<tr><td>DC220</td><td>2</td><td>4</td><td colspan="2">0.3</td><td colspan="2">0.5</td><td>50</td></tr>
<tr><td>DC440</td><td>1</td><td>2</td><td colspan="2">0.15</td><td colspan="2">0.25</td><td>50</td></tr>
</table>

*　表示电感负载的开断电流。

**　表示电阻负载的开断电流。

四、中间继电器

中间继电器是用来增加控制的信号数量或将信号放大的继电器。其输入的信号是线圈的通电和断电，输出信号是触头的动作，由于触头的数量较多，可以用来控制多个元件或回路。中间继电器的结构及工作原理与接触器基本相同，但中间继电器的触头没有主辅之分，且触头对数较多，各触头允许通过电流大小相同，多数为5A。JZD1、JZC1 系列中间继电器主要技术数据，见表6-99及表6-100。

表 6-99 JZD1 系列中间继电器的主要技术数据

型　　号			JZD1—44，44A	JZD1—62，62A	JZD1—80，80A
线圈额定电压（V）			12，24，36，100，127，220，380		
触点约定发热电流（A）			5		
触点控制容量（A）	AC380 cosφ＝0.35±0.05	接通	5		
		分断	0.5		
	DC220T＝100±15ms	接通、分断	0.14		
触点对数	动合		4	6	8
	动断		4	2	0
线圈功率	损耗（W）		≤4.5		
	吸持（VA）		≤3		
	启动（VA）		≤16.5		

表 6-100 JZC1 系列中间继电器的主要技术数据

型　　号	JZC1—80	JZC1—71	JZC1—62	JZC1—53	JZC1—44
额定绝缘电压（V）	AC660				
约定发热电流（A）	16				
额定工作电流（A）	AC—11 负载：220V，10；380V，6；500V，4；660V，2； DC—11 负载：110V，0.9；220V，0.45；600V，0.2				
线圈功率损耗（VA）	启动，68；保持，10				
线圈控制电压（V）	交流 50Hz：24，36，48，110，220，380 交流 60Hz：29，42，58，132，264，460				
电寿命（万次）	AC—11 负载：120				
操作频率（次/h）	3000				
重量（kg）	0.14				

五、速度继电器

速度继电器是反映转速和转向的继电器，其主要作用是以旋转速度的快慢为指令信号，与接触器配合实现对电动机的反接制动控制，故又称反接制动继电器。速度继电器的动作转速一般不低于 100～300r/min，复位速度大约在 100r/min 以下。JY1、JFZ0 系列速度继电器主要技术数据，见表 6-101。

表 6-101　JY1、JFZ0 系列速度继电器主要技术数据

<table>
<tr><th rowspan="2">型　号</th><th rowspan="2">触点额定
电压
（V）</th><th rowspan="2">触点额定
电流
（A）</th><th colspan="2">触　点　数　量</th><th rowspan="2">额定转速
（r/min）</th><th rowspan="2">允许操作
频率
（次/h）</th></tr>
<tr><th>正转动作</th><th>反转动作</th></tr>
<tr><td>JY1</td><td>380</td><td>2</td><td rowspan="2">动合 1
动断 1</td><td rowspan="2">动合 1
动断 1</td><td>100～3600</td><td><30</td></tr>
<tr><td>JFZ0</td><td>380</td><td>2</td><td>300～1000
1000～3600</td><td><30</td></tr>
</table>

第七章 继电保护

第一节 概 述

一、继电保护装置的基本任务

1）自动、迅速、有选择性地将故障元件从电力系统中切除，使故障元件免于继续遭到破坏，保证其他无故障部分迅速恢复正常运行。

2）反应电气元件的不正常运行状态，并根据运行维护的条件作用于信号、减负荷或跳闸。

二、对继电保护装置的四项基本要求

（1）可靠性：一般地说，可靠性指系统正常运行或保护范围内无故障时，保护装置不误动。而在保护范围内出现故障时，保护装置应正确动作而不拒动。

（2）快速性：快速切除短路故障可以减小故障的危害程度，防止故障进一步扩大，提高系统运行的稳定性。因此，发生故障时，继电保护装置应尽可能快地动作切除故障。

（3）选择性：选择性是指电力系统出现故障时，保护装置仅将故障部分切除，停电范围尽可能小，使非故障部分继续运行。

（4）灵敏性：灵敏性指继电保护装置反应故障的能力，一般用灵敏系数来衡量。

三、继电保护装置的类别与用途

继电保护装置的类别与用途，见表 7-1。

表 7-1 继电保护装置的类别与用途

序号	类 别		主 要 用 途
1	电流保护装置	电流速断保护装置	发电机、变压器、电动机、线路保护

续表

序号	类别		主要用途
1	电流保护装置	定时限过电流保护装置	发电机、变压器、电动机、线路保护
		反时限过电流保护装置	
2	电压保护装置	欠电压保护装置	发电机、变压器、母线、电动机、线路保护
		过电压保护装置	发电机、变压器保护
3	差动保护装置	纵差保护装置	短线路、发电机、变压器、电动机保护
		横差保护装置	发电机、双回线路保护
		母差保护装置	母线保护
4	电流方向保护装置		线路、变压器保护
5	电流平衡保护装置		平衡线路保护（电源侧）
6	距离保护装置		线路保护（主保护或后备保护，在不能满足系统稳定性要求时，不能作主保护）
7	高频保护装置	方向高频保护装置	线路主保护
		相差高频保护装置	
		高频闭锁保护装置	
8	定子接地保护装置		发电机保护
9	转子接地保护装置		发电机保护
10	失磁保护装置		发电机、电动机保护
11	失步保护装置		发电机、电动机保护
12	瓦斯保护		变压器主保护之一（800kVA 及以上的油浸式变压器或 400kVA 及以上的放于车间内的油浸式变压器）

第二节　常用电磁型保护继电器

一、DL—10 系列电流继电器、DJ—100 系列电压继电器

1．用途

DL—10 系列电流继电器、DJ—100 系列电压继电器均可作

发电机、变压器、线路及电动机的保护装置。

2. 技术数据

DL—10 系列电流继电器、DJ—100 系列电压继电器的技术数据，分别见表 7-2、表 7-3。

表 7-2 DL—10 系列电流继电器技术数据

<table>
<tr><th rowspan="3">型号</th><th rowspan="3">整定范围
(A)</th><th colspan="3">线圈串联</th><th rowspan="3">返回系数</th><th rowspan="3">最小整定电流值时功率消耗
(VA)</th><th rowspan="3">动作时间
(s)</th><th rowspan="3">触点断开容量</th><th rowspan="3">备 注</th></tr>
<tr><th rowspan="2">动作电流
(A)</th><th colspan="2">热稳定电流
(A)</th></tr>
<tr><th>长期</th><th>1s</th></tr>
<tr><td rowspan="12">DL—11
DL—12
DL—13</td><td>0.0025～0.01</td><td>0.0025～0.005</td><td>0.02</td><td>0.6</td><td rowspan="12">0.85</td><td rowspan="3">0.08</td><td rowspan="12">通入继电器电流为1.2倍定值时不大于0.15，3倍定值时，不大于0.03</td><td rowspan="12">直流回路电压不小于250V，电流不大于2A 50W 交流回路中250VA</td><td rowspan="12">DL—11 带一常开触点
DL—12 带一常闭触点
DL—13 带一开一闭触点
线圈并联时的动作电流，热稳定电流为线圈串联时的 2 倍。本章以后表格中，触点断开容量如无特殊说明，直流回路均指有感负荷回路，且时间常数 t 不大于 5×10^{-3}s</td></tr>
<tr><td>0.01～0.04</td><td>0.01～0.02</td><td>0.05</td><td>1.5</td></tr>
<tr><td>0.0125～0.05</td><td>0.0125～0.025</td><td>0.08</td><td>2.5</td></tr>
<tr><td>0.05～0.2</td><td>0.05～0.1</td><td>0.3</td><td>12</td><td rowspan="4">0.1</td></tr>
<tr><td>0.15～0.6</td><td>0.15～0.3</td><td>1</td><td>45</td></tr>
<tr><td>0.5～2</td><td>0.5～1</td><td>4</td><td>100</td></tr>
<tr><td>1.5～6</td><td>1.5～3</td><td>10</td><td>300</td></tr>
<tr><td>2.5～10</td><td>2.5～5</td><td>10</td><td>300</td><td>0.15</td></tr>
<tr><td>5～20</td><td>5～10</td><td>15</td><td>300</td><td>0.25</td></tr>
<tr><td>12.5～50</td><td>12.5～25</td><td>20</td><td>450</td><td>1.0</td></tr>
<tr><td>25～100</td><td>25～50</td><td>20</td><td>450</td><td>2.5</td></tr>
<tr><td>50～200</td><td>50～100</td><td>20</td><td>450</td><td>10</td></tr>
</table>

表 7-3　DL—10 系列电压继电器技术数据

<table>
<tr><th rowspan="2">型　号</th><th rowspan="2">动作特性</th><th rowspan="2">整定范围（V）</th><th colspan="2">线圈并联</th><th rowspan="2">返回系数</th><th rowspan="2">最小整定电压值功率消耗（VA）</th><th rowspan="2">动作时间（s）</th><th rowspan="2">触点断开容量</th><th rowspan="2">备　注</th></tr>
<tr><th>动作电压（V）</th><th>长期允许电压（V）</th></tr>
<tr><td>DJ—111</td><td rowspan="4">过电压继电器</td><td>15～60</td><td>15～30</td><td>35</td><td rowspan="4">0.85</td><td rowspan="3">1.0</td><td rowspan="4">1.2 倍定值时不大于 1.5，3 倍定值时不大 0.03</td><td rowspan="7">直流回路电压不大于 250V 电流不大于 2A50W 交流回路中 250VA</td><td rowspan="7">DJ—111、DJ—112 带一常开触点
DJ—121、DJ—122A 带一常闭触点
DJ—131、DJ—131/CN、DJ—132A 带一开一闭触点
线圈串联时动作电压，长期允许电压为并联时的 2 倍</td></tr>
<tr><td>DJ—121</td><td>50～200</td><td>50～100</td><td>110</td></tr>
<tr><td>DJ—131</td><td>100～400</td><td>100～200</td><td>220</td></tr>
<tr><td>DJ—131/60CN</td><td>15～60</td><td>15～30</td><td>110</td><td>1.5</td></tr>
<tr><td>DJ—112</td><td rowspan="3">低电压继电器</td><td>12～18</td><td>12～24</td><td>35</td><td rowspan="3">1.2</td><td rowspan="3">1.0</td><td rowspan="3">0.5 倍定值时不大于 0.15</td></tr>
<tr><td>DJ—122A</td><td>40～160</td><td>40～80</td><td>110</td></tr>
<tr><td>DJ—132A</td><td>80～320</td><td>80～160</td><td>220</td></tr>
</table>

3. 整定点的动作值和返回值检验

1）电气特性试验接线，如图 7-1。

2）试验时应注意的问题：①试验时，平稳单方向地调整电流、电压值。②舌片有中途停顿或其他不正常现象，应检查轴承触点位置、舌片与电磁铁的间隙。③电流继电器、过电压继电器返回系数大于 0.9 时应检查触点压力。④低电压继电器试验时，先加 100V 电压，然后降至动作电压，再升高至返回电压。其返回系数为 1.2。⑤动作值与返回值的测量应重复 5 次，取平均值。

3）返回系数的调整。返回系数的调整有以下方法：①改变继电器左上方的舌片起始位置限制螺杆。②改变继电器右上方的舌片终止位置限制螺杆。③改变舌片两端的弯曲程度。④适当的

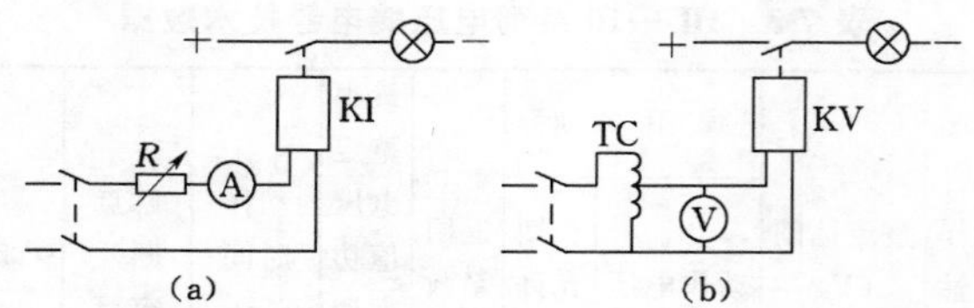

图 7-1　电气特性试验接线图
(a) 电流继电器；(b) 电压继电器

调整接点压力。

4）动作值的调整。动作值的调整有以下方法：①继电器的调整把手在最大刻度附近时，调整舌片的起始位置限制螺杆。②继电器的调整把手在最小刻度值附近时，调整弹簧。③适当调整接点压力。

4. 附图

继电器内部接线，如图 7-2。

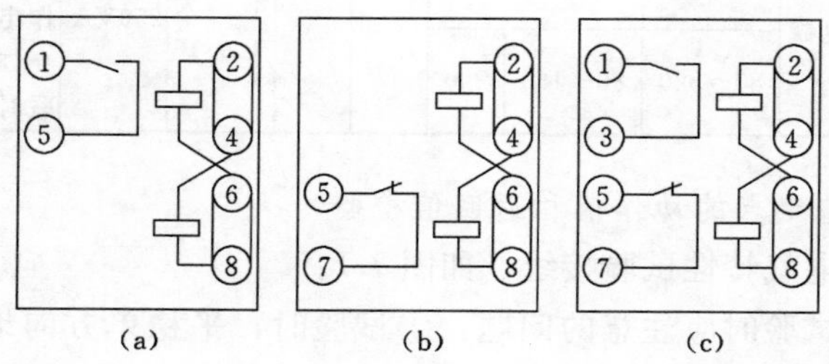

图 7-2　继电器内部接线图
(a) 常开接点；(b) 常闭接点；(c) 一常开一常闭接点

二、LG—11 型功率方向继电器

1. 用途

LG—11 型功率方向继电器用作电力系统相间短路功率方向判别元件。

2. 技术数据

LG—11 型继电器技术数据，见表 7-4。

表 7-4　LG—11 型继电器技术数据

型　号	额定电流（A）	额定电压（V）	动作电压（V）	功率消耗（VA）		热稳定性（长期）		动作时间（s）	触点容量	记忆时间（ms）
				电压回路	电流回路	电压回路	电流回路			
LG—11/1	1	100	最灵敏角下，通入额定电流，最低动作电压不大于 2	不大于 6	不大于 20	110V	1.1 倍额定值	5 倍动作电压时，不大于 0.04	直流回路电压不大于 220V，电流不超过 1A20W	出口短路，但电流大于 0.5 倍额定值时，记忆时间不小于 50
LG—11/5	5									

3. 潜动试验与继电器特性试验

1）试验接线如图 7-3。

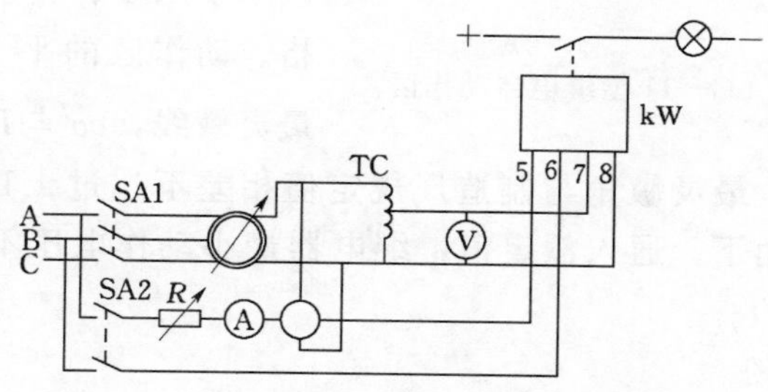

图 7-3　LG-11 型继电器试验接线图

2）潜动试验。

电流潜动试验。LG—11 型继电器端子 7、8 间接 20Ω 电阻，端子 5、6 接入额定电流，测量 9、10 端子上的电压，应不大于 0.1V。否则，可调图 7-5 中的电阻 R。

电压潜动试验。LG—11 型继电器端子 7、8 间接 100V 电压，端子 5、6 开路，测量 9、10 端子上电压，应不大于 0.1V。否则，调节图 7-5 中的电阻 R_2。

电流、电压潜动试验完成后，按照上述试验接线分别突然加入或切除 10 倍额定电流或者 100V 电压，继电器触点不应有瞬时闭合现象。否则，应更换比较回路的电阻或电容，使工作回路电容放电时间常数小于制动回路电容放电时间常数。潜动试验完成后，锁紧电位器。

4. 动作特性试验

在继电器电压回路加额定电压，电流回路加额定电流。保持此两数值不变，用移相器改变电压与电流的相对位置。从相位表上读出继电器动作时电压超前电流的角度 θ_1 和电压滞后电流的角度 θ_2。以电流为基准作图，θ_1 与 θ_2 之和为继电器的动作区。动作区小于 180°、大于 155°时合格。动作区的平分线 oo' 为最灵敏线，oo' 与 $\dot{I}$ 的夹角为最灵敏角，最灵敏角与制造厂规定值相差不超过 ±10°时合格。在最灵敏角下，通入额定值，继电器最小动作电压不大于 2V。如图 7-4。

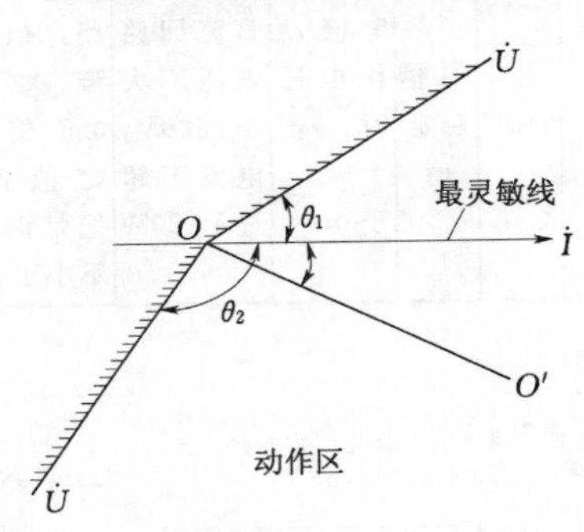

图 7-4 LG—11 型继电器动作区

5. 附图

LG—11 型继电器结构，如图 7-5。

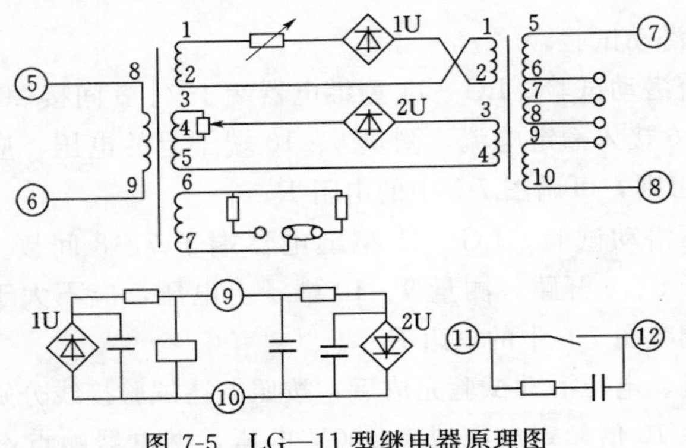

图 7-5 LG—11 型继电器原理图

三、DD—1、DD—11型接地继电器

1. 用途

DD—1、DD—11型接地继电器可作为高压三相交流发电机和电动机等的接地保护。

2. 技术数据

DD—1、DD—11型接地继电器技术数据，见表7-5。

表7-5　DD—1、DD—11型继电器技术数据

型　号	电流整定范围(mA)	线圈串联		线圈并联		阻抗角	额定参数		返回系数	动作时间(s)	触点容量
		动作电流(mA)	阻抗(Ω)	动作电流(mA)	阻抗(Ω)		频率(Hz)	电流(mA)			
DD—1/40	10～40	10～20	100	20～40	25	35	50	50	不小于0.5	1.2倍定值时不小于0.3，3倍定值时不大于0.1	直流回路电压不大于250V，电流不大于0.5A20W交流回路中100VA
DD—11/40			80		20						
DD—1/50	12.5～50	12.5～5	80	25～50	20						
DD—11/50			52		13						
DD—1/60	15～60	15～30	60	30～60	15						
DD—11/60			36		9						

3. 整定点的动作值与返回值检验

检验方法与DL—10系列电流继电器相同。

4. 附图

继电器内部结构，如图7-6。

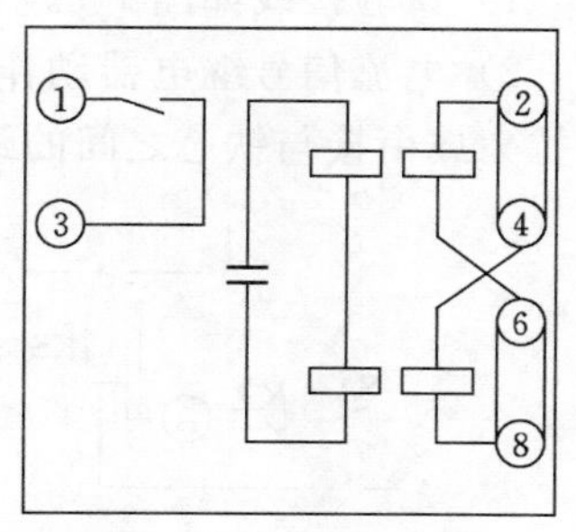

图7-6　继电器内部结构图

四、DX—11型信号继电器

1. 用途

DX—11型信号继电器用于继电器保护和自动装置中某些元件动作后的信号指示。

2. 技术数据

DX—11型信号继电器技术数据，见表7-6。

表 7-6　DX—11 型信号继电器技术数据

型　　号	额定值	启动值		功率消耗（W）		热稳定		触点容量
		电流型	电压型	电流型	电压型	电流型	电压型	
DX—11/0.01	10mA	0.9 倍额定电流	70%额定电压	不大于 3	不大于 1.8	2.5～3 倍额定电流	110%额定电压	支流回路电压不大于 220V，电流不大于 2A 50W 交流回路中 250V
DX—11/0.015	15mA							
DX—11/0.025	25mA							
DX—11/0.05	50mA							
DX—11/0.075	75mA							
DX—11/0.1	100mA							
DX—11/0.15	150mA							
DX—11/0.25	250mA							
DX—11/0.5	500mA							
DX—11/1.0	1A							
DX—11/12	12V							
DX—11/24	24V							
DX—11/48	48V							
DX—11/110	110V							
DX—11/220	220V							

3. 动作值检验

1）试验接线如图 7-7。

2）电流信号继电器动作值应小于铭牌值。否则，可调整弹簧拉力或衔接与铁芯之间的距离以满足要求。试验时应突然加入

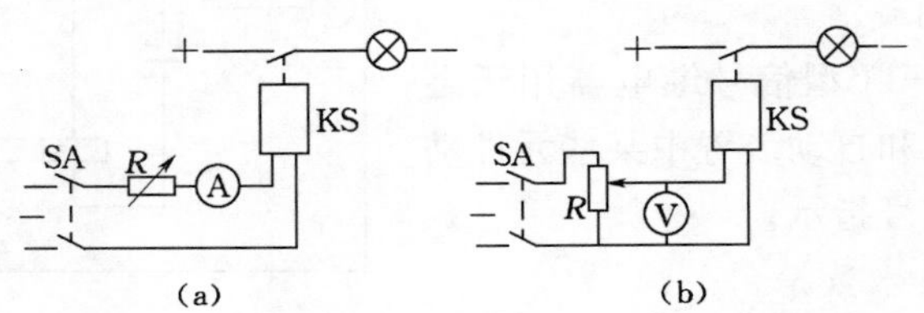

图 7-7　DX—11 型信号继电器试验接线图

(a) 电流信号继电器；(b) 电压信号继电器

激励量。电压信号继电器的动作电压不大于70%的额定电压值。

4. 附图

继电器内部接线，如图7-8。

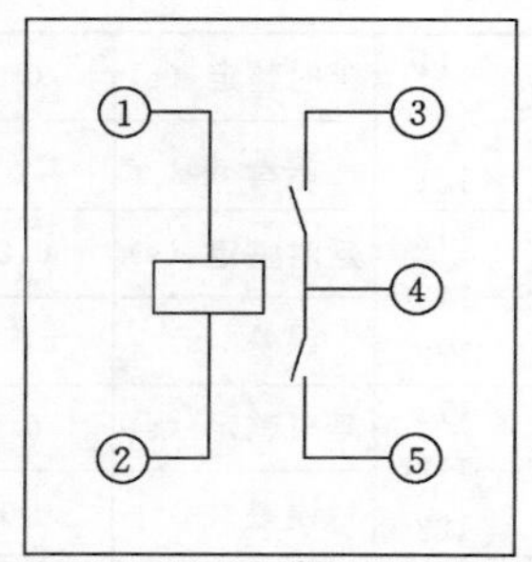

图 7-8 内部接线图

五、电磁型时间继电器

1. 用途

时间继电器作为继电保护装置中的时间元件，用来建立必要的延时，以保证保护装置动作的选择性。

2. 技术数据

DS—110、DS—120 时间继电器技术数据，见表7-7～表7-9。

表 7-7 DS—110、DS—120 时间继电器技术数据 (1)

型号	电源类别	时间整定范围(s)	额定电压(V)	触点规范			动作电压	返回电压	触点断开容量
				动合(常开)	动断(常闭)	滑动			
DS—111	直流	0.1～1.3	24，48，110，220	2	1		不小于70%额定电压	不低于5%额定电压	电压低于220V，电流低于1A时，在有感直流电路中为100W
DS—112		0.25～3.5	24，48，110，220	2	1				
DS—113		0.5～9	24，48，110，220	2	1				
DS—115		0.25～3.5	24，48，110，220	2	1	1			
DS—116		0.5～9	24，48，110，220	2	1	1			
DS—111C		0.1～1.3	24，48，110，220	2	1		不小于75%额定电压		
DS—112C		0.25～3.5	24，48，110，220	2	1				
DS—113C		0.5～9	24，48，110，220	2	1				
DS—121	交流	0.1～1.3	100,110,127,220,380	2	1		不小于85%额定电压		
DS—122		0.25～3.5	100,110,127,220,380	2	1				
DS—123		0.5～9	100,110,127,220,380	2	1				
DS—125		0.25～3.5	100,110,127,220,380	2	1	1			
DS—126		0.5～9	100,110,127,220,380	2	1	1			

表 7-8　DS—110、DS—120 时间继电器技术数据（2）

型号	项目					
111 DS—111C 121	延时整定（s）	0.1	0.2	0.4	0.6	0.8
	误差（s）	±0.04	±0.04	±0.05	±0.06	±0.08
112 DS—112C 122	延时整定（s）	0.25	0.5	1	1.5	2
	误差（s）	±0.07	±0.07	±0.1	±0.11	±0.13
113 DS—113C 123	延时整定（s）	0.5	1	2	3	4
	误差（s）	±0.1	±0.1	±0.15	±0.2	±0.22
111 DS—111C 121	延时整定（s）	1	1.2	1.3		
	误差（s）	±0.08	±0.08	±0.1		
112 DS—112C 122	延时整定（s）	2.5	3	3.5		
	误差（s）	±0.15	±0.17	±0.2		
113 DS—113C 123	延时整定（s）	5	6	7	8	9
	误差（s）	±0.25	±0.25	±0.3	0.35	0.4

表 7-9　DS—110、DS—120 时间继电器技术数据（3）

型　　号	时间整定范围（s）	变差范围（s）
DS—111、111C、121	0.1～1.3	≤0.06
DS—112、112C、122	0.25～3.5	≤0.12
DS—113、113C、123	0.5～9	≤0.25

3. 动作值、返回值、动作时间的检验

1）试验接线如图 7-9。

2）调整工作电压，采用突加电压的方法，测试衔铁完全吸合的最小电压。测量五次，计算动作电压平均值。测量动作电压的平均值大于表 7-7 中动作电压值，或者不能吸合，或多次吸合，继电器为不合格。

3）将电压升到额定值后，再减少电压。测试衔铁返回的最大电压。测量五次，计算返回电压平均值。测量返回电压的平均

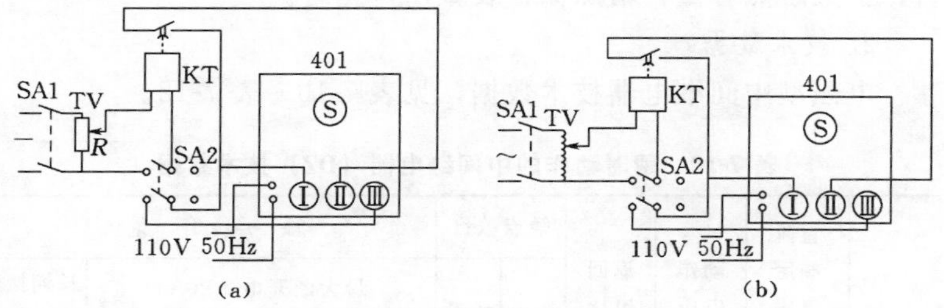

图 7-9　时间继电器试验接线
(a) 直流继电器；(b) 交流继电器

值小于表 7-7 中返回电压值，或者不能返回，或多次返回，继电器为不合格。

4）动作时间的测试按图 7-9 接线。按表 7-8 逐个整定测试。将工作电压调至额定电压，突加电压，测试动作时间。测量五次，计算平均值。误差超过表 7-8、表 7-9 的指标，或者机构失灵、动触点碰撞静触点，继电器为不合格。

4. 附图

继电器内部接线，如图 7-10。

六、电磁型中间继电器

1. 用途

中间继电器在继电保护装置中的作用主要有：增加触点数

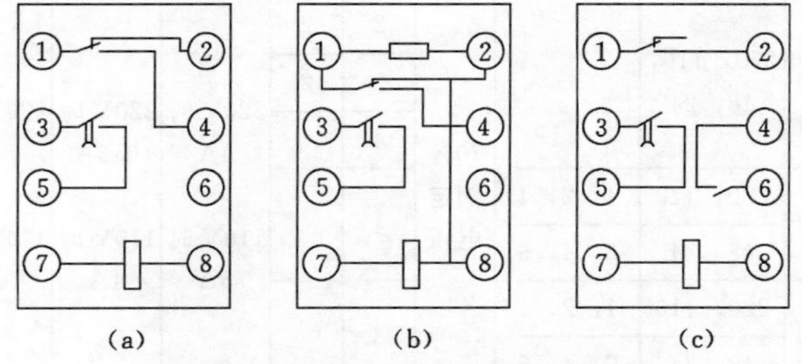

图 7-10　继电器内部接线图
(a) DS—111　DS—121　DS—112　DS—122　DS—113　DS—123；
(b) DS—111C　DS—112C　DS—113C；
(c) DS—115　DS—116　DS—125　DS—126

目；扩大触点容量；增加保护装置出口延时。

2．技术数据

电磁型中间继电器技术数据，见表7-10～表7-12。

表 7-10　瞬时动作的中间继电器（DZ）技术数据

型　号	直流额定电压（V）	动作电压	返回电压	触点数目		触点容量			
				动合	动断	最大断开电流（A）			长期接通电流（A）
						无感直流	有感直流	交　流	
DZ—15	220，110，48，24，12	不大于70%额定电压	不小于2%额定电压	2	2	220V时1A 110V时5A	220V时0.5A 110V时4A	220V时5A 110V时10A	5
DZ—17	220，110，48，24，12			4					

表 7-11　延时动作的中间继电器（DZS）技术数据

型　号	直流额定电压（V）	直流额定电流（A）	动作电压	触点数目		触点容量			
				动合	动断	最大断开电流（A）			长期接通电流（A）
						无感直流	有感直流	交流	
DZS—115	220，110，48，24		70%额定电压	2	2	220V时1A 110V时5A	220V时0.5A 110V时4A	220V时5A 110V时10A	5
DZS—145				2	2				
DZS—117				4					
DZS—127	220，110	1，2，4		4					
	48，24	2，4，6							
DZS—136	220，110	1，2，4		3					
	48，24	2，4，6							

3．动作值、返回值、保持值检验

1）动作值、返回值测试接线，如图7-11。

表 7-12 具有自保持的中间继电器（DZB）技术数据

型号	额定值		动作值		自保持值		触点数目		触点容量
	电压（V）	电流（A）	电压	电流（A）	电压	电流	动合	动断	
DZB—115	220，110，48，24，12	1，2，4		不大于1，2，4	70％额定电压		2	2	同 DZ—10 型
DZB—127	220，110	1，2，4	70％额定电压			80％额定电流	4		
DZB—138	220，110，48，24，12	1，2，4，8	65％额定电压			65％额定电流	3	1	

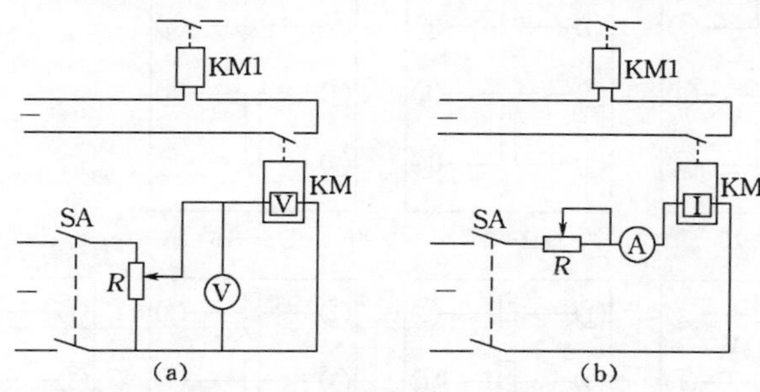

图 7-11 中间继电器动作值、返回值测试接线

（a）电压动作中间继电器试验接线；（b）电流动作中间继电器试验接线

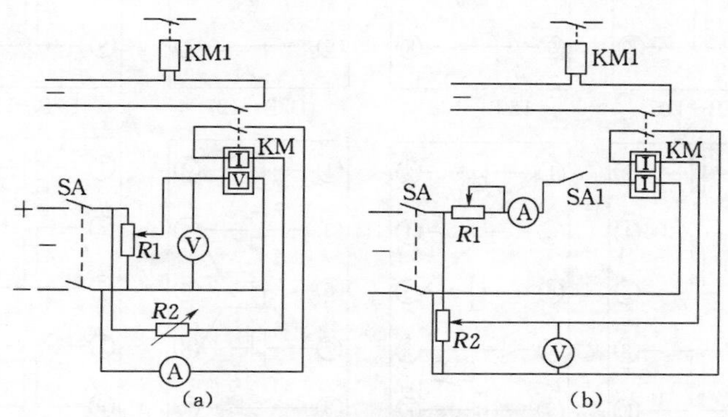

图 7-12 中间继电器保持值测试接线图

（a）电压动作，电流保持中间继电器试验接线；

（b）电流动作，电压保持中间继电器试验接线

调节电阻 R，使电压（或电流）由零逐渐升到继电器动作，测量继电器动作值。调节 R，使电压（或电流）升到额定值，然后向相反方向调节 R 至继电器返回，测量继电器返回值。测量五次，计算动作值与返回值的平均值。

2）保持值测试接线如图 7-12。

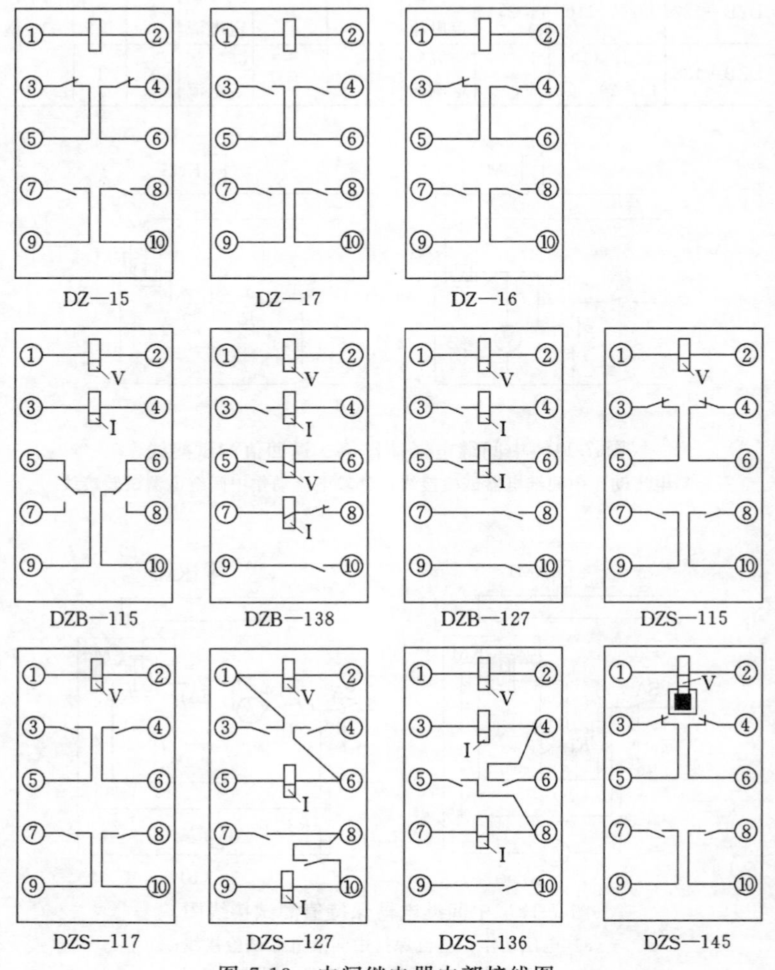

图 7-13　中间继电器内部接线图

3）接通 SA，调节 $R1$ 使电压（或电流）至额定值，使继电器动作。调节 $R2$，使电流为 $80\% I_N$（或电压为 $70\% U_N$），断开 SA1，观察触点回路中间继电器的工作情况。重复五次。若中间继电器保持不住，或释放后又吸合，则继电器为不合格。

4. 附图

中间继电器内部接线，如图 7-13。

第三节　继电保护装置

一、DF3223 线路继电保护装置

（一）用途

用于 10kV 线路保护。具有保护、测量、通信和控制功能，可直接控制断路器的分、合，状态量的采集，模拟量 P、Q、U、I、f 的测量。

DF3223 用于输电线路的主保护，其主要保护功能如下：

1）三段式相间电流保护（可带方向或低电压闭锁）。

2）三相一次重合闸。

3）低频减载。

4）PT 断线检测。

以上各保护功能可以通过控制字投退。

（二）技术数据

DF3223 线路继电保护装置技术数据，见表 7-13、表 7-14。

表 7-13　DF3223 线路继电保护装置技术数据（1）

额定参数				功率消耗		
交流电流（A）	交流电压（V）	频率（Hz）	直流电压（V）	交流电压回路（VA）	交流电流回路（VA）	直流回路（W）
5	100 或 57.7	50	220 允许偏差 －20%～＋10%	额定电压下每相小于 1	额定电流每相小于 1	正常工作时小于 15W，动作时小于 25W

续表

输入触点容量	绝 缘 性 能		环 境 条 件	
出口继电器	绝缘电阻（MΩ）	介质强度	环境温度（℃）	大气压力（kPa）
最大导通电流 8A	不小于 100	1min 耐压 2kV（交流回路 50Hz）	装置工作－10～＋50℃温度下动作，因温度变化而引起的变差不大于±3％	80～110

表 7-14 DF3223 线路继电器保护装置技术数据（2）

内容 \ 保护元件	三段式相间电流保护		低频减载功能		时间元件	整组动作时间	测量精度
整定范围（所有保护整定值均可以连续数字化整定，级差可以达到0.01单位）	电流定值	0.1～20I_n	低频定值	45～50Hz	0.1～10.0s	相间Ⅰ段（1.2倍整定值）：不大于30ms	
	方向元件	最灵敏角为－30°动作范围为175±5°	低电流 低电压 闭锁	0.1～20I_n 10～60V （相电压）			
	低电压元件	2～100V（线电压）	频率变化率	0～10Hz/s			
整定值误差	不超过±3％			频率不超过±0.03Hz，滑差 1～3Hz 不超过±0.5Hz/s，3.1～10Hz/s 不超过±20％	＜1.0s 时，不超过±15ms；≥1.0S 时，不超过±1.5％		
返回系数	不小于 0.95						
电压							0.5 级
电流							0.5 级
有功							1.0 级
无功							1.0 级
SOE 分辨率							≤4ms

（三）工作原理与使用方法

1. 工作原理

(1) 保护启动：分为内部和外部启动。两者具有或的关系，即任一元件启动，保护将进入故障判别程序。外部启动采用突变量启动方式，启动值为定值清单中第一项 T－QD 整定定值。内部启动采用模启动方式，启动值为定值清单中第二、三、五中最小的 0.98 倍。

（2）三段式相间电流保护：Ⅰ、Ⅱ段为两相不完全星形接线。Ⅲ段为完全星形接线。控制字可投退保护及方向、电压闭锁功能。

（3）重合闸：①保护启动重合闸（内部保护）；②非同期重合闸；③重合闸充电时间 25 秒（下列情况闭锁重合闸：手跳；低频跳；外部闭锁输入；通信跳）；④手合与重合后自动后加速。

（4）低频减载。满足下列五个条件时出口：①f 小于低频减载定值；②$\mathrm{d}f/\mathrm{d}t$ 大于滑差整定值；③U 小于低频减载低电压（可投退）；④I 小于低频减载电流（可投退）；⑤$TWJ=0$。

（5）PT 断线检测。同时满足下列条件时发 PT 断线告警：①负序电压大于 8V；②最小线电压小于 70V。PT 断线后装置发告警（告警灯 II 点亮），后台告警。由 KG10 决定退保护或暂时取消闭锁功能。

（6）遥控、遥测、遥信。遥控：跳、合闸，遥控过程预置—返校—执行；遥控复归保护信号；遥测：P、Q、U、I、f、$\cos\varphi$，有功脉冲、无功脉冲；遥信：TWJ、控制回路断线、远动/就地、手动合闸、手动闭锁重合闸、断路器位置。

（7）告警。①装置异常告警：点亮告警灯Ⅰ；液晶屏或监控后台可查详细告警信息。可按 Rst 复位告警，若不能复位应申请检修。②运行异常告警：点亮告警灯Ⅱ；PT 断线告警。系统恢复正常运行后告警灯灭。③装置失电告警：监控后台发“装置失电”告警发生，需要运行人员对装置进行检查。装置电源恢复后，监控后台发“装置失电”告警恢复。

2. 装置的投运与运行

1）电源灯、运行灯发绿灯平光。

2）开关实际位置与装置面板上“跳位（绿灯）”、“合位（红灯)”相对应。

3）定值区号与实际定值一致。

4）液晶显示信息与实际一致。

3. 注意事项

1）运行中不允许不按指示操作程序随意按动面板上的键盘。

2）不允许随意操作下列命令：①开出传动；②修改定值；③设置模块网络地址；④改变定值区。

二、DF3222A 线路继电保护装置

（一）用途

用于 66kV 及以下线路保护。具有保护、测量、通信和控制功能，可直接控制断路器的分、合，状态量的采集，模拟量 P、Q、U、I、f 的测量。

DF3222A 用于输电线路的主保护，其主要保护功能如下：

1）三段式相间距离保护。

2）三段式相间电流保护（可带方向或低电压闭锁）。

3）三相一次重合闸（检无压、检同期、非同期）。

4）低频减载。

5）过负荷告警或过负荷出口。

6）PT 断线检测。

以上各保护功能可以通过控制字投退。

（二）技术数据

DF3222A 线路继电保护装置技术数据，见表 7-15、表 7-16。

表 7-15　DF3222A 线路继电保护装置技术数据（1）

额定参数				功率消耗		
交流电流（A）	交流电压（V）	频率（Hz）	直流电压（V）	交流电压回路（VA）	交流电流回路（VA）	直流回路（W）
5	100 或 57.7	50	220 允许偏差 −20%～+10%	额定电压下每相小于 1	额定电流每相小于 1	正常工作时小于 15W，动作时小于 25W

续表

触点容量	绝缘性能		环境条件	
出口继电器	绝缘电阻 (MΩ)	介质强度	环境温度 (℃)	大气压力 (kPa)
最大导通 电流 8A	不小于 100	1min 耐压 2kV (交流回路 50Hz)	装置工作−10～+50℃ 温度下动作因温度变化 而引起的变差不 大于±3%	80～110

表 7-16　DF3222A 线路继电保护装置技术数据 (2)

保护元件 / 内容	三段式相间距离保护		三段式相间电流保护		低频减载功能		时间元件	测量精度
整定范围(所有保护整定值均可以连续数字化整定，级差可以达到 0.01 单位)	电阻定值	0.3～20Ω	电流定值	0.1～$20I_n$	低频定值	45～50Hz	0.1～10.0s	
	电抗定值	0.3～20Ω	方向元件	最灵敏角为−30°动作范围为175±5°	低电流 低电压 闭锁	0.1～$20I_n$ 10～60V (相电压)		
	低电压元件	2～100V (线电压)	频率变化率	0～10Hz/s				
整定值误差				不超过±3%		频率不超过±0.03Hz, 滑差 1～3Hz 不超过±0.5Hz/s, 3.1～10Hz/s 不超过±20%	<1.0s 时，不超过±15ms; ≥1.0s 时，不超过±1.5%	
整组动作时间	相间距离Ⅰ段(0.7 倍整定值):不大于 35ms		相间电流Ⅰ段(1.2 倍整定值):不大于 30ms					
精确工作电流	0.1～$20I_n$							
返回系数				不小于 0.95				
电压								0.5 级

续表

保护元件 内 容	三段式相间距离保护		三段式相间电流保护		低频减载功能		时间元件	测量精度
电流								0.5 级
有功								1.0 级
无功								1.0 级
SOE 分辨率								≤4ms

（三）装置工作原理与使用方法

1. 工作原理

（1）保护启动：分为内部和外部启动。两者具有或的关系，即任一元件启动，保护将进入故障判别程序，开放出口 24V 正电源。外部启动采用突变量启动方式，启动值为定值清单中第一项 T—QD 整定定值。内部启动采用模启动方式，启动值为定值清单中第二、三、五中最小的 0.98 倍。

（2）三段式相间距离保护：三个独立的阻抗元件构成三段式相间距离保护，采用 0°接线。

（3）三段式相间电流保护：Ⅰ、Ⅱ、Ⅲ段为完全星形接线。控制字可投退保护及方向、电压闭锁功能。

（4）重合闸：①保护启动重合闸（内部保护）；②检无压、检同期、非同期重合闸；③重合闸充电时间 25s（下列情况闭锁重合闸：手跳；低频跳；外部闭锁输入；通信跳；过负荷跳）；④手合与重合后自动后加速。

（5）低频减载。满足下列五个条件时出口（KG2.1＝1；KG2.12＝1）：①f 小于低频减载定值；②$\mathrm{d}f/\mathrm{d}t$ 大于滑差整定值；③U 小于低频减载低电压（可投退）；④I 小于低频减载电流（可投退）；⑤TWJ＝0。

（6）PT 断线检测。同时满足下列条件时发 PT 断线告警：①负序电压大于 8V；②最小线电压小于 70V，且任一相有电流。

PT 断线后装置发告警（告警灯Ⅱ点亮），后台告警。由

KG10 决定退保护或暂时取消闭锁功能。

(7) 遥控、遥测、遥信。

遥控：跳、合闸，遥控过程预置—返校—执行；遥控复归保护信号；遥测：P、Q、U、I、f、$\cos\varphi$，有功脉冲、无功脉冲；遥信：TWJ、控制回路断线、远动/就地、手动合闸、手动闭锁重合闸、断路器位置。

(8) 告警：与 DF3223A 装置告警处理相同。

2. 装置的投运与运行

1) 电源灯、运行灯发绿灯平光。

2) 开关实际位置与装置面板上“跳位（绿灯）”、“合位（红灯）”相对应。

3) 定值区号与实际定值一致。

4) 液晶显示信息与实际一致。

3. 注意事项

1) 运行中不允许不按指示操作程序随意按动面板上的键盘。

2) 不允许随意操作下列命令：①开出传动；②修改定值；③设置模块网络地址；④改变定值区。

三、WXH—11/FX 110kV 微机线路保护装置

(一) 用途

WXH—11/FX 型微机线路保护装置由距离保护、零序电流保护及三相一次重合闸构成，可作为 110kV 输电线路的主保护。

(二) 技术数据

1) 基本数据见表 7-17。

2) 主要技术性能指示见表 7-18。

(三) 调试

1. 开关电源检查

仅插入电源插件，加额定直流电压，电源插件开关置“ON”位置，电压指示灯均应点亮。用 8 线测试盒将各级电压引出，并测量各级电压，其标准见表 7-19。

若不满足要求，找厂家处理。

表 7-17　WXH—11/FX　110kV 微机线路保护装置技术数据（1）

额定交流（f=50Hz）	额定交流（V）	交流过载能力		功率消耗		
		长期	10s	交流电压回路（VA）	交流电流回路（VA）	直流回路（W）
相电压 57.7V。开口三角电压 100V。线路抽取电压 57.7V 或 100V。交流电 5A 或 1A，打印机工作电压 220V	220 或 110	1.2 倍额定电压 2 倍额定电流	20 倍额定电流	额定电压下每相不大于 0.5	额定电流每相不大于 0.5	不大于 40

输入接点、容量		绝缘性能		环境条件	
出入跳闸	其他	绝缘电阻（MΩ）	介质强度	环境温度（℃）	大气压力（kPa）
电压不大于 250V，电流不大于 1A，50W。长期允许电流不大于 5A	电压不大于 250V，电流不大于 0.5，20W。长期允许电流不大于 3A	不小于 100	1min 耐压 2kV（有效值。50Hz）	工作 0～+40℃ 24h 内平均不超过 35℃	80～110（海拔 2km 以下）

表 7-18　WXH—11/FX　110kV 微机线路保护装置技术数据（2）

内容 ＼ 保护元件	距离元件	零序电流（方向）元件	时间元件	重合闸元件
整定范围	0.1～50Ω（5A） 0.5～99.9Ω（1A）	0.1～20 倍额定电流		0.2～15.9s
精确工作电压 精确工作电流	0.5V 0.1～20 或 0.2～40 倍额定电流			
死区电压		大于 1V，小于 2V		
动作区		大于 150° 小于 180°		
整体误差	小于±5% 测距小于±2.5%	小于±5%	小于±20ms	小于±20ms
暂态超越	Ⅰ段不大于 5%	Ⅰ段不大于 5%		
整组动作时间	Ⅰ段：0.3 倍整定值15ms； 0.7 倍整定值25ms； 0.95 倍整定值55ms	Ⅰ段：20ms		

表 7-19　开关电源检查对照表

标准电压	测试孔	允许范围	标准电压	测试孔	允许范围
+5V	XJ1—XJ2	4.8～5.2V	+15V	XJ3—XJ4	13～17V
+24V	XJ7—XJ8	22～26V	−15V	XJ5—XJ6	−13～−17V

2. 整机通电检查

装置处于运行状态，合上直流电源开关，并打开装置开关电源。一般情况下，符合下列条件则认为本保护装置正常。

1）装置开关电源插件上所有电压指示灯点亮。

2）各保护插件上的运行灯点亮，重合闸插件上的运行灯经15s充电后点亮。

3）无异常告警信号。

4）人机对话插件显示正确信息。

5）打印机无异常信息打印。

3. 在运行状态下的检查

（1）键盘与打印机接口检查。

1）键盘检查：①按 CR 键（显示器显示主菜单）。②按上下左右移动的光标键，光标随之移动，然后将光标移至"1. RUN"下，按 CR 键确认（显示 RUN 下第一页菜单）。③按"+"键（菜单翻页）。④按"−"键（菜单回翻）。⑤按"ESC"键则退回主菜单。⑥按"RESET"键（显示装置名称等内容）。以上过程若能完成说明键盘完好。

2）打印机检查：①按"CR"键。②选"1. RUN"后，按"CR"键。③选"P—Sample date"后，按"CR"键。④打印机打印采样值。以上过程若能完成说明打印机及打印接口完好。

（2）拨轮开关检查：①按"RESET"键。②按"CR"键。③选"1. RUN"后，按"CR"键。④按"+"键。⑤选"S_s"后，按"CR"键。

此时显示定值及定值所在的区号，与拨轮开关的号码进行比较是否一致，若不一致则要检查拨轮开关及相关回路。

改拨轮号后重复以上过程，直至所有区号检查完毕。

(3) 告警回路检查：

1) 保护插件方式开关置运行，人机对话巡检置投入(CPU1的巡检开关置退出)，按RESET键，告警插件上无反应。

2) 将保护插件如CPU4的定值选择开关放到无定值区，且按CPU4上的复位键，则将显示并打印：CPU4 SETERR。告警插件上“重合闸”及“总告警”灯点亮。

3) 恢复CPU4插件至有定值区，按CPU4上的复位键，不复归告警插件，将显示并打印：CPU4 BADDDRV。

4) 复归告警插件，CPU4插件应恢复正常运行。

5) 重复上述2)～4)，检查CPU2、CPU3插件。

6) 使人机对话插件进入调试状态，25s后告警插件上“巡检中断”灯应点亮。

上述检查中，任一告警灯点亮时1_n55—1_n59应闭合；无告警信号时1_n55—1_n59应打开；关掉直流电源，1_n55—1_n59应闭合。

(4) 开入回路检查：

1) 本装置开入回路检查。用+KM分别点装置背板开入端子，此时装置应点亮“呼唤”灯，并打印对应的CPU感受到的开关输入量变化前后的情况。该端子有输入时打印结果为“0”，无输入时为“1”。点开入端子18S后打印机才显示并打印。

2) 屏内接线开入回路检查。通过改变QK把手，压板位置和用+KM点屏端排的开入回路的方法检查。

4. 在不对应状态下检查

在不对应状态下将进行VFC插件零漂调试，采样值精度调整及阻抗继电器的精工电流、精工电压检查。

(1) 零漂检查。装置处于不对应状态，即各CPU插件的方式开关由运行位置再拨至调试位置，不按CPU插件上的RESET键，接口插件选择“1. RUN”。断开装置的交流回路（注意电流互感器不能开路)。在 RUN 菜单下利用“L”命令分别选择各保护插件进行检查。要求采样值均在－0.5～＋0.5 范围内(额定电流为1A 时，电流通道的零漂应在－0.1～＋0.1 范围内)。如果某个通道漂过大，可调整 VFC 插件对应的 RPn1 电阻(n——通道号)。

注意：①刚上电时 VFC 芯片的温度没有稳定，此时零漂变化较大，应等待 10 分钟后进行检查或调整。②通道排列顺序从左到右依次为 I_a、I_b、I_c、$3I_o$、U_a、U_b、U_c、$3U_o$、U_xl。

(2) 采样值精度调整。将 I_a、I_b、I_c、$3I_o$ 端子顺极性串联(即 1_n10 与 1_n13 连，1_n11 与 1_n14 连，1_n12 与 1_n15 连)，在 1_n9 及 1_n12 端通入稳定额定电流 5A(或 1A)。要求串电流表的精度至少为 0.5 级。

在“1.RUN”菜单下，先选择 P 命令打印各通道采样值，要求电压通道采样值相位一致，电流通道采样值相位一致，否则检查装置内部通道接线。

在“1.RUN”菜单下，再用“L”命令打印各通道的有效值，该有效值与表计指示值一致，其误差应小于±2%。若某个通道不满足要求时，可调整 VFC 插件上 RPn2(n——通道号)。

(3) 阻抗继电器的精工电流，精工电压检查。

1) 精工电压检查：调整电压超前电流的角度为线路正序阻抗角，固定电流为 5A(或 1A)，从 1_n9、1_n10 间加入。按表 7-20 从高至低逐点加入电压，模拟 AB 相短路时的稳定值。

在“1.RUN”菜单下选择“L”命令后再选子菜单中“5——

表 7-20 阻抗继电器精工电压检查 (AB 相)

输入电流值 (A)	5				
输入电压值 (V)	10	5	2.5	1	0.5
X (理论值)					
X (打印值)					
相对误差					

Z_{AB}”按“CPU2”（距离保护插件），则每5s左右打印一行AB相间阻抗的电抗值比较，求出X值相对误差为10%的电压即为最小精工电压。

$$X(\text{理论值}) = U\sin\varphi/10$$

式中 φ——线路正序阻抗角；

U——输入电压值，V；

最小精工电压应不大于0.5V。

在模拟A相接地短路时的稳态值，测试过程与相间短路类似。注意，实验前将距离保定值中的‘07KX’、“08KR”项置0；X（理论值）$=U\sin\alpha/5$。

2）精工电流检查：调整电压超前于电流的角度为线路的正序阻抗角，固定输入电压为10V，按表7-21中数值逐点降低电流，模拟CA两相故障电流的稳态值。在“1. RUN”菜单下选择“L”命令，然后选择“7——Z_{CA}”，再选择“CPU2”。打印机每隔5s打印一行Z_{CA}的电抗值X和电阻值R，打印值与理论值相对误差为10%的电流值，即为最小精工电流值/X（理论值）$=10U\sin\alpha/2X$（X——通入继电器的电流）。

再模拟C相接地故障时的稳态值，方法与相间类似。注意：实验前将CPU2中“07KX”、“08KR”项量0；X（理论值）$=10U\sin\alpha/I$。

表7-21 阻抗继电器精工电流检查（CA相）

输入电压值（V）					
输入电流值（V）	10	5	2.5	1	0.5
X（理论值）					
X（打印值）					
相对误差					

其他相阻抗继电器精工电压，精工电流检查的表格分别与表7-20、表7-21相似。

5. 调试状态下检查

(1) 软件版本检查。保护插件方式开关置调试，换 RESET 键，接口插件选“2. DEBUG”菜单，选“CPU2”(或其他 CPU 插件)，选中“L”命令后将显示 CPU2 程序的版本号及 CPU2 程序的 CRC 校验码。如果 CRC 值与 CRC 的测试结果不一致，应由厂家处理。

(2) 开出回路检查。在“2. DEBUG”菜单下选“T”命令键，按表 7-22 所列的操作进行检查。CPU3、CPU4 插件的检查与 CPU2 的检查类似。

表 7-22　开出回路检查（以 CPU2 为例）

操作子菜单	应亮的信号灯	触点动作情况
执行 5——T3	启动跳闸	I_n34-I_n42，I_n35-I_n43 I_n48-I_n49，I_n55-I_n57 (I_n34-I_n43,I_n35-I_n44,I_n48-I_n50,I_n55-I_n57)闭合
复归信号后，执行 1-QD	启动	
复行信号后，执行 6-TR	启动，永跳	I_n40-I_n41，I_n48-I_n51 I_n40-I_n41，I_n48-I_n50
复归信号后，执行 7-CH	启动，重合（仅对 CPU4 有效）	I_n36-I_n37，I_n38-I_n39，I_n55-I_n58 闭合
8-RST	启动灯灭	

注　括号内为测 CPU3 时触点动作情况。

注意：进行开出回路检查前应退出三取二闭锁方式，解开屏上出口压板。I_n46-I_n47 为后加速接点，传动试验。

(3) 定值的输入、修改与打印。在 DEBUG 状态下，选择 CPU2（以 CPU2 为例)，再选择“S”命令。“S”命令中含有 3 个子命令，即

S—Setting show；

W—Setting write；

P—Print setting。

因此，选“P”子命令即可打印 CPU2 当前区号中的定值。

若要写入或修改定值，则要选择“S”子命令。其操作步骤如下：

第一步：选定“S”子命令后，显示器显示

CPU2

S No? 01

将光标移至“01”位置，利用＋、－键确定要显示的定值的序号从第几条开始。

第二步：选择所要修改的定值。

第三步：修改定值。利用→、←键移至所要修改的定值，然后利用＋、－键置值。

第四步：置值正确后，按 CR 确认。

第五步：重复二至四步，修改其他项定值。

第六步：定值修改完成后，按 Esc 键退回“S”子菜单。

第七步：选择“W”子命令固化定值。

选择“W”子命令后，将“固化开关”置“允许”，然后按 CR 键。固化成功后将显示：

OK! TURN ENABLE OFF

此时将“固化开关”置“禁止”，按 ESC 键返回主菜单。

固化失败则显示：

BADEEPROM

此时应检查固化开关接触是否良好，EEPROM 芯片及相关回路是否损坏。

注意：在准备固化定值时，应首先设置好拨轮开关的拨轮号，并与定值清单做统一纪录；定值清单中的电流比例，电压比例系数由厂家给定，一般不要修改；定值显示或打印时出现偏差，此时以输入值为准，不必再修改。

模拟短路试验与用实际断路器作传动试验，根据现场调试规程进行。

用系统工作电压及负荷电流进行二次回路接线检查。

屏内除出口压板解开外，其他所有接线应恢复至正常运行状态。

6. 交流电压、交流电流相序及负荷电流相位检验

给保护屏加系统工作电压、电流，然后用屏上打印按钮或用装置上的“P”命令打印一份采样报告。分析采样报告与系统实际情况（控制室表计指示值）是否一致，若不一致应检查装置交流回路的接线。

7. $3U_o$、$3I_o$ 回路接线检验

1）微机保护装置零序电流、零序电压回路的接线原则：微机保护装置“AC”插件中零序电压、零序电流变换器 YB_o、LB_o 的极性端，均应分别同电压互感器开口三角的极性端和电流互感器的极性端相连。电流回路接线如图 7-14，电压回路接线如图 7-15。

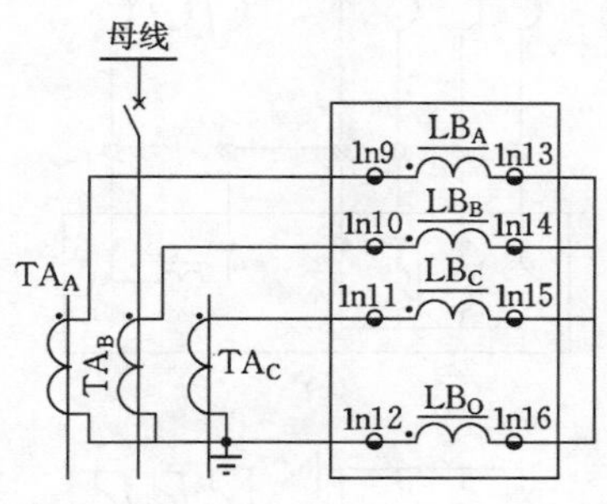

图 7-14　WXH—11/FX 电流回路接线图

由图 7-15 知，WXH—11/FX 装置的 1_n5 总是接电压互感器开口三角的极端，1_n6 总是接电压互感器开口三角的非极性端，而与电压互感器开口三角那端接的无关。

在不对应状态下，检查各通道采样值的同时，已检查了 WXH—11/FX 装置“AC”插件中 LB、YB 变换器极性的正确性。

2）确定电压互感器开口三角的 L、N 线。

3）通过开口三角的实验电压确定 $3U_o$ 极性的正确性。

4）$3I_o$ 回路接线的检验。

在保护屏外侧将 I_B，I_C 及 I_C 三根线短接，再在端子处将 I_B、I_C 连线断开。如图 7-16 示，此时 $3I_o$ 回路电流为 I_A。“P”命令打印采样报告，采样报告中 $3I_o$ 与 I_A 同大小同相位。检验完毕后，恢复屏内接线及开关位置。

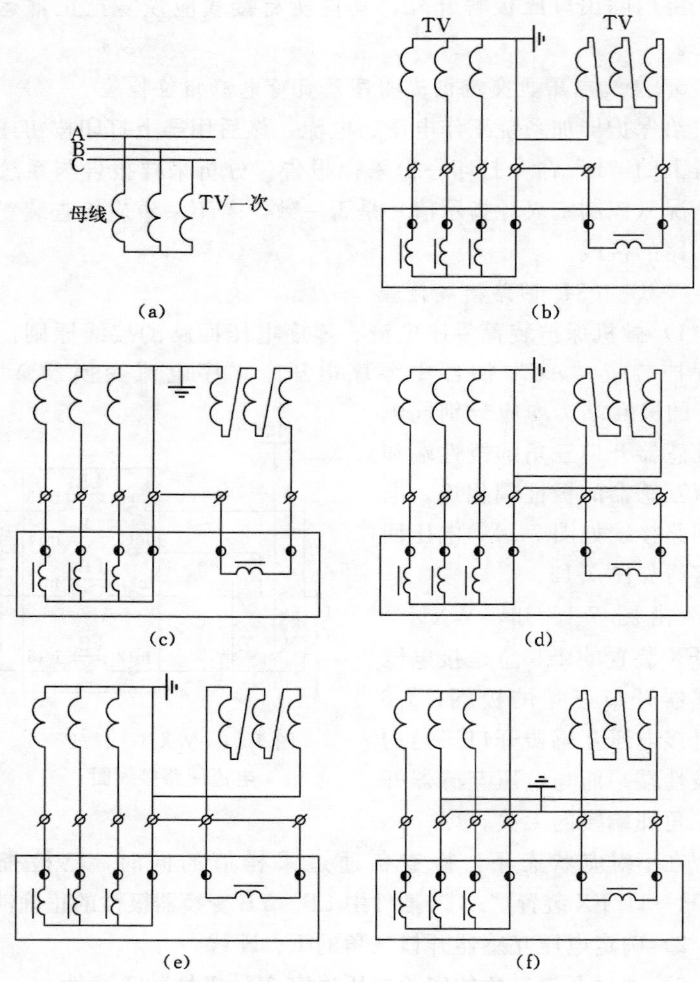

图 7-15　WXH—11/FX保护电压回路接线图

(a) 电压互感器原边接线；(b) 电压互感器副边接线，a头接地；
(c) 电压互感器副边接线，a尾接地；(d) 电压互感器副边接线，c尾接地；
(e) 电压互感器副边接线，c头接地；(f) 电压互感器副边接地，B相接地

$3U_0$回路接线正确性检验举例：

1）新建变电所电压互感器极性检查：测定二次和三次绕组

的各同名相之间的电压，若开口三角绕组按头接（“.”侧为头，非“.”侧为尾），则极性正确时所测得的电压为：

$U_{Aa-}=57.7V$ $U_{Bb+}=86.4V$ $U_{CC+}=42.3V$

如图 7-17 所示。

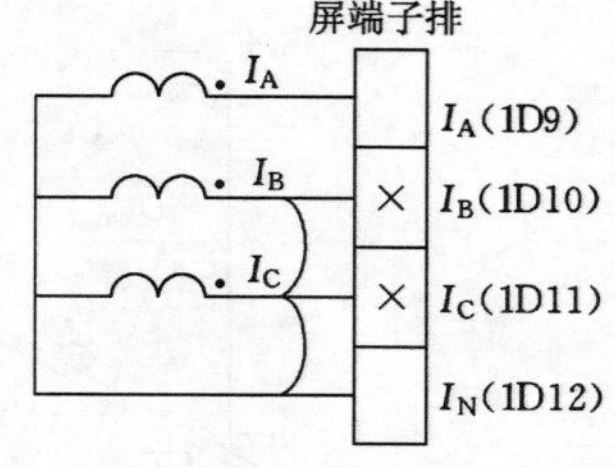

图 7-16　$3I_0$ 回路接线的检验

若开口三角绕组按 a 尾接地，则极性正确时所测电压值为：

$$U_{Aa-}=57.7V \quad U_{Bb-}=138.2V \quad U_{CC-}=157.7V$$

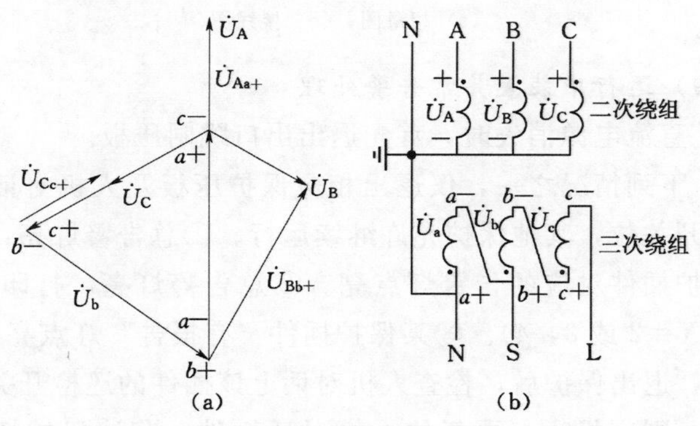

图 7-17　电压互感器开口三角 a 头接地时的相量图

(a) 相量图；(b) 接线图

如图 7-18 所示。

2) $3U_0$ 回答接线的检验：利用开口三角实验电压的方法进行检验。在电压互感器端子箱处查清接地端 N，在引出线处断开 L，接入试验端 S。将 N—S 电压经中转屏加到微机保护装置 $3U_0$ 的线圈上。在不对应状态下利用“P”命令打印 CPU3 的采样值。若电压互感器开口三角按图 7-17 所示 a 头接地，则采样报告中 $3U_0$ 应与 U_A 采用值相位相同，幅值相差$\sqrt{3}$倍。否则应检查开口三角的接线。

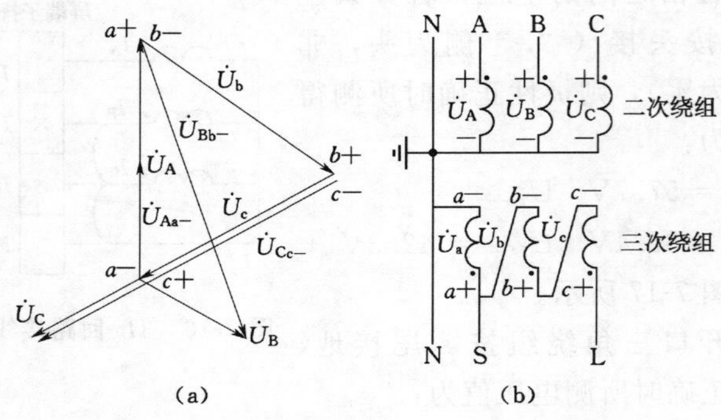

图 7-18 电压互感器开口三角 a 尾接地时相量图

(a) 相量图；(b) 接线图

（四）运行中装置异常告警处理

1）直流电源消失时，首先退出出口跳闸压板。

2）下列情况之一，仅退出相应保护压板及人机对话上对应的巡检开关位，其他保护允许继续运行。①总告警灯亮，同时某一个保护插件对应的告警灯点亮。②总告警灯亮，打印 CPUX-ERR（X=2 或 3，4）。③某保护插件“有报告”灯点亮。（这种情况下，退出保护后，检查人机对话上该插件的巡检开关位。若没有投，则应投入，再复位人机对话插件。若该保护插件能恢复，仍可恢复该保护运行）

3）下列情况可不退保护：①仅巡检中断灯点亮。②总告警灯点亮，30s 后巡检中断灯点亮。③打印机不打印。

（五）维修

WXH—11/FX 微机线路保护装置具有很强的自检功能，几乎可以将装置故障定位到芯片，可通过告警插件上的现象及打印机的信息进行检查。

（1）现象 1：某一保护告警灯及总告警点亮，打印相应信息。

第一行：＊＊＊CPUX（X=2 或 3、4）

第二行：故障信息

第二行的故障信息可能有：

1）ROMERR XXXX

原因：EPROM 求和校验码与自检的结果不一致。

处理：由厂家更换程序存储器 EPROM。

2）BADRAM

原因：8031 内部 RAM 的读写不一致。

处理：更换 8031 芯片。

3）BAD6264

原因：6264 的读写不一致。

处理：检查译码芯片 74LS139 或数据暂存器 6264。

4）SETERR

原因：定值校验码错或该区无定值。

处理：①若该区无定值，则将拨轮拨至有定值区，复位保护插件。②若定值校验码错。可重新固化一次定值，仍然有告警并打印“BADEEPROM”，则检查 74LS138、74LS32、2817 芯片及固化定值回路。

5）BADDRV

原因：开出回路异常。

处理：做传动试验检查。

6）DACERR

原因：某个 CPU 数据采集系统故障。

处理：不对应状态下打印采样报告，找出故障通道。该通道的 8253 芯片可能损坏或 8253 前的 RC 回路损坏。

（2）现象 2：两个 CPU 同时告警及总告警。

打印现象：DACERR

原因：数据采集系统损坏。

处理：根据现象首先将故障定位到 VFG 插件上，分析采样报告找出故障通道。若某个通道损坏，可检查该通道上的 6N137、AD654 芯片及 RC 回路。若多个通道损坏，则检查

－5V供电回路。

(3) 现象 3：仅总告警。

打印信息：CPUXERR（X＝2 或 3、4）

原因：CPU 插件上有致命故障。

处理：首先检查该 CPU 插件上的 8031 芯片，晶振回路及 27256 芯片。若故障仍没有消除则更换 CPU 插件。

(4) 现象 4：仅巡检中断告警无打印信息。

原因：人机对话插件上有致命故障。

处理：检查人机对话插件上 8031 芯片，晶振回路及串行通讯回路，27256 芯片。

(5) 现象 5：总告警，30s 后巡检中告警。

打印信息：第一行 ＊＊＊CPU0

第二行 故障信息

故障信息可能有：

1) BADROM XX XX

原因：程序求和校验通不过。

处理：更换 8031 芯片。

2) BADPORT

原因：8256 芯片自检出错。

处理：检查 8256 及相关回路（74LS138 、74LS139 或 74LS373)

3) BADRAM2

原因：6264 读写不一致。

处理：检查 6264 及相关回路（74LS138 、74LS373)。

(6) 现象 6：打印机不打印。

1) CPU 插件的报告灯长亮，接口插件无显示。检查该 CPU 的巡检开关的状态及串行通讯口。

2) 接口插件有显示。①打印机损坏。处理：自检打印机。②打印机电源接触不好。处理：用万用表查线。③输出光耦故障。处理：检查 T_5、T_8 光耦。④可能驱动光耦的 74LS373 相关回路损坏。处理：查找每路输出光耦及74LS373。

3）接口插件有报告灯闪烁。

原因：电缆断芯或某路光耦坏。

处理：用万用表查打印电缆及检查光耦的输出。

（六）附图

装置背板端子图，如图7-19。

四、DF3233变压器继电保护装置

（一）用途

用于110kV及以下电压等级的二圈变压器（包括低压侧为二分支），作为变压器的主保护及后备保护。其主要保护功能如下：

1）差动电流速段保护；

2）二次谐波制动的比率差动保护；

3）可选择电流互感器断线判断功能；

4）具有比率差动保护循环闭锁选择功能；

5）电流速断保护；

6）二段式过电流保护，其中一段过电流为二时限出口；

7）过负荷保护；

8）过电流启动通风；

9）过载闭锁有载调压。

以上各保护功能可以通过控制字投退，配置灵活、方便，可以组成主、后备保护配置方式，主保护配置方式，后备保护配置方式。

（二）技术数据

DF3233变压器继电保护装置技术数据，见表7-23、表7-24。

（三）工作原理与使用方法

1. 工作原理

(1) 保护启动。根据主、后备保护的需要，装置的保护启动元件具有三种：差动电流启动元件、差动电流突变量启动元件、

1n			
呼唤			64
			63
负电源			62
	−KM		61
			60
中央信号	装置异常		59
	重合闸动作		58
	保护动作		57
	呼唤		56
	+XM		55
			54
			53
遥信	重合闸动作		52
	后备跳闸		51
	零序跳闸		50
	距离跳闸		49
	公共端		48
	后加速		47
			46
零序	跳闸（2）		45
	跳闸（1）		44
距离	跳闸（2）		43
	跳闸（1）		42
	后备跳闸		41
			40
	重合闸（2）		39
			38
	重合闸（1）		37
			36
公共端	跳闸（2）	COM2	35
	跳闸（1）	COM1	34

	1n	
正电源	信号复归（+）	33
	+KM	32
开关量输入	气压低闭锁重合闸	31
	闭锁重合闸	30
	零序Ⅳ段投入	29
	零序Ⅲ段投入	28
	零序Ⅱ段投入	27
	零序Ⅰ段投入	26
	距离Ⅲ段投入	25
	距离Ⅱ段投入	24
	距离Ⅰ段投入	23
	接地距离投入	22
	外部P键	21
	跳闸位置	20
	手合	19
		18
	接地线	17
交流电流	IN'	16
	IC'	15
	IB'	14
	IA'	13
	IN	12
	IC	11
	IB	10
	IA	9
交流电压	UXN	8
	UXL	7
	3U0L	6
	3U0N	5
	UN	4
	UC	3
	UB	2
	UA	1

图 7-19　装置背板端子图

相电流启动元件。

(2) 差动保护。装置比率差动电流保护可以选择为如图 7-20 二种方案之一。

表 7-23　DF3233 变压器继电保护装置技术数据（1）

额定参数			功率消耗	
交流电流（A）	频率（Hz）	直流电压（V）	交流电流回路（VA）	直流回路（W）
5	50	110、220 允许偏差 −20%～+10%	额定电流每相小于 1	正常工作时小于 15W，动作时小于 25W

输入接点容量	绝缘性能		环境条件	
出口继电器	绝缘电阻（MΩ）	介质强度	环境温度（℃）	大气压力（kPa）
最大导通电流 8A	不小于 100	1min 耐压 2kV（交流回路 50Hz）	装置工作 −10～+50℃ 温度下动作因温度变化而引起的变差不大于±3%	80～110

表 7-24　DF3233 变压器继电保护装置技术数据（2）

保护元件	差动保护		过电流保护定值	
整定范围（所有保护整定值均可以连续数字化整定，级差可以达到 0.01 单位）	突变量启动电流	$0.1\sim1I_n$	限时电流速断定值	$1.0\sim15I_n$
	差动电流	$0.2\sim1I_n$	过电流启动通风 过载闭锁调压 过负荷保护	$0.2\sim5I_n$
	比率制动拐点电流	$0.5\sim1.5I_n$		
	比率制动系数	0.30～0.70		
	二次谐波制动系数	0.10～0.50		
	差动电流平衡系数	0～127		
	差动速断电流	$2-15I_n$		
	动作时间	在 2 倍动作电流的情况下，差动保护的动作时间不大于 30ms；差动电流速断保护的动作时间不大于 20ms		0.1～10s
整定值误差	不超过±3% 动作时间误差不大于±1.5%(≥1s)或 0.015s(<1s)			
电流后备保护返回系数			不小于 0.95	

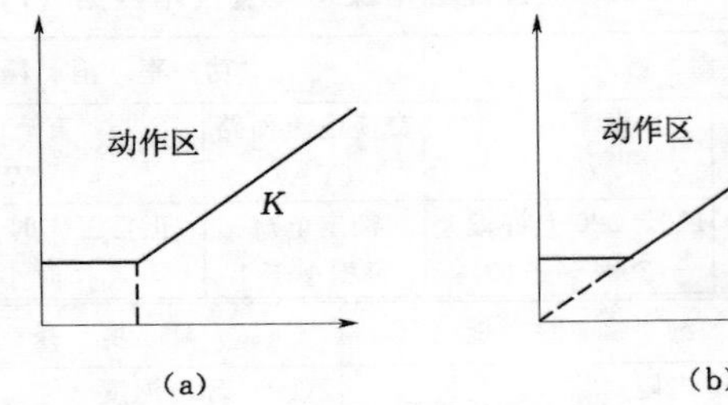

图 7-20　制动特性曲线

(a) $I_{act} \geqslant I_{act0}$ ($I_{brk} < I_{brk0}$) $I_{act} \geqslant I_{act0} + K(I_{brk} - I_{brk0})$ ($I_{brk} \geqslant I_{brk0}$)

(b) $I_{act} \geqslant I_{act0}$　$I_{act} \geqslant K I_{brk}$

以上二种方案中，针对二圈变压器的前提情况下，电流互感器的同名端均指向母线或变压器时，差动电流 I、制动电流 I 的选择方法如下：

$$I = I_h + I_1$$

$$I = (I_h - I_1)/2$$

式中　I_h——高压侧电流；

I_1——低压侧电流。

二次谐波制动的判据。装置采用三相差动电流中，任一相二次谐波电流对基波电流含量大于二次谐波制动系数时，闭锁三相比率差动保护。

差动电流速断保护。装置采用三相差动电流中任一相电流大于差动电流速断定值时，瞬时动作出口，快速切除变压器区内发生的严重故障。

(3) 后备保护。

电流速断保护。用于变压器部分绕组、高压侧套管及其引出线的故障。

过电流一段保护。为具有二段时限的保护，其中较短的时限用于缩小故障影响范围，较长的时限用于断开变压器各侧断路器。

过电流二段保护。用于变压器故障的后备保护，其动作值较低，时限较长，出口后断开变压器各侧断路器。

过负荷保护、过流启动通风、过载启动有载调压，这三种保护均采用计算B相电流，分别设有电流和时间定值，均给出一副常开触点。

2. 装置的投运与运行

1）电源灯、运行灯发绿灯平光。

2）开关实际位置与装置面板上“跳位（绿灯）”、“合位（红灯）”相对应。

3）定值区号与实际定值一致。

4）液晶显示信息与实际一致。

3. 注意事项

1）运行中不允许不按指示操作程序随意按动面板上的键盘。

2）不允许随意操作下列命令：①开出传动；②修改定值；③设置模块网络地址；④改变定值区。

4. 装置故障检测

装置设有较完善的故障检测功能，大大提高了装置保护功能的可靠性和安全性。装置发现有不正常现象时告警，有二种告警类型。

告警Ⅰ：CPU故障；RAM故障；EEPROM故障；EPROM故障；定值出错；开关量输出故障；TA断线故障。此时保护功能退出，应尽快检查解决问题。

告警Ⅱ：采样通道异常；长期差流越限；启动失灵。此时保护功能没有退出，应分析检查解决问题。

第八章 防雷和接地

第一节 雷电的一般规律

一、雷电分布的一般规律

雷电分布的一般规律，见表8-1。

表8-1 雷电分布的一般规律

条　件	雷电分布规律
按湿热程度	热而潮湿的地区比冷而干燥的地区多
按纬度分布	由赤道向南及向北递减，赤道及其附近最多 在我国大致是：华南＞西南＞长江流域＞东北＞西北
按地域分布	山区＞平原＞沙漠；陆地＞湖海
按时间分布	雷电高峰都在7、8月份，活动时间大都在14～22时

二、雷击的选择性

雷击的先决条件为：地面上能积储足够的电荷；能使雷云畸变而形成雷电先导；有利于雷云与大地建立良好的放电通道。具备这三者或其中之一，即有雷击的机会，详见表8-2。

表8-2 雷击的选择性

容易雷击的条件	容易雷击的地方
土壤电阻率较低的地方，有利于电荷的积储者	1. 大片电阻率较大区域中的局部电阻率较小的地方 2. 岩石山坡与土壤山脚、山坡与稻田的交界面 3. 土壤电阻率较小的山坡或土山的山顶 4. 有金属矿藏或盐矿的地面 5. 具有地下水位高的地区或矿泉、地下水的出口处

续表

容易雷击的条件	容 易 雷 击 的 地 方
能使雷云产生畸变而形成雷电先导者	1. 空旷地中孤立的建筑物及建筑群中的高耸建筑物 2. 尖屋顶、水塔、烟囱、天窗、旗杆、消防梯、屋旁大树等 3. 山凹的迎风面、进风口 4. 海滨有山岳时，靠海一边的山坡 5. 坡屋面的屋脊、屋角、山墙等① 6. 接收天线、山区输电线路等
能使雷云与大地建立良好的放电通道者	1. 排出导电尘埃的厂房及废气管道 2. 屋顶为金属结构、地下埋有大量金属管道、内部存放大量金属材料和金属设备的厂房 3. 建筑群中特别潮湿的建筑，如牛马棚、冰库等

① 坡屋面的建筑因坡度不同而雷击的机率也不同，见图 8-1

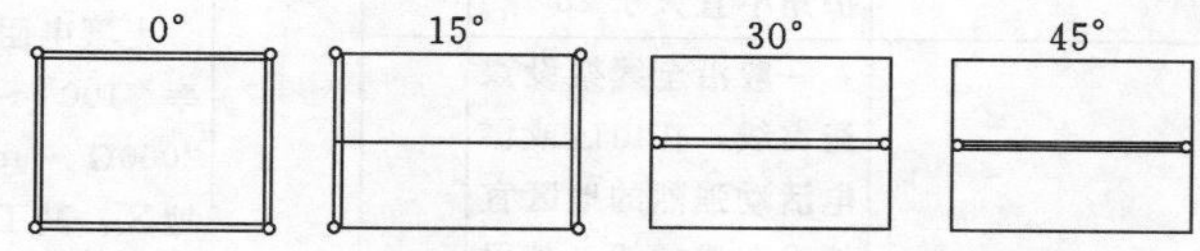

图 8-1 不同屋顶坡度建筑物的雷击部位

○—雷击率最高的部位；═—可能遭受雷击的部位

第二节 电力设备防雷

电力设备的防雷设施，既可作为大气过电压的保护，又可作为操作过电压的保护，因此也称为过电压保护。在下文中两者通用。

一、架空线路的过电压保护

1. 保护措施

电力线路的防雷方式应根据负荷性质、当地运行经验、雷电活动、地形、地貌、土壤电阻率高低等条件，通过技术、经济比较确定。其保护措施见表 8-3。

表 8-3　架空线路的过电压保护

电压等级		保护方式	接地		
			铁塔	铁杆或钢筋混凝土杆	接地电阻（Ω）
500kV		应沿全线架设双避雷线，其保护角不宜大于 15°	每基接地		
330kV		应沿全线架设双避雷线，其保护角不宜大于 20°	每基接地		
220kV		应沿全线架设双避雷线，其保护角不宜大于 20°；少雷区宜架设单避雷线，其保护角不宜大于 25°	每基接地		
110kV		一般沿全线架设双避雷线，在山区或雷电活动强烈的地区宜架设双避雷线，其保护角不宜大于 20°；在少雷区可不全线架设避雷线，应装设自动重合闸装置，并装设进线段保护	每基接地		土壤电阻率 100～2000Ω·m 地区，其工频接地电阻不宜超过 10～30Ω
66kV		负荷重要且所在地平均雷暴日在 30 天以上地区宜沿全线架设避雷线，其保护角 20°～30°	每基接地		
35kV		一般不沿全线架设避雷线，但必须考虑装设进线段保护		每杆接地	
3～10kV	钢筋混凝土杆	宜采用高电压等级的绝缘子		每杆接地	≤30
	木杆线路中的绝缘弱点[①]	设管型避雷器或保护间隙			见表 8-4

续表

<table>
<tr><td colspan="3" rowspan="2">电压等级</td><td colspan="2" rowspan="2">保护方式</td><td colspan="3">接地</td></tr>
<tr><td>铁塔</td><td>铁杆或钢筋混凝土杆</td><td>接地电阻（Ω）</td></tr>
<tr><td rowspan="2">3～10kV</td><td colspan="2">接有＞50m 的电缆</td><td colspan="2">在电缆段的两端装设管型避雷器或阀型避雷器</td><td></td><td>每杆接地</td><td>≤30③</td></tr>
<tr><td colspan="2">接有＜50m 的电缆</td><td colspan="2">在线路换接的一端装设管型避雷器或阀型避雷器</td><td></td><td>每杆接地</td><td>≤30③</td></tr>
<tr><td rowspan="4">3～10kV 线路之间及 380/220V 线路与通信线交叉时</td><td>钢筋混凝土杆</td><td rowspan="3">按 40℃弧垂、线路上下间距不应超过表 8-5 所列数值</td><td colspan="2">交叉档 4 杆均接地</td><td></td><td></td><td rowspan="3">接地电阻值不宜超过表 8-4 值的 2 倍</td></tr>
<tr><td>木横担钢筋混凝土杆</td><td colspan="2">交叉档 4 杆应装设管型避雷器或保护间隙</td><td></td><td></td></tr>
<tr><td>木杆</td><td colspan="2">交叉档 4 杆应装设保护间隙</td><td></td><td></td></tr>
<tr><td colspan="2">线中上下间距超过表 8-5 所列值 2m 时</td><td colspan="2">可不设任何保护</td><td></td><td></td><td></td></tr>
<tr><td colspan="3">3～10kV 与 380/220V 共杆</td><td colspan="2">PEN 及 PE 线应与混凝土杆主筋相连后接地②</td><td></td><td>每杆接地</td><td>≤30</td></tr>
<tr><td rowspan="3">380/220V</td><td colspan="2" rowspan="2">TN 及 TT 系统</td><td rowspan="2">干线及分支线的终点应重复接地②</td><td>电源容量＞100kVA</td><td></td><td></td><td>≤10</td></tr>
<tr><td>电源容量＜100kVA</td><td></td><td></td><td>≤30</td></tr>
<tr><td colspan="2">IT 系统</td><td></td><td></td><td></td><td>每杆接地</td><td>≤50</td></tr>
</table>

① 较长木杆线路中的个别铁横担、钢筋混凝土杆等。

② 出线装有漏电保护的 PE 线例外。

③ 避雷器接地引下线与瓷瓶铁脚、电缆铠装钢带及外包金属层相连后接地。

表 8-4 木杆线路个别铁横担、钢筋混凝土杆的工频接地电阻

土壤电阻率（Ω·m）	≤100	100～500	500～1000	1000～2000	＞2000
接地电阻（Ω）	10	15	20	25	30

表 8-5　电力线路之间或与通信交叉点的交叉距离（m）

额定电压（kV）	1以下与通信线路	3～10	额定电压（kV）	1以下与通信线路	3～10
3～10	2	2	1以下	1	2

2. 接地处理

避雷器、避雷线、铁塔、钢杆和钢筋混凝土杆的接地引下线可利用塔身和杆体的金属及钢筋混凝土杆中的钢筋，接地体可用基础部分的金属及钢筋。钢筋混凝土杆埋深达 2m 及以上时可不必加打接地极。

3. 保护间隙安装

1）门型木杆上的间隙，可由横担与主杆固定处沿杆身敷设接地引下线构成。

2）单木杆针式绝缘子的保护间隙，可在距绝缘子固定点 0.75m 处沿杆身绑扎敷设接地线引下。

保护间隙的接地引下线用 $\phi 8$ 圆钢，接地体可用 L50×50×5 角钢。

3）通信线路的保护间隙，可由杆顶沿杆身敷设接地引下线构成。

二、变配电所的过电压保护

过电压保护的一般规定，见表 8-6。

表 8-6　变配电所过电压保护一般规定

变配电所型式	一　般　规　定
户内变配电所	1. 具有架空进出线时，母线上避雷器与变压器的电气距离不宜大于表 8-7 所列的数值。若全部进出线为电缆段时，则此距离可不受表 8-7 的限制 2. 所有架空进出线在进入变配电所处装设阀型避雷器，电缆进出线仅在改用架空线处装设阀型避雷器，见图 8-2 3. 变配电所内所有电缆端的铠装钢带及金属外包层应与变配电所的主接地网相连；母线及架空进出线端的阀型避雷器、进线钢支架、瓷瓶铁脚相连后以最短的距离引向变配电所的主接地网

续表

变配电所型式	一　般　规　定
3～10kV 户外变配电所	1. 3～10kV 柱上断路器和负荷开关应采用阀型避雷器或保护间隙保护 2. 经常断路而又带电的柱上断路器、负荷开关及隔离开关（如备用线路）的两侧，都应装设避雷器或保护间隙 3. 避雷保护的引下线应与电气设备的金属外壳相连后接地，其接地电阻应≤10Ω
35kV 以上的户外配电所	1. 露天部分设避雷针或避雷线作全面的过电压保护，以防直击雷 2. 10kV 以上的进出线按线路避雷保护的要求，设置保护间隙、避雷器或避雷线 3. 变电所的露天母线上设置阀型避雷器

表 8-7　母线避雷器与变压器的最大电气距离

雷季经常运行的进出线路数	1	2	3	≥4
最大电气距离（m）	15	23	27	30

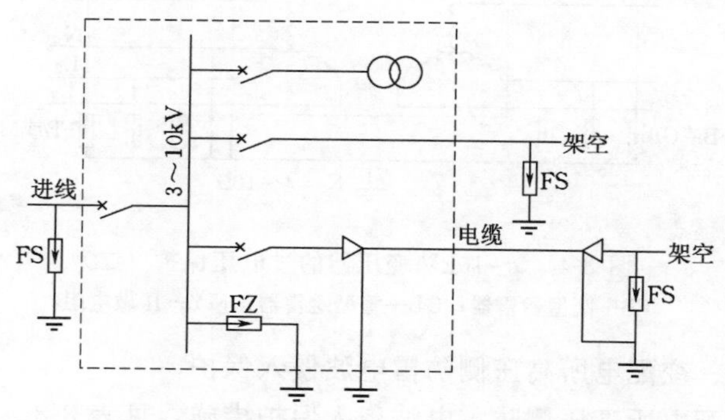

图 8-2　3～10kV 变配电所过电压保护接线
FS、FZ—阀型避雷器

三、变压器的过电压保护

1）3～10kV 侧为架空进线、在多雷区、一级防雷建筑物内的 Y，yn0 及 D，yn0 接线的变压器，除在高压侧装设避雷器外，宜在低压侧装设一级 220V 避雷器，440V 压敏电阻或击穿保险器，以防止反变换波和低压侧雷电侵入波击穿高压绝缘，其保护接线见图 8-3。

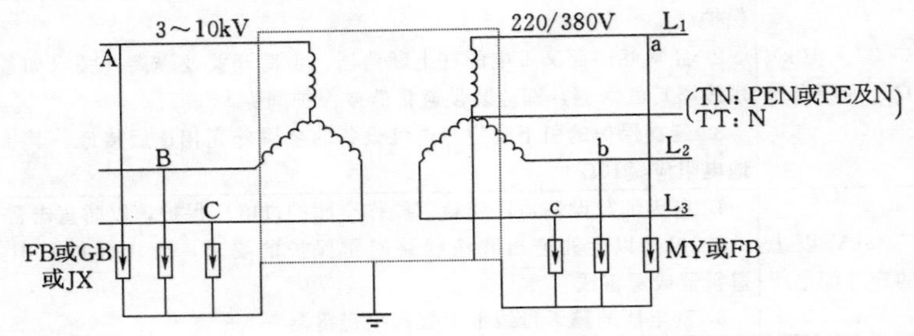

图 8-3　3～10kV 变压器的过电压保护（一）

FB—阀型避雷器；GB—管型避雷器；JX—保护间隙；MY—压敏电阻

2）上述条件下变压器的低压侧中性点绝缘而配出中性线时，应在中性点安装击穿保险器，如图 8-4 所示。

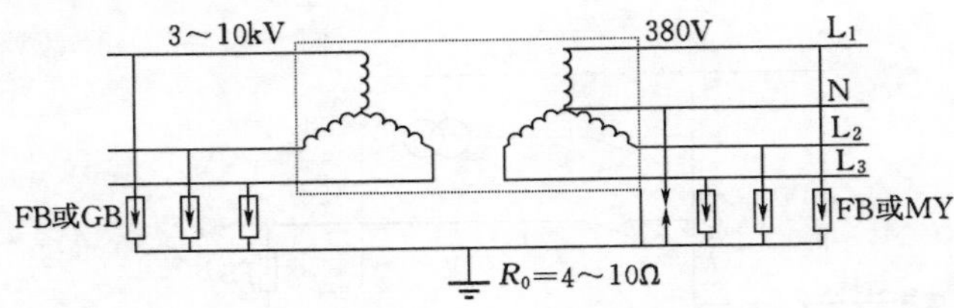

图 8-4　3～10kV 变压器的过电压保护（二）

FB—阀型避雷器；GB—管型避雷器；MY—压敏电阻

四、变配电所高压侧防雷电波侵入保护

变配电所高压侧防雷电波侵入保护措施，见表 8-8。

表 8-8　变配电所高压侧防雷电波侵入保护措施

电压等级	保　护　措　施
220kV 及以上	因全线设避雷线保护，当接入高压母线时，母线设有避雷器；当直接接入变压器时，变压器高压侧设有避雷器，因此不再需要设任何保护措施

续表

电压等级	保　护　措　施
66～110kV	1. 当全线设避雷线保护时，不需要设任何保护措施 2. 当不设避雷线保护时，则进线段设置防雷电波引入保护，见图 8-5
35kV	1. 在高压进线处设一定长度的避雷线，在避雷线两端的架空线上各设一组避雷器；变电所的母线或变压器的高压接线端设一组避雷器，见图 8-6（a） 2. 在弱雷区高压进线段可不设避雷线，仅在变压器高压进线处及一定距离的架空线路上各设置一组避雷器及保护间隙，见图 8-6（b） 3. 具有分支线路的高压进线保护见图 8-7（a）、(b)
10kV	1. 在三级防雷及以下的建筑物中，当采用架空进线时，在进户线的墙上设置一组避雷器，见图 8-8（a） 2. 在一、二级防雷建筑物中，一般宜采用电缆进线，确有困难时，可采用架空线路，进线引入建筑物的长度大于 $2\sqrt{\rho}$m 处改用电缆（ρ 为埋电缆处的土壤电阻率 Ω·m），但其长度不应小于 15m，应在架空与电缆线路换接处设置一组避雷器，见图 8-8（b）

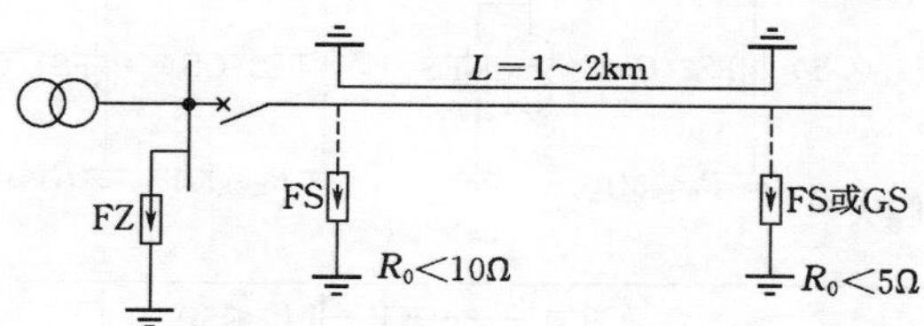

图 8-5　变压器 66～110kV 侧防雷电波侵入接线

FZ、FS—阀型避雷器；GS—管型避雷器

五、旋转电机的过电压保护

发电机、调相机、电动机等均为旋转电机，其过电压保护包括机主绝缘、匝间绝缘及中性点绝缘。由于保护旋转电机的避雷器保护性能与电机绝缘水平的配合裕度很小，特别是直配电机更为困难，其保护方式应按电机容量、雷电活动的强弱和对运行的可靠性要求确定。

1. 300kW 以上到 1500kW 直配电机的过电压保护

其保护接线见图 8-9。

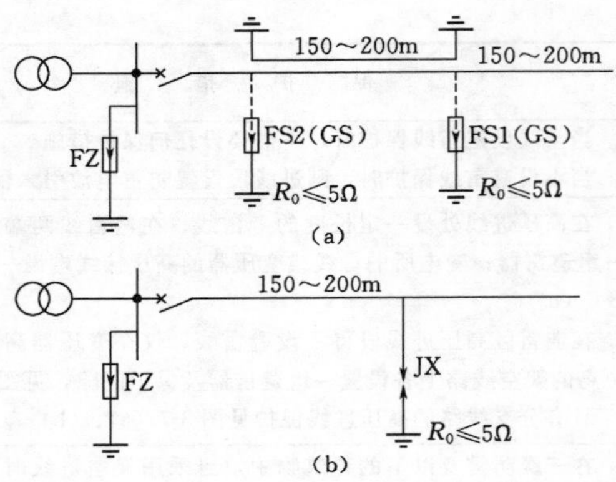

图 8-6 变压器 35kV 侧防雷电波侵入保护

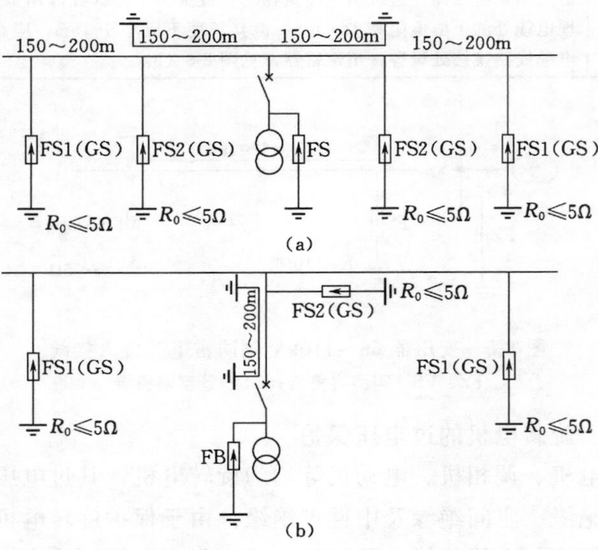

图 8-7 具有分支线路的变压器 35kV 侧防雷电波侵入保护

(a) 分支线路较短时；(b) 分支线路较长时

1) 保护旋转电机常用磁吹避雷器（FCD），宜靠近电机，也可装在电机出线处。若一组母线上电机不超过两台，总容量

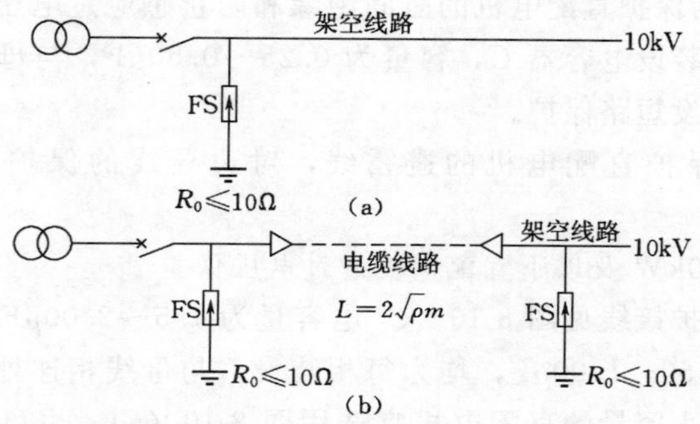

图 8-8 变压器 10kV 侧防雷电波侵入保护

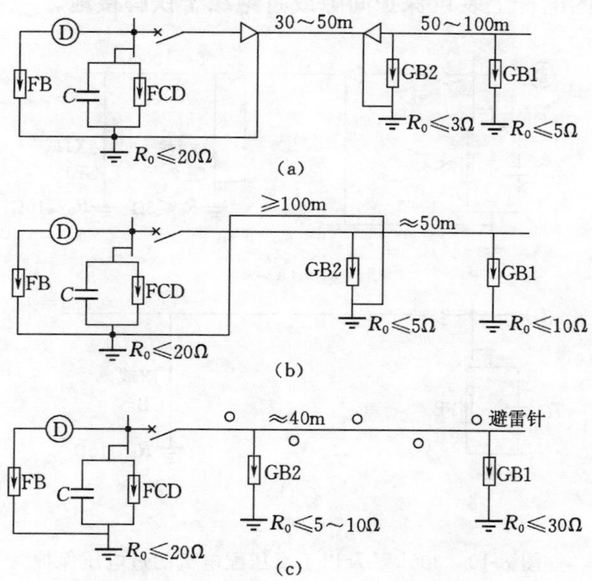

图 8-9 300kW 以上到 1500kW 高压配电机的过电压保护

(a) 线路引入段用直埋电缆；(b) 线路引入段用架空地线保护；(c) 线路引入段用避雷针保护

不超过 500kW，与避雷器距离不超过 50m 者，则可仅在母线上装一组避雷器。

2）为保护直配电机的匝间绝缘和防止感应过电压，应在每组母线上装设电容器 C，容量为 0.25～0.50μF，与母线连接的电容器宜设短路保护。

3）保护直配电机的避雷线，对边导线的保护角不应大于 30°。

2. 300kW 及以下直配电机的过电压保护

其保护接线见图 8-10。C_1 电容量为 1.5～2.00μF，C_2 电容容量为 0.50～1.00μF，均为每相装设，与母线相连处则应加短路保护。小容量的直配电机宜选用图 8-10（a），也可选用图 8-10（b），只在线路入户处装设一组电容器和避雷器，并在靠近入户处的电杆上装设保护间隙或将绝缘子铁脚接地。

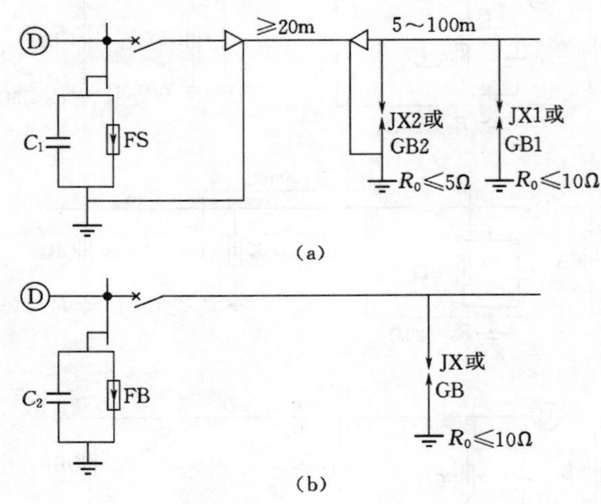

图 8-10　300kW 及以下高压配电机的过电压保护

（a）线路引入段采用直埋电缆；（b）线路引入处加装保护间隙

对一些重要的小容量电机也可采用图 8-9 的过电压保护接线。

3. 线路具有电抗器的直配电机过电压保护

对 300kW 以上到 1500kW 的直配电机采用图 8-9 或图 8-10

不能满足要求时，可采用图 8-11 接线。图中 C_3 容量为 0.25～0.50μF。

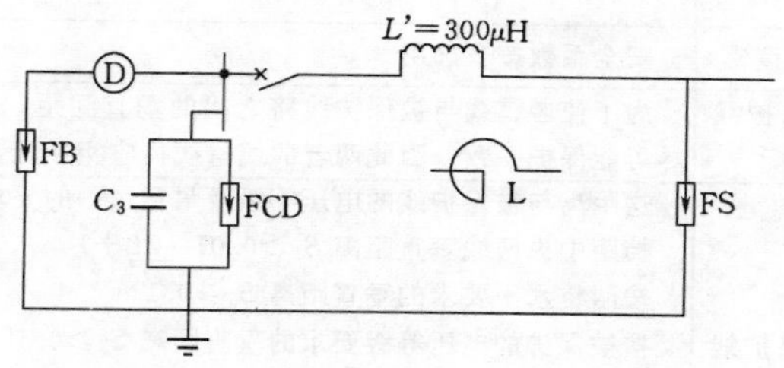

图 8-11　300kW 以上到 1500kW 有电抗线圈直配电机的过电压保护

4. 保护旋转电机中性点绝缘的避雷器

如直配电机的中性点能引出且未直接接地，应在中性点上装设阀型避雷器，其额定电压不应低于电机最高运行相电压，其型号可按表 8-9 选用。

表 8-9　保护旋转电机中性点绝缘的避雷器

电机额定电压 (kV)	3	6	10
避雷器型号	FCD—2 FZ—2 FS—2	FCD—4 FZ—4 FS—4	FCD—6 FZ—6 FS—6

第三节　电力设备的过电压保护设备

过电压保护常用的设备是避雷线、避雷针、阀型避雷器、管型避雷器、保护间隙、低压阀型避雷器、氧化锌避雷器、压敏电阻等。

一、避雷线

避雷线可按下列条件选择，见表 8-10。

表 8-10 避雷线的选择

选用条件	内容
1. 机械强度	安全系数按 2 选用
2. 与被保护线的截面相匹配	为了使避雷线与被保护线路之间的垂直间距，在不同气温下尽可能保护一致，因此两者的线材线径应相互配合，见表 8-11
3. 与被保护线之间的垂直距离要求	这距离与被保护线的电压等级及耐雷水平的要求有关 档距中央两线垂直距离 $S_1 \geqslant 0.01 \cdot 2L+1$ 按耐雷水平要求的垂直距离 $S_2 \geqslant 0.1I$ 按被保护的电压等级要求的垂直距离 $S_3 \geqslant 0.1U$ 式中：L—档距长度，m； I—耐雷水平，kA； U—线路额定电压，kV 按上式求得 35kV、110kV 的垂直距离及最大可能的档距，见表 8-12

表 8-11 避雷线与被保护线的截面配合表

线路类别	截面规格			
避雷线	GJ—25	GJ—35	GJ—50	GJ—70
可配合的被保护线路的规格	LGJ—35 LGJ—50 LGJ—70	LGJ—95 LGJ—120 LGJ—150 LGJ—185 LGJQ—150 LGJQ—185	LGJ—240 LGJ—300 LGJQ—240 LGJQ—300 LGJQ—400	LGJ—400 LGJQ—500 及以上

表 8-12 避雷线与被保护线档距中的垂直距离

电压等级 (kV)	耐雷水平 (kA)	S_2 (m)	S_3 (m)	$S_1=S_2$ 时的 l (m)
35	30	3	3.5	167
110	75	7.5	11	542

二、避雷针

避雷针常用圆钢和角钢制成，针高为 3～12m 不等，按线路、建筑物、构筑物的高度及保护范围而定。针尖采用 ϕ20 的圆钢，取 0.25m，再分别插入 1.5、2、3m 一节的钢管中，相互焊接而成。全针采用热镀锌。热镀锌有困难时，可除锈后涂红丹漆二道，再刷锌处理。避雷针的安装尺寸及可组合的长度，见表 8-13。

表 8-13　避雷针不同长度时各节尺寸组合表

针高 H（m）		3	4	5	6	7	8	9	10	11	12
各节尺寸（mm）	A	1500	1000	1500	1500	1500	1500	1500	1500	2000	2000
	B	1500	1500	1500	2000	1500	1500	1500	1500	2000	2000
	C		1500	2000	2500	2000	2000	2000	2000	2000	2000
	D					2000	3000	2000	2000	2000	3000
	E							2000	3000	3000	3000

三、阀型避雷器

阀型避雷器由火花间隙及阀片电阻组成，阀片电阻的材料是特种碳化硅，当有雷电过电压时，火花间隙被击穿，阀片电阻下降，将雷电流引入大地，这就保护了电器设备免受雷电流的危害。正常情况下，火花间隙不会击穿，阀片电阻上升，阻止了正常交流通过。阀型避雷器可分为以下几种：

1）没有并联电阻的 FS 型阀式避雷器，常用规格见表 8-14。它可用在小容量的变配电设备、变压器及架空线路上的过电压保护。

表 8-14　FS 系列配电用阀式避雷器技术数据

型　号	系统标称电压（有效值，kV）	避雷器额定电压（有效值，kV）	工频放电电压（有效值，kV）		1.2/50μs（峰值，kV）	标称电流下残压（波形 8/20μs）（峰值，kV）5KA	泄漏电流（μA）	直流电压（kV）	重量（kg）
			不小于	不大于	不大于	不大于	不大于		
FS2—3	3	3.8	9	11	21	17	5	4	3.9
FS3—3							10	3	2.92
FS4—3							10	4	2.2
FS4—3G							10	4	2.5
FS6—3							10	4	
FS7—3							10	4	
FS8—3							10	4	3.02
FS10—3									

续表

型　号	系统标称电压（有效值,kV）	避雷器额定电压（有效值,kV）	工频放电电压（有效值，kV）		1.2/50μs（峰值,kV）	标称电流下残压（波形8/20μs）（峰值,kV） 5KA	泄漏电流（μA）	直流电压（kV）	重量（kg）
			不小于	不大于	不大于	不大于	不大于		
FS2—6 FS3—6 FS4—6 FS4—6G FS6—6 FS7—6 FS8—6 FS10—6	6	7.6	16	19	35	30	5 10 10 10 10 10 10	7 6 7 7 7 7 7	5.3 4.4 3 3.6 4.12
FS2—10 FS3—10 FS4—10 FS4—10G FS6—10 FS7—10 FS8—10 FS10—10	10	12.7	26	31	50	50	5 10 10 10 10 10 10	10 10 10 10 10 10 10	8 6.2 4.2 5.0 6.2

2）具有并联电阻的 FZ 型阀式避雷器，其规格见表 8-15。它可用于大容量的变配电设备及变压器的过电压保护。

3）具有并联电阻及电容的 FCD 磁吹式避雷器，它截波后的残压能与旋转电机的绝缘水平很好的配合，因此常用作旋转电机的匝间及主绝缘的过电压保护，其规格见表 8-16。

4）直流磁吹阀式的避雷器，适用于直流电气设备的过电压保护。其技术数据见表 8-17。

阀型避雷器应按表 8-18 选型。

表 8-15　FZ 系列电站用阀式避雷器技术数据

型　号	系统标称电压（有效值，kV）	避雷器额定电压（有效值，kV）	工频放电电压（有效值，kV）		1.2/50μs 冲击放电电压（峰值，kV）	标称电流下残压（波形 8/20μs）（峰值，kV）5kV	电导电流（μA）	直流电压（kV）
			不小于	不大于	不大于	不大于		
FZ—3 FZ—3 FZ—3 FZ2—3	3	3.8	0	11	20	13.5	400～600 450～650 ≯10 ≯10	4
FZ—6 FZ—6 FZ2—6	6	7.6	16	19	30	27	400～600 ≯10 ≯10	6
FZ—10 FZ—10 FZ2—6	10	12.7	26	31	45	45	400～600 ≯10 ≯10	10
FZ—15	15	20.5	41	49	73	67	400～600	16
FZ—20	20	25	51	61	85	81.5	400～600	20
FZ—30	30	25	56	67	110	81.5	400～600	24
FZ—35	35	41	82	98	134	134	400～600	

表 8-16　FCD 系列旋转电机用磁吹阀式避雷器技术数据

型　号	电机额定电压（有效值，kV）	避雷器额定电压（有效值，kV）	工频放电电压（有效值，kV）		1.2/50μs 冲击放电电压（峰值，kV）	标称电流下残压（波形 8/20μs）（峰值，kV）		电导电流（μA）	直流电压（kV）
						5kV	5kV		
			不小于	不大于	不大于	不大于	不大于		
FCD—2 FCD5—2		2.3	4.5	5.7	6	6	6.4	50～100	2
FCD—3.15 FCD2—3.15 FCD5—3	3.15	3.8	7.5	9.5	9.5	9.5	10	50～100 5～20	4 3

续表

型　　号	电机额定电压（有效值，kV）	避雷器额定电压（有效值，kV）	工频放电电压（有效值，kV）		1.2/50μs 冲击放电电压（峰值，kV）	标称电流下残压（波形 8/20μs）（峰值，kV）		电导电流（μA）	直流电压（kV）
			不小于	不大于	不大于	5kV 不大于	5kV 不大于		
FCD—4 FCD2—4 FCD5—4		4.6	9	11.4	12	12	12.8	50～100 5～20	4 4
FCD—6.3 FCD2—6.3 FCD5—6	6.3	7.6	15	18	19	19	20	50～100 5～20	6 6
FCD—10.5 FCD2—10.5 FCD5—10	10.5	12.7	25	30	31	31	33	50～100 5～20	10 10
FCD—13.8 FCD2—13.8 FCD5—13	13.8	16.7	33	39	40	40	43	50～100 5～20	12 14
FCD—15.75 FCD2—15	15.75	19	37	44	45	45	49	5～20	16
FCD2—20	20	25.4	50	62	62	62		5～20	20

注　FCD—2、FCD5—2、FCD—4、FCD2—4、FCD5—4 型避雷器专为电机中性点绝缘保护用。

表 8-17　FCL 系列直流磁吹阀式避雷器技术数据

型　　号	系统标称电压（kV）	额定电压（kV）	直流放电电压（kV）		冲击放电电压（峰值，kV）
			不小于	不大于	不大于
FCL—0.75	0.75	0.9	2.0	3.0	2.7
FCL—1.65	1.65	2	4.3	5.4	6

型　　号	标称电流下残压（波形 8/20μs）（峰值，kV） 3kA	泄漏电流（μA）	直流电压（kV）	重量（kg）	总高（mm）	生产厂
	不大于	不大于				
FCL—0.75	2.7	10	0.9	17	235	抚顺电瓷厂
FCL—1.65	6	10	2	18	235	

表 8-18　阀型避雷器选用条件

选 择 项 目	校 验 条 件
额定电压	应与被保护设备的额定电压一致
校验灭弧电压	灭弧电压≥最大运行线电压（对中性点非直接接地的系统） 灭弧电压≥最大运行线电压的 80%（对中性点直接接地的系统）
校验工频放电电压	工频放电电压≥最大运行相电压的 3.5 倍（对中性点绝缘或经阻抗接地的系统） 工频放电电压≥最大运行相电压的 3 倍（对中性点直接接地的系统） 工频放电电压≥灭弧电压的 1.8 倍
校验避雷器的放电残压	放电残压应与系统中设备的绝缘水平相配合

四、管型避雷器

管型避雷器是保护间隙型的，大多用在供电线路上作避雷保护，其规格见表 8-19。选用管型避雷器应注意以下几个问题：

表 8-19　管型避雷器主要技术数据

型 号	额定电压	最大允许工频电压（有效值，kV)	极限切断电流（有效值，kV)		工频放电电压（kV)		2μs 冲击放电电压（kV)	间隙距离（mm)		灭弧管内径（mm)
			下限	上限	干	湿	不大于	隔离间隙	灭弧间隙	
$GXW\frac{6}{0.5-3}$	6	6.9	0.5	3	27	27	60	10～15	130	8～8.5
$GXW\frac{6}{2-8}$	6	6.9	2	8	27	27	60	10～15	130	9.5～10
$GXW\frac{10}{0.8-4}$	10	11.5	0.8	4	33	33	75	15～20	130	8.5～9
$GXW\frac{10}{2-7}$	0	11.5	2	7	33	33	75	15～20	130	10～10.5
$GXW\frac{35}{0.7-3}$	35	40.5	0.7	3	105	70	210	100～150	175	8～9
$GXW\frac{35}{1-5}$	35	40.5	1	5	105	70	210	100～150	175	10～11
GXW—10	10	11.5						17～18	63±3	

1）按开断续流的范围选时：开断续流的上限大于最大短路电流（发电厂附近为 $1.5I_c$，距发电厂较远时为 $1.3I_c$。I_c 为短路冲击电流的有效值）；开断续流的下限小于最小短路电流。

2）管型避雷器外间隙按表 8-20 选用。

表 8-20　管型避雷器的外间隙

额定电压（kV）	3	6	10
外间隙尺寸（mm）	8	10	15

3）安装应注意的问题：①避免排出的电离气体相交而造成短路。②防止管内积水，应垂直或倾斜安装，使开口端向下，倾斜角不小于 15°，在污秽地区可加大倾斜角。③防止雨水造成短路，三相外间隙电极不应垂直布置，外间隙电极宜镀锌或采取避免锈水污染绝缘子的措施。

4）装在木杆上的管型避雷器，可采用三相共用接地装置，可与避雷线共用一根引下线。

五、保护间隙

是由一对电极及其间的空气间隙组成的过电压保护器，它有环形、棒型和角形三种。使用时保护间隙与被保护设备并联。保护间隙的选用要求，见表 8-21。

表 8-21　保护间隙的选用

<table>
<tr><th>项　目</th><th colspan="6">内　　容</th></tr>
<tr><td>适用场合</td><td colspan="6">管型避雷器的灭弧不能符合要求时，可采用间隙保护，但这应尽量与自动重合闸装置配合</td></tr>
<tr><td>间隙结构</td><td colspan="6">1. 应保证间隙稳定不变，紧固安装
2. 应防止间隙动作时电弧跳到其他设备上，引起与间隙并联的绝缘子受热损坏、电极被烧坏
3. 间隙的电极应镀锌</td></tr>
<tr><td rowspan="4">主间隙及辅助间隙的尺寸</td><td colspan="6">常使用的是角形间隙，为防止外物使主间隙短路，常在其接地引下线中串联一个辅助间隙，见图 8-12</td></tr>
<tr><td>系统额定电压（kV）</td><td>3</td><td>6</td><td>10</td><td>20</td><td>35</td></tr>
<tr><td>主间隙最大尺寸（mm）</td><td>8</td><td>15</td><td>25</td><td>100</td><td>210</td></tr>
<tr><td>辅助间隙尺寸（mm）</td><td>5</td><td>10</td><td>10</td><td>15</td><td>20</td></tr>
</table>

六、氧化锌避雷器

氧化锌避雷器是一种保护性能优越、耐污秽、重量轻、阀片性能稳定的避雷设备。它不仅可作雷电过电压保护，也可作内部操作过电压保护，由于它无续流效果，因此可作为过电压的浪涌吸收器。

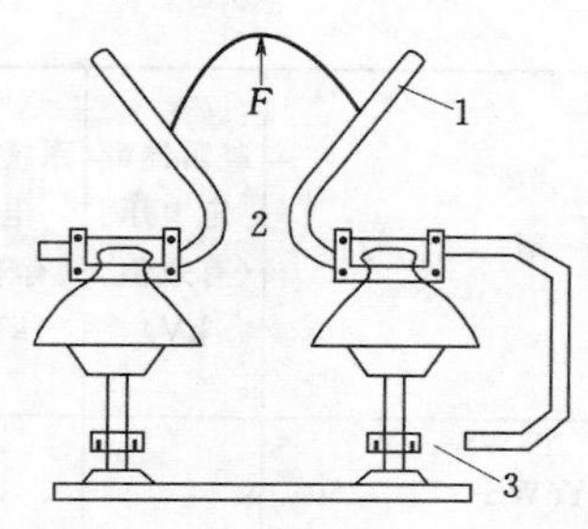

图 8-12　角形保护

1—φ6～12mm 的圆钢；2—主间隙；3—辅助间隙；F—电弧运动方向

用于保护配电设备的氧化锌避雷器技术数据，见表 8-22、表 8-23。

用于保护电机过电压的氧化锌避雷器技术数据，见表 8-24；用于保护电站及变配电所的氧化锌避雷器技术数据，见表 8-25；用于保护电容器的氧化锌避雷器技术数据，见表 8-26。用于保护直流配电设备的有直流氧化锌避雷器技术数据，见表 8-27。

表 8-22　配电用氧化锌避雷器（无间隙）技术数据

型　　号	避雷器额定电压（有效值，kV）	系统额定电压（有效值，kV）	避雷器特需运行电压（有效值，kV）	直流 1mA 参考电压（kV）	工频参考电压（kV）	操作冲击电流下残压（波形 30/60μs）（峰值，kV）
				不小于	不小于	不大于
Y3W—0.25/1.2	0.25	0.22	0.24	0.58		
Y3W1—0.25/1.2	0.25	0.22	0.24	0.58		
Y3W—0.28	0.28	0.22	0.24	0.6		
Y3W—0.5/2.3	0.5	0.38	0.42	1.2		
Y3W1—0.5/2.3	0.5	0.38	0.42	1.2		
Y3W—0.5	0.5	0.38	0.44	1.2		
Y5WS—3.8/17	3.8	3	2.0	9	—	14.5
Y5WS—7.6/30	12.7	6	4.0	16		25.5
Y5WS—7.6	12.7 12.7	6	4.0	15.0	10.6	25.5

续表

型号	避雷器额定电压（有效值，kV）	系统额定电压（有效值，kV）	避雷器特需运行电压（有效值，kV）	直流1mA参考电压（kV）	工频参考电压（kV）	操作冲击电流下残压（波形30/60μs）（峰值，kV）
				不小于	不小于	不大于
Y5WS—12.7		10	6.6	25	17	42.5
Y5WS—12.7/50		10	6.6	26.5		42.5
Y5WS—12.7/50G		10	6.6	26.5		

型号	波头1μs，陡波冲击电流下残压（峰值，kV）	雷电冲击电流下残压（波形8/20μs）（峰值，kV）		2ms方波电流冲击（A）	主要尺寸（mm）		参考重量（kg）
	5kA	3kA	5kA		总高	外径	
	不大于	不大于	不大于				
Y3W—0.25/1.2		1.2			71	74	
Y3W1—0.25/1.2		1.2			65	52	
Y3W—0.28		1.2		100	85	75	0.25
Y3W—0.5/2.3		2.3	2.5		91	86	
Y3W1—0.5/2.3		2.3	2.5		77	66	
Y3W—0.5		2.4	2.4	100	85	75	0.25
Y5WS—3.8/17	19.6		17	100	231	81	1.58
Y5WS—7.6/30	34.5		30	100	226	81	2.07
Y5WS—7.6	34.5		30	100	230	110	2.5
Y5WS—12.7	57.8		50	100	300	110	3.5
Y5WS—12.7/50	57.8		50	100	316	81	2.47
Y5WS—12.7/50G			50	100	366	81	2.95
生产厂	上海电瓷厂，南阳氧化锌避雷器厂，抚顺电瓷厂						

表 8-23　配电用氧化锌避雷器（带串联间隙）技术数据

型号	避雷器额定电压（有效值，kV）	系统额定电压（有效值，kV）	避雷器持续运行电压（有效值，kV）	工频放电电压（有效值，kV）	1.2/50μs冲击放电电压（峰值，kV）	标称电流下残压（峰值，kV）		2ms，20次方波通流容量（A）	主要尺寸（mm）		参考重量（kg）
						陡波冲击	雷电冲击		总高	外径	
				不小于	不大于	不大于					
Y3CS—0.25/1.3	0.25	0.22	0.24	0.5	1.7		1.3	100			

续表

型号	避雷器额定电压(有效值,kV)	系统额定电压(有效值,kV)	避雷器持续运行电压(有效值,kV)	工频放电电压(有效值,kV)	1.2/50μs冲击放电电压(峰值,kV)	标称电流下残压(峰值,kV)		2ms,20次方波通流容量(A)	主要尺寸(mm)		参考重量(kg)
						陡波冲击	雷电冲击		总高	外径	
				不小于	不大于	不大于					
Y3CS—0.5/2.6	0.5	0.38	0.42	1.1	3.0		2.6	100			
Y5CS—3.8/11	3.8	3	2.0	6	12	13	11	200	225	99	2.13
Y5CS—7.6/22	7.6	6	4.0	12	24	25	22	200	260	99	2.66
Y5CS—12.7/36	12.7	10	6.6	19	38	41	36	200	310	99	3.49
生产厂	抚顺电瓷厂										

表 8-24 电机用氧化锌避雷器技术数据

型号	避雷器额定电压(有效值,kV)	电机额定电压(有效值,kV)	避雷器持续运行电压(有效值,kV)	直流1mA参考电压(kV)	工频参考电压(kV)	操作冲击电流下残压(波形30/60μs)(峰值,kV)	波头1μs,陡波冲击电流下残压(峰值,kV)	雷电冲击电流下残压(波形8/20μs)(峰值,kV)		2ms方波电流冲击(A)
							3kA	3kA	1kA	
				不小于	不小于	不大于	不大于	不大于	不大于	
Y3W—3.8/8.5	3.8	3.15	2.0	5.6		7.6	10.9	9.5		400
Y3W—3.8	3.8	3.15	2.0	5.6	4.0	7.6	10.9	9.5		300
Y3B—3.8/9	3.8	3.15	2.0	6.2		7.2	10.3	9		400
Y3B—3.8	3.8	3.15	2.0	5.6	4.0	6.5	10.0	8.0		400
Y3W—7.6/19	7.6	6.3	4.0	11.3		15.0	21.9	19.0		400
Y3W—7.6	7.6	6.3	4.0	11.3	8	15.0	21.9	19		300
Y3B—7.6/18	7.6	6.3	4.0	12.4		14.2	20.7	18		400
Y3B—7.6	7.6	6.3	4.0	11.3	8	13.0	18.4	16		400
Y3W—12.7/31	12.7	10.5	6.6	18.9		25.0	35.7	31		400
Y3W—12.7	12.7	10.5	6.6	18.9	13.4	25	35.7	31		300
Y3B—12.7/29	12.7	10.5	6.6	20.7		23.4	33.4	29		400
Y3B—12.7	12.7	10.5	6.6	18.9	13.4	22	30.5	26.5		400

续表

型　号	避雷器额定电压（有效值，kV）	电机额定电压（有效值，kV）	避雷器持续运行电压（有效值，kV）	直流1mA参考电压（kV）	工频参考电压（kV）	操作冲击电流下残压（波形30/60μs）（峰值，kV）	波头1μs，陡波冲击电流下残压（峰值，kV）	雷电冲击电流下残压（波形8/20μs）（峰值，kV）		2ms方波电流冲击（A）
							3kA	3kA	1kA	
				不小于	不小于	不大于	不大于	不大于	不大于	
Y3W—16.7/40	16.7	13.8	9.0	24.8		32.0	46.0	40.0		400
Y3W—16.7	16.7	13.8	9.0		17.5	32	46	40		300
Y3B—16.7/38	16.7	13.8	9.0	27.2		30.4	43.7	38		400
Y3B—16.7	16.7	13.8	9.0	24.8	17.5	28	40.3	35		400
Y3W—19/45	19.0	15.75	10.0	28.2		36.0	51.8	45.0		400
Y3W—19	19.0	15.75	10.0	28.2	20	36	51.8	45		300
Y3B—19/42	19.0	15.75	10.0	30		33.6	48.3	42		400
Y3B—19	19.0	15.75	10.0	28.2	20	32	46	40		400
Y3W—23	23.0	18.0	12.1	34	24	44.7	64.3	55.9		300
Y3B—23	23.0	18.0	12.1	34	24	38.3	54.6	47.5		400
Y3W—25.4	25.4	20.0	13.3	37.7	26.5	49.6	71.3	62.0		300
Y3W—25.4	25.4	20.0	13.3	37.7	26.5	42.0	59.8	52.0		400
Y3B—25.4/58	25.4	20.0	13.2	41.3		46.4	66.7	58		400
Y1W—2.3/6	2.3	3.15		3.4					6	200
Y1W—2.3	2.3	3.15		3.4	2.4	5.2			6.0	300
Y1B—2.3	2.3	3.15		3.4	2.4	4.2			5.2	400
Y1W—4.6/12	4.6	6.3		6.9					12	200
Y1W—4.6	4.6	6.3		6.9	4.9	10.0			12	300
Y1B—4.6	4.6	6.32		6.9	4.9	8.5			10.5	400
Y1W—7.6/19	7.6	10.5		11.3					19	200

表 8-25　电站用氧化锌避雷器技术数据

型　号	避雷器额定电压（有效值，kV）	系统额定电压（有效值，kV）	避雷器持续运行电压（有效值，kV）	直流1mA参考电压（kV）	工频参考电压（kV）	操作冲击电流下残压（波形30/60μs）（峰值，kV）	波头1μs，陡波冲击电流下残压（峰值，kV）		雷电冲击电流下，残压（波形8/20μs）（峰值，kV）		2ms方波电流冲击（A）
							10kA	5kA	10kA	5kA	
				不小于	不小于	不大于	不大于	不大于	不大于	不大于	
Y5W—3.8/13.5	3.8	3	2.0		6.4					13.5	

续表

型　　号	避雷器额定电压（有效值，kV）	系统额定电压（有效值，kV）	避雷器持续运行电压（有效值，kV）	直流1mA参考电压（kV）	工频参考电压（kV）	操作冲击电流下残压（波形30/60μs）（峰值，kV）	波头1μs，陡波冲击电流下残压（峰值，kV）		雷电冲击电流下，残压（波形8/20μs）（峰值，kV）		2ms方波电流冲击（A）
							10kA	5kA	10kA	5kA	
				不小于	不小于	不大于	不大于	不大于	不大于	不大于	
Y5W—3.8/13.5	3.8	3	2.0							13.5	
Y5WZ—3.8	3.8	3	2.0	7.2	5	11.5		15.5		13.5	300
Y5WZ—7.6/27	7.6	6	4.0		12.9					27	
Y5W—7.6/27	7.6	6	4.0							27	
Y5W—7.6	7.6	6	4.0	14.4	10	23.0		31.0		27	300
Y5W5—12.7/45	12.7	10	6.6		21.5					45	
Y5W—12.7/45	12.7	10	6.6							45	
Y5WZ—12.7	12.7	10	6.6	24.0	17	38.3		51.8		45	300
Y5W5—42/106	42	35	24.0		58				122	106	
Y5W—41/106	41	35	23.4							106	
Y5W—42	42	35	23.4	73	51	114		154		134	300
Y5WZ—42	42	35	23.4	73	51	108		146		127	400
Y5W—42W	42	35	23.4	73	51	114		154		134	400
Y5WZ—42G	42	35	23.4	70	49	105		146		127	400
Y10W—42	42	35	23.4	70	49	105	146		127		600
Y5W1—45/126	45	35	23.4	72						126	300
Y5W1—50/134	50	35	23.4	76						131	300
Y5W1—50/134G	50	35	23.4	76						131	300
Y10W1—42/126	42	35	23.4	73					126		400
Y10W1—42/130	42	35	23.4	73					130		400

表 8-26　保护电容器组的氧化锌避雷器技术数据

型　　号	避雷器额定电压（有效值，kV）	系统额定电压（有效值，kV）	避雷器持续运行电压（有效值，kV）	直流1mA参考电压（kV）	工频参考电压（kV）	操作冲击电流下残压（波形30/60μs）（峰值，kV）	波头1μs，陡波冲击电流下残压（峰值，kV）	雷电冲击电流下，残压（波形8/20μs）（峰值，kV）		2ms方波电流冲击（A）
							5kA	10kA	5kA	
				不小于	不小于	不大于	不大于	不大于	不大于	
Y5W5—4.2/15	4.2	3	2.0		7.1				15	500
Y5WR—4.2/13.5	4.2	3	2.0	8		10.5			13.5	400
Y5WR—3.8	4.2	3	2.0	6.9	4.8	10.5			13.0	400
Y5W5—8.4/30	8.4	6	4.0		14.3				30	500
Y5WR—8.4/27	8.4	6	4.0	16		20.8			27	400
Y5WR—7.6	7.6	6	4.0	13.8	9.7	20.8			25.5	400
Y5W5—14/50	14	10	6.6		23.9				50	500
Y5WR—14/45	14	10	6.6	25		35			45	400
Y5WR—12.7	12.7	10	6.6	23.0	16.3	35			42.5	400
Y5W5—45/110	45	35	24		64			13.5	110	
Y5WR—55/140	55	35	23.4	82		119	161		140	500
Y5WR—42	42	35	23.4	70	49	105			127	400
Y10WR—48/140	48	35	30	85		105	149	140	134	1500

表 8-27　直流氧化锌避雷器技术数据

型　　号	避雷器额定电压（kV）	系统标称电压（kV）	直流放电电压（kV）	冲击放电电压（峰值，kV）	标称电流下残压（波形8/20μs）（峰值，kV）	泄漏电流（μA）	整流电压（kV）	重量（kg）	总高（mm）	外径φ（mm）	生产厂
				不大于	3kA，不大于	不大于					
YL3C—1.1/2.7	1.1	0.825	2～2.4	2.7	2.7						(1)
YL3C—2.2/5.4	2.2	1.65	4～4.8	5.4	5.4						(1)
62100	0.8	0.6	1.3～1.7	2.15	2.15	10	1	0.66	110	97	(2)
62101	1.1	0.825	1.7～2.2	2.9	2.9	10	1	0.69	110	97	(2)
62102	2.2	1.65	3.4～4.5	5.4	5.4	10	2	1.37	200	97	(2)

注　生产厂编号：(1) 西安电瓷研究所；(2) 抚顺电瓷厂。

七、低压阀型避雷器

可用作低压交流电机、低压配电设备的雷电过电压保护，其规格见表 8-28。

表 8-28　PS 系列低压阀型避雷器技术数据

型　号	系统标称电压（有效值，kV）	避雷器额定电压（有效值，kV）	工频放电电压（有效值，kV）		1.2/50μs 冲击放电电压（峰值，kV）	标称电流下残压（波形8/20μs）（峰值，kV）3kA	泄漏电流（μA）	直流电压（kV）	重量（kg）
			不大于	不大于	不大于	不大于	不大于		
FS—0.22 FS2—0.22	0.22	0.25	0.5	0.9	1.7	1.5	5	0.25	0.22 0.295
FS—0.38 FS2—0.38	0.38	0.5	1.1	1.6	3.0	3.0	5	0.5	0.53 0.38
FS—0.66	0.66	0.76	1.6	2.2	4.0	3.5	10	0.6	0.57

八、压敏电阻

压敏电阻具有良好的非线性电阻的伏安特性，体积小，用于 3000V 及以下的电气设备过电压压敏电阻，直径只有 40mm 左右，是一种比较理想的低压避雷装置，只能用于室内，不能用于室外。压敏电阻主要技术数据，见表 8-29。

表 8-29　压敏电阻主要技术数据

型号	标　称　电　压		通流容量（8/20μs）（kA）	残　压　比		漏电流（$0.5U_{1mA}$ 时）（μA）
	U_{1mA} w 值（V）	允许偏差（%）		$\frac{U_{100A}}{U_{1mA}}$	$\frac{U_{3kA}}{U_{1mA}}$	
	10，20	+25	0.1	≤3		≤150
	30	+25	0.2	≤3		≤150
MY31	40	+20	0.2	≤2.8		≤150
	50	+20	0.5～5	≤2.8	≤5	≤150
	60	+15	0.5～5	≤2.8	≤5	≤150
	70，80	+15	1～5	≤2.2		≤100
	90	+15	1～5	≤2		≤100

续表

型号	标称电压		通流容量 (8/20μs) (kA)	残压比		漏电流 (0.5U_{1mA} 时) (μA)
	U_{1mA} w 值 (V)	允许偏差 (%)		$\frac{U_{100A}}{U_{1mA}}$	$\frac{U_{3kA}}{U_{1mA}}$	
MY31	100	+15 +15 +15	1 3 5	≤2 ≤2 ≤2	≤5 ≤5	≤100 ≤100 ≤80
	120，140，160，180	+15 +15	1 3.5	≤2 ≤2	≤5	≤80 ≤80
	200	+10 +10	1 3.5	≤1.8 ≤1.8	≤5	≤80
	220，240，260， 280，300	+10 +10	1 3.5	≤1.8 ≤1.8	≤4	≤50 ≤50
	330，360，400，440， 480，520，560，600， 660，720，760，840， 920，1000，1100，1200， 1300，1400，1500，1650， 1800，2000，2200，2400， 2600，2800，3000	+10 +10	1 3.5	≤1.8 ≤1.8	≤3	≤50 ≤50
MY31	440	+10	1.3.5	≤1.8	≤3	≤100

压敏电阻的选用：

(1) 选定标称电压 U_{1mA}：$0.9U_{1mA} \geqslant \sqrt{3} \times$（回路电压有效值）×（1＋电网电压波动率）

使压敏电阻载波后的残压抑制在设备的耐压水平以下。

(2) 选定通流容量：通流容量大于实际发生的流浪涌能量。

九、放电计数器

主要用来记录避雷器动作次数，有些产品还可以记录一定幅值的工频暂态过电压作用下氧化锌避雷器的动作规律。有些氧化锌避雷器及标准避雷针还自带放电计数器。放电计数器的技术数据，见表 8-30。

表 8-30　放电计数器技术数据

型号或代号	适用避雷器类别	适用电压范围(kV)	动作电流(kA)	方波容量(A)	总高(mm)	最大外径(mm)	重量(kg)	生产厂
JS—5	碳化硅阀式	～220	5～100		226	138		(1)
JS—7	碳化硅阀式	35～220	5～100		177	220		(2)
JS—8	碳化硅阀式	6～220	5～100		166	162	2.8	(3)
JS—11（61100	FZ	35～220		150	195	205	3.31	(4)
JS—11（60100))	FCZ	35～220		600	195	205	3.31	(4)
62720	氧化锌	35～220		800	195	200	3.11	(4)
62722	氧化锌	35～220		800	175	154	2.06	(4)

注　1. 抚顺电瓷厂生产的 62722 型灵敏式放电计数器，不仅可以记录过电压的作用次数，还可以记录一定幅值的工频暂态过电压作用下氧化锌避雷器的动作规律。

2. 生产厂编号：(1) 苏州电瓷厂；(2) 上海电瓷厂；(3) 西安高压电瓷厂；(4) 抚顺电瓷厂。

十、消谐器

主要用于阻尼中性点不接地系统电压互感器的铁磁谐振，限制一相接地短路电流及弧光接地事故下流过电压互感器的短路电流，保护电压互感器免于损坏，保证电网正常运行的保护设备。其技术数据见表 8-31。

表 8-31　RXQ 系列消谐器技术数据

型　号	额定电压(kV)	系统接地方式	非线性电阻片非线性系数	直流残压（kV）		总高(mm)	最大外径(mm)	重量(kg)	生产厂
				15mA	42mA				
RXQ—6	6	不接地	0.4～0.54	1.45～1.65		430	196	10	西安电瓷研究所
RXQ—10	10	不接地	0.4～0.54	1.45～1.65		430	193	10	
RXQ—35	35	不接地	0.4～0.5		3.85～4.0	850		10	

注　RXQ—35 型消谐器适用于户内和户外、海拔不超过 2000m 的场所；RXQ—6、RXQ—10 型消谐器只适用于户内、海拔不超过 1500m 的场所。

十一、高能浪涌电压抑制器

它安装在弱电设备的低压进线处，用来保护弱电设备免受雷电波的浸入。它可根据弱电设备安装的地点不同，而设在不同的位置：

（1）设在被保护设备的前端。此方式适用于数量不多的重要设备，如通讯、微机、电子设备用的UPS的前端。

（2）设在低压柜出线端。此方式适用一回路出线上接有数量较多而又较为分散的被保护设备。

（3）设在变压器低压侧。此方式适用于低压系统中强、弱电设备分路不清的情况。其技术数据见表8-32。

表8-32　高能浪涌电压抑制器技术数据

型　号	每相最大能流 8×20μs	应用方式	尺　寸 (H×W×D) (mm)	重量 (kg)	残压 8/20μs	
					25kA	50kA
DSOP25—220	25kA	单相	520×410×200	18	980	910
DSOP25—380	25kA	三相四线制 三相五线制	520×410×200	20	980	910
DSOP50—220	50kA	单相	765×610×200	30	980	1010
DSOP50—380	50kA	三相四线制 三相五线制	765×610×200	30	980	1010

注　在设计选型上DSOP较普通低压避雷器更为简单，可根据系统情况采用单相或三相保护，一般情况下采用通流能量为25kA的浪涌电压抑制即可满足要求，但在以下几种情况应选用50kA，或75kA抑制器：①多雷暴日地区。②变压器容量大于630kVA的低压系统。③电源进户线非埋地电缆方式的。④重要被保护设备。

生产厂：北京爱劳高科技有限公司；武汉爱劳高科技公司。

十二、ZR阻容吸收器

主要用于限制真空断路器、真空接触器在开断感性负载时产生的操作过电压，以保护高压电机、变压器等设备免受操作过电压的损坏。阻容吸收器常安装在高压开关柜中，不同的厂家采用不同的阻容吸收器，但基本构造原理和作用是相同的，都具有以下的特点：

1）阻容吸收器利用电容吸收能量，缓减过电压上升陡度和幅度。

2）阻容吸收器利用电阻阻尼和衰减过电压的振荡。

3）阻容吸收器可限制操作过电压到2.6倍相电压以下，并减少断路器重燃现象。

4）阻容吸收器的保护性能与波头时间无关，并有缓解波头的作用。

5）阻容吸收器为四极式，可同时保护相间和相对地过电压。

6）阻容吸收器采用外装式无感电阻有利于散发热量。

7）阻容吸收器采用干式金属镀膜电容，有很好的自愈功能。

8）阻容吸收器外壳采用阻燃材料，防火、防爆、强度高、体积小，便于安装。

第四节　建筑物和构筑物的防雷

一、建筑物和构筑物的防雷分类

建筑物、构筑物应根据其重要性、使用性质、发生雷电事故的可能性和后果，按国家标准（GB 50057—94）将其划分为三类，见表8-33。

表8-33　建筑物的防雷分类

类　别	建　筑　物　名　称
第一类防雷建筑物	遇下列情况之一时，应划分第一类防雷建筑物： 1. 凡制造、使用、储存炸药、火药、起爆药、火工品等大量爆炸物质的建筑物，因电火花而引起爆炸，会造成巨大破坏或人身伤亡者。 2. 具有0区或10区爆炸危险环境的建筑物①。 3. 具有1区爆炸危险环境的建筑物，因电火花而引起爆炸，会造成巨大破坏和人身伤亡者①。
第二类防雷建筑物	遇下列情况之一时，应划为第二类防雷建筑物： 1. 国家重点文物保护的建筑物。 2. 国家级的会堂、办公建筑、大型展览和博览建筑物。 3. 国家级计算机中心、国际通信枢纽等对国民经济有重要意义并装有大量电子设备的建筑物。 4. 制造使用或储存爆炸物质的建筑物，且电火花不易引起爆炸或不致造成巨大破坏和人身伤亡者。 5. 具有1区爆炸危险环境的建筑物，且电火花不易引起爆或不致造成巨大破坏和人身伤亡者①。

续表

类 别	建 筑 物 名 称
第二类防雷建筑物	6. 具有 2 区或 11 区爆炸危险环境的建筑物①。 7. 工业企业内有爆炸危险的露天钢质封闭气罐。 8. 预计雷击次数大于 0.06 次/年的部、省级办公建筑物及其他重要人员密集的公共建筑物。 9. 预计雷击次数大于 0.3 次/年的住宅，办公楼等。一般性民用建筑。
第三类防雷建筑物	遇下列情况之一时，就划为第三类防雷建筑物： 1. 省级重点文物保护的建筑及省级档案馆。 2. 预计：0.06 次/年≤N≤0.3 次/年的住宅、办公楼等一般性民用建筑。 3. 预计：0.012 次/年≤N≤0.06 次/年的部、省级办公建筑物及其他重要或人员密集的公共建筑。 4. 预计 N≥0.06 次/年的一般性工业建筑物。 5. 根据雷击后对工业生产的影响及产生的后果，并结合当地气象、地形、地质及周围环境等因素，确定需要防雷的 21 区、22 区、23 区火灾危险环境。 6. 在平均雷暴日大于 15 日/年的地区，高度在 15m 及以上的烟囱、水塔等孤立建筑物；在平均雷爆日小于或等于 15 日/年的地区，高度在 20m 及以上的烟囱、水塔等孤立高耸建筑物

① 1～22 区，是防爆等级的新划分，与老的防爆区域的对照见表 8-34。

表 8-34 爆炸火灾危险环境新旧分类对照表

原分类级别	Q—1	Q—2	Q—3	G—1	G—2	H—1	H—2	H—3
新分类级别	0 区	1 区	2 区	10 区	11 区	21 区	22 区	23 区

建筑物预计的年雷击次数 N 按下述步骤计算。

(1)
$$N = KN_g A_e (次/年)$$

式中 K——校正系数，一般情况取 1；位于旷野的孤立建筑物取 2；金属屋面的砖木结构建筑物取 1.7；位于河、湖边，山坡下与山地中土壤电阻率较小处，地下水露头处，土山顶部、山谷口及特别潮湿的建筑物取 1.5；

N_g——建筑物所处地区雷击大地的年均密度，次/（km² ·年）；

A_e——与建筑物遭受相同雷击次数的等效面积，km²。

(2)
$$N_g = 0.024 T_d^{1.3}$$

式中 T_d——年平均雷暴日（日/年），根据当地气象台、站资料确定。各大城市的雷暴日见表 8-35。

表 8-35　全国主要城市雷暴日数

地　　名	雷暴日（日/年）	地　　名	雷暴日（日/年）	地　　名	雷暴日（日/年）
北京市	35.6	大庆市	31.9	厦门市	47.4
天津市	28.2	牡丹江市	27.5	南昌市	58.5
石家庄市	31.5	上海市	30.1	景德镇市	59.2
唐山市	32.7	南京市	35.1	九江市	45.7
邢台市	30.2	连云港市	29.6	济南市	26.3
承德市	43.7	徐州市	29.4	青岛市	23.1
太原市	36.4	常州市	35.7	淄博市	31.5
大同市	42.3	南通市	35.6	潍坊市	28.4
呼和浩特市	37.5	扬州市	34.7	烟台市	23.2
包头市	34.7	苏州市	28.1	郑州市	22.6
沈阳市	27.1	杭州市	40.0	开封市	22.0
大连市	19.2	宁波市	40.0	洛阳市	24.8
鞍山市	26.9	温州市	51.0	平顶山市	22.0
营口市	28.2	衢州市	57.6	信阳市	28.7
长春市	36.6	合肥市	30.1	商丘市	26.9
吉林市	40.5	芜湖市	34.6	武汉市	37.8
四平市	33.7	蚌埠市	31.4	黄石市	50.4
哈尔滨市	30.9	安庆市	44.3	十堰市	18.7
齐齐哈尔市	27.7	福州市	57.6	宜昌市	44.6

续表

地　　名	雷暴日（日/年）	地　　名	雷暴日（日/年）	地　　名	雷暴日（日/年）
襄樊市	28.1	重庆市	36.0	敦煌县	5.1
长沙市	49.5	成都市	35.1	西宁市	32.9
株洲市	50.0	自贡市	37.6	格尔木市	2.3
衡阳市	55.1	泸州市	39.1	化隆回族自治区	50.1
常德市	49.7	贵阳市	51.8		
广州市	81.3	遵义市	53.3	银川市	19.7
汕头市	52.6	昆明市	66.6	乌鲁木齐市	9.3
湛江市	94.6	大理市	49.8	克拉玛依市	31.3
茂名市	94.6	个旧市	50.2	哈密市	6.9
深圳市	73.9	拉萨市	73.2	吐鲁番市	9.9
珠海市	64.2	西安市	17.3	阿克苏市	33.1
韶关市	78.6	宝鸡市	19.7	海口市	114.4
南宁市	91.8	铜州市	30.4	台北市	27.9
柳州市	67.3	安康县	32.3	香港	34.0
桂林市	78.2	兰州市	23.6		

注　年雷暴日数引自建设部《建筑气象参数标准》。

（3）A_e 为建筑物扩大后的面积，扩大范围见图 8-13，计算方法应符合下列规定：

1）当建筑物的高度 H 小于 100m 时：

每边扩大宽度　$D=\sqrt{H(200-H)}$

等效面积：$A_e=[LW+2(L+W)\cdot\sqrt{H(200-H)}+\pi H(200-H)]\cdot 10^{-6}$

2）当建筑物的高度 $H\geqslant 100$ 时：

每边扩大宽度　$D=H$

$$A_e=[LW+2H(L+W)+\pi H^2]\cdot 10^{-6}$$

3）当建筑物各部位有不同的高度，求得每周边的扩大宽度，

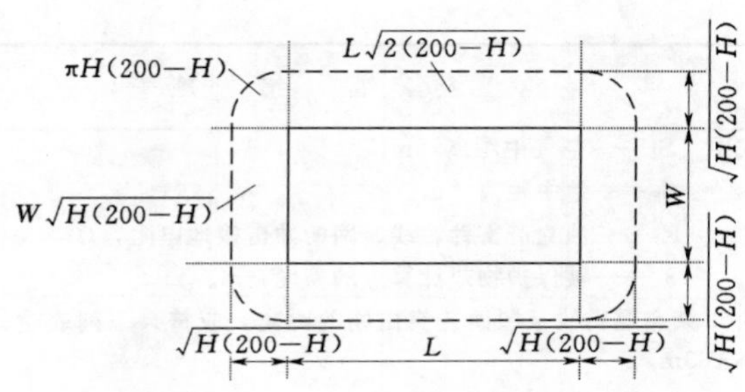

图 8-13 建筑物等效面积

L、W、H—建筑物长、宽、高（m）

外围边相连后，求其所包围的面积，即为 A_e。

二、建筑物的防雷措施

第一、二、三类防雷建筑物的防直击雷、防雷电感应及防雷电波侵入的措施，分别见表 8-36、表 8-38、表 8-39。

表 8-36 一类防雷建筑物的防雷措施

项 目	防 雷 措 施
防直击雷	1. 装设独立避雷针或架空避雷线（网）。架空避雷网的尺寸不应大于 5m×5m 或 6m×4m 的网格。 2. 屋面排放有爆炸危险的气体、粉尘的放散管、吸呼阀等的管口，应处于接闪器的保护范围内：有管帽的见表 8-37，无管帽的应为风口上方半径为 5m 的半球，其余屋面金属或非金属突出物都应在保护范围内。 3. 独立避雷针的杆塔、架空避雷线（网）的支柱至少设一根引下线。对用金属制成或焊接、绑扎的金属杆塔、支柱可利用其为引下线，每根引下线有独立的接地装置，其冲击接地电阻应小于等于 10Ω。 4. 为防止反击、独立避雷针、线、网的引下线距建筑物的侧墙、基础以及与其有联系的管道间距应符合下列要求，但不得小于 3m。 地上部分 当 $h_x \leqslant 5R_i$ 时： $S_1 \geqslant 0.4\ (R_i + 0.1h_x)$ 当 $h_x \geqslant 5R_i$ 时： $S_1 \geqslant 0.1\ (R + h_x)$ 地下部分 $S_2 \geqslant 0.4R_i$

续表

项目	防雷措施
防直击雷	式中 S_1——空气中距离，m； S_2——地中距离，m； R_1——独立避雷针、线、网的冲击接地电阻，Ω； h_x——被保护物或计算点的高度，m。 5. 架空避雷线至屋面各突出物的距离，应符合下列表达式，但不应小于3m。 当：$\left(h+\frac{l}{2}\right)<5R_i$ 时： $S_3 \geqslant 0.2R_i + 0.03\left(h+\frac{l}{2}\right)$ 当：$\left(h+\frac{l}{2}\right)\geqslant 5R_i$ 时： $S_3 \geqslant 0.05R_i + 0.06\left(h+\frac{l}{2}\right)$ 式中 h——避雷线（网）的支柱高度，m； l——避雷线水平长度，m； S_3——避雷线（网）至被保护物的空中距离，m。 6. 架空避雷网至屋面突出物的距离，应符合下列表达式，但不应小于3m。 当：$(h+l_1)<5R_i$ 时： $S_3 \geqslant \frac{1}{n}[0.4R_i + 0.06(h+l_1)]$ 当：$(h+l_1)\geqslant 5R_i$ 时： $S_3 \geqslant \frac{1}{n}[0.1R_i + 0.12(h+l_1)]$ 式中 l_1——从避雷网中间最低点沿导体至最近支柱的距离，m； n——从避雷网中间最低点沿导体至最近支柱有同一距离 l_1 的个数。 避雷针、线、网难以独立安装时，可将针、网或针及网安装在建筑物上，网格不应大于5m×5m或6m×4m，并沿屋角、屋脊、屋檐角等易受雷击的部位敷设，并应符合下列要求：①所有避雷针应与避雷带相互连接。②排放爆炸危险气体、粉尘的管道口保护应符合本表低层建筑中的规定。③引下线不少于两根，应沿建筑物四周对称均匀布置，其间距不应大于12m，接地装置宜与电气设备接地装置及防感应雷接地装置共用，并沿建筑物组成环形接地体，其冲击接地电阻不大于10Ω。④建筑物应装均压环，环间垂直距离不应大于12m，所有引下线、建筑物的金属结构和金属设备均应接到环上。均压环可利用电气设备的接地干线环路

续表

项 目	防 雷 措 施
防侧击雷	1. 离地 30m 起每隔不大于 6m 的垂直间距沿建筑物四周设水平避雷带，并与引下线相连。水平避雷带可暗敷于墙面粉刷内，粉刷层的厚度不超过 60mm。 2. 30m 以上的外墙上栏杆、门窗等较大金属物与防雷装置相连
防雷电感应	1. 在电源引入的总配电箱处应装设过电压保护器。 2. 金属屋面周边、混凝土屋面的钢筋相互绑扎或焊接成闭合回路，每隔 18～24m 采用引下线接地一次。 建筑物的设备、管道、构架、电缆金属外皮、钢屋架、钢窗、突出屋面的放散管、风管等金属物体都应接到防雷电感应的接地装置上。 3. 平行敷设的管道、构架及电缆金属外皮长金属物，其净距小于 100mm 时应采用金属线跨接，跨接点间距不应大于 30m；交叉净距小于 100mm 时，其交叉处亦应跨接；管道的弯头、阀门、法兰盘等处，应用金属线跨接，对多于 5 根螺栓连接的法兰盘，在非腐蚀环境下，可不跨接。 4. 防雷感应接地装置应与电气设备接地装置共用，其工频接地电阻不应大于 10Ω，与独立避雷针、线、网的接地装置相距应符合防直击雷的要求。 5. 屋内接地干线与防雷电感应的接地装置的连接，不应少于两处
防雷电波侵入	1. 低压线路宜全线采用电缆直接埋地敷设，入户端应将电缆的金属外皮、钢管接到防感应雷的接地装置上。 2. 当全部采用电缆有困难时，可采用钢筋混凝土杆和铁横担的架空线，在入户前改用一段金属铠装电缆或护套电缆穿钢管直接埋地引入，其进地长度 l 应满足下式，但不应小于 15m。 $l \geqslant 2\sqrt{\rho}\text{m}$ 式中：ρ——埋电缆处的土壤电阻率，Ω·m。 在电缆与架空线连接处，应装设避雷器。避雷器、电缆金属外皮、穿线钢管、绝缘子铁脚和金具连成一体接地，其冲击接地电阻不应大于 10Ω。 3. 架空金属管道，在进出建筑物处，应与防雷电感应的接地装置相连。距建筑物 100m 内的管道，应隔 25m 左右接地一次，其冲击接地电阻不大于 20Ω，并利用金属支架或钢筋混凝土支架的钢筋绑扎或焊接后作引下线，其钢筋混凝土基础中的钢筋作接地装置。 埋地或地沟内管道，在进出建筑物处亦应与防雷电感应的接地装置相连

表 8-37　有管帽的管口处于接闪器保护范围内的空间尺寸

装置内的压力与周围空气压力的压力差（kPa）	排放物的比重	帽管以上的垂直高度（m）	距管口处的水平距离（m）
＜5	重于空气	1	2
5～25	重于空气	2.5	5
≤25	轻于空气	2.5	5
＞25	重或轻于空气	5	5

表 8-38　二类防雷建筑物的防雷措施

项　目	防　　雷　　措　　施
防直击雷	1. 在建筑物的屋面上装设避雷网（带）或避雷针及避雷网的混合组成接闪器，避雷网（带）应沿屋角屋脊、屋檐及檐角等易受雷击的部位敷设，屋面避雷网的尺寸不大于 10m×10m 或 12m×8m 的网络。所有避雷针应采用避雷带相互连接。 2. 突出屋面排放爆炸危险气体。粉尘的排放管、呼吸阀、排风管等保护范围应符合表 8-37 的间距。 1 区、11 区和 2 区爆炸危险环境的自然通风管、装有阻火器的排放爆炸危险的气体、粉尘的放散管、呼吸阀、排风管等，金属体可不装接闪器，但应与屋面防雷装置相连；在屋面保护范围之外的非金属物体应装接闪器，并与屋面防雷装置相连。 3. 引下线不少于 2 根，并沿建筑物对称均匀布置，间距不大于 18m。当利用建筑物四周柱子的钢筋作引下线时，可按跨度设置，但引下线的平均间距不应大于 18m。 4. 每根引下线的冲击接地电阻不应大于 10Ω。防直击雷接地宜与防感应雷、电气设备等接地采用同一的共用接地装置，并与埋地金属管道相连。若不共用、不相连，则两者在地下相距 S_1 按下式选用，但不应小于 2m。 $S_1 \geqslant 0.3K_cR_i$ * 5. 钢筋混凝土屋面、梁、柱、基础的钢筋可作引下线及接地装置（当钢筋直径≥16mm 时可用 2 根；≤16mm 时应用 4 根），构件内钢筋应绑扎或焊接成电气通路，上述构件钢筋径预埋的连接板与外部的避雷带、接地体等相焊接。为满足接地装置的冲击接地电阻，利用基础钢筋作接地体时，距地 0.5m 以下的所连接的钢筋表面积总和 S 应符合下式： $S \geqslant 4.2K_c^2$ * 对民用建筑，其金属屋面可作接闪器

续表

项　目	防　雷　措　施
防侧击雷	高度超过 45m 的钢筋混凝土结构、钢结构的建筑，应采用防侧击雷及等电位保护的措施。 1. 整个建筑物的屋面、梁柱板、圈梁、基础的钢筋绑扎或焊接成电气通路。 2. 将 45m 及以上外墙上的栏杆、门窗等金属物与防雷装置相连。 3. 竖直敷设的金属管道及金属物件的顶端和底端与防雷装置相连
防雷电感应	1. 建筑物内的设备、管道、构架等金属物应就近接至防直击雷的接地装置或电气设备的保护接地装置上，可不另设接地装置。 2. 平行敷设的长金属物，要求与第一类防雷建筑相同，但长金属物的连接处可不跨接。 3. 建筑物内防感应雷的接地干线与接地装置连接不应少于两处。 4. 当防直击雷与电气保护的接地装置独立设置时，以防反击，金属物和电气线路与雷电流引下应相距一定距离 S_1，见下式： 当 $l_x < 5R_i$ 时，　　$S_1 \geqslant 0.3K_c^*(R_i + 0.1l_x)$ 当 $l_x \geqslant 5R_i$ 时，　　$S_1 \geqslant 0.075K_c^*(R_i + l_x)$ 式中　R_i——引下线的冲击接地电阻，Ω； 　　　l_x——引下线计算点到地面的长度，m。 5. 当防雷接地装置与电气设备保护接地装置共用时，则建筑物用的 Y，yn0 型或 D，yn11 型接线变压器的高低压侧每相上均应装设避雷器
防雷电波侵入	1. 低压线路全长采用电缆埋地敷设或金属线槽架空敷设时，在入户端应将电缆金属外皮、金属线槽与保护接地相连；对具有爆炸危险环境的工业建筑则应与防雷接地装置相连。 2. 对具有爆炸危险环境的工业建筑： 1）低压架空线路转换成电缆引入的处理与一类防雷建筑相同。 2）平均雷暴日小于 30 日/年时，可采用低压架空线路引入建筑物，但应在入户处装设 2～3mm 的间隙保护，并将间隙保护与瓷瓶铁脚、金具等相连后引向防雷接地装置；入户前的三基电杆瓷瓶铁脚、金具应接地，靠近建筑物的电杆，其冲击接地电阻不大于 10Ω，其余二基不大于 20Ω。 3. 对民用的二类防雷建筑物： 1）低压架空线转换成电缆引入的处理与一类防雷建筑物相同。 2）当架空线直接入户时，在入户处应加装避雷器，并将其与瓷瓶铁脚、金具相连后接到电气设备的接地装置上。靠近建筑的二基电杆的绝缘子铁脚应接地，其冲击接地电阻不应大于 30Ω。 4. 架空或埋地的金属管道在进出建筑物处应与就近的防雷接地装置相连，若不相连，架空管道应接地，其冲击接地电阻不应大于 10Ω。 对具有爆炸危险环境的工业建筑，金属管在进出建筑物处应与防雷接地装置相连，对架空管道尚应在距建筑物约 25m 处接地一次，其冲击接地电阻不大于 10Ω

*　各式中的 K_c 为分流系数，单根引下线时为 1；两根引下线及接闪器不成闭合环的多根引下线时为 0.66；接闪器成闭合环及网状的多根引下线时为 0.44。

表 8-39　三类防雷建筑物的防雷措施

<table>
<tr><th>项　目</th><th>防　雷　措　施</th></tr>
<tr><td>防直击雷</td><td>1. 在建筑物上装设避雷带或避雷针及带的混合保护。避雷带应沿屋角、屋脊、屋檐、檐角等易受雷击的部位敷设，并应在整个屋面组成不大于 20m×20m 或 24m×16m 的网格。
平屋面的建筑物，当其宽度不大于 20m 时，可仅沿周边敷设一圈避雷带。金属屋面宜作接闪器。
2. 突出屋面物体的保护方式与二类防雷物相同。
3. 接地引下线不应小于两根，应沿建筑物四周均匀对称布置，其间距不应大于 25m；当利用建筑物四周柱子的主筋作引下线时，可按跨度设引下线，但其平均间距不应大于 25m。
4. 每根引下线的冲击接地电阻不应大于 30Ω，但对省部级办公楼及人员密集的共公场所应为 10Ω。
防雷接地装置宜与电气设备的接地装置共用，并与埋地的金属管道相连，此时接地装置宜围绕建筑物敷成环形接地体。若不共用、不相连，则二者在地下的间距不应小于 2m。
5. 宜将建筑物的梁、柱、地圈梁、基础的钢绑扎或焊接成电气通路，作共用接地的引下线及接地装置，此时每根基础在 0.5m 以下的钢筋表面积的总和 S，应符合下列表达式：
$$S \geqslant 1.89K_c^2$$
6. 不采用共用接地装置时，为防止反击，雷电流引下线、接地装置与金属物或电气线路之间的间距应按下列表达式确定：
当 $l_x < 5R_i$ 时　　　　$S_1 \geqslant 0.3K_c\ (R_i + 0.1l_x)$
当 $l_x \geqslant 5R_i$ 时　　　　$S_1 \geqslant 0.075K_c\ (R_i + l_x)$</td></tr>
<tr><td>防侧击雷</td><td>高度超过 60m 的建筑物防侧击雷及等电值的保护措施与二类防雷建筑相同，仅是 45m 改成 60m</td></tr>
<tr><td>防雷电波侵入</td><td>1. 电缆进出线，应将电缆金属外皮、穿线管与电气接地装置相连。当电缆转换成架空线时，应在转换处装设避雷器，它与电缆金属外皮、绝缘子铁脚、金具等相连后接地，其冲击接地电阻不宜大于 30Ω。
2. 架空进线应在进出处装设避雷器，并与瓷瓶铁脚金具连成一体与电气接地装置相连；当多回路架空线进出时，可仅在母线或总配电箱处装设一组避雷器或其他过电压保护装置，瓷瓶铁脚及金具应接到电气设备的接地装置上。
3. 进出建筑物架空管道，应与共用接地装置或电气设备接地装置相连</td></tr>
</table>

三、其他防雷装置

1）不装设防直击雷的建筑物，在架空进线的入户处或接户杆上应将瓷瓶铁脚接到电气设备的接地装置上，如无该接地装置时，应增设接地装置，其接地电阻不宜大于30Ω。但符合下列条件之一者，瓷瓶铁脚可不接地。①年雷平均雷暴日在30以下者；②受建筑物等屏蔽的地方；③低压架空干线的接地点距入户处不超过50m；④土壤电阻率在200Ω·m及以下的地区，使用铁横担的钢筋混凝土杆线路。

2）在建筑物或构筑物上接近接闪器的节日彩灯、航空障碍信号灯的线路，在一般情况下从配电盘引出的线路宜穿管并装设避雷器或保护间隙，在线路接近接闪器的一端还应将穿线管与避雷装置相连。

3）为防止雷电波侵入，严禁在独立避雷针或避雷线的支柱上悬挂电话线、广播线及低压架空线等。

4）粮、棉及易燃物大量集中的露天堆场，应适当采取防雷措施。

四、特殊建筑物、构筑物的防雷措施

1. 烟囱的防雷

烟囱属于第三类防雷构筑物，砖烟囱和钢筋混凝土烟囱，采用装设在其顶部的避雷针或环形避雷带作接闪器；高度小于40m时用1根引下线，超过40m时用2根引下线，引下线可利用烟囱的铁爬梯或混凝土中的两根通长焊接的钢筋；引下线的冲击接地电阻不大于20～30Ω。烟囱上装设避雷针的数量及高度见表8-40。

表8-40　烟囱上装设避雷针的数量及高度

烟囱高度（m）	烟囱直径（m）	避雷针	
		根数	高度（m）
≤35	<1.2	1	2.2
35≤H≤50	≤1.7	2	2.2
60～100	>1.7	烟囱口装设避雷带和烟囱抱匝用引下线相连后接地	
>100	>1.7	与60～100m相同外，在离地30m处及以上，每隔12m装一个均压环并与引下线相连	

2. 水塔防雷

水塔按三类防雷构筑物设置防雷，可利用水塔顶上四周铁栅栏作接闪器，亦可沿水塔边缘设置避雷带作接闪器，并在塔顶中心装一支 1.5m 高的避雷针；引下线不少于 2 根，间距不大于 30m。当水塔周长与高度不超过 40m 时可另设 1 根引下线，亦可利用铁爬梯作引下线，其接地装置的冲击电阻不大于 30Ω。

3. 户外架空管道的防雷

1）户外输送可燃气体、易燃或可燃液体的管道，可在管道的始端、终端、分支处、转角处以及直线部分每隔 100m 接地一次，每处的接地电阻不大于 30Ω。

2）上述管道与爆炸危险环境的厂房平行敷设，且间距小于 10m 者，则在与厂房平等段及其接近厂房的两端每隔 30～40m 接地一次，接地电阻不大于 20Ω。

3）上述管道的接点，如弯头、阀门、法兰盘等，不能保证良好的电气通路时，应用金属条跨接。

4）其接地引下线可利用管道的金属支架，或混凝土支架中的钢筋，接地装置也可利用电气设备的保护接地装置。

4. 油罐的防雷接地

按石油工业部的部标确定各类油罐的防雷等级，它是以易燃品的闪点温度分类，常见的易燃品闪点温度，见表 8-41。

油罐防雷等级的划分，见表 8-42；油罐的防雷措施，见表 8-43。

表 8-41　常见物品闪点温度

名　称	闪　点（℃）	名　称	闪　点（℃）	名　称	闪　点（℃）
乙醚	－45	甲醇	7	柴油	60～110
汽油	－50～30	乙醇	11	重油	80
二硫化碳	－45	丁醇	35	锅炉燃油	＞95
丙酮	－20	戊醇	46	轻质汽缸油	＞190
苯	－14	溶剂油	37～43	润滑油	＞200
甲苯	1	煤油	27～45		

表 8-42　油罐的防雷等级

防雷等级	内　容
一类防雷构筑物	可燃气体和闪点为45℃以下易燃液体的开式贮罐和建筑物，正常时有挥发性气体产生。其保护范围按敞开面向外水平距为20m，高出呼吸阀管顶3m；对注送站，按注送口外20m空间进行计算，若注送段用专设避雷针保护，则距敞开面水平距离不小于23m
二类防雷构筑物	闪点为45℃以下带有呼吸阀的液体贮罐，壁厚小于5mm的密闭金属容器和可燃气体密闭贮罐
三类防雷构筑物	闪点大于45℃具有呼吸阀的可燃液体贮罐；闪点为45℃以下壁厚大于5mm的密闭金属容器

表 8-43　油罐的防雷措施

防雷等级	接闪器	引下线	接地		备注
			装置	冲击接地电阻(Ω)	
一类防雷构筑物	设独立避雷针	每针至少有一根引下线	独立设置防直击雷接地装置	≤10	油罐自身的全部金属部分应接地，其接地装置与防直击雷接地装置相距至少3m
二类防雷构筑物	可在油罐顶装设避雷针，针的保护范围离呼吸阀水平距不小于3m，垂直距不小于2m	油罐上接地点不少于2处，两点间距不大于24m	引下线设接地装置	≤10	
三类防雷构筑物	1. 一般不装避雷针，仅将油罐接地。 2. 浮顶式油罐，将油罐接地，并用$25mm^2$的铜线或钢线将浮筒与油罐相连，以防高电位下气隙间产生闪络。 3. 埋地式油罐，覆土层达0.5m以上时，可不作处理，仅将引出地面的呼吸阀作局部防雷处理，若它在建筑物防雷保护范围内，仅将吸呼管接地处理			≤30	接地引下线及接地装置独立安装，不利用油罐金属体

5. 油罐及管路的防静电措施

油品在管道和油罐内滚动会产生摩擦静电，不及时导走，可积聚达数千伏危险电压，若油罐或管路作了防雷接地，则可利用它，不另作处理。

对装卸油台、铁道、鹤管二端等处亦需作防静电处理，油槽需要临时接地卡，用以放静电之用。防静电的接地电阻不大于100Ω即可。

第五节　建筑物和构筑物的防雷装置

防雷装置由接闪器、引下线及接地装置组成。

一、接闪器

1. 接闪器种类

接闪器有避雷针、避雷带、避雷网，也可利用金属屋面板、建筑物顶上的满足防雷接闪器尺寸的金属突出物。

1）避雷针、带、网的最小尺寸，见表8-44。

表8-44　避雷针、带、网的最小尺寸

接闪器	使用场合		钢管直径（mm）	圆钢直径（mm）	扁钢	
					截面积（mm^2）	厚度（mm）
避雷针	建筑物	针长1m以下	20	12		
		针长1～2m	25	16		
	烟囱顶上		40	20		
避雷带网	建筑物			8	48	4
	烟囱顶上			12	100	4

2）金属屋面作接闪器。由铁板、钢板、铝板等做为建筑物屋面时，满足下列条件可作为建筑物的防雷接闪器：①屋面的金属板相互连接或焊成电气通路。②屋面的金属板厚度不小于下列

数值：铁板 4mm；钢板 5mm；铝板 7mm。当屋面板下无易燃物，允许雷击可以穿孔时，则 0.5mm 厚度的各类金属板亦可做接闪器。③金属板面无绝缘被覆层。

3）屋面某些金属突出物可做接闪器：①旗杆、上人屋面的金属栏杆，其尺寸符合表 8-44 时可以采用。②厚度不小于 2.5mm 的金属管、金属罐，且不会因雷击而造成爆炸危险时可以采用。

2. 接闪器安装

1）接闪器应镀锌，焊接处应除焊油后，涂上防腐漆。在有酸雾、盐雾等腐蚀性较强的地方应适当加大截面。

2）避雷带、避雷网在建筑物墙、檐口及平屋面上安装，见图 8-14。避雷支架直线距离每米 1 根，转角处每 0.5m 一根。避雷网、带调直后与支架焊接。

3）避雷针在建筑物的侧墙、屋面与安装，见图 8-15。

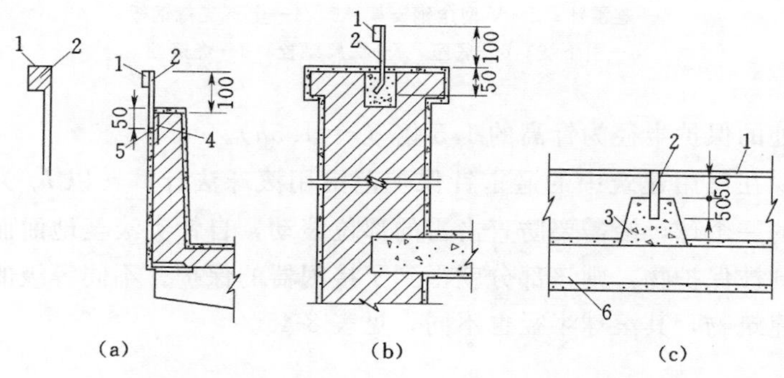

图 8-14　避雷带（网）在屋顶上明敷

(a) 在天沟侧；(b) 在墙上；(c) 在屋面上

1—避雷带；2—支架；3—支座；4—焊接处；5—预埋件；6—屋面板

3. 避雷针的保护范围

在电力系统中避雷针的保护范围按波折线法计算，在针高的二分之一处（$h/2$），其保护半径等于针高的一半（$r=h/2$）；地

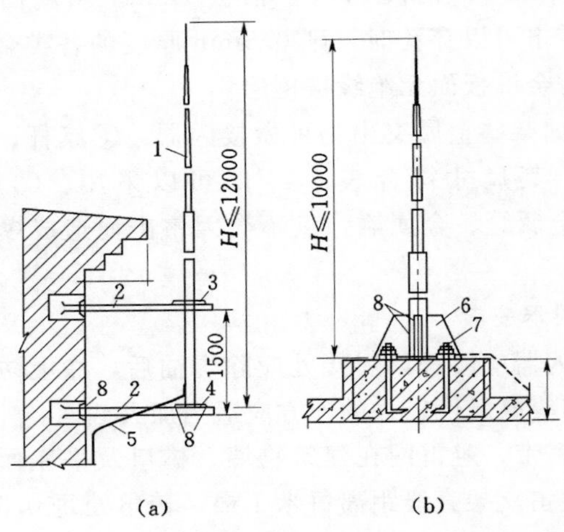

图 8-15　避雷针的安装示例

(a) 在侧墙上；(b) 在屋面上

1—避雷针；2—V 型角钢支架；3、4—上下支持钢板；

5—引下线；6—底座；7—底脚螺栓；8—焊接处

面处的保护半径为针高的 1.5 倍（$r=1.5h$）。

在民用建筑中的避雷针保护范围用滚球法计算，以 h_r 为半径的一个球，沿需要防直击雷的部位滚动，自针尖滚至地面而不触到被保护物，则该部分就得到了接闪器的保护。不同等级的防雷建筑物，其滚球半径也不同，见表 8-45。

表 8-45　滚 球 半 径

建筑物防雷级别	第一类防雷建筑物	第二类防雷建筑物	第三类防雷建筑物
滚球半径 h_r（m）	30	45	60

1）电力系统中避雷针的保护范围计算，见表 8-46。

2）民用建筑中避雷针的保护范围计算，见表 8-47。

表 8-46 电力系统中避雷针保护范围计算

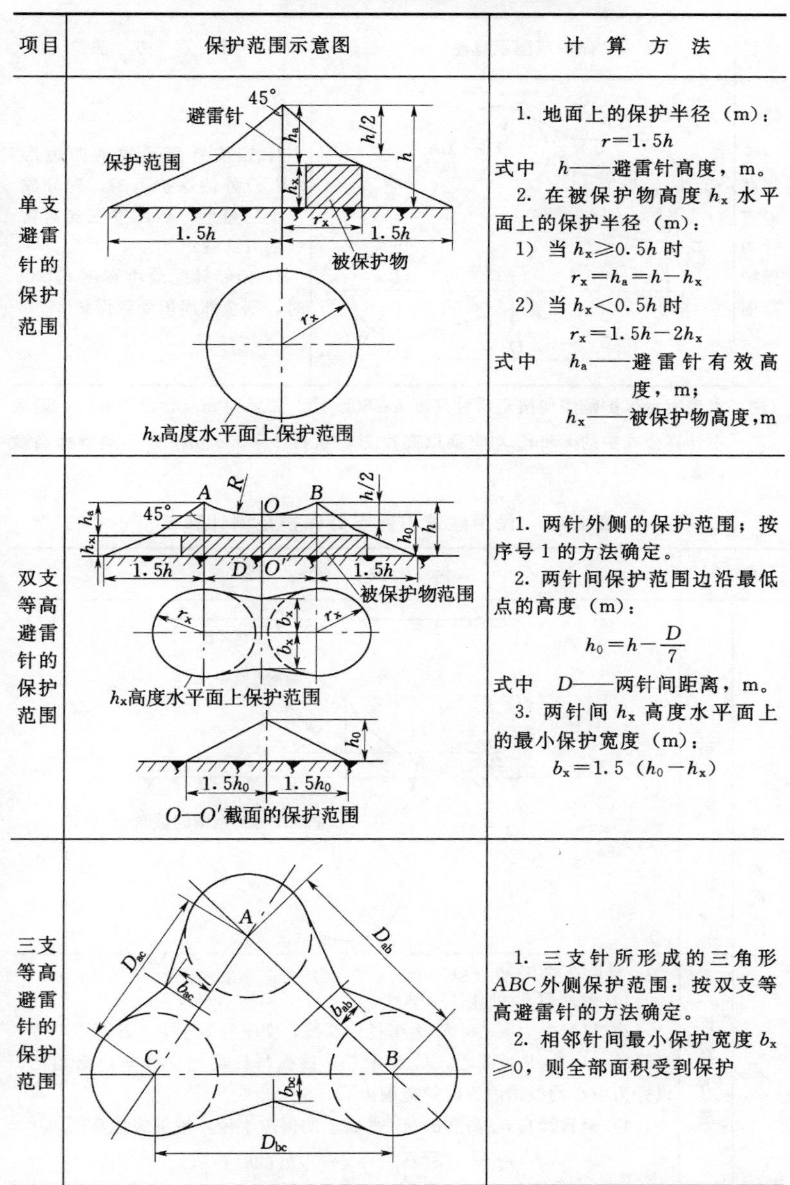

项目	保护范围示意图	计 算 方 法
单支避雷针的保护范围	45°；避雷针；保护范围；h_a；$h/2$；h；h_x；r_x；1.5h；1.5h；被保护物；r_x；h_x高度水平面上保护范围	1. 地面上的保护半径（m）： $r=1.5h$ 式中 h——避雷针高度，m。 2. 在被保护物高度 h_x 水平面上的保护半径（m）： 1）当 $h_x \geqslant 0.5h$ 时 $r_x=h_a=h-h_x$ 2）当 $h_x<0.5h$ 时 $r_x=1.5h-2h_x$ 式中 h_a——避雷针有效高度，m； h_x——被保护物高度，m
双支等高避雷针的保护范围	A；R；O；B；$h/2$；45°；h_a；h_x；h_0；h；1.5h；D；O′；1.5h；被保护物范围；r_x；b_x；b_x；r_x；h_x高度水平面上保护范围；h_0；1.5h_0；1.5h_0；O—O'截面的保护范围	1. 两针外侧的保护范围；按序号 1 的方法确定。 2. 两针间保护范围边沿最低点的高度（m）： $h_0=h-\dfrac{D}{7}$ 式中 D——两针间距离，m。 3. 两针间 h_x 高度水平面上的最小保护宽度（m）： $b_x=1.5\ (h_0-h_x)$
三支等高避雷针的保护范围	A；D_{ac}；D_{ab}；b_{ac}；b_{ab}；C；B；b_{bc}；D_{bc}	1. 三支针所形成的三角形 ABC 外侧保护范围：按双支等高避雷针的方法确定。 2. 相邻针间最小保护宽度 $b_x \geqslant 0$，则全部面积受到保护

续表

项目	保护范围示意图	计算方法
四支等高避雷针的保护范围	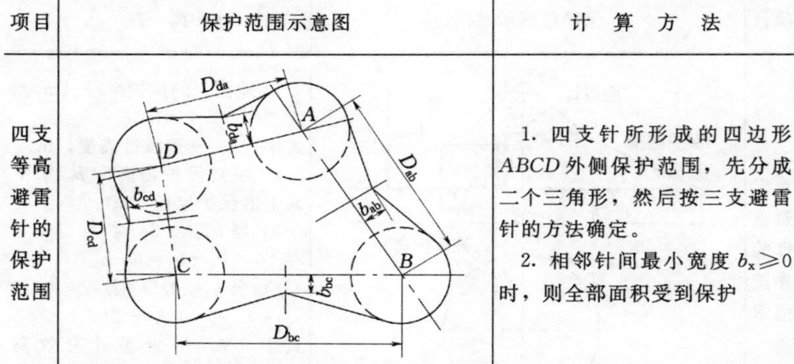	1. 四支针所形成的四边形 $ABCD$ 外侧保护范围，先分成二个三角形，然后按三支避雷针的方法确定。 2. 相邻针间最小宽度 $b_x \geqslant 0$ 时，则全部面积受到保护

注 本表所示保护范围均按避雷针高度 $h \leqslant 30$m 计。如果 30m $< h <$ 120m 时，则表中计算公式中的 r 和 r_x 均应乘以高度影响系数 $p = 5.5/\sqrt{h}$，h 为避雷针高度(m)。

表 8-47 民用建筑中避雷针保护范围计算

类别		保护范围
单支避雷针	示意图	A B h_r h_r h_r h x x' h_x r_x xx'平面上保护范围的截面 r_x
	计算方法	1. 避雷针高 $h \leqslant h_r$ 时： 1）距地面 h_r 处作一平等线； 2）以针尖为圆心，h_r 为半径作弧线，交平行线于 A、B 两点。 3）以 A、B 为圆心，h_r 为半径，该弧与针尖相交并与地面相切，以针为中心的锥体内为保护范围。 4）避雷针在 h_x 高度的 xx'平面上的保护半径，按下式计算： $r_x = \sqrt{h(2h_r - h)} - \sqrt{h_x(2h_r - h_x)}$

续表

类别		保护范围
单支避雷针	计算方法	式中 r_x——避雷针在 h_x 高度的 xx' 平面上的保护半径，m； h_r——滚球半径，按表 8-45 确定，m； h_x——被保护物的高度，m。 2. 避雷针高 $h>h_r$ 时： 在避雷针上取高度 h_r 的一点代替单支避雷针针尖作圆心，其余作法与单支避雷针的 1. 相同
双支避雷针	示意图	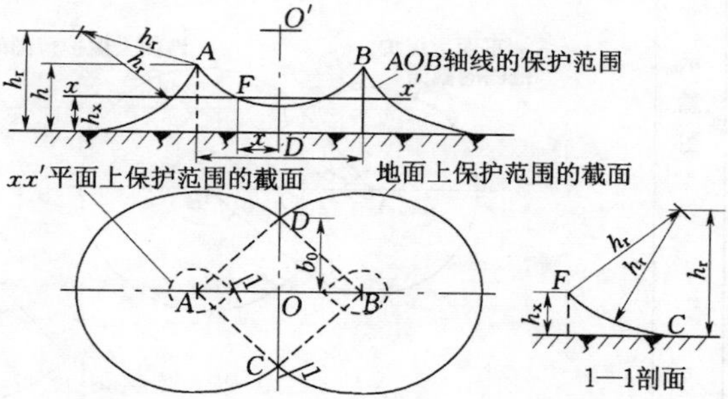 AOB轴线的保护范围 xx'平面上保护范围的截面 地面上保护范围的截面 1—1剖面
	计算方法	1. $h \leqslant h_r$，且 $D \geqslant 2\sqrt{h(2h_r-h)}$ 时，各按单支避雷针进行计算。 2. $h \leqslant h_r$，且 $D<2\sqrt{h(2h_r-h)}$ 时： 1）$ABCD$ 外侧的保护范围，按单支避雷针所规定的方法确定： 2）C、D 点位于两针间的垂直平分线上，在地面两侧的最小保护宽度 b_0 为： $$b_0=\overline{CD}=\overline{DO}=\sqrt{h(2h_r-h)-(D/2)^2}$$ 3）在 AOB 轴线上，距中心线任一距离 x 处，在其保护范围上边线上高度 h_x 按下式求得： $$h_x=h_r-\sqrt{(h_r-h)^2+\left(\frac{D^2}{2}-x^2\right)}$$ 该保护范围上边线是以中心线距地 h_r 的一点 O' 为圆心，以 $\sqrt{(h_r-h)^2+\left(\frac{D^2}{2}-x^2\right)}$ 为半径所作圆弧 AB。 4）两针间 $ADBC$ 内的保护范围，ACO 部分为：在任一保护高 h_x 和 C 点所处的垂直平面上，以 h_x 作为假想避雷针，按单支避雷针的计算方法来确定其保护范围，见 1—1 剖面，其他 CBO、BDO、DAO 的保护范围均按此法计算

续表

<table>
<tr><th colspan="2">类别</th><th>保护范围</th></tr>
<tr><td rowspan="2">双支不等高避雷针</td><td>示意图</td><td>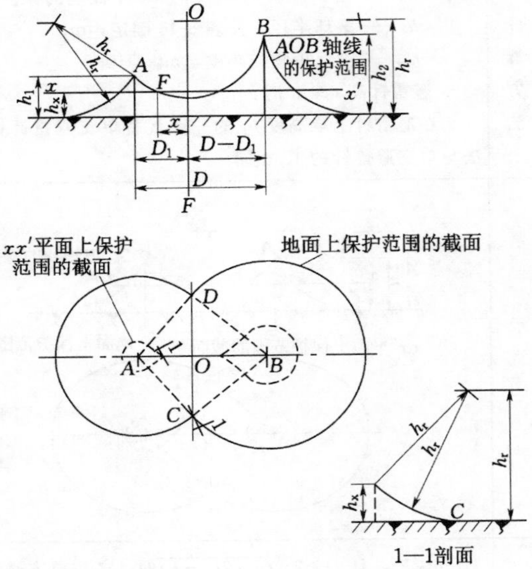
</td></tr>
<tr><td>计算方法</td><td>1. h_1，$h_2 \leqslant h_r$，当 $D \geqslant \sqrt{h_1\ (2h_r-h)^2}+\sqrt{h_2\ (2h_r-h_2)}$时，各按单支避雷针的计算方法确定其保护范围。
2. h_1，$h_2 \leqslant h_r$，当 $D \leqslant \sqrt{h_1\ (2h_r-h)^2}+\sqrt{h_2\ (2h_r-h_2)}$时：
1）$ABCD$ 外侧的保护范围，按单支避雷针计算方法确定。
2）低针中垂线与 FO' 之间的距离 D_1 按下式计算：
$$D_1=\frac{2h_r(h_1-h_2)-h_1^2+h_2^2+D^2}{2D}$$
3）在地面每侧上的最小保护宽度 b_0 为：
$$b_0=\overline{CO}=\overline{DO}=\sqrt{h_1(2h_r-h_1)-D_1^2}$$
4）在 AOB 轴上，A、B 间保护范围上边线按下式确定：
$$h_x=h_r-\sqrt{(h_r-h_1)^2+D_1^2-x^2}$$
5）两针间 $ADBC$ 内的保护范围，ACO 与 ADO 对称，BCO 与 BDO 对称，以 ACO 部分的保护范围为例，按以下方法确定：h_x 和 c 点所处的垂直平面上，以 h_x 作为假想避雷针，按单支避雷针的计算方式确定（见 1—1 剖面）</td></tr>
</table>

续表

<table>
<tr><th colspan="2">类　别</th><th>保　护　范　围</th></tr>
<tr><td rowspan="2">矩形布置的四支等高避雷针</td><td>示意图</td><td> 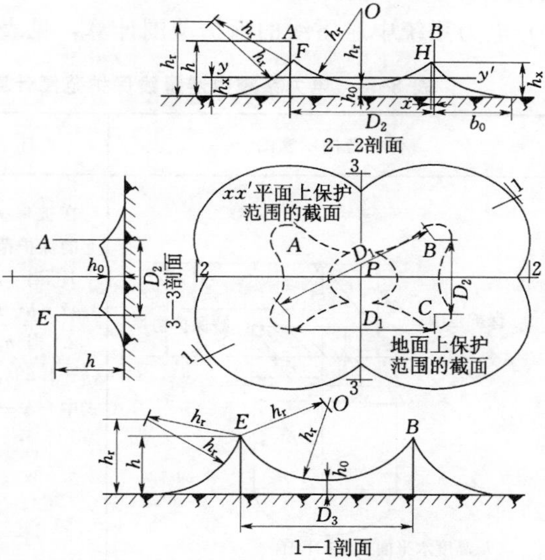2—2剖面
1—1剖面</td></tr>
<tr><td>计算方法</td><td>1. $h \leqslant h_r$，$D_3 \geqslant 2\sqrt{h(2h_r-h)}$时，各按双支等高避雷针所规定的方法计算。
2. $h \leqslant h_r$，$D_3 \leqslant 2\sqrt{h(2h_r-h)}$时，按下列方法计算：
1）四支避雷针外侧各按双支等高避雷针所规定的方法确定。
2）B、D避雷针上的保护范围，见1—1剖面，外侧按单支避雷针所规定的方法确定，两针的保护范围按以下方法确定：以B、D两针针尖为圆心，h_r为半径，作弧交O点，再以O点为中心，h_r为半径，作圆弧，与B、D针尖相接的圆弧即为针间的保护范围，其最低点高h_0为：
$$h_0 = \sqrt{h_r^2-(D_3/2)^2}+h-h_r$$
3）2—2剖面的保护范围，以A、B针间的垂直平分线上的O；（距地高度为h_0+h_r）为圆心，h_r为半径作圆弧，与B、C和A、D双支针所作在该剖面的外侧保护范围延长圆弧相交于E、F点。E点（F点与此同）的位置及高度h_x可按下列两式计算：
$$(h_r-h_x)^2 = h_r^2-(b_0+x)^2$$
$$(h_r+h_0-h_x)^2 = h_r-\left(\frac{D}{2}-x\right)^2$$
4）3—3剖面的保护范围计算与2—2剖面相同</td></tr>
</table>

4. 避雷线的保护范围

电力系统的计算方法同样用波折线；民用建筑的计算方法同样用滚球法，其滚球半径与表 8-45 相同。

1）电力系统中避雷线的保护范围计算，见表 8-48。

表 8-48　电力系统中避雷线保护范围计算

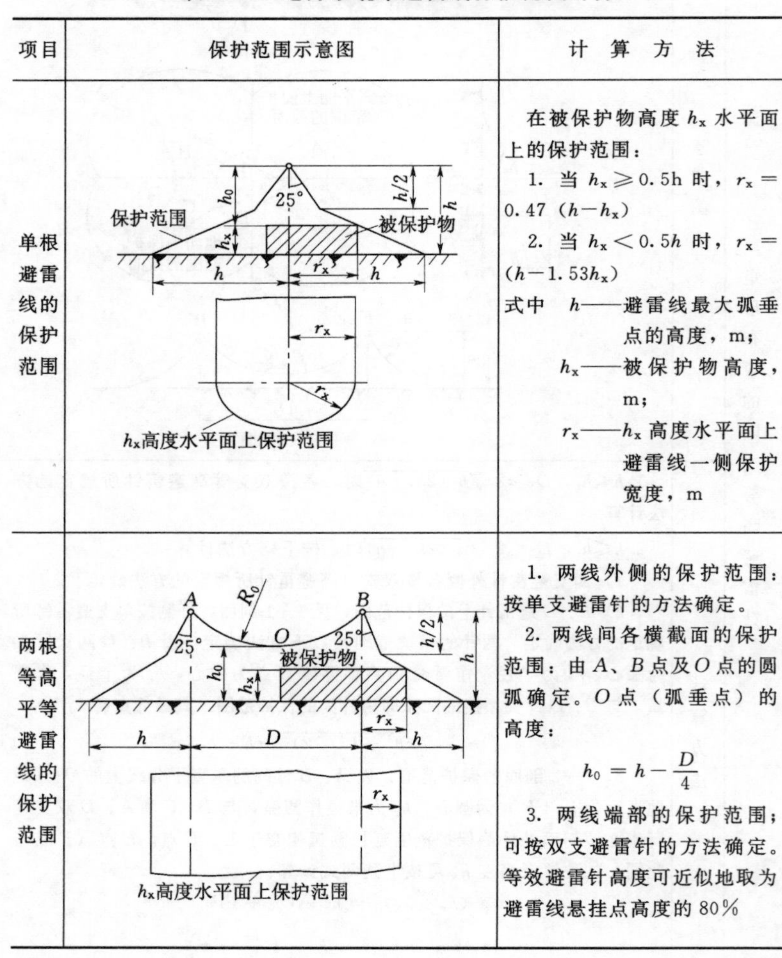

项目	保护范围示意图	计算方法
单根避雷线的保护范围	h_x高度水平面上保护范围	在被保护物高度 h_x 水平面上的保护范围： 1. 当 $h_x \geqslant 0.5h$ 时，$r_x = 0.47\ (h-h_x)$ 2. 当 $h_x < 0.5h$ 时，$r_x = (h-1.53h_x)$ 式中　h——避雷线最大弧垂点的高度，m； h_x——被保护物高度，m； r_x——h_x 高度水平面上避雷线一侧保护宽度，m
两根等高平等避雷线的保护范围	h_x高度水平面上保护范围	1. 两线外侧的保护范围：按单支避雷针的方法确定。 2. 两线间各横截面的保护范围：由 A、B 点及 O 点的圆弧确定。O 点（弧垂点）的高度： $h_0 = h - \frac{D}{4}$ 3. 两线端部的保护范围；可按双支避雷针的方法确定。等效避雷针高度可近似地取为避雷线悬挂点高度的 80%

2）民用建筑中避雷线的保护范围计算，见表 8-49。

表 8-49　民用建筑中避雷线保护范围计算

类　别		保　护　范　围
单根避雷线的保护范围	示意图	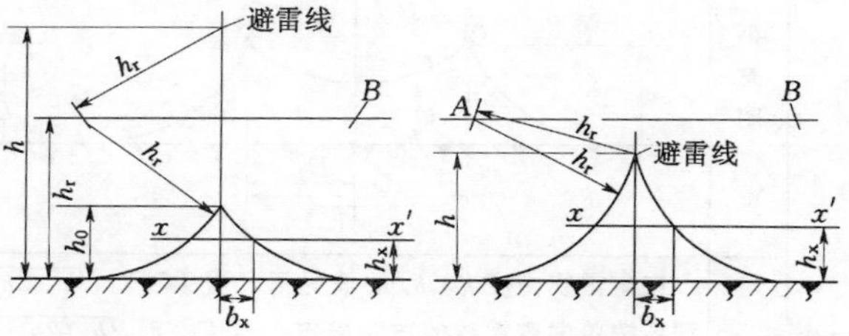 (a) 当 h 小于 $2h_r$ 但大于 h_r 时；(b) 当 h 小于或等于 h_r 时
	计算方法	当避雷线的高度 $h \geqslant 2h_r$ 时，无保护范围。 当避雷线的高度 $h < 2h_r$ 时，保护范围应按下列方法确定（图 a、b）。 确定架空避雷线的高度时应计及弧垂的影响。在无法确定弧垂的情况下，当等高支柱间的距离小于 120m 时，架空避雷线中点的弧垂宜取 2m，距离 120～150m 时宜取 3m。 1. 距地面 h_r 处作一平行于地面的平行线。 2. 以避雷线为圆心，h_r 为半径，作弧线交于平行线的 A、B 两点。 3. 以 A、B 为圆心，h_r 为半径作弧线，该两弧线相交或相切，并与地面相切，从该弧起到地面上就是保护范围。 4. 当 $h_r < h < 2h_r$ 时，保护范围最高点的高度 h_0 按下式计算： $h_0 = 2h_r - h$ 5. 避雷线在 h_x 高度的 xx' 平面上的保护宽度，按下式计算： $b_x = \sqrt{h(2h_r) - h} + \sqrt{h_x(2h_r - h_x)}$ 式中　b_x——避雷线在 h_x 高度的 xx' 平面上的保护宽度，m； h——避雷线的高度，m； h_r——滚球半径，按表 8-45 确定，m； h_x——被保护物的高度，m。 6. 避雷线两端的保护范围，按单支避雷针的方法确定

续表

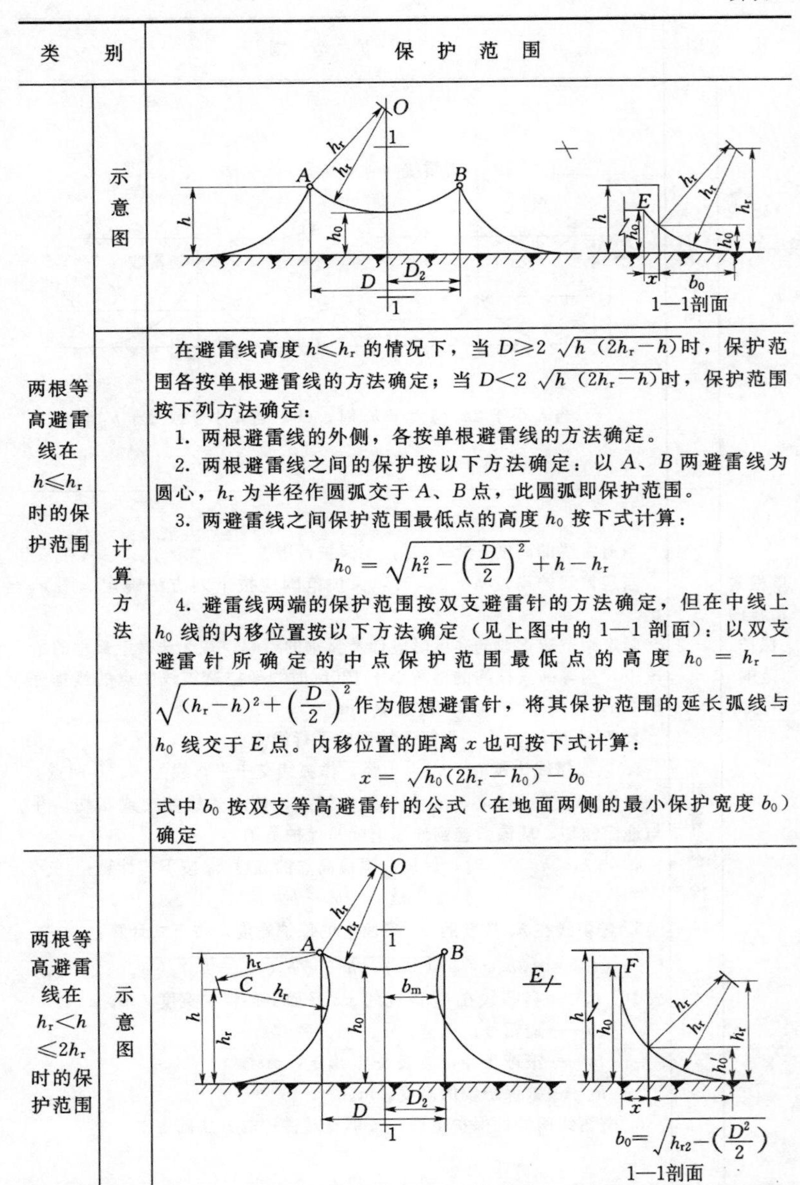

类别		保护范围
两根等高避雷线在 $h \leqslant h_r$ 时的保护范围	示意图	1—1剖面
	计算方法	在避雷线高度 $h \leqslant h_r$ 的情况下，当 $D \geqslant 2\sqrt{h(2h_r-h)}$ 时，保护范围各按单根避雷线的方法确定；当 $D < 2\sqrt{h(2h_r-h)}$ 时，保护范围按下列方法确定： 1. 两根避雷线的外侧，各按单根避雷线的方法确定。 2. 两根避雷线之间的保护按以下方法确定：以 A、B 两避雷线为圆心，h_r 为半径作圆弧交于 A、B 点，此圆弧即保护范围。 3. 两避雷线之间保护范围最低点的高度 h_0 按下式计算： $h_0 = \sqrt{h_r^2 - \left(\frac{D}{2}\right)^2} + h - h_r$ 4. 避雷线两端的保护范围按双支避雷针的方法确定，但在中线上 h_0 线的内移位置按以下方法确定（见上图中的1—1剖面）：以双支避雷针所确定的中点保护范围最低点的高度 $h_0 = h_r - \sqrt{(h_r-h)^2 + \left(\frac{D}{2}\right)^2}$ 作为假想避雷针，将其保护范围的延长弧线与 h_0 线交于 E 点。内移位置的距离 x 也可按下式计算： $x = \sqrt{h_0(2h_r - h_0)} - b_0$ 式中 b_0 按双支等高避雷针的公式（在地面两侧的最小保护宽度 b_0）确定
两根等高避雷线在 $h_r < h \leqslant 2h_r$ 时的保护范围	示意图	$b_0 = \sqrt{h_{r2} - \left(\frac{D^2}{2}\right)}$ 1—1剖面

续表

<table>
<tr><th colspan="2">类　别</th><th>保　护　范　围</th></tr>
<tr><td>两根等高避雷线在 $h_r<h\leqslant 2h_r$ 时的保护范围</td><td>计算方法</td><td>在避雷线高度 $h<2h_r$ 且 $h>h_r$，两线间距离 $D<2h_r$ 且 $D>2\left[h_r-\sqrt{h(2h_r-h)}\right]$ 的情况下，保护范围按下列方法确定：
1. 距地面 h_r 处作一与地面平行的线；
2. 以避雷线 A、B 为圆心，h_r 为半径作弧线相交于 O 点，并与平行线相交或相切于 C、E 点；
3. 以 O 点为圆心，h_r 为半径作弧线交于 A、B 点；
4. 以 C、E 为圆心，h_r 为半径作弧线交于 A、B，并与地面相切，此弧线即保护范围；
5. 两避雷线之间保护范围最低点的高度 h_0 按下式计算：
$$h_0=\sqrt{h_r^2-\left(\frac{D}{2}\right)^2}+h-h_r$$
6. 最小保护宽度 b_m 位于 h_r 高处，其值按下式计算：
$$b_m=\sqrt{h(2h_r-h)}+\frac{D}{2}-h_r$$
7. 避雷线两端的保护范围，按双支高度 h_r 的避雷针确定，但在中线上 h_0 线的内移位置按以下方法确定（上图的1—1剖面）：以双支高度 h_r 的避雷针所确定的中点保护范围最低点的高度 $h_0'=\left(h_r-\frac{D}{2}\right)$ 作为假想避雷针，将其保护范围的延长弧线与 h_0 线交于 F 点。内移位置的距离 x 也可按下式计算：
$$x=\sqrt{h_0(2h_r-h_0)}-\sqrt{h_r^2-\left(\frac{D}{2}\right)^2}$$</td></tr>
</table>

二、引下线

1. 人工敷设的引下线

（1）规格。人工敷设的引下线规格，见表8-50。

（2）安装：

1）引下线应镀锌，焊接处除焊油后涂防腐漆。

表 8-50　引下线的最小截面

敷设位置	圆钢直径（m）	扁钢		敷设位置	圆钢直径（m）	扁钢	
		截面（mm^2）	厚度（mm）			截面（mm^2）	厚度（mm）
建筑物上	8	48	4	烟囱上	12	100	4

2）引下线沿建筑物、构筑物外墙明敷，在离地1.8m处至地面下应用钢管或石棉管加以保护，以防机械损伤。在挠过屋角、檐口、墙边的部位，不应弯成锐角，应弯成大于90°的钝角，以防通过雷电流产生斥力而损坏。

3）引下线可沿建筑物外墙暗敷于其粉刷层内，但截面应加大一级。

4）上述引下线应在离地1.8m处设明装或暗装断接卡子，便于每年雷雨季节前测定接地电阻。

2. 利用建筑物柱子的主筋作引下线

钢筋混凝土柱子中的主筋、室外墙上的消防梯、烟囱爬梯、钢烟囱等都可作为避雷装置的引下线，应满足以下条件：

1）上部预埋与柱子主筋相焊接的钢板，与屋面接闪器相连。若有外引接地装置时，应在室外地坪－0.7m处焊出1根$D12$圆钢或40mm×4mm扁钢，伸出墙外1m左右，供外引接地装置连接。若利用建筑物混凝土基础中的钢筋作接地装置时，则施工时两者相绑扎或焊接成电气通路。

2）当柱中主筋直径为16mm及以上时，应利用两根钢筋通长绑扎或焊接作为一组引下线；当钢筋直径为16mm以下时，应利用四根钢筋通长绑扎或焊接作一级接地极。

3）建筑梁、柱、板中的主筋相互绑扎成电气通路时，其外圈梁的主筋可以作均压环。

三、接地装置

1. 采用人工接地体安装的接地装置

（1）人工接地体的尺寸：垂直接地体宜采用圆钢、钢管、角钢，水平接地体宜采用圆钢、扁钢，人工接地体的尺寸不应小于表8-51所列的数值。

（2）人工接电体安装：

1）接地体应镀锌，焊接处清除焊油后涂上沥青油等防腐剂，在腐蚀性较强的土壤中应加大截面，应远离由于高温而引起土壤电阻率增高的地方。

表 8-51　人工接地体的规格

人工接地体种类	圆钢直径（mm）	钢管壁厚（mm）	角钢厚度（mm）	扁钢	
				截面（mm^2）	扁度（mm）
最小允许截面	10	3.5	4	100	4

2）接地体埋入室外地坪下－0.6～－0.7m，垂直接地体的长度一般为2.5m，垂直接地体的水平距离不应小于5m。

（3）减小跨步电压的措施：防直击雷的人工接地体距建筑物入口处及人行道不小于3m。不足时应采取下列措施：

1）局部深埋接地装置，可埋入地下不小于1m。

2）水平接电体局部包以绝缘物，如50～80mm厚的沥青层。

3）采用沥青碎石路面或在接地装置上面敷设50～80mm厚的沥青层，其宽度超过接地装置2m。

2. 利用建筑物基础内钢筋作接地装置

在建筑中，采用基础内钢筋作接地装置，绝大部分为共用接地装置，其做法和要求见电气设备的接地及保护接地装置部分(本章第六节)。

第六节　接地保护

一、接地种类

因用途不同，可分为两大类，一类是因工作需要而进行的接地，称工作接地；一类是为了保护人身及设备的安全而进行的接地称为保护接地。又因使用的场合不同，可分为以下几类，见表8-52。

二、电力系统的工作接地

1. 接地方式

交流高、低压系统中的变压器、发电机中性点，采用直接接

表 8-52 接地种类

种类	按用途分类	作用
工作接地	电力系统的工作接地	在电力系统中为了取得相电压，线电压及减小中心点偏移，则采用变压器中性点、发电机中性点、低压、架空线路每隔 200～250m 的中性线重复接地等
	直流接地	为取得稳定的直流电位而采用的接地
	屏蔽接地	防电磁干扰的屏蔽线路的屏蔽层、屏蔽建筑的屏蔽体等的接地
保护接地	过电压保护	为消除大气过电压及操作地电压所设置的设备的接地，如避雷线、避雷器、浪涌吸收器等的接地
	接零和接地保护	电力设备、低压用电设备的金属外壳，由于绝缘损坏而可能带电，为防止带电电位危及人身安全而设置的接地。由于低压系统接地形式不同，又分为接零和接地两种类型。在 TN 系统中采用接零保护，在 TT 及 IT 系统中采用接地保护
	防静电接地	消除工作过程中的静电积储，以防止电击人身的接地。如计算机房的防静电接地，手术室，特别是胸腔、脑颅等手术室的防静电接地；油锅炉房、柴油发电机房的油管路及储油设备的防静电接地等

地，或经消弧线圈、阻抗、电阻接地，或者采用中性点绝缘等几种方式，见表 8-53。

表 8-53 电力设备的工作接地及特性

电压等级	设备种类	接地形式	特性
220kV及以上	变压器中性点	直接接地	大电流接地系统
110kV	变压器中性点	经消弧线圈接地	大电流接地系统
35、10、6kV	变压器及发电机中性点	中性点绝缘	单相接地短路仅发信号，仍可继续运行
		中性点经阻抗接地	小电流接地系统。如北京地区为 600A；上海地区为 1000A。单相接地故障应设保护

续表

电压等级	设备种类	接地形式	特性
380/220V	变压器及发电机中性点	中性点经电阻接地，采用接零保护常称TN系统	单相接地短路设过电流保护。可取得380/220V电压
		中性点经电阻接地，采用接地保护常称TT系统	单相接地短路，应设多级漏电保护器 可取得380/220V电压
		中性点绝缘或经足够大的阻抗接地，采用接地保护常称IT系统	单相接地短路仅发信号，仍可继续运行。一般只能取得380V电压

2. 接地装置的一般要求

1）应考虑土壤干、湿、冻结等季节变化对土壤电阻率的影响，使一年四季中的接地电阻都应符合要求值。

2）低压电网中的保护与中性线合一的PEN线及保护线PE才允许进行重复接地。N线只能在电源中性点或PEN线分开点处进行接地。

3）在10kV及以下的电力网中，严禁利用大地作相线或中性线。

3. 电力设备接地装置的电阻值

电力设备接地装置的电阻值，见表8-54。

表8-54　电力设备接地装置的最大允许接地电阻值

接地装置名称	接地电阻最大允许值（Ω）
3～10kV的变、配电所高低共用的接地装置	4
低压电力设备的接地装置	4
3～10kV线路的接地装置	30
单台设备容量或并列运行的总容量≤100kVA的发电机，变压器共用接地装置	10
低压配电线路中的PEN及PE线的重复接地装置	10

三、保护接地的范围

1）为保证电气设备和人身的安全，下列电力设备的金属外壳，除另有规定者外，均应接地或接零；①电机、变压器、电器、手握式及移动式用电器具等。②电力设备传动装置。③配电屏与控制屏的框架。④室内、外配电装置的金属构架、钢筋混凝土构架的钢筋及靠近带电部分的金属围栏等。⑤电缆的金属外包层及电力电缆的金属接线盒、终端盒、屏蔽层等。⑥电缆沟内的金属支架、电力线路的金属保护管、电缆托架、金属线槽、各种开关、插座等的金属接线盒、敷线的钢索、启动运输设备的轨道等。⑦在非沥青地面场所的小接地短路电流系统架空电力线路的金属杆塔和混凝土杆塔中的钢筋。⑧安装在电力线路杆塔上的开关、电容器等电力设备的金属外壳及其支架等。

2）电力设备的金属外壳，除为有规定者外，可不接地或不接零：①在木质、沥青等不良导电地坪的干燥房间内，交流额定电压 380V 及以下，直流额定电压 400V 及以下的电力装置的金属外壳，但必须满足维护人员不可能同时触及电力设备外壳和接地（接零）部分的条件。②在干燥场所，交流额定电压 50V 及以下，直流额定电压 110V 及以下的电力装置。③安装在配电屏、控制屏已接地的金属框架上的电气测量仪表、继电器和其他低压电器；安装在已接地的金属框架上的设备，如套管等。④当发生绝缘损坏时不会引起危及人身安全的绝缘子底座。⑤额定电压 220V 及以下的蓄电池室内支架。⑥与已接地的机床底座之间有可靠电气接触的电动机和电器的外壳。⑦由工业企业区域内引出的铁路轨道。

3）下述场所电气设备的金属外壳，严禁设置保护接地：①采用设置绝缘场所保护方式的所有电气设备及装置的金属外壳。②采用不接地或局部等电位联结保护方式的所有电气设备及装置的金属外壳。③采用电气隔离保护方式的电气设备及装置的金属外壳。④采用双重绝缘及加强绝缘保护方式中的绝缘保护物里面的金属层。

四、低压用电设备的接零和接地保护

1. 不同低压系统的设备保护接地

用电设备的金属外壳接地，是防止间接触电用的，以防设备中相线碰壳，而使设备的金属外壳带上高于 50V 的电压，万一人体触及，将会造成伤害甚至危及生命，因此采用接地保护。

低压系统按中性点工作接地及其设备外壳的保护接地方式不同而又分为 TN、TT 及 IT 系统。TN 系统又因 PE 及 N 线的设置方式不同而又分为 TN—S、TN—C、TN—C—S 三种系统。TN 系统采用接零保护，TT 及 IT 系统采用接地保护。各系统的接地方式及特性，见表 8-55。

2. TN 系统中的局部 TT 系统

在 TN 系统中不允许同时存在接零保护和接地保护。但设置漏电保护时，凡属漏电保护的用电设置金属外壳可采用接地保护，组成 TN 系统中的局部 TT 系统。

TN 系统的接零保护与接地保护处理方式及原理，见表 8-56。

表 8-55　低压系统接零和接地保护的特性

<table>
<tr><th colspan="2">系　统</th><th>低压电源中性点接地方式</th><th colspan="2">保护接地方式</th><th>单相接地短路</th><th>接地示意图</th></tr>
<tr><td rowspan="3">TN</td><td>TN—S</td><td rowspan="3">经电阻接地（PEN及PE线允许重复接地）</td><td rowspan="3">接零保护</td><td>自电源中性点分别引出 N 线及 PE 线，此后两者严格分开。用 PE 线作接零保护</td><td rowspan="3">单相接地短路由相线及 PE（PEN）线形成回路，两者阻抗相当，因此设备外壳会带上 1/2 左右的相电压，并有较大的单相接地短路电流，可使保护设备在 0.4s 或 5s 内切除故障
若不能达到上述要求，则装设漏电保护，而受此保护的设备外壳则采用接地保护，组成 TN 系统中的局部 TT 系统，见图 8-19。除此以外，在接零保护系统中不允许有接地保护存在</td><td>见图 8-16</td></tr>
<tr><td>TN—C</td><td>自电源中性点引出 PEN 线，用 PEN 线作接零保护</td><td>见图 8-17</td></tr>
<tr><td>TN—C—S</td><td>自电源中性点引出 PEN 线，至用户处进行重复接地后，分别引出 N 及 PE 线，此后两者严格分开。用 PE 线作接零保护</td><td>见图 8-18</td></tr>
</table>

续表

系　　统	低压电源中性点接地方式	保护接地方式		单相接地短路现	接地示意图
TT	经电阻接地	接地保护	用电设备的金属外壳独立接地。可按配电等级或成组设备组成一组或一组以上的接地装置，按分组用PE线将设备外壳与接地装置相连	单相接地短路的电流由电源接地电阻 R_0 及接地保护电阻 R_{PE} 定，而 R_{PE} 常大于 R_0 好几倍，因此设备外壳会带上接近相电压的电位。但单相接地短路电流接近较小的定值，不足以使过电流保护动作。常采用多级漏电保护设备，以此切除故障	见图8-20
IT	绝缘或经很大的阻抗接地		与TT系统相同	故障相的电压为零，设备外壳几乎不带故障电位，仅发单相接地故障信号，系统可继续运行	见图8-21

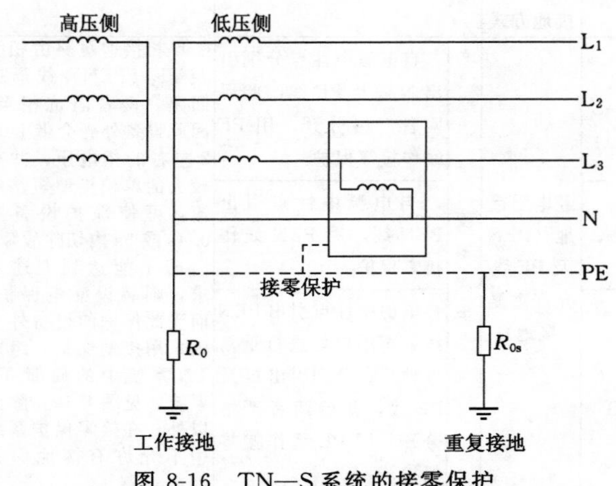

图 8-16　TN—S 系统的接零保护

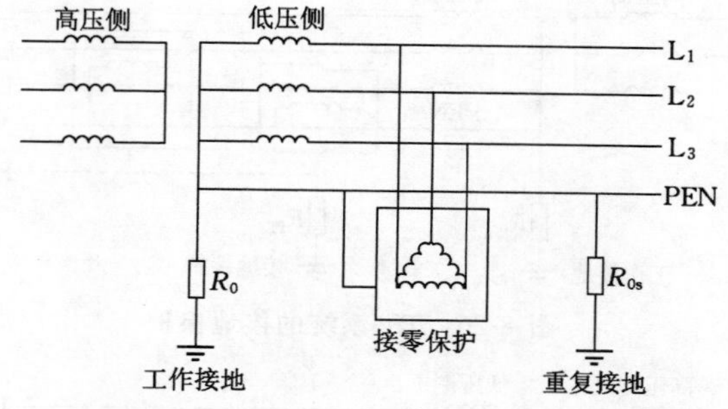

图 8-17　TN—C—S 系统的接零保护

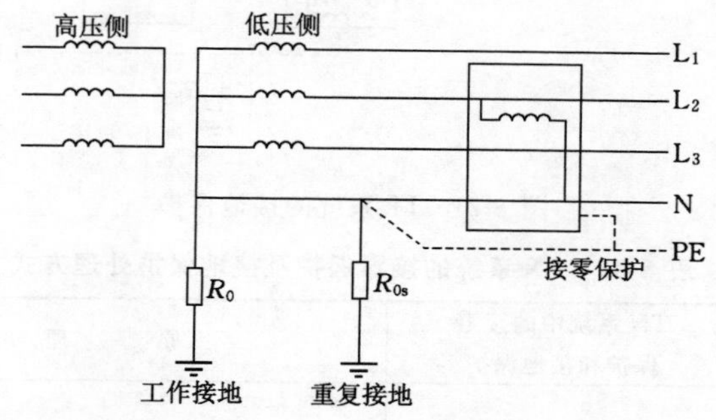

图 8-18　TV—C—S 系统的接零保护

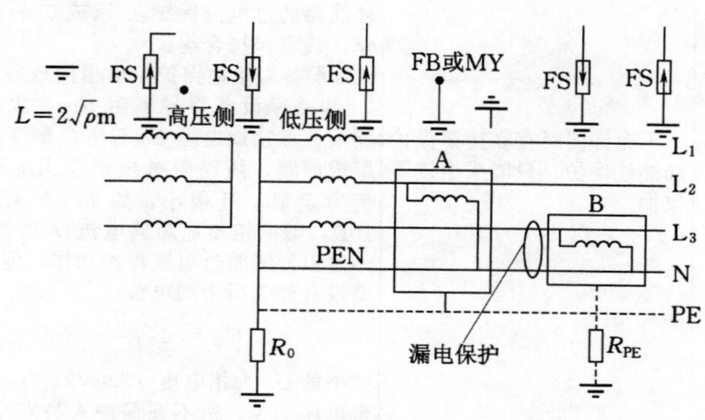

图 8-19　TN 系统中的局部 TT 系统

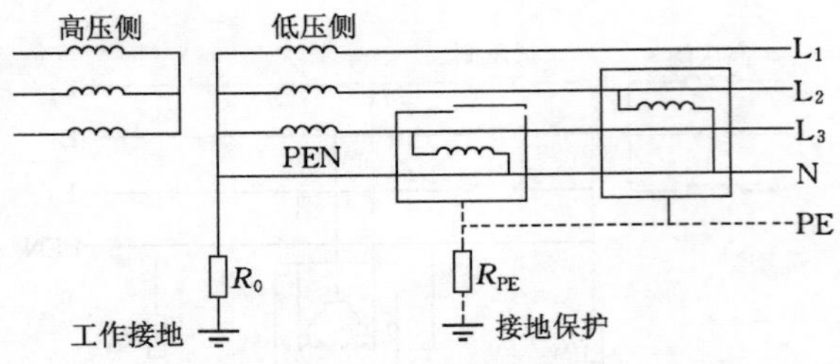

图 8-20 TT 系统的接地保护

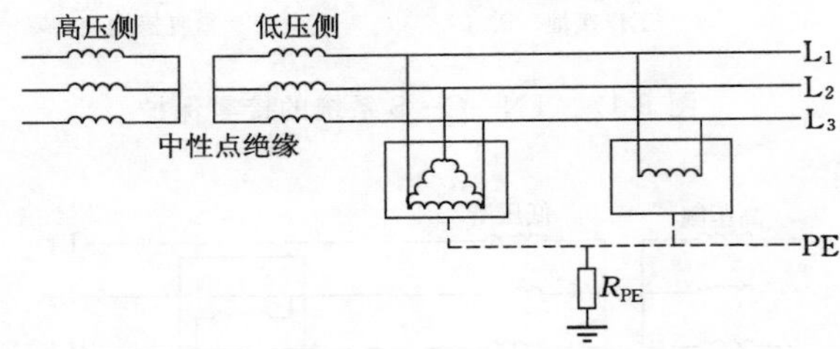

图 8-21 IT 系统的接地保护

表 8-56 TN 系统的接零保护及接地保护处理方式

继电保护方式	TN 系统中的接零保护和接地保护	原　　理
采用过电流保护	不允许同时存在接零保护和接地保护，只能采用接零保护	见图 8-22 A 设备接零保护：单相接地短路电流由 L_3 线路、PE 线与电源侧绕组组成短路回路，总短路阻抗小，有较大的短路电流，可使线路的过电流保护在 5s 或 0.4s 时间内动作。接零保护合理。 B 设备为接地保护，单相接地短路电流由 L_2 线路经设备接地电阻 R_{PE}、大地、变压器中性点接地电阻 R_0 与电源侧变压器绕组组成回路，短路阻抗决定于 R_{PE} 及 R_0，几何为定值，且很小，如 R_0 为 4Ω，R_{PE} 为 10Ω，则单相接地短路电流仅为 15A 左右，不足以使线路过电流保护动作。但短路时故障设备外壳所带的电位： $$U_B \approx \frac{U_0 R_{PE}}{R_0 + R_{PE}}(\text{V})$$ 式中的 U_0 为相电压（220V）。U_B 远高于安全电压 50V，达不到保护人身安全的目的，因此不允许采用接地保护

续表

继电保护方式	TN系统中的接零保护和接地保护	原　　理
采用漏电保护	利用漏电保护器作间接触电保护。 漏电保护器后的设备金属外壳应采用接地保护，组成TN系统中的局部TT系统	当单相接地短路电流不足以在5s或0.4s内使过电流保护装置动作时，则应装设漏电保护，见图8-19。B设备装设漏电保护，此设备的金属外壳必须采用接地保护，不能采用接零保护，以防其他设备故障时，故障电位随PE线传入具有漏电保护的设备外壳上，其时间可能长达5s，则失去了漏电保护的意义
	利用漏电保护器作直接触电保护。 漏电保护器后的设备金属外壳可采用接地保护或接零保护	系统的单相接地短路电流可以在5s或0.4s内使过电流保护装置动作时，则作为直接触电保护的漏电器后的设备金属外壳可以采用接零保护

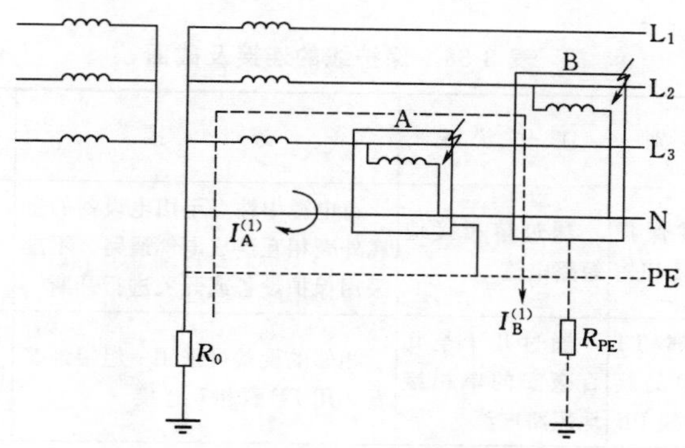

图 8-22　TN系统中不允许同时存在接地和接零

3. 保护接地装置的电阻值

保护接地装置的电阻值，见表8-57。

4. 保护线连接和截面的选择

保护线的截面应按载流量、机械强度及产生单相接地短路电流的大小要求进行选择，分别见表8-58～表8-60。

表 8-57　保护接地装置的电阻值

<table>
<tr><th colspan="2">系统类别</th><th>接地电阻值
(Ω)</th></tr>
<tr><td rowspan="3">TN系统</td><td>接零保护</td><td>利用380/220V电源侧的中性点接地装置</td></tr>
<tr><td>PEN及PE的重复接地</td><td>$\leqslant 10$</td></tr>
<tr><td>局部TT系统的接地保护</td><td rowspan="2">只要能产生几十毫安到几百毫安的单相接地短路电流，使漏电保护器可靠动作，因此其接地装置的电阻 R_{PE} 可达几十欧，一般采用一根接地极就足够了</td></tr>
<tr><td colspan="2">TT系统的接地保护</td></tr>
<tr><td colspan="2">IT系统的接地保护</td><td>应满足下式要求：
$R_{PE} \cdot I_a \leqslant 50V$
式中　R_{PE}——保护接地的电阻值，Ω；
I_a——相线与设备外壳单相接地短路电流，A。它计及泄漏电流和电气装置全部接地阻抗值的影响</td></tr>
</table>

表 8-58　保护线的连接及截面

<table>
<tr><th colspan="2">系统类别</th><th>工作状况</th><th>连接</th><th>截面</th></tr>
<tr><td rowspan="2">TN系统</td><td>接零保护线PE及PEN</td><td>通过单相接地短路电流</td><td>自电源中性点至用电设备的金属外壳相互连成电气通路，不准采用保护设备或开关进行开断</td><td>见表8-59</td></tr>
<tr><td>局部TT系统中的接地保护线PE</td><td>通过几十至几百毫安的单相接地短路电流</td><td>相邻的设备可采用一组接地装置，用PE线相互连接</td><td>可用 $\phi 12$ 圆钢、25×4或40×4扁钢</td></tr>
<tr><td colspan="2">TT系统的接地保护线PE</td><td>通过几十至几百毫安的单相接地短路电流</td><td>同一保护等级或相邻的几组用电设备可设立一组接地保护装置，各组接地装置中的设备金属外壳可各用PE线相互连接</td><td>可用 $\phi 12$ 圆钢、25×4或40×4扁钢</td></tr>
<tr><td colspan="2">IT系统的接地保护线PE</td><td>通过几十毫安的电流</td><td>同一配电等级或相邻的几组设备可设立一组接地保护装置，各组接地装置中的设备金属外壳可各用PE线相互连接</td><td>可用 $\phi 12$ 圆钢、25×4或40×4扁钢</td></tr>
</table>

表 8-59 TN系统中 PE 及 PEN 的最小截面 单位：mm^2

相线的截面 S		PE 及 PEN 的最小截面
干线	$S \leqslant 16$	S
	$16 < S \leqslant 35$	16
	$S > 35$	$S/2$
支线		与相线一样线材、一样截面、一样方法敷设

表 8-60 埋地保护线最小截面 单位：mm^2

有无防腐	有防机械损伤保护	无防机械损伤保护
有防腐蚀保护	按热稳定条件确定	铜 16，铁 25
无防腐蚀保护	铜 25	铁 50

保护线 PE 可利用穿线钢管、金属线槽、电缆桥架、电缆的金属外包层及铠装钢带等。但严禁利用蛇皮管、保温金属网、低压照明线路的铅包层作 PE 线。这些保护线应有良好的电气连接，没有机械损伤、化学与电化学腐蚀的可能性，同时在电气上应符合表 8-58 及表 8-59 的要求。

PEN 线不能采用穿线钢管、金属线槽、电缆桥架、电缆金属外包装及铠装钢带，它必须采用与相线具有同等绝缘水平的线材。在 TN 系统中的 PE 及 PEN 线是通过单相接地短路电流的，因此尚应校验其阻抗，使其产生的单相接地短路电流能在规定时间内可靠地将相应开关跳闸，切除故障部位。

5. 共用接地装置

不同的接地种类，设置不同的接地装置，为了防止相互感应，都应相隔一定的距离，如电子设备的工作接地应与防雷接地装置相距 20m。在民用建筑中，建筑物之间的间距一般都不能满足各种接地装置的相互距离，因此常采用共用接地装置，电力设备与防雷设备共用接地，接地电阻按其中最小的要求值选取；若与电子设备共用接地装置时，除选用其中最小的接地电阻值作为共用接地装置的电阻值外，还应做成环形接地装置，将各种接地的引下线直接与环形接地装置相连。共用接地装置应优先采用建筑物的基础钢筋作垂直接地体，利用地圈梁的主筋与基础钢筋相连，做成环状接地装置。在各种接地引下线的部位（常取室内一层地坪 0.3m 处）预埋与接地装置主筋相焊接的 100mm×100mm×4mm 的钢板，并在此处设置接地端子盒，将各种接地装置的引下线与此接地端子盒相连接。

五、总等电位联结及局部等电位联结

1. 总等电位联结

(1) 安全性：总等电位及局部等电位联结的原理图见图 8-23，采用等电位联结时加在人体上的 U_0，忽略人体接触电阻（3200～6000Ω）与 Z_{02} 产生的分压而使 Z_{02} 略为下降的因素，见下式：

$$I_d = \frac{220}{\overline{Z}_1 + \overline{Z}_\lambda + \overline{Z}_{01} + \overline{Z}_{02}} \text{ (A)}$$

式中 Z_1——总干线（包括变压器、外线、室内干线）相线的总阻抗，Ω；

Z_2——支线相线的阻抗，Ω；

Z_{01}——总干线（包括变压器、外线、室内干线）PE 线的总阻抗，Ω；

Z_{02}——支线 PE 线的阻抗，Ω；

加在人体上的电压为：

$$U_0 = I_d Z_{02}$$

当 Z_{02} 占总阻抗 22%以下，则 $U_0 \leqslant 50V$，一般 Z_{02} 远小于总阻抗的 22%，因此是安全的。

接在楼梯间的局部等电位线上的 Z 与 3 点（见图 8-23）电位差远比总等电位联结时的电位差小得多，因此局部等电位联结更具安全性。

(2) 做法：利用建筑物梁、柱、板、基础主筋组成的共用接地装置，其总等电位联结见图 8-24；利用建筑物柱子及独立基础主筋作接地装置，其总等地位联结见图 8-25。

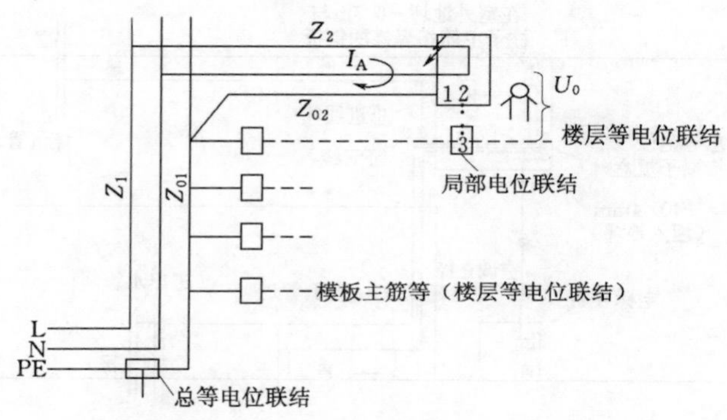

图 8-23　总等电位及局部等电位联结原理图

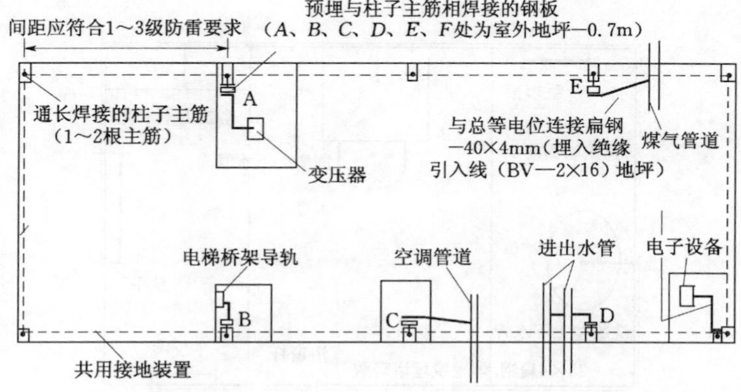

图 8-24　利用梁柱、板基础主筋组成共用接地装置的总等电位联结

2. 卫生间、浴池、游泳池的局部等电位联结

利用其附近柱子的主筋相焊接的接地端子盒，将卫生间、浴池、游泳池的所有外裸金属构件，如毛巾架、手扶装置、上下水管、进入的PE线用25×40扁钢与接地端盒相连，25×4扁钢可沿墙沿地坪暗敷，分别见图8-26、图8-27。

3. 手术室的等电位联结

(1) 手术室的局部等电位联结：为防止手术时病人受电击的

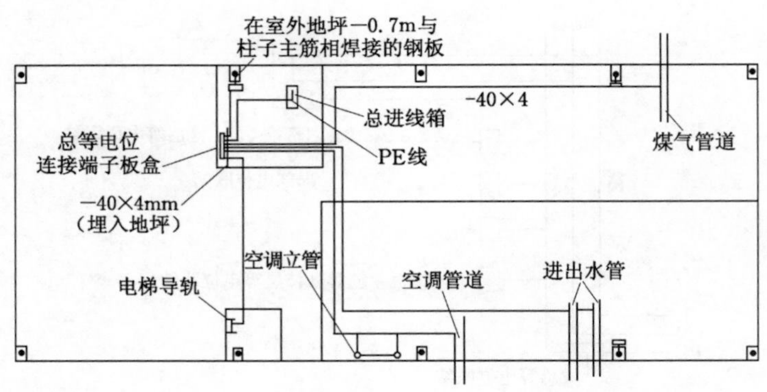

图 8-25　利用独立柱子及基础主筋作接地装置的总等电位联结

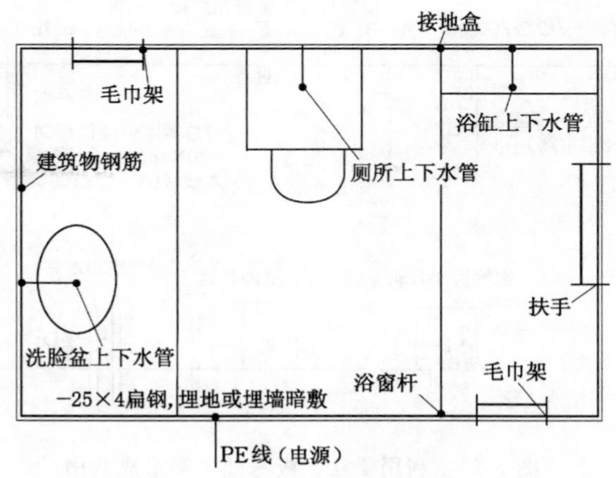

图 8-26　卫生间局部等电位联结

可能，设置局部等电位联结。它是利用等电位连接端子盒，将进入手术室的 PE 线、上下水管、空调设备的金属外壳、暖气的立管、压缩空气管、氧气管、手术床、建筑物梁、柱、板的主筋用 25×4 扁钢相连，见图 8-28。有防静电电板时，亦应将其用 25×4 扁钢与等电位连接端子盒相连，可用细钉连接。

（2）防微电击的手术室接地保护：对使用电气医疗设备的胸腔手术室，在手术室中，凡是人手能相互触及的金属物之间的电

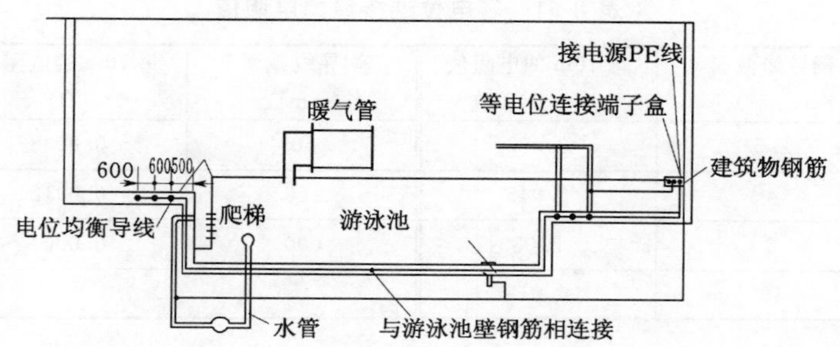

图 8-27　游泳池区域局部等电位联结

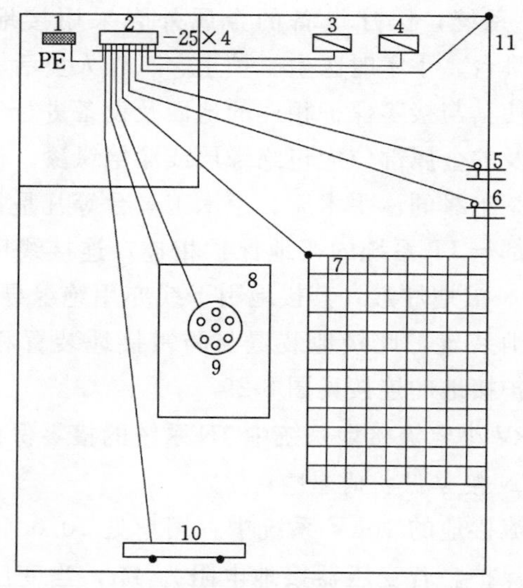

图 8-28　手术室局部电位联结

1—配电箱；2—局部等电位连接端子盒；3、4—控制箱；5—水管；6—氧气管；7—导电地位；8—手术床；9—无影灯；10—暖气管；11—建筑物钢筋

位差不超过 10mV。由于电气医疗设备直接进入人的心脏，因此采用防微电击的等电位联结。其做法与图 8-28 相同，仅是连接线路的压降较小，使各部分的接触电位差不超过 10mV，因此应选用适当小阻抗线材，并进行计算。等电位连接线的电阻值，见表 8-61。

表 8-61　等电位连接线的电阻值

铜导线截面 (mm^2)	每 10m 的电阻值 (Ω)	铜导线截面 (mm^2)	每 10m 的电阻值 (Ω)
2.5	0.073	50	0.0038
4	0.045	150	0.0012
6	0.03	500	0.0004
10	0.018		

若胸腔手术的电气设备是经过隔离变压器供电，隔离变压器的外壳及隔离层接 TN 系统中的 PE 线，其二次侧采用漏电保护，改用 IT 系统，医疗设备的金属外壳采用接地保护。手术床、手术工具台、手术时医生、护士、工作人员活动的范围，均采用绝缘垫使其与接零保护相连的地面及设备进行绝缘隔离，无影灯手能触及的金属部位应包绝缘层或涂绝缘漆，使其在手术范围内与人体是绝缘的。手术床、手术工具台等凡是在绝缘层上面的金属物件都与 IT 系统的接地保护相连，连接线用绝缘铜线穿 PVC 管沿墙、沿地坪敷，其接地引下线亦用绝缘导线穿 PVC 管引至室外接地装置，此接地装置与防雷接地装置相距应在 20m 以上，其保护接地的连接见图 8-29。

六、10kV 小电流接地系统中 TN 系统的接零保护

1. 对 TN 接零保护的影响

在小电流接地的 10kV 系统中，用户处 10/0.4kV 变压器外壳采用接零保护。若变压器接地电阻为 4Ω，当变压器高压侧发生单相碰壳短路时，在此变压器的低压侧中心点接地电阻上流过 600A 的电流，使变压器低压侧中性点电位升高到 600×4＝2400V。当 10kV 接地电流为 1000A 时，则变压器低侧中性点电位升高到 1000×4＝4000V，这样高的电位将传遍所有接零设备的金属外壳，虽然 10kV 装置设有单相接地保护，当保护等级多时，远大于 0.4s，万一人体碰上带有高电位的设备外壳，将有致命的危险。

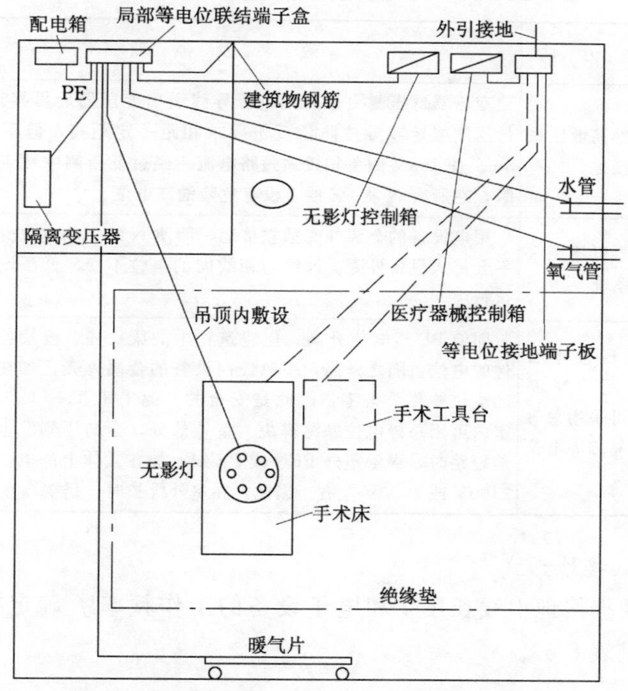

图 8-29　防微电击手术室的接地保护

2. 处理方法

10kV 小电流接地系统中 TN 系统的接零处理方法，见表 8-62。

七、电子设备的接地

1. 接地种类

(1) 信号接地：为保护信号具有稳定的基准电位而设置的接地，又称直流接地。

(2) 功率接地：除电子设备以外的其他交、直流电路的接地。

(3) 保护接地：为保证人身及设备安全的接地。

(4) 防静电接地：有些电子设备需要防静电，则采用防静电地板，并将此地板中的金属件进行接地。

表 8-62　10kV 小电流接地系统中 TN 接零处理方法

处理方法	效果及原理
用户处高低压系统分别接地	变压器低压侧中性点用绝缘导线引出变压器后再接地。高、低压侧接地装置按防雷反击要求相距一定距离，但不能小于 3m。使 10kV 侧单相接地短路电流不经过低压侧中性点接地电阻，在所有 N 及 PE 线上没有危险的高电位。
变压器低压侧采用 TT 系统	用电设备的金属外壳独立接地，即使 N 线上的电位升高，也不会传入设备外壳。N 线与相线间的电位不变，低压设备仍可运行
高低压接地合一，采用 TN 系统。则可采用总等电位或局部等电位联结	即使 PE 线电位升高，但建筑物中的梁、柱、板及各类金属件的电位也随之升高，手触任何设备的金属外壳，加在人体上的电位差几乎为零，因此是安全的。但采用 TN—C—S 系统，室内可用总等电位联结解决。室外部分，当高压侧发生单相接地短路时，误触室外 PEN 或 PE 线，加在人体上的电位可高达 2400V 或 4000V 左右。因此，在室外维护时，仍要高度重视

2. 接地形式

根据接地引线长度 l 和电子设备的工作频率 f 确定接地形式，见表 8-63。

表 8-63　电子设备接地形式

条件	接地形式	接地装置
当 $l<\frac{\lambda}{20}$，工作频率在 1MHz 以下时	采用辐射式接地系统：即把电子设备中的信号接地、功率接地和保护接地分开敷设的引下线，接至电源室的接地总端子板，在端子板上三者引下线接在一起，再引至接地体	1. 采用独立接地装置：①接地电阻为 4Ω；②与防雷接地装置相距至少 20m。 2. 采用共用接地装置：①接地电阻为 1Ω；②接地装置组成环形
当 $l>\frac{\lambda}{20}$，工作频率在 10MHz 以上时	采用环（网）状接地系统：即将信号接地、功率接地和保护接地都接在一个公用的环状接地母线上。环状接地母线设置地点视具体情况而定，一般可设在电源处	
当 $l=\frac{\lambda}{20}$，工作频率在 1MHz～10MHz 之间时	采用混合式接地系统，即为辐射式接地与环状接地相结合的系统	

无论哪种接地形式，其接地线长度 $l=\lambda/4$ 及 $\lambda/4$ 的奇数倍应避开，以防产生驻波或起振。以上三种接地形式中的防静电接地可直接与室内的 TN 系统的 PE 线相连。

第七节 接地系统

一、系统组成

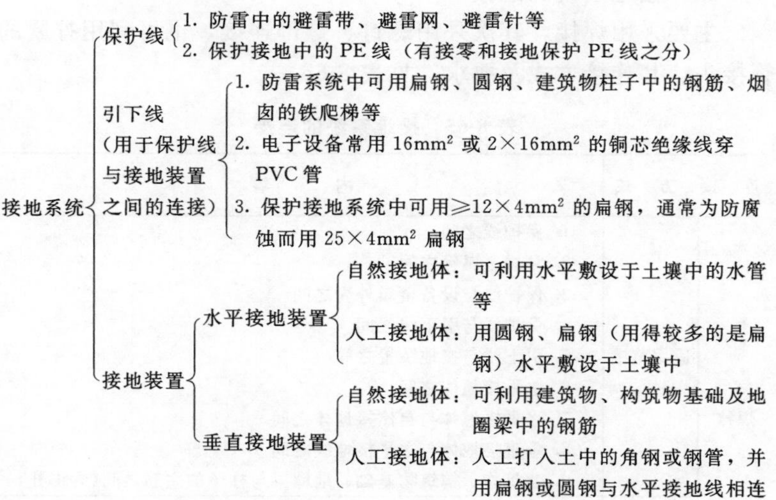

严禁利用可燃液体或气体的管道、供暖系统的管道作自然接地体。利用水管道作自然接地体时应注意其变迁产生的影响。

二、人工接地体的规格

人工接地体的最小尺寸，见表 8-64。

表 8-64 人工接地体的最小尺寸

类别		最小尺寸		类别		最小尺寸	
		避雷用	一般接地用			避雷用	一般接地用
圆钢	直径（mm）	10	8	扁钢	截面（mm^2）	100	48
角钢	厚度（mm）	4	4		厚度（mm）	4	4
钢管	壁厚（mm）	3.5	3.5				

共用接地装置接地体应按避雷要求尺寸选用。人工接地体敷设在有腐蚀性场所或$\rho \leqslant 100\Omega \cdot m$的潮湿土壤中，应适当加大截面或采用热镀锌的钢材。

为减少相邻接地体的屏蔽效应，垂直接地体的间距不宜小于其长度的2倍；水平接地线之间的距离可根据具体情况而定，但不宜小于5m。

三、接地系统的连接

主要采用焊接，其次采用螺钉、螺母连接，也可利用拧紧的管接头。其连接方式及要求，见表8-65。

表 8-65 接地系统的连接

连接方式		内容
焊接	适用范围	1. 保护线之间 2. 穿线金属管之间 3. 保护线与设备金属外壳之间 4. 保护线与引下线之间 5. 引下线与接地装置之间 6. 水平接地体之间 7. 水平接地体与自然接地体之间 8. 垂直接地体与水平接地线之间 9. 建筑物、构筑物基础、地圈梁与柱子的主筋之间(含绑扎)
	搭接长度	1. 扁钢为宽度的2倍 2. 圆钢为直径的6倍 3. 圆钢与扁钢为圆钢直径的6倍 4. 金属管道的连接处,管道上的表计、阀门等处用ϕ6圆钢搭接
螺钉螺母连接	适用范围	1. 保护线与用电设备的外壳之间 2. 电源中性点与N、PE、PEN及接地引下线之间 3. 具有化学腐蚀场所，不宜采用焊接的保护线之间
	连接要求	用螺钉、螺母连接时应加防松垫片或用防松螺帽
连接点的技术处理		1. 铜与铜：干燥场所直接连接：潮湿场所应搪锡处理 2. 铝与铝：直接连接 3. 钢与钢：必须搪锡或镀锌处理 4. 铜与铝：干燥场所，铜搪锡：潮湿场所及室外，铜搪锡并采用铜铝过渡接头 5. 钢与铜铝：钢搪锡

续表

连接方式	内容
架空的PEN连接	与相线相同
电源中性点与接地装置	不能相互串联，必须单独引向接地点
接地线过建筑物伸缩缝及沿降缝	1. 扁钢可弯曲成弧状敷设 2. 先断开用等截面软钢丝或圆钢弯成U状跨接焊接
接地线的标志设置	干线明敷及检修用临时接地点处，应刷白色底漆，并标黑色记号“” PE线可用黄绿双色胶带线 N线宜用淡蓝色标
可利用拧紧的管接头作为接地线的连接	中性点非直接接地的电力网中（IT系统）用作PE线的管道连接

四、接地装置的安装

接地装置安装方式，见表8-66。

表8-66　接地装置的安装

步骤	做法
1.埋入深度	除特殊要求者外，一般性入室外地坪下0.6～0.7m
2. 挖沟	按安装路径开挖宽0.5m，深0.8～1.0m的地沟
3. 安装接地体	1. 水平接地装置，将水平接地体调直立放于开挖的沟中，以减小流散电阻，并将焊接处清除焊油，进行防腐处理，常涂上沥青油 2. 垂直接地装置，按设计定点打入垂直接地极，为防止角钢或圆钢打劈，常在上部焊接$60\times60mm^2$钢板。端部离地－0.6～－0.7m时，将调直立放的水平接地线相焊接。焊接处应除油上防腐沥青油
4. 回填土	分层回填夯实
5. 减少跨步电压的措施	接地装置过人行道，或可能有行人的地方，可采用下列措施之一： 1. 深埋接地体，埋入室外地坪下1.0m 2. 加400mm厚的沥青碎石层，在行人区沿接地体前后左右各宽出0.5m 3. 在行人区的接地体处并接3～5根水平接地体，各相距0.3m，与避雷装置合用时可用此方法

五、接地装置的接地电阻

不同种类的接地装置，为了将雷电流、感应过电压、操作过电压、三次及三倍率的高次谐波、碰壳短路的电位、感应静电电荷所产生的电流迅速导入大地，以保证电力设备的正常运行及人身安全，因此各种接地装置有不同的接地电阻值，不应超过表8-67所列的数值。

表 8-67　接地装置的接地电阻

<table>
<tr><th colspan="3">接　地　类　别</th><th>接地电阻（Ω）</th></tr>
<tr><td rowspan="2">TN、TT系统中变压器中性点接地</td><td colspan="2">单台容量小于100kVA</td><td>10</td></tr>
<tr><td colspan="2">单台容量在100kVA及以上</td><td>4</td></tr>
<tr><td rowspan="2">0.4kV、PE线重复接地</td><td colspan="2">电力设备接地电阻为10Ω时</td><td>30</td></tr>
<tr><td colspan="2">电力设备接地电阻为4Ω时</td><td>10</td></tr>
<tr><td colspan="3">IT系统中，钢筋混凝土杆、铁杆接地</td><td>50</td></tr>
<tr><td rowspan="4">柴油发电机组接地</td><td rowspan="2">中心点接地</td><td>100kVA以下</td><td>10</td></tr>
<tr><td>100kVA及以上</td><td>4</td></tr>
<tr><td colspan="2">防雷接地</td><td>10</td></tr>
<tr><td colspan="2">燃油系统设备及管道防静电接地</td><td>30</td></tr>
<tr><td rowspan="4">电子设备接地</td><td colspan="2">直流地</td><td>1～4</td></tr>
<tr><td colspan="2">其他交流设备的中性点接地（称功率地）</td><td>4</td></tr>
<tr><td colspan="2">保护地</td><td>4</td></tr>
<tr><td colspan="2">防静电接地</td><td>30</td></tr>
<tr><td rowspan="3">建筑物用避雷带作防雷保护时</td><td colspan="2">一级防雷建筑物的防雷接地</td><td>10</td></tr>
<tr><td colspan="2">二级防雷建筑物的防雷接地</td><td>20</td></tr>
<tr><td colspan="2">三级防雷建筑物的防雷接地</td><td>30</td></tr>
<tr><td colspan="3">采用共用接地装置且利用建筑物基础钢筋作接地装置时</td><td>1</td></tr>
</table>

第八节　接地电阻的计算

接地电阻主要由以下三部分组成：

1）接地线与接地极自身的电阻；

2）接地体的表面与其所接触土壤之间的接触电阻；

3）接地体周围的土壤所具有的电阻值。

因此接地电阻的大小决定于接地体材质、尺寸、接地体埋入深度，以及埋入何种土壤有关。不同的土壤结构，具有不同的土壤电阻率，而接地电阻的大小，土壤电阻率起着很大的作用，因为接地装置上的电流最终是经土壤向四周流散的。

一、土壤电阻率

一般情况下，接地装置仅需计算工频接地电阻（以下简称接地电阻），但用于防雷及过电压保护的接地装置应计算其冲击接地电阻。

有条件时，应采用实测土壤电阻率，其方法如下：

将四根接地极（C_1、P_1、P_2、C_2）排成直线，等距（a）打入地下，打入深度为 d，d 应大于间距 a 的 1/20，即 $d \geqslant a/20$。对 C_1、C_2 极间通入电流 I，在 P_1、P_2 之间测得电压 U，则测得电阻为：$R=U/I$（Ω），见图 8-30。

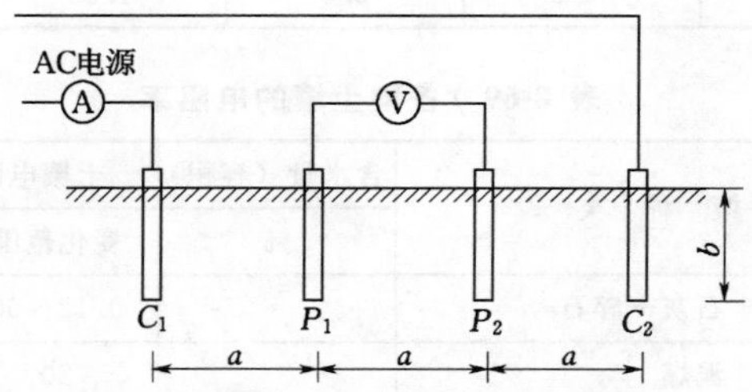

图 8-30　大地自然电阻率的测定电路

其土壤电阻率为：

$$\rho = 2\pi aR \quad (\Omega \cdot \text{m})$$

但实测的土壤电阻率由于雨水的影响而有较大的出入，因此应计入一定的系数 ψ，即

$$\rho' = \rho\psi = 2\pi a\psi R \quad (\Omega \cdot \text{m})$$

ψ 系数值见表 8-68。由于土质不同，蓄水能力也不同，因此

ψ值不仅与下雨后土壤潮湿程度有关，也与土质有关，并与土壤深度有关。

当没有实测土壤电阻率时，可按GE8—64推荐值选用。

各种土壤的电阻值，见表8-69。

表8-68 实测土壤电阻率的修整系数ψ

土壤性质	深度（m）	ψ		
		长期下雨，土壤很潮湿	下过雨，含水量中等	下过雨，含水量不大
黏土	0.5～0.8	3	2	1.5
	0.8～3	2	1.5	1.4
陶土	0～2	2.4	1.4	1.2
砂砾盖于陶土	0～2	1.8	1.2	1.1
园地	0～3	—	1.3	1.2
黄沙	0～2	2.4	1.6	1.2
杂以黄沙的沙砾	0～2	1.5	1.3	1.2
泥炭	0～2	1.4	1.1	1.0
石灰石	0～2	2.5	1.5	1.2

表8-69 各种土壤的电阻率

土壤种类	含水量（容积）	土壤电阻率（Ω·m）	
	%	变化范围	推荐数值
黏土＋石灰＋碎石		0.12～60	10
泥煤		20	20
黑土	20	6～70	30
园地	20	40～60	50
黏土	20～40	30～100	60
砂质黏土	20	30～260	100
黄土		250	250
砂土	10	200～400	300
湿沙	10	100～1000	500

续表

土 壤 种 类	含水量（容积）	土壤电阻率（Ω·m）	
	%	变化范围	推荐数值
碎石、卵石			2000
干沙			2500
夹石土壤			4000
石板			1.1×10^8
花岗石、石灰岩、石英岩			1.1×10^9
海水			3
湖水或地下水		1～5	50
溪水		40～50	70
湖水		20～70	100
捣碎的木炭		50～100	40
混凝土（在潮湿土壤中）			75
混凝土（在中等潮湿土壤中）			100～200
混凝土（在干燥土壤中）			200～400
上层红色风化黏土下层红色岩	30		500
表面土夹石下层石子	15	390～820	600
表面 10～20cm 黏土下层坚石或砂岩	25	100～150	125
表面 80～100cm 黏土下层坚石或砂岩	25	20～60	40

二、自然接地体的接地电阻

1. 电缆金属外包层

直埋铠装电缆金属外包层（包括铠装钢带）的接地电阻，见表 8-70

表 8-70　直埋铠装电缆金属外包层的接地电阻

电缆长度（m）	20	50	100	150
接地电阻（Ω）	22	9	4.5	3

注　1. 本表 ρ 为 100Ω·m 计，3～10kV，3（70～185）mm^2 的铠装电缆，埋深为 -0.7m。

2. 不同 ρ 时接地电阻应乘以下列数值：50Ω·m 时为 0.7；250Ω·m 时为 1.65；500Ω·m 时为 2.35。

3. 当 n 根截面相近的电缆敷设在一起时，单根电缆的接地电阻为 R_0，则 n 根时的接地电阻为 $R_0/\sqrt{n}$。

2. 金属水管

直埋金属水管的接地电阻，见表8-71。

表 8-71　直埋金属水管的接地电阻

长度（m）		20	50	100	150
公称直径	25～50mm	7.5	3.6	2	1.4
	70～100mm	7	3.4	1.9	1.4

注　按 ρ 为 100Ω·m 及埋深－0.7m 计。

3. 钢筋混凝土电杆

钢筋混凝土电杆接地电阻估算值，见表8-72。

表 8-72　钢筋混凝土电杆接地电阻估算值

接地装置形式	杆塔形式	接地电阻估算值（Ω）
钢筋混凝土电杆	单杆	0.3ρ
	双杆	0.2ρ
	拉线单、双杆	0.1ρ
	一个拉线盘	0.28ρ
n 根水平射线（$n \leqslant 12$，每根长约 60mm）	各型杆塔	$\dfrac{0.062\rho}{n+1.2}$

注　表中 ρ 为土壤电阻率，Ω·m。

4. 钢筋混凝土基础

钢筋混凝土基础接地电阻，计算相当繁琐，在实际工程中，如防雷接地则要求 0.5m 以下基础中钢筋的总表面积不超过一定值，如一级防雷为 $4.24K_c$（m^2），二、三级防雷为 $1.89K_c$（m^2）。其中 K_c 为系数，当单根引下线时 $K_c=1$；两根引下线及接闪器不成环路的多根引下线时 $K_c=0.44$。当采用共用接地装置，利用地圈梁主筋或 40×4 扁钢将各个基础的主筋连成环状接地装置时，其接地电阻在土壤很潮湿时常为 0.2～0.3Ω，即使很干燥时，也常在 0.7Ω 以下，因此一般不作严格计算。采用完成基础环形连接后，实测接地电阻，并做好记录。不足时，再加打人工接地极。

三、人工接地体的接地电阻

人工接地体有 40×4 扁钢放射或水平敷设的接地体，或组成环形的水平接地体；有钢管或角钢的垂直接地体；有几根垂直接地体用 40×4 扁钢相连后的复合接地体，可组成放射式或环形的；也有金属网或金属板接地体。

1. 人工接地电阻计算

人工接地电阻计算，见表 8-73。

表 8-73　人工接地电阻计算

接地体形式	接 地 电 阻 计 算
水平接地体	采用扁钢可按下式进行计算： $R=\frac{\rho}{2\pi d}\cdot\ln\frac{2l^2}{tb}$ (Ω) 式中　ρ——土壤电阻率，Ω·m； l——接地体长度，m； t——水平接地体埋深，m； b——水平接地体宽度，m； 单根水平接地体，长度在 60m 以内，可将上式简化为： $R\approx 0.03\rho$ (Ω)
水平环形接地体	采用扁钢组成方形环时的计算公式为： $R=\frac{\rho}{2\pi L}\left(\ln\frac{2l^2}{tb}+1.69\right)$ (Ω) 采用扁钢组成圆环时的计算公式为： $R=\frac{\rho}{2\pi L}\left(\ln\frac{2l^2}{tb}+0.48\right)$ (Ω)
垂直接地体	计算公式如下： $R=\frac{\rho}{2\pi L}\cdot\ln\frac{4l}{d}$ (Ω) 式中　ρ——土壤电阻率，Ω·m； l——垂直接地体长度，m； d——接地体的等效直径，m，钢管，d 即为其外径；对 50mm×50mm×5mm 角钢，$d=0.84b=0.84\times0.05=0.042$m。 简化计算式，对 ϕ50 钢管，长度在 3.0m 左右： $R=0.03\rho$ (Ω) 对 L50×50×5 角钢，长度在 3.0m 左右： $R=0.32\rho$ (Ω)

续表

接地体形式	接地电阻计算
放射形复合接地体	计算公式如下： $$R=\frac{R_1R_2}{nR_2\eta_1+R_1\eta_2}\ (\Omega)$$ 式中 R_1——单根垂直接地体的电阻值，Ω； R_2——连接扁钢（未考虑屏蔽）接地电阻，Ω； n——垂直接地体根数； η_1——垂直接地体利用系数； η_2——连接扁钢的利用系数。
环形复合接地体	取其简化式： $$R\approx\frac{\rho}{4r}+\frac{\rho}{l}\ (\Omega)$$ 式中 ρ——土壤电阻率，Ω·m； r——与接地网面积相等的圆的半径，即等效半径，m； l——接地体长度，包括垂直接地体在内，m。
接地板的接地电阻	其计算公式如下： $$R=\frac{\rho}{2\pi L}\ln\frac{r+t}{r}\ (\Omega)$$ 式中 ρ——土壤电阻率，Ω·m； t——接地板埋深，m； r——等效半径，$r\sqrt{\frac{a\times b}{2\pi}}$（m），$b\times a$ 为接地板面积

表 8-74 及表 8-75 分别为单根水平接地体在不同长度下的接地电阻及垂直水平复合接地体的接地电阻值。

2. 冲击接地电阻值

冲击接地电阻的计算，按工频接地电阻的计算方法，算出接地电阻值，再除以表 8-76 所列的比值，即可求出接地体的冲击接地电阻值 R_{ch}。

表 8-74 直线水平接地体的接地电阻（Ω）

接地材料及尺寸（mm）		接地长度（m）											
		5	10	15	20	25	30	35	40	50	60	80	100
扁钢	40×4	23.4	13.9	10.1	8.1	6.74	8.5	5.1	4.58	3.8	3.26	2.54	2.12
	25×4	24.9	14.6	10.6	8.42	7.02	6.04	5.33	4.76	3.95	3.39	2.65	2.20

续表

接地材料及尺寸(mm)		接地长度(m)											
		5	10	15	20	25	30	35	40	50	60	80	100
圆钢	ϕ10	25.6	15.0	10.9	8.6	7.16	6.16	5.44	4.85	4.02	3.45	2.70	2.23
	ϕ12	25.0	14.7	10.7	8.46	7.04	6.08	5.34	4.78	3.96	3.40	2.66	

表 8-75　复合人工接地体的接地电阻 (Ω)

形式	简图(mm)	材料及用量(m)			土壤电阻率(Ω·m)		
		扁钢 40×4	角钢 50×50×5	钢管 ϕ50	100	250	500
					工频接地电阻(Ω)		
1根	800 2500		2.5		32.4	81.1	162
				2.5	30.2	75.4	151
2根	5000	5.0	5.0		10.5	26.2	52.5
				5.0	10.1	25.1	50.2
3根	5000 5000	10.0	7.5		6.92	17.3	34.6
				7.5	6.65	16.6	33.2
4根		15.0	10.0		5.29	13.2	26.5
				10.0	5.08	12.7	25.4
5根		20.0	12.5		4.35	10.9	21.8
				12.5	4.18	10.5	20.9
6根	5000 5000	25.0	15.0		3.72	9.32	18.6
				15.0	3.58	8.96	17.9
8根		35.0	20.0		2.93	7.32	14.6
				20.0	2.81	7.03	14.1
10根		45.0	25.0		2.45	6.12	12.2
				25.0	2.35	5.87	11.7

对伸长形接地体（包括放射形接地体），在计算接地电阻时，接地体的有效长度（从引下线与接地体的连接点算起）不宜大于

$2\sqrt{\rho}$（m）。每根放射接地体的最大长度根据土壤电阻率确定如下：

土壤电阻率 ρ（Ω·m）	≤100	≤500	≤1000	≤2000
最大长度（m）	20	40	60	80

表 8-76　接地体的工频接地电阻与冲击接地电阻的比值 R/R_i

各种形式的接地体自接地点至接地体最远端的长度（m）	土壤电阻率 ρ（Ω·m）			
	≤100	500	1000	≥2000
	比值 R/R_{ch}			
20	1	1.5	2	3
40	—	1.25	1.9	2.9
60	—	—	1.6	2.6
80	—	—	—	2.3

第九节　高阻率土壤降阻措施

从接地电阻的计算中可以看到，当接地体的形状、材质及埋地深度一定时，土壤电阻率就成为接地电阻的决定因数，土壤电阻率的大小对接地电阻有很大的影响。如土壤电阻率为 2000～4000Ω·m 时，即相当于干砂土、夹石土时，一根 2.5m 长的埋入地下离地面 0.7m 的角钢（50mm×50mm×4mm）接地体。其接地电阻为 640～1250Ω，要想获得表 8-67 中所规定的电阻值，是很难实施的。因此，必须对高阻率土壤加以处理。

一、换土

它适用于土壤电阻率在 200～400Ω·m 左右的黄土及湿砂土，为了减少接地极，可将接地极周围的原土取出，用具有能保水分的黑土、砂黏土回填，换土的尺寸为围绕接地体四周各为 0.5m 左右，回填时分层夯实。

这种办法一般可达几十欧的接地电阻值，对 10Ω 左右的接地装置是适用的。但要达到更小的接地电阻，接地极多，挖坑工作量大，并不经济。

其换土的尺寸参见图 8-31 及图 8-32。

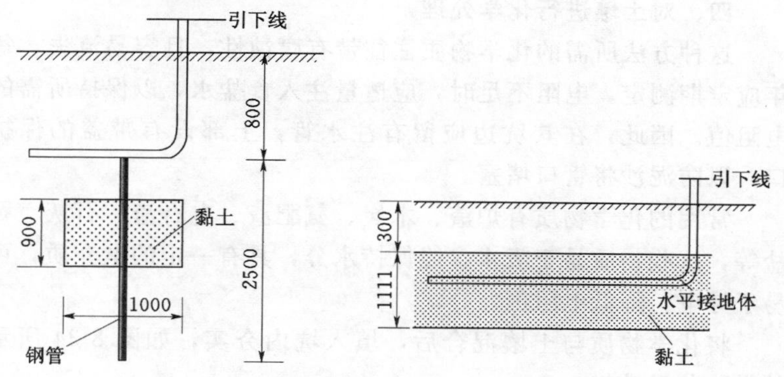

图 8-31　垂直接地体坑内换土　　　　图 8-32　水平接地体抗内换土

二、利用近水部位设置接地体

1）附近有下水道明沟时，可将接地极打入明沟地下，使接地极长期处于潮湿位置，周围土壤水分充足，可达到接近湖水的电阻值，使用少量的接地体可得到要求的接地电阻值。

2）利用深井水、水工建筑物中的结构钢筋，或者在水工建筑物的底部设置人工接地体，用圆钢或扁钢组成网状格栅，埋入水底，再外引接地线至需要接地的装置上，组成水下接地网，可以避开高阻率土壤，仅在高阻率土壤中埋入接地外引线，外引线不宜过长，一般不超过 80m。这样做也可获得满意的接地电阻值。

3）深埋接地体，遇到高阻率的碎石、夹石土壤，但其下部为含水量较高的土壤，电阻率较低时，可采用深埋接地极，将接地极加长，使其深入低阻率土壤 2.0～3.0m。这样做还可降低跨步电压，但施工较为困难。

三、外引接地体

山区表面覆土层很薄的岩石地，则可采用放射式及外引接地极，或两者组合，放射式不宜多于四条，每条长约10～15m；外形接地可长达60～80m，按要求末端可组成不同接地形式，以达到预期要求的接地电阻值，参见图8-33。

四、对土壤进行化学处理

这种方法所需的化学物质往往带有腐蚀性，且容易流失，每年应定期测定，电阻不足时，应适量注入食盐水，以保持所需的电阻值。因此，在其坑边应留有注水管，上部设有带盖的保护口，以防泥沙将管口堵塞。

常用的化学物质有炉渣、木炭、氨肥渣、电石渣、石灰、石盐等，这些物质易于吸水，能保持水分，具有一定的电介质，可易于导电，降低电阻值。

将化学物质与土壤混合后，填入坑内夯实，如图8-34所示的做法与尺寸。

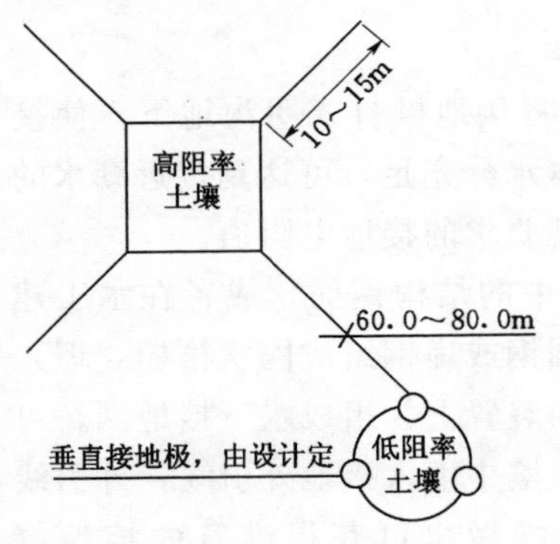

图8-33　外引式接地装置

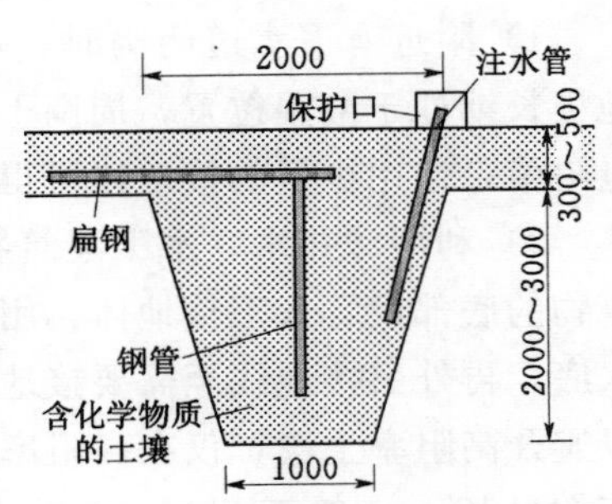

图8-34　垂直接地体坑内土壤化学处理（单位：mm）

根据计算和试验，最大电位梯度发生在离接地体表面0.5～1.0m处，故埋得垂直接地体的坑直径不需过大，一般可取坑底直径d_1为1m，坑口直径d_2为2m，垂直接地体长l为2～3m。如垂直接地体直径为d（m），则接地电阻可按下式计算：

$$R=\frac{\rho_1}{2\pi d}\ln\frac{d_1}{d}+\frac{\rho}{2\pi l}\ln\frac{4l}{d_1}\ (\Omega)$$

式中　ρ——原有土壤电阻率，Ω·m；

ρ_1——填料的电阻率，Ω·m。

水平接地体坑内土壤化学处理的几何尺寸如图 8-35 所示。水平接地体与沟壁的水平间距 b_1 可取 0.5m。水平接地体的电阻可按下式确定。

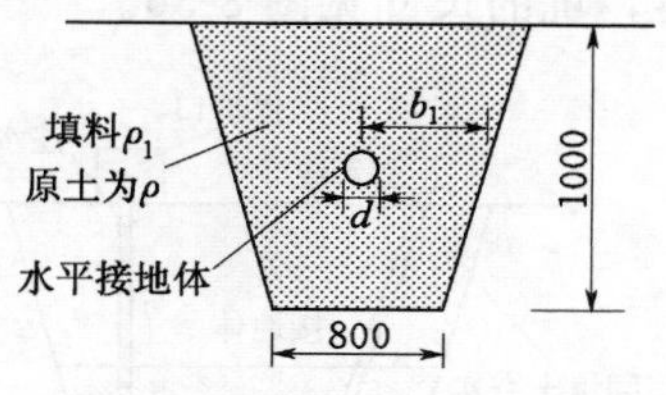

图 8-35　水平接地体坑内土壤化学处理（单位：mm）

接地体为圆钢：

$$R=\frac{\rho_1}{2\pi d}\ln\frac{l}{d}+\frac{\rho}{2\pi d}\ln\frac{l}{b_1}\ (\Omega)$$

接地体为扁钢：

$$R=\frac{\rho_1}{2\pi d}\ln\frac{2l}{b}+\frac{\rho}{2\pi d}\ln\frac{l}{b_1}\ (\Omega)$$

式中　l——水平接地体长度，m；

d——圆钢直径，m；

b——扁钢宽度，m。

经过上值处理的接地装置，可以达到几十欧到几欧的电阻值，能满足各类的保护接地。由于化学处理的土壤对接地体有一定的腐蚀作用，同时降阻物质易于水土流失，因此每年应定期检测一次，接电电阻升高时，适量从预留孔中注入盐水。

有些电子设备的直流接地要求很严格，希望取得接近大地的电位，它的接地装置要在 1Ω 以下，例如某些大型计算机、高频载波通讯设备等，而其建筑物占地面积又不大，没有适当的距离可供接地装置用，采用深坑式大规模用化学处理的土壤换土，坑深在 1.7～2.00m 左右；坑底的断面为（2.20～2.50m）×(2.00m)；在 1.0～1.2m 深度埋入铜排，常用 20mm×4mm 的铜排焊接成具有一定间距的铜篦子，作为接电体，以防腐蚀。换入的化学土壤上、下、左、右各超过接电体 0.5m。经过处理后的土壤电阻率接近海水的电阻率，在几个计算机站的应用中，效果都很好，做后就实测。由于比较潮湿，其接地电阻常在 0.3～

0.4Ω之间，即使在特别干燥的时候，其接地电阻仅在0.6～0.7Ω之间，一般电阻常在0.4～0.6Ω左右。换土及接地体材料，坑的尺寸见图8-36。

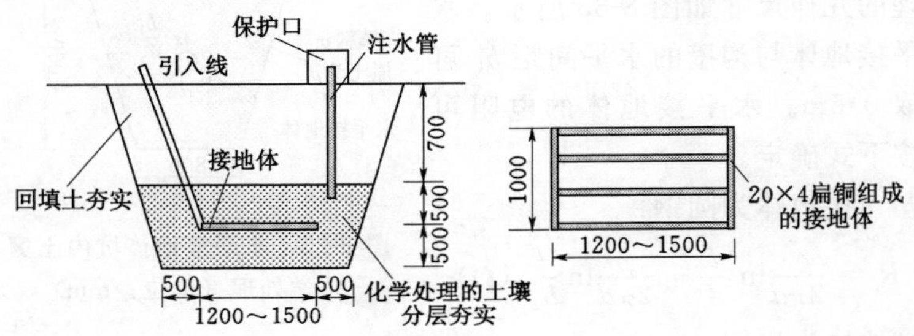

图 8-36 化学处理的低接地电阻的接地体

其化学处理的土壤成分为：5%食盐；15%木炭，20%石炭，30%炉渣，30%肥泥（河塘淤泥），相拌匀后分层夯实，将接地铜排放入中间位置，上部用回填沙黏土夯实，并预留注水管，这样可接近于海水的电阻率3Ω·m，其接地电阻较为稳定。每年夏天应测定一次，不足时适量注入食盐水。

五、利用长效降阻剂

长效降阻剂是由几种物质配制而成的化学降阻剂，由具有网状胶水所包围的强电解质和水分组成，使它的导电剂不致于随地下水或雨水而流失，因而能长期保持良好的导电性能。

1. 长效降阻剂配方

第一种：a剂，氯化钾1.5kg；氯化镁1.5kg；b剂，水硫酸氢钠0.4kg；c剂，尿醛树脂4kg；d剂，尿素0.8kg，聚乙烯醇0.5kg，水2.7kg。以上四种混合后使用。

第二种：a剂，氯化钾0.8kg，氯化镁1.0kg，这两种材料也可用氯化钠1.8kg代替；b剂，硫酸氢钠0.4kg；c剂，尿醛树脂4kg，醛尿比为22∶1（克分子比），外观为白色粘稠透明液体，粘度5～8CPO（厘泊），比重1.77，pH值70；d剂，聚乙烯醇440g，水浴法加热熔解后，加尿素880g。

第三种；a 剂，聚乙酰胺 2.6kg，用二倍水浴法溶解；b 剂，溶于水的聚丙稀酰胺在热溶状态时，将氯化钠 3kg 溶入；c 剂，漂白粉 160kg，加 10 倍水泡好；d 剂，土 16kg，不要砂，不带腐蚀性。

第四种：a 剂，水 30kg；b 剂，丙烯酰胺（单体）1.5kg，倒入水内溶解；c 剂，氯化钠 3kg 溶入；d 剂 NN’一甲撑双丙烯酰胺 150g；e 剂，三乙醇胺 150g；f 剂，过硫酸胺 30g。

以上需要配方制作，目前长效降阻剂已有定型产品，如成都复合降阻材料厂生产的 GJ—F 型复合接地降阻剂，它的电阻率达 0.5～2.5Ω·m，pH 值为 7～10，对金属接地体具有缓蚀保护作用，无毒，无污染、储运施工方便。

2. 长效降阻剂的施工方法

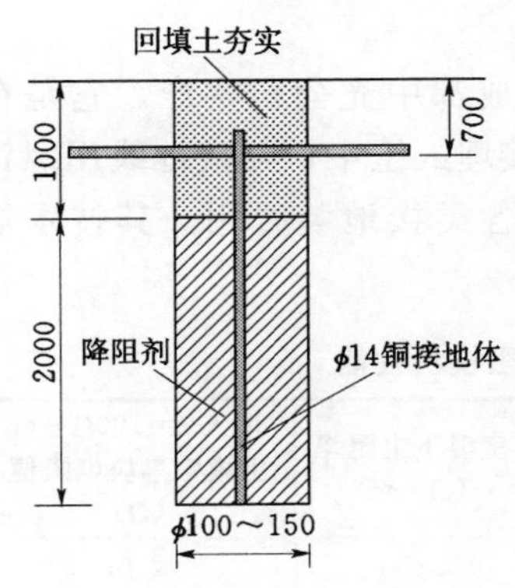

图 8-37　棒状接地体的洞内填充降阻剂

接地体通常采用棒状或板状两种。第一、二种长效降阻剂应采用铜接地体。棒状接地体洞内填充降阻剂的尺寸见图 8-37。可用铝孔机铲挖出直径为 0.1～0.15m，深约 3m 的圆柱形洞，将 ϕ14 的铜接地体放在洞的中间，然后将搅拌好的降阻剂倒入洞中，等降阻剂硬化后填土夯实。

板状接地体可取 500mm × 50mm×1mm 的铜板，坑内填充降阻剂的尺寸见图 8-38。首先在坑底平铺 50mm 厚的降阻剂，放上铜板接地体后，再铺 50mm 厚的降阻剂，固化后再在其上面填土夯实。

第三、四种长效降阻剂为中性降阻剂，可用 ϕ14 圆钢做水平接地体，其沟内填充降阻剂的尺寸见图 8-39。

挖好沟后，将水平接地体用支架固定在浇注降阻剂部位的中间，再将调匀的降阻剂倒入，使其上下各有 50mm 厚的降阻剂

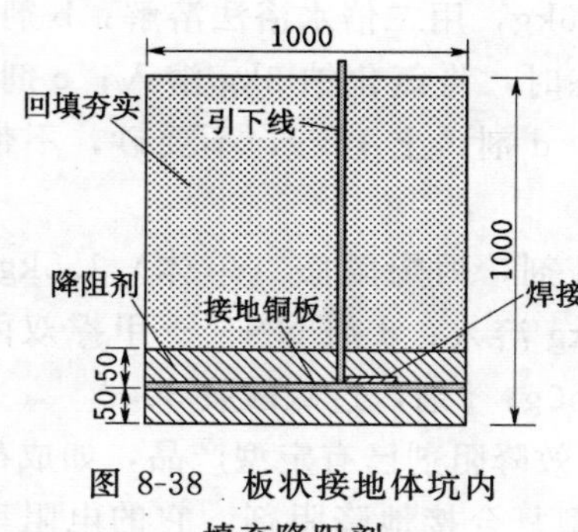

图 8-38 板状接地体坑内填充降阻剂

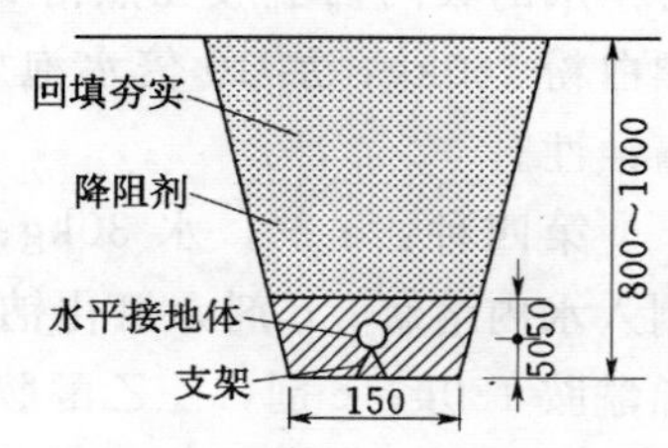

图 8-39 水平接地体沟内填充降阻剂

层即可，凝固后再填土夯实。

GJ—F 型降阻剂亦为中性，可用钢材做接地体，其施工方式及尺寸可参照图 8-37～图 8-39。

六、采用低电阻模块

ZGD 系列低电阻模块是由四川成都中光公司生产。它是在金属棒外加降阻剂固化制成，可直接埋入土中，与接地线用螺钉或焊接相连，接地电阻稳定，可作各类接地装置用。其技术规格，见表 8-77。

表 8-77 ZGD 低电阻模块性能

型号	外形尺寸 (mm)	重量 (kg)	室温下电阻率 (Ω·m)	埋入 ρ=100Ω·m 土壤中单块电阻值 (Ω)
ZGD1—1	ϕ100×500	6	≤5.0	≤16
ZGD1—2	ϕ150×800	20	≤4.5	≤10
ZGD1—3	ϕ260×1000	50	≤4.0	≤4
ZGDⅡ—1A	500×400×60	24	≤3.5	≤5
ZGDⅡ—1B	500×400×60	18	≤3.5	≤5.5

第十节 避雷及接地装置的维护

在雷雨季节之前，应对避雷设备及接地装置进行一次全面的检查与维护，见表8-78。

表 8-78　避雷及接地维护项目

序号	内　容	维 护 方 法
1	多尘地区的避雷设施	应在雷雨之前作必要的清扫，以防尘埃引起闪络
2	检查避雷设施的完好性	如有裂缝、损坏应更换；接触不好则应加强接点的连接
3	检查接闪器与引下线之间连接的完好性	(1) 对人工引下线：当测得接闪器与引下线之间无电气连接时，则应检查断裂点并进行连接 (2) 利用建筑物钢筋作引下线时：则测总等电位联结处与接闪器之间有无电气通路，并检查电源PE线与避雷设备之间有无电气通路，并紧固各等电位连接盒之间的螺钉或焊接点
4	检查接地装置的完好性	(1) 对人工接地装置：解裂接地装置与引下线的连接点，并实测接地电阻，不足时，则检查接地体是否断裂或直接加打接地极，并与避雷引下线妥善连接 对使用降阻剂的接地装置，当实测接地电阻不足时，则应更换降阻剂。对一些换土、加入盐炭等变阻措施的接地装置，注入适量的盐水，使其阻值达到要求值 (2) 对利用建筑物基础作接地装置时，则与3(2)做法相同

第九章 常用电工仪表

电工仪表分为指示仪表和较量仪表两大类。在电工测量过程中，不需要度量器直接参与工作，而能够随时指示出被测量的数值的仪表称为指示仪表，又称为直读仪表。如电压表、电流表、功率表、相位表、兆欧表、万用表等都是指示仪表。若在电工测量过程中，需要度量器直接参与工作才能确定被测量数值的仪表称为较量仪表，如各种电桥等。由于电工指示仪表的种类繁多，按照不同的功能又可分为各种类型的电工指示仪表，常用的分类方法有如下几种。

1. 按仪表的工作原理分类

按仪表的工作原理可分为磁电系、电磁系、电动系、感应系、整流系等。

磁电系仪表：磁电系测量机构主要由永久磁铁和可动线圈组成。可动线圈处于永久磁铁的气隙磁场中，当线圈通有电流时，线圈在磁场中受力并带动指针偏转，给出示值。磁电系测量机构与整流器组合即成整流系仪表；与热电交换器组合即成热电系仪表；与电子线路组合即成电子系仪表。

电磁系仪表：电磁系测量机构主要由固定线圈和可动铁片组成。固定线圈通有电流时，产生的磁场使铁片磁化，从而产生吸引力或推斥力，带动指针给出示值。

电动系仪表：电动系测量机构主要由固定线圈和可动线圈组成。当通有电流时，在载流导体的相互作用下，可动线圈带动指针偏转，给出示值。为了增加转动力矩，有些仪表的动圈内备有铁磁物质，制成所谓铁磁电动系仪表。

感应系仪表：感应系测量机构主要由绕在铁芯上的线圈和铝盘组成。当线圈中通有电流时，气隙中便产生交变磁通。铝盘在交变磁通作用下产生涡流，此涡流与交变磁通相互作用而使铝盘转动，制动磁铁与转动的铝盘相互作用而产生制动力矩，此力矩和转速成比例。当转动力矩与制动力矩大小相等时，转速达到平衡。

各系仪表优缺点及可制成仪表类型，见表9-1。

表 9-1　各系仪表优缺点及可制成仪表类型

系别	优　　点	缺　　点	可制成仪表类型
磁电系	1. 标度均匀 2. 灵敏度和准确度较高 3. 受外界磁场的影响小	1. 表头本身只能用来测量直流，当采用整流装置也可测交流 2. 过载能力差	电流表、电压表、欧姆表、兆欧表、检流计、钳形表
电磁系	1. 适用于交直流测量 2. 过载能力强 3. 可以直接测量大电流 4. 可用来测量非正弦的有效值	1. 标度不均匀 2. 准确度不高 3. 受外磁场影响大	电流表、电压表、频率表、功率因数表、同步表、钳形表
电动系	1. 适用于交直流测量 2. 灵敏度和准确度比用于交流的其他形式仪表高 3. 可用来测量非正弦量的有效值	1. 标度不均匀 2. 过载能力差 3. 受外磁场影响大	电流表、电压表、功率表、频率表、功率因数表、同步表
铁磁电动系	1. 适用于交直流测量 2. 有较大的转动力矩 3. 较其他类型仪表耐震动 4. 受外界磁场影响小 5. 可做成广角度的表	1. 标度不均匀 2. 准确度较低	电流表、电压表、功率表、频率表、功率因数表
感应系	1. 转矩大，过载能力强 2. 受外界磁场影响小	1. 只能用于一定频率的交流电 2. 准确度较低	主要用于电能表
流比计	1. 具有磁电系和电动系的某些优点 2. 能消除外界的影响（如电压、频率的波动等）	1. 标度不均匀 2. 过载能力差	兆欧表、相位表、频率表

2. 按仪表准确度等级分类

仪表在规定条件下工作时，在标度尺全部分度线上可能出现的基本误差百分数值叫做仪表的准确度等级。电工仪表按准确度可分为0.05、0.1、0.2、0.3、0.5、1、1.5、2、2.5、3、5十一个等级，其中0.05、0.1级和0.2级用做实验室固定式标准表，0.5～1.5级用于可携式试验仪表，1.5～5.0级则是控制屏常用仪表。功率表和无功功率表的准确度等级可分为0.05、0.1、0.2、0.3、0.5、1、1.5、2、2.5、3.5十个等级。

各准确度等级仪表的基本误差不应超过表9-2的规定。

表9-2　各准确度等级仪表的基本误差

准确度等级	0.05	0.1	0.2	0.3	0.5	1	1.5	2	2.5	3	5
基本误差（%）	±0.05	±0.1	±0.2	±0.3	±0.5	±1	±1.5	±2	±2.5	±3	±5

一般指示仪表在各标度分度线上的误差不同，起始时灵敏度较差而误差较大。到标度的50%以上时误差逐渐减小。故使用指示仪表时，最好使指针停在标度盘的75%左右，并留有过载的余量为宜。因此，使用仪表时要根据被测量的大小选择合适的量限。

3. 按使用方式分类

按使用方式可分为安装式和可携带式。

4. 按仪表的测量对象分类

按仪表的测量对象可分为电流表、电压表、功率表、相位表、频率表、欧姆表、兆欧表、万用表等。

5. 按仪表的工作电流种类分类

按仪表的工作电流种类可分为直流、交流、交直流两用仪表。

第一节　安装式仪表

安装式仪表用于固定安装在控制屏、控制台、控制盘、开关板及各种设备的面板上，测量各种电量。

常用安装式指示仪表型号含义：

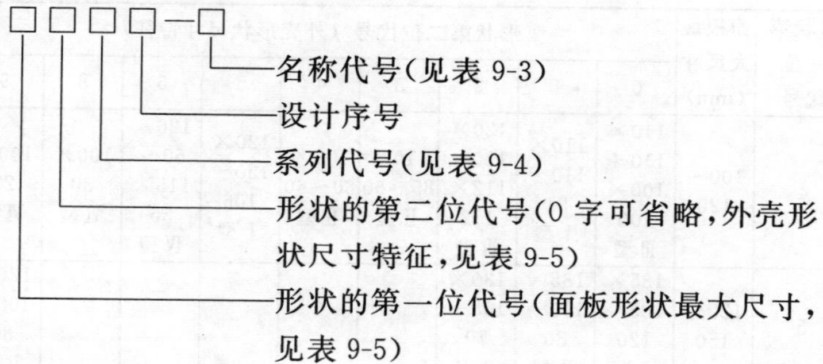

表 9-3 名称代号表

代号	A	V	W	var	cosφ	Hz	S
名称	电流表	电压表	功率表	无功功率表	功率因数表	频率表	同步表

表 9-4 系列代号表

代号	C	D	E	G	L	Q	T	Z
系列	磁电	电动	热电	感应	整流	静电	电磁	电子

表 9-5 常用安装式仪表的外形形状及尺寸

形状第一位代号	面板最大尺寸(mm)	形状第二位代号(外壳形状尺寸特征)								
		0	1	2	3	4	5	6	8	9
1	150～200	160×160～150×150 Ⅲ型	184×184～155×155 Ⅲ型	140×115～97 Ⅱ型	160×160～106 Ⅰ型			160×80～151×71 Ⅳ型		145×145～138×138 Ⅲ型
2	200～400		220×220～150×150 Ⅲ型							

续表

形状第一位代号	面板最大尺寸（mm）	形状第二位代号（外壳形状尺寸特征）								
		0	1	2	3	4	5	6	8	9
4	100～120	110×110～100×100 Ⅲ型	110×110～91 Ⅰ型	120×120～112×112 Ⅲ型	110×85～60 Ⅱ型	100×80～60 Ⅱ型	120×120～106 Ⅰ型	120×60～115×55 Ⅳ型	100×30 Ⅵ型	100×25 Ⅵ型
5	120～150	135×135～120 Ⅰ型	135×110～80 Ⅱ型	130×105～70 Ⅱ型						120×100～80 Ⅱ型
6	80～100	80×80～76×76 Ⅲ型	85×85～80 Ⅰ型	90×75 Ⅴ型	80×80～70 Ⅰ型		90×70 Ⅴ型	100×80 Ⅴ型	80×25 Ⅵ型	80×65～60 Ⅱ型
8	50～80		65×65～60 Ⅰ型	80×65 Ⅴ型	76×76～70 Ⅰ型	60×60～55 Ⅰ型	64×56～50 Ⅱ型		60×20 Ⅵ型	51×18～52×15 Ⅳ型
9	50及50以下	30×30～25 Ⅰ型	45×45～40 Ⅰ型						40×14 Ⅵ型	45×15 Ⅵ型

Ⅰ型（A×A—D）

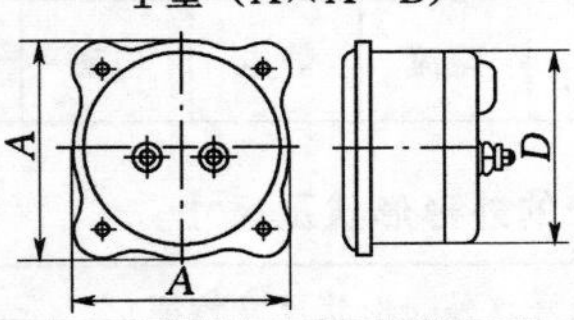

Ⅱ型（A×B—D）

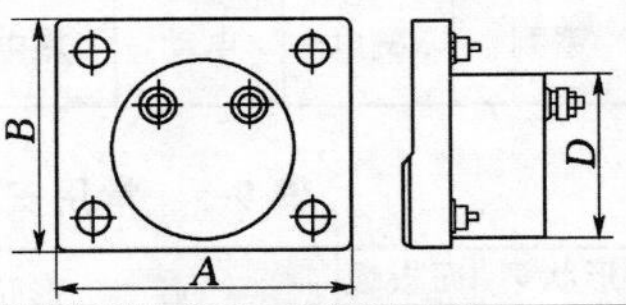

Ⅲ型（A×A—B×B）

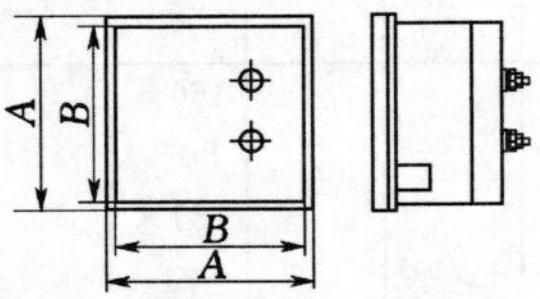

Ⅳ型（A×B—$A_1 \times B_1$）

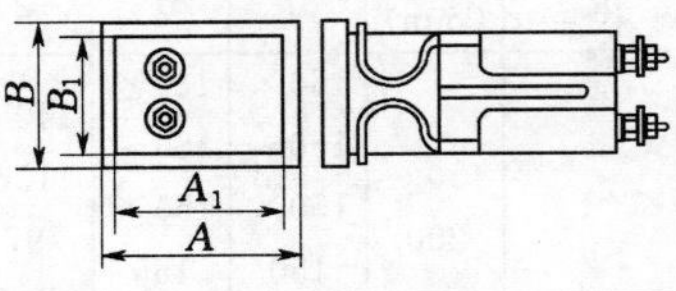

Ⅴ型（D—d）

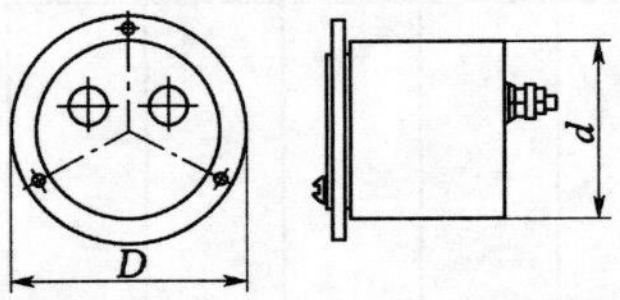

Ⅵ型（A×B）

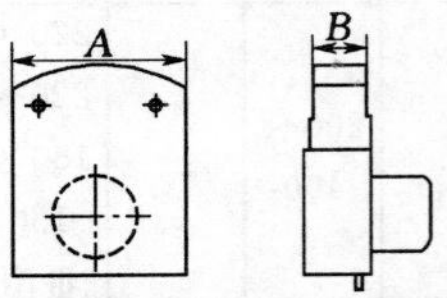

安装式仪表的使用条件，见表 9-6。

表 9-6 安装式仪表的使用条件

<table>
<tr><th colspan="2">分 类 组 别</th><th>A</th><th>A1</th><th>B</th><th>B1</th><th>C</th></tr>
<tr><td rowspan="2">使用条件</td><td>温度（℃）</td><td colspan="2">0～40</td><td colspan="2">－20～＋50</td><td>－40～＋60</td></tr>
<tr><td>相对湿度（%）
（当时温度）（℃）</td><td>≤95
25</td><td>≤85
25</td><td>≤95
25</td><td>≤85
25</td><td>≤95
35</td></tr>
</table>

一、电流表

1. 概述

安装式电流表用于固定安装在控制屏、控制台、控制盘、开关板及各种设备的面板上，测量交流、直流电路中的电流。

2. 技术数据

电流表的主要技术数据，见表 9-7。

表 9-7 电流表主要技术数据

<table>
<tr><th>型号</th><th>名称</th><th>规 格</th><th>准确度（±%）</th><th>接 入 方 式</th></tr>
<tr><td rowspan="2">1C1—A</td><td rowspan="2">直流电流表</td><td>1；3；5；10；20；30；50；75；100；150；200；300；500mA
1；2；3A</td><td rowspan="2">1.5</td><td>直接接入</td></tr>
<tr><td>5；10；15；20；30；50；75；100；150；200；300；500；750A
1；1.5；2；3；4；5；6；7.5；10kA</td><td>配用 FL2 定值分流器</td></tr>
<tr><td rowspan="3">1C2—A</td><td rowspan="3">直流电流表</td><td>1；3；5；10；20；30；50；75；100；150；200；300；500mA</td><td rowspan="3">1.5</td><td rowspan="2">直接接入</td></tr>
<tr><td>1；2；3；5；7.5；10；15；20；30；50A</td></tr>
<tr><td>75；100；150；200；300；500；750A
1；1.5；2；3；4；5；6；7.5；10kA</td><td>外附分流器</td></tr>
<tr><td rowspan="2">1T1—A</td><td rowspan="2">交流电流表</td><td>0.5；1；2；3；5；10；15；20；30；50；75；100；150；200A</td><td rowspan="2">1.5</td><td>直接接入</td></tr>
<tr><td>5；10；15；20；30；50；75；100；150；200；300；400；500；600；750A
1；1.5；2；2.5；3；4；5；6；7.5；10kA</td><td>配接二次侧电流为 5A 的电流互感器</td></tr>
</table>

续表

<table>
<tr><th>型号</th><th>名称</th><th>规　格</th><th>准确度(±%)</th><th>接入方式</th></tr>
<tr><td rowspan="3">1T9—A</td><td rowspan="3">交流过载电流表</td><td>5 (15); 10 (30); 20 (50); 30 (100); 50 (150); 75 (200); 100 (300) A</td><td rowspan="3">2.5</td><td>直接接入</td></tr>
<tr><td>5 (15); 10 (30); 20 (50); 30 (100); 50 (150); 75 (200); 100 (300); 200 (500); 300 (1000); 600 (1500); 750 (2000) A</td><td rowspan="2">配接二次侧电流为5A的电流互感器</td></tr>
<tr><td>1 (3); 2 (5); 3 (10); 5 (15); 7.5 (20); 10 (30); 15 (45); 25 (75) kA</td></tr>
<tr><td rowspan="3">6C2—A</td><td rowspan="3">直流电流表</td><td>50; 100; 150; 200; 300; 500μA</td><td rowspan="3">1.5</td><td rowspan="2">直接接入</td></tr>
<tr><td>1; 2; 3; 5; 7.5; 10; 15; 20; 30; 50; 75; 100; 150; 200; 300; 500mA
1;2;3;5;7.5;10;15;20;30;50A</td></tr>
<tr><td>75; 100; 150; 200; 300; 500; 750A
1; 1.5; 2; 3; 4; 5; 6; 7.5; 10kA</td><td>外附分流器</td></tr>
<tr><td rowspan="4">6L2—A</td><td rowspan="2">交流电流表</td><td>0.5; 1; 2; 3; 5; 10; 15; 20; 30; 50A</td><td rowspan="4">1.5</td><td>直接接入</td></tr>
<tr><td>5; 10; 15; 20; 30; 50; 75; 100; 150; 200; 300; 400; 600; 750A
1; 1.5; 2; 3; 5; 6; 7.5; 10kA</td><td>配接二次侧电流为5A的电流互感器</td></tr>
<tr><td rowspan="2">交流过载电流表</td><td>0.5; 5A</td><td>直接接入</td></tr>
<tr><td>10; 15; 20; 30; 50; 75; 100; 150; 200; 300; 400; 500; 600; 750; 800A
1; 1.5; 4; 5; 6; 8; 10kA</td><td>配接二次侧电流为5A的电流互感器</td></tr>
<tr><td rowspan="3">11C2—A</td><td rowspan="3">船用直流电流表</td><td>1; 3; 5; 10; 20; 30; 50; 75; 100; 150; 200; 300; 500mA</td><td rowspan="3">1.5</td><td rowspan="2">直接接入</td></tr>
<tr><td>1; 2; 3; 5; 7.5; 10; 15; 20; 30; 50A</td></tr>
<tr><td>75; 100; 150; 200; 300; 500; 750A
1; 1.5; 2; 3; 4; 5; 6; 7.5; 10kA</td><td>外附分流器</td></tr>
<tr><td>11T51—A</td><td>中频电流表</td><td>50; 100; 200; 400; 800A</td><td>2.5</td><td>配接二次侧电流为5A的电流互感器</td></tr>
<tr><td>11L51—A</td><td>中频电流表</td><td>5A</td><td>2.5</td><td>直接接入(配接二次侧电流为5A的电流互感器可扩大量限)</td></tr>
</table>

续表

型号	名称	规格	准确度(±%)	接入方式
12C1—A	直流电流表	1；3；5；10；15；20；30；50；75；100；200；300；500mA 1；2；3；5；7.5；10；15；20；30；50A	2.5	直接接入
		75；100；150；200；300；500；750A 1；1.5；2；3；4；5；6；7.5；10kA		外附定值分流器
12C5—A	直流电流表	50；100；150；200；300；500μA 1；2；3；5；10；15；20；30；40；50；75；100；150；200；300；500mA 1；2；3；5；7.5；(10) A	1.5	大于10A起配用FL—2型75mV分流器
12L1—A	交流电流表	0.5；1；2；3；5；10；20A	2.5	直接接入
		5；10；15；20；30；50；75；100；150；200；300；400；600；750；800A 1；1.5；2；3；5；10kA		外附电流互感器
13C1—A	直流电流表	1；3；5；10；15；20；30；50；75；100；150；200；300；500mA 1；1.5；2；3；5；10A	1.5	直接接入
		15；20；30；50；75；100；150；200；300；500；750A 1；1.5；2；3；4；5；6；7.5；10kA		外附定值分流器
13C3—A	直流电流表	500；800μA	1.5	直接接入
		1；3；5；10；15；20；30；50；75；100；150；200；300；500；750mA 1；2；3；5；7.5；10A		
		15；20；30；50；75；100；150；200；300；500；750A 1；1.5；2；3；4；4.5；5；6；7.5kA		外附定值分流器
13D1—A	交流电流表	5；10；20；30；50A	2.5	直接接入
		10；20；30；50；75；100；150；200；300；400；600；750；800A 1；1.5；2；3；4；5；6；7.5；10kA		配接二次侧电流为5A的电流互感器
13L1—A	交流电流表	0.5；1；2；3；5；10；20；30；50A	2.5	直接接入
		5；10；20；30；50；75；100；150；200；300；400；600；750；800A 1；1.5；2；3；4；5；6；7.5；10kA		配接二次侧电流为5A的电流互感器

续表

型号	名称	规　　格	准确度(±%)	接 入 方 式
16C1—A	直流电流表	50～500μA；1～500mA；1～10A	1.5	直接接入
		15～750A；1～1.5kA		外附定值分流器
16C2—A 16C4—A 16C13—A	直流电流表	1；3；5；10；15；20；30；50；75；100；150；200；300；500；750mA	1.5	直接接入
		1；2；3；5；7.5；10；15；20；30；50A		
		75；100；150；200；300；500；750A 1；1.5；2；3；4；5；6；7.5；10kA		外附分流器
16C14—A	直流电流表	50；100；150；200；300；500μA ±25；±50；±100；±150；±250；±300；±500μA 1；2；3；5；10；15；20；30；40；50；75；100；150；200；300；500mA 1；2；3；5；7.5；10A	1.5	直接接入
		15；20；30；40；50；75；100；150；200；300；500；750A 1；2；3；5；7.5；10kA		外附FLZ型分流器
16C15—μA	直流微安表	0～100μA；0～150μA；0～200μA；0～300μA；0～500μA；0～1000μA；－500～＋500μA	0.5	直接接入
16C16—A	槽形双指针直流电流表	1～500mA；1～10A	1.5	直接接入
		20～750A；1～6kA		外附定值分流器
16C19—A	直流电流表	1；5；10；50；100；250；500mA 1；5；10；15；30；50A	1.5	直接接入
16L1—A	交流电流表	0.5；1；2；3；5；10；20；30；50A	1.5	直接接入
		5；10；15；20；30；50；75；100；150；200；300；400；500；600；750A 1；1.5；2；3；4；5；6；7.5；10kA		配接二次侧电流为0.5A或5A的电流互感器
16L8—A	交流电流表	0.5；1；2；3；5；10；20A	1.5	直接接入
		5；10；15；20；30；50；75；100；150；200；300；400；500；600；750A 1；1.5；2；3kA		外附电流互感器

续表

型号	名称	规格	准确度(±%)	接入方式
16L13—A	交流电流表	0.5～5A；10～750A；1～10kA	1.5	配接电流互感器
16L14—A	交流电流表	0.5；1；2；3；5；10；20A	2.5	直接接入
		5；10；15；20；30；40；50；75；80；100；150；200；300；400；600；750；800A 1；1.5；2；3；5；10kA		配接二次侧电流为5A的电流互感器
16T2—A	交流电流表	0.5；1；2；3；5；10；20A	1.5	直接接入
		5；10；20；30；40；50；75；100；150；200；300；400；600；750A 1；1.5；2；3；4；5；6；7.5；10kA		配接二次侧电流为5A的电流互感器
16T17—A	交直流电流表	1；5A	0.5	直接接入
19C2—A	直流电流表	1mA；0.5；1；2.5；5A	0.5	直接接入
19T2—A	交流电流表	2.5；5；10A 2.5/5；5/10A	0.5	直接接入
42C3—A	直流电流表	50；100；150；200；300；500μA	1.5	直接接入
		1；2；3；5；7.5；10；15；20；30；50；75；100；150；200；300；500mA		
		1；2；3；5；7.5；10；15；20；30；50A		
		75；100；150；200；300；500；750A 1；1.5；2；3；4；5；6；7.5；10kA		外附分流器
42C6—A	直流电流表	1；2；3；5；7.5；10；15；20；30；50；75；100；150；200；300；500mA 1；2；3；5；7.5；10；15；20；30A	1.5	直接接入
		75；100；150；200；300；500；750A 1；1.5；2；3；4；5；6；7.5；10kA		外附定值分流器
42C10—A	直流电流表	50；100；200；300；500μA	1.5	直接接入
		1；2；3；5；10；20；30；50；75；100；150；200；250；300；500mA		
		1；2；3；5；7.5；10；15；20；30；50A		
		75；100；150；200；300；500；750A 1；1.5；2；3；4；5；6；10kA		外附分流器

续表

型号	名称	规格	准确度(±%)	接入方式
42C20—A	直流电流表	50；100；200；300；500μA 1；2；3；5；10；20；30；50；75；100；150；200；250；300；500；750mA 1；2；3；5；7.5；10；15；20；30；50A	1.5	直接接入
		75；100；150；200；300；500；750A 1；1.5；2；3；4；5；6；10kA		外附分流器
42L6—A	交直流电流表	0.5；1；2；3；5；10；30；50A	1.5	直接接入
		5；10；15；20；30；50；75；100；150；200；300；450；500；600；750A		配接二次侧电流为5A的电流互感器
42L9—A	交直流电流表	0.5；1；2；3；5；10；15；20；30；50A	1.5	直接接入
		5；10；15；20；30；50；75；100；150；200；300；400；500；600；750A 1；1.5；2；3；4；5；6；7.5；10kA		配接二次侧电流为5A的电流互感器
42L10—A 42L20—A	交流电流表	0.5；1；2；3；5；10；15；30A	1.5	直接接入
		5；10；15；30；50；75；100；150；300；450；500；750A 1；2；3；5；7.5；10kA		配接二次侧电流为5A的电流互感器
44C1—A	直流电流表	50；100；150；200；300；500μA 1；2；3；5；10；15；20；30；50；75；100；150；200；300；500mA 1；2；3；5；7.5；10；15；20A	1.5	直接接入
		30；50；75；100；150；200；300；500；750A 1；1.5；2；3kA		外附定值分流器
44C2—A	直流电流表	50；100；150；200；300；500μA 1；2；3；5；10；15；20；30；50；75；100；150；200；300；500mA 1；2；3；5；7.5；10A	1.5	直接接入
		15；20；30；50；75；100；150；200；300；500；750A 1；1.5kA		外附定值分流器

续表

型号	名称	规格	准确度(±%)	接入方式
44C5—A	直流电流表	100；150；200；300；500μA	1.5	直接接入
		1；2；3；5；10；15；20；30；50；75；100；150；200；300；500mA		
		1；2；3；5；7.5；10A		
		15；20；30；50；75；100；150；200；300；500；750A		外附定值分流器
		1；1.5；2；3；4.5；5；6；7.5kA		
44L1—A	交流电流表	0.5；1；2；3；5；10；20A	1.5	直接接入
		5；10；15；20；30；50；75；100；150；200；300；400；600；750A 1.5；2；3；4；5；6；7.5；10kA		配接二次侧电流为5A的电流互感器
44L13—A	交流电流表	0.5；1；2.5；5；10A	1.5	直接接入
		15；20；30；50；75；100；150；200；300；450；600；750A		经电流互感器
		1；1.5kA		
44T1—A	交流电流表	1；2；3；5；10；20；30；50A	2.5	直接接入
45C1—A	直流电流表	1；3；5；10；20；30；50；100；150；200；300；500mA 1；1.5；2；3；5；10A	1.5	直接接入
		15；20；30；50；75；100；150；200；300；500；750A 1；1.5；2；3；4；5；6；7.5kA		外附定值分流器
45C3—A	直流电流表	500；800μA	1.5	直接接入
		1；3；5；10；15；20；30；50；75；100；150；200；300；500；750mA		
		1；2；3；5；7.5；10A		
		15；20；30；50；75；100；150；200；300；500；750A		外附定值分流器
		1；1.5；2；3；4；4.5；5；6；7.5kA		
45D1—A	交流电流表	5；10；20；30；50A	2.5	直接接入
		10；20；30；50；75；100；150；200；300；400；600；750；800A 1；1.5；2；3；4；5；6；7.5；10kA		配接二次侧电流为5A的电流互感器

续表

型号	名称	规　　格	准确度(±%)	接入方式
46C1—A	直流电流表	1；3；5；10；15；20；30；50；75；100；150；200；300；500mA	1.5	直接接入
		1；2；3；5；7.5；10；15；20A		
		30；50；75；150；200；300；500；750A		外附定值分流器
		1；1.5；2；3；4；5；6；7.5；10kA		
46L1—A	交流电流表	0.5；1；2；3；5；10；20；30；50A	1.5	直接接入
		5；10；15；20；30；50；75；100；150；200；250；300；500；750A 1；1.5；2；3；5；7.5；10kA		配接二次侧电流为5A的电流互感器
46L2—A	交流电流表	0.5；1；2；3；5；10；15；20A	1.5	直接接入
		5；10；15；20；30；50；75；100；150；200；300；400；500；600；750A 1；1.5；2；3kA		配接电流互感器
49C2—A	直流控制式电流表	50；100；150；200；300mA 1；10A	1.5	直接接入
51C4—A	直流电流表	50；100；200；300；500μA 1；2；3；5；10；20；30；50；75；100；150；200；250；300；500mA 1；2；3；5；7.5；10；15；20；30；50A	1.5	直接接入
		75；100；150；200；300；500；750A 1；1.5；2；3；4；5；6；10kA		外附分流器
51C6—A	直流电流表	50；100；200；300；500μA 1；2；3；5；10；20；30；50；75；100；150；200；250；300；500mA 1；2；3；5；7.5；10；15；20；30；50A	1.5	直接接入
		75；100；150；200；300；500；750A 1；1.5；2；3；4；5；6；10kA		外附分流器
51L4—A 51T5—A 51T6—A	交流电流表	0.5；1；2；3；5；10；15；30A	1.5	直接接入
		5；10；15；30；50；75；100；150；300；450；500；750A 1；2；3；5；7.5；10kA		配接二次侧电流为5A的电流互感器

续表

型号	名称	规格	准确度(±%)	接入方式
59C2—A	矩形直流电流表	1；2；3；5；10；15；20；30；50；75；100；150；200；300；500mA	1.5	直接接入
		1；2；3；5；7.5；10；15；20A		
		30；50；75；100；150；200；300；500；750A		外附定值分流器
		1；1.5kA		
59C9—A	直流电流表	50～500μA；1～500mA；1～10A	1.5	直接接入
		15～750A；1；1.5kA		外附定值分流器
59C10—A	直流电流表	50；100；150；200；300；500μA	1.5	直接接入
		1；2；3；5；10；15；20；30；50；75；100；150；200；300；500mA		
		1；2；3；5；7.5；10；15；20A		
		30；50；75；100；150；200；300；500；750A		外附定值分流器
		1；1.5；2；3kA		
59C15—A	直流电流表	100；150；200；300；500μA	1.5	直接接入
		1；2；3；5；10；15；20；30；50；75；100；150；200；300；500mA		
		1；2；3；5；7.5；10A		
		15；20；30；50；75；100；150；200；300；500；750A		外附定值分流器
		1；1.5；2；3；4.5；5；6；7.5kA		
59C23—A	直流电流表	50；100；150；200；300；500μA	1.5	直接接入
		1；2；3；5；10；15；20；30；40；50；75；100；150；200；300；500mA		
		1；2；3；5；7.5；10A		
		15；20；30；40；50；75；100；150；200；300；500；750A		外附 FL—2 型分流器
		1；2；3；5；7.5；10kA		

续表

型号	名称	规　　格	准确度(±%)	接入方式
59L1—A 59L2—A	交流电流表	0.5；1；2；3；5；10；20A	1.5	直接接入
		5；10；15；20；30；50；75；100；150；200；250；300；400；600；750A 1；1.5；2；3；4；5；6；7.5；10kA		配接二次侧电流为0.5A或5A的电流互感器
59L10—A	交流电流表	0.5；1；2；3；5；10；20A	1.5	直接接入
		5；10；15；20；30；50；75；100；150；200；300；400；600；750A		配接二次侧电流为5A的电流互感器
		1；1.5；2；3；4；5；6；7.5；10kA		
59L23—A	交流电流表	0.5；1；2；3；5；10；15；20A	2.5 1.5	直接接入
		5；10；15；20；30；40；50；75；80；100；150；200；300；400；600；750；800A 1；1.5；2；3；5；10kA		配接二次侧电流为5A的电流互感器
61C1—A	直流电流表	50；100；150；200；300；500μA	1.5	直接接入
		1；2；3；5；10；15；20；30；50；75；100；150；200；300；500mA		
		1；2；3；5；7.5；10A		
		15；20；30；50；75；100；150；200；300；500；750A 1；1.5kA		外附定值分流器
61C5—A	直流电流表	1；2；3；5；10；15；20；30；50；75；100；150；200；300；500mA	1.5	直接接入
		1；2；3；5；7.5；10A		
		15；20；30；50；75；100；150；200；300；500；750A 1；1.5kA		外附定值分流器
61C13—A	直流电流表	50；100；200；300；500μA 1；2；3；5；10；20；30；50；75；100；150；200；250；300；500mA 1；2；3；5；7.5；10；15；20；30；50A	1.5	直接接入
		75；100；150；200；300；500；750A 1；1.5；2；3；4；5；6；10kA		外附分流器

续表

型号	名称	规　　格	准确度(±%)	接入方式
61L1—A	交流电流表	0.5；1；2；3；5；10；20A	2.5	直接接入
		5；10；15；20；30；50；75；100；150；200；300；400；600；750A		配接二次侧电流为5A的电流互感器
		1；1.5；2；3；4；5；6；7.5；10kA		
61L5—A	交流电流表	0.5；1；2；3；5；10；20A	1.5	配接二次侧电流为5A的电流互感器
		5；10；15；20；30；50；75；100；200；300；400；500；600；700；750；1000A		
61T1—A	交流电流表	100；200；300；500mA	2.5	直接接入
		1；2；3；5；10；15；20；30；50A		
		10；15；20；30；50；75；100；150A		配接二次侧电流为5A的电流互感器
		200；300；400；500；600；1000；1500A		
61T13—A	交流电流表	0.5；1；2；3；5；10；15；30A	1.5	直接接入
		5；10；15；30；50；75；100；150；300；450；500；750A		配接二次侧电流为5A的电流互感器
		1；2；3；5；7.5；10kA		
62C4—A	直流电流表	50；100；150；200；300；500μA	1.5 2.5	直接接入
		1；2；3；5；10；15；20；30；50；75；100；150；200；300；500mA		
		1；2；3；5；7.5；10；15；20A		
		30；50；75；100；150；200；300；500；750A		外附定值分流器
		1；1.5；2；3kA		
62C12—A	直流电流表	50；75；100；150；200；300；500；750μA	2.5	直接接入
		1；2；3；5；7.5；10；15；20；30；50；75；100；150；200；300；500mA		
		1；2；3；5；7.5；10；15；20；30；50A		
		75；100；150；200；250；300；500；750A		外附定值分流器
		1；1.5kA		

续表

型号	名称	规　　格	准确度(±%)	接入方式
62L4—A	交流电流表	0.5；1；2；3；5；10；20A	1.5 2.5	直接接入
		5；10；15；20；30；50；75；100；150；200；300；400；600；750A 1；1.5；2；3；4；5；6；7.5；10kA		配接二次侧电流为5A的电流互感器
62T2—A	交流电流表	50；100；150；200；300；500；750mA 1；2；3；5；10；15；20；25；30；50A	2.5	直接接入
		10；15；20；30；40；50；75；100；150；200；300；500；600A 1；1.5；2；3；4；5；6；7.5；10kA		配接二次侧电流为0.5A或5A的电流互感器
62T4—A	交流电流表	100；300；500mA 1；2；3；5；10；20；30；50A	2.5	直接接入
		10；20；30；40；50；75；100；150；200；300；600；1000；1500A		配接二次侧电流为5A的电流互感器
62T51—A	交流电流表	100；300；500mA 1；2；3；5；10；20；30；50A	2.5	直接接入
		10；20；30；40；50；75；100；150；200；300；600；1000；1500A		配接二次侧电流为5A的电流互感器
63L10—A	交流电流表	0.5；1；2；3；5；10；20A	2.5	直接接入
		5；10；20；30；50；75；100；150；200；300；400；600；750；800A 1；1.5；2；3；4；5；6；7.5；10kA		配接二次侧电流为5A的电流互感器
63T1—A	交流电流表	1；2；3；4；5；10；15；20；25；30A	2.5	直接接入
65C5—A	直流电流表	50；75；100；150；200；300；500；750μA 1；2；3；5；7.5；10；15；20；30；50；75；100；200；300；500mA 1；2；3；5；7.5；10；15；20；30；50A	2.5	直接接入
		75；100；150；200；300；500；750A 1；1.5kA		外附定值分流器
65L5—A	交流电流表	0.5；1；2；3；5；10；20A	2.5	直接接入
		5；10；20；30；50；75；100；150；200；300；400；600；750A 1；1.5；2；3；4；5；6；7.5；10kA		配接二次侧电流为5A的电流互感器

续表

型号	名称	规格	准确度(±%)	接入方式
69C7—A	直流电流表	100；150；200；300；500μA 1；2；3；5；10；20；30；50；75；100；150；200；300；500mA 1；2；3；5；7.5；10A	2.5	直接接入
		15；20；30；50；75；100；150；200；300；500；750A 1；1.5；2；3；4.5；5；6；7.5kA		外附定值分流器
69C9—A	直流电流表	50；75；100；150；200；300；500；750μA 1；2；3；5；7.5；10；15；20；30；50；75；100；150；200；300；500mA 1；2；3；5；7.5；10A	2.5	直接接入
		15；20；30；50；75；100；150；200；250；300；500；750A 1；1.5kA		外附定值分流器
69L9—A	平均值交流电流表	50；100；150；200；300；500mA 1；2；3；5；10；15；20A	2.5	直接接入
	有效值交流电流表	30；50；75；100；150；200；300；600A 1；1.5；2；3；4；5；6；7.5；10kA		配接二次侧电流为0.5A或5A的电流互感器
69L9—A	中频电流表	50；100；150；200；300；500mA	2.5	直接接入
		1；2；3；5A 0.5；1；2；3；5；10；20A 5；10；15；20；30；50；75；100；150；200；250；300；400；600；750A 1；1.5；2；3；4；5；6；7.5；10kA		经电流互感器
69L11—A	交流电流表	0.5；1；2；3；5；10；20A	2.5	直接接入
		5；10；15；20；30；50；75；100；150；200；250；300；400；600；750A 1；1.5；2；3；4；5；6；7.5；10kA		配接电流互感器
81C1—A	直流电流表	50；75；100；150；200；500；750μA 1；2；3；5；7.5；10；15；20；30；50；75；100；150；200；300；500mA 1；2；3；5；7.5；10；15；20；30；50A	2.5	直接接入
		75；100；150；200；250；300；500；750A 1；1.5kA		外附定值分流器

续表

型号	名称	规格	准确度(±%)	接入方式
81C6—A	直流电流表	1；3；5；10；15；30；75；100；150；300；500mA 1；2；3；5；10A	2.5	直接接入
		20；30；50；75；100；150；200；300；500；750A		外附FL—29型分流器
81C10—A	直流电流表	50；100；150；200；300；500μA 内阻≤6100；2100；2700；2700；1300；600Ω	2.5	直接接入
		1；2；3；5；10；20；30；50；100；200；300；500mA 1；2；3；5；7.5；10A		
		20；30；50；75；100；150；200；300；500；750A		外附FL—2型分流器
		1；1.5kA		
81L1—A	交流电流表	100；200；300；500；750mA 1；2；3；5；10；15；20A	2.5	直接接入
		10；20；30；40；50；75；100；150；200；300；500；600；750；1000；1500A		配接二次侧电流为5A的电流互感器
81T1—A	交流电流表	500mA	2.5	直接接入
		1；2；3；5；10A		
		10；20；30；50；75；100；150；200；300；600；1000；1500A		配接二次侧电流为5A的电流互感器
83C1—A	直流电流表	50；100；150；200；300；500μA	1.5 2.5	直接接入
		1；2；3；5；7.5；100；150；200；250；300；500；750mA		
		1；1.5；2；3；5；7.5A		
		15；20；30；50；75；100；150；750A 1；1.5；2；3kA		外附FL—30型定值分流器
83C2—A	直流电流表	1；3；5；10；15；30；75；100；150；300；500mA 1；2；3；5；10A	1.5	直接接入
		20；30；50；75；100；150；200；300；500；750A		外附FL—29型分流器

续表

<table>
<tr><th>型号</th><th>名称</th><th>规　　格</th><th>准确度（±%）</th><th>接入方式</th></tr>
<tr><td>83L1—A</td><td>交流电流表</td><td>0.5；1；2；3；5；10；20A</td><td>1.5
2.5</td><td>20A以上均用外附专用电流变换器。30A起需经电流互感器接通至次级电流为5A的电流变换器后使用</td></tr>
<tr><td rowspan="5">84C4—A</td><td rowspan="5">直流电流表</td><td>100；150；200；300；500μA</td><td rowspan="5">2.5</td><td rowspan="3">直接接入</td></tr>
<tr><td>1；2；3；5；10；15；20；30；50；75；100；150；200；300；500mA</td></tr>
<tr><td>1；2；3；5；7.5；10A</td></tr>
<tr><td>15；20；30；50；75；100；150；200；300；500；750A</td><td rowspan="2">外附定值分流器</td></tr>
<tr><td>1；1.5；2；3；4.5；5；6；7.5kA</td></tr>
<tr><td rowspan="5">84C7—A</td><td rowspan="5">直流电流表</td><td>50；75；100；150；200；300；500；750μA</td><td rowspan="5">2.5</td><td rowspan="3">直接接入</td></tr>
<tr><td>1；2；3；5；7.5；10；15；20；30；50；75；100；150；200；300；500mA</td></tr>
<tr><td>1；2；3；5；7.5；10；15；20A</td></tr>
<tr><td>30；50；75；100；150；200；250；300；500；750A</td><td rowspan="2">外附定值分流器</td></tr>
<tr><td>1；1.5kA</td></tr>
<tr><td rowspan="6">84L1—A</td><td rowspan="3">交流电流表</td><td>50；100；150；200；300；500mA
1；2；3；5；10；15；20A</td><td rowspan="6">2.5</td><td>直接接入</td></tr>
<tr><td>30；50；75；100；150；200；300；600A</td><td rowspan="2">配接二次侧电流为0.5A或5A的电流互感器</td></tr>
<tr><td>1；1.5；2；3；4；5；6；7.5；10kA</td></tr>
<tr><td rowspan="3">中频电流表</td><td>550；100；150；200；300；500mA
1；2；3；5A</td><td>直接接入</td></tr>
<tr><td>10A～10kA</td><td>配接二次侧电流为0.5A或5A的电流互感器</td></tr>
<tr><td></td><td></td></tr>
<tr><td>85C1—A</td><td>直流电流表</td><td>1；2；3；5；10；15；20；30；50；75；100；150；200；300；500mA
1；2；3；5；7.5；10A</td><td>2.5</td><td>直接接入</td></tr>
</table>

续表

型号	名称	规　　格	准确度(±%)	接入方式
85C1—A	直流电流表	15；20；30；50；75；100；150；200；300；500；750A 1；1.5kA	2.5	外附分流器
85L1—A	交流电流表	0.5；1；2；3；5；10；15；20A	2.5	直接接入
		5；10；15；20；30；50；75；100；150；200；300；400；500；600；750A 1；1.5；2；3；4；5；6；7.5；10kA		配接二次侧电流为0.5A或5A的电流互感器
88C1—A	槽形直流电流表	200；300；500μA 1；2；3；5；10；12；15；20mA	2.5	直接接入
89C7—A	直流电流表	20；30；50；75；100；150；200；250；300；500μA 1；2；3；5；7.5；10；15；20；30；50；75；100；150；200；250；300；500mA 1；2；3；5；7.5；10A	2.5	直接接入
		15；30；50；75；100；150；200；250；300；500；750A 1；1.5kA		外附FL—2型分流器
89L1—A	交流电流表	5；7.5；10；15；20；25；30；50；75；100；150；200；250；300；500mA 1；2；3；5A	2.5	直接接入
89T2—A	交流电流表	0.5；1；2；3；5；10；15；20A	1.5	直接接入
		5；10；15；30；50；75；100；150；300；450；500；750A 1；2；3；5；7.5；10kA		配接二次侧电流为5A的电流互感器
91C2—A	直流电流表	50；100；150；200；300；500μA 1；2；5；10；15；30；50；75；100；150；200；300；500mA 1A	5.0	直接接入
		2；3；5；10；15；20；30；50A		外附定值分流器
91C4—A	直流电流表	50；100；150；200；300；500μA 1；2；5；10；15；20；30；50；75；100；150；200；300；500mA 1A	5.0	直接接入

续表

型号	名称	规　　格	准确度（±%）	接入方式
91C4—A	直流电流表	2；3；5；10；15；20；30；50A	5.0	外附定值分流器
91L4—A	交流电流表	0.5；1；2；3；5；10A	5.0	直接接入
		15；20；30；50；75；100；150；200；300；400；500；600；750A		配接电流互感器
99C2—A	槽形直流电流表	最高灵敏度50μA	2.5	
99C14—μA	直流电流表	200；300；500μA	5.0	直接接入
99C14—mA		1；2；5；10；30；50；75；100；150；200；300；500mA		
99C14—A		1；2A		
99C18—A	直流电流表	200；300；500μA 1；2；3；5；7.5；10；15；20；30mA	5.0	直接接入
99C22—A	直流电流表	50；100；150；200；300；500μA 1；2；3；5；7.5；10；15；20；30；50；75；100；150；200；300；500mA 1；2A	2.5	直接接入
99C23—A	直流电流表	50；100；150；200；300；500μA 1；2；3；5；7.5；10；15；20；30；50；75；100；150；200；300；500mA 1；2A	2.5	直接接入

3. 使用与维护

电工测量中，常用的电流表有磁电系、电磁系、电动系三种形式。在测量直流电流时，三种形式的电流表都可以使用；由于磁电系电流表的灵敏度和准确度相比之下较高，所以使用最为广泛。在测量交流电流时，可选用电磁系和电动系电流表，其中电磁系较为常用。

电流表的使用注意事项：

1）在测量直流电流时，电流表必须与负载串联并注意极性；带有分流器的电流表应用配套的定值导线连接电流表与分流器端钮。

2）在测量交流电流时，电流互感器的二次线圈和铁芯都要可靠接地，二次回路绝对不允许开路和安装熔断器。

3）安装拆卸电表时，应先切断电源后操作，以免触电；电表安装的地方应干燥、清洁，附近无强烈磁场存在，无振动。

4）应根据有关规定，进行定期校验和调整。

二、电压表

1. 概述

安装式电压表用于固定安装在控制屏、控制台、控制盘、开关板及各种设备的面板上，测量交流、直流电路中的电压。

2. 技术数据

电压表的主要技术数据，见表9-8。

表 9-8 电压表主要技术数据

型号	名称	规格	准确度(±%)	接入方式
1C1—V	直流电压表	3；7.5；15；30；50；75；100；150；200；300；450；600V	1.5	直接接入
		1；1.5；2；3kV		外附定值电阻
1C2—V	直流电压表	3；7.5；15；20；30；50；75；100；150；250；300；450；600V	1.5	直接接入
		750V；1；1.5；3kV		外附电阻器
1T1—V	交流电压表	15；30；50；75；100；150；250；300；450；500；600V	1.5	直接接入
		3.6；7.2；12；18；42；150；300；460kV		配接电压互感器二次侧电压100V
6C2—V	交流电压表	1.5；3；7.5；10；15；20；30；50；75；100；150；200；250；300；450；500；600V	1.5	直接接入
		0.75；1；1.5kV		外附电阻器
6L2—V	交流电压表	3；4；7.5；10；15；20；30；50；60；75；100；120；150；200；300；450；500；600V	1.5	直接接入

续表

型号	名称	规格	准确度（±%）	接入方式
6L2—V	交流电压表	1；3；6；10；15；35；110；220；380kV	1.5	配接电压互感器二次侧电压100V
11C2—V	船用直流电压表	3；7.5；15；20；30；50；75；100；150；250；300；450；600V	1.5	直接接入
		750V；1；1.5；3kV		外附电阻器
11C51—V	中频电压表	30；50；150；250V	2.5	直接接入
		0.5；1；1.5；2kV		配接电压互感器二次侧电压100V
11L51—V	中频电压表	30；50；150；250V	2.5	直接接入（配接电压互感器二次侧电压100V可扩大量限）
12C1—V	直流电压表	1.5；3.5；7.5；15；20；30；50；75；100；150；250；300；450；600；750V	2.5	直接接入
		1；1.5；3kV		外附定值附加电阻
12C5—V	直流电压表	1.5；3；5；7.5；10；15；20；30；50；75；100；150；200；250；300；450；500；600V	1.5	直接接入
12L1—V	交流电压表	15；30；50；75；100；150；250；300；450；600V	2.5	直接接入
		1；2；3；6；7.2；12；18；42；150；300；450kV		外附电压互感器
13C1—V	直流电压表	3；7.5；10；15；20；30；50；75；100；150；250；300；350；500；600V	1.5	直接接入
13C3—V	直流电压表	3；7.5；10；15；20；30；50；75；100；150；250；300；350；500；600V	1.5	直接接入
13D1—V	交流电压表	30；150；250；450V	2.5	直接接入
		450V		经380/100V或380/127VTV接入
		3.6kV		经3kV/100V TV接入

续表

型号	名称	规　　格	准确度(±%)	接入方式
13D1—V	交流电压表	7.2kV	2.5	经 6kV/100V TV 接入
		12kV		经 10kV/100V TV 接入
		18kV		经 15kV/100V TV 接入
		42kV		经 35kV/100V TV 接入
13L1—V	交流电压表	30；50；75；100；150；250；300；450；500；600V	2.5	直接接入
		450V		经 380/100V 或 380/127VPT 接入
		3.6kV		经 3kV/100V PT 接入
		7.2kV		经 6kV/100V PT 接入
		12kV		经 10kV/100V PT 接入
		18kV		经 15kV/100V PT 接入
		42kV		经 35kV/100V PT 接入
16C1—V	直流电压表	1.5～600V	1.5	直接接入
		750V；1～1.5kV		外附定值附加电阻
16C2—V 16C4—V 16C13—V	直流电压表	3；5；7.5；15；30；50；75；100；150；250；300；450；600V	1.5	直接接入
		0.75；1；1.5；3kV		外附电阻器
16C14—V	直流电压表	1.5；3；5；7.5；10；15；20；30；50；75；100；150；200；250；300；450；500；600V	1.5	直接接入
		750；1000；1500V		外附 FJ—17 型定值电阻器

续表

型号	名称	规格	准确度(±%)	接入方式
16C16—V	槽形双指针直流电压表	1.5～600V	1.5	直接接入
		1～3kV		外附附加电阻
16C19—V	直流电压表	3；15；30；45；75；100；125；150；200；250；500；600V	1.5	直接接入
16L1—V	交流电压表	15；30；50；75；100；150；250；300；450；500；600V	1.5	直接接入
		3.6；7.2；12；18；42；150；300；460kV		配接电压互感器二次侧电压50V或100V
16L8—V	交流电压表	15；30；50；75；100；150；250；300；450；500；600V	1.5	直接接入
		3.6；7.2；12；18；42；150；300；460kV		外附电压互感器
16L13—V	交流电压表	30～600V	1.5	直接接入
		3～460kV		配接电压互感器
16L14—V	交流电压表	5；7.5；10；15；30；50；75；100；150；250；300；450；500；600V	1.5	直接接入
		450；500；600V 1；2；4；7.5；12；20；45；150；300；450kV	2.5	配接电压互感器
16T2—V	交流电压表	15；30；50；75；100；150；250；300；450；500；600V	1.5	直接接入
		3.6；7.2；12；18；42；150；300；460kV		配接电压互感器二次侧电压50V或100V
16T17—V	交流电压表	100；120；250；450；600V 125/250；150/300/600V	0.5	
19C2—V	直流电压表	1；5；10；15；30；50；75；100；150；200；250；300；450；600V	0.5	
19T2—V	交流电压表	100；120；150；250V	0.5	

续表

型号	名称	规　　格	准确度（±%）	接 入 方 式
42C3—V	直流电压表	1.5；3；5；7.5；10；15；20；30；50；75；100；150；200；250；300；450；500；600V	1.5	直接接入
		0.75；1；1.5kV		外附电阻器
42C6—V	直流电压表	3；7.5；10；15；20；30；50；75；150；200；250；300；450；500；600V	1.5	直接接入
		0.75；1；1.5kV		外附电阻器
42C20—V	直流电压表	1.5；3；7.5；10；15；20；30；50；75；100；150；200；250；300；450；500；600V	1.5	直接接入
		0.75；1；1.5kV		外附定值电阻器
42L6—V	交直流电压表	15；20；30；50；60V	1.5	直接接入
42L9—V	交直流电压表	15；30；50；75；100；150；250；300；450；500；600V	1.5	直接接入
		3；7.5；12；15；150；300；450kV		配接电压互感器二次侧电压100V
42L20—V	交流电压表	30；50；75；100；150；250；300；500；600V	1.5	直接接入
		3.6；7.2；12；18；42；72；150；300；450kV		配接电压互感器二次侧电压100V
44C1—V	直流电压表	1.5；3；5；7.5；10；15；20；30；50；75；100；150；200；250；300；450；500；600V	1.5	直接接入
		0.75；1；1.5；2；3；5kV		外附定值附加电阻
44C2—V	直流电压表	1.5；3；5；7.5；10；15；20；30；50；75；100；150；200；250；300；450；500；600V	1.5	直接接入
		0.75；1；1.5 kV		外附定值附加电阻
44C5—V	直流电压表	3；7.5；15；30；50；75；100；150；250；300；500；600V	1.5	直接接入

续表

型号	名称	规　　格	准确度（±%）	接入方式
44L1—V	交流电压表	3；5；7.5；10；15；20；30；50；75；100；150；250；300；450；500；600V	1.5	直接接入
		1；3；6；10；15；35；60；100；220；380kV		配接电压互感器二次侧电压100V
44L13—V	交流电压表	10；15；30；50；75；100；150；250；300；450V	1.5	直接接入
		450；600；750V		经电压互感器
		1；1.5kV		
44T1—V	交流电压表	30；50；100；150；250；300；460V	2.5	直接接入
45C1—V	直流电压表	30；50；75；100；150；250；350；500V	1.5	直接接入
45C3—V	直流电压表	3；7.5；10；15；20；30；50；75；100；150；250；300；350；500；600V	1.5	直接接入
45D1—V	交流电压表	30；150；250；450V	2.5	直接接入
		450V		经380/100V或380/127VTV接入
		3.6kV		经3000/100V TV接入
		7.2kV		经6k/100V TV接入
		12kV		经10k/100V TV接入
		18kV		经15k/100V TV接入
		42kV		经35k/100V TV接入
46C1—V	直流电压表	3；5；7.5；15；30；50；75；100；150；250；300；450；600V	1.5	直接接入
		1；1.5；3kV		外附定值附加电阻
46C5—V	直流电压表	3；15；30；45；75；100；125；150；200；250；500；600V	1.5	

续表

型号	名称	规格	准确度(±%)	接入方式
46L1—V	交流电压表	20；30；50；75；100；150；250；300；450；500；600V	1.5	直接接入
		4；7.5；12；20；45；150；300；450kV		经电压互感器
46L2—V	交流电压表	5；7.5；10；15；30；50；75；100；150；250；300；450；500；600V	1.5	直接接入
		3.6；7.2；12；18；42；150；300；460kV		经电压互感器
59C2—V	矩形直流电压表	1.5；3；5；7.5；10；15；20；30；50；75；100；150；200；250；300；450；500V	1.5	直接接入
		1；1.5kV		外附定值附加电阻
59C9—V	直流电压表	0.75；1；1.5；3kV	1.5	外附定值附加电阻
59C10—V	直流电压表	1.5；3；5；7.5；10；15；20；30；50；75；100；150；200；250；300；450；500；600V	1.5	直接接入
		0.75；1；1.5；2；3；5kV		外附定值附加电阻
59C15—V	直流电压表	3；7.5；15；30；50；75；100；150；250；300；500；600V	1.5	直接接入
59C23—V	直流电压表	1.5；3；5；7.5；10；15；20；30；50；75；100；150；200；250；300；450；500；600V	1.5	直接接入
		0.75；1；1.5kV		外附 FJ—17型定值电阻器
59L1—V 59L2—V	交流电压表	3；5；7.5；10；15；20；30；50；75；100；150；250；300；450；500；600V	1.5	直接接入
		3.6；7.2；12；18；42；150；300；460kV		配接电压互感器二次侧电压50V或100V
59L10—V	交流电压表	3；5；7.5；10；15；20；30；50；75；100；150；250；300；450；500；600V	1.5	直接接入
		1；3；6；10；15；35；60；100；220；380kV		配接电压互感器二次侧电压100V

续表

型号	名称	规　　格	准确度(±%)	接 入 方 式
59L23—V	交流电压表	5；7.5；10；15；30；50；75；100；150；250；300；450；500；600V	1.5	直接接入
		450；500；600V 1；2；4；7.5；12；20；45；150；300；450kV	2.5	配接电压互感器
61C1—V	直流电压表	1.5；3；5；7.5；10；15；20；30；50；75；100；150；200；250；300；450；500；600V	1.5	直接接入
		0.75；1；1.5kV		外附定值附加电阻
61C5—V	直流电压表	3；7.5；15；30；50；75；100；150；250；300；500；600V	1.5	直接接入
		1；1.5kV		外附电阻器
61L1—V	交流电压表	3；5；7.5；10；15；20；30；50；75；100；150；250；300；450；500；600V	2.5	直接接入
		1；3；6；10；15；35；60；100；220；380kV		配接电压互感器二次侧电压100V
61L5—V	交流电压表	3；5；7.5；10；15；20；30；50；75；100；150；200；250；300；450；500；600V	1.5	直接接入
61T1—V	交流电压表	15；30；50；75；150；250；300；450；460；500V	2.5	直接接入
62C4—V	直流电压表	1.5；3；5；7.5；10；15；20；30；50；75；100；150；200；250；300；450；500；600V	1.5 2.5	直接接入
		0.75；1；1.5；2；3；5kV		外附定值附加电阻
62C12—V	直流电压表	75；100；150；200；300；500；750mV 1；1.5；2.5；3；5；7.5；10；15；20；30；50；75；100；150；200；250；300；400；450；460；500；600V	2.5	直接接入
62L4—V	交流电压表	3；5；7.5；10；15；20；30；50；75；100；150；250；300；450；500；600V	1.5 2.5	直接接入
		1；3；6；10；15；35；60；100；220；380kV		配接电压互感器二次侧电压100V

续表

型号	名称	规　　格	准确度(±%)	接入方式
62T2—V	交流电压表	30；50；75；100；120；150；200；250；300；450；460；500；600V	2.5	直接接入
		1；1.5；3；3.6；5；7.2；12；36；72；150；300；460kV		配接电压互感器二次侧电压50V或100V
62T4—V 62T51—V	交流电压表	30；100；150；250；460V	2.5	直接接入
63L10—V	交流电压表	30；50；75；100；150；250；300；450；500；600V	2.5	直接接入
		450V		经380/100V或380/127VPT接入
		3.6kV		经3k/100V PT接入
		7.2kV		经6k/100V PT接入
		12kV		经10k/100V PT接入
		18kV		经15k/100V PT接入
		42kV		经35k/100V PT接入
63T1—V	交流电压表	30；50；100；150；250；300V	2.5	直接接入
65C5—V	直流电压表	75；100；150；200；300；500；750mV 1；1.5；2.5；3；5；7.5；10；15；20；30；50；75；100；150；200；250；300；400；450；460；500；600V	2.5	直接接入
65L5—V	交流电压表	3；5；7.5；10；15；20；30；50；75；100；150；250；300；450；500；600V	2.5	直接接入
		1；3；6；10；15；35；60；100；220；380kV		配接电压互感器二次侧电压100V

续表

型号	名称	规格	准确度(±%)	接入方式
69C7—V	直流电压表	3；7.5；15；30；50；75；100；150；250；300；500；600V	2.5	直接接入
69C9—V	直流电压表	75；100；150；200；300；500；750mV 1；1.5；2.5；3；5；7.5；10；15；20；30；50；75；100；150；200；250；300；400；450；460；500；600V	2.5	直接接入
69L9—V	平均值交流电压表	5；7.5；10；15；20；30；50；75；100；120；150；200；250；300；450；460；600V	2.5	直接接入
	有效值交流电压表	1；1.5；3；3.6；5；7.2；12；36；72；150；300；460kV		配接电压互感器二次侧电压50V或100V
69L9—V	中频电压表	5；7.5；10；15；20；30V	2.5	直接接入
		50；75；100；120；150；200；250；300；450；460；600V		
		1；1.5；3；3.6；5；7.2；12；36；72；150；300；460kV		配用电压互感器
69L11—V	交流电压表	3；5；7.5；10；15；20；30；50；75；100；150；200；250；300；450；500；600V	2.5	直接接入
		450；600V 3.6；7.2；12；18；42；150；300；460kV		配用电压互感器
81C1—V	直流电压表	75；100；150；200；300；500；750mV 1；1.5；2.5；3；5；7.5；10；15；20；30；50；75；100；150；200；250；300；400；450；460；500；600V	2.5	直接接入
81C6—V	直流电压表	3；7.5；15；30；50；75V	2.5	直接接入
		150；250；300；450；600；1000V		外附附加电阻
81C10—V	直流电压表	1.5；3；7.5；15；30；50；75；150；250；300；450；600V	2.5	直接接入
		0.75；1；1.5kV		外附电阻器
81L1—V	交流电压表	15；30；50；75；100；150；200；250；300；450；500；600V	2.5	直接接入

续表

型号	名称	规　　格	准确度(±%)	接入方式
81T1—V	交流电压表	30；50；100；150；250；300；450V	2.5	直接接入
		30；50；100；150；250；300；460；600；1000；1500；2000V		配接电压互感器二次侧电压100V
81T2—V	交流电压表	30；50；100；150；250；300；450V	2.5	
83C1—V	直流电压表	50；75；100；150；200；300；500mV 1.5；3；7.5；10；15；20；30；50；75；100；450；500；600V	1.5 2.5	直接接入
		1；1.5；2；3kV		外附 FJ—20型定值附加电阻
83C2—V	直流电压表	3；7.5；15；30；50；75V	1.5	直接接入
		150；250；300；450；600；1000V		外附电阻器
83L1—V	交流电压表	10；15；30；50；75；100；150；250；300；450V	1.5 2.5	直接接入
84C4—V	直流电压表	3；7.5；15；30；50；75；100；150；250；300；500；600V	2.5	直接接入
84C7—V	直流电压表	75；100；150；200；300；500；750mV 1；1.5；2.5；3；5；7.5；10；15；20；30；50；75；100；150；200；300；400；450；460；500；600V	2.5	直接接入
84L1—V	交流电压表	5；7.5；10；15；20；30；50；75；100；150；200；250；300；400；450；460；600V	2.5	直接接入
		1；1.5；3；3.6；5；7.2；12；36；72；150；300；460kV		配接电压互感器二次侧电压50V或100V
84L1—V	中频电压表	5；7.5；10；15；20；30；50；75；100；150；200；250；300；450；460；600V	2.5	直接接入
		1；1.5；3；3.6；5；7.2；12；36；72；150；300V		
		460kV		配接电压互感器二次侧电压50V或100V

续表

型号	名称	规　　格	准确度(±%)	接入方式
85C1—V	直流电压表	1.5；3；5；7.5；10；15；20；30；50；75；100；150；200；250；300；450；500；600V	2.5	直接接入
		0.75；1；1.5；3kV		外附电阻器
85L1—V	交流电压表	3；5；7.5；10；15；20；30；50；75；100；120；150；200；250；300；450；500；600V	2.5	直接接入
		3.6；7.2；12；18；42；150；300；460kV		配接电压互感器二次侧电压50V或100V
89C7—V	直流毫伏表	10；20；30；50；75；100；150；200；250；300；500mV	2.5	直接接入
	直流电压表	1；1.5；3；5；7.5；10；15；20；30；50；75；100；150；200；250；300；450；500；600V		
		0.75；1；1.5kV		外附电阻器
89L1—V	交流电压表	10；15；20；30；50；75；100；150；200；250；300；400；450V	2.5	直接接入
91C2—V	直流电压表	1.5；3；5；7.5；10；15；30；50；75；100；150；250；300；450；500；600V	5.0	直接接入
91C4—V	直流电压表	1.5；3；5；7.5；10；30；50；75；100；150；250；300；450；500；600V	5.0	直接接入
91L4—V	交流电压表	5；10；15；30；50；75；100；150；200；250；300V	5.0	直接接入
99C14—V	直流电压表	1.5；3；7.5；15；30；50；75V	5.0	直接接入
99C18—V	直流电压表	75mV 1.5；3；7.5；10；15；20；30；50；75；100；150；300V	5.0	直接接入
99C22—V 99C23—V	直流电压表	1.5；3；7.5；10；15；20；30V	2.5	直接接入
99L1—V	槽形电压表	7.5；15；30；50；75V	5.0	直接接入
99L18—V	交流电压表	10；15；20；30；50；75；100；150；250；300；450V	5.0	直接接入

3. 使用与维护

电工测量中，常用的电压表有磁电系、电磁系、电动系三种形式。在测量直流电压时，三种形式的电压表都可以使用，由于磁电系电压表的灵敏度和准确度相比之下较高，所以使用最为广泛。在测量交流电压时，可选用电磁系和电动系电压表，其中电磁系较为常用。

电压表使用注意事项：

1）在测量直流电压时，电压表必须与负载并联并注意极性。

2）在测量交流电压时，电压互感器的二次侧绝对不允许短路；二次侧必须接地；一、二侧均须接熔断器。

3）安装拆卸电表时，应先切断电源后操作，以免触电；电表安装的地方应干燥、清洁，附近无强烈磁场存在，无振动。

4）应根据有关规定，进行定期校验和调整。

三、功率表

1. 概述

安装式功率表用于固定安装在控制屏、控制盘、开关板及电气设备面板上，作为测量交直流电路的有功功率及无功功率。

电气机械式功率表多为电动系和整流系。电动系功率表的测量机构、工作原理和电动系电流表或电压表相同。

2. 技术数据

有功功率表的主要技术数据，见表 9-9。

无功功率表的主要技术数据，见表 9-10。

表 9-9　有功功率表主要技术数据

<table>
<tr><th rowspan="2">型　号</th><th rowspan="2">名　称</th><th colspan="2">规　　格</th><th rowspan="2">准确度
(±%)</th><th rowspan="2">接入方式</th></tr>
<tr><th>额 定 电 流
(A)</th><th>额 定 电 压
(V)</th></tr>
<tr><td>1D1—W</td><td>三相有功
功率表</td><td>5</td><td>100；127；220</td><td>2.5</td><td>直接接入</td></tr>
<tr><td>1L2—W</td><td>三相有功
功率表</td><td colspan="2">直接接入电压 127、220、380V
额定电流 5～10000/5A 或/0.5A
额定电压 380～380kV/100V 或/50V</td><td>2.5</td><td>直接接入</td></tr>
</table>

续表

型号	名称	规格		准确度（±%）	接入方式
		额定电流（A）	额定电压（V）		
6L2—W	单相有功功率表	5	50；100；220	2.5	经外附功率变换器接入
		0.5	50；100		
	三相有功功率表	5	50；100		
		0.5	5；100		
11D51—W	中频功率表	供次级电流为5A及次级电压为100V的仪用互感器一起接通。表面刻度为80、100、120、160、200、400、800kW		2.5	与仪用电流及电压互感器一起接通
12L1—W	功率表	5；0.5	50；100；220	2.5	直接接入
		5～10000/5A或0.5A	220～22000/100V或50V		外附功率变换器
16L2—W	三相有功功率表	5	100；220；380	2.5	直接接入
16L14—W	单相有功功率表	5	100；220	1.5	外附功率变换器
	三相有功功率表	5	100；380		
16L19—W	交流有功功率表	5	100；127；380	1.5	
16D3—W	三相有功功率表	5	127；220；380	2.5	直接接入
		5～10000	380～380kV		经电流互感器（次级5A）、电压互感器（次级100V）接入
16D17—W	交直流功率表	1；5	100；250	0.5	
42L6—W	单相有功功率表	0.5；5	50；100；220	2.5	直接接入
	三相有功功率表	0.5；5	50；100；380		
42L12/1、2—W	三相有功功率表	5	127；220；380	1.5	直接接入

续表

型号	名称	规格		准确度(±%)	接入方式
		额定电流(A)	额定电压(V)		
42L20—W	三相有功功率表	5	100；380	1.5	直接接入
		5；7.5；10；15；20；30；40；50；75；100；150；200；300；400；600；750A 1；2；3；4；5；6；7.5；10kA	380；500V 3；6；10；15；35；110；220；300kV		经电流互感器(次级5A)、电压互感器(次级100V)接入
44L1—W	三相有功功率表	5～1000/5A	100；127；220；380V～380kV/100V	1.5	外附功率变换器
44L6—W	三相有功功率表	20；50；100；200；300；500；1000/5A	220	2.5	外附功率变换器
		10；25；50；100；150；250；500/5A	380		
46L5—W	三相有功功率表	5	100；127；380	2.5	
59L1—W	单、三相有功功率表	5～1000/5A	100；127；220 380～380kV/100V	2.5	外附功率变换器
59L9—W	三相有功功率表	20；50；100；200；300；500；1000/5A	220	1.5	外附功率变换器
		10；25；50；100；150；250；500/5A	380		
61D1—W	三相有功功率表	20；50；100；200；300；500；1000/5A	220	2.5	外附功率变换器
		10；25；50；100；150；250；500；200；300；400；450；600；750；1000；2000/5A	380		
63L2—W	三相有功功率表	5；0.5	220；380	2.5	外附功率变换器
69L9—W	三相有功功率表	5	100；127；220；380	2.5	外附功率变换器

续表

型号	名称	规格		准确度(±%)	接入方式
		额定电流(A)	额定电压(V)		
81L3—W	三相有功功率表	20；50；100；200；300；500；1000/5A	220	2.5	外附功率变换器
		10；25；50；100；150；250；500/5A	380		
85L1—W	单相有功功率表	0.5；5	50；100；200	2.5	外附功率变换器
	三相有功功率表	0.5；5	50；100；380		

表 9-10 无功功率表主要技术数据

型号	名称	规格		准确度(±%)	接入方式
		额定电流(A)	额定电压(V)		
6L2—var	三相无功功率表	5	100；127；220；380	2.5	经外附功率变换器接入
16L2—var	三相无功功率表	5	100；220；380	2.5	直接接入
16L14—var	三相无功功率表	5	100；380	1.5	外附功率变换器
16L19—var	交流无功功率表	5	100；127；380	2.5	
16D3—var	三相无功功率表	5	127；220；380	2.5	直接接入
		5～10kA	380～380kV		经电流互感器(次级 5A)、电压互感器(次级 100V)接入
42L6—var	单相无功功率表	0.5；5	50；100；220	2.5	直接接入
	三相无功功率表		50；100；380		电压直接，电流经次级 5A 的电流互感器

续表

型号	名称	规格		准确度（±%）	接入方式
		额定电流（A）	额定电压（V）		
42L20—var	三相无功功率表	5	100；380	1.5	直接接入
		5；7.5；10；15；20；30；40；50；75；100；150；200；300；400；600；750A 1；2；3；4；5；6；7.5；10kA	380；500V 3；6；10；15；35；110；220；380kV		经电流互感器（次级5A）、电压互感器（次级100V）接入
44L1—var	三相无功功率表	5～1000/5A	100；127；220；380V～380kV/100V	1.5	外附功率变换器
46L5—var	三相无功功率表	5	100；127；380	2.5	
59L1—var	平衡三相无功功率表	5～1000/5A	100；127；220；380V～380kV/100V	2.5	外附功率变换器
63L2—var	三相无功功率表	5～10000/5A或/0.5A	380V～380kV/100V或/50V	2.5	通过变换器
69L9—var	三相无功功率表	5	100；127；220；380	2.5	外附功率变换器
85L1—var	单相无功功率表	0.5；5	50；100；220	2.5	外附功率变换器
	三相无功功率表		50；100；380		

3. 使用与维护

功率表的使用注意事项：

（1）正确选择功率表的电流和电压量程。若这两个量程满足要求，则功率的量程也当然满足要求。

（2）极性应正确。在接线上，测量直流和测量交流都要求：①带“*”号的电流端钮必须接至电源端，另一电流端钮则接至负载端，电流线圈（固定线圈）是串联接入电路中的；②带

“＊”号的电压端钮必须接至电流端钮中的一个（当负载阻抗远大于电流线圈阻抗时，采用功率表电压线圈所在支路前接的方式，即带“＊”号的电压端钮接至电流带“＊”号的端钮。当负载阻抗远小于功率表电压线圈阻抗时，采用功率表电压线圈所在支路后接的方式，即带“＊”号的电压端钮接至电流未带“＊”号端），而电压另一端钮则接至负载的另一端。电压线圈（可动线圈）是并联接入电路中的。

四、功率因数表

1. 概述

功率因数表又称相位表，可以测量交流电路的功率因数、电压和电流的相位差。

安装式功率因数表适用于固定安装在电力电器装置、开关板上，用来测量单相、三相交流电路中的功率因数。

2. 技术数据

功率因数表的主要技术数据，见表 9-11。

表 9-11　功率因数表主要技术数据

型　号	名　称	规　格				准确度（±%）	接入方式
		cosφ	额定电流（A）	额定电压（V）	额定频率（Hz）		
1L2—cosφ	三相功率因数表	0.5～1～0.5	5；0.5	127；220；380	50；60	2.5	直接接入
			5A～10kA/5A或0.5A	3.8kV～380kV/100V或50V			经仪用互感器接入
1D5—cosφ	三相功率因数表	0.5～1～0.5	5	100；110；127；220	50	1.5	直接接入
1L3—cosφ	三相功率因数表	0.5～1～0.5	2.5；5	100；110；127；220		2.5	直接接入
6L2—cosφ	单相功率因数表	0.5～1～0.5	5	100；220		2.5	直接接入
	三相功率因数表	0.5～1～0.5	5	100；380			

续表

型　号	名　称	规格 cosφ	规格 额定电流（A）	规格 额定电压（V）	规格 额定频率（Hz）	准确度（±%）	接入方式
11D51—cosφ	中频单相功率因数表	0.5～1～0.5	5	100	1000；2500；4000；8000	5.0	外附电压电流互感器接入
12L1—cosφ	单相功率因数表	0.5～1～0.5	5；0.5	50；100；220		5.0	直接接入
13T1—cosφ	三相功率因数表	$0_{容性}$～1～$0_{感性}$	5	220	50；400；427	2.5	直接接入
				380			经380/100V或380/127V TV接入
16L1—cosφ	单相功率因数表	0.5～1～0.5	5	100；220	50	2.5	直接接入
	三相功率因数表	0.5～1～0.5	5	100；380	50		
16L8—cosφ	三相功率因数表	0.5～1～0.5	5	100；220；380	50	2.5	外附功率因数变换器
16L13—cosφ	槽形三相功率因数表	0.5～1～0.5	5	100	50	2.5	直接接入
16L14—cosφ	单相功率因数表	0.5～1～0.5	5	100；220；380	50；1000；2500；8000	5.0	外附功率因数变换器
	三相功率因数表	0.5～1～0.5	5	100；220；380	50		
16L19—cosφ	功率因数表	0.5～1～0.5	5	100；127；380		2.5	
42L6—cosφ	单相功率因数表	0.5～1～0.5	5	100；220		2.5	直接接入
	三相功率因数表	0.5～1～0.5	5	100；380			
42L9—cosφ	三相功率因数表	0.5～1～0.5	5	100；380		2.5	直接接入
42L12/11—cosφ	三相功率因数表	0.5～1～0.5	1；5	100；380		1.5	

续表

型号	名称	规格				准确度(±%)	接入方式
		cosφ	额定电流(A)	额定电压(V)	额定频率(Hz)		
42L20—cosφ	三相功率因数表	0.5～1～0.5	5	100；220；380		2.5	直接接入
42KL6—cosφ	带设定报警单相功率因数表	滞后 0.5～1～0.5 超前	2.5～10	100；200		2.5	
	带设定报警三相功率因数表	滞后 0.5～1～0.5 超前	2.5～10	100；380			
44L1—cosφ	单相功率因数表	0.5～1～0.5	5	100；220		2.5	外附功率因数变换器
	三相功率因数表	0.5～1～0.5	5	100；380			
44L8—cosφ	三相功率因数表	0.5～1～0.5	5	100；220；380		2.5	通过变换器
45T1—cosφ	三相功率因数表	0容性～1～0感性	5	127；220	50；400；427	2.5	直接接入
				380			经 380/100V 或 380/127V TV 接入
46L1—cosφ	单相功率因数表	0.5～1～0.5	5	100；220		2.5	外附功率因数变换器
	三相功率因数表	0.5～1～0.5	5	100；380			
46L5—cosφ	三相功率因数表	0.5～1～0.5	5	100；127；380		2.5	
51L4—cosφ 51L8—cosφ	三相功率因数表	0.5～1～0.5	5	50；100；220；380		2.5	
59L1—cosφ	三相功率因数表	0.5～1～0.5	0.5 5	50；100；220；380		2.5	
59L2—cosφ	单相功率因数表	0.5～1～0.5	5	100；220	50；1000；2500；8000	2.5	外附功率因数变换器
	三相功率因数表	0.5～1～0.5	5	100；100；380	50		

续表

型号	名称	规格				准确度（±%）	接入方式
		cosφ	额定电流（A）	额定电压（V）	额定频率（Hz）		
59L4—cosφ	三相功率因数表	0.5～1～0.5	5	100；380		2.5	外附功率因数变换器
59L17—cosφ	三相功率因数表	0.5～1～0.5	5	100；220；380		1.5	通过变换器
59L23—cosφ	单相功率因数表	0.5～1～0.5	5	100；220	50；1000；2500；8000	5.0	外附功率因数变换器
	三相功率因数表	0.5～1～0.5	5	100；220；380	50		
61L13—cosφ	三相功率因数表	0.5～1～0.5	5	50；100；220；380		2.5	
62L1—cosφ	三相功率因数表	0.5～1～0.5	5	100；380		2.5	外附功率因数变换器
62L4—cosφ	三相功率因数表	0.5～1～0.5	5	100；220；380		2.5	通过变换器
62L6—cosφ	三相功率因数表	0.5～1～0.5	5	100；220；380	50	2.5	通过变换器
63L10—cosφ	三相功率因数表	$0_{容性}$～1～$0_{感性}$	5	127；220	50；400；427	2.5	配用FH10型变换器接入
				380			通过380/220或380/127仪用互感器配用FH10型变换器接入
69L9—cosφ	三相功率因数表	0.5～1～0.5	5	100；220；380		2.5	外附功率因数变换器

续表

型号	名称	规格				准确度（±%）	接入方式
		$\cos\varphi$	额定电流（A）	额定电压（V）	额定频率（Hz）		
69L13—$\cos\varphi$	单相、三相功率因数表	0.5～1～0.5	0.5；5；TA/0.5A/5A	100；220；380；TV/100V		2.5	外附功率因数变换器
81L10—$\cos\varphi$	三相功率因数表	0.5～1～0.5	5	100；220；380		2.5	通过变换器
85L1—$\cos\varphi$	单相功率因数表	0.5～1～0.5	5	50；100；220		2.5	外附功率因数变换器
	三相功率因数表	0.5～1～0.5	5	50；100；380			

3. 使用与维护

功率因数表的使用注意事项：

1）选择功率因数表时，要注意它的电流和电压量程。

2）必须在规定频率范围内使用。

3）功率因数表的接线要注意极性，其端子标有特殊符号，它与功率表一样，必须接到电源侧。

4）三相功率因数表的接线还要注意相序，不能接错。

5）因流比计不用弹簧、游丝等机构产生反作用力矩，故在不通电的情况下或负载电流较小时，指针可停留在任意位置。

五、频率表

1. 概述

频率是电能质量的重要指标之一。频率表又叫周波表。安装式频率表适用于固定安装在电气开关板、变电所、输配电控制屏及电工电子、电讯配套设备上，用来测量不同额定电压交流电路中的频率。按工作原理分为振簧系和电动系两种。

2. 技术数据

频率表的主要技术数据，见表 9-12。

表 9-12　频率表主要技术数据

型　　号	规　　格		准确度（±%）	接入方式
	频　　率（Hz）	额定电压（V）		
1D5—Hz	45～55；55～65	100；110；127；220	1.0	直接接入
1D1—Hz	45～55	100；110；220		
1L1—Hz	45～55；55～65；380～480；450～550	100；110；127；220	1.0	直接接入
1L2—Hz	45～55；55～65	50；100；220；380	5.0	直接接入
1L3—Hz	45～55	100；110；127；220	1.0	直接接入
6L2—Hz	45～55；380～480；450～550；900～1100；1350～1650	36；110；127；220；380	5.0	直接接入
13D1—Hz	45～55	127；220；380（经380/100 或 380/127V PT 接入）	2.5	FY50
	350～450；380～480			FY58
16D2—Hz	45～55	100；200	0.5	直接与外附阻抗器接通
		100		通过次级电压100V的电压互感器与外附阻抗器接通
16L1—Hz	45～55；55～65；350～450；450～550	50；100；220；380	2.5	
16L2—Hz	45～55；55～65	100；220；380	5.0	直接接入
16L8—Hz	45～55；55～65	50；100；220	5.0	外附频率变换器
16L12—Hz	45～55	100；220；380		直接接入
16L13—Hz	45～55	100 单指针	2.5	
		100 双指针		
16L14—Hz	45～55；55～65；380～480；450～550；900～1100	100；220；380	2.5	
16L17—Hz	45～55；55～65	100；220；380	0.5	

续表

型号	规格		准确度（±%）	接入方式
	频率（Hz）	额定电压（V）		
16L19—Hz	45～55；55～65	100；127；380	2.5	
19L2—Hz	45～55；55～65	100；220；380	0.5	
42L1—Hz	45～55；55～65	50；100；220；380	5.0	外附频率变换器
42L6—Hz	45～55；380～480；450～550；900～1100；1350～1650	36；110；127；220；380	5.0	直接接入
42L9—Hz	45～55；55～65；45～65	100；220；380	5.0	直接接入
42L12/7—Hz	45～55；55～65	100；220；380	0.5	
42L20—Hz	45～55；55～65	100；220；380	0.5	直接接入
44L1—Hz	45～55；55～65；350～450；450～550	50；100；220；380	2.5	外附频率变换器
44L7—Hz	45～55；380～480；450～550；900～1100；1350～1650	36；110；127；220；380	5.0	通过变换器
45D1—Hz	45～55	127；220；380（经380/100或380/127V TV接入）	2.5	FY50
	350～450；380～480			FY58
46L1—Hz	45～55；55～65	50；100；220	5.0	直接接入
46L5—Hz	45～55；55～65	100；220；380	2.5	
59L1—Hz	45～55；55～65	50；100；110；127；220；380	5.0	
59L2—Hz	45～55；55～65；350～450；450～550	50；100；220；380	2.5	外附频率变换器
59L4—Hz	45～55；55～65	50；100；220	5.0	外附频率变换器
59L7—Hz	45～55；380～480；450～550；900～1100；1350～1650	36；110；127；220；380	5.0	通过变换器
59L9—Hz	45～55；55～65；350～450；450～550	50；100；220；380	5.0	外附频率变换器

续表

型号	规格		准确度(±%)	接入方式
	频率(Hz)	额定电压(V)		
59L23—Hz	44～55；55～65；350～450；450～550	100；220；380	2.5	直接接入
61L1—Hz	45～55；55～65	50；100；110；127；220；380		
62L1—Hz	45～55；55～65；350～450；450～550	50；100；110；127；220；380	5.0	直接接入
62L2—Hz	45～55；380～480；450～550；900～1100；1350～1650	36；110；127；220；380	1.5 2.5	直接接入
62T51—Hz	45～55；380～480；450～550；950～1050；1450～1550	110；127；220；380	2.5	外附阻抗器
63L10—Hz	45～55；55～65；350～450；380～480	127；220	2.5	直接接入
		380		用380/127或380/100VTV接入
69L9—Hz	45～55；55～65；350～450；450～550	50；100；220；380	5.0	外附变换器
69L13—Hz	45～550	50～380	5.0	直接接入
81L1—Hz	45～55；55～65；350～450；450～550	110；220；380	5.0	直接接入
81L2—Hz	45～55；380～480；450～550；900～1100；1350～1650	36；110；127；220；380	5.0	通过变换器
85L1—Hz	45～55；55～65；350～450；450～550	50；100；200；380	5.0	外附变换器
91L2—Hz	45～55；55～65	50；100；220；380	5.0	外附变换器

六、同步表

概述

同步表根据产生旋转磁场线圈结构的不同可分为：①两线圈

交叉 90°的；②两线圈交叉 60°的；③三线圈式的；④单相分相式的等几种。它们的工作原理基本相同。当待并发电机与运行电力网或另外发电机组的频率相同时，指针按两方的相位差位置停留；当待并发电机的频率高于运行电力网的频率时，指针顺时针方向旋转，低于运行电力网的频率时，指针逆时针方向旋转；其旋转速度与两方频率之差成正比。

2. 技术数据

同步表的主要技术数据，见表 9-13。

表 9-13　同步表主要技术数据

型　　号	名　　称	规　　格	准确度（±%）	接入方式
6L2—S	单相同步表	100；220V	2.5	直接接入
	三相同步表	100；380V	2.5	直接接入
42L6—S	三相同步表	100；380V	2.5	直接接入
42L12/9—S	三相同步表	100V（cosφ：0.5～1～0.5）	2.5	
42L20—S	三相同步表	100；220；380V	2.5	

第二节　试验仪表

一、直读式电表

（一）概述

实验室及精密式各类指示电表用于精密测量交、直流电路中的电流、电压、功率、功率因数、相位、频率等，也可作为校验较低准确度等级仪表的标准表。

电动系有功功率表按用途分为普通功率表和低功率因数功率表。低功率因数功率表用来测量小功率或低 $\cos\varphi$ 的负载的有功功率。

常用可携式及实验室电测量指示仪表的型号含义：

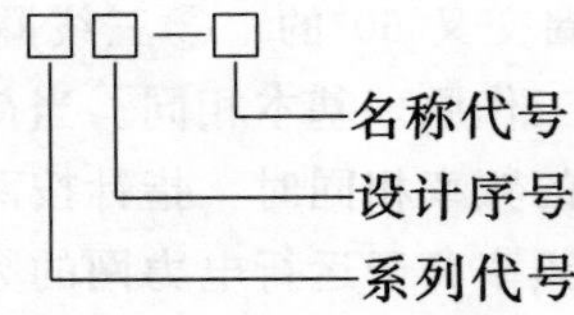

(二) 技术数据

实验室电流表的主要技术数据，见表 9-14。

实验室电压表的主要技术数据，见表 9-15。

实验室功率表的主要技术数据，见表 9-16。

实验室功率因数表的主要技术数据，见表 9-17。

实验室频率表的主要技术数据，见表 9-18。

钳形表的主要技术数据，见表 9-19。

兆欧表的主要技术数据，见表 9-20。

常用万用表的主要技术数据，见表 9-21。

接地电阻测试仪的主要技术数据，见表 9-22。

表 9-14　实验室电流表主要技术数据

型　号	名　称	规　　格	准确度(±%)
C4—A	安培表	0.015；0.03；0.075；0.15；0.3；0.75；1.5；3；7.5；15；30A	0.2
C19—mA C19—A	直流毫安表	25/50；50/100；75/150；100/200；150/300；250/500mA	0.5
	直流安培表	0.5/1；0.75/1.5；1.5/3；2.5/5；5/10；7.5/15；10/20；15/30A	
C21/1—μA C21/1—mA C21/1—A	直流微安表	10；25；50；100；150；200；300；500；1000μA ±5；±25；±50；±75；±100；±150；±250；±500	0.5
	直流毫安表	1.5；3；5；7.5；10；1.5/3；2.5/5；5/10；10/20；15/30；25/50；50/100；75/150；100/200；150/300；250/500mA	
	直流安培表	0.5/1；1.5/3；2.5/5；5/10；10/20；15/30A	
C30—mA C30—A	直流毫安表	1.5/7.5/15/30；3/15/75/150；50/100/500/1000mA	0.5
	直流安培表	0.3/0.75/1.5/3；2.5/5/10/20；3/7.5/15/30A	

续表

型 号	名 称	规 格	准确度（±%）
C31—μA C31—mA C31—mA、A C31—A	直流微安表	10；20；50；100/200/500/1000；150/300/750/1500μA	0.5
	直流毫安表	1.5/3/7.5/15；5/10/20/50；100/200/500/1000mA	
	直流毫安、安培表	7.5/15/30/75/150/300/750mA/1.5/3/7.5/15/30A	
	直流安培表	2/5/10/20；25/50/100A	
C36—mA C36—A	直流毫安表	1/2/5/10/50/100/1000；1.5/3/7.5/15/30/75/150/300； 2/5/10/20/50/100/200/500； 7.5/15/30/75/150/300/750/1500mA	0.2
	直流安培表	0.005/0.01/0.05/0.1/0.5/1/5/10A	
C38—μA/1	直流微安表	1/2/5/10/20/50/100/200/500/1000μA	0.5
C38—μA/2		1.5/3/7.5/15/30/75/150/300/750/1500μA	
C41—μA C41—mA C41—mA、A C41—A	直流微安表	50；75；100/200/500/1000；150/300/750/1500μA	0.2
	直流毫安表	10;3/7.5/15/30;5/10/20/50;75/150/300/750;100/200/500/1000; 1.5/3/7.5/15/30/75/150/300/750/1500mA	
	直流毫安、安培表	1.5/3/7.5/15/30/75/150/300/750mA/1.5/3/7.5/15A	
	直流安培表	2/5/10/20；1.5/3/7.5/15/30A	
C42—mA C42—A	直流毫安表	1/2/5；10/30/50；100/200/500；200/500/1000；1.5/3/7.5；15/30/75；150/300/750mA	0.1
	直流安培表	1/2.5/5；1.5/3/7.5；2/5/10A	
C47—μA C47—mA C47—A	直流微安表	50/100/200/500/1000μA	0.2
	直流毫安表	10；20；50；10/20；5/10/20/50；1.5/3/7.5/15/30/75/150/300mA	
	直流安培表	0.15/0.3/0.75/1.5/3/7.5/15/30A	
C50—μA C50—mA C50—A	直流微安表	50/100/200/500/1000μA	0.1
	直流毫安表	1.5/3/7.5/15/30/75/150/300/750mA	
	直流安培表	1.5/3/7.5/15A	

续表

型　号	名　称	规　　格	准确度（±%）
C59—μA C59—mA C59—A	直流微安表	50μA	0.5
	直流毫安表	5/10/20；15/30/75；25/50/100；30/75/150；50/100/200；75/150/300；100/200/500；150/300/750； 5/10/20/50/100/200/500/1000；7.5/15/30/75/150/300/750/1500mA	
	直流安培表	0.5/1/5；1.5/3/7.5；2.5/5/10；5/10/20；7.5/15/30；10/25/50A	
C63—μA C63—mA C63—A	直流微安表	30/75/150/300/750/1500μA	0.5
	直流毫安表	1.5/3/7.5/15/30/75/150/300mA	
	直流安培表	0.15/0.3/0.75/1.5/3/7.5/15/30A	
C65—μA C65—mA C65—A	直流微安表	10/20/50；50/100/200；200/500/1000；50/100/200/500/1000;10/20/50/100/200/500/1000μA	0.5
	直流毫安表	0.5/1/2；5/10/20；50/100/200；0.5/1/2/5/10；10/20/50/100/200mA	
	直流安培表	1/2/5/10/20A	
C67—μA C67—mA C67—A	直流板式电流表	50/100/200/500/1000μA	0.5
		2/5/10/20/50/100/500mA	
		1/5/10/20A	
T15—mA T15—A	交流毫安表	25/50；50/100；100/200；250/500mA	0.5
	交流安培表	0.5/1；1/2；2.5/5；5/10；5/10/25/50/100A	
T19—mA T19—A	交直流毫安表	10/20；25/50；50/100；100/200；150/300；250/500mA	0.5
	交直流安培表	0.5/1；1/2；2.5/5；5/10；10/25/50/100A	
T24—mA T24—A	交直流毫安表	15/30/60；75/150/300mA	0.2
	交直流安培表	0.5/1；2.5/5；5/10A	
T24—A	交流安培表	0.075/0.15/0.3/0.75/1.5/3/7.5/15/30/60A	0.2
T25—mA T25—A	毫安表	10/20/40；25/50/100；50/100/200；75/150/300mA	0.5
	安培表	0.5/1；1/2；2.5/5；5/10A	

续表

型　号	名　称	规　　格	准确度（±%）
T26—mA T26—A	毫安表	10/20/40；25/50/100；75/150/300mA	0.2
	安培表	0.5/1；1/2；2.5/5；5/10A	
T29—A	安培表	0.5/1；1/2；2.5/5A	0.1
T30—mA T30—A	交直流毫安表	100/200；250/500mA	0.1
	交直流安培表	0.75/1.5；2.5/5；3/6；5/10A	
D9mA—1 D9A—1	中频毫安表	25；50；100mA	0.5
	中频安培表	0.25/0.5；0.5/1；2.5/5；5/10A	
D26—mA D26—A	交直流毫安表	150/300；250/500mA	0.5
	交直流安培表	0.5/1；1/2；2.5/5；5/10；10/20A	
D40—mA D40—A	毫安表	25/50；100/200；250/500mA	0.2
	安培表	0.5/1；2.5/5；5/10；10/20A	

表 9-15　实验室电压表主要技术数据

型　号	名　称	规　　格	准确度（±%）
C19—V	直流伏特表	0.75/1.5/3；1.5/3/7.5；2.5/5/10；7.5/15/30；15/30/75；25/50/100；75/150/300；125/250/500；150/300/600V	0.5
C21/1—mV C21/1—V	直流毫伏表	15/30；25/50；50/100；75/150；150/300；250/500；500/1000；15/30/60；25/50/100；50/100/200；75/150/300；150/300/600；250/500/1000；10；25；45；75；150mV	0.5
	直流伏特表	0.75/1.5/3；1.5/3/7.5；2.5/5/10；3/7.5/15；7.5/15/30；15/30/75；25/50/100；75/150/300；150/300/600V	
C30—mV C30—V	直流毫伏表	75—0—75mV 75/150/300/1500mV	1.0
	直流伏特表	3/7.5/15/30；3/15/150/300；3/30/150/300；15/150/300/450；30/75/150/300；75/150/300/600；150/300/450/600V	

续表

型号	名称	规格	准确度(±%)
C31—mV C31—V	直流毫伏表	45/75/150/300/750/1500/3000； 100/200/500/1000mV	0.5
	直流伏特表	0.045/0.075/3/7.5/15；30/75/150/300/600；1.5/15/150/1500； 2/5/10/20； 50/100/200/500V	
C36—mV C36—V	毫伏表	30/75/150/300/750/1500/3000/7500mV 45/60/75/150/300/750/1500/3000mV 50/100/200/500/1000/2000/5000/10000mV	0.2
	伏特表	1.5/3/7.5/15/30/75/150/300； 2.5/5/10/25/50/100/250/500；3/7.5/15/30/75/150/300/600V	
C38—mV/1	直流毫伏表	1/2/5/10/20/50/100/200/500/1000mV	0.5
C38—mV/2		1.5/3/7.5/15/30/75/150/300/750/1500mV	
C41—mV C41—V	直流毫伏表	10； 20； 45； 75； 100/200/500/1000/2000mV	0.2
	直流伏特表	1.5/3/7.5/15/30/75/150/300/750V 2/5/10/20/50V 50/100/200/500V	
C42—mV C42—V	直流毫伏表	45/60/75； 150/300/600； 750/1500/3000mV	0.1
	直流伏特表	1.5/3/7.5； 15/30/75； 150/300/600； 1/2/5；10/20/50； 100/250/600V	
C47—mV C47—V	直流毫伏表	15/30/75/150/300/750/1500/3000mV	0.2
	直流伏特表	3/7.5/15/30/75/150/300/750V	
C50—mV C50—V	直流毫伏表	45/75/150/300/750/1500/3000mV	0.1
	直流伏特表	1.5/3/7.5/15/30/75/150/300/600V	
C59—mV C59—V	毫伏表	45； 75； 75/150/300； 150/300/750； 250/500/1000mV	0.5
	伏特表	1.5/3/7.5； 2.5/5/10； 7.5/15/30； 15/30/75；25/50/100； 75/150/300； 125/250/500； 150/300/600V 1/2.5/5/10/25/50/100/250V 1.5/3/7.5/15/30/75/150/300V	

续表

型　号	名　称	规　　格	准确度（±%）
C65—V	直流电压表	12/30/60；30/60/120/300/600；120/300/600mV 1.2/3/6； 1.2/3/6/12/30； 12/30/60； 120/300/600V 30/60/120/300/600V 0.012/0.03/0.06/0.12/0.3/0.6/1.2/3/6/12/30/60/120/300/600V	0.5
C67—mV C67—V	直流板式电压表	45；75；100；200；500mV 1；2；5；10；20；50；100；200；500；600V	0.5
T10—V	交直流电压表	1.5/3/7.5/15；7.5/15/30/60；75/150/300/600V	0.5
T15—V	交流电压表	75/150/300；150/300/450；150/300/600V	0.5
T19—V	交直流电压表	7.5/15；15/30；30/60；7.5/15/30/60；50/100；75/150；150/300；300/600；75/150/300/600V	0.5
T24—V	交直流伏特表	15/30/45/60；75/150/300；150/300/450/600V	0.2
T25—V	伏特表	1.5/3/7.5； 7.5/15/30/75； 30/75/150/300；150/300/400/600V	0.5
T26—V	伏特表	3/7.5/15/30；15/30/75/100；75/150/300/600V	0.2
T29—V	伏特表	15/30/60；75/150/300；150/300/600V	0.1
T30—V	交直流电压表	15/30/45/60；75/150/300/600V	0.1
T54—V	低消耗伏特表	1.5/3/7.5/15/30；30/75/150/300/600V	0.5
D9V—1	中频伏特表	15/30；50/100；75/150；125/250；150/300；250/500；300/600V	0.5
D26—V	交直流电压表	75/150/300；125/250/500；150/300/600V	0.5
D40—V	电压表	45/75/150；75/150/300；150/300/600V	0.2

表 9-16　实验室功率表主要技术数据

型　号	名　称	规　格			准确度（±%）	使用频率（Hz）
		额定电流（A）	额定电压（V）	额定功率因数 cosφ		
D26—W	交直流单相功率表	0.5/1；1/2；2.5/5；5/10；10/20A	75/150/300；125/250/500；150/300/600V		0.5	50；60

续表

型号	名称	规格			准确度(±%)	使用频率(Hz)
		额定电流(A)	额定电压(V)	额定功率因数cosφ		
D28—W D28W—T	精密功率表	10/20；25/50；50/100mA 0.1/0.2；0.25/0.5；0.5/1；1/2；2.5/5；5/10A	30/75/150/300；75/150/300/600		0.5	50；可扩大为90～500，此时准确度为1.0级
D33—W	三相有功功率表	0.5；1；2；2.5；5；10A	50/100/200；75/150/300；100/200/400；125/250/500；150/300/600V		1.0	45～65
D34—W	单相低功率因数功率表	0.25/0.5；0.5/1；1/2；2.5/5；5/10A	25/50/100；50/100/200；75/150/300；150/300/600	0.2	0.5	50
D39—W	低功率因数功率表	0.25/0.5；0.5/1；2.5/5；5/10A	25/50/100/200；75/150/300/450；125/250/375/500；150/300/450/600V	0.2	0.5	45～65；100～500
D50—W	功率表	0.1/0.2；0.25/0.5；0.5/1；1/2；2.5/5；5/10	30/45；75/150/300		0.1	45；65
		5	120；120/240			
D51—W	单相功率表	0.5/1；1/2；	48/120/240/480		0.5	45～65
		2.5/5；5/10	75/150/300/600			
D52—W	低功率因数功率表	0.025/0.05；0.1/0.2；0.25/0.5；0.5/1；1/2；2.5/5；1/10	30/75/150/300/600	0.1	0.5	50；60；500
D56—W	交直流单相功率表	0.25/0.5；0.5/1；1/2；2.5/5；5/10	75/150/300/600		0.5	

续表

型号	名称	规格			准确度(±%)	使用频率(Hz)
		额定电流(A)	额定电压(V)	额定功率因数 cosφ		
D58—W	低消耗功率表	0.05/0.1;0.1/0.2;0.2/0.4	30/60/120;60/120/240		0.5	45;65
D62—W	单相功率表	0.1/0.2;0.5/1;2.5/5;5/10	75/150/300/450		0.2	45~65;扩大频率为180~1000
D72—W	单相功率表	0.5;1;2;2.5;5;10	75/150/300/450/600		0.5	45~65;扩大频率为1000

表 9-17 实验室功率因数表主要技术数据

型号	名称	规格					准确度(±%)
		cosφ	φ	电流(A)	电压(V)	额定频率(Hz)	
D26—cosφ	单相功率因数表	0.5~1~0.5		0.25/0.5 0.5/1 1/2 2.5/5 5/10 10/20	100/220	50±0.25	1.0
D31—cosφ	三相功率因数表	0.5~1~0.5		0.25/0.5 0.5/1 1/2 2.5/5 5/10 10/20	110/220/380	45~65	1.0
D57—cosφ	单相功率因数表	0.5~1~0.5		0.25/0.5 0.5/1 1/2 2.5/5 5/10	110/220		0.5
D3—φ	单相相位表		0~360°	5/10	100/200	50;60	1.5

续表

型　号	名　称	规　　格					准确度（±%）
		cosφ	φ	电　流（A）	电　压（V）	额定频率（Hz）	
D66—φ	单相相位表		0～360°			50；60	1.0
D70—φ	单相相位表		0～360°			50	1.0

表 9-18　实验室频率表主要技术数据

型　号	规　　格		准确度（±%）
	频　　率（Hz）	额定电压（V）	
D3—Hz	45～55；55～65；90～110；135～165；180～220；380～480；450～550；700～900；900～1100；1350～1600	36；100；127；220	0.2
D40—Hz	45～55	100;220;380	0.5
D43—Hz	45～55；90～110；135～165；180～220；350～450；450～550；700～900；900～1100；1350～1650；1800～2200；2250～2750	36；100；127；220；380	0.5
D65—Hz	45～55/55～65；90～110/135～165；180～220/380～480；450～550/700～900；900～1100/1350～1650	100；220；380	0.2

表 9-19　钳形表主要技术数据

型号	名　称	规　　格	准确度（±%）
T—301	钳形交流电流表	10/25/50/100/250A；10/25/100/300/600A；10/30/100/300/1000A	2.5
T—302	钳形交流电流、电压表	10/50/250/1000A 300/600V	2.5
MG20	交直流两用钳形电流表	100/200/300/400/500/600A	5.0
MG21		750/1000/1500A	
MG24	袖珍式钳形交流电流、电压表	5/25/50A；5/50/250A 300/600V	2.5
MG26		5/50/250A；10/50/150A 300/600V	

续表

型号	名　称	规　　格	准确度（±%）
MG28	袖珍式多用钳形表	交流：5/25/50/100/250/500A 50/250/500V 直流：0.5/10/100mA 50/250/500V 电阻：1/10/100kΩ	5.0
MG31	袖珍式钳形表	交流：5/25/50；50/125/250A 450V 电阻：50kΩ	5.0
MG33		交流：5/50；25/100；50/250A 150/300/600V 电阻：300Ω	
MG34	叉式多用钳形表	交流：1/5/25/100mA；1/5/25/100/250/1000A 50/250/500V 直流：1/5/25/100mA 50/250/500V 电阻：×10，×1kΩ	2.5
MG38	袖珍式多用钳形表	交流：50/100/250/500/1000A 50/250/500V 直流：0.5/10/100mA 50/250/500V 电阻：10/100kΩ/1MΩ 晶体管放大系数：0～250	5.0
MG41—VAW	电压、电流、功率三用钳形表	交流电流：10/30/100/300/1000A 交流电压：150/300/600V	2.5
		交流功率：1/3/10/30/100kW	5.0

表 9-20　兆欧表主要技术数据

型　　号	名　　称	规格		准确度（±%）
		额定电压（V）	量　限（MΩ）	
ZC7—1 ZC7—2 ZC7—3 ZC7—4	兆欧表	100 250 500 1000	200 500 1000 2000	1.0
ZC7—5		2500	5000	1.5
ZC11—1 ZC11—2 ZC11—3 ZC11—4	兆欧表	100 250 500 1000	500 1000 2000 5000	1.0
ZC11—5		2500	10000	1.5

续表

型号	名称	规格		准确度（±%）
		额定电压（V）	量限（MΩ）	
ZC11—6	兆欧表	100	20	1.0
ZC11—7		250	50	
ZC11—8		500	100	
ZC11—9		1000	200	
ZC11—10		2500	2500	1.5
ZC25—1	兆欧表	100	100	1.0
ZC25—2		250	250	
ZC25—3		500	500	
ZC25—4		1000	1000	
ZC26—1	晶体管兆欧表	100	100	1.5
ZC26—2		250	250	
ZC26—3		500	500	
ZC30—1	晶体管兆欧表	2500	20000	1.5
ZC30—2		5000	50000	
ZC40—1	兆欧表	50	100	1.0
ZC40—2		100	200	
ZC40—3		250	500	
ZC40—4		500	1000	
ZC40—5		1000	2000	
ZC40—6		2500	5000	1.5
ZC42—1	市电式兆欧表	100，250	100，200	1.5
ZC42—2		250，500	200，500	
ZC42—3		500，1000	500，1000	
ZC44—1	晶体管兆欧表	50	50	1.5
ZC44—2		100	100	
ZC44—3		250	200	
ZC44—4		500	500	

表 9-21 常用万用表主要技术数据

型号	量限		灵敏度（Ω/V）	准确度（±%）
500	直流电压	2.5/10/50/250/500V	20000	2.5
		2500V	4000	4.0
	交流电压	10/50/250/500V	4000	4.0
		2500V	4000	5.0
	直流电流	50μA/1/10/100/500mA		2.5
	电阻	0～2～20～200kΩ～2～20MΩ		2.5
	音频电平	－10～＋22dB		

续表

型号	量限		灵敏度（Ω/V）	准确度（±%）
MF7	直流电压	2/10/50/250/500V/1kV	10000	
	交流电压	10/50/250/500V/1kV	4000	2.5
	直流电流	100μA/0.5/5/50/500mA/5A	＜0.6V	4.0
	交流电流	0.5/5/50/500mA/5A	＜1V	2.5
	电阻	0～2～20～200kΩ～2～20MΩ		4.0
	音频电平	−10～＋22dB		
MF10	直流电压	0.5/1/2.5/10/50/100V	100000	2.5
		250/500V	20000	2.5
	交流电压	10/50/250/500V	20000	4.0
	直流电流	10/50/100μA/1/10/100/1000mA	＜0.5V	2.5
	电阻	0～2～20～200kΩ～2～20～200MΩ		2.5
	音频电平	−10～＋22dB		4.0
MF12	直流电压	0.075/3/7.5/15/30/150/300/600V	20000	1.5
	交流电压	3/7.5	1000	2.5
		15/30/150/300/600V	2000	2.5
	直流电流	50/150/600μA/3/15/60/300/1500mA	＜0.27V	1.5
	交流电流	3/15/60/300A	＜1.35V	2.5
	电阻	0～20～200kΩ～2～20MΩ		1.5
	电容	0.005～20μf		2.5
	音频电平	−10～＋22dB	600Ω	2.5
MF14	直流电压	2.5/10/25/100/250/500/1000V	1000	1.5
	交流电压	2.5V	100	2.5
		10/25/100/250/500/1000V	400	2.5
	直流电流	1/2.5/10/25/100mA/1/5A	＜0.48V	1.5
	交流电流	2.5/10/25/100/250mA/1/5A	＜1.2V	2.5
	电阻	0～10～100kΩ～1～10MΩ	25Ω（中心）	1.5
MF27	直流电压	2.5/10/50/250/500V	2000	
	交流电压	2.5/10/50/250/500V	2000	
	直流电流	1/10/100mA		5.0
	电阻	1～10kΩ～1MΩ	60Ω（中心）	5.0
	电容	0.0001～0.03μf		5.0
	音频电平	−10～＋22～＋36～＋50～＋56dB		
MF30	直流电压	1/5/25	20000	2.5
		100/500V	5000	2.5
	交流电压	10/100/500V	5000	4.0
	直流电流	50/500μA/5/50/500mA	＜0.75V	2.5
	电阻	0～2～20～200kΩ～2～20MΩ	25Ω（中心）	2.5
	音频电平	−10～＋22dB		4.0

续表

型号	量限		灵敏度 (Ω/V)	准确度 (±%)
MF36	直流电压	0.5/10/50/250/1000V	20000	2.5
	交流电压	10/50/250/1000V	4000	4.0
	直流电流	50μA/1/10/100/1000mA	≈0.6V	2.5
	交流电流	0.5/5/25A	≈0.03V	5.0
	电阻	0～4～40kΩ～4～40MΩ		2.5
	电容	0.0001～1μf		5.0
	音频电平	－10～＋22dB		4.0
U—10	直流电压	0.5/2.5/5/25/250/500V	2000	2.5
	交流电压	5/25/100/250/500V	2000	4.0
	直流电流	0.5/2.5/25/250mA		2.5
	电阻	0～5～50～500kΩ～5MΩ	40Ω（中心）	2.5
	电容	0.0001～0.3μf		5.0
		0.05～1μf		
	音频电平	－10～＋56dB		5.0

表 9-22 接地电阻测试仪主要技术数据

型 号	名 称	规 格	准 确 度 (±%)
ZC8	接地电阻测试仪	1/10/100Ω 10/100/1000Ω	1.5（在额定值的30%以下） 5.0（在额定值的30%以上）
ZC29—1		10/100/1000Ω	
ZC34A	晶体管接地电阻测试仪	2/20/200Ω	2.5

（三）使用与维护

实验室用仪表的使用条件为：温度 0～40℃，相对湿度≤85%，水平放置。

对于多量限仪表，要选择合适的量限，最好使指针指示在标度尺的 1/2 到 3/4 间。

电工仪表应根据有关规定，进行定期校检和调整，以保证其准确度。

电表应定期擦拭，保持清洁，不得给电表随便加油，更不准用普通食用油或其他油脂，防止损坏仪表。

常用携带式电工仪表的使用方法及注意事项：

1. 钳形电流表

钳形电流表又称测流钳。它是在不拆断电路的情况下，进行交流电流测量的一种仪表。

钳形电流表由一个电流互感器和一个电流表组成。互感器只有次级绕组，与电流表连接；它的初级绕组就是被测电流所通过的导线。互感器的铁芯像一把钳子，当钳口张开把载流导线卡入时，电流通过导线，次级绕组中便将出现感应电流，和次级绕组相连的电流表指针便发生偏转，从而指示被测电流的数值。

钳形表除可测量电流外，有的还可测量交流电压和电阻，但仅限于在电压为500V以下的电路中使用。

钳形表使用很方便，但精度不高，只适用于对设备或电路运行情况进行粗略测量。

在使用钳形表时，应注意以下几点：

1）每次只能测量一根导线内的电流，而不能同时测量两根或两根以上的导线。

2）应将被测导线放在铁芯窗口的中心位置上，且使钳口（铁芯）紧密闭合，以使读数准确。

3）选择合适的量程。如果不知待测电流的大小，应先从最大量程测起，再逐档减小，至调到合适的量程为止。如果读数太小（一般为5A以下），可多绕几匝，读出的数值除以匝数便得所测的电流值。

4）测量完毕，要注意把量限开关放置在最大量限位置上，以免下次使用时，不慎误用而损坏仪表。

2. 兆欧表

兆欧表又称高阻计，俗称摇表。兆欧表是测量高电阻的仪表，一般常用于测量各种电机、电缆、变压器、电讯元器件、家用电器和其他电气设备的绝缘电阻。

常用的兆欧表是由磁电系流比计和手摇直流发电机组成，兆欧表上一般有两个接线柱，一个是“线路”（L）接线柱，另一个是“接地”（E）接线柱。有的兆欧表“线路”接线柱外面还有一个铜环，叫做“保护环”（G）或“屏蔽接线端子”。保护环的作用是消除表壳表面（L)、（E）接线柱间的漏电和所测绝缘物表面漏电的影响。

在作绝缘测定时，可将被测物的两端分别接在“线路”(L)、“接地”（E）两端即可。

在作通地测定时，将被测端接“线路”（L)，而以良好之地线接于“接地”（E）柱上。

在进行电缆缆芯对缆壳的绝缘测定时，除将被测两端分别接于“接地”（E）与“线路”（L）两接线柱外，再将电缆壳芯之间的内层绝缘物接“保护环”（G)，以消除因表面漏电而引起的测量误差。

在使用兆欧表时，应注意以下几点：

1）兆欧表应按电气设备的电压等级选用(一般常用500V，个别也有使用1000V的)。若将额定输出电压较高的兆欧表用于低压设备，就有把设备绝缘击穿的危险。兆欧表的选用可参考表9-23。

表9-23　兆欧表的选用

被测对象	被测设备的额定电压（V）	兆欧表的额定电压（V）
线圈的绝缘电阻	＜500	500
	＞500	1000
发电机线圈的绝缘电阻	＜380	1000
电力变压器、发电机、电动机线圈的绝缘电阻	＞500	1000～2500
电气设备的绝缘电阻	＜500	500～1000
	＞500	2500
瓷瓶母线刀闸		2500～5000

2）在测量绝缘电阻前，必须先将被测物的电源切断，对被测物进行充分放电，以保障人身及设备的安全，并使测量结果

准确。

3）兆欧表使用时应水平放置，摇动手柄时勿使表身受到震动。

4）兆欧表与被测物间不能用绞线连接，必须用绝缘良好的单根线，两根连接线切勿绞在一起，也不可与所测电气设备或地面接触。

5）在测量前，应先检验兆欧表。方法是先使两连接线开路，摇动手柄，表针应指到∞（无穷大）处；再将两连接线短接，慢慢地摇动手柄，表针应指到0（零）处。如果不是这样，说明表有故障应予检修。对于半导体兆欧表不宜用短路检验。

6）接线时，必须认清接线柱，“接地”的接线柱应接到被测设备的外壳或地线上；测量电缆等的绝缘电阻时，应将绝缘层接到兆欧表的“保护环”上。

7）摇动手柄时应由慢逐渐加快，然后保持转速稳定不变（一般约为每分钟120转），继续摇到表针稳定，即可测得电阻值。如发现指针指零时，应立即停止摇动手柄，以防内部线圈损坏。

8）当测量大电容的电气设备的绝缘电阻（例如电容器、电缆等）时，在测定绝缘后，将“线路”、“接地”端子连接线断开，然后减速松开手柄，以免被测设备所充入的电荷通过摇表来放电，将表损坏。

9）在雷电或邻近有带高压导体的设备时，禁止用兆欧表进行测量。只有在设备不带电又不可能受其他电源感应而带电时才能进行测量。

10）晶体管兆欧表内装有电池和晶体管直流电源变换器，它是通过按钮开关来进行测量的。

3. 万用表

万用表是一种多用途的便携式测量仪表，能测量交流电压、直流电压、直流电流和电阻等。有的万用表还能测量交流电流、电感、电容及判断晶体管等元器件的极性和性能的好坏等，因此称为万用表。万用表广泛应用于电气维修和测试中。

万用表主要由磁电式表头、测量电路、转换开关等组成。在测量不同的项目时，可通过转换开关来变换电路的量程。由于万用表每种测量项目都有几档量程，因此总是几档量程合用一个标度，在读数时应注意此点。

万用表性能的好坏主要以测量电压时每伏若干欧来衡量。此值越大，则万用表的灵敏度越高，一般为1000～3000Ω/V。

万用表由于测量项目较多，使用十分频繁，往往因使用不当或疏忽大意造成测量错误或损坏事故。因此，在使用万用表时，应注意以下几点：

1）检查表头指针是否指零（电压、电流标度尺的零点），若不指零，则应调整表头下方的机械调零旋钮。否则，测量结果将不准确。每次测量电阻前，都应重新调整欧姆零点。具体做法是：将两支表笔碰在一起（短接），看表针是否偏转到欧姆零点，如果不在零点，可调节欧姆调零器使指针偏转到零。如果把调零器旋转到了尽头，指针仍不能到零点，这说明电池电压过低，应更换新电池。

2）接线要正确。在测量直流电流或电压时，表笔的极性不要接反，否则表针反偏，有时会将表针打弯。

测量电压时，万用表应并联在被测电路或元器件两端。

测量电流时，万用表应串联在电路中，并注意测完后立即旋到电压档。

3）测量电阻时，必须切断该电阻所在的支路。切记不可带电测量，以免烧毁表头。

4）使用前必须把选择开关旋到与被测电量相应的一档量程上。若不知被测量的大小，则应先放置最高量程上试测，然后根据情况适当减小量程。

5）严禁在带电情况下旋转选择开关，以免烧毁转换开关触头。

6）用万用表的欧姆档判别二极管的极性时，应记住“+”端是接自表内电池的负极。

7）不能用于测量非正弦交流电量。

8）万用表使用完毕后应将选择开关旋至交流电压档的最大量程上，这样可防止下次使用时不慎误用而损坏仪表。

4. 接地电阻测试仪

接地电阻测试仪又称接地摇表，用于直接测量电气设备、避雷针等接地装置的接地电阻。

接地电阻测试仪由手摇发电机、电流互感器、滑线电阻及检流计等组成，附件有接地探测针及连接导线等。

接地电阻测试仪的使用方法：

1）根据测量项目采取相应的接线方法。①用于测量接地电阻：以被测接地极 E 为起始点，使电位探测针 P’和电流探测针 C’沿直线依次彼此相距 20m 插入地下；仪表的 C_2、P_2 端短接后与 E 相连，P_1 端与 P’相连，C_1 端与 C’相连。②用于测量土壤电阻率：具有四个端子的接地电阻测试仪可以测量土壤电阻率。在被测区沿直线埋入地下 4 根金属棒，彼此相距 a（cm），金属棒的埋入深度小于 $a/20$；仪表的 C_2、P_2、P_1、C_1 端依次与 4 根金属棒相连。所测得的土壤电阻率为：

$$\rho = 2\pi aR$$

式中 ρ——平均土壤电阻率，Ω·cm；

a——棒与棒间的距离，cm；

R——接地电阻测量仪的读数，Ω。

③用于测量导体的电阻：将 C_1、P_1 短接，C_2、P_2 短接，然后将被测电阻置于 C_1、P_1 和 C_2、P_2 间测量。

2）根据测量项目对接线后，仪表置于水平位置，指针调零。

3）将仪表的“倍率标度”置于最大倍数，缓慢摇动仪表手柄，同时旋动“测量标度盘”，使指针指向中心线。

4）当指针接近平衡时，使仪表手柄的转速达到 120r/min 以上，然后调整“测量标度盘”，使指针指向中心线。

5）如“测量标度盘”的读数小于 1 时，应置“倍率标度”于较小的档，并重新调整“测量标度盘”，以得到正确的读数。

6）将“测量标度盘”的读数乘以“倍率标度”的倍数，即得到测量的结果。

在使用接地电阻测试仪时要注意以下几点：

1）当检流计的灵敏度过高时，可将电位探测针插入土壤中浅一些的位置；当检流计灵敏度不够时，可沿电位探测针和电流探测针注水，使其湿润。

2）若接地极 E 和电流探测针 C’之间的距离大于 20m，当电位探测针 P’插在离开 E、C’之间的直线几米以内的位置时，其测量时的误差可以不计，但 E、C’之间的距离小于 20m 时，则需将电位探测针 P’正确地插入 E 和 C’之间的直线中间。

3）当用 1/10/100Ω 规格的仪表测量小于 1Ω 的接地电阻时，应将 C_2、P_2 间的连接片打开，分别用导线连接到被测接地体上，以消除测量时连接导线电阻附加的误差。

4）测量工作接地或保护接地时，都必须将引线与设备断开。

二、电桥类电表

（一）概述

电桥是将被测量与标准量进行比较，从而获得测量结果的比较仪器。电桥一般可分为直流电桥和交流电桥两类。直流电桥主要用于精确测量电阻，其又有单臂电桥和双臂电桥之分。直流单臂电桥（惠斯登电桥）适用于测量中值电阻；直流双臂电桥（凯尔文电桥）适用于测量低值电阻。交流电桥用于测量交流等效电阻、电容和电感。

电桥的准确度等级是指在基本量程范围内，在正常使用条件下，测量误差不应超过准确度等级的要求。

直流电桥的准确度等级，见表 9-24。

表 9-24　直流电桥的准确度等级

测量范围（Ω）	使用条件	准确度等级
$10^{-5}\sim10^{6}$	实验室型	0.01，0.02，0.05
	携带型	0.05，0.1，0.2，0.5，1，2
$10^{6}\sim10^{12}$	实验室型	0.02，0.05，0.1，0.2，0.5

（二）技术数据

直流电桥的主要技术数据，见表 9-25。

交流电桥的主要技术数据，见表 9-26。

表 9-25　直流电桥的主要技术数据

型　号	名　　称	测量范围（Ω）	准确度等级
QJ17	直流单双臂两用电桥	10^{-6}～10^{6}	0.02
QJ19	直流单双臂两用电桥	10^{-5}～10^{6}	0.05
QJ23	携带式直流单臂电桥	1～9999000	0.2
QJ24	携带式直流单臂电桥	20～99990	0.1
QJ27	直流高阻电桥	10^{5}～10^{12}	0.05
QJ28	携带式直流双臂电桥	10^{-5}～11.05	0.5
QJ30	单臂电桥	1～10^{8}	0.005
QJ31	携带式单双臂电桥	10^{-4}～10^{6}	0.1
QJ32	直流单双臂两用电桥	10^{-5}～10^{6}	0.05
QJ36	直流单双臂两用电桥	10^{-6}～10^{6}	0.02
QJ42	携带式直流双臂电桥	10^{-4}～11	2
QJ44	携带式直流双臂电桥	10^{-5}～11	0.2
QJ49	携带式直流单臂电桥	1～10^{6}	0.05
QJ103	直流双臂电桥	10^{-4}～11	2

表 9-26　交流电桥的主要技术数据

型　号	名　　称	测　量　范　围	基本误差
QS3	高压电桥	40～2×10^{-4}PF	0.5%+5Pf
QS16	电容电桥	1Pf～1μf	±0.01%
QS18	万用电桥	电容 0.5Pf～1100μf 电感 0.5μH～110H 电阻 10mΩ～11MΩ	±1%
QS19	高压电容电桥	0～0.1μf	±0.1%±1Pf
QS19A	高压电容电桥	0～10000Pf	±0.1%

续表

型号	名称	测量范围	基本误差
QS31	电容分选电桥	电容 10Pf～11.11μf 电容分选范围：20%～0.2%	±0.2%
WQJ－1	精密万用电桥	电容：0.1Pf～110μf 电感：0.1μH～110H 电阻：0.005Ω～110MΩ	±0.25%
WQ－5A	万用电桥	电容：1Pf～122.21μf 电感：1μH～122.21H 电阻：0.01Ω～1.2221MΩ	±2%

（三）使用与维护

1. 直流单臂电桥的使用方法和注意事项

直流单臂电桥的使用方法：

1）将电桥平稳放置后，先把检流计的锁扣打开，并调节调零器使指针位于零点。

2）用万用表欧姆档粗测被测电阻值，将被测电阻用较粗较短的导线可靠接入电桥的 R_x 端钮。

3）根据被测电阻的粗测值，选择适当的比率臂倍率，使比较臂的四个电阻全部用上，以提高读数的精度。

4）测量时，应先按下电源按钮 B，再按检流计按钮 G。按 G 钮后，若检流计指针向“＋”方向偏转，应增大比较臂电阻；反之若指针向“－”方向偏转，应减小比较臂电阻；直至检流计指零。

5）正确读取测量值。被测电阻值等于比率臂的倍率与比较臂的电阻值的乘积。

6）测量结束，应先断开 G 钮，再断开电源按钮 B。

7）电桥用毕后，应将检流计的锁扣锁上。

注意事项：

1）若使用外接电源，其电源电压应按规定调节。

2）比率臂和比较臂的最高位档切记不能带电调节。

3）测量电感线圈的电阻后，应先进行放电，再拆除测量导线。

4）电桥应存放在温度为＋10～＋40℃，相对湿度低于80％，空气内不含腐蚀性气体的室内。

2. 直流双臂电桥的使用方法和注意事项

双臂电桥的使用方法和注意事项，与单臂电桥基本相同，但应注意以下几点：

1）被测电阻按四端连接法接入双臂电桥的电流端钮和电压端钮，即将电阻两端内侧接电桥的 P_1、P_2 端，外侧接电桥的 C_1、C_2 端。连接导线要尽量短而粗，接触要良好。

2）双臂电桥的工作电流较大，所以电源容量要大，测量要迅速，按钮应间歇使用。测量结束后应立即关掉电源。

3）应反复调节，选择合适的灵敏度。

3. 交流电桥的使用方法和注意事项

交流电桥虽然和直流单臂电桥具有同样的结构形式，但因它的四个臂是阻抗，所以它的平衡条件与直流电桥不同，实现平衡的调整过程也比直流电桥复杂。

交流电桥的使用方法：

1）估计被测元件值，选择合适量程并确定测量选择（电容选 C、电感选 L、电阻选 R）。

2）选择合适的损耗倍率，调节灵敏度使电表有一定指示。

3）调节电桥的“读数”和“损耗平衡”使指针指零，然后再将灵敏度增大使电表有一定指示，调节电桥的“读数”和“损耗平衡”使指针指零。如此反复调节，直至灵敏度开到足够满足分辨出测量精度的要求，电表仍指零或接近于零，电桥便达到平衡。

4）被测元件值（C、L、R）等于“量程”与“读数”的乘积；电容、电感的损耗值等于“损耗倍率”与“损耗平衡”的乘积。

注意事项：

1）选择电源时，应遵守说明书中对于电压的数值、频率和波形的要求。

2）进行测量时，各仪器设备应合理安放，以便尽可能消除各种干扰对电桥平衡的影响。

3）当电桥电路有屏蔽时，必须按照说明书的要求，把它们连接到适当的点上。

4）当使用带有放大器的平衡指示器或耳机时，应当把灵敏度调节在灵敏度最低的位置。在电桥接近平衡后，再逐渐提高灵敏度，直到灵敏度最大时电桥平衡为止。

5）每次改变电桥接线或改换被测元件前，都要断开电桥的电源。

第三节 电子仪表

一、数字万用表

数字万用表的核心是一个双积分A－D转换式直流数字电压表，加上交流－直流转换器、电流－直流电压转换器、电阻－直流电压转换器后，即可测量交、直流电压，交、直流电流及电阻。图9-1为数字万用表的原理框图。

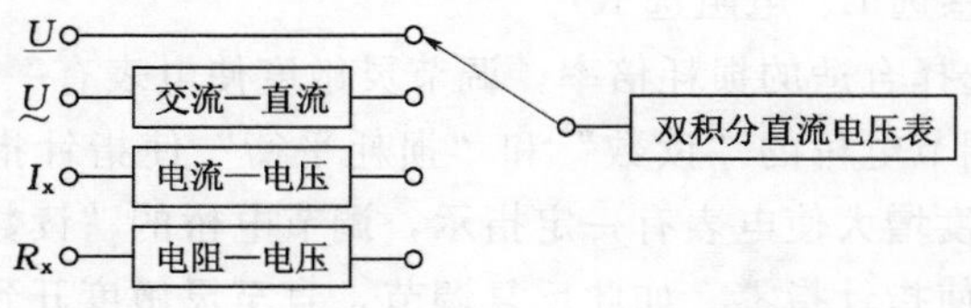

图 9-1 数字万用表原理框图

与传统指针式万用表相比，数字万用表具有如下优点：

1）测量结果直接以数字形式显示，读数方便，无视差。

2）仪表内部无机械传动部分，不存在摩擦误差。

3）测量精度比指针式万用表高。

4）测量电压时输入电阻高，测量电流时仪表引入的电压降较小，对电路的工作状况影响较小，测量出的数据较接近电路的真实状况。

5）灵敏度高，测量电压时分辨率一般可达 10μV 左右，测量电流时一般可达 10nA 左右。

6）保护功能较完善，除电流档用快速熔丝保护外，其余各档一般有电路自动保护。

7）具有自动调零功能，测量直流电压、电流时可自动指示极性；有读数保持功能，使用方便。

8）除可测量电流、电压及电阻外，一般还可测量晶体二极管、三极管、电容、频率、温度等。

较高档的数字万用表还可自动选择量程，能测量非正弦交流电流、电压的有效值（真有效值），除用数字显示外，还可用模拟条模拟显示。

表 9-27 给出了 DT—930F4 位半数字万用表规格。

数字万用表的使用方法与指针式万用表大致相仿，下面主要介绍与使用指针式万用表有区别的几点：

表 9-27　DT930F41/2 位数字万用表规格

<table>
<tr><th colspan="2">量　　程</th><th>测 量 精 度</th><th>分辨率</th><th>过 载 保 护</th><th></th></tr>
<tr><td rowspan="5">直流电压</td><td>200mV</td><td rowspan="4">±0.05%读数±5 字</td><td>10μV</td><td>220V（有效值）AC</td><td rowspan="9">输入阻抗
10MΩ</td></tr>
<tr><td>2V</td><td>100μV</td><td rowspan="4">220V（有效值）AC
或 1000V（峰值）DC</td></tr>
<tr><td>20V</td><td>1mV</td></tr>
<tr><td>200V</td><td>10mV</td></tr>
<tr><td>1000V</td><td>±0.2%读数±5 字</td><td>100mV</td></tr>
<tr><td rowspan="4">交流电压</td><td>2V</td><td rowspan="3">±0.8%读数±15 字</td><td>100μV</td><td rowspan="4">220V（有效值）AC
或 1000V（峰值）DC</td></tr>
<tr><td>20V</td><td>1mV</td></tr>
<tr><td>200V</td><td>10mV</td></tr>
<tr><td>700V</td><td>±1.0%读数±15 字</td><td>100mV</td></tr>
<tr><td rowspan="2">直流电流</td><td>200μA</td><td rowspan="2">±0.5%读数±2 字</td><td>0.01μA</td><td rowspan="2">200mA/250V
熔丝保护</td><td rowspan="2">测量压降
200mV</td></tr>
<tr><td>2mA</td><td>0.1μA</td></tr>
</table>

续表

<table>
<tr><th colspan="2">量　程</th><th>测量精度</th><th>分辨率</th><th>过载保护</th><th></th></tr>
<tr><td rowspan="3">直流电流</td><td>20mA</td><td>±0.5%读数±2字</td><td>1μA</td><td rowspan="2">200mA/250V
熔丝保护</td><td rowspan="7">测量压降
200mV</td></tr>
<tr><td>200mA</td><td>±0.75%读数±5字</td><td>10μA</td></tr>
<tr><td>10A</td><td>±2.0%读数±10字</td><td>1mA</td><td>无熔丝保护</td></tr>
<tr><td rowspan="4">交流电流</td><td>2mA</td><td rowspan="3">±0.8%读数±10字</td><td>0.1μA</td><td rowspan="3">200mA/250V
熔丝保护</td></tr>
<tr><td>20mA</td><td>1μA</td></tr>
<tr><td>200mA</td><td>10μA</td></tr>
<tr><td>10A</td><td>±2.0%读数±10字</td><td>1mA</td><td>无熔丝保护</td></tr>
<tr><td rowspan="6">电阻</td><td>200Ω</td><td>±0.5%读数±5字</td><td>0.01Ω</td><td rowspan="6">220V（有效值）AC</td><td rowspan="6">开路电压
约3V</td></tr>
<tr><td>2kΩ</td><td rowspan="4">±0.5%读数±1字</td><td>0.1Ω</td></tr>
<tr><td>20kΩ</td><td>1Ω</td></tr>
<tr><td>200kΩ</td><td>10Ω</td></tr>
<tr><td>2MΩ</td><td>100Ω</td></tr>
<tr><td>20MΩ</td><td>±1.0%读数±5字</td><td>1kΩ</td></tr>
<tr><td rowspan="5">电容</td><td>2000pF</td><td rowspan="5">±2.5%读数±10字</td><td>0.1pF</td><td rowspan="5">100VDC</td><td rowspan="5">测量频率
400Hz</td></tr>
<tr><td>20nF</td><td>1pF</td></tr>
<tr><td>200nF</td><td>10pF</td></tr>
<tr><td>2μF</td><td>0.1nF</td></tr>
<tr><td>20μF</td><td>1nF</td></tr>
<tr><td>频率</td><td>10Hz～
20kHz</td><td>±1.0%读数±5字</td><td>1Hz</td><td>220V（有效值）AC</td><td>输入灵敏度
50mV</td></tr>
<tr><td>电导</td><td>0.1nS～
100nS</td><td>±1.0%读数±2字</td><td>0.1nS</td><td colspan="2">相当于电阻量程
10000MΩ～10MΩ</td></tr>
</table>

（1）检查电池。接通电源后，如果显示“LOW BATTERY”或“LOBAT”，则说明电池电压低落，应更换电池后再进行测量。

（2）过载指示。当仪表最高位显示“1”，其余各位不显示时，说明仪表过载，应增大量程。

(3) 读数保持。按下“HOLD”键时，有读数保持功能，此时将表笔与电路断开，测量读数仍然不变。

(4) 极性指示。测量直流电压、电流时，仪表自动显示红表笔相对于黑表笔的电压、电流极性。

(5) 电阻测量。测量电阻时不需要调零。注意红表笔接表内电池的正极，黑表笔接表内电池的负极，正好与指针式万用表相反。测量小电阻时为提高测量精度，应先短路表笔测出表笔电阻及接触电阻，从测量小电阻得到的读数中减去此值。测量高值电阻时，若电阻最高量程仍然显示过载，可转至电导档测量。

(6) 电容测量。不能测量充有电荷的电容，注意断开电路的电源后，电容上（尤其是大电容）仍然带电，可用导线短路后再进行测量。

(7) 二极管测量。数字万用表标有二极管符号的电阻量程可测量二极管。红表笔接被测管正极，黑表笔接负极时，仪表显示被测管的正向电压降；反之则仪表显示过载。

(8) 三极管测量。将晶体三极管插入面板上三极管插座，可测量三极管的共发射极电流放大系数 h_{FE}，对于 DT—930F 型万用表来说，此时基极电流约为 10μA，集电极一发射极电压约为 2.8V。

二、电子电压表

电子电压表由晶体管或电子管放大电路、检波电路、磁电式表头及稳压电源构成。可分为检波一放大式电子电压表及放大一检波式电子电压表，其原理框图如图 9-2 所示。检波一放大式电子电压表是先将被测交流电压检波后，再经直流放大器放大，故测量频率范围较宽，但是被测信号未经放大就检波，当被测信号太小时检波效率低，所以灵敏度较低。放大—检波式电子电压表是先将被测交流电压经宽带交流放大器放大后再检波，故灵敏度较高，但由于受交流放大器的通频带限制，所以测量频率范围较窄。

与普通电压表相比，电子电压表有如下优点：

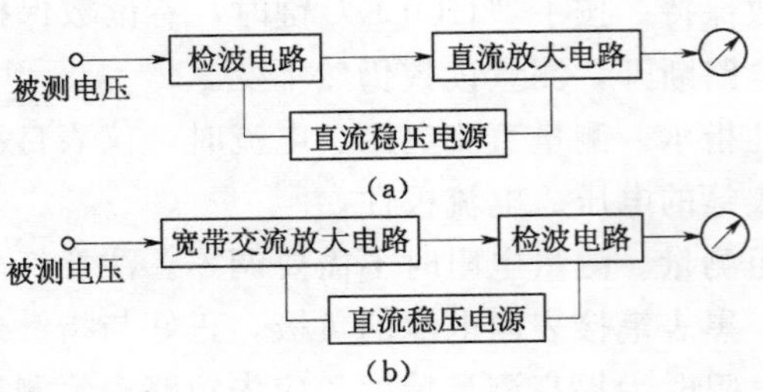

图 9-2 电子电压表原理框图

(a) 检波—放大式；(b) 放大—检波式

(1) 频率范围宽。一般在 1MHz 以上，有的可达视频范围或超高频范围。而一般电工电压表仅能测量工频至 1kHz 范围的电压，数字万用表交流档的频率范围仅能达到 1～5kHz。

(2) 输入阻抗高。一般输入电阻可达 MΩ 数量级，输入电容仅为数十皮法。接入电路后对电路的工作状况影响很小。

(3) 灵敏度高。由于带有放大环节，可以测量毫伏级微弱信号。

使用时注意事项：

1) 调零。仪表接通电源前先调节仪表面板上的螺丝使指针指向零点（机械调零）；接通电源预热约十余分钟后，将输入端短路，调整面板上的“零点调整”旋钮，使指针指向零点（电气调零）。

2) 选择量程。根据被测量电压的大概数值选择合适量程，尽可能使表针指示接近满度，以减小误差。当不知道被测量电压的大概数值时，应先选择最大量程，以免仪表过载，然后可逐步减小量程。

3) 测量。先将仪表接地端与被测电路的地端连接，然后连接另一端；测量完毕后应先拆除另一端，然后拆除地端。如果次序相反，会引进市电干扰电压，严重时基至可能损坏仪表。

4) 测量完毕后，先将量程置于最大档，再关掉电源。

表 9-28 给出了两种电子电压表的规格。

表 9-28　电子电压表规格

型　　号	DA—16	HFJ—8
类型	放大—检波式	检波—放大式
量程	1、3、10、30、100、300mV；1、3、10、30、300V	3、10、30、100、300mV 1、3V（加分压器可扩展到 10、30、300V）
频率范围	20Hz～1MHz	5kHz～300MHz
基本测量误差	±3%（20Hz～100kHz） ±5%（100kHz～1MHz）	±5%（100kHz 且 30mV 以上） ±10%（100kHz 且 10mV 以下）
输入电阻	1.5MΩ	15～75kΩ
输入电容	70pF（0.3V 以下） 50pF（1V 档以上）	<3pF

三、信号发生器

在进行电子测量及检修和调试电子仪器及设备时经常要用到信号发生器。XD—2 型信号发生器的工作原理框图如图 9-3 所示。

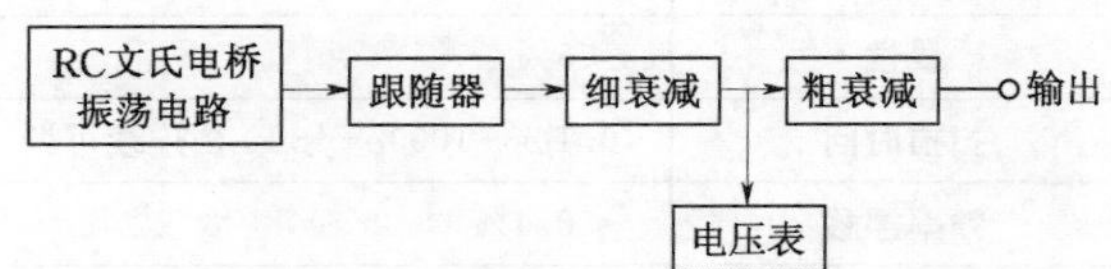

图 9-3　XD—2 型信号发生器原理框图

由 RC 文氏电桥振荡器产生低频正弦信号，经跟随器、衰减器后输出。XD—2 型低频信号发生器主要规格为：

频率范围：1Hz～1MHz 分为六个频段

最大输出电压：5V

输出衰减：粗衰减 0～90dB 间隔 10dB 步进式衰减器

细衰减与粗衰减配合，衰减量连续可调

非线性失真：小于 0.1%（20Hz～20kHz）

XD—11 型多用信号发生器为 XD—2 型低频信号发生器的改进型，增加了波形形成电路，除可输出正弦信号外，还可输出正、负矩形脉冲，正、负尖脉冲，锯齿波及单脉冲。表 9-29 给出了它的技术规格。

表 9-29　XD11 多用信号发生器规格

项目		规格
输出波形		正弦波，正、负矩形波，正、负尖脉波，锯齿波，单脉冲
频率范围		1Hz～1MHz 分六个频段
正弦波	频率基本误差	≤±（1％f±0.3）Hz（f≤100kHz） ≤±1.5％fHz（100kHz≤f≤1MHz）
	频率漂移（预热 30 分钟后）	≤±0.4％fHz（1Hz≤f≤10Hz） ≤±0.1％fHz（10Hz≤f≤100kHz） ≤±0.2％fHz（100kHz≤f≤1MHz）
	频率特性	≤1dB
	非线性失真	＜0.1％（20Hz～20kHz） 其余用示波器观察为正弦波
正、负尖脉冲	重复频率	1Hz～1MHz
	脉冲宽度	0.1s—1000μs 分 10 档连续可调
	脉冲前后沿	＜40ns
	波形失真	＜5％（幅度处于最大位置时）
锯齿波	线性	＜5％
	扫描时间	0.1μs—1000μs 分 10 档连续可调
尖脉冲	频率漂移	＜0.4％
	脉冲宽度	＜0.1μs
单次脉冲		有
输出幅度		各种波形输出幅度均大于 5V（连续可调）
功率消耗（W）		＜35
外形尺寸（mm）		400×300×130
重量（kg）		＜9

XD—11 型多用信号发生器的使用及注意事项：

1. 准备工作

1）电源插头的地线应与大地妥善连接，否则可能引起干扰，甚至烧毁输入级场效应管。

2）开机前将面板上各输出旋钮逆时针方向旋至最小。

3）若欲得到足够的频率稳定度，须预热30分钟后使用。

4）开机前应将50Ω负载接好（正弦波输出除外），以免损坏输出管。

2. 使用

1）频率调节。根据所需的频率选择相应的波段，然后用三个频率旋钮按十进制原则细调。

2）功能转换。将“功能”开关旋至相应的位置，即可得到所需的波形（正弦波，正、负矩形波，正、负尖脉冲，锯齿波，单脉冲）。

3）脉宽调节。使用矩形脉冲时，根据 $T=\frac{1}{f}$ 计算出脉冲周期 T，输出脉冲宽度不得大于 T 的50%，否则可能损坏仪器内的晶体管。频率旋钮旋至所需的频率 f，再调节面板上脉冲宽度粗调及细调旋钮至所需脉冲宽度。

4）锯齿波调节。锯齿波的扫描时间调节与矩形脉冲宽度“粗调”、“细调”调节同轴，锯齿波的频率与扫描时间按矩形波的原则处理。

5）尖脉冲调节。正、负脉冲信号的幅度调节均用负矩形脉冲幅度旋钮，在“功能”开关打向尖脉冲输出时，频率放在100kHz，脉宽置于0.1μs，脉宽细调旋到中间，这时只要旋动“负脉冲幅度”旋钮，此时，正矩形波的幅度旋钮逆时针旋到底，就可得到幅度不同的尖脉冲信号。

6）输出幅度。因为该机七种信号波形共用一个输出端，所以必须将“功能”开关旋到相应位置才有所需信号输出，这时只要旋动面板上相应的“幅度”旋钮就可得到不同幅度的所需信号。

7）输出阻抗。本机除正弦波输出外，其他波形信号均以50Ω输出，所以当使用非正弦波形输出时，必须与本机输出阻抗相匹配。

8）“单次”触发。将波段开关置于停振，脉宽置于最大档，脉宽细调放中间位置，幅度旋钮置于适当位置，功能开关置于正、负矩形波位置，此时只要按一下“单次”旋钮，输出端就可得到一个单次脉冲信号。

四、示波器

示波器利用示波管内电子射线的偏转来显示被测信号的波形，它能将人眼无法看到的各种电过程转换为可直接观测的光波信号。它的工作频带宽，灵敏度高，输入阻抗高。可用示波器显示被测信号的波形，定性观察电路的动态过程，还可以定量测量信号的幅度、频率、周期、相位等。

示波器主要由示波管、垂直（Y 轴）放大器、水平（X 轴）放大器、扫描电路（锯齿波发生器）、电源组成。

示波管：由电子枪、偏转板、荧光屏三部分组成，是示波器的核心部件。电子枪由灯丝、阴极、控制栅极、第一阳极、第二阳极、第三阳极组成。灯丝加热阴极后产生热电子发射，控制栅极相对于阴极加有负电压，此电压愈负，能穿过控制栅极小孔到达荧光屏的电子数目愈少，对应的光点愈暗；反之则光点较亮。面板上的“亮度”或“辉度”旋钮一般是调节控制栅极的电位来控制亮度。第一阳极可控制电子束的聚焦又称为聚焦极。第二阳极、第三阳极对电子束加速，使其有足够的动能轰击荧光屏上的荧光粉发光。偏转板分为垂直偏转板与水平偏转板。当在垂直偏转板上加上电压时，电子束在电场力的作用下将产生上下偏移，荧光屏上相应光点的垂直偏移量与所加电压成正比；若在水平偏转板上加电压时，相应光点的水平偏移量与所加电压成正比。若垂直偏转电压为被测信号，水平偏转电压为时间信号（锯齿波扫描信号），荧光屏上就显示被测信号的波形。荧光屏一般有矩形和圆形两种，其内表面有荧光粉，荧光粉在高速电子束的轰击下发出可见光。电子束停止轰击后，荧光粉还能持续发光的时间叫做余辉时间，长余辉示波管一般用来测量低频或超低频信号，短余辉示波管一般用来测量高频或超高频信号。

垂直（Y 轴）放大器：垂直放大器将被测信号先放大再送至

示波管的垂直偏转板，提高了示波器的灵敏度和输入阻抗。垂直放大器的通频带决定了示波器测量信号的频率范围。

水平（X 轴）放大器：在显示被测信号的时间波形时，水平放大器将扫描信号放大后送至示波管的水平偏转板。也可直接将外接信号送至水平放大器，此时仪器显示的是垂直、水平两信号的合成（李沙育图形）。

扫描电路：由锯齿波发生器、同步电路等构成。有连续扫描及触发扫描功能。

电源：电源将电网供给的市电电压转换为仪器中电子线路所需的各种直流电压，产生示波管工作时所需的高低电压。

示波器的种类很多，有普通示波器、双踪示波器等。图 9-4 给出了普通示波器的原理方框图。

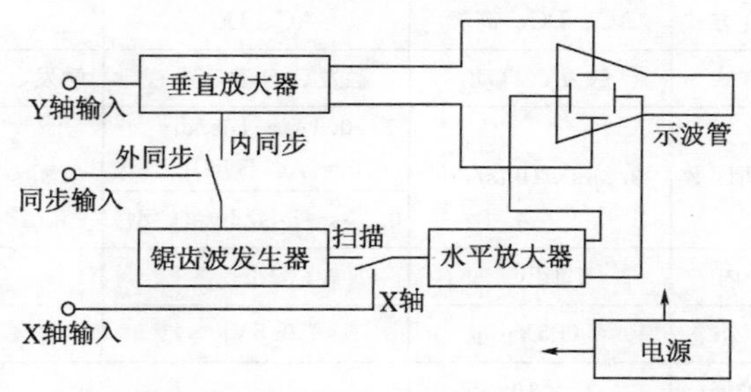

图 9-4　示波器原理框图

表 9-30 给出几种双踪示波器的规格。

示波器的使用方法大同小异，下面以 SR—8 型为例说明双踪示波器的使用方法，其面板图见图 9-5。

1）将“亮度”、“聚焦”、“辅助聚焦”、“垂直位移”、“水平位移”旋钮置于适中的位置，“触发方式”开关置于“自动”，“触发源”开关置于“内”，“DC—地—AC”开关置于“地”。接通电源，预热数分钟后屏幕上将显示一条（或两条）扫描基线，调节“亮度”旋钮使其亮度适中，调节“聚焦”及“辅助聚焦”使其清晰。

表 9-30　双踪示波器型号规格

<table>
<tr><td colspan="3">型　　号</td><td>SR—8</td><td>SR—71</td><td>BS—601</td></tr>
<tr><td rowspan="6">垂直偏转系统</td><td colspan="2">工作方式</td><td>Y1、Y2、Y1+Y2、交替、断续</td><td>Y1、Y2、Y1+Y2、交替、断续</td><td>Y1、Y2、Y1+Y2、双踪</td></tr>
<tr><td colspan="2">3db 带宽</td><td>DC—15MHz</td><td>DC—15MHz（A 型）、DC—15MHz（B、C 型）</td><td>DC—20MHz</td></tr>
<tr><td colspan="2">上升时间</td><td>≤24μs</td><td>≤70μs（A 型）、≤50μs（B、C 型）</td><td>≤17.5μs</td></tr>
<tr><td colspan="2">灵敏度</td><td>10mV～20V/div</td><td>5mV～10V/div</td><td>5mV～20V/div</td></tr>
<tr><td rowspan="2">输入阻抗</td><td>直接</td><td>输入电阻 1MΩ、输入电容 50pF</td><td>输入电阻 1MΩ、输入电容 40pF</td><td>输入电阻 1MΩ、输入电容 20pF</td></tr>
<tr><td>探极（10：1）</td><td>输入电阻 10MΩ、输入电容 15pF</td><td>输入电阻 10MΩ、输入电容 15pF</td><td></td></tr>
<tr><td rowspan="9">水平偏转系统</td><td colspan="2">扫描方式</td><td>常态</td><td>常态</td><td>常态</td></tr>
<tr><td colspan="2">触发耦合方式</td><td>AC、DC、高频</td><td>AC、DC、</td><td>AC</td></tr>
<tr><td colspan="2">同步方式</td><td>触发、自动</td><td>触发、自动、电视</td><td>触发、自动、电视</td></tr>
<tr><td colspan="2" rowspan="2">扫描时间因数</td><td rowspan="2">0.2μs～10μs/div</td><td>0.1μs～1μs/div（A、B 型）</td><td rowspan="2">0.3μs～0.5μs/div</td></tr>
<tr><td>0.5μs～5μs/div（C 型）</td></tr>
<tr><td rowspan="2">触发灵敏度</td><td>内</td><td>1div</td><td>1div</td><td>1div</td></tr>
<tr><td>外</td><td>≤0.5V_{P—P}</td><td>≤0.5V_{P—P}</td><td>≤1V_{P—P}</td></tr>
<tr><td colspan="2">扫描扩展</td><td>×10</td><td></td><td>×5</td></tr>
<tr><td colspan="2">X 轴外接</td><td>100Hz～250kHz</td><td>DC～1MHz</td><td>DC～1MHz</td></tr>
<tr><td rowspan="2">校准信号</td><td colspan="2">频率</td><td>10kHz</td><td>1kHz</td><td>1kHz</td></tr>
<tr><td colspan="2">幅度</td><td>1V_{P—P}</td><td>0.02、0.2、2V_{P—P}</td><td>0.5V_{P—P}</td></tr>
<tr><td colspan="3">电源功率</td><td>55W</td><td>35W</td><td>19W</td></tr>
<tr><td colspan="3">重量（kg）</td><td>12</td><td>10</td><td>7</td></tr>
<tr><td colspan="3">外形（mm）</td><td>180×300×420</td><td>166×320×440</td><td>162×294×352</td></tr>
</table>

2）显示方式开关：①Y_A。Y_A 通道单踪显示。②Y_B。Y_B 通道单踪显示。③交替。交替地显示 Y_A 通道及 Y_B 通道的信号，即一次扫描显示 Y_A 通道的信号，下一次扫描显示 Y_B 通道的信

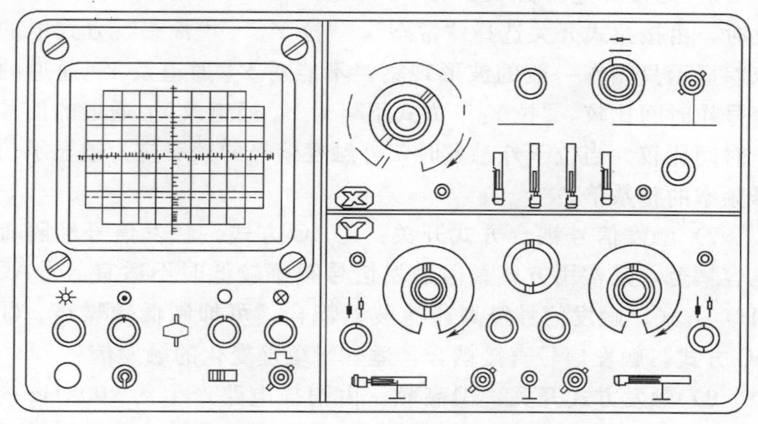

图 9-5 SR—8 双踪示波器面板图

号，再下次扫描又显示 Y_A 通道的信号……从而实现双踪显示。这种方式一般适用于输入信号频率较高时。当输入信号频率较低时，图形有闪烁现象。④断续。在一次扫描的一个时间间隔内显示 Y_A 通道信号波型的某一段，在下个时间间隔内显示 Y_B 通道信号波型的某一段，以后各间隔轮流显示两信号波形的其余各段，从而实现双踪显示。这种方式一般适用于输入信号频率较低时。当输入信号频率较高时，图形上断续处太明显。⑤Y_A+Y_B。显示两通道信号叠加后的波形。通过“极性拉—Y_A”开关，也可显示 Y_B-Y_A 的波形。

3）输入信号耦合开关“AC—地—DC”。一般可置于“AC”位置，但测量缓变信号或直流信号应置于“DC”位置。

4）灵敏度选择开关（V/div）及“微调”。调节此开关使显示波形的幅度便于观察，在定量测量信号幅度时“微调”必须位于“校准”位置。

5）扫描时间开关（t/div）及“微调”。调节此开关使屏幕上显示一个或数个波形，在定量测量信号的频率、周期、相位等时“微调”必须位于“校准”位置。

6）触发源选择开关。有“内”及“外”两档。当位于内触发时，由按拉式开关选择“常态”，“拉 Y_B”。“常态”方式下的双踪显示只能作一般的波形观察，不能对 Y_A 通道及 Y_B 通道的信号作时间比较。“拉 Y_B”方式下可对 Y_A 通道及 Y_B 通道的信号作时间比较。当位于外触发时，外触发信号的频率应为被显示信号频率的整数倍。

7）触发信号耦合方式开关：①AC 方式。触发信号经隔直电容耦合，是常用方式。但触发信号频率较低时不适宜。②AC（H）方式。触发信号经高通滤波器耦合，可抑制低频噪声。③DC 方式。触发信号直接耦合，适宜于缓慢变化的触发信号。

8）触发方式开关：①高频。由扫描电路产生约 200kHz 的自激振荡信号去同步被测信号，“电平”旋钮对波形的稳定显示有控制作用，这种方式用于观测频率较高的被测信号。②常态。触发信号来自 Y 通道或“外触发”，“电平”旋钮对波形的稳定显示有控制作用。③自动。由扫描电路产生低频自激振荡信号去同步被测信号，“电平”旋钮对波形的稳定显示无控制作用，这种方式用于观测频率较低的被测信号。

9）电压测量：①交流电压测量。将灵敏度开关的“微调”置于校准位置，调节各旋钮使被测波形大小适当，读取被测波形双峰在 Y 轴方向上的分度数 H_Y，则被测波形的双峰值为

$$V_{P-P} = H_Y \times V/div$$

式中：V/div 为灵敏度开关所指的标称值。如果经探头测量，还应乘以探头的衰减倍数，若探头的衰减为 10 倍，则上式应为

$$V_{P-P} = 10 \times H_Y \times V/div$$

②直流电压测量。将灵敏度开关的“微调”置于校准位置，输入耦合方式开关“DC—地—AC”置于“地”，触发方式开关置于“高频”或“自动”位置，此时屏幕上显示的时基线为零电平位置，调节“Y 轴位移”将其移至合适位置。再将输入耦合方式置于“DC”，记下时基线在 Y 轴方向上位移量 H_Y，则被测信

号的大小为

$$V_{P-P} = H_Y \times V/div$$

$$V_{P-P} = 10 \times H_Y \times V/div（经 10：1 探头）$$

时基线向上移动则被测信号为正，反之则被测信号为负。

10）时间测量。当扫描时间开关的“微调”位于校准位置，屏幕上两点的水平间隔乘以扫描时间开关所指的标称值（t/div）即为这两点间的时间差。可以测量信号的周期 T、频率 f（为 T 的倒数）、脉冲的脉宽、上升时间、下降时间等。

11）两信号的时间比较。如果需要对两个信号作时间比较，对于 SR—8 双踪示波器来说，应将超前信号接到 Y_B 通道，滞后信号接到 Y_A 通道，用内触发，“拉—Y_B”方式扫描。其他机型可查阅其所带说明书。

12）相位差测量。将两个同频率的正弦信号分别接于 Y_A 通道及 Y_B 通道，用内触发，“拉—Y_B”方式扫描。设正弦波一周期水平方向间隔为 L，两正弦波起点水平间隔为 d，则它们间的相位差 $\theta=\frac{d}{L}\cdot 360°$。

五、晶体管参数测试仪

1. 晶体管特性图示仪

晶体管特性图示仪能在示波管屏幕上显示晶体管各种特性曲线，通过屏幕上的标尺刻度可读取被测晶体管的各项参数。它的基本工作原理是利用阶梯波发生器产生阶梯电流或阶梯电压作为被测晶体管的基极信号，在被测晶体管的集电极一发射极、集电极一基极间加上全波整流电压作为扫描信号，利用示波管显示出被测晶体管的特性曲线。晶体管特性测试仪亦可用来测试二极管、场效应管、晶闸管等元件的特性曲线及参数。

JT—1 型晶体管特性图示仪目前在国内使用较多，图 9-6 给出了它的原理方框图。

JT—1 型晶体管特性图示仪的面板图如图 9-7 所示，规格见表 9-31。下面介绍其使用方法。

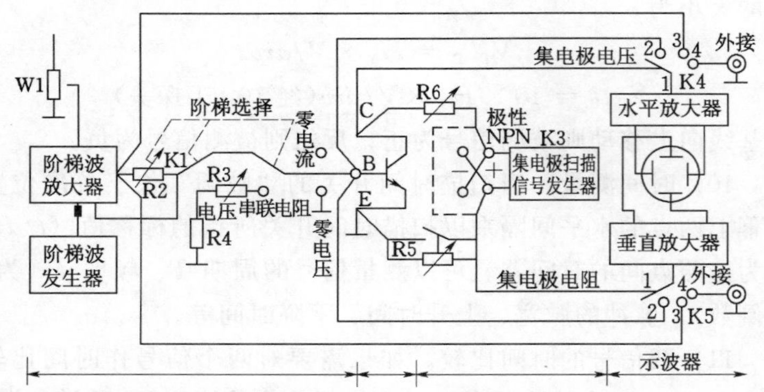

图 9-6 JT—1 型晶体管特性图示仪原理方框图

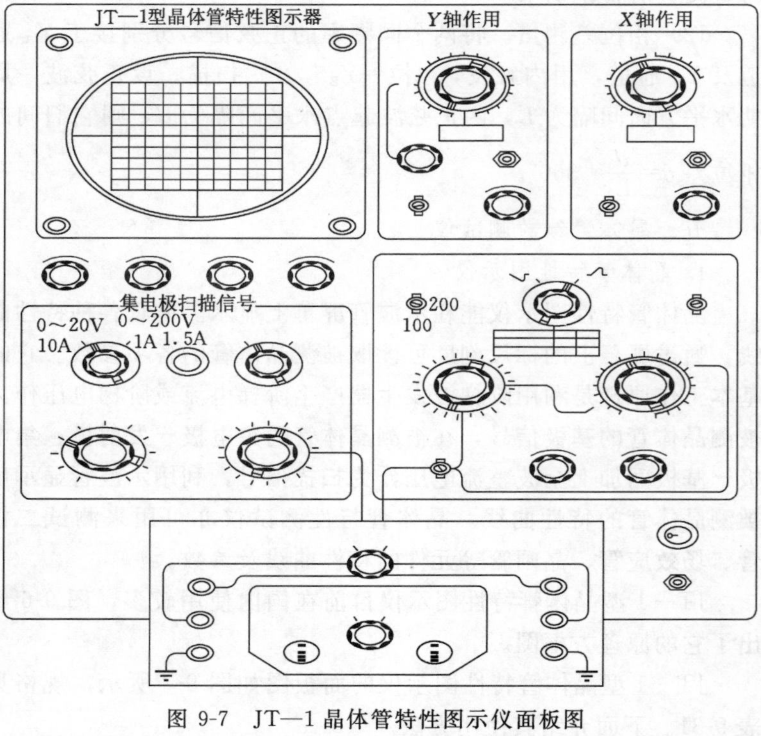

JT—1型晶体管特性图示器

Y轴作用

X轴作用

集电极扫描信号

0～20V 10A

0～200V 1A 1.5A

200 100

图 9-7 JT—1 晶体管特性图示仪面板图

1）开启电源，预热10分钟左右。

2）调整辉度、聚焦、辅助聚焦旋钮，使示波管屏幕上光迹清晰。

3）阶梯信号调零在屏幕上观察到阶梯信号后，将“零电压一零电流”开关置于“零电压”，记住光迹停留的位置，开关复位后，调节“阶梯调零”旋钮使阶梯信号的起始级移至该处即可。

4）将集电极扫描的“峰值电压范围”、“极性”、“功耗限制电阻”等旋钮调到测量的范围，“峰值电压”旋钮先置于最小位置，测量时慢慢增加。

5）将“基极阶梯信号”中的“极性”、“串联电阻”、“阶梯选择”等旋钮调到测量需要的范围，“阶梯作用”置于“重复”。

6）“Y轴作用”与“X轴作用”置于适当位置。

7）插上待测晶体管，即可进行测量。

表 9-31　JT—1型晶体管图示仪规格

Y轴偏转因数	集电极电流范围	0.01～1000mA/度　分16档　误差≤±3%
	集电极电流倍率	×2、×1、×0.1　分三档　误差≤±3%
	基极电压范围	0.01～0.5V/度　分6档　误差≤±3%
	基极电流或基极源电压	0.5V/度　误差≤±3%
	外接输入	0.1V/度　误差≤±3%
X轴偏转因数	集电极电压范围	0.01～20V/度　分11档　误差≤±3%
	基极电压范围	0.01～0.5V/度　分6档　误差≤±3%
	基极电流或基极源电压	0.5V/度　误差≤±3%
	外接输入	0.1V/度　误差≤±3%
基极阶梯信号	阶梯电流范围	0.001～200mA/级　分17档　误差≤±5%
	阶梯电压范围	0.01～0.2V/级　分档误差≤±5%
	串联电阻	1Ω～22kΩ　分24档　误差≤±5%
	每族级数	4～12　连续可调
	每秒级数	上100、200、下100　分3档

续表

基极阶梯信号	阶梯作用	重复、关、单族　分 3 档
	极性	正、负　分 2 档
集电极扫描信号	峰值电压	0～20V　正或负　连续可调
		0～200V　正或负　连续可调
	电流容量（平均值）	0～20V　范围为 10A
		0～200V　范围为 1A
	功耗限制电阻	0～100kΩ　分 17 档误差≤±5%

2. 其他晶体管参数测试仪

晶体管特性图示仪显示直观，但晶体管参数需由屏幕图形换算，又由于图示仪实际上是一种专用示波器，体积重量较大，价格较贵。近年来，有一些多用测试仪问世，如 TD—2 型多用测试仪。该仪器可作为普通万用表使用（见表 9-33），还可测量晶体三极管的共发射极电流放大系数 h_{FE}、饱和压降 U_{CES}、击穿电压 U_{BR}、场效应管的 I_{DSS}、单结晶体管的分压比 η 等。其规格见表 9-32。

表 9-32　TD—2 型多用测试仪规格晶体管参数测量范围

测量参数	测 量 条 件	量　程	综合误差
h_{FE}	I_C＝2.5mA、10mA、25mA、100mA、250mA、1A、2A、5A	0～100	＜±10%
h_{FE}×5		0～500	
U_{CES}	I_C＝10mA、100mA、250mA、1A、2.5A	0～2.5V	
U_{BR}	I_C＝0.2mA、1mA、10mA	0～50V	
	I_C＝0.2mA、1mA、5mA	0～250V	
	I_C＝1mA	0～2000V	
I_{DSS}	U_{DS}＝6V U_{GS}＝0	0～25mA	
g_m			＜±20%
η	U_{BB}＝1V	0.2～0.9	＜±10%

表 9-33　TD—2 型多用测试仪作万用表时测量范围

测量参数	量　　程	满度误差	说　　明
直流电压	1、2.5、10、25、100、250、1000V	<±2.5%	20kQ/V
交流电压	10、50、250、1000V	<±4.0%	4kQ/V
直流电流	50μA,1、5、25、100、500mA,2.5A	<±2.5%	
交流电流	2.5A	<±10%	
电阻	R×1、×10、×100、×1k、×10k	<±1.25%	2.4、240、2.4k、24k、240kΩ(中心阻值)

TD—2 型多用测试仪与晶体管特性图示仪比较，前者体积小、重量轻、便于携带、价格较便宜；测量晶体管参数时一般不用换算；可测量晶体管的击穿电压高达 2000V，便于挑选高反压晶体管（如彩色电视机的行输出管）；如果用不同的集电极电流测量某晶体管 h_{FE}时变化较小，还可定性判断认为该管的线性较好。在选购元件、维修工作中，使用多用测试仪有时比使用晶体管图示仪方便。

第十章 装表接电

随着电力企业“一表一户”工程的实施，装表接电任务越来越重，客户对电能计量装置的安装、运行质量要求也越来越高。

装表接电工的任务是根据客户用电负荷大小、均衡程度，正确选配计量设备和计量方式，合理设计计量点，熟练装设计量装置，保证准确计量各种电能，达到合理计收电费的目的。

全国各地装表接电工的职责虽然不尽相同，但是其职责范围大致如下：

1）负责新装、增装、改装及临时用电计量装置的设计、图纸审核、检查验收及接电工作。

2）负责电能表、互感器的事故更换及现场检查。

3）负责分户计装工作。

4）负责计量装置的定期轮换工作。

5）负责电能表和互感器的管理，填报分管月报。

6）定期做下一周期的电能表和互感器的需用计划。

7）负责向电能表室领、退电能表和互感器，并健全必要的领退手续。

8）定期核对计量装置的接线、倍率、回转情况。

第一节 电能计量装置简介

电力企业为了计量在产、供、销各个环节中流通的电能数量，线路中装设了大量的电能计量装置，用于计量发电量、厂用电量、供电量和销售电量等。如大家熟知的单相电能表就是一种最简单的电能计量装置，其作用是计量居民的用电量。在高电压、大电流系统中，电压和电流往往会超过电能表的量程，这时电能表就不能直接接入电路，必须先通过电压互感器和电流互感器分别将高电压、大电流变换成低电压、小电流，才能再接入电能表进行测量。

电能表、互感器、连接电能表和互感器的二次回路以及计量箱统称为电能计量装置。其前三部分电路构成如图 10-1 所示。

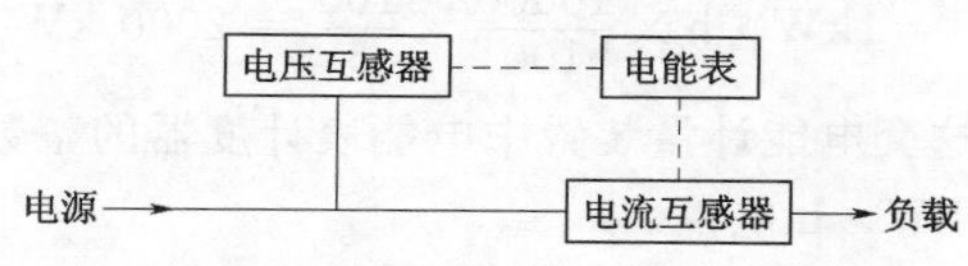

图 10-1　电能计量装置示意图

一、电能计量装置各个部分作用

1. 电能表的作用

电能表俗称电度表，是电能计量装置的核心部分。其作用是计量负载消耗的或电源发出的电能。为供电部门收取电费提供可靠依据。

2. 互感器的作用

从原理上看，互感器就是一种容量小、用途特殊的变压器。它在电能计量装置中起的作用主要有以下三个方面：

(1) 扩大电能表的量程。电压互感器把高电压变换成低电压；电流互感器将大电流变换成小电流，再接入电能表，使得电能表能完成超过其量程的电能测量任务，因此测量范围扩大了。

(2) 隔离高电压、大电流，保证了人员或仪表的安全。因为抄表人员经常接触的电能表是在互感器的二次回路。正常情况下，二次侧的电压、电流都很小，并且都有一端保安接地，使得人和指示仪表的安全系数大大提高。

(3) 减少仪表的制造规格。互感器的使用，使制造厂家容易实现电能表等指示仪表规格的标准化。如高供高计用三相三线电能表的量程一般为电压 100V，电流 5A。这有利于电能表的批量生产和成本降低。

在图 10-1 所示的电能计量装置中，如果电压互感器的额定变比 $K_U=\frac{10kV}{100V}$，电流互感器的额定变比 $K_1=\frac{100A}{5A}$，电能表每计 1kW·h 的电能，则此套计量装置计得的有功电能是：

$$W_P=1kW\cdot h\times K_U\times K_1$$
$$=1kW\cdot h\times\frac{10000}{100}\times\frac{100}{5}=2000\ kW\cdot h$$

也就是说，这套电能计量装置中电能表计度器的整数位一个数字就代表 2000kW·h 电量。

3. 二次回路的作用

电能计量装置的二次回路包含电压二次回路和电流二次回路。

电压二次回路是指电压互感器的二次线圈、电能表的电压线圈、连接二者的导线所构成的回路。由于连接导线阻抗等因素的影响，电能表电压线圈上实际获得的电压值一般都小于额定值(100V)，电能表因欠压会转慢，这样它计量的电能值比实际值要小。实践证明二次回路电压降越大，这种差值越大，即二次回路电压降的大小直接影响电能计量装置的准确度。

电流二次回路是指电流互感器二次线圈、电能表的电流线圈、连接二者的导线所构成的回路。电流互感器的二次负载包括二次连接导线阻抗、电能表电流线圈的阻抗、端钮之间的接触电阻等。它直接影响电流互感器的准确度。例如，0.2 级的电流互感器，其铭牌上标示其二次额定负载为 12.5VA，由此可推算出该电流互感器在使用时二次负载 $Z_{2n}=\frac{S_{2n}}{I_{2n}^2}=\frac{12.5}{5^2}=0.5\Omega$。也就是说，实际二次负载不得超过 0.5Ω。否则，电流互感器实际等级将低于 0.2 级。

二、电能表的分类

我国对电能表的分类一般有以下几种方法：

(1) 按使用电源性质分。可分为交流电能表和直流电能表。我们常见的是交流型电能表。

(2) 按原理分。可分为感应式、电子式和机电式。感应式电能表的特点是结构简单，工作可靠，维护方便，调整容易。但体积大，制造精度不容易提高。电子式电能表的特点是精度高，频带宽，体积小，适合遥控、遥测等。但结构复杂，可靠性差。因此，目前还不能完全取代感应式电能表。机电式电能表具有前面二者的特点，是它们的一种过渡产品。

(3) 按准确度等级分。可分为普通级和精密级。普通电能表一般用于实际测量电能，常见等级有 0.5、1.0、2.0、3.0 级；精密级电能表则主要作为标准表，用于校验普通电能表，常见等级有 0.01、0.05、0.2 级等。

(4) 按用途分。可分为有功电能表、无功电能表、标准电能表、最大需量电能表、预付费电能表、宽量程电能表、长寿命电能表、损耗电能表及复费率电能表等。常见的电能表及其分类，见表 10-1。

表 10-1 电能表分类体系

按电源分	按用途分	名称	准确等级	负载范围 I_b (%)	备注
交流类	工业与民用电能表	单相电能表	1.0，2.0	5～100	直接接入式
		三相三线电能表	0.5，1.0，2.0	5～150	
		三相四线电能表	1.0，2.0	5～150	
		三相无功电能表	2.0，3.0	5～150	
	电子式标准电能表	单相电能表	0.05，0.1，0.2		带互感器式
		三相三线电能表	0.05，0.1，0.2		
		三相四线电能表	0.05，0.1，0.2		
		三相无功电能表	0.2，0.5		
	特殊用途电能表	单相预付费电能表	0.5，1.0，2.0	5～100	直接接入式
		单相多功能电能表	1.0，2.0	5～100	
		最大需量电能表	0.5，1.0，2.0	5～150	
		三相电子式电能表	1.0	5～100	
		单相复费率电能表	1.0，2.0	5～150	
		三相复费率电能表	0.5，1.0，2.0	5～150	
		单相电力机车用电能表	1.0	5～120	

三、常用电能表简介

（一）机械电能表

机械电能表（也叫感应式电能表）的种类、型号尽管很多，但它们的结构基本相似，都是由测量机构、补偿调整装置和辅助部件（外壳、机架、端钮盒、铭牌）组成。以下是几种常用机械电能表。

（1）长寿命电能表。正常使用的机械式电能表的寿命主要取决其下轴承的磨损程度。那么从投入使用到由于下轴承磨损使电能表的基本误差超差，其间所持续的时间就是电能表的寿命。电能表的下轴承对电能表的使用寿命有很大影响。

现代电能表的轴承结构主要有：钢珠宝石轴承、石墨轴承和磁力轴承等。宝石轴承它可分为单宝石轴承和双宝石轴承。双宝石轴承的摩擦力较小，耐磨性能更好。磁力轴承主要靠同极性磁铁之间的排斥力将转动元件悬浮于空间。磁力轴承由于减少了机械磨损，延长了电能表的使用寿命。目前逐步推广应用的长寿命电能表，大多是在轴承上采用了磁力结构。

普通机械电能表采用单宝石轴承，使用寿命一般是 5 年。长寿命电能表的轴承由于采用了或磁力轴承或石墨轴承或双宝石轴承等新材料、新技术，使其寿命可延长至 10 年左右。

（2）宽量程电能表。近年来，由于居民生活水平的提高，装设的家用电器日益增多，容量很大，但同时使用的可能性较小。如果选用旧式的单量程电能表，额定电流选择偏大，在实际负荷很小时，运行电流可能低于电能表额定电流的 10%而使计量不准；反之若电能表额定电流选择偏小，一旦家用电器同时使用，电能表就可能因过负载而烧毁。而宽量程电能表就能克服以上问题，只要所使用家用电器的电流总和在电能表的额定电流范围之内，都可以安全准确的计量。因此农网和城网改造中居民安装的电能表一般为长寿命、宽量程电能表。

宽量程电能表又叫高过载倍数电能表，其过载能力可达 2～4 倍。即这种电能表的额定电流并非一个固定值，而是一个弹性范围。如单相表铭牌标有：2.0 级，220V，10（40）A，则说明该表过载能力为 4 倍；电能表的额定电流在 10～40A 以内时，准确性仍能满足 2.0 级的要求。而 2.0 级，220V，10A 的普通电能表，其过载能力一般只有 1.5～2 倍。

（二）电子式电能表

具有单一电能计量功能的机械电能表难以同时胜任分时计量、负荷控制、参数预置、测量数据的采集、存储及实时传输等多种功能，因此全电子式新型计量器具应运而生。

(1) 多功能电能表。无论什么电能表，要完成电能的计量至少要具备两项功能，一是产生与实际功率相符的功率信号；二是将该功率信号进行累加从而获得电能数值。

电子式电能表也不例外。它首先对实际线路的电压、电流进行采样，并通过 UI 乘法器产生功率信号；其次利用 U/f（压/频）转换器将功率信号变为具有一定频率的脉冲信号，并由计数器将脉冲信号累计而得电能量。多功能电能表的结构，如图 10-2 所示。

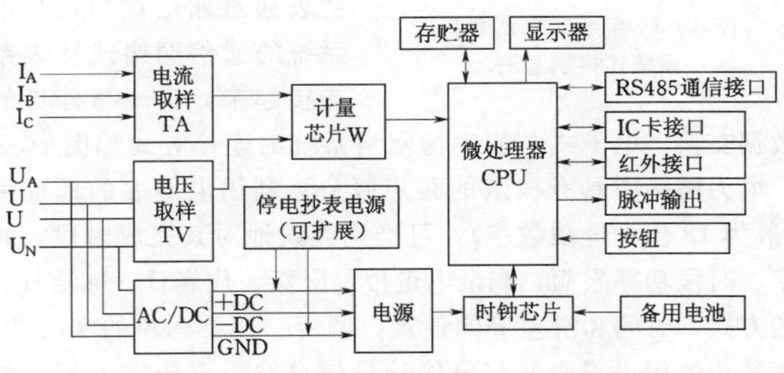

图 10-2　电子式多功能电能表结构图

图中计量芯片 W 是高度集成的专用三相计量芯片，它完成功率信号 p（即 UI 乘积）的产生；p－f 的频率转换。而脉冲累计、分时计量、缺相处理、液晶显示、RS485 通信等功能则由微处理器 CPU 控制完成。

多功能电能表一般具有以下几种功能：

1）计量及存储功能。能计量多种时段的单、双向有功、无功电能；能完成当前功率、需量、功率因数等参数的测量和显示。能至少储存上一个抄表周期的数据。

2）监视功能。能监视客户功率及最大需量，并通过分析客户电力负荷曲线防止其窃电行为。

3）控制功能。能对客户实行时段控制和负荷控制。前者用于多费率分时计费；后者是指通过通信接口接收远方控制指令或通过表计内部的编程（考虑时段和负荷定额）控制负荷。带IC卡接口的电子式电能表不仅能完成预付费功能，还具有所购电能将用尽时的报警延时、拉闸停电的控制功能。

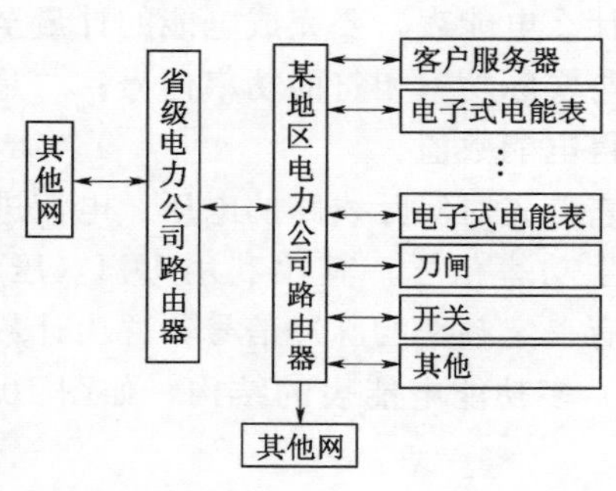

图 10-3　电子式电能表与系统连接示意图

4）管理功能。电子式电能表通过通信接口，与电力系统的通信网络或抄表系统连接起来，实现与外界的远程数据交换。电子式电能表与网络系统的连接方式如图 10-3 所示。电力网络中具有权限的客户服务器利用电能表的地址编码（一般为 12 位十进制数字），可准确无误地对其完成时段、时段费率、时段功率限额、剩余电量报警限额、代表日、冻结日、需量的方式、时间和滑差等的设置；调用、查看客户的实时功率；抄读其相关用电量，并将电能计量信息按需要传送给相应的部门，供系统调度、电能控制、电能交换和营业计费等使用。

（2）多客户多费率电能表。随着高层住宅楼的日益增多，为实现“一户一表”计量，每个门栋的电能表数量也随之增加。为了提高抄表质量，减少抄表数量，并达到抄表自动化和“抄表到户但不入户”的目标，最新研制的全电子式多客户多费率电能表即可实现一表多户计量。其结构如图 10-4 所示。

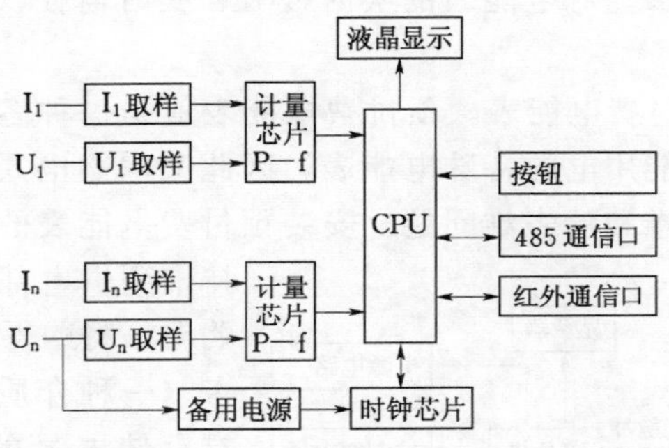

图 10-4　全电子式多客户多费率电能表结构图

如某住宅楼有 8 层，每层 4 户，按一户一表方式，应安装 32 块电能表才能满足要求。若采用一块设计标准为 32 户的全电子式多客户电能表即可解决上述问题。

全电子多客户电能表将 32 块单相电能表的信号处理部分即电压和电流采样、UI 乘法器、U/f 转换器等都集中在一个表中，客户用电时，将会产生 32 个与各户功率大小相当的频率脉冲信号，通过一个单片机 CPU 完成对 32 户表的电量脉冲的采集和处理，生成 32 个电量数值，存储在不同的存储器中，最后共用一个 LED 液晶显示器。

多客户多费率电能表基本功能有：

1）一表多户计量功能。电能表按峰、谷、总电量分别计量各户的有功电能，且反向电能按正向电能累计，可防止电能表反转窃电。

每户计量单元向 CPU 发送的脉冲速率越快，脉冲显示灯闪动速度快，说明本客户用电量越大。

2）查询功能。为方便每户查询各自用电量，全电子多客户电能表给每户都设置了一个唯一编号，在表的面板上有对应于客户编号的指示灯。客户一般可通过定时轮显方式或按键方式或遥控读表器方式查询本月用电量和上月用电量。

3）通信功能。通过 RS485 数字通信接口可与自动抄表系统连接，实现系统对电能表的实时抄表、实时监控、实时负荷控制等。

（3）预付费电能表。预付费电能表就是一种客户必须先买电，然后才能用电的特殊电能表，因此又叫购电式电能表。它可解决收费难和抄表难问题。安装预付费电能表的客户必须先持卡到供电部门售电机上购电，将购得电量存入 IC 卡（一种介质）中，当写有存储电量的 IC 卡插入预付费电能表时，电能表可显示购电数量，购电过程即告完成。预付费电能表的工作原理图，如图 10-5 所示。

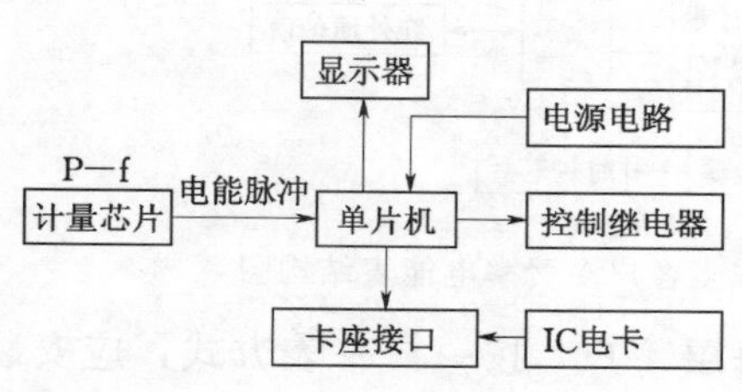

图 10-5　预付费电能表的工作原理图

预付费电能表的基本功能：

1）计量功能。能计量有功电能并存储其数据；记录表计故障透支用电（指剩余电量为零时，由于表内继电器故障未能跳开电流回路，仍可继续用电的情况）并存储数据；反向用电量单独存储并计入正向用电量。

2）监控功能。主要表现为：①剩余电量报警。②超限定负荷跳闸。③表计故障报警。④记忆功能：当供电线路停电时，剩余电量和其他需要保护的信息应不丢失。⑤辨伪功能：使用非指定介质时，电能表不应接受或工作。⑥显示功能：仪表能通过按钮选择显示如下信息：累计电量、剩余电量、反向用电量、限定功率值、表号、表计出错提示等。⑦叠加功能：仪表内剩余电量与新购电量应能叠加。⑧自动冲减功能：本期购电电量自动冲减上期表计故障透支用电量。

3）防窃电功能。机电式预付费电能表能防范以下方式的窃电：①防电流线圈反接。②防短接电流线圈。

第二节　电能计量装置的配置

一、电能计量装置分类

电能计量装置按照计量电能多少和计量对象的重要程度可分为五类。

Ⅰ类电能计量装置。月平均电量 500 万 kW·h 及以上或变压器容量为 10000kVA 及以上的高压计费客户、200 万 MW 及以上发电机、发电企业上网电量、电网经营企业之间的电量交换点、省级电网经营企业与其供电企业的关口计量点的电能计量装置。

Ⅱ类电能计量装置。月平均用电量 100 万 kW·h 及以上或变压器容量为 2000kVA 及以上的高压计费客户、100 万 MW 及以上发电机、供电企业之间的电量交换点的电能计量装置。

Ⅲ类电能计量装置。月平均电量 10 万 kW·h 及以上或变压器容量为 315kVA 及以上的计费客户、100 万 MW 及以下发电机、发电企业厂（站）用电量、供电企业内部用于承包考核的计量点、考核有功电量平衡的 110kV 及以上的送电线路电能计量装置。

Ⅳ类电能计量装置。负荷容量 315kVA 以下低压计费客户；发供电企业内部经济技术指标分析和考核用的电能计量装置。

Ⅴ类电能计量装置。单相电力客户计费用的电能计量装置。

二、计量器具的配置

（一）计量器具准确度等级的选择

各类电能计量装置所用电能表、互感器准确度等级不应低于表 10-2 所示等级。

电压互感器二次回路电压降不得大于表 10-3 规定值。

（二）电能计量装置的配置原则

1）贸易结算用的电能计量装置，原则上应设置在供电设施产权分界处。

表 10-2 电能表、互感器准确度等级

电能计量装置类别	准确度等级			
	有功电能表	无功电能表	电压互感器	电流互感器
Ⅰ	0.2s 或 0.5s	2.0	0.2	0.2s 或 0.2
Ⅱ	0.2s 或 0.5s	2.0	0.2	0.2s 或 0.2
Ⅲ	1.0	2.0	0.5	0.5s
Ⅳ	2.0	3.0	0.5	0.5s
Ⅴ	2.0			0.5s

表 10-3 电压互感器二次回路电压降

电能计量装置类别	二次回路压降限值	电能计量装置类别	二次回路压降限值
Ⅰ、Ⅱ	0.2%额定二次电压	Ⅲ、Ⅳ、Ⅴ	0.5%额定二次电压

2）在发电企业上网线路，电网经营企业间的联络线路和专线供电线路的另一端，应设置考核用电能计量装置。

3）Ⅰ、Ⅱ类计费用电能计量装置，应按计量点配置计量专用电压、电流互感器，或者专用二次绕组，其二次回路不得接入与电能计量无关的设备。

4）用于计量单机容量在100MW及以上的发电机，其主变高压侧上网的电能计量装置和电网经营企业之间购销电量的计量装置，宜配置准确度等级相同的主副两套有功电能表。

5）35kV以上计费用电压互感器二次回路，不应装设隔离开关辅助触点和熔断器。

6）安装在35kV客户、10kV及以下客户处的计量装置，应配置全国统一标准的电能计量柜或电能计量箱。

7）高压计费应装设电压失压记录仪。未配置计量柜（箱）的，其互感器二次回路的所有接线端子、试验端子应能加封印。

8）互感器二次回路应采用铜质单芯绝缘线。电流二次回路导线截面应按电流互感器额定二次负荷确定，并且不应小于 $4mm^2$。对电压二次回路，导线截面应按允许压降确定，并不小于 $2.5mm^2$。

9）为保证在较宽的负荷范围内计量准确，电能表过载能力应达到标定电流的 4 倍以上。直接接入式电能表的标定电流应按正常负荷电流 30%左右选择。经电流互感器接入的电能表，标定电流不宜超过电流互感器额定二次电流的 30%，额定最大电流应为电流互感器额定二次电流的 120%左右。

10）执行功率因数调整电费的客户，还应加装无功电能表；按需量计收基本电费的客户，应加装最大需量表或直接安装多功能电能表。实行分时电价的客户，应安装多费率电能表。具有正向、反向送电的计量点，应装设正、反向有功、无功电能表或多功能电能表。

11）带有数据通信接口的电能表，通信规约应符合 DL/T645 的要求，或执行当地省级及以上电网管理部门的规定。

第三节 电能计量方式

一、单相电路电能计量装置正确接线

1. 单相电路的计量方式

居民用单相电能表是最常见单相电能计量装置。这种表的接线方式是：电流线圈与负载串联，电压线圈与负载并联；电压线圈的电压钩子端与对应的电流线圈同名端共同接在电源侧。若把单相表的四个接线孔从左至右依次编号为 1、2、3、4，且从电源到表认为是进表，从电表到负载叫出表，则单相电能表的接线方式可归纳为：“1 进 2 出，3 进 4 出”。只有这样才能保证电能表正转，图 10-6 为直接接入式。

我国单相电能表的额定电压一般为 220V，目前，额定电流最大可达 40A，若实际电流大于 40A，则可采用以下两种方法解决：

(1) 安装电流互感器。将大电流变为小电流再进单相电能表。

(2) 改为三相四线电路供电。将单相负荷平均分配到三相，选用三相四线电能表，采用直接接入式，如图 10-6 所示。

2. 单相电焊机的电能计量

当要计量 380V 单相电焊机的有功电能，而又没有额定电压为 380V 的有功电能表时，可采用两只 220V 单相电能表按图 10-7 方式接线。电焊机消耗的有功电能为两只单相电能表读数之代数和。

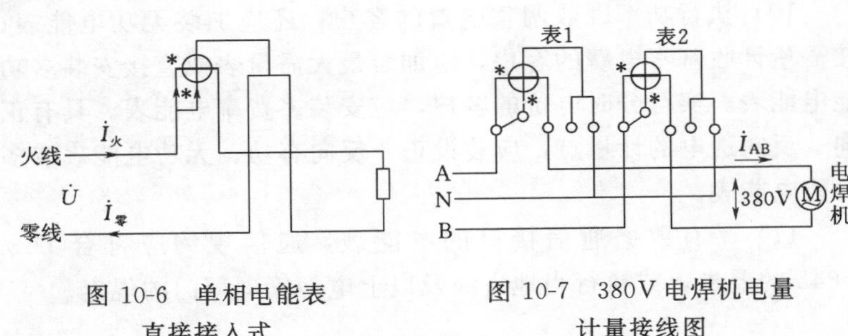

图 10-6 单相电能表直接接入式

图 10-7 380V 电焊机电量计量接线图

二、三相四线电能计量装置正确接线

1. 三相四线有功电能表的接线方式

常见的三相四线有功电能表型号有 DT1、DT2、DT10、DT864 等。它们的共同特点是有三个规格相同的驱动元件，其接线方式是：第一元件 $\dot{U}_A\dot{I}_A$；第二元件 $\dot{U}_B\dot{I}_B$；第三元件 $\dot{U}_C\dot{I}_C$。该表直接接入式如图 10-8 所示。

三相四线制供电线路一般为低电压，大电流电路。例如含低压动力设备的照明电路。因此，电能计量装置中要接入电流互感器，将大电流变为小电流后再进电能表的电流线圈，图 10-9 所示为带电流互感器的接线图。

2. 三相四线有功电能表接线注意事项

1) 应按正相序接线。因为三相电能表都是按正相序检定的，若实际使用时接线相序与检定时的相序不一致，便会产生附加

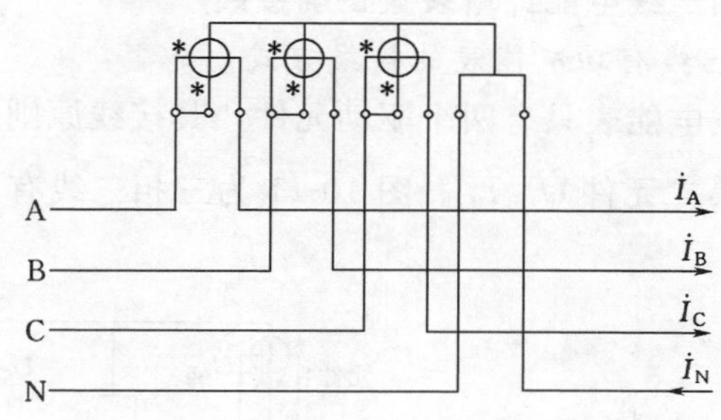

图 10-8　三相四线有功电能表直接接入式

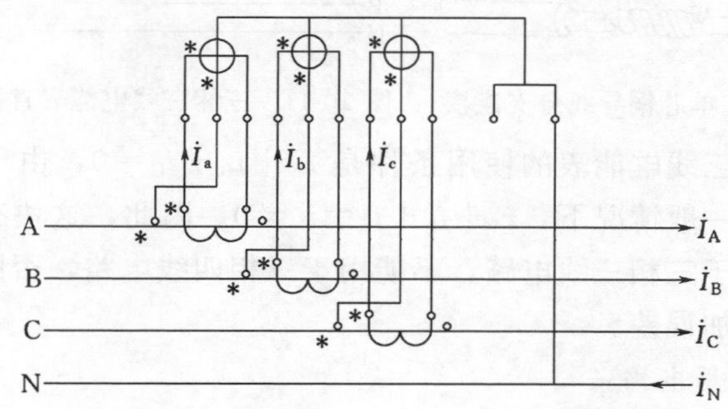

图 10-9　带 TA 的三相四线有功电能表接线图

误差。

2）相线与中线不能互换，否则有两相电压元件将承受比额定值大$\sqrt{3}$倍的线电压。

3）若三相四线电能表是总表，则进表的中线不能剪断接入表内，否则一旦发生接头松动，将会出现低压线路断中线的事实。此时如果负载严重不对称，负载中性点会产生位移，使负载上承受的相电压不对称，与额定值相比会过压或欠压，轻者影响设备正常使用，重者将造成大面积设备烧毁。为此，中线与三相四线电能表之间可采用单芯铜导线分支连接方式接线。如图 10-10 所示，接线一定要接牢，否则因接触不良或断线会产生较大的计量误差。

三、三相三线电能计量装置正确接线

1. 三相三线有功电能表的接线方式

三相三线电能表只有两个驱动元件，其接线原则是：第一元件$\dot{U}_{AB}\dot{I}_{A}$；第二元件$\dot{U}_{CB}\dot{I}_{C}$。图 10-11 为三相三线有功电能表直接接入式。

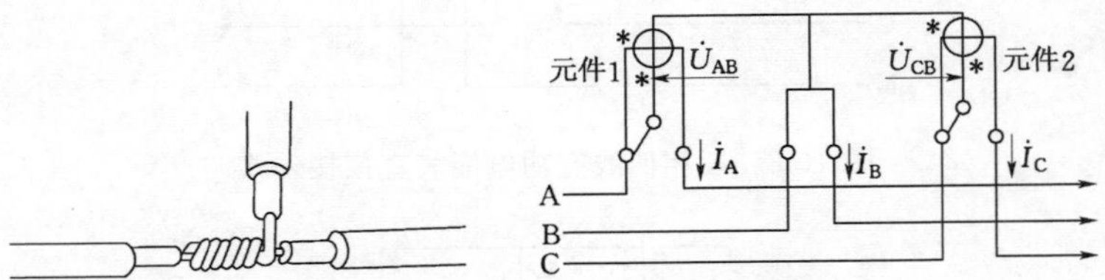

图 10-10　单芯铜导线分支连接　　图 10-11　三相三线电能表直接接入式

三相三线电能表的使用条件是 $i_A+i_B+i_C=0$，由于三相四线电路在一般情况下，$i_A+i_B+i_C=i_N\neq 0$。因此，这块有功电能表只能用于三相三线电路，不能用于三相四线电路，否则会产生原理性附加误差。

2. 实用电路

三相三线电路一般为高电压、大电流电路，因此需要接入互感器，常见接线如图 10-12 所示。这种计量方式广泛用于计量发电厂的发电量、变电站的供电量和高供高计电力客户消耗的电能。它所计量的电能占整个电力系统的总电能的 70%左右。因此，它属于非常重要的电能计量装置。

四、电能计量装置的整体接线

电能计量装置的整体接线是指将有功、无功电能表和互感器通过二次回路有机地连接起来，以达到一定的计量目的。三相电路中电能计量装置一般都装在专用的计量柜（盘）上。互感器与电能表之间都通过专用导线或二次电缆连接，并有专门标志的接线试验端子和相应的接线展开图，以便带电拆装电能表、现场检验电能表以及检查接线时使用。

下面是两种常见的电能计量装置的接线图：

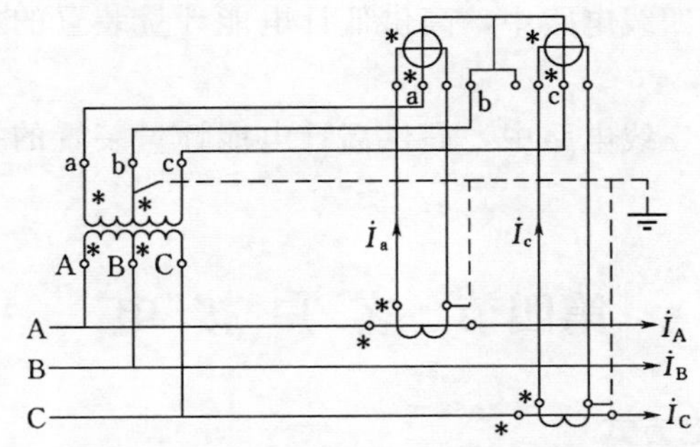

图 10-12　带 TV、TA 的三相三线有功电能表接线图

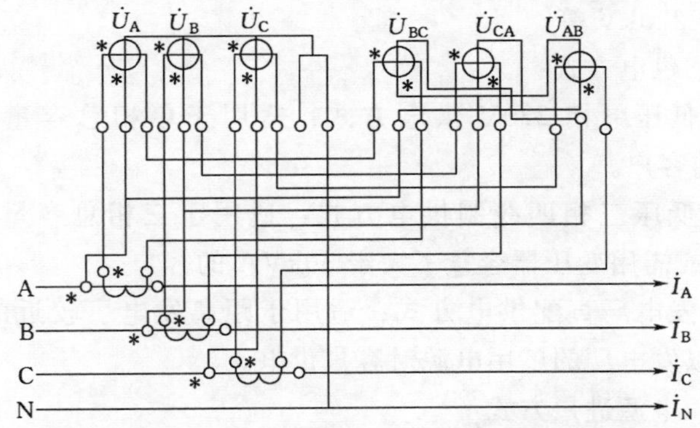

图 10-13　三相四线电路中，高供低计电能计量装置的接线

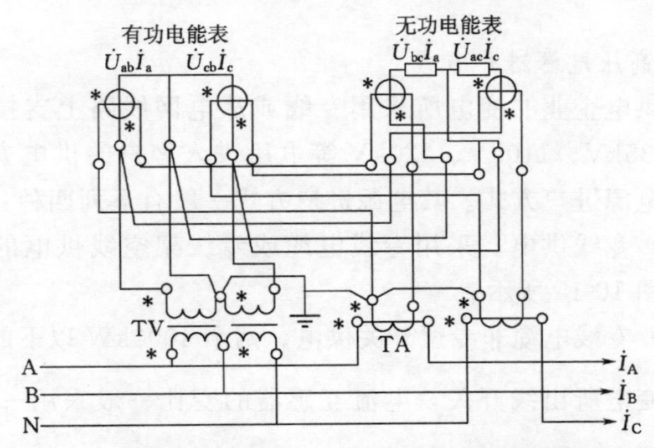

图 10-14　三相三线电路中，高供高计电能计量装置的接线

1）三相四线电路中，高供低计电能计量装置的接线，如图10-13所示。

2）三相三线电路中，高供高计电能计量装置的接线，如图10-14所示。

第四节　客户接电

一、供电方式

（1）供电额定电压等级分类：220V、380V、10kV、35kV、110kV、220kV等。

（2）供电方式：

1）低压单相220V供电方式：适用于单相总容量不大于10kW的客户。

2）低压三相四线制供电方式：适用于三相总容量不大于100kW或需用变压器容量不大于50kVA的客户。

3）发电厂直配供电方式：适用于距离发电厂较近的客户，但不得以发电厂的厂用电源对客户供电。

二、电源进户方式

客户引进电源的接电方式按电压的高低分为高压进户和低压进户。

1. 高压电源进户方式

由供电企业的变电所采用专线或从电网线路上支接供电的10kV、35kV、110kV、220kV等电压进入客户的供电方式，称作高压电源进户方式。其电源进户方式一般有下列四种：

（1）专线供电。采用专线电缆或专线架空线供电的进户方式，如图10-15所示。

（2）专线电缆非专线开关供电。两个4000kW以下的客户合用一个变电所出线开关，电流互感器的变比一般采用$\frac{400A}{5A}$。这种供电方式如图10-16所示。其缺点是当一个客户停电检修就会影响另一个客户用电。因此，非专线供电的客户端一定要加装总开关。

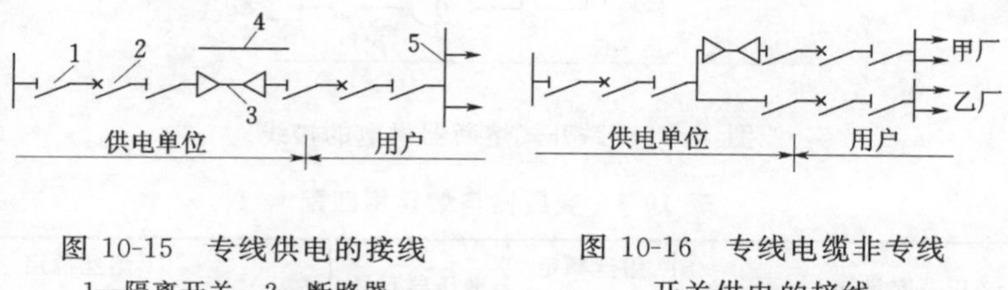

图 10-15　专线供电的接线
1—隔离开关；2—断路器；
3—电缆；4—架空线；5—母线

图 10-16　专线电缆非专线
开关供电的接线

（3）非专线供电，如图 10-17 所示。用电负荷不大，在电缆或架空线路上支接而在连接点上没有保护装置的供电方式，称为非专线供电。这种供电方式都需要在客户端加装保护，通常是加装户内式熔丝（RN 型）保护。熔丝与负荷开关安装位置的前后关系要根据具体情况决定。

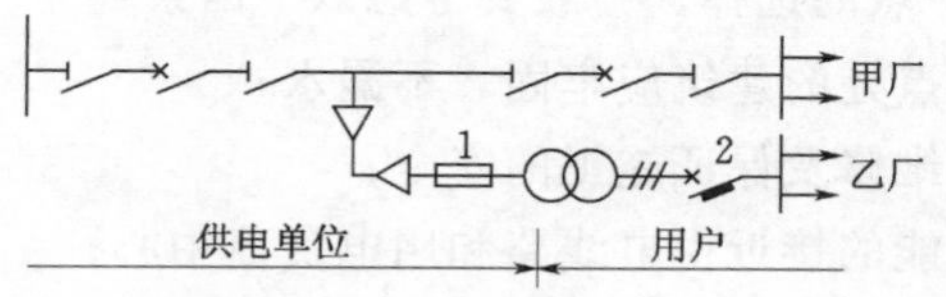

图 10-17　非专线供电的接线
1—高压断路器；2—带灭弧装置的三极开关

（4）跌开式熔断器供电，如图 10-18 所示。许多客户都采用跌开式熔断器供电方式。它从电网架空线路上支接一段电缆进户，在架空线与电缆支接处安装一副跌开式熔断器作为进户保护。当客户内部发生故障时，跌开式熔断器内的熔丝熔断，自动跌开切除电源。同时也可作为变电所停电检修时，切断电源的明显断开点。

采用自动跌开式熔断器供电的客户其熔丝与变压器容量的规定，见表 10-4。

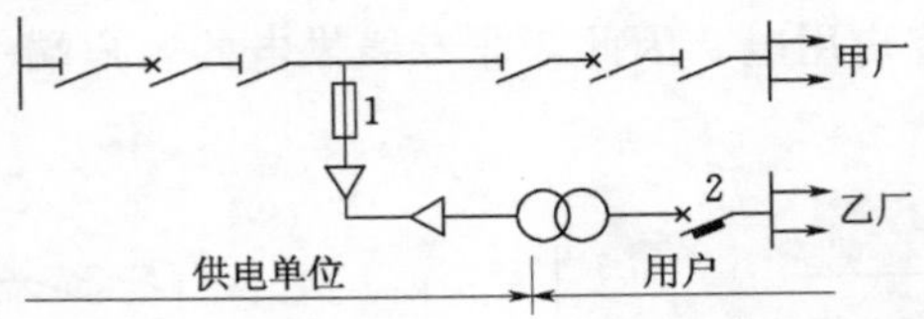

图 10-18　跌开式熔断器供电的接线

表 10-4　变压器与熔丝相匹配

变压器容量(kVA)	熔丝型号	熔丝额定电流(A)	变压器容量(kVA)	熔丝型号	熔丝额定电流(A)
100～240	33 型	25	1000	H33 型	100
315～500	33 型	50	1600	HH33 型	150
630	H33 型	75			

2. 低压电源进户方式

(1) 进户点的选择。一般要考虑以下因素：

1) 进户点处的建筑应牢固、不漏水；

2) 便于维修及保证施工的安全；

3) 尽可能的接近供电线路和用电负荷中心；

4) 与邻近房屋的进户点尽可能取得一致。

(2) 进户方式的选择。选好进户点后，根据《农村低压电力技术规程》规定，低压接户线的对地距离不应大于 2.5m，考虑进户导线 0.2m 的弛度，因此进户点离地高度应为 2.7m。

1) 对于进户点高于 2.7m 的，应采用绝缘线穿瓷套管进户。

2) 进户点低于 2.7m 的，应加装进户杆，以硬塑料管、钢管穿绝缘线或以塑料护套线穿瓷套管进户。

3) 进户点高于 2.7m 的，由于某些原因，如窗口的关系，接户线放不到进户管垂直距离 0.5m 以内时，可采用下列措施：塑料护套线穿瓷套管进户；角铁加装瓷支持单根绝缘线穿瓷管进户；绝缘线穿钢管或硬塑料管沿墙敷设；加装进户杆。

4）接户线在跨越街道、电车线或靠近窗户、阳台的最小距离见表10-5。

表10-5　接户线与交叉跨越物的最小距离

交叉跨越物	最小距离（m）
公路路面	6.0
通车困难的街道	5.0
不通车的人行道、胡同	3.0
与接户线下方的垂直距离	0.3
与接户线上方阳台或窗户的垂直距离	0.8
与窗户或阳台的水平距离	0.75
与墙壁构架的距离	0.05
接户线在上方与通讯或广播线交叉时	0.6
接户线在下方与通讯或广播线交叉时	0.3

三、进户装置

凡是用于引入户外线路的装置，包括进户杆、进户线、进户套管等，统称为进户装置。进户线与供电部门的供电线路搭头连接处是供电部门与客户的产权分界点。由低压供电线路至客户室外第一支持点或到接户配电箱之间的一段线路，称为接户线。

从接户线与进户线搭头起至客户内部的配电线路装置，除总熔丝盒及电能计量装置外，均由供电部门装备、管理，而由客户负责保管。

1. 进户杆

由于特殊原因，从架空供电线路引接户线至进户处，不能安装墙架支持时，需要加装的电杆，称为进户杆。其种类有木杆、混凝土杆。为了保证安全，电杆的机械强度、埋深、加固、防腐及其他要求必须符合《农村低压电力技术规程》规定。如进户杆采用混凝土杆，应有足够的机械强度，没有弯曲、裂缝、露筋、混凝土疏松剥落等现象，15m及以下长度电杆的埋深可参照表

10-6。

表 10-6　电杆埋设深度

杆高（m）	6	7	8	9	10	11	12	13	15
埋设深度（m）	1.3	1.4	1.5	1.6	1.7	1.8	1.9	2.0	2.3

客户出线与进户线最好不要合杆装置，必须合杆时，客户出线应装在接户线下面，并与接户线至少有 0.7m 距离，导线的排列应能保证接户线在施工时的安全和方便。靠近电杆的两根导线间的水平距离不应小于 0.5m，便于登杆施工。

2. 进户线

进户线的种类有橡胶、塑料绝缘线或塑料套管线。用线的品种应视不同的进户方式而定。

（1）规格。导线的绝缘必须良好。如用摇表测量时导线与导线间或导线与钢管间（导线穿在钢管内时）的绝缘电阻必须满足：相对地 0.22MΩ；相对相 0.33MΩ。从接线可靠程度考虑，进户线不能用软线，并且不得有接头。

（2）截面。进户线的截面应按照导线安全载流量选择。最小截面积为：铜芯绝缘线 2.5mm^2；铝芯绝缘线 4.0mm^2。

（3）装置方法。进户线的长度应足够。若以钢管、硬塑料管或护套线进户，户外一端管口外留长 0.8m 导线；若以双瓷管进户，户外一端留长 0.8m 导线。凡以塑料护套线进户的，应使用防锈的金属夹头或其他支持材料固定在木杆或墙壁上，两个支持物间的最大距离为 20cm，穿过墙壁或屋檐时应有瓷套管保护。

3. 进户管

用来保护进户线的线管称为进户管，常用的有瓷管、硬塑料管及钢管。进户管的管径应根据进户线的根数及截面来决定，管内导线占管内径截面的 40%，但是最小值为 13mm^2。进户管的装置方法如下：

（1）瓷管。进户管必须每线一根，应整根以水泥装牢在墙内，穿板壁时应另用适当方法加固，屋外的一端稍低，弯口向下，防止积水；屋内的一端应伸入总熔丝盒板的圆孔内。

(2) 钢管。同一回路的进户线必须全部穿于一根钢管内，钢管应用沟钉或轧头固定在木板或墙壁上。钢管户外一端必须有向下的防雨弯头，户内的一端应伸入总熔丝盒板的圆孔内，并用六角螺帽紧固，或伸进总熔丝盒的槽口内，钢管的两端应有护圈。

(3) 硬塑料管。其安装方法与钢管相同，只是两端管口可不用护圈。

四、计量装置的竣工验收

计量装置安装工程结束后，必须进行竣工检查，以确保电能计量的准确性。

1. 二次回路的检查

计量装置的二次回路包含电压二次回路和电流二次回路。它们直接影响计量装置的整体准确性，应从以下几个方面进行检查：

(1) 准确度等级。计费用的电压、电流互感器的等级应符合计量装置的配置原则，见表10-2。

(2) 二次负载。电压二次回路和电流二次回路负载不能超过各自等级规定的额定负载值。

(3) 计量二次回路应具有独立性，不能与保护装置合用。

(4) 二次回路的电压线和电流线应用不同颜色的绝缘导线分开，并有明显的标志。且电压回路导线最小截面为 $2.5mm^2$；电流回路导线最小截面为 $4mm^2$。

(5) 绝缘耐压试验。当断开二次回路接地点后，采用2500V的兆欧表进行绝缘耐压试验，测其绝缘电阻不应低于1MΩ。

(6) 二次回路应有专用接线盒。这可方便更换表计、现场校验、二次接线检查等。

(7) 运行中的计量装置接地部分应为：电流互感器的 K_2 端或“一”极端子；电压互感器V/V接线的二次b相端子和Y/Y

接线的二次中性线端子；电压互感器和电流互感器的金属外壳；装设电能表的金属盘面。

2. 新装完工后的停电检查

(1) 互感器的接线检查。检查各互感器安装是否牢固，安全距离是否足够，各处触头是否旋紧，接触面是否紧密等。

(2) 互感器的极性检查。对照标准图样核对电压互感器和电流互感器一、二次线的极性是否正确。

(3) 互感器的接地检查。检查互感器的二次及外壳等有否接地。

(4) 电能表的接线检查。核对电能表的接线是否正确，桩头螺丝是否旋紧，线头是否碰壳。

(5) 检查表计初始读数是否抄错。如有功、无功、最大需量表等。

(6) 接线盒的检查。检查接线盒内桩头螺丝是否旋紧，有否滑牙，短路片是否压紧，连接是否可靠。

(7) 电压熔丝的检查。查熔丝插头是否松动，玻璃熔丝两端弹簧铜皮夹头的弹性及接触面是否完好。

(8) 封印检查。查所有封印是否遗漏，是否完好。

(9) 检查二次回路导通情况及端子标志是否一致。对照二次接线图，通过专门的标志符号，采用顺藤摸瓜方式，核对从互感器二次端子到端子箱再到电能表接线盒之间的连线端子每相是否一致。

(10) 检查是否有工具、物件等遗留在设备上。

3. 带电检查接线

带电检查是在计量装置通电状态下对电能表、互感器及二次回路的接线整体检查。检查步骤如下：

(1) 用电压表测量二次三相电压。若接线正确，三相电压是对称的。因此，可用一只 250V 的普通电压表或万用表的电压档，依次测量二次侧电压 U_{ab}，U_{bc}，U_{ca}，当电压互感器为 V/V 接线时，$U_{ab}=U_{bc}=U_{ca}=100V$，且 $U_{bn}=0V$；当电压互感器为

Y/Y 接线时，在二次侧可测得 $U_{an}=U_{bn}=U_{cn}=\frac{100}{\sqrt{3}}$V。如果电压值不相等，且差别较大时，则说明电压互感器有极性接错或电压回路有断线或熔丝熔断等故障。

（2）测定电压相序。相序是一种排列顺序，它直接影响电能表（特别是无功电能表）的准确性。计量装置中所加三相电压都应是正相序电压。电压相序可用旋转式相序指示器（也叫相序表）进行检查。测量时，将相序表的三个相线夹子分别夹在电压二次回路的三根相线上。若相序表的铝盘向顺时针方向转动，则所加三相电压为正序；否则为负相序。应当指出，测得的正相序有三种可能，即 a-b-c、b-c-a、c-a-b，这三种接线顺序均属正相序，但是若 b 线已确定时，a、c 线就是唯一的了。

（3）检查接地点和确定相别。

1）判断是否有接地点。高供高计计量装置中，电压互感器的二次侧均应有安全接地。判断方法：用电压表（或万用表电压档）的一端接地，另一端分别接向电能表的三个电压端子。①若电压表三次均指 0，说明无安全接地，无论是 V 形接线还是 Y 形接线。②若电压表两次指示 100V，一次指 0，说明指 0 的一相接地，且接地相大多是 b 相，③若电压表三次均指示 $\frac{100V}{\sqrt{3}}$，则说明三相电压互感器是 Y 形接线，且中性点接地。

2）判断接地相。将电压表的一端与其他已确知的仪表 b 相端相连，电压表的另一端依次接向电能表的三个电压端子，则电压表指 0 的一相便是 b 相，由此可判断是否为 b 相接地。

（4）用钳形电流表测电流互感器二次侧电流。

1）高供高计计量装置。一般为三相三线计量方式，二次电流只有 A、C 相电流。为了查清电流互感器二次有无断线和短路等故障，可依次将电能表 A 相和 C 相电压端子的引线分别断开，电能表的圆盘都应转动，这就可判断 C 相和 A 相电流无断线或无短路故障。

为了检查电流互感器有无极性反接故障，可以采用钳形电流表进行判断。方法如下：用钳形电流表分别测 I_a 和 I_c，然后将两相电流合并测试，其读数应与单独测试的数值基本相同。若合并测试值是单独测试值的$\sqrt{3}$倍，则说明有一相电流反向了。

2）高供低计计量装置。一般为三相四线计量方式，用钳形电流表分别测三个二次电流 I_a、I_b、I_c，它们数值应相等或接近。当将三相电流合并测量时，若其值接近零，说明被测三相电流方向相同，若其值为近似于 3 倍的 A、B、C 各相值，则被测三相电流之中有一相或两相极性接反。

（5）电能表错接线的检查方法。计量装置的接线错误可分为三大类：电压回路或电流回路发生开路或短路；电压或电流互感器极性接反；电能表上的电压、电流进错相。通过上述电压、相序、电流的测试之后，可以排除前两类错误，只剩下第三类错误形式，这样三相电能表的错误接线范围大大缩小。

第三类错误必须借助相位伏安表，利用六角图相量分析法，才能确定电能表的错误接线方式。

五、装表接电中的防窃电措施

装表接电是电力营销中的一个重要环节，其工作质量可减少客户窃电的可能。以下是装表接电实际中常用的几种防窃电措施。

（一）采用计量柜（箱）

新的《电能计量装置技术管理规程》已将计量箱列入电能计量装置的一部分。那么，窃电的定义范围就扩大了，即客户一旦开启或破坏计量箱，就可视为窃电或有窃电嫌疑。采用专用计量箱可以阻止窃电者触及电能表、互感器及连接二者的二次回路等装置。

窃电者作案时主要是对计量装置的一次或二次设备下手。为此，除了要求计量箱足够牢固外，最关键的还是箱门的防撬问题。现在比较常见、实用的方法有如下四种：

（1）箱门配置防盗锁。和普通锁相比，其开锁难度较大，若强行开锁则不能复原。其优点主要是正常维护容易，缺点是遇到精通开锁者仍然无法幸免。

（2）采用防撬铅封。与旧式铅封相比，新型防撬铅封不仅在铅封帽和印模上增加了防伪识别标记（由各供电公司自行设定），而且还有分类标志，一旦被撬，很难复原，从而起到防窃电作用。

（3）箱门加封印。这种计量箱的箱门可加上供电部门的防撬铅封，使窃电者开启箱门窃电时会留下证据。其优点是便以实施，缺点是容易被破坏。

（4）将箱门焊死。这是针对个别客户窃电比较猖獗，迫不得已而采取的措施。其优点是比较可靠，缺点是表箱只能一次性使用，正常维护也不方便。

（二）选用具有双向计量或止逆功能的电能表

按窃电持续时间特点分类，窃电有连续型和间断型。连续型窃电，电能表一般表现为正向慢转，或不转，电表异常运行情况往往容易被发现。而间断型窃电，是客户雇用社会上一些所谓窃电专业户，利用窃电器使电表在短时间内快速反转，往往“见好就收”，现场不易抓到作案证据。针对这种窃电行为，客户若不是双电源或多电源供电的，可以采用具有双向计量功能的电能表或带止逆功能的电能表进行防范。

具有双向计量功能的电能表，当窃电使电表反转时，计度器不但不减码反而照常加码，使窃电者偷鸡不成反倒蚀把米；若采用止逆式电能表，只可防倒转。因此，这两种电能表只对窃电后表反转有防范功能，对电表正向慢转或不转的窃电情况无能为力。

（三）对现有计量装置进行防窃电改造

以下是部分省市已经实施并取得较好效益的计量装置防窃电改造方案及技术标准。

1. 低压客户防窃电改造方案

（1）单相直通表客户防窃电改造方案。是指老城区零散居民及商业门面客户原表计安装在室内需将表计外移的改造。改造要求：①计费电能表外线必须采用绝缘导线或低压电缆封闭进入防窃电分线盒，再由分线盒穿PV管进入电能表箱（即“线进管、管进箱”）；②表箱统一采用V0级阻燃塑料、聚碳酸脂制作的全透明防窃电表箱；③分线盒、电能表接线盒、大盖、表箱必须加装激光防伪塑封或金属防伪防撬铅封；④表计进出线均应采用防窃电绝缘线头套将进出线孔封闭。

（2）低压三相四线直通表客户改造方案。是指老城区三相动力客户及商业门面客户，原表计安装在室内需将表计外移的改造。改造要求：①计费电能表进线必须采用三相四线绝缘导线并穿PV管或低压电缆进入三相电能表箱；②表箱统一采用V0级阻燃塑料、聚碳酸脂制作的全透明防窃电表箱；③电能表接线盒、大盖、表箱必须加装防伪塑封或金属防伪防撬铅封；④电能表进出线加装线头套。

（3）三相四线带TA客户防窃电改造技术方案。与低压三相四线直通表客户改造方案基本相同。电流互感器采用穿芯电流互感器，一次只允许串一匝，TA二次接线端子用防窃电封罩加封。表箱统一采用聚碳酸脂全透明防窃电阻燃塑料表箱。

2. 高供低计客户防窃电改造方案

高供低计客户的计量装置防窃电改造方式主要有以下三种：

（1）变压器桩头加装TA的改造方案。对变压器离配电房较近的客户（如有变压器室的客户），在客户专用变压器低压桩头上加装一组计量电流互感器，再将变压器低压桩头和电流互感器密封在防窃电封罩内。从防窃电封罩内引出电压线和TA二次电流线进入表箱。改造要求：①用聚碳酸脂阻燃塑料桩头封罩将变压器低压桩头和计量TA密封在桩头罩内，桩头罩固定在变压器本体上；②对TA二次接线柱加装二次封罩进行封闭；③电压线和TA二次电流线采用电缆穿PV管，从装头封罩引到电表箱，二次电缆线规格应符合《电能计量装置技术管理规程》（DL/T448—2000）要求；④使用全透明塑料电能表箱，如选用铁质表箱必须作防锈处理，表箱材质应采用2mm以上的钢板，具备良好的通风散热和防雨防潮功能；⑤表箱安装视现场情况，可安装在变压器附近易于抄表、检查和维护的墙面或支架上并可靠接地，但距变压器的距离不应超过10m；⑥使用的二次变压器桩头罩、计量表箱、表大盖、接线盒等必须加装防伪塑封或金属防伪防撬铅封。铁表箱内表计进出线均应采用防窃电绝缘线头套将进出线孔封闭。

(2) 变压器桩头不带TA和IC卡预付费控制箱改造方案。对变压器距配电房较远（大于10m）的客户（如农村专用变压器客户），可采用变压器桩头不带TA的改造方案，即在专用变压器与客户配电房之间加装低压防窃电计量箱，计量TA与表计一同安装在防窃电计量箱内，不允许将表箱直接安装在变压器外壳上。实行预付费的客户，在进行预付费计量箱改造的同时，要考虑防窃电功能，变压器低压桩头要加装防窃电封罩。计量箱进出三相四线电源线采用交联电缆或橡塑电缆。

(3) 高供低计改为高供高计。对窃电“钉子”户可将高供低计改为高压户外式防窃电改造高供高计方式。

3. 10kV高压户外式防窃电改造方案

对有窃电嫌疑且电能计量装置安装在客户配电房内，又不便进行用电检查和就地改造的客户，可将计量装置外移至户外电杆上。其改造方法是在高压电杆台架或客户配电房高压进线墙面台架上加装10（6）kV组合式互感器，高压电源线用高压绝缘线或塑料绝缘线，组合互感器的一次引线与主线路连接处及接线桩头用热塑管加封。二次线应采用电缆或绝缘线穿PV管进入电能表箱，电能表箱安装在户外电杆或台架上，并可靠接地。箱内应加装电能表联合接线盒和电能表外挂显示电路板，以便电能表的校试、轮换和抄表、巡视维护。组合互感器二次电缆规格应符合《电能计量装置技术管理规程》（DL/T448—2000）要求。表箱采用2mm以上的钢板制作并经防锈处理，且通风散热和防雨防潮功能良好的计量表箱。表大盖、接线盒等必须加装防伪塑封或金属防伪防撬铅封。

4. 高压户内防窃电改造方案

高压户内防窃电改造原则上应就原计量柜进行全封闭改造。具体改造方案是：首先用厚度不小于 2mm 的钢板将计量柜外壳周围用电焊机焊接牢固，使窃电客户不破坏计量柜封铅和锁就无法进入计量柜内。高压柜内的 TA、TV 的一、二次连接处用热塑管密封，TA 二次回路用电缆引至高压计量柜计量单元或穿 PV 管引至计量箱，高压计量柜内加装照明灯以便巡视维护，计量箱为全封闭的防窃电表箱。计量柜和计量箱应加装防伪塑封。

第十一章 照 明

第一节 概 述

一、照明现状

照明是利用各种光源使被照物体获得适宜的光分布，而使人们产生满意的视觉效果。它是随着社会的经济发展、人们生活条件的改善而不断的进步和完善的。

1）从光源而言，已从固体发光光源、气体辉光放电光源、气体弧光放电光源到今天的激光光源，使每1W的发光率自10lm发展到114lm，高达10倍之多，而激光光源的用电量更低。由于生活的提高，全球的照明容量不断的递增，已占到全球用电量的10％～20％，为节约电能，减少不可再生能源的消耗和大气污染，以达到保护生态环境的要求，应尽量采用节能光源及节能灯具，尽早实现绿色照明计划。

2）从照明灯具而言，为了满足各类建筑物的装饰需要，有高级宾馆用的各种水晶吊灯、嵌入式点源灯、组合花灯，把建筑物装饰得典雅辉煌。写字楼、商场用各种荧光灯、金属卤化灯、配以铝合金格栅罩、PS板罩或银色金色管型罩，组成光带或布成各种花式，使环境明快清新。就住宅而言，也不再是一室一个裸灯头，而是客厅用组合吊灯，饭厅用壁灯，住房用推拉式吊灯，书房用壁式日光灯，健身房用点源灯，使住家舒适温馨。

3）照明配线中的木槽板已由塑料线槽代替，由于原有建筑的拆迁改造，木槽板配线遗留下来的已很少了。目前常用的照明配线是塑料护套线卡钉明敷，塑料绝缘线用塑料线槽明敷，塑料线穿PVC管或钢管明敷或暗敷，塑料绝缘线穿半硬塑料管沿空心板的板缝板孔敷线。

4）开关插座中的胶木平开关、胶木圆孔插座已停止使用，只在原有建筑中可能还时有所见。目前大量使用的是塑料面板或电玉粉面板的跷板开关、插座，更有豪华型组合式的114系列、118系列的开关、插座。

5）照明电源也从单一电源，发展成双电源或双电源自投供电。

6）照明箱也由原来的木板明装或木箱暗装逐步发展成定型的分批分件安装的铁盒或塑料盒照明箱，外型轻巧美观，表面油漆采用烤漆、喷漆或塑料喷涂，可与建筑物的装修相协调，照明箱按需要可明装或暗装，但以暗装为多。

二、照明常用技术术语

照明灯具发出的光，照亮物体，同时也显示物体的色彩，造成被照空间的一定气氛，这些现象要用定量分析，就需要引出很多物理量纲，如光强、光通量、照度、显色指数、色温等。

1. 常用照明的基本计算单位

常用照明基本计算单位，见表11-1。

2. 显色指数

光源的光是由不同光谱组成的，不同的光谱就有不同的颜

表11-1　照明基本计算单位

名称	代号	定　义	单　位	示意图
光强	I	由规定物质成分及直径的一支蜡烛点燃后在单位立体角内所传播的光通量称为1烛光或1坎德拉（cd）	烛光（cd）	立体角
光通量	F	光源向四周发射的使人眼产生光感的能量，称为光通量。即1烛光的均匀点光源在单位立体角内发出的光通量称为1流明 $F=\frac{dI}{d\omega}$　$d\omega=\frac{dS}{r^2}$	流明（lm） $1lm=\frac{1cd}{1\text{立体角}}$ $\text{立体角}=\frac{\text{球面面积}}{\text{球半径}^2}$	ds r F dω dI

续表

名称	代号	定　义	单　位	示意图
照度	E	被照单位面积上入射光通量称为照度 $E=\frac{dF}{dS}$	勒克司（1x） $1lx=\frac{1lm}{1m^2}$	dF dS
亮度	B	给定方向上的发光强度与发光面积（或被照面积）在此方向上的投影之比 $B=\frac{dIx}{dS\cdot\cos x}$	尼特（nt）或熙提（sd） $1nt=\frac{1cd}{1m^2}$ $1sd=\frac{1cd}{1cm^2}$	n dI_α α dS cosα

色，它照射到物体上，就会改变原有物体的颜色。如低压钠灯照射下，许多颜色的样品都会变成棕色或黑色。在高压水银灯照射下，人的脸上都会蒙上一层蓝灰色。这就是照明的显色性，常用显色指数（Ra）表示。它是用日光（七色光谱）为标准，因为人眼在日光下对颜色的辨别是最优的，其显色指数（Ra）定为100，其余光源的显色指数均小于100，见表11-2。

表 11-2　常用光源的显色指数

光　源	显色指数（Ra）	光　源	显色指数（Ra）
白炽灯	97	金属卤化物灯	61～92
日光色（或三基色）荧光灯	85～91	荧光高压汞灯	35～40
白色荧光灯	63	高压钠灯	21
卤钨灯	97		

对一些辨色要求较高的场所，如美术展厅、化妆室、餐厅、手术室、宾馆中的客房、高级商场的营业厅等，其显色指数（Ra）应不小于80，因此常用白炽灯、卤钨灯、稀土节能荧光

灯、三基色荧光灯、高显色性的高压钠灯等；如办公室、报告厅、教室、候机厅、候船室等场所，要求对人的肤色不失真，其显色指数常在60～85之间，常采用荧光灯、金属卤化物灯；车间、库房、行李房等对辨色要求一般的场所，其显色指数可取在40左右，常用高压汞灯；对辨色要求不高的室外马路，可采用高压钠灯。

3. 色温

照明的光色常用色温K表示。不同的K值产生不同的光色，使人们的视觉产生不同的感受，见表11-3。

表11-3 色温与光色

色温	色调	人们感受
>5300K	称冷色，光色偏白	冷而清醒
3300～5300K	中间色，光色白中略带红	温和
<3300K	称暖色，光色白偏红	亲切温暖

色温在现代照明中也是一个很重要的指标，照度与色温应互相配合，才能使照明产生舒适的效果，一般照度低的采用暖色调，照度高的采用冷色调。如宾馆的大堂、客房、宴会厅、酒吧等常采用暖色的光源，使人感到亲切温暖，有宾至如归的感觉，因此常以白炽灯为主；大型航空港、车站、码头、商场、教室、会议室常用中间色，使人感到轻快灵活、思想活跃，因此常以荧光灯、金属卤化物灯为主；冷饮室、室内游泳池、设计室、计算机房常用冷色光源，使人产生凉爽、清新的感觉，因此常以白色日光灯为主。

照度、显色指数、色温是现代照明工程中选用合理光源的三要素，三者配合得好坏是照明工程成功的重要指标。当然照明效果还应考虑采用适当的亮度，以减少玄光，使照度均匀以减少不必要的阴影。

三、照明分类

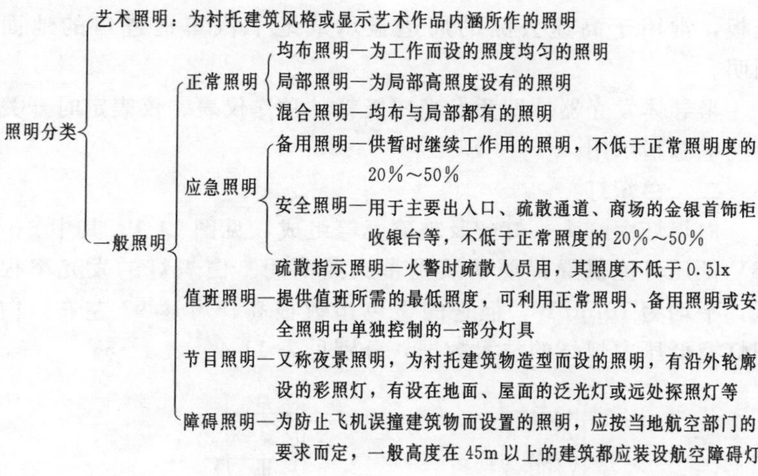

照明分类
艺术照明：为衬托建筑风格或显示艺术作品内涵所作的照明
一般照明
正常照明
均布照明—为工作而设的照度均匀的照明
局部照明—为局部高照度设有的照明
混合照明—均布与局部都有的照明
应急照明
备用照明—供暂时继续工作用的照明，不低于正常照明度的20％～50％
安全照明—用于主要出入口、疏散通道、商场的金银首饰柜、收银台等，不低于正常照度的20％～50％
疏散指示照明—火警时疏散人员用，其照度不低于0.5lx
值班照明—提供值班所需的最低照度，可利用正常照明、备用照明或安全照明中单独控制的一部分灯具
节目照明—又称夜景照明，为衬托建筑物造型而设的照明，有沿外轮廓设的彩照灯，有设在地面、屋面的泛光灯或远处探照灯等
障碍照明—为防止飞机误撞建筑物而设置的照明，应按当地航空部门的要求而定，一般高度在45m以上的建筑都应装设航空障碍灯

第二节 照明光源

一、光源的分类

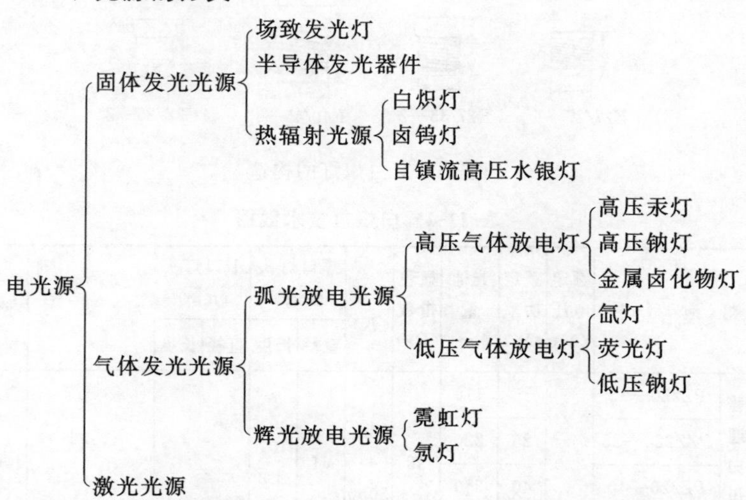

电光源
固体发光光源
场致发光灯
半导体发光器件
热辐射光源
白炽灯
卤钨灯
自镇流高压水银灯
气体发光光源
弧光放电光源
高压气体放电灯
高压汞灯
高压钠灯
金属卤化物灯
低压气体放电灯
氙灯
荧光灯
低压钠灯
辉光放电光源
霓虹灯
氖灯
激光光源

场致发光灯是利用荧光粉涂在金属板上，当光照射时，它会

发出强光。有电致发光板，常用于剧院的座位号显示。有光致发光板，常用于高速公路的周边显示或地下汽车道进口的地面照明。

半导体发光器件即为发光二极管，常作仪表、仪表定时开关等的电源指示用。

二、白炽灯

白炽灯由灯头、灯丝及玻璃壳等组成，见图 11-1。其中 6～36V 低压灯泡供局部照明及携带式照明用。白炽灯的发光率很低，平均为 10lm/W，但它的显色指数很高，可达 97 左右。白炽灯及低压白炽灯的技术数据，分别见表 11-4、表 11-5。

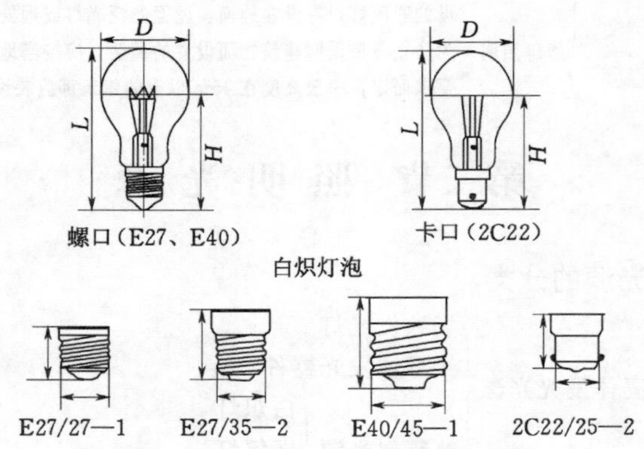

图 11-1 白炽灯的构造

表 11-4 白炽灯技术数据

灯泡型号		额定电压 (V)	额定功率 (W)	光通量 (lm)	显色指数 (Ra)	色湿 (K)	螺口灯头 (mm)		卡口灯头 (mm)		灯型号	平均寿命 (h)
							直径	长度	直径	长度		
普通白炽灯	PZ220—15	220	15	110	98	2560～3050	61	107±3				1000
	PZZ220—25		25	220								
	PZ220—40		40	350								
	PZ220—60		60	30								

续表

	灯泡型号	额定电压(V)	额定功率(W)	光通量(lm)	显色指数(Ra)	色湿(K)	螺口灯头(mm)直径	螺口灯头(mm)长度	卡口灯头(mm)直径	卡口灯头(mm)长度	灯型号	平均寿命(h)
普通白炽灯	PZ220—100	220	100	1250	98	2560～3050	71	125±4	71	123±4		1000
	PZ220—150		150	2090			81	170±4	81	168±5	E27/27—1 E27/35—2或 2C22/25—2	
	PZ220—200		200	2920								
	PZ220－300		300	4610			111.5	235±6			E40/45—1	
	PZ220—500		500	8300			131.5	275±6				
	PZ220—1000		1000	18600			151.5	300±9				
蘑菇形灯	PZM220—15	220	15	107	92以上				56	95	E27/27 B22d/25×26	1000
	PZM220—25		25	213					56	95		
	PZM220—40		40	326					56	95		
	PZM220—60		60	630					61	107		1300
彩色灯泡	CS220—15	220	15						61	107	E27/27 B22d/25×26	1000
	CS220—25		25									
	CS220—40		40									
	CS220—100		100						81	120	E27/35×30 E27/65×45	
	CS220—500		150						127	205		
水下灯泡	SX110—1000	110	1000	19000					31.5	265	E40/45	600
	SX110—1500		1500	3000								400
	SX220—1000	220	1000	18600								600
	SX220—1500		1500	26100								400

表 11-5　低压白炽灯技术数据

灯泡型号	电压(V)	功率(W)		光通量(lm)		额定光效(lm)	主要尺寸(m.m)			平均寿命(h)	灯头型号
		额定值	极限值	额定值	极限值		直径(D)	全长(L)	中心高度(H)		
JZ6—10	6	10	10.9	120	106		61	110	77±3	1000	E27/27 或 B22d/25×26
JZ6—20	6	20	21.3	260	229						
JZ12—15	12	15	16.1	180	156	12					
JZ12—25	12	25	26.5	325	286	13					
JZ12—40	12	40	42.1	550	484	13.75					
JZ12—60	12	60	62.9	850	74.8	14.17					
JZ12—100	12	100	104.5	1600	1320	16					
JZ36—15	36	15	16.1	135	119	9					
JZ36—25	36	25	26.5	250	220	10					
JZ36—40	36	40	42.5	500	440	12.5					
JZ36—60	36	60	62.9	800	704	13.33					
JZ36—100	36	100	104.5	1550	1364	15.5					
JZ24—40	24	40	42.1	480	408			107			
JZ24—60	24	60	62.9	800	680			107			
JZ24—100	24	100	104.5	1580	1264		71	125			
JZ32—40	24	40	42.1	470	400		61	107			
JZ32—60	24	60	62.9	790	672		61	107			
JZ32—100	24	100	104.5	1550	1240		71	125			

三、卤钨灯

卤钨灯也是一种白炽灯，同样由灯头、灯丝及玻璃壳组成，一般白炽灯的钨丝蒸发出来的钨沉积在灯泡壁上，使玻璃壳黑化，降低了灯的使用寿命及发光率。而灯泡中充入适量的卤元素，并改变灯泡形状，使钨丝蒸发出来的钨在向玻壳迁移的过程中与卤元素化合成气态的卤化钨，卤化钨扩散到灯丝附近的高温区，又分解成钨及卤元素，灯泡的形状正好使分解出来的钨落回到钨丝上，使灯丝的物质损失得以补充，而卤元素又沿着灯泡壁区扩散，再与灯丝蒸发出来的钨化合，这样不断卤钨往复循环，就减少了灯泡的黑化，提高了灯的使用寿命。卤元素又减少了热的对流损失，提高了灯的发光效率，可达 21～22lm/W。按充入卤元素的不同，又分溴钨灯及碘钨灯两种，但它们在性能和外形上相似，所以厂家提供时统称卤钨灯。卤钨灯技术数据，见表 11-6。管形卤钨灯外形，见图 11-2。

表 11-6　卤钨（管形）灯技术数据

灯泡型号	光电参数					外形尺寸		安装方式	参考价（元）	生产厂
	电压（V）	功率（W）	光通量（lm）	色温（K）	寿命（h）	长度（L）（mm）	直径（D）（mm）			
LZG220—1000	220	1000	21000	2800	1500	208	10	R7s	8.70	上海沪光灯具厂
LZG220—500		500	16000		1000	118			10.00	
LZG220—500	220	500	9000	2800	1500	185±3	18.3		7.65	沈阳华光、天津灯泡厂
LZG220—1000		1000	20000			223±3			8.85	
LZG220—500	220	500	8000			182±2	9.5～10.5	Fa4		山东博山灯泡厂
LZG220—1000		1000	19000			227±2				
LZG36—70	36	70	1000			90±2				
LZG36—150		150	2400			96±2				
LZG36—500		500	7000		2500	182±2	10.5～11.5			
LZG55—100	55	100	1500		1000	80±2	10			上海电子管三厂
LZG110—500	110	500	10250		1500	123±2	12		13.00	
LZG220—500	220	500	9020		1000	≤177				
LZG200—1000		1000	21000		1500	210±2			15.00	
LZG220—1000J1		1000	21000			≤2.32				
LZG220—1500		1500	31500			293±2	13.5		22.70	
LZG220—1500J1		1500				≤310				
LZG220—2000		2000	42000			293±2			28.40	
LZG220—2000J1		2000				≤310				

续表

灯泡型号	光电参数					外形尺寸		安装方式	参考价(元)	生产厂
	电压(V)	功率(W)	光通量(lm)	色温(K)	寿命(h)	长度(L) (mm)	直径(D) (mm)			
LZG220—500	220	500	9000		1500	177±4	10±1			长春市灯泡电线厂
LZG220—1000		1000	20000			222±3				
LZG220—500A		500	8500		1000	149±3		R7s		
LZG220—500B						151±3		Fa4		
LZG220—1000A		1000	19000		1500	206±3		R7s		重庆灯泡厂
LZG220—1000B	220					208±3	12			
LZG220—2000		2000	4000	2800	1000	273±3		Fa4		
LZG3—300	36	300	6000		600	64±3	13			
LZG220—500		500	9750			172±3 152±3	11		9.89	
LZG220—1000		1000	21000			222±3 207±3			11.10	西安、宝鸡灯泡厂
KZG220—1500	220	1500	31500		1500	262±3 248±3	13	Fa4		
LZG220—2000		2000	42000			311±3 292±3				

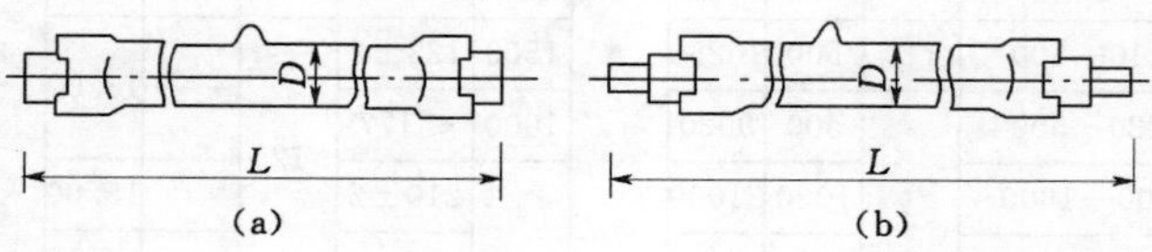

图 11-2　管形卤钨灯外形图

(a) 顶式；(b) 夹式

图 11-3 及表 11-7 为石英聚光卤钨灯，常用在拍摄电影电视及舞台照明中。

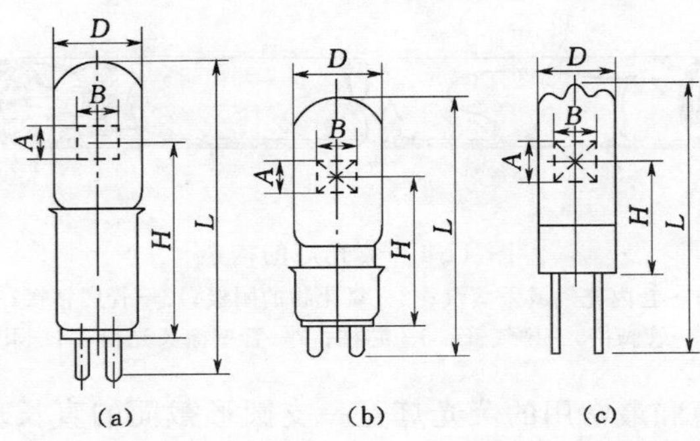

图 11-3　石英聚光卤化物灯外形图

表 11-7　石英聚光卤化物灯技术数据

灯管型号	电压(V)	功率(W)	色温(K)	寿命(h)	主要尺寸(mm) 直径 D	全长 L	光中心 H	灯丝尺寸 A×B	图号	生产厂
LJS110—250	110	250	3000±50	100	17	≤100	40±3	14×7	c	上海电子管三厂
LJS110—500	110	500	3000±50		30	≤135	77±3	16×12	b	
LJS110—1000	110	1000	3150		33	≤135	77±3	20×20	b	
LJS110—2000	110	2000	3150		40	≤180	106±4	22×24	b	
LJS110—3000	110	3000	3150		55	≤250	145±5	25×31	a	
LJS110—5000	110	5000	3150		60	≤260	145±5	30×35	a	
LJS110—10000	110	10000	3150		85	≤335	190±5	36×50	a	
LJS220—500	220	500	3000		30	≤135	77±3	14×14	b	
LJS220—1000	220	1000	3050		33	≤135	77±3	20×20	b	
LJS220—2000	220	2000	3050		40	≤180	106±4	22×22	b	
LJS220—3000	220	3000	3100		55	≤250	145±5	25×32	a	
LJS220—5000	220	5000	3100		60	≤260	145±5	31×35	a	

四、荧光灯

(一) 荧光灯构造及技术数据

荧光灯是一种低气压汞蒸汽放电光源，它利用了放电过程中的电致发光和荧光质的光致发光过程。荧光灯的构造，见图 11-4。

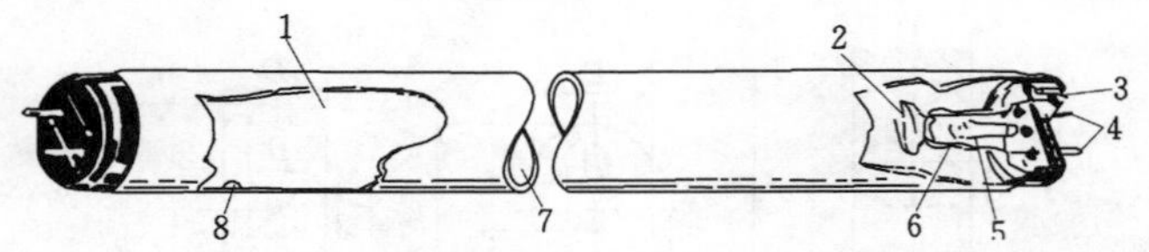

图 11-4　荧光灯的构造

1—管内充气或汞蒸汽；2—氧化物的阴极；3—管底粘接；
4—管脚；5—排气管；6—芯柱；7—管壁涂荧光粉；8—汞

最普通和最常用的荧光灯是一支圆形截面的直长玻璃管子。它也可做成环形、H 形及 2D 型等异型灯管。

灯管两端的电极，是由绕成螺旋状的钨丝做成，称阴极，在其上面涂有一种或多种耐热氧化物，如碳酸钙（$CaCO_3$）、碳酸钡（$BaCO_3$）、碳酸锶（$SrCO_3$）等。经加热处理成“激活”了的氧化物阴极，它具有很好的热电子发射性能。灯管的电极与两根引入线焊接并固定在玻璃芯柱上。

灯管内壁在装上阴极前就用吸入法或压入法涂上一层均匀的荧光质，可使用的荧光质有好几种，如白色和日光色荧光灯中，主要采用卤磷酸钙，近年使用的三基色荧光质，它可获得较高的发光率（80lm/W 以上）和显色指数（80 以上）。所谓三基色就是用发蓝色光（如 450nm）、发绿色光（如 543nm）和发橙色光（如 611nm）的荧光质混合组成，这三种光色混合即得到白光。稀土荧光灯也是采用稀土类荧光粉而获得较好的光色和更高的发光率的。

荧光灯具有结构简单、制造容易、光色好、发光率高、寿命长等优点，因此是目前使用最多的光源。但它的附件多，有整流器、启辉器，当使用电感整流器时，由于功率因数低而附有电容器，因此其价格比白炽灯贵得多。荧光的光色有日光色（RR 型 6500K）、白光色（RL 型 4500K）、暖白色（RN 型 2900K）三种。其中三基色荧光灯显色性能好又节能，使用寿命比普通荧光灯长，广泛用于商场、航空港、车站、候船室等的照明。稀土荧光灯又称节能灯，它的发光率是普通荧光灯的两倍，白炽灯的 5～6 倍，广泛用于商场、游乐场所，虽然它价格较贵，但由于节能，因此也逐步走进了千家万户。荧光灯与节能荧光灯的外形见图 11-5、图 11-6、图 11-7。其技术数据见表 11-8～表 11-13。

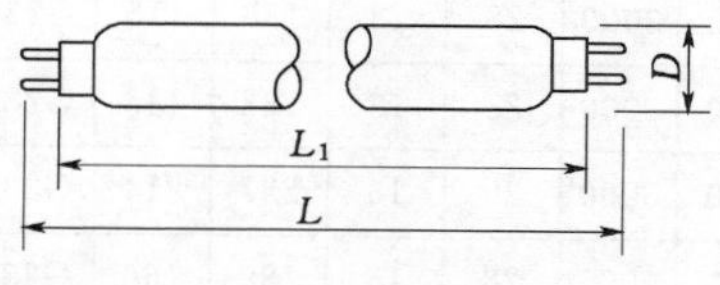

图 11-5　直管荧光灯外形尺寸

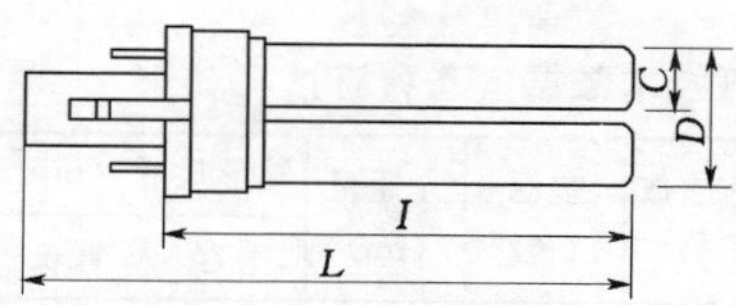

图 11-6　H 型荧光灯外形尺寸

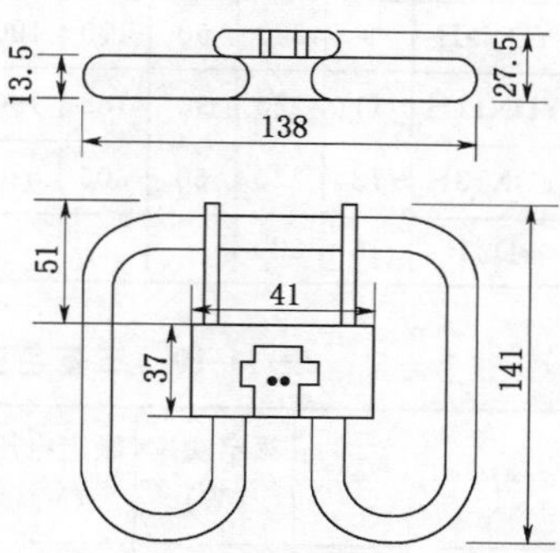

图 11-7　2D 灯外形尺寸（mm）

表 11-8　荧光灯技术数据

灯管名称	灯管型号	额定值					光通量 (lm)	外形尺寸（mm）			平均寿命 (h)
		工作电压 (V)	功率 (W)	启动电流 (mA)	工作电流 (mA)	灯管压降 (V)		*L*1	*L*	*D*	
直管荧光灯	YZ15RR	220	15	440	320	52	580	436		38	3000
直管荧光灯	YZ20RR	220	20	460	350	60	930	589	604	38	3000
	YZ30RR	220	30	560	360	95	1550	894	909	38	3000
	YZ40RR	220	40	650	410	108	2400	1200	1215	38	3000
	YZ100RR	220	100	1800	1500	87	5000	1200	1215	38	2000
细管荧光灯	YZS20RR	220	20	550	360	59	1000	589	604	38	3000
	YZS40RR	220	40	650	420	107	2256	1200	1215	25	5000
三基色荧光灯	SJS36	220	36	650	430	108	3000	1200	1215	25	5000
环形荧光灯	YH22	220	22	500	320	60	930				2000
	YH32	220	32	560	350	89	1550				2000

表 11-9 节能荧光灯技术数据

灯管型号	额定功率(W)	额定电压(V)	工作电压(V)	电流(mA)		光通量(lm)	额定寿命(h)	外形尺寸(mm)				灯头型号
				工作	预热			*D*	*C*	*L*	*I*	
YDN5H	5	220	33	180	190	220	3000	28	13	106	83	G23
YDN7H	7	220	45	180	190	400	3000	28	13	138	115	G23
YDN9H	9	220	60	170	190	600	3000	28	13	168	145	G23
YDN11H	11	220	90	185	190	900	3000	28	13	237	214	G23
YDN13H	13	220	60	300	520	980	3000	28	13	188	166	G23
2D灯	16	220				950	3000	见图 11-7				

表 11-10 三基色荧光灯技术数据(飞利浦)

型　　号	额定功率(W)	额定电压(V)	显色指数(Ra)	室温(K)	光通量(lm)	外形尺寸(mm)	
						直径	管长
TLD18W/927	18	220	95	2700	950	26	604
TLD18W/930	18	220	95	3000	1000	26	604
TLD18W/940	18	220	95	4000	1000	26	604
TLD18W/950	18	220	98	5000	1000	26	604
TLD18W/965	18	220	96	6500		26	604
TLD36W/927	36	220	95	2700	2300	26	1213.6
TLD36W/930	36	220	95	3000	2350	26	1213.6
TLD36W/940	36	220	98	4000	2350	26	1213.6
TLD36W/950	36	220	96	5000	2350	26	1213.6
TLD36W/965	36	220	95	6500	2300	26	1213.6
TLD58W/927	58	220	95	2700	3600	26	1514.2
TLD58W/930	58	220	95	3000	3700	26	1514.2
TLD58W/940	58	220	95	4000	3700	26	1514.2
TLD58W/950	58	220	98	5000	3700	26	1514.2
TLD58W/965	58	220	96	6500	3700	26	1514.2

表 11-11　环形荧光灯技术数据（飞利浦）

型　　号	额定电压 (V)	额定功率 (W)	显色指数 (Ra)	色温 (K)	光通量 (lm)	外形尺寸（mm）	
						管径	圆周长度
TLE22W/33	220	22	63	4100	1250	31	157
TLE22W/45	220	22	72	6200	1050	31	157
TLE32W/33	220	32	63	4100	2050	31	246
TLE32W/45	220	32	72	6200	1250	31	246
TLE32W/827	220	32	85	2700	2300	31	246
TLE32W/830	220	32	85	3000	2300	31	246
TLE32W/840	220	32	85	4000	2300	31	246

表 11-12　节能荧光灯技术数据

（镇流器与灯管合成一体的光源，广州番禺钟村三雄电器厂生产）

型　　号	额定电压 (V)	额定功率 (W)	显色指数 (Ra)	色温 (K)	光通量 (lm)	外形尺寸（mm）	
						管径	管长
PL * E/C9W	220	9	85	2700	400	38.5	127
PL * E/C11W	220	10	85	2700	600	38.5	134
PL * E/C15W	220	15	85	2700	900	38.5	170
PL * E/C20W	220	20	85	2700	1200	38.5	190
PL * E/C23W	220	23	85	2700	1500	38.5	211

表 11-13　节能荧光灯技术数据（飞利浦）

型　　号	额定功率 (W)	管电压 (V)	管电流 (mA)	光通量 (lm)	显色指数 (Ra)	色温 (K)	外形尺寸 (mm)		灯座
							管径	长度	
PL—C8W/827	8	47	195	350	85	2700	28	96	G24d-1
PL—C10W/827	10	64	190	600	85	2700	28	118	G24d-1
PL—C10W/830	10	64	190	600	85	3000	28	118	G24d-1
PL—C10W/840	10	64	190	600	85	400	28	118	G24d-1
PL—C13W/827	13	91	170	900	85	2700	28	153	G24d-1

续表

型号	额定功率（W）	管电压（V）	管电流（mA）	光通量（lm）	显色指数（Ra）	色温（K）	外形尺寸（mm）		灯座
							管径	长度	
PL—C13W/830	13	91	170	900	85	3000	28	153	G24d-1
PL—C13W/840	13	91	170	900	85	4000	28	153	G24d-1
PL—C18W/827	18	100	220	1200	85	2700	28	173	G24d-2
PL—C18W/830	18	100	220	1200	85	3000	28	173	G24d-2
PL—C18W/840	18	100	220	1200	85	4000	28	173	G24d-2
PL—C—26W/827	26	105	315	1800	85	2700	28	193	G24d-3
PL—C—26W/830	26	105	315	1800	85	3000	28	193	G24d-3
PL—C—26W/830	26	105	315	1800	85	4000	28	193	G24d-3

紫外线荧光灯是低压水银灯的一种，其外壳为石英玻璃，点燃后能辐射出大量的紫外线，具有良好的杀菌效果。在医疗、细菌研究、制药和食品制造工业中，作为杀菌、空气消毒及光化学反应等用，其外形与普通直管荧光灯相同，技术数据见表11-14。

表 11-14　紫外线荧光灯数据

型　号	功率（W）	电压（V）	工作电压（V）	电　流（A）		外形尺寸（mm）			灯头型号
				工作	预热	全长	管长	外径	
ZSZ8	8	220	60	0.16	0.22	302	287	16	2cj5
ZSZ15	15	220	65	0.3	0.45	452	437	20	2cj13
ZSZ30	30	220	140	0.25	0.5	910	895	20	2cj13

（二）荧光灯的附件

荧光灯附件
- 电子镇流器
- 电感镇流器
  - 启辉器
  - 补偿电容器

1．启辉器

荧光灯启辉器的构造及外型见图 11-8。它是由静触片和 U

型双金属片触头组成，在触头两端并入一个 0.005～0.007μF 的电容，以防干扰。

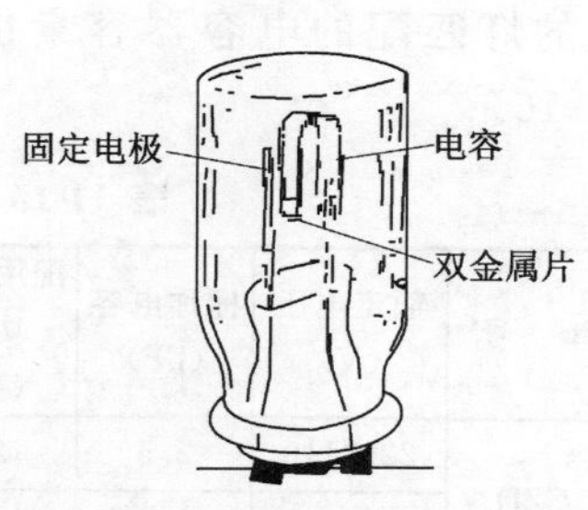

图 11-8 荧光灯启辉器的构造

启辉器是交流阴极预热辉光式继电器。通电后，电压加在静触头与双金属触片之间，在 220V 电压下使其迅速形成辉光放电，接通荧光灯灯丝电路，使灯丝加热到发射热电子。启辉器两极间通路后，辉光放电消失，电极冷却恢复原来开断状态，在启辉器开断瞬间，串接在线路中镇流器产生一个很高的反电势脉冲，使灯管击通而产生弧光放电，灯管启动完毕。因此启辉器相当于一个延时开关，为荧光灯灯丝预热及完成启动之用。启辉器的规格，见表 11-15。

表 11-15 荧光灯启辉器规格

<table>
<tr><th colspan="2" rowspan="2">型　　号</th><th rowspan="2">电压
(V)</th><th colspan="2">启动速度</th><th colspan="2">欠压启动</th><th rowspan="2">启辉
电压
(V)</th><th rowspan="2">寿命
(h)</th></tr>
<tr><th>电压
(V)</th><th>时间
(S)</th><th>电压
(V)</th><th>时间
(S)</th></tr>
<tr><td rowspan="5">内
销</td><td>YQI—220/4～8</td><td>220</td><td rowspan="4">220</td><td rowspan="4">1～4</td><td rowspan="4">200</td><td>＜5</td><td>≥75</td><td rowspan="4">5000</td></tr>
<tr><td>YQI—220/15～40</td><td>220</td><td rowspan="2">＜4</td><td rowspan="3">≥130</td></tr>
<tr><td>YQI—220/30～40</td><td>220</td></tr>
<tr><td>YQI—220/100</td><td>220</td><td rowspan="2">＜5</td></tr>
<tr><td>YQI—110～127/15～20</td><td>110～127</td><td>125</td><td>＜5</td><td>125</td><td>≥75</td><td>3000</td></tr>
<tr><td rowspan="3">出
口</td><td>FS—2</td><td>110</td><td rowspan="3"></td><td rowspan="3"></td><td>105</td><td rowspan="3">＜4</td><td>≥75</td><td>3000</td></tr>
<tr><td>FS—4</td><td>220</td><td rowspan="2">109</td><td rowspan="2">≥130</td><td rowspan="2">5000</td></tr>
<tr><td>110～130V25～80W
220～250V4～8W</td><td>110～130
220～250</td></tr>
</table>

2. 补偿电容器

荧光灯的补偿电容器为密封油浸纸介电容器。适用于 50～60Hz、110～220V 交流电路中型号为 YDR、CZD 等，但不同容量的灯匹配的电容器容量也不同。补偿电容器的规格，见表11-16。

表 11-16 补偿电容器规格

型 号	额定电压（V）	标称电容（μF）	配用灯管功率（W）	外形尺寸（mm）			最大重量（kg）
				长	宽	高	
CZD（YZD）	220/110	2.5	20	46	22	55	0.165
	220/110	3.75	30	48	28	65	0.24
	220/110	4.75	40	48	28	80	0.3

3. 电感镇流器

镇流器是由硅钢片叠合成铁芯，在铁芯上绕制线圈而成，因此它是一个电感元件。当荧光灯启动，镇流器的阻抗决定灯的启动电流，此电流大于灯的工作电流而使灯丝加热发射电子产生辉光放电，当启辉器开断瞬间时，镇流器产生高电压脉冲，使灯管中的气体迅速击穿而形成弧光放电。同时，由于镇流器的限流作用，放电后的电流被稳定在某一数值上，该电流产生的压降使灯管稳定在工作电压上。因此，镇流器在荧光灯的启动到工作过程中起到限流、完成弧光放电、稳压的作用。

镇流器可在照明器外部单独安装，也可在照明器内部安装，电感镇流器的规格见表 11-17。镇流器具有功率损耗，在灯的功率中不包括镇流器的功率，因此 20W 荧光灯使用电感镇流器时其容量为 27W。

表 11-17 电感镇流器规格

镇流器型号	功率（W）	电流（A）		电 压（V）			最大功率损耗（W）	外形尺寸（mm）			重量（kg）
		工作	启动	额定	工作	启动		长	宽	高	
YZ1—220/115	15	330	400	220	202	215	≤8	120	60	42	0.87
YZ1—220/20	20	350	460	220	196	215	≤8	120	60	42	0.87
YZ1—220/30	30	360	560	220	180	215	≤8	120	60	42	0.87

续表

镇流器型号	功率（W）	电流（A）		电　压（V）			最大功率损耗（W）	外形尺寸（mm）			重量（kg）
		工作	启动	额定	工作	启动		长	宽	高	
YZ1—220/30（细）	30	320	530	220	163	215	≤8	120	60	42	0.87
YZ1—220/40	40	410	650	220	165	215	≤9	120	60	42	0.87
YZ1—220/100	100			220	180	215	≤10				
JQ—DP31	20、30、40			220			≤3				
JQ—D831	20、30、40			220			≤5				
JQ—N831	20、30、40			220			≤7				

4. 电子镇流器

使用电子镇流器，荧光灯的启动过程与电感整流器相同。电子镇流器与电感镇流器的性能比较，见表 11-18。电子镇流器的生产厂很多，现介绍 YDZ 及 SGZH 系列，规格见表 11-19、表 11-20。

表 11-18　电感镇流器与电子镇流器性能比较

序号	电　感　镇　流　器	电　子　镇　流　器
1	有启辉器	不需启辉器
2	自然功率因数低为 0.59 左右	自然功率因数高为 0.95 以上
3	应设补偿电容器	不需补偿电容器
4	有的钢片铁芯会产生“哼”声	没有噪音
5	镇流器能耗 7～9W	约 5W 左右
6	不会使正弦波产生畸变，零线可与相线等截面	经镇流器会有三次及以上的高次谐波，使流过零线的电流最大为相线的两倍，因此大面积使用时，零线截面应为相线的两倍
7	由启辉器延时启动	除注明快速启动荧光灯外，一般荧光灯均需延时启动，因此后者应选项用延时 1.5～4 秒的电子镇流器，以防全压瞬时启动缩短灯管寿命

表 11-19　YDZ 系列荧光灯电子镇流器数据

型　　号	功　率（W）	电源电压（V）	线路电流（A）	功率因数（cosl）	外形尺寸（mm）		
					长	宽	高
YDZ401—1A	40	220	0.18	≥0.95	190	43	35
YDZ402	2×40	220	0.35	≥0.95	190	43	35
YDZ201	1×18	220	0.17	≥0.95	190	43	35
YDZ—202	2×18	220	0.17	≥0.95	190	43	35
YDZ×301	32 或 36	220	0.3	≥0.95	225	47	36
YDZ401—1P	20 或 40	220	0.12 0.18	≥0.95	160	42	35

表 11-20　SGZH 系列荧光灯电子镇流器数据

型　　号	配用灯的功率（W）	额定电压（V）	功率因数（cosφ）	所接灯的数量（个）
SGZH—1—20	20	220	≥0.95	1
SGZH—1—30	30	220	≥0.95	
SGZH—1—40	40	220	≥0.95	
SGZH—2—20	20	220	≥0.95	2
SGZH—2—30	30	220	≥0.95	
SGZH—2—40	40	220	≥0.95	
SGZH—3—20	20	220	≥0.95	3
SGZH—3—30	30	220	≥0.95	
SGZH—3—40	40	220	≥0.95	
SGZH—4—20	20	220	≥0.95	4
SGZH—4—30	30	220	≥0.95	
SGZH—4—40	40	220	≥0.95	

注　YDZ、SGZH 均为延时启动。

（三）荧光灯及附件之间的接线

1. 采用电感镇流器的荧光灯接线

同一种规格的电感镇流器有二引线及四引线两种，以四引线为多。镇流器、启辉器与灯管两端的灯丝相串连，电容则并入进线端的相线与零线之间。接线见图 11-9 及图 11-10。

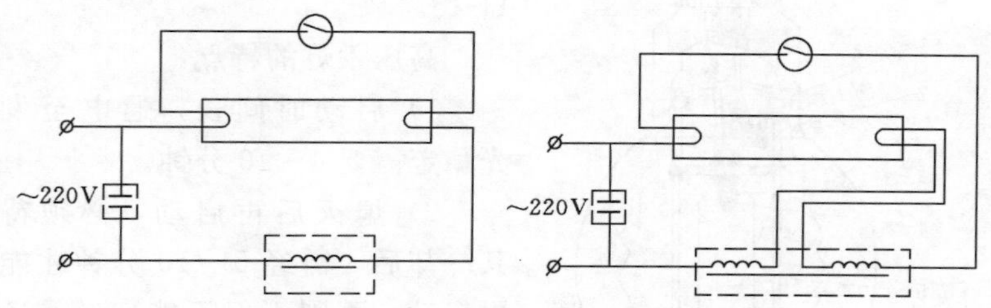

图 11-9　二引线电感镇流器接线　　图 11-10　四引线电感镇流器接线

2. 采用电子镇流器的荧光灯接线

电子镇流器出六条线接一个灯；出十条线接两个灯；出十四条线接三个灯；出十八条线接四个灯。电子镇流器的出线有的留有接线端子板，有的留有带色的绝缘线头，但与灯的连接都是相同的。图 11-11 为单灯接线，图 11-12 为双灯接线，三灯、四灯的接线与二灯相似。

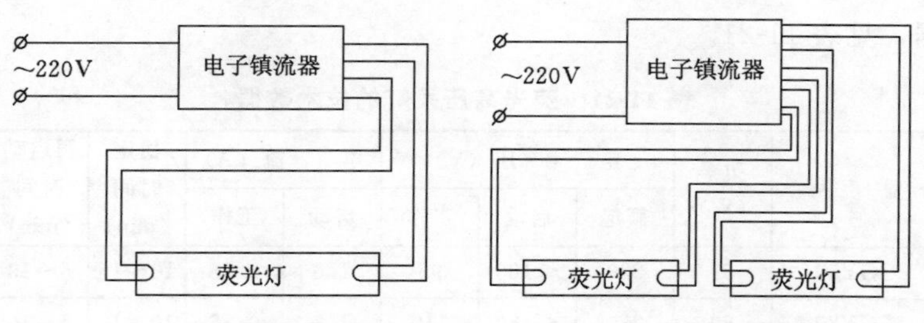

图 11-11　电子镇流器单灯接线　　图 11-12　电子镇流器二灯接线

五、荧光高压汞灯

1. 荧光高压汞灯的构造

高压汞灯的主要构成部分是放电管。放电管是由耐高温的石英玻璃制成的，内部装有主电极及辅助电极。为了保温及避免外界对放电管的影响，在其外部设有硬质硼硅酸盐玻璃外壳，在此

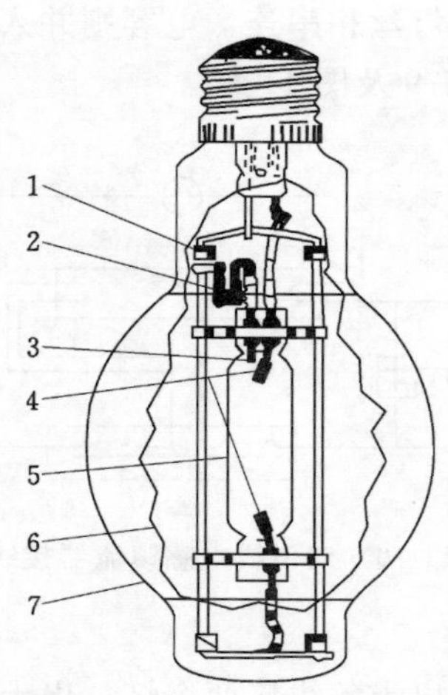

图 11-13　荧光高压汞灯的构造
1—支架及引线；2—启动电阻；3—启动电极；4—工作电极；5—放电管；6—内部荧光质涂层；7—灯泡

外壳内装有附加电阻及电极的引线，并充有二氧化碳。构造见图 11-13。

高压汞灯的特点：

1）启动时间长，通电至发光稳定需要 4～10 分钟。

2）熄灭后再启动，必须待其冷却后，需经 5～10 分钟才能再启动，否则不但不能启动，还会损坏灯泡。

3）光效高，约为 40～60lm/W。

4）光色差，为淡蓝——绿色，略有一点红色光谱，显色性差，Ra＝35－40。

常用作广场、路灯及显色要求不高的车间照明，其技术数据，见表 11-21。

表 11-21　荧光高压汞灯的技术数据

型　号	功率(W)	电　压（V）			电　流（A）		稳定时间(min)	再启动时间(min)
		额定	启动	工作	启动	工作		
GGY50	52	220	≤180	95	1.0	0.62	10～15	5～10
GGY80	80	220	≤180	110	1.3	0.85	10～15	5～10
GGY125	125	220	≤180	115	1.8	1.25	4～8	5～10

型　号	光通量(lm)	显色指数	平均寿命(h)	尺　寸（mm）		灯头型号
				D	*L*	
GGY50	1575	35～40	3500	56	140	E27/27
GGY80	2940	35～40	3500	71	165	E27/27
GGY125	4990	35～40	5000	81	184	35×30

续表

型号	功率(W)	电压(V)			电流(A)		稳定时间(min)	再启动时间(min)
		额定	启动	工作	启动	工作		
GGY175	175	220	≤180	130	1.3	1.50	4～8	5～10
GGY250	250	220	≤180	30	3.7	2.15	4～8	5～10
GGY400	400	220	≤180	135	5.7	3.25	4～8	5～10
GGY1000	1000	220	≤180	145	13.7	7.5	4～8	5～10

型号	光通量(lm)	显色指数	平均寿命(h)	尺寸(mm)		灯头型号
				D	*L*	
GGY175	7350	35～40	5000	91	215	E40/45
GGY250	11025	35～40	6000	91	277	E40/45
GGY400	21000	35～40	6000	122	292	R40/75×54
GGY1000	52500	35～40	5000	182	400	E40/75×64

2. 荧光高压汞灯的附件及接线

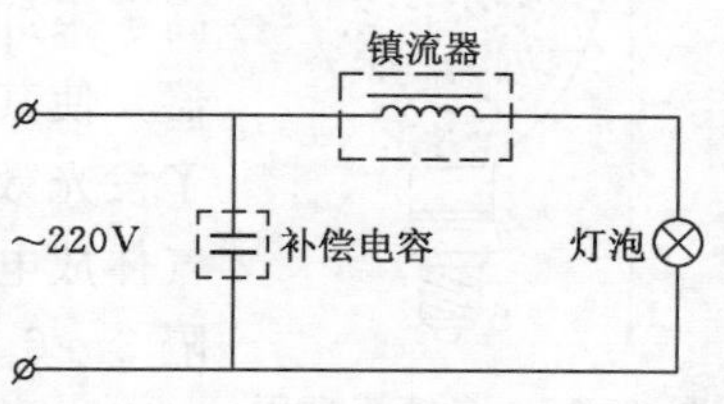

图 11-14　荧光高压汞灯的接线

荧光高压汞灯是弧光放电灯，也具有下降的伏安特性，因此必须串接镇流器。由于它是电感式镇流器，功率因数低，约0.5左右，所以要并入补偿电容器，其接线见图11-14。整流器规格，见表11-22。

表 11-22　高压汞灯镇流器技术数据

灯泡型号	整流器型号	工作特性		启动特性		整流器功耗(W)	整流器阻抗(Ω)
		整流器端电压(V)	工作电流(V)	整流器端电压(V)	启动电流(A)		
GGY50	GGY—50—Z	177	0.62	220	1.0	10	285
GGY80	GGY—80—Z	172	0.85	220	1.3	16	202
GGY125	GGY—125—Z	168	1.25	220	1.8	25	134

续表

灯泡型号	整流器型号	工作特性		启动特性		整流器功耗（W）	整流器阻抗（Ω）
		整流器端电压（V）	工作电流（V）	整流器端电压（V）	启动电流（A）		
GGY175	GGY—175—Z	150	1.5	220	2.3	26	100
GGY250	GGY—250—Z	150	2.15	220	3.7	37.5	70
GGY400	GGY—400—Z	146	3.25	220	5.7	4	45
GGY1000	GGY—1000—Z	139	7.5	220	13.7	100	18.5

六、自镇流荧光高压汞灯

它也是高压汞灯，利用钨丝作镇流器，由钨丝的电阻限制放电管的电流，起到镇流作用，钨丝又发可见光，它与汞蒸汽的弧光组成复合光源，改善了汞灯的光色。由于没有电抗，也提高了汞灯的功率因数，不用加装补偿电容器，使其接线如白炽灯一样简单，但降低了发光效率，约为12～30lm/W。它仍属气体放电灯，启动时间长，熄灯后也要相隔3～6分钟才能再启动。使用电压不宜过高，否则钨丝挥发快，会影响灯的寿命。它常用在车站码头、展览馆、礼堂、车间等照明。它的外形见图11-15，性能见表11-23。

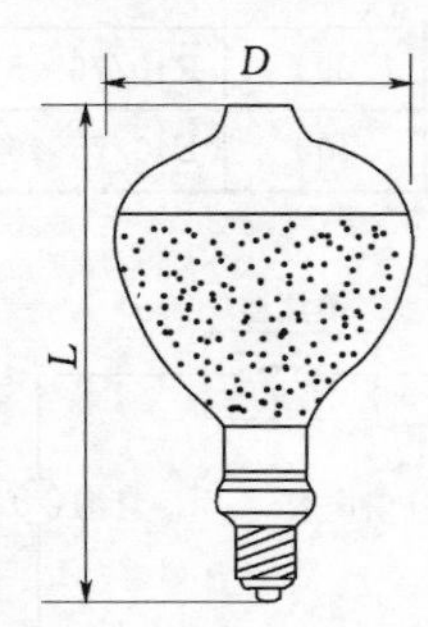

图11-15　自镇流高压汞灯的外形

七、金属卤化物灯

荧光高压汞灯的发光率虽然很高，但它的光色很差，色温偏低，显色性较差。在汞灯中加入少量的碘化钠、碘化铊、碘化铟等金属碘化物，就形成了金属卤化物灯。

金属卤化物灯的外形及结构与汞灯相似。发光管是一个用石英玻璃制造的放电管，内装两个主电极和一个辅助电极，外套一个硬质玻璃泡。放电管内充入启动用的惰性气体、汞及金属卤化物。

表 11-23　自镇流荧光高压汞灯的技术数据

型　号	功率(W)	电压 (V)		电流 (A)		再启动时间(min)	光通量(lm)	平均寿命(h)	尺寸(mm)		灯头型号
		额定	启动	工作	启动				直径 D	全长 L	
GYZ100	100	220	180	0.46	0.56	3～6	1150	2500	60	154	E27/35×30
GYZ160	160	220	180	0.75	0.95	3～6	2560	2500	81	184	E27/35×30
GYZ250	250	220	180	1.2	1.7	3～6	4900	3000	91	224	E40/45
GYZ400	400	220	180	1.9	2.7	3～6	9200	3000	122	310	E40/45
GYZ450	450	220	180	2.25	3.5	3～6	11000	3000	122	292	E40/45
GYZ750	750	220	180	3.55	6.0	3～6	225000	3000	152	370	E40/45

金属卤化物灯的另一种结构如图 11-16 所示。它是从两端引线，而且没有辅助电极。

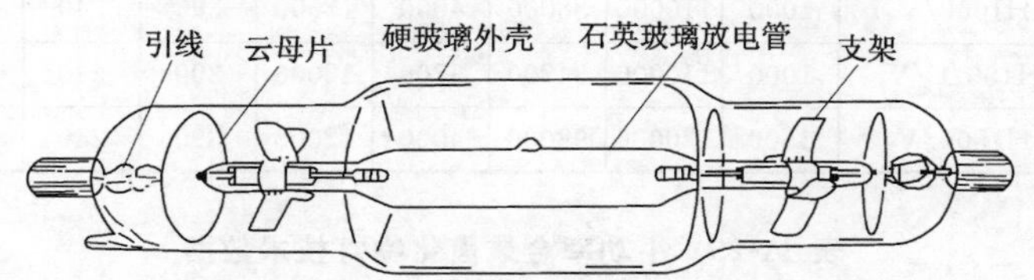

图 11-16　金属卤化物灯的构造

在汞灯中加入适量的金属卤化物，就可获得 3500～5500K 的色温和 61～92 显色指数的光源。它的发光率为 25～80lm/W，使用寿命可达 5000～12000 小时。

它与荧光高压汞灯一样，启动时间较长，约 4～15 分钟，熄灯后再次启动，也应相隔 10 分钟左右。

金属卤化物灯的色温受电压波动的影响较大，电压变化 10%时，色温降低 500K 或升高 1000K，因此它的供电电压波动要求不超过±5%。

金属卤化物灯光效高、光色好、寿命长，广泛应用于商场、大型航空港的候机楼、车站的候车大厅、船码头的候船室、餐厅等照明。常用的金属卤化物灯的技术数据，见表 11-24、表 11-25。

表 11-24　大功率金属卤化物灯技术数据

灯　　型	功率(W)	初始光通(lm)	平均光通(lm)	色温(K)	平均寿命(h)	尺寸(mm)		灯头型号
						总长	光中心长度	
MH70/V/ED28	70	5600	4200	4000	10000	210	127	E40
MH100/V/ED28	100	7800	5850	4000	10000	210	127	E40
MH150/V/ED28	150	13500	10100	4000	10000	210	127	E40
MH175/V	175	14000	10500	4000	10000	210	127	E40
MH175/C/V	175	14000	10100	3700	10000	210	127	E40
MH250/V	250	20500	15000	4000	10000	210	127	E40
MH250/C/V	250	20500	15000	3700	10000	210	127	E40
MH400/V	400	3600	28800	4000	20000	292	178	E40
MH400/C/V	400	3600	27700	3700	20000	292	178	E40
MH1000/V	1000	110000	88000	4000	12000	390	240	E40
MH100/C/V	1000	110000	84700	3700	12000	390	240	E40
MH1500/V	1500	120000	98000	4000	12000	390	240	E40

表 11-25　小功率金属卤化物灯技术数据

灯　　型	功率(W)	初始光通(lm)	平均光通(lm)	色温(K)	平均寿命(h)	尺寸(mm)		灯头型号
						总长	光中心长度	
MH50/V	50	3400	2700	4000	5000	138	87	E27
MH50/C/V	50	3400	2600	3700	5000	138	87	E27
MH70/C/V	70	5600	4000	3700	10000	138	87	E27
MH70/V/ED28	70	5600	4000	4000	10000	210	127	E40
MH100/C/V	100	7800	5600	3700	10000	138	87	E27
MH100/V/ED28	100	7800	5850	4000	10000	210	127	E40
MH150/C/V	150	13500	9720	3700	10000	138	87	E27
MH150/V/ED28	150	13500	10100	4000	10000	210	127	E40
MH175/C/V	175	15000	10100	3700	10000	138	87	E27
MH175/V	175	14000	10100	4000	10000	138	87	E27

MH 型金属卤化物灯把镇流器、触发器、电容器及自动触发设备全部集中安装在一个铸铝盒内，随灯配套供应。它可组合安装在吊灯灯具的上方，也可安装在灯具内，与灯具做成一体供货；也可与灯具分件供应，安装时将此盒装在灯具旁。金属卤化物灯与附件的接线，见图 11-17～图 11-19。

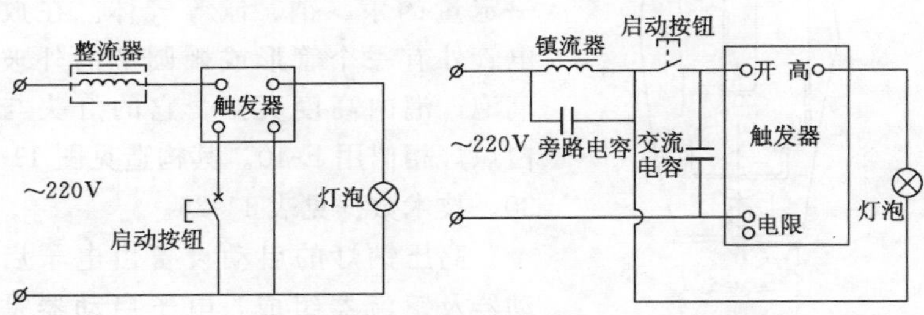

图 11-17　金属卤化物灯手动触发接线（不接补偿电容）

图 11-18　金属卤化物灯手触发接线（接入补偿电容）

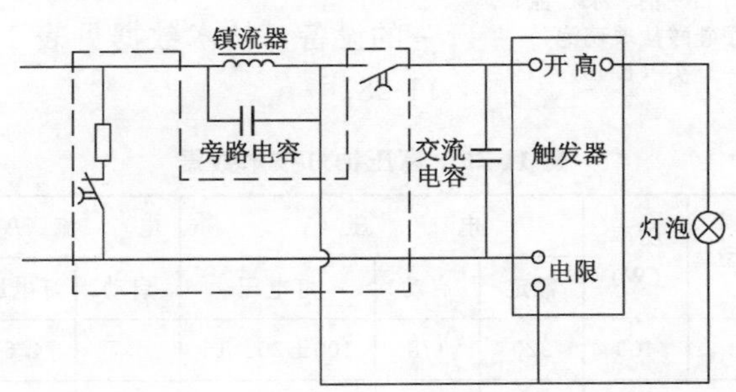

图 11-19　金属卤化物灯自动触发接线（接入补偿电容）

八、高压钠灯

高压钠灯是利用钠蒸汽放电产生的辐射光谱，由于它的光谱范围比较宽、光色偏红，所以色温较低，约 2100K，平均显色指数为 30。但它的光效很高，可达 110lm/W，光通量稳定，按额定寿命的 75％使用后光通量输出仍能保持 90％。它的使用寿命

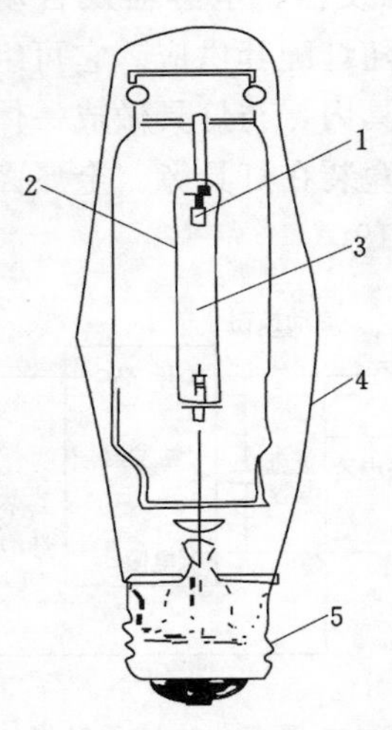

图 11-20 高压钠灯的构造

1—电极（钨丝）；2—多晶氧化铝陶瓷；3—钠、汞、氙；4—硼硅酸盐玻璃泡；5—灯头（E-40）

在 3000～5000 小时之间，它常用作道路照明。

高压钠灯的构造与高压汞灯相似，它也只有一个放电管，两端各放一个电极，管内抽真空后，充入一定量的汞、钠、氙等气体。在放电管外有一个管形或椭圆形的外玻璃泡，泡内高度真空。它的灯头与白炽灯相似用 E-40。其构造见图 11-20。技术数据见表 11-26。

高压钠灯的启动设备由电子启动器及镇流器组成，电子启动器是通用型的，它能使灯快速启动，因此钠灯可在 1 秒钟左右启动完毕。NZW 及 DK 系列都是启动和镇流合一的设备，技术数据见表 11-27、表 11-28。

表 11-26 高压钠灯技术数据

灯型	功率(W)	电压(V)			电流(A)		启动时间(s)
		额定	启动	灯电压	启动	灯电压	
NG400	400	220	178	100±20、15	5.7	4.6	1
NG360	360	220	178	100±20、15	5.7	3.25	1
NG250	250	220	178	95±20、15	3.8	3.0	1

灯型	再启动时间(min)	光通量(lm)	平均寿命(h)	尺寸(mm)		灯头型号
				直径	长度	
NG400	2	42000	5000	51	285	E40/45
NG360	2	36000	5000	51	285	E40/45
NG250	2	32750	5000	51	285	E40/45

续表

灯型	功率(W)	电压(V)			电流(A)		启动时间(s)
		额定	启动	灯电压	启动	灯电压	
NG215	215	220	178	95±20、15	3.7	2.35	1
NG150	150	220	178	95±20、15	2.2	1.8	1
NG110	110	220	178	95±20、15	1.45	1.25	1
NG100	100	220	178	95±20、15	1.4	1.2	1
NG75	75	220	178	95±20、15	1.3	0.95	1
NG70	70	220	178	95±20、15	1.2	0.90	1
NG1000	1000	220	178	185		6.5	1

灯型	再启动时间(min)	光通量(lm)	平均寿命(h)	尺寸(mm)		灯头型号
				直径	长度	
NG215	2	19350	5000	51	285	E40/45
NG150	2	12000	3000	48	212	E40/45
NG110	2	8250	3000	71	180	E27/30×35
NG100	2	7500	3000	71	180	E27/30×35
NG75	2	5250	3000	71	175	E27/30×35
NG70	2	4900	3000	71	175	E27/30×35
NG1000	2	100000	3000	82	375	E40/75×54

表 11-27　NZW 高压钠灯启动镇流器数据

型号	配用灯泡功率(W)	电压(V)	工作电流(A)	交流阻抗(Ω)	允许电压受动范围(V)	启动器工作电流(mA)
NZW—400	400	220	4.6	39	187～242	≤250
NZW—250	250	220	3.0	60	187～242	≥250
NZW—150	150	220	1.8	100	187～242	≤250
NZW—100	100	220	1.2	150	187～242	≤250
NZW—70	70	220	0.9	200	187～242	≤250

表 11-28 DK 系列高压钠灯镇流器数据

型 号	配用灯泡功率(W)	工作电压(V)	工作电流(A)	启动电流(A)	允许电压波动范围(V)	交流电阻(Ω)	外形尺寸 (mm)		
							长	宽	高
DK—70	70	180	0.9	≤1.1	187～242	200	198	104	80
DK—100	100	180	1.2	≤1.5	187～242	150	198	104	80
DK—150	150	180	1.8	≤2.2	187～242	100	218	104	80
DK—250	250	180	3.0	≤3.6	187～242	60	218	104	102
DK—400	400	180	4.6	≤5.6	187～242	39	240	126	102

钠灯的镇流器串入相线，再接入钠灯的一侧，钠灯的另一侧接入零线。在靠近灯头的相线与零线之间接入电子启动器，其接线见图 11-21。

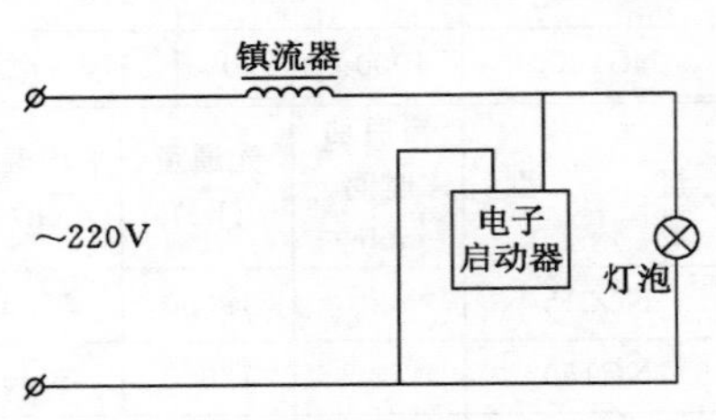

图 11-21 高压钠灯的接线

九、低压钠灯

它与高压钠灯的构造相似，仅是放电管中多了一个辅助电极，放电管内充有钠、氖、氩等气体。工作时在低压的钠蒸汽中进行原子激发和电离产生弧光放电，其光色为单一的黄色，但它有较好的穿透烟雾的能力，而且具有很高的发光效率，约 140lm/W，所以在一些特殊场合，如运动场、多雾区的户外场所常采用低压钠灯。低压钠灯的技术数据，见表 11-29。

表 11-29 低压钠灯的技术数据

灯 型	功率(W)	电 压 (V)		工作电流(A)	光通量(lm)	尺 寸 (mm)		灯头型号
		额 定	工 作			直 径	总 长	
ND18	18	220		0.6	1800	54	216	BY22d
ND35	35	220	70	0.6	4800	54	311	BY22d
ND55	55	220	104	0.59	8000	54	425	BY22d
ND90	90	220	112	0.49	12500	68	528	BY22d
ND135	135	220	164	0.95	21500	68	775	BY22d
ND180	180	220	240	0.91	31500	68	1120	BY22d

十、混光灯

高压气体放电灯，有些具有很高的发光效率，但光色与显色性差，有些色温偏暖，有些色温偏冷，有些显色指数很高，但发光率差些，因此常把这些灯按一定比例组合在一起，就成混光灯，可达到满意的光色和显色性，具有较高的发光效率，满足不同场合的照明需要。混光灯的组合方式，见表 11-30。

表 11-30 混光灯的组合方式

光源种类	光特性	适用场合
荧光高压汞灯（GGY）	冷色光 价格低，显色性及光色差	要求照度较低，对光色、显色无要求的场所，如锅炉房、仓库、路灯
高压钠灯（NG）	暖色光 光效高、寿命长，运行费用低，光色及显色性差	要求照度较高，对光色、显色无要求的场所。可用作路灯或一般小型加工厂照明
显色改进型高压钠灯（NGX）	中偏冷光 光效高，77～81lm/W。寿命长，显色性较好 Ra＝60	对光色及显色性有一定要求的场所，如体育训练馆等
钪钠灯（KNG） 金属卤化物灯（ZJD）	光色可从中间偏冷至暖色，光效高，64～80lm/W，显色性好 Ra＝60～70	对光色和显色性要求较高的场所，如体育馆、车站、码头、航空港的候车、候船、候机室
混光 GGY400＋NG250 GGY250＋NG100 GGY250＋NG70	光色好，光效高 58～83lm/W，显色性有改善 Ra＝60～70	对光色和显色性有一定要求的场所，如室内体育设施等照明，常用于各类生产车间
混光 KNG—400＋NG×250(或 400) KNG—400＋NG×150(或 250) KNG—400＋NG×100 ZJD400＋NG×250(或 400) ZJD250＋NG×150(或 250)	光色好，可组成中偏暖或中间偏冷。 光效高，77～83lm/W。 显色性好，70≤Ra≤80 初投资较高	照度、光色、显色性要求较高的场所。适用于大型体育馆，大面积层高较高的厅堂、候车、候船、候机楼的照明

十一、激光光源

1. 激光照明的使用范围

激光照明具有颜色鲜艳、亮度高、指向性好、射程远、易于控制等优点。激光照明目前仅用于效果照明，作为一般建筑照明尚待开发。

1）用于商业建筑、金融建筑和广告的投射（将文字和图象投射在建筑上），可产生变幻莫测的效果。

2）用于大楼、公园、广场、剧场等的景观照明，给城市的夜晚增添一道亮丽的风景线。

3）节假日及庆典场合可使用激光灯，在几百乃至几千米的高空连续投射各类文字及画面，远在数公里外都可清晰看见，以增加节日气氛。

4）水幕激光照明常使用在音乐喷泉，使喷泉的水幕带上发光的文字、图画或五光十色的光彩。如常州嘉森灯饰制造有限公司生产的激光彩灯系列就用于此。

5）舞厅的激光照明，配合音乐的起伏可发出不同色彩及亮度的灯光，用以营造舒缓或激越的气氛，如辉鸿音响灯光，其规格有宇宙号1～4号激光灯（AP—T100～400）。

2. 激光照明器

1）KL1系列激光二极管：波长范围为530～1550nm；输出功率为3mW～2W。

2）LD系列激光二极管：波长为650mm；输出功率为5～10mW。

3）红外激光二极管：波长为860～980nm；输出功率为30mW～2W。

4）点光源激光器，见表11-31。

5）以上激光器可配以不同的激光头、激光电源控制器及水过滤器等组成水幕激光表演系统；配以激光头、激光电源、媒体电脑、高速控制驱动组件及真彩色多媒体激光动画节目，可组成广场、大楼、公园及节假日庆典用的激光景观照明，其中由伊斯沃重庆公司生产的都市光激光照明器即为一例，见表11-32。

表 11-31 点光源激光器

编 号	波 长 (nm)	光班类型	光功率 (mW)	工作电压 (DCV)	工作电流 (mA)	外形尺寸 (mm)
LH—D6503DL	650	点状＜1mm	＜5	3	＜30	ϕ10×27
LH—D6503HB	650	点状＜1mm	＜5	9～12	＜30	ϕ12×30
LH—D6354DL	630	点状＜1mm	＜5	3	＜30	ϕ10×27
LH—D6354HB	635	点状＜1mm	＜5	9～12	＜30	ϕ12×30

表 11-32 都市光激光照明器

型 号	功 率 (W)	颜 色	扫描方式	扫描范围	照射距离 (km)
都市光—2000—G10	10	绿	广场扫描	±60°	4
都市光—2000—G5	5	绿	剧场扫描	±30°	2
都市光—2000—B10	10	蓝	广场扫描	±60°	10
都市光—2000—R2	2	红	剧场扫描	±30°	2
都市光—2000—W5	5	七彩	剧场扫描	±30°	2

注 1. 剧场扫描方式：文字、图形、动画；广场扫描方式：图形。
2. 整机功率：7kW（含自动冷却系统）。
3. 整机重量：150kg（含自动冷却系统）。

第三节 灯具及其安装维护和修理

灯具种类繁多，型式也各异，同一型式的灯具，不同厂家就冠以不同型号，而且有的外形也大同小异。归纳起来，按用途分有吊灯、壁灯、吸顶灯、台灯、马路弯灯；按控光方式来分，可分金属外罩的漫反射灯、玻璃外罩的漫透射灯及特殊用途的防水防尘灯、安全灯、防爆灯、航空灯。

一、灯具

电灯是由光源（灯泡）、灯座、灯罩组成，灯座、灯罩的联合结构称灯具。在市场上，灯泡和灯具是分别出售的，但一定的灯泡必须配套相应的灯具。

1. 灯座

灯座的功能是固定灯泡及引入电源。由于各种灯泡的结构不同，因此灯座的形式也各异。最主要的灯座是白炽灯灯座，这种灯座也适合许多气体放电灯。

灯座因外壳材料不同而分为金属灯座（如铸铝灯座、铜灯座）、胶木灯座、瓷灯座。

金属灯座重量大、成本高、机械强度大，适用于大容量的白炽灯及气体放电灯；胶木灯座安全、经济，适用于小容量白炽灯，常用在居民住宅中；瓷灯座适用于潮湿场所，常用在浴室、锅炉房、室外照明等。

灯座按灯泡的灯头与之相连接的方式，又可分为卡口灯座及螺口灯座。卡口灯座的电触头具有弹簧装置，有振动的场所及移动式照明采用卡口灯座；螺口灯座的导电部分由一个螺纹导电筒和一个接触柱构成，大容量的白炽灯（如 300W 以上）及气体放电灯都是螺口式的。在实际使用中 100W 及以上的灯泡最好使用螺口灯具，因螺旋式导电筒接触面较大，触点不易发热。而卡口灯座的电气接触面较小，触点容易发热，因此它适用于小容量灯泡。

金属灯座一般借管接头或三通接线器与安装支架或吊链连接，导线从管接头或吊线器引入灯座。

荧光灯座也有几种形式，如插入式、旋转式、弹簧式等，大多用胶木、塑料制成。近年也有不锈钢、抛光铝制成的弹簧式荧光灯具，具有很强的装饰性，在大型商场、写字楼中用得很多。弹簧灯具与灯管接触可靠，因此获得广泛使用，特别在组合型及嵌装型荧光灯座用得最多。灯具规格见表 11-33。

2. 灯罩

灯罩的功能：一是控光；二是减少眩光；三是防止灯泡受外界机构损伤；四是美观。在民用建筑中常用灯罩来美化和衬托建筑造型，改善环境气氛。

表 11-33 灯座规格

型式	代号	最高工作电压 (V)	最大工作电流 (A)	所接灯泡最大功率 (W)
螺口灯座	E10	50	2.5	25
	E14	250		60
	E27		4	300
	E40		10	1000
			20	2000
卡口灯座	1C9	50	2.5	25
	1C15	250	2.5	40
	1C15A			
	2C15		4	300
	2C22			
瓷质灯座	罗口平灯头	250	3	200
	罗口防水灯头		3	200
	大型罗口灯头		10～20	装 E40 灯头的灯泡
荧光灯座	Φ45×29.5×54 32.5	250	2.5	100

1）控光。因为光源是向空间各个方向辐射的，可利用灯罩使灯光定向反射，让光通量得到合理分布和充分利用，使被照面获得均匀的照度值。

2）减少灯的眩光。灯泡的亮度是很高的，高亮度灯光会产生眩光，使视觉能力降低，灯罩能罩住光源较大面积，使极亮的光源不直接射入人眼，以减少光源的眩光作用。

3）灯罩能保护灯泡不受外界机械损伤及水蒸气、有害粉层等污染，或有可燃介质与灯泡的高温部位接触而引燃，这时灯罩可起到与可燃介质隔离的作用。

4）灯罩主要由金属、玻璃和塑料制成。金属材料有不锈钢、薄钢板、亚光铝、抛光铝合金等；玻璃有白色或无色透明玻璃、刻花玻璃、彩色玻璃、水晶玻璃等；塑料有棱晶板、乳白透明塑料板、透光率特高的PS板等。灯罩的式样也很多，各式组合花灯、吊灯、吸顶灯、壁灯、嵌入式灯等层出不穷，起到了装饰和美化建筑的作用。

3. 灯具的基本型号

灯具的形式繁多，型号也繁杂，现仅介绍几种常用的具有代表性的几种灯具。

（1）具有漫反射的钢板或铝板制成的开启式灯具。开启式灯具型号，见表11-34。

表 11-34 开启式灯具型号

灯具类型	配用光源	特　　点	使 用 场 所	外形及规格图表号
搪瓷广照型灯具	白炽灯	内腔白色，外观绿、蓝或灰色。白瓷螺口风雨灯头，铝合金灯座。灯杆为1/2寸焊接钢管	层高6m以下的车间、仓库、地下室设备用房的照明	图11-22 表11-35
搪瓷配罩型灯具	白炽灯	与搪瓷广照型灯具相同	层高6～10m的车间、仓库、地下室设备用房的照明	图11-23 表11-36
深罩型灯具：搪瓷、镜面	白炽灯	灯构造与广照型相同，仅是罩较深、控光好、光效高，可达0.8左右	搪瓷深罩型用在层高10～12m；镜面深照型用在12m以上的高大建筑物中	图11-24 表11-37
斜罩型灯具	白炽灯	有搪瓷或钢板镀铬抛光的两种外罩。白瓷螺口风雨灯头，铸铝或铸铁灯座，1/2寸焊接钢管弯成的各种角度及长度的支撑管	室内外画廊、广告牌、工作台、仪表盘等的局部照明用	图11-25 表11-38
金属块板灯具：吊、吸顶、嵌装、混光	金属卤化物灯，50～1000W或其他气体放电灯	它是用铝合金由特制模具压制而成，灯具内凹凸不平的板块，使灯光经过多次反射而变得光线柔和	可用在商场、体育馆、车站、码头、航空港的照明。适用于高大房间及高照度的场所	图11-26～图11-29 表11-39
筒灯	60W以下的白炽灯，50W石英灯，7～18W稀土金属荧光灯	用铝或薄钢板制成方筒形或圆筒形的嵌装式灯具	作宴会厅、餐厅、咖啡厅、商场、游乐场所的照明	

续表

灯具类型		配用光源	特　　点	使 用 场 所	外形及规格图表号
荧光灯罩	裸灯管灯具YG型		有铁皮罩或没有，荧光灯管外裸，可吸顶，可链吊或管吊安装		图 11-30
	裸灯管或半裸灯管管吊式灯具	15～40W的各类管型荧光灯	有PKY、JDD型，HJ8168、A、B、C、D(分为金、银、白、红四色)外壳由铝板制成，镇流器、启辉器安装在灯座内，利用管节头可组成直线、方形、多边型各种图案	商场、办公室、会议厅、教室、实验室、电子工业车间等照明	图 11-31
	铝合光反光格栅灯	15～100W的各类管型荧光灯	分明装吸顶及嵌入式安装两种，大部分为蝙蝠形配光曲线，弦光少，光效高		图 11-32

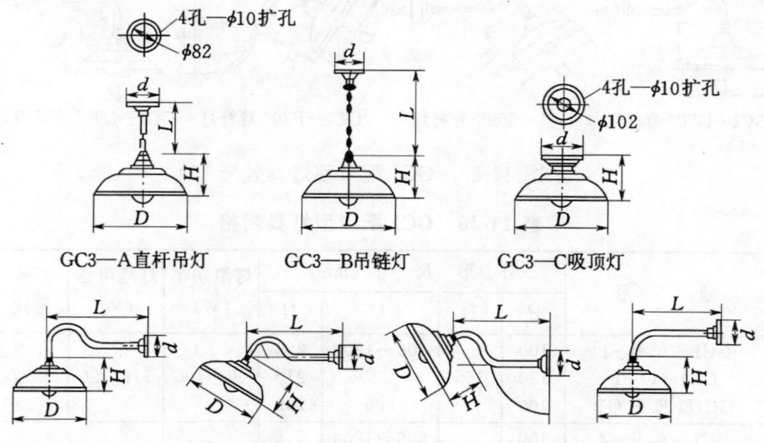

GC3—A直杆吊灯　GC3—B吊链灯　GC3—C吸顶灯

GC3—D90°弯杆灯　GC3—E60°弯杆灯　GC3—F30°弯杆灯　GC3—G90° 直杆弯灯

图 11-22　GC3 广照型灯具外形

表 11-35　GC3 广照型灯具规格

型　　号	外 形 尺 寸（mm）				灯泡功率（W）	灯泡电压（V）	灯头形式
	d	*D*	*L*	*H*			
GC3—A. B—1	100	355	500～1200	162	60～100	110/220	E-27
GC3—C—1	120	355		165			
GC3—D. E. F. G—1	100	355	300	162			
GC3—A. B—2	100	420	500～1200	177	150～200	110/220	E-27
GC3—C—2	120	420		180			
GC3—D. E. F. G—2	100	420	350	177			

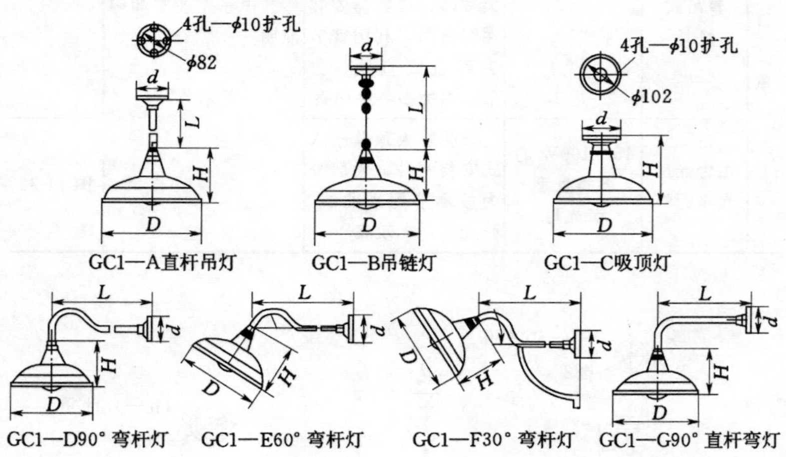

图 11-23　GC1 配罩型灯具外形

表 11-36　GC1 配罩型灯具规格

型　　号	外 形 尺 寸（mm）				灯泡功率（W）	灯泡电压（V）	灯头形式
	d	*D*	*L*	*H*			
GC1—A. B—1	100	355	500～1200	205	60～100	110/220	E-27
GC1—C—1	120			210			
GC1D. E. F. G1	100		300	205			
GC1—A. B—2	100	406	500～1200	215	150～200	110/220	E-27
GC1—C—2	120			220			
GC1—D. E. F. G—2	100		350	215			

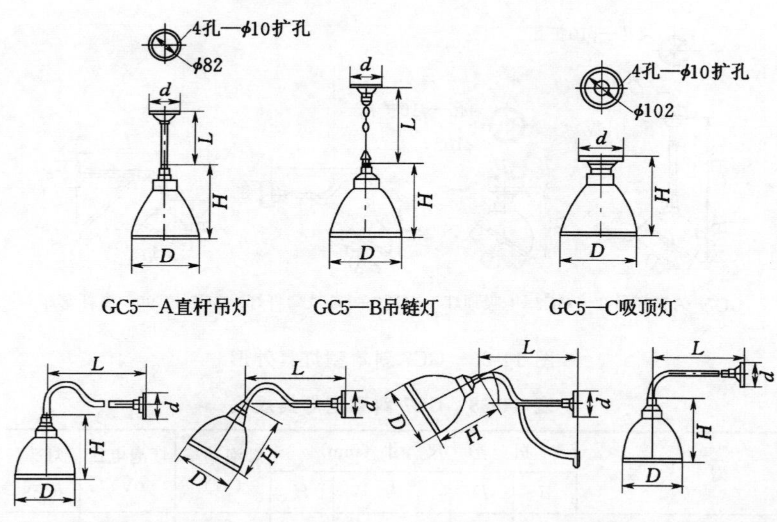

图 11-24　GC5 深罩形灯具外形

表 11-37　GC5 深罩型灯具规格

型　　号	外　形　尺　寸（mm）				灯泡功率（W）	灯泡电压（V）	灯头形式
	d	*D*	*L*	*H*			
GC5—A. B—1	100	220	300～1000	240	60～100	110/220	E-27
GC5—C—1	120			245			
GC5—D. E. F. G—1	100		300	240			
GC5—1A. B—2	100	250	300～1000	265	150～200	110/220	E-27
GC5—C—2	120			270			
GC5—D. E. F. G—2	100		350	265			
GC5—A. B—3	100	310	300～1000	315	300	110/220	E-40
GC5—C—3	120			320			
GC5—D. E. F. G—3	100		400	315			
GC5—A. B—4	100	350	300～1000	345	300～500	110/220	E-40
GC5—C—4	120			350			

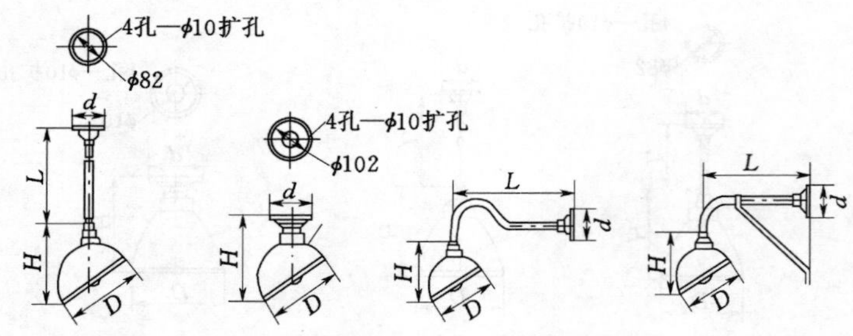

图 11-25 GC7 斜罩型灯具外形

表 11-38 GC7 斜罩型灯具规格

型号	外形尺寸（mm）				灯泡功率（W）	灯泡电压（V）	灯头形式
	d	*D*	*L*	*H*			
GC7—A—1	100	220	300～1000	256	60	110/220	E-27
GC7—C—1	120			266			
GC7—D. G—1	100		300	256			
GC7—A—2	100	220	300～1000	285	100	110/220	E-27
GC7—C—2	120			290			
GC7—D. G—2	100		350	285			

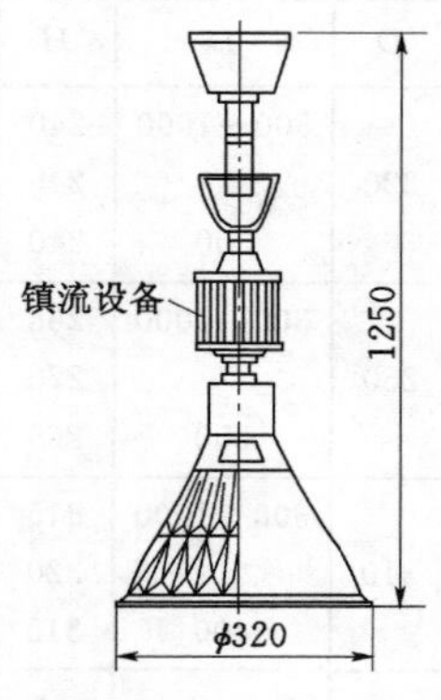

图 11-26 管吊式块板灯具外形

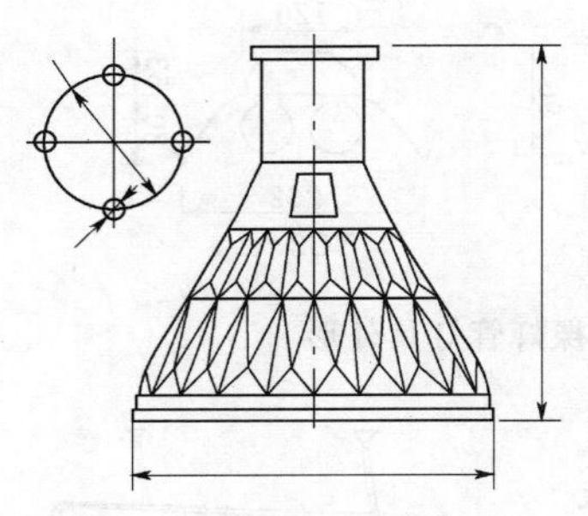

图 11-27　吸顶式块板灯具外形

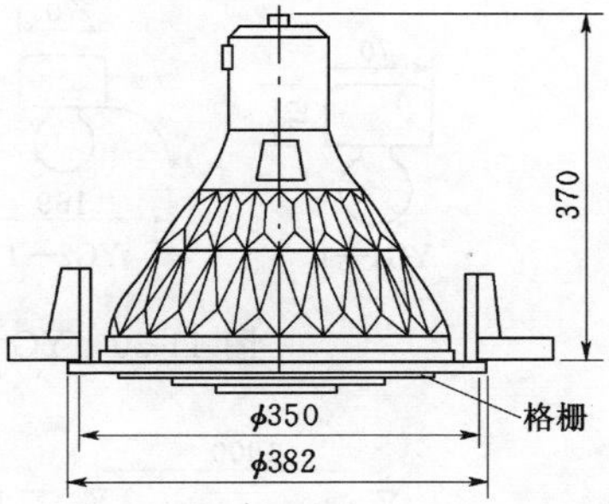

图 11-28　嵌入式块板灯具外形

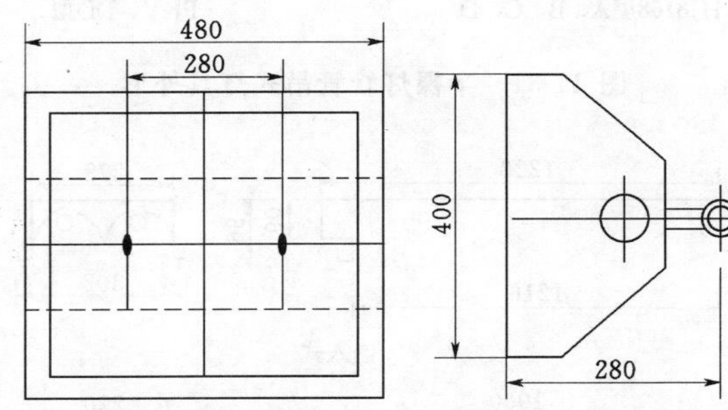

图 11-29　混光块板灯具外形

表 11-39　混光块板灯具规格

型　号	功　　率	规　　格
CFD3—150W	GGY80W＋NG70W	480×400×285
CFD3—235W	GGY125W＋HG110W	480×400×285
CFD3—360W	GGY250W＋NG110W	480×400×285
CFD3—465W	GGY250W＋NG215W	620×450×300
CFD3—615W	GGY400W＋NG215W	620×450×300

（2）具有玻璃漫透射罩的灯具。这种灯具均由无色玻璃、乳白式透光玻璃、刻花彩色玻璃或有机玻璃制成的透光灯罩。有开启式的敞口罩，也有密闭式的圆形、方形罩。具有代表性的敞口

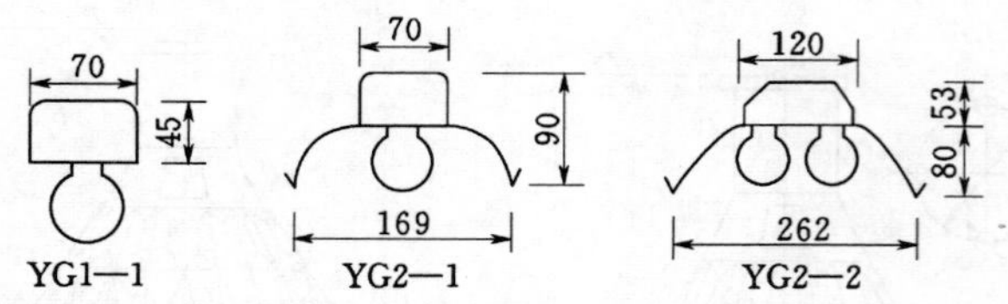

图 11-30　YG 型裸灯管灯具外形

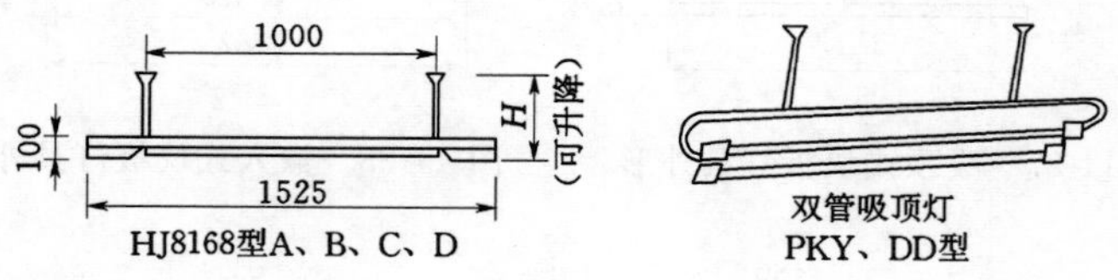

图 11-31　半裸灯管管吊式灯具外形

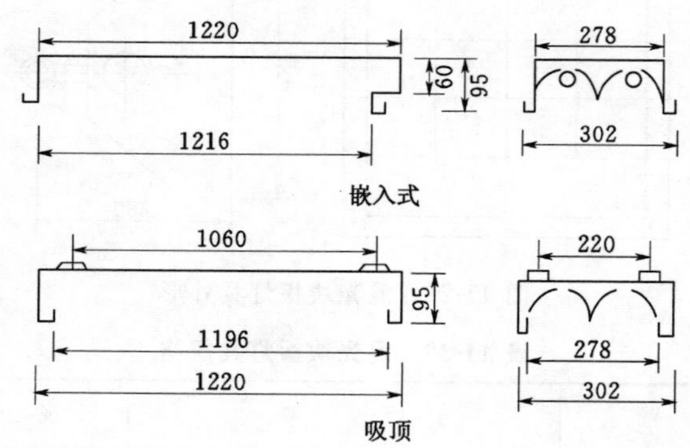

图 11-32　格栅荧光灯具外形

罩有碗形罩、白盆罩、玻璃片组合罩等；具有代表性的密闭式灯罩有圆球罩（JXD1 型）、半圆球罩（JXD2 型）、扁圆罩（JXD7 型）、棱形罩（JXD6 型）、方形闭合玻璃罩，还有各式小圆、小方刻花玻璃罩等。组合成各式花灯，有吊灯、大型吊灯、吸顶灯、壁灯等各种不同形式的灯具。装有螺口或卡口灯座，绝大部分为胶木灯座，可安装 200W 以下的白炽灯泡。因此，从节能角度看，这类灯具目前使用较少，仅在个别建筑物作装饰照明用。

目前有些灯具已改装后可接入稀土金属荧光灯，称节能灯具，在商住楼、民居中得到广泛应用。这类灯具规格繁多，而且不同厂家有不同型号，因此不作专门介绍。

（3）特种灯具。特种灯具型号，见表11-40。

表11-40　特种灯具型号

灯具类型		配用光源	特　　点	使　用　场　所	外形及规格图表号
防水防尘灯具		白炽灯 60～200W	灯泡灯头有玻璃罩密封，其灯罩为广照型，GC9为无防护罩，GC11为有防护罩	GC9用在洗澡房、锅炉房等； GC11用在高、低温冷藏库等	图11-33、34 表11-41、42
防潮灯具	扁型GC31	白炽灯 40～60W	具有铸铁——瓷螺口灯座和铸铁防护罩。灯具内腔喷银粉漆，透明玻璃外罩，防腐性能好	可用在位置比较狭窄的轮船、地下室、隧道等温度大、有水蒸气的场所	图11-35
	GC33				
安全型灯具	CAOC—200	白炽灯管大容量为200W	外壳外罩为优质铝合金，下部为耐热玻璃罩及铁质保护网，灯具全密封，能承受2kg的大气压	Q—2级及偶然生产A、B、C组爆炸物的车间、厂房作照明	表11-43
	CAOC—125	荧光高压汞灯最大容量125W	全密封，能承受2kg的大气压，具有防爆接线盒，汞灯镇流器等安装在接线盒中，外形与防爆型灯具相似		
防爆型灯具		白炽灯 高压汞灯 荧光灯	不含镁的铝合金材料制成，外壳与灯罩之间设有间隔及隔爆面，即使灯内爆炸，所产生燃质冷却到安全温度后传出，灯具玻璃能承受10kg/cm^{2}的压力	Q—1级爆炸物生产车间使用	图11-36 表11-44
航空障碍灯		特制	航空障碍灯规格很多，仅介绍PZL－3型，系北京方园计量工程技术公司生产，红色闪光，光穿透率强	高层建筑防止飞机相碰撞而设置的照明灯	表11-45 图11-37、39

续表

灯具类型	配用光源	特　点	使　用　场　所	外形及规格图表号
疏散指示灯	白炽灯 荧光灯 稀土金属荧光灯	采用白底绿字或绿底白字，并用箭头或图形指示疏散方向，凡是生产灯具的厂家，大部分能生产疏散指示灯，型号随厂家而异，性能规格相似，内有充电整流单元及镍铬电池，停电后可维持30～60分钟的照明	建筑物主要出入口、安全通道、疏散楼梯口、息台等处作疏散指示照明用。 大容量可作安全照明用	
马路弯灯	高压汞灯 高压钠灯	具有防雨结构，流线型外形，能够与安装照明器的支柱配合得到完美的造型。在生活小区中路灯为4～5m高或1m左右高的庭园灯、草坪灯等	大马路上安装	图 11-40

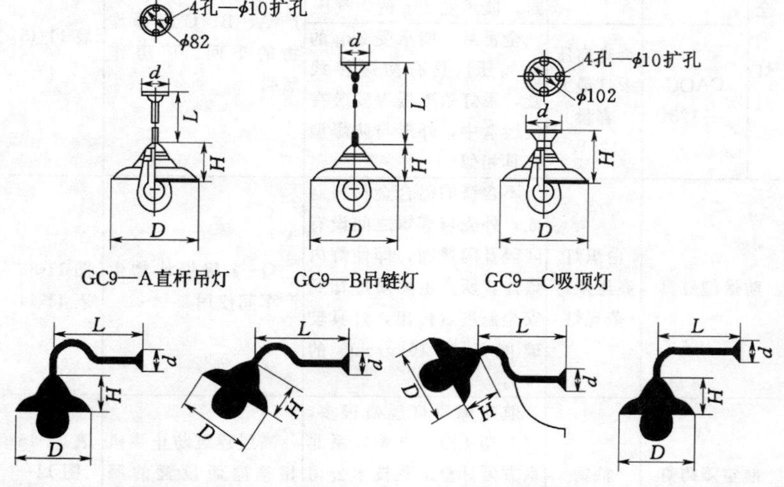

图 11-33　GC9 广照型防水防尘灯具外形

表 11-41　GC9 广照型防水防尘灯具规格

型　　号	外　型　尺　寸（mm）				灯泡功率（W）	灯泡电压（V）	灯头形式
	d	*D*	*L*	*H*			
GC9—A. B—1	100		500～1200	170			
GC9—C—1	120	355		217	60～100	110/220	E-27
GC9—D. E. F. G—1	100		300	170			
GC9—A. B—2	100		500～1200	180			
GC9—C—2	120	420		227	150～200	110/220	E-27
GC9—D. E. F. G—2	100		350	180			

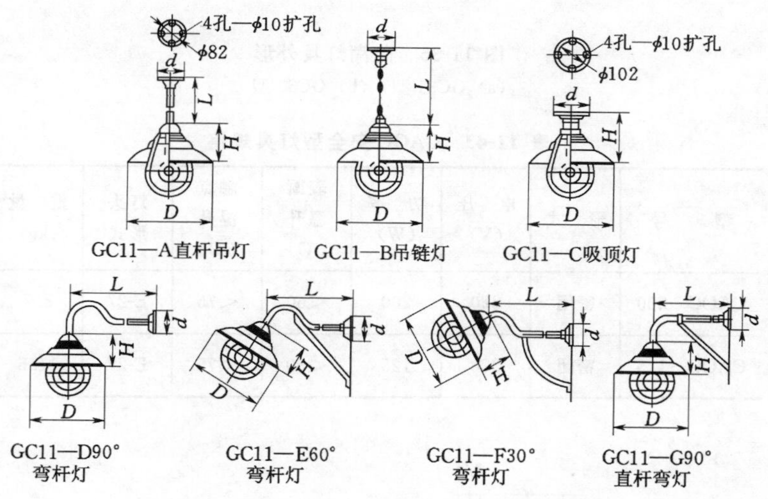

图 11-34　GC11 广照型防水防尘灯具外形（有保护罩）

表 11-42　GC11 广照型防水防尘灯具规格

型　　号	外　形　尺　寸（mm）				灯泡功率（W）	灯泡电压（V）	灯头形式
	d	*D*	*L*	*H*			
GC11—A. B—1	100		500～1200	170			
GC11—C—1	120	355		217	60～100	110/220	E-27
GC11—D. E. F. G—1	100		300	170			
GC11—A. B—2	100		500～1200	180			
GC11—C—2	120	420		227	150～200	110/220	E-27
GC11—D. E. F. G—2	100		350	180			

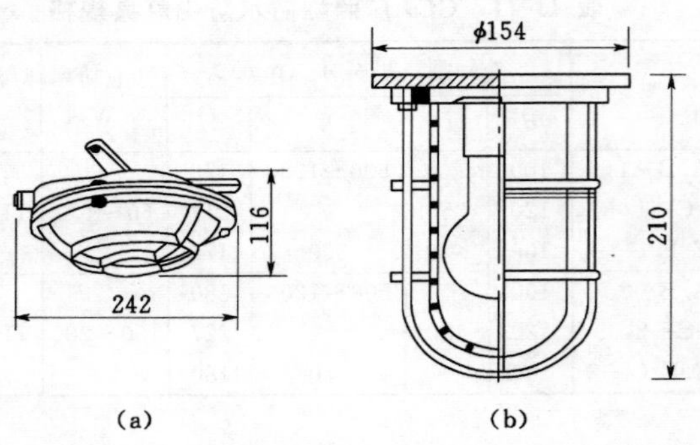

图 11-35　防潮灯具外形

(a) GC31 型；(b) GC33 型

表 11-43　CAOC 安全型灯具规格

型　　号	形　式	电　压 (V)	功　率 (W)	表面温升 (℃)	触点温升 (℃)	灯头形式	重　量 (kg)
CAOC—200	密闭	220	200	<60	<75	E-27	8.7
CAOC—125	密闭	220	125	<60	<75	E-27	11.5

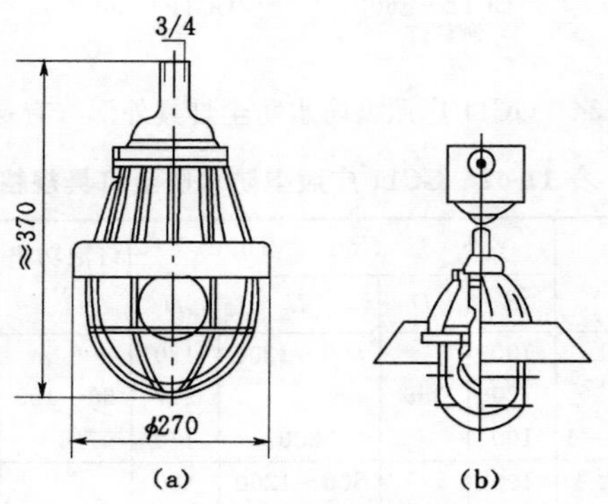

图 11-36　防爆型灯具外形

(a) GB3C—200G 型；(b) B3C—200、125 型

表 11-44　防爆型灯具规格

型　　号	电压 (V)	功率 (W)	光　源	重量 (kg)	外形尺寸 (直径×高×宽) (mm)
CB3C—200G	220	100～200	白炽灯	7.4	270×370
B3C—200	220	100～200	白炽灯	8	414×721
B3C—125	220	125	荧光高压汞灯	11	414×721
B3e—30	220	30	荧光灯	9	120×1100
A0e—40	220	40	荧光灯	12	175×610×1044

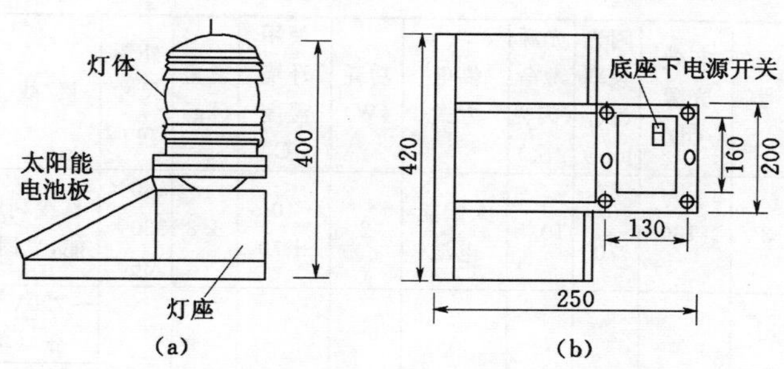

图 11-37　PZL—3 型外形及安装图
(a) 侧视；(b) 底板

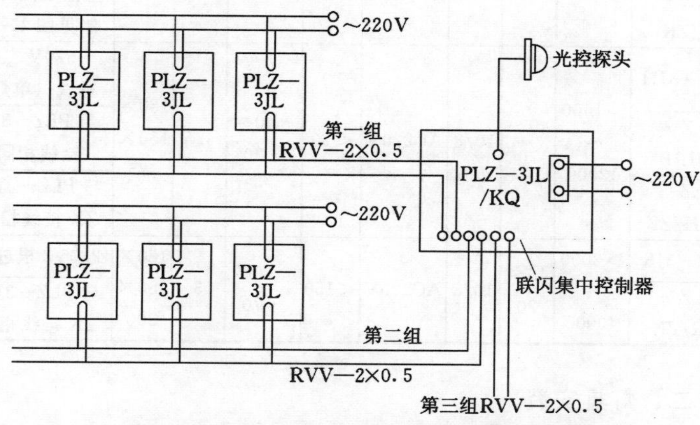

图 11-38　利用联闪集中控制器控制联闪灯的接线

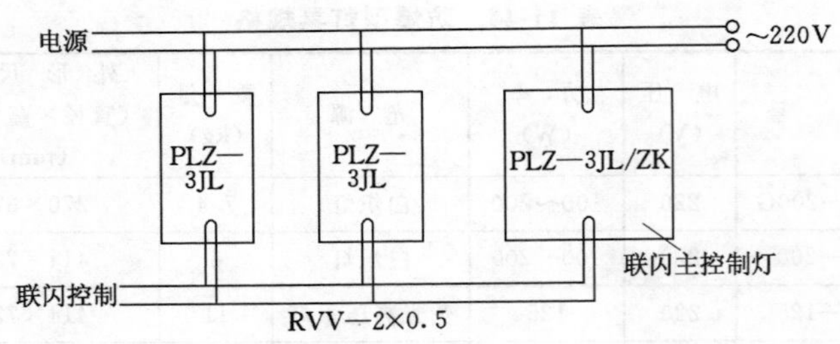

图 11-39 联闪主控灯控制各联闪灯的接线

表 11-45 PLZ—3 型航空障碍灯规格

型号	有效光源(d)	闪光频率(次/min)	光源寿命(闪光/次)	供电方式	功耗(W)	使用环境温度(℃)	重量(kg)	外形尺寸(mm)	接线方式
PZL—3	>1600	40~70	10/8	太阳能电池	2	−40~+70	6.3	460×330×360	直接利用太阳能,见图 11-37
PLZ—3J	>1600~12000	40~70	10/8	AC220V	<50	−40~+70	3	180×150×300	~220V 二根进张（单灯）
PLZ—3JL									利用 PLZ—3JL/KQ 联控，见图 11-38
PLZ—3J/ZK									主控联闪灯控制见图 11-39
PLZ—3JH	>1600~12000	40~70	10/8	AC220V	<60	−40~+70	4.5	180×150×375	~220V 二根进线（单灯）
PLZ—3JLH									与 PLZ—3JL 接线相同
PLZ—3JLH/ZK									与 PLZ—3JL/ZK 接线相同
PLZ—3JR	>2000~40000	40~70	10/8	AC220V	<150	−40~+70	3	180×150×300	220V2 根进线
PLZ—3JR/ZK									与 PLZ—3JL/ZK 接线相同

二、灯具安装

灯具安装分吊装、吸顶、吸壁、嵌入式等几种。吊装又分线

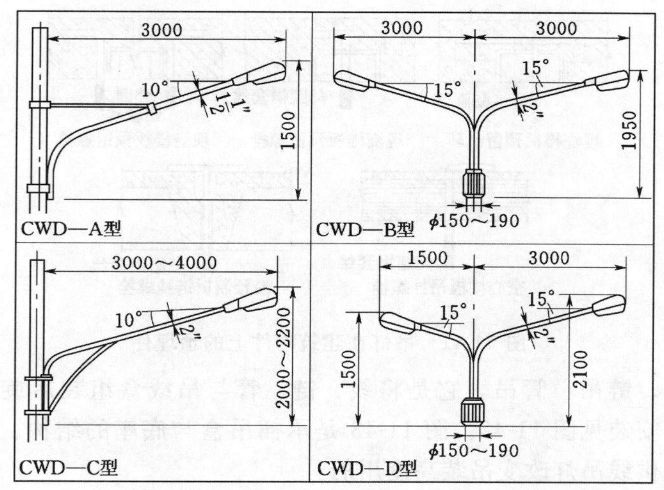

图 11-40 高压汞（钠）灯及支架图

吊、链吊、管吊三种。吸壁的有挂壁、弯管壁装两种。

灯具安装不外乎包括灯具固定、接线、接地、防火、构件的防腐处理等。

（一）灯具的安装

1. 吊灯安装

灯具重量小于 1kg 的用线吊，1～3kg 的用链吊，超过 3kg 的用管吊。它由塑料圆台、吊线盒、吊线（链吊、管吊）、灯具（或裸灯座）组成。

1）圆台固定在欲吊灯具的樑、柱、板上。固定圆台可用膨胀螺栓（沉头式胀管）、尼龙塞（塑料胀管）。线吊可用一个螺栓链吊或管吊的用二个螺栓，灯具重量超过 3kg 的则应在砖或混凝土结构上预埋吊钩、螺栓（或螺钉），见图 11-41。

2）吊线盒仅存在于吊灯中，它是将底座接线与灯座引线相互连接，又起到不让接线端外露的遮丑作用。它与灯座是用螺丝扣相连的。另有一种预装式承插吊盒，它的灯座引线与吊线盒底座引线是靠吊盒上插接端子与底座的插片相旋入而成，它可用在

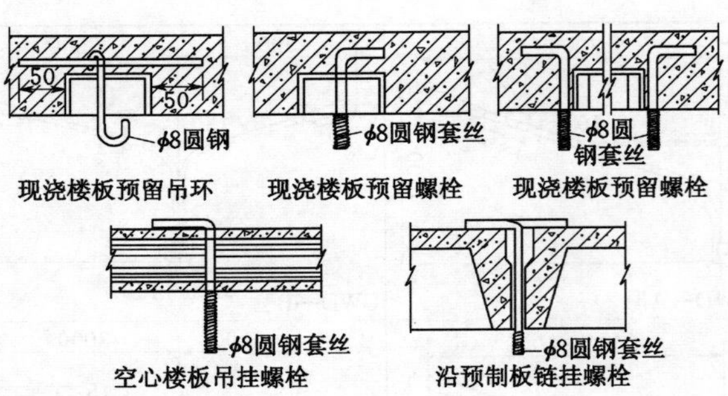

图 11-41　吊灯在建筑构件上的预埋件

线吊、链吊、管吊。它是将线、链、管与吊线盒组装后旋入灯座，安装见图 11-42。图 11-43 是承插吊盒与底座的结构。自在器是供线吊灯改变吊装高度用的。

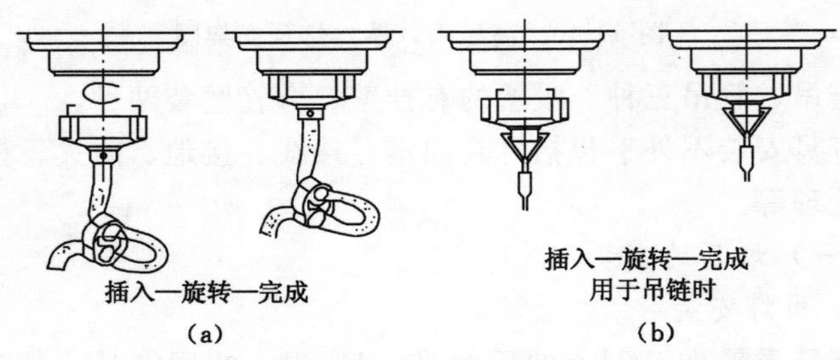

图 11-42　承插式吊线盒安装
(a) 线吊式；(b) 链吊式

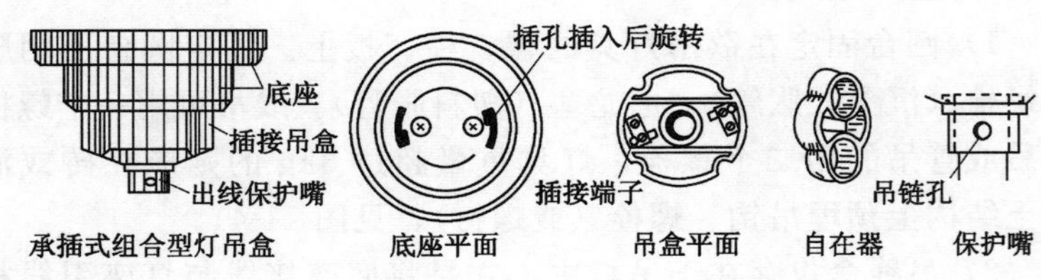

图 11-43　承插吊线盒构造图

3）吊线盒出口可引线、接吊链或吊管。线吊灯具的引线即为吊线。而链吊、管吊的引线应与链一起引下或穿入吊管中，最后与灯座相连接。其安装见图 11-44。

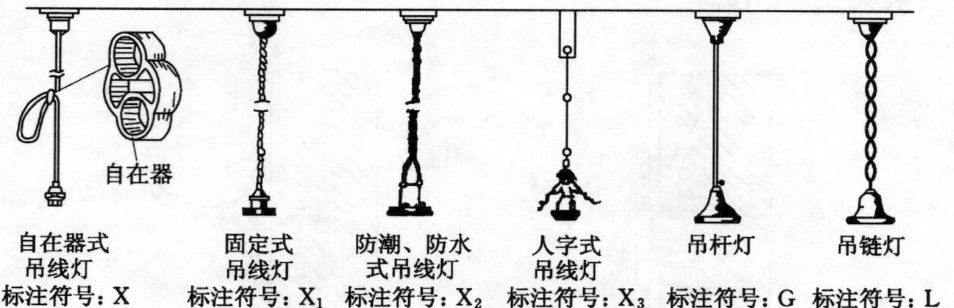

图 11-44　吊式灯具的总安装

2. 弯管灯安装

弯管灯在钢屋架上安装，常在钢屋架构件上开孔，用螺栓、螺母、垫圈将灯具直接固定在屋架上；弯管灯具在混凝土屋架上安装时，常用圆钢或扁钢围着混凝土屋架做成抱箍，再用角钢以螺栓、螺母、垫圈将抱箍固定，在角钢上开孔后，将灯具用螺栓、螺母固定在角钢上；弯管灯具在柱上安装时，将灯具底座及灯的拉杆用 3 个（或 6 个）膨胀螺栓直接固定在柱上。安装见图 11-45。

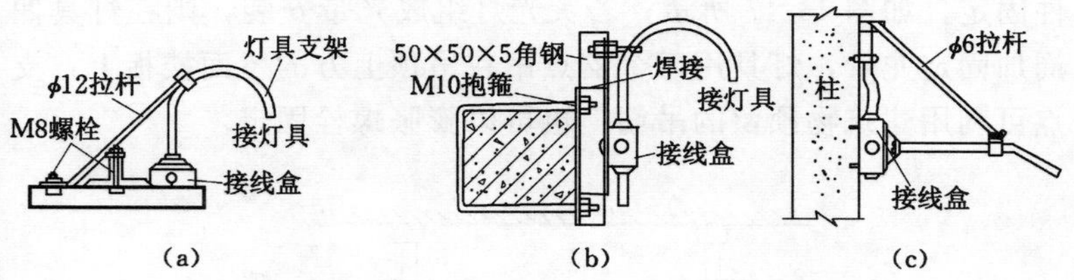

图 11-45　弯管灯具安装

(a) 在钢屋架上；(b) 在混凝土屋架上；(c) 在柱上

弯管壁灯在墙上安装与柱上安装相同。

3. 壁灯安装

轻的壁灯可以用一个塑料胀管将圆台固定在墙上，再用螺钉将灯具固定在圆台上，也有在圆台上敲入钢钉将壁灯挂上，这种灯具的灯座后面有挂孔。重的壁灯将圆台用两个塑料胀管固定。安装见图 11-46。

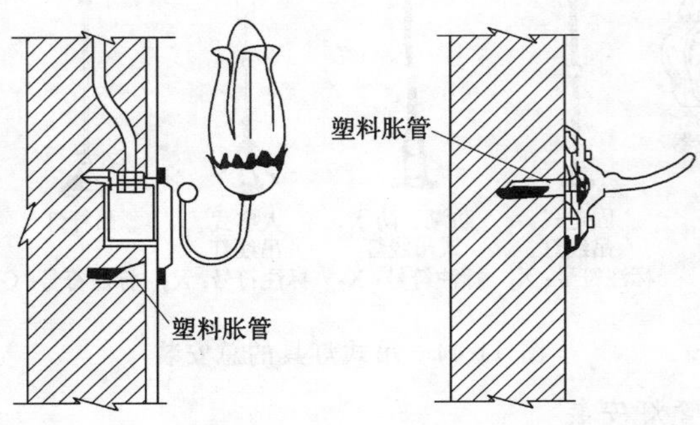

图 11-46 壁灯安装

4. 嵌入式灯具安装

各式点源灯是嵌入式安装的，它只要按嵌入灯具的外径在吊顶上开孔，灯具放入后有卡簧卡住。

荧光灯嵌入安装，除吊顶上按灯具大小开孔外，还应考虑吊顶龙骨能否承受灯具的重量，若为轻钢龙骨，原则上不能承受负荷，重量小于 3kg 的可在主龙骨上安装，大于 3kg 时，应加钢件固定，如图 11-47 所示；若荧光灯组成光带安装，则在灯具四周加固定龙骨，灯具用四个支点吊在吊顶上方的屋面楼板上，支点可利用建筑物预留的吊筋，也可以膨胀螺栓固定。

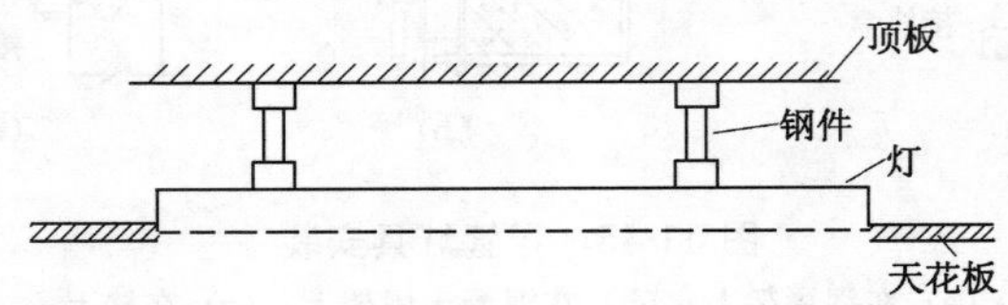

图 11-47 荧光灯嵌入式安装

（二）灯具接线

接入灯头的线，相线与零线的接入应一致，不能相互混淆。如采用螺口灯座时，相线应接入螺口灯座的弹簧片，零线接入螺口部分；采用双棉纺织软线时，其中有色花线接相线，无色花线接零线。

灯具内部的配线不应小于 0.4mm^2 的导线，软线两端在接入灯具之前应挽好保险扣，线端除去氧化层后压扁，组成圆扣，套入螺钉中，使软线与灯座接触良好。做法如图 11-48 所示。

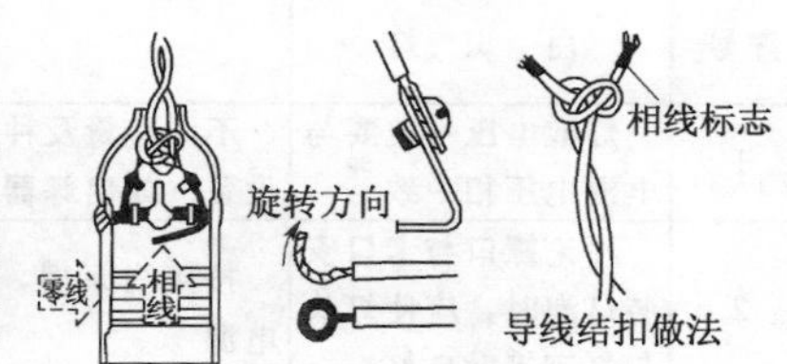

图 11-48　灯座的导线连接

（三）灯具接地

如灯具高度低于 2.4m 以下，灯具的金属外壳应做好接地处理，利用配电系统中的接地保护线与灯具的接地螺钉加弹簧片牢固压紧。其余灯具的金属外壳用 $\phi 6$ 圆钢与建筑物就近的钢件相焊接，而这种建筑物的所有钢件都连成电气通路并与共用接地系统相连。

（四）灯具的防腐处理

灯具的各种金属构件，生产厂家未作防腐处理的，都应除锈后涂樟丹油一道、油漆二道，油漆的颜色应与灯具及建筑物协调。

室外的灯具引入线路需要做好防水弯，以免水流入灯具内，若灯具内有可能积水者，需打好泄水孔。

（五）防火安全处理

各色灯具装在易燃结构部位时，必须要散热通风良好或作隔热处理。凡是弧光放电光源，灯泡表面温度较高的灯，特别在嵌入式安装时，除注意散热通风外，还应在其周围安装瓷夹板，以便隔热防火。

安装在公共场所的大型玻璃罩灯，为防止灯罩下落伤人，可采用透明尼龙编织网加以保护。

三、灯具的维护和修理

1. 使用注意事项

灯具使用注意事项，见表 11-46。

表 11-46　使用注意事项

序号	白炽灯	气体放电灯
1	灯泡电压一定要与电源电压相一致	不同容量及种类的灯，应配以相应的镇流器、启动设备（如启辉器、电子启动设备）、电容器
2	不论螺口与卡口安装灯泡时，应使灯头与灯座接触良好	按接线原理，正确地将镇流器等设备相连后接向电源
3	灯泡不应靠近易燃物，刚灭灯时不应手触灯泡，以免烫伤	气体放电灯容量大，安装时应注意灯具的散热，应有良好的通风，也不应与建筑物易燃部分靠近，必须时可用难燃物隔离
4		气体放电灯不宜频繁启动，以免影响灯的寿命，除荧光灯外，其他灯熄灯后应相隔 3～10 分钟启动
5		荧光灯使用电子镇流器时，应选用波峰系数小并具有延时启动的产品

2. 白炽灯的故障及检修方法

白炽灯的故障及检修方法，见表 11-47。

表 11-47　白炽灯故障及检修方法

故障现象	可能原因	检修方法
灯泡不亮	1. 灯泡灯丝断或灯头内引入导线断裂 2. 灯座、开关等处接线松动或接触不好 3. 线路中有断线或灯头软线绝缘损坏而短路 4. 电源保险丝断	1. 更换灯泡和断线 2. 弄清后检查加固 3. 检查线路，在断线、短路处重接或更换新线 4. 检查熔断原因后重装
灯泡忽亮忽暗	1. 灯座、开关等外接线松动 2. 保险丝接触不好 3. 电源电压变化或附近电动机等大容量设备启动	1. 检查后接好 2. 检查加固 3. 不必修理
灯泡强白	1. 灯丝短路（搭丝） 2. 电源电压与灯泡电压不符 3. 零线断裂，两组用电设备跨接在 380V 相电压上，小容量灯泡可能获得高于 220V 的电压	1. 更新灯泡 2. 改用相适应的灯泡 3. 检查线路，修复零线（见图 11-49）

续表

故障现象	可 能 原 因	检 修 方 法
灯光暗淡	1. 灯泡内钨丝蒸发后积聚在玻璃管内，这是真空灯泡奉命终止的正常现象 2. 电源电压过低 3. 线路因潮湿或绝缘损坏有漏电现象 4. 零线断裂，跨接在380V上容量较大的灯泡电压低于220V而灯光暗淡	1. 更换灯泡 2. 不必修理 3. 检查线路，恢复绝缘 4. 检查线路，修复零线（见图11-49）

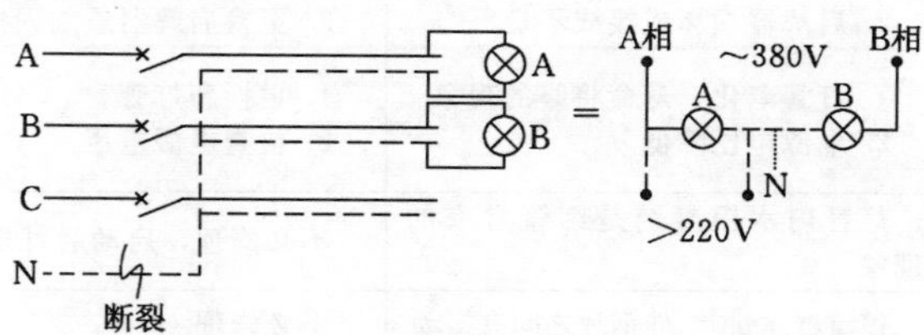

图 11-49 零线断裂时，灯丝上的电压分配

A—灯小；B—灯大

3. 荧光灯的故障及检修方法

荧光灯的故障及检修方法，见表11-48。

表 11-48 荧光灯故障及检修方法

故障现象	可 能 原 因	检 修 方 法
不能发光及发光困难	1. 电源电压太低或线路压降太大 2. 启辉器老化损坏或内部电容器短路或接线断路 3. 如果是新装荧光灯，可能接线错误或灯座接触不良 4. 灯丝熔断或灯管漏气 5. 镇流器不配套或内部线路断裂 6. 气温过低	1. 调整电源电压或加粗导线 2. 检查后更换启辉器及电容器 3. 检查线路及接触点 4. 用万用表或小电珠串联测试 5. 检查修理或更新 6. 提高气温或加保温罩

续表

故障现象	可能原因	检修方法
灯光抖动及灯管两端发光	1. 接线错误或灯座、灯脚等接头松动 2. 启辉器内电容短路或接触闭合后断不开 3. 镇流器配用不适或内部接线松动 4. 电源电压过低或线路压降太大 5. 灯丝上电子发射质已将用尽，以致不能产生碰撞，形成弧光放电 6. 气温过低	1. 检查线路或加固各接触头 2. 更换启辉器 3. 换用适当的镇流器或加固接线 4. 调整电源电压或加粗导线 5. 更换灯管 6. 提高气温或加保温罩
灯光闪烁	1. 灯管质量不好 2. 启辉器损坏或接线不良	1. 换新灯管试验有无闪烁 2. 更换启辉器或加固接线
灯管两端发黑光度下降	1. 灯管老化，寿命将终的现象 2. 电源电压降低	1. 更换新灯管 2. 检查电源电压
灯管两端有黑斑	灯管内水银凝结是细管常有的现象	不必修理，启动后可自行蒸发
电磁声大	镇流器质量差,硅钢片之间有振动	不必修理
镇流器过热	1. 通风散热不好 2. 内部线圈匝间短路 3. 自备电机发电频率没有达 48Hz	1. 解决通风散热问题 2. 换镇流器 3. 提高发电频率
灯管发光后立即熄灭	1. 接错线路，灯丝烧断 2. 灯开关后有短路现象	1. 换新灯管，并检查线路 2. 检查线路及查保护

4. 气体放电灯的故障及检修方法

气体放电灯的故障及检修方法，见表 11-49。

表 11-49 气体放电灯故障及检修方法

故障现象	可能原因	检修方法
气体放电灯不启辉	1. 可能镇流器不配套 2. 灯泡内部件损坏 3. 开关接触不良，接线松动 4. 电压太低，线路压降太大 5. 周围温度太低	1. 更换镇流器 2. 更换灯泡 3. 检修开关，接好线路 4. 加大导线截面 5. 除钠灯外，一般不宜用在气温太低的地方

续表

故障现象	可 能 原 因	检 修 方 法
灯泡忽亮忽暗	1. 灯座接触不良，灯泡螺扣没有扣紧或接线松动 2. 电源电压波动在启辉电压临界值上	1. 检查灯座，重新安装灯头，接好松动的线头 2. 检查电源有否间歇性负荷，将灯与之分路供电
灯泡突然熄灭	1. 灯泡寿命已到 2. 电源电压过低 3. 保护动作，电源开路	1. 更换灯泡 2. 不必修理 3. 检查线路，消除短路

第四节 照明线路

一、照明线路截面选择

1）根据照明负荷，按载流量初选导线型号及截面。

2）按选定的导线面，校验与保护的配合。

3）按配合的截面、线路长度及负荷，校验电压损失。

4）在 TN 系统中，按上述截面校验单相接地短路能否按时开断故障。

5）按上述校验合格的截面，应不小于机械强度要求的最小截面及满足线路热稳定要求。

1. 按载流量初选导线截面

某一截面的导线，在不同地区的最热月份平均温度下所允许通过的不损坏其绝缘的最大电流，称导线在这一温度下的载流量，用 I_H 表示。

照明单相负荷：

$$I=\frac{Kc\cdot P}{220\cos\varphi}\ (\mathrm{A})$$

照明三相负荷：

$$I=\frac{Kc\cdot P}{\sqrt{3}\cdot 380\cdot\cos\varphi}\ (\mathrm{A})$$

式中 Kc——需要系数，支线取 1，干线或整幢建筑取 0.6

～0.7；

cosφ——白炽灯取 1，气体放电灯没有补偿取 0.6，单相带补偿取 0.9；

P——照明容量，kW；

选用合适的绝缘导线截面，使 $I \leqslant I_H$ 即可。

I_H 按不同规格的导线截面及敷设方式，当地最热月份的平均气温（见表 11-50）从表 11-51～表 11-54 选取。

表 11-51～表 11-54 根据上海电缆研究所在 1975 年 10 月提供及 1979 年 7 月部分修改的线缆在 25℃环境温度下的载流量编制的。

表 11-50　部分城市的最热月平均气温

地　　区	齐齐哈尔	长春	抚顺	鞍山	呼和浩特	乌鲁木齐	西安	银川
温度（℃）	27.9	28.2	29.8	29.9	28.1	29	33.6	30.0
地　　区	西宁	西安	张家口	北京	秦皇岛	天津	石家庄	邢台
温度（℃）	24.4	32.3	29.2	30.9	27.9	31.6	31.9	32.4
地　　区	大同	烟台	济南	泰山	扬州	镇江	南通	南京
温度（℃）	28.6	28.2	32.6	20.6	31.9	32.2	31.1	32.3
地　　区	上海	蚌埠	合肥	嘉兴	杭州	福州	厦门	洛阳
温度（℃）	32.3	32.9	32.5	33.1	33.5	35.0	32.2	32.2
地　　区	武汉	长沙	南昌	桂林	广州	成都	大理	昆明
温度（℃）	33.0	34.2	34.2	32.6	32.6	30.2	24.8	24.3

表 11-51　塑料绝缘线（BV、BLVV 型）明敷时的载流量（A）

截面（mm^2）	BLV（铝芯）				BV、BVR（铜芯）			
	25℃	30℃	35℃	40℃	25℃	30℃	35℃	40℃
1.5	18	16	15	14	24	22	20	18
2.5	25	23	21	19	32	29	27	25
4	32	29	27	25	42	39	36	33
6	42	39	36	33	55	51	47	43

续表

截面（mm²）	BLV（铝芯）				BV、BVR（铜芯）			
	25℃	30℃	35℃	40℃	25℃	30℃	35℃	40℃
10	59	55	51	46	75	70	64	59
16	80	74	69	63	105	89	90	83
52	105	98	90	83	138	129	119	109
35	130	121	112	102	170	158	147	134
50	165	154	142	130	215	201	185	170
70	205	191	177	162	265	247	229	209
95	250	223	216	197	325	303	281	251
120	285	266	246	255	375	350	324	296
150	325	303	281	257	430	402	371	340
185	380	355	328	300	490	458	423	387

表 11-52 塑料护套线（BV、BLVV 型）明敷时的载流量

线 型	截面（mm²）	单芯载流量（A）				双芯载流量（A）				三芯载流量（A）			
		25℃	30℃	35℃	40℃	25℃	30℃	35℃	40℃	25℃	30℃	35℃	40℃
BLVV	2.5	25	23	21	19	20	18	17	15	16	14	13	12
	4	34	33	29	26	26	24	22	20	22	20	19	17
	6	43	40	37	34	33	30	28	26	25	23	21	19
	10	59	55	51	46	51	47	44	40	40	37	34	31
BVV	1.5	24	22	21	18	19	17	16	15	14	13	12	11
	2.5	32	29	27	25	26	24	22	20	20	18	17	15
	4	42	39	36	33	36	33	31	28	26	24	22	20
	6	55	51	47	43	47	43	40	37	32	29	27	25
	10	75	70	64	59	65	60	56	51	52	48	44	41

表 11-53　BV 及 BLV 型导线穿钢管暗敷时的载流量

线型	截面 (mm²)	二根单芯 (A)					三根单芯 (A)					四根单芯 (A)				
		25℃	30℃	35℃	40℃	管径 (mm)	25℃	30℃	35℃	40℃	管径 (mm)	25℃	30℃	35℃	40℃	管径 (mm)
BV	1	14	13	12	11	15	13	12	11	10	15	11	10	9	8	15
	1.5	19	17	16	15	15	17	15	17	13	15	16	14	13	12	15
	2.5	26	24	22	20	15	24	22	20	18	15	22	20	19	17	20
	4	35	32	30	27	15	31	28	26	24	20	28	26	24	22	20
	6	47	43	40	37	20	41	38	35	32	20	37	34	32	29	20
	10	65	60	56	51	20	57	53	49	54	25	50	46	43	39	25
	16	82	76	70	64	25	73	68	63	57	25	65	60	56	51	32
	25	107	100	92	84	32	95	88	82	75	32	85	79	73	67	40
	35	133	124	115	105	40	115	107	99	90	40	105	98	90	83	50
	50	165	154	142	130	50	140	136	126	115	50	130	121	112	102	50
BLV	2.5	20	18	17	15	15	18	16	15	14	15	15	14	12	11	20
	4	27	25	23	21	15	24	22	20	18	20	22	20	19	17	20
	6	35	32	30	27	20	32	29	27	25	20	28	26	24	22	20
BLV	10	49	45	42	38	20	44	41	38	34	25	38	35	32	30	25
	16	63	58	54	49	25	56	52	48	44	25	50	46	43	39	32
	25	80	74	69	63	32	70	65	60	55	32	65	60	56	51	40
	35	10	93	86	79	40	90	84	77	71	40	80	74	69	63	50
	50	125	116	108	98	50	110	102	95	87	50	100	93	86	79	50
	70	155	144	134	122	70	143	133	123	113	70	127	118	109	100	70
	95	190	177	164	150	70	170	158	147	134	70	152	142	131	120	70

表 11-54　BV 及 BLV 型导线穿塑料管暗敷时的载流量

线型	截面 (mm²)	二根单芯 (A)					三根单芯 (A)					四根单芯 (A)				
		25℃	30℃	35℃	40℃	管径 (mm)	25℃	30℃	35℃	40℃	管径 (mm)	25℃	30℃	35℃	40℃	管径 (mm)
BV	1	12	11	10	9	15	11	10	9	8	15	10	9	8	7	15
	1.5	16	14	13	12	15	15	14	12	11	15	13	12	11	10	15

续表

线型	截面 (mm^2)	二根单芯（A）					三根单芯（A）					四根单芯（A）				
		25℃	30℃	35℃	40℃	管径 (mm)	25℃	30℃	35℃	40℃	管径 (mm)	25℃	30℃	35℃	40℃	管径 (mm)
BV	2.5	24	22	20	18	15	21	19	18	16	15	19	17	16	15	20
	4	31	28	26	24	20	28	26	24	22	20	25	23	21	18	20
	6	41	38	35	32	20	36	33	31	28	20	32	29	27	25	25
	10	56	52	48	44	25	49	45	42	38	25	44	41	38	34	32
	16	72	67	62	56	32	65	66	56	51	32	57	53	49	45	32
	25	95	88	82	75	32	85	79	73	67	40	75	70	64	59	40
	35	120	112	103	94	40	105	98	90	83	40	93	86	80	73	50
	50	150	140	129	118	50	132	123	114	104	50	117	109	101	92	70
	70	182	172	160	146	50	167	156	144	130	70	148	138	128	117	70
BLV	2.5	18	16	15	14	15	16	14	13	12	15	14	13	12	11	20
	4	24	22	20	18	20	22	20	19	17	20	19	17	16	15	20
	6	31	28	26	24	20	27	25	23	21	20	25	23	21	19	25
	10	42	39	36	33	25	38	35	32	30	25	33	30	28	26	32
	16	55	51	47	43	32	49	45	42	38	32	44	41	38	34	32
	25	73	68	63	57	32	65	66	56	51	40	57	53	49	54	40
	35	90	84	77	71	40	80	74	69	63	40	70	65	60	55	50
	50	114	106	98	90	50	102	95	88	80	50	90	84	77	71	70
	70	145	135	125	114	50	130	121	112	102	70	115	107	99	90	70
	95	175	163	151	138	70	158	147	136	124	70	140	130	121	110	70

2. 按初选截面校验与过负荷保护的配合

为使保护电器在过负荷电流引起的导体温升对导体绝缘、接头、端子造成损害前切断负荷电流，因此应满足下式：

$$I_Z \leqslant 1.45 I_H$$

式中 I_Z——保护电器可靠动作的电流，A。在实际使用中取 I_Z 为：低压断路器及熔断器在约定时间内的约定动作电流。对刀熔、螺旋式、瓷插式熔断器，其熔体电（I_N）≤25A 时，$I_N/I_Z=0.85$；I_N＞25A 时，$I_N/I_Z=1$。

I_H——被保护导线的允许持续载流量，A。

3. 按配合的导线截面、线路长度及负荷校验电压损失

(1) 线路上电压损失的分配：

1）采用树干式供电时，线路进入建筑物处的电压应为额定电压（380/220V），建筑物内照明干线上压降不大于额定电压的2.5%；支线上压降也不大于额定电压的2.5%。对个别离电源很远的建筑物，可允许总压降不超过额定电压的10%。

2）专用照明变压器供电时，变压器的调压分接头可调至+2.5%或+5%，干线上压降不超过额定电压的5%时，则支线上的压降亦可达额定电压的5%。

(2) 电压损失计算：照明负载的电流，流过线路的阻抗，在不同的功率因数下，会产生不同的电压损失。

1）当三相负荷，功率因数不等于1，其电压损失公式如下：

$$\Delta u\% = \Delta u\% IL$$

式中 $\Delta u\%$——线路上电压损失百分值；

I——三相负荷的电流，A；

L——线路长度，km；均布负荷时，L 取全长的一半；当负荷集中在线路末端时，L 取全长；

$\Delta u\%$——在不同功率因数下的每安公里电压损失，见表11-55。

$$\Delta u\% = \frac{3}{10U_Z}(R_o\cos\varphi + X\sin\varphi)$$

2）当线路接的是白炽灯或功率因数接近1的气体放电灯，计算公式可以简化如下：

$$\Delta u\% = \frac{1}{C \cdot S}P \cdot L$$

式中 S——导线截面，mm^2；

表 11-55 三相线路每安公里的电压损失 Δu%

导线截面 (mm^2)	铜芯线（cosφ）				铝芯线（cosφ）			
	0.5	0.7	0.8	1.0	0.5	0.7	0.8	1.0
1.5	3.15	4.43	5.05	6.26				
2.5	1.92	2.66	2.928	3.76	3.2	4.47	5.1	6.34
4	1.209	1.687	1.91	2.35	2.015	2.8	3.18	3.96
6	0.82	1.18	1.282	1.568	1.355	1.88	2.13	2.64
10	0.501	0.685	0.774	0.94	0.82	1.13	1.29	1.58
16	0.327	0.434	0.49	0.588	0.522	0.715	0.81	0.99
25	0.214	0.285	0.318	0.376	0.343	0.47	0.525	0.634
35	0.160	0.209	0.232	0.268	0.251	0.338	0.378	0.452
50	0.119	0.152	0.168	0.188	0.206	0.274	0.306	0.362

P——线路所接负荷之总和，kW；

L——与上式中 L 相同，km；

C——系数，与导线的材质及电压有关，见表 11-56。

表 11-56 系数 C 值

线路电压（V）	线路相别	系数公式	系数 C 值		线路电压（V）	线路相别	系数公式	系数 C 值	
			铜线	铝线				铜线	铝线
380/220	三相四线	$10\mu U_L^2$	77	46.3	220	单相	$5\mu U_\varphi^2$	12.8	7.75
380/220	二相三线	$10\mu U_L^2/2.25$	34	20.5					

注 U_φ 为相电压 220V。

［例 1］ 计算下列 AC 干线及 CD 支线上的电压损失。

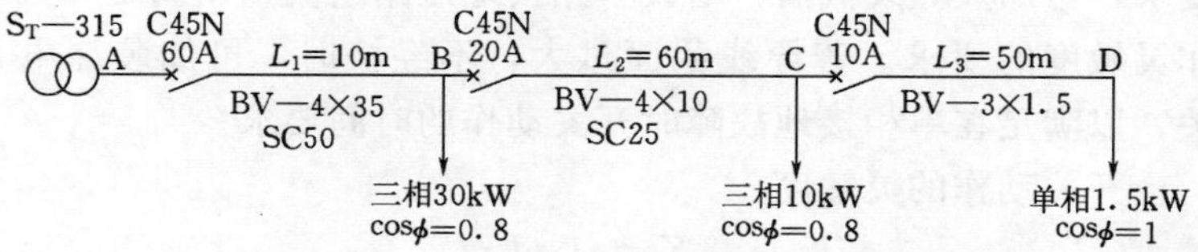

AB 段电压损失：查表 11-55，35mm^2 铜芯线、$\cos\varphi=0.8$，得每安公里电压损失为 $\Delta u=0.232\%$，$I_{AB}=30\times10^3/3\times380\times0.8=56.97$（A）

$$\therefore \Delta U_{AB}=56.97\times0.1\times0.232=1.32\%$$

BC 段电压损失：查表 11-55，10mm^2 铜芯线，$\cos\varphi=0.8$，得 $\Delta u=0.774\%$

$$I_{BC}=10\times10^3/3\times380\times0.8=18.99$$

$$\Delta U_{BC}=18.99\times0.06\times0.774=0.88\%$$

∴AC 干线上压降：$\Delta U_{AC}=\Delta U_{AB}+\Delta U_{BC}=1.32+0.88=2.2\%$（允许）

CD 支线上电压损失：

$$\Delta U_{CD}=\frac{1}{C\cdot S}\cdot PL\%$$

查表 11-56，单相铜线 $C=12.8$

$$\therefore \Delta U_{CD}=\frac{1}{12.8\times1.5}\times1.5\times50$$

$=3.9\%$（不允许）应加大一级导线截面

$$\Delta U_{CD}=\frac{1}{12.8\times2.5}\times1.5\times50$$

$=2.34\%$（允许）改用 BVV—3×2.5

4. 校验所选导线截面能否满足切除故障要求

校验所选导线截面，线路发生单相接地故障时，能否在规定时间内使保护装置切除故障。

（1）切除单相接地短路故障的时间要求：在接零保护系统（TN—S、TN—C—S）中，按规范规定，发生单相接地故障时，保护固定式设备的开关应在 5 秒钟内切除故障；保护手握式设备及住宅末端的电气开关应在 0.4 秒钟内切除故障。若达不到上述要求，可加大导线截面，增大单相接地短路电流，以满足开关动作灵敏度的要求。若导线截面过大，不经济时，可加装漏电开关，以满足在单相接地故障时开关动作的时间要求。

开关动作的灵敏度：

$$K=I_d/I_e$$

式中　I_d——单相接地短路电流，A；

I_e——开关的整定电流，A。

照明常用的开关为 DZ19、C45N 等高断流容量的小型空气开关及熔断器，这些空气开关在 $K=1.5\sim3$ 时，可在 5 秒钟内可靠动作；$K=6\sim8$ 时，可在 0.4 秒钟可靠动作。熔断器的熔丝在 $K=4.5\sim6$ 时，可在 5 秒钟可靠熔断；在 $K=8\sim10$ 时，可在 0.4 秒钟内可靠熔断。

（2）单相接地短路电流计算：对低压系统、电力系统的容量可以看作是无穷大的，短路时短路点的电压不变。因此，TN 系统的单相接地短路电流决定于变压器的相零阻抗与供电线路的相线及 PEN 线或 PE 线之间的阻抗。当变压器容量大于 500kVA 时，它的相零阻抗很小，可以略而不计。为便于计算，表 11-57～表 11-59 列出常用的变压器及线路的相零阻抗，以供参考。

表 11-57　变压器的相零阻抗

变压器容量 (kVA)	S_7 型				SL_7 型			
	200	250	215	400	200	250	215	400
R_t（Ω）	0.036	0.027	0.020	0.015	0.049	0.037	0.028	0.021
X_t（Ω）	0.116	0.10	0.08	0.063	0.104	0.085	0.068	0.054

表 11-58　利用穿线管作 PE 线的相零回路阻抗

（相线按 70℃ 计，穿线管按 40℃ 计）

相线截面 (mm^2)	管径 (mm)	铜导线电阻 R_l (Ω/km)	铝导线电阻 (Ω/km)	电抗 $X\mu$ (Ω/km)	相线截面 (mm^2)	管径 (mm)	铜导线电阻 R_l (Ω/km)	铝导线电阻 (Ω/km)	电抗 $X\mu$ (Ω/km)
1.5	15	18.07		1.94	35	40	1.47	1.9	0.96
2.5	20	12.18	18.23	1.93	50	50	1.21	1.51	0.88
4	20	7.97	11.75	1.39	70	70	1.07	1.28	0.79
6	20	5.86	8.38	1.36	95	70	0.95	1.11	0.69
10	25	3.73	5.24	1.25	120	80	0.86	0.99	0.69
16	32	2.63	3.58	1.11	150	80	0.83	0.93	0.68
25	32	1.88	2.49	1.11	185	80	0.78	0.86	0.66

表 11-59　设有 PE 及 N 线的相零回路的电阻（导线电阻按 70℃计）

导线截面 (mm²)	铜芯电阻 R_l（Ω/km）	铝芯电阻 R_l（Ω/km）	导线截面 (mm²)	铜芯电阻 R_l（Ω/km）	铝芯电阻 R_l（Ω/km）
5×1.5	29.44		3×35+2×16	2.02	3.38
5×2.5	17.66	29.74	3×50+2×25	1.32	2.23
5×4	11.04	18.6	3×70+2×35	0.95	1.59
5×6	7.36	12.40	3×95+2×50	0.67	1.13
5×10	4.40	7.44	3×120+2×70	0.50	0.84
5×16	2.76	4.64	3×150+2×95	0.38	0.64
3×25+2×16	2.26	3.81	3×185+2×95	0.35	0.55

［例 2］　按例 1 的接线图校验 C 级开关在单相接地短路电流下的动作时间。

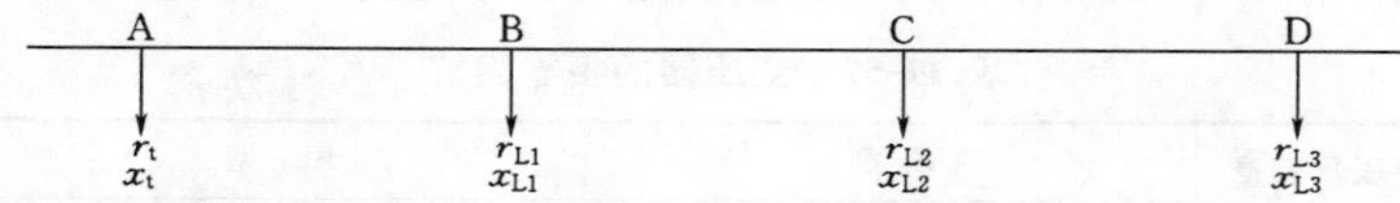

查表 11-57，得 S7—215 变压器相邻阻抗。

$$r_t = 0.02 \qquad x_t = 0.08$$

查表 11-58，得 AB、BC 段线路阻抗

$$r_{L1} = 1.47 \times 0.1 = 0.147$$

$$x_{L1} = 0.96 \times 0.1 = 0.096$$

$$r_{L2} = 3.73 \times 0.06 = 0.224$$

$$x_{L2} = 1.25 \times 0.06 = 0.075$$

查表 11-59，得 CD 段线路阻抗

$$r_{L3} = 17.66 \times 0.05 = 0.883 \qquad x_{L3} = 29.74 \times 0.05 = 1.735$$

校验 C 端开关的动作时间，因此计算 D 点的单相接地短路电流 I_{DK}

$$I_{DK} = 220/\sqrt{\sum r^2 + \sum x^2}$$

$$= 220/\sqrt{(0.02 + 0.0147 + 0.224 + 0.883)^2 + (0.08 + 0.096 + 0.075 + 1.735)^2}$$

$$= 93.25(A)$$

$K=93.25/10=9.325\geqslant 8$ 倍，因此 D 端开关可以在 0.4 秒钟内切除故障，可用于住宅建筑，不必安装漏电开关。

5. 所选导线截面应满足机械强度的最小截面及热稳定要求

1）机械强度允许的最小截面，与导线规格、敷线方式及支点间距有关，见表 11-60。

表 11-60　机械强度允许的最小截面

用途及敷设方式		芯线的最小截面（mm^2）		
		铜芯软线	铜　线	铝　线
照明灯头线	屋内	0.4	1.0	2.5
	屋外	1.0	1.0	2.5
移动式用电设备	生活用	0.75		
	生产用	1.0		
架设在绝缘支持件上，支点间距离	2m 及以下，屋内		1.0	2.5
	2m 及以下，屋外		1.5	2.5
	6m 以下		2.5	4
	15m 以下		4	6
	25m 以下		6	10
穿管敷设的绝缘导线		1.0	1.0	2.5
塑料护套线沿墙明敷			1.0	2.5
板孔穿线敷设的导线			1.5	2.5

2）所选导线截面还应满足热稳定要求。导线热稳定校验的目的，是保证在保护设备开断故障电路前不致因导线过热而损坏线路绝缘，因此热稳定校验包含稳态短路电流的大小、断路器切断时间、导线的材质、截面及绝缘材料的类别。其计算公式如下：

$$S_{\min}=\frac{I_{k}}{K}\sqrt{t_{j}}\ (mm^{2})$$

式中　$S_{\min}$——热稳定允许的最小导线截面，mm^2。选用的导线截面 $S\geqslant S_{\min}$，才满足热稳定要求；

I_k——为稳定三相短路电流的有效值，kA；

t_j——假想时间，s。照明回路大部分使用的是 DZ 型开关，取其瞬动时一般小于 0.02s，所以 $t_j=0.02s$；

K——与导线材质及绝缘材料有关的系数，其值见表 11-61。

表 11-61　K　值

绝缘 / K值 / 材质	聚氯乙烯	普通绝缘	乙丙橡胶	油浸纸绝缘电缆	绝缘 / K值 / 材质	聚氯乙烯	普通绝缘	乙丙橡胶	油浸纸绝缘电缆
铜	115	131	142	107	铝	76	87	95	71

二、线路安装

1. 按照使用环境，确定敷线方式

1）BV、BLV：
- 瓷（塑料）夹、瓷柱、瓷瓶明敷
- 穿钢管或 PVC 管明敷或暗敷
- 穿半硬阻燃塑料管沿板缝、板孔暗敷

2）BVV、BLVV：
- 卡钉明敷
- 线槽（金属或塑料）敷设

3）不同的环境条件，应选用不同绝缘线路及敷线方式，见表 11-62。

表 11-62　不同环境下照明线路的敷设方式

导线类别	敷设方式	场所性质									
		干燥		潮湿	特别潮湿	高温	震动	多尘	腐触	火灾	爆炸
		生活	生产								
塑料护套	卡钉明敷	○	○	+	×	×	—	+	+	—	×
绝缘线	瓷(塑料)夹布线	○	○	×	×	×	×	×	×	×	×
	瓷柱布线	○	○	—	—	○	○	—	×	×	×
	瓷瓶布线	+	○	○	○	○	○	+	+	×	×
	焊接钢管布线	○	○	○	○	○	○	○	+	○	○
	电线管布线	○	○	+	×	○	○	○	×	○	×
	硬塑料管布线	+	+	○	○	×	—	○	○	—	×

注　表中“○”推荐采用；“+”可采用；“—”建议不用；“×”不允许用。

2. 绝缘导线的连接

（1）单芯导线的连接：对 4mm^2 及其以下的单芯导线有二种接线方式：一种是剥离绝缘后两芯互相绕接，有水平接、T 接、十字接几种，见图 11-50；另一种是用 YML 或 YMT 型压线帽连接，YML 用于铝导线，YMT 用于铜导线。它是将导线连接件与连接后的绝缘包扎复合为一体的连接件，具有施工方便、导线连接牢固、电气性能可靠等特点，因此广泛应用于现代建筑的导线与导线的连接、导线与设备的连接中。其接线方法见图 11-51。

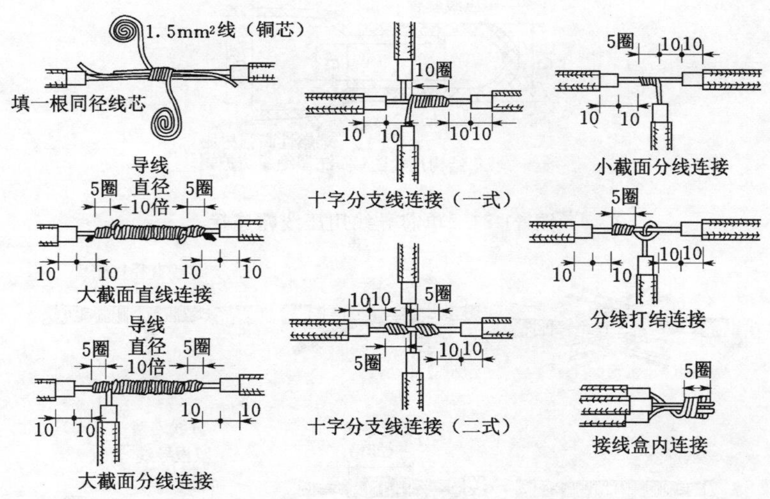

图 11-50　单芯导线的绕接法

YMT 与 YML 相似，有二线、三线及四线压线帽，二线供水平连接，三线供 T 型连接，四线供十字型连接。安装时，将绝缘导线剥去 15～20mm 的绝缘，将剥离绝缘后的导线套入压线帽中，用特定的压嵌一压就成。压线帽规格，见表 11-63。

（2）多股导线的连接：

1）绞接。6mm^2 及以上的多股导线，小截面的可用各股芯线间互相交错绞接，同样可作直线形、T 型、十字型连接，其接线见图 11-52。

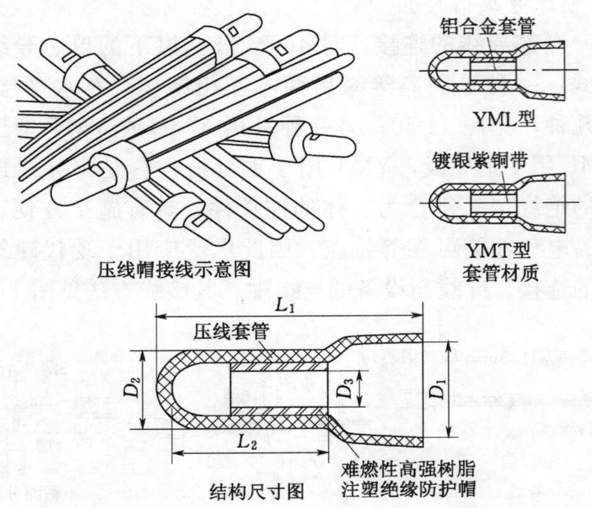

图 11-51　单芯导线用压线帽连接

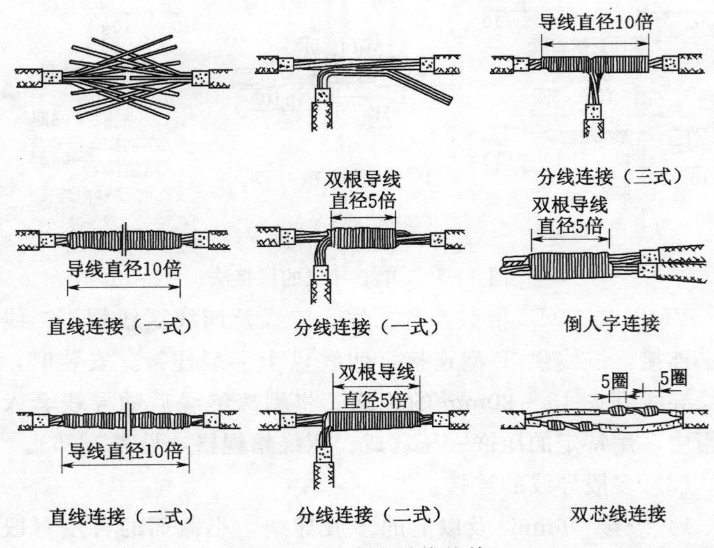

图 11-52　多股导线绞接

注：1. 芯线用细砂布清除氧化膜；

2. 连接完毕涮锡并扎绝缘胶布

表 11-63　YMT（L）压线帽规格

型　号	色别	规格尺寸（mm）					定货编号
		L_1	L_2	D_1	D_2	D_3	
YMT—1	黄	19	13	8.5	6	2.9	HN3001
YMT—2	白	21	15	9.5	7	3.5	HN3002
YMT—3	红	25	18	11	9	4.6	HN3003
YML—1	绿	25	18	11	9	4.6	HN4003
YML—2	蓝	26	18	12	10	5.5	HN4004

2）铝套管压接，只适用于铝线，按不同截面配不同规格的铝套管，用特定的压接嵌压接而成，大容量的导线还可用爆破压接而成。

3）大截面的铜、铝导线可用线鼻子连接，将导线剥离绝缘后，插入线鼻子尾端，用压接嵌压接而成，扁平的具有螺孔的线鼻子端可以与扁平母线、电气开关、供电设备的端子用螺钉螺母相连接，使其接触面大，连接紧密，以减少导线连接处的接触电阻。线鼻子有铜的、铝的，可分别连在铜线及铝线上。若铝线要与具有铜的接线鼻子的设备连接时，可在铝线鼻子与设备接线端子之间加铜铝过渡片，以减少铜铝电化学作用而损坏电气连接。线鼻子连接见图 11-53。

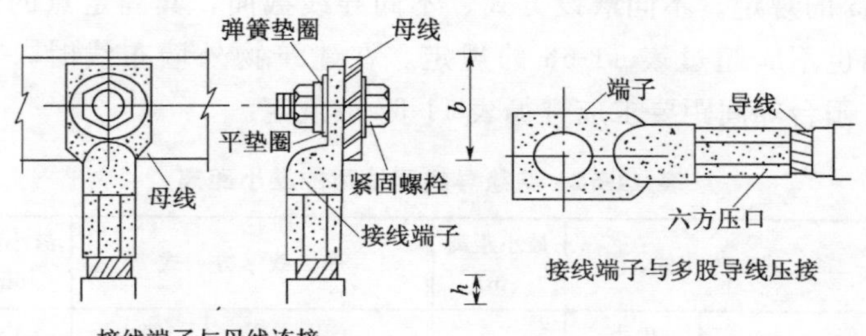

图 11-53　线鼻子连接

3. 塑料护套线明敷

1）卡钉明敷：采用铅皮或铝皮卡安装，先在墙上或天花板上划线定位，按不大于200mm的间距，先凿眼，再打入小方木榫，用木钉将铅皮（或铝皮）钉在木榫上，再将护套线用铅皮（铝皮）卡包裹住。铅皮（或铝皮）卡也可用打入砖或混凝土的钢钉直接将卡钉钉在墙上或平顶上，这种办法适用于少量的线路安装，因为钢钉打入混凝土固定卡钉不稳。

2）用定型的塑料线卡（如图11-54）将导线卡住，再用钢钉直接钉入墙上或天花板上，施工方便，敷线美观。凡是用卡钉敷设的导线截面不超过$10mm^2$。

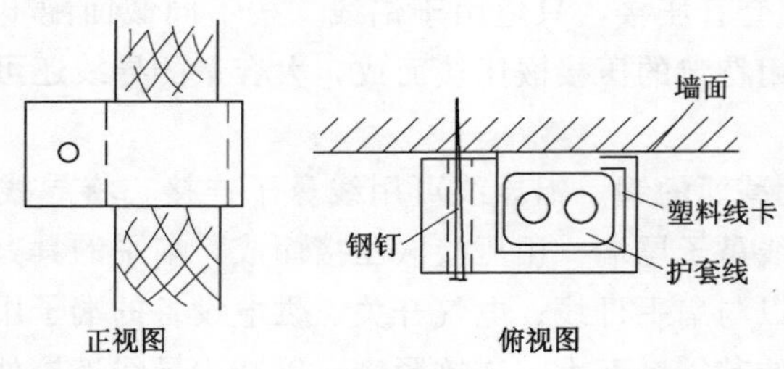

图 11-54　护套线用塑料线卡安装

4. 绝缘导线明配线

包括瓷（塑料）夹、瓷柱、瓷瓶明配线，这些线路在室内外敷设时对地距离及导线之间的最小间距不应小于表11-64、表11-65的规定。不同敷设方式、不同导线截面，其固定点的最大距离也不应超过表11-66的规定。在建筑物外墙布线时，对窗台、阳台等间距要求应遵循表11-67的规定。

表 11-64　绝缘导线至地面的最小距离

布线方式		最小距离(m)	布线方式		最小距离(m)
导线水平敷设时	屋内	2.5	导线垂直敷设时	屋内	1.8
	屋外	2.7		屋外	2.7

表 11-65　不同固定间距下的导线之间最小距离

固定点间距（m）	导线最小间距（mm）		固定点间距（m）	导线最小间距（mm）	
	屋内布线	屋外布线		屋内布线	屋外布线
≤1.5	35	100	>3～6	70	100
>1.5～3	50	100	>6	100	150

表 11-66　绝缘导线固定点之间的最大间距

布线方式	导线截面（mm^2）	固定点间最大间距（mm）	布线方式	导线截面（mm^2）	固定点间最大间距（mm）
瓷(塑料)夹配线	1～4	600	瓷柱配线	6～10	2000
	6～10	800		16～25	3000
瓷柱配线	1～4	1500	卡钉明敷	≤6	200

表 11-67　绝缘导线至建筑物的最小间距

布线方式		最小间距（mm）
水平敷设时垂直间距	在平台、阳台上和跨越建筑物顶	2500
	在窗户上方	300
	在窗户下方	800
垂直敷设时至阳台、窗户的水平间距		400
导线至墙壁和构架的间距（挑檐下除外）		35

(1) 瓷（塑料）夹配线安装：先按设计路径，在墙上或平顶上划线定位，再按规定的间距，打入小方木榫或膨胀螺钉，调直导线，夹入线夹，再用螺钉固定，直线、转角、过梁、交错的瓷（塑料）夹配线安装，见图 11-55。

(2) 瓷柱配线：瓷柱配线同样先定线，再按规定间距打入膨胀螺钉，用螺钉将瓷柱固定就位，调直导线，将导线固定在瓷柱上。采用橡皮绝缘线时，用纱包线将橡皮绝缘线绑扎在瓷柱上；采用塑料绝缘线时，应该用同一种颜色的聚氯乙烯铜线或铁丝绑扎。受力瓷柱绑双花，加档瓷柱绑单花，线路终端绑回头。瓷柱配线安装，见图 11-56。

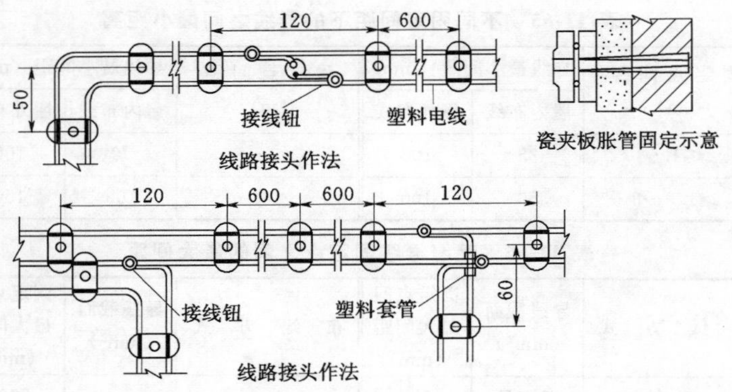

图 11-55 瓷（塑料）夹配线安装

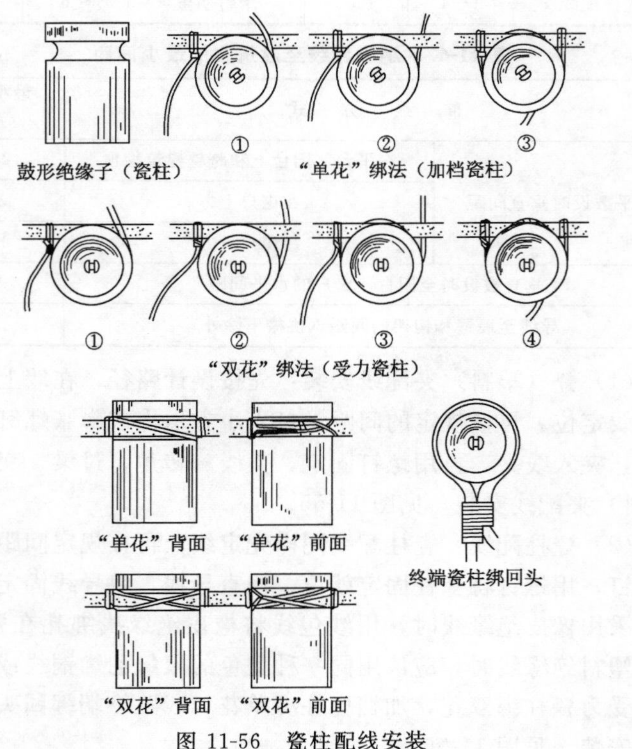

图 11-56 瓷柱配线安装

(3) 瓷瓶敷线：照明线路中瓷瓶敷线大都用在进户线支架上。当采用架空进线时，在线路进入建筑物处，按进线方向。若进线方向与建筑物平行，可用直线型支架，见图 11-57（a）；若进线方向与建筑物垂直，可用 π 型支架，见图 11-57（b）。

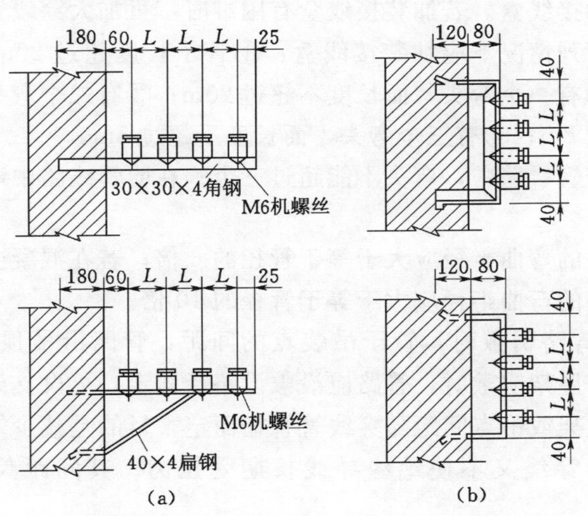

图 11-57 进户线角铁支架安装

(a) 直线支架；(b) Π 型支架

在支架上安装瓷瓶，将导线绑扎在瓷瓶上，进户线用鸭脖钢管穿管引入，以防雨水沿引线管口流进室内。瓷瓶之间的间距，由引线长度而定。引线长度在 10m 以下时，瓷瓶间距（L）可用 200mm；引线长度超过 10m 时，瓷瓶间距（L）可用 250mm。

5. 钢管配线

钢管的内部应用钢丝刷清理，管内及管口不能有毛刺，以防穿线时损伤导线绝缘。管子的连接用丝口或套管，应连接牢固。在 TN 系统中，穿线钢管作 PE 线用时，应用 $\phi 6$ 圆钢条将两端管子跨焊，以成电气通路。埋地敷设的管子，管外应涂沥青，以防腐蚀。

钢管按路径敷设时，管子的起点至终点或接线盒之间，先穿好钢丝，以备穿线时用。暗敷钢管的管口应用木塞子塞紧，以防震倒混凝土时水泥浆进入管口，将管子堵死，以致不能穿线。

1）钢管配线时安装接线盒的最小距离：钢管配线线路过长或弯头太多时，不易穿线，因此要按弯头数量及布线长度设置不同数量的接线盒。若加装接线盒有困难时，可加大穿线管管径。

在下列情况下应加装接线盒：①管子长度超过 20m 而无弯头时；②有一个弯头，而长度不超过 20m；③有二个弯头，而长度不超过 8m；④有三个弯头，而长度不超过 5m。

在暗管线路中，弯头不能超过三个；在明管线路中弯头最多可达四个。

管路的弯曲半径应大于等于管径的 6 倍；若在混凝土中暗敷时，管路的弯曲半径应大于等于管径的 10 倍。

2）管路明敷时，管子吊装点的间距：管路沿吊顶、沿梁、沿墙或跨屋架明敷时，管路应沿敷设路径固定，可设支架或吊点吊设，支架或吊点间距随穿线管管径而定，目的是减少管子的挠度，便于穿线又不使绝缘导线长期受拉力。其间距尺寸见表 11-68。

表 11-68　钢管明敷线时吊点的间距　（单位：mm）

钢管直径 / 固定点间距 / 管壁厚度	15～20	25～32	40～50	70～100
3	1500	2000	2500	3500
1.5	1000	1500	2000	

3）垂直敷设时，为保证管内导线不因自重而折断，应按下列规定装设接线盒，在接线盒内将导线固定。①截面在 $50mm^2$ 以上时，长度大于 30m，应安装接线盒；②截面在 $50mm^2$ 以下时，长度大于 50m，应安装接线盒。

4）钢管敷线过建筑物伸缩缝时，明管加软连接，暗管加接线箱。25mm 及以下管径的暗管，可用大于其 2 级的钢管作套管跨过伸缩缝。

5）钢管穿线数量的规定：①管内导线的总截面不得超过管孔截面的40%。②同一交流回路，无论是单相或三相，必须穿入同一管内。③不同电压、不同频率、不同回路的导线不能穿入同一管内。照明支线不同回路可穿入一根管内，但不得超过8根导线。④同一台设备的供电线及控制线路可穿入同一管中。

6. 塑料管配线

（1）硬塑料管配线：塑料管一定要用耐火的PVC管。管子的对接、T接、十字连接都要用配套的塑料附件，不能用其他器件代替，以求密合。暗管配线及接线盒等按规定线路安放好后，用水泥砂浆固定和保护。管路明敷时，其吊装的支点间距应符合表11-69规定。

表11-69　塑料管配明敷时固定点的间距

塑料管直径（mm）	20及以下	25～40	50及以上
垂直固定点间距（mm）	1.0	1.5	2.0
水平固定点间距（mm）	0.8	1.2	1.5

其余安装要求与钢管配线相同。

（2）塑料软管沿板孔板缝敷设：塑料软管应采用难燃型聚氯乙烯可挠管，应在砌墙时按路径预埋，预埋时管中应充气，以防

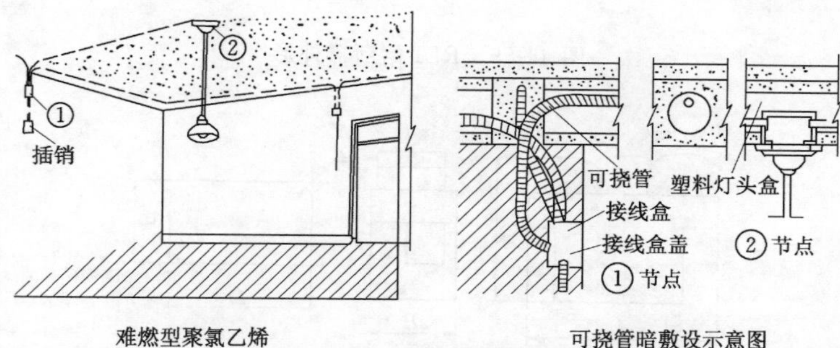

图11-58　塑料软管敷线

扁管无法穿线。其做法如图 11-58 所示。

第五节　照明使用的开关

照明线路的开关，有熔断器、空气断路器（简称空气开关）以及没有保护功能的灯开关。

一、各类开关的规格

1. 熔断器

在照明系统中很少采用它作保护，因为它断流容量小，分断时间长，与小型高分断空气开关不易配合，因此仅用在用户电表前，作为检修电表时可取下的明显断开点用。其熔丝电流可比电表后的空气开关脱扣电流大一级。在电表箱中常用的有 RL1（螺旋型熔断器）及 RC1（瓷插式保险器）两种。其外形见图 11-59、图 11-60，外形尺寸见表 11-70、表 11-71，规格见表 11-72。

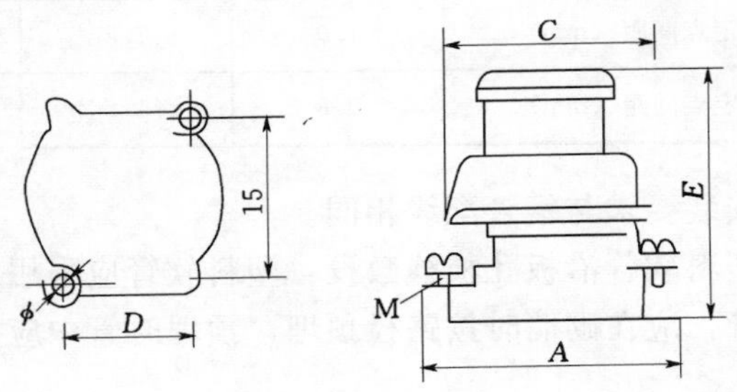

图 11-59　RL1 熔断器外形

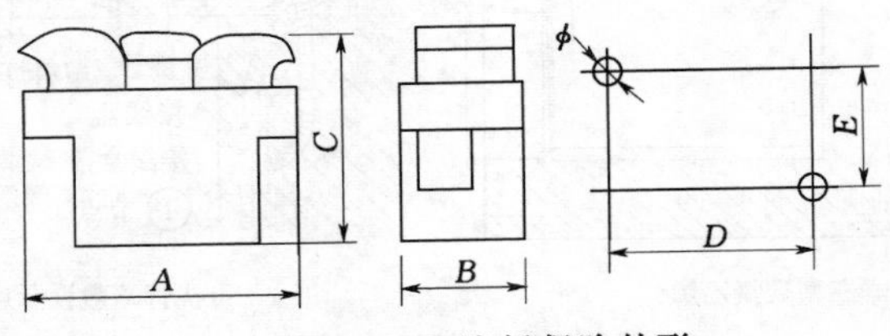

图 11-60　RC1 瓷插保险外形

表 11-70　RL1 熔断器外形尺寸　　　单位：mm

熔断器型号	*A*	*B*	*C*	*D*	*E*	*ϕ*	*M*
RL1—15	62	28	39	24	62	5	4
RL1—60	78	40	55	34	77	6	5
RL1—100	118	54	82	46	110	8	8
RL1—200	156	64	108	64	116	10	10

表 11-71　RC1 瓷插保险外形尺寸　　　单位：mm

熔断器型号	*A*	*B*	*C*	*D*	*E*	*ϕ*
RC1A—10	62	30	54		25	5
RC1A—15	77	38	53	45	24	5
RC1A—60	124	50	67	70	30	6
RC1A—100	160	58	80	100	38	6
RC1A—200	220	64	105	166	54	7
RC1A—5	50	26	43		20	4.5
RC1A—30	95	42	60		34	5

表 11-72　RL1、RC1 熔断器规格

型　号	额定电流 (A)	熔丝（体）电流 (A)	极限分断能力 (A)
RC1A	5	2、4	300
	10	2、4、6、10	750
	15	6、10、15	1000
	30	20、25、30	1600
	60	40、50、60	4000
	100	80、100	5000
	200	120、150、200	5000
RL1	15	2、4、6、10、15	2500
	60	20、25、30、35、40、50、60	2500
	100	60、80、100	3000
	200	100、125、150、200	3000

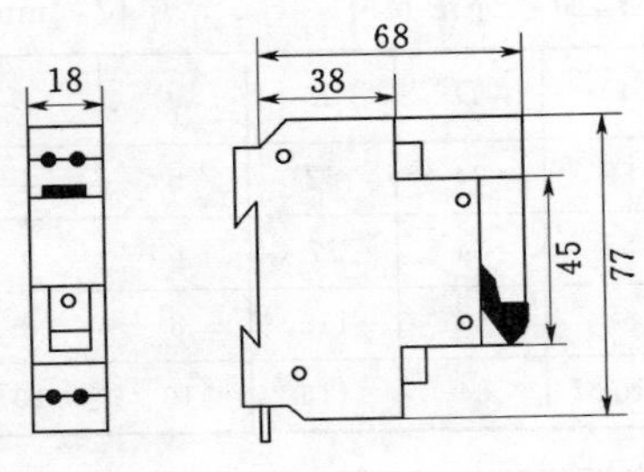

图 11-61　C46N—C 外形尺寸

2. 空气开关

目前常用的有天津梅兰日兰生产的 C46N—C 型高分断小型断路器，惠州奇胜生产的 E4CB 型高分断小型断路器，可用于照明回路作过载和短路保护，其形状与尺寸相近，均为导轨卡装模式开关，宽度每极 18mm，外形尺寸见图 11-61，规格见表 11-73。

表 11-73　C46N—C 规格

名　　称	型　　号	额　定　电　流 （A）	外形尺寸（mm） （宽×高×厚）
单极开关	C46N—1P	1，3，6，10，16，20，25，32，40，50，63	18×77×68
双极开关	C46N—2P		36×77×68
三极开关	C46N—3P		54×77×68
四极开关	C46N—C—4P		72×77×68
相零开关	DPN	3，6，10，16，20	18×77×70
高分断断路器	NC100H—C—3P＋N	50，63，80，100	72×80.5×68
漏电开关	VigiNC100 300m. A	与 NC100H 系列配套＋300mA 的漏电保护	90×77×68

注　系天津梅兰日兰生产。

DPN 小型断路器是 C46N 具有保护和没有保护的两个单极开关组成，专用于相线和零线同时开断的照明回路中。

高分断小型断路器配漏电保护器，构成漏电开关，其漏电保护电流为 30mA、300mA，前者用于居民用户作过载、短路及保护；后两者用于系统或干线保护，其规格见表 11-74。

3. 灯开关

有胶木拉线开关、暗装跷板开关二大类。

胶木拉线开关在目前设计中很少用，它仅存在于原有的住宅、

表 11-74　E4EL 漏电开关规格

型　　号	位　数	电　压 (V)	额定电流 (A)	脱扣电流 (mA)	外形尺寸 (mm)
E4EL30/2/30G	2	250	30	30	36×84×85.5
E4EL40/2/30G	2	250	40	30	36×84×85.5
E4EL63/2/30	$2\frac{1}{2}$	250	63	30	44×84×85.5
E4EL80/2/30	3	250	80	30	54×84×85.5
E4EL100/2/30	3	250	100	30	54×84×85.5
E4EL30/2/300G	2	250	30	300	36×84×85.5
E4EL40/2/300G	2	250	40	300	36×84×85.5
E4EL63/2/300	$2\frac{1}{2}$	250	63	300	44×84×85.5
E4EL30/4/30	4	415	30	30	72×84×85.5
E4EL40/430	4	415	40	30	72×84×85.5
E4EL63/4/30	4	415	63	30	72×84×85.5
E4EL30/4/100	4	415	30	100	72×84×85.5
E4EL40/4/100	4	415	40	100	72×84×85.5
E4EL63/4/100	4	415	63	100	72×84×85.5
E4EL30/4/300	4	415	30	300	72×84×85.5
E4EL40/4/300	4	415	40	300	72×84×85.5
E4EL63/4/300	4	415	63	300	72×84×85.5

注　系惠州奇胜生产。

小型工业厂房中。

暗装跷板开关，随着生产、生活水平的提高，种类的发展也层出不穷，从外形尺寸上分，有 75 系列、86 系列、118 系列几种。从面板材料上分，有普通塑料平面型、普通塑料弧面型、电玉粉弧面型，有玉色、蛋青色、天蓝色等豪华型电玉粉弧面型。特别是后两种在现代建筑中广泛应用，商场、宾馆、写字楼、商住楼、小别墅乃至高等院校、事业单位、大型企业的住宅楼都应用这种开关。

大部分面板是 86mm×86mm，螺钉孔距为 60.3mm。配 E157 暗装金属接线盒或 E238、E238/2 明装拉线盒。组合式空白面板，有单联、双联、三联、四联和五联五种，可随意调换单控或双控开关。这些标准面板还适用于带指示灯定时开关、调光开关、电视、电话出线座、10A 的单相二孔、单相三孔的组合插座。

带指示灯定时开关，用在办公楼、住宅楼的楼梯间走道灯控制，开灯后，3～4 分钟自动关灯；调光开关，用在居室、客房床头灯的调光等；声控、光控等开关可用于楼道、卫生间等照明器的控制。

灯开关及插座规格，见表 11-75。

表 11-75　灯开关及插座规格

名称、规格		豪华弧面型				普通塑料平面型	普通塑料弧面型
		86 系列	86 系列	75 系列	118 系列		
250V10A 单联开关	单控	B31/1	E31/1/2A	B75K11—10	118—1	86K11—10	A86K11—10
	双控	B31/2	E31/2/3A	B75K12—10	118—3	86K12—10	A86K12—10
250V10A 双联开关	单控	B32/1	E32/1/2A	B75K21—10	118—7	86K21—10	A86K21—10
	双控	B32/2	E32/2/3A	B75K22—10	118—9	86K22—10	A86K22—10
250V10A 三联开关	单控	B33/1	E33/1/2A	B75K31—10	118—10	86K31—10	A86K31—10
	双控	B33/2	E33/2/3A	B75K32—10		86K32—10	A86K32—10
250V10A 四联开关	单控	B34/1	E34/1/2A	B125K41—10		86K41—6	A86K41—10
	双控	B34/2	E34/2/3A	B125K42—10		86K42—6	A86K42—10
250V10A 五联开关	单控	B35/1	E35/1/2A	B125K51—10			A86K51—10
	双控	B35/2	E35/1/3A	B125K52—10			A86K52—10
500VA250V 调光开关		B32V500	E32V500	B75K7	118—20	86KT1	A86KT—6
定时开关				B75KY—1		86KY1	
带指示灯定时开关		B318				86KYD1	
250W250V 风扇调速开关		BM3	E32V400F	B75KTS	118—21		A86KTSD1
请勿打扰开关		BH3	EH3M		118—19		A146KDQ10

续表

名称、规格			豪华弧面型				普通塑料平面型	普通塑料弧面型
			86 系列	86 系列	75 系列	118 系列		
10A250V“请勿打扰，即请清理”			BH2	EH2M				
插座类	220V 10A 单相三孔	一般	B4/10	E426/10			86213—10	A86213—10
插座类	220V 10A 单相三孔	有保护	B4/10S				86213A—10	A86213A—10
插座类	220V 10A 单相二三孔	一般	B4/10V	E426/10V	B75Z223T10		86Z223—10	A86Z223—10
插座类	220V 10A 单相二三孔	有保护	4/10VS		B75Z223AT10		86Z223A—10	A86Z223A—10
插座类	220V 10A 单相二孔	一般		E426V	B75212T10		86212—10	A86212T10
插座类	220V 10A 单相二孔	有保护	B4V		B75212T10		86212T—10	A86212AT10
插座类	380V25A 三相四孔		B4/25				86214—25	A86214—25
插座类	电话出线座		B31T0	E21T0	B75DZ1	118—27	862D	A862D
插座类	双联电视		B32TV	E32A75M	G752TVⅡ	118—25 单联	8622TV	A8622TV

熔断器熔丝电流及空气开关脱扣器的额定电流选择及选型后的校验，见表 11-76。

二、灯开关接线

火线（相线）进开关，经开关后接入灯头。零线（N 线）直接进灯头，以防灯头带电，便于更换灯泡。

灯与开关的连接有一灯接一个开关，见图 11-62。一灯接二个开关，这两个开关应选用单联双控开关，可在二地控制一个灯，常用在楼梯间、长的走道，可在上下楼梯及走道两处分别控制，接线见图 11-63。开关、灯、插座在一个照明回路中互相连接，如图 11-64。

表 11-76　开关的整定电流

<table>
<tr><th colspan="3">项　　目</th><th>熔断器</th><th>空气断路器</th><th>备　　注</th></tr>
<tr><td colspan="2" rowspan="2">整定电流选择</td><td>支线</td><td>$I_e \geqslant I$</td><td rowspan="2">$I_e > I$</td><td rowspan="2">I_e：熔丝，空气断路器脱扣器的额定电流（A）
I：线路的计算电流（A）</td></tr>
<tr><td>干线</td><td>$I_e \geqslant 1.2I$</td></tr>
<tr><td rowspan="6">上下级保护的配合</td><td rowspan="2">自身</td><td>40A 以下</td><td>差 2 级</td><td>差 2 级</td><td rowspan="6">如支线为 10A，干线就应 20A，以达到保护动作的选择性。应查保护曲线，使其上下级动作时间相差至少在 0.25s 以上，这级差是经验值，供参考</td></tr>
<tr><td>40A 以上</td><td>差 1 级</td><td>差 1 级</td></tr>
<tr><td rowspan="2">熔断器在前</td><td>40A 以下</td><td colspan="2">差 1 级</td></tr>
<tr><td>40A 以上</td><td colspan="2">差 1 级</td></tr>
<tr><td rowspan="2">熔断器在后</td><td>60A 以下</td><td colspan="2">差 3 级</td></tr>
<tr><td>60A 以上</td><td colspan="2">差 2 级</td></tr>
<tr><td colspan="3">断流能力校验</td><td colspan="3">熔丝、断路器的最大开断电流≥保护点的三相短路电流</td></tr>
<tr><td colspan="3">开断时间校验</td><td colspan="3">能在 0.45s 内开断单相接地短路，不足时加大导线截面或采用漏电开关</td></tr>
</table>

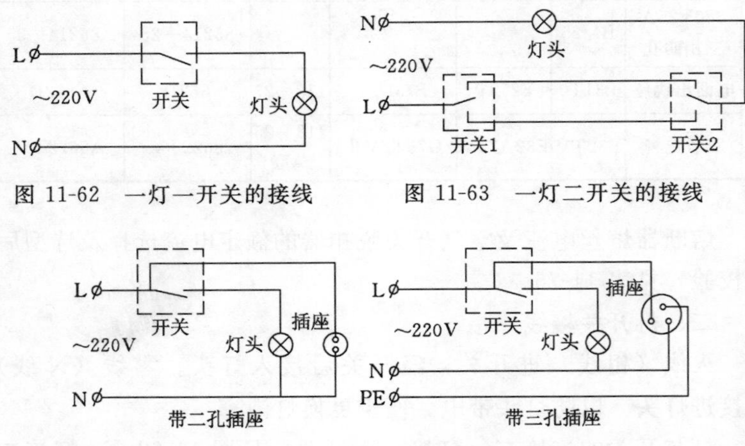

图 11-62　一灯一开关的接线

图 11-63　一灯二开关的接线

图 11-64　一灯一开关带插座的接线

气体放电灯启动电流较大，常为工作电流的 1.7 倍左右，且持续时间达 4～10 分钟，所以用高分断空气断路器保护灯的支线时，不能按表 11-76 选定脱扣器额定电流，可按表 11-77 选用。

表 11-77　高分断空气开关在不同脱扣电流下能控制气体放电灯的数量（个）

光源种类 \ 脱扣器额定电流（A）	6	10	15	20	25	32	40	50	60
GGY400＋NG250 或 KNG400＋NGX250	—	1	1	2	2	3	4	5	6
GGY250＋NG100 或 KNG250＋NGX100	1	2	3	4	5	6	8	10	12
GGY125＋NG70 或 KNG125＋NGX100	2	3	5	6	8	10	13	17	20
KNG400 或 GGY400	—	2	3	4	5	6	8	10	12
NG400 或 NGX400	—	1	2	3	4	5	7	9	11
KNG250 或 GGY250	1	3	4	6	8	9	13	16	19
NG250 或 NGX250	1	2	4	5	6	8	10	13	16
NG150 或 NGX150	2	4	6	9	11	13	18	22	27
GGY125，KNG125，NG100 或 NGX100	4	6	10	13	16	20	27	34	40
NG70	5	8	12	16	20	25	33	41	50

第六节　照 明 系 统

照明系统是由负荷（灯具容量）、导线、开关、计费装置及配电箱组成。

一、照明负荷的确定

照明光源及照明器容量的选型，首先根据工作环境选用合适的色温及显色指数的光源。一般房间应优先选用荧光灯，在显色指数要求高的场合，可采用三基色荧光灯，稀土金属荧光灯、小功率高显钠灯等高效光源。高大房间显色指数要求高，光色好的可选用金属卤化物灯。室外广场及马路照明可采用高压钠灯、汞灯等高光强的气体放电光源。需要热辐射光源时，可采用双绞丝的白炽灯或小功率卤钨灯。为节能尽量采用功耗低、功率因数高的灯附件。灯具的容量及布局应符合国家规定的照度标准。

（一）照度标准

不同建筑有不同的照度标准，这是国家按照当前的生产水平、技术水平及生活水平定的。我国的民用建筑照明执行的是国家建设部颁布发的。民用建筑电气设计规范（GB 50034—2004）中规定的照度标准，其中低档照度用于一般建筑；重要的、国家级的，有重大国际意义的建筑取高档值。

部分建筑的照度标准，分别见表11-78～表11-83。

表 11-78　住宅建筑照度标准

类　　别		参考平面及其高度	照度标准值（lx）
起居室、卧室	一般活动区	0.75m 水平面	100
	书写、阅读	0.75m 水平面	300
	床头阅读	0.75m 水平面	150
餐厅、客厅、厨房		0.75m 水平面	100
卫生间		0.75m 水平面	75
楼梯间		地面	75

表 11-79　公共场所照明的照度标准

类　　别	参考平面及其高度	照度标准值（lx）	类　　别	参考平面及其高度	照度标准值（lx）
走廊、厕所	地面	50～100	吸烟室	0.75m 水平面	50～100
楼梯间	地面	30～75	浴室	地面	75～150
盥洗室	0.75m 水平面	75～150	开水房	地面	50～100

表 11-80　中小学建筑照明的照度标准

类　　别	照度标准（lx）	备　　注
普通教室、书法教室、语言教室、音乐教室、史地教室、合班教室	150	课桌面
实验室、自然教室	150	实验课桌面
微型电子计算机教室	200	机台面

续表

类　　别	照度标准 (lx)	备　　注
琴房	150	谱架面
舞蹈教室	150	地面
美术教室、阅览室	200	课桌面
风雨操场	100	地面
办公室、保健室	150	桌面
饮水处、厕所、走道、楼梯间	20	地面

表 11-81　办公楼建筑照明的照度标准

类　　别	参考平面及其高度	照度标准值 (lx)
办公室、报告厅、会议室、接待室、陈列室、营业厅	0.75m 水平面	300
有视觉显示屏的作业	工作台水平面	300
设计室、绘图室、打字室	实际工作面	500
装订、复印、晒图、档案室	0.75m 水平面	300
值班室	0.75m 水平面	150
门厅	地面	200

表 11-82　商店建筑照明的照度标准

类　　别	参考平面及其高度	照度标准值 (lx)
一般商店营业厅	0.75m 水平面	300～500
室内菜市场营业厅	0.75m 水平面	300
自选商场营业厅	0.75m 水平面	300～500
试衣室	试衣位置 1.5m 高处垂直面	300
收款处	收款台面	500
库房	0.75m 水平面	100

表 11-83　旅馆建筑照明的照度标准

类　　别		参考平面及其高度	照度标准值(l_x)
客　　房	一般活动区	0.75m 水平面	75
	床头	0.75m 水平面	150
	写字台	0.75m 水平面	300
	卫生间	0.75m 水平面	150
	会客间	0.75m 水平面	100
主餐厅、客房、服务台、酒吧柜台		0.75m 水平面	200
西餐厅、酒吧间、咖啡厅、舞厅		0.75m 水平面	100
大宴会厅、总服务台、主餐厅柜台、外币兑换处		0.75m 水平面	300
门厅、休息厅		0.75m 水平面	200
理发		0.75m 水平面	300
美容		0.75m 水平面	300
健身房、蒸汽浴室、游泳池		0.75m 水平面	100
游艺厅		0.75m 水平面	75
台球		台面	300
保龄球		地面	200
厨房、洗衣房、小卖部		0.75m 水平面	200
食品准备、烹调、配餐		0.75m 水平面	200

(二) 照明负荷计算

负荷计算，即按照已规定的照度及其他已知条件（如房间面积高度、使用要求等）来计算灯泡的功率。照度计算方法通常有利用系数法、单位容量和逐点法三种。利用系数法比较繁琐，需要很多经验数据，因此很少利用。在高大的房间，照度较高的场所如大型比赛场、航空港的候机楼、车站的候车室等常用逐点法进行计算。而绝大部分的民用建筑均用单位容量进行计算，它适用于均匀的一般照明计算。

1. 用“单位容量法”估算照明负荷

根据已知面积 S、所选的灯具型式、最小照度 E 及计算高度 h，从表 11-84～表 11-86 中查得每单位面积的安装容量 W（W），再乘以面积，即得此房间的照明总容量 P。

$$P = W \cdot S \text{（W）}$$

计算高度 h，为灯的底边到被照水平面的高度，单位为 m。

获得房间的总照明容量后，再确定单灯的容量。

白炽灯：按房间大小先确定灯的布局及装灯数量 N，则单灯容量为：灯泡功率$=P/N$（W）。

荧光灯：先确定单灯的瓦数，一般常用 40W，则除以照明总容量，得灯的数量，取接近总容量的整数倍，再按此数量布置灯具。

表 11-84　搪瓷罩、玻璃罩软线吊灯单位面积安装功率（W/m²）

计算高度 h（m）	房间面积（m²）	白炽灯照度（lx）				
		5	10	15	20	40
2～3	10～15	2.6	4.6	6.4	7.7	13.5
	15～25	2.2	3.8	5.5	6.7	11.2
	25～50	1.8	3.2	4.6	5.8	9.5
	50～150	1.5	2.7	4.0	4.8	8.2
	150～300	1.4	2.4	3.4	4.2	7.0
	>300	1.2	2.2	3.2	4.0	6.5
3～4	10～15	2.8	5.1	6.9	8.6	15
	15～20	2.5	4.5	6.1	7.7	13.1
	20～30	2.2	3.8	5.3	6.7	11.2
	30～50	1.8	3.4	4.6	5.7	9.4
	50～120	1.5	2.8	3.9	4.8	7.8
	120～300	1.3	2.3	3.3	4.1	6.5
	>300	1.2	2.1	2.9	3.6	5.8

续表

计算高度 h (m)	房间面积 (m^2)	白炽灯照度 (l_x)				
		5	10	15	20	40
4～6	10～17	3.4	5.9	7.9	9.5	19.3
	17～25	2.7	4.8	6.5	7.8	15.4
	25～35	2.3	4.1	5.6	7.0	13
	35～50	2.1	3.6	4.9	6.2	10.8
	50～80	1.8	3.1	4.3	5.4	9.1
	80～150	1.5	2.6	3.6	4.3	7.4
	150～400	1.3	2.2	3.0	3.6	6.2
	＞400	1.1	1.8	2.5	2.9	5.6

表 11-85　不带反射照荧光灯单位面积安装容量 (W/m^2)

计算高度 h (m)	房间面积 (m^2)	荧光灯照度 (l_x)					
		30	50	75	100	150	200
2～3	10～15	3.9	6.5	9.8	13	19.5	26
	15～25	3.4	5.6	8.4	11.1	16.7	22.2
	25～50	3.0	4.9	7.3	9.7	14.6	19.4
	50～150	2.6	4.2	6.3	8.4	12.6	16.8
	150～300	2.3	3.7	5.6	7.1	11.1	14.8
	＞300	2.0	3.4	5.1	6.7	10.1	13.4
3～4	10～15	5.9	9.8	14.7	19.6	29.4	29.2
	15～20	4.7	7.8	11.7	15.6	23.4	31.2
	20～30	4.0	6.7	10	13.3	20	26.6
	30～50	3.4	5.7	8.5	11.3	17	22.6
	50～120	3.0	4.9	7.3	9.7	14.6	19.4
	120～300	2.6	4.2	6.3	8.4	12.6	16.8
	＞300	2.3	3.8	5.7	7.5	11.2	14.9

表 11-86　带反射照的荧光灯单位面积安装容量（W/m²）

计算高度 h (m)	房间面积 (m²)	荧光灯照度 (lx)					
		30	50	75	100	150	200
2～3	10～15	3.2	5.2	7.8	10.4	15.6	21
	15～25	2.7	4.5	6.7	8.9	13.4	18
	25～50	2.4	3.9	5.8	7.7	11.6	15.4
	50～150	2.1	3.4	5.1	6.8	10.2	13.6
	150～300	1.9	3.2	4.7	6.3	9.4	12.5
	＞300	1.8	3.0	4.5	5.9	8.9	11.8
3～4	10～15	4.5	7.5	11.3	15	23	30
	15～20	3.3	6.2	9.3	12.4	19	25
	20～30	3.2	5.3	8.0	10.6	15.9	21.2
	30～50	2.7	4.5	6.8	9	13.6	18.1
	50～120	2.4	3.9	5.8	7.7	11.6	15.4
	120～300	2.1	3.4	5.1	6.8	10.2	13.5
	＞300	1.9	3.2	4.8	6.3	9.5	12.6

为便于参考，表 11-87 绘出了白炽灯、荧光灯在不同面积、不同照度下的装灯数量及容量。其中，白炽灯是指荷叶罩、白盆罩、碗形罩、伞形罩及裸灯泡等敞口式玻璃漫透射灯；荧光灯是不带反射照的裸灯管。

表 11-87　白炽灯和荧光灯在一般房间内的安装容量（W）

灯具数量及瓦数 \ 照度 (lx) / 房间面积 (m²)	白炽灯						荧光灯		
	5	10	15	20	30	40	50	75	100
4	15	15	25	25	40	60			
6	15	25	40	40	40	75	20	30	40
8	25	40	40	60	60	100	30	40	2×40
3×4	25	60	60	75	100	2×25	30	40	2×40
3×6	40	60	2×40	2×60	2×60	2×100	2×40	2（2×30）	2（2×40）
4×6	40	2×40	2×60	2×75	2×75	2×100	2×40	2（2×30）	2（2×40）

续表

灯具数量及瓦数 \ 照度(lx) \ 房间面积(m²)	白炽灯						荧光灯		
	5	10	15	20	30	40	50	75	100
6×6	60	2×60	2×75	4×60	2×60	4×75	2×40	4 (2×30)	4 (2×40)
8×6	2×40	2×60	4×60	4×60	4×75	4×100	4×40	4 (2×30)	4 (2×40)
9×6	2×40	2×60	4×60	4×60	4×75	4×100	4×40	4 (2×30)	4 (2×40)
12×6	2×60	3×60	4×60	4×60	6×60	6×100	6×40	4 (2×30)	6 (2×40)

2. 民居、商住楼、小别墅的容量估算

住户的用电不再是过去的几盏灯、一台电风扇、一台收音机了，而是名目繁多，照明有台灯、壁灯、吊灯、组合花灯，有实用的，也有装饰性的；客厅有冰箱、电视机、电唱机、影碟机；卫生间有洗衣机、电热水器；厨房有电饭锅、电开水壶、电烤箱、微波炉、抽油烟机；空气调节有电热器、窗式空调器或分体式空调器、空气清新器。

住户负荷估算按各地经济发展程度的不同而略有差异，可参照表 11-88 进行计算。公寓的下限用于有煤气的商住楼，上限用于以电气炊具为主的商住楼。别墅以建筑面积大小选取，每户 300m² 及以上的选用上限。

表 11-88　住户负荷计算

住户分类		住宅	公寓	别墅
每户估算容量（kW/户）		4	6～10	15～30
支线需要系数（K_c）		1		
干线需要系数 K_c（按此选供电干线及变压器容量）	20 户以下	0.6～0.8		
	20～50 户	0.5～0.6		
	50～100 户	0.4～0.5		
	100 户以上	0.4～0.35		
住户平均功率因数可取 $\cos\varphi$		0.8～0.85		

3. 原有住宅增加用电负荷时应注意的问题

20 世纪 80 年代以前的住宅，大部分按每平方米 2W 估算负荷，因此干线及支线的截面都很小，每户进线大都是 $2.5mm^2$ 的铝线或 $1.5mm^2$ 的铜线，七层及以下住宅，每单元自上而下的干线一般不超过 $6mm^2$ 的铜线，因此它能承受的负荷有限。住户增加负荷时应虑及支线、干线、进户线截面及各级保护器的额定电流，见表 11-89。

表 11-89　原有住户增容措施

检查项目		原有线路能承受的最大容量	增容后措施
住户进户线（卡钉明敷）	$2.5mm^2$ 铝线	13×0.22×0.85＝2.43kW	每户家用电器容量超过左侧时，应加大导线截面或增加线路，不超过时则可不更改线路
	$1.5mm^2$ 铜线	12×0.22×0.85＝2.24kW	
	$2.5mm^2$ 铜线	17×0.22×0.85＝3.18kW	
干线（穿钢管暗敷）	$10mm^2$ 铝线	计入 K_c＝0.7 32×0.66×0.85÷0.7＝26.65kW	全单元或全楼超过左侧容量时，应加大导线截面，否则就不用改线路
	$6mm^2$ 铜线		
各级保护整定值			按 $I_e \geqslant I$ 重新设定各级保护的整定电流
测量用户点电压		按修改后测量	用户点电压为 $U_H \pm 5\%$ 允许，最低不能低于 −10%，否则冰箱等具有电动机的电器容易损坏

二、照明电压等级的选择

照明电压等级应按使用的环境条件选用，见表 11-90。

表 11-90　照明电压等级选用

序号	环境条件	使用电压等级
1	一般照明，接在 TN 及 TT 等上	AC 220V
2	特别潮湿、高温、有导电尘埃或导电地面（如金属或特别潮湿的土、砖、混凝土地面等），灯的安装高度在 2.4m 以下时	AC 36V
3	易于触及，而又无防止触电措施固定或移动式灯具	AC 36V

续表

序号	环境条件	使用电压等级
4	在不便于工作的狭窄地带，又有良好接地的金属面(如锅炉、大金属容器)时，对手提行灯	≤AC 12V
5	直流一般照明，按使用要求	D220V，110V，48V，12V

三、照明对电源的要求

不同种类的照明，对电源有不同的要求，也就有不同的接线系统。应急照明中的备用电源和工作电源线路应引自不同的变压器，以便充分利用所有进线电源及自备电源，使供电安全可靠。各类照明对供电电源的要求，见表 11-91。

表 11-91　各类照明对供电电源的要求

序号	照明种类	对供电电源的要求
1	一般照明	可与电力负荷合用一台变压器
2	电力负荷有间隙性冲击负荷，低压母线电压波动超过±10%时	照明可单独设立变压器
3	照明负荷容量很大时	亦可单独设立变压器
4	用电设备和固定工作台的局部照明	由电力线路供电，接入用电设备的电力电源线
5	移动式照明	可由电力或照明线路供电，常用插座接入电源
6	露天工作场地、露天堆场的照明	可由路灯线路或附近有关的建筑物电源线供电，但应设置单独控制的开关
7	道路照明	可由一个或几个变电所供电，控制设在变电所或有人值班的地方
8	备用照明兼作安全照明时、疏散指示照明	应有两路电源，并有末级配电箱处设备电自投装置，见图 11-68 一路 10kV 电源及附近一路低压供电的系统见图 11-65 二路 10kV 电源，备用电源取自电力变压器的系统，见图 11-66 设有必保母线时备用照明供电系统，见图 11-67
9	疏散指示照明、地下室消防水泵房、交配电所、消防控制室、电话机房、计算机房等的安全照明	除上述电源保护（见 8）外，还设置不停电电源，集中设在消防控制室或分散安装在灯中，规格见表 11-92

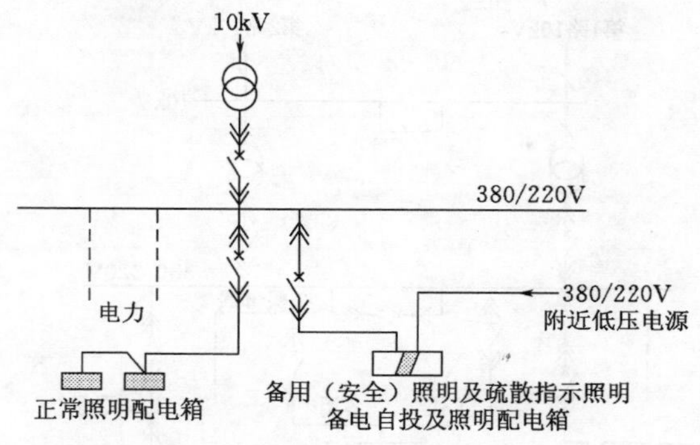

图 11-65　一路 10kV 供电时安全照明等的供电系统图

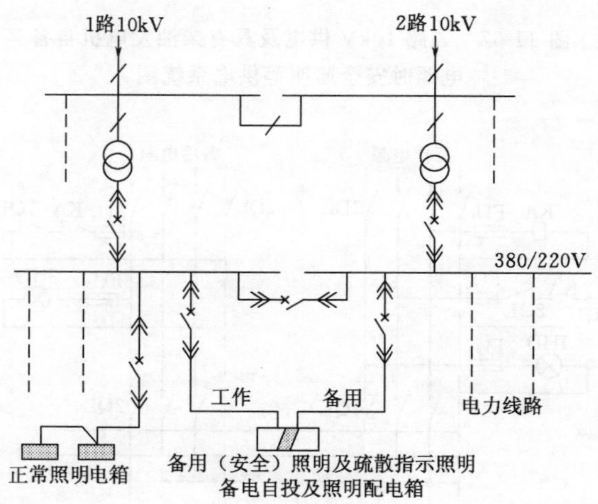

图 11-66　二路 10kV 供电时安全照明等供电系统图

四、计费装置

照明计费按电业局规定，不同性质的建筑，按其用途不同而收费标准也不同，分为营业性照明（包括饭店、宾馆、餐饮、商场、各类游乐场所等对外营业的单位）、办公照明（如写字楼、办公楼、计算机房、设计室、各类学校的教学楼等办公用房）、住宅照明（包括一般民居、商住楼、小别墅等）三种收费标准。

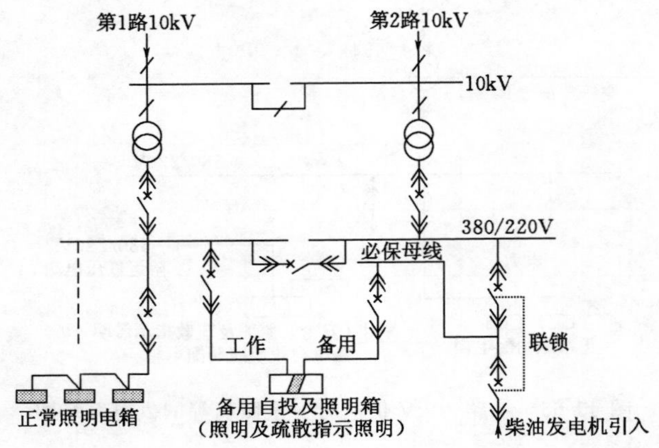

图 11-67　二路 10kV 供电及具有柴油发电机自备电源时安全照明等供电系统图

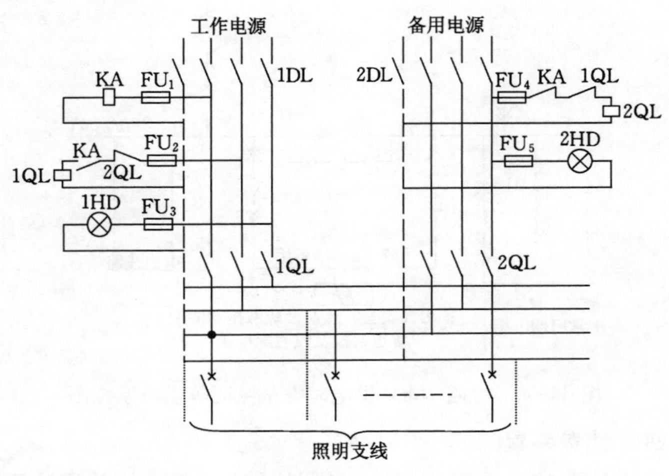

图 11-68　照明备电自投装置一、二次接线图

因此，在设计安装照明系统时，这三类照明应采用不同回路供电，并各设计费表。集中设置的总计费表都是三相四线的直接表或经电流互感器后的二次表，这种表计一般由电业局安装或安装

后由电业局检验认可。

表 11-92　部分应急灯的规格

灯型号	电压（V）	应急时间（s）	容　量（W）	外形尺寸（mm）	安装方式
HJD101	220	60	平时 8W 应急 40W	1280×350×140	明装（荧光灯）
HJD102	220	60	平时 20W 应急 20W	640×245×140	明装（荧光灯）
HJD105	220	60	平时 8W 应急 8W	340×130×90	明装（节能灯）
HJD106	220	60	平时 8W 应急 8W	406×120×170	明装（节能灯）
HJD302	220	60	平时 8W 应急 8W	480×205×115	明装（节能灯）
HJD105A	220	60	平时 8W 应急 8W	1400×80×120	明装（节能灯）
HJD401	220	60	平时 8W 应急 8W	400×195×105	嵌装（节能灯）
HJD402	220	60	平时 15W 应急 15W	520×280×105	嵌装（荧光灯）
HJD403	220	60	平时 20W 应急 20W	668×310×135	嵌装（荧光灯）
HJD501	220	60	平时 2×40W（荧光） 应急 15W（白炽）	132×240×75	可作安全照明
HJD502	220	60	平时 2×40W（荧光） 应急 15W（白炽）	1411×330×208	可作安全照明
HJD601	220	60	平时 40W 应急 40W	1250×71×98	可作安全照明（荧光灯）
HJD604	220	60	平时 2×40W 应急 1×40W	1310×306×113	可作安全照明（荧光灯）

而民居、商住楼、小别墅都是每户设电表，民居、商住楼都用单相 220V 电能表，当小别墅容量大，有的可能用柜式空调器，常用三相供电，因此采用三相电能表。民居、商住楼的电能表按电业局规定，有电梯的可分层集中安装。而没有电梯的，若用市电电源，则每单元所有用户的计费表集中装设在一层，若一层装不下，可分装在二层；若由本单位内部线路供电，即不是由

电业局直接收费的，则仍可分层集中安装。

凡是营业性单位，它的电力、空调收费与照明收费的价格是一致的，因此照明可与空调、电力合用一台变压器。当容量小于500kVA时，在变压器低压侧设集中计费装置；当容量大于500kVA时，则在变压器侧设集中计费装置。

单相电能表除机械表DD286外，目前还有磁卡记费表、远程计费表等。如湖南株洲市中国航空工业总公司第六〇八研究所生产的DDSY8型电子式预付费单相有功电能表，它利用电子卡向电业局购电后，插入电表的电子卡插座，它能显示所购电的数量、以前存电的数量、两者累计的数量，每隔10s左右分别显示上述三者数量。拔去电子卡，用户即可用电，用剩10kWh时，电子数码闪光报警，以通知用户购电，剩下3kWh时停电报警，用户再将电子卡插入又通电，用户购电后又重复上述动作。远程计费是采用微处理机，将每户的用电量送入物业管理处，由物业管理处按时向用户收费。

五、照明系统的接地保护

由于家用电器的发展，用电事故增多，安全供电才逐渐引起人们的重视。在中性点接地系统中（TN），采用接零保护，过去的用电设备外壳接零可直接并在零线上，近年来才将接零线从接地系统中的N线分离出来，并赋予特殊的定义，称保安线(PE)，这是380/220V系统的新概念。在TN系统中，N线及PE线自变压器中性点直接分离的称TN—S系统；在变压器中性点N与PE合一的称PEN线；到供电点重复接地后分出PE及N线的称TN—C—S系统。在其他TT、IT系统中PE线的设置也不相同（见防雷接地部分）。

PE线所以称保安线，一是因为它在系统正常运行时，其电位接近地电位，使在多尘潮湿场所的用电设备外壳不会因接零保护而产生闪路，不易引起火灾；二是单相接地短路时短路电流通过PE线会产生足够的电流瞬时跳开关，及时切除故障，以确保设备和人身安全。

在照明系统中，干线的PE线常用穿线管的钢管，因此钢管在连接处应用$\phi 6$圆钢相互搭接，以保证形成电气通路，支线常另设与中性线及相线等截面的绝缘导线作PE线。所有照明配电箱、灯具的金属外壳及插座的安全孔都必须与PE线相连，以达到可靠的接地保护。

六、住宅楼的照明系统示例

以一幢三单元一梯三户四层楼的住宅为例，它采用单位内部电源，电表箱可分层集中安装，所处的地理位置最热月份的平均温度为35℃。

1. 负荷计算

每户按4kW计，则每单元的负荷$P_2=3\times4\times4=48kW$；全楼负荷$P_1=3\times48=144kW$。

2. 负荷电流计算

住宅楼取平均功率因数$\cos\varphi=0.8$；住户$K_{C3}=0.8$；每单元$K_{C2}=0.7$；每幢楼$K_{C1}=0.6$。

三相负荷的电流：$I=K_C\cdot P\cdot 10^3\ \sqrt{3}\times380\times\cos\varphi$（A）

单相负荷的电流：$I=K_C\cdot P\cdot 10^3/220\times\cos\varphi$（A）

（1）每户计算电流：$I_3=0.8\times4\times10^3/220\times0.8=18.2$（A）

（2）每单元计算电流：$I_2=0.7\times48\times10^3\ \sqrt{3}\times380\times0.8=63.8$（A）

（3）全楼的计算电流：$I_1=0.6\times144\times10^3\ \sqrt{3}\times380\times0.8=164$（A）

3. 选用复式脱扣器的空气断路器作线路的过负荷及过电流保护

1）每户的空气开关用相零开关，DPN—32A，使$I_{C3}>I_3$即可；

2）每单元的空气开关选用NC100H—C—3P+N，80A，使$I_{C2}>I_2$即可；

3）全楼的空气开关选用DZ20J—200/3300，180A，使 $I_{e1}>I_1$ 即可。

注　单元开关也可选用DZ20J—100/3300，80A。

4）在每户电能表前按电业局要求应装设熔断器，它在用户开关之前，大于用户开关整定电流一级，可取25A熔丝，又比前一级空气开关的整定电流小三级，符合开关动作选择性要求。

4. 各级导线选型及敷设

1）用户导线选用BVV塑料护套线卡钉明敷；

2）单元与单元之间，各单元自下而上的干线用BV型导线穿钢管沿墙沿地坪暗敷；

3）进户线用电缆直埋后穿管进入建筑物，电缆型号为 VV_{22}—1kV。

5. 导线截面选择

1）用户供电线选用BVV—3×4，$I_{H3}=36$（A），$I_{H3}>I_3$（允许）；（注　按"强条"应为BVV—3×10）；

2）单元自下而上的干线选用BV—4×35，SC50，$I_{H2}=90$（A），$I_{H2}>I_2$（允许）；

3）单元之间干线选用BV—4×95，SC70，$I_{H1}=173$（A），$I_{H1}>I_1$（允许）；

4）进户线电缆选用 VV_{22}—1kV—4×95，$I_{H1}=195$（A），I 使 $I_{H1}>I_1$（允许）。

上述所选截面均大于按机械强度要求的最小截面。

6. 导线载流量与开关整定电流相互匹配的校验

1）支线开关的整定电流 $I_{d3}=20A$，按过负荷保护校验，$I_{d3}\leqslant 1.45I_H$。

36×1.45=52.2（A）>20（A），满足要求。

2）单元自下而上的开关整定电流 $I_{d2}=80A$，按过负荷保护校验，$I_{d2}\leqslant 1.45I_{H2}$。

1.45×90=130.5（A）>80（A），满足要求。

3）单元之间干线开关整定电流 $I_{d1}=180A$，按过负荷保护校验，$I_{d1} \leqslant 1.45 I_{H1}$。

1.45×73=250.9（A）>180（A），满足要求。

4）电缆应按前一级开关整定电流校验，1.45×195=282.8（A）。若282.8（A）$\geqslant I_d$，则满足要求。

对所选的各级开关应进行最大开断能力的校验，按线路最大运行方式计算各点的三相短路电流，使开关的极限断流电流大于各类的三相短路电流即可。

对所选的导线截面，校验最远供电点的电压损失；校验单相接地短路时能否在规定的时间内使开关动作，切除故障；在短路情况下，导线的热稳定能否满足。其计算可参照线路一节中的例1和例2。

画出整幢楼的供电系统图，见图11-69。

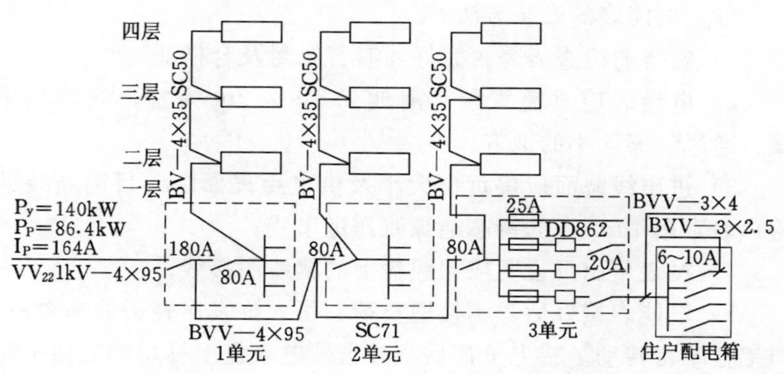

图11-69　住宅楼的供电系统图

在一单元一楼的表箱中多了一个全楼总开关和一个单元总开关，在二、三单元一楼的表箱中各多了一个单元总开关。在所有的表箱中均装有四个熔断器，三个单相电能表，三个用户空气断路器。

由于用户设备多、用电量大，因此每户支线进户后，另设一个小型配电箱，再分3～4个回路，安装3～6个DPN－6～10A的小开关。一路供照明，插座回路均应置漏电开关，用作防止直接触电；一路供厨房及卫生间的插座；一路供一般插座，一路供空调；其余作备用。插座回路均应装设剩余电流动作保护器，以防触电。

7. 住宅中的电表选用及安装

(1) 电能表的选用：

1) 家用的电表为220V单相电能表，如是新表应附有出厂合格证，可直接使用。如是旧表，则应由当地电业局检验合格后方可使用。

2) 由于家用电器的增多，目前每户用电量常按4kW设置，因此常用5A的四倍表或10A的二倍表，表型为DD286，这种表在四倍或二倍额定电流下都是线性的，即计量误差在±1%范围内。

(2) 电能表的安装方法：

1) 安装前检查表是否完好，有否铅封及合格证；

2) 电能表应垂直安装，离地1.8～2.2m为宜，应装在干燥、通风、振动小的地方；

3) 进出线截面应按负荷大小及供电距离而定，目前新装的用户表常用$10mm^2$的铜芯绝缘线作进出线；

4) 按表厂出厂说明或接线盖上的接线图接线；

5) 电能表接好后，不接通负荷，可允许发出轻微的嗡嗡声，但铝盘不得转动。接上负荷后，转盘按电表盘上标示的方向平稳转动，即可投入运行。

8. 住户电表箱的构造

电表箱的构造及外形，见图11-70。

过去每家的电能表常安装在一块木板上或装在木箱中，由于住宅向着实用、舒适、美观方向发展，尤其是商品房的发展，它直接由电业局供电及收费，因此住户表箱也日趋规范化。目前使用的大部分是成品箱，分明装或暗装二类铁制的，均有薄钢板(0.8～1mm)剪切折弯而成，有箱体、设备板、箱盖三部分组成。箱盖有玻璃孔可看到电表的表盘，供抄表用。箱盖分成几部

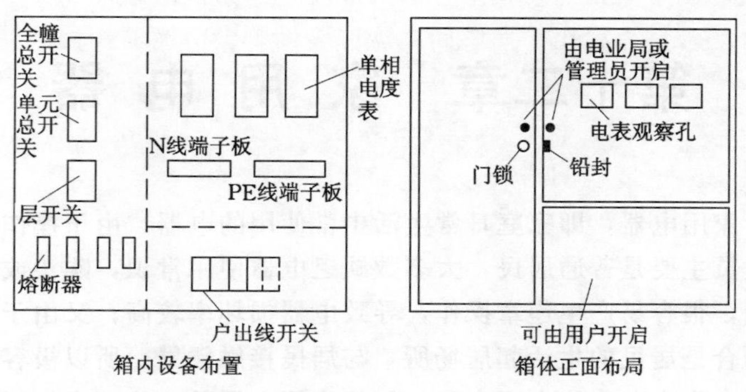

图 11-70　电表箱的构造及外形

分，一部分盖住总开关、单元开关或层开关、所有用户表前的熔断器，此门仅允许电业局或房管处开启；一部分盖住用户电表，此门仅允许电业局开启；一部分盖住用户的空气断路器，此门可供用户开启，以便维修及更换用户开关。箱内的设备也按门的分区进行隔离安装。这种表箱，各个城市都有各自的产品，但都大同小异，有较强的通用性。

当使用磁卡计费表时，也有直接将各户电能表安装在一层进户处的墙上，便于用户磁卡计费的输入。

第十二章 家用电器

家用电器，即家庭日常生活中常使用的电器。由于操作和使用人员主要是普通居民，大多数缺乏电器使用常识，购买或使用不当，很容易产生违章操作，导致电器损坏率较高；又由于其使用场合是居民的生活起居场所，与居民接触频繁，所以极容易造成安全隐患。作为电工人员，了解家用电器的一些基本知识，指导居民科学正确地使用家用电器，消除安全隐患，及时妥善地处理好各种家用电器的故障十分必要。

为了协助有关电工人员做好工作，本章介绍一些最常用的，而且是一般家庭必不可少的家用电器的基本知识。

第一节 电视机

一、概述

电视机是近 20 年来对我国居民生活最具影响力的家电产品之一。电视机的品种已由早期的黑白进入到了彩色，又由模拟向数字化方向迈进；显示器则由球面到平面，从小屏幕电视到大屏幕电视。如等离子电视、液晶电视、背投电视等等。还有立体电视、数字高清晰度电视等彩电新技术正处在不断的研发中，其创新的步伐也是越走越快。

目前成熟的电视品种繁多，大致可分为如下几种：

（1）按色彩可分为：彩色电视机、黑白电视机。

（2）按尺寸可分为：5 英寸、14 英寸、18 英寸、21 英寸、25 英寸、29 英寸、34 英寸、背投、投影电视及其他。

（3）按屏幕可分为：球面彩电、平面直角彩电、超平彩电、纯平彩电。

（4）按显像管可分为：普通电子管彩电、液晶显示彩电、等离子彩电。

电视机型号的编制方法，根据不同的厂家略有不同，如：松下彩电的型号是由英文字母和阿拉伯数字组成，型号开头的TC（极少品种用TX）代表松下电视机；后面一条横线之后的数字表示屏幕尺寸，单位为英寸；再后面的字母及数字表示功能、性能等，这也就是型号的后缀部分，是从型号上区分松下彩电功能的主要部分。通常，画王及三超画王的型号后缀开头总是V、GV、GF，其中GV还表示为彩电录像一体化机。例如TC—29GF15G、TC—25V40RQ、TC—25GV10R等，型号最后一个字母为G机型表示具有丽音数码立体声接收功能。用TX为型号开头的彩电具有图文电视接收功能，例如TX—32WG15G等。

通常情况下，电视机型号的前两位数字代表显像管尺寸，大多数国产电视机以厘米数表示，进口电视机则多标英寸数。如进口彩电KV218DC代表了21英寸；21DWSUC代表21英寸；国产彩电54C10A表示54厘米。尺寸相同电视机的功能也可通过数字后的字母来判断。一般来讲，K（Karaoke）表示具备卡拉OK功能；DW（Double Window）为双视窗功能；P（Pip）代表有画中画功能；W（Wide）表示为宽荧屏；C、M、MT均表示有丽音接收功能。消费者在购买电视机时，根据电视机机身、包装、广告及宣传品上出现的标识，也能准确识别电视机的功能和性能。比如STEREO表示立体声；AUDIO表示音频声音；Hi—Fi表示高保真立体声；BASS表示低音；AUTO表示自动；FULL表示全景；FST表示平面直角显像管；CATV表示有线电视调谐器；AT表示人工智能；ASM表示自动搜台记忆；AVR表示自动稳压功能；WST表示英文图文电视制式；CCST表示中文图文电视制式；PIP表示画中画；POP表示画外画；DIGITAL表示数字的；TinT表示双高频头；FULL－MULTI-SYS TEM表示国际线路。

二、电视机常用技术术语

电视机常用技术术语的含义及作用，见表 12-1。

表 12-1 电视机常用技术术语的含义及作用

技术术语	代号或缩写	含义	作用
数字彩电	DTV	国际上把“全数字电视”简称为“数字电视”，英文为 DIGITAL TELEVISION，全数字电视技术涵盖了以下三个领域：(1) 电视演播室节目制作、播出及发送的数字化技术；(2) 电视接收机中的数字化技术；(3) 将模拟制 PAL、NTSC、SECAM 电视信号的传送与存储技术转换为数字制电视信号的传输与存储技术	从视觉效果上看，数字电视可分为：(1) 数字高清晰度电视，简称 HDTV；(2) 数字标准清晰度电视；(3) 数字低清晰度电视
纯平彩电		彩电的屏幕是全平面的	图像真实，外来杂散光很少，视角宽阔
数码双频彩电		即为兼容数字信号与模拟信号的电视机	
电脑电视	PCTV	它是将电脑与电视合二为一，它是计算机技术特别是网络技术迅速发展而引出的一个产物	既具有电视功能又具有家用电脑功能
图文电视	Teletext	图文电视是电视广播的一种方式，它在正常电视信号的场消隐期间，附加传送诸如新闻、节目预报、天气预报、股市行情等数字信号	可以有效地利用电视频道传递信息而不占用电视频道
视频带宽	Band Width (BW)	是传输信号的高频率点与低频率点的差，例如“6MHz”带宽，其数值越高表明电视图像越清晰	其数值越高表明电视图像越清晰
清晰度		清晰度应归于电视图像质量的范畴，电视的清晰度在实际中有两个重要指标：一个叫水平清晰度（也称水平解像度，水平解析度），另一个叫垂直清晰度（也称垂直解像度，垂直解析度），一般所说的清晰度指水平清晰度。通常以“线”作为其单位，例如“800 线”、“500 线”等	线数越高表明图像越清晰
电视尺寸		通常指显像管对角线的长度，用英寸或厘米表示。我国彩色显象管尺寸按彩管对角线最大外形尺寸标定，而不是按照有效画面的对角线尺寸来标定	

续表

技术术语	代号或缩写	含　义	作　用
多制式接收功能		世界上只有三种基本的彩电制式，即NTSC制、SECAM制、PAL制。两种扫描制式：525行、60场的M制；625行，50场的B、C、D、G、H、I、K、KI、L、N制。四种伴音中频：4.5MHz/5.5MHz/6.0MHz/6.5MHz。两种彩色副载波：3.58MHz/4.43MHz。	
丽音		“丽音”应用的核心技术是BBC开发的NICAM728技术，意为“准瞬时压扩音频复用”，俗称“丽音”。丽音电视广播系统除了传送电视图像和模拟单声信号外，还传送两路数字编码的声音信号	丽音以其高音清晰，低音浑厚而著称，具有接近CD激光唱盘的传声质量
画中画	Pip	通常指彩电在接收信号时，大屏幕中能套着小屏幕，便于人们观看更多的电视节目	
液晶电视	LCD	采用液晶显示器件作为显像输出，代替传统的CRT显示	LCD彩电机身纤薄、重量轻、耗电省
电视机机顶盒	Set Top Box;(STB)	具有讯号接收、解调变、解压缩、解密、处理视讯转换、接收用户遥控等功能。一般是收费电视节目必需的终端	实现对数字电视信号的处理，以适合没有购买数字电视机的用户
数字视频接口	DVI	高清晰度电视采用的数字视频接口，用来激活数字电视信号，目前高端电视一般有DVI数字接口	实现用数字信号传输视频信号，信号不损耗，真实还原高清晰图像
扫描方式		扫描方式分为“逐行扫描”和“隔行扫描”两种。逐行扫描比隔行扫描拥有更稳定显示效果。早期电视机因为成本所限，采用隔行扫描方式，另外还有所谓的逐点扫描	逐行扫描方式的电视机有更稳定显示效果，隔行扫描电视机已经处于被淘汰的边缘
分辨率	Resolution	所谓分辨率就是指画面的解析度，由多少像素构成，数值越大，图像也就越清晰。分辨率不仅显示尺寸有关，还要受显像管点距、视频带宽等因素的影响。通常所看到的分辨率都以乘法形式表现的，比如1024×768，其中“1024”表示屏幕上水平方向显示的点数，“768”表示垂直方向的点数	数值越大，图像也就越清晰

续表

技术术语	代号或缩写	含　义	作　用
等离子电视	PDP	等离子彩电是在两块薄玻璃基板之间充填混合气体，施加电压使之产生离子气体，然后使等离子气体放电（这称为等离子现象），与基板中的荧光体发生反应。产生红、绿或蓝三种有色光、形成彩色影像	等离子彩电有机身纤薄及重量轻的优点，其高亮度、大视角、全彩色和高对比度，意味着PDP图像更加清晰，色彩更加鲜艳，感受更加舒适

三、现代彩电新技术

现在新一代电视采用了所谓的14D技术，它覆盖了前两年中高档彩电所采用的5D画质提高电路的所有涵义。我们常见的5D电路（如东芝电视系列的34D8）主要就是指DDCF、DS-VM、DLTI、DCTI和DSC（动态景物层次控制电路，包括DBS、DWPLR、DGC三个电路）这五大技术的总称，普通低档彩电只有其中的某几项，没有这14D技术的大屏幕彩电，不值得推荐。14D技术的含义及作用，见表12-2。

表12-2　14D技术的含义及作用

技术术语	缩　写	含　义	作　用
动态聚焦	Dynamic Focus	指电子枪扫描屏幕时，对电子束在屏幕中心和四角聚焦上的差异进行自动修补的功能。动态聚焦技术是采用一个调节器，周期性产生特殊波形的聚焦电压，使电子束在中心点时电压最低，在边角扫描时电压随焦距增大而逐渐增高，随时修正聚焦变化	普通的电子枪聚焦时会发生散光现象，散光现象在屏幕最为明显。为了减少这种情况的发生，需要对电子枪作动态补偿，使屏幕上任何扫描点数均能清晰一致
梳状滤波器	Comb Filtering	梳状滤波器是用来将电视信号中亮度和色度分离开来的一种技术。因为其特性曲线像梳子一样，故人们称之为梳状滤波器	提高彩电的清晰度，梳状滤波器是在保证图像细节的情况下解决视频信号亮色互窜的唯一方法

续表

技术术语	缩写	含义	作用
五行动态数字梳状滤波器	DDCF	数字化后的视频信号送入动态梳状滤波器，在动态梳状滤波器中进行数字式动态梳状滤波 Y/C 分离，经 DA 转换后输出模拟 Y 信号和 C 信号，分离效果极彻底且无需作任何调整，所以是效果较好，是目前较先进的 Y/C 分离电路	它是利用五行彩色信号来完成垂直方向的相关检测，仅提取所需要的彩色信号，克服了模拟梳状滤波器的缺点，使图像的水平清晰度提高到 480 线以上
3D 数字式梳状滤波器		它能够从空间（2D）、时间（第三维方向）将每组画面的亮度及色度信号精确地分离，是目前最先进的梳状滤波器	有效消除影响信号中的杂波、斑点、色彩重叠现象，使画面更加清晰。清晰度达 500～520 线以上
动态亮度信号瞬态校正	DLTI	使画面清晰，黑白过渡鲜明，晶莹剔透。轮廓增强电路采用延迟线校正电路，使图像的轮廓部分的突变边缘陡直，从而使图像的轮廓界线变得清晰。细节增强电路采用与轮廓增强同样方法，但只使图像中如毛发等细节部分加以增强，提高图像的鲜明度	
动态色度信号瞬态校正	DCTI	该电路包括细微部分增强电路、高亮度彩色电路、红色 Y 修正电路。它对色差信号的上升沿和下降沿进行检测，当出现彩色信号过度过艳时，使色差信号的边沿变陡，从而提高彩色图像的清晰度，使彩色图像更加清晰亮丽，过渡鲜明，没有彩色拖边模糊现象，使人物皮肤在背景下特别突出	
强力 VM 速度调制	DSVM	速度调制的名词来源于电路会根据画面亮度信号边缘成分的变化速度，对电视信号进行放大和滤波，捡出人眼较敏感的频率成分，调制显像管电子束的扫描速度，使图像在发生明暗交替变化时，增强黑白对比，令黑白过渡更加鲜明，使夜景下的图像更清晰，黑白文字更清楚，尤其能消除动态影像动态画面的模糊感	该电路保证了图像明锐和亮线细亮，但如果调制过强，则使画面生硬，不自然

续表

技术术语	缩写	含义	作用
动态伽玛校正	Dynamic Gamma Correction	校正显像管的非线性问题。改善亮区层次感，让图像细节更突出，使图像更趋细腻完美	
动态黑电平扩展	Dynamic Black Stretch	传统电视机还原黑白图像的景深度和对比度较差，黑电平扩展电路是检测亮度信号中的浅黑部分的电平，并将该电平进行扩展或不扩展。扩展后在黑白交界处产生突变，消除因黑电平不足而引起的模糊感，使图像边缘更加陡峭，轮廓更加鲜明	提高了图像的对比度，增强暗区层次。此外，通过检测白色高亮区域，自动提高色温使字幕突出
运动图像检测与补偿	Dynamic Adaptive Static Detect De-interlacing	这个功能对高速运动画面的流畅与清晰度非常有帮助	
动态瞬时帧间过滤降噪	Dynamic Temporal frame-Filtering Noise Reduction	帧间降噪是数字电路特有的技术，它的前提是采用一个帧存储器，利用了白噪声信号的随机性，也就是短时间内出现在同一位置的可能性极小的原理，将每帧内容相同的静止图像写入帧存储器，由于每帧图像具有相关性，在极短的时间内每行以及每个像素存储单元的位置是不变的，存储次数越多，积累的电荷也越多，读出的信号就越强，即信号强度按存储次数的累计而增大，由于背景噪声是随机性的，而且写入的幅度是变化的，噪声电平是写入次数的均方根值，因此读出的视频信号成倍增大，从而提高了图像的信噪比	有效消除信号中的噪波，让图像更为细腻
动态亮度/对比度调节	Dynamic Brightness/Contrast Adjustment	亮度/对比度条件动态范围大且精准	
动态自适应平滑滤波器	Dynamic Adaptive Smoothing Filter	使电视上的运动图像更为平滑、连贯	

续表

技术术语	缩写	含义	作用
动态帧扫描速度转换	Dynamic Frame/Scan Rate Converter	可自动实现场频、行频的适应性转换	
动态白峰限制	Dynamic White Peak Level Restriction	这个限幅电路实际上是亮电平的γ校正电路，它能自动改变限幅特性，限制由于提升高频或其他原因造成的信号幅度过大失真，避免过亮引起屏幕散焦	
动态亮度检测峰化	Dynamic Luma Detection Peaking	也称动态锐度控制电路，夸张高频信号，使图像细节更清楚	
数字SVGA图像覆显	Dynamic Digital SVGA Overlay	SVGA信号与RGB对应并OSD字符叠加（透明）实时显示	

除了14D技术外，还有些电视机上用画质提高电路。常用画质提高技术，见表12-3。

表 12-3　电视机常用画质提高技术

技术术语	缩写或代号	原理及作用
核化降噪	CORING	在保持不损失轮廓的情况下衰减小幅度的高频信号（一般是噪声），使画面更干净
动态色彩会聚电路		会聚分为静会聚和动会聚。静会聚是停止扫描时电子束在荧光屏中心的会聚；动会聚是进行扫描时电子束在荧光屏四周的会聚。采用动态会聚技术，就可以根据电子束的扫描位置来自动调整动态会聚电平，使每个区域都能获得理想的会聚电平，改善四周的会聚效果，校正静会聚误差，使图像更加透切明亮
动态四角聚焦电路	DQF	显像管工作时，其边缘会就出现散焦现象，四周朦胧模糊。采用动态聚焦技术，产生一行循环的抛物波校正电压对静态聚焦电压进行调制，当电子束到达边缘时，聚焦电压呈抛物波形变化，使整幅图像获得相同的清晰度

续表

技术术语	缩写或代号	原理及作用
三基色（RGB）动态数字跟踪系统		将色度信号直接解调出红、蓝、绿（RGB）三基色，输出到显象管视放电路，直接驱动显像管，减少了传输过程中造成的色彩衰减，使彩电色彩还原性提高
数字暗白平衡自动跟踪电路	Continuous Cathode Calibration	由内置芯片自动检测显像管的工作状态，自动调整RGB三基色比例，能在显像管红、绿、蓝电子枪随使用时间而老化，截止电流发生变化，画面彩色、层次变差时，自动进行校正，确保画面色彩的清晰亮丽
数字偏转电路		也称为动态几何校正电路，采用显示器专用DDP数字偏转处理芯片，具有强大几何校正功能，图像达到接近电脑显示效果。通过枕形、梯形、平行四边形、弓形、线形等各种校正，消除画面的几何失真和变形。越是高级的电视机其调节能力越强
动态蓝电平扩展/绿色增强		对蓝色的天空、绿色的草地表现力更强一些
数字频率合成选台技术	PLL	能够精确补偿频率的微小变化，提高选台精确度。PLL检波比差分解调性能好
数字AFC		精确锁定频率，并对信号频率漂移自动跟踪。这个功能一般都集成在高频头内，高频头采用频率合成（FS）而非电压合成（VS）
动态AGC		更好适应不同地区电视信号强弱的变化，使电视始终保持最佳收视状态
BAL专业影像平衡技术		有效校正地球磁场引起的画面倾斜

四、电视机的质量鉴别及使用注意事项

电视机的直观检验，可归纳为三大步骤：

（一）外观检查

在不通电情况下检查电视机包装、电视机外观和安全防护。电视机包装应防尘、防潮、防震，标志明显。标志包括产品名称、型号、商标名称及注册商标图案、生产厂名称、产地等，进

口电视机应有制造国别、产地、商标牌号等。电视机外观不准有划伤、裂缝，机壳上的商标铭牌要清晰，有生产厂名、型号；各功能控制键开关、旋纽与壳体间隙适当，位置端正，工作状态良好，各零部件无松动，天线拉杆拉出与水平倾斜20°角不应跌落，显像管与机壳间无缝隙，屏幕表面无划伤、汽泡，不允许局部发黑、有黄斑或颜色不一致。

安全防护检查：在电视机接通电源后，其外部控制元件和天线端子都不应带电，机壳通风孔要能够防止外来异物进入内部，通风孔槽长度不超过20mm，宽度不超过4mm。电源线要采用双重绝缘，在引线孔处固定牢固。

（二）通电检查

分为不接收电视信号和接收电视信号两步检查。

1. 不接收电视信号检查

将电源接通，将电视机调至没有电视信号任一频道。

（1）光栅检查：开机5s，应出现光栅。光栅应该满幅，不能出现阴阳面、散焦、垂直白条、黑白点、打火、网纹干扰、开关干扰，不应出现帧卷缩和卷边。对比度调小，噪声点变淡。关机时，光栅应迅速消失，不应有亮点遗留。开机20s，关机后尚有亮点为严重缺陷。

（2）白平衡检查：将色饱和度调节于中间位置，将亮度从最暗调至最亮，光栅应始终保持黑白，不应有颜色变化，在最暗位置，光栅应暗下来。

2. 接收电视信号检查

用测试图测试和调整电视图像来评价电视机性能，调整天线和调谐器，置于某一电视台频道上，利用电视台播放节目前发送的国家标准电视广播测试图，使电视屏幕上从左至右依次呈现出白、黄、青、绿、紫、红、蓝、黑颜色的彩条。如果是黑白电视机，接收的测试图呈现不同灰度等级。将对比度、亮度、饱和度调至适中位置，测试图各部分具体意义和调整方法是：

（1）图案整体的方格背景和电子圆。用来辨别图像是否在屏幕的正中、是否失真，其中电子圆应是正圆，方格的左右和上下大小要基本一致，不要有明显的梯形失真和扭曲现象。垂直白线不应有镶边和重影，灰色的背景不应有彩色出现。

(2) 桔红色肤色带。用来适当调整饱和度，使它与皮肤的颜色尽量接近即可。

(3) 清晰度组线。用来检验图像的水平清晰度，从左至右依次为 140、220、300、380、500 线（不同的测试图有所不同）。在 300 线和 380 线上出现紫色花纹是正常现象。

(4) 灰度级。适当调整对比度使从左至右的六个灰度级层次分明，且六个灰度块不应有任何色彩。

(5) 正中间的白十字线。这是屏幕的正中心，白十字线上不能有颜色出现。

(6) 彩条。八个彩条的顺序依次为白、黄、青、绿、紫、红、蓝、黑，用来检查图像色彩。调节色饱和度，颜色深浅应有变化，并含有人的自然肤色。

(7) 黑白长方块。该长方块的黑白交界处应较为清晰，不要有镶边和拖尾的现象。

通过以上七个步骤对电视机图像质量有初步认识以后，还要检查伴音质量和图像稳定性。

(三) 伴音质量和图像稳定性检查

检查伴音质量时，调解音量声音有明显变化，不应伴有“咔啦”声，音量调到最大时，声音应宏亮悦耳，无失真和交流声，屏幕上的图像不应该随伴音大小而产生干扰，音量调到最小应该无声。

检查图像稳定性时，除打开日光灯，或附近通过汽车时，屏幕上出现杂波干扰以外，图像不应出现扭斜和翻滚。调节行频，图像只发生左右移动，不应扭斜；调节帧频，在一定范围内，图像不应翻滚。

最后，可以用手轻拍电视机壳前、后、左、右，图像和伴音均不应出现变化，否则内部有接触不良情况。

要注意，在电视机检查和使用的整个过程中，绝不允许机内有打火声，以及烧焦或绝缘材料过热出现的异常气味。对无图像或不能正常收看图像，接收彩色信号而无彩色图像的，噪声太大，不能正常收看、收听的，均可作为可靠性试验失效判断。

电视机在使用的过程中，应注意如下几点：

（1）彩色电视机的屏幕因显像管内部的荫罩钢板易受地球磁场方向的影响，彩电放好后不要经常改变方向或位置，以减少地磁影响，保证图像色彩不变。

（2）不要让阳光、灯光光线直射屏幕，以保护显像管，防止荧光粉老化。

（3）电风扇、音响等带磁物体不要靠近彩电，彩电也不要靠近鱼缸花草。

（4）彩电与观看者的距离一般为3～4倍屏高。

第二节 家用电冰箱

一、概述

电冰箱的制冷方式有压缩式和吸收式两种，两种方式的电冰箱结构和工作原理都不同。家用电冰箱一般采用压缩式制冷方式。它是以电动机或电磁振荡为基础动力，通过压缩机的运转，将制冷剂在封闭状态的制冷系统中进行反复地蒸发、压缩，实现制冷功能。它通常由箱体、箱体附件、制冷系统和控制系统组成。

箱体部分：箱壁中填满隔热材料以减少热量散发，保持箱体内低温，隔热程度的好坏，直接影响电冰箱的性能。按照储藏不同食品的不同温度要求分成若干个室。

附件部分：盛放食物的附件，通常有冰盒、搁架、蛋品架、瓶架等。

温度自动控制系统：其作用是确保制冷系统按不同的使用要求，自动安全地运转。常见的有机械控制方式和电子控制方式。

制冷系统：其作用是使箱体内温度降低，达到冷藏、冷冻食物的目的。主要有压缩机，毛细管，散热器等。

电冰箱的型号及含义

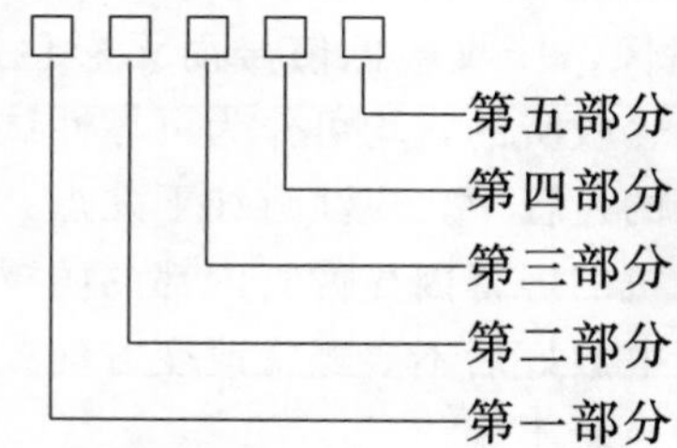

第一部分　产品代号：B—家用电冰箱。

第二部分　用途分类代号：C—冷藏箱，D—冷冻箱，CD—冷藏冷冻箱。

第三部分　规格代号：有效容积L（升）以阿拉伯数字表示。

第四部分　W：无霜。

第五部分　设计序号。

例如：BD—200表示为总有效容积为200L的冷冻箱（冷柜）。

BC—150表示为总有效容积为150L的家用冷藏箱。

BCD—230W表示为总有效容积为230L间冷无霜冷藏冷冻箱（无霜电冰箱）。

BD—180WA表示为总有效容积为180L，第一次改进设计的无霜冷冻箱（冰柜）。

二、电冰箱的分类

电冰箱的分类方法有按用途、温度等级、制冷方式、门数等多种分类方式。

1. 按储藏功能分类

电冰箱按储藏功能分类及其代号，表12-4。

2. 按温度等级分类

按照国家标准规定，家用制冷器具温度用星号表示制冷级别。电冰箱星级温度对应，见表12-5。每一星号代表温度为－6℃。例如三星级即表示食品在电冰箱内可以长期保持的温度为

－18℃。其中，四星级电冰箱的温度同三星级电冰箱，第四个星为冷冻星，表示该电冰箱具有速冻能力。

表 12-4　电冰箱按储藏功能分类及其代号

序　号	分　　类	代　号	序　号	分　　类	代　号
1	冷藏箱	BC	3	冷冻箱	BD
2	冷藏冷冻箱	BCD			

注 1. 冷藏电冰箱。其用途主要是冷藏食品。箱内温度为 0～10℃。箱内上部有一小冷冻室，内部温度为－6～－10℃。箱体通常设计为单门。

2. 冷冻电冰箱。用于储藏冷冻食品。箱内温度低于－13℃。箱体通常设计为单门。

3. 冷藏冷冻电冰箱。其主要用途为冷藏和冷冻食品。冷藏箱内温度通常为 0～10℃，冷冻箱内温度通常在－3℃以下。箱体通常设计为双门。

表 12-5　电冰箱星级温度对应表

星　　级	符　　号	冷冻室温度	冷冻食品大约保存时间
一星级	*	不高于－6℃	一星期
二星组	* *	不高于－12℃	1 个月
高二星级（日本 JIS 标准）	* *	不高于－15℃	1.8 个月
三星级	* * *	低于－18℃	3 个月
四星级（欧洲一些国家）	* * * *	低于－24℃	6～8 个月

3. 按使用的环境气候分类

电冰箱按使用的环境气候划分，见表 12-6。

表 12-6　电冰箱按使用的环境气候划分

气候带类型	字母标注	环境温度（℃）	气候带类型	字母标注	环境温度（℃）
亚温带	SN	10～32	亚热带	ST	18～38
温带	N	16～32	热带	T	18～43

注　使用环境的相对湿度均不大于 90%。

电冰箱按容积可分为：100L 以下、100～180L、181～230L、231～290L、290L 以上。这是根据冰箱的容积所适合的家庭人口数来划分的。

此外，按箱门的结构可分为：单门式电冰箱、双门式电冰箱、对开双门壁柜式电冰箱、三门式电冰箱、四门式电冰箱、可移动式电冰箱、个人专用迷你型电冰箱。按制冷方式分为：风冷式电冰箱、直冷式冰箱。风冷式电冰箱一般被称为“无霜”冰箱。它的原理是冷气由风道强制吹入箱内空间，造成循环，温度均匀；冷冻室自动除霜，耗电量高于直冷式。直冷式电冰箱的原理是由蒸发器表面低温的自然对流，降低箱内温度，有温差。冷冻室须人工除霜，较为省电。直冷式和风冷式各有所长，现在有一种直冷式微霜冰箱，带有“动态冷却”功能，既解决了普通直冷冰箱箱内温差过大的问题，又能保证箱内温度。

按制冷控制系统划分，可分为机械温控电冰箱、电子温控电冰箱、电脑温控电冰箱。机械温控电冰箱是指由机械方式调节冰箱制冷，是最早的一种温控方式，系统简单，能保证食品不变质，但温度不稳定，不能全面满足保鲜需要。电子温控电冰箱是指采用电子感温头控制箱内温度，温度控制较为灵敏、稳定，但制冷系统仍为单循环，不能独立调节冷藏室和冷冻室温度。电脑温控电冰箱是指整个系统由电脑控制，控温精确、稳定，能分别调节冷藏室和冷冻室的温度，并设有记忆报警功能，符合食品保鲜的需要，在欧洲广为流行。

另外市场上还有一些小型的半导体冰箱，容积通常只有 30L 左右，其原理与目前冰箱大不相同，是利用半导体器件通过一定电流，会产生一侧发热，另外一侧制冷的现象，常用在人口较少的家庭和汽车上。

家用电冰箱的耗电量限定值可参见表 12-7。

三、电冰箱的常见故障及维护

电冰箱常见故障及处理方法，见表 12-8。

表 12-7 家用电冰箱的耗电量限定值

序号	电冰箱分类	按近似的有效容积进行分档（L）	限定值（kWh/d）	序号	电冰箱分类	按近似的有效容积进行分档（L）	限定值（kWh/d）
1	冷藏箱（N、ST 型）	100 以下	0.5	2	冷藏冷冻箱（N、ST 型）	100～139	1.0
		100～129	0.6			140～159	1.1
		130～149	0.7			160～179	1.2
		150～179	0.8			180～209	1.3
		180～209	0.85			210～249	1.4
		210～250	0.95			250～299	1.5
						300～350	1.6

注 1. 间冷式（无霜）电冰箱的耗电量可在上述数值的基础上相应增加 15%。
2. 上述数值按 GB12021·2—1989《家用电冰箱电耗限定值及试验方法》的规定。

表 12-8 电冰箱常见故障及处理方法

序号	故障现象	可 能 原 因	处 理 方 法
1	通电后压缩机不启动或不能进入正常运转	（1）插头松动、损坏 （2）保险熔丝熔断 （3）电源电线有故障 （4）温控器旋钮处在“停”或“关闭”位置 （5）温控器短路 （6）启动继电器触点接触不良 （7）压缩机被卡住 （8）电源电压过低或过高	（1）更换插头、插座 （2）按要求更换熔丝 （3）检查后修复或更换电源线 （4）将温控器旋钮调至工作位置 （5）检查、修复或更换 （6）用细砂纸轻擦触点或更换启动继电器 （7）拆修或更换 （8）如经常发生电压不稳情况，应配置电源稳压器
2	照明灯不亮	（1）灯泡未旋紧 （2）灯泡灯丝烧断 （3）灯开关接触不良 （4）灯座触点上的电源线脱落	（1）旋紧灯泡 （2）更换同型号灯泡 （3）修理或更换开关 （4）重新焊接
3	制冷量少、冷藏室温度偏高	（1）箱内贮存食物过多、过挤，阻挡了空气的对流 （2）温控器旋钮调定位置不当 （3）蒸发器表面结霜过厚（>5mm）或结有冰层	（1）调整食物贮存量，留出适当空间 （2）将温控器旋钮调定在温度较低位置 （3）将霜和冰层融化掉

续表

序号	故障现象	可能原因	处理方法
3	制冷量少、冷藏室温度偏高	(4) 开机过于频繁且时间过长 (5) 门封不严密 (6) 无霜冰箱风扇电动机不转或不正常 (7) 感温风门温控器失控，风门打不开 (8) 风道密封不严或感温风门温控器旋钮调节位置不当	(4) 减少开门次数，缩短开门时间 (5) 检修或更换门封条 (6) 检查、调整、重新安装或更换风扇电动机 (7) 拆修或更换温控器 (8) 拆修风道或调整感温风门温控器旋钮位置
4	压缩机启动一下后，过载保护装置即切断	(1) 导线截面过小，电源电压降过大 (2) 供电电压过低 (3) 制冷系统内的高压端与低压端之间压差太大不启动 (4) 启动装置不起作用 (5) 启动电容器损坏	(1) 更换合适电线 (2) 如经常发生，应配置合适的稳压电源 (3) 如果是停机后马上再通电，不启动，那就应等候 3min 后再通电 (4) 检修或更换启动装置 (5) 更换同规格电容器
5	压缩机不停或运转时间过长	(1) 制冷系统内制冷剂不足或泄漏、压缩机发热、蒸发器结霜 (2) 制冷系统管道被水分和杂质堵塞 (3) 冷凝器表面积尘过厚或通风散热不良 (4) 磁性门封条不密封，保温性能差 (5) 关上箱门，照明灯不熄灭 (6) 温控器触点粘连	(1) 检查管路系统焊接处，若有泄漏痕迹，应请特约单位维修 (2) 请特约单位检修 (3) 消除冷凝器表面灰尘或改善电冰箱通风散热条件 (4) 更换门封条 (5) 检查门开关，如按下时灯不熄灭，应修理或更换 (6) 拆修或更换温控器
6	运转噪声过大，有“嘣嘣”声，或在开始和停止运转后几分钟有“啪、啪”声	(1) 电冰箱安放的地面松软 (2) 箱体未调平 (3) 管路之间与箱体碰接摩擦 (4) 压缩机减振胶垫压得过紧或老化 (5) 压缩机内部故障 (6) “嘣嘣”声是片状蒸发器的 4 个小螺钉松动 (7) “啪啪”声是固定的箱体后面的冷凝器发出的	(1) 加固地面 (2) 调平箱体 (3) 适当移动管路并加以固定 (4) 调松减压胶垫或换新的柔软胶垫 (5) 拆修或更换新的压缩机 (6) 加 4 个相应尺寸的胶垫，逐个安装即可 (7) 可在冷凝器松动和脱焊处滴上几点 502 胶水，粘牢

续表

序号	故障现象	可能原因	处理方法
7	漏电	(1) 温控器受潮短路 (2) 照明灯头或开关受潮短路 (3) 启动器接线螺钉碰壳短路 (4) 压缩机接线柱碰壳 (5) 电器元件或导线损坏、受潮而使绝缘性能下降 (6) 箱体接地不良	(1) 拆下温控器作烘干处理或更换温控器 (2) 作烘干处理并保持干燥 (3) 拆修、调整 (4) 拆修或更换 (5) 修理或更换电器元件和导线，保持干燥 (6) 检查接地线，保证接触良好
8	蒸发器表面结霜过快	(1) 门封不严密，浸入箱内潮气过多 (2) 放入表面带有水分的食物过多	(1) 检修或更换门封条 (2) 擦干食物表面所带水分

第三节 洗衣机

一、概述

国内市场上洗衣机的种类繁多，一般可以按照结构形式、自动化程度、洗涤方式等进行分类。

按结构分类有单桶和双桶；按自动化程度分类有全自动、半自动和普通型；按洗涤方式分类有波轮式、滚筒式、搅拌式、喷淋漂洗式和振动式等。

普通型波轮洗衣机依靠装在洗衣桶底部的波轮正、反旋转，带动衣物上、下、左、右不停地翻转，使衣物之间、衣物与桶壁之间，衣物与水之间进行柔和的磨擦，在洗涤剂的作用下实现去污清洗。它主要由洗衣桶、电动机、定时器、传动部件、箱体、箱盖及控制面板等组成。

机械全自动洗衣机的结构由电动程控器、水位开关、安全开关（盖开关）、排水选择开关、不排水停机开关、贮水开关、漂洗选择开关、洗涤选择开关等组成。其工作原理是通过各种开关组成控制电路，来控制电动机、进水阀、排水电磁铁及蜂鸣器的电压输出，使洗衣机实现程序运转。

洗衣机的型号及含义：

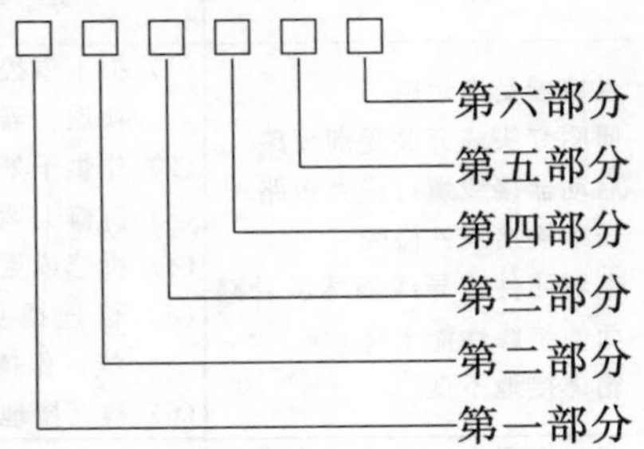

第一部分　洗衣机的代号：X。

第二部分　自动化程度：P—普通型，B—半自动型，Q—全自动型。

第三部分　洗涤方式：B—波轮式，G—滚桶式，J—搅拌式，P—喷流式。

第四部分　额定容量：以阿拉伯数字表示洗衣最大容量公斤数中十位数的数字。

第五部分　产品设计序号。

第六部分　S—表示为双桶，无符号表示为单桶。

例如：XPB50S—5 普通型波轮式双桶洗衣机，额定洗衣量为 5kg，是第五代产品。

XQG65—2 全自动滚桶式洗衣机，额定洗衣量为 6.5kg，是第二代产品。

二、主要性能指标及参数

耗电量/功率（W)：实际消耗功率应小于额定输入功率的 115％。

耗水量（L)：浴比＝额定洗涤水量/额定洗衣容量，其标准为：波轮式洗衣机＜20，滚筒式洗衣机＜13，搅拌式洗衣机＜15。

洗净度/洗净比：GB 规定，波轮洗衣机的洗净比为＜0.8。

漂洗比：指在规定试验条件下，漂清被洗衣物上所含洗涤剂和污垢的能力。

脱水率：指脱水前后试验布重量的变化量。

不同脱水方式，其脱水率不同，见表12-9。

表 12-9　不同脱水方式下的脱水率

脱水方式		脱水率（%）	脱水方式		脱水率（%）
水动式	挤水器	＞40	离心式	滚筒式	＞45
离心式	全自动波轮式和搅拌式	＞45		脱水机	＞50

噪声：＜75dB（分贝）。

无故障运行标准，见表12-10。

表 12-10　无故障运行标准

型　式	无故障工作次数
普通型洗衣机	以定时器一个满量程为一次，共1000次（包括排水阀）
半自动及全自动型洗衣机	以一个标准洗涤程序为一次，共400次
脱水机及离心脱水装置	脱水机及离心脱水装置按GB—4289中表3规定，共1000次

洗衣机主要技术标准数据，见表12-11。

表 12-11　技术标准数据

指标名称	单　位	一机部JB2992—81	轻工部SG186—80
输入功率	W	≤115%PH	≤115%PH
电压波动特性	V	（1±10%）UH	
启动特性	US＜85%UH		
接地电阻	Ω	＜0.2	＜0.2
泄漏电流	mA	≤0.3	＜1
温升	℃	75	75

续表

指标名称		单　　位	一机部 JB2992—81	轻工部 SG186—80
绝缘电阻	冷态	MΩ	≥2	≥2
	热态		≥2	
耐压	冷态	V/min	1500	1500
	热态			1000
洗净率			≥50%	
磨损率			<0.2%	
噪音		DB（分贝）	<65	<65
溢水绝缘性能		MΩ	≥2	≥2
进水绝缘性能		MΩ	≥2	≥2
潮态绝缘性能		MΩ	≥2	≥1
潮态耐压		V/min	1000	1000
排水时间		min	<2	<2

第四节　家用空调

家用空调大致可以分为普通空调和变频空调二大类，变频空调是在普通空调基础上发展得来。本节主要介绍普通空调的基本工作原理和故障检修，同时也简单介绍变频空调的原理、特点和一般检修办法。

一、概述

家庭使用的空调通常有窗式和分体式两种。窗式各部分集中成一体，分体式则由室内外两部分组成。两者的工作原理基本相同，本节以分体式空调器为例。

空调器的结构主要由制冷（制热）装置、空气循环装置、温度控制与保护装置三个部分组成。

制冷（制热）装置：主要由压缩机、室内热交换器（蒸发器或冷凝器）、室外热交换器（冷凝器或蒸发器）及连接管道组成。

其作用是制冷或制热。

空气循环装置：主要由风扇电机、轴流风扇、离心风扇等组成。其作用是迫使空气循环，以达到热交换的目的。

温度控制与保护装置：主要由温度控制器、选择开关、电磁换向阀等组成。其作用是控制制冷（制热）温度，保护空调器的正常工作。

目前家庭使用的家用空调器，大多是根据物质从气态转变为液态而释放热量，或由液态转换为汽态而吸收热量的原理制造而成。

当电源接通以后，压缩机启动，将空调热交热器内吸收了室内热量的低压制冷剂蒸汽吸入，压缩成为高压高温的制冷剂蒸汽，输出到室外热交换器中。通过风扇推动空气的流动，把制冷剂所携带的热量散发到室外的大气当中，促使制冷剂降温，从汽态变为液态。室外的热交换器成为冷凝器。低温液态的制冷剂经过毛细管和过滤器流入室内热交换器，由于液态的制冷剂温度低于室温，就会吸收由离心式风扇吸进来的室内热空气的高温，再把降温后的空气排放到室内，使室内气温下降，制冷剂同时升温，从液态蒸发为汽态。室内的热交换器就成为蒸发器。这样，制冷剂在压缩机的驱动下不断地循环往复地进行液化和汽化，空调就完成把室内空气中的高温输送到室外空气中的过程。

空调器的制热形式通常有三种。即热泵型、电热元件型和热泵与电热元件组合型。

热泵型制热过程实际上就是空调机制冷的逆过程。只要将电磁换向阀从制冷转向制热，使制冷剂逆向流动，室内的热交换器就成为冷凝器，室外的热交换器就成为蒸发器。

电热元件型制热是采用通电加热特制元件的办法来实现的，在制热状态下，空调器的压缩机和整个蒸发冷凝系统不工作。

热泵与电热元件组合型是将以上两种形式组合装入一台空调机。用户可以根据外界条件按照使用说明选择其中一种使用。例如在高寒地区热泵型效率太低，则选择电热元件型；在其他地区热泵型效率相对较高，又可以选择热泵型。

空调器的温度控制装置包括选择开关和温度控制器。机械式的选择开关设有高冷、低冷（高热、低热）、通风等主要档位；电子式的选择开关除具有通风、除湿等档位外，可以具体选择所需要的最高或最低的温度。

温度控制器的作用是要将温度控制在所需要的范围之内。

二、变频空调的控制原理及主要特点

变频空调器与普通空调器或称定转速空调器的主要区别是前者增加了变频器。变频空调器的微电脑随时收集室内环境的有关信息与内部的设定值比较，经运算处理输出控制信号。交流变频空调器的工作原理是把工频交流电转换为直流电源，并把它送到功率模块（大功率晶体管组合）。同时，模块受微电脑送来的控制信号控制，输出频率可调的交变电源（合成波形近似正弦波），使压缩机电机的转速随电源频率的变化作相应的变化，从而控制压缩机的排量，调节制冷量或制热量。直流变频空调器同样把工频交流电转换为直流电源，并送至功率模块，模块同样受微电脑送来的控制信号控制，所不同的是模块输出受控的直流电源（无逆变环节）送至压缩机的直流电机，控制压缩机的排量，因此直流变频空调器更省电，噪声更小。

其主要特点为：①变频器能使压缩机电动机的转速无级连续可调，其转速是根据室内空调负荷而成比例变化的，当室内需要急速降温（或急速升温），空调负荷加大时，压缩机转速就加快，制冷量（或制热量）就按比例增加，当达到设定温度时，随即处于低速运转维持室温基本不变。②变频空调器的节流是运用电子膨胀阀控制流量，它的室外微处理器可以根据设在膨胀阀进出口、压缩机中气管处的温度传感器收集的信息来控制阀门的开启度，随时改变制冷剂的流量。压缩机的转速与膨胀阀的开启度相对应，使蒸发器的能力得到最大限度的发挥。同时，由于采用了电子膨胀阀作为节流元件，化霜时不停机，利用压缩机排气的热量先向室内供热，余下热量送到室外，将换热器翅片上的霜融化。③变频空调将逐步取代传统的定转速空调，成为空调控制技术发展的主流。

变频技术已从交流式向直流式转化，控制技术由PWM（脉冲宽度调制）发展为PAM（脉冲振幅调制）。采用PWM控制方式的压缩机转速受到上限转速的限制，一般不超过7000r/min，而采用PAM控制方式的压缩机转速可提高1.5倍左右，这样大大提高了制冷能力和低温下的制冷能力。

三、家用空调器的基本知识

家用空调器的型号及含义

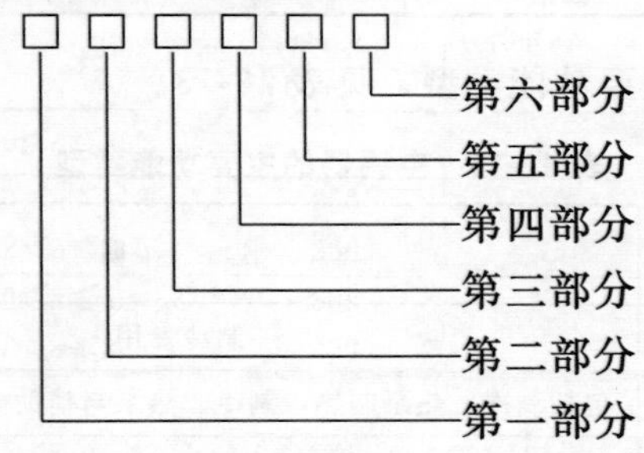

第一部分　产品代号：K—房间空调器。

第二部分　结构形式代号：C—整体式，F—分体式。

第三部分　功能代号：R—热泵型，无符号为冷风型。

第四部分　制冷量：W—瓦，以阿拉伯数字表示千位数中的前两位。

第五部分　分体式室内机结构：G—壁挂式，L—落地式，D—吊顶式。

第六部分　分体式室外结构代号。

例如：

KF—20GW：分体式冷风壁挂式房间空调器，制冷量为2000W。

KC—22：窗式冷风型房间空调器，制冷量为2200W。

KFR—40D：分体式热泵型吊顶式房间空调器，制冷量为4000W。

KFR—45LW：分体式热泵型落地式房间空调器，制冷量为4500W。

空调器的结构形式及其代号，见表12-12。

表12-12 空调器的结构型式及其代号

序号	结构	代号	结构型式	代号	序号	结构	代号	结构型式	代号
1	整体式	C	窗式、穿墙式、 移动式	C Y	2	分体式	F	落地式 嵌入式 天井式 室外机组	L Q T W
2	分体式	F	室内机组—吊顶式 挂壁式	D G					

空调器的主要功能类型，见表12-13。

表12-13 空调器的主要功能类型

型式	代号	说明
冷风型	省略	制冷专用
热泵型	R	包括制冷、热泵制热，制冷、热泵与辅助电热装置一起制热
电热型	n	制冷，电热装置制热

空调器的环境气候类型，见表12-14。

表12-14 空调器的环境气候类型

序号	型式	气候类型（℃）			序号	型式	气候类型（℃）		
		T1	T2	T3			T1	T2	T3
1	冷风型	18～43	10～35	21～52	3	电热型	～43	～35	～52
2	热泵型	−7～43	−7～35	−7～52					

空调器适用的不同场合面积与制冷量组配参考值，见表12-15。

四、普通空调器常见故障与检修

空调器常见的故障是不制冷（不制热）和制冷（制热）效率低，其原因主要出在电路故障、压缩机故障和温控器故障。窗式空调器常见故障和处理方法，见表12-16。

表 12-15　空调器适用的不同场合面积与制冷量组配参考值

额定制冷功率（W）	适合家庭面积（m^2）	适合办公室面积（m^2）	适合商店面积（m^2）	适合餐馆面积（m^2）
1600	6～12	5～10		
1800	7～14	6～11		
2000	8～15	7～12	6～10	5～8
2300	10～18	9～15	8～12	6～9
2500	11～19	10～16	9～13	7～11
2600	12～21	10～17	9～14	8～12
2800	13～23	11～18	9～15	9～13
3000	14～24	12～19	10～16	10～15
3200	14～25	13～20	11～17	10～16
3600	16～27	15～23	13～20	11～18
4300	20～32	18～26	15～23	14～21
4800	25～36	20～32	18～30	28～26
6100	34～55	30～50	28～42	22～30
7500	40～65	40～60	32～45	25～35

表 12-16　窗式空调器常见故障及其处理方法

序号	故障现象	可能原因	处理方法
1	空调器不运转	(1) 停电 (2) 熔丝熔断 (3) 保护开关跳开 (4) 开关在“关”的位置 (5) 插头没有好	(1) 待恢复供电 (2) 更换熔丝 (3) 合上保护开关 (4) 拨至“开”的位置 (5) 电源插头
2	运转噪声大	(1) 安装倾斜 (2) 格栅关闭 (3) 墙体或窗户共振	(1) 纠正倾斜 (2) 开启格栅 (3) 堵塞墙窗缝隙
3	运转正常，但不制冷（热）	(1) 设定方式不正确 (2) 设定温度过高或过低 (3) 门窗敞开 (4) 过滤网眼灰尘堵塞 (5) 进、送风口被遮挡 (6) 电压太低或波动过大 (7) 制冷剂泄漏或不足	(1) 改正设定方式 (2) 调整至合适温度 (3) 关闭门窗 (4) 清除灰尘 (5) 移除遮挡物 (6) 配置稳压电源 (7) 检漏、修复、补充制冷剂

续表

序号	故障现象	可能原因	处理方法
4	空调器启动后迅速停转	(1) 制冷剂过量 (2) 系统内不清洁 (3) 系统内真空度不够 (4) 电动机电容器损坏	(1) 排出适量制冷剂 (2) 拆下清洗管道系统，重新装配，注入定量制冷剂后试运转 (3) 排清制冷剂后，重新抽真空再灌入定量制冷剂 (4) 修复或更换电容器

热泵型空调器的常见故障及其处理方法，见表12-17。

表12-17　热泵型空调器的常见故障及其处理方法

序号	故障现象	可能原因	处理方法
1	空调压缩机运转，但不制冷	(1) 制冷剂不足 (2) 四通阀故障 (3) 系统内有空气进入 (4) 空气过滤器堵塞 (5) 风扇有故障	(1) 检修后补充制冷剂 (2) 修复或更换四通阀 (3) 排除空气 (4) 清洗过滤器 (5) 检修风扇电路
2	空调器压缩机运转，但不制热	(1) 缺少制冷剂 (2) 压缩机阀片破损 (3) 四通阀漏气 (4) 化霜控制器故障	(1) 检修后补充制冷剂 (2) 更换压缩机 (3) 更换四通阀 (4) 检修或更换化霜控制器
3	除霜循环不停	(1) 缺少制冷剂 (2) 化霜控制器调整不当 (3) 化霜控制器失效 (4) 四通阀故障 (5) 压缩机故障	(1) 检修后补充制冷剂 (2) 重新调整 (3) 更换化霜控制器 (4) 检修或更换四通阀 (5) 更换压缩机
4	室内侧风扇停止运转，辅助电加热仍工作	(1) 室内侧风扇电动机故障 (2) 配线有误或松动 (3) 温控器故障	(1) 修复或更换风扇电动机 (2) 检查和修复线路 (3) 更换温控器
5	室外侧风扇在化霜期间仍运转	室外侧风扇继电器发生故障	更换风扇继电器

分体式热泵型空调器的常见故障及其处理方法，见表12-18。

表 12-18 分体式泵型空调器常见故障及其处理方法

序号	故障现象	可能原因	处理方法
1	旋转开关在送风位置，但风机不转	(1) 断电 (2) 熔丝熔断 (3) 旋转开关故障 (4) 室内送风电动机发生故障	(1) 等待恢复供电 (2) 查出原因消除故障后更换熔丝 (3) 更换旋转开关 (4) 更换室内送风机电机
2	旋转开关在“冷”或“热”位置，室外风机和压缩机均不运转	(1) 旋转开关故障 (2) 温度调节器故障 (3) 温度调节器短路运转 (4) 辅助继电器线圈断线或接触不良 (5) 压缩机电动机的线圈断线或接触不良	(1) 更换旋转开关 (2) 排除故障 (3) 更换温度调节器 (4) 更换继电器 (5) 检修或更换压缩机电动机
3	旋转开关在冷或热位置，压缩机运转，但室外风机不转	(1) 室外风机的熔丝熔断 (2) 除霜用恒温器接触不良 (3) 室外风机接触器出故障	(1) 查出原因消除故障后更换熔丝 (2) 检修或更换除霜恒温器 (3) 更换接触器
4	室外压缩机不运转	(1) 压缩机供电不正常 (2) 压缩机电动机发生故障 (3) 压缩机保护	(1) 检查压缩机的供电 (2) 更换压缩机电动机 (3) 检查，排除压缩机保护因素（可参见下面内容）
5	制冷运行中，送风机和压缩机都不运转（夏季循环），制热运行中送风机和压缩机都停止（冬季循环）	(1) 室外热交换器通风不足，冷凝器积尘太厚 (2) 室外冷凝出入口受堵 (3) 室外机组安放位置过窄 (4) 室外风机电动机转速不够 (5) 室外机组气流短路 (6) 室外机组附近有热源 (7) 制冷剂充入过多 (8) 制冷剂管路不通 (9) 制冷剂泄漏或不足 (10) 检修后制冷剂配管过细过长 (11) 四通阀内部漏气 (12) 室外机组逆止阀故障 (13) 室内机组毛细管堵塞 (14) 室内机组过滤器堵塞 (15) 电源、电压忽高忽低	(1) 清扫冷凝器积尘 (2) 清除阻碍的异物 (3) 确保机组有足够空间 (4) 更换室外风机电动机 (5) 清除机组前障碍物 (6) 排除热源或移地安置 (7) 按规定排出多余制冷剂，或重新充气 (8) 检查并排除堵塞物 (9) 检修、按要求补充制冷剂 (10) 正确配管 (11) 更换四通阀 (12) 更换逆止阀 (13) 更换室内机组的毛细管 (14) 清除过滤器积尘或堵塞物 (15) 运转电压应为 180～220V，可加稳压器

续表

序号	故障现象	可能原因	处理方法
6	空调运转，但室内供热效果不佳，声音异常	(1) 除霜不彻底 (2) 室内送风机外壳内有异物 (3) 室内送风机外壳与叶轮相撞 (4) 室内送风机风扇与外壳相碰	(1) 更换除霜恒温器 (2) 取出异物 (3) 调整或更换叶轮位置 (4) 调整扇叶位置
7	发生异常声响	(1) 压缩机发出异声 (2) 接触器有响声 (3) 箱体振动	(1) 检查、紧固或更换压缩机 (2) 检修或更换接触器 (3) 紧固松动的螺钉

当空调器出现故障时，指示灯会显示故障的类型。显示代码及其含义，见表 12-19。

表 12-19　空调故障时显示的代码及其含义

序号	显示代码	内　容	处理方法
1	E1、E2、E3、E4	温度传感器开路或短路	请与维修人员联系
2	E6	室外保护	请与维修人员联系
3	E8	静电除尘故障	请与维修人员联系
4	P4	室内蒸发器温度过高或过低而保护关闭压缩机	关闭空调，清洁室内机空气滤尘网，重新启动空调器，若还不能正常运行，应与维修人员联系
5	P5	室外冷凝器高温保护关压缩机	关闭空调，检查室外机的进口是否有异物堵塞，否则应与维修人员联系
6	P9	化霜保护或防冷风关	化霜完成或室内机换热器温度升高后，空调器自动开启

下列现象并非表示空调器发生异常：

（1）空调器常见的保护。

压缩机保护功能：压缩机停机后 3 分钟内不能启动。

防冷风功能（冷暖型）：在“制热”模式下，为防冷风吹出，如果室内热交换器在以下三种状态下，没有达到一定温度，室内风机不会送风。①制热运行刚开始时。②化霜运行时。③低温制热时。

除霜运行（冷暖型）：当室外温度低且湿度高时，室外机热交换器可能结霜，这会降低空调器的制热能力，在这种情况下，空调器将中止制热运行进入自动除霜，除霜结束后恢复制热运行。其表现方式如下：①除霜时，室内机和室外机的风扇都停止运行。②根据室外温度和结霜程度，除霜运行时间有所不同，一般为 4～10 分钟。③在除霜过程中，室外机可能会冒出蒸汽，这是迅速化霜所致，属正常现象。

(2) 室内机发出白色汽雾。在室内相对湿度过高的环境下，进行“制冷”运行时，由于湿度及进出风口温差大可能会送出白色汽雾。空调器在“除霜”运行以后切换为“制热”运行时，室内机由于除霜产生的水分变成蒸汽排出。

(3) 空调器发出嘶嘶噪音。当压缩机运行或刚停止时，可能听到较低的“嘶嘶”声，这是由于温度变化时，塑料件自然膨胀或收发出的声音。

(4) 从室内机吹出灰尘。长期未使用，再次使用时，室内机内部沉积的灰尘被吹出。

(5) 室内机发出异味。室内机吸收房间、家具或香烟等的气味，在运行时散发出来。可以经常开窗换空气或利用其他排除异味方法。

(6)“制冷”、“制热”（单冷机无）模式运行中转为只送风方式。当室内机达到设定温度时，空调控制器会自动停止压缩机运行，转为只送风方式，待室温升高（“制冷”模式时）或下降（“制热”模式时）一定程度时，压缩机会再启动，恢复制冷或制热运行。

(7) 室内温度的比差。当室内相对湿度较大时，室内机表面及出风口可能会出现水珠，此时将垂直导风条调至最大出风位置

(即垂直水平方向)，水平导风条调至朝上，同时风速选择“高风”，结水现象会有所改善。

(8) 热运行（冷暖型)。制热过程中，空调器从室外空气吸收热量释放到室内而加热房间空气，这就是空调器的热泵制热原理。

当室外温度降低时，空调器吸收热量减少。制热能力随之降低，同时室内外温差加大，房间的制热负荷也随之加大，如果仅使用空调器仍不能达到满意的效果，建议能辅助使用其他制热装置一起制热。

五、变频空调使用与维修

1）应根据房间的面积来确定所选变频空调器 P 数的大小，一般 1P 机使用在不大于 $14m^2$ 房间。尽量避免在超面积的情况下使用，不要将温度设置过低，使用时最好设置在“自动”挡，此时既舒适又节电。

2）在空调器出现故障时，可先将室内机控制器上的开关放在“试运行”挡上，此时微控制器控制向变频器输出 50Hz 的电源。如这时空调器能运转，而且保持频率稳定，一般可认为整个控制系统无大问题，可着重检查各传感器是否完好。假如这时空调器无法运行，则可能整个系统有故障。如果空调器出现频率无法升、降与保护性关机等故障，应首先考虑检查传感器。可用万用表电阻挡（R×100）测其电阻，然后试加热，看其阻值是否变化。有时传感器虽能随湿度变化，但其控制特性已变差也会引起变频器控制不正常。

3）维修时要注意变频空调中的滤波电容，该电容容量最大的达 $4700\mu F$，因此应在断电 10 分钟后，经充分放电后，才能保证人体不受电击伤害。这一点是维修变频空调务必要注意的问题！

4）变频空调与普通空调的主要不同点在于变频空调使用了变频调速电路和变频压缩机，如果变频电路出现故障，最好找厂家修理解决，或者更换。

第五节 家用微波炉

一、概述

微波是一种波长极短的电磁波，波长在1mm～1m之间，其相应频率在300GHz～300MHz之间。为了防止微波对无线电通信、广播和雷达的干扰，国际上规定用于微波加热和微波干燥的频率有四段，分别为：L段，频率为890～940MHz，中心波长0.330m；S段，频率为2400～2500MHz，中心波长为0.122m；C段，频率为5725～5875MHz，中心波长为0.052m；K段，频率为22000～22250MHz，中心波长为0.008m。家用微波炉中仅用L段和S段。微波是在电真空器件或半导体器件上通以直流电或50Hz的交流电，利用电子在磁场中作特殊运动来获得的。这种运动可以简单地这样来解释：介质从电结构看，一类分子叫无极分子电介质，另一类叫有极分子电介质。在一般情况下，它们都呈无规则排列，如果把它们置于交变的电场之中，这些介质的极性分子取向也随着电场的极性变化而变化，这就叫做极化。外加电场越强，极化作用也就越强，外加电场极性变化得越快，极化得也越快，分子的热运动和相邻分子之间的摩擦作用也就越剧烈。在此过程中即完成了电磁能向热能的转换，当被加热物质放在微波场中时，其极性分子随微波频率以每秒几十亿次的高频来回摆动、摩擦，产生的热量足以使食物在很短的时间内达到热熟的目的。家用微波炉中应用的是磁控管，通过磁控管把电能转换为微波能。磁控管有脉冲磁控管和连续磁控管两种。微波炉中应用的是连续波磁控管。微波的传播速度接近光速。它在传播过程中能够发生反射和折射，它有三个与加热相关的重要特性。微波遇到金属物体，如银、铜、铝等会像镜子反射可见光一样被反射。因此，常用金属隔离微波。微波炉中常用金属制作箱体和波导，用金属网外加钢化玻璃制作炉门观察窗。微波遇到绝缘材料，例如玻璃、塑料、陶瓷、云母等，会像光透过玻璃一样顺利通过。因此，常用绝缘材料制作盘碟，而不影响加热效果。微波遇到含水或含脂肪的食品，能够被大量吸收，并转化为热能。微波炉就是利用这个特性来加热食品的。

从微波炉的工作原理看：微波炉的磁控管将电能转化为微波能，当磁控管以 2450MHz 的频率发射出微波能时，置于微波炉炉腔内的水分子以每秒 24.5 亿千次的变化频率进行振荡运行，分子间相互碰撞、磨擦而产生热能，加热食物。微波炉的防泄漏问题应该说在微波炉的制造中已首先被解决。生产厂家都采取了相应的防泄漏措施，最初一级的方式叫机械防泄漏，国外的一些著名微波炉制造商，还采用环绕抑制的结构，使微波炉的微波泄漏控制到最小。另外，遇到不可预见的原因，微波炉门突然打开，先进的电控机构可以及时切断磁护管的工作电源，以确保无微波泄漏。按国际电工委员会（IEC）的标准，微波泄漏应低于 $5MW/cm^2$，现在一些知名的企业一般将微波泄漏的指标严格控制在 $1MW/cm^2$。

微波炉作为一种具有独特优势的家电产品已经走进人们的家庭。其命名方式也逐渐与国际接轨，具有简洁易记的特点。以海尔微波炉 MK－2270EGS 为例，其中：M 代表微波炉，K 代表外观系列，22 代表容积大小的代号，E 为电子式（M 代表机械式），G 为烧烤式，S 金属色外观。

微波炉的优缺点，见表 12-20。

表 12-20　微波炉的优缺点

优　点	缺　点
(1) 热效率高：加热速度快，比传统加热方式快 4～10 倍，一般以分、秒计 (2) 节约能源：与一般电炉相比，可节省 50%～70%的电能 (3) 加热均匀：由于微波的穿透作用，食物里外同时受热，温差小，不会出现外焦内生现象	(1) 缺乏风味，经微波烹饪的食物，表面难以形成黄金色的焦层，没有烧烤风味，故对微波烹饪食谱的扩充有一定限制 (2) 火候难掌握：微波烹调所需时间很短，如时间稍超过一点，就会使食物太熟，甚至烧焦

续表

优　点	缺　点
(4) 清洁卫生：用微波加工食物时，不影响周围环境温度，没有烟尘，不污染食物，还兼有杀菌、消毒、防蛀、保鲜、解冻等功效 (5) 加热食物质量好：由于加热时间短，可最大限度保留食物中的营养成分，能较好地保持食物的色、香、味	(3) 有局限性：微波透入食物的深度有一定限度，一般为 50～80mm，不太宜烹饪较厚的食物，对此只能切成小块或靠热传导来完成烹任

微波炉工作时常见现象，见表 12-21。

表 12-21　微波炉工作时常见现象

现　象	产　生　原　因
微波炉工作时有嗡嗡声	这是因为微波炉高压变压器以及风扇正常工作时发出的声音，属于正常现象
蒸汽和热风排出	通常食物在加热时会有蒸汽散发，大部分会从排气口排出，但蒸气会在较凉的地方（如炉门、桌面上等）凝结，这是正常现象
转盘旋转方向不确定	因为转盘电机采用同步电机，电路接通时，电流瞬时方向不能确定，所以玻璃盘转动时，方向不确定
炉灯有时忽明忽暗	这是因为微波炉在使用中火或低火时，磁控管随火力控制进行交替工作，故产生电压变化，所以是正常现象
解冻不理想	为了避免解冻过热，解冻效果以刀能切动为准，并且含有冰渣，为正常现象

二、微波炉的常见故障及处理方法

微波炉的常见故障及处理方法，见表 12-22。

表 12-22　微波炉的常见故障及处理方法

序号	故障现象	可　能　原　因	处　理　方　法
1	不能加热	(1) 停电或熔丝熔断 (2) 插头、插座、电源丝接触不良或断线 (3) 炉门打开未关好，双重联锁开关或安全开关未能闭合	(1) 待供电正常或更换熔丝 (2) 使其接触良好，更换损坏部分 (3) 关好炉门，检修或更换开关

续表

序号	故障现象	可能原因	处理方法
1	不能加热	(4) 炉门已关好，但双重联锁开关或安全开关接触不良或损坏	(4) 使开关接触良好或更换
		(5) 烹饪继电器绕组断路	(5) 使开关接触良好或更换
		(6) 热继路器电路断开	(6) 修理或按原规格更换
		(7) 其他线路松脱、断路或损坏	(7) 检查风道是否闭塞，鼓风机、电动机是否损坏，若损坏应更换
		(8) 磁控管老化或损坏	(8) 更换原规格磁控管
		(9) 电源变压器高压绕组绕坏	(9) 按原规格重绕
		(10) 高压电容器损坏	(10) 按原规格更换
		(11) 整流二极管损坏	(11) 按原规格更换
		(12) 温度控制旋钮或定时旋钮处于停止位置	(12) 调整至所需位置
2	烹饪出来的食物不均匀	(1) 食物太厚，外熟里不够熟	(1) 切成块状放炉内，中间翻一下，使微波辐射均匀
		(2) 上层堆放食物太多，阻碍微波进入下层食物	(2) 适当减少上层堆放食物，中间翻一下
		(3) 搅拌器电机接线松脱或损坏	(3) 重新焊接、修理或更换
		(4) 炉腔内污垢太多，致使反射失效	(4) 把炉彻底清除干净
		(5) 用金属盛器装食物	(5) 更换为适当的容器
3	温度控制失调，不能保温	(1) 温度控制器接触不良或接线松脱	(1) 重新调校，使其接触良好，使松脱的线路接牢
		(2) 温度控制器损坏，双金属片失去弯曲特性，触点烧坏，触片失去弹性	(2) 更换双金属片或其他零件，或整体更换
4	不能定时或预选，过时不能切断电源或不能恢复“0”位	(1) 定时器接线松脱，触片失去弹性或触点损坏	(1) 重新接好或更换损坏零件
		(2) 定时器电机或电路故障	(2) 修理或更换电机、电路
5	烹饪期间、指示灯突然熄灭，烹饪立即停止	(1) 炉门被打开	(1) 重新关好炉门
		(2) 热断路器开路	(2) 清除冷风通道上的故障物
		(3) 停电超负荷，熔丝熔断	(3) 待供电正常或更换熔丝
		(4) 电源变压器烧坏或短路	(4) 重绕线圈或更换变压器

续表

序号	故障现象	可能原因	处理方法
6	照明指示灯不亮	(1) 全部不亮则可能是停电或炉内电气部分损坏 (2) 若部分不亮，可能是灯泡烧坏或部分接线松脱	(1) 待供电正常，检查、修复输出端接线或电气元件 (2) 按原规格更换灯泡，检查线路重接接好
7	漏电	(1) 电气元件连接部分碰壳或接触到炉腔 (2) 引线及其他绝缘体损坏	(1) 移离接触部分，重新绝缘 (2) 重新绝缘或更换
8	微波泄漏量过大	(1) 炉门与炉体闭合间隙过大，门铰链松动过量；门封条失效，门框架扭曲变形，玻璃破裂 (2) 炉腔及外壳锈蚀穿孔或破裂等	(1) 检查修理，更换损坏部分或变形零件，使炉门与炉体紧密闭合 (2) 更换炉腔或外壳

第十三章　电线电缆与常用电工材料

第一节　裸导线

裸导线是导线表面没有绝缘层的金属导线。裸导线产品型号用汉语拼音字母表示，排列次序及表示的含义，见表13-1。

表13-1　裸导线的型号及各汉语拼音字母的含义

类别、用途（或以导体区分）	特征				派生
	形状	加工	类型	软硬	
T—铜线 L—铝线 G—钢（铁线） M—母线 S—电刷线 C—电车线 T—天线 TY—银铜合金 HL—热处理型铝镁硅合金线	B—扁形 D—带形 G—沟形 K—空心 P—排状 T—梯形 Y—圆形	F—防腐 J—绞制 X—纤维编织 X—镀锡 YD—镀银 Z—编织	J—加强型 K—扩径型 Q—轻型 Z—支撑型 C—触头用	R—柔软 Y—硬 YB（BY）—半硬 YT—特硬	A—第一种 B—第二种 1—第一种 2—第二种 3—第三种 4—第四种

裸导线型号的编制顺序及方法如下：

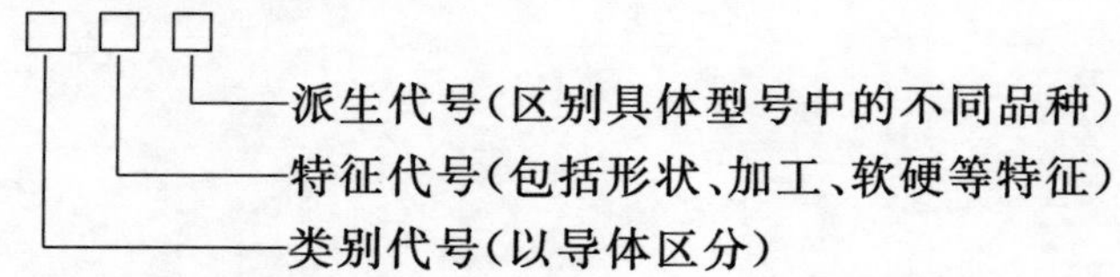

举例：LGJF—防腐型钢芯铝绞线为：

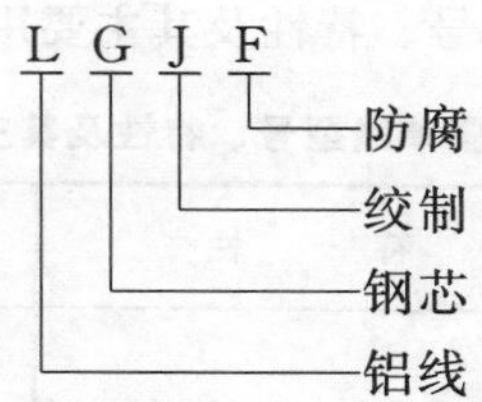

常用裸导线的名称、型号、特性和用途，见表13-2。

表 13-2 常用裸导线名称、型号、特性和用途

类别	名 称	型号	特 性	用 途
圆线	硬圆铜线	TY	硬线的抗拉强度大，软线的延伸率高，半硬线介于两者之间	硬线主要用作架空导线；半硬线、软线主要用作电线、电缆及电磁线的线芯，也可用于其他电器制品
	软圆铜线	TR		
	硬圆铝线	LY		
	半硬圆铝线	LYB		
	软圆铝线	LR		
绞线	铝绞线	LJ	导电性能、机械性能良好，钢芯铝绞线比铝绞线拉断力大1倍左右	用于高、低压架空电力线路
	钢芯铝绞线	LGJ		
型线	硬扁铜线	TBY	型线的机械特性和圆线的机械特性相同，扁线、母线的结构形状均为矩形	铜、铝扁线主要用于制造电机、电器的线圈，铝母线主要用于汇流排用
	软扁铜线	TBR		
	硬扁铝线	LBY		
	半硬扁铝线	LBBY		
	软扁铝线	LBR		
	硬铝母线	LMY		
	软铝母线	LMR		
软接线	铜电刷线	TS TSX TSR TSXR	柔软、耐振动，耐弯曲	用作电刷连接线
	铜软绞线	TJR	柔软	用作引出线、接地线、整流器和晶闸管的引出线等
	铜编制线	TZ	柔软	电气装置、开关电器、蓄电池等连接线

一、圆单线

圆单线可以用不同的导体材料加工制成。它是构成各种电线电缆线芯的单体材料，也可单独使用，还可加工成绞线。

常见的圆单线的型号、特性及其主要用途，见表 13-3。

表 13-3　圆单线型号、特性及其主要用途

名　称	型　号	特　　性	主　要　用　途
圆铜线	TR TY TYT	软线的延伸率高；硬线的抗拉强度比软线的抗拉强度约大 1 倍	硬线主要用作架空导线；半硬线和软线主要用作电线、电缆及电磁线的线芯，也用于其他电器制品
圆铝线	LR LY4、LY6 LY8、LY9		
镀锡圆铜线	TRX	具有良好的焊接性及耐蚀性，并起铜线与被覆绝缘之间隔离作用	电线、电缆用线芯及其他电器制品
铝合金圆线	HL	具有比纯铝线高的抗拉强度	硬线用于制造架空导线，软线用于电线、电缆线芯等
铝包钢圆线	GL	抗拉强度高	架空导线、通讯用载波避雷线、大跨越线等
铜包钢圆线	GTA GTB		
镀银圆铜线	TRY	耐高温性好	航空用氟塑料导线、射频电缆线芯等

注　圆单线的规格用导线直径的毫米（mm）数表示。

1. 圆铜线

常用圆铜线的技术数据，见表 13-4、表 13-5。

表 13-4　圆铜线技术数据

型号	名　称	直径范围 (mm)	电　阻　率 (Ω·mm²/m)		电阻温度系数 (℃⁻¹)		线膨胀系数 (℃⁻¹)
			2mm 以下	2mm 及以上	2mm 以下	2mm 及以上	
TR	软圆铜线	0.0200～14.00	≤0.017241	≤0.017241	0.00393	0.00393	0.000017
TY	硬圆铜线	0.0200～14.00	≤0.01796	≤0.01777	0.00377	0.00381	0.000017
TYT	特硬圆铜线	1.50～5.00					

表 13-5　圆铜线标称直径偏差　　　　单位：mm

标称直径	偏　差	备　　注	标称直径	偏　差	备　　注
0.020～0.025	±0.002		0.126～0.400	±0.004	
0.026～0.125	±0.003		0.401～14.00	±1%d	d 为标称直径

2. 圆铝线

常用圆铝线的技术数据，见表 13-6 和表 13-7。

表 13-6　圆铝线技术数据

型号	名　　称	直径范围 (mm)	电　阻　率 (Ω·mm²/m)	电阻温度系数 (℃⁻¹)	线膨胀系数 (℃⁻¹)
LR	O 状态软圆铝线	0.30～10.00	≤0.0280	0.00407	0.000023
LY4	H4 状态硬圆铝线	0.30～6.00	≤0.028264	0.00403	
LY6	H6 状态硬圆铝线	0.30～10.00			
LY8	H8 状态硬圆铝线	0.30～5.00			
LY9	H9 状态硬圆铝线	1.25～5.00			

表 13-7　圆铝线标称直径偏差　　　　单位：mm

标称直径	偏　差	备　　注	标称直径	偏　差	备　　注
0.300～0.900	±0.013		2.50 及以上	±1%d	d 为标称直径
0.910～2.490	±0.025				

二、绞线

绞线是由多根圆线或型线呈螺旋形绞合而成的导线，主要用于架空输配电电路中。绞线的品种繁多，常见的绞线品种、型号及用途，见表 13-8。

表 13-8　常见的绞线品种、型号及用途

品　　种			型　号	用　　途
普通绞线	铝绞线		LJ	用于挡距较小的一般配电线路
	铝合金绞线	热处理铝镁硅型	HL_AJ	用于一般输配电线路
		热处理铝镁硅稀土型	HL_BJ	
	铝包钢绞线		GLJ	用于重冰区或大跨越导线、通信避雷线等

续表

品种			型号	用途
组合绞线	钢芯铝绞线	普通	LGJ	用于输配电线路
		轻型	LGJQ	
		重型	LGJJ	
	钢芯铝合金绞线	热处理型	LHGJ	用于重冰区或大跨越输电线路等
		非热处理型	LH_2GJ	
		加强型热处理型	LHGJJ	
		加强型非热处理型	LH_2GJJ	
	钢芯铝包钢绞线		GLGJ	用于较大跨越或重冰区输电线路
	钢—铝包钢混绞线		GGLJ	用于大跨越输电线路或通信避雷线
	钢芯软铝绞线		LRGJ	用于传输容量较大的输配电线路
	防腐钢芯铝绞线	轻防腐	LGJF	用于周围有腐蚀环境的输配电线路
		中防腐	$LGJF_2$	
		重防腐	$LGJF_3$	
电车线	钢铝电车线	无轨电车	GLGB	用于无轨电车的馈电线路
		电机车	GLCA	用于电机车的馈电线路
	铝合金电车线		LHC	用于电机车的馈电线路
特种绞线	高强度重防腐钢芯铝包钢绞线		$CLGJF_3$	用于大跨越输电线路
	扩径导线	扩径钢芯铝绞线	LGJK	用于高压或高海拔输电线路
		铝钢扩径空心导线	LGKK	用于高压或高海拔变电站
	自阻尼钢芯铝绞线			用于大挡距、耐疲劳的输配电线路
	防冰雪导线			用于重冰区输电线路

1. LJ 型铝绞线

LJ 型铝绞线的规格及主要技术数据，见表 13-9。

2. LGJ 型铝绞线及 LGJF 型防腐铝绞线

LGJ 型铝绞线及 LGJF 型防腐铝绞线的规格及主要技术数据，见表 13-10。

表 13-9 LJ 型铝绞线规格及主要技术数据

标称截面 (mm²)	结构 根数/直径 (根/mm)	计算截面 (mm²)	外径 (mm)	20℃时 直流电阻 ≤ (Ω/km)	计算拉断力 (N)①
16	7/1.70	15.89	5.10	1.802	2840
25	7/2.15	25.41	6.45	1.127	4355
35	7/2.250	34.36	7.50	0.8332	5760
50	7/3.00	49.48	9.00	0.5786	7930
70	7/3.60	71.25	10.80	0.4018	10950
95	7/4.16	95.14	12.48	0.3009	14450
120	19/2.85	121.21	14.25	0.2373	19120
150	19/3.15	148.07	15.75	0.1943	23310
185	19/3.50	182.82	17.50	0.1574	28440
210	19/3.75	209.85	18.75	0.1371	32260
240	19/4.00	238.76	20.00	0.1205	36260
300	37/3.20	297.57	22.40	0.09689	46850
400	37/3.70	397.83	25.90	0.07247	61150
500	37/4.16	502.90	29.12	0.05733	76370
630	61/3.63	631.30	32.67	0.04577	91940
800	61/4.10	805.36	36.90	0.03588	115900

① 1N=0.102kgf。

表 13-10 LGJ 型铝绞线及 LGJF 型防腐铝绞线的规格及主要技术数据

标称截面 铝/钢 (mm²)	结构 根数/直径 (根/mm)		计算截面 (mm²)			外径 (mm)	20℃时 直流电阻 ≤ (Ω/km)	计算拉断力 (N)
	铝	钢	铝	钢	总计			
10/2	6/1.50	1/1.50	10.60	1.77	12.37	4.50	2.706	4120
16/3	6/1.85	1/1.85	16.13	2.69	18.82	5.55	1.779	6130
25/4	6/2.32	1/2.32	25.36	4.23	29.59	6.96	1.131	9290
35/6	6/2.72	1/2.72	34.86	5.81	40.67	8	0.8230	12630
50/8	6/3.20	1/3.20	48.25	8.04	56.29	9.60	0.5946	16870
50/30	12/2.32	7/2.32	50.73	29.59	80.32	11.60	0.5692	42620
70/10	6/3.80	1/3.80	68.05	11.34	79.39	11.40	0.4217	23390
70/40	12/2.72	7/2.72	69.73	40.67	110.40	13.60	0.4141	58300
95/15	26/2.15	7/1.67	94.39	15.33	109.72	13.61	0.3058	35000
95/20	7/4.16	7/1.85	95.14	18.82	113.96	13.87	0.3019	37200

续表

标称截面 铝/钢 (mm²)	结构 根数/直径 (根/mm)		计算截面 (mm²)			外径 (mm)	20℃时 直流电阻 ≤ (Ω/km)	计算 拉断力 (N)
	铝	钢	铝	钢	总计			
95/55	12/3.20	7/3.20	96.51	56.30	152.81	16.00	0.2992	78110
120/7	18/2.90	1/2.90	118.89	6.61	125.50	14.50	0.2422	27570
120/20	26/2.38	7/1.85	115.67	18.82	134.39	15.07	0.2496	41000
120/25	7/4.72	7/2.10	122.48	24.25	146.73	15.74	0.2345	47880
120/70	12/3.60	7/3.60	122.15	71.25	193.40	18.00	0.2364	98370
150/8	18/3.20	1/3.20	144.76	8.04	152.80	16.00	0.1989	32860
150/20	24/2.78	7/1.85	145.68	18.82	164.50	16.67	0.1980	46630
150/25	26/2.70	7/2.10	148.86	24.25	173.11	17.10	0.1939	54110
150/35	30/2.50	7/2.50	147.26	34.36	181.62	17.50	0.1962	65020
185/10	18/3.60	1/3.60	183.22	10.81	193.40	18.00	0.1572	40880
185/25	24/3.15	7/2.10	187.04	24.25	211.29	18.90	0.1542	59420
185/30	26/2.98	7/2.32	181.34	29.59	210.93	18.88	0.1592	64320
185/45	20/2.80	7/2.80	184.73	43.10	227.83	19.60	0.1564	80190
210/10	18/3.80	1/3.80	204.14	11.34	215.48	19.00	0.1411	45140
210/25	24.3.33	7/2.22	209.02	27.10	236.12	19.98	0.1380	65990
210/35	26/3.22	7/2.50	211.73	34.36	246.09	20.38	0.1363	74250
210/50	30/2.98	7/2.98	209.24	48.82	258.06	20.86	0.1381	90830
240/30	24/3.60	7/2.40	244.29	31.67	275.96	21.60	0.1181	75620
240/40	26/3.42	7/2.66	238.85	38.90	277.75	21.66	0.1209	83370
240/55	30/3.20	7/3.20	241.27	56.30	297.57	22.40	0.1198	102100
300/15	42/3.00	7/1.67	296.88	15.33	312.21	23.01	0.09724	68060
300/20	45/2.93	7/1.95	303.42	20.91	324.33	23.43	0.09520	75680
300/25	48/2.85	7/2.22	306.21	27.10	333.31	23.76	0.09433	83410
300/40	24/3.99	7/2.66	300.09	38.90	338.99	23.94	0.09614	92220
300/50	26/3.83	7/2.98	299.54	48.82	348.36	24.26	0.09636	103400
300/70	30/3.60	7/3.60	305.36	71.25	376.61	25.20	0.09463	128000
400/20	42/3.51	7/1.95	406.40	20.91	427.31	26.91	0.07104	88850
400/25	45/3.33	7/2.22	391.91	27.10	419.01	26.64	0.07370	95940
400/35	48/3.22	7/2.50	390.88	34.36	425.24	26.82	0.07389	103900
400/50	54/3.07	7/3.07	399.73	48.82	451.55	27.63	0.07232	123400
400/65	26/4.42	7/3.44	398.94	65.06	464.00	28.00	0.07236	135200
400/95	30/4.16	19/2.50	407.75	93.27	501.02	29.14	0.07087	171300
500/35	45/3.75	7/2.50	497.01	34.36	531.35	30.00	0.05812	119500

续表

标称截面 铝/钢 (mm^2)	结构 根数/直径 (根/mm)		计算截面 (mm^2)			外径 (mm)	20℃时 直流电阻 ≤ (Ω/km)	计算 拉断力 (N)
	铝	钢	铝	钢	总计			
500/45	48/3.60	7/2.80	488.58	43.10	531.68	30.00	0.05912	128100
500/65	54/3.44	7/3.44	501.88	65.06	566.94	30.96	0.05760	154000
630/45	45/4.20	7/2.80	623.45	43.10	666.55	33.60	0.04633	148700
630/55	48/4.12	7/3.20	639.92	56.30	696.22	34.32	0.04514	164400
630/80	54/3.87	19/2.32	635.19	80.32	715.51	34.82	0.04551	192900
800/55	45/4.80	7/3.20	814.30	56.30	870.60	38.40	0.03547	191500
800/70	48/4.63	7/3.60	808.15	71.25	879.40	38.58	0.03574	207000
800/100	54/4.33	19/2.60	795.17	100.88	896.05	38.98	0.03635	241100

3. LGJQ 型轻型钢芯铝绞线

LGJQ 型轻型钢芯铝绞线的主要技术数据，见表 13-11。

表 13-11 LGJQ 型轻型钢芯铝绞线主要技术数据

标称截面 (mm^2)	实际截面 (mm^2)		根数/直径 (mm)		计算直径 (mm)		20℃时 直流电阻 ≤ (Ω/km)	拉断力 (N)
	铝	钢	铝	钢	电线	钢芯		
150	143.58	17.81	24/2.76	7/1.8	16.44	5.4	0.207	41500
185	176.50	21.99	24/3.06	7/2.0	18.24	6.0	0.168	51100
240	253.88	31.67	24/3.67	7/2.4	21.88	7.2	0.117	71200
300	297.84	37.16	54/2.65	7/2.6	23.70	7.8	0.0997	86300
300	298.58	37.16	24/3.98	7/2.6	23.72	7.8	0.0994	83600
400	397.12	49.48	54/3.06	7/3.0	27.36	9.0	0.0748	110800
400	398.86	49.48	24/4.60	7/3.0	27.40	9.0	0.0744	107300
500	478.81	59.69	54/3.36	19/2.0	30.16	10.0	0.0620	138700
600	580.61	72.22	54/3.70	19/2.2	33.20	11.0	0.0511	162500
700	692.23	85.95	54/4.04	19/2.4	36.24	12.0	0.0429	193600

4. LGJJ 型加强型钢芯铝绞线

LGJJ 型加强型钢芯铝绞线的主要技术数据，见表 13-12。

5. 铝合金绞线和钢芯铝合金绞线

在铝中添加镁、硅、铬、铜、锆等元素，可得到高导电、高

表 13-12　LGJJ 型加强型钢芯铝绞线主要技术数据

标称截面 (mm^2)	实际截面 (mm^2)		根数/直径 (mm)		计算直径 (mm)		20℃时直流电阻 ≤ (Ω/km)	拉断力 (N)
	铝	钢	铝	钢	电线	钢芯		
150	147.26	34.36	30/2.50	7/2.5	17.50	7.5	0.202	61700
185	184.73	43.10	30/2.80	7/2.8	19.60	8.4	0.161	72000
240	241.27	56.30	30/3.20	7/3.2	22.40	9.6	0.123	94100
300	317.35	72.22	30/3.67	19/2.2	25.68	11.0	0.0937	125000
400	409.72	93.27	30/4.17	19/2.5	29.18	12.5	0.0726	161400

强度和热稳定性好的铝合金。导电铝合金分为热处理型和非热处理型两类。

常用的铝合金绞线及钢芯铝合金绞线的型号、规格及主要技术数据，见表 13-13、表 13-14。

表 13-13　铝合金绞线型号、规格及主要技术数据

型　号	标称截面 (mm^2)	结　构 根数/直径 (mm)	外　径 (mm)	计算拉断力 (N)	20℃时直流电阻 ≤ (Ω/km)
LH_AJ	10	7/1.35	4.05	2800	3.31596
	16	7/1.71	5.13	4490	2.06673
	25	7/2.13	6.39	6970	1.33204
	35	7/2.52	7.56	9750	0.95165
	50	7/3.02	9.06	14000	0.66262
	70	7/3.57	10.71	19570	0.47418
	95	7/4.16	12.48	26570	0.34921
	120	19/2.84	14.20	33620	0.27745
	150	19/3.17	15.58	41880	0.22269
LH_BJ	185	19/3.52	17.60	51640	0.18061
	210	19/3.75	18.75	58610	0.15913
	240	19/4.01	20.50	67020	0.13917
	300	37/3.21	22.47	83630	0.11181
	400	31/3.71	25.97	111710	0.08370
	500	37/4.15	29.05	139780	0.06689
	630	61/3.63	32.67	176320	0.05310
	800	61/4.09	36.81	223840	0.04183
	1000	61/4.57	41.13	279460	0.03351

表 13-14　钢芯铝合金绞线型号、规格及主要技术数据

型　号	标称截面 (mm²)	结构 根数/直径 (mm)		计算截面 (mm²)	外　径 (mm)	计算拉断力 (N)	20℃时直流电阻 ≤ (Ω/km)
		铝合金	钢				
LH_AGJ	10/2	6/1.50	1/1.50	12.37	4.50	5180	3.14026
LH_AGJ	16/3	6/1.85	1/1.85	18.81	5.55	7890	2.06445
LH_BGJ	25/4	6/2.32	1/2.32	29.59	6.96	12260	1.31272
	35/6	6/2.72	1/2.72	40.67	8.16	16860	0.95501
LH_AGJF_1	50/8	6/3.20	1/3.20	56.29	9.60	23050	0.68999
LH_BGJF_1	50/30	12/2.32	7/2.32	80.31	11.60	48580	0.66059
	70/10	6/3.80	1/3.80	79.38	11.40	32510	0.48930
LH_AGJF_2	70/40	12/2.72	7/2.72	110.40	13.60	66780	0.48058
LH_BGJF_2	95/15	26/2.15	7/1.67	109.72	13.61	45720	0.35508
	95/55	12/3.20	7/3.20	152.80	16.00	90460	0.34722
	120/7	18/2.90	1/2.90	125.49	14.50	42470	0.28114
	120/20	26/2.38	7/1.85	134.48	15.07	56050	0.28977
	120/70	12/3.60	7/3.60	193.39	18.00	114500	0.27435
	150/8	18/3.20	1/3.20	152.80	16.00	51430	0.23090
	150/25	26/2.70	7/2.10	173.10	17.10	72180	0.22515
	185/10	18/3.60	1/3.60	193.39	18.00	65090	0.18244
	185/30	26/2.98	7/2.32	210.93	18.88	86980	0.18483
	210/10	18/3.80	1/3.80	215.48	19.00	72520	0.16374
	210/35	26/3.22	7/2.50	246.08	20.38	101350	0.15830
	240/30	24/3.60	7/2.40	275.95	21.60	107850	0.13712
	240/40	26/3.42	7/2.66	277.74	21.66	114480	0.14033
	300/20	45/2.93	7/1.95	324.32	23.43	113700	0.11054
	300/50	26/3.83	7/2.98	348.36	24.26	143620	0.11189
	300/70	30/3.60	7/3.60	376.61	25.20	168360	0.10987
	400/25	45/3.33	7/2.22	419.00	26.64	146970	0.08558
	400/50	54/3.07	7/3.07	451.54	27.63	174670	0.08399
	400/95	30/4.16	19/2.50	501.01	29.14	226010	0.08228
	500/35	45/3.75	7/2.50	531.37	30.00	185220	0.06748
	500/65	54/3.44	7/3.44	566.93	30.96	219310	0.06689
	630/45	45/4.20	7/2.80	666.55	33.60	232340	0.05379
	630/80	54/3.87	19/2.32	715.51	34.82	278140	0.05285
	800/55	45/4.80	7/3.20	870.59	38.04	301500	0.04118
	800/100	54/4.33	19/2.60	896.04	38.98	348570	0.04222
	1000/45	72/4.21	7/2.80	1045.37	42.08	343710	0.03348
	1000/125	54/4.84	19/2.90	1119.01	43.54	434910	0.03379

6. TJ 型硬铜绞线

TJ 型硬铜绞线的主要技术数据，见表 13-15。

表 13-15　TJ 型硬铜绞线主要技术数据

标称截面 (mm²)	根数/直径 (mm)	成品外径 (mm)	安全载流量 (A)	20℃时直流电阻 ≤(Ω/km)	拉断力 (kN)
16	7/1.7	5.10	120	1.140	5.86
25	7/2.12	6.36	156	0.733	8.90
35	7/2.5	7.50	195	0.527	12.37
50	7/2.97	9.00	247	0.366	17.81
70	19/2.12	10.60	304	0.273	24.15
95	19/2.5	12.50	377	0.196	33.58
120	19/2.8	14.00	429	0.156	42.12
150	19/3.15	15.75	504	0.123	51.97

注　该产品仅在个别特殊场合中使用。

三、型线和型材

型线和型材导体有矩形、梯形及其他几何形状。可以单独使用，也可用于制造电缆及电气设备。常用有铜、铝母线，铜、铝扁线，各种铜排、铜带，空心导线和电车线等。

型线和型材的品种、型号及主要用途见表 13-16。

表 13-16　型线和型材的品种、型号及主要用途

名　称	型　号	生产范围 (mm)	主要用途
铜扁线	TBY TBR	*a*：0.80～7.1 *b*：2.00～16.00	电机、电器、配电设备及其他电工方面的应用
铝扁线	LBY LBR		
铜母线	TMY TMR	*a*：2.24～31.5 *b*：16.00～125	
铝母线	LBY LBR		
铜带	TDY TDR	*a*：0.80～3.55 *b*：9.00～100	
梯形铜排	TPT THPT	*T*≤24、*H*≤150 *HT*≤50	电机换向器的整流片

续表

名 称	型 号	生产范围 (mm)	主要用途
空心铜导线	TBRK	*a*：5～18 *b*：5～18	电机、变压器绕组
空心铝导线	LBRK	*a*：6.5～14 *b*：8.5～22.5	
电力牵引用铜触线	CTY CT	50～110 (mm^2) 65～150 (mm^2)	电力运输系统的架空接触导线
钢铝电车线	GLCA GLCB	100/215 (mm^2) 80/173 (mm^2)	
绝缘滑触线	AJH—G—□ AJH—J—□		电力运输系统的接触导线

1. 铜母线

常用铜母线的主要技术数据，见表 13-17～表 13-20。

表 13-17 铜母线型号、名称及主要性能

型号	状 态	名 称	机械性能（全部规格）			电阻率 ρ_{20} ($\Omega \cdot mm^2/m$)
			抗拉强度 (N/mm^2)	伸长率 (%)	布氏硬度 (HB)	
TMY	H—硬的	硬铜母线				≤0.01777
TMR	O—退火的	软铜母线	≥206	≥35	≥65	≤0.017241

表 13-18 铜母线的规格及系列

标称尺寸 (mm)		规格系列	标称尺寸 (mm)		规格系列
a	*b*		*a*	*b*	
2.24～6.70	16.00～33.50	采用 R_{40}	7.10～31.50	35.50～125.00	采用 R_{20}

表 13-19 铜母线的圆角半径标准

(当用作绕组线时)

单位：mm

标称尺寸	圆角半径 (r)		标称尺寸	圆角半径 (r)	
	标称	偏差		标称	偏差
2.24≤a≤3.15	a/2	±25%	14.00≤a≤25.00	1.6	±25%
3.35≤a≤4.75	0.8		28.00≤a≤31.50	3.2	
5.00≤a≤12.50	1.2				

表 13-20　铜母线的规格尺寸

b 边 (mm)	a 边 (mm)								
	2.24	2.36	2.50	2.65	2.80	3.00	3.15	3.35	3.55
16.00									
17.00	38.1		42.5		47.6		53.6		60.4
18.00	40.3	42.5	45.0	47.4	50.4	54.0	56.7	60.3	63.9
19.00			47.5		53.2		59.9		67.5
20.00			50.0	53.0	56.0	60.0	63.0	67.0	71.0
21.20			53.0		95.4		66.8		75.3
22.40			56.0	59.4	62.7	67.2	70.6	75.0	79.5
23.60					66.1		74.3		83.8
25.00					70.0	75.0	78.8	83.8	88.8
26.50							83.5		94.1
28.00								93.8	99.4
30.00									106.5
31.50									
33.50									
35.50									
40.00									
45.00									
50.00									
56.00									
63.00									
71.00									
80.00									
90.00									
100.00									
112.00									
125.00									

r　a　b

2.36　R_{40} 系列规格

2.24　R_{20} 系列规格

40.3　$a\times b$ 为 $R_{20}\times R_{20}$ 优先规格的标称截面(mm^2)

42.5　$a\times b$ 为 $R_{20}\times R_{40}$ 或 $R_{40}\times R_{20}$ 的中间规格标称截面 (mm^2)

续表

b边 (mm)	a 边（mm）								
	3.75	4.00	4.25	4.50	4.75	5.00	5.30	5.60	6.00
16.00									
17.00		68.0		76.5		85.0		95.2	
18.00	67.5	72.0	76.5	81.0	85.5	90.0	95.4	100.8	108.0
19.00		76.0		85.5		95.0		106.4	
20.00	75.0	80.0	85.0	90.0	95.0	100.0	106.0	112.0	120.0
21.20		84.8		95.4		106.0		118.7	
22.40	84.0	89.6	95.2	100.8	106.4	112.0	118.7	125.4	134.4
23.60		94.4		106.2		118.0		132.2	
25.00	93.8	100.0	106.3	112.5	118.8	125.0	132.5	140.0	150.0
26.50		106.0		119.3		132.5		148.4	
28.00	105.0	112.0	119.0	126.0	133.0	140.0	148.4	156.8	168.0
30.00		120.0		135.0		150.0		168.0	
31.50	118.1	126.0	133.9	141.8	149.6	157.5	167.0	176.4	189.0
33.50		134.0		150.8		167.5		187.6	
35.50	133.1	142.0	150.9	159.8	168.6	177.5	188.2	198.8	213.0
40.00		160.0		180.0		200.0		224.0	
45.00		180.0		202.5		225.0		252.0	
50.00		200.0		225.0		250.0		280.0	
56.00		224.0		252.0		280.0		313.6	
63.00		252.0		283.5		315.0		352.8	
71.00		284.0		319.5		355.0		397.6	
80.00		320.0		360.0		400.0		448.0	
90.00		360.0		450.0		450.0		504.0	
100.00		400.0		450.0		500.0		560.0	
112.00									
125.00									

续表

b边 (mm)	a 边（mm）							
	6.30	6.70	7.10	8.00	9.00	10.00	11.20	12.50
16.00				128.0	144.0	160.0	179.2	200.0
17.00	107.1		120.7					
18.00	113.4	120.6	127.8	144.0	162.0	180.0	201.6	225.0
19.00	119.8		134.9					
20.00	126.0	134.0	142.0	160.0	180.0	200.0	224.0	250.0
21.20	133.6		150.5					
22.40	141.1	150.1	159.0			224.0	250.9	280.0
23.60	148.7		167.6					
25.00	157.5	167.5	175.5	200.0	225.0	250.0	280.0	315.5
26.50	167.0		188.2					
28.00	176.4	187.6	198.8	224.0	252.0	280.0	313.6	350.0
30.00	189.0		213.0					
31.50	198.5	211.0	223.7	252.0	283.5	315.0	352.8	393.8
33.50	211.0		237.8					
35.50	223.7		252.1	284.0	319.5	355.0	397.6	443.8
40.00	252.0		284.0	320.0	360.0	400.0	448.0	500.0
45.00	283.5		319.5	360.0	405.0	450.0	504.0	562.5
50.00	315.0		355.0	400.0	450.0	500.0	560.0	625.0
56.00	352.8		397.6	448.0	504.0	560.0	627.0	700.0
63.00	396.9		447.3	504.0	567.0	630.0	705.6	787.5
71.00	447.3		504.1	568.0	639.0	710.0	795.2	887.5
80.00	504.0		568.0	640.0	720.0	800.0	896.0	1000.0
90.00	567.0		639.0	720.0	810.0	900.0	1008.0	1125.0
100.00	630.0		710.0	800.0	900.0	1000.0	1120.0	1250.0
112.00	705.6		795.2	896.0	1008.05	1120.0	1254.4	1400.0
125.00	787.5		887.5	1000.0	1125.0	1250.0	1400.0	1562.5

续表

b边 (mm)	a 边 (mm)							
	14.00	16.00	18.00	20.00	22.40	25.00	28.00	31.50
16.00	224.0	256.0						
17.00								
18.00	252.0	288.0						
19.00								
20.00	280.0	320.0	360.0	400.0				
21.20								
22.40	313.6	358.4	403.2	448.0				
23.60								
25.00	350.0	400.0	450.0	500.0	560.0	625.0		
26.50								
28.00	392.0	448.0	504.0	560.0	627.2	700.0		
30.00								
31.50	441.0	504.0	567.0	630.0	705.6	707.5	882.0	992.3
33.50								
35.50	497.0	568.0	639.0	710.0	792.5	787.5	994.0	1118.3
40.00	560.0	640.0	720.0	800.0	896.0	1000.0	1120.0	1260.0
45.00	630.0	720.0	810.0	900.0				
50.00	700.0	800.0	900.0	1000.0				
56.00	784.0	896.0	1008.0	1120.0				
63.00	882.0	1008.0	1134.0	1250.0				
71.00	994.0	1136.0						
80.00	1120.0	1280.0						
90.00	1260.0	1440.0						
100.00	1400.0	1600.0						
112.00								
125.00								

2. 铝母线

铝母线的规格及系列与铜母线相同，其型号、名称及主要性能，见表13-21。

表13-21　铝母线型号、名称及主要性能

型　号	状　　态	名　　称	机械性能（全部规格）		电阻率 ρ_{20} （$\Omega \cdot mm^2/m$）
			抗拉强度（N/mm^2）	伸长率（%）	
LMY	H—硬的	硬铝母线	≥118	≥3	≤0.0290
LMR	O—退火的	软铝母线	≥68.6	≥20	≤0.028264

常用在农村发电站、变电所的铝母线技术数据，见表13-22。

表13-22　铝母线技术数据

型　号	宽×厚（mm）	允许电流（A）	型　号	宽×厚（mm）	允许电流（A）
	25×3	265		60×6	870
LMY	30×3	305	LMY	80×8	1320
LMR	40×4	480	LMR	100×8	1625
	50×5	665		100×10	1825

注　表中允许电流为铝母线立排，并且环境温度为25℃时的数据。当铝母线平排时，对于母线宽度在60mm以下的，应乘以系数0.95；对于母线宽度在60mm及以上的，应乘以系数0.92。当环境温度不是25℃时，还应乘以下列温度校正系数：

环境温度（℃）	10	15	20	25	30	35	40
校正系数	1.15	1.11	1.05	1	0.94	0.88	0.81

3. 扩径导线

扩径导线作为软母线，用于电压等级为300～550kV的电站建设。由于外径扩大，载流量大，可减少电站建设的投资费用以及运行中电晕造成的能量损失。

常见的扩径导线有，中芯用金属软管（镀锌钢薄钢板压成型）支撑扩径的LGKK系列和用圆铝线支撑扩径的LGJK系列。两者相比，LGJK系列具有耐腐蚀性好、高海拔地区的导线

"T"型接头质量高等优点，特别是LGJK系列具有更好的电晕特性以及抗无线电干扰特性。

LGKK系列的型号、规格及主要技术性能，见表13-23。

表13-23　LGKK系列的型号、规格及主要技术性能

型号与规格			LGKK—600	LGKK—900	LGKK—1400
导线外径（mm）			51	49	57
计算截面积	铝（mm^2）		586.7	906.4	1387.8
	钢（mm^2）		49.5	84.83	106.0
	总（mm^2）		636.2	991.23	1493.8
中芯支撑层金属软管外径（mm）			39.0	27.0	27.0
导线结构（根数/直径）	内层	铝	35/3.0	18/3.0	15/3.0
		钢	7/3.0	12/3.0	15/3.0
	次内层，铝		48/3.0	28/4.0	28/4.0
	次外层，铝			34/4.0	34/4.0
	最外层，铝				40/4.0
主要技术性能	计算总拉断力（kN）		137	205	289
	弹性系数（kN/mm^2）		71.95	58.74	58.76
	线胀系数（10^{-6}/℃）		20.6	20.4	20.8
	直流电阻（20℃）（Ω/km）		0.0514	0.03317	0.02163
	载流量（70℃）（A）		750	1020	1290

LGJK系列的型号、规格及主要技术性能，见表13-24。

表13-24　LGJK系列的型号、规格及主要技术性能

型号与规格		LGJK—630	LGJK—800	LGJK—1000	LGJK—1250	LGJK—1400
导线外径（mm）		48	49	51	52	51
标称截面积（mm^2）		630	800	1000	1250	1400
计算截面积	铝（mm^2）	635.43	813.42	1001.40	1259.14	1399.6
	钢（mm^2）	152.81	152.81	152.81	152.81	134.3
	总（mm^2）	788.24	966.23	1154.21	1401.95	1533.9
导线结构（根数/直径）	中心钢丝	19/3.2	19/3.2	19/3.2	19/3.2	19/3.0
	内层铝（支撑层）	4/4.55	4/4.60	4/4.55	4/4.6	13/4.5

续表

型号与规格		LGJK—630	LGJK—800	LGJK—1000	LGJK—1250	LGJK—1400
导线结构（根数/直径）	次内层铝（支撑层）	4/4.55	4/4.60	4/4.55	18/4.47	19/4.5
	次外层铝	11/3.7	24/3.8	27/4.30	26/4.47	25/4.5
	最外层铝	36/3.7	36/3.8	33/4.30	32/4.47	31/4.5
主要技术性能	计算总拉断力（kN）	228	253	278	313	329
	弹性系数（kN/mm^2）	67.8	64.2	61.5	59.0	53.6
	线胀系数（$10^{-6}/℃$）	15.5	16.2	17.7	21.5	20.4
	直流电阻（20℃）（Ω/km）	0.046433	0.036179	0.029314	0.023161	0.02138
	载流量（70℃）（A）	815	934	1030	1147	1260

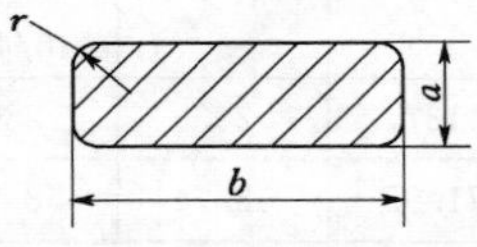

图 13-1 铜带的截面图

4. 铜带

电工铜带（简称铜带）。主要用于制造电机、电器、配电设备的绕组等。其截面图如图 13-1 所示。

电工铜带的有关技术数据，分别见表 13-25、表 13-26、表 13-27、表 13-28 及表 13-29。

表 13-25 铜带型号与规格

型号	状态	名称	宽窄比（b/a）	型号	状态	名称	宽窄比（b/a）
TDR	O	软铜带	$9<b/a\leqslant100$	TDY_2	H_2	H_2 状态硬铜带	$9<b/a\leqslant100$
TDY_1	H_1	H_1 状态硬铜带					

表 13-26 铜带窄边和宽边的尺寸偏差 单位：mm

窄边（a）		宽边（b）	
标称尺寸	偏差	标称尺寸	偏差
$80\leqslant a\leqslant1.25$	0.03	$b\leqslant25.00$	0.10
$1.25<a\leqslant1.80$	0.04	$25.00<b\leqslant50.00$	0.12
$1.80<a\leqslant3.55$	0.05	$50.00<b\leqslant100.00$	0.25

表 13-27　铜带的圆角半径（r）　　单位：mm

标称尺寸	圆角半径（r）		标称尺寸	圆角半径（r）	
	标称	偏差		标称	偏差
$a \leqslant 1.00$	$a/2$	±25%	$2.44 < a \leqslant 3.55$	0.80	±25%
$1.00 < a \leqslant 1.60$	0.5①		$3.55 < a \leqslant 6.00$	1.00	
$1.60 < a \leqslant 2.44$	0.65②		$6.00 < a \leqslant 7.10$	1.20	

注　如果用户与制造商协商，则：①宽边大于 4.75mm 的扁线，其圆角半径可以是：半圆或 0.80mm。②铜带的圆角半径可以是 $a/2$。

表 13-28　铜带的主要性能

型号	标称尺寸	抗拉强度≥（N/mm²）	伸长率≥（%）	电阻率 ρ_{20}≤（Ω·mm²/m）
TDR	$0.80 \leqslant a \leqslant 3.55$		35	0.01737
TDY1	$0.80 \leqslant a \leqslant 1.32$	250	10	0.01777
	$1.32 < a \leqslant 3.55$	250	15	
TDY2	$0.80 \leqslant a \leqslant 1.32$	309		0.01777
	$1.32 < a \leqslant 3.55$	289		

表 13-29　铜带的规格系列尺寸　　单位：mm²

a 边（mm）	0.80	1.00	1.06	1.12	1.18	1.25	1.32	1.40
b 边（mm）	r=0.50（mm）							
9.00	6.984	8.726	9.326					
10.00		8.786		10.986	11.586			
11.20	8.744	10.986	11.658	12.330		13.786		
12.50		12.286		13.786	14.536	15.411	16.286	17.286
14.00	10.984	13.786	14.626	15.466		17.286		19.386
16.00		15.786		17.706	18.666	19.786	20.906	22.186
18.00	14.184	17.786	18.866	19.946		22.286		24.986
20.00		19.786		22.186	23.386	24.786	26.186	27.786
22.40	17.704	22.186	23.530	24.874		27.876		31.146
25.00		24.786		27.786	29.286	31.036	32.786	34.786

续表

a边 (mm)	0.80	1.00	1.06	1.12	1.18	1.25	1.32	1.40
b边 (mm)	r=0.50 (mm)							
28.00	22.184	27.786	29.466	31.146		34.786		38.986
31.50		31.286		35.066	36.956	39.161	41.366	43.886
35.50	28.184	35.286	37.416	39.546		44.161		49.486
40.00		39.786		44.586	46.986	49.786	52.586	55.786
45.00	35.784	44.786	47.486	50.186		56.036		67.786
50.00		49.786		55.786	58.786	62.286	65.786	69.786
56.00	44.584	55.786	59.146	62.506		69.786		78.186
63.00		62.786		70.346	74.126	78.536	82.946	87.986
71.00		70.786						
80.00		79.786						
90.00		89.786						
100.00		99.786						

a边 (mm)	1.50	1.60	1.70	1.80	1.90	2.00	2.12	2.24
b边 (mm)	r=0.50 (mm)			r=0.65 (mm)				
9.00								
10.00								
11.20								
12.50	18.536							
14.00		22.186						
16.00	23.786	25.386	26.837	28.437	30.037			
18.00		28.586		32.037		35.637		39.957
20.00	29.786	31.786	33.637	35.637	37.637	39.637	42.037	44.437
22.40		35.626		39.957		44.437		49.813
25.00	37.286	39.786	42.137	44.637	47.137	49.637	52.637	55.637

续表

a边 (mm)	1.50	1.60	1.70	1.80	1.90	2.00	2.12	2.24
b边 (mm)	r=0.50 (mm)		r=0.65 (mm)					
28.00		44.586		50.037		55.637		62.357
31.50	47.036	50.186	53.187	56.337	59.487	63.637	66.417	70.197
35.50		56.586		63.537		70.637		79.157
40.00	59.786	63.786	67.637	71.637	75.637	79.637	84.437	89.237
45.00		71.786		80.637		89.637		100.437
50.00	74.786	79.786	84.637	89.637	94.637	99.637	105.637	111.637
56.00		88.386		100.437		111.637		
63.00	94.286	100.586	106.737	113.037	119.337	125.637	133.197	
71.00		113.386				141.637		
80.00		127.786				159.637		
90.00		143.786				179.637		
100.00		158.786				199.637		
a边 (mm)	2.36	2.50	2.65	2.80	3.00	3.15	3.35	3.55
b边 (mm)	r=0.80 (mm)							
9.00								
10.00								
11.20								
12.50								
14.00								
16.00								
18.00								
20.00	46.651							
22.40								
25.00	58.451	61.951	65.701	69.451				

续表

a边 (mm)	2.36	2.50	2.65	2.80	3.00	3.15	3.35	3.55
b边 (mm)	r=0.80 (mm)							
28.00		69.451		77.851				
31.50	73.791	78.201	82.926	87.651	93.951	98.676	104.976	111.276
35.50		88.201		98.851		111.276		125.476
40.00	93.851	99.451	105.451	111.451	119.451	125.451	133.451	141.451
45.00		111.951		125.451		141.201		159.201
50.00	117.451	124.451	131.951	139.451	149.451	156.951	166.951	176.951
56.00		139.451		156.251		175.831		198.251
63.00	148.131	156.951	166.401	175.851	188.451	197.901	201.501	223.101
71.00		176.951						
80.00		199.451						
90.00		224.451						
100.00		249.451						

5. 电力牵引用铜触线

电力牵引用铜触线（简称：铜接触线）。主要用于铁路、工矿、城市交通等电气运输、起重系统中架空输电线。

铜接触线的型号、名称及主要技术数据，见表 13-30。

表 13-30　铜接触线的型号、名称及主要技术数据

型号	名称	标称截面 (mm^2)	拉断力 ≥ (N)	伸长率 ≥ (%)	扭转 不少于 (次)	反复弯曲		电阻率 ρ_{20} ≤ ($\Omega \cdot mm^2/m$)
						弯曲半径 (mm)	不少于 (次)	
CTY	圆形铜接触线	50	18880	2.2	9	20	8	0.01768
		65	23210	2.4	9	20	8	
		85	30480	2.6	9	20	8	
		100	34500	3.0	9	25	8	
		110	37600	3.8	9	25	8	

续表

型号	名称	标称截面 (mm²)	拉断力 ≥ (N)	伸长率 ≥ (%)	扭转 不少于 (次)	反复弯曲 弯曲半径 (mm)	反复弯曲 不少于 (次)	电阻率 ρ_{20} ≤ (Ω·mm²/m)
CT	双沟形铜接触线	65	24200	2.5	3	20	8	0.01768
		85	29750	2.7	3	25	8	
		85 (T)	30200	2.7	3	25	8	
		100	34160	2.9	3	25	8	
		110						
		150	51390	3.3	3	30	8	

圆形铜接触线的规格，见表13-31。

表13-31 圆形铜接触线的规格

标称截面 (mm²)	计算截面 (mm²)	标称直径及偏差 (mm) 标称直径	偏差	标称截面 (mm²)	计算截面 (mm²)	标称直径及偏差 (mm) 标称直径	偏差
50	50.2	8.00	±0.6	100	100.3	11.30	±0.6
65	63.6	9.00	±0.6	110	113.1	12.00	±0.6
85	86.6	10.50	±0.6				

双沟形铜接触线的规格，见表13-32。

表13-32 双沟形铜接触线的规格

标称截面 (mm²)	计算截面 (mm²)	尺寸及偏差 (mm) A ±1%	B ±2%	C ±2%	D +4% −2%	E	F	r	G 偏差±2°	H 偏差±2°
65	65.2	9.30	10.19	8.05	5.70	5.32	2.50	0.60	35°	50°
85	85.4	10.80	11.76	8.05	5.70	5.32	2.50	0.60	35°	50°
85 (T)	86.8	11.00	11.00	8.50	6.12	5.70	1.50	0.38	27°	51°
100	100.1	11.80	12.81	8.05	5.70	5.32	2.50	0.60	35°	50°
110	109.6	12.34	12.34	8.50	6.12	5.70	2.50	0.38	27°	51°
150	150.7	14.40	14.40	9.75	7.27	6.85	3.20	0.38	27°	51°

6. 绝缘滑触线

绝缘滑触线采用了高绝缘强度、耐高温的保护外壳，属于人全无法触及的带电导体。在海拔不超过2000m，周围空气相对湿度小于95%，环境温度为－25～＋60℃，没有剧烈震动和冲击的场所，允许安装在任意高度及沟内。绝缘滑触线能适应冰冻、雨雪或其他一般导电粉尘污染环境。

绝缘滑触线主要用于各种电动桥式、门式起重机的滑接输电，各种运输机械、装卸桥的移动供电，也可在生产线、装配线的电动输送和控制信号输送中使用。

常用绝缘滑触线的主要技术数据，见表13-33。

表13-33　常用绝缘滑触线的主要技术数据

名　称	型　　号	额定电流(A)	直流电阻(35℃)(Ω/m)	轨距为80mm时的阻抗(Ω/m)	最大运行速度(m/min)	导轨标准长度(m)	支架间距(m)	外形尺寸(mm)
安全式节能型滑触线(导轨)	AJH—G—200	200	0.000376	0.000413	400	3	1.5	19×26.5
	AJH—G—300	300	0.000293	0.000326	400	3	1.5	19×26.5
	AJH—G—500	500	0.000130	0.000176	600	6	3	32×42
	AJH—G—800	800	0.000078	0.000139	600	6	3	32×42

注　1. 安全式节能型滑触线（导轨）的耐压试验：2.85kV/min。
2. 安全式节能型滑触线（导轨）绝缘套的可燃性为自灭型。

常用滑触线集电器技术数据，见表13-34。

表13-34　常用集电器技术数据

名　称	型　　号	额定电流(A)	最大运行速度(m/min)	接触压力(N)	横向移动距离(mm)	垂直移动距离(mm)	连接电缆截面(mm^2)
安全式节能型滑触线集电器	AJH—J—Ⅰ	100	400	20	80	60	16
	AJH—J—Ⅱ	200	600	28	80	60	70

注　安全式节能型滑触线集电器的耐压试验：2.85kV/min。

绝缘滑触线在不同环境温度和不同负载持续率的情况下，其电流换算系数分别见表 13-35 和表 13-36。

表 13-35　不同环境温度的电流换算系数

实际工作环境温度（℃）	±25	+30	+35	+40	+45	+50	+55	+60
电流换算系数（Kt）	1.32	1.22	1.22	1	0.866	0.707	0.661	0.623

表 13-36　不同负载持续率的电流换算系数

负载持续率（%）	100	60	40	25	15	10
电流换算系数（KJC）	1	1.25	1.5	1.88	2.48	3

第二节　绕 组 线

绕组线又称为电磁线。用于绕制线圈（绕组），是一种具有绝缘层的导电金属电线。其作用是通过电流产生磁场，或切割磁力线产生电流，实现电能和磁能的相互转换。

绕组线的绝缘层目前除部分天然材料外，主要采用有机合成高分子化合物（如缩醛、聚酯、聚氨酯、聚酯亚胺树脂等）和无机材料（玻璃丝、氧化铝膜、陶瓷等）。由于用单一材料构成的绝缘层在性能上有一定的局限性，因此有的绕组线采用复合绝缘或组合绝缘。

绕组线产品型号用汉语拼音字母表示，排列次序及表示的含义见表 13-37。

绕组线型号的编制顺序及方法如下：

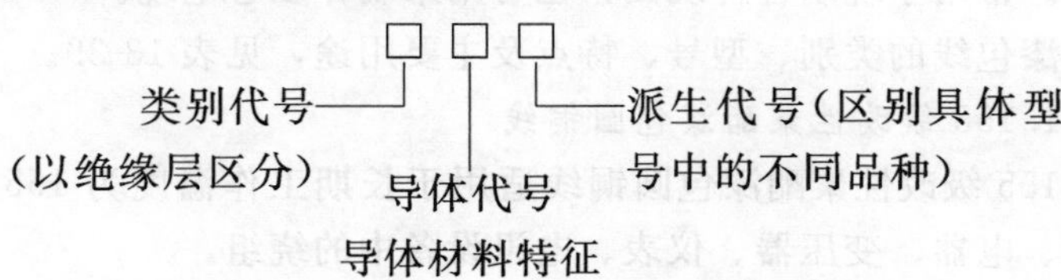

表 13-37　绕组线的型号及各汉语拼音字母的含义

类别（以绝缘层区分）				导体		派生
绝缘漆	绝缘纤维	其他绝缘层	绝缘特征	导体材料	导体特征	
Q—油性漆 QA—聚氨酯漆 QG—硅有机胶 QH—环氧漆 QQ—缩醛漆 QXY—聚酰胺酰亚胺漆 QY—聚酰亚胺漆 QZ—聚酯漆 QZY—聚酯亚胺漆	M—棉纱 SB—玻璃丝 SR—人造丝 ST—天然丝 Z—纸	V—聚氯乙烯 YM—氧化膜 BM—玻璃膜	B—编织 C—醇酸胶粘漆浸渍 E—双层 G—硅有机胶粘漆浸渍 J—加厚 N—自粘性 NF—耐冷冻 S—三层；彩色	T—铜线 L—铝线 TWC—无磁性铜	B—扁线 D—带（箔） J—绞制 R—柔软	1—1 级漆膜 2—2 级漆膜 3—3 级漆膜

举例：双玻璃丝包扁铝线表示为 SBELB

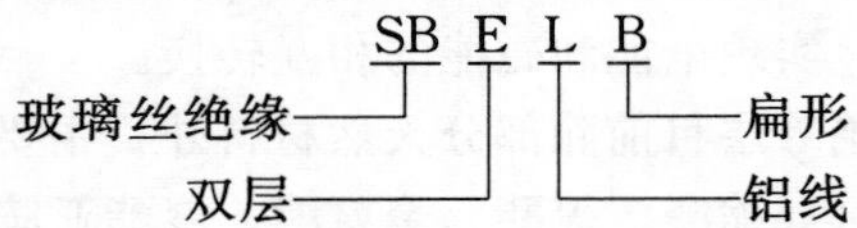

绕组线的导电线芯有圆线、扁线、带、箔等，目前多数采用铜线和铝线。

绕组线的一般用途，见表 13-38。

一、漆包线

漆包线是将绝缘漆涂在导体芯线上，形成绝缘层的一种绝缘导线。常用于绕制各种线圈，也可用来制作多芯电缆。

漆包线的类别、型号、特点及主要用途，见表 13-39。

1. 155 级改性聚酯漆包圆铜线

155 级改性聚酯漆包圆铜线适用于长期工作温度为 155℃的电机、电器、变压器、仪表、电讯设备中的绕组。

表 13-38 绕组线的一般用途参考表

种类	绕组线名称	耐温等级（℃）	交流发电机			交流电动机							直流电动机	变压器					仪表电信设备用线圈	电力系统用线圈
			大型	中小型	一般用途	通用大型	通用中小型	通用微型	起重、辊道型	防爆型	耐制冷剂型	电动工具	轧钢、牵引型	高温干式	一般干式	油浸大型	油浸中小型	高频		
漆包线	油性漆包线	A(105)																●	●	
	缩醛漆包线	E(120)			●		●	●				●			●		●	●	●	●
	聚氨酯漆包线	E(120)						●										●	●	
	环氧漆包线	E(120)					●				●				●		●	●		●
	聚酯漆包线	B(130)			●		●	●						●	●			●	●	●
	聚酯亚胺漆包线	F(155)			●		●	●	●	●	●	●	●	●	●					●
	聚酰胺酰亚胺漆包线	200		●			●	●	●		●	●	●	●						
	聚酰亚胺漆包线	220										●	●	●						
	自粘直焊漆包线	E(120)						●											●	
	自粘性漆包线	E(120) B(130)						●											●	
	耐制冷剂漆包线	A(120)									●						●			●
	聚酯亚胺—聚酰胺酰亚胺漆包线	F(155)		●			●	●	●	●	●	●	●	●						

续表

种类	绕组线名称	耐温等级（℃）	交流发电机			交流电动机							直流电动机	变压器					仪表电信设备用线圈	电力系统用线圈
			大型	中小型	一般用途	通用大型	通用中小型	通用微型	起重、辊道型	防爆型	耐制冷剂型	电动工具	轧钢、牵引型	高温干式	一般干式	油浸大型	油浸中小型	高频		
绕包线	纸包线	A(105)														●	●			
绕包线	玻璃丝包线	B(130) F(155) H(180)	●	●	●	●	●		●	●			●	●	●					●
绕包线	玻璃丝包漆包线	B(130) F(155) H(180)	●	●		●			●	●			●	●	●					●
绕包线	丝包线	A(105)																	●	
绕包线	丝包漆包线	A(105)																	●	
绕包线	聚酰亚胺薄膜绕包线	220	●			●			●				●	●						
绕包线	玻璃丝包聚酯薄膜绕包线	E(120)		●			●		●	●										
其他绕组线	氧化膜铝带（箔）													●	●					
其他绕组线	高频绕组线	Y(90)																	●	
其他绕组线	换位导线	A(105)														●				

注 1. 表中注有“●”者，表示可供选用的绕组线。

2. 表中变压器栏包括互感器、调压器、电抗器等。

3. 选用绕组线时，还须考虑绕组线和有关组合绝缘材料的相容性。

表 13-39　漆包线的类别、型号、特点及主要用途

<table>
<tr><th>类别</th><th>产品名称</th><th>型　号</th><th>常见规格范围
(mm)</th><th>特　　点</th><th>主要用途</th></tr>
<tr><td>油性漆包线</td><td>油性漆包圆铜线</td><td>Q</td><td>0.020～2.500</td><td>1. 漆膜均匀
2. 介质损耗角小
3. 耐溶剂性差
4. 具有良好的耐高频性能和耐湿性能
5. 长期工作温度为：105℃</td><td>中、高频线圈及仪表电器等线圈</td></tr>
<tr><td rowspan="6">缩醛漆包线</td><td>缩醛漆包圆铜线</td><td>QQ—1
QQ—2</td><td>0.018～2.500</td><td rowspan="5">1. 漆膜热冲击性好
2. 漆膜耐刮性好
3. 耐水解性能好
4. 长期工作温度为：120℃</td><td rowspan="5">普通中小型电机、微电机绕组和油浸变压器的线圈，电器仪表等线圈</td></tr>
<tr><td>缩醛漆包圆铝线</td><td>QQL—1
QQL—2</td><td>0.800～2.500</td></tr>
<tr><td>彩色缩醛漆包圆铜线</td><td>QQS—1
QQS—2</td><td>0.020～2.500</td></tr>
<tr><td>缩醛漆包扁铜线</td><td>QQB</td><td>a：0.8～5.60
b：2.0～16.0</td></tr>
<tr><td>缩醛漆包扁铝线</td><td>QQLB</td><td>a：0.8～5.60
b：2.0～18.0</td></tr>
<tr><td>缩醛漆包扁铝合金线</td><td></td><td>a：0.8～5.60
b：2.0～18.0</td><td>1. 同上
2. 抗拉强度比铝线大
3. 可承受线圈在短路时较大的应力</td><td>大型变压器绕组线圈</td></tr>
<tr><td>聚氨酯漆包线</td><td>聚氨酯漆包圆铜线</td><td>QA—1
QA—2
QA—3</td><td>0.018～2.500
0.018～2.500
0.040—0.450</td><td>1. 在高频条件下介质损耗因数小
2. 可直接焊接，不需刮去漆膜
3. 着色性好，可制成不同颜色的漆包线，便于接头时识别
4. 长期工作温度为：120℃</td><td>要求Q值稳定的高频线圈、电视机线圈和仪表用的微细线圈</td></tr>
<tr><td>环氧漆包线</td><td>环氧漆包圆铜线</td><td>QH—1
QH—2</td><td>0.060～2.500</td><td>1. 耐水解性能优
2. 耐潮性优
3. 耐化学药品，特别是耐碱耐油性优
4. 长期工作温度为：120℃</td><td>油浸变压器的绕组和耐化学品腐蚀、耐潮湿电机的绕组</td></tr>
</table>

续表

类别	产品名称	型号	常见规格范围(mm)	特点	主要用途
聚酯漆包线	聚酯漆包圆铜线	QZ—1/130 QZ—2/130	0.018～3.150 0.018～5.000	1. 在干燥和潮湿条件下，耐电压击穿性能优 2. 软化击穿性能优 3. 长期工作温度为：130℃	通用于中小型电机的绕组，干式变压器和电器仪表的线圈
	聚酯漆包圆铝线	QZL—1 QZL—2	0.060～2.500		
	彩色聚酯漆包圆铜线	QZS—1 QZS—2	0.006～2.500		
	聚酯漆包扁铜线	QZB	a：0.8～5.60 b：2.0～16.0		
	聚酯漆包扁铝线	QZLB	a：0.8～5.60 b：2.0～18.0		
	聚酯漆包扁铝合金线		a：0.8～5.60 b：2.0～18.0	1. 同上 2. 抗拉强度比铝线大 3. 可承受线圈在短路时较大的应力	干式变压器绕组
聚酯亚胺漆包线	聚酯亚胺漆包圆铜线	QZY—1 QZY—2	0.018～2.500	1. 在干燥和潮湿条件下，耐电压击穿性能优 2. 热冲击性能良 3. 软化击穿性能良 4. 长期工作温度为：180℃	高温电机和制冷装置中电机的绕组，干式变压器和电器仪表的线圈
	聚酯亚胺漆包扁铜线	QZTB	a：0.8～5.60 b：2.0～16.0		
聚酰胺酰亚胺漆包线	聚酰胺酰亚胺漆包圆铜	QXY—1 QXY—2	0.060～2.500	1. 在干燥和潮湿条件下，耐电压击穿性能优 2. 耐化学药品腐蚀性能优 3. 热性能优 4. 耐有机溶剂性能优 5. 耐冷冻剂性能优 6. 长期工作温度为：200℃	高温重负荷电机、牵引电机、制冷设备电机的绕组，干式变压器和电器仪表的线圈以及密封式电机电器绕组
	聚酰胺酰亚胺漆包扁铜线	QXYB	a：0.90～3.00 b：2.50～8.00		

续表

类别	产品名称	型　号	常见规格范围 (mm)	特　　点	主要用途
聚酰亚胺漆包线	聚酰亚胺漆包圆铜线	QY—1 QY—2	0.020～2.500	1. 漆膜的耐热性是目前漆包线品种中最佳的一种 2. 软化击穿及热冲击性优，能承受短时间过载负荷 3. 耐低温性优 4. 耐辐射性优 5. 耐溶剂及化学药品腐蚀性优 6. 长期工作温度为：220℃	耐高温电机、干式变压器、密封式继电器及电子元件等
	聚酰亚胺漆包扁铜线	QYB	*a*：0.8～5.60 *b*：2.0～18.0		
特种漆包线	自粘直焊漆包圆铜线	QAN	0.020～1.000	1. 在一定温度．时间条件下不需刮去漆膜，可直接焊接，同时不需浸渍处理，能自行粘合成型 2. 长期工作温度为：120℃	微型电机、仪表的线圈和电子元件，无骨架的线圈
	环氧自粘性漆包圆铜线	QHN	0.100～0.510	1. 不需浸渍处理，在一定温度、时间条件下，能自行粘合成型 2. 耐油性良 3. 长期工作温度为：120℃	仪表和电器的线圈、无骨架的线圈
	缩醛自粘性漆包圆铜线	QQN	0.060～1.000	1. 能自行粘合成型 2. 热冲击性能良 3. 长期工作温度为：120℃	
	自粘性漆包圆铜线	QZN	0.020～1.000	1. 能自行粘合成型 2. 耐电击穿电压性能优 3. 长期工作温度为：130℃	

续表

类别	产品名称	型号	常见规格范围 (mm)	特点	主要用途
特种漆包线	无磁性聚氨酯漆包圆铜线	QATWC	0.020～0.200	1. 漆包线中铁磁含量极低，对感应磁场所起干扰作用极小 2. 耐高频性能好 3. 不用剥去漆膜即可直接焊接 4. 长期工作温度为：120℃	精密仪表和电器的线圈，如直镜式检流计、磁通表、测震仪等的线圈

注 表中"常见规格范围"一栏，圆线规格以线芯直径表示；扁线以线芯窄边长度 *a* 及宽边长度 *b* 表示。

155 级改性聚酯漆包圆铜线的型号、规格及主要技术数据，见表 13-40 和表 13-41。

表 13-40 155 级改性聚酯漆包圆铜线型号及规格

型号	名称	规格 (mm)
QZ（G）—1/155	155 级薄漆膜改性聚酯漆包圆铜线	1 级：0.020～3.150
QZ（G）—2/155	155 级厚漆膜改性聚酯漆包圆铜线	2 级：0.020～5.000

表 13-41 155 级改性聚酯漆包圆铜线主要技术数据

标称直径 (mm)	导体直径及电阻				漆包线最小绝缘厚度 (mm)	
	最大外径（mm）		铜导体电阻（Ω/m）			
	1 级	2 级	最小	最大	1 级	2 级
0.018	0.022	0.024	60.46	73.89		
0.020	0.024	0.027	48.97	59.85		
0.022	0.027	0.030	39.01	53.52		
0.025	0.031	0.034	31.34	38.31		
0.028	0.034	0.038	24.36	32.48		
0.032	0.039	0.043	19.13	23.38		

续表

标称直径（mm）	导体直径及电阻				漆包线最小绝缘厚度（mm）	
	最大外径（mm）		铜导体电阻（Ω/m）			
	1级	2级	最小	最大	1级	2级
0.036	0.044	0.049	14.91	19.14		
0.040	0.049	0.054	12.28	14.92		
0.045	0.055	0.061	9.648	12.03		
0.050	0.060	0.066	7.922	9.489		
0.056	0.067	0.074	6.300	7.700		
0.063	0.076	0.083	5.045	5.922		
0.071	0.084	0.091	3.994	4.641	0.007	0.012
0.080	0.094	0.101	3.166	3.635	0.007	0.014
0.090	0.105	0.113	2.515	2.859	0.008	0.015
0.100	0.117	0.125	2.046	2.307	0.008	0.016
0.112	0.130	0.139	1.632	1.848	0.009	0.017
0.125	0.144	0.154	1.317	1.475	0.010	0.019
0.140	0.160	0.171	1.055	1.170	0.011	0.021
0.160	0.182	0.194	0.8122	0.8906	0.012	0.023
0.180	0.204	0.217	0.6444	0.7007	0.013	0.025
0.200	0.226	0.239	0.5237	0.5657	0.014	0.027
0.224	0.252	0.266	0.4188	0.4495	0.015	0.029
0.250	0.281	0.297	0.3345	0.3628	0.017	0.032
0.280	0.312	0.329	0.2676	0.2882	0.018	0.033
0.315	0.349	0.367	0.2121	0.2270	0.019	0.035
0.355	0.392	0.414	0.1674	0.1782	0.020	0.038
0.400	0.439	0.459	0.1316	0.1407	0.021	0.040
0.450	0.491	0.513	0.1042	0.1109	0.022	0.042
0.500	0.544	0.566	0.08462	0.08959	0.024	0.045

续表

标称直径（mm）	导体直径及电阻				漆包线最小绝缘厚度（mm）	
	最大外径（mm）		铜导体电阻（Ω/m）			
	1级	2级	最小	最大	1级	2级
0.530	0.579	0.601	0.07539	0.07965	0.025	0.046
0.560	0.606	0.630	0.06736	0.07153	0.025	0.047
0.600	0.658	0.679	0.05876	0.06222	0.026	0.049
0.630	0.679	0.704	0.05335	0.05638	0.027	0.050
0.670	0.726	0.718	0.04722	0.04979	0.027	0.051
0.710	0.762	0.789	0.04198	0.0442	0.028	0.053
0.750	0.809	0.832	0.03756	0.03987	0.029	0.054
0.800	0.855	0.884	0.03305	0.0350	0.030	0.056
0.850	0.913	0.937	0.02925	0.03104	0.031	0.058
0.900	0.959	0.989	0.02612	0.02765	0.032	0.060
0.950	1.017	1.041	0.02342	0.02484	0.033	0.061
1.000	1.062	1.094	0.02116	0.2240	0.034	0.063
1.060	1.130	1.155	0.01881	0.01995	0.034	0.064
1.120	1.184	1.217	0.01687	0.01785	0.034	0.065
1.180	1.254	1.279	0.01519	0.01609	0.035	0.066
1.250	1.316	1.349	0.01353	0.01435	0.035	0.067
1.320	1.397	1.423	0.01214	0.01285	0.036	0.068
1.400	1.468	1.502	0.01079	0.01143	0.036	0.069
1.500	1.581	1.608	0.009402	0.009955	0.037	0.070
1.600	1.670	1.706	0.008237	0.008749	0.038	0.071
1.700	1.785	1.813	0.007320	0.007750	0.038	0.072
1.800	1.872	1.909	0.006529	0.006913	0.039	0.073
1.900	1.990	2.018	0.005860	0.006204	0.039	0.074
2.000	2.074	2.112	0.005289	0.005600	0.040	0.075

续表

标称直径 (mm)	导体直径及电阻				漆包线最小绝缘厚度 (mm)	
	最大外径 (mm)		铜导体电阻 (Ω/m)			
	1级	2级	最小	最大	1级	2级
2.120	2.214	2.243	0.004708	0.004983	0.040	0.076
2.240	2.316	2.355	0.004218	0.004462	0.041	0.077
2.360	2.459	2.488	0.003797	0.004023	0.041	0.078
2.500	2.578	2.618	0.003385	0.003584	0.042	0.079
2.800	2.880	2.922				
3.150	3.238	3.276				
3.550	3.635	3.679				
4.000	4.088	4.133				
4.500	4.591	4.637				
5.000	5.093	5.141				

2. 200 级聚酯亚胺/聚酰胺酰亚胺复合漆包圆铜线

200 级聚酯亚胺/聚酰胺酰亚胺复合漆包圆铜线，适用于密闭式的电器、电机绕组。具有漆膜耐热性好，机械强度高，耐负载性能好等特点。长期工作温度为 200℃。

200 级聚酯亚胺/聚酰胺酰亚胺复合漆包圆铜线的型号、名称及参考数据，见表 13-42 和表 13-43。

表 13-42　200 级聚酯亚胺/聚酰胺酰亚胺复合漆包圆铜线型号及规格

型　　号	名　　称	规　格 (mm)
Q (ZY/XY) —1/200	200 级薄漆膜聚酯亚胺/聚酰胺酰亚胺复合漆包圆铜线	0.050～2.000
Q (ZY/XY) —2/200	200 级厚漆膜聚酯亚胺/聚酰胺酰亚胺复合漆包圆铜线	

表 13-43 200 级聚酯亚胺/聚酰胺酰亚胺复合漆包圆铜线的参考数据

标称直径 (mm)	最小漆膜厚度（mm）		标称直径 (mm)	最小漆膜厚度（mm）	
	1 级	2 级		1 级	2 级
0.050			0.355	0.020	0.038
0.056			0.400	0.021	0.040
0.071	0.007	0.012	0.450	0.022	0.042
0.080	0.007	0.014	0.500	0.024	0.045
0.090	0.008	0.015	0.560	0.025	0.047
0.100	0.008	0.016	0.630	0.027	0.050
0.112	0.009	0.017	0.710	0.028	0.053
0.125	0.010	0.019	0.800	0.030	0.056
0.140	0.011	0.021	0.900	0.032	0.060
0.160	0.012	0.023	1.000	0.033	0.063
0.180	0.013	0.025	1.120	0.034	0.065
0.200	0.014	0.027	1.250	0.035	0.067
0.224	0.015	0.029	1.400	0.036	0.069
0.250	0.017	0.032	1.600	0.038	0.071
0.280	0.018	0.033	1.800	0.039	0.073
0.315	0.019	0.035	2.000	0.040	0.075

二、绕包线

绕包线是指在导电线芯或漆包线上，紧密绕包着绝缘层的一种绕组线。绝缘层的材料主要采用绝缘纸、天然丝、玻璃丝或合成薄膜等。一般应用于大中型电工产品。

绕包线的型号、特点及主要用途，见表 13-44。

三、特种绕组线

特种绕组线具有特殊的绝缘结构和性能，如耐水的多层绝缘结构，适用于潜水电机绕组线等。其品种、型号、特点和主要用途，见表 13-45。

表 13-44　绕包线型号、特点及主要用途

<table>
<tr><th>类别</th><th>名　　称</th><th>型　号</th><th>规格范围
(mm)</th><th>特　　点</th><th>主要用途</th></tr>
<tr><td rowspan="8">纸包线</td><td>纸包圆铜线</td><td>Z</td><td rowspan="2">1.00～5.60</td><td rowspan="8">1. 在油浸变压器中作线圈，耐电压击穿性优
2*. 长期工作温度为：105℃</td><td rowspan="8">适用于油浸式变压器及其他类似电器设备的绕组</td></tr>
<tr><td>纸包圆铝线</td><td>ZL</td></tr>
<tr><td>绝缘纸包圆铜线</td><td>ZA</td><td rowspan="2">1.00～5.00</td></tr>
<tr><td>绝缘纸包圆铝线</td><td>ZAL</td></tr>
<tr><td>纸包扁铜线</td><td>ZB</td><td rowspan="2">a：0.80～5.60
b：2.00～16.00</td></tr>
<tr><td>纸包扁铝线</td><td>ZLB</td></tr>
<tr><td>绝缘纸包扁铜线</td><td>ZAB</td><td rowspan="2">a：0.80～5.60
b：2.00～16.00</td></tr>
<tr><td>绝缘纸包扁铝线</td><td>ZALB</td></tr>
<tr><td rowspan="11">玻璃丝包线及玻璃丝包漆包线</td><td>双玻璃丝包圆铜线</td><td>SBE</td><td rowspan="2">0.30～5.00</td><td rowspan="2">1. 过负载性优
2. 耐电晕性优
3. 玻璃丝包漆包线耐潮湿性好
4. 长期工作温度分别为：130、155、180℃</td><td rowspan="11">适用于电机、电器产品中的绕组</td></tr>
<tr><td>双玻璃丝包圆铝线</td><td>SBEL</td></tr>
<tr><td>双玻璃丝包扁铜线</td><td>SBEB</td><td rowspan="6">a：0.80～5.60
b：2.00～16.00</td><td rowspan="8">1. 过负载性优
2. 耐电晕性优
3. 玻璃丝包漆包线耐潮湿性好
4. 长期工作温度为：130℃</td></tr>
<tr><td>双玻璃丝包扁铝线</td><td>SBELB</td></tr>
<tr><td>单玻璃丝包聚酯漆包扁铜线</td><td>QZSBCB</td></tr>
<tr><td>单玻璃丝包聚酯漆包扁铝线</td><td>QZSBLCB</td></tr>
<tr><td>双玻璃丝包聚酯漆包扁铜线</td><td>QZSBECB</td></tr>
<tr><td>双玻璃丝包聚酯漆包扁铝线</td><td>QZSBELCB</td></tr>
<tr><td>单玻璃丝包聚酯漆包圆铜线</td><td>QZSBC</td><td>0.53～3.50</td></tr>
<tr><td>三玻璃丝包扁铜线</td><td>SBSB</td><td>a：0.9～505
b：2.1～14.5</td></tr>
<tr><td>单玻璃丝包缩醛漆包圆铜线</td><td>QQSBC</td><td>0.53～2.50</td><td>1. 过负载性优
2. 耐电晕性优
3. 耐潮性优
4. 长期工作温度为：120℃</td></tr>
</table>

续表

类别	名称	型号	规格范围（mm）	特点	主要用途
玻璃丝包线及玻璃丝包漆包线	双玻璃丝包聚酯亚胺漆包扁铜线	QZYSBEFB	a：0.9～5.6 b：2.0～18.0	1. 过负载性优 2. 耐电晕性优 3. 耐潮性优 4. 长期工作温度为：155℃	
	单玻璃丝包聚酯亚胺漆包扁铜线	QZYSBFB	a：0.9～5.6 b：2.0～18.0		
	硅有机漆单玻璃丝包复合漆包圆铜线	QZY/QXYSBG	0.53～2.50	1. 过负载性优 2. 耐电晕性优 3. 耐潮性优 4. 长期工作温度为：180℃	
	单玻璃丝复合漆包扁铜线	QZY/QXYSBNB	a：0.9～3.0 b：2.5～10.0		
	双玻璃丝复合漆包扁铜线	QZY/QXYSBENB	a：0.9～3.0 b：2.5～10.0		
	硅有机漆双玻璃丝包圆铜线	SBEG	0.25～6.0	1. 过负载性优 2. 耐电晕性优 3. 用硅有机漆浸渍改进了耐水耐潮性能 4. 长期工作温度为：180℃	
	硅有机漆双玻璃丝包扁铜线	SBEGB	a：0.9～5.6 b：2.0～18.0		
	双玻璃丝包聚酰亚胺漆包扁铜线	QYSBEGB	a：0.9～5.6 b：2.0～18.0	1. 过负载性优 2. 耐电晕性优 3. 耐潮性优 4. 长期工作温度为：180℃	
	单玻璃丝包聚酰亚胺漆包扁铜线	QYSBGB	a：0.9～5.6 b：2.0～18.0		
丝包线	双丝包圆铜线	SE	0.05～2.50	1. 绝缘层的机械强度较好 2. 油性漆包线的介质损耗因数小 3. 丝包漆包线的电性能优 4* 长期工作温度为：105℃	适用于仪表、电信设备的线圈和采矿电缆的线芯等
	单丝包油性漆包圆铜线	SQ			
	单丝包聚酯漆包圆铜线	SQZ			
	双丝包油性漆包圆铜线	SEQ			
	双丝包聚酯漆包圆铜线	SEQZ			

注 表中“规格范围”一栏，圆线规格以线芯直径表示；扁线以线芯窄边长度 a 及宽边长度 b 表示。

* 指在油中或用浸渍漆处理后的耐温等级。

表 13-45　特种绕包线品种、型号、特点和主要用途

类别	名　称	型　号	耐热等级（℃）	规格范围（mm）	特　　点	主要用途
高频绕组线	单丝包高频绕组线	SQJ	Y（90）	由多根漆包线绞制成线心	1. Q值大 2. 由多根漆包线组成，柔软性好，可降低趋肤效应 3. 如采用聚氯乙烯漆包线有直焊性	要求Q值稳定和介质损耗角正切小的仪表电器线圈
	双丝包高频绕组线	SEQJ				
中频绕组线	玻璃丝包中频绕组线	QZJBSB	B（130） H（180）	宽 2.1～8.0① 高 2.8～12.5	1. 系多根漆包线组成，柔软性好，可降低趋肤效应 2. 嵌线工艺简单	适应于1000～8000Hz的中频变频机绕组
换位导线	换位导线	QQLBH	A(150)②	*a*边 1.56～3.53 *b*边 4.1～11.6	1. 简化绕制线圈工艺 2. 无循环电流，线圈内的涡流损耗小 3. 比纸包线的槽满率高	大型变压器的线圈绕组
塑料绝缘绕组线	聚氯乙烯绝缘潜水电机绕组线	QQV	65	线芯截面 0.6～11.0mm²	耐水性能较好	潜水电机绕组

① 宽、高是指多根漆包线绞合，压缩成形后的尺寸；

② 指在油中或用浸渍漆处理后的耐热等级。

四、无机绝缘绕组线

无机绝缘绕组线的绝缘层采用无机材料陶瓷、氧化铝膜等组成，并经有机绝缘漆浸渍后烘干填孔。其特点是耐高温、耐辐射，主要用于高温、辐射等场合。其品种、型号、特点和主要用途，见表 13-46。

表 13-46　无机绝缘绕组线品种、型号、特点和主要用途

<table>
<tr><th>类别</th><th>名　　称</th><th>型　号</th><th>规格范围
(mm)</th><th>特　　点</th><th>主要用途</th></tr>
<tr><td rowspan="3">氧化膜线和铝带</td><td>氧化圆铝线</td><td>YML
YMLC</td><td>0.05～5.0</td><td rowspan="3">1. 不用绝缘漆封闭的氧化膜铝线，长期使用温度可达 240℃以上
2. 槽满率高
3. 重量轻
4. 辐射性好</td><td rowspan="3">起重电磁铁、高温制动器、干式变压器绕组并用于需耐辐射的场合</td></tr>
<tr><td>氧化膜扁铝线</td><td>YMLB
YMLBC</td><td rowspan="2">a 边 1.0～4.0
b 边 2.5～6.30
厚 0.08～1.00
宽 20～900</td></tr>
<tr><td>氧化膜铝带(箔)</td><td>YMLD</td></tr>
<tr><td>陶瓷绝缘线</td><td>陶瓷绝缘线</td><td>TC</td><td>0.06～0.50</td><td>1. 耐高温性能优，长期工作温度可达 500℃
2. 耐化学腐蚀性优
3. 耐辐射性优</td><td>用于高温及有辐射的场合</td></tr>
</table>

第三节　电 力 电 缆

一、电力电缆型号含义

电力电缆型号即电力电缆名称的代号，它可以反映出电力电缆的类别、用途、主要结构材料和结构特点，以及敷设场合等。

电力电缆的型号通常由几个大写的汉语拼音字母表示。电力电缆型号中汉语拼音字母的含义及排列次序，见表 13-47。

其中，电缆外护层可分为：金属套电缆通用外护层；非金属套电缆通用外护层；组合套电缆通用外护层；铅套充油电缆特种外护层等种类。

金属套电缆通用外护层、非金属套电缆通用外护层、组合套电缆通用外护层的型号，应按铠装层和外被层的结构顺序，在汉语拼音字母后面一般会出现两个阿拉伯数字，前一个数字表示铠装类型，后一个数字表示外被层类型。每一个数字表示所采用的主要材料。其数字编号的含义，见表 13-48。

表 13-47 常用电力电缆的组成及汉语拼音字母含义

类别、用途	导 体	绝缘层	（内）护层	特 征	外护层	派 生
A—安装线 B—绝缘线 BC—补偿线 C—船用电缆 D—机车车辆用电缆 F—飞机用线 J—电机、电器引接线 K—控制电缆 P—信号电缆 Q—汽车、拖拉机用线 R—软线 U—采掘用电线电缆 UC—采掘机组用电线电缆 G—高压电线 N—农用电线 UZ—矿山电站用电缆 W—地球物理工作用电线电缆 WB—油泵电缆 WC—海上探测电缆 WE—野外控制电缆 WT—轻便探测电缆 X—X 射线机用电缆 Y—移动电缆 YD—探照灯用电缆	G—钢线 L—铝线芯	B—棉纱、玻璃丝编织 F—氟塑料 K—卡普龙 V—聚氯乙烯塑料 X—橡皮 XD—丁基橡皮 XF—氯丁橡皮 XG—硅橡皮 Y—聚乙烯塑料 (V)F—丁腈聚氯乙烯 S—丝 E—乙柄橡皮 YJ—交联聚乙烯 S—硅橡胶 Z—纸绝缘	BL—玻璃丝编织涂腊克 F—复合物 H—橡套 HD—耐寒橡套 HF—非燃性橡套 HQ—丁腈橡套 HS—防水橡套 H(Y)—耐油橡套 F—棉纱编织涂腊克 N—尼龙护套 Q—铅套 V—聚氯乙烯护套	B—扁平型 C—重型 G—高压 Z—中型 W—户外用 Q—轻型 R—柔软 S—双绞型 T—耐热 P—屏蔽型 H—H级(引出线) Y—Y级 Z—直流 J—交流 D—不滴流 F—分相金属护套 CY—充油	见表 13-48	1—第一种(户外用) 2—第二种 0.3—拉断力为 0.3t 1—拉断力为 1t 105—耐温等级为 105℃

表 13-48　电缆外护层代号含义

第一个数字		第二个数字		第一个数字		第二个数字	
代号	铠装层类型	代号	外被层类型	代号	铠装层类型	代号	外被层类型
0	无	0	无	3	细圆钢丝	3	聚乙烯外套
1		1	纤维绕包	4	粗圆钢丝	4	
2	双钢带	2	聚氯乙烯外套				

电缆外护层其代号的新旧对照表，见表 13-49。

表 13-49　电缆外护层代号新旧对照表

新代号	旧代号	新代号	旧代号	新代号	旧代号
02，03	1，11	30	30，130		、
20	20，120	(31)	3，13	41	5，25
(21)	2，12	32，33	23，39	(42，43)	59，15
22，23	22，29	(40)	50，150		

注　表内括号中数字的外护层类型不推荐使用。

电缆特种外护层中充油电缆外护层的型号应按加强层、铠装层和外被层的结构顺序，在汉语拼音字母后面一般会出现三个阿拉伯数字。每一个数字表示所采用的主要材料。其数字编号的含义，见表 13-50。

表 13-50　充油电缆外护层代号含义

代　号	加　强　层	铠　装　层	外被层或外护套
0		无	
1	径向铜带	联锁钢带	纤维外被
2	径向不锈钢带	双钢带	聚氯乙烯外套
3	径、纵向铜带	细圆钢丝	聚乙烯外套
4	径、纵向不锈钢带	粗圆钢丝	
5		皱纹钢带	
6		双铝带或铝合金带	

注　1. 其他电缆特种外护层的型号可参考此表。

2. 当铠装层数增加或由不同材料联合组成时，表示电缆外护层型号的数字位数应相应增加。

金属套电缆通用外护层的型号、名称和主要敷设场所，见表 13-51。

表 13-51　金属套电缆通用外护层型号、名称和主要敷设场所

型号	名称	被保护的金属套	主要敷设场所												
			敷设方式									特殊环境			
			架空	室内	隧道	电缆沟	管道	埋地 一般土壤	埋地 多砾石	竖井	水下	易燃	强电干扰	严重腐蚀	拉力
02	聚氯乙烯外套	铅套	√	√	√	√	√					√		√	
		铝套	√	√	√	√	√	√		√		√		√	
		皱纹钢套或铝套	√	√	√	√	√	√				√		√	
03	聚乙烯外套	铅套	√	√		√	√							√	
		铝套	√	√		√	√	√		√				√	
		皱纹钢套或铝套	√	√		√	√	√						√	
22	钢带铠装聚氯乙烯外套	铅套		√	√	√		√	√			√		√	
		铝套或皱纹铝套		√	√	√			√			√	√	√	
23	钢带铠装聚乙烯外套	铅套		√		√		√	√					√	
		铝套或皱纹铝套		√		√			√				√	√	
32	细圆钢丝铠装聚氯乙烯外套	各种金属套						√	√	√	√	√		√	√
33	细圆钢丝铠装聚乙烯外套	各种金属套						√	√	√	√			√	√
41	粗圆钢丝铠装纤维外被	铅套									√			●	√
42	粗圆钢丝铠装聚氯乙烯外套	铅套								√	√	√		√	√
43	粗圆钢丝铠装聚乙烯外套	铅套								√	√			√	√
441	双粗圆钢丝铠装纤维外被	铅套									√			●	√
241	钢带一粗圆钢丝铠装纤维外被	铅套									√			●	√

注　1.“√”表示适用。

2.“●”表示当采用涂塑钢丝等具有良好非金属防腐层钢丝时适用。

非金属套电缆通用外护层的型号、名称和主要敷设场所，见表13-52。

表 13-52 非金属套电缆通用外护层型号、名称和主要敷设场所

型号	名称	主要敷设场所										
		敷设方式								特殊环境		
		室内	隧道	电缆沟	管道	埋地		竖井	水下	易燃	严重腐蚀	拉力
						一般土壤	多砾石					
12	联锁钢带铠装聚氯乙烯外套	√	√	√		√	√			√	√	
22	钢带铠装聚氯乙烯外套	√	√	√		√	√			√	√	
23	钢带铠装聚乙烯外套	√		√		√	√				√	
32	细圆钢丝铠装聚氯乙烯外套					√	√	√	√	√	√	√
33	细圆钢丝铠装聚乙烯外套					√	√	√	√		√	√
41	粗圆钢丝铠装纤维外被								√		●	√
42	粗圆钢丝铠装聚氯乙烯外套							√	√	√	√	√
43	粗圆钢丝铠装聚乙烯外套							√	√		√	√
62	铝带铠装聚氯乙烯外套	√	√	√		√	√			√	√	
63	铝带铠装聚乙烯外套	√		√		√	√				√	
441	双粗圆钢丝铠装纤维外被								√		●	√
241	钢带—粗圆钢丝铠装纤维外被								√		●	√

注 1. "√"表示适用。

2. "●"表示当采用涂塑钢丝等具有良好非金属防腐层的钢丝时适用。

铅套充油电缆特种外护层的型号、名称和主要敷设方法，见表13-53。

表 13-53 铅套充油电缆特种外护层型号、名称和主要敷设方法

型号	名称	敷设方式		承受张力	
		陆上	水下	一般	较大
102	径向钢带加强聚氯乙烯外套	√			
202	径向不锈钢带加强聚氯乙烯外套	√			

续表

型号	名称	敷设方式		承受张力	
		陆上	水下	一般	较大
302	径向钢带纵向窄铜带加强聚氯乙烯外套	√		√	
402	径向不锈钢带纵向窄不锈钢带加强聚氯乙烯外套	√		√	
141	径向钢带加强单粗圆钢丝铠装纤维外被		√		√
241	径向不锈钢带加强单粗圆钢丝铠装纤维外被		√		√

注 “√”表示适用。

常见的电力电缆型号可由7个部分编制而成，即

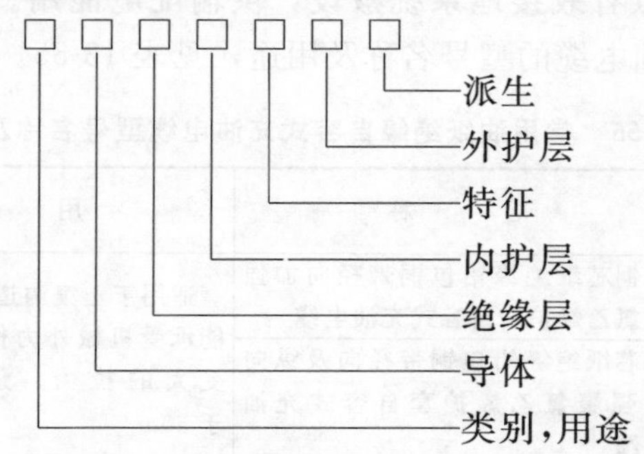

举例：耐热105℃聚氯乙烯绝缘屏蔽电线。

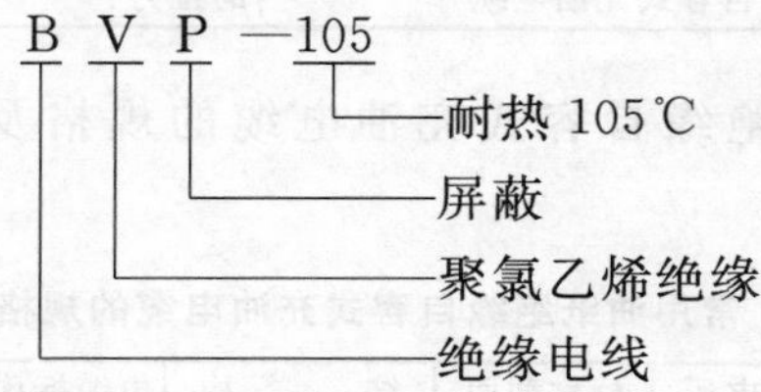

二、纸绝缘电力电缆

1. 纸绝缘电力电缆型号

纸绝缘电力电缆类产品，以绝缘纸的代号字母“Z”列为首位，型号中汉语拼音字母的含义及排列次序，见表13-54。

2. 油纸绝缘自容式充油电缆

油纸绝缘自容式充油电缆适用于相间额定交流电压110～

表 13-54　纸绝缘电力电缆型号编制的排列次序及汉语拼音字母的含义

类别、用途	导体	绝缘层	内护套	特　征	外　护　层
Z—纸绝缘电缆	T—铜 L—铝	Z—油浸纸	Q—铅套 L—铝套	CY—充油 F—分相 D—不滴流 C—滤尘用	02，03，20，21，22，23，30，31，32，33，40，41，42，43，441，241 等

注　1. 外护层数字的含义见表 13-48 和表 13-51。
　　2. 铜导体代号字母“T”一般省略不写。

330kV 中性点有效接地系统敷设，供输配电能用。常用油纸绝缘自容式充油电缆的型号名称及用途，见表 13-55。

表 13-55　常用油纸绝缘自容式充油电缆型号名称及用途

型　号	名　称	用　途
CYZQ102	铜芯纸绝缘铅包铜带径向加强聚氯乙烯护套自容式充油电缆	适用于土壤沟道、空气中敷设，能承受机械外力作用，但不能承受大的拉力。允许落差不大于 30m
CYZQ302	铜芯纸绝缘铅包铜带径向及纵向加强聚氯乙烯护套自容式充油电缆	
CYZQ141	铜芯纸绝缘铅包铜带径向加强钢丝铠装自容式充油电缆	适用于水中敷设，能承受较大的拉力

常用油纸绝缘自容式充油电缆的规格及其参数，见表 13-56。

表 13-56　常用油纸绝缘自容式充油电缆的规格及其参数

型　号	额定电压 (kV)	标称截面 (mm^2)	结　构 (mm)	电缆标称外径 (mm)	电缆计算重量 (kg/km)
CYZQ102	110	100	20/2.52	58.6	9290
		180	52/2.1	62.0	10800
		270	型线	62.9	11860
		400		66.7	13700
		600		71.6	17070

续表

型　　号	额定电压 (kV)	标称截面 (mm²)	结　　构 (mm)	电缆标称外径 (mm)	电缆计算重量 (kg/km)
CYZQ102	110	680	型线	73.3	18580
		920		79.0	22000
		1200	6 分列导体	87.5	26000
		1600		94.9	31600
		2000		100.5	37000
	220	270	型线	81.9	16210
		400		85.7	18150
		600		89.6	21240
		680		91.3	23400
		920		97.0	26050
		1200	6 分列导体	107.2	33500
		1600		113.5	39000
		2000		119.1	45000
	330	270	型线	95.9	21300
		400		99.7	23380
		600		104.6	28100
		680		106.3	30410
		920		111.0	33970
		1200	6 分列导体	120.2	37800
		1600		126.5	42600
		2000		132.1	47000
CYZQ302	110	100	20/2.52	62.6	12180
		180	52/2.1	66.0	13750
		270	型线	56.9	14580
		400		70.7	16580
		600		75.6	20000

续表

型　号	额定电压 (kV)	标称截面 (mm²)	结　构 (mm)	电缆标称外径 (mm)	电缆计算重量 (kg/km)
CYZQ302	110	680	型线	78.3	21620
		920		83.0	24000
		1200	6分列导体	91.5	28000
		1600		98.9	33400
		2000		104.5	38500
	220	270	型线	85.9	19050
		400		89.7	21200
		600		94.6	24420
		680		96.3	26870
		920		101.0	29750
		1200	6分列导体	111.2	36500
		1600		117.5	42000
		2000		123.1	47500
	330	270	型线	99.9	24200
		400		103.7	26580
		600		108.6	31500
		680		110.3	34010
		920		115.0	37760
		1200	6分列导体	124.2	41000
		1600		130.5	46000
		2000		136.1	50800

注　电缆应在环境温度不低于0℃时敷设。

3. 中低压纸绝缘电力电缆的品种

中低压纸绝缘电力电缆按绝缘分，有不滴流油浸渍和粘性油浸渍两种；内护套有铅套、铝套两种；35kV级的电缆采用分相铅套的结构；导线有铜、铝两种。

中低压纸绝缘电力电缆的品种，见表13-57。

表 13-57 中低压纸绝缘电力电缆品种

型号			
铅套		铝套	
铜芯	铝芯	铜芯	铝芯
ZQ ZQD	ZLQ ZLQD	ZL ZLD	ZLL ZLLD
ZQ02 ZQD02	ZLQ02 ZLQD02	ZL02 ZLD02	ZLL02 ZLLD02
ZQ03 ZQD03	ZLQ03 ZLQD03	ZL03 ZLD03	ZLL03 ZLLD03
ZQ22 ZQD22	ZLQ22 ZLQD22	ZL22 ZLD22	ZLL22 ZLLD22
ZQ23 ZQD23	ZLQ23 ZLQD23	ZL23 ZLD23	ZLL23 ZLLD23
ZQ32 ZQD32	ZLQ32 ZLQD32	ZL32 ZLD32	ZLL32 ZLLD32
ZQ33 ZQD33	ZLQ33 ZLQD33	ZL33 ZLD33	ZLL33 ZLLD33
ZQ41 ZQD41	ZLQ41 ZLQD41		
(ZQ42) (ZQD42)	(ZLQ42) (ZLQD42)		
(ZQ43) (ZQD43)	(ZLQ43) (ZLQD43)		
ZQF22 ZQFD22	ZLQF22 ZLQFD22		
ZQF23 ZQFD23	ZLQF23 ZLQFD23		
ZQF41 ZQFD41	ZLQF41 ZLQFD41		
(ZQF42) (ZQFD42)	(ZLQF42) (ZLQFD42)		
(ZQF43) (ZQFD43)	(ZLQF43) (ZLQFD43)		

注 1. 表中有括号为不推荐产品。

2. 型号中最后一个拼音字母为“D”的系不滴流油浸渍纸绝缘电力电缆。

3. 型号中有拼音字母为“F”的系纸绝缘分相铅套电力电缆。

（1）不滴流油浸纸绝缘金属套电力电缆。

不滴流油浸纸绝缘金属套电力电缆适用于额定电压为26/35kV及以下供输配电能用，能用于垂直敷设。电缆最高允许连续工作温度，见表13-58。

表 13-58　不滴流油浸纸绝缘金属套电力电缆最高允许连续工作温度

电缆额定工作电压 U_0/U (kV)	导体最高允许连续工作温度 ≤（℃）		电缆额定工作电压 U_0/U (kV)	导体最高允许连续工作温度 ≤（℃）	
	单芯及分相铅套电缆	带绝缘电缆		单芯及分相铅套电缆	带绝缘电缆
0.6/1	80	80	8.7/15，12/15	70	
1.8/3，3.6/3	80	80	12/20，18/20	65	
3.6/6，6/6	80	80	21/35，26/35	65	
6/10，8.7/10	70	65			

注　电缆在环境温度低于0℃敷设时，必须预先加热。

不滴流油浸纸绝缘金属套电力电缆的规格，见表13-59。

表 13-59　不滴流油浸纸绝缘金属套电力电缆的规格

型　　号	芯数	额定电压 U_0/U (kV)												
		0.6/1	1.8/3	3.6/3	3.6/6	6/6	6/10	8.7/10	8.7/15	12/15	12/20	18/20	21/35	26/35
		标称截面 (mm^2)												
ZLLD，ZLD，ZLQD，ZQD ZLLD02，ZLD02 ZLQD02，ZQD02 ZLLD03，ZLD03 ZLQD03，ZQD03	1	25～1000	50～1000											
ZLQD41，ZQD41 ZLLD32，ZLD32 ZLQD32，ZQD32 ZLLD33，ZLD33 ZLQD33，ZQD33 ZLQD42，ZQD42 ZLQD43，ZQD43	1	25～800	50～80											

续表

型号	芯数	额定电压 U_0/U (kV)												
		0.6/1	1.8/3	3.6/3	3.6/6	6/6	6/10	8.7/10	8.7/15	12/15	12/20	18/20	21/35	26/35
		标称截面 (mm^2)												
ZLLD，ZLD， ZLQD，ZQD ZLLD02，ZLD02 ZLQD02，ZQD02 ZLLD03，ZLD03 ZLQD03，ZQD03 ZLLD22，ZLD22 ZLQD22，ZQD22 ZLLD23，ZLD23 ZLQD23，ZQD23 ZLLD32，ZLD32 ZLQD32，ZQD32 ZLLD33，ZLD33 ZLQD33，ZQD33	2	25～400												
ZLQD41，ZQD41 ZLQD42，ZQD42 ZLQD43，ZQD43	2	25～400												
ZLLD，ZLD， ZLQD，ZQD ZLLD02，ZLD02 ZLQD02，ZQD02 ZLLD03，ZLD03 ZLQD03，ZQD03 ZLLD22，ZLD22 ZLQD22，ZQD22 ZLLD23，ZLD23 ZLQD23，ZQD23 ZLLD32，ZLD32 ZLQD32，ZQD32 ZLLD33，ZLD33 ZLQD33，ZQD33 ZLQD41，ZQD41 ZLQD42，ZQD42 ZLQD43，ZQD43	3	25～400												

续表

型号	芯数	额定电压 U_0/U (kV)												
		0.6/1	1.8/3	3.6/3	3.6/6	6/6	6/10	8.7/10	8.7/15	12/15	12/20	18/20	21/35	26/35
		标称截面 (mm^2)												
ZLQFD22,ZQFD22 ZLQFD23,ZQFD23 ZLQFD41,ZQFD41 ZLQFD42,ZQFD42 ZLQFD43,ZQFD43	3								25～400		35～400		50～400	
ZLLD, ZLD, ZLQD, ZQD ZLLD02, ZLD02 ZLQD02, ZQD02 ZLLD03, ZLD03 ZLQD03, ZQD03 ZLLD22, ZLD22 ZLQD22, ZQD22 ZLLD23, ZLD23 ZLQD23, ZQD23 ZLLD32, ZLD32 ZLQD32, ZQD32 ZLLD33, ZLD33 ZLQD33, ZQD33 ZLQD41, ZQD41 ZLQD42, ZQD42 ZLQD43, ZQD43	3+1	26/16～400/185												
ZLLD, ZLD, ZLQD, ZQD ZLLD02, ZLD02 ZLQD02, ZQD02 ZLLD03, ZLD03 ZLQD03, ZQD03 ZLLD22, ZLD22 ZLQD22, ZQD22 ZLLD23, ZLD23 ZLQD23, ZQD23 ZLLD32, ZLD32	4	25～400												

续表

型号	芯数	额定电压 U_0/U (kV)												
		0.6/1	1.8/3	3.6/3	3.6/6	6/6	6/10	8.7/10	8.7/15	12/15	12/20	18/20	21/35	26/35
		标称截面 (mm^2)												
ZLQD32，ZQD32 ZLLD33，ZLD33 ZLQD33，ZQD33 ZLQD41，ZQD41 ZLQD42，ZQD42 ZLQD43，ZQD43	4	25～400												

注 1. 单芯钢丝铠装电缆用于交流系统时要有隔磁措施。

2. 导体应采用圆形单线绞合（紧压或非紧压）导体或实心铝（或铜）导体。

（2）粘性油浸纸绝缘金属套电力电缆。

粘性油浸纸绝缘金属套电力电缆适用于额定电压为26/35kV及以下供输配电能用。电缆最高允许连续工作温度，见表13-60。

表 13-60　粘性油浸纸绝缘金属套电力电缆最高允许连续工作温度

电缆额定工作电压 U_0/U (kV)	导体最高允许连续工作温度 ≤（℃）		电缆额定工作电压 U_0/U (kV)	导体最高允许连续工作温度 ≤（℃）	
	单芯及分相铅套电缆	带绝缘电缆		单芯及分相铅套电缆	带绝缘电缆
0.6/1	80	80	8.7/15，12/15	70	
1.8/3，3.6/3	80	80	12/20，18/20	65	
3.6/6，6/6	80	80	21/35，26/35	60	
6/10，8.7/10	70	65			

注 1. 表中规定的温度仅适用于基本上是水平敷设或相当水平敷设条件下的直埋电缆。

2. 电缆在环境温度低于0℃敷设时，必须预先加热。

粘性油浸纸绝缘金属套电力电缆敷设有位差时，导体最高允许连续工作温度，见表13-61。

表 13-61　敷设有位差时的导体最高允许连续工作温度

额定电压 U_0/U (kV)	导体最高允许连续工作温度 ≤ (℃)		最大位差 (m)	
	单芯及分相铅套电缆	带绝缘电缆	无铠装电缆	铠装电缆
0.6/1	80	80	20	25
1.8/3，3.6/3	80	80	20	25
3.6/6，6/6	65	65	15	
6/10，8.7/10	60	60	15	
8.7/15，12/15	60		15	
12/20，18/20	50		5①	
21/35，26/35	50		5①	

① 如电缆末端垂直部分考虑定期更换或其他有效措施，则电缆位差最大为 10m。

粘性油浸纸绝缘金属套电力电缆的规格，见表 13-62。

表 13-62　粘性油浸纸绝缘金属套电力电缆的规格

型　号	芯数	额定电压 U_0/U (kV)												
		0.6/1	1.8/3	3.6/3	3.6/6	6/6	6/10	8.7/10	8.7/15	12/15	12/20	18/20	21/35	26/35
		标称截面 (mm^2)												
ZLL,ZL,ZLQ,ZQ ZLL02，ZL02 ZLQ02，ZQ02 ZLL03，ZL03 ZLQ03，ZQ03	1	25～1000	50～1000											
ZLQ41，ZQ41 ZLL32，ZL32 ZLQ32，ZQ32 ZLL33，ZL33 ZLQ33，ZQ33 ZLQ42，ZQ42 ZLQ43，ZQ43	1	25～800	50～800											
ZLL,ZL,ZLQ,ZQ ZLL02，ZL02 ZLQ02，ZQ02 ZLL03，ZL03 ZLQ03，ZQ03 ZLL22，ZL22	2	25～400												

续表

型号	芯数	额定电压 U_0/U（kV）												
		0.6/1	1.8/3	3.6/3	3.6/6	6/6	6/10	8.7/10	8.7/15	12/15	12/20	18/20	21/35	26/35
		标称截面（mm^2）												
ZLQ22，ZQ22 ZLL23，ZL23 ZLQ23，ZQ23 ZLL32，ZL32 ZLQ32，ZQ32 ZLL33，ZL33 ZLQ33，ZQ33 ZLQ41，ZQ41 ZLQ42，ZQ42 ZLQ43，ZQ43	2	25～400												
ZLL,ZL,ZLQ,ZQ ZLL02，ZL02 ZLQ02，ZQ02 ZLL03，ZL03 ZLQ03，ZQ03 ZLL22，ZL22 ZLQ22，ZQ22 ZLL23，ZL23 ZLQ23，ZQ23 ZLL32，ZL32 ZLQ32，ZQ32 ZLL33，ZL33 ZLQ33，ZQ33 ZLQ41，ZQ41 ZLQ42，ZQ42 ZLQ43，ZQ43	3＋1	25/16～400/185												
ZLL,ZL,ZLQ,ZQ ZLL02，ZL02 ZLQ02，ZQ02 ZLL03，ZL03 ZLQ03，ZQ03 ZLL22，ZL22 ZLQ22，ZQ22	4	25～400												

续表

<table>
<tr><th rowspan="3">型　号</th><th rowspan="3">芯数</th><th colspan="13">额 定 电 压 U_0/U (kV)</th></tr>
<tr><th>0.6/1</th><th>1.8/3</th><th>3.6/3</th><th>3.6/6</th><th>6/6</th><th>6/10</th><th>8.7/10</th><th>8.7/15</th><th>12/15</th><th>12/20</th><th>18/20</th><th>21/35</th><th>26/35</th></tr>
<tr><th colspan="13">标 称 截 面 (mm²)</th></tr>
<tr><td>ZLL23，ZL23
ZLQ23，ZQ23
ZLL32，ZL32
ZLQ32，ZQ32
ZLL33，ZL33
ZLQ33，ZQ33
ZLQ41，ZQ41
ZLQ42，ZQ42
ZLQ43，ZQ43</td><td>4</td><td>25～400</td><td colspan="12"></td></tr>
<tr><td>ZLL,ZL,ZLQ,ZQ
ZLL02，ZL02
ZLQ02，ZQ02
ZLL03，ZL03
ZLQ03，ZQ03
ZLL22，ZL22
ZLQ22，ZQ22
ZLL23，ZL23
ZLQ23，ZQ23
ZLL32，ZL32
ZLQ32，ZQ32
ZLL33，ZL33
ZLQ33，ZQ33
ZLQ41，ZQ41
ZLQ42，ZQ42
ZLQ43，ZQ43</td><td rowspan="2">3</td><td colspan="7">25～400</td><td colspan="6"></td></tr>
<tr><td>ZLQF22，ZQF22
ZLQF23，ZQF23
ZLQF41，ZQF41
ZLQF42，ZQF42
ZLQF43，ZQF43</td><td colspan="7"></td><td colspan="3">25～400</td><td>35～400</td><td colspan="2">50～400</td></tr>
</table>

注　1. 单芯钢丝铠装电缆用于交流系统时要有隔磁措施。

2. 导体应采用圆形单线绞合（紧压或非紧压）导体或实心铝（或铜）导体。

4. 油浸纸绝缘大长度水底电力电缆

油浸纸绝缘大长度水底电力电缆可分为：100kV 海底直流电缆和 35kV 及以下交流水底电缆。

100kV 海底直流电缆的型号、名称、规格及用途，见表 13-63。

表 13-63　100kV 海底直流电缆型号、名称、规格及用途

型　号	名　　称	最大标称截面（mm^2）	适 用 范 围	用　途
ZQGZ226	铜芯纸绝缘铅套聚乙烯钢带双粗钢丝铠装直流电力电缆	400	1. 直流额定电压 100kV； 2. 最高直流工作电压 105kV； 3. 导体长期工作温度≤50℃； 4. 电缆敷设线路最大位差≤10m	适用于跨越江、河、湖、海的 100kV 直流输电

交流水底电缆适用于跨越江、河、湖、海的 35kV 及以下交流输电。其型号、名称、规格及适用范围，除分相铅套电缆外，其他与 35kV 及以下不滴流油浸纸绝缘金属套电力电缆一致。

三、橡皮绝缘电力电缆

橡皮绝缘电力电缆的各型号产品适用于固定敷设在交流 50Hz、额定电压 6kV 及以下的输配电线路中。

1. 橡皮绝缘电力电缆的型号

橡皮绝缘电力电缆类产品，以绝缘橡皮的代号字母“X”列为首位，型号中汉语拼音字母的含义及排列次序，见表 13-64。

表 13-64　橡皮绝缘电力电缆型号编制的排列次序及汉语拼音字母的含义

类　别	导　体	绝　缘	内 护 套	外 护 层
X—橡皮电缆	T—铜 L—铝	X—橡皮	Q—铅 V—聚氯乙烯 F—氯丁胶	20，21，22

注　1. 外护层数字的含义见表 13-48 和表 13-51。
　　2. 铜导体代号字母“T”一般省略不写。

橡皮绝缘电力电缆的型号、名称及主要用途，见表13-65。

表 13-65 橡皮绝缘电力电缆型号、名称及主要用途

型号 铅	型号 铜	名称	主要用途
XLV	XV	橡皮绝缘聚氯乙烯护套电力电缆	敷设在室内、电缆沟内、管道中。电缆不能承受机械外力作用
XLF	XF	橡皮绝缘氯丁护套电力电缆	敷设在室内、电缆沟内、管道中。电缆不能承受机械外力作用
XLV_{22}	XV_{22}	橡皮绝缘聚氯乙烯外护套内钢带铠装电力电缆	敷设在地下。电缆能承受一定机械外力作用，但不能承受大的拉力
XLQ	XQ	橡皮绝缘裸铅包电力电缆	敷设在室内、电缆沟内、管道中。电缆不能承受振动和机械外力作用，并且对铅应有中性的环境
XLQ_{21}	XQ_{21}	橡皮绝缘铅套钢带铠装纤维外被电力电缆	敷设在地下。电缆能承受一定机械外力作用，但不能承受大的拉力
XLQ_{20}	XQ_{20}	橡皮绝缘铅包裸钢带铠装电力电缆	敷设在室内、电缆沟内、管道中。电缆不能承受大的拉力

2. 橡皮绝缘电力电缆的规格

橡皮绝缘电力电缆的生产规格，见表13-66和表13-67。

表 13-66 橡皮绝缘电力电缆的生产规格

型号	额定电压（V） 500	额定电压（V） 6000	主线芯数	中性线芯数
	线芯标称截面（mm^2）			
XLV XLF XV XF XLQ XQ	2.5～630 1～240 2.5～630 1～240	 4～500 2.5～400	1	0
XLV XLF XV XF XQ XLV_{22} XLQ XLQ_{21} XLQ_{20} XV_{22} XQ_{21} XQ_{20}	2.5～240 1～185 4～240 4～185		2	0
XLV XLF XV XF XQ XLV_{22} XLQ XLQ_{21} XLQ_{20} XV_{22} XQ_{21} XQ_{20}	2.5～240 1～185 4～240 4～185		3	0或1

表 13-67　橡皮绝缘电力电缆主线芯与相对应的中性线芯标称截面

线芯标称截面（mm^2）		线芯标称截面（mm^2）		线芯标称截面（mm^2）	
主　线　芯	中性线芯	主　线　芯	中性线芯	主　线　芯	中性线芯
1	1	10、16	6	95、120	35
1.5、2.5	1.5[①]	25、35	10	150、185	50
4	2.5	50	16	240	70
6	4	70	25		

①　说明主线芯截面为 2.5mm^2 的铝芯电缆，其中性线芯截面也为 2.5mm^2。

3. 橡皮绝缘电力电缆的性能

橡皮绝缘电力电缆导电线芯长期允许工作温度应不超过+65℃。橡皮护套及聚氯乙烯护套电缆在环境温度不低于−40℃的条件下使用，电缆敷设温度和允许弯曲半径参照表 13-68。

表 13-68　橡皮绝缘电力电缆敷设温度和允许弯曲半径

型　号	敷设温度（℃）≥	弯　曲　半　径 ≥
XLV、XV、XLF、XF、XLV_{22}、XV_{22}	−15	10D
XLQ、XQ	−20	15D
XLQ_{21}、XQ_{21}、XLQ_{20}、XQ_{20}	−7	20D

注　表中 D 为电缆外径，单位为 mm。

四、聚氯乙烯绝缘电力电缆

聚氯乙烯绝缘电力电缆（亦可称为：塑力缆）适用于固定敷设在交流 50Hz，额定电压 10kV 及以下的输配电线路。

聚氯乙烯绝缘电力电缆不仅具有可靠的电气性能，还具有较强的防化学腐蚀性、耐酸、碱、盐和有机溶剂，并且具有重量轻、安装维护简单易行等特点。

聚氯乙烯绝缘电力电缆不受敷设落差限制，可在任何落差甚至垂直的场合敷设。

1. 聚氯乙烯绝缘电力电缆的型号

聚氯乙烯绝缘电力电缆类产品，以绝缘塑料的代号字母"V"列为首位，型号中汉语拼音字母的含义及排列次序，见表 13-69。

表 13-69 聚氯乙烯绝缘电力电缆型号编制的排列次序及汉语拼音字母的含义

类别	导体	绝缘	内护套	外护层
V—塑料电缆	T—铜 L—铝	V—聚氯乙烯	V—聚氯乙烯	22，23，32 33，42，43

注 1. 外护层数字的含义见表 13-48 和表 13-51。

2. 铜导体代号字母“T”一般省略不写。

聚氯乙烯绝缘电力电缆的型号、名称及主要用途，见表 13-70。

表 13-70 聚氯乙烯绝缘电力电缆型号、名称及主要用途

新型号		旧型号		名称	主要用途
铜芯	铝芯	铜芯	铝芯		
VV	VLV	VV	VLV	聚氯乙烯绝缘聚氯乙烯护套电力电缆	敷设在室内、隧道内、管道内。电缆不能受机械外力作用
VY	VLY			聚氯乙烯绝缘聚乙烯护套电力电缆	敷设在室内、隧道内、管道内。电缆不能受机械外力作用
VV22	VLV22	VV29	VLV29	聚氯乙烯绝缘钢带铠装聚氯乙烯护套电力电缆	敷设在地下。电缆能承受机械外力作用，但不能承受大的拉力
VV23	VLV23			聚氯乙烯绝缘钢带铠装聚乙烯护套电力电缆	敷设在地下。电缆能承受机械外力作用，但不能承受大的拉力
VV32	VLV32	VV39	VLV39	聚氯乙烯绝缘细钢丝铠装聚氯乙烯护套电力电缆	敷设在水中。电缆能承受相当的拉力
VV33	VLV33			聚氯乙烯绝缘细钢丝铠装聚乙烯护套电力电缆	敷设在水中。电缆能承受相当的拉力
VV42	VLV42	VV59	VLV59	聚氯乙烯绝缘粗钢丝铠装聚氯乙烯护套电力电缆	敷设在室内、矿井中。电缆能承受机械外力作用，并能承受较大的拉力
VV43	VLV43			聚氯乙烯绝缘粗钢丝铠装聚乙烯护套电力电缆	敷设在室内、矿井中。电缆能承受机械外力作用，并能承受较大的拉力

2. 聚氯乙烯绝缘电力电缆的规格

聚氯乙烯绝缘电力电缆的生产规格，见表 13-71。

表 13-71　聚氯乙烯绝缘电力电缆的规格

型号		芯数	额定电压 U_0/U (kV)		
铜芯	铝芯		0.6/1	1.8/3	3.6/6,6/6,6/10
			标称截面 (mm^2)		
VV　VY		1①	1.5～800	10～800	10～1000
	VLV　VLY		2.5～1000	10～1000	10～1000
VV22　VV23	VLV22　VLV23		10～1000	10～1000	10～1000
VV　VY		2	1.5～185	10～185	10～150
	VLV　VLY		2.5～185	10～185	10～150
VV22　VV23	VLV22　VLV23		4～185	10～185	10～150
VV　VY		3	1.5～300	10～300	10～300
	VLV　VLY		2.5～300	10～300	10～300
VV22　VV23	VLV22　VLV23		4～300	10～300	10～300
VV32　VV33	VLV32　VLV33				16～300
VV42　VV43	VLV42　VLV43				16～300
VV　VY	VLV　VLY	3+1		4～300	10～300
VV22　VV23	VLV22　VLV23			4～300	10～300
VV　VY	VLV　VLY	4		4～185	10～185
VV22　VV23	VLV22　VLV23			4～185	10～185

注　额定电压 U_0 为 6kV 的电缆应具有导体屏蔽和绝缘屏蔽。

①　说明单芯电缆铠装应采用非磁性材料或采用减少磁损耗结构。

3. 聚氯乙烯绝缘电力电缆的性能

聚氯乙烯绝缘电力电缆导体的最高额定温度为 70℃。敷设时的环境温度应不低于 0℃，并且电缆的最小弯曲半径：单芯电缆为 40（$D+d$）mm，多芯电缆为 30（$D+d$）mm，其中 D 与 d 分别表示电缆与电缆主导体的标称外径，如果主导体不是圆形，则 $d=1.13s$，s 为主导体的标称截面，单位为 mm^2。聚氯乙烯绝缘电力电缆在短路时（最长持续时间不超过 5s）电缆导体的最高温度不超过 160℃。

聚氯乙烯绝缘电力电缆的导线电阻，见表 13-72。

表 13-72　聚氯乙烯绝缘电力电缆的导线电阻（20℃）

标称截面（mm^2）	铜　芯（Ω/km）	铝　芯（Ω/km）	标称截面（mm^2）	铜　芯（Ω/km）	铝　芯（Ω/km）
1	18.1	—	95	0.193	0.320
1.5	12.1	18.1	120	0.153	0.253
2.5	7.41	12.1	150	0.124	0.206
4	4.61	7.41	185	0.0991	0.164
6	3.08	4.61	240	0.0754	0.125
10	1.83	3.08	300	0.0601	0.100
16	1.15	1.91	400	0.0470	0.0778
25	0.727	1.20	500	0.0366	0.0605
35	0.524	0.868	630	0.0283	0.0469
50	0.387	0.641	800	0.0221	0.0367
70	0.268	0.443	1000	0.0176	0.0291

聚氯乙烯绝缘电力电缆的绝缘电阻，见表 13-73。

表 13-73　聚氯乙烯绝缘电力电缆的绝缘电阻

20℃时				额　定　温　度　下			
绝缘层体积电阻率（Ω·cm）		绝缘电阻常数（MΩ·km）		绝缘层体积电阻率（Ω·cm）		绝缘电阻常数（MΩ·km）	
A 级	B 级	A 级	B 级	A 级	B 级	A 级	B 级
10^{13}	10^{14}	36.7	367	10^{10}	10^{11}	0.037	0.37

聚氯乙烯绝缘电力电缆的绝缘标称厚度应符合表 13-74 的规定。

表 13-74　聚氯乙烯绝缘电力电缆绝缘标称厚度的规定

导体标称截面（mm^2）	额　定　电　压 U_0/U（kV）			
	0.6/1	1.8/3	3.6/6	6/6，6/10
	绝　缘　标　称　厚　度（mm）			
1.5、2.5	0.8			
4、6	1.0			
10	1.0	2.2	3.4	4.0

续表

导体标称截面 (mm^2)	额定电压 U_0/U (kV)			
	0.6/1	1.8/3	3.6/6	6/6，6/10
	绝缘标称厚度 (mm)			
16	1.0	2.2	3.4	4.0
25	1.2	2.2	3.4	4.0
35	1.2	2.2	3.4	4.0
50、70	1.4	2.2	3.4	4.0
95、120	1.6	2.2	3.4	4.0
150	1.8	2.2	3.4	4.0
185	2.0	2.2	3.4	4.0
240	2.2	2.2	3.4	4.0
300	2.4	2.4	3.4	4.0
400	2.6	2.6	3.4	4.0
500～800	2.8	2.8	3.4	4.0
1000	3.0	3.0	3.4	4.0

五、交联聚乙烯绝缘电力电缆

交联聚乙烯绝缘电力电缆（亦可称为：交联塑力缆）是利用化学和物理方法，使聚乙烯分子由直链状线型分子结构变为三度空间网状结构。交联后大幅度提高了机械性能、热老化性能和耐环境应力的能力，使电缆具有优良的电气性能和耐化学腐蚀性，结构简单、使用方便、外径小、重量轻，不受敷设水平落差限制的特点。交联聚乙烯绝缘电力电缆还具有允许长期使用工作温度比纸绝缘电缆、聚氯乙烯绝缘电缆要高，载流量大等优点。

1. 交联聚乙烯绝缘电力电缆的型号

交联聚乙烯绝缘电力电缆类产品，以绝缘塑料的代号字母“YJ”列为首位，型号中汉语拼音字母的含义及排列次序，见表13-75。

交联聚乙烯绝缘电力电缆的型号及名称，见表13-76或参考表13-77（表中所列标准为GB11017—1989或企标产品）。

表 13-75　交联聚乙烯绝缘电力电缆型号编制的排列次序及汉语拼音字母的含义

类　　别	导　体	绝　　缘	内　护　套	外　护　层
YJ—交联聚乙烯电缆	T—铜 L—铝	V—交联聚乙烯	LW—皱纹铝套 V—聚氯乙烯 Y—聚乙烯 Q—铅套	22，23，32 33，42，43

注　1. 外护层数字的含义见表 13-48 和表 13-51。电缆加铜丝屏蔽时，型号编制中应有“S”表示。

2. 铜导体代号字母“T”一般省略不写。

表 13-76　交联聚乙烯绝缘电力电缆型号及名称

型　　号		名　　称
铜　　芯	铝　　芯	
YJV	YJLV	交联聚乙烯绝缘聚氯乙烯护套电力电缆
YJY	YJLY	交联聚乙烯绝缘聚乙烯护套电力电缆
YJV22	YJLV22	交联聚乙烯绝缘钢带铠装聚氯乙烯护套电力电缆
YJV23	YJLV23	交联聚乙烯绝缘钢带铠装聚乙烯护套电力电缆
YJV32	YJLV32	交联聚乙烯绝缘细钢丝铠装聚氯乙烯护套电力电缆
YJV33	YJLV33	交联聚乙烯绝缘细钢丝铠装聚乙烯护套电力电缆
YJV42	YJLV42	交联聚乙烯绝缘粗钢丝铠装聚氯乙烯护套电力电缆
YJV43	YJLV43	交联聚乙烯绝缘粗钢丝铠装聚乙烯护套电力电缆

表 13-77　交联聚乙烯绝缘电力电缆型号、名称及使用范围

型　　号		名　　称	使　用　范　围
铜　芯	铝　芯		
YJV	YJLV	交联聚乙烯绝缘聚氯乙烯护套电力电缆	适用于架空、室内、隧道、电缆沟、管道及地下直埋敷设。电缆不能承受拉力和压力
YJSV	YJLSV	交联聚乙烯绝缘铜丝屏蔽聚氯乙烯护套电力电缆	
YJV22	YJLV22	交联聚乙烯绝缘钢带铠装聚氯乙烯护套电力电缆	适用于室内、隧道、电缆沟及地下直埋敷设，电缆能承受机械外力作用，但不能承受大的拉力

续表

型号		名称	使用范围
铜芯	铝芯		
YJV32	YJLV32	交联聚乙烯绝缘细钢丝铠装聚氯乙烯护套电力电缆	适用于地下直埋、竖井及水下敷设，电缆能承受机械外力作用，并能承受相当的拉力
YJSV32	YJLSV32	交联聚乙烯绝缘铜丝屏蔽细钢丝铠装聚氯乙烯护套电力电缆	
YJV42	YJLV42	交联聚乙烯绝缘粗钢丝铠装聚氯乙烯护套电力电缆	适用于地下直埋、竖井及水下敷设，电缆能承受机械外力作用，并能承受较大的拉力
YJSV42	YJLSV42	交联聚乙烯绝缘铜丝屏蔽粗钢丝铠装聚氯乙烯护套电力电缆	
YJY	YJLY	交联聚乙烯绝缘聚乙烯护套电力电缆	适用于地下直埋、竖井及水下敷设，电缆能承受机械外力作用，电缆不能承受拉力和压力。电缆防潮性较好
YJLW02	YJLLW02	交联聚乙烯绝缘皱纹铝套防水层聚氯乙烯护套电力电缆	适用于地下直埋、竖井及水下敷设，电缆能承受机械外力作用，并能承受较大的拉力。电缆可在潮湿环境及地下水位较高的地方使用，并能承受一定的压力
YJQ02	YJLQ02	交联聚乙烯绝缘铅包聚氯乙烯护套电力电缆	适用于地下直埋、竖井及水下敷设，电缆能承受机械外力作用，并能承受较大的拉力。但电缆不能承受压力
YJQ41	YJLQ41	交联聚乙烯绝缘铅包粗钢丝铠装纤维外被电力电缆	电缆可承受一定的拉力。适用于水底敷设

2. 交联聚乙烯绝缘电力电缆的规格

聚氯乙烯绝缘电力电缆的生产规格，见表 13-78 或参考表 13-79（表中所列标准为 GB11017—1989）。

表 13-78 聚氯乙烯绝缘电力电缆的规格

型号	芯数	额定电压 U_0/U (kV)					
		0.6/1	1.8/3	3.6/6，6/6	6/10，8.7/10	8.7/15～12/20	18/20～26/35
		标称截面 (mm^2)					
YJV YJLV	1①	1.5～800	10～800	25～1200	25～1200	35～1200	50～1200
YJY YJLY		2.5～1000	10～1000	25～1200	25～1200	35～1200	50～1200
YJV32 YJLV32		10～1000	10～1000	25～1200	25～1200	35～1200	50～1200
YJV33 YJLV33		10～1000	10～1000	25～1200	25～1200	35～1200	50～1200
YJV42 YJLV42		10～1000	10～1000	25～1200	25～1200	35～1200	50～1200
YJV43 YJLV43		10～1000	10～1000	25～1200	25～1200	35～1200	50～1200
YJV YJLV	3	1.5～300	10～300	25～300	25～300	35～300	
YJY YJLY		2.5～300	10～300	25～300	25～300	35～300	
YJV22 YJLV22		4～300	10～300	25～300	25～300	35～300	
YJV23 YJLV23		4～300	10～300	25～300	25～300	35～300	
YJV32 YJLV32		4～300	10～300	25～300	25～300	35～300	
YJV33 YJLV33		4～300	10～300	25～300	25～300	35～300	
YJV42 YJLV42		4～300	10～300	25～300	25～300	35～300	
YJV43 YJLV43		4～300	10～300	25～300	25～300	35～300	

注 1. 额定电压 U_0 为 1.8kV 以上的电缆应具有导体屏蔽和绝缘屏蔽。

2. 标称截面 1000mm^2 及以上铜芯应采用分裂导体结构。

① 说明单芯电缆铠装应采用非磁性材料或采用减少磁损耗结构。

表 13-79 聚氯乙烯绝缘电力电缆的规格

型号	芯数	额定电压 U_0/U (kV)	标称截面 (mm^2)
YJV YJLV	单芯	64 / 110	240
YJY YJLY			300，400
YJLW02 YJLLW02			500，630
YJQ02 YJLQ02			800，1000
YJQ41 YJLQ41			1200

3. 交联聚乙烯绝缘电力电缆的使用特性及技术要求

交联聚乙烯绝缘电力电缆导体的最高额定温度为 90℃。敷设时的环境温度应不低于 0℃，并且电缆的最小弯曲半径：对于单芯电缆允许弯曲半径不小于电缆直径的 10 倍；多芯电缆允许弯曲半径不小于电缆直径的 8 倍。在短路时（最长持续时间不超过 5s）电缆导体的最高温度不超过 250℃。

交联聚乙烯绝缘电力电缆的绝缘标称厚度应符合表 13-80 的规定。

表 13-80　交联聚乙烯绝缘电力电缆的绝缘标称厚度

导体标称截面（mm^2）	额定电压 U_0/U（kV）									
	0.6/1	1.8/3	3.6/6	6/6 6/10	8.7/10 8.7/15	12/20	18/20 18/30	21/35	26/35	64/110
	绝缘标称厚度（mm）									
1.5，2.5	0.7									
4，6	0.7									
10	0.7	2.0	2.5							
16	0.7	2.0	2.5	3.4						
25	0.9	2.0	2.5	3.4	4.5					
35	0.9	2.0	2.5	3.4	4.5	5.5				
50	1.0	2.0	2.5	3.4	4.5	5.5	8.0	9.3	10.5	
70，95	1.1	2.0	2.5	3.4	4.5	5.5	8.0	9.3	10.5	
120	1.2	2.0	2.5	3.4	4.5	5.5	8.0	9.3	10.5	
150	1.4	2.0	2.5	3.4	4.5	5.5	8.0	9.3	10.5	
185	1.6	2.0	2.5	3.4	4.5	5.5	8.0	9.3	10.5	
240	1.7	2.0	2.6	3.4	4.5	5.5	8.0	9.3	10.5	19.0
300	1.8	2.0	2.8	3.4	4.5	5.5	8.0	9.3	10.5	18.5
400	2.0	2.0	3.0	3.4	4.5	5.5	8.0	9.3	10.5	17.5
500	2.2	2.2	3.2	3.4	4.5	5.5	8.0	9.3	10.5	17.0
630	2.4	2.4	3.2	3.4	4.5	5.5	8.0	9.3	10.5	16.5
800	2.6	2.6	3.2	3.4	4.5	5.5	8.0	9.3	10.5	16.0
1000	2.8	2.8	3.2	3.4	4.5	5.5	8.0	9.3	10.5	16.0
1200	3.0	3.0	3.2	3.4	4.5	5.5	8.0	9.3	10.5	16.0

额定电压 U_0/U 为：64/110kV 的交联聚乙烯绝缘电力电缆，其截面为 1000、1200mm^2 的铝导体应符合表 13-81 的规定。截面为 1000、1200mm^2 的铜导体应采用分割导体结构。

六、架空绝缘电缆

架空绝缘电缆类产品的符号和代号中汉语拼音字母的含义，见表 13-82。

1. 额定电压 1kV 及以下架空绝缘电缆

额定电压 1kV 及以下架空绝缘电缆适用于交流额定电压 U_0/U 为 0.6/1.0kV 及以下架空输配电线路。架空绝缘电缆的型

表 13-81　交联聚乙烯绝缘电力电缆导体截面的技术参数

标称截面 (mm^2)	导体中单线最少根数	导体外径 (mm)		20℃时直流电阻 (Ω/km) ≤	
		min	max	Cu	Al
1000	53	37.2	41	0.0176	0.0291
1200	53	40.7	45	0.0151	0.0247

表 13-82　架空绝缘电缆类产品汉语拼音字母的含义

JK	系列代号	LH	铝合金导体	Y	聚乙烯绝缘
L	铝导体	V	聚氯乙烯绝缘	YJ	交联聚乙烯绝缘

注　铜导体代号字母"T"一般省略不写。

号、名称及用途，见表 13-83。

表 13-83　额定电压 1kV 及以下架空绝缘电缆型号、名称及用途

型　号	名　称	用　途
JKV—0.6/1	额定电压 0.6/1kV 铜芯聚氯乙烯绝缘架空电缆	架空固定敷设、引户线等
JKLV—0.6/1	额定电压 0.6/1kV 铝芯聚氯乙烯绝缘架空电缆	
JKLHV—0.6/1	额定电压 0.6/1kV 铝合金芯聚氯乙烯绝缘架空电缆	
JKY—0.6/1	额定电压 0.6/1kV 铜芯聚乙烯绝缘架空电缆	
JKLY—0.6/1	额定电压 0.6/1kV 铝芯聚乙烯绝缘架空电缆	
JKLHY—0.6/1	额定电压 0.6/1kV 铝合金芯聚乙烯绝缘架空电缆	
JKYJ—0.6/1	额定电压 0.6/1kV 铜芯交联聚乙烯绝缘架空电缆	
JKLYJ—0.6/1	额定电压 0.6/1kV 铝芯交联聚乙烯绝缘架空电缆	
JKLHYJ—0.6/1	额定电压 0.6/1kV 铝合金芯交联聚乙烯绝缘架空电缆	

额定电压 1kV 及以下架空绝缘电缆的规格，见表 13-84。

表 13-84　额定电压 1kV 及以下架空绝缘电缆的规格

型　号	芯　数	额定电压 0.6/1kV 标称截面 (mm^2)
JKV、JKLV、JKLHV、JKY、JKLY、JKLHY、JKYJ、JKLYJ、JKLHYJ	1	16～240
	2、4	10～120
JKLV、JKLY、JKLYJ	3+K*	10～120

注　K* 为带承载的中性导体。根据配电工程要求，任选其中截面与主线芯搭配。

额定电压1kV及以下架空绝缘电缆的结构和技术参数，见表13-85。

表 13-85　额定电压 1kV 及以下架空绝缘电缆的结构和技术参数

导体标称截面（mm^2）	导体中最少单线根数 紧压圆形		导体外径（参考值）（mm）	绝缘标称厚度（mm）	单芯电缆平均外径上限（mm）	20℃时导体电阻 ≤（Ω/km） 铜芯	
	铜芯	铝、铝合金芯				硬铜	软铜
10	6	6	3.8	1.0	6.5	1.906	1.83
16	6	6	4.8	1.2	8.0	1.198	1.15
25	6	6	6.0	1.2	9.4	0.749	0.747
35	6	6	7.0	1.4	11.0	0.540	0.524
50	6	6	8.4	1.4	12.3	0.399	0.387
70	12	12	10.0	1.4	14.1	0.276	0.268
95	15	15	11.6	1.6	16.5	0.199	0.193
120	18	15	13.0	1.6	18.1	0.158	0.153
150	18	15	14.6	1.8	20.2	0.128	
185	30	30	16.2	2.0	22.5	0.1021	
240	34	30	18.4	2.2	25.6	0.0777	

导体标称截面（mm^2）	20℃时导体电阻 ≤（Ω/km）		额定工作温度时最小绝缘电阻（MΩ·km）		电缆拉断力 N		
	铝芯	铝合金芯	70℃	90℃	硬铜芯	铝芯	铝合金芯
10	3.08	3.574	0.0067	0.67	3471	1650	2514
16	1.91	2.217	0.0065	0.65	5486	2517	4022
25	1.20	1.393	0.0054	0.54	8465	3762	6284
35	0.868	1.007	0.0054	0.54	11731	5177	8800
50	0.641	0.744	0.0046	0.46	16502	7011	12569
70	0.443	0.514	0.0040	0.40	23461	10354	17590
95	0.320	0.371	0.0039	0.39	31759	13727	23880
120	0.253	0.294	0.0035	0.35	39911	17339	30164
150	0.206	0.239	0.0035	0.35	49505	21033	37700
185	0.164	0.190	0.0035	0.35	61846	26732	46503
240	0.125	0.145	0.0034	0.34	79823	34679	60329

额定电压 1kV 及以下架空绝缘电缆的使用特性：

(1) 电缆导体的长期允许工作温度：聚氯乙烯、聚乙烯绝缘应不超过 70℃，交联聚乙烯绝缘不超过 90℃。

(2) 电缆的敷设温度：应不低于−20℃。

(3) 电缆的允许弯曲半径：电缆外径（D）小于 25mm，则弯曲半径应不小于 $4D$；电缆外径（D）为 25mm 及以上，则弯曲半径应不小于 $6D$。

2. 额定电压 10kV 及以下架空绝缘电缆

电缆适用于交流额定电压为：10kV 及以下的架空输配电线路。

10kV 及以下架空绝缘电缆的标称截面及其他参考数据，见表 13-86。

表 13-86　10kV 及以下电缆的标称截面及其他参考数据

产品名称	标称截面 (mm²)	绝缘标称厚度 (mm)	最小绝缘电阻 (MΩ/km)		
			20℃	PE70℃	XLPE90℃
10kV 及以下架空绝缘电缆	10	3.4	>73.67	>73.67	>73.67
	16	3.4			
	25	3.4			
	35	3.4			
	50	3.4			
	70	3.4			
	95	3.4			
	120	3.4			
	150	3.4			
	185	3.4			
	240	3.4			
	300	3.4			

10kV 及以下架空绝缘电缆的机械性能及电性能，见表 13-87。

10kV 及以下架空绝缘电缆的使用特性：

表 13-87　10kV 及以下架空绝缘电缆的机械性能及电性能

项　　目	10kV 架空电缆	
	PE70℃	XLPE90℃
耐压试验（kV/1min）	15	15
绝缘电阻常数（MΩ/km）	＞3.67	＞3.67
绝缘抗张强度（N/mm^2）	10.5	12.5
老化前后断裂伸长率（%）	300	200

（1）电缆导体的长期允许工作温度：聚氯乙烯、聚乙烯绝缘应不超过 70℃，交联聚乙烯绝缘不超过 90℃。

（2）电缆的敷设温度：应不低于－20℃。

（3）电缆的允许弯曲半径：铜、铝及铝合金架空绝缘电缆，其外径（D）小于 25mm，则弯曲半径应不小于 $4D$。

3. 额定电压 10kV、35kV 架空绝缘电缆

电缆适用于交流额定电压 U（U_m）为 10（12）、35（42）kV 的架空输配电线路。

额定电压 10、35kV 架空绝缘电缆的敷设温度应不低于－20℃。电缆导体的最高长期允许工作温度：对于有承载线结构电缆，由绝缘的最高长期允许工作温度决定。若是交联聚乙烯绝缘，则为 90℃；若是高密度聚乙烯绝缘，则为 75℃。对于无承载线结构电缆，其要求正在考虑中。

额定电压 10、35kV 架空绝缘电缆的允许弯曲半径应不小于：单芯电缆为 20（$D+d$）±5%mm；多芯电缆为 15（$D+d$）±5%mm。其中，D 与 d 分别表示电缆与电缆主导体的标称外径。

额定电压 10、35kV 架空绝缘电缆，在短路时（最长持续时间不超过 5s）电缆导体的最高温度：若是交联聚乙烯绝缘，则为 250℃；若是高密度聚乙烯绝缘，则为 150℃。

额定电压 10、35kV 架空绝缘电缆的型号、名称及用途，见表 13-88。

表 13-88　额定电压 10、35kV 架空绝缘电缆型号、名称及主要用途

型　号	名　　　称	主　要　用　途
JKYJ JKTRYJ JKLYJ JKLHYJ JKY JKTRY JKLY JKLHY	铜芯交联聚乙烯绝缘架空电缆 软铜芯交联聚乙烯绝缘架空电缆 铝芯交联聚乙烯绝缘架空电缆 铝合金芯交联聚乙烯绝缘架空电缆 铜芯聚乙烯绝缘架空电缆 软铜芯聚乙烯绝缘架空电缆 铝芯聚乙烯绝缘架空电缆 铝合金芯聚乙烯绝缘架空电缆	架空固定敷设，软铜芯产品用于变压器引下线 电缆架设时，应考虑电缆和树木保持一定距离 电缆运行时，允许电缆和树木频繁接触
JKLYJ/B JKLHYJ/B	铝芯本色交联聚乙烯绝缘架空电缆 铝合金芯本色交联聚乙烯绝缘架空电缆	架空固定敷设 电缆架设时，应考虑电缆和树木保持一定距离 电缆运行时，允许电缆和树木频繁接触
JKLYJ/Q JKLHYJ/Q JKLY/Q JKLHY/Q	铝芯轻型交联聚乙烯薄绝缘架空电缆 铝合金芯轻型交联聚乙烯薄绝缘架空电缆 铝芯轻型聚乙烯薄绝缘架空电缆 铝合金芯轻型聚乙烯薄绝缘架空电缆	架空固定敷设 电缆架设时，应考虑电缆和树木保持一定距离 电缆运行时，只允许电缆和树木作短时频繁接触

额定电压 10、35kV 架空绝缘电缆的规格，见表 13-89。

表 13-89　额定电压 10、35kV 架空绝缘电缆的规格

型　　号	线　　芯	额　定　电　压（kV）	
		10	35
		标　称　截　面（mm^2）	
JKYJ JKTRYJ JKLYJ JKLHYJ	1	10～300	50～300
	3	25～300	
	3＋K（A） 或 3＋K（B）	25～300 其中 K：25～120	
JKY JKTRY JKLY JKLHY	1	10～300	

续表

型号	线芯	额定电压（kV）	
		10	35
		标称截面（mm²）	
JKLYJ/Q JKLHYJ/Q JKLY/Q JKLHY/Q	1	10～300	
JKLYJ/B	3	25～300	
JKLHYJ/B	3+K（A） 或3+K（B）	25～300	
		其中K：25～120	

注 1. 表中K为承载绞线，按工程设计要求，可任选表中规定截面与相应倒替截面相匹配，如杆塔跨距更大采用外加承载索时，该承载索不包括在电缆结构内。

2. 表中（A）表示钢承载绞线，（B）为铝合金承载绞线。

额定电压10、35kV架空绝缘电缆的结构和技术参数，见表13-90。

表13-90　额定电压10、35kV架空绝缘电缆的结构和技术参数

导体标称截面（mm²）	导体中最少单线根数	导体直径（mm）	导体屏蔽层最小厚度①（近似值）②（mm）		绝缘标称厚度（mm）			绝缘屏蔽层标称厚度（mm）	
					10kV		35kV		
			10kV	35kV	薄绝缘	普通绝缘		10kV	35kV
10	6	3.8	0.5			3.4			
16	6	4.8	0.5			3.4			
25	6	6.0	0.5		2.5	3.4		1.0	
35	6	7.0	0.5		2.5	3.4		1.0	

导体标称截面（mm²）	20℃时导体电阻≥（Ω/km）				导体拉断力≥（N）		
	硬铜芯	软铜芯	铝芯	铝合金芯	硬铜芯	铝芯	铝合金芯
10		1.830	3.080				
16		1.150	1.910				
25	0.749	0.727	1.200	1.393	8465	3762	6284
35	0.540	0.524	0.868	1.007	11731	5177	8800

续表

导体标称截面（mm^2）	导体中最少单线根数	导体直径（mm）	导体屏蔽层最小厚度①（近似值）②（mm）		绝缘标称厚度（mm）			绝缘屏蔽层标称厚度（mm）	
					10kV		35kV		
			10kV	35kV	薄绝缘	普通绝缘		10kV	35kV
50	6	8.3	0.5	0.8	2.5	3.4	9.3	1.0	1.5
70	12	10.0	0.5	0.8	2.5	3.4	9.3	1.0	1.5
95	15	11.6	0.6	0.8	2.5	3.4	9.3	1.0	1.5
120	18	13.0	0.6	0.8	2.5	3.4	9.3	1.0	1.5
150	18	14.6	0.6	0.8	2.5	3.4	9.3	1.0	1.5
185	30	16.2	0.6	0.8	2.5	3.4	9.3	1.0	1.5
240	34	18.4	0.6	0.8	2.5	3.4	9.3	1.0	1.5
300	34	20.6	0.6	0.8	2.5	3.4	9.3	1.0	1.5

导体标称截面（mm^2）	20℃时导体电阻 ≥（Ω/km）				导体拉断力 ≥（N）		
	硬铜芯	软铜芯	铝芯	铝合金芯	硬铜芯	铝芯	铝合金芯
50	0.399	0.387	0.641	0.744	16502	7011	12569
70	0.276	0.268	0.443	0.514	23461	10354	17596
95	0.199	0.193	0.320	0.371	31759	13727	23880
120	0.158	0.153	0.253	0.294	39911	17339	30164
150	0.128		0.200	0.239	49505	21033	37706
185	0.1021		0.164	0.190	61846	26732	46503
240	0.0777		0.125	0.145	79823	34679	60329
300	0.0619		0.100	0.110	99788	43349	758411

① 指轻型薄绝缘结构架空电缆无内半导电屏蔽层。

② 指近似值是既不要保证又不要检查的数值，但在设计与工艺制造上需予充分考虑。

承载绞线材料的拉断力应符合表13-91的规定。

表 13-91 承载绞线材料的拉断力

承载绞线截面（mm^2）	钢承载绞线拉断力 ≥（N）	铝合金承载绞线拉断力 ≥（N）	承载绞线截面（mm^2）	钢承载绞线拉断力 ≥（N）	铝合金承载绞线拉断力 ≥（N）
25	30000	6284	70	81150	17596
35	42000	8800	95	110150	23880
50	56550	12569	120	30164	

第四节 绝缘材料

工程上常将电阻率大于 $10^7\Omega\cdot m$，在直流电压作用下仅有极微小的漏泄电流通过，一般可认为不导电或导电性很微弱的物质，称为绝缘物质。由这类物质组成的材料称为绝缘材料。

绝缘材料又称电介质。其主要功用是用来隔离带电的或不同电位的导体，使电流能按一定的方向流通。在不同的电工产品中，根据产品技术要求的需要，绝缘材料还往往起着散热冷却、机械支撑和固定、储能、灭弧、改善电位梯度、防潮、防霉以及保护导体等作用。

电工绝缘材料的产品型号编制说明，见表 13-92。

表 13-92 电工绝缘材料的产品型号编制说明

<table>
<tr><td colspan="2">项 目</td><td colspan="18">说 明</td></tr>
<tr><td colspan="2" rowspan="2">大类代号</td><td colspan="3">1</td><td colspan="3">2</td><td colspan="3">3</td><td colspan="3">4</td><td colspan="3">5</td><td colspan="3">6</td></tr>
<tr><td colspan="3">漆、树脂和胶类</td><td colspan="3">浸渍纤维制品类</td><td colspan="3">层压制品类</td><td colspan="3">塑料类</td><td colspan="3">云母制品类</td><td colspan="3">薄膜、粘带和复合制品类</td></tr>
<tr><td rowspan="6">小类代号</td><td rowspan="2">漆、树脂和胶类</td><td colspan="2">0</td><td colspan="2">1</td><td colspan="2">2</td><td colspan="2">3</td><td colspan="2">4</td><td colspan="2">5</td><td colspan="2">6</td><td colspan="2">7</td><td colspan="2">8</td></tr>
<tr><td colspan="2">有溶剂浸渍漆类</td><td colspan="2">无溶剂浸渍漆类</td><td colspan="2">覆盖漆类</td><td colspan="2">瓷漆类</td><td colspan="2">粘胶漆、树脂类</td><td colspan="2">熔敷粉末类</td><td colspan="2">硅钢片漆类</td><td colspan="2">漆包线漆类</td><td colspan="2">胶类</td></tr>
<tr><td rowspan="2">浸渍纤维制品类</td><td colspan="2">0</td><td colspan="2">1</td><td colspan="2">2</td><td colspan="2">3</td><td colspan="2">4</td><td colspan="2">5</td><td colspan="2">6</td><td colspan="2">7</td><td colspan="2">8</td></tr>
<tr><td colspan="2">棉纤维漆布类</td><td colspan="2"></td><td colspan="2">漆绸类</td><td colspan="2">合成纤维漆布类</td><td colspan="2">玻璃纤维漆布类</td><td colspan="2">混织纤维漆布类</td><td colspan="2">防电晕漆布类</td><td colspan="2">漆管类</td><td colspan="2">绑扎带类</td></tr>
<tr><td rowspan="2">层压制品类</td><td colspan="2">0</td><td colspan="2">1</td><td colspan="2">2</td><td colspan="2">3</td><td colspan="2">4</td><td colspan="2">5</td><td colspan="2">6</td><td colspan="2">7</td><td colspan="2">8</td></tr>
<tr><td colspan="2">有机底材层压板类</td><td colspan="2"></td><td colspan="2">无机底材层压板类</td><td colspan="2">防电晕及导磁层压板类</td><td colspan="2">覆铜箔层压板类</td><td colspan="2">有机底材层压管类</td><td colspan="2">无机底材层压管类</td><td colspan="2">有机底材层压棒类</td><td colspan="2">无机底材层压棒类</td></tr>
</table>

续表

项目		说明							
小类代号	塑料类	0	1	2	3	4	5	6	
		木粉填料塑料类	其他有机物填料塑料类	石棉填料塑料类	玻璃纤维填料塑料类	云母填料塑料类	其他矿物填料塑料类	无填料塑料类	
	云母制品类	0	1	2	4	5	7	8	9
		云母带类	柔软云母板类	塑料云母板类	云母带类	换向器云母板类	衬垫云母板类	云母箔类	云母管类
	薄膜、粘带和复合制品类	0	2	3	5	6	7		
		薄膜类	薄膜粘带类	橡胶及织物粘带类	薄膜绝缘纸及薄膜玻璃漆布复合箔类	薄膜合成纤维纸复合箔类	多种材质复合箔类		
参考工作温度代号		1	2	3	4	5	6		
		105℃	120℃	130℃	155℃	180℃	180℃以上		
专用附加号		1	2	3	T				
		粉云母制品	金云母制品	鳞片云母制品	含杀菌剂或防霉剂产品				
		注：不附加数字的云母制品为白云母制品							

型号的编制顺序及方法如下：

注　必要时在第四位数字后面增加一位数字，组成产品品种的顺序号。

一、绝缘材料的分类

绝缘材料在电工材料中占有极其重要的地位，涉及面广，品种很多。绝缘材料按绝缘材料的物理状态分类，可分为：气体绝缘材料、液体绝缘材料和固体绝缘材料，见表 13-93。

表 13-93　绝缘材料（电介质）的分类

序号	类　　别	说　　明
1	气体绝缘材料（气体电介质）	常用的气体绝缘材料有空气、氮（N_2）、二氧化碳（CO_2）和六氟化硫（SF_6）等，其中空气是最常见的绝缘介质，例如架空裸导线的线间及线对地间的绝缘均由空气来实现，而在全封闭电器中则广泛采用六氟化硫介质和灭弧介质
2	液体绝缘材料（液体电介质）	常用的液体绝缘材料有矿物绝缘油和合成绝缘油两类。矿物绝缘油按其适用的对象又分为变压器油、电容器油和电缆油等。合成绝缘油有苯甲基硅油、烷基苯、聚丁烯、苯基二甲基乙烷、异丙基联苯、烷基萘等。矿物绝缘油应用最为普遍，是最重要的一种绝缘材料
3	固体绝缘材料（固体电介质）	固体绝缘材料品种繁多，也是绝缘材料中最为重要的一类。固体绝缘材料易于成型，并可加工成多种制品。它一般分为两类： （1）有机固体绝缘材料，包括绝缘漆、绝缘胶、绝缘纸、绝缘纤维制品、塑料、橡胶、漆布漆管及绝缘浸渍纤维制品、电工用薄膜、复合制品和粘带、电工用层压制品等 （2）无机固体绝缘材料，主要有云母、玻璃、陶瓷及其制品等

二、绝缘材料的介电特性及耐热等级

绝缘材料的介电特性，见表 13-94。

表 13-94　绝缘材料（电介质）的介电特性

名称	特　　性	说　　明
介质极化	电介质极化	指电介质中正负电荷响应外电场作用时发生的可逆的有限位移的现象；极化后产生电偶极矩，并在电介质表面出现净束缚电荷
	电极化强度	电极化强度 P 为单位体积电介质内的电偶极矩的矢量和。P 通常与电场强度 E 成正比，但铁电体的 P 与 E 之间呈非线性关系，而且有电滞效应
	介电常数和相对介电常数	介电常数（电容率）是表征两导体间电介质极化特性的重要参数，符号为 ε；真空的介电常数 $\varepsilon_0=1/(36\pi\times10^9)$ F/m 介电常数 ε 与真空介电常数 ε_0 的比值称为相对介电常数（相对电容率），符号为 ε_r。空气和其他气体的 $\varepsilon_r\approx1$，非极性电介质的 $\varepsilon_r\approx2\sim2.5$，极性电介质的 $\varepsilon_r\approx5\sim100$，晶体材料的 $\varepsilon_r\approx5\sim10^5$

续表

名称	特性	说明
介质损耗	介质损耗	电介质从时变电场中吸收并以热的形式耗散的有功功率，称为“介质损耗”（介电损耗）P。$P=\omega c U^2 \tan\delta$，式中 ω 为时变电场角频率，δ 为介质损耗角
	介质损耗因数 $\tan\delta$	损耗因数，介质损耗角 δ 的正切 $\tan\delta$。对于在正弦电压作用下的电介质来说，$\tan\delta$ 就是该电介质吸收的有功功率值与无功功率绝对值之比。非极性电介质的 $\tan\delta \approx 10^{-4}$，极性电介质的 $\tan\delta \approx 10^{-3}$
	介质损耗指数	介质损耗指数是电介质的相对介电常数 ε_r 与其介质损耗因数 $\tan\delta$ 的乘积，即介质损耗指数 $p=\varepsilon_r \tan\delta$
绝缘电阻	绝缘电阻	用绝缘材料（电介质）隔开的两个导电体之间的电阻，称为“绝缘电阻”R，单位用 MΩ 表示，测量的仪表通常用兆欧表
	介质电导	绝缘电阻的倒数，称为“介质电导”G。$G=1/R=I_{tk}/U$，式中 U 为外施电压，I_{tk} 为电压 U 作用下绝缘介质通过的泄漏电流。电导单位为 S 或 mS
	体积电阻率和表面电阻率	与绝缘介质的泄漏电流中体积电流相应的电阻率，称为“体积电阻率”ρ_v（Ω·m） 与绝缘介质的泄漏电流中表面电流相应的电阻率，称为“表面电阻率”ρ_s（Ω·m）
介质击穿	介质击穿和击穿电压	当介质两端电压高于某一临界值时，通过电介质内部的电流剧增，从而发生电介质由绝缘状态转变为导电状态的现象，称为“介质击穿”或“电击穿” 发生电击穿的起始电压值，称为“击穿电压”U_b。交流击穿电压有有效值和峰值之分
	介电强度（击穿强度）	使电介质发生电击穿的电场强度 E_b 称为“介电强度”。$E_b=U_b/d$，式中 d 为击穿处的介质厚度。E_b 也称为“击穿（电场）强度”
	热击穿	固体介质局部由介质损耗引起的发热速率高于散热速率时，使得温度持续上升以致介质的介电性能被破坏的现象，称为“热击穿”

绝缘材料的耐热等级，见表 13-95。

三、气体绝缘材料

电力系统中常用气体绝缘材料的类型、性能及应用范围，见表 13-96。

表 13-95 绝缘材料的耐热等级

耐热等级	极限温度（℃）	耐热等级定义
Y	90	经过试验证明，在90℃极限温度下长期使用的绝缘材料或其组合物所组成的绝缘结构
A	105	经过试验证明，在105℃极限温度下长期使用的绝缘材料或其组合物所组成的绝缘结构
E	120	经过试验证明，在120℃极限温度下长期使用的绝缘材料或其组合物所组成的绝缘结构
B	130	经过试验证明，在130℃极限温度下长期使用的绝缘材料或其组合物所组成的绝缘结构
F	155	经过试验证明，在155℃极限温度下长期使用的绝缘材料或其组合物所组成的绝缘结构
H	180	经过试验证明，在180℃极限温度下长期使用的绝缘材料或其组合物所组成的绝缘结构
C	>180	经过试验证明，在超过180℃极限温度下长期使用的绝缘材料或其组合物所组成的绝缘结构

表 13-96 电力系统中常用气体绝缘材料的类型、性能及应用范围

序号	性能名称	天然气体				六氟化硫（SF_6）
		空气	氮（N_2）	氢（H_2）	二氧化碳（CO_2）	
1	相对分子质量	29	28	2	44	146
2	密度（g/L）（20℃，98kPa）	1.17	1.25	0.08	1.79	6.25
3	沸点（℃）	−196	−195.6	−252.8	−78.7	−6.25
4	粘度（Pa·s）	1.8×10^{-5}	1.1×10^{-5}	0.86×10^{-5}	1.4×10^{-5}	1.54×10^{-5}（30℃，98kPa）
5	热导率（W/m·K）	0.0314（100℃）	0.0256（30℃）	0.043（100℃）		0.14
6	相对介电常数	1.00059	1.00058	1.00027	1.00096	1.002
7	直流介电强度（kV/cm）	33	33	19.8	29.7	72.6～82.5
8	临界压力（MPa）		3.394	1.297	7.397	3.7968
9	临界温度（℃）	−140.7	−147.1	−240	31	45.64

续表

序号	性能名称	天然气体				六氟化硫 (SF_6)
		空气	氮 (N_2)	氢 (H_2)	二氧化碳 (CO_2)	
10	灭弧能力	SF_6 的灭弧能力约为空气的 100 倍				
	应用范围	应用最广，如架空线路的线间及线对地间均由空气绝缘	主要用来作为一些变压器、电力电缆和通信电缆等的保护气体	主要用来作为氢冷发电机的冷却介质，并且可用作绝缘	早期高压电容器常用 CO_2 或 N_2 作电介质，现已用 SF_6 取代	广泛用作全封闭电器的绝缘介质和灭弧介质，具有减小电器尺寸和防火，防爆等优点，但不宜用于高寒地区

四、液体绝缘材料

常用液体绝缘材料的类型、性能及应用范围，见表 13-97 和表 13-98。

表 13-97 液体绝缘材料（国产矿物油）的类型、性能及应用范围

序号	性能名称		变压器油			电容器油		电缆油	
			10 型	25 型	45 型	1 型	2 型	高压充油	35kV 油
1	运动粘度 (mm^2/s)	20℃	≤30	≤30	≤30	30～45	37～45	8～18	
		50℃	7.5～9.6	8.5～9.6	6～9.6	9～12	9～12	3.5～6	
2	闪点（℃）≥（闭口杯法）		135	135	135	135	135	125	250
3	凝点（℃）≤		−10	−25	−45	−45	−45	−60	−12
4	酸值≤ [mg(KOH)/g]		0.03	0.03	0.03	0.02	0.02	0.008	0.01
5	灰分（%）≤		0.005	0.005	0.005	0.005	0.004		
6	体积电阻率 (Ω·m)						10^{12}～10^{13} (20℃)		
7	介质损耗因数 $\tan\delta$ (50Hz)	20℃	≤0.3005	0.0005～0.005	0.005 (70℃)	≤0.005	≤0.005	≤0.0015	0.01～0.013
		100℃	0.0025～0.025	0.001～0.025		≤0.002 (10^3 Hz)	≤0.002 (10^3 Hz)		

续表

序号	性能名称	变压器油			电容器油		电缆油	
		10型	25型	45型	1型	2型	高压充油	35kV油
8	相对介电常数(50Hz，20℃)					2.1～2.3		
9	介电强度(20℃)(kV/mm)	16～18	18～21		20～23	20～23	≥20	14～16
	应用范围	油浸式变压器、互感器用，应根据环境温度选择不同凝点的相应型号。45型变压器油通常又作为油断路器的绝缘和灭弧介质			用于充灌和浸渍电力电容器		用于110～330kV级充油电力电缆	用于35kV油浸纸绝缘电力电缆

表 13-98 液体绝缘材料（合成油）的类型、性能及应用范围

序号	性能名称		烷基苯(DDB)	苯基二甲基乙烷（PXE）	烷基萘	异丙基联苯(MIPB)	苯甲基硅油
1	运动粘度(mm^2/s)	20℃	6.5～8.5		3.2(30℃)		100～200(25℃)
		50℃	3～4			5.3(40℃)	
2	闪点（℃）≥（闭口杯法）		125	148	154	142	280(开口杯)
3	凝点（℃）≤		－65			－48	－40
4	酸值≤[mg(KOH)/g]		0.008				
5	灰分（%）≤						
6	体积电阻率(Ω·m)			2.5×10^{12}(80℃)	2.5×10^{12}(80℃)	3.7×10^{12}(100℃)	$\geqslant10^{12}$(100℃)
7	介质损耗因数 $\tan\delta$(50Hz)	20℃					
		100℃	0.03～0.04	0.03(80℃)	0.03(80℃)	0.04	≤0.02(80℃)
8	相对介电常数(50Hz，20℃)		2.2	2.5	2.5	2.5～2.6	2.6～2.8

续表

序号	性能名称	烷基苯(DDB)	苯基二甲基乙烷(PXE)	烷基萘	异丙基联苯(MIPB)	苯甲基硅油
9	介电强度(20℃)(kV/mm)	≥24	37		≥24	35～40
应用范围		主要用于浸渍纸复合介质，可用于电缆、电容器和变压器	适于作全膜电容器的浸渍剂(介质)		适于作一般电容器介质	主要用于防火要求较高场所的电缆、电容器和变压器

五、固体绝缘材料

(一) 固体绝缘材料类型和性能

固体绝缘材料的类型和性能特点，见表13-99。

表13-99 固体绝缘材料的类型和性能特点

类别	名称	性能特点
无机固体绝缘材料	无机固体绝缘材料	优点是耐高温，不易老化，具有相当高的机械强度，其中某些材料如电瓷等成本低。缺点是加工性能较差，不易适应电工设备对绝缘材料的成型要求
	云母及其制品	具有长期耐电晕性的特点，是高电压设备绝缘结构中重要的组成部分。其耐热性也很好，可用于高温场合作绝缘和耐热材料
	电瓷及其制品	具有优异的耐放电性能，又具有一定的机械强度，因此特别适用于高压输配电的场合
	玻璃、玻璃纤维及其制品	玻璃的制造工艺比陶瓷简单，并具有良好的电性能、耐热性和化学稳定性。玻璃纤维可制成丝、布、带，具有比有机纤维高得多的耐热性，在绝缘结构向高温发展中起着重要的作用
有机固体绝缘材料	有机固体绝缘材料	一般具有柔韧、易加工成型的优点，但是又具有易老化和耐热性能较差等缺点
	天然有机固体绝缘材料	指纸、棉布、丝绸、天然橡胶等，具有柔韧、易满足工艺要求且易于获得等优点，但有易燃的缺点
	合成有机固体绝缘材料	指绝缘漆、塑料、合成橡胶等，具有一些特殊优异的电气机械性能和物理性能，如介质损耗特别小的塑料，耐热、耐油的人工合成橡胶等

（二）绝缘云母及其制品

天然云母（简称：云母）是属于铝代硅酸盐类的一种天然无机矿物。其种类繁多，在电工绝缘材料中，占有重要地位的仅是白云母和金云母两种。它们具有良好的电气和机械性能，耐热性和耐电晕性能好，化学稳定性高，且解理性好等特点。还可剥离加工成厚度为0.01～0.03mm的柔软而富有弹性的薄片。

合成云母主要是氟金云母，它是天然金云母的模拟物。由于氟金云母无结晶水，纯净度高，其耐热性、抗热冲击性和介电性能均优于天然云母。

天然云母和合成云母的主要性能，见表13-100。

表13-100　天然云母和合成云母的主要性能

名　称	密　度 (g/cm^3)	介电强度 (kV/mm)	体积电阻率 (Ω·m)	tanδ	介电常数	吸水率 (%)	工作温度 (℃)
天然白云母	2.7～2.9	150～280	$\geqslant 10^{15}$	0.0005	6～8	1.82	600
天然金云母	2.7～2.85	125～200	$10^{13}\sim10^{14}$	0.001	5～7	0.29	850
合成云母	2.7～2.85	185～238	$\geqslant 10^{15}$	0.0003	5～6.3	0.14	1100

粉云母也称为粉云母纸，根据制造工艺的不同，可分为煅烧法云母纸和机械法云母纸二大类。粉云母纸具有厚度均匀，生产效率高，成本低，由它制成的制品电气性能稳定，价格便宜等特点。

煅烧法云母纸又称为熟云母纸，是利用云母碎料在750～800℃下煅烧40～60min后，经酸处理、制浆、抄纸等工艺制成的。

机械法云母纸也称生云母纸或大鳞片云母纸，是把云母碎料放在高压水下冲击，机械破碎制浆，造纸而成。

国际电工委员会（IEC）规定了粉云母纸的类型为：

（1）MPM1：煅烧白云母纸，化学处理；

（2）MPM2：煅烧白云母纸，机械处理；

（3）MPM3：非煅烧白云母纸；

(4) MPP：非煅烧金云母纸。

云母制品由云母或粉云母、胶粘剂和补强材料组成。云母制品主要有云母带、云母板、云母箔、云母管等类型。

云母带和粉云母带的品种、性能和用途，见表13-101。

表 13-101 云母带和粉云母带的品种、性能和用途

名称	型号	厚度 (mm)	耐热等级	介电强度 (kV/mm)	抗拉力 (N)	特性和用途
醇酸玻璃云母带	5434	0.10、0.13 0.06	B	16～25	80～137	耐热性较高，但防潮性较差，可直接作直流电机电枢线圈和低压电机线圈的绕包绝缘
环氧玻璃粉云母带	5438-1	0.10、0.14、 0.17、0.20	B	35～45	100～190	电气、力学性能好，可作高压电机主绝缘
硼铵环氧玻璃粉云母带	9438-1 云 431-1	0.11、0.13	B	24～45	98～190	
酚醛环氧玻璃粉云母带	哈 41 云 448-1	0.15	F	26～33	127～176	
单面玻璃中胶粉云母带	5443-1 云 447-1	0.11、0.15	F	30～32	117～156	耐热性好，云母含量高，可作高压电机主绝缘
单面玻璃少胶粉云母带		0.11、0.15	F	≥14	≥117	耐热性好，云母含量高，可作中型高压电机整体浸渍绝缘
有机硅玻璃云母带	5450	0.10、0.13、 0.16	H	16～25	80～166	耐热性高，可作耐高温电机或牵引电机线圈绝缘
有机硅玻璃粉云母带	5450-1	0.14、0.17	H	16～30	80～166	
有机硅玻璃金粉云母带	54502	0.10、0.13、 0.16	H	16～20	68～166	
有机硅单面玻璃金粉云母带	云 462-2	0.11	H、C	10～18	60～109	耐阻燃性好，可作耐火电缆绝缘

柔软和塑型云母板的品种、性能和用途，见表13-102。

表 13-102 柔软和塑型云母板的品种、性能和用途

名称	型号	耐热等级	介电强度（kV/mm）			体积电阻率（Ω·m）		用途
			0.15mm	0.2～0.25mm	0.3～1.2mm	常态	受潮48小时后	
醇酸玻璃柔软云母板	5131	B	≥16	≥18	≥16			适用于一般电机槽衬和端部层间绝缘
醇酸玻璃柔软粉云母板	5131-1	B	≥16	≥18	≥16			
醇酸柔软云母板	5133	B	25～30	25～32	25～28	$\geqslant 10^{13}$	$\geqslant 10^{12}$	适用于高压电机定子线圈匝间和换位绝缘或其他衬垫绝缘
有机硅柔软云母板	5150	H	≥20	≥25	≥20	$\geqslant 10^{12}$	$\geqslant 10^{10}$	适用于H级电机槽部或端部层间绝缘
有机硅玻璃柔软云母板	5151	H	16～26	18～28	16～26	$\geqslant 10^{12}$	$\geqslant 10^{10}$	
有机硅玻璃柔软粉云母板	5151－1	H	≥15	≥25	≥20			
虫胶塑型云母板	5231	B	35～47	35～47	35～38	$\geqslant 10^{13}$	$\geqslant 10^{12}$	适用于电机整流子V型环的电器绝缘结构件
醇酸塑型云母板	5235	H	35～50	35～50	30～40	$\geqslant 10^{13}$	$\geqslant 10^{12}$	适用于温升较高、转速较快的电机整流子V型环和绝缘结构件
有机硅塑型云母板	5250	H	35～50	35～50	30～40	$\geqslant 10^{13}$	$\geqslant 10^{12}$	适用于耐热电机、电器、仪表绝缘结构件

云母箔和云母管的品种、性能和用途，见表 13-103。

（三）电工用玻璃与陶瓷

常用电工玻璃的主要技术数据和用途，见表 13-104。

表 13-103　云母箔和云母管的品种、性能和用途

名　　称	型号	厚　度 (mm)	耐热等级	介电强度 (kV/mm)	用　　途
醇酸纸云母箔	5830	0.15、0.20 0.25、0.30	E	16～35	适用于一般电机、电器卷烘式绝缘、磁极绝缘
虫胶纸云母箔	5831	0.15、0.20 0.25、0.30	E	16～35	
虫胶玻璃云母箔	5833	0.15、0.20 0.25、0.30	B	16～35	适用于要求机械强度较高的电机、电器卷烘式绝缘、磁极绝缘
聚酚醚聚酰亚胺薄膜玻璃粉云母箔	云840-1	0.20	F	≥40	适用于F级电机、电器卷烘式绝缘、磁极绝缘
有机硅玻璃云母箔	5850	0.15、0.20 0.25、0.30	H	16～35	适用于H级电机、电器卷烘式绝缘、磁极绝缘
虫胶云母管	5931		B	≥10	适用于B级电器出线套管
虫胶玻璃粉云母管	5931-1		B	≥10	
环氧玻璃粉云母管	5934-1		B	≥10	
耐热粉云母管	MR-2		C	≥10	

表 13-104　常用电工玻璃主要技术数据和用途

类　　别		介电强度 (kV/mm)	相对介电常数 (MHz)	体积电阻率 (Ω·m)		介质损耗因数 tanδ			抗弯强度 (MPa)	用　途
				20℃	200℃	50～60Hz	1kHz	1MHz		
钠-钙-硅玻璃 (G—100)	退火 (110)	25	6.5～7.6	10^{10}	10^{5}	0.03	0.02	0.01	30	电工玻璃含碱一般在0.5％以下，可称“无碱玻璃”广泛用于电工、电子、机械、航空等工业作玻璃结构的绝缘制品
	钢化 (120)	25	7.3～7.6	10^{10}	10^{5}	0.06	0.06	0.06	150	
硼硅酸盐化学玻璃 (G—200)		30	4～5.5	10^{12}	10^{7}	0.02	0.01	0.01	30	
硼硅酸盐绝缘玻璃 (G—300)	低压 (310)	30	4.9～5.5	10^{12}	10^{8}	0.0035	0.0025	0.002	30	
	高压 (320)	30	5～6	10^{12}	10^{6}	0.03	0.012	0.008	30	
钠一钙一硅玻璃 (G—400)		30	5.5～7.5	10^{12}	10^{10}	0.0025	0.0025	0.003	40	
氧化铝-钠-硅玻璃 (G—500)			6～8	10^{15}	10^{8}	0.003	0.0025	0.002	30	
氧化钡-钠-硅玻璃 (G—600)			6.5～7.5	10^{12}	10^{8}	0.004		0.0025	30	

常用电工陶瓷的主要技术数据和用途，见表 13-105。

表 13-105　常用电工陶瓷主要技术数据和用途

名称	类别	介电强度 (kV/mm)	相对介电常数 (MHz)	体积电阻率 (Ω·m)	介质损耗因数 tanδ	强度（MPa）			抗冲击强度 (J/cm^2)	用途
						抗压	抗张	抗弯		
装置陶瓷	高低压电瓷	25～35	5.2～6	10^{11}～10^{12}	0.015～0.02	390～490	20～29	49～69	(16～19) $\times10^{-5}$	用作工频设备绝缘件
	滑石高频瓷	30～45	5.7～6.5	≥10^{12}	0.001～0.0015	588～784	39～49	118～157	(29～40) $\times10^{-5}$	用作高频和真空设备绝缘件
	高铝氧高频瓷	30～35	7～8		0.0015～0.003	588～784	44～59	137～196	(29～49) $\times10^{-5}$	
电容器陶瓷	高钛氧瓷	15～25	60～160	10^{10}～10^{11}		390～980	20～49	98～127	(19～39) $\times10^{-5}$	用作电容器的电介质
	钛酸镁瓷	15～30	10～20		0.001	588～784	39～49	88～118	(19～24) $\times10^{-5}$	
电热高温陶瓷	堇青石瓷（致密性）	5～20	4～5	10^{9}～10^{12}	0.02	390～588	20～29	44～64		用作炉盘、电热设备绝缘及开关灭弧罩等
	锆英石瓷	20～25	8～10			784～882	69～78	157～196		

（四）绝缘纤维制品

绝缘纤维制品是指绝缘纸、纸板、纸管和各种纤维织物，譬如纱、带、绳、管等在电工产品中直接应用的一类绝缘材料。制造此类制品常用的纤维有植物纤维（如木质纤维、棉纤维等）、无碱玻璃纤维和合成纤维。

植物纤维是一种多孔性物质，有相当强的极性。用植物纤维制成的制品虽具有一定的机械性能，但易吸潮，耐热性差。使用时通常需与绝缘油组成组合绝缘或经过一定的浸渍处理，以提高其电气性能、热老化性能、耐潮性能及导热能力。

无碱玻璃纤维具有耐热性、耐腐蚀性好，吸湿性小，抗张强度高等优点，但较脆、密度大、伸长率小，对皮肤有刺激，其制品表面及纤维之间易吸附水分，柔软性较植物纤维制品差。用合成纤维制成的制品则兼备植物纤维制品和无碱玻璃纤维制品的优点，是有发展前途的新材料。

1. 绝缘纸

绝缘纸与其他绝缘材料相比，具有价格低廉，物理性能、化学性能、电气性能、耐老化等综合性能良好的特点。绝缘纸主要有植物纤维纸和合成纤维纸。

植物纤维纸是以木材、棉花等为原料，经过制浆造纸而成。电缆纸、电容器纸和电话纸等都属于此类。

(1) 电缆纸。电缆纸是生产油纸绝缘的关键材料，它由本色硫酸盐木浆制成的。电缆纸具有力学、电气性能好，纵向抗张强度大，击穿强度可达60kV/mm，介质损耗因数小，耐油性好等特点。油纸绝缘的耐热温度为95℃。

电缆纸有高压电缆纸和低压电缆纸，分别用于高、低电缆和其他电气材料的绝缘。绝缘纸的主要性能，见表13-106。

表 13-106 电缆纸的主要性能

性能		低压电缆纸			高压电缆纸			
		DLZ—08	DLZ—12	DLZ—17	GDL—045	GDL—075	GDL—125	GDL—175
厚度（mm）		0.08	0.12	0.17	0.045	0.075	0.125	0.175
紧度（g/cm^3）		0.7～0.82	0.7～0.86	0.7～0.85	0.85	0.85	0.85	0.85
透气度（ml/min）		19～25	18～25	20～25	0.7～25	1～25	8～20	12～20
横向撕裂度（N）		0.6	1.2	2.1	0.2～0.3	0.6～0.7	1.5～1.9	2.4～2.9
抗张力（N）	纵向	≥88	156～176	216～274	52～63	88～98	137～152	172～216
	横向	≥44	68～78	≥107	22～28	41～49	64～74	83～98
伸长率（%）	纵向	≥4.5	2～2.2	2～2.1	2.3～3	2.3～3	2.3～3	2.3～3
	横向	≥2.0	6～7.2	6～7	7～8	7～10	7～9	7～9
耐折度（次数）	常态	≥1000	2000～3000	2000～3000	1300～1800	1500～2300	2500	3000
	热态				1040～1700	1200～1600	2000	2400

续表

性能		低压电缆纸			高压电缆纸			
		DLZ—08	DLZ—12	DLZ—17	GDL—045	GDL—075	GDL—125	GDL—175
介质损耗因数 tanδ（×10⁻³）	干纸				1～2.3	1.3～2.3	1.4～2.3	1.5～2.3
	油纸				3	3	3	3
水抽出物电导率 $\times10^{-5}$（Ω·cm）					0.9～2.5	0.9～2.5	0.9～2.5	0.9～2.5
水分（%）		6～9	6～9	6～9	6～9	6～9	6～9	6～9
水抽出物 pH 值		7～9.5	7～9.5	7～9.5	6.5～8	6.5～8	6.5～8	6.5～8

(2) 电容器纸。电容器纸具有紧度大、厚度薄，并且偏差小，在油浸状态时击穿电压高，损耗因数小，相对介电常数大的特点。一般相对介电常数在 2～4 之间。电容器纸按使用要求可分为 A 类和 B 类。A 类主要用作电子工业用电容器的极间介质，B 类主要用作电力电容器的极间介质。

各种电容器纸的性能，见表 13-107。

表 13-107　各种电容器纸的性能

型号	厚度（μm）	紧度（g/cm³）	透气度（ml/min）	纵向撕裂长度（km）	水抽出物电导率 $\times10^{-5}$（$\Omega^{-1}\cdot cm^{-1}$）	导电质点（个/m²）	交流击穿电压（V）	介质损耗因数 tanδ［$\times10^{-3}$（60℃）］
A—Ⅱ型	4	1.2	0.4～15	8～10	0.6～4	1000～2000	220～280	1.4～2
	6		0.4～8	8.5～10	0.7～4	300～1000	270～330	1.5～2
	8		0.3～3	8～9.2	0.8～4	20～500	310～470	1.6～2
	10		0.3～3	7.5～9.7	0.6～4	20～250	350～550	1.7～2
	12		0.3～3	7～9.2	0.6～4	20～150	380～550	1.6～2
B—Ⅰ型	10	1.0	0.5～7	7～9.6	0.8～4	30～300	300～450	1.5～1.7
	12		0.1～5	7～9.3	0.9～4	10～150	325～470	≤1.7
	15		0.3～5	7～8.7	0.7～4	≤80	350～500	≤1.7
B—Ⅱ型	8	1.2	0.9～3	8～9.4	0.9～4	40～800	310～430	1.6～2
	10		0.5～3	7.5～10	1～4	50～400	350～450	≤2
	12		0.7～3	7～9.5	0.7～4	30～200	380～670	≤2
	15		0.2～2	7～8.5	1.1～4	10～100	430～600	1.8～2

续表

型　号	厚度（μm）	紧度（g/cm³）	透气度（ml/min）	纵向撕裂长度（km）	水抽出物电导率×10⁻⁵（Ω⁻¹·cm⁻¹）	导电质点（个/m²）	交流击穿电压（V）	介质损耗因数tanδ[×10⁻³（60℃）]
BD—Ⅰ型	10	1.0	≤7	≥7	≤2	≤300	≤300	≤1.4
	12		0.7～5	7～8.7	0.7～2	10～150	325～540	1.2～1.4
	15		≤5	≤7	≤2	≤80	≤430	≤1.4
BD—Ⅱ型	8	1.2	≤3	≤8	≤2	≤800	≤310	≤2
	10		0.6～3	7.5～8.4	0.6～2	30～400	350～500	≤2
	12		≤2	≤7	≤2	≤200	≤380	≤2
	15		≤2	≤7	≤2	≤100	≤430	≤2
BD—0型	15	0.8	1～5	7～8	1～2	2～50	380～490	≤1.1

（3）电话纸、卷缠纸、浸渍纸。电话纸、卷缠纸和浸渍纸的主要性能及用途，见表13-108。

表13-108　电话纸、卷缠纸和浸渍纸的主要性能及用途

名　称		抗拉力（N）		伸长率（%）		耐折度（双折次数）	水分②（%）	灰分②（%）	用　　途
		纵向	横向	纵向	横向				
电话纸	DH—50	3.27～4.05①	1.44～1.58①	2.0～2.5	4.0～6.9	427～1355	5～8	0.26～1.0	用于电讯电缆绝缘；也可作为云母箔的补强材料用于电机绝缘
	DH—75	4.58～4.90①	1.96①	2.0～2.8	4～8.4	776～1150	5～8	0.3～1.0	
卷缠纸		68.6～93	29～37			687～1222	6.2～7.5	0.43～0.7	用于制造绝缘管、筒，也可用于包缠电器、无线电零部件
浸渍纸		58.8～90.5	29～34.3				6～8	0.8	用作层压制品、电容套管的基材

①　表示单位为kN/m；

②　指质量分数。

合成纤维纸是以合成纤维的短切纤维与沉析纤维为原料，经混合制浆、抄纸而成。合成纤维纸经热压定型后，机械强度高，厚度均匀性好；未经热压定型的合成纤维纸比较软，吸收性好。合成纤维纸的主要性能，见表13-109。

表 13-109　合成纤维纸主要性能

名　称	厚　度 (mm)	定　量 (g/m²)	抗张力 (N)		伸长率 (%)	收缩率 (%)	体积电阻率 (Ω·m)	介电强度 (kV/mm)
			纵　向	横　向				
聚酯纤维纸	0.08～0.09	28～32	12～18	12～18	15～40	1～3.5		
聚芳酰胺纤维纸	0.08～0.09	70～80	⩾39	⩾20	⩾5	⩽2	10^{13}	14
聚芳砜酰胺纤维纸	0.15	158	94	73		⩽2	10^{11}	22
恶二唑纤维纸	0.16	169	105	75		1	10^{13}	20

2. 绝缘纸板和纸管

(1) 绝缘纸板。绝缘纸板由木质纤维或掺入适量棉纤维的混合纸浆经抄纸、轧光而成。掺入棉纤维的纸浆抗张强度和吸油量较高。绝缘纸板可用作空气中和不高于90℃的变压器油中绝缘材料和保护材料。根据不同的原材料配比和使用要求，绝缘纸板可分为两种型号。

50/50型纸板（木质纤维和棉纤维各占一半）：具有良好的耐弯曲性、耐热性，使用于电机、电器的绝缘和保护材料，以及耐震绝缘零部件等。

100/100型纸板（不掺棉纤维），可分为薄型纸板（通常称青壳纸或黄壳纸）和厚型纸板。其中薄型纸板可与聚酯薄膜制成复合制品，用作E级电机槽绝缘，也可单独作为绕组绝缘保护层；厚型纸板可制作某些绝缘零件和保护层。

绝缘纸板的性能，见表13-110。

(2) 硬钢纸板。硬钢纸板（通常称反白板）由无胶的棉纤维厚纸经氯化锌处理后用水漂洗，再经热压而成。硬钢纸板组织紧密，有良好的机械加工性，适于作小型电机槽楔和其他绝缘零件。

表 13-110 绝缘纸板的性能

性 能		50/50	100/100
紧度（g/cm³）			
厚度 0.1～0.4mm			1.15～1.2
厚度 0.1～0.5mm		1.20～1.25	
厚度 0.5mm 以上			1.00～1.15
抗张强度（MPa）			
厚度 0.1～0.5mm	纵向	12.0～16.0	9.0～14.0
	横向	3.5～4.0	3.5～4.0
厚度 0.8mm 及以上	纵向		7.0～8.0
	横向		3.8～5.0
收缩率（%）			
厚度 2.0～3.0mm			
经干燥后	纵向		1～10
	横向		1～2.5
灰分（%）		0.5～1.5	0.5～1.1
水分（%）		6～10	6～10
击穿强度①（MV/m）			
厚度 0.1～0.4mm		＞13	11～15
厚度 0.5mm		＞12	42～50
厚度 0.8mm			39～50
厚度 1.0mm			36～50
厚度 1.5mm			32～45
厚度 2.0mm			29～35
厚度 2.5mm			24～30
厚度 3.0mm			22～27
纵向弯折一次后，厚度 0.1～0.4mm		9～14	8～14

① 表示厚度为 0.1～0.4mm 纸板干燥后测量；厚度为 0.5～3.0mm 纸板经真空干燥，浸变压器油后测量。

硬钢纸板的性能，见表 13-111。

(3) 钢纸管和玻璃钢复合钢纸管。钢纸管由氯化锌处理的无胶棉纤维纸经卷饶后用水漂洗而成。有良好的机械加工性，在 100℃下长期工作，其外形和理化性能无明显变化，并且吸油性小，灭弧性好。适于作熔断器、避雷器等的管芯和电机线路用套管。

表 13-111　硬钢纸板的性能

性　　能		一号	二号
紧度（g/cm³）			
厚度 0.5～0.9mm		1.1～1.18	1.05～1.29
厚度 1.0～6.0mm		1.2～1.35	1.10～1.34
厚度 7.0～30.0mm		＞1.1	1.1
抗张强度（MPa）			
厚度 0.5～0.9mm	纵向	65～99	55～85
	横向	45～54	35～57
厚度 1.0～3.0mm	纵向	70～104	55～96
	横向	45～65	35～56
厚度 3.5～5.0mm	纵向	＞65	＞50
	横向	＞40	＞30
厚度 6.0～30.0mm	纵向	＞50	＞45
	横向	＞30	＞30
胶合系数（g/cm）		160～570	160～600
吸水率（%）在 20±1℃水中浸 24h			
厚度 0.5～0.9mm		62～65	50～65
厚度 1.0～3.5mm		48～60	43～65
厚度 3.6～12.0mm		＜50	32～60
厚度 12.1～30.0mm		＜40	＜60
氯化锌含量（%）		0.13～0.15	0.15～0.20
灰分（%）		0.4～1.5	0.72～2.5
水分（%）		6～10	6～10
体积电阻率（Ω·m）（20±5℃）		$>10^6$	
击穿强度（MV/m）			
厚度 0.1～0.4mm		7.0～10	4.5～14
厚度 0.5mm		5.0～10	3.5～10
厚度 0.8mm		3.5～11	2.0～8

钢纸管的性能，见表 13-112。

（五）绝缘用布

绝缘用布有棉布、玻璃布和涤玻布。棉布性能较差。玻璃布耐热性好，吸潮小。涤玻布中织入聚酯纤维，柔软性较好。绸布有蚕丝绸和合成丝绸。绝缘用蚕丝绸称为绝缘纺。绝缘用合成丝

表 13-112 钢纸管的性能

性能	指标值	性能	指标值
紧度（g/cm³）	1.3～1.4	灰分（%）	0.6～1.5
轴向断面抗张强度（MPa）	30～57	水分（%）	6～10
吸水率（%）在 10～30℃水中浸 24h		管壁击穿强度（MV/m）	
壁厚 2.5～3.5mm	5～50	壁厚 2.5～3.0mm	>3.0
壁厚 3.6～5.0mm	17～45	壁厚 3.1～5.0mm	>2.5
壁厚 5.1～10.0mm	11～40	壁厚 5.1～10.0mm	>2.0
		壁厚 10.1～15.0mm	>1.0
氯化锌含量（%）	0.1～0.15	轴向击穿强度(kV/20mm)	>25

绸目前用的是锦纶绸和涤纶绸。

常用电工用绝缘布的性能，见表 13-113。

表 13-113 常用电工用绝缘布的性能

性能		无碱玻璃布				绝缘纺	锦绝纺	涤洋纺
		EW60	EW100A	EW180—105	Q—25			
厚度（mm）		0.060±0.005	0.100±0.010	0.18	0.025±0.005	0.040±0.005	0.08±0.01	0.08±0.01
宽度（cm）		90.0±1.5	90.0±1.5	105	$90.0\pm^{1.5}_{0}$	91±2	91±2	93±1
标重（g/m²）		52±5	100±10	205	18±4	13±2	21	21
经纬密度（根/cm）	经纱	20±1	20±1	42	28±2	55.5±1.1	57.0±2.0	55±2
	纬纱	22±2	20±1	32	22±2	54.0±2.4	47.0±2.1	32±2
断裂强度≥[N/(25mm×100mm)]	经向	280	500	882②	12	159①	160①	220①
	纬向	280	500	686②	9	108	110	123
公称捻度（捻/m）	经纱	120	110		120			
	纬纱	120	110		55			
主要用途			漆布底材	层压制品底材	印制电路板底材	云母带底材	漆绸底材	漆绸底材

① 单位为 N/（5mm×20mm）。

② 该数值为拉伸强度。

（六）绝缘漆

绝缘漆主要是由合成树脂或天然树脂、沥青等为漆基（成膜物质）与某些辅助材料组成。绝缘漆的辅助材料有溶剂、稀释剂、填料和颜料等。

绝缘漆按用途可分为浸渍漆、漆包线漆、覆盖漆、硅钢片漆等。

1. 浸渍漆

浸渍漆分有溶剂浸渍漆和无溶剂浸渍漆两大类。

有溶剂浸渍漆的性能及用途，见表 13-114。

表 13-114 有溶剂浸渍漆的性能及用途

名称	型号	粘度①(s)	干燥时间 ≤ (h/℃)	介电强度≥(MV/m)			体积电阻率≥(Ω·m)			耐热等级	用途
				常态	热态	浸水②	常态	热态	浸水②		
三聚氰胺醇酸浸渍漆	1032	40±8	2/105	70	30	60	1×10^{12}	1×10^{7}	1×10^{8}	B	用于浸渍电机、电器线圈绝缘，以填充间隙和微孔
氨基醇酸快干漆	1038	40±8	0.5/105	70	30	60	1×10^{12}	1×10^{7}	1×10^{8}	B	
环氧少溶剂浸渍漆	1039	20～30	2/140	70	30	60	1×10^{12}	1×10^{8}	1×10^{11}	B	
环氧亚胺少溶剂浸渍漆	1049 1040	30～60	2/140	70	30	60	1×10^{12}	1×10^{8}	1×10^{11}	F	
改性聚酯浸渍漆	155 155-1	20～50	3/130	65	35	50	1×10^{12}	1×10^{8}	1×10^{10}	F	
改性聚酯有机硅浸渍漆	1054	20～60	1/200	90	30(200℃)	70	1×10^{13}	1×10^{9}(200℃)	1×10^{10}	H	
改性聚酯亚胺浸渍漆	D006	14～40		70	40	60	1×10^{10}		1×10^{8}	H	
聚酰亚胺浸渍漆	190	120～240		100	60(200℃)	90	1×10^{13}	1×10^{10}(200℃)		C	

① 采用 4 号杯粘度表测量粘度值。粘度以漆样从粘度计底部的漏嘴孔流出来直至中断所需要的时间秒（s）数来度量。

② 浸水：指在（20±5）℃的水中浸泡 24h 后。

无溶剂浸渍漆的性能及用途，见表 13-115。

表 13-115　无溶剂浸渍漆的性能及用途

名　称	型　号	粘度①(s)	凝胶时间(min)	介电强度(MV/m)			耐热等级	用　途
				常态	浸水②	高　温		
环氧硼胺无溶剂漆	9101、9105F	40～60	≤60(140～170℃)	20～25	≥20		B、F	9101 和 9105F 分别用于 B、F 级中型整浸
环氧酸酐无溶剂漆	113、1132、$J1132\text{-}D_3$	≤120	4～12(130℃)	20～22	18～20	16～18(130℃)	B	中、小型电机滴浸
改性不饱和聚酯无溶剂漆	114-4	20～50	≤10(160℃)	≥20			F	B、F 级牵引电机、交流高压电机的沉浸
环氧聚酯亚胺无溶剂漆	CZ1140	20～60	≤30(150℃)	≥20	≥18		F	F 级中、小型低压电机沉浸
聚酯无溶剂漆	P565H	400～700(MPa·s)	≤30(110℃)	>80	>60	>40(180℃)	H	F、H 级低压电机、电器沉浸
聚酯亚胺无溶剂漆	9112	30	37^{+3}_{-2}(80℃)	≥50	≥30	≥30(155℃)	F	B、F 级小电机、微电机滴浸
聚酯酰亚胺无溶剂漆	CJ1145	90～130		≥50	≥30	≥30(155℃)	F	F 级通用、大型电机、防爆电机、变压器沉浸
二苯醚型无溶剂漆	11511	≤8	≤35(155℃)	>20	>18	>10(180℃)	H	F、H 级低压电机、电器沉浸

① 采用 4 号杯粘度表测量粘度值。粘度以漆样从粘度计底部的漏嘴孔流出来直至中断所需要的时间秒（s）数来度量。

② 浸水：指在（20±5)℃的水中浸泡 24h 后。

2. 漆包线漆

漆包线漆主要用于导线的涂覆绝缘。由于漆包线在绕制线圈、整形、嵌线和浸烘等过程中，将经受各种机械应力、热和化学的作用。因此，要求漆包线漆具有良好的涂覆性，漆膜附着力强，富有耐挠曲性，并有一定的耐磨性和弹性，漆膜表面光滑，有足够的电气性能，耐热性和耐溶剂性，对导体无腐蚀作用等特点。

常用漆包线漆的品种和性能，见表13-116。

表 13-116 常用漆包线漆的品种和性能

名称	型号	粘度①（s）	耐刮		弹性	热冲击	击穿电压（kV）	软化击穿温度	耐热等级
			平均值	最低值					
聚乙烯醇缩甲醛漆包线漆	134		≥500（28℃）				≥40 MV/m		E
聚酯漆包线漆	1730	75～150（30℃）	≥40次	≥30次	3*d*	6*d*	≥3.6	≥200	B
聚氨酯漆包线漆	1736	20～35（23℃）	4.1N	3.5N	1*d*	2*d*	≥2.5	≥170	B
改性聚酯漆包线漆	1740	40～100（25℃）	13.2N	11.2N	1*d*	3*d*	≥5.3	≥240	F
水溶性聚酯亚胺漆包线漆	1753ID	20～30（23℃）	7.2N	6.1N	1*d*	2*d*	≥3.5	≥265	H
聚酯酰亚胺漆包线漆	1753HM3	固态	7.2N	6.1N	1*d*	2*d*	≥3.5	≥265	H
聚酰胺酰亚胺漆包线漆	1756	130～230（30℃）	9.2N	7.8N	1*d*	2*d*	≥4.8	≥320	H
聚酰亚胺漆包线漆	D070、191	180～300（25℃）					≥70 MV/m		C

注 表中 *d* 为漆包线的直径。

① 采用4号杯粘度表测量粘度值。粘度以漆样从粘度计底部的漏嘴孔流出来直至中断所需要的时间秒（s）数来度量。

3. 覆盖漆

常用覆盖漆的品种、性能及用途，见表13-117。

4. 硅钢片漆

硅钢片漆用于涂覆硅钢片，以降低铁心的涡流损耗，增强防锈和耐腐蚀等能力。硅钢片漆涂覆后需经高温短时烘干。硅钢片

表 13-117 常用覆盖漆的品种、性能及用途

名　称	型　号	粘度① (s)	干燥时间 ≤(h/℃)	热弹性 ≥(h/℃)	主 要 用 途
醇酸晾干漆	1231	≥80	20/20	6/150	电器表面或绝缘部件
环氧酯晾干漆	9120	≥40	24/20	6/150	
聚氨酯气干漆	J-813	20～60	—	—	电机、电器线圈，电子元件包封
醇酸晾干瓷漆	1321	≥90	3/20	1/150	电机、电器线圈、部件
环氧酯瓷漆	164	≥60	2/80	1/150	湿热带电机、电器
聚酯晾干瓷漆	166、183、184	≥40	24/20	1/180	F级电机定子和电器线圈
有机硅醇酸瓷漆	185	≥30	2/150	1/180	干式户外电抗器
聚酯改性有机硅瓷漆	169	≥80	1/180	30/200	电机线圈、电器部件

① 采用4号杯粘度表测量粘度值。粘度以漆样从粘度计底部的漏嘴孔流出来直至中断所需要的时间秒（s）数来度量。

漆具有涂层薄、附着力强、坚硬、光滑、厚度均匀，并有好的耐油性、耐潮性和电气性能等特点。

常用硅钢片漆的性能，见表13-118。

表 13-118 常用硅钢片漆的性能

名　称	型号	粘度① (s)	干燥时间 (min)	耐油性 ≥ (h)	体积电阻率 ≥ (Ω·m)		介电强度 ≥ (MV/m)	耐热等级
					常　态	高　温		
油性硅钢片漆	1611	≥70 (20℃)	≤12 (210℃)	24 (105℃)	1×10^{13}		50	B
氨基醇酸硅钢片漆	132		≤5 (160℃)	24 (105℃)	1×10^{11}		50	B
环氧酯酚醛硅钢片漆	133	60～100 (20℃)	≤40 (180℃)	24 (155℃)	1×10^{12}	1×10^{9} (155℃)	50	F
环氧酚醛硅钢片漆	9162	50～80 (25℃)	≤40 (180℃)	24 (155℃)	1×10^{12}	1×10^{9} (155℃)	50	F
二甲苯醇酸硅钢片漆	9163	30～70 (20℃)	≤12 (210℃)	24 (105℃)	1×10^{13}		50	F

续表

名称	型号	粘度① (s)	干燥时间 (min)	耐油性 ≥ (h)	体积电阻率 ≥ (Ω·m)		介电强度 ≥ (MV/m)	耐热等级
					常态	高温		
聚胺酰亚胺硅钢片漆	D061	≥70 (25℃)	≤10(200~210℃)		1×10^{11}	1×10^{9} (180℃)	50	H
二苯醚环氧酚醛硅钢片漆	164—1	30~120 (20℃)	≤40 (180℃)	24 (105℃)	1×10^{12}		50	F
水溶性酚醛半无机硅钢片漆		30~40 (20℃)	1.5~2 (315℃)		1×10^{14}			F

① 采用4号杯粘度表测量粘度值。粘度以漆样从粘度计底部的漏嘴孔流出来直至中断所需要的时间秒（s）数来度量。

（七）绝缘胶

绝缘胶广泛应用于浇注电缆接头和套管、浇注电流互感器、电压互感器、某些干式变压器，以及密封电子元件和零部件等。

浇注绝缘的特点是：适应性和整体性好；可有较高的耐潮、导热和电气性能；浇注工艺设备简单，容易实现自动化生产。

常用绝缘胶的主要性能及用途，见表13-119。

表13-119　常用绝缘胶的主要性能及用途

类	别	固化条件 (℃)	马丁温度 (℃)	抗弯强度 (MPa)	抗冲击强度 ($J\cdot cm^{-2}$)	介电强度 ($kV\cdot mm^{-1}$)	电阻率
聚酯胶	挠性胶	常温	30	29~39	0.176~0.245	35	表面：1×10^{11}Ω
聚酯胶	中交联度胶	100~120	80~85		0.38~0.42	36	表面：4.2×10^{12}Ω
聚酯胶	中交联度胶加石英粉	100~120	85~90	78~98	0.39~0.49		
聚酯胶	高交联度胶	100~120	110~120	88~108	0.245~0.29	40	表面：4×10^{12}Ω
环氧胶	户内胶	130	87	109~131	2.25	35.5	体积：1×10^{14}Ω·m
环氧胶	户外胶	130	98	91	1.23	34.8	体积：7×10^{13}Ω·m
环氧胶	耐开裂胶	130	89	144~169	1.8~2.4	36~38	体积：6×10^{13}Ω·m

续表

类别		固化条件（℃）	马丁温度（℃）	抗弯强度（MPa）	抗冲击强度（J·cm^{-2}）	介电强度（kV·mm^{-1}）	电阻率
环氧胶	低粘度胶	120	77	118	6.8	28	体积：8×10^{13}Ω·m
沥青胶	1810	常温				18	
	1811	常温				14	

（八）电工用层压制品

层压制品是以热固性树脂作粘合剂，浸渍纤维纸、纤维织物或玻璃布为底材，经浸渍、层压卷制、模压或真空压力浸渍等成型方法，制成各种层压板、管、棒等绝缘材料。

1. 层压板

常用层压板的主要性能及用途，见表 13-120。

表 13-120　常用层压板的主要性能及用途

名称	型号	抗弯强度（垂直层向最小值，MPa）	抗冲击强度（最小值，kJ·cm^{-2}）	耐电压强度（在90℃变压器油中垂直层向最小值，kV·mm^{-1}）	耐电压（在90℃变压器油中垂直层向最小值，kV）	绝缘电阻（浸水后最小值，Ω）	介质损耗因数 tanδ	用途
酚醛纸板	PFCP4	75		9.3	25	10^{10}	0.05	主要用于电机、电器的绝缘结构上
	PFCP5	85		9.1	25	10^{9}	0.05	
酚醛布板	PFCC2	90	7.8		15	10^{7}		
	PFCC4	100	5.6		20	10^{8}		
酚醛玻璃布板		140	25	7.1	20	10^{8}		
环氧玻璃布板	EPGC1	840	37	12.1	35	5×10^{10}	0.04	
	EPGC4	840	37	12.1	35	5×10^{10}	0.04	
环氧酚醛玻璃布板	3240	392	147	20	30	10^{10}	0.03	

续表

名 称	型 号	抗弯强度（垂直层向最小值，MPa）	抗冲击强度（最小值，kJ·cm^{-2}）	耐电压强度（在90℃变压器油中垂直层向最小值，kV·mm^{-1}）	耐电压（在90℃变压器油中垂直层向最小值，kV）	绝缘电阻（浸水后最小值，Ω）	介质损耗因数 $\tan\delta$	用 途
有机硅玻璃布板	2351	108	49	10		10^{10}		主要用于电机、电器的绝缘结构上
二苯醚玻璃布板		294	147	12		10^{11}	0.2	
聚酰亚胺玻璃布板		176		30		10^{10}		

2. 层压管

层压管是选用成卷的浸涂合成树脂的坯料，经卷制、加工和热处理后制成的管状绝缘材料。各种层压管的主要性能和用途，见表13-121。

表 13-121 层压管的主要性能和用途

类	别	密度≥（g/cm^3）	抗压强度（轴向最小值，MPa）	抗弯强度（最小值，MPa）	抗拉强度（最小值，MPa）	垂直层向介电强度（最小值，kV/mm）	吸水性（%）	气密性（MPa）	用 途
酚醛层压布管	3527	1.10	68.9			13	5.2		主要用于电机、电器的绝缘结构上
	3528	1.10	68.9			11.6	2.0		
	3529	1.12	68.9			10	0.8		
	3641	1.65	137.9			10	0.7		
环氧层压玻璃布管	无气隙管	1.90	529	479	349	24	0.05	10	
	缠绕管	1.40	70	180		40kV（耐压）		29	

（九）电工用橡胶

常用电缆橡胶的性能和用途，见表 13-122。

表 13-122　常用电缆橡胶的性能和用途

类　别	相对密度（典型值）	脆化温度≤（℃）	长期工作温度（℃）	抗拉强度（典型值）（MPa）	体积电阻率≥（Ω·m）	介电强度≥（kV/mm）	用　途
天然橡胶（NR）	0.94	−50	60～65	20	10^{13}	20	用作电线电缆绝缘和护套
丁苯橡胶（SBR）	0.94	−30	65～70	26	10^{13}	20	与天然橡胶等比混合使用，可作 6kV 电缆绝缘
三元乙丙橡胶（EPDM）	0.86	−40	80～90	8	10^{14}	35	用作船用电缆、控制电缆、电力电缆绝缘及电机、电器引出线绝缘
丁基橡胶（ⅡR）	0.91	−40	80～85	18	10^{15}	30	用作船用电缆、控制电缆、电力电缆绝缘及电机、电器引出线绝缘
氯丁橡胶（CR）	1.24	−35	70～80	15	10^{9}	20	用作电线、电缆的护层材料
丁腈橡胶（NBR）	0.98	−15	80～85	30	10^{9}	20	用作油井电缆和内燃机车电缆的护层材料及电机、电器
氯磺化聚乙烯（CSM）	1.20	−40	90～105	20	10^{12}	25	用作船用电缆、电气机车和内燃机车电缆以及电焊机电缆护层材料引出线绝缘
氯化聚乙烯（CM）	1.24	−70	90～105	13	10^{11}	25	弹性体用作电线电缆护套；塑性体用于其他制品
硅橡胶	0.97	−70	180～200	5	10^{12}	30	用作船用电缆、控制电缆、电机引出线绝缘，并可作电机绝缘
氟橡胶（26 型）	1.85	−35	200	12	10^{10}	25	用作特殊用途的电线、电缆护层材料

第十四章 电气保安技术

电气保安是涉及面极广的安全技术，包括电力系统到用户的设计、安装、施工、调试、运行、维护、检修、使用等各个环节，电气部分的防触电、防爆、防炸裂、防燃、防静电、防辐射电离、防止职业病等各个方面的内容。本章以触电及预防为中心内容，突破了各类电工手册仅从用电环节的角度介绍安全知识，而扩大到发、输、供电等各个环节。

第一节 触电及其防护

一、人体的触电

触电是人体接触或接近带电体时，有电流流过人体而造成对人体伤害现象。

1. 电流对人体的伤害

（1）物理性质。这是电流的热效应所引起的，当电流通过人体时，在人体电阻上产生局部肌肉组织的炭化；另一种电热伤害是由于高温电弧造成的烧伤和局部灼伤。

（2）化学性质。即电流引起人体肌肉组织发生电解，严重情况下会引起人体机能的丧失。

（3）生理性质。这是触电对人体伤害最严重的一种，由于电流物理、化学作用的强烈刺激，使人体内部组织或中枢神经系统正常机能受到破坏，引起心室颤动或窒息等生理病变，并会导致死亡。

2. 触电的种类

根据所造成伤害后果的不同，一般将触电分为电击和电伤两种。

(1) 电击。电击是电流通过人体内部直接造成对内部器官的伤害现象，是触电最危险的形式。电击时电流从体内通过，触电者外部烧伤现象一般都不严重，大多只留下几处放电斑点，这是电击的一个特点。

人遭电击后引起的主要病理变化是“心室纤维性颤动”，呼吸麻痹及中枢神经系统衰竭等，造成内部系统工作机能的紊乱，严重时会产生休克直至死亡。

(2) 电伤。电伤是指电对人体外部造成的局部伤害，如电灼伤、电烙印、皮肤金属化等。①电灼伤。电灼伤一般有接触灼伤和电弧灼伤两种。接触灼伤发生在电流流通的人体皮肤进口处，灼伤处呈黄色或褐黑色，并可累及皮下组织，肌腱、肌肉、神经及器官，甚至使骨骼呈碳化状态，一般需要治疗的时间较长。电弧灼伤情况与火焰烧伤相似，会使皮肤发红、起泡、烧焦组织，并使其坏死。②电烙印。电烙印发生在人体与带电体之间接触部位处，在皮肤表面留下与带电接触体形状相似的肿块痕迹。电烙印边缘明显，颜色多呈灰黄色。有时在触电后，电烙印并不立即出现，而在相隔一段时间后才呈现。电烙印一般不发臭或化脓。但往往造成局部的麻木或失去知觉，严重情况下，会造成触电部位僵死，而不得不进行切除。③皮肤金属化。皮肤金属化是由于高温电弧使周围金属熔化，蒸发并飞溅到皮肤表层形成的伤害。皮肤金属化以后，表面粗糙、坚硬，金属化后的皮肤经过一段时间后方能自行脱落，对身体机能一般不会造成不良的后果。

二、电流对人体的作用

1. 电流对人体的影响

电流对人体的伤害程度，不同的人产生的生理效应不尽相同。

电流使人致死的原因有三个方面：主要原因是电流过大，时间过长，电流流过心脏引起“心室纤维性颤动”；第二是因电流作用使人产生窒息死亡；第三是电流使心脏停止跳动而死亡。其中，发生“心室纤维性颤动”致死是根本原因。

（1）人体的电阻。

人体的电阻不是固定不变的，其大小决定于接触电压、电流途径、持续时间、接触面积、温度、压力、皮肤厚薄及完好程度、潮湿、脏污程度等。不同条件下的人体电阻，见表 14-1。一般情况下，人体电阻可按 1000～2000Ω 考虑，在安全程度要求较高的场合，人体电阻可按不受外界因素的体内电阻（500Ω）来考虑。

表 14-1　不同条件下的人体电阻　　单位：Ω

加于人体的电压（V）	人体电阻			
	皮肤干燥	皮肤潮湿	皮肤湿润	皮肤浸入水中
10	7000	3500	1200	600
15	5000	2500	1000	500
20	4000	2000	875	400
100	3000	1500	770	375
250	2000	1000	650	325
700	1550			
1000	1500			

注　1. 表内数值的前提：电流为基本通路，接触面积较大。

2. 皮肤潮湿相当于有水或汗痕。

3. 皮肤湿润相当于有水蒸气或特别潮湿的场合。

4. 皮肤浸入水中相当于游泳池内或浴池中，基本上是体内电阻。

5. 此表数值为大多数人的平均值。

（2）电流对人体的效应。

按电流通过人体时的生理机能反应和对人体伤害程度，可将电流分成三种：感知电流、摆脱电流和致命电流。

感知电流：使人体能够感觉，但不遭受伤害的电流。感知电流的最小值为感知阈值。感知电流通过时，人体有麻酥、灼热感。

摆脱电流：人触电后能够自主摆脱电源的电流。摆脱电流的最大值为摆脱阈值。摆脱电流通过时，人体除麻酥、灼热感外，主要是疼痛、心律障碍感。

致命电流：人触电后能够危及生命的电流。致命电流的最小值称为致颤阈值。

交、直流电流对人体产生的效应，可由图 14-1 曲线表示。

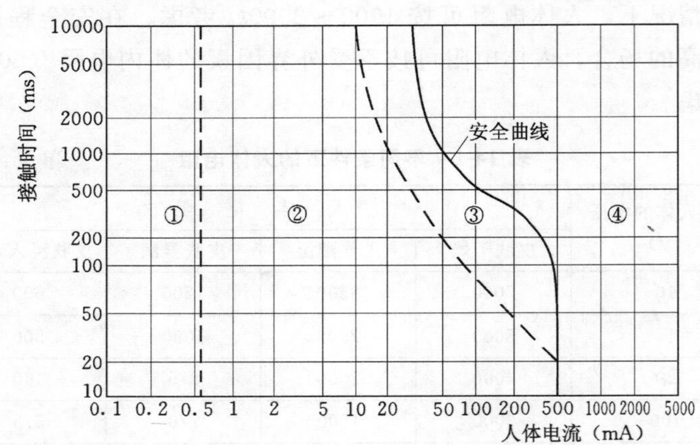

图 14-1 （15～100Hz）交流电流对人体产生效应的时间—电流区域曲线

①—人体无反应区；②—人体一般无病理生理性反应区；③—人体一般无心室纤维性颤动和器质性损伤区；④—人体可能发生心室纤维性颤动区

人体流过不同电流时，电流大小可感应出四个区域：

1）安全区。①区为无感知区，在此区域中的电流流过时，人一般是没有感觉的，交、直流电流的无感知电流分别为小于 0.5mA 和 2mA。

2）感知区。当电流增大，超过了安全区，就进入了感知区②。在此区域内，一般人都能感受到电流，可以自由摆脱。通常，对人不会发生危险的生理效应。①区和②区的交界线为感知阈值。人体对交流电流的感知阈值为 0.5mA，直流电流的感知阈值为 2mA。

3）不易摆脱区。在这个区域内，通常不易摆脱，电对人体会发生明显的电流效应，如肌肉收缩，呼吸困难，形成心脏搏动或心脏博动传导的可恢复性混乱，但一般不会损坏有机组织，不会发生心室纤维颤动而死亡。③区与②区的界限即摆脱阈值，它随触电时间的延长而下降，对交流电而言，当接触时间 t 为 0.02s 时，人的摆脱阈值为 500mA，当 t 为 10s 时，摆脱阈值为 10mA。

4）致颤区。此区电流流过人体时，会发生心室纤维性颤动，可导致死亡。③区与④区的交界线为致颤阈值，与触电时间有关，随时间的延长而下降。

2. 静电感应对人体的影响

（1）静电感应。静电感应分成感应电压和感应电流。

1）感应电压。感应电压由于静电感应，使不带电导体对地呈现的电压的现象，如图 14-2 所示。

带电体 1 与被感应体 2 之间具有极间电容 C_{12}，被感应物体 2 与地之间具有对地电容 C_{20}。U_1 为带电体的对地电压，被感应物体 2 出现了感应电压 U。

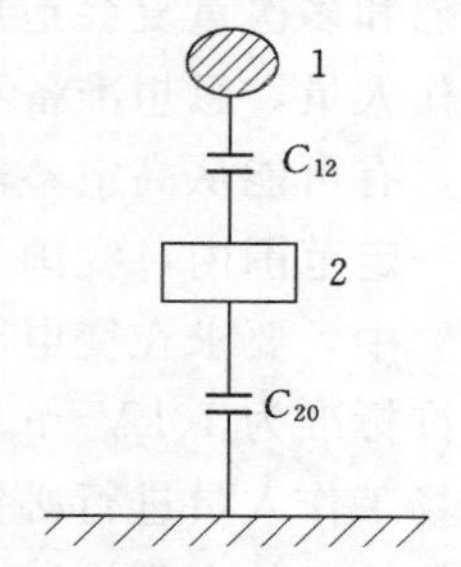

图 14-2 静电感应原理图
1—带电导体；
2—被感应物体

2）感应电流。当人体接触图 14-2 中的被感应物体 2 时，由于感应电压的存在，带电体 1 通过电容 C_{12} 对人体放电。

（2）静电感应对人体的影响。静电感应对人体的影响主要是高电场对人体的生理影响（电场效应）和感应电流对人体的影响（电击效应）两类。

1）感应电流对人体影响的结果可用能量来表示。一般来说，造成电击死亡所需要的能量为 30J，但在实际情况下很难有积蓄 30J 能量的被感应物体。例如变电所的特大型车辆对地电容约 300pF，如果在它上面的感应电压为 15kV 时，它所积蓄的能量仅有 0.675J，人扶车门把手时，仅有刺痛感。在超高压变电所的配电装置中撑雨伞，当感应电压为 8.6kV 时，伞对地的电容为 47pF，相应的能量为 3.5mJ，此时人触雨伞有严重的刺痛感觉。因此，感应电流对人体影响大，危险程度严重，但不会产生直接的生命危险。

2）高电场对人体生理的影响。高电场对人体生理的影响又称为电场效应。一般当人体处于电场强度为 200～250kV/m 的情况下，皮肤会出现类似有风吹的感觉，电场强度升到 500～700kV/m 时，皮肤有麻木和刺痛的感觉；当电场强度达到一定数值时，甚至可能产生弧光放电现象。如果人体站在高电场中不接触任何物体时，会出现毛发竖立，手臂与衣服间有刺痛的感觉，人的头发与帽子、脚部对鞋子都会出现放电现象，这会使工作人员感到烦恼，重复的多次放电，甚至使人们无法工作，电击的疼痛和多次重复会造成“应激反应综合症”，特别是高空作业的工作人员，思想准备不足时，遇到这些小间隙放电引起的暂态电击，有可能从高空坠落造成二次事故。因此，应将静电感应限制在一定范围内，我国 SDGJ6985《500kV 变电所设计暂行技术规定》中，要求在变电所内离地面 1.5m 高的空间的电场强度数值允许标准为 10kV/m。为了减轻高电场对人体的影响，除了对高电场工作人员进行必要的安全教育及科技思想教育外，对进入高强场地区的大型被感应物体，应有良好的接地体，对超过 20m 长的被检修设备要采用多处接地的措施。

三、触电的方式

人体触电的方式有以下四类。

1. 人体与带电体直接接触触电

（1）单相触电。人体接触带电体时，电流通过人体流入大地，这种触电方式称为单相触电。

电力网的大接地短路电流系统和小接地短路电流系统中，发生单相触电时，电流的途径如图 14-3 所示。

1）中性点直接接地系统的单相触电。图（a）所示的 380/

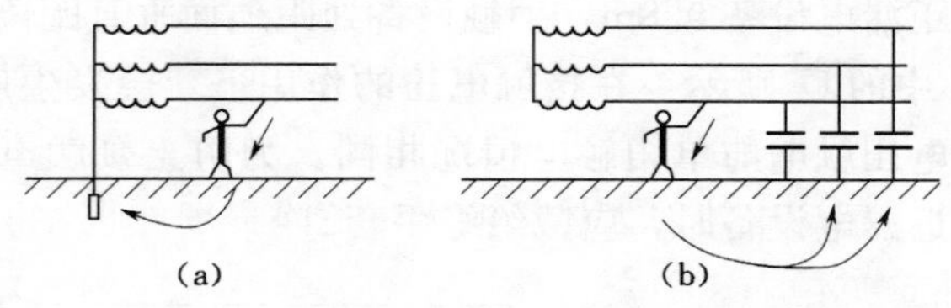

图 14-3 单相触电示意图

(a) 中性点直接接地系统；(b) 中性点不接地系统

220V 的低压供电网络中，当人体接触某一相导体时，电流经过人体、大地、系统中性点接地装置、中性线形成闭合回路，此电流远大于人体的摆脱阈值，足以使人遭受电击。所以电气工作人员应穿合格的绝缘鞋，在高压配电室内的地上应垫有绝缘橡胶垫，以防电击。

2）中性点不接地系统的单相触电。图（b）所示的小接地短路电流系统中，当人站立在地面上，接触到该系统的某一相导体时，由于导线与地之间存在分布电容，电流从人接触的导体、人体、大地、另二相对地电容形成回路。一般此系统的接地电容电流虽不大，但足以造成对人体的伤害。

（2）两相触电。在运行网络中，当人体同时接触带电设备或线路中的两相导体时，电流从一相导体，经人体流入另一相导体构成闭合回路，这种触电方式称为两相触电，如图 14-4 所示。

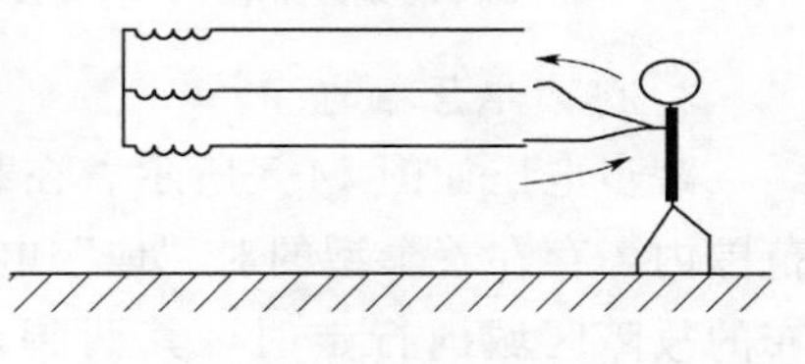

图 14-4 两相触电示意图

此时，加到人体的电压为线电压，它比单相触电的危险更大，足以使人死亡。两相触电多在带电作业时发生，由于相间距离小，安全措施不周全，监护不严密，使人体或工具同时触及两相，造成两相触电。

2. 接触电压触电

接触电压系指人触及漏电设备的外壳，在人手与脚之间的电位差（脚距漏电设备 0.8m，手触设备处距地面垂直距离 1.8m），如图 14-5 中的 U_{jc} 所示。在接触电压的作用下，会发生触电的危险，接触电压触电与单相触电情况相同。为防止接触电压触电，当需要接近漏电设备时，应戴绝缘手套。

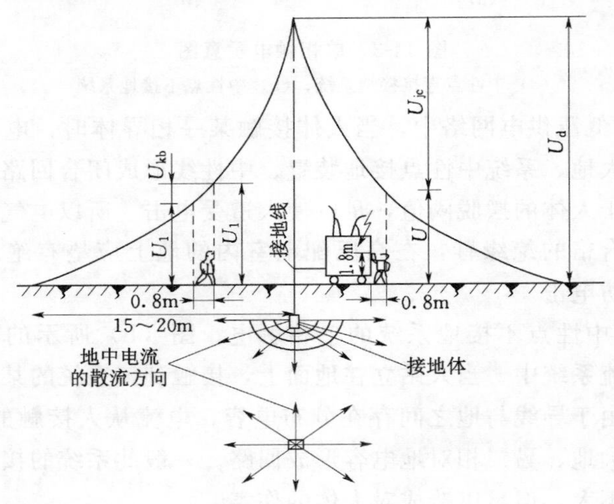

图 14-5 接地电流的散流场，地面电位分布示意图

U_d—接地短路电压；U_{jc}—接触电压；U_{kb}—跨步电压

3. 跨步电压触电

跨步电压如图 14-5 所示。在载流体接地故障点的 15～20m 范围内，存在着伞型的对“地”电位分布，此时，人在有电位分布的故障区域内行走时，其两脚之间（0.8m）呈现出电位差，此电位差称为跨步电压。由跨步电压引起的触电称为跨步电压触电。人在受到跨步电压的袭击时，电流从一只脚经腿、胯部流到另一只脚，虽然电流没有通过人的全部重要器官，但当跨步电压较高时，就会发生使双脚抽筋倒地，造成严重的电击事故。《电业安全工作规程》中规定，室内不得接近故障点 4m 以内，室外不得接近故障点 8m 以内。如果进入此范围内工作，为防遭跨步电压的伤害，进入人员应穿绝缘鞋。

4. 与带电体的距离小于安全距离的触电

人与高压带电体的空气间隙小于一定的距离时，当空气的绝缘强度小于空气中的电场强度时，空气隙被击穿，带电体对人体放电，此时人被电流所伤害。与带电体的距离小于安全距离的弧光放电触电事故，在6～10kV系统中较多发生。这种事故的发生，大多是工作人员误进入带电间隔，误接近高压带电设备，误蹬带电设备杆塔所造成的。为此国家规定了不同电压等级的最小安全距离值，工作人员距带电体的距离不允许小于此值。

5. 其他方式的触电

其他方式的触电包括：在停电设备上工作时突然来电的触电；电流互感器二次侧开路造成的电击；感应电压触电；高频电流的触电及雷电触电等等。

四、防止触电事故的主要措施

防止触电事故的发生，从根本上来说，除对电气工作者及使用者进行安全思想的教育，严格执行以《电业安全工作规程》为中心内容的各种安全规章制度外，对电气系统和电气设备还应采用相配套的组织措施和技术措施。

(1) 在电气系统正常工作情况下，保证安全的基本措施。

绝缘、屏护、间距、载流量等几个要素必须符合要求。绝缘是为了避免带电体之间或带电体与地之间，或带电体和人体之间发生接触，造成短路或触电事故。

屏护是在电气设备不便于绝缘，或绝缘不足以保证安全时所采用的一种隔离措施。常见的屏护设备有遮栏、护罩、护盖、护箱等。

间距是带电体之间，或带电体与地之间、带电体与其他设备和设备之间所需要保证的安全距离。其作用是防止电气系统短路而发生事故或火灾，或人体、车辆过分接近带电体而发生的触电事故。

载流量合乎要求是指正确选用导体和设备的种类和型号规格，使实际工作电流不超过其相应条件下的额定电流，以避免电流过大发热而烧坏设备、破坏绝缘，发生火灾。

(2) 在电气系统发生事故或不正常工作情况下，保证安全的预防性措施。

为防止电气系统短路、线路断线、绝缘破坏等触电事故，可采用设置熔断器、断路器、剩余电流动作保护器、保护接地、保护接零、零线的重复接地，或采用安全电压等一些预防性的安全措施。

为了防止错误操作、违章操作，维护电气系统的安全运行，防止触电，必须正确贯彻执行以《电业安全工作规程》为中心内容的各种安全规章制度和规定。

第二节　电气工作的安全措施

电气工作的安全措施包含组织措施和技术措施。组织措施和技术措施是《电业安全工作规程》的核心部分，是防止触电的主要保证。

一、安全生产的组织管理

1. 建立有效的安全生产管理系统

电力生产，安全第一，发、供用电企业领导部门要统一管理。一般班组必须设立兼（专）职安全员，车间（分厂）要设立专职安全技术干部、企业（厂）设立安全技术科，公司（局）设置安全技术处。各级领导指派专人负责，形成公司、企业、车间、班组的安全网络，做到有组织、有领导、有计划、有目标地开展工作。

2. 建立与电力产供销相配套的安全规章制度

各企业应根据有关制度（条例、规程等），结合本单位的实际，建立起必要而合理可行的规章制度，作为本单位管电、用电的“法规”。各企业应有的安全制度如下：

1）电业安全工作规程；

2）电业生产事故调查规程；

3）电力系统安全稳定导则；

4）电气运行规程；

5）电气设备检修和试验规程；

6）电气事故处理规程；

7）岗位责任制度和安全责任制度；

8）运行管理制度；

9）电气设备缺陷管理制度；

10）安全管理制度；

11）培训管理制度；

12）备品配件管理制度；

13）技术档案、资料管理制度；

14）合理化建议和技术革新管理制度。

3. 建立安全技术管理资料库

为了便于管理和检查，应建立必要的安全技术资料库，主要资料应包括以下内容：

1）技术图纸。如高、低压系统及布线图，配电装置图、用电设备建筑平面布置图、架空线路图和电缆线路布置图，有关负荷资料，接地装置设计数据和施工图，防雷装置布置图及保护范围的设计资料等。

2）对重要设备单独建立资料台账。如说明书、出厂试验记录、安装、试车、检修、试验记录等。

3）事故记录。包括事故发生的时间、地点、经过、事故损失情况、分析、处理结果及防范措施等。

4）各种规章制度、规程、规定等。

5）企业安全管理组织系统。

6）其他。

4. 组织安全检查

安全检查按时间分为定期检查和特殊检查两种。定期检查的周期由企业根据生产情况确定。特殊检查的时间一般由上级部门或本企业根据特殊情况确定。

安全检查按形式，可分为巡视和测试两种。巡视检查的路径、内容，企业根据本单位生产情况，应制定出详细的规定，并按此执行。测试是保证电气系统及设备良好运行状态的一种重要措施。测试的时间、内容、项目、标准按有关技术规程进行。

5. 组织安全教育、培训和考核

要采用各种宣传形式，开办各类学习班，以及考核等方法。对电气工作人员特别是新职工、临时工等，进行安全教育、培训，经考核合格后才能成为电气工作人员。

必须使人们学习电气基本知识，认识电气保安的必要性和重要性，掌握电气保安的基本方法，以实现安全。人们应该熟悉安全用电的一般常识，对使用电气设备的生产工人，除需掌握一般安全用电的知识外，还要懂得与其工作有关的安全规程；对独立工作的电气工作人员，则要掌握各种电气装置，在安装、运行、使用、维护、检修过程中的安全要求，熟知电气各种安全规章制度、规定，掌握触电急救和熄灭电气火灾的方法等。

6. 组织安全工作经验交流

组织安全工作经验交流和进行事故分析，是提高电气保安技术的重要措施之一。

二、保证安全的组织措施

在电气设备上工作，保证人身安全的组织措施有以下四个方面：工作票制度，工作许可制度，工作监护制度，工作间断、转移和终结制度。

1. 工作票制度

凡在电气设备上工作，均应填用工作票或按口头、电话命令执行。

(1) 工作票的主要内容：

1) 工作的具体任务。在任务中除了明确工作地点和内容外，还要明确施工的范围。

2) 施工负责人和参加工作的主要人员姓名。

3) 预计工作开始和终结的时间。

4）为了保证施工人员安全必须采取的安全措施。如切断有关的电源，退出有关的继电保护，装设临时遮栏和标志牌，装设临时接地线等。这些措施一般由运行值班人员负责执行。

5）实际工作终结时间和安全措施拆除的情况。

（2）工作票的种类和使用范围。工作票分为第一种工作票和第二种工作票。

1）填用第一种工作票的工作。高压设备上工作需要全部停电或部分停电者；高压室内的二次接线和照明等回路上的工作，需要将高压设备停电或做安全措施者。

凡是在高压设备上或在其他电气回路上工作，需要将高压设备停电或装设遮栏的，均应填写第一种工作票。在室外变电所二次接线和照明等回路上的工作（例如主变压器二次端子箱内的工作、变电所照明需要处理缺陷离高压带电设备太近的工作），需要将高压设备停电或者需要做安全措施，也应填用第一种工作票。

2）填用第二种工作票的工作。凡进行带电作业和在高压设备外壳上工作或其他电气回路上工作，不需要将高压设备停电或装设遮栏，则填用第二种工作票。

对于简单的电气工作（即《电业安全工作规程》规定填用工作票之外的其他工作），可以通过电话或口头命令的形式向有关人员进行布置和联系。如：注油、取油样、测接地电阻、悬挂警告牌等。

口头或电话命令，必须清楚正确，值班人员应将发令人、负责人及工作任务详细记入操作记录簿中，并向发令人复诵核对一遍，有条件时对重要的口头或电话命令双方应进行录音。

工作票要用钢笔或圆珠笔填写，并填写清楚、不得任意涂改。有个别错、漏字需要修改时，可以允许在错误及遗漏处将两份工作票作同样的修改，字迹应清楚。

（3）工作票的正确填用。工作票一般由发布工作命令的人员填写，填写时一式二份。一份经常保存在工作地点，由工作负责人收执，以作为工作的依据；另一份由运行值班人员收执（一般在开工前一天交到运行处），按值移交。在无人值班的设备上工作时，第二份工作票由工作许可人收执。

一个工作班（组）在同一个时间内，只能布置一项工作任务，发给一张工作票（即一个工作负责人手中的工作票不得超过一张）。其目的是使工作负责人在同一时间内只接受一个工作任务，避免造成接受多个工作任务时工作负责人将工作任务、地点、时间弄混乱而引起事故。

工作票上的工作范围以一个电气连接部分为限。所谓一个电气连接部分，系指配电装置的一个电气单元之中，其中间用刀闸与其他电气部分截然分开的部分（即接向汇流母线，并安装在某一配电装置室、开关场、变压器室范围内，连接在同一电气回路中所有设备的总称），该部分无论引伸到发电厂（或变电所）的其他什么地方，均算为一个电气连接部分。

一张工作票上所列的工作地点，以一个电气连接部分为限。如果施工设备属于同一电压、位于同一层、同时停送电，且不会触及带电导体时，则允许在几个电气连接部分共用一张工作票。如果连接在同一母线上的几个电气连接部分同时工作，而母线不停电，则几个电气连接部分上的工作应分别填写工作票。反之，如果母线同时停电，则包括母线和几个电气连接部分工作，可共用一张工作票，但开工前工作票内的全部安全措施应一次做完。

如果一台主变压器停电检修，其各侧开关也配合检修，能同时停送电，虽然其不属于同一电压，作为简化安全措施起见，也可以共用一张工作票。但同样必须在开工前将工作票内的安全措施一次做完。

若一个电气连接部分或一个配电装置全部停电，则所有不同点的工作，可以填用一张工作票，但要详细填明主要工作内容。几个班同时工作时，工作票可以发给一个总负责人，且在工作班成员栏内填明各班的负责人。

当一个配电装置全部停电时，配电装置的各组成部分可同时检修，只是工作地点和电气连接部分的不同，此时，所有不同地点和不同电气连接部分的工作，可以填用一张工作票。若配电装置非完全停电（仅个别引入线带电），但对带电的引入线间隔采用可靠的安全措施（如对可能合闸来电的刀闸加锁，并对有电的引入线间隔装上牢固遮栏等），则对所有不同地点的工作也可填用一张工作票。

对于电力线路上的工作，第一种工作票，每张只能用于一条线路，或同杆架设且停送电时间相同的几条线路。第二种工作票，对同一电压等级，同类型工作，可在数条线路上共用一张工作票。

（4）不填用工作票的工作。事故抢修，可不填工作票，但应履行工作许可手续，做好安全措施，并应有专人监护。如果设备损坏比较严重，短时间内不能修复，而需转入事故检修时，则仍应补填工作票并履行正常的工作许可手续。

（5）工作票的有效期。工作票的有效时间，以批准的检修期为限，到时尚未完工，应办理延期手续，按批准的延期时间继续工作（第一种工作票可办理延期一次，第二种工作票不办理延期手续，到时尚未完工应重新办理工作票）。电力线路上的工作办理延期手续时，应在到期前向工作票签发人或许可人报告，报告的内容包括：工作进度情况，延长的原因和需要延长的具体时间，得到批准后，方能继续工作。同时，工作负责人将批准延长的期限、批准的时间和批准人姓名填入工作票。

2. 工作许可制度

（1）发电厂、变电所的工作许可制度。工作票填好以后，必须办理工作许可手续，经工作许可人（运行人员）许可，方可开始工作。

1）工作许可人对工作票的审查。

2）布置安全措施。

3）检验安全措施。

4）签字许可工作。应该指出的是，工作许可手续是逐级许可的，即工作负责人从许可人那里得到工作许可，而工作组的每一个工作人员只在得到工作负责人许可工作的命令后方能开始工作。

5）开工后，工作过程中应遵守的事项：工作过程中，工作负责人和工作许可人任何一方不得擅自变更安全措施，值班人员不得变更有关检修设备的接线方式。工作中如有特殊情况变更时，应事先取得对方的同意，以免产生混乱，造成错觉，酿成事故。

工作过程中，若需变更工作组中的成员时必须经工作负责人同意；需要变更工作负责人时，应经工作票签发人同意，由工作票签发人将变动情况认真记录在工作票上（一式二份工作票均填入变动情况）；增加工作票中的工作内容（扩大工作任务），必须由工作负责人通过工作许可人，并在工作票上增填工作项目。如在工作中必须变更或增减安全措施，则必须填用新的工作票，并重新履行工作许可手续。

（2）电力线路工作许可制度。电力线路填用第一种工作票进行工作，工作负责人必须在得到值班调度员或工区值班员的许可后，方可开始工作。

线路停电检修，值班调度员必须在发电厂、变电所将线路可能受电的各个方面均拉闸停电、并挂好接地线后，将工作班组数目、工作负责人姓名、工作地点和工作任务、线路挂接地线的位置及编号记入记录簿内，才能发出许可工作的命令。许可工作的命令，必须当面通知，电话传达或派人传送到工作负责人。严禁约时停、送电。

3．工作监护制度

（1）发电厂变电所的工作监护制度。工作负责人（监护人）在办完工作许可手续之后，在工作班开始工作之前应向工作班人员交待现场安全措施，指明带电部位和其他注意事项。工作开始以后，工作负责人必须始终在工作现场，对工作人员的安全认真监护。

监护工作要点：

1）监护人应有高度的责任感，工作一开始，工作负责人就要对工作人员的安全进行监护，发现危及安全的动作立即提出警告制止，必要时可暂停其工作。

2）工作负责人因故离开工作现场时，应指定一名技术水平高于被监护人，且能胜任监护工作的人员代替他进行监护。离开前，应将工作现场交待清楚，并告知工作班人员。原工作负责人返回工作地点时，也应履行同样的交待手续。若工作负责人需长时间离开工作现场，应由原工作票签发人变更新工作负责人，新老工作负责人应做好必要的交接。

3）为了使监护人能集中注意力监护工作人员的一切行动，一般要求监护人除担任监护工作外，不兼做其他工作。在全部停电或虽然是部分停电，只要安全措施可靠，不致误碰带电部分，而且工作人员集中在一个工作点或工作班的人数不多（不超过2～3人），工作又不十分紧张，则工作负责人可以一边参加工作，一边进行监护。

4）对有触电危险、施工复杂、容易发生事故的工作，工作票签发人或负责人，应根据工作现场安全条件、施工范围和工作需要等具体情况，增设专人监护和批准被监护的人数。专人监护只对专一的工作和专门工作的人员进行特殊的监护，因此专职监护人员不得兼做其他工作。

建筑工、油漆工、通讯工和杂工等在高压室或变电所工作时，应指派专人负责监护。其所需要的材料、工具、仪器等应在开工前，在施工负责人的监护下运到工作地点。对这些工种的工作，一般在部分停电的情况下，一个监护人可监护三人。在室外变电所同一地点的配电装置上可监护六人。如果设备全部停电，一个监护人能监护的人数还可根据具体情况增多。

若在室内工作，而所有带电设备或隔离室未全部设有可靠的遮栏时，一个监护人一般监护不超过二人。当在接近设备带电部分进行工作，若工作人员的行动稍有不慎就有触电危险的可能时，一个监护人只能监护一个人。

5）为了防止独自行动而引起触电的危险，一般不允许工作人员单独留在高压室或变电所，即使是工作负责人也不能独自留在高压室内和室外变电所高压设备区内。有些工作（如调整开关，进行回路的导通试验等），需要将工作人员同时分散到其他高压室或变电所工作时，工作负责人不在的场所，每处应指定一名能胜任监护工作的人员负责监护。

监护人监护内容：①部分停电时，监护所有工作人员的活动范围，使其与带电部分之间保持不小于规定的安全距离。②带电作业时，监护所有工作人员的活动范围，使其与接地部分保持安全距离。③监护所有工作人员工具使用是否正确，工作位置是否安全，以及操作方法是否得当。

（2）电力线上工作监护制度。电力线路完成工作许可手续后，工作负责人应向工作班人员交待现场安全措施、带电部位和其他注意事项，工作负责人始终在工作现场，对工作班人员的安全认真监护。

监护工作要点：①监护人应有高度的责任感，在线路工作过程中，应对工作人员工作的全过程进行监护，及时纠正工作人员的不安全动作。②监护人除担任监护工作外，一般不兼做其他工作。在班组成员确无触电危险的条件下可以参加工作。③工作票签发人和工作负责人，对有触电危险、施工复杂容易发生事故的工作，应增设专人监护，专职监护人不得兼做其他工作；当分组工作时，工作负责人对每个小组应指定小组监护人；对在高杆塔上工作，地面监护有困难时，应增设杆塔上监护人。④如果工作负责人必须离开工作现场时，应临时指定工作负责人，并设法通知全体工作人员及工作许可人。

4. 工作间断、转移和终结制度

发电厂、变电所及电力线路的电气工作，根据工作任务、工作时间、工作地点，在工作过程中，一般都要经历工作间断、工作转移和办理工作终结几个环节。

(1) 发电厂、变电所。

1) 工作间断。工作间断时，工作班人员从现场撤除，所有安全措施保持不动，工作票仍由工作负责人执存。

当日的工作间断（如吃午餐），间断后继续工作，无需通过工作许可人（值班人员）的许可。

每日收工、应清扫工作现场，开放已封闭的通路，并将工作票交回值班员。次日复工时，应得到值班员许可，取回工作票，工作负责人必须事前重新认真检查安全措施是否符合工作票的要求后，方可开始工作。若无工作负责人或监护人带领，工作人员不得进入工作地点。

在工作间断期间，有紧急需要将停电施工的设备合闸送电时，运行值班人员可以在工作负责人未办理竣工手续和交回工作票的情况下合闸送电，但应先通知施工负责人和其他有关人员，得到他们的同意后方可送电。此时由运行值班人员将工作场所装设的各种临时安全措施拆除，将设备上原有的常设遮栏恢复，拆下“在此工作”的标志牌，挂上“止步，高压危险”的标志牌。在工作负责人和工作人员来到工作地点之前，派人守候在原施工的现场，以便在他们到来时，告诉他们设备已经合闸送电，此时，工作人员不得继续工作。工作班若需继续工作时，应重新履行工作许可手续。

2) 工作转移。在同一电气连接部分用同一工作票依次在几个工作地点转移工作时，全部安全措施在开工前已由值班员一次做完，转移工作时，不需再办理转移手续，但在转移工作地点时，工作负责人应向工作人员交待带电范围，安全措施和注意事项，尤其应该提醒新的工作条件的特殊注意事项。

3) 工作终结。在检修、试验或安装工作全部结束后，工作班人员应清扫、整理工作现场，清除工作中各种遗留物件。施工负责人经过周密检查，待全体工作人员撤离工作现场后，再向值班人员讲清检修项目、发现的问题，试验结果和存在的问题等，并在值班处检修记录簿上记载检修情况和结果，然后与值班人员一道，共同复查检修设备情况，有无遗留物件，是否清洁等，必要时作无电压下的操作试验。双方认为无问题，再在工作票上（包括工作负责人手中的一份）填明工作终结时间，经双方签名，工作票交值班处后，检修工作方告结束。

工作结束后，对填用的第一种工作票来说并不是工作票的结束，而工作票的终结应是值班员拆除工作地点的全部接地线并经值班负责人在工作票上签字后，工作票方可结束。

已终结的工作票保存三个月，以便于检查和进行交流。

（2）电力线路。

1）工作间断。在工作中遇雷、雨、大风或其他任何威胁到工作人员安全的情况时，工作负责人或监护人可决定临时停止工作。

白天工作间断时，工作地点的全部接地线保留不动。如果工作班组须暂时离开工作地点，则必须采取安全措施和派人看守，不让人、畜接近挖好的基坑或接近未竖立稳固的杆塔，以及负载的起重和牵引机械装置等。恢复工作前，应检查接地线等各项安全措施的完整。

填用数日内工作有效的第一种工作票，每日收工时，如果要将工作地点所装的接地线拆除，次日重新验电装接地线恢复工作，均须得到工作许可人许可后方可进行。如果经调度允许的连续停电，夜间不送电的线路，工作地点的接地线可以不拆除，但次日恢复工作前应派人检查。

2）工作终结和恢复送电。工作完毕后，工作负责人（包括小组负责人）必须检查线路地段的状况以及在杆塔上、导线上及磁瓶上有无遗留的工具、材料等，通知并查明全部工作人员由杆塔上撤下后，命令拆除接地线。接地线拆除后，应即认为线路带电，不准任何人再登杆进行作业。

当接地线已经拆除，而尚未向工作许可人进行工作终结报告前，又发现新的缺陷或有遗留问题，必须登杆处理时，可以重新验电装挂接地线，做好安全措施，由负责人指定人员处理，其他人员均不再登杆，工作完毕后，要立即拆除接地线。

已经向工作许可人进行了工作终结报告后，又发现问题，需登杆处理时，无论是否已送电，均必须向工作许可人汇报情况，重新履行工作许可的命令之后，方可重新布置安全措施，进行工作。

工作终结后，工作负责人应报告许可人，报告方式如下：①从工作地点回来后，亲自报告。②用电话报告且经复诵无误。

工作终结的报告应简明扼要，包括下列内容：工作负责人姓名、某线上某处（说明起止杆塔号，分支线名称等）工作已经完工，设备改动情况，工作地点所挂的接地线已全部拆除，线路上已无班组工作人员，可以送电。

线路工作终结后，工作许可人在接到同一停电范围内所有工作负责人（包括用户）的完工报告后，并确认工作已经完毕，所有工作人员已由线路上撤离，接地线已经拆除，并与记录簿核对无误后，方可下令拆除发电厂、变电所线路侧的安全措施，向线路恢复送电。

三、保证安全的技术措施

1. 发电厂、变电所保证安全的技术措施

电气设备的检修、安装或其他工作，如果直接在设备的带电部分，或带电部分临近的设备上进行时，一般应在停电的状态下进行。将设备停电进行工作，可分为全部停电和部分停电两种。

全部停电是指室内或室外高压设备，包括电缆与架空线路的引入线全部停电。若在室内时，除上述设备停电外，还要将临近高压室的门全部关闭并加锁。

部分停电是指室内或室外高压设备中，仅有一部分停电，或室内设备虽然已全部停电，但通至邻近高压室的门并未全部闭锁。

在全部停电或部分停电的电气设备上工作，必须完成下列保证安全的技术措施：停电；验电；装设接地线；悬挂标志牌和装设遮栏。

(1) 停电。

1) 工作地点必须停电的设备：要进行检修的设备；工作人员在进行工作时，正常活动范围与带电设备的距离小于“工作人员正常活动范围与带电设备的安全距离（有遮栏）”的规定值者；在44kV以下的设备上进行工作，正常活动范围与带电设备的距离虽大于上述安全距离，但小于“设备不停电时的安全距离”规定，同时又无遮栏措施的设备；带电部分在工作人员后面或两侧无可靠安全措施的设备。

2) 设备停电施工时应切断的电源：断开检修设备各侧断路器和隔离开关；与停电检修设备有关的变压器和电压互感器高低压侧全部回路完全断开；将停电设备的中性点接地刀闸断开；断开断路器和隔离开关的操作及动力电源，并将隔离开关操作把手锁住。

(2) 验电。

电气设备停电后，在悬挂接地线之前必须对停电设备进行验电。

1) 采用合格的验电器；

2) 验电。①高压验电必须戴绝缘手套，并有专人监护。②1000V及以上的电气设备，必须用高压验电器进行验电，对500V及以下的电气设备使用低压验电笔来检验有无电压。③在木杆、木梯或木构架上验电时，若不接地不能指示者，可在验电器上接地线，但必须经值班负责人许可。④对检修设备，应在进出线两侧的各相上分别验电。联络用的断路器或刀闸检修时，应在两侧的各相上验电。⑤表示设备断开和允许进入间隔的信号灯、经常接入的电压表等，不能作为设备无电压的依据，但如果信号和仪表指示有电，则禁止在设备上工作。

(3) 装设接地线。当验明设备确无电压后，应立即将检修设备装设三相短路接地线。设备检修装设接地线时，凡是可能来电的各个方面都要装设接地线，使工作地点处在许多接地线的中间。接地线的位置应使工作人员在工作时能随时可以看到接地线，以便识别和监视。

1）装设接地线的注意事项：①装设接地线应由值班员执行，但某些地点值班员装设确有困难时，可委托检修人员执行，值班人员进行监护。②装设接地线时，应先将接地线地端可靠接地，当验明设备确无电压后，立即将接地线的另一端接在设备的导线上。③装设接地线必须由两人进行。若为单人值班，只允许使用接地刀闸接地，或使用绝缘棒合接地刀闸。④装接地线必须先接地端，后接导体端，而且必须接触良好、可靠。拆除接地线的顺序与此相反。⑤装拆接地线时，应使用绝缘棒或戴绝缘手套，人体不得碰触接地线。⑥在室内配电装置上，接地线应装在该装置导电部分的规定地点（这些地点的油漆应刮去，并划上黑色记号）。⑦接地线的接地点与检修设备之间不得连有断路器、隔离开关或熔断器。⑧接地线应采取多股软裸铜线，其截面应符合短路电流热稳定要求，但不得小于 25mm^2。接地线必须使用专用的线夹将其固定在导线上，严禁用缠绕的方法。⑨带有电容的设备或电缆线路，在装设接地线之前，应放电。

2）检修设备装设接地线的组数。检修设备可能来电的各侧各装一组接地线；检修母线，若母线长度不超过 10m，则检修的母线上可只装一组接地线；在门型构架的线路侧进行停电检修，如工作地点与所装接地线的距离小于 10m，工作地点虽在接地线外侧，也可不另装接地线；检修部分若分为几个在电气上不相连接的部分，则各段应分别装接地线。

（4）悬挂标示牌和装设遮栏。

在电源切断后，应立即在下列地点悬挂标示牌和装设临时遮栏，再执行其他措施和操作。

1）在一经合闸即可送电到工作地点的断路器和隔离开关的操作把手上，均应悬挂“禁止合闸，有人工作”的标示牌。如果停电设备有两个断开点串联时，标示牌应悬挂在靠近电源的隔离开关把手上。对远方操作的断路器和隔离开关，标示牌应悬挂在控制盘上的操作把手上，对同时能进行远方和就地操作的隔离开关，则还应在隔离开关操作把手上悬挂标示牌。当线路上有人工作时，则应在线路断路器和隔离开关操作把手上悬挂："禁止合闸，线路有人工作！"的标示牌。线路工作标示牌的悬挂和拆除，应按调度员的命令进行。

2）在容易接触的或可能接近到小于"设备不停电时的安全距离"以内的带电设备处应装设临时遮栏，临时遮栏与带电设备的距离不小于"工作人员正常活动范围与带电设备的安全距离"的规定值。在遮栏上应悬挂"止步，高压危险！"的标示牌。

装设在35kV及以下电压等级的临时遮栏，如因工作特殊需要，可用绝缘挡板与带电部分直接接触。但该绝缘挡板必须有良好的绝缘性能，并安装牢固。在工作中，工作人员应注意不得碰触绝缘挡板。在装、拆时，工作人员与带电部分必须保持"工作人员正常活动范围与带电设备的安全距离"，否则应使用绝缘工具方允许进行。

3）在室内高压设备上工作，如果工作地点两旁的间隔、对面间隔及禁止通行的过道上没有常设遮栏时，应加装临时遮栏，并在遮栏上悬挂"止步，高压危险！"的标示牌。若有常设遮栏，则加挂标示牌。在装完携带型接地线后，在工作地点悬挂"在此工作"标示牌。

4）在室外地面高压设备上工作，应在工作地点四周用线网或绳子做好围栏，围栏上悬挂适当数量的"止步，高压危险！"的标示牌。标示牌有标志的一面应朝向围栏里侧，使工作人员随时可以看见。在携带型接地线装完后，在围栏的入口处悬挂"在此工作"标示牌。

5）在室外构架上工作，则应在工作地点邻近带电部分的横梁上，悬挂"止步，高压危险！"的标示牌。在工作人员上、下用的铁架或梯子上，悬挂"从此上下！"的标示牌。在临近其他可能误登的架构上，悬挂"禁止攀登，高压危险！"标示牌。

6）临时遮栏、接地线、标示牌、红白带、绳索围栏等设施，工作人员不得随便移动和拆除。工作人员如因工作需要而要求变动上述安全措施的内容或做法时，应征得工作许可人的同意。工作许可人应根据当时情况（是否符合安全的准则）决定是否满足工作人员的要求。工作人员在得到工作许可人的同意而临时变动的安全措施，在完成了影响变动安全措施的工作后，应立即恢复原来状态并报告工作许可人。

2. 电力线路保证安全的技术措施

(1) 停电。

在全部或部分停电的电力线路上工作，必须将线路或工作地段的所有可能来电的电源断开，并经验电、接地，这是保证电力线路工作人员安全的三项重要技术措施。

线路作业时，需停电的范围如下：①检修线路的所有出线及联络断路器和隔离开关。②可能将电源反馈至检修线路的所有断路器和隔离开关。③危及检修线路停电作业，且不能采用安全措施的交叉跨线、平行线和同杆线路的断路器和隔离开关。

(2) 悬挂标示牌。

当检修线路有关的断路器、隔离开关断开后，应检查断开后的断路器、隔离开关是否在断开位置；断路器、隔离开关的操作机构应加锁，跌落保险的保险管应摘下，并应在断路器或隔离开关操作机构上，在线路控制盘的操作把上挂"禁止合闸，线路有人工作！"的标示牌。

(3) 验电。

1) 在停电线路工作地段装设接地线前，要先用合格的验电器验电，验明线路确无电压。

2) 对于35kV及以上电力线路在没有适合于该线路电压等级的验电器情况下，可用合格的绝缘杆或专用的绝缘绳验电，使用绝缘杆验电时，要缓缓地接近导线，但不要接触导线，以形成间隙放电，由电的火花和声音来判断有无电压。

3) 当采用低于设备电压等级的声光验电器进行验电时，声光验电器对带电体必须保持"人身与带电体间的安全距离"的规定值。

4）验电时应戴绝缘手套，并有专人监护。

5）线路的验电应逐相进行，联络断路器或隔离开关检修时，应在两侧验电。

6）同杆架设的多层电力线路验电时，先验低压，后验高压；先验下层，后验上层。

（4）挂接地线。

1）线路经过验明确无电压后，各工作班（组）应立即在工作地段两端挂接地线。凡有可能送电到停电线路的分支线都要挂接地线。

2）同杆架设的多层电力线路挂接地线时，应先挂低压，后挂高压，先挂下层，后挂上层。

3）挂接地线时，先接接地端，后接导线端，接地线连接要可靠，不准缠绕，拆除接地线时顺序与此相反。装、拆接地线时，工作人员应使用绝缘棒或戴绝缘手套。人体不得碰触接地线。

4）若杆塔无接地引下线时，可采用临时接地棒，接地棒在地下面，深度不得小于0.6m。

5）利用铁塔接地时，允许每个相个别接地，但铁塔与接地线连接部位应清除油漆，接触良好。严禁使用其他导线作接地线和短路线。

四、低压回路上工作的电气安全技术

1. 低压带电作业

低压系统的检修，一般应停电进行，如果需要带电工作，则应采用必要的安全措施。

1）低压带电作业，应在良好的天气条件下进行。

2）应设专人监护，保证人与大地之间、人与周围接地金属体之间、人与其他相导体或零线之间有良好的绝缘或保证安全距离。

3）带电部分只允许位于检修人员的一侧。

4）使用的工具必须带绝缘柄，严禁使用锉刀、金属尺和带有金属的毛刷、毛掸等工具，并随身携带低压验电笔。

5）必须穿长袖衣服、绝缘鞋、戴绝缘手套和安全帽，站在干燥的绝缘物上工作；

6）低压带电作业范围的电气回路漏电保护器必须投入运行。

7）在低压配电装置上带电工作时，应采取防止相间短路和单相短路的措施。

8）在高低压同杆架设的低压带电线路上工作时，应保证工作人员与高压线的安全距离，并采取防止误碰带电高压线的措施。

9）低压线路带电做接户线时，上杆前应先分清相线和零线，记住相序，选好工作位置。上杆后头部与低压带电线路应保持10cm及以上距离。

10）断开接户线时，应先断开相线，后断开零线。接搭接户线时，顺序与前相反。人体不得同时接触两根线头。

11）带电拆、搭弓子线时，应带上护目眼镜，并尽量避开阳光的直射。

12）更换熔段器熔断丝时，一般应停电操作，特殊情况下可在专门监护人的监护下，进行间接带电操作、更换小容量的熔丝。

2. 在二次回路上工作时的安全技术

1）根据工作任务的性质，填用工作票和布置安全措施。

2）在带电运行的电流互感器二次回路上工作时：①严禁将电流互感器的二次回路侧开路。②短接互感器二次绕组，必须使用短路片或短路线，严禁用导线缠绕，更不许用保险丝短接。③严禁在电流互感器与短路端子之间的回路上进行任何工作。④工作必须认真、谨慎，不得将回路的永久接地点断开。⑤工作时必须有人监护，使用绝缘工具，穿绝缘鞋，并站在绝缘垫上。

3）在带电运行的电压互感器二次回路上工作时：①工作时应戴手套，使用绝缘工具，必要时应征得运行人员同意停用有关保护。②工作中严格防止二次绕组短路或接地。③接临时负载时，必须装用专用的刀闸和可熔保险器。

3. 电气测试工作

用摇表测量设备的绝缘电阻，用携带型仪器测量高压设备的电压或进行设备定相，用钳型电流表测量设备的负荷电流，用外界电源作设备的预防性绝缘试验等电气测试工作时，在采取一般安全措施的同时，根据工作的特点，还必须注意以下事项。

(1) 用兆欧表测量绝缘电阻。

1）使用摇表测量高压设备绝缘电阻时，应由二人进行。

2）测量用的导线，应使用绝缘导线，其端部应有绝缘套。

3）测量绝缘电阻时，必须将被测设备从各方面断开，验明无电压，确实证明设备上无人工作后，方可进行。在测量过程，禁止他人接近被测设备。

4）在线路或电缆线路上测量绝缘时应做好下列安全措施：若测量同杆架设的双回路中的一回路有平行段，则另一回带电线路必须停电；当在一端测量线路和电缆的绝缘时，在另一端应装临时遮栏，并挂“止步，高压危险!”标示牌，或派人看守，防止他人接近麻电；测量前，线路两端应先接好地线、支接线和自发电并网用户，还要根据具体情况适当增加接地线，防止因转供、倒供造成反送电，测量时，要与各端取得联系，拆除同一相地线，保留其他两相地线，并取得各端许可后，方可进行测量。

5）在测量绝缘前后，被试设备应对地放电。

6）在带电设备附近测量绝缘电阻时，摇表及人应保持与带电设备的安全距离，防止高压触电。

(2) 用携带型仪器进行高压测量。携带型仪器，系指接在电流互感器和电压互感器低压侧进行测量的设备。

1）当需要在运行中的高压电气设备上进行测量时，除使用特殊仪器外（特殊仪器，系指直接在高压设备导电部分测量的仪器，如用核相棒定相、γ 射线仪），所有使用携带型仪器的测量工作，均应在电流互感器和电压互感器的低压侧进行。

2）如果测量工作需要将高压设备的回路断开进行接线时，

应将有关的设备全部停电后方可进行，所用测量导线应有足够的机械强度，其截面不小于 2.5mm^2，测量导线尽可能短，不与地面或设备的接地部分相连接，与相邻导线保持足够的距离。

3）测量中所用的仪表外壳是非金属的，则应与地绝缘；若外壳是金属的，则与变压器的外壳一起接地。

4）测量时，仪表的布置应使读表人与高压导电部分保持允许的安全距离，测量操作要小心，不得触及带电的电压互感器、电阻器或导线，防止测量时发生触电事故。

5）测量时，在所有设备的周围应装设遮栏和围栏，并在遮栏上挂“止步，高压危险!”标示牌。

(3) 使用钳型电流表测量工作。

1）在高压回路上使用钳型电流时，应使用合格的钳型电流表，并由二人进行。

用钳型电流表在高压回路上测量电流，一般允许在 10kV 及以下的电气设备上使用。钳型电流表应按规定进行耐压试验合格，并按规定的电压等级使用。钳型电流表把守应干燥，使用前应将其擦干净。测量时应由二人进行，一人监护，一人操作。

2）测量时，操作人员应戴绝缘手套，穿绝缘靴或站在绝缘垫上。钳型电流表不得触及带电导体及设备外壳或其他接地部分，以防短路或接地。操作人员的头部与导电部分间的距离，必须大于钳型电流表的长度。读表时只可略为低头，身体不能过分弯曲，以免头部倾到仪表上面发生触电。

3）当用钳型电流表测量高压电缆头各相的电流时，只有在各相电缆头间有足够的距离，而且绝缘良好，工作便利才能进行。一般钳型电流表本身有一定的宽度，加上钳型口张开时的宽度可达 200mm 左右，因此在电缆头各相的距离达到 300mm 以上时，才能进行测量。

4）在高压回路上测量时，严禁用导线从钳型电流表另接表计测量。

5）在低压保险和水平排列的低压母线上用钳型电流表测量

电流时，操作人员应戴绝缘手套。测量前，应先将各相保险器或母线用绝缘材料或硬纸板加以隔离，防止引起相间短路，同时应注意不得触及其他带电部分。

6）测量中禁止更换电流档位。

（4）用外界电源作设备的绝缘预防性试验。进行电气设备的绝缘预防性试验（例如泄漏试验、耐压试验等），应采取如下安全措施。

1）在一个电气连接部分有检修和试验工作时，可填用一张工作票，工作负责人要对加压试验负责；如果检修工作和高压试验工作分别开工作票，则在加压试验时，现场只允许有一张试验工作票，检修工作票应收回，以保证在加压试验过程中，被试回路上没有检修人员进入。

2）应避免在同一电气连接部分，同时进行试验工作和其他检修工作，当不能避免时，应将试验加压部分和检修部分之间由刀闸或开关断开。断开点按试验电压要有足够的安全距离，不能产生空气闪络或绝缘击穿等现象。在有接地短路线的一侧，检修人员对加压试验部分应有足够的安全距离，断开点应挂有"止步，高压危险！"的标示牌，并设有专人监护，才能进行工作。

3）试验现场应装设临时遮栏，在遮栏上挂"止步，高压危险！"标示牌，并派人看守。

4）高压试验工作不得少于两人。试验负责人应由有经验的人员担任。开始试验前，试验负责人应对全体人员详细布置试验中的安全注意事项，内容如下：①核对设备名称；②做好与运行、检修人员的联系；③检查被试验设备与其他设备的距离和接地线情况；④检查被试验设备是否符合试验状态；⑤检查安全用具齐全完整；⑥检查试验装置外壳接地，总接地点可靠良好；⑦派人警戒及围好遮栏。

5）试验装置的金属外壳应可靠接地；高压引出线应尽量缩短，必要时用绝缘物支持牢固；试验装置的电源开关应使用明显的双极刀闸，为了防止误合刀闸，可在刀刃上加绝缘罩；试验装置的低压回路中应有两个串联电源开关，并加装过载自动掉闸装置。

6）加压前必须认真检查试验接线、表计倍率、调压器零位及仪表的开始状态，均正确无误，通知有关人员离开被试设备，经试验负责人许可方可加压。加压过程中应有人监护。

试验之前，调压器必须在零位，加压过程中应呼唱，即交直流耐压升压过程中的各点电压，应逐段时间呼唱，以引起试验人员之间相互注意，又可根据逐点的试验数值（如泄露电流等）判断设备有无异常变化。

7）试验完毕，被试设备对地放电，只有被试设备确无电压，人才能接近，并拆除试验设备。

五、其他

1）使用移动式电动工具必须先进行绝缘检查，其绝缘电阻不应小于表14-2的规定。

表14-2 绝缘电阻最小允许值

<table>
<tr><th colspan="2">被 试 绝 缘</th><th>绝缘电阻（MΩ）</th></tr>
<tr><td rowspan="2">带电零件与壳体之间</td><td>基本绝缘</td><td>2</td></tr>
<tr><td>加强绝缘</td><td>7</td></tr>
<tr><td colspan="2">Ⅱ类工具中仅靠基本绝缘隔开的金属零件与带电零件之间</td><td>2</td></tr>
<tr><td colspan="2">Ⅱ类工具中仅靠基本绝缘与带电零件隔开的金属零件与壳件之间</td><td>5</td></tr>
</table>

注 按触电保护方式，手持式电动工具可分为三类：Ⅰ类电动工具：在防止触电的保护方式上，不仅依靠基本绝缘，还包括将可触及的导电零件与线路中的保护导线（接地）连接起来的附加安全措施。Ⅱ类电动工具：在防止触电的保护方式上，不仅依靠基本绝缘，而且还提供双重绝缘或加强绝缘的安全预防措施，没有保护接地或依赖安装条件的措施。Ⅲ类电动工具：防止触电的保护方式采用依靠安全电压供电。

2）使用Ⅱ类电动工具，对于工作人员可触及的外壳和金属部件，均应可靠接地或接零。

3）移动式电动工具的电源线必须采用绝缘良好的多股铜芯橡皮绝缘护套软线，或多股铜芯聚氯乙稀绝缘护套软线。其安全接地线（或接零）不宜单独敷设，应采用带有接地（接零）芯线的多股铜芯护套线。

4）移动式电动工具的插头、插座应有专用的接地极，单相的采用三极插头、插座、三相的采用四极插头、插座。

5）严禁用工作零线代替安全地线（零线）作为移动式电动工具的触电安全保护。

6）携带式行灯，其电源电压应采用合乎要求的安全电压。

7）禁止雷雨天气在室外的电气设备上进行操作和维修。

8）严禁在靠近带电设备使用卷尺和线尺进行测量工作。

9）在带电设备附近搬运长物件或金属物体时，要特别注意物件与带电体之间的安全距离。

10）在电容器组上工作时，应先将电容器组放电接地，确信无电后方可进行。

11）用交流电焊机进行工作焊接时，操作人员应戴干燥洁净的帆布手套、穿绝缘鞋；在金属容器中焊接时，还应戴上安全绝缘头盔、护肘等防护用品；焊件必须和焊机的“地线”连接良好，在焊接过程中，人体不得直接触及焊件；焊机及电焊变压器的外壳都要进行良好的接地。

六、保护接地与安全电压

采用保护接地和安全电压供电，是人们电气工作中防止接触电压和跨步电压触电的重要措施和根本方法之一。保护接地包括保护接地、保护接零和零线的重复接地。

1. 保护接地

将一切正常时不带电而在绝缘损坏时可能带电的金属部分（例如各种电气设备的金属外壳，配电装置的金属构架等）接地，以保证工作人员触及时安全的接地方式称为保护接地。在中性点不接地系统中，通常采用保护接地的安全措施，保护接地的作用原理如图 14-6 所示。

如图（a）中，如果设备的外壳没有接地，当某一相绝缘损坏与设备外壳碰壳时，外壳对地就处于相电压下，此时人接触外

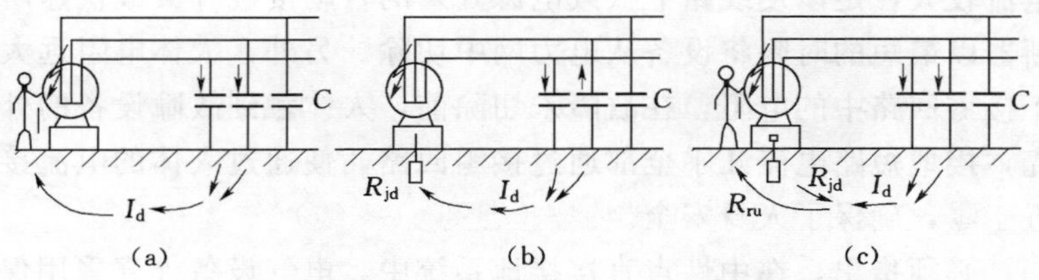

图 14-6　保护接地的作用原理图

壳，就有电容电流流过人体，这与人直接接触带电体有同样的危险。图（b）中，将设备的外壳通过接地电阻 R_{jd} 接地，当某相碰壳时，接地短路电流通过 R_{jd} 流过故障点，此时设备外壳对地电压为：$U_d = I_d \cdot R_{jd}$。图（c）中，当人触及装有保护接地设备的外壳时，考虑到接触电阻 R_{JC}，流过人体的电流为：

$$I_{ru} = I_d \frac{R_{jd}}{R_{ru} + R_{jd} + R_{JC}}$$

接地电阻 R_{jd} 愈小，流过人体的电流 I_{ru} 则愈小。因而只要适当地选择 R_{jd}，增大 R_{jc}，即可避免人体触电的危险。

2. 保护接零及零线的重复接地

在中性点直接接地的低压供电网络中，为了确保人身安全，一般采用保护接零。

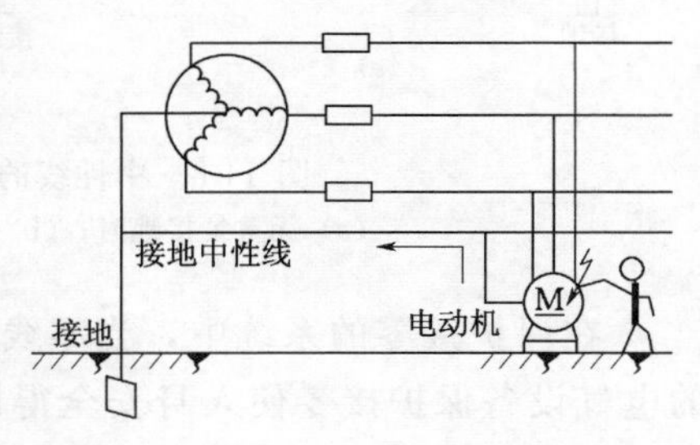

图 14-7　保护接零示意图

（1）保护接零。中性点直接接地的 380/220V 供电网络一般采用的是三相四线制的供电方式，将电气设备的金属外壳与电源（发电机或变压器）接地中性线作金属性连接，这种接地方式称为保护接零，如图 14-7 所示。

当电气设备某相绝缘损坏、相线碰壳时，接地短路电流经外壳和接地中性线构成回路。由于接地中性线阻抗很小，接地短路电流较大，足以使线路上（或电源处）的自动空气开关或快速熔断器以最短的时限将设备从电力网中切除。另外，人体电阻远大于接零回路中的电阻，在故障未切除前，人体触到故障设备的外壳，接地短路电流几乎全部通过接零回路，使通过人体的电流接近于零，确保了人身安全。

必须指出，在中性点直接接地系统中，电气设备外壳采用保护接地，仅能减轻触电的危险程度，并不能确保人身安全，只有采用保护接零及零线的重复接地，才能保证人身安全。

(2) 零线的重复接地。为了防止接地中性点线的断线而失去接零保护的作用，在零线的一处或多处通过接地装置与大地连接，即零线的重复接地，如图 14-8 所示。

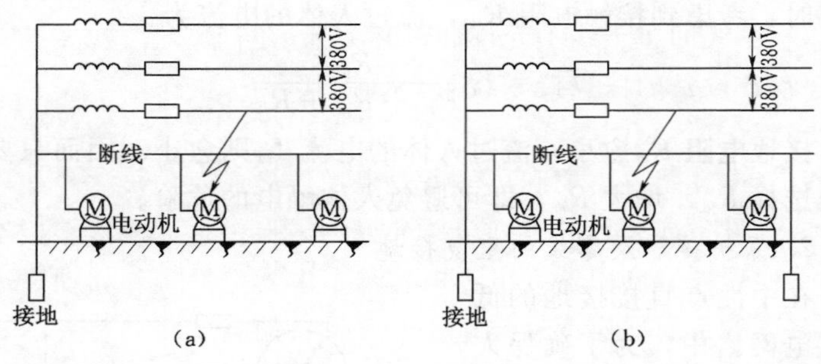

图 14-8　中性线的重复接地

(a) 无重复接地时；(b) 有重复接地时

在保护接零的系统中，当零线断线时，只有在断线处之前的电气设备保护接零使人身安全得以保护，在断线处之后，当某相绝缘损坏碰壳时，设备外壳带有相电压，仍有触电的危险。即使火线不碰壳，在断线处之后的负荷群中，若有一相或两相断开，仍使电气设备的外壳带电。若负荷群出现三相严重的不平衡，会使设备外壳上出现危险的对地电压，危及人身安全。

采用了零线的重复接地后，若零线断线，断线处之后的电气设备相当于受到了保护接地的保护，其危险性相对减小。

(3) 保护接地的注意事项。电气设备的保护接地、保护接零及零线的重复接地又统称为安全接地。

1）同一系统中，只能采用一种接地的保护方式，即不可一部分设备采用保护接地，另一部分设备采用保护接零。

2）应将接地电阻控制在允许的范围内。

一般 3～10kV 高压电气设备单独使用接地装置的，接地电阻一般不宜超过 10Ω；低压电气设备及变压器的接地电阻不大于 4Ω；重复接地的接地电阻每处不大于 10Ω；对变压器总容量不大于 100kVA 的电网，每处重复接地的电阻不大于 30Ω，且重复接地不应少于 3 处；高压和低压电气设备共用一接地装置时，接地电阻不大于 4Ω 等。

3）零线的主干线不允许装设开关和熔断器。

4）各设备的保护接零线不允许串接，应各自与零线的干线直接相连。

(4) 电气装置需要和可不需要保护接地或保护接零的部分。

电气设备或装置的下列金属部分均需保护接地或接零：①电动机、变压器、变阻器、电力电容器、电器、携带和移动式用电器具、等的金属底座或外壳；②电气设备的金属传动装置；③靠近带电部分的金属栏杆、栅状遮板的金属梁、栏及整块金属平台、金属架、金属门及其他易于触及并可能带电的金属部分；④电缆的金属外皮及电缆头的金属外壳和布线的金属钢管等；⑤电力线路的金属杆塔、互感器的二次接线等；⑥配电、控制、信号、保护用的屏、台、柜的金属部分；⑦装在配电线路杆上的电力设备的金属底座和外壳；⑧封闭母线的外壳及其他裸露的金属部分；⑨六氟化硫封闭组合电器和箱式变电所的金属箱体；⑩电热设备的金属外壳。

电气设备或装置的下列部分可不需保护接地或接零：①在木质、沥青等不良导电地面的干燥房间内，交、直流电压为 380、400V 及以下的电气设备的金属外壳，但当有可能同时触及以上电气设备外壳与已接地的其他物体时，则仍需要接地；②在干燥场所，交、直流额定电压为127、110V及以下电气设备的外壳；③安装在配电、控制、信号、保护屏、台、柜上的电气测量仪表、低压电器的外壳，以及当绝缘损坏时，在支持物上不会引起危险过电压的金属底座等；④安装在已接地金属构架上的电气设备，如穿墙套管等；⑤额定电压为220V及以下蓄电池室内的金属支架；⑥与已接地的机床、机座之间有可靠的电气接触的电动机和电器的外壳。

3. 接地的TN、TT、IT系统

在0.38/0.22kV的低压配电系统中，为了取得相电压、线电压，保护人身安全及供电的可靠性，我国现已广泛采用了中性点直接接地的TN、TT和IT接线的供电方式，如图14-9所示。从触电防护的角度出发，它们分别采用保护接地和保护接零的技术措施。本部分内容详见第八章防雷和接地第六节接地保护。

各系统除了从电源引出三相配电线外，分别设置了电源的中性线（代号N）、保护线（代号PE）或保护中性线（代号PEN）。

中性线（N线）一是用于接额定电压为220V的单相设备；二是用于传导三相系统中不平衡电流；三是用于减小系统中性点电位的偏移。保护线（PE线）是保证人身安全、防止触电事故发生的接地线。保护中性线（PEN线）兼有中性线和保护线的功能，即我们前边所讲的“零线”。

(1) TN系统。TN系统中的触电防护采用的是保护接零的措施，即将供电系统内用电设备的必须接地部分与N线、PE线或PEN线相连。如果N线与PE线全部合并成PEN线，则此系统称为TN—C系统用三相四线制供电，如图14-9（a）所示。如果N线和PE线分设，此系统称为TN—S系统，用三相五线制供电，如图14-9（b）所示。如果系统的前一部分PE线和N线合为PEN线，而后一部分N线和PE线分设，则此系统称为TN—C—S系统，用三相四线制供电，如图14-9（c）所示。其

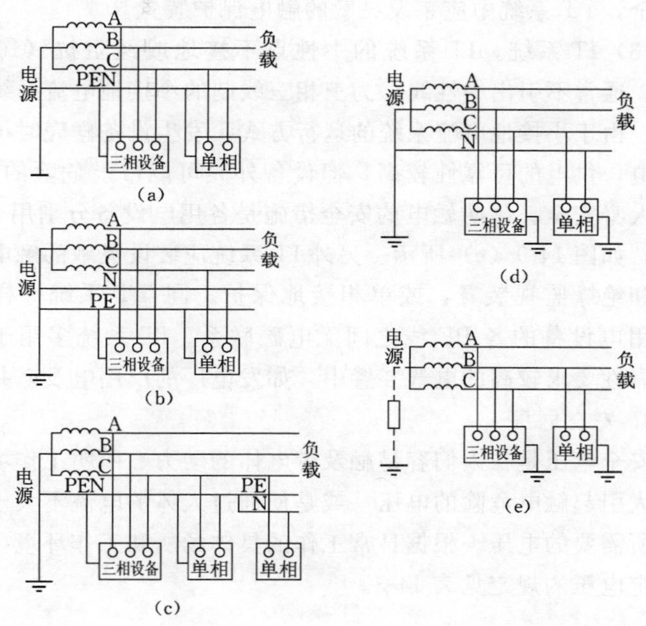

图 14-9　保护接地的 TN、TT、IT 系统

(a) TN—C 系统；(b) 系统 TN—S；(c) TN—C—S 系统；
(d) TT 系统；(e) IT 系统

中 TN—S 系统具有更高的电气安全性，广泛使用于中、小企业及民用生活中。

(2) TT 系统。TT 系统中引出的 N 线提供单相负荷的通路，用电设备的外壳与各自的 PE 线分别接地，是三相四线制，但采用保护接地的供电系统，如图 14-9 (d) 所示。

TT 系统由于各设备的 PE 线分别接地，无电磁联系，无互相干扰，因此适用于对信号干扰要求较高的场合，如对于数据处理、精密检测装置的供电等。但 TT 系统中，若干用电设备的绝缘损坏不形成短路，而仅是绝缘不良而引起的漏电时，由于漏电电流较小，可能电路中的电流保护装置不动作，从而使漏电设备的外壳长期带电，将增加人体触电的危险性。因此，为了保护人身安全，TT 系统中应装设灵敏的触电保护装置。

(3) IT 系统。IT 系统的中性点不接地或经阻抗（1000Ω）接地，通常不引出中性线，为三相三线制的小接地电流系统供电方式。由于小接地电流系统的运行方式，发生设备碰壳时可以继续供电，供电的可靠性较高，但设备外壳可能带上危险的电压，危及人身安全。预防触电的安全措施是各用电设备分别用 PE 线接地，如图 14-9（e）所示。另外 IT 系统应装设灵敏的触电保护装置和绝缘监视装置，或单相接地保护。同 TT 系统一样，IT 系统用电设备的各 PE 线之间无电磁联系。IT 系统多用于对供电可靠性要求较高的电气装置中，如发电厂的厂用电及矿井等。

4. 安全电压

安全电压是在人们容易触及带电体的动力、照明工作场所不会使人引起触电危险的电压，或是使通过人体的电流不大于致颤阈值所需要的电压。根据日常工作的具体场所和工作环境，我国对额定电压的规定见表 14-3。

表 14-3　3kV 以下额定电压等级

（摘自 GB156—80）　　单位：V

直流		单相交流		三相交流	
受电设备	供电设备	受电设备	供电设备	受电设备	供电设备
1.5	1.5				
2	2				
3	3				
6	6	6	6		
12	12	12	12		
24	24	24	24		
36	36	36	36	36	36
		42	42	42	42
48	48				

续表

直　　流		单相交流		三相交流	
受电设备	供电设备	受电设备	供电设备	受电设备	供电设备
60	60				
72	72				
		100^{+}	100^{+}	100^{+}	100^{+}
100	115				
		127^{*}	133^{*}	127^{*}	133^{*}
220	230	220	230	220/380	230/400
$400^{\triangle}$，440	$400^{\triangle}$，460			380/660	440/690
$800^{\triangle}$	$800^{\triangle}$				
$1000^{\triangle}$	$1000^{\triangle}$				
				1140^{**}	1200^{**}

注　带“+”者限用于电压互感器、继电器等控制系统的电压；带“*”者限用于矿井下，热工仪表和机床控制系统电压；带“△”者适用于单台供电的电压；带“**”者限于煤矿井下以及特殊场合使用的电压。

表中粗线以上为安全电压。我国的安全电压体系是42，36、24、12、6V，直流安全电压上限为72V。干燥、温暖、无导电粉尘，地面绝缘的环境中，也有使用交流65V的。一般安全电压只使用于小容量的设备，以及危险性较高的场所中使用的电动工具。当前电力行业使用的安全电压体系有：

1）携带式作业灯，隧道照明、机床局部照明，距地面2.5m高度的照明，以及部分手持电动工具等，安全电压均采用36V。

2）在发电机静止膛内工作一般采用24V。

3）在地方狭窄、工作不便、潮湿阴暗、高温等工作场所，以及在金属容器内工作（汽包内），必须采用12V。

4）电焊设备的二次开路电压为65V。

5）电力电容器在切断电源后30分钟内，其端电压不得超过65V。

采用降压变压器（行灯变压器）取得安全电压时，应采用双线卷而不能采用自耦变压器；安全电压的供电网络中必须有一点接地（中性线或某一相线），以防止由于电源变压器击穿串入电源电压引起触电的危险。

第三节　电气安全用具

根据电气安全用具的功能，安全用具分为绝缘安全用具和一般防护用具。绝缘用具按其绝缘的可靠程度，又分为基本绝缘安全用具和辅助绝缘安全用具两类。

基本绝缘安全用具，绝缘部分能可靠地承受被操作的电气设备的运行电压，可直接和带电部分接触。高压设备的基本绝缘安全用具有绝缘杆、绝缘夹钳和高压验电器等。低压设备的基本绝缘安全用具有绝缘手套、装有绝缘柄的工具和低压验电器等。

辅助绝缘安全用具，其绝缘部分不足以承受被操作电气设备的运行电压，只起加强基本绝缘用具的保护作用，不能用它直接操作高压电气设备。高压设备的辅助绝缘安全用具有绝缘手套、绝缘靴、绝缘垫及绝缘站台等。低压设备的辅助绝缘安全用具有绝缘站台、绝缘垫、绝缘靴及绝缘鞋等。

一般防护用具有防护眼镜、帆布手套、临时接地线、临时安全遮栏、登高作业用具、标示牌等。

一、电气安全用具及其用途

1. 绝缘杆和绝缘夹钳

1）绝缘杆（俗称令克棒）又叫绝缘棒、拉闸杆。主要用来拉开或闭合带电的高压隔离开关和跌落式开关。另外在安装和拆除临时接地线，以及进行测量和试验时也用它。绝缘夹钳又叫绝缘夹，是用来装卸高压管型熔断器及做其他类似工作的，主要用于 35kV 及以下的电压等级中。

绝缘杆和绝缘夹钳都是由工作部分（钩或钳口）、绝缘部分和握手部分构成。握手部分与绝缘部分之间有护环分开，如图 14-10 所示。绝缘部分与握手部分的长度因电压和使用场所的不同而有不同的规定，见表14-4。绝缘杆的工作部分是用金属制成的销子或钩子，要求它的尺寸应该使操作方便，又要避免发生相间短路或接地短路，其长度一般为58cm。绝缘夹钳的工作部分是钳口，它必须能保证夹紧熔断器。

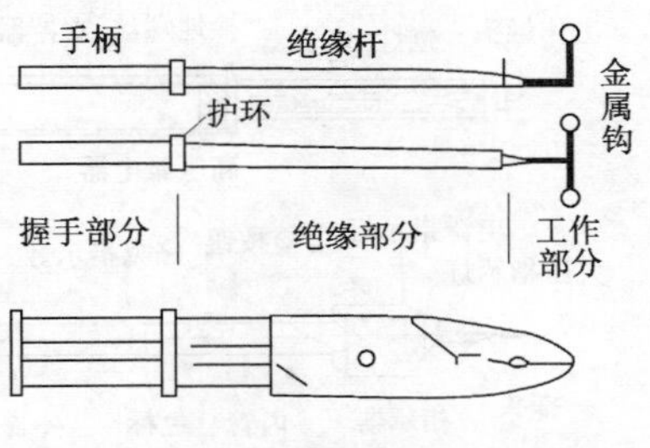

图14-10 绝缘杆和绝缘夹钳

表14-4 绝缘杆和绝缘夹钳的最小长度

电压（kV）		户内设备用（m）		户外设备及架空线用（m）	
		绝缘部分	握手部分	绝缘部分	握手部分
10及以下	绝缘杆	0.70	0.30	1.10	0.4
	绝缘夹钳	0.45	0.15	0.75	0.20
35及以下	绝缘杆	1.10	0.40	1.40	0.6
	绝缘夹钳	0.75	0.20	1.20	0.2

2）用绝缘杆拉合开关应戴绝缘手套。雨天操作室外高压设备时，绝缘杆应有防护雨罩，还应穿绝缘靴；雷雨时，禁止进行倒闸操作。

2. 验电器

验电器也叫验电笔，分高压和低压两种，是检验导体是否有电的专用工具。

验电器一般都是靠发光指示是否有电，新式验电器也有靠音响指示是否有电的。验电器一般由验电器本体和握柄两部分组成，如图14-11所示。在验电器上标有使用电压的范围。使用高压验电器时，必须戴绝缘手套：验电时，验电器不能立即直接接触带电体，而是采用逐渐靠近的办法，到氖泡发光为止；只有氖泡一直不亮，最后才直接接触被测点。

使用低压验电器时，手握金属笔卡，再将工作触头和要检查

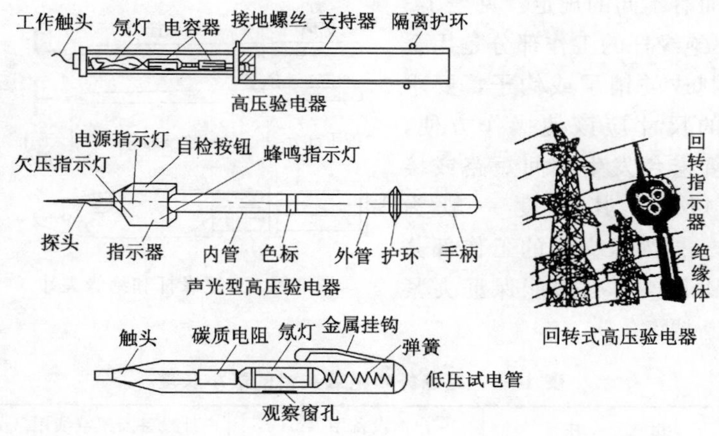

图 14-11 验电器

的部分接触，如果氖泡发亮就证明被检部分有电。低压验电笔的本体与握柄之间没有绝缘部分相隔，因此不能用于高压验电，否则会有触电危险。低压验电笔的范围一般是 100～500V。验电时，必须用电压等级相符的合格验电器。验电前，应先在有电设备上进行试验，确证验电器良好，以免正式验电时给出错误指示。

验电器一般不应接地。如果在木梯或木架结构上验电，不接接地线就不能指示时才允许接地，但要注意防止由接地线引起的短路事故。

3. 携带型电流指示器（钳型电流表）

图 14-12 携带型电流指示器

如图 14-12，使用时两手握住绝缘手柄，将铁芯张开，钳口套入被测带电体，然后将铁芯合拢，电流表便指示导体中电流读数。

钳型电流表应保存在干

燥地点，存放在特制的箱柜或盒子中，在潮湿或下雨的天气，禁止在室外使用。

4. 绝缘垫和绝缘站台

绝缘垫和绝缘站台是辅助安全用具，其作用是使工作人员在操作电气设备时增加对地绝缘，防止触电。

绝缘垫是用特种橡胶制成，其厚度不应小于5mm，表面应有防滑条文，最小尺寸不应小于0.8m×0.8m。绝缘站台的台面用干燥坚硬的木板制成，相邻板条间的距离不得大于2.5cm，以免鞋跟陷入。台脚用瓷绝缘材料制成，高度不得小于10mm。绝缘站台的最小尺寸不得小于0.8m×0.8m。

5. 绝缘手套、绝缘靴（鞋）

绝缘手套是操作1000V以上隔离开关和油断路器的辅助安全用具，也是操作250V以下设备的基本安全用具。绝缘靴是操作隔离开关、油断路器和熔断器时，提供对地绝缘的辅助安全用具。绝缘套鞋是用在操作1000V以下设备的辅助绝缘安全用具。绝缘靴和绝缘套鞋均用来做防止跨步电压的基本绝缘安全用具。

绝缘手套、绝缘靴和绝缘套鞋都是用特制橡胶制成的。操作电气设备时，不能用其他手套（如医用和化学上用的手套）和其他用途的靴鞋（如防雨胶靴）来代替。同样，也不准把它们当做其他用具使用。

绝缘手套的伸入部分应有相当的长度和宽度，以便能套到外衣的衣袖上。

6. 携带式临时接地线

临时接地线是用于架空线路和电气设备停电检修时作临时接地的安全用具，是用来防止停电设备和线路突然来电而造成工作人员触电的。

临时接地线主要由三根带有专用接线夹头，用于与相线连接的短路导线和一根带地接夹头，用于与接地装置连接的导线组成，如图14-13所示。导线采用截面积为25mm^{2}以上的多股软裸铜线。

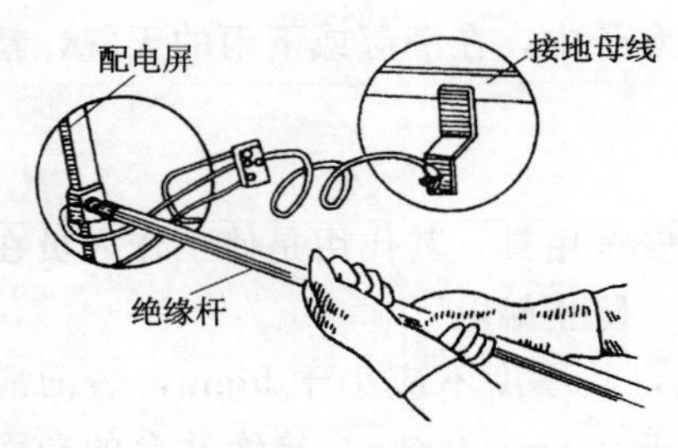

图 14-13 临时接地线在配电屏上使用示意图

对于可能送电至停电设备的各个方面，或停电设备可能产生感应电压的各个部位，都应挂临时接地线，并应挂在工作点可以看得见的地方。

挂设临时接地线时，必须在验明设备无电后进行。挂设时，应先接接地线地端，后接导体端；拆接地线时，顺序与此相反。拆、挂接地线，均应使用绝缘杆和戴绝缘手套。

7. 标示牌和遮栏

标示牌的作用是用来警告工作人员不得接近带电部分，指示工作人员正确的工作地点，提醒工作人员采取安全措施以及禁止向某设备送电等。根据用途，标示牌可分为警告类、禁止类、允许类和提示类四种。标示牌应用绝缘材料制做，应有明显标记，标示牌的式样和悬挂地点，见表 14-5。

表 14-5 标示牌的示样及悬挂地点

序号	字样	悬挂处所	式样	
			尺寸(mm)	颜色
1	禁止合闸 有人工作	一经合闸即可送电到施工设备的断路器和隔离开关操作把手上	200×100 和 80×50	白底红字
2	禁止合闸 线路有人工作!	线路断路和隔离开关把手上	200×100 和 80×50	红底白字
3	在此工作	室外和室内工作地点或施工设备上	250×250	绿底中有 ϕ210 的白圆圈，黑字写于白圆圈中
4	止步! 高压危险!	施工地点临近带电设备的遮栏上，室外工作地点的围栏上；禁止通行的过道上；高压试验地点；室外架构上；工作地点邻近带电设备的横梁上	250×250	白底红边黑字，有红色电力符号

续表

序号	字样	悬挂处所	式样	
			尺寸(mm)	颜色
5	由此上下！	工作人员上、下的铁架，梯子上	250×250	绿底中有 ϕ210 白圆圈，黑字写于白圆圈中
6	禁止攀高！高压危险！	工作人员上、下的铁架，临近可能上、下的另外铁架上，运行中变压器的梯子上	250×200	白底红边黑字
7	已接地！	已接地线的隔离开关操作把手上	240×130	绿底黑字

遮栏是一种屏护，主要用来防止工作人员无意碰到或过分靠近带电体。此外，遮栏也用作检修工作中安全距离不够时的安全隔离装置。遮栏用干燥的绝缘材料制成，其高度不低于 1.7m，下边边缘离地不应超过 10cm。遮栏与带电体的距离：1kV 不得小于 35cm；35kV 不得小于 60cm。临时遮栏上应悬挂“止步！高压危险！”的标示牌。

8. 绝缘柄工具（钳子、改锥等）

这种工具在电压为 380V 以下时作为基本安全用具。其绝缘手柄的长度不得小于 10cm，绝缘柄使用的材料不至因汗、汽油、酸、碱等作用变质。绝缘柄与工作部分应完全绝缘。低压使用的改锥，其金属部分须套一段绝缘管，前端露出部分不应超过 2cm。

9. 登高作业的安全用具

它是防止高空作业时跌落用的工具。包括梯子、高凳、安全腰带、脚扣、登高板等。

维修和安装处于高处的电气设备时要用梯子或高凳。梯子有靠梯和人字梯两种。为了限制人字梯和高凳的开脚度，以防滑倒，两侧之间应加拉链或拉绳。在高凳和梯子上工作时，腿必须跨在凳梯内，不允许站在最高、最上一层。

安全腰带是防止坠落的安全用具，它是用强度很大的皮带或帆布制成的。它有大小两根带子，小的系在腰部偏下作束紧用，大的系在电杆或其他牢固的构件上。不许用一般绳带代替安全腰带。脚扣和登高板是登杆用具，应有良好的防滑性能。

10. 防护眼镜和帆布手套

防护眼镜是在维修电气设备时用来保护眼睛不受电弧作用、不被灼伤和火星溅入的防护工具。在换熔断器、切割或焊接电缆、灌注蓄电池溶液、研磨电机滑环和换向器时，都应该带上防护眼睛。

防护眼睛应该是封闭型的，玻璃要能耐热、耐机械损伤，透明度要好。

在操作可熔金属方面的工作时，应戴帆布手套。

二、使用电气安全用具的要求

1. 使用电气安全用具的一般原则

1）工作人员在工作中，应根据工作的性质，选择电气安全用具。而选择的电气安全用具必须符合工作设备的电压等级。

2）操作高压开关或其他带有传动装置的电器，通常需使用能防止接触电压和跨步电压的辅助安全用具。除这些操作外，任何其他操作均须使用基本安全用具，并同时使用辅助安全用具。辅助安全用具中的绝缘垫、绝缘靴、绝缘手套，操作时使用其中的一种即可。

3）在用试电笔验电时，如果在木杆、木梯或绝缘构架上验电，不接地线不能指示者，可在验电器上接地线。

4）进行高空作业时，应使用合格的登高用具。

5）使用高压验电器时，应戴绝缘手套并站在绝缘台上，不能用高压验电器检验低压电，严禁使用低压验电器检验高压电。

6）下雨、下雪等潮湿天气的室外操作，严禁使用无特殊防护装置的绝缘夹、绝缘棒及其他绝缘工具。

7）使用前应对电气保安用具进行认真检查，是否完好，有无损坏、裂纹、漏洞、是否有污染。

8）电气安全用具使用完后，应进行清理，擦拭干净，恢复原样，放回原处，防止受潮、脏污和损坏。

2. 使用电气安全用具的要求

1）电气安全用具必须保持良好的性能。

2）电气安全用具必须符合规定的质量要求。

3）电气安全用具的配置，必须适应电网实际规模和设备数量的要求。

4）电气安全用具外观必须良好、干净整洁，无破损，外观无毛刺、裂纹等现象。

5）电气安全用具不得随意作为他用，更不能用其他工具代替安全用具。

6）对不合格的安全用具应及时检修或报废，不得继续使用。

7）绝缘安全用具表面遭受损伤或潮湿，应及时处理干燥，进行试验方可继续使用。

8）所有电气安全用具都应根据规定定期进行试验，并粘贴试验合格标签。

9）对电气安全用具应指定专责人保管、存放于固定干燥、通风的处所。

10）工作人员必须正确掌握使用电气安全用具的知识和方法。

3. 电气安全用具的保管

1）电气安全用具应有专人负责清理保管。

2）电气安全用具应分类存放在干燥通风良好的室内，并经常保持整洁。

3）绝缘棒、接地线应垂直存放在支架上或悬挂起来，不得接触墙壁；绝缘靴应用专用支架存放。接地线应编号，按号放在固定的地方。仪表及绝缘夹、绝缘绳，应存放在柜内，验电器应存于专用盒内。

4）电气安全用具，严禁混乱堆放，安全工具上面不准存放其他物体。

5）经常检查电气安全用具的存放情况和外表良好状况，保持其整洁、干净。

6）对不合格的电气安全工具，应及时报废、更新，不得继续使用。

7）电气安全用具都应登记造册，并建立每件工具的试验记录，在用具上贴上试验标签。

三、电气安全用具的检查和试验

电气安全用具的检查和试验要求，见表 14-6。

表 14-6　电气安全用具检查试验一览表

名　称	电力设备电压（kV）	电气试验标准				试验周期（年）	检查内容及周期
		试验电压（kV）	持续时间（min）	泄漏电流			
				（mA/kV）	（mA）		
绝缘棒 绝缘夹	≤35	线电压的3倍，不少于40	5			1	确定机械强度，瓷瓶上有无裂纹，表面有无裂纹；每三个月检查一次，检查时将表面擦干净
绝缘手套	高压	8	1	1.125	≤9	0.5	使用前仔细检查，三个月擦拭一次
	低压	2.5		1	≤2.5		
绝缘靴	高压	15	1	0.5	≤7.5	0.5	使用前仔细检查，户外用的，用后除污，三个月检查擦洗一次
绝缘鞋	≤1	3.5	1	0.5	≤2	0.5	同绝缘靴
橡皮毯	>1	15	以2～3cm/s的速度拉过	1	≤15	2	仔细检查有无破洞、裂纹、表面损坏；三个月清洗一次
	≤1	5		1	≤5		
绝缘站台	各种电压	40	2			3	仔细检查台面和台脚；三个月清理一次
绝缘柄工具	低压	3	1			0.5	使用前检查绝缘部分是否完整

续表

<table>
<tr><th colspan="2" rowspan="3">名　称</th><th rowspan="3">电力设备电压(kV)</th><th colspan="4">电 气 试 验 标 准</th><th rowspan="3">试验周期(年)</th><th rowspan="3">检查内容及周期</th></tr>
<tr><th rowspan="2">试验电压(kV)</th><th rowspan="2">持续时间(min)</th><th colspan="2">泄漏电流</th></tr>
<tr><th>(mA/kV)</th><th>(mA)</th></tr>
<tr><td rowspan="2">验电器</td><td>本体</td><td rowspan="2">≤10</td><td>25</td><td>1</td><td></td><td></td><td>0.5</td><td rowspan="2">检查外部有无裂纹，灯泡和防护玻璃是否良好；每天使用前要在确知有电的设备上检查一下</td></tr>
<tr><td>握柄</td><td>40</td><td>5</td><td></td><td></td><td>0.5</td></tr>
<tr><td rowspan="2">钳型电表</td><td>绝缘部分</td><td rowspan="2">≤1</td><td>40</td><td>1</td><td></td><td></td><td rowspan="2">1</td><td rowspan="2">检查外部绝缘是否完好，有无裂纹等</td></tr>
<tr><td>铁芯绝缘</td><td>20</td><td>1</td><td></td><td></td></tr>
</table>

第四节　触电的急救

触电急救必须立即就地、迅速用心肺复苏法进行抢救，并坚持不断地进行，同时及早与医疗部门联系，争取医务人员接替救治。在医务人员未接替救治前，不应放弃现场抢救，更不能只根据没有呼吸或没有脉博，擅自判定伤员死亡，放弃抢救。只有医生有权做出伤员死亡的判断。

一、脱离电源

触电急救，应先使触电者脱离电源，越快越好。

1）脱离电源就是要把触电者与那一部分带电设备的开关、刀闸或其他短路设备断开，或设法将触电者与带电设备脱离。在脱离电源的过程中，救护人员既要救人，也要注意保护自己。

2）触电者未脱离电源前，救护人员不准直接用手触及伤员。

3）如触电者处于高处，解脱电源后伤员会从高处坠落，因此要采取必要的保护措施。

4）触电者触及低压带电设备，救护人员应设法迅速拉开电源开关或刀闸，拔除电源插头；或使用绝缘工具、干燥的木棒、木板、绳索等不导电的物品解脱触电者；也可抓住触电者干燥而不贴身的衣服，将其拖开，注意避免碰到金属物体和触电者裸露身躯；也可戴绝缘手套或用干燥衣物等解脱触电者；救护人员也可站在绝缘垫或干木板上进行救护。

5）触电者触及高压带电设备，救护人员应迅速切断电源，或用适合该电压等级的绝缘工具（戴绝缘手套，穿绝缘靴并用绝缘棒）解脱触电者。救护人员在抢救过程中应注意保持自身与周围带电部分必要的安全距离。

6）如果触电发生在架空线杆塔上，又是低压带电线路，能够立即切断线路电源的，应迅速切断电源，或者由救护人员迅速登杆，束好自己的安全皮带后，用带绝缘胶柄的钢丝钳、干燥的不导电物体或其他绝缘物体将触电者拉离电源；如果是高压带电线路，又不可能迅速切断电源开关的，可采用抛挂足够截面、长度适当的金属线的方法，使电源开关跳闸。抛挂前应将金属导线的一端固定在铁塔或接地引下线上，另一端系重物，但抛掷金属短路线时，应注意防止电弧伤人或断线危及人身安全。不论何级线路上触电，救护人员在使触电者脱离电源时要防止发生从高处坠落和再次触及其他带电线路的可能性。

7）如果抢救触及断落在地上的带电高压线的触电者，在未确认线路无电、救护人员未做好安全措施（如穿绝缘靴或临时双脚并紧跳跃地接近触电者）之前，救护人员应距接地短路点 8～10m 以上，防止跨步电压伤人。脱离带电导线后，应将触电者带到离接地短路点 8～10m 以外的地方进行抢救。只有在确认电路已经无电，才可在触电者离开触电导线后，立即就地进行抢救。

二、伤员脱离电源后的处理

触电伤员如神志清醒，应使之就地躺平，严密观察，暂时不要站立或走动；触电伤员如神志不清醒，应就地仰面平躺，且确保气道通畅，并用 5 秒钟时间呼叫伤员或轻拍其肩部，以判定伤员是否意识丧失。禁止摇动伤员头部来呼叫伤员。

需要抢救的伤员，应立即就地正确抢救，并设法联系医疗部门接替救治。现场触电抢救，对采用肾上腺素等药物应持慎重态度。如果没有必要的诊断设备和足够的把握，不得乱用；在医院内抢救触电者时，由医务人员诊断，根据诊断结果决定是否采用。

1. 呼吸和心跳情况的判定

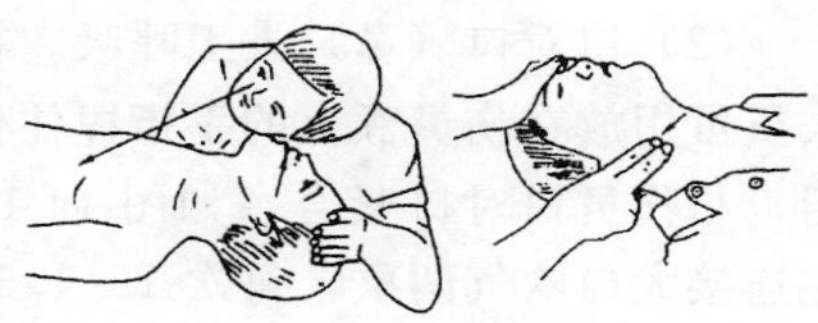

图 14-14 看、听、试的方法

触电伤员如意识丧失，应在 10 秒钟内，用看、听、试的方法，判定伤员的呼吸、心跳情况，方法如图 14-14 所示。

看：用眼看伤员的胸部、腹部有无起伏动作。

听：用耳贴近伤员的口鼻处，听有无呼气声音。

试：试测伤员口鼻有无呼气的气流，再用两手指轻试一侧（左或右）喉结旁凹陷处的颈动脉有无搏动。

若看、听、试的结果，既无呼吸又无颈动脉搏动，可判定呼吸、心跳停止。

2. 心肺复苏法

触电伤员呼吸和心跳停止时，应立即按心肺复苏法（支持生命的三项基本措施），正确进行就地抢救。三项基本措施是：通畅气道、口对口（鼻）人工呼吸、胸外按压（人工循环）。

(1) 通畅气道。触电伤员呼吸停止，重要的是要始终确保气道通畅。如发现伤员口内有异物，可将其身体及头部同时侧转，迅速用一个手指或用两个手指交叉从口角处插入，取出异物。操作过程中，要注意防止将异物推到咽喉深处。

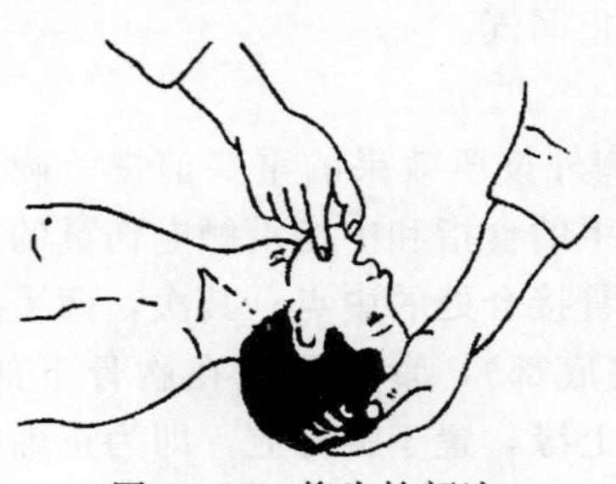

图 14-15 仰头抬额法

通畅气道可采用仰头抬额法（见图 14-15）：用一只手放

在触电者前额，另一只手的手指将其下颌骨向上抬起，两只手协作将其头部推向后仰，舌根随之抬起，气道即可通畅。严禁用枕头或其他物品垫在伤员头下，因头部抬高前倾，会更加重气道阻塞，且使胸外按压时流向胸部的血液减少，甚至消失。

（2）口对口（鼻）人工呼吸。在保持伤员气道通畅时，救护人员可用放在伤员额上的手指捏住伤员鼻翼，救护人员深呼吸气后，与伤员口对口紧合，如图 14-16 所示。在不漏气的情况下，先连接大口吹气两次，每次 1～1.5 秒。如两次吹气后，试测颈动脉若仍无搏动，可判定心跳已经停止，要立即同时进行胸外按压。

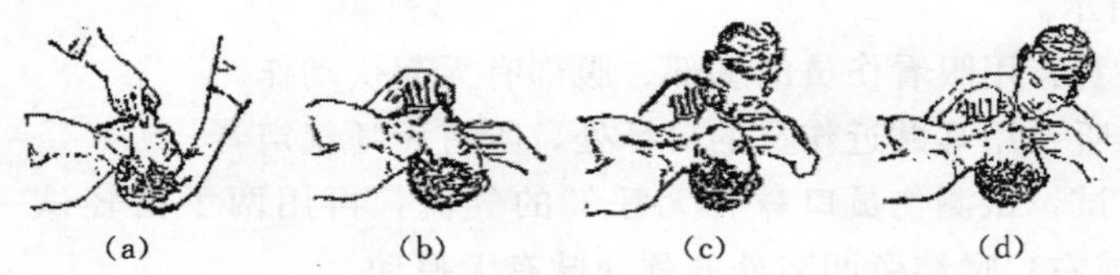

(a)　(b)　(c)　(d)

图 14-16　口对口人工呼吸

(a) 头部后仰；(b) 捏鼻掰嘴；(c) 吹气；(d) 排气

除开始时，大口吹气外，正常口对口呼吸的吹气量不能过大，以免引起胃膨胀。吹气和放松时要注意伤员胸部应有起伏的呼吸动作。吹气时如有较大阻力，可能是头部后仰不够，应及时纠正。

触电伤员如牙关紧闭，可口对鼻进行人工呼吸。口对鼻人工呼吸时，要将伤员嘴唇紧闭，防止漏气。

（3）胸外按压。

1）正确的按压位置是保证胸外按压效果的重要前提。确定正确按压位置的步骤：首先，右手的食指和中指沿触电伤员的右侧肋弓下缘向上，找到肋骨和胸骨接合处的中点；其次，两手指并齐，中指放在切迹中点（剑突底部），食指平放在胸骨下部；最后，另一只手的掌根紧挨食指上缘，置于胸骨上，即为正确按压位置，如图 14-17 所示。

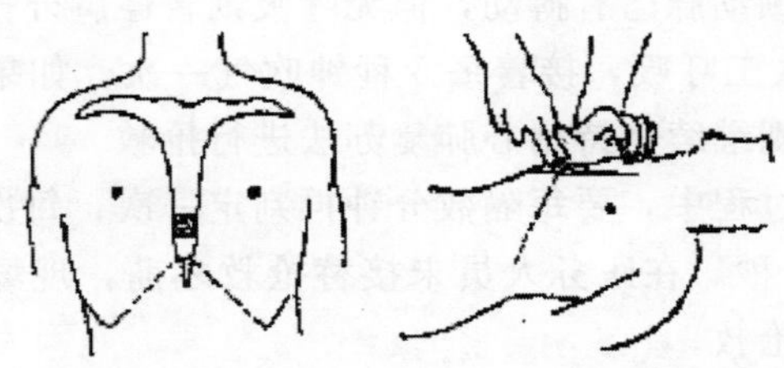

图 14-17　正确按压位置

2）正确的按压姿势是达到胸外按压效果的基本保证。正确的按压姿势：先使触电伤员仰面躺在平硬的地方，救护人员立或跪在伤员一侧肩旁，其两肩位于伤员胸骨正上方，两臂伸直，肘关节固定不屈，两手掌根相叠，手指翘起，不接触伤员胸壁；再以髋关节为支点，利用上身的重量，垂直将正常成人胸骨压陷 35mm（儿童和瘦弱者酌减），压至要求程度后立即全部放松，但放松时救护人员的掌根不得离开胸壁，如图 14-18 所示。

按压必须有效，有效的标志是按压过程中可以触及颈动脉搏动。

操作频率：胸外按压要以均匀速度进行，每分钟 80 次左右。每次按压和放松的时间相等。胸外按压与口对口（鼻）人工呼吸同时进行时，其节奏为：单人救护时，每按压 15 次后吹气 2 次（15：2），反复进行；双人抢救时，每按压 5 次后由另一人吹气（5：1），反复进行。

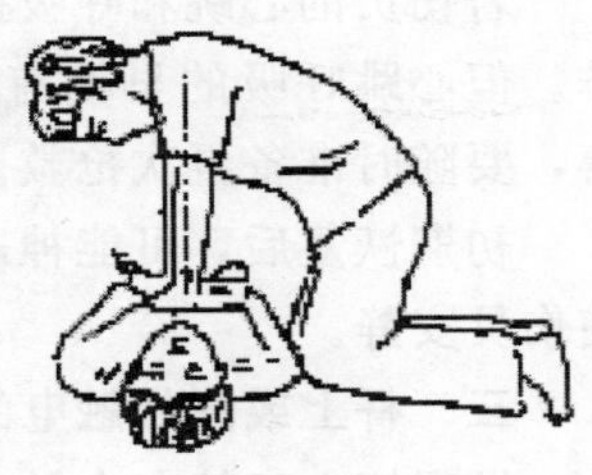

图 14-18　按压姿势

3. 抢救过程中的再判定

按压吹气 1 分钟后（相当于单人抢救时做了 4 个 15：2 压吹循环），应用看、听、试方法在 5～7 秒内判定伤员是否恢复呼吸和心跳。

若判定颈动脉已有搏动，但无呼吸则暂停胸外按压，再进行2次口对口人工呼吸，接着每5秒钟吹气一次。如果脉动和呼吸均未恢复，则继续坚持用心肺复苏法进行抢救。

在抢救过程中，要每隔数分钟再判定一次，每次判定时间不得超过5～7秒。在医务人员未接替抢救之前，现场救护人员不得放弃现场抢救。

4. 抢救过程中伤员的移动与转院

心肺复苏应在现场就地坚持进行，不要为了方便而随意移动伤员。如确有需要移动时，抢救中断时间不应超过30秒。

移动伤员或将伤员送医院时，应使伤员平躺在担架上，并在其背部垫以平、硬、阔木板。移动或送医院过程中应继续抢救，呼吸心跳停止者要继续对其进行心肺复苏法，在医务人员未接替救治之前不能停止。

应创造条件，用塑料袋装入碎冰屑作成帽状，包绕在伤员头部，露出眼睛，使脑部温度降低，争取心肺完好复苏。

5. 伤员好转后的处理

若伤员的心跳和呼吸抢救后均已恢复，可暂停心肺复苏法操作。但心跳呼吸的早期有可能再次骤停，应严密监护，不能麻痹，要随时准备再次抢救。

初期恢复后，可能神志不清或精神恍惚、心情躁动，应设法使伤员安静。

三、杆上或高处触电的急救

发现杆上高处有人触电，应争取时间及早在杆上或高处开始进行抢救。救护人员登高时应随时携带必要的工具（如绝缘工具以及牢固的绳索等），并紧急呼救。

救护人员应在确认触电者已与电源脱离，且救护人员本身所涉及的环境安全距离内确无危险电源时，方能接触伤员进行抢救，并应注意防止发生高空坠落的可能性。

高处抢救方法：

1）触电伤员脱离电源后，应将伤员扶卧在自己的安全带上

(或在适当地方躺平)，并注意保持伤员气道通畅。

2）救护人员迅速按上述方法判定伤员的反应、呼吸和循环情况。

3）如伤员呼吸停止，立即进行口对口（鼻）吹气 2 次，再测试颈动脉，如有搏动，则每 5 秒继续吹气一次，如颈动脉无搏动时，可用空心拳头叩击心前区 2 次，促使心脏复跳。

4）高处发生触电，为使抢救更有效，应及早设法将伤员送到地面。在完成上述措施后，应立即用绳索参照图 14-19 将伤员送到地面，或采取可能的迅速有效的措施送至平台上。

5）在将伤员由高处送至地面前，应尽可能进行口对口（鼻）吹气 4 次。

6）触电伤员送至地面后，应立即继续按心肺复苏法进行抢救。

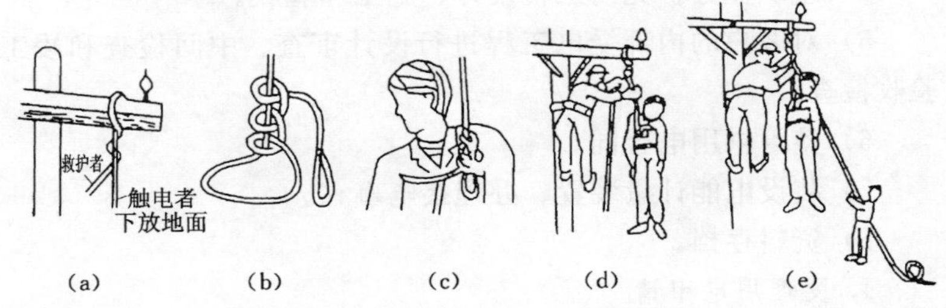

图 14-19　杆上救护操作示意图

(a)、(b)、(c) 绳子的绕结法；(d) 单人营救下放方法；(e) 双人营救下放方法

第十五章　用　电　管　理

第一节　业务扩充与变更用电

一、业务扩充

业务扩充的主要内容有：

1）客户新装、增容的用电业务受理。

2）根据客户和电网的情况，制定供电方案。

3）工程概预算前收取费用。

4）组织业务扩充的工程设计、施工和验收。

5）对客户的内部受电工程进行设计审查、中间检查和竣工验收检查。

6）签订供用电合同。

7）装设电能计量装置、办理接电事宜。

8）资料存档。

1. 受理用电申请

客户新装、增容用电的办理，见表15-1。

表 15-1　客户新装、增容用电的办理

序号	类　别	说　　明
1	受理方式	（1）营业柜台受理：即客户带有关资料到供电企业营业所处办理有关申请 （2）电话受理：即通过服务电话受理，服务电话：95598。 （3）网站受理：通过上网，在服务网站上受理。服务网站：http：//www.95598.com.cn
2	用电申请表的类别	（1）居民用电申请表 （2）低压用电申请表（单个客户、批户） （3）高压用电申请表（单个客户、批户） （4）双电源用电申请表

序号	类　别	说　　明
3	客户申请时应携带的资料	居民客户：身份证、住房证、邻居的电费通知单 低压、高压新装用电客户： (1) 有关上级批准的文件和立项批准文件（个体户提供营业执照和身份证复印件） (2) 地理位置图和用电区域平面图 (3) 用电负荷 (4) 保安负荷，双电源必要性 (5) 设备明细一览表 (6) 主要产品品种和产量 (7) 主要生产设备和生产工艺允许中断供电时间 (8) 建筑规模及计划建成时间 (9) 用电功率因数计算及无功补偿方式 (10) 供电企业认为必须提供的其他资料 增容用电客户：除提供上述 10 项资料外，还应提供原装容量的有关资料： (1) 客户受电装置的一、二次接线图 (2) 继电保护方式和过压保护 (3) 配电网络布置图 (4) 自备电源及接线方式 (5) 供用电合同书
4	用电申请表的主要项目	用电地点、用电性质、用电设备单、用电负荷（负荷特性）、保安电源、用电规划、工艺流程、用电区域平面图、对供电的特殊要求等

2. 供电方案

供电方案的确定期限、主要内容、有效期和供电方案的确定，见表 15-2 和表 15-3。

表 15-2　供电方案的确定期限、主要内容及有效期

序号	类　别	说　　明
1	确定供电方案的期限	居民客户：最长不超过 5 个工作日 低压电力客户：最长不超过 10 个工作日 10kV 单电源供电客户：最长不超过 1 个月 10kV 及以上双（多）电源供电客户：最长不超过 2 个月

续表

序号	类别	说明
2	供电方案的主要内容	(1) 允许客户用电的容量 (2) 为客户供电的供电电源点、供电电压等级及每个电源的供电容量 (3) 对客户供电线路、一次接线和有关电气设备选型配置安装的要求 (4) 客户计费计量点的设置、计量方式、计量装置的选择配置 (5) 供电方案的有效期 (6) 其他需说明的事宜
3	供电方案的有效期	高压供电方案：1年 低压供电方案：3个月

表 15-3 供电方案的确定

序号	类别	居民住宅	低压供电客户	高压供电客户
1	用电容量	高层住宅：50W/m² 一般住宅：50W/m²	采用需用系数法确定： $S=p_c/\cos\varphi$ $=K_d p/\cos\varphi$ 式中：p_c—计算负荷；K_d—需用系数（查表可得）；P—用电设备的额定容量；$\cos\varphi$—客户的功率因数；S—客户负荷的视在功率	采用需用系数法确定： $S=p_c/\cos\varphi=K_d p/\cos\varphi$ 式中：p_c—计算负荷；K_d—需用系数（查表可得）；P—用电设备的额定容量；$\cos\varphi$—客户的功率因数；S—客户负荷的视在功率
2	供电电压等级	低压供电：220V、380V	(1) 市区内客户的用电容量在100kW及以下，或变压器容量在50kVA以下时，采用低压三相四线制供电，特殊情况也可以采用高压供电	10kV供电： (1) 客户容量在100kW以上，可采用10kV供电 (2) 下列情况，用电容量不足100kW，也可采用10kV供电： 1) 客户提出对供电可靠性有特殊要求，如通信、医疗、广播、计算中心、机要部门等用电

续表

序号	类别	居民住宅	低压供电客户	高压供电客户
2	供电电压等级	低压供电：220V、380V	(2) 客户用电容量在100～250kW，供电部门有能力时，可采用低压供电 (3) 用电负荷密度较高地区，经技术比较认为低压供电明显优于高压供电时，低压供电的容量界限可适当提高	10kV供电： 2) 对供电质量产生不良影响的负荷，如整流器、电焊机等 3) 边远地区的客户，为了利于变压器的运行维护和故障的及时处理，经供用双方协商同意的 35kV及以上供电： (1) 客户变压器总容量在3000kVA及以上时，一般采用35kV及以上电压等级供电 (2) 对用电容量不足3000kVA，但经技术经济比较，用35kV及以上供电电压更合理时，可采用35kV或更高电压等级供电 (3) 对用电容量较大的冲击负荷、不对称负荷和非线性负荷的客户，可视其情况采用高一等级电压供电
3	供电电源	单电源	单电源、单电源双回路	单电源、双电源、多路电源。客户用电具备下列条件之一者，应采用双（多）电源供电方式： (1) 中断供电后将造成人身伤亡者 (2) 中断供电后将造成重要设备损坏、生产长期不能恢复者或造成重大经济损失者 (3) 中断供电后，造成政治、军事和社会治安重大影响者 (4) 中断供电后将造成环境严重污染者 (5) 高层建筑用电 (6) 对用电有特殊要求者

续表

序号	类别	居民住宅	低压供电客户	高压供电客户
3	供电电源	单电源	单电源、单电源双回路	有下列情况之一者保安电源应由客户自备： (1) 在电力系统瓦解或不可抗力造成供电中断时，仍需保证供电的 (2) 客户自备电源比从电力系统供给更为经济合理的
4	计量点	客户与供电企业供电设施的产权分界点处	客户与供电企业供电设施的产权分界点处	高压客户：原则上电能计量装置应安装在变压器的高压侧，在高压侧计量；对用电容量较小的客户，也可在变压器的低压侧装表计量，计费时应加入变压器的损失电量 专线供电客户：以产权分界点作为计量点。如果供电线路属于客户，则应在供电企业变电所出线处安装电能计量装置 双电源供电客户：每路电源的进线处均应装设与容量相对应的电能计量装置
5	可选用的电能表	单相有功电能表、三相四线制有功电能表、单相分时电能表、三相分时电能表	三相四线制有功电能表、三相分时电能表、三相无功电能表、复费率式电能表、多功能电能表	三相四线制有功电能表、三相分时电能表、三相无功电能表、复费率式电能表、多功能电能表

3. 客户受电工程设计审查与工程检查

客户受电工程设计审查与工程检查，见表15-4。

表 15-4　客户受电工程设计审查与工程检查

序号	类　别	说　明
1	低压供电客户应提供的设计审核资料（一式两份）	(1) 负荷组成、性质及保安电源； (2) 用电设备清单 (3) 其他资料

续表

序号	类　　别	说　　明
2	高压供电客户应提供的设计审核资料(一式两份)	(1) 受电工程设计及说明 (2) 用电负荷分布图 (3) 负荷组成、性质及保安电源 (4) 影响电能质量的用电设备清单 (5) 主要电器设备一览表 (6) 主要生产设备、生产工艺耗电以及允许中断供电时间 (7) 受电装置一、二次接线图与平面布置图 (8) 用电功率因数计算及无功补偿方式 (9) 继电保护、过电压保护及电能计量装置的方式 (10) 隐蔽工程设计资料 (11) 低压配电网络布置图 (12) 自备电源及接线方式 (13) 其他资料
3	审核时间	低压供电客户：最长不超过 10 天 高压供电客户：最长不超过 1 个月
4	供电工程设计与施工	外部工程的设计与施工：一律由供电企业具有供、受电设计、施工资质的部门承担，由供电工程管理部门组织实施 客户内部工程的设计与施工：根据本单位的实际情况，可以由电业部门承担，也可以由国家或地方政府电力管理部门认可的具有相应资格的设计部门和施工单位承担
5	供电部门审核设计文件及资料的依据	(1) 35—110kV 变电所设计规范 GB50059—92 (2) 10kV 及以下变电所设计规范 GB50053—94 (3) 架空送电线路设计技术规程 SDJ3—79 (4) 架空配电线路设计技术规程 SDJ206—87 (5) 架空绝缘线路设计技术规程 DJ/T601—1996 (6) 高压配电装置设计技术规程 SDJ5—85 (7) 继电保护和安全自动装置技术规程 GB14285—93 (8) 电能计量、公用电网谐波 GB14594—93 (9) 电力设备过电压保护设计技术规程 SDJ7—79 (10) 电力设备接地设计技术规程 SDJ8—79 (11) 电测量仪表装置设计技术规程 SD9—87 (12) 电气设备预防性试验规程 DL/T596—1996 (13) 电力安装工程建设施工及验收技术规范 GBJ232—82 (14) 电力工业技术管理法规（试行）(80) 电技字第 26 号 (15) 电能计量装置管理规则 DL448—91

续表

序号	类　　别	说　　明
5	供电部门审核设计文件及资料的依据	(16) 电力系统电压和无功电力管理条例 能源电［1988］18号 (17) 城市电力网规划设计导则（试行）(1985年) (18) 电气装置安装工程 电气设备交接试验标准 GB50150—91 (19) 电气装置安装工程 35kV及以下架空电力线路施工及验收规范 GB50173—92 (20) 架空绝缘配电线路施工及验收规程 DL/T602—1996 (21) 电气装置安装工程盘、柜及二次回路接线施工及验收规范 GB50171—92 (22) 电气装置安装工程 电缆线路施工及验收规范 GB50168—92 (23) 电气装置安装工程 接地装置施工及验收规范 GB50169—92 (24) 城市中低压配电网改造技术原则 DL/T599—1996
6	中间检查的内容	(1) 客户工程的施工是否符合设计的要求 (2) 施工工艺和工程选用材料是否符合规范和设计要求 (3) 检查隐蔽工程，如：电缆沟的施工和电缆头的制作、接地装置的埋设等，是否符合有关规定的要求 (4) 变压器的吊芯检查，电气设备安装前的特性校验等
7	竣工检查内容	(1) 客户工程的施工是否符合审查后的设计要求 (2) 设备的安装、施工工艺和工程选用材料是否符合有关规范要求 (3) 一次设备接线和安装容量与批准方案是否相符，对低压客户应检查安装容量与报装容量是否相符 (4) 检查无功补偿装置是否能正常投入运行 (5) 检查计量装置的配置和安装，是否正确、合理、可靠。对低压客户应检查低压专用计量柜（箱）是否安装合格 (6) 各项安全防护措施是否落实，能否保障供用电设施运行安全 (7) 高压设备交接试验报告是否齐全准确 (8) 继电保护装置经传动试验动作准确无误 (9) 检查设备接地系统，应符合《电力设备接地设计技术规程》要求。接地网及单独接地系统的电阻值应符合规定 (10) 检查各种联锁、闭锁装置是否安全可靠

续表

序号	类　　别	说　　明
7	竣工检查内容	(11) 检查各种操作机构是否有效可靠。电气设备外观清洁、充油设备不漏不渗，设备编号正确、醒目 (12) 客户变电所（站）的模拟图版的接线、设备编号等应规范，且与实际相符，做到模拟操作灵活、准确 (13) 新装客户变电所（站）必须配备合格的安全工器具、测量仪表、消防器材 (14) 建立本所（站）的倒闸操作、运行检修规程和管理等制度，建立各种运行记录薄，备有操作票和工作票 (15) 站内要备有一套全站设备技术资料和调试报告 (16) 检查客户进网作业电工的资格
8	客户应提交给供电部门《客户内部电气设备安装竣工报告》的附加文件	(1) 竣工图纸及说明 (2) 电气试验及保护整定调试记录 (3) 安全用具的试验报告 (4) 隐蔽工程的施工及试验记录 (5) 值班人员名单及资格 (6) 运行管理的有关规定和制度 (7) 供电企业认为必要的其他资料或记录
9	竣工检查、接电期限	收到客户竣工报告后，到现场竣工验收的期限一般为：低压客户 3 天；高压客户 5 天 竣工验收合格后的接电期限一般为：低压客户 5 天；高压客户 10 天
10	客户应配置齐全的通讯设备	35kV 及以上客户、10kV 有调度关系的客户应设置调度专用电话和市话各一部 其他客户应装市话一部

4. 供用电合同

供用电合同的定义、条款、类别，见表 15-5。

表 15-5　供用电合同的定义、条款、类别

序号	项　目	说　　明
1	定义	供用电合同是供电企业与客户就供用电双方的权利和义务签订的法律文书，是双方共同遵守的法律依据
2	主要条款	(1) 供电方式、供电质量和供电时间 (2) 用电容量和用电地址、用电性质 (3) 计量方式和电价、电费结算方式 (4) 供用电设施维护责任的划分

续表

序号	项　目	说　　明
2	主要条款	(5) 合同有效期 (6) 违约责任 (7) 双方共同认为应当约定的其他条款
3	类别	(1) 高压供用电合同 (2) 低压供用电合同 (3) 临时供用电合同 (4) 居民供用电合同 (5) 特殊供用电合同 (6) 趸购电合同

二、用电变更

(1) 用电变更的定义：变更用电指改变由供用电双方签订的《供用电合同》中约定的有关用电事宜的行为，属于电力营销活动中“日常营业”的范畴。

(2) 变更用电业务的项目：①减容；②迁址；③改压；④改类；⑤暂停；⑥暂换；⑦暂拆；⑧更名、过户；⑨分户、并户；⑩终止用电；⑪移表等。

(3) 办理变更用电的基本原则。办理变更用电业务项目的定义及其处理原则，分别见表15-6～表15-17。

表15-6　减容的定义、处理原则

序号	内　容	说　　明
1	定义	减容是指客户正式用电后，由于生产经营情况发生变化，考虑到原用电容量过大，不能全部利用，为了减少基本电费的支出或节能需要，提出减少供用电合同规定的用电容量的一种变更用电事宜
2	处理原则	客户减容，须在5天前向供电企业提出申请，供电企业应按下列规定办理： (1) 减容必须是整台或整组变压器的停止或更换为小容量变压器用电。供电企业在受理之后，根据客户申请减容的日期对设备进行加封。从加封之日起，按原计费方式减收其相应容量的基本电费。但客户声明为永久性减容的或从加封之日起期满2年又不办理恢复用电手续的，或其减容后的容量已达不到实施两部制电价规定容量标准时，应改为单一制电价计费

续表

序号	内　容	说　　明
2	处理原则	(2) 减少用电容量的期限，应根据客户所提出的申请确定，但最短期限不得少于6个月，最长不得超过2年 (3) 在减容期限内，供电企业保留客户减少容量的使用权，超过减容期限要求恢复用电时，应按新装或增容手续办理 (4) 减容期限内要求恢复用电时，应在5天前向供电企业申请办理恢复用电手续，基本电费从启封之日起计收 (5) 减容期满后的客户以及新装、增容的客户，2年内不得申办减容或暂停。如确须继续办理减容或暂停的，减少或暂停部分容量的基本电费按50%计算收取 (6) 减容前执行两部制电价的客户，减容期间仍执行两部制电价

表 15-7　迁址的定义、处理原则

序号	内　容	说　　明
1	定义	迁址是指客户正式用电后，由于生产经营原因或市政规划，需将原用电容量的受电装置迁移他处的一种变更用电业务
2	处理原则	客户迁址，须在5天前向供电企业提出申请，供电企业应按下列规定办理： (1) 原址按终止用电办理，供电企业予以销户，新址用电优先受理 (2) 迁址后的新址不在原用电点的，新址用电按新装用电办理 (3) 迁移后的新址在原供电点供电的，且新址用电容量不超过原址容量的，新址用电无须按新装办理，但新址用电引起的工程费用由客户承担 (4) 迁移后的新址仍在原供电点，但新址用电容量超过原用电容量的超过部分按增容办理 (5) 私自迁移用电地址用电，除按《供电营业规则》第100条第5项的规定处理外，私自迁新址用电不论是否引起供电点的变动，一律按新装用电办理 第5条的具体内容为：私自迁移、更动和擅自操作供电企业的用电计量装置、电力负荷管理装置、供电设施，以及由供电企业调度的客户受电设备者，属于居民客户的，应承担每次500元的违约使用电费；属于其他客户的，应承担每次5000元的违约使用电费

表 15-8　改压的定义、处理原则

序号	内　容	说　　明
1	定义	客户正式用电后，由于客户原因需要在原址改变供电电压等级的一种变更用电事宜
2	处理原则	客户申请改压，须向供电企业提出申请，供电企业应按下列规定办理： (1) 改高等级电压供电且容量不变者，由客户提供改造费用，供电企业予以办理；超过原容量者，按增容办理 (2) 改低等级电压供电时，改压后的容量不大于原容量者，由客户提供改造费用，供电企业按相关规定办理；超过原容量者，按增容办理 由于供电企业原因引起的客户供电电压等级变化的，改压引起的客户外部供电工程费用由供电企业负担

表 15-9　暂停的定义、处理原则

序号	内容	说　　明
1	定义	指客户正式用电后，由于生产经营情况发生变化，需要临时变更或设备检修或季节性用电等原因，为了节省和减少电费支出，需要短时间内停止使用一部分或全部用电设备容量的一种变更用电业务
2	处理原则	客户申请暂停用电，须在5天前向供电企业提出申请，供电企业应按下列规定办理： (1) 客户在每一日历年内，可申请全部（含不通过受电变压器的高压电动机）或部分用电容量的暂时停止用电两次，每次不得少于15天，一年内累计暂停时间不得超过6个月。季节性用电或国家另有规定的客户，累计暂停时间可以另议 (2) 按变压器容量计收基本电费的客户，暂停用电必须是整台整组变压器停止运行。供电企业在受理暂停申请后，根据客户申请暂停日期对暂停设备加封，从加封之日起，按原计费方式减收其相应容量的基本电费 (3) 暂停期满或每一日历年内累计暂停用电时间超过6个月者，不论客户是否恢复用电，供电企业必须从期满之日起，按合同约定的容量计收其基本电费 (4) 在暂停恢复期限内，客户申请恢复暂停用电容量时，须在预定恢复日前5天向供电企业提出申请。暂停时间少于5天者，暂停期间基本电费照收 (5) 按最大需量计收基本电费的客户，申请暂停用电必须是全部容量（含不通过受电变压器的高压电动机）的暂停，遵守上述1～4项的有关规定

表 15-10　暂换的定义、处理原则

序号	内　容	说　　明
1	定义	指客户运行中的受电变压器发生故障或计划检修，无相同容量变压器可替代，需要临时更换大容量变压器代替运行的业务
2	处理原则	客户申请暂换，供电企业应按下列规定办理： (1) 必须在原受电地点整台的暂换受电变压器 (2) 暂换变压器的使用时间，10kV 及以下的不得超过 2 个月，35kV 及以上的不得超过 3 个月。逾期不办理手续的，供电企业可终止供电 (3) 暂换的变压器经检验合格后才能投入运行 (4) 对执行两部制电价的客户需在暂换之日起，按替换后的变压器容量计收基本电费

表 15-11　更名或过户的定义、处理原则

序号	内　容	说　　明
1	定义	客户依法变更名称或居民客户房屋变更户主名称的业务。分以下两种情况：一是原户不变而是依法变更企业、单位的名称的，称更名；二是原户迁出，新户迁入，改变了用电单位或用电代表的，叫过户
2	处理原则	客户更名或过户应持有关证明向供电企业提出申请，供电企业应按下列规定办理： (1) 在用电地址、用电容量、用电类别不变的条件下，允许办理更名或过户 (2) 原客户应与供电企业结清债务，才能解除原供用电关系 (3) 不申请办理过户手续而私自过户者，新客户应承担原客户所负债务。经供电企业检查发现客户私自过户时，供电企业应通知该客户及时补办手续，必要时可中止供电

表 15-12　移表的定义、处理原则

序号	内　容	说　　明
1	定义	客户在原用电地址内，因修缮房屋、变（配）电室改造或其他原因，需要移动用电计量装置安装位置的业务

续表

序号	内容	说明
2	处理原则	客户移表须向供电企业提出申请，供电企业应按下列规定办理： (1) 在用电地址、用电容量、用电类别、供电点等不变的情况下，可办理移表手续 (2) 移表所需的费用由客户负担 (3) 客户不论何种原因，均不得自行移动用电计量装置。否则，属违约用电行为。将依照《供电营业规则》第100条第5项的规定处理。即“私自迁移供电企业的用电计量装置者，属于居民的应承担每次500元违约使用电费；属于其他客户的，应承担每次5000元的违约使用电费

表 15-13　暂拆的定义、处理原则

序号	内容	说明
1	定义	客户因修缮房屋或其他原因需要暂时停止用电并拆表的业务
2	处理原则	客户申请暂拆，须持有关证明向供电企业提出申请，供电企业应按下列规定办理： (1) 客户办理暂拆手续后，供电企业应在5天内执行暂拆 (2) 暂拆时间最长不得超过6个月。暂拆期间，供电企业保留该客户原容量的使用权 (3) 暂拆原因消除，客户要求复装接电时，须向供电企业办理复装接电手续并按规定交付费用。上述手续完成后，供电企业应在5天内为该客户复装接电

表 15-14　改类的定义、处理原则

序号	内容	说明
1	定义	指客户正式用电后，由于生产、经营情况及电力用途发生变化而引起用电电价类别的改变，称为改类
2	处理原则	客户申请改类，须持有关证明向供电企业提出申请，供电企业应按下列规定办理： (1) 客户改变用电类别，须向供电企业提出申请 (2) 擅自改变用电类别，属违约用电行为。将依照《供电营业规则》第100条第1款的规定处理。即“按实际使用日期补交其差额电费，并承担2倍差额电费的违约使用电费

表 15-15　分户的定义、处理原则

序号	内　容	说　　明
1	定义	原客户由于生产、经营或改制方面的原因，由一个电力计费客户分列为两个及以上的电力计费客户，简称分户
2	处理原则	客户申请分户，应持有关证明资料向供电企业提出申请，供电企业应按下列规定办理： (1) 在用电地址、用电容量、供电点等不变，且其受电装置具备分装的条件时，允许办理分户 (2) 在原客户与供电企业结清债务的情况下，方可办理分户手续 (3) 分立户的新客户应与供电企业重新建立供用电关系 (4) 原客户的用电容量由分户者自行协商分割，需要增容者，分户后另行向供电企业办理增容手续 (5) 分户引起的工程费用由分户者承担 (6) 分户后受电装置应经供电企业检验合格，由供电企业分别装表计费

表 15-16　并户的定义、处理原则

序号	内　容	说　　明
1	定义	客户在用电过程中，由于生产、经营或改制方面的原因，由两个电力计费客户合并为一个电力计费客户，简称并户
2	处理原则	客户申请并户，应持有关证明资料向供电企业提出申请，供电企业应按下列规定办理： (1) 在同一用电地址、同一供电点的相邻两个及以上客户等不变，允许办理并户 (2) 原客户应在并户前与供电企业结清债务 (3) 新客户用电容量不得超过并户前各户容量之和 (4) 并户引起的工程费用由并户者承担 (5) 并户后的受电装置应经供电企业检验合格，由供电企业重新装表计费

表 15-17　销户的定义、处理原则

序号	内　容	说　　明
1	定义	指客户由于合同到期终止供电、企业破产终止供电、供电企业强制终止客户用电的业务，即供用电双方解除供用电关系

续表

序号	内 容	说 明
2	处理原则	客户合同到期终止供电： (1) 销户必须停止全部用电容量的使用 (2) 客户与供电企业结清电费和所有账务 (3) 查验用电计量装置完好性后，拆除接户线和用电计量装置 企业依法破产终止供电： (1) 供电企业予以销户，终止供电 (2) 在破产客户原址上用电的，按新装用电办理 (3) 从破产客户分离出去的新客户，必须在偿清原破产客户电费和其他债务后，方可办理变更用电手续，否则，供电企业可按违约用电处理 供电企业强制终止客户用电： 客户连续6个月不用电，也不申请办理暂停用电手续者，供电企业须以销户终止其用电。客户须再用电时，按新装用电办理

第二节 电价与电费

一、电价的基本概念

(1) 电价的定义：电能价值的货币表现。

(2) 电价的基本模式：

$$P = C + V + M$$

式中 $C+V$——产品成本；

M——盈利（包括利润和税金）。

(3) 制定电价的基本原则。

1) 合理补偿成本：即电价必须能补偿电力生产全过程和电力流通全过程的成本费用支出，以保证电力企业的正常运营。

2) 合理确定收益：即电价既要保证电力企业及其投资者的合理收益，有利于电力事业的发展，又要避免电价中利润过高，损害电力客户的利益。

3) 依法计入税金：即电价中应计入电力企业按照我国税法允许纳入电价的税种和税款，其他税款不应计入电价。

4）坚持公平负担：即制定电价时，要从电力公用性和发、供、用电的特殊性出发，考虑各类电力客户的不同特性，使各类电力客户公平负担电力成本。

5）促进电力发展：即通过科学合理地制定电价，促进电力资源的优化配置，保证电力企业的正常生产，并使电力企业具有一定的自我发展能力，推动电力事业走向良性循环发展的道路。

二、电价的分类

电价的分类，见表15-18。

表15-18　电价分类表

序号	项　目	电　价　类　别
1	按生产和流通环节分类	(1) 上网电价：指电力生产企业的送上供电企业经营的电网的价格 (2) 互供电价：指电网与电网之间互供电力的价格 (3) 销售电价：指供电企业经营的电网向电力客户销售电力的价格
2	按销售方式分类	(1) 直供电价：指供电企业直接向电力客户销售电力的价格 (2) 趸售电价：指对具有趸售任务的供电企业执行的电价。趸售单位对外供电的转售电价，应执行国家核定的本地区的直供电价
3	按用电类别分类	(1) 照明电价：居民生活电价；非居民照明电价；商业电价 (2) 非工业电价 (3) 普通工业电价 (4) 大工业电价 (5) 农业生产电价 (6) 贫困县排灌定价
4	按用电容量分类	(1) 单一制电价：指以客户安装的电能表记录的电量来计算客户每月电费的电价 (2) 两部制电价：包括基本电价和电能电价两部分。基本电价按客户的最大需量或客户接装设备的最大容量计算；电能电价按客户每月记录的用电量计算
5	按用电时间分类	(1) 峰谷分时电价：按电网日负荷的峰、谷、平三个时段规定不同的电价，峰时段电价可比平段电价高30%～50%，谷段电价可比平段电价低30%～50%或更多 (2) 丰枯季节电价：指为了充分利用水电资源、鼓励丰水期多用电的一项措施 (3) 临时用电电价：指非永久性用电的客户所执行的电价

三、销售电价的执行范围

销售电价的执行范围，见表 15-19。

表 15-19 销售电价的执行范围表

<table>
<tr><th>序号</th><th colspan="2">电价类别</th><th>执行范围</th></tr>
<tr><td rowspan="3">1</td><td rowspan="3">照明用电</td><td>居民生活用电电价</td><td>居民生活用的照明及家用电器用电</td></tr>
<tr><td>非居民照明用电电价</td><td>(1) 一般照明和普通电器用电，包括公路、航运等信号灯用电；霓虹灯、荧光灯等非对外营业和放映机用电；电钟、电铃等电器用电；非营业理发用电；烘焙、取暖等生活用电；市政管理，如桥梁、公厕等设施用电，以及电动机带动发电机或整流器供给照明的用电
(2) 满足一定条件的小动力用电，如：总量不足 1kW 的工业用单相电动机、总量不足 3kW 的晒图机、医疗 X 光机等用电
(3) 空调、电热设备用电
(4) 普通工业和非工业客户中生产照明用电，普通工业、非工业、大工业的办公照明，厂区路灯等用电</td></tr>
<tr><td>商业用电电价</td><td>凡从事商品交换或提供商业性、金融性、服务性的有偿服务所需的电力，不分容量大小，不分动力照明，均实行商业用电电价，包括商业类、餐饮业类、物质购销业类、房地产经营类、旅游业类、文化娱乐业类、理发浴沐业类、金融保险业类、电子计算机事业、咨询服务、广告公司及其他综合技术服务用电</td></tr>
<tr><td>2</td><td colspan="2">非工业用电电价</td><td>(1) 凡以电为原动力或以电冶炼、烘焙、电解电化的试验和非工业性生产，其总容量在 3kW 及以上者，如机关、部队、学校及科研等单位的电动机、电解、电化等用电；铁路、码头、航运等处所的电力用电；对外营业的影剧场照明、通风、放映机等用电；基建、地下防空设施用电和有线广播站电力用电
(2) 非工业客户的照明用电不执行非工业电价，应分表计量，按非居民照明电价计收
(3) 蔬菜生产用电、苗圃育苗用电（不含用电热育苗）
(4) 渔业的养殖生产用电</td></tr>
<tr><td>3</td><td colspan="2">普通工业电价</td><td>凡以电为原动力或以电冶炼、烘焙、熔焊、电化的工业生产，其受到变压器容量不足 315kVA 或低压用电者、养殖业、粮食及饲料加工业用电</td></tr>
<tr><td>4</td><td colspan="2">大工业用电电价</td><td>凡以电为原动力或以电冶炼、烘焙、熔焊、电化的一切工业生产，其受到变压器容量在 315kVA 及以上者，以及符合上述容量的机关、部队、学术及研究等单位的附属工厂（以学生参加劳动实习为主的校办工厂除外），对外承受生产及修理业务的用电；铁道、航运、建筑部门及部队等单位所属修理工厂的用电；自来水厂用电；工业试验用电；照明制版工业水银灯用电及电气化铁路用电</td></tr>
</table>

续表

序号	电价类别	执行范围
5	农业生产电价	农村乡、镇、国营农场、牧场、电力排灌站、垦殖场和学校、机关、部队，以及其他事业单位举办的农场或农业基地的农田排灌、电犁、打井、打场、脱粒、积肥、育秧、口粮加工（指非商业性的）和黑光灯捕虫用电
6	贫困县排灌电价	仅限粮、棉、油农田排涝灌溉用电，深井、高扬程提灌用电，排涝抗灾用电，排涝泵站排涝设施的维护及试运行用电

四、电价制度

电价制度和功率因数调整电费，见表15-20、表15-21。

表15-20 电价制度

序号	电价制度类别	说明	实施范围
1	单一制电价制度	指以客户安装的电能表记录的电量来计算客户每月电费的电价制度。即每月应付电费与设备容量和用电时间不发生关系，仅与实际用电量计算电费	除变压器容量在315kVA及以上的大工业客户外，其他所有用电均执行单一制电价制度
2	两部制电价制度	包括基本电价和电能电价两部分。基本电价按客户的最大需量或客户接装设备的最大容量计算，电能电费按客户每月记录的用电量计算的电价制度。 优越性：（1）可发挥价格经济杠杆作用，促使客户提高设备的利用率，减少不必要的设备容量，降低电能损耗，压低尖峰负荷，提高负荷率。（2）可使客户合理负担费用，保证电力企业财政收入	变压器容量在315kVA及以上的大工业
3	丰、枯分时电价制度	指为了充分利用水电资源、鼓励丰水期多用电的一项措施。即将一年十二个月分成丰水期、平水期、枯水期三个时期或平水期、枯水期两个时期。丰水期电价可在平水期电价的基础上向上浮动30%～50%；枯水期电价可在平水期电价的基础上向下浮动30%～50%	除居民生活用电和农业排灌用电以外的所有用电

续表

序号	电价制度类别	说明	实施范围
4	峰谷分时电价制度	按电网日负荷的峰、谷、平三个时段规定不同的电价，峰时段电价可比平段电价高30%～50%，谷段电价可比平段电价低30%～50%或更多	用电容量在100kVA及以上的非、普工业用电、大工业用电、商业用电
5	功率因数调整电费的办法	根据客户的用电性质、供电方式、电价类别、用电容量等划分为三个按月考核的加权平均功率因数（0.9、0.85、0.8）。如客户的实际功率因数高于考核功率因数，供电企业则对其减收一定比例的电费；如客户的实际功率因数低于考核功率因数时，则对其增收一定比例的电费 考核功率因数的目的：改善电压质量，减少损耗，使供用电双方和社会都能取得最佳的经济效益	功率因数考核值为0.9的，适用于以高压供电户，其受电变压器容量与不通过变压器接用的高压电动机容量总和在160kVA（kW）以上的工业客户；3200kVA（kW）及以上的电力排灌站，以及装有带负荷调整电压装置的电力客户 功率因数考核值为0.85的，适用于100kVA（kW）及以上的工业客户和100kVA（kW）及以上的非工业客户和电力排灌站，以及大工业客户未划入由电力企业经营部门直接管理的趸售客户 功率因数考核值为0.8的，适用于100kVA（kW）及以上的农业客户和大工业客户划由电力企业经营部门直接管理的趸售客户
6	临时用电电价制度	指非永久性用电的客户所执行的电价。电费收取可装表计量电量，也可按其用电设备容量或用电时间收取 对未装用电计量装置的客户，供电企业应根据其用电容量，按双方约定的每日使用时数和使用期限预收全部电费。用电终止时，如实际使用时间不足约定期限二分之一的，可退还预收电费的二分之一；超过约定期限二分之一的，预收电费不退；到约定期限时，终止供电	基建工地、农田水利、市政建设、抢险救灾、电影电视剧拍摄等

续表

序号	电价制度类别	说　明	实施范围
7	梯级电价制度	将客户每月用电量划分成两个或多个级别，各级别之间的电价不同。梯级电价制度分为递增型梯级电价制度和递减型梯级电价制度。递增型梯级电价制度的后级比前级的电价高；递减型梯级电价制度的后级比前级的电价低	电力供应充足或电力供应紧缺的地区或时间

表 15-21　功率因数调整电费表

tgφ＝月无功电量/月有功电量	功率因数 cosφ	电费调整（%）		
		0.9（标准值）	0.85（标准值）	0.8（标准值）
0.0000～0.1003	1.00	－0.75	－1.10	－1.30
0.1004～0.1751	0.99	－0.75	－1.10	－1.30
0.1752～0.2279	0.98	－0.75	－1.10	－1.30
0.2280～0.2717	0.97	－0.75	－1.10	－1.30
0.2718～0.3105	0.96	－0.75	－1.10	－1.30
0.3106～0.3461	0.95	－0.75	－1.10	－1.30
0.3462～0.3793	0.94	－0.6	－1.10	－1.30
0.3794～0.4107	0.93	－0.45	－0.95	－1.30
0.4108～0.4409	0.92	－0.30	－0.8	－1.30
0.4410～0.4700	0.91	－0.15	－0.65	－1.15
0.4701～0.4983	0.90	0	－0.5	－1.0
0.4984～0.5260	0.89	＋0.5	－0.4	－0.9
0.5261～0.5532	0.88	＋1.0	－0.3	－0.8
0.5533～0.5800	0.87	＋1.5	－0.2	－0.7
0.5801～0.6065	0.86	＋2.0	－0.1	－0.6
0.6066～0.6328	0.85	＋2.5	0	－0.5
0.6329～0.6589	0.84	＋3.0	＋0.5	－0.4
0.6590～0.6850	0.83	＋3.5	＋1.0	－0.3
0.6851～0.7109	0.82	＋4.0	＋1.5	－0.2
0.7110～0.7370	0.81	＋4.5	＋2.0	－0.1
0.7371～0.7630	0.80	＋5.0	＋2.5	0

续表

tgφ=月无功电量/月有功电量	功率因数 cosφ	电费调整（%）		
		0.9（标准值）	0.85（标准值）	0.8（标准值）
0.7631～0.7891	0.79	+5.5	+3.0	+0.5
0.7892～0.8154	0.78	+6.0	+3.5	+1.0
0.8155～0.8418	0.77	+6.5	+4.0	+1.5
0.8419～0.8685	0.76	+7.0	+4.5	+2.0
0.8686～0.8953	0.75	+7.5	+5.0	+2.5
0.8954～0.9225	0.74	+8.0	+5.5	+3.0
0.9226～0.9499	0.73	+8.5	+6.0	+3.5
0.9500～0.9777	0.72	+9.0	+6.5	+4.0
0.9778～1.0059	0.71	+9.5	+7.0	+4.5
1.0060～1.0365	0.70	+10	+7.5	+5.0
1.0366～1.0635	0.69	+11	+8.0	+5.5
1.0636～1.0930	0.68	+12	+8.5	+6.0
1.0931～1.1230	0.67	+13	+9.0	+6.5
1.1231～1.1636	0.66	+14	+9.5	+7.0
1.1637～1.1847	0.65	+15	+10	+7.5
1.1848～1.2165	0.64	+17	+11	+8.0
1.2166～1.2490	0.63	+19	+12	+8.5
1.2491～1.2821	0.62	+21	+13	+9.0
1.2822～1.3160	0.61	+23	+14	+9.5
1.3161～1.3507	0.60	+25	+15	+10
1.3508～1.3863	0.59	+27	+17	+11
1.3864～1.4228	0.58	+29	+19	+12
1.4229～1.4603	0.57	+31	+21	+13
1.4604～1.4988	0.56	+33	+23	+14
1.4989～1.5384	0.55	+35	+25	+15
1.5385～1.5791	0.54	+37	+27	+17
1.5792～1.6211	0.53	+39	+29	+19
1.6212～1.6644	0.52	+41	+31	+21
1.6645～1.7091	0.51	+43	+33	+23
1.7092～1.7553	0.50	+45	+35	+25
1.5554～1.8031	0.49	+47	+37	+27
1.8032～1.8526	0.48	+49	+39	+29
1.8527～1.9038	0.47	+51	+41	+31
1.9039～1.9571	0.46	+53	+43	+33

续表

tgφ=月无功电量/月有功电量	功率因数 cosφ	电费调整(%)		
		0.9(标准值)	0.85(标准值)	0.8(标准值)
1.9572～2.0124	0.45	+55	+45	+35
2.0125～2.0699	0.44	+57	+47	+37
2.0700～2.1298	0.43	+59	+49	+39
2.1299～2.1923	0.42	+61	+51	+41
2.1294～1.2575	0.41	+63	+53	+43
2.2576～2.3257	0.40	+65	+55	+45
2.3258～2.3971	0.39	+67	+57	+47
2.3972～2.4720	0.38	+69	+59	+49
2.4721～2.5507	0.37	+71	+61	+51
2.5508～2.6334	0.36	+73	+63	+53
2.6335～2.7205	0.35	+75	+65	+55
2.7206～2.8125	0.34	+77	+67	+57
2.8126～2.9098	0.33	+79	+69	+59
2.9099～3.0129	0.32	+81	+71	+61
3.0130～3.1224	0.31	+83	+73	+63
3.1225～3.2389	0.30	+85	+75	+65

五、电费管理

电费管理的任务包括建卡立户、定期抄表、核算、回收电费、账务处理与统计，以及电力销售分析。抄表、电费计算及收费方式，见表15-22～表15-24。

表15-22　抄表方式、抄表时应检查和了解的事项及对抄表工作的要求

序号	项　目	说　　明
1	抄表方式	(1) 现场手抄：即抄表人员到客户处上门抄录电能表的数据。主要应用于中小城市的中小客户和居民客户 (2) 现场微电脑抄表器抄表：即抄表员携带抄表器前往抄表现场，将用电计量装置记录的数据输入抄表器内，回营业所后将抄表器录入的数据通过计算机接口输入到计算机内进行电费计算 (3) 远程遥测抄表：即利用负荷控制装置的功能综合开发，实现一套装置数据共享及其他远动传输通道，实现客户电量远程抄表

续表

序号	项　目	说　　明
1	抄表方式	(4) 小区集中低压载波抄表：即小区内居民客户的用电计量装置读数，通过低压载波等通道传送到小区变电所内，由抄表人员按时到小区变电所内抄录各客户的用电计量装置的读数 (5) 红外线抄表：抄表员利用红外线抄表器在路经客户处时，即可采集到该客户用电计量装置的读数 (6) 电话抄表：即对安装在边远地区客户变电所内的用电计量装置，可通过电话抄表，但需定期或不定期到现场核对 (7) 委托专业性抄表公司代理抄表，或与煤气、自来水等单位联合，采取气、水、电一次性抄表的办法，以方便电力客户
2	抄表时应检查和了解的事项	(1) 了解客户生产经营状况、产品销路以及近期或远期的发展趋势 (2) 了解客户对电能商品的理解程度及其对供电企业的要求 (3) 检查客户是否具有违章用电、窃电的行为 (4) 检查客户电能表和互感器是否有异常情况 (5) 检查客户电能计量装置的配置是否合理
3	对抄表工作的要求	(1) 按规定日期抄表到位，不得估抄 (2) 第一次抄表的新户，应仔细核对户号、户名、电能表的厂号、表号、安培数、指示数、倍率等 (3) 发现表计故障，计量不准时，除应了解表计运转及用电情况外，对当月电量可暂按上月电量计算电费，并填写“用电异常报告单” (4) 发现客户有违章、窃电行为，应填写“用电异常报告单”，由有关部门进行处理 (5) 发现客户用电量有较大变化，一般增减幅度在±30%及以上时，应及时向客户了解情况，了解客户用电性质有无变化，用电类别有无改变，并在抄表卡上注明原因

表 15-23　不同客户的电费计算

序号	类　　别	结　算　电　量	电　　费
1	一般单一制电价客户	本月抄见电能表止码数—上月抄见电能表止码数	电量电价×结算电量
2	执行功率因数调整电费办法的单一制电价客户	（本月抄见电能表止码数—上月抄见电能表止码数）×电能表倍率	电量电价×结算电量±功率因数调整电费 功率因数调整电费＝电量电价×结算电量×功率因数增减百分数

续表

序号	类　别	结 算 电 量	电　费
3	执行两部制电价制度的客户	（本月抄见电能表止码数—上月抄见电能表止码数）×电能表倍率	基本电费＝基本电价×变压器容量（或最大需量） 电能电费＝电量电价×结算电量 总电费＝（基本电费＋电能电费）±功率因数调整电费
4	执行峰谷电价制度的客户	（本月抄见电能表止码数—上月抄见电能表止码数）×电能表倍率	电量电费＝高峰电价×高峰电量＋低谷电价×低谷电量＋平段电价×平段电量

表 15-24　电费回收的作用、收费方式

序号	项　目	说　明
1	电费回收的作用	(1) 保证国家的财政收入 (2) 保证电力企业的财政收入，维持电力企业的再生产和扩大再生产 (3) 维护国家、电力企业和电力客户的利益
2	收费方式	(1) 走收电费：即由收费员逐户上门收取电费 (2) 坐收电费：即电力营业部门设立的营业站和收费站（点）固定值班收费 (3) 委托银行代收电费：即客户到就近委托银行交纳电费的方式 (4) 银行托收电费：即供电企业营业部门与客户经协商一致共同签定电费结算合同，通过银行拨付电费的方式 (5) 储蓄付费：即为了方便客户交纳电费，保证收费的安全，提高现代化管理水平，开展通城通兑储蓄方式，方便客户就近储蓄，电脑划拨电费的方式 (6) 付费购电方式：即客户先持购电卡前往供电企业营业部门售电微机购电，将其购电数量存储于购电卡中，客户用电时将购电卡插入电能表，其电源开关就自动合上，即可用电 (7) 客户自助交费：即客户通过电话、计算机等网络通讯终端设备按语音提示完成的交费方式

第三节　用电检查

一、用电检查的定义

用电检查是指供电企业以事实为依据，以国家有关电力供应与使用的法规、方针、政策和电力行业标准为准则，对客户的电力使用进行的检查活动。

二、用电检查管理

用电检查管理，见表15-25。

表15-25　用电检查管理

序号	项　目	说　明
1	用电检查的内容	(1) 客户执行国家有关电力供应与使用的法规、方针、政策、标准、规章制度情况 (2) 客户受（送）电装置工程施工质量验收 (3) 客户受（送）电装置中电气设备运行安全状况 (4) 客户保安电源和非电性质的保安措施 (5) 客户反事故措施 (6) 客户进网作业电工的资格，进网作业安全状况及作业安全保障措施 (7) 客户执行计划用电、节约用电情况 (8) 用电计量装置、电力负荷控制装置、继电保护和自动装置、调度通讯装置的安全运行状况 (9)《供用电合同》及有关协议的履行情况 (10) 受电端电能质量状况 (11) 违章用电和窃电行为 (12) 并网电源、自备电源并网安全状况
2	用电检查的责任	(1) 宣传贯彻国家有关电力供应与使用法律、法规、方针、政策，以及国家和电力行业标准、管理制度 (2) 负责安全用电知识宣传和普及教育工作 (3) 组织参与供电公司开展对用户的用电检查工作 (4) 组织参与供电公司开展互查、互学活动，共同提高用电检查工作质量 (5) 负责协助对用户电气事故进行调查处理 (6) 受理群众及上级交办窃电、违约案件的查处 (7) 按时完成领导和上级主管部门交办的任务 (8) 定期向上级领导和主管部门报告用电检查工作开展情况 (9) 按时填报各种用电检查统计报表
3	用电检查权限	(1) 可以查阅与用电管理有关的文件、资料、用户用电档案。对拒绝和故意拖延提供有关资料的供电公司和个人，有权责令其改正和报请有关部门给予通报批评

续表

序号	项　目	说　　明
3	用电检查权限	(2) 发现公司所属基层供电站所有违反电力营销规定的行为，视情节轻重根据有关规定，对当事人提出处理意见，报分管领导批准后监督执行 (3) 有权制止用电检查工作中的违规行为，并可向上级主管部门报告
4	用电检查人员的资格	三级用电检查员：申请三级用电检查资格者，应已取得电气专业助理工程师、技术员资格；或者具有电气专业中专以上文化程度，并在用电检查岗位工作1年以上；或者已在用电检查岗位上连续工作5年以上者 二级用电检查员：申请二级用电检查资格者，应已取得电气专业工程师、助理工程师、技师资格；或者具有电气专业中专以上文化程度，并在用电检查岗位工作3年以上；或者取得三级用电检查资格后，在用电检查岗位上连续工作3年以上者 一级用电检查员：申请一级用电检查资格者，应已取得电气专业高级工程师或工程师、高级技师资格；或者具有电气专业大专以上文化程度，并在用电检查岗位工作5年以上；或者已取得二级用电检查资格后，在用电检查岗位上连续工作5年以上者
5	用电检查资格证书及检查范围	三级用电检查证书：仅能担任0.4kV及以下电压供电的客户的用电检查工作 二级用电检查证书：能担任10kV及以下电压供电客户的用电检查工作 一级用电检查证书：能担任220kV及以下电压供电客户的用电检查工作
6	用电检查人员的职责	(1) 宣传贯彻国家有关电力供应与使用的法律、法规、方针、政策，以及国家和电力行业标准、管理制度 (2) 负责并组织实施下列工作：①负责客户受（送）电装置工程电气图纸和有关资料的审查；②负责客户进网作业电工培训、考核，并统一报送电力管理部门审核、发证等事宜；③负责对承装、承修、承试电力工程单位的资质考核，并统一报送电力管理部门审核、发证；④负责节约用电措施的推广应用；⑤负责安全用电知识宣传和普及教育工作；⑥参与对客户重大电气事故的调查；⑦组织并网电源的并网安全检查和并网许可工作 (3) 根据实际需要，按本表序号1规定的内容定期或不定期地对客户的安全用电、节约用电、计划用电状况进行监督检查

序号	项目	说明
7	用电检查的检查范围	用电检查的主要范围是客户的受电装置；但被检查的客户有下列情况之一的，检查范围可延伸至相应目标所在处： (1) 有多类电价的 (2) 有自备电源设备（包括自备发电厂）的 (3) 有二次变压配电的 (4) 有违章现象需延伸检查的 (5) 有影响电能质量的用电设备的 (6) 发生影响电力系统事故需作调查的 (7) 客户要求帮助检查的 (8) 法律规定的其他用电检查
8	用电检查的程序	(1) 执行用电检查任务前，用电检查人员（不得少于2人）应按规定填写《用电检查工作单》，经审核批准后，方能赴客户处执行查电任务。查电工作结束后，用电检查人员应将《用电检查工作单》交回存档 (2) 用电检查人员在执行查电任务时，应向被检查的客户出示《用电检查证》。客户不得拒绝检查，并应派员随同配合检查 (3) 经现场检查确认客户的设备状况、电工作业行为、运行管理等方面有不符合安全规定的，或者在电力使用上有明显违反国家有关规定的，用电检查人员应开具《用电检查结果通知书》或《违章用电、窃电通知书》一式两份，一份送达客户由客户代表签收，一份存档备查 (4) 现场检查确认有危害供用电安全或扰乱供用电秩序行为的，用电检查人员应按规定在现场予以制止。拒绝接受供电企业按规定处理的，可按国家规定的程序停止供电，并请求电力管理部门依法处理，或向司法机关起诉，依法追究其法律责任 (5) 现场检查确认有窃电行为的，用电检查人员应当场予以中止供电，制止其侵害，并按规定追补电费和加收电费。拒绝接受处理的，应报请电力管理部门依法给予行政处罚；情节严重、违反治安管理处罚规定的，应由公安机关依法予以治安处罚；构成犯罪的，应由司法机关依法追究刑事责任
9	用电检查的纪律	(1) 用电检查人员应认真履行用电检查职责。赴客户处执行用电检查任务时，应随身携带《用电检查证》，并按《用电检查工作单》规定项目和内容进行检查 (2) 用电检查人员在执行用电检查任务时，应遵守客户的保卫保密规定，不得在检查现场替代客户进行电工作业 (3) 用电检查人员必须遵纪守法，依法检查，廉洁奉公，不徇私舞弊，不以电谋私。违反本条规定者，依据有关规定给予经济的行政的处分；构成犯罪的，依法追究其刑事责任

三、违约用电及违约用电处理

违约用电及违约用电处理，见表 15-26。

表 15-26 违约用电及违约用电处理

序号	内容	说明
1	违约用电的定义	危害供用电安全、扰乱正常供用电秩序的用电行为，属于违约用电的行为
2	违约用电的行为	(1) 擅自改变用电类别 (2) 擅自超过合同约定的容量用电 (3) 擅自超过计划分配的用电指标 (4) 擅自使用已经在供电企业办理暂停使用手续的电力设备，或者擅自启用已经被供电企业查封的电力设备 (5) 擅自迁移、更动或者擅自操作供电企业的用电计量装置、电力负荷控制装置、供电设施，以及约定由供电企业调度的客户受电设备 (6) 未经供电企业许可，擅自引入、供出电源或将自备电源擅自并网
3	违约用电的处理	(1) 在电价低的供电线路上，擅自接用电价高的用电设备或私自改变用电类别的，应按实际使用日期补交其差额电费，并承担 2 倍差额电费的违约使用电费。使用起讫日期难以确定的，实际使用时间按 3 个月计算 (2) 私自超过合同约定容量用电的，除应拆除私增容设备外，属于两部制电价的客户，应补交私增设备容量使用月数的基本电费，并承担 3 倍私增容量基本电费的违约使用电费；其他客户承担私增容量每千瓦（千伏安）50 元的违约使用电费。如客户要求继续使用者，按新装、增容办理手续 (3) 擅自使用已在供电企业办理暂停手续的电力设备或启用被供电企业封存的电力设备的，应停用违约使用的设备。属于两部制电价的客户，应补交擅自使用或启用封存设备容量使用月数的基本电费，并承担 2 倍补交基本电费的违约使用电费；其他客户承担擅自使用或启用封存设备容量每千瓦（千伏安）30 元的违约使用电费。启动属于私增容被封存的设备的，违约使用者还应承担违约用电处理第（2）项规定的违约责任 (4) 擅自迁移、更动和操作供电企业的用电计量装置、供电设施、电力负荷控制装置以及由供电企业调度的客户受电设备者，属于居民客户的应承担每次 500 元违约使用电费；属于其他客户的应承担每次 5000 元的违约使用电费 (5) 未经供电企业同意，擅自引入（或供出）电源或将备用电源和其他电源私自并网的，除当即拆除接线外，应承担其引入（或供出）或并网电源每千瓦（千伏安）500 元的违约使用电费

四、窃电与窃电处理

窃电与窃电处理，见表 15-27。

表 15-27　窃电与窃电处理

序号	内容	说　　明
1	窃电的定义	以非法占用电能为目的，并采取秘密的手段侵占电能的一种犯罪行为
2	窃电的行为	(1) 在供电企业的供电设施上，擅自接线用电 (2) 绕越供电企业的用电计量装置用电 (3) 伪造或开启法定的或者授权的计量检定机构加封的用电计量装置封印用电 (4) 故意损坏供电企业的用电计量装置 (5) 故意使供电企业的用电计量装置计量不准或失效 (6) 采用其他方式窃电
3	窃电的检查步骤	(1) 外观检查：计量装置是否完好，接线是否正确，有无封铅异常、打孔等现象 (2) 测量电流电压值：检查一、二次电流、电压值是否异常 (3) 核校电能表常数：实际负荷与表脉冲数（转数）是否相符，校核齿轮是否正常 (4) 实际负荷与计量负荷是否相符，有无私拉乱接等现象
4	窃电的取证方法	(1) 拍照：应采用胶片相机，调准相机的日期及时间，及时拍照窃电现场、窃电设备及设备的铭牌、被破坏的计量装置、实测电流值、窃电的工具等 (2) 摄像：现场检查的全过程 (3) 录音：需录音应征得当事人同意
5	窃电的取证内容	(1) 提取损坏或失效的电能计量装置 (2) 收集伪造或已破坏的电能计量装置封印 (3) 收缴窃电工、器具 (4) 提取及保全电能计量装置上遗留的窃电痕迹 (5) 收集窃电现场的用电设备和采集窃电现场实测电流值，均需客户当事人签字或经第三方见证，方可有效
6	窃电取证的注意事项	(1) 用电检查人员进入客户现场时，应主动出示《用电检查证》 (2) 无证工作人员如发现有窃电现象应立即向所属部门汇报或择时由专业人员进行查处 (3) 用电检查人员执行检查任务时需履行法定手续，不得滥用或超越电力法及有关法规所赋予的用电检查权 (4) 用电检查人员应严格按照法定程序进行用电检查并依法取证 (5) 若窃电当事人不在，不宜采取拆表方式；应做好窃电证据、旁证的收取；如实开据《违章用电、窃电通知书》委托代收

续表

序号	内容	说　　明
7	窃电处理	(1) 供电企业对查获的窃电者，应予以制止并可当场终止供电。窃电者应按所窃电量补交电费，并承担补交电费3倍的违约使用电费。拒绝承担窃电责任的，供电企业应报请电力管理部门依法处理。窃电数额较大或情节严重的，供电企业应提请司法机关依法追究刑事责任 (2) 因违约用电或窃电造成供电企业的供电设施损坏的，责任者必须承担供电设施的修复费用或进行赔偿 (3) 因违约用电或窃电导致他人财产、人身安全受到侵害的，受害人有权要求违约用电或窃电者停止侵害，赔偿损失。供电企业应予以协助 (4) 供电企业对检举、查获窃电或违约用电的有关人员应给予奖励。奖励办法由省电网经营企业规定
8	窃电量的计算	(1) 在供电企业的供电设施上，擅自接线用电的，所窃电量按私接设备容量（千伏安视同千瓦）乘以实际使用时间计算确定 (2) 以其他行为窃电的，所窃电量按计费电能表标定电流值（对装有限流器的，按限流器整定电流值）所指的容量（千伏安视同千瓦）乘以实际窃用时间计算确定 窃电时间无法查明时，窃电日数至少以180天计算，每日窃电时间：电力客户按12小时计算；照明客户按6小时计算

五、进网作业电工管理

进网作业电工管理，见表15-28。

表15-28　进网作业电工管理

序号	内　　容	说　　明
1	进网作业电工的含义	进网作业电工指进入用电单位受（送）电装置内，从事电气安装、试验、检修、运行等作业的工人、技术人员与生产管理人员的统称
2	“电工进网作业许可证”的签发	“电工进网作业许可证”由国务院电力主管部门或其他授权单位统一监制，地（市）、县（市）电力部门签发，全国通用
3	进网作业电工的培训条件	接受进网作业培训的人员须具备下列条件： (1) 年满18周岁 (2) 有初中及以上文化程度 (3) 身体健康，无妨碍从事电工作业的病症和生理缺陷 (4) 工作认真，遵纪守法

续表

序号	内　容	说　明
4	进网作业电工的技术培训内容	进网作业培训的电工须接受下列技术培训： (1) 电气理论及电力系统运行知识 (2) 电业安全与作业技能 (3) 电业作业规定
5	承担进网作业电工技术培训单位及教员的资格认定	承担进网作业电工技术培训任务的单位及教员的资格，须经省级及以上电力管理部门认可
6	承担进网作业电工技术培训单位须具备的条件	承担进网作业电工技术培训单位须具备下列条件： (1) 有稳定的培训基地，有符合培训要求的教学设施和必要的教学手段 (2) 有省级及以上电力管理部门或者其他授权单位认可的教员 (3) 有健全的培训管理组织系统 各供电（电力）企业要督促培训单位提高教学水平，积极采用先进的教学手段，如模拟操作、仿真操作等，提高进网作业电工的专业知识水平和实际操作能力
7	承担进网作业电工技术培训教员须具备的条件	承担进网作业电工技术培训教员须具备下列条件： (1) 具有中级及以上技术职称 (2) 从事电气专业工作5年以上 (3) 有扎实的专业基础理论水平或电业作业技能 (4) 精通电业作业规定 (5) 有一定的教学经验
8	进网作业电工技术培训的培训时间	低压电工：不得少于100学时 高压电工：不得少于160学时 低压电工转为高压电工：不得少于60学时 特种电工：不得少于120学时
9	进网作业电工技术培训的培训教材及培训费用	进网作业电工技术培训的培训教材，由国家电力管理部门统一编制或指定 进网作业电工技术培训的培训费用：应按规矩缴纳相应的教学培训费。教学培训费标准应报物价部门批准。教学培训费应单独建账（如在供电企业财务或在专管部门单独建账），应用于与培训有关事务的开支和教育设施的改善，并接受监督
10	进网作业电工技术培训的考核	(1) 进网作业电工经培训期满后，由地（市）、县（市）供电（电力）企业组织考核。考核按《进网作业电工培训考核大纲》规定的要求进行

续表

序号	内　容	说　明
10	进网作业电工技术培训的考核	(2) 进网作业电工考核的科目为：①电气理论及电力系统运行知识；②电业安全与作业技能；③电业作业规定 (3) 考核进网作业电工的主考人员，须经省级及以上电力管理部门认可，每科的主考人员一般不少于2人。主考人员应具备下列条件：①思想作风正派，能坚持原则，秉公办事；②具有中级及以上职称；③从事电气专业工作5年以上；④具有丰富的电业作业经验和较高的技能水平 (4) 具有中等及以上电气专业学历者，经本人申请，当地供电（电力）企业专职部门核准认可，可免除电气理论知识的培训，但考核照例进行
11	进网作业电工技术培训的发证	(1) 经考核全部科目成绩合格者，由当地供电（电力）企业专职部门报送上级电力管理部门审核并发给《电工进网作业许可证》。考核成绩不合格者，允许补考一次。补考仍不合格者，应重新进行培训考核 (2) 新电工经考试成绩合格者，由当地电力专职部门发给《电工进网作业许可证》，在证上注明“学员”字样。新电工不能独立作业 (3) 新电工持证连续工作2年以上，经复审合格者，由当地电力专职部门上报换发《电工进网作业许可证》 (4) 凡是用电单位从事电气技术和管理人员，另行组织培训和考核合格者，由电力管理部门统一颁发《进网作业工作票签发许可证》。《进网作业工作票签发许可证》是组织进网作业的凭证。《进网作业工作票签发许可证》2年签发一次
12	进网作业电工的监督管理	(1) 对取得《电工进网作业许可证》和《进网作业工作票签发许可证》者，用电管理部门的用电检查机构至少2年进行一次复审。对从事电力安装、电力试验和35kV及以上进网作业者，复审周期为1年一次。复审合格者，在《电工进网作业许可证》和《进网作业工作票签发许可证》复审栏内盖复审印，可以继续从事进网作业；复审不合格者，在3个月内可再进行一次复审，仍不合格者收缴许可证。未参加复审者，许可证自动失效。复审不合格者，应从新接受培训考核。发生事故或违章用电的责任人均参加当年复审。窃电责任人，取消进网作业资格

续表

序号	内容	说明
12	进网作业电工的监督管理	(2) 对进网作业电工复审时，应按规定分工种对进网作业电工进行培训，内容包括：①作业期间作业行为；②电工作业规定熟悉程度；③学习新技术、新规章及事故案例的教学；④身体健康状况（对复审的电工要进行体检） (3) 用电检查部门持有《用电检查证》的人员，负责进网作业电工的日常监理工作，监理内容包括：①作业行为；②《电工进网作业许可证》和《进网作业工作票签发许可证》持有检查；③作业现场及安全保障措施检查 (4) 供电（电力）企业专职部门对进网作业电工应建立微机管理档案。进网作业电工需调动时，应办理转档手续。跨省、地区（市）作业时，进网作业电工应持证向当地用电管理部门的用电检查机构办理登记手续 (5) 进网作业电工离开岗位半年以上，需从新进网作业者，应对其进行电业作业规定的从新考核，合格者方可进网从事作业 (6) 用电检查部门对下列行为，可视情节，给当事人以批评教育，或吊扣、吊销《电工进网作业许可证》的处罚：①未持证从事进网作业者；②涂改、伪造或转借《电工进网作业许可证》的；③违章作业或违章造成责任事故的；④违反国家有关供用电方针、政策、法规的 (7) 无《电工进网作业许可证》人员从事进网电工作业或从事的电工作业与证件规定不符的，或无《进网作业工作票签发许可证》者签发的工作票，用电检查部门应责令当事人停止作业。如上述行为是其单位领导指使的，应责令单位领导改正；情节严重的，可不予检验接电或终止供电

六、用电事故报告和停电手续

用电事故报告和停电手续，见表15-29。

表15-29 用电事故报告和停电手续

序号	内容	说明
1	用电事故报告	客户发生下列用电事故，应及时向供电企业报告： (1) 人身触电死亡 (2) 导致电力系统停电

续表

序号	内　容	说　　明
1	用电事故报告	(3) 专线掉闸或全厂停电 (4) 电气火灾 (5) 重大或大型电气设备损坏 (6) 停电期间向电力系统倒送电 供电企业接到客户上述报告后，应派用电检查人员赴现场调查，在7天内协助客户提出事故调查报告
2	停电手续	(1) 因故中止供电时，供电企业应按下列要求事先通知客户或进行公告：①因供电设施计划检修需要停电时，应提前7天通知客户或进行公告；②因供电设施临时检修需要停电时，应提前24小时通知客户或进行公告；③发供电系统发生故障需要停电、限电或者计划限电、停电时，供电企业应按确定的限电序位进行停电或限电。但限电序位应事先公告客户 (2) 除因故中止供电外，供电企业需对客户停止供电时，应按下列程序办理停电手续：①应将停电的客户、原因、时间报本单位负责人批准。批准权限和程序由省电网经营企业制定。②停电前3～7天内，将停电通知书送达客户，对重要客户的停电，应将停电通知书报送同级电力管理部门。③在停电前30分钟，将停电时间再通知客户一次，方可在通知规定的时间实施停电